KB038741

도덕의 궤적
THE MORAL ARC

도덕의 궤적

THE MORAL ARC

마이클 셔머 지음 | 김명주 옮김

과학과 이성은
어떻게 인류를
진리, 정의, 자유로
이끌었는가

바다출판사

THE MORAL ARC

How Science and Reason Lead Humanity toward Truth, Justice, and Freedom

제니퍼에게

불멸의 연인

영원한 내 사랑
영원한 당신의 사랑
영원한 우리의 사랑
∞

탐구의 자유에 장벽이 있어서는 안 된다. 과학에 도그마가 들어설 자리는 없다. 과학자는 어떤 질문이든 하고, 어떤 주장이든 하고, 어떤 증거라도 찾아나서고, 어떤 오류도 수정할 자유가 있으며, 그럴 자유가 반드시 주어져야 한다. 우리 정치적 삶의 바탕도 개방성이다. 잘못을 피하는 유일한 방법은 그것을 찾아내는 것이고, 잘못을 찾아내는 유일한 방법은 자유롭게 조사할 수 있게 하는 것임을 우리는 알고 있다. 그러므로 인간에게 물어야 할 것을 물을 자유, 생각하는 것을 말할 자유, 떠오르는 것을 생각할 자유가 있는 한 자유는 사라지 않고 과학은 후퇴하지 않는다는 것을 우리는 안다.

— J. 로버트 오펜하이머, 1949

12장 프로토피아: 도덕적 진보의 미래 · 581

인류는 오랜 역사를 거치면서 분명 도덕적으로 더 나은 사회를 만들어왔다. 21세기 들어 사회의 연결은 치밀해졌고, 문화 간의 소통 가능성은 전에 없이 높아졌다. 언젠가 인류는 모든 감응적 존재가 번성할 수 있는 문명 2.0의 시대에 도달할 것이다.

도덕의 궤적을 구부리다

1965년 3월 21일 일요일, 앨라배마주, 셀마

약 8,000명의 사람들이 브라운 예배당Brown Chapel에 모여 앨라배마주 셀마에서부터 몽고메리까지 행진을 시작한다. 주로 아프리카계 미국인들인 시위대가 주 청사로 행진하고 있는 이유는 오직 하나, 정의를 위해서다. 그들이 원하는 것은 단지 투표할 권리다. 하지만 이 투쟁에서 그들은 혼자가 아니다. 거의 모든 주를 대표하는 '모든 인종, 종교, 계급'의 시위자들이 자신들의 흑인 형제자매들과 함께 행진하기 위해 그곳으로 왔다.[1] 그리고 노벨상 수상자이자 설교자이며 민권운동가인 마틴 루터 킹 주니어 목사가 시위대의 맨 앞줄에서 자신의 민족을 이집트 밖으로 이끄는 모세처럼 행진을 이끌고 있다.

그들은 무장 경찰과 폭동 진압대의 지원을 받는 인종주의적 반대 세력에도 굴하지 않고 이미 두 번이나 행진을 시도했지만, 두 번 다 주 경찰과 치안대의 폭력과 마주했다. '피의 일요일Bloody Sunday'이라고 알려진 첫 번째 시도에서 시위대는 돌아가라는 명령을 받았으나 거부했고, 구경꾼들이 응원하는 가운데 최루 가스, 곤봉, 가시철사로 휘감은 고무관을 맞았다. 두 번째 시도에서도 주 경찰관들의 폴리스라인에 막혀 돌아갈 것을 명령받자, 마틴 루터 킹Martin Luther King 목사는 기도할 수 있도록 허락해달라고 요청한 뒤 시위대를 이끌고 돌아갔다.

하지만 이번에는 달랐다. 불길한 조짐을 감지한 대통령 린든 B. 존슨 Lyndon B. Johnson이 2,000명의 주 방위군과 연방 보안관에게 시위대를 보호하라고 명령했다. 그래서 그들은 행진을 계속했다. 닷새 동안 혹독한 추위와 잦은 빗속에서 85킬로미터를 행진했다. 소문이 퍼져나가면서 시위자의 숫자는 늘어났고, 3월 25일 몽고메리 의사당 계단에 도착했을 때는 시위대가 적어도 2만 5,000명으로 불어나 있었다.

그러나 킹 목사는 주 청사 계단을 밟을 수 없었다. 시위대는 공영 재산을 밟을 수 없었기 때문이다. 앨라배마주 주지사 조지 월리스가 주 청사 안에 폰티우스 필라투스처럼 앉아 면담을 거부한 채 시위대 문제를 고민할 때, 킹 목사는 의사당 앞 길가에 주차된 평상형 트럭 위에 만든 연단에 서서 연설을 시작했다.[2] 그 연단에서 킹은 자유에 대한 감동적인 찬가를 전했다. 그는 먼저 시위대가 '황량한 골짜기'를 통과해 행진하고, '돌투성이 샛길'에서 쉬고, 뜨거운 태양을 견디고, 흙바닥에서 잠을 자고, 비에 흠뻑 젖은 일을 상기시켰다. 미국 전역에서 자유를 찾아 모여든 군중은 시민 불복종 운동의 비폭력 정신을 지켜달라고 애원하는 킹 목사의 말에 귀를 기울였다. 억압당하는 자의 인내심은 오래가지 않으며 당하면 맞받아치는 것이 인간의 본성임을 그는 잘 알고 있었다. 그는 이렇게 반문했다. "언제까지 편견이 사람들의 눈을 가리고 생각을 흐리게 하고 반짝이는 지혜를 성스러운 왕좌에서 끌어내릴 수 있을까요?" "언제까지 정의가 난자당하고 진리가 그것을 참을까요?" 그런 다음 이에 대한 답으로 충고, 위로, 확신의 말들을 전했다. 어떤 장애물도 오래가지 못할 것이고, 결국 자유는 실현되기 마련이라고. 그리고 킹 목사는 종교와 성서의 비유들을 인용해 그 이유를 설명했다. "땅에 짓밟힌 진리는 다시 일어날 것이기 때문입니다." "거짓은 영원할 수 없습니다." "여러분은 뿌린 대로 거둘 것입니다." "도덕적 세계의 궤적은 길지만 결국 정의를 향해 구부러집니다."[3]

그것은 킹 목사의 인생에서 가장 위대한 연설 중 하나였고, 대중 연설의 역사에 길이 기억될 명연설이었다. 연설은 효과가 있었다. 그 일 이후 다섯 달이 채 지나지 않은 1965년 8월 6일, 존슨 대통령은 투표권 법안에 서명했다. 킹 목사가 말한 대로 되었다. 도덕적 세계의 궤적은 길지만 결국 정의를 향해 구부러진다.

○ ● ○

이 책의 제목에 영감을 준 킹 목사의 말은 원래 19세기의 노예제도 폐지론자 시어도어 파커Theodore Parker가 했던 말이다. 파커가 이 도덕적 낙관론을 펼친 1853년 당시는 파커가 폐지하고자 한 바로 그 제도 때문에 미국이 내전에 직면해 있었으므로 비관주의가 오히려 더 알맞은 때였다.

내가 도덕의 세계를 이해한다고는 생각하지 않는다. 그 궤적은 길고 내 눈이 닿는 데는 한계가 있다. 나는 내가 본 경험을 바탕으로 그 궤적이 어디로 향할지 계산하여 그 모양을 완성할 수 없다. 다만 양심에 비추어 그것을 추측할 수 있을 뿐이다. 내가 본 바 그 궤적은 정의를 향해 구부러지는 것이 확실하다.[4]

내가 이 책을 쓴 목적은 파커와 킹 목사의 말처럼 도덕적 세계의 궤적이 실제로 정의를 향해 구부러진다는 것을 보여주기 위해서다. 우리는 종교적 양심과 감동적인 수사 외에 과학을 통해서도 도덕의 궤적을 추적할 수 있다. 여러 계통의 조사에서 나온 자료들은 한결같이 한 종으로서 우리가 점점 더 도덕적인 존재가 되어가고 있음을 증명한다. 또한 나는 과거 몇 세기의 도덕적 발전은 대부분 종교적 힘이 아니라 세속적 힘의 결과였으며, 이성과 계몽의 시대에 출현한 많은 것 가운데 가장 중요한 것은 과학과 이성이라고 생각한다. 나는 과학과 이성이라는 말을 아주 폭넓게, '일련의 논증을 통해 추론한 다음 경험적 입증을 통해 그 결론이 참임을 확인한다'는 뜻으로 사용한다.

나아가 나는 도덕의 궤적이 단지 정의만이 아니라 진리와 자유로 향하며, 이러한 긍정적인 결과들의 대부분은 우리 사회가 더 세속적인 형태의 통치와 정치, 법과 법학, 도덕적 추론과 윤리적 분석 쪽으로 이동한 결과였음을 증명할 것이다. 단지 내 것이라는 이유로, 또는 전통적이라는 이유로 내 믿음, 내 도덕, 내 삶의 방식이 남들 것보다 더 낫다는 것은 점점 받아들여질 수 없는 주장이 되었다. 내 종교가 남의 종교보다 낫다거나, 내가 믿는 신만이 진짜 신이고 남이 믿는 신은 그렇지 않다거나, 내 나라가 당신의 나라를 맹공격할 능력이 있기 때문이라는 것은 이유가 될 수 없다. 이제는 내 도덕적 믿음이 옳다고 무작정 **우겨봤자** 아무도 귀담아 듣지 않는다. 정당한 **근거**를 대야 한다. 그리고 그 근거들은 이성적 논증과 경험적 증거에 기반을 둔 것이어야지, 그렇지 않으면 무시당하거나 받아들여지지 않을 것이다.

역사를 돌아보면 우리가 우리 종의 더 많은 구성원들을 (그리고 지금은 심지어 다른 종들도) 도덕적 공동체의 합법적인 일원으로 포함시킬 수 있도록 도덕의 영향권을 꾸준히—이따금씩 중단되기도 했지만—확장해왔음을 알 수 있다. 인류의 양심은 무럭무럭 성장했고, 이제 우리는 내 가족, 내 확대 가족, 내 지역 공동체만이 잘살기를 바라지 않는다. 오히려 우리는 나와 상당히 멀리 떨어진 사람들까지 배려한다. 우리는 그들을 노예로 부리고 강간하고 죽이는 대신(얼마 전까지만 해도 인류라는 딱한 종은 내키는 대로 행동하는 습성이 있었다) 그들과 상품과 생각을, 감정과 유전자를 기꺼이 교환한다. 인간의 행동과 도덕적 진보 사이의 인과관계를 밝히는 것―즉 왜 도덕적 진보가 일어났는지 알아내는 것―은 이 책에 담긴 또 하나의 큰 주제다. 그리고 우리는 그것을 응용해, 계속해서 도덕의 영향권을 확장하고 도덕의 궤적을 따라 인류 문명을 발전시킬 수 있도록 그 방정식의 변수들을 조정하려면 우리가 무엇을 하면 되는지 알아낼 수 있다.

도덕적 진보의 증거는 삶의 많은 분야에서 확인할 수 있다. **통치**(자유민주주의의 부상 및 신권정치와 전제정치의 쇠락), **경제**(재산권의 확대 및 억압적인 제약 없이 교역할 자유), **권리**(생존권, 자유권, 재산권, 결혼할 권리, 생식의 권리, 투표권, 말할 권리, 종교를 가질 권리, 집회를 할 권리, 시위할 권리, 자치권, 행복추구권), **번영**(더 많은 장소의 더 많은 사람들이 점점 더 많은 부와 풍요를 누리고 있으며, 빈민이 인류 역사상 가장 작은 비율을 차지할 정도로 빈곤율이 낮아졌다), **건강과 장수**(과거 어느 때보다 더 많은 장소의 더 많은 사람들이 더 오래 건강하게 산다), **전쟁**(우리 종이 출현한 이후 그 어느 때보다 오늘날 폭력적인 충돌로 죽는 사람의 비율이 적다), **노예제도**(전 세계의 모든 곳에서 금지되었고, 몇몇 장소에서 성 노예와 강제 노동의 형태로 시행되고 있지만 현재 이러한 관행까지 완전히 폐지하는 쪽으로 기울고 있다), **살인**(중세에 10만 명당 100명 이상이었던 살인율이 오늘날 서구 산업사회에서는 10만 명당 한 명 이하로 가파르게 줄었다), **강간과 성폭행**(줄어드는 추세지만 여전히 널리 퍼져 있다. 하지만 서구의 모든 국가에서 법으로 금지하고 있으며, 기소율이 점점 높아지고 있다), **사법소극주의**judicial restraint(고문과 사형은 세계 모든 국가에서 거의 법으로 금지했고, 아직 합법인 곳에서도 집행되는 경우는 드물다), **사법 평등**(과거 어느 때보다 시민들이 법 아래 더 평등한 대우를 받고 있다), **예의**(사람들이 과거 어느 때보다 서로를 친절하고 공손하고 덜 폭력적으로 대한다).

요컨대 우리는 인류라는 종의 역사에서 가장 도덕적인 시기를 살고 있다.

이러한 좋은 쪽으로의 발전이 필연적이라거나 우주의 도덕 법칙에 따른 예정된 결과라고 주장할 생각은 없다. 다시 말해 이 책은 '역사의 종언'을 논증하는 책이 아니다. 내 목적은 사회적, 정치적, 경제적 요인과 도덕적 결과 사이에 우리가 확인할 수 있는 인과관계가 있다고 말하는 것이다. 예를 들어 이 책에 영감을 준 책들 가운데 하나인 스티븐 핑커 Steven Pinker의 《우리 본성의 선한 천사 The Better Angels of Our Nature》를 보자.

> 인간에 대한 인간의 비인간적 행위는 오랫동안 도덕적 교화의 주제였다. 그런데 뭔가가 그러한 행위를 억제해왔다는 사실을 안다면, 그것을 인과의 문제로 다룰 수도 있을 것이다. 우리는 "왜 전쟁이 일어나는가?"라고 묻는 대신 "왜 평화가 존재하는가?"라고 물을 수 있다. 우리는 잘못한 일뿐 아니라 잘한 일에도 집착할 수 있다. 우리가 잘한 일이 분명히 있기 때문이며, 정확히 그것이 무엇인지 안다면 도움이 될 것이다.[5]

수만 년 동안의 인류를 묘사하기에 도덕적 **퇴보**만큼 적절한 표현은 없고, 셀 수 없이 많은 사람들이 그 결과로 고통받았다. 하지만 500년 전에 중대한 일이 일어났다. 과학혁명 Scientific Revolution이 이성과 계몽의 시대를 초래했고, 그것이 모든 것을 바꾸었다. 따라서 우리는 무슨 일이 일어났는지, 어떻게 그리고 왜 이러한 변화들이 퇴보라는 우리 종의 역사적 추세를 반전시켰는지, 그리고 인류를 향상시키기 위해, 그리고 그 궤적을 확장하여 더 높은 곳을 향해 구부리기 위해 우리가 더 할 수 있는 일이 무엇인지 이해해야 할 의무가 있다.

○ ● ○

자료를 조사하고 책을 집필하면서 보낸 몇 년 동안 주변 사람들에게 책의 주제가 도덕의 진보라고 말했을 때 그들이 보인 반응을 어떻게 묘사할 수 있을까? '믿을 수 없다는 눈치'였다는 말로는 모자란다. 대부분의 사람들은 내가 망상에 빠져 있다고 생각했다. 그들은 이번 주에 보도된 나쁜 뉴스들을 잠시 훑어보는 것만으로도 그러한 진단을 확신할 수 있다는 기세였다.

이해할 수 있는 반응이다. 우리 뇌는 눈앞에서 일어나는 유독 감정적인 사건들, 단기적인 추세, 개인적 일화들을 알아차리고 기억할 수 있도록 진화했기 때문이다. 그리고 우리의 시간 감각은 심리적 '현재'인 3초에서 인간의 한평생인 수십 년까지다. 이는 진화와 기후변화, 그리고—내 논제인—도덕적 진보처럼 수백 내지 수천 년에 걸쳐 일어나는 장기적인 발전의 추세를 추적하기에는 너무 짧다. 저녁 뉴스만 봐도 내 논제의 정반대가 사실이라는 증거를 무수히 보게 될 것이다. 즉 세상은 악하고 점점 더 나빠지고 있는 것처럼 보인다. 하지만 나쁜 소식만을 보도하는 것이 보도기관이 하는 일이다. 날마다 일어나는 수만 가지 선한 행위는 보도되지 않는다. 하지만 한 번의 폭력 행위—총기 난사, 폭력적인 살인, 자살 폭탄 테러—는 고통스러울 정도로 자세하게 보도된다. 기자가 현장에 파견되고, 목격자와의 독점 인터뷰가 펼쳐지고, 구급차와 경찰 순찰자의 장면이 오래 비춰지고, 시끄러운 소리를 내는 헬리콥터가 공중에서 참사 현장을 비춘다. 학교 내 총기 난사가 엄청나게 드문 일이고, 범죄율은 사상 최저를 맴돌고 있으며, 테러 행위가 소기의 목적을 달성하는 일은 거의 없고, 테러로 인한 사망자 수는 다른 형태의 죽음에 비하면 무시할 수 있는 수준이라는 사실을 시청자들에게 상기시키는 앵커는 거의 없다.

또한 보도기관들은 **일어난 일**을 보도할 뿐 **일어나지 않은 일**은 보도하지 않는다. 우리는 다음과 같은 헤드라인을 볼 일이 절대 없다.

핵전쟁 없이 지나간 또 한 해

이 역시 도덕적 진보의 증표다. 부정적인 소식은 매우 드문 일이라서 보도할 가치가 있다는 뜻이다. 학교 내 총기 난사, 살인 사건, 테러 공격이 자선 행사, 평화유지군 활동, 질병 치료처럼 흔하다면 우리 인류는 오래 버티지 못할 것이다.

물론 모든 사람이 과학과 이성에 대한 나의 낙관적인 시각을 지지하는 것은 아니다. 이러한 시각은 최근 몇 십 년 동안 전방위 공격을 받았다. 과학을 이해하지 못하는 우익 이데올로기 신봉자, 과학을 두려워하는 보수적 종파의 신자들, 인간 본성에 대한 진보적 교의를 뒷받침하지 않는 과학은 신뢰하지 않는 좌익 포스트모더니스트, 과학과 산업화 이전의 농경사회로 돌아가기를 원하는 극단적인 환경운동가, 예방접종이 자폐증과 여타 질병들을 일으킨다고 잘못 알고 있는 백신반대주의자, 유전자변형식품을 걱정하는 반 GMO 활동가, 그리고 과학, 기술, 공학, 수학이 현대 민주주의 국가에 꼭 필요한 이유를 설명할 능력이 없는 온갖 종류의 교육자들.

증거에 기반한 추론은 오늘날의 과학을 대표하는 특징이다. 이는 객관적 자료, 이론적 설명, 실험적 방법론, 동료 검토, 공적 투명성, 공개 비판, 시행착오 같은 원리들을 포함하며, 이러한 원리들은 누가 옳은지 결정하는 가장 믿을 수 있는 수단들이다. 그리고 그것은 자연 세계뿐 아니라 사회 도덕적 세계에 대해서도 마찬가지다. 이렇게 보면, 부도덕한 믿음처럼 보이는 많은 믿음이 실제로는 잘못된 인과론에 기반한 사실적 오류들이다. 오늘날 우리는 여성을 마녀로 여겨 화형시키는 것을 부도덕한 행위로 간주하지만, 중세 유럽의 우리 조상들이 여성을 장작더미에 묶어 불을 지른 이유는 흉작, 기상 이변, 질병 등 다양한 병폐와 불운을 일으키는 원흉이 마녀들이라고 믿었기 때문이다. 하지만 이제 우리는 농업, 기후, 질병, 그리고 기타 (우연의 역할을 포함한) 원인 요소들을 과학적으로 이해하고 있으므로 마녀로 인과관계를 설명하는 이론은 필요가 없어졌고, 도덕적 문제로 보이던 것은 사실적 오류가 되었다.

이렇게 사실 문제와 가치 판단을 결합하면 인류 역사의 많은 것을 설명할 수 있다. 과거에 사람들은 '신이 동물과 인간을 제물로 바치기를 원한다', '악마가 사람들의 몸에 들어가 그들을 미치광이처럼 행동하게 만든다', '유대인이 역병을 일으키고 우물에 독을 탄다', '아프리카 흑인은 노예로 살아가는 편이 더 낫다', '일부 인종이 다른 인종보다 열등하거나 우월하다', '여성은 남성의 통제나 지배를 받고 싶어 한다', '동물은 자동기계와 같아서 고통을 느끼지 않는다', '왕은 신에게 부여받은 권리에 따라 다스린다' 등 오늘날 과학 지식이 있는 이성적인 사람이라면 진지하게 취급할 만한 일리 있는 개념으로 내놓기는커녕 마음에 품지도 않을 것들을 믿었다. 계몽주의 철학자 볼테르Voltaire는 이 문제에 대해 촌철살인을 날렸다. "당신에게 터무니없는 것을 믿게 만들 수 있는 자는 당신이 잔학한 행위를 저지르게 만들 수 있다."[6]

더 도덕적인 세계로 가는 많은 길 가운데 하나는 사람들이 이상한 것을 믿는 것을 그만두게 하는 것이다. 과학과 이성은 그렇게 하는 가장 좋은 방법이다. 방법론으로는 과학만 한 것이 없다. 과학은 도덕적 세계를 포함해 세계가 어떻게 작동하는지 이해하는 데 이용할 수 있는 궁극적인 수단이다. 따라서 도덕의 영향권을 확장하는 데 가장 좋은 조건들을 알아내기 위해 과학을 이용하는 것 그 자체가 도덕적 행동이다. 과학의 실험적 방법들과 분석적 추론을—사회 문제를 해결하고 문명화된 국가의 더 나은 인간이 되려는 목적으로—사회적 세계에 적용한 결과 자유 민주주의, 민권, 시민의 자유, 법 아래 평등한 정의, 정치 경제적 문호 개방, 자유 시장과 자유로운 마음, 번영 등 과거의 어떤 인간 사회도 누리지 못했던 것들을 누리는 현대 세계가 창조되었다. 더 많은 장소의 더 많은 사람들이 더 많은 시간 동안 과거 어느 때보다 많은 권리, 자유, 글을 읽고 쓸 줄 아는 능력, 교육, 번영을 누리고 있다. 물론 아직 해결해야 할 사회 도덕적 문제들이 많이 있으며, 바라건대 우리 시대 이후로도 도덕의 궤적이 오랫동안 더 높은 곳을 향할 것이므로 우리는 결코 정점에 있지 않다. 하지만 지금까지 이루어진 도덕적 진보에 대한 많은 증거와, 앞날을 낙관할 많은 훌륭한 이유들이 있다.

1부

과학,
도덕의 진보를
이끌다

도덕은 진보하는 것일까? 도덕을 '감응적 존재의 생존과 번성'으로 설정하고, 진보를 '더 나은 상태나 조건으로의 진전'으로 설정한다면 인류는 분명 도덕적으로 과거보다 더 나은 상태에 다다랐다. 도덕은 '우리 안'에 인간 본성의 일부로 존재하며, 이런 사실에서 도덕과학이라는 경험 과학을 세울 수 있다. 도덕과학은 도덕의 영향권을 확장하고 도덕적 진보를 가속하기 위한 최선의 조건들을 이성과 과학의 도구들을 써서 알아내는 하나의 수단이다.

1
도덕과학을 향해

구부러지는 도덕의 궤적이라는 은유는 인류 역사상 가장 중요하면서도
제대로 평가되지 않은 추세인 도덕적 진보를 상징하고, 그 도덕적 진보
의 일차적인 원인인 과학적 합리주의는 지금껏 가장 과소평가된 요소들
가운데 하나다.

이 책에서 **진보**progress는 《옥스퍼드 영어 사전》의 역사적 용법인 "더 나
은 또는 더 높은 단계로 나아감. 성장. 더 나은 상태나 조건으로의 진전,
개선"을 의미한다. 일상적 의미에서 **도덕**moral(라틴어 *moralitas*에서 파생되었
다)은 누군가의 의도와 행동이 다른 도덕적 행위자와 관련하여 옳은지
그른지를 평가하는 기준으로서의 '태도, 품행, 행실'을 뜻한다.[2] 가치체계
로서의 **도덕**morality은 우리의 생각과 행동이 다른 도덕적 행위자들의 **생
존 및 번성**과 관련하여 옳은지 그른지의 관점에서 우리가 어떻게 생각하

고 행동할 것인가라는 질문을 수반한다. **생존**survival은 살려는 본능을 뜻하고, **번성**flourishing은 육체적·정신적 건강을 위한 적절한 생계 수단, 안전, 거처, 긴밀한 유대, 사회 관계를 갖추는 것을 뜻한다. 자연선택을 받는 모든 유기체—지구뿐 아니라 다른 행성에 있을 수 있는 유기체까지 모두 포함한다—는 생존하고 번성하려는 욕구를 갖고 있기 마련인데, 그렇지 않으면 번식할 때까지 살아남지 못할 것이고, 따라서 더 이상 자연선택을 받지 않을 것이기 때문이다.

나는 우리의 도덕적 고려 대상에 동물(그리고 언젠가는 외계의 생명 형태들까지)을 포함시키기 때문에, 내가 말하는 도덕적 행위자는 **감응적 존재** sentient being를 뜻한다. **감응적**sentient이란 **감정, 지각, 감각, 반응, 의식**이 있어서 느끼고 고통 받을 수 있음을 뜻한다. 나는 도덕적 고려 대상을 결정하는 기준에 지능, 언어, 도구 사용, 추론 능력, 기타 인지 능력뿐 아니라, 진화적으로 더 오래된 뇌의 더 기본적인 감정 능력까지 포함시킬 것이다. 우리의 도덕적 고려는 단지 감응적 존재들이 무엇을 **생각하는가**뿐 아니라 그들이 무엇을 **느끼는가**에 기반을 두어야 한다. 이 진술을 뒷받침하는 과학적 증거가 존재한다. 〈의식에 관한 케임브리지 선언Cambridge Declaration on Consciousness〉—2012년에 저명한 인지신경과학자, 신경약리학자, 신경해부학자, 컴퓨터신경과학자들로 이루어진 국제 단체가 발표한 성명—에 따르면, 인간과 인간 외 동물들 사이에는 연속성이 있으며 **감응력**sentience은 종을 초월하는 공통된 특징임을 보여주는 증거들이 점점 증가하고 있다.

예컨대, 감정의 신경 경로들은 뇌에서 고차원적인 피질 구조에만 있는 것이 아니라, 진화적으로 더 오래된 피질하영역들에서도 발견된다. 인간과 인간 외 동물들에서 같은 부위를 인위적으로 자극하면 양쪽에서 똑같은 감정 반응이 일어난다.[3] 게다가 주의력, 수면, 의사 결정은 포유류와 조류, 심지어는 문어 같은 몇몇 무척추동물에 이르기까지 진화적 계통수의 많은 가지들에서 발견된다. 감응력에 대한 이 모든 증거를 평가하면서 과학자들은 이렇게 선언했다. "인간 외 동물들이 의도적인 행동을 보일 수 있으며, 의식적인 상태들을 생성하는 신경해부학적, 신경화학적, 신경생리학적 기질들을 지니고 있음을 보여주는 증거들이 증가하고 있다. 이러한 증거들은 인간이 의식을 생성하는 신경 기질을 소유하고 있는 유일한 유기체가 아님을 암시한다."[4] 인간 외 동물들이 '의식적인지 아닌지'는 의식을 어떻게 정의하느냐에 달려 있지만, 내 목적을 위해 좁게 한정한 '**느끼고 고통 받는** 감정 능력'이라는 정의는 많은 인간 외 동물을 도덕의 영향권으로 데려온다.

이러한 이유와 증거에 따라, 나는 **감응적 존재의 생존과 번성**을 도덕을 논하는 출발점이자, 도덕이라는 체계를 세우는 근본 원리로 삼는다.[5] 도덕은 과학과 이성에 기반을 둔 체계이고, 자연법칙과 인간 본성에 근간을 둔 원리들—실험실과 실제 세계에서 검증할 수 있는 원리들—에 기초한다. 따라서 내가 말하는 **도덕적 진보**란 **감응적 존재의 더 나은 생존과 번성**이다.

여기서 내가 언급하는 대상은 **개별** 존재다. 일차적인 도덕적 행위자는 **개체**지, 집단이나 부족, 인종, 성, 국가, 제국, 사회, 그 밖의 다른 공동체가 아니다. 왜냐하면 생존하고 번성하는 주체 또는 고통 받고 죽는 주체는 **개인**이기 때문이다. 지각하고 감정을 드러내고 반응하고 사랑하고 느끼고 고통 받는 주체는 개별적인 감응적 존재들이지, 인구, 인종, 성, 단체, 나라가 아니다. 역사를 돌아보면 개인이 집단의 이익을 위해 희생될 때 부도덕한 학대가 가장 횡행했고 사망자 수가 가장 높이 치솟았다. 사람을 판단하는 기준이 **개인**의 됨됨이가 아니라 피부색, 성염색체, 성 지향성, 말투, 소속된 정치 종교 집단, 그 밖에 우리 종의 구성원들 사이에 다양하게 분화되어 있다고 밝혀진 서로 **구별되는** 어떤 형질일 때 그런 일이 일어난다. 지난 300년 동안 일어난 권리 혁명들의 대부분이 공동체가 아니라 개인의 자유와 자율에, 집단의 권리가 아니라 **개인**의 권리에 초점을 맞추었다. 투표하는 주체는 인종이나 성이 아니다. 동등하게 대우받고 싶어 하는 주체는 인종이 아니라 개인이다. 권리는 집단이 아니라 개인을 보호한다. 실제로, 대부분의 권리들(미국 헌법의 〈권리장전Bill of Rights〉에 열거되어 있는 권리들)은 개인이 인종, 신조, 피부색, 성, 그리고—머지 않은 미래에는—성 지향성과 성 선호 때문에 집단의 구성원으로서 차별받지 않도록 보호한다.

생물학과 사회에서 개별 유기체는 물리학에서 원자와 같은 자연의 기본 단위다. (집단 구성원들이 유전적으로 거의 동일한 일벌 같은 사회적 곤충들은 여기 포함되지 않는다.) 따라서 도덕의 제1원리인 **감응적 존재의 생존과 번성**은 집단이 아니라 개별 유기체가 자연선택과 사회적 진화의 주된 표적이라는 생물학적 사실에 근거한다.[6] 우리는 사회적 종이다. 즉 우리는 가족, 친구, 다양한 사회적 구성체 같은 집단 속에서 타인들의 존재를 필요로 하고 즐긴다. 하지만 우리는 무엇보다 사회적 집단 속의 **개인들**이며 따라서 집단에 종속되어서는 안 된다.[7] 사회 집단을 위해 희생하는 것과 희생당하는 것은 같지 않다.

이러한 생존 욕구는 인간 본질의 일부이고, 그러므로 그 본질을 충분히 발휘할 자유는 **자연권**이다. 즉 보편적이고 양도할 수 없으며, 따라서 특정 문화의 법과 관습 또는 특정 정부에 의존하지 않는다는 것이다. 자연권 이론은 계몽주의 시대에 왕권신수설을 반박하기 위해 생겨났고, 인권을 보호하는 데 더 뛰어난 민주주의 체제를 야기한 사회계약의 기초가 되었다. 영국 철학자 존 로크John Locke가 1690년에 펴낸《통치론 Second Treatise of Government》(왕권신수설을 옹호하는 로버트 필머Robert Filmer의

1689년 저서 《가부장론Patriarcha》을 반박하기 위해 쓰였다[8])에 바로 그러한 생각을 담았다. 로크에 따르면 "자연 상태는 자연법의 지배를 받고, 모든 사람은 그 법을 따라야 한다. 이성은 그러한 자연법으로서, 이성에 의지할 수밖에 없는 모든 인류에게 인간은 동등하고 독립적이므로 누구도 타인의 생명, 건강, 자유, 재산에 피해를 주어서는 안 된다고 가르친다."[9] 자유로운 개인들이 자발적으로 맺는 사회계약이 우리의 자연권을 보장하기 위한 최선의 길이라고 로크는 주장했다.[10]

권리 선언들은 개인에게 **자기 결정권**을 부여한다. 한 개인의 자기 결정권은 자연권으로서, 우리에게 행동의 옳고 그름을 판단할 수 있는 기준을 제공한다. 다시 말해 우리는 이렇게 물을 수 있다. **이 행동은 그 감응적 존재가 생존하고 번성할 권리를 존중하는 것인가, 아니면 침해하는 것인가?** 도덕은 독단적이고 상대적이고 문화에 구속된 것이 아니다. 도덕은 보편적인 것이다. 우리는 모두 도덕 감각을 갖고 태어나며 도덕 감정들은 타인과의 상호작용에서 나침반이 된다. 동시에 이러한 도덕 감정들은 그 지역의 문화, 관습, 양육의 영향을 받는다. 본성은 약속과 사회적 의무를 어기는 것에 죄책감을 느낄 수 있는 능력을 부여했고, 양육은 그 죄책감의 수위를 높이거나 낮출 수 있다. 도덕은 '저 밖'의 자연에, 그리고 '우리 안'에 인간 본성의 일부로 실재하는, 발견할 수 있는 것이다. 이러한 사실들로부터 우리는─도덕의 영향권을 확장하고 도덕적 진보를 끌어올리기 위한 최선의 조건들을 이성과 과학이라는 도구를 통해 알아내는 수단인─도덕과학을 구축할 수 있다.

과학, 이성, 그리고 도덕의 궤적

대상들의 본성과 그들의 인과 관계를 이해하는 것이 과학의 목적이며, 과학혁명 이래로 모든 분야의 학자들이 '더 나은 인류'를 목표로 삼고 우리 자신 그리고 사회, 정치, 경제적 세계를 포함한 우리가 사는 이 세계를 이해하는 데 과학의 방법들(이성과 비판적 사고라는 철학 도구들이 여기에 포함된다)을 적용하기 위해 체계적인 노력을 기울여왔다. 이 노력은 계몽적 인본주의('세속적 인본주의' 또는 그냥 '인본주의'라고도 부른다)라고 부르는 세계관을 낳았는데, 그것은 대부분의 다른 세계관들과 달리 이념이라기보다는 방법에 가깝다. 즉 그것은 교조적인 신념 체계라기보다는 문제를 해결하는 수단이다. 인본주의는 그 명칭이 암시하듯이 인간이 생존하고 번성하는 일에 관심이 있으며(**마땅히 그래야 한다**), 그 방법들인 이성과 과학은 어떻게 하면 그 일을 잘 해낼 수 있을지 궁리한다. 따라서 도덕과학이라는 경험과학의 목표는 인간과 여타 감응적 존재들이 번영을 누릴 수 있는 최선의 조건들을 알아내는 것이다(**마땅히 그래야 한다**). 이를 위해 먼저 과학과 이성이 무엇을 의미하는지 정의해둘 필요가 있다.

과학

과학은 과거나 현재에 관찰 또는 추론된 현상을 기술하고 해석하는 방법 체계로, 가설을 검증하고 이론을 구축하는 것이 목표다. **방법 체계**라고 한 것은 과학이 사실들의 집합이라기보다는 과정에 가까움을 강조하는 것이고, **기술하고 해석한다**는 것은 그 사실들이 자명하지 않음을 뜻한다. **관찰 또는 추론된 현상**은, 자연에는 코끼리와 별처럼 우리가 볼 수 있는 대상들이 존재하지만 코끼리와 별의 진화처럼 우리가 추론해야 하는 대상들도 존재함을 뜻한다. **과거나 현재**라고 표현한 것은 과학의 도구들이 현재 일어나고 있는 현상뿐 아니라 과거에 일어난 현상을 이해하는 데도 쓰일 수 있기 때문이다. (역사과학에는 우주론, 고생물학, 지질학, 고고학, 그리고 인류 역사를 포함한 역사학이 있다.) **가설을 검증한다**는 것은, 어떤 것이 타당한 과학적 진리가 되려면 반드시 검증 가능해야 함을 뜻한다. 검증을 할 수 있어야 참임을 확증하거나 거짓임을 입증할 수 있기 때문이다.[11] 이 **론을 구축한다**는 것은, 과학의 목표가 수많은 검증된 가설들로부터 포괄적인 설명 체계를 구축함으로써 세계를 설명하는 것이라는 뜻이다.

　과학적 방법을 정의하는 것은 쉽지 않다. 그것은 관찰하고, 그것을 토대로 가설을 세우고, 그 가설을 바탕으로 구체적인 예측을 한 다음, 추가적인 관찰을 통해 그 예측이 맞는지 틀렸는지 검증함으로써 처음에 세운 가설을 확증하거나 반증하는 과정을 포함한다. 이 과정에서 관찰, 결론의 도출, 예측, 예측의 검증이 끊임없이 상호작용한다. 그런데 관찰을 통한 데이터 수집은 무에서 시작되는 것이 아니다. 과학자는 가설에 따라 어떤 종류의 관찰을 할 것인지 결정하는데, 이러한 가설들 자체는 관찰자의 교육, 문화, 특정한 편향을 통해 형성된다. 열쇠는 관찰이 쥐고 있다. 영국의 천문학자 아서 스탠리 에딩턴Arthur Stanley Eddington 경은 법적 은유를 사용해 그 점을 지적했다. "물리학의 결론들이 참인지 가리는 최종 법정은 관찰이다."[12] 과학의 모든 사실은 잠정적인 것으로서 언제든 도전받고 바뀔 수 있다. 그러므로 과학은 그 자체로 '어떤 것'이 아니라, **잠정적** 결론들을 이끌어내는 발견 **방법**이다.

이성

이성이란, 논리와 합리성을 사용함으로써 사실을 확인하고 입증하며, 그러한 사실들을 바탕으로 판단을 내리고 믿음을 형성하는 인지 능력이다. **합리성**rationality은 추측, 의견, 느낌 대신 이성을 사용해 사실과 증거를 바탕으로 한 신념 체계를 형성하는 것이다. 다시 말해, 이성적으로 사고하는 사람은 본인이 사실이기를 **바라는** 것이 아니라 **실제로** 사실인 것을 알고 싶어 한다.[13]

하지만 인지심리학 분야에서 지난 몇 십 년 동안 이루어진 연구가 보여주듯이 우리는 우리가 생각하는 것처럼 합리적인 계산을 하는 존재가 아니라, 감정에 좌우되고, 편향에 눈멀고, (좋은 쪽으로든 나쁜 쪽으로든) 도덕 감정들에 이끌리는 존재다. 확증 편향, 사후 확신 편향, 자기 정당화 편향, 매몰비 편향, 현상유지 편향, 거점 효과, 근본적 귀인 오류는 우리가 증거를 무시한 채 사실이기를 바라는 것을 실제 사실로 믿게끔 만드는 뇌의 수많은 '동기화된 추론' 방식들 가운데 단 몇 가지에 불과하다.[14] 그럼에도 이성과 합리성은 우리 뇌의 특징적 요소로 자리 잡았는데, 패턴과 연결고리를 찾아내는 일(이것을 **학습**이라고 부른다)을 위해 진화한 그러한 능력이 우리 조상들이 살았던 환경에서 생존과 번성에 도움을 주었기 때문이다. 우리 인지 구조의 일부가 된 이성이라는 능력은 일단 생긴 뒤에는 애초에 진화할 때는 의도하지 않았던 문제들을 분석하는 데 투입될 수 있다. 핑커는 이것을 열려 있는 조합적 추론 체계라고 부른다. "이성은 식량을 마련하고 동맹을 다지는 것 같은 일상적 문제들을 위해 진화했지만, 다른 명제들의 논리적 귀결로서 따라 나오는 명제들에 쓰이는 것을 누구도 막을 수 없다." 이러한 능력은 도덕에 중요하게 쓰이는데, "만일 어떤 종의 구성원들이 이성을 이용해 서로를 설득하는 능력을 갖고 있고, 그러한 능력을 발휘할 충분한 기회가 있다면, 그 종은 조만간 비폭력을 포함한 호혜적 배려가 서로에게 이익임을 발견하고 그러한 능력을 점점 더 광범위하게 활용할 것"이기 때문이다.[15]

수렵-채집인들이 하는 것처럼 발자취로 동물의 움직임을 추론하는 것은 명백히 생존에 도움이 되고, 우리는 자동차를 몰고 상점에 가는 것에서부터 달에 로켓을 쏘아 올리는 것까지 모든 일에 그러한 추론 기술을 활용할 수 있다. 과학사가이자 동물 추적 전문가인 루이스 리벤버그Louis Liebenberg는 우리의 과학적 추론 능력은 조상들이 발전시킨 사냥감을 추적하는 기술의 부산물이라고 주장한다. 리벤버그가 찾아낸 추적과 **과학적 방법**의 유비 관계는 흥미롭고도 중요한 사실들을 드러낸다. "추적 과정에서 새로운 사실 정보가 수집되면 가설은 수정되거나 더 나은 가설로 대체되어야 할 것이다. 어떤 동물의 행동에 대한 가설이 세워져 있으면, 이 가설로부터 그 동물의 움직임을 예상하고 예측할 수 있다. 그리고 이러한 예측들이 맞는지 틀린지 점검하면서 가설을 검증하는 작업이 계속된다."[16] 리벤버그는 **조직적인 추적**('그 동물이 무엇을 하고 있었고 어디로 가고 있었는지 자세히 알 때까지 단서에서 정보를 체계적으로 수집하는 것')과 **사변적인 추적**('단서들에 대한 초기 해석, 그 동물의 행동에 대한 지식, 그리고 지형에 대한 지식을 토대로 작업 가설을 세우는 것'으로, 이러한 작업 가설은 검증된 이론적 가설이 되거나, 확증되지 않을 경우 그 동물의 행방에 대한 새로운 가설을 이끌어낸다)을 구별한다. 사변적인 추적에는 '마음 이론theory of mind' 또는 '마음 읽기mind reading'라고 부르는 또 다른 인지 과정이 수반되는데, 그 과정에서 추적자는 자신이 쫓고 있는 동물의 마음이 되어 그 동물이 무슨 생각을 하고 있을지 상상함으로써 그 동물의 행동을 예측한다.

리벤버그는 고고학 및 인류학 증거를 토대로 인간은 적어도 200만 년 전부터(호모 에렉투스 때부터) 사냥을 하고 조직적인 추적을 했으며, 적어도 10만 년 전부터 사변적 추적을 했을 것이라고 추정한다.[17] 이러한 인지 능력들이 언제 생겼든, 사자가 어젯밤에 여기서 잤다는 사실을 유추하는 신경 구조가 일단 자리를 잡으면, 사자를 다른 동물이나 사물로, '이곳'을 '저곳'으로, '어젯밤'을 '내일 밤'으로 대체할 수 있다. 이러한 추론 과정의 대상들과 시간 요소들은 서로 교환 가능하다. 오늘날의 예를 들면, 우리가 구구단을 외워서 7 곱하기 5가 35임을 알면, 5 곱하기 7도 35라는 것을 추론할 수 있다. 이 방정식에서 5와 7은 교환 가능하기 때문이다. 이렇게 바꿔 생각할 수 있는 능력은 잡아먹을 동물을 추적하는 것과 같은 기본적인 추론 능력들을 위해 진화한 신경계의 부산물이다.[18]

이런 식으로 하나의 목적을 위해 진화한 뇌가 다른 목적에 쓰일 수 있으며, (먹잇감에서부터 사람들까지) 수많은 조합과 옵션을 아우르는 한 방정식의 X항과 Y항을 대체할 수 있는 인지 능력은 우리가 다른 도덕적 행위자의 관점을 취할 수 있게 하고 따라서 도덕적 추론의 바탕이 되는 인지 구조다.

확장되는 도덕의 영향권과 역지사지 원리

도덕의 궤적을 더 높은 곳으로 끌어올린 힘을 기술하기 위해 내가 사용하는 은유인 '**확장되는 도덕의 영향권**expanding moral sphere'은 아일랜드의 역사가 윌리엄 에드워드 하트폴 레키William Edward Hartpole Lecky가 1869년에 두툼한 두 권짜리 저서《유럽 윤리학의 역사History of European Morals》에서 처음 사용한 은유인 '**확장되는 원**expanding circle'에서 유래한 것이다. "역사를 돌아보면, 문명이 진보함에 따라 인간의 자비심이 더 커지고, 습관적 행동이 더 예의 바르고 온건해지며, 진리에 대한 사랑은 더 진지해진다." 하지만 이러한 도덕적 진보는 우리의 생물학적 본성이 아니라고 레키는 말한다. "인간은 태생적으로 자비심보다는 이기심이 훨씬 강한데 이 순서를 뒤집는 것이 도덕의 기능이다." 레키는 "한 개인에게서 이기심을 전부 없애는 것은 불가능하며, 만일 그런 일이 일반적으로 일어난다면 사회가 해체될 것"임을 시인한 뒤, 도덕적 진보가 점층적 과정임을 보여준다. "도덕은 항상 정도의 문제임에 틀림없다. 자비로운 사랑이 처음에는 오직 가족에게만 미치지만, 머지않아 그 원의 둘레가 계급, 국가, 국가들의 연합, 모든 인류에까지 순차적으로 확장되며, 결국에는 그 영향이 동물들을 대하는 인간의 태도에까지 미치게 된다."[19] 19세기 유럽에서 도덕의 원 둘레를 동물들에게까지 확장한다고? 당대에 이렇게 혁신적인 생각을 할 수 있었다는 것은 당신이 기본적인 도덕 원리에서 추론을 시작할 때 어떤 일이 일어날 수 있는지를 보여준다.[20]

철학자 피터 싱어Peter Singer도 시대를 앞서간 사람이었다. 1981년에 펴낸 《확장되는 원The Expanding Circle》(우리나라에서는 《사회생물학과 윤리》라는 제목으로 번역 출간되었다—옮긴이)에서 그는 1990년대와 2000년대에 진화심리학과 진화윤리학에서 일어난 발전들을 예견했으며, 그러한 학문들에서 도덕과학이 발전할 수 있을 것이라고 내다봤다. 싱어는 과학과 이성이 **왜** 우리가 자신의 이익을 가치 있게 여기는 것만큼 X의 이익을 가치 있게 여겨야 하는지에 대한 이성적 논거를 제공한다고 주장한다. 이때 X는 소수 인종, 게이, 여성, 아동이 될 수 있고, 지금은 동물도 될 수 있다. 확장되는 도덕의 원을 설명하기 위해 싱어는 "모든 당사자의 이익을 공평하게 고려하는 원리"를 꺼내든다. "나는 윤리적 결정을 내릴 때 타인들도 옹호할 수 있는 결정을 내리려고 노력한다. 그러기 위해서는 단지 내가 결정한다는 이유로 내 이익을 타인들의 이익보다 더 중요하게 여기는 관점을 취해서는 안 된다. 내 이익을 우선한다면 어떤 경우라도 그것이 공평한 고려라는 상위 원리에 비추어 정당해야 한다."[21]

스티븐 핑커는 이 논리를 이런 식으로 설명한다. "내가 당신에게 내게 영향을 미치는 어떤 행동을 해달라고 호소할 때, 당신이 내 말을 진지하게 받아들이고자 한다면 나는 당신의 이익보다 내 이익을 우선하는 방식을 취해서는 안 된다. 나는 당신을 나와 똑같이 대우할 수밖에 없는 방식으로 내 주장을 펼쳐야 한다. 주체가 당신이 아니라 나라는 이유만으로 내 이익이 특별한 것처럼 행동할 수 없다. 내가 그 자리에 서 있다는 이유만으로 그곳이 이 세계에서 특별한 장소라고 주장할 수 없는 것과 마찬가지다."[22]

도덕의 영향권(내가 '원circle'이라는 이차원적 개념보다는 영향권이라는 삼차원적 개념을 선호하는 것은 '구sphere'가 시간, 공간, 종의 안팎을 더 폭넓게 아우르는 이미지이기 때문이다)을 확장하는 추론 과정을 더 폭넓게 **역지사지 원리** Principle of interchangeable perspective로 부를 수 있으며, 이 원리는 집단, 부족, 국가 내의 개인뿐 아니라 집단, 부족, 국가 **사이에도** 적용된다. 내가 이성적으로 사고한다면 단지 내 나라라는 이유만으로 당신의 나라에 비해 내 나라가 특별하다고 호소할 수 없다. (내가 유럽인 친구들에게 미국의 보수적인 라디오 토크쇼 진행자가 말끝마다 미국은 "신이 창조한 푸른 지구에서 가장 위대한 나라"[23]라고 말한다고 이야기하면 그들의 눈이 휘둥그레진다.) 내 집단의 이익을 당신 집단의 이익보다 우선적으로 고려한다면 어떤 경우라도 그것이 편향되지 않고 사심 없는 윤리적 기준에 비추어 정당해야 한다. 이것은 간단한 말처럼 들리지만, 우리는 〈스타트렉Star Trek〉에 등장하는 이성적인 벌컨인이 아니라 인간이라서 두 당사자가 기본 원리에 합의하는 것이 힘들 때가 있다. 쌍방이 처지를 바꿔 생각하지 못하거나 그러기 싫은 경우라면 특히 그렇다. 싱어는 "막상 시작하면, 처음에는 제한적이었던 우리의 윤리적 지평을 확장해 더 보편적인 관점으로 이끄는 것"[24]이 바로 윤리적 추론의 힘이라고 말한다.

이성과 **역지사지 원리**는 도덕을 문화적 발명품이 아니라, 과학적 발견과 동급에 둔다. 과학자들은 이성적 논증과 경험적 데이터 없이 무턱대고 어떤 주장을 할 수 없다(할 수는 있겠지만 동료들에게 무시당하거나 공개적으로 비판받을 것이다). 사람들이 살아가는 더 나은 방식이 실제로 존재하며, 원칙적으로 우리는 과학과 이성의 도구들을 통해 그 방식을 발견할 수 있어야 한다. 애당초 근거가 있어서 갖게 된 믿음이 아니라면 어떤 근거로 그 믿음을 거두게 하는 것은 불가능하다는 말이 있다. 하지만 어떤 믿음에 대한 근거가 있으면, 더 나은 근거가 있을 경우 그러한 근거로 그 믿음을 반박할 수 있다. 그리고 어떤 근거도 제시되지 않으면, 이른바 **히친스의 금언**을 적용해 그 믿음을 무시하면 된다. 내 오랜 친구이자 동료인 고 크리스토퍼 히친스Christopher Hitchens는 이렇게 말했다. "증거 없이 주

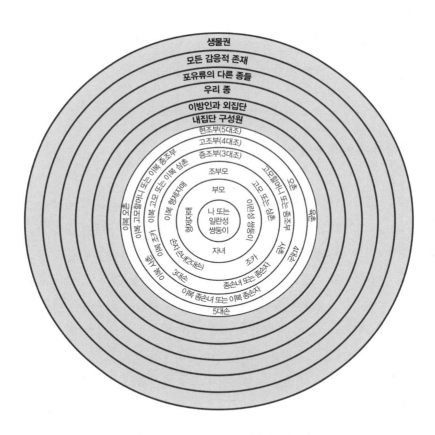

[그림 1-1] 확장되는 도덕의 영향권

장할 수 있는 것은 증거 없이 반박할 수 있다."[25]

　입장과 관점을 바꿀 수 있는 능력, 그리고 이보다 중요한 조건인 그렇게 하려는 의지는 [그림 1-1]에서와 같이 도덕의 영향권을 확장하는 주된 동인이다. 우리 자신에서 시작해 외부로 확장되는 원은 우리의 도덕적 관심이 유전적 관계와 직접적인 관련이 있음을 보여준다. 즉 일란성 쌍둥이, 형제, 부모, 자녀, 조부모, 이복형제(또는 이부형제), 고모, 삼촌, 조카, 증조부모, 종조부, 증손자······ 고조부모로 순차적으로 확장되고, 그 다음에는 친구와 지인, 내집단 구성원, 다른 집단, 부족, 국가의 구성원, 우리 종의 모든 구성원, 포유류의 모든 구성원, 모든 감응적 존재, 생물권으로 확장된다. 관점을 바꾸고 도덕권을 확장하는 이러한 능력은 지능과 추상적 추론 능력이 점점 증가하면서 나타난 결과로 보인다.

추상적 추론과 도덕 지능

과학적으로 생각하려면 추상적으로 추론할 수 있어야 하는데, 이러한 능력은 그 자체로 모든 도덕의 토대다. 남에게 대접받고자 하는 대로 남을 대접하라는 황금률을 실천할 때 필요한 관념적 전환을 생각해보라. 상대방의 처지가 되어 행위자가 아니라 행위의 대상으로서 (또는 가해자가 아니라 피해자로서) X라는 행동을 어떻게 느낄지 생각해보는 것이 필수다. 따라서 과학적 추론과 도덕적 추론에 필요한 유형의 개념적 추론은 역사적으로 그리고 심리적으로 서로 연결되어 있을 뿐 아니라, 시간이 흐르면서 우리가 추상적이고 이론적인 사고에 익숙해짐에 따라 점점 발전해왔다고 주장할 수 있다.

　1980년대에 사회과학자 제임스 플린James Flynn은 지난 세기에 지능지 수intelligence quotient(IQ) 점수가 10년마다 3점씩 올랐음을 발견했다. 이를 **플린 효과**Flynn Effect라고 부르는데, 100년 동안 IQ가 무려 30점가량 오른 것이다. 이는 100을 중심에 놓고 15점 간격으로 일정한 인구 비율이 분포하도록 조정되어 있는 IQ 곡선이 오른쪽으로 표준편차 간격만큼 두 번 이동했다는 뜻으로, 과거에 매우 우수한 점수였던 130이 평균의 자리를 차지한 것이다. (하지만 IQ 검사 점수는 그대로인데 그것은 플린 효과를 감안해 정규분포곡선의 중심이 이동하기 때문이다. 플린은 그것을 보고 플린 효과를 발견했다.) 우리가 단지 IQ 시험을 점점 잘 보고 있는 경우라면 점수가 전반적으로 올랐어야 한다. 하지만 실제로는 그렇지 않다. IQ 점수의 상승은 대체로 추상적 추론이 가장 필요한 두 영역에서만 나타났다. 그것은 공통성 검사와 행렬추론 검사이다. 상식 검사, 산수 검사, 어휘

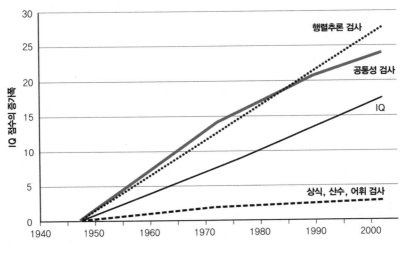

[그림 1-2] 플린 효과

사회과학자 제임스 플린은 IQ 점수가 10년마다 평균 3점씩 높아지고 있음을 발견했다. 추상적 추론을 요하는 두 영역(공통성 검사와 행렬추론 검사)에서 증가폭이 가장 두드러졌다.[26]

검사는 점수가 거의 오르지 않았다.[27] [그림 1-2]는 1940년대 후반 이후의 추세선들을 보여준다.

공통성 검사는 "개와 토끼의 공통점은 무엇인가?"와 같은 질문을 한다. "둘 다 포유류"라고 답한다면 당신은 과학자처럼 사고하고 있는 것이라고 플린은 말한다. 생물들을 유형별로 분류하는 것은 추상적 사고이기 때문이다. 만일 "개를 이용해 토끼를 사냥한다"라고 답한다면 당신은 현실에서 개를 어떻게 이용하는지 상상함으로써 구체적으로 사고하고 있는 것이다. 플린에 따르면 지난 세기 동안 사람들은 구체적으로 사고하기보다는 추상적으로 사고하는 학습을 해왔다.

행렬추론 검사는 [그림 1-3]에서와 같이 추상적인 도형들을 보고 패턴을 알아낸 다음 그 패턴에서 빠져 있는 조각을 유추해내는 것이다.

플린 효과의 원인이 무엇인지에 대해서는 논란이 있다. 표준화된 검사를 자주 받다 보니 점수가 올랐다는 가설은 IQ 점수의 상승이 표준화된 검사가 생기기 전에 일어났고, 점수가 검사율과 무관하게 꾸준한 속도로 상승해왔기 때문에 앞뒤가 맞지 않는다.[28] 이보다 우리 경제가 농업과 산업에서 정보 의존적으로 바뀌면서 학교에 더 오래 다니고, 기술이 발전하고, 전문직이 늘어나고, 개념적인 일이 더 많이 필요해졌기 때문이라는 설명이 더 일리 있다. 오늘날 우리들 가운데 대다수가 쟁기와 소, 기계를 다루는 대신 언어, 숫자, 상징을 다룬다. 과학 교실에서조차 자연에 대한 사실들을 단순 암기하는 것에서 자연의 법칙과 과정들을 추론하는 것으로 초점이 바뀌는 추세다. 즉 내용도 중요하지만 **과정**도 중요해진 것이다. 과정적 사고는 추상적 추론의 한 형태다.[29]

플린 자신은 플린 효과의 원인을 '과학의 안경'을 통해 세계를 보는 능력이 빠르게 향상된 것에서 찾는다. 그는 한 슬픈 일화를 통해 자신의 아버지가 살았던 '과학 이전' 세계와 오늘날의 '과학 이후' 사회를 대조한

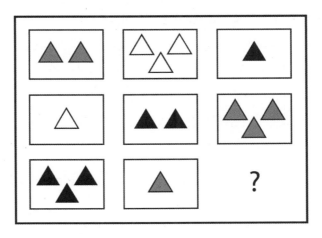

**패턴을 완성하려면 위의 빈 공간에 아래 보기 중
어떤 것이 들어가야 할까?**

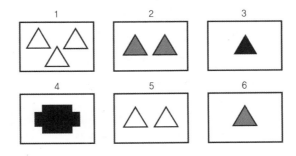

[그림 1-3] 행렬추론 문제

정답으로 5번을 골랐다면, 당신은 추상적으로 추론하고 있는 것이다[30]

다. 플린 형제는 아버지가 그 세대의 전형적인 인종 편견에서 벗어나도
록 설득하기 위해 한 가지 사고실험을 했다. "어느 날 아침에 눈을 떠보
니 피부색이 검게 변해 있다면 어떨까요? 인간보다 못한 존재가 된 걸
까요?" 플린의 아버지는 이렇게 답했다. "그런 멍청한 소리가 어디 있느
냐? 인간의 피부색이 하룻밤 새에 검게 변한다는 소리는 처음 들어보는
구나." 플린은 자신의 아버지가 추상적 추론을 받아들이지 못한 것은 머

리는 좋았으나 교육을 받지 못한 탓이라고 설명하면서, 플린 효과는 본성이 아니라 양육에서 비롯된다고 결론 내렸다.[31] 이 일화는 더 큰 사회적 추세를 상징적으로 보여준다. 바로 인간이 세대를 거듭할수록 **추상적** 추론만이 아니라 **도덕적** 추론도 더 잘하는 사람들이 되고 있다는 것이다. 《스켑틱Skeptic》 매거진에 실린 한 인터뷰에서 플린은 심리학자 알렉산더 루리아Alexander Luria가 20세기 초에 실시한 러시아 농부들의 추론 능력에 대한 연구를 언급했다.

루리아가 연구 대상으로 삼은 문맹의 러시아 농부들은 가설적 상황을 진지하게 생각해보려고 하지 않았다. 예를 들어 루리아는 그들에게 이런 질문을 던졌다. "항상 눈이 쌓여 있는 곳에 사는 곰이 있다고 칩시다. 그리고 항상 눈이 쌓여 있는 곳에 사는 곰은 흰색이라고 가정합시다. 그러면 북극에 사는 곰은 무슨 색깔일까요?" 그러면 그들은 이런 식으로 대답한다. "나는 갈색 곰밖에 못 봤습니다. 북극에서 온 노인이 거기에는 흰 곰이 있다고 말한다면 믿을 수 있겠죠." 그들은 가설적 또는 추상적 범주에는 관심이 없었다. 그들은 구체적인 현실에 근거했다. "독일에는 낙타가 없습니다. B는 독일에 삽니다. 그곳에 낙타가 있을까요?" 그들은 이렇게 답했다. "글쎄요. 독일이 제법 큰 나라니까 당연히 낙타가 있을 겁니다. 아니면 낙타가 살기에는 너무 좁은 곳일지도 모르지요." 우리가 1950년과 2010년에 실시된 레이븐 누진 행렬 검사(일련의 도형 행렬을 제시한 다음, 빈칸에 들어갈 도형을 추측하게 하는 것—옮긴이)에서 얻은 놀라운 자료는 그 검사가 제시된 도형들이 구체적으로 지시하는 것이 무엇인지를 떠나 그 도형들의 관계를 더 진지하게 생각하는 능력과 완벽한 상관성을 가진다는 사실을 보여준다.[32]

플린과 그의 동료 윌리엄 디킨스William Dickens는 인지적 추론 능력이 향상되기 시작한 것은 몇 세기 전 산업혁명이 일어나면서부터였을 것이라고 추측한다. 그 시기에 교육 수준이 양적·질적으로 모두 높아지고, 영양 상태가 좋아지고, 질병 관리가 이루어지고, 복잡한 기계를 조작하게 된 덕분이라는 것이다. 그리고 나서 1950년 이후부터는 "IQ 상승의 패턴이 새롭고 특이해진다. 읽기와 산술처럼 학교에서 배우는 교과목과 가장 비슷한 종류의 검사들에서는 점수가 오르지 않거나 조금만 오른 반면, 두 낱말의 공통점 찾기, 행렬 패턴에서 빠진 조각 찾기, 제시된 토막들로 패턴 만들기, 그림을 배열해서 이야기 완성하기처럼 즉석에서 문제를 해결하는 것에 중점을 둔 검사들에서는 점수가 크게 올랐다. 산업혁명은 기본적인 능력은 이만하면 되었으니 추상적인 문제 해결 능력을 기르기를 요구하기 시작했던 것 같다."[33]

플린 효과를 일으킨 원인이 무엇이든, 그것이 유전이나 생물학적 요인은 아니다. 왜냐하면 자연선택이 작동할 만큼 충분한 시간이 지나지 않았을 뿐더러, 영양 상태가 점점 좋아지다가 20세기 중반에 들어서는 큰 변화가 없었는데도(오히려 최근에 정크 푸드가 널리 보급되면서 영양 상태가 악화되었을 가능성이 있다) IQ가 계속해서 높아지고 있기 때문이다. 스티브 존슨Steven Johnson은 《바보상자의 역습Everything Bad is Good for You》이라는 흥미로운 저서에서 대중문화와 미디어가—심지어는 '바보상자'조차도—추상적 추론 능력을 높이는 동인이라고 주장한다. 한 예로 그는 텔레비전 프로그램의 구성과 캐릭터 구축이 몇 십 년 전에 비해 훨씬 더 복잡해진 점을 지적한다.[34] 플린은 지난 100년에 걸쳐 일어난 일군의 문화적 요인들이 함께 작용했을 것이라고 생각한다.

높은 인지 능력을 요하는 직업들이 IQ를 높인다. 오늘날 은행 직원이 하는 일이 1900년의 같은 직업보다 얼마나 높은 인지 능력을 요하는지 한 번 보라. 과거에 은행원은 주택담보대출에 적격인 고객을 가려낼 수 있기만 하면 되었다. 둘째로, 높은 인지 능력을 요하는 여가 활동도 IQ를 높인다. 비디오 게임을 통해 훌륭한 문학 작품을 접할 수는 없지만, 게임을 함으로써 단순히 스포츠를 즐기는 것 외에 두뇌 훈련을 할 수 있다. 여가 활동과 직업 외에 학교 교육도 IQ를 높인다. 오늘날의 교과 과정에는 지적 능력을 훨씬 더 많이 필요로 하는 과목들이 포함되어 있다. 1914년 오하이오주에서 미국 학생들이 치른 시험들을 보면 모든 문제가 사회적으로 유용한 지식을 묻는 것이었다. "44개 주의 주도가 어디인가?" 오늘날이라면 이렇게 물을 것이다. "주에서 가장 큰 도시가 주도인 경우가 드문 이유는 무엇인가?"[35]

미국의 주도들을 줄줄 열거하는 데는 추상적 추론이 전혀 필요 없지만, 시골의 주 의회들이 주도 결정을 좌지우지했는데 그들은 대도시를 싫어해서 군청 소재지를 주도로 정했다는 사실을 알면, 왜 뉴욕주의 주도가 뉴욕이 아니라 앨버니이고 왜 펜실베이니아주의 주도가 필라델피아가 아니라 해리스버그인지 추론할 수 있다. "따라서 학생들은 꽤 추상적인 개념과 명제들에 대한 가설들을 세우고 그 가설들을 논리적으로 연결할 줄 알아야 한다"고 플린은 설명했다. "학교에서 해결해야 하는 개념상의 문제들이 바뀌었다."[36] 그리고 직장에서 해결해야 하는 개념상의 문제들도 바뀌었다. 1900년에는 미국인의 3퍼센트만이 높은 인지 능력을 요하는 직업을 가졌던 반면 2000년에는 그 비율이 35퍼센트로 늘어났다고 플린은 지적한다.

우리가 추상적 추론을 더 잘하게 된 것은 과학적 사고—즉 이성, 합리성, 경험주의, 회의주의라는 폭넓은 의미의 과학—가 확산된 결과라는 주장도 할 수 있다. 과학자처럼 생각한다는 것은 물리와 생물뿐 아니라 사회(정치와 경제)와 도덕(타인을 어떻게 대우해야 하는지 이론적으로 검토하는 것)의 진정한 본성을 더 잘 이해하기 위해 감정적이고 주관적이고 본능적인 뇌를 극복하는 데 모든 정신 능력을 쏟는다는 뜻이다. 다시 말해 도덕적 세계의 궤적이 구부러지는 것은 어느 정도는 핑커가 말한 '도덕적 플린 효과' 때문이다.[37] 핑커는 그것이 "터무니없는 생각은 아닐 것이다"라고 조심스럽게 말했지만 나라면 더 강하게 말했을 것이다. 나는 우리가 추상적 추론을 전반적으로 더 잘하게 되면서 차츰 혈족 외의 사람들과 관련한 도덕적 추론처럼 특정한 분야의 추상적 추론도 더 잘하게 되었다고 생각한다. 진화는 우리의 유전적 친족에게는 친절한 반면 다른 부족 사람들에게는 두려움, 의심, 공격성을 보이게 만드는 자연적 경향을 주었다. 그런데 개와 토끼를 '포유류'라는 하나의 범주로 묶는 것과 같은 추상적 추론에서 우리 뇌가 더 나은 능력을 갖추면서, 우리는 흑인과 백인, 남성과 여성, 이성애자와 동성애자를 '인간'이라는 하나의 범주로 묶을 수도 있게 되었다. 종을 정의하는 문제와 관련하여 진화론에서 흔히 쓰는 은유를 빌리면, 우리는 '세분파'보다는 '병합파'가 되고 있다. 즉 차이점보다는 공통점을 본다.

지난 200년 동안 철학자와 지식인들이 권리, 자유, 정의 같은 추상적 개념들을 정립하는 데 의식적으로 과학의 방법들을 사용하면서, 사람들은 차츰 이러한 추상화 작업이 행렬 추론에서와 같은 관념적 전환을 필요로 하는 다른 분야들에도 쓰일 수 있다는 것을 학습하기 시작했다. 다음은 우리의 도덕 지능이 높아지고 있다는 가설을 뒷받침하는 연구와 증거들이다.[38]

- 지능과 교육은 폭력적인 범죄와 음의 상관관계를 가진다.[39] 지능과

교육 수준이 높아짐에 따라 폭력 범죄를 저지르는 일도, 그러한 범죄의 피해자가 되는 일도 줄어든다. 이러한 효과는 사회·경제적 계급, 나이, 성별, 인종 같은 요인들을 통제한 경우에도 나타난다.[40]

- 인지 방식은 형사 사법에 대한 태도를 예측하는 변인이다. 심리학자 마이클 사전트Michael Sargent는 '인지 능력에 대한 욕구'가 높을수록(즉 지능 검사와 같은 어려운 두뇌 활동을 즐길수록) 응보적 처벌을 적게 요구한다는 사실을 발견했다. 나이, 성별, 인종, 교육, 수입, 정치적 성향 같은 요인들을 통제해도 마찬가지다. 제목에 충실한 논문인 〈생각을 덜 할수록 심한 처벌을 요구한다Less Thought, More Punishment〉에서 사전트가 내린 결론들은 처벌은 범죄에 합당해야 한다는 원리에 힘을 실어주는데, 이 원리를 추구하기 위해서는 모든 과학적 사고의 근본이 되는 과정인 '비례성'이라는 추상적 개념을 이해하는 것이 필수다.[41]

- 추상적 추론 능력이 협력과 양의 상관관계에 있다는 것은 '죄수의 딜레마' 게임(자기 이익을 추구하는 완벽하게 합리적인 행위자가 그러기를 원치 않는 경우에도 협력이 더 나은 결과를 낸다는 것을 증명하는 게임 이론의 고전적인 사고실험)에서 확인된다. 경제학자 스티븐 버크스Stephen Burks와 동료들은 트럭 운전 훈련생들에게 IQ 검사의 행렬 문제를 풀게 한 다음, 게임 파트너와 협력하거나 그를 배신할 수 있는 죄수의 딜레마 게임에 참가시켰다. 그 결과, 행렬 문제에서 높은 점수를 받은 훈련생일수록 죄수의 딜레마 게임의 첫 번째 판에서 협력할 가능성이 높았다. 나이, 인종, 성별, 교육, 수입 같은 일반적인 가외변인들을 통제해도 마찬가지였다.[42] 경제학자 가렛 존스Garrett Jones

는 1959년부터 2003년까지 미국 전역의 단과대학 및 종합대학에서 실시한 36회의 죄수의 딜레마 실험에 대한 메타 분석에서 이 관계를 재확인했다. 그는 그 학교의 SAT 평균 점수와 학생들의 협력적인 성향 사이에 양의 상관관계가 있음을 발견했다.[43]

- 지능은 타인을 돕는 태도의 고전적 자유주의 성향을 예측하는 변인이다. 청소년 건강에 대한 전국종단연구National Longitudinal Study of Adolescent Health의 자료를 분석한 결과, 2만 명의 젊은 성인들에서 IQ와 자유주의적 성향 사이에 양의 상관관계가 성립했고, 일반사회조사General Social Survey 자료는 계몽주의적 가치들을 반영한 **고전적** 자유주의와 지능 사이에 상관관계가 있음을 지적함으로써 그 관계를 분명히 했다. 즉 머리가 좋은 사람일수록 정부가 부자로부터 빈자에게로 소득을 재분배해야 한다는 입장에 동의하기보다는, 과거의 차별을 보상하기 위해 정부가 아프리카계 미국인들을 도와야 한다는 입장에 동의할 확률이 높았다.[44] 다시 말해, 지능의 효과는 경제적 조정이라는 구체적인 차원보다는 어떻게 사람들을 윤리적으로 대할 것인가라는 도덕적 차원에서 나타났고, 따라서 지능이 도덕적 추론에 중요하다는 것을 암시한다.

- 심리학자 이언 디어리Ian Deary와 그 동료들은 〈총명한 어린이가 깬 성인이 된다Bright Children Become Enlightened Adults〉라는 적절한 제목의 논문에서 이 관계를 확인했다. 디어리는 열 살짜리 영국 어린이들의 IQ와 그들이 30세가 되었을 때 반인종주의, 사회적 자유주의, 일하는 여성을 지지하는 태도 사이에 양의 상관관계가 있음을 발견했다. 이 연구에서 일반적인 가외변인들은 통제되었다. 지능에서

도덕적 추론으로의 인과적 화살표가 20년의 시간차를 둔 측정 척도들에 의해 확인된 것이다.[45] 디어리는 '깬enlightened'이라는 형용사를 계몽주의에서 직접 유래한 가치들이라는 뜻으로 사용했고, 계몽주의의 정의는 《콘사이스 옥스퍼드 사전Concise Oxford Dictionary》의 "전통보다는 이성과 개인주의를 강조하는 철학"을 따랐다.

- 지능은 경제적 태도를 예측하는 변인으로, 이 관계는 추상적인 개념에서 가장 두드러지게 나타난다. 한 예로, 자유무역이 포지티브 섬 게임이 될 수 있다는 개념을 들 수 있는데, 이는 경제적 교환이 파이의 크기가 고정되어 있는 제로섬 게임이라는 일반적인 경제적 직관에 반하는 것이다. 경제학자 브라이언 카플란Bryan Caplan과 스티븐 밀러Stephen Miller는 일반사회조사에서 추려낸 자료를 분석한 결과, 지능이 높을수록 이민, 자유시장, 자유무역에 수용적이고, 정부 주도의 공공사업, 보호무역 정책, 시장 간섭을 꺼린다는 사실을 발견했다.[46] 구체적인 사고는 다른 부족들(현대 세계에서는 국가)을 제로섬 관점에서 바라보는 대중영합주의적이고 민족주의적인 태도와 더불어, 경제적 종족주의를 지지하게 만든다. 추상적 추론은 다른 부족(국가)의 구성원들을 정복하거나 죽여야 할 잠재적 적으로 간주하기보다는 존중해야 할 무역 파트너로 간주하게 만든다.

- 지능은 민주적 경향을 예측하는 변인으로, 그 관계는 법치에서 가장 두드러지게 나타난다. 심리학자 하이너 린데만Heiner Rindermann은 여러 나라의 많은 집합적 자료로 실시한 상호 관련된 일련의 연구에서, 1960년에서 1972년까지 보고된 대중적인 지능 검사들의 평균 점수와 학업 성취도를 나타내는 척도들을 검토했다. 그 결과,

이러한 지능 척도들이 그 이후의 기간인 1991년부터 2003년까지 그 나라들에서 보고된 부, 민주주의, 법치의 수준을 예측했음을 확인했다. (그리고 그 이전의 기간에 보고된 그 나라의 부의 수준을 통제해도 이 효과는 그대로 나타났다.)[47] 다시 말해 다른 모든 조건이 같다면, 국민이 추상적으로 추론할 수 있도록 교육하는 나라가 더 부유하고 도덕적인 나라가 될 것이다.

- 문자 공화국의 시민들인 우리들 대부분에게 가장 고무적인 사실은 문자 해독력과 도덕 사이에 양의 상관관계가 성립함을 보여주는 증거가 점점 늘고 있다는 것이다. 특히 소설 읽기와 타인의 관점을 취할 수 있는 능력 사이의 상관관계가 눈에 띈다.[48] 소설 속 등장인물들의 관점을 취하기 위해서는 행렬추론에서와 같이 위치 관계를 돌려보는 것과 함께, X라는 사건이 당신에게(설령 '당신'이 소설 속의 인물이라도) 일어난다면 어떨지를 생각하는 정서적 교감이 필요하다. 예컨대 2011년의 한 연구에서 프린스턴대학교의 신경과학자 유리 핸슨Uri Hansson과 그의 연구팀은 한 여성에게 소설 한 편을 낭독하게 하고 그동안 그녀의 뇌를 찍었다. 그리고 그것을 녹음했다가 나중에 다른 피험자들에게 틀어주면서 그들이 듣는 동안 그들의 뇌 영상을 찍었다. 그 결과, 낭독자가 소설의 특정 대목을 낭독할 때 정서에 관여하는 뇌 부위인 '뇌섬'이 활성화되었고, 듣는 사람들의 뇌섬도 활성화되었다. 또한 그 소설의 다른 대목을 읽는 동안 낭독자의 전두엽피질이 활성화될 때는 듣는 사람들의 뇌에서도 같은 부위가 활성화되었다.[49] 마치 그 소설이 읽는 사람과 듣는 사람의 뇌를 동기화함으로써 마음 읽기와 도덕적 관점 바꾸기를 가능하게 하는 것 같았다. (핸슨 연구팀의 또 다른 연구에서도 이러한 뇌 동기화

가 나타났다. 피험자들에게 세르지오 레오네의 1966년 영화 〈석양의 무법자 The Good, the Bad, and the Ugly〉를 틀어주고 그들이 시청하는 동안 뇌 영상을 찍은 결과, "영화 감상자들의 뇌에서 비슷한 뇌 활성화가 일어났다." 더 구체적으로, 다섯 명의 피험자 모두에서 신피질의 약 45퍼센트가 같은 장면에서 같은 부위의 활성화를 보였다.[50])

2013년 《사이언스Science》에 발표된 〈소설을 읽는 것이 마음 읽기에 도움이 된다〉라는 제목의 연구에서 심리학자 데이비드 카머 키드David Comer Kidd와 이매뉴얼 카스타노Emanuele Castano는 수준 높은 소설을 읽는 것과 타인의 관점을 생각할 수 있는 능력 사이의 인과 관계를 보여주는 연구 결과를 보고했다. 관점 바꾸기 능력을 측정하는 데는 잘 검증된 방법들 가운데 하나가 사용되었다. 예를 들면, 타인의 감정을 짐작한다든지, 시선의 방향으로 누군가가 무슨 생각을 하고 있는지 해석하는 방법이다.[51] 연구 결과, 소설 읽기에 배정된 실험 참가자들이 다른 실험 집단들에 배정된 참가자들보다 마음 이론 검사에서 훨씬 높은 점수를 받았다. 다른 실험 집단들의 점수는 대동소이했다.

이 실험이 중요한 것은 인과관계의 방향이 소설 읽기에서 관점 취하기로 향하고 있으며, 그 반대가 아님을 확실하게 보여주기 때문이다. 그러니까 마음 읽기에 능한 사람들이 꼭 소설을 좋아하는 것은 아닌 셈이다. 그렇긴 하지만 이 연구는 아직 초기 단계이며, 문자 해독과 도덕의 관계를 무리하게 밀어붙이지 말아야 할 이유들이 존재한다. 일반적으로 교육이, 그 가운데서도 특히 문학 교육이 도덕적 건강에 좋은 영향을 미치는 것은 분명한 것 같은데, 그 이유들이 무엇인지는 아직 완전히 밝혀지지 않았다. 하지만 나는 이러한 연구들처럼 이론을 실제로 적용해보려는 연구자들의 노력을 지지한다. 예컨대 〈싱싱대학교The University of Sing

Sing〉라는 다큐멘터리에서 팀 스쿠센Tim Skousen은 뉴욕 싱싱 교도소에서 근무하는 자신의 부모—조 앤과 마크 스쿠센—와 여타 교사들이 하는 일을 기록하는데, 그 교사들은 문학을 이용해 그곳에 수감된 죄수들의 비판적 사고 능력을 기르고 그들의 도덕적 지평을 확장한다.[52]

뉴욕주 교정부에서 운영하는 몇몇 학사학위 프로그램들 가운데 하나를 맡았던 심리학자들은 인터뷰에서, 출소 후의 성공을 가장 잘 예측하는 변인은 대학 학위임을 보여주는 통계 자료들을 인용한다. 그 프로그램에서 함께 일하는 심리학자 수잔 와이너Susan Weiner는 이렇게 말한다. "이 남성들과 여성들은 지역사회로 복귀할 것입니다. 그들이 어떤 식으로 복귀하기를 바랍니까? 죄수들만 좋자고 하는 일이 아닙니다. 그것은 사회에도 좋은 일입니다 우리 사회를 더 나은 장소로 만드는 방법입니다." 예컨대 데니스 마르티네즈Denis Martinez라는 한 죄수는 교육을 받고 어떤 주제들을 깊이 읽는 방법을 배움으로써 세상을 보는 관점이 어떻게 바뀌었는지 설명했다. "그것은 내게 새로운 안경을 주었습니다. 그 전에는 지금 보는 것들을 볼 수 없었어요. 나는 여기저기 돌아다니며 세상을 다 안다고 생각했던 열아홉 살의 불량배였습니다. 더 많이 배울수록 내가 얼마나 틀렸고 내가 얼마나 모르는지 알 수 있었습니다." 르네 데카르트René Descartes의 책을 읽고 영감을 받은 마르티네즈는 자신의 감회를 이렇게 밝혔다. "교도소에서 사는 방법은 두 가지가 있습니다. 육체적인 삶과 정신적인 삶입니다. 정신적인 감옥에 있는 것은 무지, 닫힌 마음, 비관주의 속에서 사는 것입니다. 당신은 나를 원하는 만큼 가둘 수 있지만 내 마음은 항상 자유로울 것입니다." 이 죄수가 그린 그림의 제목은 의미심장하다. 〈나는 생각한다. 그러므로 나는 자유다Cogito Ergo Sum Liber〉. (현재 이 문구는 현대를 살아가는 계몽주의 사상가들을 위한 범퍼 스티커와 티셔츠 로고에 쓰이고 있다.)

연속적 사고의 미덕

도덕적 추론에 응용할 수 있는 과학자의 인지 도구에는 추상적 사고만 있는 것이 아니다. 개념들(여러 관찰과 경험에서 얻은 공통된 속성을 종합하여 표현하는 하나의 형상화된 이미지. 예를 들면 편견, 정치적 태도, 직무 만족도 등이 있다─옮긴이)을 **연속적인 척도**와 **범주형 척도**라는 두 가지 형태로 생각해보면, 많은 도덕적 문제들이 풀릴 뿐 아니라 때로는 문제 자체가 사라지기도 한다는 것을 알 수 있다.《선과 악의 과학The Science of Good and Evil》에서 나는 '퍼지 논리fuzzy logic'**53**라는 개념을 응용해 '선'과 '악'은 단순히 흑백의 범주로 구분되는 구체화된 '실체들'이 아니라 연속체 위에서 서서히 바뀌어가는 행동임을 보여주었다. **선**과 **악**은 연속체 위에서 평가될 수 있는 도덕적 행위자들의 행동을 기술하는 말이다. 이타주의와 이기주의를 생각해보자. 모든 행동이 그렇듯이 두 유형의 행동은 광범위한 면모를 지닌다. 우리는 누군가를 이진법 논리 체계의 1 또는 0처럼 이타적 또는 이기적으로 범주화하는 대신, 그를 0.2만큼 이타적이고 0.8만큼 이기적인 사람으로, 또는 0.6만큼 협력적이고 0.4만큼 비협력적인(또는 경쟁적인) 사람으로 생각할 수 있다.**54**

대부분의 도덕적 문제들은 범주가 아니라 연속적으로 생각하는 것이 더 낫다. 세계를 깔끔하게 구분되는 상자들 속으로 범주화하는 것은 몇 가지 작업에서는 유용한 인지 도구지만, 사회적·도덕적 문제들을 이해하는 데는 썩 유용하지 않다. 민주주의가 전쟁 확률을 낮출까? 만일 국가들을 단순히 이분법적으로 민주주의 국가 또는 비민주주의 국가로 분류한다면(1 또는 0), 이러한 민주주의 평화 이론의 많은 예외를 찾을 수 있을 것이다. 하지만 연속적인 간격 척도를 사용해 국가들을 민주주의의 정도에 따라 1부터 10까지 나누고, 전쟁도 사소한 분쟁에서부터 세계대전으로 세분화한다면, 민주주의 정도와 전쟁 확률 사이에 상당한 음의 상관관계가 있음을 확인하게 될 것이다(이 문제는 뒤에서 더 이야기하겠다).

과학자들은 문제에 대해 생각할 때 연속적인 척도를 사용하는 경향이 있다. 예컨대 진화생물학자 리처드 도킨스Richard Dawkins는 한 화석을 이 종 또는 저 종으로 분류하는 것은 '불연속적인 마음의 횡포'에 굴복하는 것이라고 말한다. "고생물학자들은 특정한 화석이 오스트랄로피테쿠스 속인지 호모 속인지를 놓고 격렬한 논쟁을 벌인다. 하지만 진화론자라면 정확히 중간 단계에 해당하는 개체들이 틀림없이 존재했음을 안다." 찰스 다윈Charles Darwin의 진화론은 생물을 고정된 실체로 여기는 범주적 '본질주의'를 뒤엎었다. "어떤 화석을 이 속 또는 저 속에 억지로 집어넣을 필요가 있다고 주장하는 것은 본질주의자들의 어리석은 생각"이라고 도킨스는 지적한다. "호모 속의 자식을 낳은 오스트랄로피테쿠스 속의 어머니는 결코 존재하지 않았다. 지금까지 태어난 모든 자식은 어머니와 같은 종에 속했으니까." [55]

'가난'의 범주에 대해 생각해보자. 세계은행은 가난을 하루 1.25달러 미만으로 살아가는 것이라고 정의하고, 빌앤드멜린다게이츠재단은 1990년 이후로 빈곤하게 살아가는 세계 인구의 비율이 50퍼센트 줄었다는 사실을 강조해왔다. [56] 이것은 진보이며, 이러한 긍정적 추세를 이어나가기 위해 어떤 일들을 했는지는 마땅히 언급되어야 하지만, 사람들을 '가난'과 '가난하지 않음'이라는 두 개의 상자에 집어넣는 범주적 사고는 하루 2.5달러로 살아가는 것 역시 한 사람의 생존과 번성에 장애가 된다는 사실을 가린다. 전 세계 사람들이 얼마로 살아가는지를 나타내는 연속적 척도가 경제적 웰빙을 더 정확하게 묘사한다.

모든 도덕적 문제를 이런 식으로 생각할 수는 없지만, 나는 이 책 전체에 걸쳐 쟁점들을 범주적 실체로서가 아니라 연속적인 척도에 놓고 생각하는 것이 얼마나 유용한지, 그리고 얼마나 유익한지를 보여줄 것이다. 그리고 일반화의 예외를 발견할 경우, 그 예외가 일반화를 반증하는 사례인지 아니면 일반화 안에서 연속적인 척도에 놓이는지 생각해보면 도움이 될 것이다.

도덕적 진보라는 사실에서 당위로

우리가 도덕적 진보의 증거들과 그러한 진보를 가져온 여러 원인들을 살펴보는 동안 기억해둘 것은, 우리가 밝혀낸 도덕적 진보의 원인이 우리에게 말해줄 수 있는 것은 도덕적 진보라는 목표를 이루는 방법이라는 것이다. 그 원인이 **왜** 우리가 애당초 도덕의 영향권을 확장하고 싶어 하는지를 설명해주지는 않는다. 과학과 이성은 도덕의 영향권을 **축소**하는 방법을 알려준다고 주장할 수도 있으며, 그것도 맞는 말일 것이다. **어떻게**와 **왜**의 차이는 철학자 데이비드 흄David Hume이 **사실과 당위의 문제**(**자연주의적 오류**, 또는 **흄의 단두대**라고도 한다), 또는 **기술적** 진술(어떤 것이 어떻게 존재**하는가**)과 **규범적** 진술(어떤 것이 어떻게 존재**해야 하는가**)의 차이를 발견한 이래로 도덕에 관한 연구를 괴롭혀온 성가신 문제와 맞닿아 있다. 흄이 그 문제를 어떻게 설명했는지 보자.

내가 지금까지 접한 모든 도덕 체계에서 저자는 한동안 통상적인 추론 방법으로 논증을 진행하면서 신의 존재를 입증하거나 인간사에 대해 발언한다. 그런데 놀라운 것은, 그러다 갑자기 명제들이 '이다'와 '아니다'로 끝나는 대신, 모조리 '그러해야 마땅하다ought' 또는 '그러하지 않아야 마땅하다ought not'로 끝난다는 것이다. 이 변화는 알아채지 못하게 일어나지만 매우 중요하다. '그러해야 마땅하다' 또는 '그러하지 않아야 마땅하다'는 새로운 관계 또는 긍정을 표현하는 것이므로 언급되고 설명되어야 한다. 그리고 동시에, 이 생각지도 못했던 변화, 즉 이 새로운 관계가 그것과는 전혀 다른 관계들로부터 어떻게 도출되는지 **이유가 제시되어야 한다**. 하지만 저자들은 보통 이러한 주의를 기울이지 않기에, 나는 독자들에게 이 변화에 주의를 기울일 것을 당부한다. 나는 이 작은 주의가 모든 통속적인 도덕 체계를 전복시킬 것이라고 믿는다. 선과 악의 구별은 단지 대상들의 사실 관계를 토대로 하는 것도, 이성에 의해 인지되는 것도 아니다.[57]

대부분의 사람들은 흄의 말을 사실과 당위를 가르는 벽이 존재하며 과학은 인간의 가치와 도덕을 결정하는 일에는 발언권이 없다는 뜻으로 받아들인다. 하지만 도덕과 가치가 어떤 것이 존재하는 방식—실재—에 근거해서는 안 된다면 무엇에 근거해야 하는가? 내가 '이다'라는 단어를 사용할 때 그것은 단지 **자연적인 것**, 즉 생물학적 본성만이 아니라, 연구하고 있는 '이다'의 실재를 뜻한다.

우리가 전쟁의 원인을 알아내 전쟁 발생을 줄이고 그 여파를 완화하려는 목적으로 연구를 할 때, 이것은 전쟁의 본성을 바탕으로 사실에서 당위로 넘어가는 것이다. 여기서 본성은 단지 인간의 싸우려는(혹은 싸우지 않으려는) 생물학적 성향만을 의미하는 것이 아니라, 생물학적, 인류학적, 심리학적, 사회적, 정치적, 경제적 요인을 포함한 전쟁을 일어나게 하는 모든 요인을 의미한다.

흄이 사실과 당위의 문제를 개괄한 이래로 철학자들은 줄곧 이 문제에 매달려왔고, 몇몇은 해결책을 제시하기도 했다. 존 설John Searle이 1964년에 발표해 널리 인용되는 논문 〈'사실'에서 '당위'를 도출하는 방법〉이 그 예다. 그는 이 논문에서, 예를 들어 약속하는 행위는 '이다'가 되고, 그것 자체로 지켜야 '마땅한' 의무가 된다고 말한다.[58] 어쨌든 흄이 실제로 무엇을 말하고 있는지 보자. 그는 우리가 (아무리 알아차릴 수 없을 만큼 자연스럽더라도) '사실'에서 '당위'로 전환할 **수 없다**고 말하는 것이 아니라, **이유**를 제시하지 않은 채 **그렇게 해서는 안 된다**고 말하는 것이다. 타당한 말이다. 과학의 모든 주장은 이유와 증거로 뒷받침되어야 한다. 그렇지 않으면 우기는 것에 지나지 않는다. "[이유를 제시하는 것에 대한] 이 작은 주의가 모든 통속적인 도덕 체계를 전복시킬 것"이라고 말할 때 흄은 독자들에게 바로 그 점을 당부하고 있었던 것 같다. 내가 흄을 오독하고 있거나, 거기에 있는 것 대신 있어야 한다고 생각하는 것을 읽어내고 있는 것(그럼으로써 흄의 단두대에 오르는 것)이 아님을 확인하기 위해, 나는 세계에서 가장 뛰어난 흄 학자 가운데 한 명인 옥스퍼드대학교의 철학자 피터 밀리컨Peter Millican에게 물었다. 그는 이렇게 설명했다.

흄이 사실과 당위의 간극은 메워질 수 없다고 노골적으로 말하지 않은 건 사실이지만, 도덕을 감정에 근거하는 것으로 분석함으로써 어느 정도는 그러함을 암시했습니다. 즉 도덕적 진술은 사실 문제(또는 개념들의 단순한 사실 관계)가 아니라는 거죠. 나는 흄이 귀하와 같은 방식으로 생각했을 것이라고 봅니다. 즉 그는 논리적 사고를 통해 도덕을 도출할 수 있다고 생각하는 대신, 도덕을 자연적인 인간 현상으로 이해하고 싶어 했다고 생각합니다. 즉 도덕은 과학적 이해를 필요로 하며, 도덕적 진보를 가져올 수 있는 방법을 결정하는 데 그러한 지식이 영향을 미친다는 것입니다. 그러한 결정에는 물론 우리의 자연적인 감정이 들어갑니다. 따라서 사실과 당위가 돌고 도는 거죠. (단순히 사실 문제들에서 다른 사실 문제들을 추론하는 것이 아니라, 윤리적 판단이 어떤 역할을 하고 있습니다.)

하지만 만일 (전쟁은 나쁘고 신뢰는 좋은 것이라는 식의) 기본에 대한 충분한 동의가 있다면 그러한 순환이 진보에 걸림돌이 되는 것은 아닙니다.[59]

사실과 당위를 어느 정도로 융합하는가와 관계 없이 진보에 걸림돌이 되지 않는다는 것은 어떤 연구 과제의 괜찮은 목표다. 하지만 도덕적 진보의 원인을 알아내 그 지식을 도덕적 진보를 가져오는 데 쓴다면 훨씬 더 좋을 것이다. 이렇게 볼 때 이 책은 우리가 점점 더 도덕적으로 되어가는 동안 무슨 일이 일어났는지 기술하고 있다는 점에서 **기술적**이고, 이 추세가 계속되기를 원할 경우 무엇을 해야 하는지 말한다는 점에서 **규범적**이다.

예를 들어, 가장 최근의 권리 혁명으로서 우리 시대에 전개되고 있는 동성애와 동성 결혼 문제를 살펴보자. **기술적으로**, 과학은 인간에게는 생존하고 번성하고자 하는, 오래전부터 진화해온 내재적 욕구가 있다는 사실 그리고 인간의 삶, 건강, 행복의 많은 선결조건 가운데 대부분의 사람들에게 가장 필수적이고 중요한 한 가지는 다른 인간과 사랑으로 맺어진 결속이라는 사실을 알려준다. **규범적으로**, 우리는 선택받은 특권 집단에게만 이러한 진화한 욕구를 충족시킬 권리를 부여하는 것—그러면서 다른 사람들에게서 똑같은 기본권을 박탈하는 것—은 진화한 감응적 존재가 자신의 본질을 추구할 기회를 빼앗는 것이므로 부도덕하다고 말할 수 있다. 설령 (동성 결혼을 반대하는 사람들이 주장하듯이) 그러한 차별적 관행들이 집단에게 이롭다(집단에게 더 큰 행복을 가져온다면 소수의 희생은 정당화된다는 공리주의적 계산법)는 논거를 세울 수 있다 해도, 우리는 똑같이 말할 수 있다. 이러한 논거는 도덕적 행위자는 집단이 아니라 **개인**이라는 이유에서도 틀렸다. 차별의 아픔, 배제되는 고통, 법 아래 다르게 취급당하는 모욕을 느끼는 주체는 개인이다. 과학은 왜 그들이 이런 식으로 느끼는지 말해주고, 이성은 우리가 권리 혁명으로 도덕적 진보를 계속 이어나가고자 한다면 어떻게 해야 하는지를 가르쳐준다.

또한 사회학은 인간은 본래 종족 중심적이며 상대가 우리 편('우리'를 어떻게 정의하든)에 속하지 않는다는 이유만으로 그를 배제하는 경향이 있음을 보여준다. 그렇다면, 사람들을 편파적인 범주로 나누어 배제하고 착취하고 죽여도 되는 '남'으로 만드는 마음의 자연적 성향을 어떻게 하면 꺾을 수 있을까? 과학 연구가 길잡이를 제공한다. 예컨대, 동성애자인 이웃, 친구, 직장 동료를 아는 이성애자들은 동성애에 대한 편협하고 편파적인 견해를 지닐 가능성이 낮고, 동성애자들도 법 아래 평등하게 대우받아야 하며 결혼할 권리 같은 동등한 권리를 부여받아야 한다는 데 동의할 가능성이 높다는 것이 연구 결과 밝혀졌다. 2009년 갤럽 조사에서는 "이념이라는 변인을 통제했을 때, 게이 또는 레즈비언을 아는 사람들은 같은 정치적 신조를 지녔으나 알고 지내는 게이나 레즈비언이 없는 사람들보다 동성 결혼을 훨씬 더 지지한다는 사실이 밝혀졌다."[60] 따라서 성소수자인 배우가 출현하는 연극, 영화, 텔레비전 프로그램, 동성애와 표준에서 벗어난 젠더 표현을 긍정적인 시각에서 묘사하는 문학과 대중문화, '커밍아웃' 캠페인, 그리고 정치, 경제, 스포츠 분야에서 활동하는 성소수자 역할 모델은 공감과 이해를 일깨우고 그럼으로써 도덕의 영향권을 더욱 확장하는 데 필수적이다.

도덕과학의 공공 보건 모델

내가 이렇게 존재하는 방식과 존재해야 하는 방식 사이의 화해—즉 사실과 가치의 접점—를 권하고 있는 것은 계몽시대 이래로 계속되고 있는 하나의 추세를 인정하고 있는 것일 뿐이다. 그것은 세계가 존재하는 방식에 대한 과학의 연구 결과들을 우리가 바라는 세계의 존재 방식에 적용하는 것이다. 사회과학자들—사회심리학자, 인지심리학자, 진화심리학자, 인류학자, 사회학자, 경제학자, 정치학자, 범죄학자—이 정책 입안가나 정치인과 함께 광범위한 데이터베이스와 민족지를 축적하고, 가설들을 검증하고, 폭력, 공격성, 범죄, 전쟁, 테러, 민권 위반 등과 관련한 통계적 모형을 세워 관련 데이터를 분석해온 데는 이유가 있다. 원인을 파악해 변화를 가져오고 싶기 때문이다.

이러한 접근 방식의 모델은 **공공 보건**인 듯하다. 오래전인 1920년에 《사이언스》에 실린 한 기사는 공공 보건을 "사회, 기관, 공공 부문과 민간 부분, 지역사회와 개인들의 조직화된 노력 및 정보에 입각한 선택을 통해, 질병을 예방하고 생명을 연장하고 건강을 증진하는 과학 및 기술"[61]이라고 정의했다. 공공 보건학에는 전염병학, 생물통계학, 행동건강, 보건경제학, 공공 정책, 보험의학, 직업건강 같은 분야들이 포함된다. 왜 사람들이 한 세기 전보다 오늘날 평균적으로 두 배쯤 오래 사는지 알고 싶다면, 그 이유가 공공 보건이 아닌지 고려해보라. **최대 수명**(그 종의 가장 오래 사는 개체가 죽는 나이)은 변함없이 120년에 머물러 있다. **수명**(사고나 질병으로 조기 사망하지 않는 경우 사람이 평균적으로 죽는 나이) 역시 변함없이 약 85세에서 95세에 머물러 있다. 하지만 **기대수명**(사고와 질병을 고려할 때 사람이 평균적으로 죽는 나이)은 1900년에 미국에서 47세였던 것이 2010년에 태어난 모든 미국인의 경우 78.9세, 아시아계 미국인 여성의 경우는 85.8세로 뛰어올랐다.[62] 수명의 양과 질 모두에서 일어난 이 놀라운 발전의 원인은 공공 보건 과학과 기술이다. 그것은 수세식 화장실, 하수도, 쓰레기 처리 기술, 정수 기술, 손 씻기, 멸균 수술, 예방접종, 저온 살균, 교통 안전, 직업 안전, 가족계획, 영양과 식이 등의 조치들과 역학(천연두와 황열 같은 감염성 질환, 암과 심장병 같은 만성질환, 그리고 예방의학을 다루는 분야)의 결합을 말한다. 이전의 모든 기간을 합한 것보다 지난 세기에 인간의 생존과 번성에 더 많은 진보가 일어났다. 수백만 명의 사람들이 더 이상은 황열, 천연두, 콜레라, 기관지염, 이질, 설사, 폐결핵과 결핵, 홍역과 유행성 이하선염, 괴저와 위염, 기타 질환들로 죽지 않는 것이 다행이라는 데 동의한다면, 어떤 것이 **존재**하는 방식(황열과 천연두 같은 질병들은 사람들을 죽인다)은 곧 우리가 뭔가—예방접종을 비롯한 의학 기술 및 공공 보건술을 통해 그러한 질환들을 예방하는 것—를 **해야 한다**는 뜻임을 이미 인정한 것이다.

사회적 문제와 질병의 유비 관계는 원인의 수준에서 성립하는 것이 아니다. 범죄, 폭력, 전쟁, 테러는 바이러스나 박테리아의 등가물이 일으키는 비정상적인 상태가 아니라는 점에서 의학적 의미의 질환이 아니다. 이 유비 관계는 방법론의 수준에서 성립한다. 즉 현존하는 과학, 기술, 사회 정책의 가장 좋은 도구들을 이용해 문제를 해결한다는 점에서 접근방식이 같은 것이다. 대부분의 범죄와 폭력 행위들, 그리고 전쟁과 테러 행위들은 병든 상태에서 보이는 비정상적인 반응이 아니다. 대부분은 특정한 상황 및 조건들에 대한 정상적인 반응이다. 하지만 문제를 초래하는 상황이나 조건들을 바꾸기 위해 여러 종류의 과학을 끌어들이는 공공 보건 모델은 도덕적 진보라는 목표에 접근하는 유용한 방법론이 될 수 있다.

그러한 예로, 2012년에 나는 (샌디후크초등학교에서 일어난 사건과 같은) 최근 들어 자주 일어나는 총기 난사 사건에 문제의식을 느껴 〈스켑틱〉 특별호를 발행하기 위해 총기 폭력에 관한 광범위한 연구를 실시했다.[63] 그리고 이후 전국을 돌며 경제학자 존 로트John Lott와 총기 규제에 관한 일련의 논쟁을 벌였다.[64] 그의 처방은 그가 쓴 책의 제목인《총이 많을수록 범죄는 줄어든다More Guns, Less Crime》이다.[65] 문헌 검색을 하면서 나는 공공 보건 학술지와 의학 학술지들에 총기 폭력에 관한 자료가 그토록 많이 게재되어 있다는 사실에 놀랐다. 예컨대 존스홉킨스대학교는 블룸버그보건학교Bloonberg School of Public Health를 운영하는데, 이 기관은 총기 폭력에 관한 한 미국 최고의 연구 기관들 중 하나이며, 2012년에 이 문제와 관련해 미국에서《총기 폭력을 줄이는 방법Reducing Gun Violence in America》이라는 학술 연구를 발표했다. '증거와 분석에 기반한 정책'이라는 그 책의 부제는 내 주장을 대변한다. 이 연구는 예를 들어, 면허를 받은 총기 판매상들이 범죄 기록이 없는 고객에게만 총기를 판매하는지 확인하기 위해 감독을 실시한 결과 범죄자들의 손에 넘어간 총기가 64퍼센트 줄었음을 보여주었다.[66] 1998년에《외상 환자 및 응급 환자 수술에 관한 저널Journal of Trauma and Acute Care Surgery》에 발표된 〈총기로 인해 발생한 가정 내 상해와 사망〉이라는 연구는 "가정에서 자기 방어 또는 법적으로 정당한 총격에 총기가 한 번 사용될 때마다 네 건의 의도하지 않은 총격이 일어났으며, 일곱 번의 범죄적 공격 또는 살인이 일어났고, 열한 건의 자살과 자살 기도가 일어났다"는 사실을 밝혀냈다. 다시 말해, 총기 한 자루가 범죄적 공격, 사고로 인한 사망 또는 상해, 자살 기도, 또는 살인에 사용될 확률은 자기 방어에 사용될 확률보다 22배 더 높다는 뜻이다.[67] 2009년에《미국 공공 보건 저널American Journal of Public Health》에 발표된, 펜실베이니아 의과대학 전염병 학자들의 연구에 따르면, 총기는 총기 소지자를 총격으로부터 보호하지 못했을 뿐 아니라, 총을 소지한 사람들은 소지하지 않은 사람들보다 총격을 당할 확률이 4.5배 높았다.[68]

치명적인 폭력, 그중에서도 특히 총기 폭력에 관한 미처리 수치들을 보면 정말 충격적이다. 해결해야 할 공공 보건 문제가 있다면 이보다 시급한 것은 없을 것이다. 미국 연방수사국Federal Bureau of Investigation(FBI) 의 범죄 보고서들에 따르면, 2007년과 2011년 사이에 미국에서 연평균 1만 3,700건의 살인이 발생했고, 그 가운데 67.8퍼센트가 총기에 의한 것이었다.[69] 1년에 9,289명, 한 달에 774명, 일주일에 178명, 하루 25명, 시간당 1명 이상이 총에 맞아 죽는다는 뜻이다. 미국 한 곳에서만 날마다 매 시간 누군가가 총에 맞아 죽는다니 끔찍한 일이다. 그것만으로도 총기 사고의 원인을 알아야 할 이유가 충분하지만 문제는 훨씬 더 심각하다. 미국 국립부상방지센터National Center for Injury Prevention and Control에 따르면, 2010년에 총 1만 9,392명의 미국 시민이 총기로 자살했고,[70] 1만 1,078명이 총에 맞아 죽었으며, 5만 5,544명이 총상을 입고 응급실에서 치료를 받았다.[71]

공공 보건 모델을 더 큰 규모와 더 넓은 시간 지평에 적용해볼 수도 있다. 과거로 후퇴해 지난 1,000년 동안을 보면 살인율이 사실상 급감했음을 알 수 있다. 선사시대와 현대의 국가 없는 사회들에서 연간 10만 명당 거의 1,000명이었던 살인율이 중세 서구 사회에서 연간 10만 명당 약 100명으로 줄었고, 계몽 시대에 와서는 연간 10만 명당 10명 이하로, 그리고 오늘날 유럽에서는 10만 명당 1명 이하로 줄었다(그리고 미국에서는 10만 명당 5명 남짓으로 줄었다). 이는 1만 배의 개선이다. 어떻게 이것을 알아냈을까? 정답은 과학이다. 고고학자들은 골격 유해를 통해 선사시대 무리 사회의 폭력 사망률을 추산할 수 있다(2장을 보라). 인류학자들이 작성한 민족지에는 구두 보고와 역사 기록을 토대로 계산한, 현대의 국가 없는 사회에 사는 사람들의 폭력 발생률이 기록되어 있다. 그리고 역사가들은 재판 기록과 관공서 기록을 토대로 살인율이 14세기 옥스퍼드에서 연간 10만 명당 110건이었던 것이 20세기 중엽 런던에서는 10만 명당 1건 이하로 떨어졌다고 계산했다. 이탈리아, 독일, 스위스, 네덜란드, 스칸디나비아에서도 비슷한 감소 패턴이 기록되었고, 살인율이 14세기와 21세기 사이에 10만 명당 약 100명이었던 것이 1명 이하로 떨어져 감소폭도 같다. [그림 1-4]는 13세기부터 20세기까지 여러 나라들에서 살인율이 분명하게 감소하는 추세를 보여준다.[72] 오랜 감소 추세 끝에 살인율이 약간 증가하는 것은 1970년대와 1980년대를 휩쓴 범죄의 물결 때문이다. 하지만 살인율은 21세기 초에 다시 역사상 최저로 떨어졌다.

이것이 내가 정의한 도덕적 진보—감응적 존재의 더 나은 생존과 번성—가 아니라면 무엇이 도덕적 진보인지 나는 모르겠다. 총기 규제에 대한 당신의 입장이 무엇이든, 내가 하고자 하는 말은 총기 폭력을 과학과 공공 정책으로 해결할 수 있는 문제로 취급하는 것은 오늘날 일반적인 관행이며, 도덕적 쟁점들을 실용적으로 다루는 장기적 추세의 일환이라는 것이다. 지난 200년 동안 수억 명의 생명을 살린 공공 보건 과학,

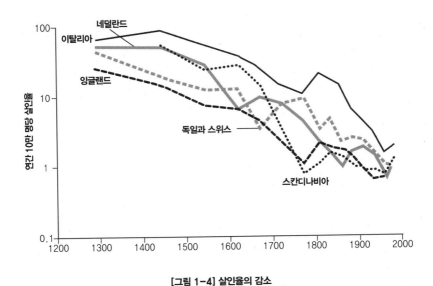

[그림 1-4] 살인율의 감소

범죄학자 마뉴엘 아이스너Manuel Eisner가 집계한 13세기부터 20세기까지 다섯 개 서유럽 지역의 연간 10만 명당 살인율[73]

기술, 그리고 정책이 도덕적 선이라는 데 동의한다면, 범죄와 폭력 같은 문제들을 해결하는 데 사회과학을 응용하는 것 역시 우리가 해야 할 일이라는 데 동의하지 못할 이유가 없다. 왜냐고? 생명을 구하는 것은 도덕적이기 때문이다. 왜 생명을 구하는 것이 도덕적인가? 감응적 존재의 생존과 번성이 우리가 논하는 도덕의 출발점이기 때문이다. 그런데 유기체는 애당초 왜 생존하고 번성하려고 할까? 이 욕구를 만든 진화 과정의 논리에서 그 답을 찾을 수 있을 듯하다.

도덕적 출발점의 진화적 논리

당신이 만일 하나의 분자라면 생존하기 위해 무엇을 하겠는가? 우선, 에너지 소비, 유지 관리, 복구를 포함해 번식할 수 있을 때까지 분자를 손상 없이 지킬 수 있는 메커니즘이 갖춰진 세포 안에, 복제 장치를 생성하는 물질적 토대를 만들어야 한다. 이러한 분자 기계가 일단 작동을 시작하면, 시스템을 돌릴 에너지와 이 과정들이 일어날 수 있는 생태계가 있는 한 복제하는 분자들은 죽지 않는다. 스스로를 복제하는 이러한 분자들은 복제 과정 그 자체 덕분에 조만간 복제하지 않는 분자들을 이기므로(복제하지 않는 분자들은 죽는다), 복제자가 있는 세포 또는 몸은 생존 기계survival machine다. 오늘날의 용어로 말하면 복제자는 유전자이고, 생존 기계는 유기체이다. 이 작은 사고 실험의 의미를 리처드 도킨스는 같은 제목의 책에서 '이기적 유전자'로 설명했다.[74] 세포, 몸, 또는 유기체—생존 기계—는 유전자가 자신의 생존과 영속을 위해 이용하는 수단이다. 번식할 수 있을 때까지 오래 사는 생존 기계의 구성 단백질들을 암호화하는 유전자들은 그렇지 않은 유전자들과의 경쟁에서 이길 것이다. 생존 기계를 질병 같은 외부 공격들로부터 보호하는 단백질 및 효소들을 암호화하는 유전자들은 유기체의 생존만을 돕는 것이 아니라 그 자신을 돕는 것이다. 생존, 번식, 변성. 이것은 생존 기계의 본성이다. 생존하려는 노력은 그들—그리고 우리—의 근본적인 속성이다.

문제는, 가령 바다나 연못 같은 수중 환경에서 활동할 때 생존 기계들이 다른 생존 기계들과 마주친다는 것이다. 그들은 모두 같은 한정된 자원을 놓고 경쟁하고 있다. "생존 기계에게 또 다른 생존 기계(자신의 자식이나 가까운 친족이 아닌 경우)는 바위나 강, 또는 음식물 덩어리처럼 환경의 일부"라고 도킨스는 말한다. 하지만 생존 기계와 바위 사이에는 차이가 있다. 생존 기계는 당하면 "반격하려고 한다." "이는 그것 역시 미래를 위해 예탁된 불멸의 유전자들을 지니고 있는 생존 기계이며, 그것 역시 스스로를 지키기 위해 물불 가리지 않기 때문이다." 따라서 도킨스의 결론은 이렇다. "자연선택은 환경을 가장 잘 이용하게끔 생존 기계를 통제하는 유전자들을 선호한다. 여기에는 같은 종이든 다른 종이든 다른 생존 기계들을 이용하는 것도 포함된다."[75] 생존 기계들은 완벽하게 이기적이고 자기 중심적으로 진화할 수 있었지만 그들의 완전무결한 이기심을 억제하는 것이 있으니, 그것은 다른 생존 기계들이 공격받으면 '반격'하고, 이용당하면 복수하고, 때로는 먼저 이용하거나 학대하려고 시도한다는 사실이다.

그래서 모든 자원을 독차지하도록 생존 기계를 추동하는 이기적 감정들에 더하여, 다른 생존 기계들과 상호작용하는 환경에서 생존하기 위한 두 가지 방법이 추가로 진화했다. 바로 **친족 이타주의**("피는 물보다 진하다")와 **호혜적 이타주의**("네가 내 등을 긁어주면 나도 네 등을 긁어주겠다")다. 유전적 친족을 돕고 훗날 보답할 사람들에게 이타적인 도움을 베푸는 생존 기계는 그렇게 함으로써 자기 자신을 돕는 것이다. 따라서 이타적인 성향을 지닌 사람들에 대한 선택이—어느 정도—일어날 것이다. 자원이 한정되어 있으니 다른 모든 생존 기계들을 도울 수는 없다. 따라서 누구를 돕고, 누구를 착취하고, 누구를 그냥 내버려둘지 결정해야 한다. 이것은 아슬아슬한 줄타기다. 너무 이기적이면 다른 생존 기계들이 당신을 처벌할 것이고, 너무 이타적이면 다른 생존 기계들이 당신을 착취할 것이다. 따라서 다른 생존 기계들과 서로 득이 되는 관계—사회적 유대—를 맺는 것은 하나의 적응 전략이다. 집단의 동료 구성원들이 힘들 때 도와주면 당신이 힘들 때 그들이 당신을 도울 가능성이 높다.

이런 식으로 생존 기계들은 관계와 관계망을 만들며, 여기서 일어나는 상호작용은 중립적이기만 한 게 아니라 이롭기도, 해롭기도 하다. 우리는 여기서 도덕 감정의 논리를 이끌어낼 수 있다. 우리와 같은 사회적 종에게는, 나중에 같은 종류로 은혜를 갚을 것 같은 타인들을 돕는 것이 자신을 위한 가장 이기적인 행동일 때가 있다. 그러한 행동을 하는 것은 막연한 개념의 '이타주의' 그 자체를 위해서라기보다는, 남을 돕는 것이 자신에게 이익이 되기 때문이다. 우리가 물려받은 도덕 감정 체계에는 다른 생존 기계들이 하는 행동에 따라 그들을 돕거나 해칠 수 있는 능력이 포함되어 있다. 때로는 이기적인 것이 이익이지만, 호의를 무시하는 타인을 그냥 내버려두는 겁쟁이가 아닌 한 이타적인 것이 이익이 될 때도 있다.

감정의 진화적 논리

내가 쓰고 있는 용어 때문에 이러한 상호작용이 마치 합리적 과정인 것처럼, 다시 말해 생존 기계들이 상호작용할 때 도덕적 계산을 한다는 말처럼 들릴 수 있다. 하지만 실제로 일어나고 있는 일은 그것과 다르다. 유기체는 합리적 계산보다는 감정에 더 많이 이끌린다. 자연선택이 유기체를 위해 계산을 하고, 유기체는 그러한 계산의 대리 역할을 하는 감정들을 진화시켰다. 지금부터 뇌 속으로 더 깊이 들어가 왜 우리가 애초에 감정을 진화시켰는지 알아보고, 그런 다음에 다시 물러나 도덕 감정이 어떻게 작동하는지 살펴보자.

감정은 인지적 사고 과정과 상호작용하며 우리의 행동이 생존과 번식이라는 목표를 향하도록 인도한다. 신경과학자 안토니오 다마지오 Antonio Damasio는 낮은 수준의 자극에서는 감정이 조언자 역할을 맡아 더 고차원적인 피질 부위에 입력된 신호로 의사결정을 하는 과정에 추가 정보를 전달한다는 것을 보여주었다. 중간 수준의 자극에서는 고차원적인 이성 중추들과 저차원적인 감정 중추들 사이에 갈등이 일어날 수 있다. 높은 수준의 자극에서는 저차원적인 감정이 고차원적인 인지 과정들을 압도함으로써 더 이상 이성적으로 결정을 내리지 못하게 되는데, 그럴 때 사람들은 '통제 불능' 또는 '자기 이익을 거스르는 행동을 하는 것 같은' 기분을 느낀다고 보고한다.[76]

예컨대 **두려움**이라는 감정은 유기체를 위험에서 빠져나오게 한다. 암벽등반가이기도 한 인류학자 비에른 그린데Björn Grinde는 스포츠를 예로 들어, 등반가가 잡고 있던 것을 놓칠 때처럼 모험의 짜릿함이라는 긍정적 감정이 죽음에 대한 두려움이라는 부정적 감정으로 재빨리 바뀔 수 있다고 설명한다. "뇌는 모험에 이끌리도록 설계되어 있다. 그렇지 않았다면 우리는 큰 먹이를 쓰러뜨리지도, 미지의 땅을 개척하지도 못했을 것이다. 하지만 그런 한편으로 뇌는 스스로에게 해를 끼치지 않도록, 즉 위험을 피하도록 설계되어 있다. 등산할 때나 롤러코스터를 탈 때 유발되는 '아드레날린 분출'은 기분이 좋아지게 만드는데, 이는 자발적으로 맞닥뜨린 위험한 상황에서 유발되는 긍정적인 기분과 높은 자존감이 생존 확률을 높이기 때문일 것이다. 하지만 산에서 잡고 있던 것을 놓치는 순간에는 위험 회피를 위해 불쾌한 느낌이 시작된다."[77] 두려움의 생존 가치는 명백히 적응적이다.

음식에 대한 욕구, 갈망, 욕망 같은 감정들을 유도하는 동기 유발 욕구인 **배고픔**을 살펴보자. 약간의 출출함은 미미하게 기분 좋은 느낌으로 지각될 수 있고, 우리는 이러한 작은 통각을 먹을 것을 구하라는 뜻으로 받아들이게끔 진화했다. 하지만 시간이 너무 많이 지나서 기운이 없어질 정도로 에너지가 고갈되면, 배고픔이 불쾌한 느낌으로 변한다. 배고픔 같은 사례에서 감정은 몸의 에너지 균형이 깨질 때 뇌에 경고 신호를 보내는 피드백 메커니즘으로 작용한다. 이것을 감정의 **항상성** 이론이라고 하는데, 몸의 에너지 균형을 되돌리는 과정이 감정을 감지하는 일종의 자동 온도 조절기처럼 작동하기 때문이다. 몸의 에너지가 고갈되면 우리는 배고픔을 느끼는데, 이러한 감정은 수많은 내적·외적 피드백에 의해 유발된다. 예컨대 복부의 위축과 팽창, 혈당 수치의 상승과 하락, 음식을 보거나 냄새를 맡는 것 등은 칼로리 자동 온도 조절기를 올리도록, 즉 음식을 섭취해 몸을 균형을 되돌리도록 유도하는 신호들이다.

몇몇 경우에는 항상성을 유지하는 과정이 말 그대로 자동 온도 조절기처럼 작동한다. 예컨대, 심부 체온이 섭씨 36.5도라는 설정 값을 벗어나면 그러한 불균형을 바로잡기 위해 땀을 흘려 몸을 식힌다거나 몸을 떨어 덥히는 것 같은 특정한 생리적 장치들이 작동하기 시작한다. 항상성 시스템의 설정 값을 벗어나면 **기분이 나빠지고**, 이런 부정적 감정은 유기체가 불균형을 바로잡기 위한 조치를 취하게끔 한다. 불균형한 시스템을 균형 상태로 되돌리면 **기분이 좋아지고**, 기분 좋은 행동은 반복하게 되는데, 이것이 바로 강화reinforcement의 정의다(유기체가 어떤 행동을 반복하게 만드는 것).

이렇듯 항상성을 유지하고자 하는 욕구를 일으키는 것은 우리의 감정이다. 감정은 우리가 고통을 피하고 즐거움을 추구하도록, 강화하는 자극에는 접근하고 처벌하는 자극은 회피하도록 유도한다. 이러한 견지에서 보면, 우리가 '쾌락'이라고 부르는 것을 추구할 때 우리가 실제로 찾는 것은 항상성 신호, 즉 다음에 무엇을 해야 할지 알려주는 정보다. 그러한 신호들이 불분명하거나 서로 충돌하면, 심리학자들이 접근-회피 행동이라고 부르는 상태에 처할 수 있다. 도덕적 딜레마를 일으키는 상황—예컨대 스탠리 밀그램Stanley Milgram의 유명한 전기충격 실험에서 권위에 복종하는 것과 다른 사람을 해치는 불편함 사이에서 피험자들이 경험했던 것—에서 이 현상은 **접근-회피 갈등**이 된다(9장에서 더 자세히 설명하겠다).

공격적 감정의 진화적 논리

생존 기계들 사이의 갈등은 진화적 논리를 따르는 생존하고 번성하려는 욕구에 필연적으로 뒤따를 수밖에 없는 부산물이며, 자원이 한정되어 있는 환경에서 그러한 욕구를 충족시키는 방법에는 여러 가지가 있다. 이러한 접근방식은 폭력과 공격에는 특정한 진화적 논리가 작용한다는 사실을 이해하는 데 도움이 된다. 스티븐 핑커는 폭력을 다섯 유형으로 분류했다.[78]

1 **착취적, 도구적 폭력**: 목적을 위한 수단으로서의 폭력, 즉 원하는 것을 얻는 방법. 예를 들어 절도는 절도범에게 생존과 번식에 필수적인

자원을 더 많이 가져다줄 수 있고, 따라서 한 집단 내의 일부 사람들에게 속이고 훔치고 무임승차하는(사회적 시스템에서 주는 것 없이 받기만 하는 것) 능력이 진화했다.

2 **지배와 명예**: 위계 서열 내에서 지위를 확보하고, 타인들을 지배하는 권력을 얻고, 집단 내에서 위신을 세우고, 스포츠, 폭력 집단 또는 전쟁에서 영광을 얻기 위한 수단으로서의 폭력. 예를 들어, 남을 괴롭히면 사회적 지배 서열에서 더 높은 지위를 차지할 수 있다.[79] 게다가 공격적이라는 평판은 다른 공격자들을 단념시키는 확실한 억지책이 될 수 있다.

3 **복수와 자력 구제**: 처벌, 응보, 도덕적 정의를 실현하는 수단으로서의 폭력. 예컨대 보복 살인은 사기꾼과 무임승차자를 다루기 위해 진화한 전략이다. **질투**는 또 다른 종류의 도덕주의적 감정으로, 짝을 가로채는 경쟁자들로부터 자기 짝(남성의 경우 자기 유전자를 지닌 자식을 낳는 사람)을 지키게 하기 위해 진화했다. 질투가 폭력적으로 표출될 경우 배우자 살해로 이어질 수 있다. 심지어 **영아 살해**에도 진화적 논리가 있는데, 영아가 생물학적 아버지보다 계부에게 살해당할 확률이 다섯 배 높다는 통계 자료가 그것을 증명한다. 인간을 포함한 생물종 사이에서 이러한 행동은 우리가 인정하는 것보다 훨씬 더 많이 일어난다.[80]

4 **가학증**: 누군가가 고통받는 것에서 쾌락을 얻는 수단으로서의 폭력. 예컨대 연쇄살인마와 강간범들의 동기에서 적어도 일부분은 타인에게 고통과 괴로움을 주는 것인 듯하다. 특히 다른 명백한 동기(도구, 지배, 복수)가 없을 때 그렇다. 가학증이 적응인지 아니면 다른 어떤 이유로 진화한 뇌의 다른 형질에서 파생된 부산물인지는 확실치 않지만 후자일 가능성이 높다.

5 이념: 정치적, 사회적, 종교적 목적을 달성하기 위한 수단으로서의 폭력. 다수를 위해 일부를 죽이는 것이 정당화되는 공리주의적 계산법을 초래한다. (이러한 원인의 폭력은 9장에서 자세히 다루겠다.)

도덕 감정의 진화적 논리

지하철 역 플랫폼에 한 여성과 두 남성이 선로에서 몇 발짝 떨어져 서 있다. 그때 갑자기 한 남성이 손을 앞으로 뻗더니 여성의 어깨를 민다. 여성은 뒤로 휘청거리다가 중심을 잃고 선로로 떨어진다. 나머지 남성이 손을 뻗어 여성을 잡으려 했지만 너무 늦었다. 여성은 선로에 떨어진다. 이 남성은 즉시 행동에 나선다. 그런데 열차가 도착해 여성을 치기 전에 선로로 내려가 여성을 안전한 곳으로 끌어올리는 대신, 이 구조자는 휙 돌아 서서 범인을 때린다. 퍽 하고 턱을 치는 소리와 함께 범인의 머리가 뒤로 꺾이는, 할리우드 영화의 한 장면 같은 멋진 펀치다. 복수에 만족한 구조자는 한 걸음 물러서 잠자코 서 있더니, 그제야 자신이 뭘 해야 하는지 떠오른 듯 선로로 뛰어내려 여성을 안전한 곳으로 끌어올린다. 그는 여성을 안심시키려는 듯 몇 마디를 건네고 나서 범인을 뒤쫓지만, 범인은 열린 문을 통해 황급히 달아난다. 여기까지 걸린 시간은 20초다. 수많은 영웅적 구조 장면이 포함된 인터넷 동영상에서 이 사건을 볼 수 있다.[81] 그 짧은 순간에─이성적인 계산을 하기에는 너무 짧은 시간 동안─해칠 것인가 도울 것인가, 즉 복수할 것인가 구조할 것인가 사이에서 순수하게 감정적인 도덕적 갈등이 전개된다. 순식간에 구조자의 뇌에 두 개의 신경망이 활성화되어, 하나는 곤란에 빠진 사람을 도우라는 신호를 보내고, 다른 하나는 곤란을 일으킨 사람을 처벌하라는 신호를 보낸다. 도덕 감정에 이끌리는 영장류는 이 순간에 어떻게 할까? 앞의 사례에서는 구조자에게 둘 다 할 시간이 있었다. 열차가 오지 않았기 때문에 여성에게 나쁜 짓을 한 사람에게 복수부터 하기로 한 그의 선택은 다행히 문제가 되지 않았다. 하지만 일이 항상 이렇게 순조롭게 풀리는 것은 아니다.

이 일화는 조상들이 살던 환경에서 여러 문제들―나와 내 친족을 돕는 사람들에게는 친절하게 대하고 해치는 사람들은 처벌하는 것―을 동시에 해결하기 위해 진화한 우리의 다면적인 도덕적 본성을 잘 보여준다. 이러한 도덕 감정들이 인간 본성에 뿌리내리고 있다는 증거는 아기들을 대상으로 실시한 일련의 실험에서 찾을 수 있다. 심리학자 폴 블룸Paul Bloom이 《선악의 진화심리학Just Babies: The Origins of Good and Evil》에서 그러한 실험들을 종합적으로 다루었다.[82] 블룸은 애덤 스미스Adam Smith와 토머스 제퍼슨Thomas Jefferson 같은 계몽사상가들이 제기한, 우리는 도덕 감각을 갖고 태어난다는 이론을 검증한 결과 '우리의 천부적인' 일련의 마음의 능력들을 보여주는 실험 증거를 제공한다. 그러한 능력들에는 "친절한 행동과 잔인한 행동을 구별하는 능력인 도덕 감각, 주변 사람들의 고통에 아파하고 이러한 고통을 없애주고 싶어 하는 마음인 공감과 동정심, 자원이 공평하게 분배되기를 바라는 마음인 공정함에 대한 기초적 감각, 선행이 보답 받고 악행이 처벌받는 것을 보고 싶어 하는 욕구인 기초적 정의 감각"[83]이 포함된다. 블룸의 실험실에서 한 살배기 아기를 대상으로 실시한 어느 실험을 보자. 실험자는 아기에게 꼭두각시 쇼를 보여주는데, 그 쇼에서 1번 꼭두각시가 2번 꼭두각시에게 공을 굴리면 2번 꼭두각시가 공을 다시 건네준다. 그런 다음에 1번 꼭두각시가 이번에는 3번 꼭두각시에게 공을 굴리면 3번 꼭두각시는 공을 가지고 도망친다. 그 뒤에 실험자는 '착한' 꼭두각시와 '못된' 꼭두각시를 아기 앞에 가져다 놓고 꼭두각시들 앞에 각기 선물을 놓는다. 블룸이 예측한 대로 아기는 못된 꼭두각시 앞에 놓인 선물을 치웠다. 이러한 유형의 실험에서 대부분의 아기들이 그렇게 한다. 하지만 이 어린 도덕주의자는 긍정적 강화물(선물)을 치우는 것으로는 성에 차지 않았다. 아이의 기초적인 도덕 감각은 처벌을 요구했고, 그래서 "아기는 몸을 앞으로 숙여 꼭두각시의 머리를 때렸다."[84]

이러한 실험 모형의 수많은 변형들(예를 들어, 한 꼭두각시가 경사로 위쪽으로 공을 던지려고 할 때 다른 꼭두각시가 그것을 돕거나 방해하는 것)은 생후 3~10개월이면 옳음(도와주는 꼭두각시를 선호하는 것)과 그름(해치는 꼭두각시를 회피하는 것)에 대한 도덕 감각이 생긴다는 것을 반복해서 보여준다. 이는 학습과 문화의 탓이라고 보기에는 너무 이른 시기다.[85] 고통을 겪는 성인의 모습을 유아들에게 보여주면—실험자의 손가락이 클립보드에 긴다든지, 엄마가 무릎을 찧는 모습—아이들은 대개 다친 사람을 위로한다. 걸음마 시기의 아기들은 성인이 빈손이 없어서 문을 열지 못한다거나 손에 닿지 않는 물체를 집어 들려고 하면 요청하지 않아도 자발적으로 돕는다.[86] 또 다른 실험에서는 세 살 난 아이들에게 "물을 따르게 그 컵 좀 주겠니?"라고 물었다. 하지만 문제의 컵은 깨져 있었다. 놀랍게도 아이들은 실험자가 물을 따를 수 있도록 자발적으로 멀쩡한 컵을 찾으러 갔다.[87]

하지만 어린이들이 항상 이렇게 인정이 많은 것은 아닌데, 다른 아이들과의 관계에서 특히 그렇다. 아이들은 합동 임무를 수행하고 나서 보상(이 경우에는 사탕)의 분배가 불공평할 경우 그것을 똑똑히 알아차리지만, 재분배를 통해 잘못을 바로잡으려는 이타적 열의를 항상 보이는 것은 아니다.[88] 그러나 커갈수록—서너 살에서 일고여덟 살쯤—아이들은 불공평하고 불공정한 분배를 더 잘 알아차릴 뿐 아니라 거저 얻은 선물을 기꺼이 내놓았다(서너 살짜리의 50퍼센트가 그렇게 한 데 반해 일고여덟 살짜리의 80퍼센트가 그렇게 했다). 이는 도덕 감각은 타고나는 본능적인 것인 한편, 학습과 문화에 의해 조정될 수 있으며, 돕거나 해치는 행동을 장려하거나 말리는 환경의 영향을 받을 수 있음을 보여준다.[89]

또한 영아들에 대한 연구는 외래인 공포증xenophobia이 얼마나 이른 나이에 생기는지를 보여 준다. 아기들은 낯선 사람, 또는 머릿속에 각인된 가족 구성원과 다르게 생긴 사람을 경계하게 되는데, 이러한 반응은 아주 이른 시기에, 사실 태어난 지 며칠 만에 일어난다. 한 실험에서 태어난 지 사흘 된 신생아에게 헤드폰을 씌우고, 젖꼭지를 빠는 속도에 따라 오디오 트랙이 선택되는 특수한 고무젖꼭지를 물렸다. 아기들은 빠는 속도와 선곡 사이의 관계를 알아챘을 뿐 아니라, 습득한 정보를 이용해 닥터 수스Dr. Seuss의 책이 녹음된 트랙들 사이에서 낯선 사람보다는 어머니가 읽어주는 문단을 선택했다. 그리고 여러 언어들 사이에서 고를 수 있도록 했더니, "러시아 아기들은 러시아어를, 프랑스 아기들은 프랑스어를, 미국 아기들은 영어를 선호"했다. 심지어 더 놀라운 사실은 "이 효과가 출생 후 단 몇 분 만에 나타난다는 것인데, 이는 아기들이 자궁 안에서 들은 먹먹한 소리들에 친밀감을 느끼게 된다는 뜻"이라고 블룸은 말한다.

이 연구는 1960년대에 제인 엘리어트Jane Elliott라는 초등학교 3학년 담임교사가 아이오와주의 작은 백인 마을인 라이스빌의 자기 반 학생들을 대상으로 실시한 고전적인 실험의 결과를 다시금 확인시킨다. 엘리어트는 자기 반 학생들을 눈 색깔—파란 눈과 갈색 눈—에 따라 두 집단으로 나누고, 학생들에게 파란 눈의 착한 사람들과 갈색 눈의 나쁜 사람들의 사례들을 제시했다. 그뿐 아니라 학급 내의 파란 눈의 아이들에게는 그들이 더 뛰어나며 특권을 부여받았다고 말한 반면 갈색 눈의 아이들은 열등한 2급 시민으로 취급했다. 그렇게 하자마자 신체적 분류에 따라 사회적 구분이 일어났다. 파란 눈의 아이들은 갈색 눈의 아이들과 놀지 않았고, 일부 학생들은 심지어 교사에게 갈색 눈의 아이들이 범죄를 저지를 수 있음을 학교 당국에 알려야 한다는 제안을 하기까지 했다. 파란 눈 소년과 갈색 눈 소년 사이에 싸움이 일어났을 때 후자는 자신의 공격적 행동을 이런 식으로 정당화했다. "흑인에게 니그로라고 부르듯 쟤가 저를 갈색 눈이라고 불렀어요." 실험 이틀째가 되자, 갈색 눈 아이들은 벌써 학업 수행 능력이 떨어지기 시작했고, '슬프고', '나쁘고', '멍청하고', '비열한' 느낌이 든다고 묘사했다.

대조 실험을 위해, 다음날 엘리어트 선생은 조건을 거꾸로 바꾸었다. 그녀는 자신이 실수를 했으며 사실은 **갈색** 눈이 더 우수하고 파란 눈이 열등하다고 설명했다. 이번에도 그러자마자 자기와 타자를 바라보는 시각이 뒤바뀌었다. 전에는 파란 눈 아이들이 자신들을 묘사할 때 썼던 '행복한', '착한', '귀여운', '멋진'이라는 형용사를 이제는 갈색 눈 아이들이 사용했다. "놀라울 정도로 협력적이고 사려 깊던 아이들이 못되고, 악하고, 차별을 일삼는 꼬마들이 되었다"고 엘리어트 선생은 설명했다. "등골이 오싹했다!"[90]

이 방대한 규모의 연구로부터 블룸이 도덕에 대해 내린 결론은 지하철 일화에서 내가 본 것을 뒷받침한다. "도덕은 어려움에 처한 타인을 도우려는 욕구, 고통 받는 사람에 대한 동정, 잔인한 사람을 향한 분노, 자신의 부끄럽거나 친절한 행동에 대한 죄책감과 자부심 같은 특정한 감정과 동기를 수반한다."[91] 물론 사회의 법과 관습이 도덕의 다이얼을 조절할 수 있지만, 애초에 그 다이얼을 제공한 것은 자연이다. 볼테르의 말마따나 "인간은 원칙을 가지고 태어나지는 않지만 원칙을 받아들이는 능력을 가지고 태어난다. 사람은 잔인하거나 친절한 성향을 갖고 태어나지만, 자라면서 12의 제곱이 144이며 타인이 자신에게 하지 말았으면 하는 일을 타인에게 해서는 안 된다는 사실을 알아차리는 사리분별을 갖게 된다."[92]

도덕적 딜레마의 논리

도덕 감정의 논리를 해명한 사람들은 게임 이론가들로, 앞에서 언급한 '죄수의 딜레마' 연구를 통해서였다. 이러한 시나리오를 생각해보자. 당신과 당신의 파트너가 범죄를 저질러 구속되고, 두 사람은 각기 다른 방에서 심문을 받는다. 두 사람 모두 자백하는 것, 즉 배신하는 것을 원치 않지만, 검사가 둘에게 각기 다음과 같은 선택지를 제공한다.

1 당신이 자백하고 상대방 죄수는 자백하지 않으면, 당신은 풀려나고 그는 3년 형을 받는다.
2 상대방 죄수가 자백하고 당신은 자백하지 않으면, 당신이 3년 형을 받고 그는 풀려난다.
3 둘 다 자백하면 둘 다 2년 형을 받는다.
4 둘 다 침묵하면 둘 다 1년형을 받는다.

[그림 1-5]의 게임 행렬game matrix에 네 가지 결과가 요약되어 있다.

이러한 결과가 예상될 때 논리적인 선택은 상대방을 배신하는 것이다. 왜 그럴까? 첫 번째 죄수의 관점에서 네 가지 선택을 생각해보자. 첫 번째 죄수가 결과와 관련하여 통제할 수 없는 유일한 변인은 두 번째 죄수의 선택이다. 두 번째 죄수가 침묵한다고 가정해보자. 이때 첫 번째 죄수가 자백하면 '유혹' 소득(석방)을 얻지만 침묵하면 1년형('높은' 소득)을 얻는다. 이 경우 첫 번째 죄수에게 더 나은 선택은 자백하는 것이다. 하지만 반대로 두 번째 죄수가 자백한다고 가정해보자. 이번에도 첫 번째 죄수는 침묵하는 것('속은 자'의 소득, 즉 3년형을 얻는다)보다 자백하는 것('낮은' 소득, 즉 2년형을 얻는다)이 이익이다. 두 번째 죄수의 관점에서 보는 상황은 첫 번째 죄수의 상황과 완전한 대칭이므로, 각각의 죄수는 상대방 죄수가 어떤 결정을 내리든 자백하는 것이 이익이다.

이러한 전략적 선택은 이론에 그치지 않는다. 피험자가 단 한 차례 또는 의사소통이 허락되지 않는 조건에서 정해진 회수만큼 게임을 할 때 자백함으로써 배신하는 것은 흔한 전략이다. 하지만 피험자들이 정해지지 않은 회수만큼 게임을 할 때 가장 흔한 전략은 '눈에는 눈' 전략이다.

		상대방의 전략	
내 전략		협력 (침묵을 지킴)	배신 (자백)
	협력 (침묵을 지킴)	1년 형 (높은 소득)	3년 형 (속은 자의 소득)
	배신 (자백)	복역하지 않음 (유혹 소득)	2년 형 (낮은 소득)

[그림 1-5] 죄수의 딜레마

각각은 처음에는 사전에 동의한 대로 침묵을 지키고, 그런 다음에는 상대방이 한 대로 똑같이 한다. 다자간의 죄수의 딜레마 게임에서는, 선수들이 상호 신뢰를 구축할 수 있을 정도로 반복된 회수만큼 게임을 할 수 있다면, 더 많은 상호 협력이 출현할 수 있다. 하지만 자백함으로써 배신하는 관행이 일단 탄력을 받으면 게임 내내 연쇄 효과를 낸다는 것을 연구 결과는 보여준다.

《사이언티픽 아메리칸Scientific American》에 발표하기 위해 실시한 분석에서 나는 왜 프로 선수들이 기록을 높이는 약물을 사용하는지, 그중에서도 왜 사이클 선수들이 금지 약물을 복용하는지를 보여주는 게임 행렬들을 제시했다.[93] 사이클 경기는 다른 모든 스포츠와 마찬가지로 참가자들이 규정에 따라 경쟁한다. 사이클의 경기 규칙은 기록을 높이는 약물 복용을 분명히 금지한다. 하지만 약물은 매우 효과적이고 적발하기 어렵기 때문에(불가능하지는 않다), 그리고 성공할 경우 소득이 매우 크기 때문에, 많은 선수들이 복용하려고 한다. 몇 명의 우수한 선수들이 우위를 점하기 위해 금지 약물을 복용함으로써 한 번 배신하면, 규정을 지키던 경쟁자들 역시—원치 않더라도—배신할 필요를 느끼기 때문에 상위 선수들부터 하위 선수들로 연쇄적인 배신이 일어난다. 하지만 벌금 때문에 침묵 협정이 맺어지고, 따라서 이러한 추세를 되돌려 다시 규정을 준수할 방법을 공개적으로 논의할 수 있는 길이 가로막힌다. [그림 1-6]과 [그림 1-7]은 속이는 것이 유리한 게임 행렬과 규정을 준수하는 것이 유리한 게임 행렬을 보여준다.

게임 이론에서, 어떤 참가자가 일방적으로 전략을 바꿈으로써 얻는 이익이 전혀 없는 경우 그 게임은 내시 균형Nash equilibrium에 도달했다고 말한다. 이 개념은 우리에게 영화 〈뷰티풀 마인드Beautiful Mind〉로도 잘 알려진 수학자 존 포브스 내시 주니어John Forbes Nash, Jr가 생각해낸 것이

	상대방의 전략	
	상황 1 협력 (규정 준수)	상황 2 배신 (약물 사용)
협력 (규정 준수)	100만 달러 (높은 소득)	−40만 달러 (속은 자의 소득)
배신 (약물 사용)	890만 달러 (유혹 소득)	80만 달러 (낮은 소득)

(내 전략)

[그림 1-6] 속이는 것이 유리한 행렬

속이는 것이 유리한 행렬의 전제:

* 투르드프랑스에서 승리하는 것의 가치: 1000만 달러.
* 투르드프랑스에서 금지 약물을 복용한 선수가 사용하지 않은 경쟁자들을 이길 확률: 100퍼센트.
* 공정한 경기가 보장될 때 프로 사이클 선수의 1년 가치: 100만 달러.
* 부정행위가 적발될 때의 비용(벌금+연봉 손실): 100만 달러.
* 부정행위가 적발될 확률: 10퍼센트.
* 팀에서 제명되는 것의 비용(연봉 박탈과 지위 상실): 100만 달러.
* 금지 약물을 사용하지 않으나 경쟁력이 떨어진다는 이유로 팀에서 제명될 확률: 50퍼센트.

이러한 조건들 아래서, 상대방이 규정을 준수하는('협력하는') 상황 1의 경우, 나도 금지 약물을 사용하지 않음으로써 협력하면 공정한 경기가 이루어지고 예상 소득은 100만 달러다. 하지만 내가 금지 약물을 사용함으로써 규정을 위반하고도 적발되지 않는다면, 나는 890만 달러(100만 달러×90퍼센트−10만 달러)를 벌게 된다. 100만 달러보다 훨씬 큰 액수이므로 나는 부정행위를 할 것이다. 경쟁자가 금지 약물을 사용함으로써 규정을 위반하는 상황 2의 경우, 내가 규정을 준수하면 나는 속는 자가 되어 40만 달러를 잃지만, 나도 금지 약물을 사용함으로써 규정을 위반하면 그래도 80만 달러의 낮은 소득을 얻는다. 따라서 나는 이번에도 규정을 위반하는 것이 이익이다.

다. 스포츠 게임에서 부정행위를 몰아내기 위해서는 정정당당하게 경쟁할 때 경기가 내시 균형에 도달하도록 도핑 게임을 재구축해야 한다. 즉

각 경기를 관장하는 기구들이 규정을 준수하는 행렬에서 예상되는 결과들의 소득을 바꾸어야 한다. 첫째로, 다른 선수들이 규정에 따라 경기하고 있을 때 마찬가지로 규정을 지킬 때의 소득이 부정행위를 할 때의 소

규정을 준수하는 것이 유리하다

		상대방의 전략	
		상황 1 협력 (규정 준수)	상황 2 배신 (약물 사용)
내 전략	협력 (규정 준수)	100만 달러 (높은 소득)	-80만 달러 (속은 자의 소득)
	배신 (약물 사용)	-350달러 (유혹 소득)	-440달러 (낮은 소득)

[그림 1-7] 규정을 지키는 것이 유리한 행렬

규정을 지키는 것이 유리한 행렬의 전제:
* 부정행위로 걸리는 비용을 더 높인다(벌금 + 연봉 상실): 500만 달러.
* 부정행위가 적발될 확률을 높인다: 90퍼센트.
* 따라서 금지 약물을 사용하지 않는 선수가 경쟁력이 떨어진다는 이유로 팀에서 축출될 확률은 더 낮아진다: 10퍼센트.

이러한 조건들 아래서, 상대방이 규칙을 지키는('협력하는') 상황 1의 경우, 나도 금지 약물을 사용하지 않음으로써 협력한다면 공정한 경기가 이루어지고 예상 소득은 100만 달러다. 하지만 내가 금지 약물을 사용함으로써 배신하면, 도핑 검사에서 적발될 확률이 90퍼센트이므로 내게 예상되는 소득은 100만 달러에서 부정행위에 대한 벌금(500만 달러)×90퍼센트(450만 달러)를 뺀 금액이다. 즉 나는 350만 달러를 잃게 되므로 규정을 준수하는 것이 이익이다. 상대방이 금지 약물을 사용하고 내가 협력함으로써 속은 자가 되는 상황 2에서조차, 나는 여전히 순이익 80만 달러를 얻는다. 이에 비해 금지 약물을 사용해 적발되어 벌금을 받으면 순손실이 440만 달러다. 어쨌든 우리는 이 매트릭스의 조건에 맞춰 규칙에 따라 플레이해야 한다.

득보다 커야 한다. 첫째보다 더 중요한 둘째 조건은 다른 선수들이 부정 행위를 하고 있을 때조차 공정하게 경기할 때의 소득이 부정행위를 할 때의 소득보다 커야 한다는 것이다. 선수들이 규정을 준수할 때 '속는 자'라고 느껴서는 안 된다. 죄수의 딜레마 게임에서 자백의 유혹을 낮추고 상대방 죄수가 자백한다 해도 침묵을 지킬 경우의 소득을 올리면 협력이 증가한다. 경기를 시작하기 전에 선수들에게 의사소통할 기회를 주는 것이 협력을 높이는 가장 효과적인 방법이다. 스포츠에서는 그것이 침묵 협정을 깨는 것을 의미한다. 그렇게 함으로써 각각의 선수에게 다른 선수들이 어떻게 하든 관계없이 정정당당하게 경기했을 때 얻는 소득이 부정행위를 했을 때 얻는 소득보다 크다는 것을 보여주어야 한다.

사이클 경기에서 그런 일이 일어났는지는 정확하게 모르지만, 나는 2012년과 2013년에 일어난 놀라운 사건들에서 희망을 본다. 올림픽 금 메달리스트였던 타일러 해밀턴Tylor Hamilton이 저서 《비밀의 레이스The Secret Race》에서 그러한 침묵 협정을 깨고, 투르드프랑스에서 일곱 번 우승한 팀 동료 랜스 암스트롱Lance Armstrong이 획책한 스포츠 역사상 가장 정교한 도핑 프로그램을 폭로했다. 그는 미국반도핑협회US Anti-Doping Association의 철저한 수사 끝에 우승 타이틀을 박탈당했다.[94] 해밀턴은 어떻게 침묵 협정을 통해 그러한 정교한 시스템이 유지되는지 보여주었다. 다른 모든 선수가 도핑을 표준으로 여기고 있다고 믿게 만들고, 비밀을 발설하거나 규칙을 따르지 않을 경우 응징당할 수 있다는 위협을 가함으로써 이러한 믿음을 강화하는 것이다. 그 사건 이후 밝혀진 사실에 따르면, 금지 약물 사용으로 적발된 대부분의 선수들은 자신은 원치 않았으나 **다른 모든 사람**이 하고 있다고 믿었기 때문에, 그리고 하지 않을 경우 보복당할 수 있고 도핑 시스템을 폭로할 경우에는 더 나쁜 일을 당할 수 있다는 두려움 때문에 그렇게 했다고 한다.

규정을 준수하는 것이 유리한 행렬은 범죄학자와 정책 입안가 들이 죄수의 딜레마 상황에 처한 실제 죄수들을 다룰 때 단지 체벌의 크기(범죄 강경파 정치인들이 원하는 것)만을 고려할 게 아니라 잡힐 확률도 고려하도록 유도한다. 이러한 생각은 18세기의 철학자이자 개혁가인 체사레 베카리아Cesare Beccaria에게로 거슬러 올라간다. 이탈리아 계몽주의의 정점을 찍은 그의 1764년 저서《범죄와 형벌Dei delitti e delle pene》은 범죄 개혁에 합리적 원칙들을 적용하는 운동을 촉발했다. 한 가지 예가, 남의 것 가로채기, 위조, 절도, 남색, 수간, 간통, 말 도둑, 집시와 어울리는 것, 그리고 기타 200여 가지의 범죄와 경범죄에 대해 당대의 관습에 따라 사형을 언도하는 대신, 범죄에 합당하게 처벌을 조정하자는 것(비례의 원리)이었다. 베카리아는 두 가지 근거로 사형을 반대했다. 첫째, 국가는 삶과 죽음을 결정할 권리가 없으며, 둘째, 잠재적 범죄자들은 가혹하지만 확실치 않은 처벌에 직면할 때 그것을 감수할 가치가 있는 위험—즉 또 다른 영업 비용—이라고 여기기 때문에 사형은 범죄를 억제하는 효과가 없다는 것이다. 베카리아는 **비례의 원리**와, **확실히 처벌받을 확률적 가능성**의 원리에 두 가지 원리를 추가했다. 사법 절차는 **신속**하고 **공개적**이어야 한다는 것이다. 후자는 다른 잠재적 범죄자들에게 신호를 보내는 역할을 한다. 베카리아는 계몽주의 가치들에서 탄생한 합리적 원리들과 실제 세계의 사례들에서 얻은 관찰 자료를 적용해, 시민이 범죄를 덜 저지르도록 동기 행렬의 결과들을 조정하자고 주장했던 초창기 게임 이론가였다.[95]

나중에 만나게 되겠지만 또 다른 계몽 사상가인 토머스 홉스Thomas Hobbes 역시 국민과 국가의 상호작용에 관해 게임 이론에 입각한 모델을 제시했다. 모든 정치 이론가—자유주의자든 보수주의자든—는 국가란 자신의 내적 동인에 따라 행동하는 개인들을 마찬가지로 자신의 내적 동인에 따라 움직이는 다른 개인들로부터 보호하기 위한 필요악이라는 홉스의 전제에서 시작한다(도킨스의 사고 실험에 등장하는 두 생존 기계라고 생각하면 된다). 이것을 '홉스의 덫Hobbesian trap'이라고 한다. 홉스가 정치 이론의 고전인《리바이어선Leviathan》에서 주장했듯이 우리 모두는 쾌락을 추구하고 고통을 피하려고 하므로 사람들 사이에 이익이 겹칠 때 갈등이 일어날 수밖에 없다. 이것은 세 가지 유형의 '싸움'을 유발한다. 바로 경쟁, 자신 없음(두려움), 영광(명예, 지위)이다.

첫째는 이익을 위해 공격하게 만들고, 둘째는 안전을 위해, 셋째는 평판을 위해 공격하게 만든다. 첫째는 다른 사람들의 인신, 아내, 자식, 가축의 주인이 되기 위해 폭력을 사용한다. 둘째는 자신을 방어하기 위해 폭력을 사용한다. 셋째는 사소한 말, 웃음, 다른 의견, 그리고 자신과 자신의 친족, 친구, 국가, 직업, 체면을 깎아내리는 것으로 보이는 모든 신호에 대해 폭력을 사용한다.[96]

죄수의 딜레마에서 보았듯이, 게임에서 경쟁하는 행위자들 사이에서 (또는 실제 세계의 국가들 사이에서) 협력을 도모하려면 규칙이 있어야 하고 그 규칙들이 시행되어야 한다. 우리의 복잡한 도덕적 본성 때문에 옳은 행동을 장려하고 나쁜 짓을 말릴 필요가 있다. 유명한 속담처럼 당근과 채찍이 필요한 것이다. 경제학자 에른스트 페르Ernst Fehr와 지몬 게히터 Simon Gächter는 내적 심리 상태와 외적 사회 조건 사이에서 일어나는 이러한 상호작용의 이면에 어떤 심리가 있는지 탐구하기 위해 **도덕주의적 처벌**에 대한 연구를 했다. 그는 피험자들에게 이타적 기부가 필요한 집단 활동에 협력하지 않는 사람들을 처벌할 기회를 주었다. 우선 두 연구자는 '공공선' 협력 게임을 이용해, 피험자들에게 돈을 주고 공동 기금에 그 돈을 투자할 수 있게 했고, 그러면 그 돈이 1.5배로 불어나 모든 참가자에게 공평하게 배분된다고 설명했다. 액수가 10달러이고 참가자가 네 명이라고 가정해보자. 모두가 10달러 전부를 공동 기금에 투자할 경우 합계는 60달러(40달러×1.5)가 된다. 그것을 넷으로 나누면 각각에게 15달러씩 돌아간다. 그런데 이것을 익명으로 하면, 돈을 덜 내고 배당금만 챙기고 싶은 유혹이 생긴다. 다른 세 명의 참가자들이 각기 10달러씩 투자하지만 나는 5달러만 투자한다고 가정해보자. 그러면 공동 기금은 52.5달러(35달러×1.5)가 되고, 이것을 넷으로 나누면 각자에게 13.12달러씩 돌아간다. 하지만 내게는 애초에 받은 5달러가 있으므로 내 돈은

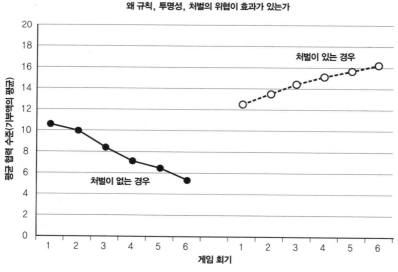

왜 규칙, 투명성, 처벌의 위협이 효과가 있는가

[그림 1-8] 규칙, 투명성, 처벌의 위협이 필요한 이유

페르와 게히터의 도덕주의적 처벌에 관한 연구 결과. 공공선 게임에서는 참가자들에게 일정한 액수의 돈을 주고 공동 기금에 원하는 만큼 투자할 수 있다. 그러면 공동 기금이 1.5배로 불어나 모든 참가자에게 똑같이 배분된다. 남들이 얼마를 투자하는지 알 수 없는 상황에서는 사람들은 투자액을 줄임으로써 '무임승차'의 유혹을 느낀다. 모든 참가자가 같은 유혹에 직면하므로 협력은 줄어든다. 게임을 투명하게 운영하고 조금만 기부하는 무임승차자들을 처벌할 기회를 주면, 협력이 증가한다. 후자의 조건이 도덕주의적 처벌의 예다. 이러한 처벌은 효과가 있다.

18.12달러가 된다. 달콤한 유혹이다! 하지만 누군가가 속임수를 쓰고 있다는 사실을 나머지 참가자들이 알아채기까지는 많은 시간이 걸리지 않고, 이러한 조건에서는 협력이 금방 무너지며 공동 기금에 투자하는 돈의 액수는 곤두박질친다.

페르와 게히터는 무임승차자 문제를 해결하기 위해 일곱 번째 게임에 한 가지 새로운 조건을 도입했다. 공공 기금에 대한 기부를 기명으로 하고, 돈을 빼앗음으로써 무임승차자들을 처벌할 수 있게 한 것이다. 그랬더니 처벌할 필요도 없이 즉시 앞서 무임승차를 했던 참가자들의 협력 수준과 기부 액수가 올라갔다.[97] [그림 1-8]이 보여주는 결과는 왜 공공선이 유지되기 위해서는 규칙, 투명성, 처벌에 대한 위협이 필요한지를 보여준다. 이론에 따르면, 이러한 역할을 하는 것이 '리바이어선' 국가다.

○ ● ○

이 장에서는 도덕의 진화적 기원과, 도덕적 상호작용 및 선악의 논리를 살펴보았다. 다음 장에서는 이 원리들이 어떻게 우리 종이 직면한 가장 위험한 위협들—폭력, 전쟁, 테러—조차 감소시키는지 보여주고, 이러한 분야에서도 상당한 도덕적 진보가 이루어졌음을 증명할 것이다.

현 시대 인류가 직면한 가장 커다란 위협은 폭력, 전쟁, 테러이다. 인류가 지구상에 등장한 이래 폭력과 전쟁은 한시도 끊이지 않고 계속되었다. 먹이다툼에서 시작된 싸움은 칼과 총 등 대인화기를 거쳐 전 인류를 위험에 빠뜨릴 핵무기의 등장으로 이어졌다. 우리는 현대 세계가 테러와 전쟁, 대량살상무기의 위협에 놓여 있다고 믿는다. 하지만 역사 이후의 통계는 인류가 전쟁과 폭력에서 상당한 진보를 거두어왔음을 보여준다.

2

전쟁, 테러, 억지의 도덕

악행에 대한 경고는 경고 시점에 도망칠 길이 있는 경우에만 정당화된다.
_ 키케로, 《신성에 대하여 De Divinatione》 제2권, 기원전 44년

〈스타트렉〉 오리지널 텔레비전 시리즈의 한 에피소드인 '아레나' 편에서, '곤'이라는 외계인 종족이 지구의 전초기지인 시터스 III를 공격해 파괴하자, 커크 함장과 엔터프라이즈호는 이 명분 없는 공격에 복수하기 위해 그들을 추격한다. '스팍'은 외계인들의 동기를 확실히 알 수 없으니 일단 '또 다른 감응적 존재를 존중'하자는 의견을 피력하지만, 강경파인 커크 함장은 그의 말을 단호하게 자르며 이렇게 상기시킨다. "엔터프라이즈호는 연방의 이 구역 내에서 유일한 호위 함선이야." 이들의 도덕적 궁지에 '메트론'이라는 더 진보한 문명이 개입해 두 함선을 저지하며 이렇게 설명한다. "우리가 당신들을 분석해온 결과 당신들의 폭력적인 성향은 선천적인 것임을 알았다. 그러니 우리가 이 상황을 통제하겠다. 우리가 너희의 정신적 한계에 가장 걸맞은 방식으로 분쟁을 해결하겠다."

메트론은 커크 함장과 곤족 함선의 함장—그는 뇌가 크고 두 발로 걷는 파충류다—을 어느 중립적인 행성으로 이송시켜 어느 한쪽이 죽을 때까지 일대일 격투를 하도록 했고, 지는 쪽의 함선과 승무원들을 파괴시킬 것이라고 말한다. 곤족 함장은 커크보다 강해서 나뭇가지로 때리다 커다란 바위를 던지는 식으로 공격 수위를 올리는 커크를 쉽게 저지할 수 있다. 그는 커크 함장에게 말한다. 만일 항복한다면 "고통 없이 빨리 끝내주겠다." 이에 커크가 응수한다. "시터스 III에서처럼?" 곤족의 함장이 반박한다. "공격한 것은 당신들이야! 당신들이 우리 우주에 기지를 세운 거야." 이에 커크가 항의한다. "당신들이 무력한 인간을 도륙했어." 다시 곤족 함장이 쏘아붙인다. "우리는 침입자들을 파괴했고 마찬가지로 나는 너를 죽일 거다!"

한편 함선에서는 승무원들이 싸움이 펼쳐지는 모습을 화면으로 지켜보고 있다. 맥코이 박사가 묻는다. "어째서 그렇지? 시터스 III 기지를 세운 것이 그들의 우주를 침입한 거라고?" "그럴 수도 있습니다, 박사님." 스팍이 대답한다. "우리는 은하계의 그 지역에 대해 아는 게 거의 없습니다." "그러면 잘못한 쪽은 우리일 수도 있겠군." 맥코이도 시인한다. "곤족은 단지 자신들을 보호하려고 했던 것일지도 몰라."

에피소드의 절정에서 커크는 그 행성의 표면에서 쉽게 구할 수 있는 다양한 원소들을 보며 화약을 제조하는 방법을 떠올린다. 황, 석탄, 질산나트륨, 그리고 치명적인 발사체인 다이아몬드도 있다. 이 원소들은 현명한 이성이 잔악한 힘을 이길 수 있는지 보기 위해 메트론이 제공한 것이다. 커크는 그 원소들을 합쳐 치명적인 무기를 만들고, 곤족 함장이 그를 죽이려고 조금씩 다가올 때 그에게 그것을 발사한다. 힘을 제대로 못쓰게 된 곤족이 단검을 떨어뜨리자, 커크가 그것을 집어 최후의 일격을 가하기 위해 적의 목에 갖다 댄다. 하지만 도덕적 선택의 순간에 커크는 자비를 선택한다. 그의 이성이 그에게 적의 입장에서 생각해보게 한 것이다. "아냐, 난 당신을 죽이지 않겠어. 우리 기지를 공격할 때 당신들은 자신을 방어하고 있다고 생각했을지도 모르니까." 커크가 단검을 던지자 그쪽에서 한 메트론 종족이 나타난다. "커크 함장, 그대가 나를 놀라게 하는군요. 반대 상황이었다면 그대를 죽였을 텐데도 그대는 무력한 적을 살려줌으로써 우리가 좀처럼 기대하지 않는 자비라는 진보한 형질을 증명해보였습니다. 우리는 그대의 종족에게 희망이 있을지도 모른다고 생각합니다. 그래서 그대들을 파괴하지 않을 것입니다. 아마 몇 천 년 뒤쯤 그대의 종족과 내 종족이 서로 만나 협정을 맺게 될 것입니다. 그대들은 아직까지는 반쯤 짐승이지만 희망이 있습니다."[1]

〈스타트렉〉의 감독인 진 로덴베리Gene Roddenberry는 이 시리즈로 하나의 장르를 발명했다. 시리즈를 위해 창조된 웅장한 우주선 엔터프라이즈 호의 임무는 극의 시대적 배경인 23세기에, 인종과 국가와 종을 초월하는 다양한 승무원들을 싣고 외계 종족과 교류함으로써 물리적·도덕적으로 인류의 지평을 확장하는 것이었다. 각각의 에피소드는 용감무쌍한 우주 모험인 동시에 생각할 거리를 던져주는 도덕극이었으며, 많은 에피소드가 당대에 논란을 불러일으킨 쟁점들—전쟁과 분쟁, 제국주의와 권위주의, 의무와 충성, 인종차별주의와 성차별주의, 그리고 몇 백 년 뒤의 인류가 그러한 쟁점들을 어떻게 다룰 것인가—을 탐구했다.

로덴베리는 〈스타트렉〉 시리즈를 만든 목표 가운데 하나가 당대 사건들에 대한 우의적인 도덕적 논평을 텔레비전 화면에 잠입시키는 것이었음을 분명하게 밝혔다. "나는 새로운 규칙을 갖는 새로운 세계"를 창조함으로써 "성, 종교, 베트남, 정치, 대륙간탄도미사일에 대해 발언할 수 있을 것이라고 생각했고, 실제로 우리는 〈스타트렉〉에서 그렇게 했다. 우리는 메시지를 보내고 있었고, 다행히 그 메시지들은 방송망을 무사히 통과했다."[2] 이것은 사회 변화를 일으키는 많은 방법들 가운데 하나인데, 로덴베리가 개인적으로 전쟁을 잘 알았다는 점은 흥미로운 단서를 제공한다. 1941년에 그는 겨우 스무 살 청년으로 미국 육군 항공단에 입대해 남태평양에서 89회의 비행 임무를 수행했고 그 공적으로 공군 수훈십자훈장을 받았다. 그랬기에 그는 이렇게 쓸 수 있었다. "문명의 힘은 전쟁을 하는 능력이 아니라 전쟁을 막는 능력으로 측정된다."[3]

해적의 도덕, 갈등과 값비싼 신호 이론

문명이 전쟁을 막는 방법을 어떻게 알았는지 밝히려면 폭력과 억지의 심리를 이해할 필요가 있다. 그러한 심리는 앞장에서 살펴본 갈등과 도덕 감정의 논리를 바탕으로 작동한다. 다음과 같은 질문을 생각해보자. 해적은 왜 잠행과 위장을 이용하는 대신, 해골과 두 개의 대퇴골을 교차시킨 불길한 그림이 그려진 깃발을 달고 주목을 끌면서 잠재적 먹잇감에게 너는 지금 포식자에게 쫓기고 있다고 알릴까? 이것은 **값비싼 신호 이론**Costly Signaling Theory이라고 부르는 현상의 한 가지 예다. 이 이론에 따르면 (사람을 포함한) 유기체는 남들에게 신호를 보내기 위해 때때로 비용이 많이 드는 일을 한다.[4] 긍정적인 사례도 있고 부정적인 사례도 있다.

먼저 긍정적인 사례를 보면, 사람들은 때때로 유전적 친족을 돕기 위해서라든지(혈연 선택), 나중에 은혜를 갚을 만한 사람을 돕기 위해서가 (호혜적 이타주의) 아니라, 단지 "내 이타적이고 자선적인 행동들은 내가 타인을 위해 이 정도 희생을 감당할 수 있을 만큼 성공한 사람임을 증명한다"는 신호를 보내기 위해 특정한 방식으로 행동한다. 즉 몇몇 이타적 행위는 타인들에게 자신의 신뢰도와 지위를 알리는 정보의 한 형태다. 나는 도움이 필요한 타인들이 의지할 수 있는 사람이며 그래서 내가 힘들 때는 그들도 나를 도울 것이라는 **신뢰도**를 알리고, 친절하고 관대한 행동을 할 수 있을 만큼의 건강, 지적 능력, 자원을 보유한 **지위**에 있음을 알리는 것이다. 이 같은 값비싼 신호 이론은 왜 사람들이 자선단체에 큰돈을 기부하고, 값비싼 자동차를 몰고, 값비싼 보석으로 치장하는지를 설명한다. 이는 타인들에게 보내는 신호인 셈이다. 그리고 신호는 거짓이어서는 안 되므로, 신호를 보내는 사람은 자신이 하고 있는 일이 진실된 행동이라고 믿는 경향이 있고, 그래서 기부는 어느 정도까지는 정직한 동기로 이루어진다.

값비싼 신호 이론의 부정적 측면은 위험을 감수하는 젊은 남성들의 행동에서 볼 수 있다. 그러한 행동은 본의 아니게 유전자 풀에서 자신을 완전히 제거하고 마는 불행한 결과로 끝나기도 한다(이러한 일을 한 사람들에게 1년에 한 번씩 다윈상이 주어진다[5]). 위험한 행동은 남성이 여성에게 내 유전자는 **매우** 훌륭하고 나는 이 종의 우수한 표본이므로 맥주 열두 병을 마시고도 시속 160킬로미터로 집까지 안전하게 운전할 수 있다는 것을 알리는 방법인 듯하다. 그러한 남성은 여성들에게, 나는 목숨이 위태로운 일을 할 수 있을 만큼 유전적으로 매우 특별하며, 따라서 훌륭한 배우자감임이 분명하고, 미래의 자식에게 뛰어난 유전자와 자원을 제공할 사람이라고 알리고 있는 것이다. 또한 위험하고 위태로운 행동들은 다른 남성들에게 보내는 경고 신호이기도 하다. 위험을 추구하고 모험을 감수하는 자는 강하므로, 짐 크로치Jim Croce가 노랫말에서 경고한 것처럼 함부로 건드리지 말라는 것이다. "슈퍼맨의 망토를 잡아당기지 않듯이, 해봤자 안 되는 일에 힘 빼지 않듯이, 늙은 인디언 론 레인저의 가면을 벗기지 않듯이, 짐을 함부로 건드렸다가는 큰코다치지."

이러한 배경을 알면, 해적들이 배에 해적기를 다는 이유가 값비싼 신호 이론으로 어떻게 설명되는지 이해할 수 있다. 해적기는 당신—죄 없는 상선—에게 살인과 파괴밖에는 모르는 거칠고 난폭한 미치광이들의 잔인한 무법자 무리가 곧 들이닥칠 것임을 알리는 신호였다. 이것은 몹시 영리한 전략이었다. 해적 신화를 깨는 책《후크 선장의 보이지 않는 손The Invisible Hook》의 저자인 경제학자 피터 리슨Peter Leeson에 따르면, 해적들은 실제로는 전설 속에서 그려지는 것처럼 무정부 상태를 규칙으로 삼고 법치를 인정하지 않는 정신 나간 범죄자나 반역자 테러범들이 아니었기 때문이다. 이러한 해적 신화가 사실일 수 없는 이유는 소란을 피우는 반사회적 인격장애자들로 채워져 있으며 혼돈과 배반이 지배하는 배는 어떤 일에서든 단 한 순간도 성공할 수 없기 때문이다. 해적의 실체는 그렇게 흥미롭지도 신비롭지도 않았다. 리슨에 따르면 해적 집단은 "질서 있고 정직"했으며, 이익을 내는 사업가로서 경제적 목표를 충족시켜야 했다. "상호 이익을 위해 협력하려면—사실 그러한 범죄조직을 어떻게든 끌고 나가려면—범법자로 이루어진 그들의 조직이 아수라장으로 전락하는 것을 막을 필요가 있었다."[6] 그래서 도둑들의 사회에는 예상과 달리 도의가 존재한다. 애덤 스미스가《국부론The Wealth of Nations》에서 지적했듯이 "언제나 서로를 해치고 상처 낼 준비가 되어 있는 사람들 사이에서는 사회가 존속할 수 없다. …… 만일 강도와 살인자들의 사회가 존재한다면 적어도 …… 서로를 상대로 강도와 살인 행위를 저지르는 것은 삼가야 한다."[7]

해적 사회는, 경제란 사회적 상호작용에서 자연스럽게 생기는 자연 발생적이고 자기 조직적인 상향식 질서의 결과라는 스미스의 이론을 뒷받침하는 증거다. 리슨은 해적 사회가 선장과 갑판수를 민주적으로 선출했으며, 음주, 흡연, 도박, 섹스(소년과 여성은 승선할 수 없었다), 불과 초의 사용(선상 화재는 승무원과 화물에 치명적일 것이다), 싸움과 무질서한 행동(테스토스테론이 넘치고 위험을 무릅쓰는 남자들을 오랜 시간 좁은 공간에 가두어둔 결과), 탈주, 그리고 무엇보다도 전투가 발생할 때 자신의 임무를 기피하는 것에 대한 규칙들을 정리한 법 체계를 만들었음을 보여준다. 다른 모든 사회와 마찬가지로 해적들도 '무임승차자' 문제를 해결해야 했다. 투자한 노력은 공평하지 않은데 노획물을 공평하게 분배한다면 반감, 보복, 경제적 혼돈을 피할 수 없을 것이기 때문이다.

해법은 법을 시행하는 것이었다. 법정에서 증인들에게 성경에 손을 얹고 선서하게 하듯이 해적선의 선원들은 항해에 앞서 선장의 법에 동의해야 했다. 한 관찰자의 말에 따르면 "모두가 성경이 없으면 손도끼에 손을 얹고 맹세했다. 해적선에 자발적으로 오르는 사람은 누구든 이후에 일어나는 분쟁과 싸움을 막기 위한 계약서의 모든 조항에 서명해야 한다." 리슨은 선장들이 계약서 내용을 공유했다는 것도 알아냈는데, 그러한 공유는 "1716년과 1726년 사이에 활동한 앵글로아메리칸 해적들의 70퍼센트 이상이 세 명의 해적선 선장 가운데 한 명과 인연이 있었기"에 가능했다. 따라서 해적의 법은 "해적들의 상호작용과 정보 공유에서 생겨난 것이지, 해적왕이 중앙에서 설계해 현재와 미래의 모든 해적들에게 부과한 보통법이 아니었다."[8]

그러면 해적의 무법성과 무정부주의에 대한 신화는 어디서 생겨났을까? 해적들 본인들에게서 생겨났다. 손해를 최소화하고 이익을 극대화하기 위해 그러한 신화를 영속시키는 것에서 가장 큰 이익을 보는 사람들은 당연히 해적들이기 때문이다. 해적들은 공격적이라는 평판을 알리기 위해 해적기를 달았지만 실제로는 싸움을 원치 않았다. 싸움은 손해가 막대하고, 위험하며, 경제적 손실을 초래할 수 있기 때문이었다. 해적들이 원하는 것은 단지 노획물이며, 그들은 위험이 높은 전투보다는 위험이 낮은 투항을 선호한다.

상인의 입장에서도 폭력적인 충돌 없이 노획물을 넘겨주며 투항하는 것이 반격하는 것보다 나았다. 폭력은 그들에게도 손해이기 때문이다. 물론 거친 놈들이라는 평판을 유지하려면 이따금씩 실제로 거친 놈들이 되어야 한다. 그래서 해적들은 간헐적으로 폭력에 가담했고, 그러한 사건에 대한 보고를 신문사 편집장들에게 기꺼이 제공했다. 그러면 그들은 해적들이 기대한 대로 유혈과 폭력이 난무한다는 과장된 내용의 기사를 썼다. 18세기 영국의 해적선 선장 새뮤얼 벨라미Samuel Bellamy는 이런 말을 했다. "이익이 되지 않는데도 누군가에게 해를 끼치는 것을 경멸합니다." 리슨의 결론에 따르면 "해적기는 해적들의 정체를 잠재적 표적에게 알림으로써, 해적들만이 아니라 상선의 무고한 선원들이 불필요하게 상처 입고 죽을 수 있는 잔인한 전투를 막았다."[9]

왜 오늘날 상선의 승무원들과 해운사가 소말리아 해적들에게 폭력적으로 저항하는 대신 몸값을 주는지도 해적기 효과로 설명할 수 있다. 가능한 한 빠르고 평화적으로 협상을 하는 것이 모두에게 경제적으로 이익이기 때문이다. 톰 행크스 주연의 영화 〈캡틴 필립스Captain Phillips〉(미국 화물선을 납치한 소말리아 해적들이 구조하러 온 미국 해군에게 대부분 사살당한 2009년의 실화를 그린 영화)를 본 관객들은 왜 해운사가 선장과 선원들에게 해적들을 물리칠 총기를 지급하지 않았는지 이해할 수 없었을 것이다. 손익을 계산해보면 금방 답이 나온다. 전투에 훈련되어 있지 않은 선원들의 목숨을 위태롭게 하느니 해적들에게 몸값을 지불하는 것이 비용 면에서 이익이다. 미국 해군처럼 전투에 훈련된 사람들이 치안을 담당하는 방법도 있겠지만, 그들이 광대한 해역의 모든 뱃길을 순찰하는 것은 불가능하다는 사실을 생각하면 경제적으로 현실성이 없다. (실제로 2013년에 해적들의 납치 성공률이 0으로 떨어졌지만, 2005년부터 2012년까지 몸값으로 지불한 3억 7600만 달러보다 훨씬 더 많은 비용이 들었다. 2013년에 해운

사들은 무장 경호원들을 배치하는 비용으로 전년도의 5억 3100만 달러에 더하여 4억 2300만 달러를 더 쏟아부었다[총 9억 5400만 달러], 게다가 18노트의 더 빠른 속도로 항해하기 위해 연료비 15억 3000만 달러를 추가로 들였다.[10]) 미국 해군은 필립스 선장의 배를 탈취한 해적들을 전원 사살함으로써 소말리아 해적들에게 미국 화물선에 대한 침입을 멈추지 않으면 가만두지 않겠다는 강력한 신호를 보냈다. 하지만 억지 신호는 일관되고 장기적이어야 한다. 그렇지 않으면 해적들의 계산은 변하지 않을 것이고, "가만 두지 않겠다"는 위협을 허세로 생각하여 그러한 위험을 영업 비용으로 취급할 것이다.

장기적인 해법은 다른 데—즉 소말리아 자체—에서 찾아야 한다. 무법 사회에서 운영되는 시장은 자유시장보다는 암시장에 더 가깝고, 소말리아 정부는 국민에 대한 통제력을 상실했기 때문에 소말리아 해적들은 법을 자기 마음대로 주무를 수 있다고 생각한다. 소말리아가 법치를 세우고 시민들이 적절한 일자리를 찾을 수 있는 합법적인 자유 시장을 확립할 때까지 불법적인 해적 행위는 계속 성업을 이룰 것이다. 해적 본인들은 자체적인 법 체계를 가지고 그들만의 작은 리바이어선을 조직할 수 있을지 모르지만, 해상을 지배하는 것은 무정부 상태다.

억지의 진화적 논리

여기서 우리는 1장에서 다루었던 죄수의 딜레마와 홉스의 덫으로 되돌아간다. 핑커는 이것을 '상대방 평계대기 문제other guy problem'라고 부른다. '상대방'은 좋은 사람일 수도 있지만, (스포츠 유비를 계속 사용하면) 당신은 그 역시 '이기고' 싶어 하므로 그가 배신(부정행위)의 유혹에 빠질 수 있다는 것을 안다. 만일 그가 당신 역시 이기고 싶어 하고 부정행위의 유혹에 빠질 수 있다고 생각한다면 배신의 유혹은 특히 크다. 그리고 그는 당신과 똑같은 게임 행렬에 따라 경기하고 있으며, 그것을 당신이 알고 있음을 안다. 그리고 당신이 알고 있음을 그가 알고 있다는 것을 당신 역시 안다…….

국제 관계에서 상대방은 또 다른 국가이고, 만일 그쪽이 핵무기를 가지고 있고 당신도 그렇다면 군비 경쟁으로 이어져 내시 균형과 비슷한 것을 초래할 수 있다. 그러한 균형이 냉전 시대에 미국과 소련을 50년 넘게 '공포의 균형' 또는 상호확증파괴Mutual Assured Destruction(MAD, 양측 모두가 확실하게 보복할 수 있는 능력을 갖춘 상태로 서로의 공격을 억지하는 전략—옮긴이)라고 불리는 핵 동결 상태에 묶어두었다. 이러한 균형이 어떻게 작동하는지, 그리고 인간 본성과 억지의 논리에 대해 우리가 아는 것을 토대로 핵전쟁의 위험을 더 줄이기 위해 우리가 할 수 있는 일이 무엇인지 살펴보자. 이러한 활동은 우리의 도덕적 진보 그리고 우리가 과학과 이성을 심각한 안보 위협을 해결하는 데 어떻게 적용할 수 있을지를 보여주는 또 하나의 예가 되어줄 것이다.

내가 페퍼다인대학교에 다니던 1974년 수소폭탄의 아버지인 에드워드 텔러Edward Teller가 명예박사학위를 받으러 와서 학생들에게 연설을 했다. 연설의 내용은 억지 전략이 효과가 있다는 것이었다. 하지만 당시 나는 이렇게 생각했던 것으로 기억한다. 당시 많은 정치 활동가들이 말하고 있었듯이 "다 좋은데 한 번의 실수면 다 끝장이지." 〈페일세이프 Fail-Safe〉와 〈닥터 스트레인지러브Dr. Strangelove〉와 같은 영화들은 그러한 생각을 강화시켰다. 하지만 실수는 일어나지 않았다. MAD가 효과가 있는 것은 어느 쪽도 선제공격을 함으로써 얻을 게 없기 때문이다. 양쪽의 보복 능력이 상당한 수준이라서 선제공격은 (세계의 나머지 국가들 대부분과 함께) 양국의 전멸로 이어질 가능성이 매우 높다. "MAD는 미친 짓이 아니다!" 전 국방부 장관 로버트 맥나마라Robert S. McNamara가 한 말이다. "상호확증파괴는 억지의 토대다. 핵무기는 적이 핵무기 사용을 못하도록 억지하는 것 말고는 아무런 군사적 효용이 없다. 이는 당신이 핵무기를 보유한 적을 상대로 절대 핵무기를 먼저 사용해서는 안 된다는 뜻이다. 만일 그렇게 한다면 그것은 자살 행위다."[11]

억지의 논리를 처음으로 분명하게 설명한 것은 1946년에 미국 군사 전략가 버나드 브로디Bernard Brodie였다. 제목에 충실한 책인 《절대적 무기The Absolute Weapon》에서 그는 역사는 핵무기 개발 이전과 이후로 나뉜다고 지적했다. "지금까지 군사 전력의 가장 큰 목적이 전쟁에서 이기는 것이었다면, 이제부터는 전쟁을 피하는 것이다. 그 외의 다른 목적은 거의 있을 수 없다."[12] 냉전을 소재로 삼은 스탠리 큐브릭Stanley Kubrick의 고전 영화에서 스트레인지러브 박사는 (싸움이 허락되지 않는 유명한 '전쟁 상황실' 장면에서) 이렇게 설명했다. "억지는 적의 마음속에 공격에 대한 **두려움**을 불러일으키는 기술입니다." 그러한 두려움을 불러일으키기 위해서는 당신이 그러한 파괴적 무기를 언제든 터트릴 준비가 되어 있다는 것을 적이 알아야 한다. 그 때문에 "비밀로 유지할 경우 '둠스데이머신'이 무용지물이 되는 것이다."[13]

〈닥터 스트레인지러브〉는 MAD를 패러디한 블랙코미디로, 끔찍한 실수가 일어나면 어떤 일이 벌어질 수 있는지 보여준다. 영화에서 잭 D. 리퍼 장군은 '공산주의자들이 침투해 우리를 세뇌시키고, 체제를 전복시키고, 우리의 귀중한 체액을 오염시키려고 한다'는 생각에 사로잡혀 정신이 이상해진다. 그래서 그는 소련에 대한 핵 선제공격을 명령한다. 이러한 불행한 사건에 직면한 '벽' 터지슨 장군은 러시아인들이 그 사실을 알고 있으며, 따라서 보복할 것임을 알고 대통령에게 전면전으로 완전한 선제공격을 감행해야 한다고 조언한다. "대통령님, 피해가 전혀 없을 거라고 말하고 있는 게 아닙니다. 하지만 죽는 사람은 많아야 1000만에서 2000만일 겁니다."[14]

그는 현실 세계에서 로버트 맥나마라가 계산한 사상자 예상을 크게 벗어나지 않았다(큐브릭은 냉전 전략을 배운 사람이었다). "그러한 선제공격을 확실하게 단념시키기 위해서는 어느 정도의 보복 능력을 가져야 할까요? 상대가 소련이라면, 인구의 20~25퍼센트, 산업 생산의 50퍼센트를 파괴할 능력이면 효과적인 억지가 될 수 있고 생각합니다."[15] 맥나마라가 이런 말을 한 1968년 당시 소련의 인구는 약 2억 4000만 명이었으므로 4800만에서 6000만 명이 죽는다는 뜻이었다. 마치 이 정도는 아무것도 아니라는 듯 마오쩌둥은 중국 인구의 50퍼센트를 희생시킬 수 있다고 말한 적도 있었는데, 당시 중국 인구는 약 6억이었다. "우리 나라에는 사람들이 엄청나게 많다. 얼마쯤은 잃어도 된다. 그런다고 뭐가 달라지겠는가?"[16]

현실 세계의 닥터 스트레인지러브였던 해럴드 애그뉴Harold Agnew는 무엇이 달라지는지 알았다. 그는 로스앨러모스국립연구소 소장을 10년간 지냈고, 그전에는 로스앨러모스에서 맨해튼프로젝트에 참여해 최초의 원자폭탄 '팻맨Fat Man'과 '리틀보이Little Boy'를 만들었다. 그리고 폭발의 위력을 관찰하고 측정하기 위해 에놀라게이(히로시마 원자폭탄 투하에 사용된 폭격기—옮긴이)와 동급인 B-29 폭격기를 타고 히로시마 상공으로 갔다. 심지어는 16밀리미터 무비카메라까지 몰래 실어 가서 8,000명을 죽인 폭발의 유일한 장면을 남겼다. "메가톤급 폭탄이 터지는 것을 본 사람이 한 명도 남지 않는 시대가 빠르게 다가오고 있기 때문에" 세계의 모든 지도자는 "폭발을 실감하고 자신이 무엇을 가지고 놀았는지 알기 위해" 5년마다 한 번씩 속옷만 입은 채로 원자폭탄이 터지는 장면을 봐야 한다는 말을 했을 때 애그뉴는 억지 효과를 말하고 있던 것이다. "한 번만 보면 정신이 번쩍 들 테니까."[17]

1979년에 미국의회기술평가국Office of Technology Assessment for the US Congress이 발표한 보고서《핵전쟁의 효과The Effects of Nuclear War》는 소련이 총력적인 선제공격을 가할 경우 1억 5500만에서 1억 6500만 명의 미국인이 죽을 것이라고 추산했다(집 근처에 있는 피난 시설을 이용한다면 사망자가 1억 1000만에서 1억 2000만 명으로 줄어든다). 당시 미국 인구는 2억 2500만 명이었으니 사망자 비율은 49~73퍼센트였다. 어마어마한 숫자다. 그 보고서는 그런 다음에 디트로이트 크기의 한 도시에 1메가톤급 핵폭탄이 떨어진다면 무슨 일이 벌어질지 가상의 시나리오를 제시한다. 비교하자면, 리틀보이―히로시마에 떨어진 원자폭탄―는 16킬로톤의 폭발력을 갖고 있었다. 1메가톤은 1000킬로톤, 즉 리틀보이 폭탄 62.5개에 해당한다.

1메가톤급의 폭탄이 지상에 떨어지면 직경 300미터, 깊이 60미터 규모의 분화구가 생기고, 분화구에서 튕겨져 나온 고방사능 토양이 분화구 직경의 두 배 밖까지 둘러싼다. 중심에서 1킬로미터 밖까지는 아무것도 남지 않을 것이다. …… 근무 시간이 끝난 후 이 지역에 남는 7만 명 가운데 생존자는 사실상 없을 것이다. …… 이 지역의 주거 시설은 완전히 파괴되고, 건물의 기초와 지하실만 남을 것이다. …… 폭발 지점 근처에서 주요 관심사는 낙진이 버섯구름의 줄기에서 강하하는가 아니면 꼭대기에서 강하하는가인데, 그것이 낙진이 내려오는 시간과, 비상대책에 영향을 미치기 때문이다. …… 약 50만 명의 부상자는 엄청난 규모의 의료 부담을 초래한다. 폭발 지점으로부터 6킬로미터 이내의 병원과 침상은 완전히 파괴될 것이며, 6~10킬로미터 이내에서는 15퍼센트가 심각한 피해를 입을 것이다. 따라서 침상은 심각한 피해 지역 외부에 5,000개가 남는다. 이 정도의 침상 수는 부상자의 단 1퍼센트에 해당하므로 유의미한 의료적 도움을 제공할 수 없다. …… 화상 피해자들도 수만 명에 이르겠지만, 1977년에 미국 전역의 화상 센터는 85개뿐이었고, 침상 수는 1,000~2,000개에 불과했다.

이런 식의 보고가 몇 페이지에 걸쳐 이어진다. 이러한 결과에 250(소련의 표적으로 여겨졌던 미국 도시의 수)을 곱해보라. 그것이 이 보고서의 참혹한 결론이다. "미국 사회에 미치는 영향은 재앙 수준일 것이다."[18] 그 재앙은 소련과 그 동맹국들에게도 결코 덜하지 않았다. 공군전략사령부 Strategic Air Command(SAC)의 1957년 보고서는 소련 세력권과 핵무기 공격을 주고받은 지 일주일 안에 양측에서 약 3억 6000만 명의 사상자(죽거나 다친 사람)가 발생할 것이라고 추산했다.[19] 이러한 숫자들은 상상조차 할 수 없는 숫자라서 실감하기 어렵다.

[그림 2-1]은 1950년대에 사용된 '민방공 행동 요령' 카드로, 핵 공격 시 "엎드리고 감싸라"라고 적혀 있다.[20] 1960년대 초에 어린 시절을 보낸 나는 몬트로즈초등학교에서 금요일 아침마다 정기적으로 실시한 민방위 훈련을 기억한다. 당시 나는 교실에 있는 흔들거리는 나무 책상이 로스앤젤레스 상공에서 터진 핵폭탄으로부터 우리를 보호해줄 거라는 선생님의 말씀을 곧이곧대로 믿었다.

억지 전략은 지금까지는 효과가 있었다. 1945년 8월 이후 어떤 종류의 군사적 충돌에서도 핵무기는 터지지 않았기 때문이다. 하지만 억지를 영구적 해결책으로 생각하는 것은 어리석다.[21] 오래전인 1795년에 이마누엘 칸트Immanuel Kant는 《영구평화론Zum ewigen Frieden》이라는 책에서 그러한 억지의 최종 결과가 무엇인지 밝혔다. "한 번에 양쪽 당사자 모두

아래 민방위 지침에 따르시오

 공 습 지 침

경보 없이 공격이 시작될 경우 ⬇	빠르고 침착하게	경보가 있을 경우 ⬇
엎드려 침대나 무거운 책상 아래로 들어가라.	가정에서	취사용 기구를 끄고 미리 마련해둔 대피실로 가라.
엎드려 책상이나 벤치 아래로 들어가라.	직장에서	지정된 대피소로 가서 관리자의 명령을 따르라.
엎드려 얼굴을 팔로 감싸라. 창가에서 벗어나라.	학교에서	지정된 대피소로 가서 교사의 명령을 따르라.
엎드려라.	야외에서	승인된 가장 가까운 건물 또는 대피소로 가서 민방위 책임자의 지시에 따르라.
차를 멈추고 엎드려 얼굴을 팔로 감싸라.	자동차, 버스, 전차	차에서 내려, 승인된 가장 가까운 건물 또는 대피소로 가서 민방위 책임지의 지시에 따르라.

지시를 따르고
공습경보가 해제될 때까지 움직이지 마시오

미국 정부에서 발행한 소책자 '핵 공격에서 살아남기'를 읽고
워싱턴 D. C. , 정부 인쇄청, 문서관리국에 10센트를 보내기 바랍니다.

[그림 2-1] 1950년경의 민방위 공습 지침

를 파괴할 수 있는 전쟁은 …… 영원한 평화라는 결론을 인간 종의 거대한 무덤 위에나 허락할 것이다."[22] (칸트의 책 제목은 우리들 대부분이 바라는 종류의 영원한 평화를 뜻하는 것이 아니라, 공동묘지가 그려진 한 여인숙 간판에서 유래했다.) 억지는 선제공격이라는 홉스의 덫에 걸리지 않기 위한 일시적 해법으로, 양측의 리바이어선이 무력한 제3세계 국가에서 작은 대리 전쟁을 벌이는 데 만족하는 상대적 평화 속에서 자기 할 일을 할 수 있게 한다.

폭발, 열, 방사능으로 인한 즉각적인 사망 외에 있을 수 있는 장기적인 효과들을 천문학자 칼 세이건Carl Sagan과 기상학자 리처드 툴코Richard Turco가 공동 저서인《핵겨울로 가는 길A Path Where No Man Thought》[23] (《사이언스》에 발표한 학술 논문[24]을 토대로 집필한 책)에서 샅샅이 파헤쳤다. 그 책에 따르면, 전면적인 핵전쟁이 일어나면 화재로 인한 연기, 검댕, 파편이 태양 복사선을 막아 빙하기를 촉발함으로써 지구를 사실상 생명이 살 수 없는 장소로 만들게 된다. 그들은 이 시나리오를 '핵겨울nuclear winter'이라고 불렀는데, 그 이후 대부분의 과학자들이 그럴 가능성이 거의 없으며 기껏해야 '핵가을'을 초래할 것이라고 반박했다.[25] 한 비평가는 수백만 명이 기후변화보다는 국제적인 식량 공급망의 파괴 때문에 굶어죽을 것이라고 말했다.[26] 어쨌든 수십억이 아니라 수백만이라니 다행이긴 하다. 이 논쟁의 세부적인 대목에서 누구 말이 맞든, 세이건과 툴코는 핵 없는 세계를 향한 도덕적 진보를 추적하는 맥락에서, 세계 핵무기 비축량을 최소충분억지Minimum Sufficiency Deterrence(MSD) 수준으로 줄이자는 현실적인 제안을 내놓았다. 다시 말해, 핵 선제공격을 단념시키기에 충분하지만, 실수로 또는 미친놈이 나타나 폭탄을 터트릴 경우에도 완전한 핵겨울(또는 핵가을)을 초래하지는 않을 정도로 핵무기 비축량을 제한하자는 것이다.

우리는 현재 MSD로 순조롭게 가고 있는 것처럼 보인다. [그림 2-2]가 그 증거인데, 핵탄두의 개수가 1986년에 약 7만 개로 정점을 찍은 후 2014년에는 약 1만 6,400~1만 7,200개로 줄어, 핵무기 비축량이 극적으로 감소했음을 보여준다.[27] 세이건과 툴코가 최소충분억지를 위한 규모로 추산한 약 1,000개에 이르려면 아직 멀었지만[28] 이 속도로 가면 2025년에는 목표에 도달할 수 있을 것이다. 게다가 냉전이 끝난 뒤로 그렇게 많은 핵무기를 보유하는 것은 시간이 갈수록 전략적으로 불필요하고 경제적으로도 부담스러운 일이 되고 있으며, 전 세계 핵무기의 93.4퍼센트를 차지하는 두 나라인 미국(7,315개)과 러시아(8,000개)도 이러한 추세에 따라 핵무기 비축량을 대폭 줄였다. 더 고무적인 일은 러시아(1,600), 미국(1,920), 프랑스(290), 영국(160)이 보유하고 있는 즉시 사용 가능한 핵탄두가 겨우 4,200개에 불과하다는 것이다. 이로써 세계는 1945년 이후 그 어느 때보다 수백만 개의 핵탄두에 산산조각 나는 일로부터 안전해졌다.[29]

세계 핵무기 비축량이 0에 도달할 수 있을까? 그것을 알아보기 위해 나는 클레어몬트전문대학원Claremont Graduate University에서 정치학자 야체크 쿠글러Jacek Kugler가 강의하는 '전쟁과 평화에 대한 관점들'이라는 수업을 들었다. 그의 대답은 '불가능하다'이다. 적어도 일곱 가지 이유가 있다. 첫째는, 서로 신뢰하는 국가들 사이의 확실한 억지는 안정적이고 예측 가능한 전략이기 때문이다. 둘째는, 칼집 안에 든 핵검을 주기적으로 달그락거리는 북한 같은 불안정하거나 예측 불가능한 국가들에게 보복의 위협이 필요하기 때문이다. 셋째는, 핵 클럽에 가입하겠다고 위협하지만 국가들의 연합에 가입하려는 열의를 보이지 않으므로 보복의 위협이 필요한 이란 같은 악당 국가들이 아직 존재하기 때문이다. 넷째는, 대량살상무기를 사용할 가능성이 있는 재래식 전쟁을 치르는 국가들을

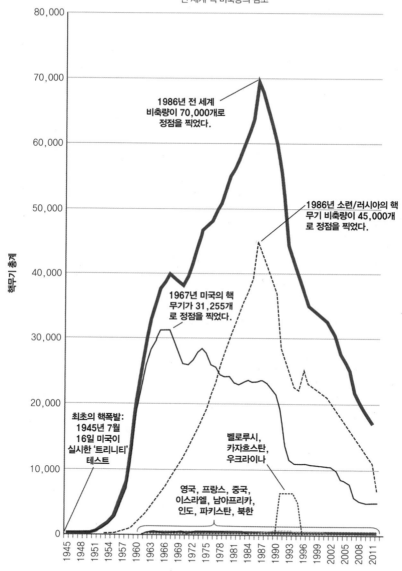

평화의 진보
전 세계 핵 비축량의 감소

핵무기 총계

80,000

70,000

1986년 전 세계
비축량이 70,000개로
정점을 찍었다.

60,000

1986년 소련/러시아의 핵
무기 비축량이 45,000개
로 정점을 찍었다.

50,000

40,000

1967년 미국의 핵
무기가 31,255개
로 정점을 찍었다.

30,000

20,000

최초의 핵폭발:
1945년 7월
16일 미국이
실시한 '트리니티'
테스트

벨로루시,
카자흐스탄,
우크라이나

10,000

영국, 프랑스, 중국,
이스라엘, 남아프리카,
인도, 파키스탄, 북한

0

1945 1948 1951 1954 1957 1960 1963 1966 1969 1972 1975 1978 1981 1984 1987 1990 1993 1996 1999 2002 2005 2008 2011

[그림 2-2] 전 세계 핵 비축량의 감소

핵탄두의 총 개수(1만 6,400~1만 7,200개)와 실제 배치된 핵탄두의 개수(약 4,200개)는 1950년대
이래 최저 수준이다.[30]

억제하기 위해서는 보복의 위협이 필요하기 때문이다. 다섯째는, 우리가 신뢰하지 않거나 충분히 알지 못하는 테러 집단 같은 비국가 단체들에도 보복의 위협이 필요하기 때문이다. 여섯째는, 핵무기 사용에 대한 금기는 존재하는 것 같지만 그것을 **소유하는** 것에 대한 금기는 아직은 존재하지 않기 때문이다. 일곱째는, 원자폭탄 제조법이라는 '지니'가 이미 병에서 나온 상황이라서, 다른 나라나 테러범들이 핵무기를 획득해 억지의 균형을 깰 뿐 아니라 우발적인 폭발의 확률을 높일 가능성이 항상 있기 때문이다.

쿠글러는 우리가 '지역적인 제로regional zero'—남아메리카와 오스트레일리아 같은 핵 없는 지대들—에는 도달할 수 있다고 말한다. 이때도 주요 핵강국들(미국, 러시아, 중국, 그리고 EU와 인도까지)이 잠재적인 악당 국가들 또는 테러 집단들의 선제적인 핵무기 사용에 전원 반대 없이 확실하게 대응한다는 전제가 필요하다. 하지만 신뢰 문제 때문에 글로벌 제로는 불가능하다고 그는 말한다. 쿠글러가 걱정하는 것은 현 상태가 지속될 경우 서아시아 지역에서 핵무기 공격을 주고받는 핵 교환이 일어나거나, 이스라엘에 대한 핵 테러 공격이 있을 수 있다는 것이다. 그의 말에 따르면, 가장 큰 위험 요인은 암시장에서 테러범들이 감당할 수 있을 정도의 가격으로 핵분열 물질을 구할 수 있다는 점이다.

각계각층의 전문가들은 핵 안전은 환상이며 우리는 〈닥터 스트레인지러브〉의 결말에 위태로울 정도로 가까이 다가서 있다는 설득력 있는 주장을 펼친다. 원자과학자연맹Federation of Atomic Scientists과 《원자과학자회보Bulletin of Atomic Scientists》에 소속된 과학자들이 후원하는 '세계종말시계'는 자정, 즉 세계 종말 몇분 전에 멈추어 있는 것 같다. 핵무기 4부작(《원자폭탄 만들기The Making of Atomic Bomb》, 《검은 태양Dark Sun》, 《어리석은 무기Arsenals of Foly》, 《핵폭탄의 황혼The Twilight of the Bombs》[31])을 쓴 리처드 로즈

Richard Rhodes와 《명령과 통제Command and Control》[32]를 쓴 에릭 슐로서Eric Schlosser 같은 유명 작가들은 그동안 있었던 무수한 일촉즉발의 순간들을 끄집어내어 독자들을 아찔하게 만든다. 1950년에 캐나다 브리티시컬럼비아주에 마크Mark IV 원자폭탄이 투하된 일, 마크Mark 39 핵폭탄 두 개를 실은 B-52 폭격기가 노스캐롤라이나에 추락한 일, 쿠바 미사일 위기, 서유럽에서 있었던 '에이블 아처Able Archer 83' 핵전쟁 훈련을 소련이 자신들에게 핵 공격을 가하기 위한 준비로 오판한 일, 그리고 아칸소주 다마스커스에서 타이탄 II 미사일이 터져 도시 전체가 지도에서 사라질 뻔했던 일. 로즈는 핵무기에 대해 조사하고 저술하면서 보낸 일생을 회고하면서 이렇게 말했다.

> 핵무기가 처음부터 품고 있던 불행의 씨앗들 가운데 하나는 그것을 무기라고 부른 것이었다. 그것은 작고 들고 다닐 수 있는 메커니즘 안에 엄청난 파괴력이 압축되어 있는 무기다. 그런 무기는 사람들로 북적이는 도시 전체를 파괴하는 것 외에는 아무리 봐도 현실에서 쓸 데가 없다. 이런 종류의 사고방식은 [정책 입안가들에게] 핵무기가 총과 비슷하다고 생각하게 만든다. 1945년 이후로 화가 나서 그것을 터트린 사람이 아무도 없는 데는 이유가 있다. 위험이 너무 크기 때문이다.[33]

미국 합동참모본부 부의장을 지낸 제임스 E. 카트라이트 장군이 의장을 맡고 있는 글로벌제로미국핵정책위원회Global Zero US Nuclear Policy Commission가 발표한 보고서에 따르면, 미국과 러시아는 억지력을 유지하면서도 핵무기를 각기 900개 수준으로 감축할 수 있다. 이때 확실히 할 것은, 핵무기를 한 번에 절반만 배치하고, 사고에 의한 공격을 막기 위한 안전장치로서 24~72시간의 발사 지연 시간을 두는 것이다.[34] 글로벌제로 계획은 미국 대통령 버락 오바마, 러시아 대통령 드미트리 메드베데프, 영국 수상 데이비드 캐머런, 인도 수상 만모한 싱, 일본 수상 노다 요시히코, 국제연합 사무총장 반기문 같은 고위 정치인들로부터 지지를 받아왔다.[35] 물론 지지와 행동은 다르지만, 글로벌 제로 운동에 탄력이 붙고 있다.[36]

　세계 194개 나라 가운데 아홉 나라만이 핵무기를 보유하고 있다는 사실은 주목할 만하다. 이는 185개 나라(95퍼센트)는 핵무기가 없어도 문제가 없다는 뜻이다. 몇몇 나라들은 핵무기를 원하지만 핵분열(과 기타) 물질을 생산할 여유가 없다. 하지만 1964년 이후 핵무기 개발 프로그램을 시작해서 완료한 나라보다 시작했다가 포기한 나라가 더 많아지고 있다는 사실에 주목할 필요가 있다. 이탈리아, 서독, 스위스, 스웨덴, 오스트레일리아, 한국, 대만, 브라질, 이라크, 알제리, 루마니아, 남아프리카, 리비아가 그러한 나라들이다.[37] 핵무기를 보유하지 말아야 할 이유는 많은데, 그 가운데 하나가 비용이 많이 든다는 것이다. 냉전 시절에 미국과 소련은 12만 5,000개의 핵무기를 만들기 위해 무려 5.5조 달러를 썼고, 미국은 지금도 자국의 핵 프로그램에 연간 350억 달러를 쓴다.[38]

　쟁기 날로 칼을 만드는 데는 상당한 비용이 든다. 또한 그렇게 함으로써 스스로 표적이 된다. 정치학자 데이비드 소벡David Sobek과 그 동료들은 2012년에 발표한 한 연구에서 핵무기 소유가 그 소유국에게 많은 이익을 가져다준다는 '통념'이 실제로 맞는지 확인해보았다. 그들은 한 나라가 핵무기 프로그램을 시작하는 것과 군사적 충돌에 휘말릴 위험의 관계를 알아보기 위해 국가 간 비교 분석을 실시했다. 1945년부터 2001년까지의 기간을 분석한 결과, 연구자들은 "한 국가가 핵무기 획득에 가까이 갈수록 공격당할 위험이 높아진다"는 사실을 확인했다. 왜 그럴까? "한 나라가 핵무기 프로그램을 시작한다는 것은 협상 환경을 근본적으로 바꾸겠다는 신호이기 때문이다. 유리한 고지를 점해서 불이익을 당하지 않겠다는 것이다." 한 나라가 한두 개의 핵무기를 보유하면 선제 공격의 표적이 될 위험이 낮아지지만, 그러한 위험이 핵클럽에 가입하기 전보다 낮아지지는 않는다.[39] 다시 말해, 어떤 경우든 핵무기를 보유하지 않는 게 더 낫다.

그 자신이 뛰어난 냉전 전사였던 카우보이 대통령 로널드 레이건의 생각도 그것이었다. 그는 '모든 핵무기'를 폐기할 것을 요구했다. 1980년 대 후반 소련 주재 미국 대사였던 잭 매트락Jack Matlock에 따르면, 레이건 대통령은 핵무기를 "완전히 비이성적이고, 비인도적이고, 죽이는 것 외에는 쓸데가 없고, 지구 위의 생명과 문명을 파괴하는 물건이라고 생각 했다." 레이건 정권에서 미국군축청Arms control and disarmament agency 국장 을 지낸 케네스 에이덜먼Kenneth Adelman은 자신의 상관이 종종 "모든 핵 무기를 폐지합시다'라는 말을 불쑥 내뱉곤 했다"고 말했다. 에이덜먼의 회고에 따르면 "반공 매파인 그가 핵을 그렇게 반대한다는 것을 알고 놀 랐다. 그는 극우보다는 극좌에서 나올 것 같은 발언들을 하곤 했다. 그는 핵무기를 증오했다." 전략방위구상Strategic Defence Initiative(SDI, 일명 '스타 워즈' 계획)은 사실 MAD의 필요를 제거하기 위한 것이었다. 매트락은 이 문제에 대해 레이건이 자신에게 했던 말을 표현만 바꾸어 전한다. "어떻 게 미국 대통령인 내게, 다른 나라 국민들과 문명 그 자체를 위협하는 것 이 우리 국민을 지킬 수 있는 유일한 방법이라고 말할 수 있습니까? 받 아들일 수 없는 방법입니다."[40]

핵 없는 세계에 대한 레이건의 비전에 모든 사람이 동의한 것은 아니 다. 레이건의 국무장관이었던 조지 슐츠는 레이건이 소련 공산당 서기장 미하일 고르바초프에게 핵무기를 폐지하자고 제안한 것을 알게 된 영국 수상 마거릿 대처에게 '핸드백으로 얻어맞은handbagged' 사건을 회고했다.

우리가 모든 핵무기를 제거하는 것이 바람직하다는 합의문을 가지고 레이캬비크[1986년의 미·소 정상회담]에서 돌아왔을 때 마거릿 대처가 워싱턴으로 건너와 영국 대사관으로 나를 소환했다. 그때 나는 'handbagged'라는 영국 표현이 무슨 뜻인지 몸소 체험했다. 마거릿은 이렇게 말했다. "조지, 대통령이 핵무기 폐지에 합의할 때까지 당신은 뭐했습니까?" 나는 대답했다. "마거릿, 그분은 대통령입니다." 그랬더니 마거릿이 이렇게 말했다. "대통령에게 현실을 일깨워주는 게 당신이 할 일 아닙니까?" 그래서 내가 대답했다. "그렇지만 마거릿, 나도 대통령과 같은 생각이었습니다."[41]

현재 조지 슐츠뿐 아니라 그의 냉전주의자 동료들인 전 국무장관 헨리 키신저, 전 상원의원 샘 넌Sam Nunn, 전 국방장관 윌리엄 페리도 핵폐지론자다. 이들 사인방은 많고 많은 지면 가운데서 《월스트리트저널》을 골라 자신들이 '핵무기 없는 세계'를 요구한다는 것을 공식적으로 밝혔다.[42] 그 지면에서(그리고 다른 지면에서) 그들은 핵무기를 폐지하기까지 헤쳐 나가야 할 현실 정치의 난관들을 제시하면서 그것을 등산에 비유했다. "오늘날 곤란에 처한 세계에서 보면 정상은 보이지도 않을 뿐 아니라 정상까지 갈 수도 없을 것이라는 말이 절로 나온다. 하지만 산을 내려가거나 그 자리에 서 있는 것도 만만치 않게 위험하다. 우리는 정상이 더 잘 보이는 더 높은 곳으로 가야 한다."[43]

어떤 이론가들은 더 많은 억지가 평화로 가는 길이라고 생각한다. 예컨대 작고한 정치학자 케네스 월츠Kenneth Waltz는 이란이 핵보유국이 되면 서아시아에 안정을 가져올 것이라고 생각했다. 왜냐하면 "서아시아를 제외한 세계의 어느 지역에도 단독으로 핵을 보유함으로써 억지가 불가능한 나라는 존재하지 않기 때문이다. 현재의 위기에 가장 크게 기여하는 것은 이란이 핵무기를 가지려고 하는 것이 아니라 이스라엘의 핵무기다. 권력은 결국 균형을 요구하기 마련이다."[44] 그러나 예외적인 시기도 있다. 소련이 붕괴함으로써 양극 체제가 와해되고 미국의 단독 지배 체계가 시작된 1991년 이후가 그렇다. 아직까지 어떤 중간 규모의 권력도 그 진공 상태를 메우려고 도모하지 않았고, 어떤 신생 권력도 더 큰 권력을 갖기 위해 정복 전쟁을 시작하지 않았으며, 유일한 후보인 중국은 거의 40년 동안 전쟁 없는 상태에 머물고 있다. 게다가 야체크 쿠글러가 지적하듯이, 이란이슬람공화국은 국제 사회의 규칙에 따라 행동하지 않고, 미국이나 이스라엘과 공식 외교 관계를 수립하지 않았기 때문에 비상 상황에 의사소통이 곤란하다. 또한 이스라엘과 지리적으로 너무 가깝기 때문에 미사일 발사 경고 시간(발사가 감지된 시점부터 떨어지는 시점까지의 간격—옮긴이)이 수분 내로 줄어들어 요격용 탄도 미사일 같은 보복 조치가 효과를 발휘하기 어려울 뿐 아니라, 이스라엘에 방사능 폭탄을 몰래 침투시키기도 용이하다.[45]

　나도 한마디 보태면, 이란은 하마스와 헤즈볼라 같은 테러 집단을 훈련시킨 전력이 있다. 두 테러 집단 모두 미국과 이스라엘에 적대적이며, 그 지도자들은 반유대주의적인 견해를 반복해서 분명하게 표명해왔다. 예컨대 2005년에 새 대통령 마무드 아마디네자드Mahmud Ahmadineẑãd는 '시오니즘 없는 세계'라는 엄혹한 제목의 프로그램에 참가한 약 4,000명의 학생들을 앞에서, 이스라엘은 "지도에서 사라져야 한다"는 견해를 피력했다.[46] 1930년대에 또 다른 국가 지도가가 수많은 행사에서 유대인의 땅을 없애고 싶다고 주창한(그리고 실제로 그럴 뻔했다) 뒤에 어떤 일이 일어났는지를 생각하면, 핵 스위치에 손가락을 얹고 '알라후 아크바르 Allahu Akbar(알라는 위대하다)'를 외치는 이슬람 성직자의 이미지를 포용하지 못한다고 이스라엘을 탓할 수는 없다.

정치학자 크리스토퍼 페트와이스Christopher Fettweis가 저서《위험한 시대?Dangerous Times?》에서 지적하듯이, '힘의 균형' 같은 직관적인 개념들—어떤 경우에도 현재에는 더 이상 적용할 수 없고 과거의 경우에도 일반화될 수 없는 적은 사례들에 기초한 개념들—이 아무리 인기 있다 해도, 20세기에 일어난 두 번의 세계대전 같은 '문명의 충돌'은 21세기의 매우 상호 의존적인 세계에서 일어날 가능성이 지극히 낮다. 그는 사실 세계 인구의 이토록 높은 비율이 평화 속에서 살았던 때는 역사에 일찍이 없다고 말한다. 1990년대 초부터 모든 형태의 충돌이 꾸준히 감소했으며, 테러조차도 공동의 적과 싸우기 위한 국가들의 국제적 협력을 가져올 수 있다.[47]

'팻맨' 도덕과 '리틀보이' 소동

미래에 핵무기가 사용될 가능성에 대한 이 모든 도덕적 고민 외에, 과거에 사용된 두 개의 원자폭탄에 대한 논쟁도 계속되고 있다. 바로, 히로시마를 흔적도 없이 파괴한 리틀보이와 나가사키를 소멸한 팻맨이다. 지난 20년 동안 핵심 그룹의 비평가들은 두 개의 폭탄 모두 제2차 세계대전을 종식하는 데 반드시 필요한 것은 아니었으며, 따라서 그 폭탄들의 사용은 부도덕하고 불법적이었고, 나아가 인류에 대한 범죄였다는 주장을 제기해왔다. 1946년에 미국연방기독교협의회Federal Council of Churches는 성명서를 발표해 이렇게 선언했다. "미국 기독교인으로서 우리는 원자폭탄의 무책임한 사용을 깊이 참회한다. 우리는 그 전쟁에 대한 원칙적인 판단이 어떠하든, 히로시마와 나가사키에 기습적으로 폭탄을 투하한 일은 도덕적으로 변명의 여지가 없다는 데 동의한다."[48] 1967년에 언어학자이자 반골 성향의 정치 활동가인 노엄 촘스키Noam Chomsky는 두 개의 폭탄을 "차마 입에 담을 수 없는 사상 최악의 범죄"라고 불렀다.[49]

더 최근에, 한 가지 아쉬운 점만 빼고는 깊이 있는 통찰이 돋보이는 대학살 역사서인《전쟁보다 나쁜Worse Than War》에서, 역사가 대니얼 골드하겐Daniel Goldhagen은 분석을 시작하기에 앞서 미국 대통령 해리 트루먼을 '대량학살범'이라고 불렀다. 그가 "원자폭탄 투하를 명령함으로써 약 30만 명의 남성, 여성, 어린이의 목숨을 빼앗는 선택을 했기" 때문이다. 골드하겐은 계속해서 "생각이 똑바로 박힌 사람이라면 어떻게 아무 위협을 가하지 않은 일본인들을 학살한 일을 **대량학살**mass murder로 부르지 않을 수 있는지 이해하기 어렵다"[50]는 의견을 피력한다. 해리 트루먼을 아돌프 히틀러, 이오시프 스탈린, 마오쩌둥, 폴 포트와 도덕적 동급으로 취급함으로써 범주적 사고에 스스로를 가둔 골드하겐은 제노사이드genocide가 종류, 수준, 동기에서 다른 대량학살과 차이가 있음을 인식하지 못했다(하지만 그는 다른 형태의 대규모 학살들은 구별했다). 골드하겐이 (그것이 정확히 무슨 뜻인지 정의하지도 않은 채) 제노사이드를 '대량학살'과 동의어로 취급한 경우와 마찬가지로 만일 누군가가 '제노사이드'를 아주 넓은 의미로 정의한다면, 많은 사람을 죽이는 거의 모든 행위를 제노사이드로 간주할 수 있을 것이다. 그 사람의 기준으로는 오직 두 가지 범주—대량학살인 것과 대량학살이 아닌 것—밖에 없기 때문이다. 하지만 연속적으로 사고한다면 대량 살인을 유형에 따라(몇몇 학자들은 제노사이드를 무장한 사람들에 의한 무장하지 않은 사람들의 일방적 학살이라고 정의한다), 맥락에 따라(국가의 전쟁, 내전, '인종 청소'), 동기에 따라(한 민족에 대한 절멸 또는 적대의 해소), 규모에 따라(수백인지 수백만인지) 구별할 수 있다.

1946년에 폴란드 법학자 라파엘 렘킨Raphael Lemkin이 제노사이드라는 용어를 만들고, 그것을 "민족 집단, 종교 집단, 또는 인종 집단을 전멸시키기 위한 공모"[51]라고 정의했다. 같은 해 국제연합 총회는 제노사이드를 "인간 집단의 존재 권리를 부정하는 것"[52]으로 정의했다. 더 최근인

1994년에는 존경받는 철학자 스티븐 캐츠Steven Katz가 제노사이드를 "얼마나 성공적으로 수행되었는지와 관계없이 어떤 국민, 민족, 인종, 종교, 정치, 사회, 젠더, 경제 집단을 몰살하려는 의도를 실행에 옮기는 것"으로 정의했다.[53]

이러한 정의들에 따르면 팻맨과 리틀보이의 투하는 제노사이드 행위가 아니었으며, 트루먼과 나머지 사람들의 차이는 행위의 맥락과 동기에 있다. 골드하겐이 쓴 책의 부제 '제노사이드, 말살, 그리고 인류에 대한 계속되는 공격'에 그 차이가 분명히 드러나 있다. 히틀러, 스탈린, 마오쩌둥, 폴 포트가 표적 집단에 대한 제노사이드 행위를 감행할 때 그들의 목적은 한 집단의 전멸이었다. 그러한 살인은 최후의 한 사람이 사라질 때(또는 누군가가 가해자를 멈추거나, 가해자가 패배할 때) 비로소 멈춘다. 트루먼이 원자폭탄을 투하한 목적은 전쟁을 끝내는 것이지 일본인을 말살하는 것이 아니었다. 만일 말살이 목적이었다면 왜 미국이 전후에 일본과 독일(서독)을 재건하기 위한 마셜 플랜을 주도했을까? 두 나라는 전후 20년 만에 세계 경제 대국으로 발돋움했다.[54] 이것은 말살 프로그램의 정반대처럼 보인다.

이 책에서 말하는 도덕의 정의—감응적 존재의 생존과 번성—에 의거해 원자폭탄 투하에 대한 도덕적 평가를 내린다면, 팻맨과 리틀보이는 전쟁을 끝내고 살인을 멈추었을 뿐 아니라, 일본인과 미국인 양쪽에서 족히 수백만 명에 이를 목숨을 구했다. 내 아버지도 그러한 생존자 중 한 명이었을 것이다. 제2차 세계대전 때 아버지는 미국 함선 렌호USS Wren에 승선했다. 그 군함의 임무는 항공기 수송선들과 그 밖의 대규모 주력함들을 호송함으로써 그들을 일본 잠수함으로부터 보호하고 가미가제 비행기들을 격추하는 것이었다. 아버지가 탄 함선은 일본 본토 침공 계획을 실행에 옮기기 위해 일본으로 가고 있던 함대의 일부였다.

아버지는 내게, 승선한 모든 사람이 그날을 두려워했다고 말했다. 일본 땅인 두 개의 작은 섬 이오지마와 오키나와를 침공함으로써 초래된 끔찍한 살상에 대해 들었기 때문이었다. 36일간의 이오지마 전투에서 미군은 6,821명의 전사자를 포함해 모두 약 2만 6,000명의 사상자를 냈다. 일본인들이 일본 본토에서 1,100킬로미터 떨어진 그 작은 화산섬을 얼마나 격렬하게 방어했던가? 최후의 순간까지 싸우고자 했던 2만 2,060명의 일본 병사들 가운데 생포된 사람은 216명뿐이었다.[55] 뒤이어 일본 본토에서 550킬로미터밖에 떨어져 있지 않은 오키나와에서 벌어진 전투는 훨씬 더 격렬했다. 사망자가 무려 24만 931명이었는데, 그 가운데는 일본인 병사 7만 7,166명, 미국인 병사 14만 9명, 항복하지 않고 죽을 때까지 싸우거나 자살한 그 섬의 민간인이 14만 9,193명 포함되어 있었다.[56] 아버지가 내게 말했듯이 원자폭탄이 떨어졌을 때 병사들이 안도했던 것도 놀라운 일은 아니었다.[57] 약 230만 명의 일본인 병사들과 2800만 명의 일본 민병대가 자신들의 섬나라를 끝까지 방어할 각오를 하고 있었음을 고려하면,[58] 일본 본토 침공이 무엇을 의미하는지는 모두에게 너무도 분명한 것이었다.

트루먼의 보좌관들이 미국이 일본 본토 침공을 감행할 경우 25만에서 100만 명의 미국인이 목숨을 잃을 것이라고 추산한 것은 이러한 냉혹한 사실들에 기초한 결론이었다.[59] 더글러스 맥아더 장군은 일본인 전사자와 미국인 전사자의 비율이 22대 1이 될 것으로 추산했다. 이는 최소 550만 명의 일본인이 죽는다는 뜻이었다.[60] 냉정하게 들릴지도 모르지만, 이에 비하면 두 개의 원자폭탄으로 인한 사망자—약 20만 명에서 30만 명(히로시마에서 9만~16만 6,000명, 나가사키에서 6만~8만 명[61])—는 작은 희생이었다. 어쨌든 트루먼이 원자폭탄 투하를 명령하지 않았더라면 일본 본토 침공에 앞서 커티스 르메이 장군과 B-29 폭격기를 실은 그의 군함이 도쿄와 여타 일본 도시들에 계속해서 폭탄을 떨어뜨렸을 것이고, 이전의 대규모 폭격에서 히로시마 수준의 사망률을 기록한 사실과 일본이 항복하기 전에 적어도 두 개의 도시가 파괴되었을 가능성을 감안하면, 재래식 폭탄으로 인한 사망자는 두 개의 원자폭탄으로 인한 사망자보다 더 많지는 않았더라도 그만큼은 되었을 것이다. 예컨대 리틀보이의 파괴력은 고성능 폭탄 1만 6,000톤에 상응했다. 미국 전략폭격연구소Strategic Bombing Survey는 이것이 소이탄 1,200톤, 고폭발성 폭탄 400톤, 그리고 대인 수류탄 500톤을 싣고 있는 B-29 폭격기 220대에 상응하고, 사상자 수준도 같다고 추산했다.[62] 실제로 1945년 3월 9일에서 10일로 넘어가는 밤에, B-29 폭격기 279대가 도쿄에 1,665톤의 폭탄을 투하했고, 그 결과 그 도시 40.0제곱킬로미터가 파괴되고, 8만 8,000명이 죽고 4만 1,000명이 다쳤으며, 100만 명이 집을 잃었다.[63]

　모든 것을 고려할 때 원자폭탄 투하는 당시 취할 수 있는 조치들 가운데 가장 덜 파괴적인 것이었다. 도덕적 행동이라고 부르기는 좀 그렇지만, 당시의 맥락에서 구한 목숨을 기준으로 삼는다면 그것이 그나마 덜 부도덕한 행위였다. 그렇다 해도 수십만 명이 죽었다는 것은 여전히 엄청난 숫자임을 인정해야 하며, 보이지 않는 살인자인 방사능이 폭탄이 떨어진 뒤로 오랫동안 영향을 미쳤다는 사실은 그러한 무기를 다시 사용하지 않도록 설득하기에 충분하다. 600만 명이 살해된 가장 파괴적인 홀로코스트를 포함해 인류 역사상 최악의 전쟁들을 연속적인 악의 척도에 놓고 보면, 촘스키에게는 미안하지만 그것은 차마 입에 담을 수 없는 사상 최악의 범죄가 아니었으며, 사실 그 발끝조차도 못 따라간다. 하지만 인류의 역사 기록에서 결코 잊혀서는 안 되는, 그리고 바라건대 다시는 반복되지 말아야 하는 사건임에는 분명하다.

핵 없는 세계로 가는 길

핵무기 폐지는 지식인들과 과학자들이 반세기 넘게 매달려온 유례없이 복잡하고 어려운 문제다. 여기서 저기로 가는 방법은 무수히 많고, 핵제로로 가는 단 하나의 확실한 길은 존재하지 않는다. 하지만 다양한 전문가들과 조직들이 제안한 아래 열 가지 조치는 장기적 목표로서 합리적이고 현실적으로 보인다.[64]

1 **핵무기 비축량을 계속해서 줄여나가라.** [그림 2-2]의 추세선을 따라 전 세계 핵무기 비축량을 현재의 1만 개 이상에서 2020년까지 1,000개로, 2030년까지 100개 이하로 줄이자. 이 정도면 핵 보유국 사이의 평화를 유지하면서도 실수나 미치광이 때문에 핵전쟁이 일어나도 문명이 소멸되지 않는 최소충분억지를 유지하기에 충분한 핵 화력이다.[65] 핵제로 운동은 "2030년까지 모든 핵무기를 0으로 단계적으로, 확실하게, 비례적으로 줄여나갈 것"을 촉구하면서, 이것이 비현실적이라고 여기는 사람들에 "미국과 러시아는 이 실천 계획이 향후 20년 동안(2009~2030년) 감축할 목표로 제안한 핵탄두 개수(2만 +)의 두 배(4만 +)를 폐기한 사실"을 지적한다.[66] 이것은 고무적인 일이지만, 7만 개에서 1만 개로 가는 것보다 1만 개에서 1,000개로 가는 것이 훨씬 어렵고, 1,000개에서 0개로 가는 것은 더더욱 어렵다. 아래 아홉 가지 조치들이 모두 지켜질 때까지 안보 딜레마가 항상 존재할 것이기 때문이다.

2 **핵 선제 사용 포기.** 모든 '선제공격' 전략들을 국제법으로 금지하라. 핵무기는 오직 방어적으로, 보복 기능으로만 사용되어야 한다. 이러한 규약을 위반하고 선제공격을 감행하는 나라들은 국제적 비난, 경제적 제재, 핵 보복, 그리고 침공 위협을 받게 함으로써, 정권을 무너

뜨리고 그 지도자를 인류에 대한 범죄라는 죄목으로 재판정에 세우자. 중국과 인도 두 나라는 모두 핵선제사용포기No First Use(NFU)를 약속했지만, 북대서양조약기구(NATO), 러시아, 미국은 아직 약속하지 않았다. 러시아 군사 정책은 "대규모 재래식 공격이 있을 경우"[67] 핵무기를 사용할 권리를 요구한다. 프랑스, 파키스탄, 영국, 미국은 핵무기를 방어적으로만 사용할 것이라고 언명했지만, 파키스탄은 인도가 핵무기를 먼저 사용하지 않더라도 인도를 공격할 수 있다고 말했고,[68] 영국은 이라크 같은 '악당 국가들'이 전장에서 영국 군대에 대량살상무기를 사용할 경우 그러한 나라들에 대해 핵무기를 사용할 것이라고 밝혔다.[69] 미국은 "핵무기가 존재하는 한 계속될 미국 핵무기의 근본적인 역할은 미국 및 미국의 동맹국과 우방국에 대한 핵공격을 억지하는 것"이라는 장기적 정책을 재확인하면서, "핵확산방지조약Non-Proliferation Treaty(NPT)에 서명하고 그 의무 사항들을 지키는 핵 비보유국들을 상대로 핵무기를 사용하거나 사용하겠다고 위협하지 않을 것"[70]라고 덧붙였다.

3 핵 강대국들끼리 조약을 맺어라. 이런 식의 동맹은 핵무기를 이미 가지고 있거나 그것을 사용할 의도로 핵무기 확보를 시도하는 약소국과 테러범들에 강력하게 맞설 방법이 될 것이다. 야체크 쿠글러는 전 세계 핵무기 비축량을 줄이되 억지를 유지하는 모델을 제시했다. 그 모델은 핵 선제 사용 포기 정책에 더하여, "핵 강대국들은 핵 약소국이 어떤 형태로든 선제공격을 감행할 경우 핵클럽 회원국으로부터 자동적이고 파괴적인 핵 보복을 당하게 될 것임을 보증한다"는 조건을 포함한다. 쿠글러와 그의 동료 강경국은 "핵 약소국 또는 테러 집단이 선제공격을 감행할 경우 이차 공격에 나설 수 있는 충분한 핵무기를 보유한 네 강대국—미국, 중국, 러시아, 유럽 연합(프랑스와

영국)—으로 구성된 '핵안보협의회'를 제안했다.[71] 예를 들어 북한이 한국이나 일본을 공격할 경우 미국이 보복을 하고, 이란이 핵무기를 획득해 이스라엘을 공격한다면 미국이 (그리고 어쩌면 유럽연합도) 역공하는 것이다.

4 **금기를 핵무기 사용에서 핵무기 소유로 바꾸라.** 2009년에 노벨재단은 이런 취지로 버락 오바마Barack Obama 대통령에게 노벨 평화상을 수여했다. "노벨위원회는 핵무기 없는 세계를 위한 오바마 대통령의 비전과 활동에 특별한 의미를 부여했다."[72] 금기는 인간의 모든 종류의 행동을 억지하는 효과적인 심리 기제이며, 제2차 세계대전에서 독가스 사용을 막아냈다. 물론 다른 국가들(영국과 독일)이 다른 전쟁(제1차 세계대전)에서 그것을 사용했으며, 때로는 자국민에게(이라크에서 사담 후세인이 쿠르드 사람들에게) 사용하기도 했다. 하지만 화학무기와 생물학무기에 대한 금기는 시간이 흐를수록 전반적으로 강해졌고, 현재는 대부분의 국가와 국제법이 그러한 무기의 사용을 인류에 대한 범죄(사담 후세인을 처형한 죄목 중 하나[73])로 간주한다.

프랑스의 디자이너 루이 레아Louis Reard가 파격적인 디자인의 수영복에 비키니Bikini라는 이름을 붙인 것에서 증명되듯이, 핵무기는 도발적인 무기로 시작했다. 비키니 디자이너는 미국이 그해(1946년) 초여름 남태평양의 비키니 환초에서 터트린 원자폭탄 두 개가 불러일으킨 반응처럼, 몸을 드러내는 디자인이 폭발적인 반응을 불러일으키기를 바랐다.[74] 정치학자 니나 태넌월드Nina Tannenwald가 핵 금기의 기원에 대한 글에서 썼듯이, 1950년대에는 모든 사람이 핵무기를 재래식 무기로 받아들였으며 "무기와 전쟁의 역사에서 오랜 전통을 지닌 견해인, 한번 도입된 무기는 결국 적법한 것으로 널리 받아들여지기 마련이라는 생각"을 가졌다. 하지만 그런 일은 일어나지 않았다. 그 대신 "핵무기는 혐오스럽고 받아들일 수 없는 대량살상무기로 규정됨으로써 핵무기 사용에 대한 금기가 생겼다. 이는 핵무기에 대한 혐오가 널리 퍼지고 핵무기 사용 금지가 폭넓은 지지를 받게 된 것과 관련이 있다. 이러한 불명예는 단지 큰 폭탄, 또는 특정한 유형이나 용도의 핵무기만이 아니라 모든 핵무기에 적용되었다." 핵무기에 대한 금기는 세 가지 힘의 결과로 생겼다고 태년월드는 주장한다. "전 세계의 풀뿌리 반핵 운동, 냉전 시대 힘의 정치의 역할, 그리고 핵무기를 비합법화하기 위한 핵 비보유국들의 지속적인 노력이 그것이다."[75]

화학적·생물학적 무기를 금기로 여기는 심리는 핵무기도 금기로 여기기 쉽다. 치명적인 열과 방사능은—독가스와 치명적인 질병들처럼—눈에 보이지 않는 살인마로서 무차별적인 살육을 일으킨다. 이것은 두 군대가 창, 칼, 화기, 수류탄, 대포와 로켓 발사 장치를 가지고 하는 전통적인 전쟁과는 심리적으로 다른 차원의 전쟁이다. 무임승차자와 깡패들을 억지하기 위해 진화한 도덕주의적 처벌의 도덕 감정은 적이 어떤 다른 대륙에서 하얀 섬광과 함께 사라지는 것에서는 아무런 만족을 얻지 못한다.[76] 또한 핵무기에 대한 혐오감은 눈에 보이지 않는 질병 감염, 독가스, 그리고 그런 유해 성분이 포함된 역겨움 유발 물질이 일으키는 혐오 감정과 같은 뇌 회로를 공유하는 것 같다. 다시 말해 이러한 심리는 유기체가 이러한 물질들에서 벗어나도록 생존상의 이유로 진화한 반응들이다.[77]

5 핵무기를 더 이상 억지 수단으로 간주해서는 안 된다. 오스트레일리아의 외무부 장관을 지냈으며 핵확산금지및군축에관한국제위원회 International Commission on Nuclear Non-Proliferation and Disarmament(ICNND)의 의장이기도 한 개러 에번스Gareth Evans는 핵무기는 억지 수단으로

더 이상 타당하지 않다는 설득력 있는 주장을 펼친다. 냉전 시대 동안 핵 강대국들을 교착 상태에 묶어둔 것이 핵무기였는지는 결코 분명하지 않다고 에번스는 주장한다. 핵무기가 발명되기 전인 1940년대 중엽에 강대국들은 대량살상무기가 존재했음에도 전쟁을 벌였다는 것이다. "의사결정자들에게는 핵무기의 극단적인 파괴력에 희생되는 쪽이 될 수 있다는 우려 그 자체가 우리가 생각하는 것만큼 결정적인 요인으로 작용하는 것 같지 않다"고 에반스는 말한다. 그보다 1945년 이후의 오랜 평화는 "제2차 세계대전과 그 이후에 급속한 기술 발전을 경험하면서, **어떤** 전쟁이든 그것이 초래하는 피해는 믿을 수 없을 만큼 끔찍할 것이며, 경제적으로 상호 의존적인 오늘날의 세계에서는 그 피해가 전쟁으로 얻을 수 있는 이익을 훨씬 능가한다는 것을 깨달은" 결과일 것이다.[78]

6 **혁명 대신 진화.** 이 모든 변화들은 '신뢰하되 검증하자'는 전략에 따라 가능한 한 투명하게, 점진적이고 단계적으로 추진해야 한다. 개리스 에번스는 두 단계 과정을 제안한다. 먼저 최소화한 다음 제거하자는 것인데, "두 단계 사이에 어느 정도의 불연속이 있을 수 있다." 그는 ICNND가 정한 최소화 목표를 달성하는 시점을 2025년으로 잡는다. 최소화 목표는 "전 세계 핵탄두 비축량을 2,000개(미국과 러시아가 각기 최대 500개, 그리고 그 밖의 핵무기 보유국들이 합쳐서 1,000개) 이하로 줄이는 것과 함께, 목표 달성 시점까지 모든 국가가 '핵 선제 사용 포기'를 약속하는 것과, 무기 배치와 발사 대기 규모를 극적으로 줄임으로써 이러한 원칙 선언에 진정한 신뢰성을 부여하는 것을 포함한다."[79]

7 **핵무기와 핵 연구에 들이는 비용을 줄여라.** 핵무기는 변명의 여지가 없을 만큼 비싸다. 여러 추산들에 따르면 아홉 개 핵 보유국이 1년에

유지 비용으로 100억 달러 이상을 쓰며, 향후 10년 동안 예상되는 비용이 1조 달러다.[80] 향후 20년 동안 모든 핵무기 관련 기관에 배당되는 금액을 단계적으로 축소하도록 예산을 세운다면, 국가들이 과거에 핵무기로 해결하려고 했던 문제들에 대해 다른 해법을 고려하게 될 것이다.

8 20세기의 핵 계획과 핵 정책을 21세기용으로 수정하라. 앞에서 언급한 슐츠, 페리, 키신저, 넌은 〈핵무기 없는 세계A World Free of Nuclear Weapons〉라는 성명에서 "냉전 시대가 남긴 대규모 공격을 위한 모든 작전 계획을 폐기하고", "핵무기를 탑재한 탄도 미사일 발사시 경고 시간과 결정 시간을 늘림으로써 사고에 의한 또는 인가되지 않은 공격의 위험을 줄이고", "협력적인 다자간 탄도미사일 방어 계획과 조기 경보 시스템을 마련하기 위한 협상을 시작하고", "테러범들이 핵폭탄을 획득하지 못하도록 …… 핵무기에 대한 가장 높은 안보 기준을 마련하기 위해 총력을 기울이자"[81]고 제안했다.

9 경제적 상호 의존. 두 나라가 교역을 많이 할수록 싸울 가능성이 낮다. 이러한 상관성은 완벽하지는 않아서 예외가 있지만, 경제적으로 상호 의존적인 나라들은 정치적 긴장이 분쟁으로 고조될 때까지 방치할 가능성이 낮다. 전쟁은 비용이 많이 드는 일이다. 관세, 경제 제재, 통상금지조치, 봉쇄는 타격이 크고, 양쪽의 사업가들이 모두 손해를 본다(물론 무기 제조업자들은 예외다). 민주주의에서는 좋든 나쁘든 정치인들이 돈 많은 이해관계자들에게 더 많은 신세를 지는데, 그들은 일반적으로 상거래 비용을 가능한 한 낮게 유지하는 것을 선호한다. 하지만 전시에는 그 비용이 올라간다. 따라서 북한과 이란 같은 나라들이 핵 강대국과 상호 의존적인 관계로 얽히는 경제 블록에 빨리 들어올수록, 애초에 핵무기를 개발할 필요를 느낄 가능성이

낮아지고, 사용할 필요를 느낄 가능성은 더욱 낮아진다.

10 민주적 통치. 두 나라가 더 민주적일수록 싸울 가능성이 낮다. 경제적 상호 의존처럼 민주적 평화 역시 일반적인 추세일 뿐 자연법칙이 아니지만, 투명한 정치 체제를 운영하는 국가에서 이런 효과를 찾아볼 수 있다. 이러한 국가는 권력에 대한 균형과 견제 장치를 가지고 있고, 지도자를 바꿀 수 있는 능력이 있어서, 권력에 집착하거나 복수에 혈안이 되어 있거나 한 나라의 인종적 순수성 또는 귀중한 체액에 집착하는 미치광이나 거짓말쟁이, 또는 군주를 꿈꾸는 사람이 핵탄두를 탑재한 미사일을 발사하는 지경까지 긴장을 고조시키도록 내버려두지 않을 것이다.

핵무기와 관련한 안보 딜레마를 해결할 손쉬운 방법은 존재하지 않는다. 레이건도 비핵으로 가기를 원한다고 말해놓고는 아이슬란드에서는 핵무기를 대폭 줄이자는 고르바초프의 제안을 거절했다. 그것은 그가 구소련을 신뢰하지 못했기 때문이다. 레이건은 '신뢰하되 검증하자'고 했는데, 이는 일종의 불신이다. 나는 우리가 스스로를 절멸시키기 전에 비핵으로 갈 수 있기를 바라지만 그 길은 지루하고 고될 것이다. 우선―예를 들어, 개리스 에번스가 두 단계 과정의 첫 번째 단계로 제안한 군축을―협상할 때 **역지사지 원리**를 적용하는 것부터 시작할 수 있을 것이다. "모든 외교술에서 그렇듯이, 매순간 앞으로 나가는 열쇠는 상대방의 이해관계와 입장을 이해하고, 자신의 중요한 이익을 위험에 빠뜨리지 않는 한도 내에서 최선을 다해 그것을 수용하는 방법을 찾으려고 노력하는 것이다."

에번스는 미국이 유럽에서 "탄도미사일방어계획Ballistic Missile Defense Initiative(BMDI)과 새로운 장거리 재래식 무기 시스템을 구축하는 것과 관련하여 …… 러시아가 우려하는 점에 대해 수용할 수 있는 응답"을 제공하지 못한 것을 예로 든다. 에번스에 따르면 그 계획들은 '러시아의 2차 보복 능력'을 심각하게 떨어뜨리는 것이었다.[82] 다행히 2013년에 미국은 유럽 내 BMDI의 일부를 취소함으로써 중요한 발걸음을 내딛었다. 비록 그것이 예산상의 이유로, 그리고 북한을 우려하여 아시아에 BMDI를 강화하고자 취해진 조치였다 해도 말이다.[83] 또한 중국을 격노케 해 상호확증파괴 전략으로 가게 하는 대신 현재의 '최소 억지' 태세에 머물게 하기 위해, 미국은 "중국과의 핵 관계는 '상호 취약'한 관계"임을 인정해야 한다고 에번스는 말한다. 다시 말해, 미국은 "적의 보복 능력을 최소화하는 핵 선제공격 능력을 미사일 방어 체계와 결합해도 미국에 대한 중국의 핵 보복 공격 가능성을 확실히 없앨 수 없다는 것을 전제로, 계획을 짜고 군사력을 배치하고 정책을 만들어야 한다"[84]는 것이다. 예를 들어 미국은 태평양 지역에 북한의 미사일 공격에 반격할 수 있을 만큼 충분히 강력한 BMDI 시스템을 갖추고 있으므로, 중국은 미국의 추가 개발을 위협으로 인식할 수 있다.

이 분야에서 흔히 볼 수 있는 창조적인 약어의 정신을 계승해 '비핵으로 가는 가장 덜 위험한 경로Minimally Dangerous Pathway to Zero'(MDPZ)이라고 이름붙일 수 있는 목표를 추구하는 방법은 수십 개가 있다. 나는 억지의 덫이 빠져나올 수 없는 덫이라고는 생각하지 않으며, 남은 위협들은 비핵을 향한 노력을 재촉할 것이다. 국제 관계의 복잡성을 고려할 때 그 사이에 우리가 바랄 수 있는 최선은 최소화 정책이다. 하지만 충분한 시간이 흐르면 셰익스피어가 《루크레티아의 능욕The Rape of Rucrece》(1594)에서 노래한 일이 일어날 것이다.

시간의 축복은 싸우는 왕들을 잠잠하게 하고

거짓을 폭로하고 진리를 밝히고

오래된 것에 시간의 인장을 찍고,

아침을 깨우고 밤을 지키며……

죽임으로써 사는 호랑이를 죽이고……

수확을 늘려 농부를 격려하고

작은 물방울로 거대한 바위를 뚫는다. [85]

테러리즘은 어떤가?

게임 이론에 기반한 모든 계산은 인간이 이성적인 행위자임을 전제로 한다. 국제 관계 전문가인 헤들리 불Hedley Bull이 지적한 것처럼 "상호 핵 억지는…… 핵전쟁을 불가능하게 만드는 것이 아니라 단지 그것을 비이성적인 행위로 만들 뿐이다." 하지만 그런 다음에 그는 한마디를 덧붙였다. 이성적인 전략가는 "좀더 사귀고 보면 비상한 지적 능력을 지닌 대학 교수로 밝혀진다." [86]

　테러범들이 이성적인 행위자일까? 순교에 대한 보상으로 천국에서 만나게 될 72명의 처녀들을 고대하는 이슬람 테러범이 이성적인 사람일까? (물론 그러한 보상은 남성인 경우에만 해당된다. 여성 테러범에게는 그에 상응하는 보상이 주어지지 않는다.) 무신론자인 공산주의자들은 적어도 그러한 보상에 현혹되지 않았다. 상호확증파괴가 당신이 선제공격을 감행하는 것을 단념시키려면, 다음과 같은 조건이 충족되어야 한다. 적에게 보복 능력이 있다고 생각해야 하고, 무엇보다 당신이 죽고 싶지 않아야 한다. 즉 삶의 욕구를 가지고 있어야 한다. 하지만 당신의 종교가 당신은 실제로 죽지 않고 내세는 현세보다 훨씬 더 나으며, 남겨진 사람들이 당신을 영웅으로 여길 것이라는 확신을 심어준다면 …… 계산은 달라진다. 비핵을 옹호하는 정치인인 샘 넌은 이렇게 말했다. "나는 핵 강대국 사이의 고의적인 전쟁보다는, 단념시키는 것이 불가능한 돌아갈 곳 없는 테러범에게 더 많은 관심이 있습니다. 자살을 두려워하지 않는 집단을 단념시킬 방법은 없습니다."[87] 그럼에도 내가 낙관론으로 기우는 것은 언명된 목표를 폭력을 통해 이루려고 했던 테러리즘의 역사가 초라하기 그지없기 때문이다. 자살 폭탄 테러범들에 대한 기사가 하루가 멀다 하고 보도되는 것 같지만, 지난 반세기 동안의 장기적인 사회 변화 추세는 폭력이 감소하고 도덕적인 행동이 증가하는 쪽으로 가고 있다. 테러리즘도 예외가 아니다.

테러리즘은 비국가 주체들이 전투에 종사하지 않는 무고한 민간인들을 대상으로 벌이는 비대칭적인 전쟁의 한 형태다. 그 명칭이 암시하듯이 테러리즘은 그렇게 하기 위해 공포를 불러일으킨다. 공포는 불안을 조장하고, 이는 우리의 논리적 추론을 교란시켜 테러리즘에 대해 냉철하게 생각하는 것을 완전히 불가능하게 만든다. 그래서 테러리즘의 원인을 제대로 이해해 테러의 빈도와 효력을 지속적으로 줄여나가려면 테러리즘을 둘러싼 신화를 깰 필요가 있다. 그러한 신화에는 적어도 일곱 가지가 있다.

1 **테러범들은 순수악이다.** 이 첫 번째 신화는 2001년 9월에 조지 W. 부시 대통령이 "우리가 종교의 자유, 표현의 자유, 투표하고 집회하고 서로 동의하지 않을 자유"를 가지고 있다고 우리를 증오하는 "그 악당들을 이 세계에서 제거할 것"[88]이라고 선언했을 때 뿌리를 내렸다. 이러한 감정은 사회심리학자 로이 바우마이스터Roy Baumeister가 '순수악의 신화'(도덕적 퇴보에 관한 장인 9장에서 더 자세히 다루겠다)라고

부르는 오해에서 나오는 것이다. 즉 폭력 가해자들은 이성적인 이유 없이 단지 무의미한 상해와 목적 없는 죽음을 일으키기 위해 행동한다는 생각이다. 우리는 '테러범은 악마'라는 신화를 폭력에 대한 과학 연구를 통해 깰 수 있다. 과학적으로 분석된 폭력의 유형들 가운데 적어도 네 가지 유형이 테러범들에 해당된다. 그것은 **도구, 지배와 명예, 복수, 이념**이다.

미국을 겨냥했던 이슬람 극단주의자들의 사례 52건을 조사한 연구에서, 정치학자 존 뮬러John Mueller는 테러범들의 동기로 **도구적 폭력과 복수**를 꼽았다. "미국의 외교 정책—특히 이라크와 아프가니스탄에서의 전쟁과, 팔레스타인 분쟁에서 미국이 이스라엘을 지원하는 것—에 대한 부글부글 끓는, 그리고 더 많은 경우 끓어 넘치기 일보직전인 분노"가 그들에게 동기를 부여한다는 것이다. 뮬러에 따르면, 종교의 형태를 띤 **이념**도 "대부분의 테러범들의 고려 사항에 있기는" 했지만 "그것은 이슬람 율법을 전파하고 싶어서도, 칼리프 왕국을 건설하고 싶어서도 아니었다(범인들 가운데 샤리아나 칼리프의 철자를 아는 사람은 거의 없을 것이다). 그들이 원한 것은 미국이 서아시아에서 그들에게 자행하고 있다고 믿는 집중적인 전쟁으로부터 교우들을 보호하는 것이었다."[89]

지배와 명예가 폭력의 동인으로 작용하는 경우와 관련하여, 스콧 애트런Scott Atran은 자살 폭탄 테러범들이 (그리고 그 가족들이) 현세에서 지위와 명예라는 보상을 얻는다(그리고 부차적으로 내세에서 처녀들을 약속받는다)는 사실과, 그들 대부분이 "단지 대의를 위해서만이 아니라 서로를 위해 죽을 수 있는 가족과 친구들로 느슨하게 구성된 자생적인 관계망에 속한다"는 사실을 테러 조직들에 대한 광범위한 민족지(인류학자들이 특정 문화권 내의 사람들의 행동을 이해하기 위해 있는 그대로 집중적, 국지적, 장기적으로 기술하여 얻은 산물—옮긴이) 연구를 통해 보여주었다. 대부분의 테러범은 10대 후반 또는 20대 초반이며 특히 학생과 이민자들이 많은데, 이들은 "의미 있는 명분, 동지애, 모험, 영광을 약속하는 운동에 빠지기 쉽다."[90] 이 모든 동기들이 제작자 제레미 스캐힐Jeremy Scahill의 2013년작 다큐멘터리 영화 〈더티 워즈Dirty Wars〉에 등장한다. 소말리아와 예멘 등 미국과 교전하고 있지 않은 나라들에서 미국이 자행한 무인기 공격과 암살의 결과들을 차분하게 성찰하는 이 영화에서 우리는 시민들이 자신들의 명예와 이념을 침해한 미국인들에게 복수를 맹세하는 장면을 볼 수 있다.[91]

2 **테러범들은 조직되어 있다.** 이 신화에 따르면 테러범들은 서구 세계에 대한 음모를 하향식, 중앙 통제적으로 모의하는 전 세계적으로 퍼져 있는 거대한 네트워크의 일부다. 하지만 애트런이 보여주듯이 테러리즘은 "분권화되어 있고 자기 조직적이며 끊임없이 진화하는 사회 연결망들의 복합체"로서, 흔히 사회단체들과 축구 클럽 같은 스포츠 조직들을 통해 조직된다.[92]

3 **테러범들은 사악한 천재들이다.** 이 신화는 테러범들을 "치밀하고, 인내심 있고, 훈련되어 있으며, 매우 위험한"[93] 존재로 묘사한 〈9·11 진상조사결과보고서〉에서 시작되었다. 하지만 정치학자 맥스 에이브러햄스Max Abrahams에 따르면, 최고 테러 조직들의 지도부가 참수당한 뒤부터 "미국 본토를 겨냥하는 테러범들은 치밀하지도 않고 배후 조종자도 아닌 그저 무능한 바보들이었다."[94] 그러한 예는 무수히 많다. 2001년 비행기 신발 폭탄 테러범 리처드 리드는 폭발물이 비와 자기 발의 땀에 젖는 바람에 점화할 수 없었다. 2009년 속옷 폭탄 테러범 우마르 파루크 압둘무탈라브는 자기 바지에 불을 지르는 바람에 손, 허벅지 안쪽, 생식기에 화상을 입고 체포되었다. 2010년

타임스퀘어 폭탄 테러범 파이잘 샤자드는 1993년형 닛산 패스파인더 내부를 태우는 데 그쳤고, 2012년 모형 비행기 폭탄 테러범 레즈완 페르도스는 모형 항공기에 실을 C-4 폭약을 FBI 요원에게 구입하는 바람에 즉시 체포되었다. 2013년 보스턴 마라톤 대회 폭탄 테러범 형제는 방어용으로 총 한 자루밖에 지니고 있지 않았으며, 돈도 탈출 전략도 없었다. 동생인 조하르 차르나예프는 기름이 떨어진 차를 탈취해 도주하던 중 그 차로 자신의 형 타메를란을 치었고, 이후 주택가에 세워져 있던 보트 안에서 자살을 기도했으나 실패하고 말았다. 이쯤 되면 테러리즘은 누가 더 무능한가를 겨루는 경주로밖에는 보이지 않는다.

4 **테러범들은 가난하고 못 배운 사람들이다.** 이 신화는 충분한 돈을 들이면 문제를 해결할 수 있다거나 모든 사람을 대학에 보내면 자신들처럼 될 거라고 생각하는 많은 서구인에게 호소력이 있다. 경제학자 앨런 크루거Alan Krueger는 저서 《테러범을 만드는 것What Makes a Terroist》에서 이렇게 말한다. "학자들과 정부 기관의 많은 연구들이 테러범들은 빈곤층에서 나오기보다는 교육을 많이 받은 중산층 또는 고소득 가정에서 나온다는 사실을 밝힌다. 이 문제를 진지하고 편견 없이 연구해온 사람들 사이에서는, 가난과 테러리즘이 별로 관계가 없다는 데 큰 이론이 없다."[95]

5 **테러리즘은 대규모 살인사건이다.** 미국에서 일어나는 살인에 비하면 테러리즘으로 인한 죽음은 통계적 잡음으로, 한 해에 1만 3,700건씩 일어나는 살인에 비하면 그래프상에 잠깐 나타났다 사라지는 점일 뿐이다. 9·11 테러에서 3,000명이 사망했지만, 그 이전 38년 동안 테러범들에 의해 죽은 사람들은 총 340명이었고, 9·11 이후에 죽은 사람들은 보스턴 폭탄 테러로 사망한 사람들을 포함해 33명인데 여

기에는 2009년 니달 하산의 포트후드 총기 난사 때 죽은 13명의 군인들이 포함되어 있다.[96] 총 373명, 연간 7.8명꼴이다. 9·11 테러로 죽은 3,000명을 포함해도 연평균 사망자 수는 70.3명이다. 이에 비해 연간 살인사건 피살자 수는 1만 3,700명이다. 비교가 안 된다.

6 테러범들은 핵무기 또는 방사능 무기를 획득하고 사용할 것이다. 오사마 빈 라덴은 그러한 무기를 입수할 수 있다면 사용하고 싶다고 말했다. 미국 국토안보부 장관 톰 리지는 그 말을 강조하면서 자기 부처의 예산을 올려달라고 요청했다. "화학적, 생물학적, 또는 방사성 물질이 담겨 있는 무기를 포함한 대량살상무기들을 얕잡아봐서는 안 된다."[97] 하지만 미국외교협회Council on Foreign Relations의 마이클 레비가 일깨워주듯이 "정치인들은 국민의 간담을 서늘하게 하는 것을 좋아하는데, 그 목적을 달성하는 데 핵 테러를 거론하는 것보다 효과적인 것은 없다. 버섯구름으로 가는 '결정적 증거'가 나타날 때까지 기다릴 수 없다는 2002년 부시 대통령의 경고에서부터 '수상쩍은 인물들'이 언젠가 '핵 버튼을 누를지도' 모른다는 2004년 존 케리의 발언과, 지난 봄 '급진적인 핵 지하드'의 망령을 불러낸 미트 롬니에 이르기까지, 정해진 패턴이 존재한다."[98] 하지만 대부분의 전문가들은 어떤 무기든 그것을 만드는 데 필요한 재료와 지식을 획득하는 것은 (비록 전부는 아니더라도) 대부분의 테러범들의 능력 밖이라는 데 동의한다. 1979년에 《아날로그Analog》에 실린 조지 하퍼스의 유쾌한 글 〈원자폭탄을 만들어 온 동네를 깨우는 방법〉은 폭탄을 실제로 만드는 것이 얼마나 어려운 일인지 보여준다.

테러범으로서 당신의 목적을 이루는 최선의 방법 가운데 하나는 기체 확산법이다. 이것은 최초의 원자폭탄에 쓰인 방법이었고, 많은 측면에서 가장 믿을 수 있으며 정교한 기술을 가장 덜 요한다. 하지만 이 방법에는 값이 다소 비싸고 의심을 사기 쉬운 특정한 화학물질들이 필요하다. 가장 먼저 유리가 덧대어진 특수 강철 튜브 20킬로미터가량, 화합물 헥사플루오린화우라늄uranium-hexafluoride을 만드는 데 쓰이는 플루오린화수소불산hydrofluoric acid 60톤을 준비해야 한다. 우라늄이 헥사플루오린화우라늄으로 바뀌면, 그것을 여러 개의 저투과성 특수막에 대고 발사할 수 있다. 238우라늄 원자를 포함하고 있는 헥사플루오린화우라늄 분자들은 235우라늄 원자를 포함하고 있는 것보다 약간 무겁다. 막에 대고 기체를 발사할 때 무거운 분자들이 가벼운 분자들보다 막에 더 많이 포획되므로, 막의 반대쪽에는 235우라늄을 포함하는 물질이 농축된다. 한번 통과시킬 때의 전환율은 약 0.5퍼센트이다. 이 과정을 충분히 반복하면 사실상 100퍼센트 235우라늄 원자들로 된 헥사플루오린화우라늄를 얻을 수 있다. 그런 다음에 플루오린을 우라늄에서 분리하면, 집에서 상당한 양의 235우라늄을 얻을 수 있다. 나머지는 식은 죽 먹기다.[99]

저서 《핵 테러리즘에 관하여On Nuclear Terrorism》에서 마이클 레비 Michael Levi는 "핵 테러리즘계의 머피의 법칙: 잘못될 가능성이 있는 것은 잘못될 수 있다"를 상기시키며, 가장 단순한 화학무기조차 만들거나 폭파시키지 못하는 테러범들의 순전한 무능력 탓에 실패한 수많은 테러 공격들을 거론한다.[100] 이러한 맥락에서 지금까지 누군가가 어디서든 더티밤dirty bomb(방사성 물질이 들어 있는 폭탄—옮긴이)을 성공적으로 터트려 사상자를 낸 사례가 전무하다는 점에 주목할 필요가 있다. 그리고 핵분열성 물질을 추적하는 기구인 미국 핵물질규제위원회Nuclear Regulatory Commission에 따르면, "분실되었거나 도난된 것으로 보고된 물질들은 대부분 소규모이거나 반감기가 짧은 물질들이라서 방사능확산장치Radiological Dispersal Device(RDD)[또는 더티밤]를 조립하기에 적당하지 않다. 과거의 경험을 생각해봐도 RDD를 조립하기 위한 목적으로 그러한 원료를 수집하는 양상은 나타나지 않았다. 지난 5년 동안 회수되지 않은 원료들을 모두 합쳐도 한 개의 고위험 방사성 원료에도 미치지 못하는 양이라는 것에 주목할 필요가 있다."[101] 요컨대 테러범들이 어떤 종류의 핵무기를 성공적으로 만들고 발사할 확률은 매우 낮아서 우리는 한정된 자원을 다른 분야의 테러리즘 문제에 쓰는 것이 훨씬 낫다.

7 테러리즘은 효과가 있다. 맥스 에이브러햄스는 몇 십 년 동안 활동하고 있는 42개의 해외 테러 조직을 조사한 결과, 오직 두 개 조직만이 자신들이 밝힌 목표를 달성했다는 결론을 내렸다. 1984년과 2000년에 헤즈볼라가 레바논 남부를 장악한 것과, 비록 2008년에 다시 잃었지만 1990년에 타밀타이거즈가 스리랑카의 일부를 점령한 것이다. 이는 테러 조직의 성공률이 5퍼센트에도 미치지 못한다는 뜻이다.[102] 후속 연구에서 에이브러햄스와 그의 동료 매슈 고트프리드Matthew Gottfried는 테러범들이 민간인을 죽이거나 인질로 잡을 때 해당 국가와의 협상에서 성공할 확률이 크게 낮아진다는 것을 밝혔다. 폭력은 폭력을 낳기 마련이고, 대중의 감정도 나빠지기 때문이다. 게다가 테러범들이 원하는 것을 얻는다 해도 십중팔구는 정치적 목적이 아니라 돈이나 정치범의 석방이다. 시민의 자유에 우선권을 두는 자유민주주의는 테러범들에 대한 강력한 대책 마련에 소극적이라는 인식이 있지만, 그럼에도 테러에 대한 회복력이 더 높았다.[103] 마지막으로, 목적을 이루는 수단으로서 테러리즘이 얼마나 효과가 있는지를 보면, 정치학자 오드리 크로닌Audrey Cronin이 1968년 이후에 일어난 457건의 테러를 분석한 결과, 국가를 장악하는 데 성공한 테러 집단

은 하나도 없었고, 94퍼센트가 전략적인 정치적 목표들 가운데 **단 하나도** 달성하지 못했다. 목표를 모두 달성한 테러 집단은 몇 개나 될까? **하나도 없다.** 크로닌의 책 제목은《테러리즘은 어떻게 끝나는가 How Terrorism Ends》이다. 정답은 빨리(테러 집단의 수명은 평균 5~9년이다), 그리고 졸렬하게(지도자들의 죽음으로) 끝난다는 것이다.[104]

이러한 연구 결과를 언급할 때 내가 자주 듣는 반론은 테러리즘은 테러 위협과 싸우는 데 많은 예산을 쓰게 하고, 그 과정에서 개인의 자유와 사생활을 침해한다는 측면에서 효과가 있다는 것이다. 타당한 지적이다. 미국만 보더라도 9·11 테러가 3,000명의 목숨을 앗아간 것에 대한 반응으로 두 번의 전쟁을 치르고 관료제의 몸집을 부풀리느라 6조 달러를 더 썼다.[105] 3,000명은 한 해에 미국의 고속도로에서 사망하는 사람의 10분의 1에 채 못 미치는 수치다. 국가안보국National Security Agency의 감시 프로그램에 대한 에드워드 스노든Edward Snowden의 핵폭탄급 폭로는 사생활과 투명성, 자유와 안보 사이의 균형에 대한 전 국민적인 논의를 불러일으켰다. 스노든은 2014년에 모스크바의 모처와 테드 강연이 열리는 밴쿠버를 연결한 화상 강연에서 이렇게 말했다.

테러리즘은 사람들의 마음에 감정적 반응을 불러일으킴으로써 테러가 아니라면 존재하지 않을 프로그램을 정당화하고 승인하게 만듭니다. 미국은 1990년대에 이러한 프로그램에 대한 승인을 요청했습니다. FBI에게 국회에 가서 승인을 요청하라고 했죠. 하지만 국민과 의회는 "안 된다, 경제에 끼칠 위험을 감수할 만한 가치가 없다, 그러한 프로그램의 이익을 정당화하기에는 사회에 너무 많은 피해를 끼칠 것이다"라고 말했습니다. 하지만 9·11 이후 정부는 테러라는 명분과 그것이 보안을 유지해야 하는 기밀임을 이용해 국회나 국민에게 묻지도 않고 그러한 프로그램들을 비밀리에 시작했습니다. 막후의 정부를 우리는 반드시 막아야 합니다. 훌륭한 정부를 갖기 위해 사생활을 포기할 필요는 없습니다. 안보를 갖기 위해 자유를 포기할 필요는 없습니다.[106]

자유와 안보의 균형은 모든 정부가 사회의 많은 분야에서 마주치는 난제다.[107] 물론 우리는 테러를 항상 경계해야 하지만, 이 일곱 가지 신화로부터 얻을 수 있는 결론은 우리가 두려움 그 자체에 희생되지 않는 한, 테러리즘은 역사의 경로에서 그 목적을 달성하지도, 정의와 자유로 가는 길에서 문명을 이탈시키지도 못한다는 것이다.

폭력적 변화 대 비폭력적 변화

정치적 변화를 이루는 수단으로 폭력을 이용하는 것은 문제를 안고 있는 전략이다. 비폭력적인 사회적 변화는 어떨까? 1970년에 출판된 정치철학 고전 《떠날 것인가, 남을 것인가Exit, Voice, and Loyalty》에서 하버드대학교 경제학자 앨버트 허시먼Albert Hirschman은 기업이나 국가 같은 조직들이 정체되고 쇠퇴하기 시작하면 구성원들과 이해당사자들이 전세를 뒤집기 위해 두 가지 비폭력적 전략 가운데 하나를 사용할 수 있다고 말했다. 하나는 의견을 내고, 변화를 제안하고, 불만을 제기하고, 시위함으로써 **항의**하는 것이고, 또 하나는 **이탈**해 변화에 대한 자신의 이상들을 펼칠 수 있는 새 조직을 만드는 것이다.[108] 정치적 억압에 처할 때 한 국가의 시민들은 저항하거나(**항의**) 이민을 떠날 수 있고(**이탈**), 한 회사의 직원이나 고객들은 불만을 제기하거나 다른 곳으로 옮길 수 있다. 두 경우 모두 사람들은 자신의 목소리와 발로 (그리고 돈으로) 투표할 수 있다. **충성**이 이탈을 막아주기 때문에 국가와 기업이 항상 무너지거나 파산하는 것은 아니다. 발전과 이윤을 가져오려면 어느 정도의 안정이 필요하다. 따라서 국가와 기업은 **충성**을 이용해 **이탈** 전략을 약화시켜 **항의**가 변화를 일으키는 더 효과적인 (그리고 비폭력적인) 수단이 될 수 있게 한다. 사람들은 자신의 목소리가 받아들여진다고 느끼면—그리고 실제 변화가 일어나는 것을 볼 수 있으면—이탈할 가능성이 낮다. 반대로 목소리가 받아들여지지 않으면—국가가 반체제 인사들을 구금하거나 처형함으로써 그들의 입을 막을 때와 같이—이탈이 변화를 위한 유일한 전략이 되고, 그것은 폭력을 부를 수 있다.

도덕적 진보의 관점에서 어떤 전략이 더 나을까? 항의일까, 이탈일까? 그것은 변화를 어떻게 가져오는가—즉 비폭력 저항을 통해서인가, 아니면 폭력적 대응을 통해서인가—에 달려 있다. 과거에 정권 교체는 흔히 칼과 피를 통해 이루어졌다. 예컨대 국왕 시해는 유럽 역사의 대부분 동안 정권 교체를 이루는 흔한 방법이었다. 범죄학자 마누엘 아이스너Manuel Eisner는 600년부터 1800년까지 유럽 전역에 존재했던 45개 왕조 국가의 국왕 1,513명을 조사한 결과, 약 15퍼센트(227명)가 암살되었음을 알 수 있었다. 이는 통치 기간 10만 년당 약 1,000명의 살인율에 해당하는 것으로, 그 시대 전체 살인율의 열 배에 이른다.[109] 1938년 마오쩌둥이 "정치 권력은 총구에서 나온다"고 말했을 때 그는 현실주의자가 되고 있었던 것이다.[110] 하지만 시대가 변하고 있다.

이 책에서 추적한 다른 여러 형태의 도덕적 진보에 발맞추어, 현재 비폭력 저항이 폭력적인 대응을 앞질렀다. 정치학자 에리카 체노웨스Erica Chenoweth와 마리아 스티븐Maria Stephan은 폭력적 성격과 비폭력적 성격을 모두 포함해 1900년 이래로 일어난 모든 형태의 혁명과 개혁들을 데이터베이스에 입력한 다음 통계를 냈다.[111] 그 결과 "1900년부터 2006년까지 전 세계적으로 비폭력 시위의 성공 가능성이 폭력 시위보다 두 배 높았다." 체노웨스의 부연 설명에 따르면, "이러한 추세는 시간이 갈수록 강해졌다. 지난 50년 동안 비폭력 저항은 빈도와 성공률이 점점 높아진 반면, 폭력 투쟁은 빈도와 성공률이 차츰 떨어졌다. 비폭력 저항이 소용 없을 것으로 예상되는 매우 억압적이고 권위주의적인 조건에서도 마찬가지다." 왜 장기적으로 보면 목적을 이루는 수단으로서 비폭력이 폭력을 이길까? "사람들의 힘"이라고 체노웨스는 말한다. 얼마나 많은 사람들이 참여해야 할까? 체노웨스가 제시한 자료에 따르면, "인구의 3.5퍼센트가 적극적이고 지속적으로 참여한 운동은 실패한 적이 없으며, 그보다 참여율이 낮은 경우도 많은 운동이 성공했다." 또한 "3.5퍼센트의 문턱을 넘은 정치 운동은 하나같이 비폭력 운동이었다. 실제로 전적으로 비폭력적인 수단에 기댄 운동들은 폭력적인 운동보다 규모가 평균 네 배 더 컸다. 그리고 성별, 연령, 인종, 정당, 사회계층, 도시와 농촌의 측면에서 대표성이 훨씬 컸다."[112]

이러한 비폭력 전략이 어떻게 정치 변화로 이어질까? 어떤 정치 운동이 폭력을 바탕으로 하는 것이라면, 술 마시고 소란을 피우는 경향이 있는 젊고 힘세고 폭력적인 성향의 남성들로 참가자들이 한정될 수밖에 없다. 반면 "비폭력 저항은 다양한 수준의 신체 능력을 지닌 사람들이 참여할 수 있다. 노인, 장애인, 여성, 어린이 등 원하는 사람은 사실상 누구나 참여할 수 있다"고 체노웨스는 설명한다. 포용 범위가 크고 참여 장벽이 낮을 때 마법의 3.5퍼센트에 이르는 지름길이 열린다. 게다가 값비싼 총과 무기도 필요 없다. 비폭력 저항은 대개 파업, 불매운동, 재택 시위의 형태를 띤다. 냄비와 프라이팬 등 소음을 유발하는 물건을 두드리고, 1951년 영화 〈지구가 멈추는 날The Day the Earth Stood Still〉에 나오는 장면처럼 매일 지정된 시간에 전기를 끄는 것도 한 방법이다. 한 도시 여기 저기에 흩어져 있는 고립된 개인들이 산발적으로 그러한 방법을 사용할 때 억압적인 정권이 그것을 멈추기는 어렵다. 또한 소외 계층 대신 주류가 참여하기 때문에 다른 편 사람들과 친구가 될 가능성도 높다. 세르비아에서 있었던 독재자 슬로보단 밀로셰비치에 반대하는 시위에서 "세르비아인 수십만 명이 밀로셰비치의 퇴진을 요구하기 위해 베오그라드에 모여들고 있었을 때, 경찰은 시위대에 발포하라는 명령을 무시했다. 왜 그랬느냐는 질문에 한 경찰은 '내 아이들이 시위대 안에 있다는 것을 알았기 때문'이라고 답했다."[113]

비폭력 저항에는 한 가지 이점이 더 있는데, 그 뒤가 있다는 것이다. 비폭력 운동으로 변화를 요구하는 것이 폭력 투쟁의 경우보다 민주적인 제도들을 가져올 확률이 훨씬 높고, 내전으로 갈 확률이 15퍼센트 낮다. 체노웨스의 결론에 따르면, "자료가 가리키는 것은 분명하다. 비폭력 저항에 의존할 때 규모가 커진다. 그리고 많은 사람들이 억압적인 체제에 투항하기를 거부하면 대세는 그들의 편으로 기울기 마련이다."[114] [그림 2-3]과 [그림 2-4]는 이러한 뚜렷한 추세들을 보여준다.

전쟁, 폭력, 그리고 도덕의 진보

테러리즘에 대한 많은 신화가 있는 것처럼, 전쟁의 기원 및 원인과 관련해서도 우리의 사고를 흐리는 신화들이 있다. 대표적인 것이 인간은 태어날 때는 비교적 비폭력적이며, 국가 이전에는 사람들이 평화로웠고 타인들 혹은 환경과 비교적 조화롭게 살았다는 신화다. 하지만 여러 계통의 과학적 조사에서 나온 증거들을 종합하면, 인간의 선사시대에 대한

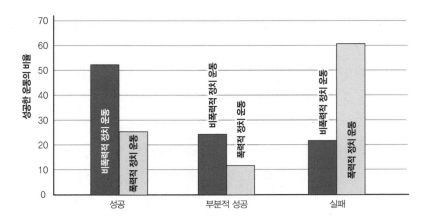

[그림 2-3] 정치 변화를 위한 비폭력 운동

1940년대 이래로 일어난 폭력적, 비폭력적 정치 운동의 성공률을 비교하는 막대그래프들은 폭력이 실패한 전략이며 비폭력이 최선의 방법임을 보여준다.[115]

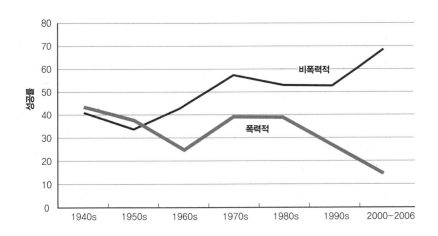

[그림 2-4] 정치 변화를 위한 비폭력 운동의 발전

폭력적 방법과 비폭력적 방법으로 성공한 정치 운동의 비율[116]

이러한 관점은 아무리 좋게 봐도 오해의 소지가 있으며, 틀렸을 가능성이 매우 높다. 그 이유는 인간 본성이 실제로 평화주의적인지 호전적인지와 관계가 있다기보다는, 유기체가 무임승차, 괴롭힘, 시련, 자신의 생존과 번영에 대한 위협에 대응하는 논리와 관계가 있다. 다시 말해, 내가 잠시 후 검토할 자료는 자연 상태에서 인간이 고귀한 야만인이었는지 아니면 만인에 대한 만인의 투쟁을 벌였는지를 둘러싸고 지금도 계속되고 있는 논쟁을 해결하기 위한 것이 아니다. 그보다 나는 도덕 감정의 작동 논리, 그리고 어떻게 도덕 감정이 다른 감응적 존재를 대하는 방식(그리고 이에 따라 그들이 우리에게 반응하는 방식)에 영향을 미치는가를 바탕으로 논의를 전개할 것이다.

경제학자 바비 로Bobbi Low는 표준비교문화표본Standard Cross-Cultural Sample이라는 데이터베이스의 자료를 이용해 전 세계 186개 수렵-어로-채집 사회(HFG)를 분석한 결과, 전통 사회에 사는 사람들이 자연과 조화로운 균형을 이루며 살고 있지 않다는 것을 밝혀냈다. 그들에게 환경 이용을 제약하는 요인은 한정된 생태적 자원이지 태도(예컨대 어머니 지구에 해를 끼치지 말아야 한다는 신성한 규정)가 아니었으며, 그들이 환경에 비교적 작은 영향을 미치는 것은 낮은 인구밀도, 비효율적인 기술, 수익성 있는 시장의 부재 때문이지 환경 보존에 대한 의식적인 노력 때문이 아니었다. 또한 로는 186개 사회의 32퍼센트가 환경 보존을 시행하지 않을 뿐 아니라 환경 파괴가 심각하다는 것을 밝혀냈다.[117]

《병든 사회: 조화로운 원시 상태라는 신화에 대한 반론Sick Societies: Challenging the Myth of Primitive Harmony》에서 인류학자 로버트 에저튼Robert Edgerton은 서구 문명에 노출된 적이 없는 전통 사회들에 대한 민족지 기록을 조사하면서, 약물 중독, 여성과 어린이에 대한 학대, 신체 절단, 정치 지도자에 의한 집단의 경제적 착취, 자살, 정신병의 분명한 증거들을

찾아냈다.[118]

《문명 이전의 전쟁: 평화로운 야만인이라는 신화War Before Civilization: The Myth of the Peaceful Savage》에서 고고학자 로런스 킬리Lawrence Keeley는 선사시대의 전쟁은 드물고 피해가 없었으며 의례화된 스포츠였다는 가설을 검증했다. 원시 사회들과 문명화된 사회들을 조사한 그는 선사시대에 전쟁이—인구밀도와 전쟁 기술을 감안할 때—적어도 현대 사회의 전쟁만큼 자주 일어났고(전쟁 상태였던 기간과 평화로웠던 기간을 비교한 값), 치명적이었으며(전사자의 비율), 비정했음(전투에 참여하지 않은 여성과 어린이들에 대한 살해와 신체 상해)을 알아냈다. 예컨대 사우스다코타의 한 선사시대 집단 무덤에서는 머리 가죽이 벗겨지고 신체가 절단된 남성과 여성 및 어린이의 유해 500구가 나왔는데, 이 무덤이 만들어진 시점은 유럽인들이 아메리카 대륙에 오기 반세기 전이었다. 킬리에 따르면, 전반적으로 "전쟁에 대한 화석 증거는 적어도 20만 년 전으로 거슬러 올라가며, 조상 남성들의 20~30퍼센트가 집단 간 폭력으로 죽은 것으로 추산된다."[119]

고고학자 스티븐 르블랑Steven LeBlanc의 《끊임없는 전투: 평화롭고 고귀한 야만인이라는 신화Constant Battles: The Myth of the Peaceful, Noble Savage》는 구체적인 사례들을 가지고 책 제목에 기술된 자연 상태를 입증한다. 예를 들어, 나일강 유역의 1만 년 전 무덤터에서 나온 "유해 59구 가운데 적어도 24구가 체강 내에 화살촉 또는 창촉이 박혀 있는 등 폭력적인 죽음에 대한 직접적인 증거를 보여주었으며, 화살촉이나 창촉이 여러 개 박혀 있는 유해도 많았다. 여러 구의 시신이 중복 매장된 무덤이 여섯 기였는데, 거의 모든 시신에 창촉이나 화살촉이 박혀 있는 것으로 보아 각각의 공동 무덤에 묻힌 사람들이 한 번의 사건에서 죽임을 당해 한꺼번에 파묻힌 것으로 추정된다." 유타주의 또 다른 무덤터에서 발굴된 97구를 보면, "여섯 구에 돌로 만든 창촉이 박혀 있었고 …… 화살이 꽂힌 가슴뼈가 여러 개였으며, 부서진 두개골과 팔뼈가 수두룩했다. …… 남녀를 불문하고 모든 연령대가 죽임을 당했으며, 제각기 화살 발사기로 쏜 화살을 맞거나, 칼에 찔리거나, 몽둥이에 맞아 죽은 것으로 볼 때 싸움이 근접 거리에서 벌어졌음을 알 수 있다." 멕시코, 피지, 스페인, 그리고 유럽의 다른 장소들에 있는 여섯 개의 고고학 유적지에서는 세로 방향으로 갈라 요리한 인간의 뼈들이 나왔고, 콜럼버스가 오기 전의 아메리카 원주민들에 대한 분석(배설물 화석)에서는 인간의 근육 단백질인 미오글로빈이 다량으로 검출되었다. 이 모두는 인간이 한때 식인을 했음을 가리킨다.[120] 르블랑은 집단들 사이에 "끊임없는 전투"가 일어나지 않은 사회를 열 군데 찾아냈지만, "이 '평화로운' 사회들 가운데 몇몇은 살인율이 엄청나게 높았다"고 지적했다. "예컨대 코퍼 에스키모와 뉴기니의 게부시족에서는 성인 사망의 3분의 1이 살인에 의한 것이었다." 따라서 그는 이렇게 반문한다. "어떤 죽음이 살인에 의한 것이고 어떤 죽음이 전쟁에 의한 것인가? 이런 식의 질문과 대답은 경계가 불분명하다. 따라서 몇몇 사회의 경우, 이른바 '평화로운 사회'에 속하는지 아닌지는 실제 현실보다는 살인과 전쟁의 정의를 어떻게 내리느냐에 달려 있다."[121]

[그림 2-5]는 우리 조상들의 삶이 대체로 어떠했는지 생생하게 보여주는 시각적 사례다. 이 사진 속에 있는 약 8,500년~1만 700년 전 북유럽에서 폭력적인 죽음을 맞은 두 사람의 두개골은 수치로 표현되는 우리의 폭력적인 과거에 구체성을 부여한다.

역사시대 사회들과 마찬가지로 선사시대 사회들도 폭력 발생률에서 큰 차이를 보였지만, 국가 이전 사회와 국가 사회에서 폭력적인 죽음을 맞을 확률을 통계적으로 비교하면 그 차이는 분명한 수준이 아니라 끔찍한 수준이다. 전투에서 도륙당하고 서로에게 살해당하는 비율의 측면

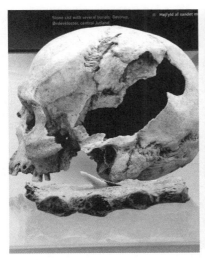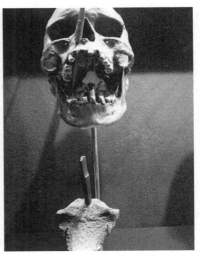

[그림 2-5] 폭력적인 죽음의 얼굴

코펜하겐에 있는 덴마크 국립박물관이 소장하고 있는 폭력적으로 죽은 두 사람의 유골은 기원전 6500년
~8700년까지 북유럽의 삶이 어떠했는지 단편적으로 보여준다. 왼쪽 사진의 남성은 머리에 가해진 타
격으로 두개골이 부서져 커다란 구멍이 뚫렸고 흉골에 화살촉이 박혀 있는 것으로 보아 싸움에서 진 것이
확실하다. 오른쪽 사진의 남성은 가슴에 박힌 단검과 얼굴을 관통한 화살로 목숨을 잃었을 것이다.[122] 현
대 사회와 마찬가지로 전통 사회들의 전반적인 폭력 발생률도 큰 차이를 보였겠지만, 일반적으로 그 시절
에 살았던 남성들은 폭력에 의해 죽을 확률이 약 25퍼센트였다.

에서 선사시대 사람들은 현대인보다 훨씬 더 살인적이었다. 스티븐 핑
커는 한 인터뷰에서 《우리 본성의 선한 천사》를 쓰기 위해 모은 방대한
자료들을 요약해달라는 내 부탁에 이렇게 설명했다. "모든 종류의 폭력
적 죽음이 줄었습니다. 국가 이전 사회에서 연간 10만 명당 500명 정도
였던 것이 중세에는 약 50명으로 줄었고, 오늘날은 전 세계적으로는 약
6~8명, 대부분의 유럽 사회에서는 1명 이하로 줄었습니다." 총기를 소
지한 미국인들과 그런 미국인의 범상치 않은 살인율(연간 10만 명당 대략
5명)은 어떻게 봐야 할까? 핑커의 계산에 따르면 2005년에 미국 인구의
0.008퍼센트가 가정 내 살인과 해외에서 치러진 두 차례 전쟁에서 죽었

다. 같은 해 전 세계에서 전쟁, 테러, 대학살, 군 지도자와 민병대의 살인 행위로 인한 폭력 발생률은 세계 인구 65억의 0.0003퍼센트였다.[123]

전쟁은 어떨까? 국가 이전 사회의 전투에서보다 확실히 더 많은 사람들이 국가가 지원하는 전쟁 때문에 죽었을까? 전체 인구 가운데 살해당한 사람의 비율을 계산하면 그렇지 않다고 핑커는 말한다. "평균적으로 국가 없는 사회들에서는 전쟁에서 국민의 약 15퍼센트가 죽는 반면, 오늘날의 국가에서는 100분의 몇 퍼센트 정도가 죽습니다." 핑커의 계산에 따르면, 잔인한 20세기에도 당시 약 60억이었던 세계 인구 가운데 약 4000만 명, 즉 0.7퍼센트가 직접적인 전사자였다(여기에는 포화로 인해 죽은 민간인도 포함되어 있다). 전쟁과 관련한 질병, 기아, 대학살에 희생된 민간인의 죽음을 포함해도 총 사망자 수는 1억 8000만 명, 대략 3퍼센트다. 하지만 두 차례의 세계대전과 홀로코스트, 스탈린의 강제수용소, 마오쩌둥의 숙청은 어떻게 설명해야 할까? "20세기에 일어난 모든 전쟁, 대학살, 전쟁 또는 인간이 유발한 기아에서 발생한 인명 피해는 매우 비관적인 추산으로도 연간 10만 명당 60명이었는데 이는 부족 간 전쟁에서보다 열 배가 적은 것입니다. 물론 이 수치의 대부분을 1914년~1950년까지의 유럽과 1920년~1980년까지의 동아시아가 차지하는데, 둘 다 그 이후로는 평화롭게 살고 있습니다."[124]

잠시 분위기 전환을 위해 재미있는 일화를 하나 소개하면, 핑커가 시사 코미디 프로그램 〈콜버트리포트The Colbert Report〉에 출현했을 때, 코미디언 스티븐 콜버트가 20세기는 역사상 가장 폭력적인 시대였는데 어떻게 폭력이 감소하고 있다고 말할 수 있는지 물었다. 핑커는 짓궂은 미소를 지으며 답했다. "한 세기는 100년인데, 20세기 가운데 지난 55년은 전쟁 사망률이 이례적으로 낮았습니다. 전쟁으로 인한 살인율은 1914년부터 1918년까지, 그리고 1939년부터 1945년까지 급증했다가 내려갔습니다."[125] 20세기 후반부터 21세기까지 이어지고 있는 오랜 평화야말로 진정 설명하기 어려운 미스터리다.

[그림 2-6]은 핑커가 선사시대 사회, 현대 수렵-채집 사회, 현대 수렵-원시농경 사회와 기타 부족 집단들, 그리고 현대 국가 사회의 전쟁 사망자 비율을 비교하기 위해 다양한 출처에서 모은 자료다. 결론적으로 말하면 차이는 확연하고도 분명하다. 수많은 자료가 같은 방향을 가리키기 때문이다. 어느 한 데이터 집합에 대해 전쟁 사망률을 어떻게 계산했는지 의심스러울 수 있지만 이 모든 연구들이 일관되게 틀렸을 확률은 매우 낮다.

사망 발생률을 죽은 사람의 총 수로 계산하지 않고 인구의 몇 퍼센트, 또는 10만 명당 몇 명으로 계산하는 데는 세 가지 이유가 있다. 첫째는, 그것이 전쟁과 폭력을 연구하는 학자들 사이의 관행이기 때문이다. 둘째는, 죽은 사람의 총 수는 시간이 흐름에 따라 인구가 늘고 군대가 커지고 살상 기술이 발전하면서 증가할 것이고, 따라서 우리가 실제로 알고 싶은 정보를 왜곡하기 때문이다. 셋째로, 우리가 실제로 알고 싶은 것은 어떤 **개인**(당신 또는 나)이 폭력에 의해 죽을 확률이기 때문이다. 여기서 우리는 이 책에서 말하는 도덕적 고려의 기본 원리인 **감응적 존재 개인의 생존과 번성**으로 되돌아온다. 내가 이 책에서 한 개인의 폭력적인 죽음에 초점을 맞추고 있는 이유는 결국 목숨을 잃는 주체는—집단, 인종, 국가, 통계적 집합체가 아니라—개인이기 때문이다. 비록 거대한 리바이어선이 군대의 숫자와 전쟁 사망자 수를 높게 끌어올릴 수 있다 해도 역사에서 한 개인이 생존하고 번성하기에 가장 안전한 시점을 골라야 한다면, 전쟁 사망률만 놓고 볼 때 현재보다 더 나은 시기는 없다.

이러한 자료들이 인간 본성에 대한 시각, 그리고 전쟁과 폭력의 원인과 미래를 바라보는 시각에 대해 갖는 함의들 때문에, 전쟁에 대한 과학

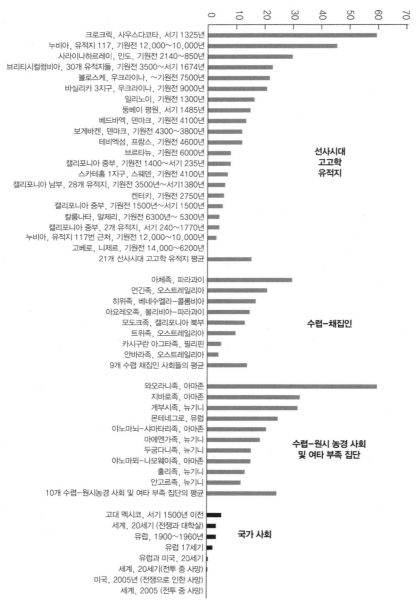

전쟁 사망자 비율

선사시대 고고학 유적지

- 크로크릭, 사우스다코타, 서기 1325년
- 누비아, 유적지 117, 기원전 12,000~10,000년
- 사라이나하르레이, 인도, 기원전 2140~850년
- 브리티시컬럼비아, 30개 유적지들, 기원전 3500~서기 1674년
- 볼로스케, 우크라이나, ~기원전 7500년
- 바실리카 3지구, 우크라이나, 기원전 9000년
- 일리노이, 기원전 1300년
- 둥베이 평원, 서기 1485년
- 베드바엑, 덴마크, 기원전 4100년
- 보게바켄, 덴마크, 기원전 4300~3800년
- 테비엑섬, 프랑스, 기원전 4600년
- 브르타뉴, 기원전 6000년
- 캘리포니아 중부, 기원전 1400~서기 235년
- 스카테홈 1지구, 스웨덴, 기원전 4100년
- 캘리포니아 남부, 28개 유적지, 기원전 3500년~서기1380년
- 켄터키, 기원전 2750년
- 캘리포니아 중부, 기원전 1500년~서기 1500년
- 칼룸나타, 알제리, 기원전 6300년~5300년
- 캘리포니아 중부, 2개 유적지, 서기 240~1770년
- 누비아, 유적지 117번 근처, 기원전 12,000~10,000년
- 고베로, 니제르, 기원전 14,000~6200년
- 21개 선사시대 고고학 유적지 평균

수렵-채집인

- 아체족, 파라과이
- 먼긴족, 오스트레일리아
- 히위족, 베네수엘라-콜롬비아
- 아요레오족, 볼리비아-파라과이
- 모도크족, 캘리포니아 북부
- 트위족, 오스트레일리아
- 카시구란 아그타족, 필리핀
- 안바라족, 오스트레일리아
- 9개 수렵 채집인 사회들의 평균

수렵-원시 농경 사회 및 여타 부족 집단

- 와오라니족, 아마존
- 지바로족, 아마존
- 게부시족, 뉴기니
- 몬테네그로, 유럽
- 야노마뇌-샤마타리족, 아마존
- 마에엔가족, 뉴기니
- 두굼다니족, 뉴기니
- 야노마뫼-나모웨이족, 아마존
- 훌리족, 뉴기니
- 안고르족, 뉴기니
- 10개 수렵-원시농경 사회 및 여타 부족 집단의 평균

국가 사회

- 고대 멕시코, 서기 1500년 이전
- 세계, 20세기 (전쟁과 대학살)
- 유럽, 1900~1960년
- 유럽 17세기
- 유럽과 미국, 20세기
- 세계, 20세기(전투 중 사망)
- 미국, 2005년 (전쟁으로 인한 사망)
- 세계, 2005 (전투 중 사망)

[그림 2-6] 선사시대 무리 사회에서 현대 국가로 가면서 감소하는 전쟁 사망률.

선사시대 사회, 현대 수렵-채집인 사회, 수렵-원시 농경 사회 및 여타 부족 집단, 현대 국가들의 전쟁 사망률이다. 살상 무기의 양과 효율이 오늘날의 수준으로 진화하는 와중에도 장기적 관점에서 폭력은 감소했다.[126]

논쟁이 이념적으로, 심지어는 편 갈라 싸우는 양상으로 흘러왔다. 한쪽에는 '평화와 조화의 마피아'[127]가 있다. 이들은 전쟁이 최근에 학습된 문화적 현상이며, 인간은 태생적으로 평화로운 존재라고 주장하면서 이러한 견해를 열렬히, 나아가 공격적으로 방어한다. 반대쪽에는 평화와 조화의 마피아가 경멸조로 '하버드 매파'(그들이 평화보다는 전쟁을 편든다는 것을 암시하는 불쾌한 욕)라고 부르는 사람들이 있다.[128] 리처드 랭엄Richard Wrangham, 스티븐 르블랑, 에드워드 O. 윌슨Edward O. Wilson, 그리고 스티븐 핑커가 이 그룹에 속하는데, 이들은 전쟁이 진화적 역학 관계의 논리에서 생겨난 결과라고 주장한다. 이러한 '진화 전쟁'('평화 마피아에 속한 인류학자들'이 붙인 말)은 1970년대부터 지금까지 계속되고 있으며, 나는 이전에 쓴 책에서 이 문제를 다루었다.[129]

인간 본성의 본질에 관한 논쟁의 가장 최근 라운드에서, 다른 연구자들이 집계한 것을 핑커가 종합한 광범위한 데이터가 학술 출판물과 대중 출판물 양측에서 공격을 받고 있다. 2013년에 더글러스 프라이Douglas Fry의 편집으로 출판된《전쟁, 평화, 그리고 인간 본성War, Peace, and Human Nature》에서, 브라이언 퍼거슨Brian Ferguson은 '핑커의 리스트'에 있는 데이터 집합들이 선사시대의 전쟁 사망률을 크게 과장하고 있다고 주장한다. 그런 다음에 그는 "치명적인 집단 간 폭력이 외적 폭력 또는 내적 협력에 대한 인간의 심리적 성향을 만들어내는 선택압으로 작용할 만큼 우리 종의 진화적 역사에서 흔했다는 가설"을 반박할 때 안타깝게도 **빈도**(발생률)와 **성향**(불가피성)을 혼동한다.[130] 핑커는 과거의 폭력 발생률이 인간의 진화에서 선택압으로 작용한다고 주장하고 있지 않다. 사실은 그 반대다. (1장에 제시한 죄수의 딜레마 행렬들처럼) 게임 이론이 예측하는 참가자들 사이의 상호작용의 논리는, 보상과 처벌을 통해 참가자들이 더 협력적이고 평화로운 선택을 하게끔 행렬의 조건들을 조정하는 외부의 통치 기구(스포츠에서는 협회, 사회에서는 정부)가 존재하지 않을 때 어느 정도의 배신(게임의 경우) 또는 폭력(실제 삶의 경우)은 불가피함을 뜻한다. 수천 년에 걸쳐 우리는 사람들 사이의 상호작용을 덜 폭력적으로, 그리고 더 평화롭고 협력적인 쪽으로 기울이기 위해 인생이라는 행렬의 조건들을 조정하는 방법을 익혀왔으며, 폭력의 감소와 도덕적 진보를 가져온 것은 바로 이러한 조정들이었다.[131]

2013년에 유명 학술지 《사이언스》에 발표된 한 논문에서 더글러스 프라이와 파트릭 쇠데르베리Patrik Söderbeg는 '이동하며 먹을 것을 찾아다니는 무리 사회Mobile Foraging Band Society(MFBS)'에 전쟁이 만연하다는 이론을 반박했다. 그들이 조사한 바에 따르면, 21개 MFBS에서 추출한 148개 일화에서 "죽음을 부른 사건의 절반 이상이 개인이 혼자 있다가 일어난 일이었고, 거의 3분의 2가 사고, 가문 간의 분쟁, 집단 내 처형, 특정 여성에 대한 경쟁 같은 대인 갈등에서 초래된 것이었다." 이러한 사실들로부터 그들은 "MFBS에서 죽음을 부른 공격의 대부분은 살인으로 분류할 수 있고, 나머지 일부는 가문 간의 반목이며, 전쟁으로 분류할 수 있는 사건은 소수였다"는 결론을 내린다.[132] 위로가 되는 결론이다! 따라서 [그림 2-5]의 두개골 주인들은 다른 부족의 적이 아니라 부족 내의 친구들에게 맞아죽은 것이다. 또는 실수로 자기 얼굴에 잔인하게 화살을 쏘았거나 자기 가슴을 야만적으로 찌른 것이다.

그 자료들이 실제로 무엇을 나타내는지에 대한 자신의 논점을 다루면서, 프라이와 쇠데르베리는 새뮤얼 보울스Samuel Bowles를 겨냥해(그의 데이터가 [그림 2-6]에 포함되어 있다) 그가 "MFBS에 전쟁이 자주 일어나고" "인간이 진화하는 내내 전쟁이 널리 퍼져 있었다"고 주장했다며 비난한다. 이에 대해 보울스는 "그 사람들이 내가 했다고 말하는 두 가지 주장을 나는 하지 않았다. 나는 다른 질문에 답하고 있었기 때문이다"라고 말했다. 보울스가 답하려고 했던 질문은 "고대 수렵-채집인 집단 사이의 전쟁이 인간의 사회적 행동의 진화에 영향을 미쳤는가?"였다. 보울스의 설명에 따르면, 이 목적에 "필요한 자료는 모든 죽음 가운데서 집단 간 무력충돌로 발생한 죽음에 대한 데이터였을 뿐, 프라이와 쇠데르베리가 제시한 증거, 즉 '전쟁'이 '자주 일어나는지' 또는 '널리 퍼져 있는지' 또는 폭력적인 죽음의 주된 원인인지에 대한 자료가 아니었다."[133]

여기서 우리는 다시 한 번 **범주적**이고 **이분법적인 사고**가 쟁점을 어떻게 흐리는지 볼 수 있다. 연속체로 존재하는 폭력을 '자주 일어나는지' 또는 '널리 퍼져 있는지'의 범주에 억지로 밀어넣다 보면 우리가 알고자 하는 것을 놓치게 된다. 우리의 관심은 "과거의 폭력 발생률이 어떠했든—그리고 어떤 수단에 의한 것이든, 원인이 무엇이었든—그것이 인간의 진화에 영향을 미치기에 충분했는가?"이다. 만일 '자주 일어났다'거나 '널리 퍼져 있었다'고 말할 수 있을 만큼 폭력 발생률이 충분히 높았다고 주장하려면 우선 이러한 용어들을 양적으로 정의해야 한다. 또한 '전쟁'이라는 용어에 대한 정의도 필요하다. 오늘날의 정의에 따르면, 인류가 성년에 이른 후기 플라이스토세에 일어난 형태의 집단 간 무력충돌은 전쟁에 포함되지 않기 때문이다. 보울스의 설명에 따르면, "인간 행동의 진화에 대해 내가 제안하는 모델들에서 전쟁은 '한 집단의 구성원들끼리 힘을 합쳐 다른 집단의 구성원 한 명 이상에게 신체 상해를 입히려고 시도하는 사건들'을 뜻한다고 보는 것이 적절하다. 나는 '급습, 보복 살인, 그밖에 다른 종류의 적대적 대립들'을 포함시켰는데, 그러한 폭력 행위들은 '현대 전쟁의 총력전'보다는 '침팬지들 사이의 영역 싸움'에 더 가깝다."[134]

예를 들어 현대 도시의 폭력배 집단들이 가담하는 집단 간의 폭력적인 싸움에서 발생하는 사망자를 누적하면 그 숫자가 상당한 수준에 이를 것이다. 멕시코에서 여전히 성행하고 있는 경쟁 카르텔들 사이의 마약 전쟁을 생각해보라. 2006년 이후 지금까지 이 전쟁에서 10만 명이 넘는 사람들이 죽었고, 100만 명 이상이 난민이 되었다.[135] 그런데도 학자들은 이러한 사건들을 '전쟁'으로 분류하지 않는데, 그 동기가 주로 명예, 복수, 가문 간의 불화, 영역 갈등과 관련이 있기 때문이다. 하지만 보울스의 지적처럼 도시의 폭력배 집단들은 MFBS의 기준을 충족시킨다. 즉 집단의 크기가 작고, 구성원이 항상 들고 나며, 거주지를 옮겨 다니고, 싸우라는 명령을 내리는 권위자가 없는 일종의 평등주의 사회다. 보울스는 프라이와 쇠데르베리가 논문에 발표한 자료들을 신중하게 검토하고 나서 "'복수' 같은 동기들, 또는 '특정한 사람에 대한' 살인, 또는 살인이 '대인 간'에 일어났다는 사실은 해당 사건이 '전쟁'으로 분류되지 않았음을 뜻한다"고 지적했다. 그러나 "진화생물학의 견지에서 보면 살인 행위의 양상들은 중요하지 않다. 집단 구성의 역학과 관계가 있는 사실은 한 집단의 구성원들(한 명 이상)이 무슨 이유로든 다른 집단의 구성원을 죽이는 데 협력했다는 것"[136]이라고 보울스는 결론내린다. 그렇게 보면, 시간이 흐르면서 폭력이 극적으로 감소하는 것을 보여주는 [그림 2-6]의 자료들은 반론의 여지가 없고, 특정한 종류의 폭력을 어떻게 정의하든 도덕적 진보는 실제로 일어났다.

정치학자 잭 레비Jack Levy와 윌리엄 톰슨William Thompson이 《전쟁의 궤적The Arc of War》에서 그 점을 잘 지적하고 있다. 그들은 범주적 추론 방식이 아니라 연속체를 채택하면서 시작한다. "전쟁은 세계 정치의 고정 출연자이지만 항상 똑같은 모습을 하고 있는 것은 아니다. 시간과 장소에 따라 빈도, 지속 기간, 심각성, 원인, 결과, 그 밖의 다른 차원들에서 다른 모습을 보인다. 전쟁은 특정한 목적을 달성하기 위해 채택된 사회적 관행이지만, 그러한 관행들은 변화하는 정치, 경제, 사회적 환경에 따라, 그리고 그러한 환경들이 유발하는 목표와 제약들에 따라 변모한다."[137] 범주적 방식이 아니라 이러한 연속체로 미묘한 차이까지 잡아낼 때 우리는 전쟁 발생률이 언제 어떻게 변하는지 알 수 있다. 하지만 레비와 톰슨은 전쟁을 "정치 조직들 사이에서 일정 기간 계속되는 조직화된 폭력"[138]으로 정의함으로써 오늘날의 정치 조직들과 전혀 비슷하지 않은 선사시대 집단들 사이의 무력 충돌을 전쟁에서 제외시킨다. 그렇게 치면 '전쟁'은 상당한 규모의 정치 조직들이 존재할 때까지 시작조차 할 수 없고, 이는 문명이 시작되기 전에는 우리가 생각하는 의미의 전쟁이 불가능했다는 뜻이다.

그렇긴 하지만, 레비와 톰슨은 그들이 정의하는 전쟁의 기초적 토대들이 초창기 조상들에게 이미 존재했음을 인정한다(심지어는 북유럽에서 일어난 네안데르탈인들과의 '영역 분쟁'이 약 3만 5000년 전 네안데르탈인을 멸종시킨 원인이었을 것이라는 가설까지 제기한다). 예컨대 "사냥과 살인 기술이 이에 걸맞은 무기, 전술, 기초적인 군사 조직을 만들게 했으며", "집단의 분할은 집단 정체성과 적을 규정하는 데 도움을 줌으로써 정치, 군사적으로 조직화할 수 있는 잠재력을 촉진했다"[139]는 것이다. 이렇게 해서 그들은 "수렵-채집인들 사이의 전쟁이 비록 자주 일어나지는 않았지만 일찍 시작되었다"는 견해를 지지한다. 그 뒤로 시간이 흘러 무기가 좋아지고 인구가 늘면서 전쟁 사망률이 높아졌고, 이러한 추세는 국가의 규모가 커짐에 따라 문명의 역사 내내 계속되었다. 그리고 마침내 국가 대 국가의 싸움이 시작되면서부터 총 사망자 수는 늘되 무력 충돌의 횟수는 줄었다.

남아메리카의 선사시대를 연구하는 고고학자 엘리자베스 아쿠시 Elizabeth Arkush와 찰스 스태니시 Charles Stanish는 여러 출처들로부터 광범위한 증거를 모으는 증거 취합 방식을 이용해 "안데스 산맥 지역의 후기 선사시대는 전쟁이 만들었다고 해도 과언이 아님"을 명백하게 보여준다. 여기서 그들이 말하는 '전쟁'은 '실제' 폭력이 드물었던 '의례화된 전투'만을 의미하는 것이 아니다. 방벽과 축성의 잔해들은 스페인 정복자들이 "물자 수송을 위한 훌륭한 도로 체계, 보급 창고, 2차 부대, 요새를 갖춘 거대한 규모의 잉카 군대를 만났다"는 기록을 뒷받침한다. 스페인 연대기 저자들과 잉카의 구전 역사들도 "군대의 힘이 제국의 힘의 초석"이었음을 분명하게 밝힌다. "잉카 제국은 몇몇 집단들에 대한 군사적 승리, 군사 보복의 위협에 설득당한 또 다른 집단들의 평화로운 항복, 여러 반란 세력에 대한 폭력적인 진압을 통해 일어섰다. 또한 잉카 역사에는 제국이 일어서기 전에 지역의 전쟁 지도자들끼리 약탈이나 정치적 지배를 위해 싸웠던, 전쟁이 잦았던 시기가 기술되어 있다."[140]

고고학자 조지 밀너George Milner가 자신의 논문에 포함시킨 한 장의 사진, 즉 켄터키의 선사시대 유적지에서 발견된 사슴뿔 창촉이 박힌 허리뼈는 수많은 측정점들이 오히려 "전쟁 사상자를 확실히 낮게 잡았음"을 암시하는 시각적 사례다. 하지만 "집단 간 무력 충돌에서의 죽음은 낮은 빈도에 그쳤다 해도 이미 불확실성으로 가득한 인생에 또 하나의 불확실성 요인을 추가하는 일이었다. 전쟁은 당장의 인명 손실 외에 더 폭넓은 영향을 미쳤을 것이다. 소규모 집단의 생존에 없어서는 안 되는 역할을 하던 사람의 예기치 못한 갑작스러운 죽음은 남겨진 식구들과 공동체에게는 죽음의 위험이 더 높아졌음을 의미했다."[141] 현대 사회를 통탄하고 더 단순했던 시절을 그리워하면서 시간 여행을 꿈꾸는 사람들과 탈근대주의자들이 이 증거를 좀더 자세히 살펴본다면 위로가 되지 않을까 싶다.

1996년에 출판된《악마 같은 남성Demonic Males》에서 리처드 랭엄은 가부장제와 폭력의 기원을 찾기 위해 신석기혁명이 일어나기 수백만 년 전인 호미니드의 기원 시점까지 거슬러 올라갔다.[142] 랭엄은 2012년과 2013년에 대학원생 루크 글로와키Luke Glowacki와 함께 쓴 두 편의 논문에서, 수렵-채집인들이 폭력과 전쟁에 관한 한 위험 회피 성향이 높았다는 의견을 제시함으로써 수렵-채집인에 대한 훨씬 섬세한 초상을 그려냈다. 랭엄과 글로와키에 따르면, 대부분의 이성적인 행위자들은 불구가 되거나 죽임을 당하는 것을 **원치** 않으므로, 그들이 위험을 무릅쓰고 전쟁에 나가는 것은 "위험한 모험을 지향하는 적응이 진화했기 때문이 아니라, 보상, 처벌, 강압을 제공하는 문화적 장치"가 마련되어 있기 때문이다. 이러한 문화적 장치에는 "특정한 전쟁 기술을 가르치는 것, 견습생 제도, 게임과 시합, 고통을 참는 지구력 검사, 여타 지구력 검사, 전설과 이야기 활용"[143]이 포함된다. 또한 문화적 장치는 전사가 되려는 사람들에게 본인 및 가족들이 명예와 영광을 얻을 것이라고 약속한다. 그리고 전쟁터에서 죽는 사람에게는 이 약속이 지켜질 수 없으므로, 죽은 전우의 가족이 그런 보상을 받는 것을 일종의 사회적 신호로 보여줌으로써 위험하고 치명적인 무력 충돌을 피하려는 타고난 위험 회피 성향을 극복하도록 돕는다. 랭엄과 글로와키는 이것을 '문화적 보상 전쟁 위험 가설'이라고 부르면서, 위험이 높을수록—전쟁터에서 불구가 되거나 죽을 확률이 높을수록—참가자에게 돌아가는 혜택이 커질 것이라고 예측한다. 민족지 문헌에서 소규모 사회들 사이에 치러지는 단순한 전쟁을 평가한 결과는 실제로 그렇다는 것을 보여준다.[144]

랭엄은 인간을 태생적으로 폭력적이며 전쟁을 좋아하는 존재로 묘사하기는커녕 "인간이 전쟁에 대한 특정한 심리적 적응을 진화시켰는지는 확실치 않다"[145]고 시인한다. 오히려 인간과 침팬지의 집단 간 무력 충돌에 관한 현존하는 모든 문헌을 검토한 결과, 수렵-채집인은 그들의 침팬지 사촌들처럼 힘의 불균형을 고려하는 게임 이론식 전략을 따른다는 것을 밝혀냈다. 즉 우리가 상대보다 수적으로 우세하면 침입하고, 상대가 우리보다 우세하면 피하는 전략이다. 로런스 킬리가 수렵-채집인 무리 사회에서 일어나는 전쟁과 무력 충돌을 포괄적으로 연구한 보고서의 결론에 따르면 "전쟁의 가장 기초적인 형태는 습격(또는 습격 유형)으로, 소규모 남성 집단이 적발되지 않고 적의 영토로 들어가서 무방비 상태의 고립된 개인을 습격해 죽인 뒤 사상자 없이 빠르게 철수하는 것이다."[146]

마야 문명의 붕괴를 다룬 멜 깁슨 감독의 〈아포칼립토Apocalypto〉는 전형적인 선사시대식 습격을 생생하게 묘사한다. 중앙아메리아의 한 부족이 주인공의 마을이 고요히 잠들어 있는 새벽에 공격을 감행하여, 그들이 반격을 하기 전에 오두막을 불태우고 최후의 일격을 가한다. 방어대 전사들이 잠이 덜 깬 상태로 나왔을 때는 이미 상황이 종료되고 아우성만 남아 있다. 대본 작가들은 충실한 고증을 통해, 케빈 코스트너가 감독한 〈늑대와 함께 춤을Dancing with Wolves〉 같은 영화들보다 문명 이전의 삶을 훨씬 현실적으로 그려냈다. 고고학자 마이클 코Michael Coe에 따르면 "중앙아메리카 지역의 마야 문명은 18세기 초에 전성기에 도달했지만, 이미 파멸의 씨앗을 품고 있었음에 틀림없다. 이후 150년 동안 그 모든 웅장한 도시들이 쇠퇴해 결국에는 버려졌던 것을 보면 말이다. 마야 문명의 붕괴는 사회적으로나 인구통계학적으로나 역사상 가장 참혹한 재앙 가운데 하나였음이 분명하다."[147] 15세기 말에 유럽의 총, 균, 쇠가 도착하기 훨씬 전부터 파멸은 이미 시작되고 있었다. 그런 까닭으로 멜 깁슨은 역사가 윌 듀런트Will Durant의 말을 인용하는 것으로 영화를 시작했다. "위대한 문명은 내부에서 파괴되기 전에는 외부로부터 정복당하지 않는다."[148]

군사사가인 존 키건John Keegan은 이렇게 말했다. "평생 그 주제에 대해 읽고, 전쟁 전문가들과 어울리고, 전쟁 유적지를 방문하며 그 영향을 관찰한 내 결론은, 전쟁은 불만을 해소하는 이성적인 수단이기는커녕 매력적이거나 생산적인 수단으로서의 가치도 잃어가고 있다는 것이다."[149] 2011년에 나온 조슈아 골드스타인Joshua Goldstein의 저서 《전쟁에 대한 전쟁에서 이기는 방법Winning the War on War》은 방대한 자료로 이 결론을 뒷받침한다. 그 책에 따르면 "우리는 핵전쟁을 피했고, 세계대전을 떠나보냈으며, 국가 간 전쟁을 거의 소멸시켰고, 내전을 치르는 나라와 사상자를 줄였다."[150] 정치학자 리처드 네드 르보Richard Ned Lebow도 2010년에 나온 저서 《왜 국가들은 싸우는가Why Nations Fight》에서 비슷한 결론을 내렸다. 그는 지난 350년 동안 있었던 전쟁의 동기를 네 가지(두려움, 이해관계, 지위, 복수)로 설명하면서, 모든 동기가 약해지고 있다고 주장했다.[151] 르보에 따르면 이 동기들 가운데 어떤 것도 더 이상 전쟁으로는 효과적으로 해결되지 않으며, 점점 더 많은 국가의 지도자들이 이러한 동기가 발생할 때, 특히 그가 가장 흔한 동기로 지목하는 지위와 평판이 걸려 있을 경우, 무력 충돌을 피하는 방법을 찾고 있다. "나는 역사적으로 지위가 가장 흔한 전쟁의 원인이었으며, 전쟁이 줄어들고 있는 가장 큰 이유는 전쟁이 더 이상 지위를 가져다주지 않기 때문이라고 주장한다." 르보는 두 번의 세계대전이 보여준 기계적이고 비영웅적인 파괴는 전쟁 생존자들은 용감한 정신과 영웅적 자질로 칭송받음으로써 국가와 개인에게 더 높은 지위를 가져다준다는 개념에 사실상 종지부를 찍었다는 설득력 있는 주장을 펼친다. 제1차 세계대전을 예로 들면서 르보는 이렇게 말한다. "다음과 같은 역사적 가정은 생각해볼 가치가 있다. 나폴레

옹 전쟁처럼, 전쟁이 사소한 전술적 결과 그 이상의 효과를 초래하는 개인의 용감한 행위를 장려하는 기동전에 가까웠다면, 전쟁에 대한 반대가 지금처럼 거세지는 않았을 것이다. 영웅주의와 낭만주의가 사라지고 학살, 파괴, 고통의 비이성적 원천으로 여겨지게 된 전쟁은 더 이상 싸우는 사람에게 명예를 가져다줄 수도, 그들을 죽음으로 내모는 국가들에게 지위를 가져다줄 수도 없었다."[152]

사이먼프레이저대학교에 재직하고 있는 한 사회과학자 집단이 2014년에 발표한 포괄적인 보고서는 현존하는 모든 자료를 검토함으로써 '폭력 쇠퇴론'을 검증한다. 그들의 결론에 따르면, "역사적으로 폭력이 감소하고 있는 것은 실제로 일어나고 있는 뚜렷한 추세이며, 미래는 과거보다 덜 폭력적일 것이라고 생각할 만한 설득력 있는 이유들이 존재한다." 그러한 미래에 대해 그들은 "신중한 낙관주의를 지지할 근거는 충분하지만 만족해도 된다는 근거는 전혀 없다"[153]고 덧붙인다.

폭력과 전쟁의 본성과 원인을 연구하는 근본적인 목적은—생물학, 문화, 상황에 그 책임이 얼마만큼씩 돌아가든—그것을 줄이는 것이다. (예를 들어, 평화를 향한 추세 또는 평화와 멀어지는 추세를 추적해 각 국가에 평화 지표를 매기는 집단인 '비전오브휴머니티Vision of Humanity'를 보라.[154]) 많은 것이 걸려 있기 때문에 그러한 연구를 하는 사람들은 감정적이 되기 쉽다. 새뮤얼 보울스가 내게 가볍게 던진 말이 그것을 잘 말해준다. "논쟁이 지나치게 이념적으로 흐르는 것처럼 보입니다. 이는 불행한 일인데, 과거에 전쟁이 자주 일어났다거나, 외집단에 대한 적대감에는 유전적 바탕이 있을지도 모른다는 연구 결과가 말해주는 것은 우리의 운명이 아니라 우리의 유산이기 때문입니다."[155]

과학은 우리의 유산과 운명 모두를 이해하는 일이며 그래해야 마땅하다. 이 장을 여는 경구에서 키케로가 지적했듯이, 악에 대한 경고는 도망칠 방법이 있는 경우에만 정당화되기 때문이다. 다음 장에서는 과학과 이성이 어떻게 도덕적 진보의 두 가지 동인이며, 어떻게 우리가 스스로 놓은 덫에서 빠져나갈 방법을 알려줄 수 있는지 살펴볼 것이다.

과학 이전의 시대, 인류는 세상의 변화를 초자연의 힘으로 설명했다. 흉년이 들거나 전염병이 돌거나 홍수가 나면 신이 분노했다며 희생양을 찾았다. 희생양은 주로 여성, 장애인 등 소수자였다. 근대 이후 과학은 종교의 인과론이 허위임을 폭로했고, 미신적인 생각들을 허물어뜨렸다. 현대인이 미신과 야만적 풍습을 따르지 않는 것은 더는 그것을 믿지 않기 때문이다. 불과 100여 년 사이에 일어난 이러한 변화의 중심에는 과학과 이성, 합리적 세계관이 있다.

왜 과학과 이성이
도덕적 진보의 원동력인가?

누구의 편도 아닌, 모든 나라의 인정 많은 후원자인 과학은 모두가 만날 수 있는 사원을 자유롭게 개방해놓았다. 과학의 영향력은 식은 대지 위에 내리쬐는 태양과 같아서, 오랜 시간 동안 우리의 정신을 고양시키는 밑거름이 되어왔다. 한 나라의 철학자는 다른 나라의 철학자를 적으로 보지 않는다. 그는 과학의 사원에 앉아 옆에 누가 앉든 개의치 않는다.

_ 토머스 페인, 1778[1]

1970년대 NBC 코미디쇼 〈새터데이나이트라이브Saturday Night Live〉에는 코미디언이자 작가인 스티브 마틴이 출연해 촌극을 보여주는 코너가 있었다. 그 촌극에서 그가 맡은 배역인 '요크의 테오도릭'은 중세시대 돌팔이 의사 또는 중세시대 판사로 분해, (늦은 밤 시청자들조차 이견이 없을) 중세 이후로 일어난 도덕적 진보에 대한 시청자들의 암묵적 동의를 이용해 풍자극을 펼쳤다. 마틴이 연기한 돌팔이 의사는 무슨 병이든 사혈(피뽑기)을 포함한 야만적인 시술로 치료했다. 그는 한 환자의 어머니에게 이렇게 설명했다. "의학은 엄밀한 과학이 아니랍니다. 하지만 우리는 계속 알아가고 있습니다. 50년 전만 해도 따님 같은 병은 악마가 들렸거나 마법에 걸려서 생기는 줄 알았죠. 하지만 지금은 이사벨의 병이 체액의 불균형 때문임을 알고 있습니다. 따님의 배 속에 있는 두꺼비 또는 작은 난쟁이가 불균형을 일으켰을 겁니다." 그런 다음에 그 말을 믿지 않는 이 사벨의 어머니가 야만적이기는 매한가지인 그의 사혈 치료 방식을 비난할 때, 테오도릭에게 과학적 계몽의 순간이 찾아올 …… 뻔한다.

> 잠깐만요. 어머님이 옳을지도 모릅니다. 재래식 의학과 미신을 맹목적으로 따른 제가 틀린 것 같습니다. 우리 의사들은 실험과 '과학적 방법'을 통해 가정을 분석적으로 검증해야 할 것 같아요. 그리고 이러한 과학적 방법을 자연과학, 미술, 건축, 항해술 같은 다른 분야로 확장해나갈 수 있을 겁니다. 어쩌면 제가 새로운 시대, 재탄생의 시대, 르네상스를 여는 선구자가 될 수 있을지도 몰라요. …… 아니야!

중세시대 판사로 분한 요크의 테오도릭도 고전적인 재판 절차에 따라 마녀로 기소된 소녀에 대한 판결을 내린 뒤 깨달음을 얻을 뻔한다. 그것은 물 시련의 결과에 따라 유무죄를 가리는 것인데, 방법은 피고를 끈으로 묶어 물에 빠뜨린 뒤 피고가 가라앉으면 (그래서 익사하면) 무죄, 물 위로 떠오르면 유죄로 판단하는 것이다. 물 위로 떠오르는 이유는 물의 순수한 원소들이 자연스럽게 악을 쫓아내거나, 또는 당대의 평자에 따르면 "마녀는 악마와 협정을 맺고 세례를 포기했으며, 이에 따라 그녀와 물 사이에 서로 밀치는 힘이 작용하기"[2] 때문이다. 그도 아니면, 부당하게 돌을 매달아 빠뜨린 경우, 악마의 힘을 빌려야만 돌의 무게를 이겨낼 수 있기 때문이다. 테오도릭의 재판에서 피고는 결백하므로 물에 가라앉는다. 피고의 어머니는 당연히 노발대발하며 소리친다. "이게 정의라고? 죄 없는 소녀가 죽었는데?" 테오도릭은 어머니의 항의에 대해 곰곰이 생각한다.

> 잠깐만요. 저분 말씀이 맞는 것 같습니다. 진실을 판단하는 권한이 왕에

게만 있는 것은 아닐 겁니다. 비슷한 사람들의 판단이 필요합니다. 맞아요! 배심원! 비슷한 사람들로 구성된 배심원 …… 모든 사람은 자신과 비슷한 사람들로 구성된 배심원에 의해 재판받고, 법 앞에 평등해야 합니다. 그래서 모든 사람이 잔인하고 이상한 처벌로부터 자유로워져야 해요. …… 아니야!³

마녀의 인과론

중세적 세계관인 마법과 미신부터 근현대의 이성과 과학에 이르기까지 수백 년 동안의 지적 발전이 이 코미디에 압축되어 있다. 우리가 중세시대 조상들의 야만적인 관행으로 여기는 것의 대부분은 자연법칙이 실제로 어떻게 작동하는가에 대한 잘못된 믿음에 기반을 두고 있었다. 만일 당신―그리고 성직자와 정치인을 포함한 당신 주변의 모든 사람―이 마녀가 질병, 흉작, 재앙, 사고를 일으킨다고 진심으로 믿는다면, 마녀를 화형시키는 것은 이성적인 행동일 뿐 아니라 도덕적 의무이기도 하다. 불합리한 것을 믿는 사람들은 잔인한 행동을 저지르기 쉽다는 볼테르의 말은 그런 뜻이었다. 볼테르가 실제로 한 말의 더 적절한 번역으로 거론되는 문장도 이 대목과 관련이 있다. "당신을 불합리한 사람으로 만들 수 있는 사람은 당신을 부정한 사람으로 만들 수 있다."⁴

유명한 사고 실험을 하나 해보자. 다음과 같은 상황에서 당신이라면 어떻게 하겠는가? 당신은 철로가 갈라지는 분기점 근처에 서 있고 바로 옆에 전차의 방향을 바꿀 수 있는 스위치가 있다. 당신이 그 스위치를 움직여 전차의 방향을 옆 선로로 바꾸지 않으면 선로에서 일하고 있는 다섯 명의 인부가 전차에 치여 죽는다. 그리고 전차의 방향을 바꿀 경우 한 사람이 죽는다. 당신이라면 스위치를 움직여 다섯 명을 살리는 대신 한 명을 죽이겠는가? 대부분의 사람들은 그렇게 할 것이라고 말한다.[5] 그렇다면 중세시대 조상들이 마녀 사건에서 똑같은 종류의 도덕적 계산을 했다는 사실에 놀라서는 안 된다. 중세시대에 마녀를 화형시킨 사람들이 그렇게 한 것은 다수를 살리기 위해 몇 명을 죽이는 편이 더 낫다는 공리주의적 계산법에 따른 것이었다. 물론 다른 동기도 있었다. 그러한 동기에는 희생양을 만들거나, 사적인 원한을 갚거나, 적에게 복수하거나, 재산을 몰수하거나, 소외되고 힘없는 사람들을 제거하는 것, 그리고 여성 혐오와 성 정치학이 포함된다.[6] 하지만 이러한 동기들은 잘못된 인과관계에 기반을 둔 군건한 제도에 부차적으로 따라붙는 유인들이었다.

전근대 사회에 살았던 사람들과 우리의 가장 중요한 차이는 한마디로 과학이다. 솔직히, 그들은 마치 정보가 단절된 곳에서 살고 있는 것처럼 자신들이 무엇을 하고 있는지 알아챌 만한 단서가 **조금도** 없었고, 어떻게 행동하는 것이 옳은지 결정하기 위한 체계적인 방법도 갖고 있지 않았다. 마녀에게서 원인을 찾는 인과론이 과학을 통해 허위로 밝혀지는 과정은 종교적 초자연주의가 과학적 자연주의로 서서히 대체됨으로써 수백 년에 걸쳐 전개된 '인류의 진보'라는 더 큰 추세를 압축적으로 보여준다. 전통 사회들을 폭넓게 훑는 《어제까지의 세계 The World Until Yesterday》에서 진화생물학자이자 지리학자인 재러드 다이아몬드 Jared Diamond는 과학 이전의 우리 조상들이 인과관계를 이해하는 문제를 어떤 식으로 다루었는지 설명한다.

종교의 본래 기능은 설명이었다. 과학 이전 사회에 사는 사람들은 자신들이 마주치는 모든 것에 설명을 제시하지만, 당연히 오늘날 과학자들이 자연적이며 과학적이라고 간주하는 설명과 초자연적이고 종교적이라고 간주하는 설명을 구별하는 선견지명은 가지고 있지 않다. 전통 사회 사람들에게는 둘 다 설명일 뿐, 종교적인 설명이 별개로 존재하지 않는다. 예컨대 내가 살았던 뉴기니 사회들은 새의 행동에 대해, 현대 조류학자들에게 꿰뚫어 보듯 정확한 설명이라고 평가받는 많은 설명들(예를 들어 새들의 신호음이 갖는 복합적인 기능들)을 제시하는 동시에, 조류학자들에게는 받아들여지지 않는 초자연적인 설명들(예를 들어, 특정한 종의 새들이 내는 소리는 새로 변한 사람의 목소리라는 것)을 제시한다.[7]

나는 《왜 사람들은 이상한 것을 믿는가Why People Believe Weird Things》에서 과학 이전 또는 과학 없는 사회들에서 미신이 하는 역할과 관련하여 광범위한 과학 문헌을 검토했다. 예컨대, 파푸아뉴기니 근처의 산호섬인 트로브리안드 제도에 사는 사람들은 날씨 마술, 치료 마술, 정원 마술, 춤 마술, 사랑의 마술, 항해와 카누의 마술, 그리고 무엇보다도 고기잡이 마술을 사용했다. 고기잡이가 훨씬 쉽고 안전한 환초호의 잔잔한 물에서는 몇 가지 미신적인 의식을 한다. 반면, 깊은 바다의 불확실한 수역으로 고기잡이를 떠날 때 트로브리안드 제도 사람들은 주문을 외우는 것을 포함해 수많은 마술 의식을 한다. 인류학자 군터 센프트Gunter Senft는 그러한 주문들의 목록을 만들었다. 예를 들어 '요야의 고기잡이 마술'이라고 불리는 주문은 센프트가 1989년에 기록한 것으로, 특정한 어구가 반복된다.[8]

totwaieee 토콰이

kubusi kuma kulova 오너라, 오너라

o bwalita bavaga 내가 가는 바다로

kubusi kuma kulova 오너라, 오너라

o bwalita a'ulova 내가 주문을 건 바다로

7초간 멈춘 뒤 또 다른 일련의 주문들이 이어지는데, 이러한 주문들의 목적은 한결같이 "주문의 수신자들에게 뭔가를 하거나 바꾸라고 명령" 하는 것이다. 또는 주문을 외운 뒤 "원하는 바를 이루기 위해서는 반드시 일어나야 하는 변화, 과정들, 일의 전개를 예언한다." 트로브리안드 제도 사람들에 대한 최초이자 결정적인 민족지를 출판한 인류학자인 브로니슬라프 말리노프스키Bronislaw Malinowski는 자신이 연구한 사람들은 무지한 것이 아니라 잘못 알고 있었다는 결론을 내렸다. 그의 말에 따르면, 마술은 "어떤 일에 대한 지식이나 통제력에서 인간이 메울 수 없는 틈이 있음에도 그 일을 계속해야 할 때 등장할 가능성이 높고, 일반적으로는 그럴 때 등장한다."[9] 따라서 마술적 사고에 대한 해결책은 그러한 메울 수 없는 틈을 과학적 사고로 메우는 것이다.

다른 인류학자들도 자신의 피험자들에게서 비슷한 사실을 발견했다. 예를 들어 에번스-프리처드E. E. Evans-Pritchard는 자신의 고전적 연구 《아잔데족의 마법, 신탁, 그리고 마술Witchcraft, Oracles and Magic Among the Azande》에서 아프리카의 수단 남부에 사는 한 전통 사회를 대상으로 그러한 사실을 밝혔다. 에번스-프리처드는 아잔데족이 갖고 있는 마녀에 대한 많은 이상한 믿음들을 조사한 뒤 마법을 믿는 심리를 이렇게 설명한다. "아잔데족이 생각하는 마녀들은 현실에 존재할 수 없다. 그럼에도 마법이라는 개념은 그들에게 사람과 불운한 사건들 사이의 관계를 설명하는 자연철학과, 그러한 사건에 대처하는 정형화된 방법을 제공한다." 전근대 사회에서 마술적 사고가 비판적 사고에 의해 견제되지 않을 때 어떤 일이 일어나는지 보자.

마법은 어디에나 있다. 마법은 아잔데족의 모든 활동에 개입한다. 농사와 고기잡이와 사냥에 개입하고, 농가의 사적인 집안일뿐 아니라 마을이나 법정에서의 공적인 일에도 개입한다. 또한 정신세계의 중추로서, 다방면의 신탁과 마술의 배경이 된다. …… 아잔데족 문화에서 마녀와 마법이 비집고 들어갈 수 없는 틈이나 구석은 존재하지 않는다. 마름병이 농작물을 덮쳐도 마법 때문이고, 숲을 살살이 뒤졌는데 사냥감을 찾지 못해도 마법 때문이며, 웅덩이에서 열심히 물을 퍼냈는데 물고기가 몇 마리밖에 없어도 마법 때문이다. 아내가 남편에게 뚱하고 데면데면하게 굴어도 마법 때문이다. 왕자가 국민에게 차갑고 관심이 없어도 마법 때문이다. 언제 누구에게든 인생의 다양한 활동들 중 어떤 것과 관련하여 일이 잘 풀리지 않거나 불운이 닥치면 그것은 마법 때문이다.[10]

오늘날은 과학이 이 모든 문제를 설명한다. 흉년이 들면 우리는 농작물이 병에 걸렸을 가능성이 있다고 생각하고, 농업경제학과 병인학을 통해 그 문제를 연구한다. 해충 때문에 농사를 망친 것이라면, 곤충학을 통해 해충에 대해 조사하고 화학을 통해 살충제를 만들 수 있다. 혹독한 날씨 때문이라면 기상학을 통해 원인을 이해할 수 있다. 생태학자와 생물학자는 물고기 개체수가 늘었다 줄었다 하는 이유가 무엇인지, 그리고 병이나 기후변화 때문에 한 지역의 물고기 개체수가 바닥을 드러내거나 급감하지 않게 하려면 우리가 무엇을 해야 하는지 알려줄 수 있다. 부부 상담을 전공한 심리학자들은 왜 아내가 남편이 바라는 만큼 호응하지 않는지(그리고 남편의 입장에서는 아내가 왜 그러는지) 설명해줄 수 있다. 요즘에는 보기 드문 문제지만, 성격과 기질을 연구하는 심리학자들은 왜 어떤 왕자들은 국민들에게 차갑고 냉담한 반면 어떤 왕자들은 따뜻하고 친밀하게 대하는지 설명할 수 있었다. 통계학자들과 위기 분석가들은 인생의 수많은 활동과 관련하여 누군가가 어떤 시기에 겪을 수 있는 실패와 불운의 비율을 계산할 수 있다. 그것을 한 마디로 표현한 예를 대중문화에서 찾을 수 있는데, 바로 "살다보면 재수 없는 일도 생기기 마련이다"라고 쓰여 있는 범퍼스티커다.

그런데 에번스-프리처드는 아잔데족이 그들에게 일어나는 모든 일을 마법의 탓으로 돌리는 것은 아니라고 지적한다. 그들은 타당한 인과적 설명을 제시하지 못하는 경우만을 마법의 탓으로 돌린다. "아잔데족이 사는 곳에서는 때때로 오래된 곡식 창고가 무너진다. 이 사실은 전혀 놀라울 것이 없다. 아잔데족의 모든 사람은 시간이 흐름에 따라 흰개미가 기둥을 갉아 먹어서 가장 단단한 나무조차 수년 뒤에는 허물어진다는 사실을 안다." 하지만 한 무리의 사람들이 그 안에 앉아 있을 때 곡식 창고가 무너져 사람들이 다치면 아잔데족은 이상하게 여긴다. 에번스-프리처드의 묘사에 따르면 "왜 하필이면 무너지는 그 순간에 그 곡식 창고 안에 그 사람들이 앉아 있었을까? 언젠가는 무너진다는 것은 알고 있지만, 왜 그 사람들이 그 안에 있는 그 순간에 무너졌어야 했을까?" 그런 다음 에번스-프리처드는 과학 이전의 세계관과 과학적 세계관을 다음과 같이 구분한다.

우리는 독립적으로 일어난 이 두 가지 사건의 유일한 관계는 시간과 장소의 우연한 일치임을 안다. 우리는 왜 두 개의 인과의 사슬이 특정한 시간과 장소에서 교차했는지 묻지 않는다. 두 사건은 상호 의존적이지 않기 때문이다. 하지만 아잔데족의 철학은 잃어버린 고리를 제공할 수 있다. 아잔데족은 곡식 창고의 기둥은 흰개미 때문에 삭았고, 사람들은 태양의 열기와 눈부심을 피하기 위해 곡식 창고에 앉아 있었음을 안다. 하지만 그들은 왜 이 두 가지 사건이 정확히 같은 시간과 같은 장소에서 일어났는지도 안다. 그것은 마법의 작용 때문이었다. 마법이 그곳에 영향을 미치지 않았다면 사람들이 그곳에 앉아 있을 때 곡식 창고가 무너지지 않았을 것이다. 또는 곡식 창고가 무너졌어도 그 시간에 사람들이 그 안에서 쉬고 있지 않았을 것이다. 마법은 이 두 가지 사건이 동시에 일어난 이유를 설명한다.[11]

마녀는 인과관계를 설명하는 이론이다. 당신이 왜 나쁜 일이 일어나는지를 설명할 때, 그것은 이웃 사람이 밤중에 빗자루를 타고 날아다니며 악마와 놀아나면서 사람들, 곡식, 가축들에게 질병을 일으키고, 젖소의 젖을 마르게 만들고, 맥주가 발효되지 않게 하고, 버터가 만들어지지 않게 하기 때문이고, 따라서 문제를 해결하는 방법은 마녀를 화형시키는 것이라고 말한다면, 당신은 미쳤거나 600년 전의 유럽에 살았던 사람이다. 후자인 경우에는 성경책, 특히 〈출애굽기〉 22장 18절에 당신의 생각을 뒷받침하는 구절도 있다. "요술쟁이 여인[마녀]은 살려두지 못한다." 사람들은 마녀가 '악마의 눈초리'를 보내기만 해도 눈에 보이지 않는 강력한 염력으로 다른 사람들을 해칠 수 있다고 믿었고, 마녀가 월경 중일 때는 특히 위험하다고 여겼다.

[그림 3-1]은 제임스 1세를 살해하기 위해 마법을 쓴 죄로 잡혀온 네명의 여성이 심문받는 장면을 보여준다. 그 가운데 한 명인 아그네스 샘슨Agnes Sampson이라는 여성은 고문을 견디지 못한 나머지 자신이 재앙을 부르기 위해 시계 반대 방향으로 춤을 추었다고 자백했다. 마녀 사냥꾼들은 마녀로 고발당한 여성들의 유무죄를 판단하는 기법들을 개발했는데, 그 가운데 하나가 악마와 놀아난 확실한 증표를 찾기 위해 몸을 수색하는 것이었다.

다시 말하지만, 중세시대 조상들이 비이성적이어서 마술적 사고를 한

[그림 3-1] 제임스 1세를 살해하기 위해 마법을 행했다는 이유로 심문받는 네 명의 여성

것은 아니었다. 그들은 반대로 자신들이 여러 가지 마술적 주문, 주술, 그리고 다양한 종류의 미신을 이용해서 하고 있는 일이 원하는 효과를 낼 것이라고 굳게 믿었다. 중세 역사를 연구하는 리처드 킥헤퍼Richard Kieckhefer는 중세 유럽 사람들이 두 가지 이유로 마술을 이성적인 행위로 간주했다고 지적한다. "우선, 실제로 효과가 있었기 때문이다(즉 그 문화 에서 인정되는 증거에 의해 마법의 효능이 입증되었다). 둘째는, 마법의 작동을 설명할 수 있는 (신학이나 물리학의) 일관된 원리들이 있었기 때문이다."[12] 중세 유럽에서 처음으로 마녀를 인과적 설명으로 분명하게 거론한 것은

로마가톨릭교회로, 1484년에 인노첸시오 8세의 교황 칙서《지고의 것을 추구하는 이들에게Summis Desiderantes Affectibus》에서였다. 그리고 2년 뒤 가톨릭 성직자 하인리히 크레머Heinrich Kramer가《마녀의 쇠망치Malleus Maleficarum》를 펴냈다. 이 책자는 마녀를 색출하고 처형하는 방법을 적은 교본이었는데, 책의 주장에 따르면 마녀들은 악마와 교접하고, 남성의 음경을 훔치고, 배를 난파시키고, 농작물을 망치고, 아기를 잡아먹고, 남자들을 개구리로 변하게 하고, 눈물을 흘리지 않으며, 햇빛 아래서 그림자가 생기지 않고, 자를 수 없는 머리카락을 지니고 있고, 그밖에 '악마적'이고 '사악하다'고 간주되는 수많은 짓을 할 수 있었다.

이 교본은 마녀의 증표를 찾는 방법을 알려주었는데, 그것은 찔렀을 때 피가 나지 않는 점이나 혹을 찾는 것이었다. (누구라도 상상할 수 있듯이, 이러한 조사 방법은 주로 여성인 용의자를 주로 남성인 조사관이 부적절하게 만지는 상황을 초래했다.) 마녀를 찾아내는 것은 악을 설명하는 것일 뿐 아니라 신의 존재를 증명하는 가시적인 증거이기도 했다. 16세기 케임브리지의 신학자 로저 허친슨Roger Hutchinson이 세련된 순환논리로 주장했듯이, "우리들 대부분이 그렇다고 믿고 있는 것처럼 신이 존재한다면 악마 역시 존재할 것이고, 악마가 존재한다면 그것은 신이 있다는 더없이 확고한 논거이고 확실한 증명이며 분명한 증거다."[13] 그리고 이 논리를 거꾸로 뒤집으면, 17세기 마녀 재판에서 지적된 바와 같이 "요즘 들어 무신론자들이 판을 치고 마법에 의문을 제기하는 사람들이 생기고 있다. 악령도 마법도 없다면 악마가 있다고 생각할 이유가 있을까? 악마가 없다면 신도 없다."[14]

[그림 3-2]는 1613년에 출판된 소책자《검거되고 조사받고 처형된 마녀들Witches Apprehended, Examined and Executed》의 속표지에 있는 목판화다. 이 그림은 옛날에 시행했던 '시련에 의한 재판' 또는 '물에 의한 시련'을

[그림 3-2] 1613년에 출판된 《검거되고 조사받고 처형된 마녀들》의 속표지.
'물에 의한 시련'을 보여준다.

보여준다. 그림 속의 메리 서튼Mary Sutton이라는 이름의 여성이 1612년
에 이러한 시험에 처해졌다.

　오늘날 마녀의 인과론은 무용지물이 되었고, 파푸아뉴기니, 인도, 네
팔, 사우디아라비아, 나이지리아, 가나, 잠비아, 탄자니아, 케냐, 시에라리
온의 몇몇 고립된 장소들에만 예외적으로 남아 있는데, 그러한 장소들
에서는 '마녀들'이 지금도 화형에 처해진다. 예를 들어 세계보건기구가
2002년에 내놓은 한 연구에 따르면, 탄자니아 한 곳에서만 매년 500명
이상의 노인 여성들이 '마녀'라는 이유로 살해당한다. 나이지리아에서는
수천 명의 아이들이 '마녀'로 검거되어 화형당하는데, 대책에 나선 나이

지리아 정부는 그런 식으로 어린이 110명을 죽인, 스스로 주교라고 칭하는 오콘 윌리엄스Okon Williams라는 사람을 체포했다.[15] 또 다른 연구는 사하라 사막 이남 아프리카인의 55퍼센트가 마녀를 믿는다는 사실을 밝혀냈다.[16] 그리고 그러한 잘못된 믿음은 살인을 부르기도 한다. 2013년 2월 6일에, 두 아이의 어머니인 케파리 레니아타Kepari Leniata라는 이름의 20세 여성이 파푸아뉴기니 서부 고지에서 산 채로 불태워졌다. 2월 5일에 죽은 한 여섯 살 소년의 친척이 그녀가 소년에게 주술을 걸었다는 혐의로 고발했기 때문이었다.[17] 옛날의 마녀사냥에서와 같이, 장작더미에 불을 붙이기 전에 먼저 뜨겁게 달군 쇠막대로 그녀를 고문했고, 그런 다음에 주위를 둘러싼 군중들이 멍청하게 쳐다보는 가운데 그녀를 화형대에 묶어 휘발유를 뿌리고 불을 붙였다. 경찰과 관련 공무원들은 아무도 그녀를 구조하지 못하도록 막았다. 옥스팸Oxfam(극빈자 구제 기관—옮긴이)이 2010년에 내놓은 연구는 주술과 마법이 이러한 지역에서 여전히 성행하는 이유를 설명한다. 그것은 많은 사람들이 "불운, 병, 사고, 죽음에 대한 설명으로서 자연적 원인을 받아들이지 않고" 그 대신 문제의 원인을 초자연적인 주술과 흑마술에서 찾기 때문이다.[18]

이 사람들은 악마인가, 아니면 모르는 게 죄인가? 현대 서양의 도덕적 표준에 따르면 그들은 도덕적으로 비난받아 마땅하며, 마법과 마녀의 화형이 불법인 곳에 산다면 그들은 범죄자이기도 하다. 하지만 유럽인과 미국인들이 마녀에 대한 믿음을 포기한 것(그리고 그러한 믿음을 법으로 금지한 것)은 악을 설명하는 인과론으로서 과학이 미신보다 낫다는 것을 알았을 때였음을 떠올려보라. 이러한 사실을 고려하여 관대하게 평가하면, 마녀 사냥꾼들은 단지 몰라서 죄를 짓는 것이다. 간단히 말해 그들은 잘못된 인과론을 믿고 있는 것이다. 그런데 도덕적인 문제에서나 실용적인 문제에서나 이성적인 사고를 키우기 위해서는 교육보다 편리한 게 없다 해도, 이것이 단지 과학 교육을 개선한다고 해서 해결될 문제는 아니다. 가장 먼저 해야 할 일은 정부가 마녀의 화형을 법으로 금지하는 것이다. 재러드 다이아몬드에게 전해들은 말로는, 마녀 화형을 포함해 파푸아뉴기니의 이례적으로 높은 폭력 발생률이 정부 기관의 개입으로 크게 낮아졌다고 한다. 그것은 정부 관료들이 이 마을 저 마을 다니며 그와 같은 극악무도한 관행들을 금지하고, 무기를 몰수하고, 관련 법을 제정한 결과였다.

미신적이고 야만적인 행위를 끝내기 위해서는 어떤 수법까지 써야 하는지 보여주는 한 가지 통렬한 사례를 미망인을 불태우는 인도 관습인 수티suttee에서 찾을 수 있다. 영국 정부는 수티 제도를 폐지하기 위해 이 관행을 법으로 금지하고 위반자들을 무겁게 처벌했다. 19세기에 인도령 영국 사령관이었던 찰스 네피어Charles Napier 장군은 수티가 자신들의 문화적 관습이기 때문에 영국인은 그것을 존중해야 한다고 불평하는 사람들에게 이렇게 말했다. "좋다. 미망인을 불태우는 것이 당신들의 관습이라면 장작을 준비하라. 하지만 내 나라에도 관습이 있다. 남자가 여자를 산 채로 불태우면 우리는 그자를 교수형시키고 그의 모든 재산을 몰수한다. 그러므로 나는 내 목수들에게 명하여, 미망인을 불태우는 데 관여한 모든 사람을 교수형시킬 교수대를 세우게 할 것이다. 우리 모두 자기 나라의 관습에 따라 행동하도록 하자."[19]

하지만 법의 형태를 띤 외적 제재는 결국에는 개념의 형태를 띤 내적 통제로 대체되어야 한다. 독일에서 어떻게 마녀의 인과론을 시험해 그것이 허위임을 밝혀냈는지 보여주는 한 가지 사례가 찰스 맥케이Charles Mackay의 고전적 저작 《대중의 미망과 광기Extraordinary Popular Delusions and the Madness of Crowds》에 나온다. 마녀 광풍이 한창일 때 브룬스비크 Brunswic 공작이 학식이 뛰어난 유명한 예수회 수사 둘을 초청했다. 둘 다

마법을 믿었고, 자백을 이끌어내기 위해서는 고문이 필요하다고 생각했다. 공작은 그들을 데리고 브룬스비크의 지하 감옥으로 가서 마법을 했다는 혐의로 붙잡힌 한 여성이 고문당하는 모습을 지켜보게 했다. 사람은 고통에서 벗어나기 위해서라면 무슨 말이든 할 수 있다고 생각한 공작은 고문대 위의 여성에게, 같이 온 두 남자를 마법사로 의심할 이유들이 있는데 당신의 생각을 알고 싶다고 말했다. 그러면서 고문 담당자들에게 고문의 수위를 약간 올리라고 지시했다. 그 즉시 그녀는 두 남성이 염소, 늑대, 여타 동물들로 변신하고, 다른 마녀들과 성관계를 맺고, 두꺼비 머리와 거미 다리를 지닌 많은 자식들을 낳았다고 '자백'했다. "브룬스비크 공작은 큰 충격을 받은 두 친구를 데리고 나갔다." 그런 다음에 맥케이의 설명이 이어진다. "두 남성에게 이 일은 수천 명이 부당하게 고통받았음을 증명하는 확실한 증거였다. 그들은 자신의 결백을 알고 있었으므로, 친구가 아니라 적이 죄수에게 그러한 자백을 끌어냈다면 자신들에게 어떤 운명이 기다리고 있었을지 생각만 해도 끔찍했다."[20]

이 예수회 신부들 가운데 한 명이 프리드리히 슈페Friedrich Spee였다. 그는 거짓 자백을 유도하는 충격적인 광경을 본 뒤 1631년에 《재판관에 대한 경고Cautio Criminalis》를 펴내어 마녀 재판에서 자행되는 끔찍한 고문을 폭로했다. 이 책을 보고 멘츠의 선제후이자 대주교인 쉰브룬Schönbrunn은 고문을 전면 폐지했고, 이 선례를 따라 다른 지역들에서도 마녀에 대한 고문을 폐지했다. 슈페의 책이 마녀 광풍을 끝내는 연쇄 작용의 촉매가 된 것이다. 맥케이는 이렇게 썼다. "오래 묵은 어둠이 걷히고 새벽이 시작된 것과 같았다. 재판소에서 1년에 수백 명의 마녀를 처형하는 일은 더 이상 일어나지 않았다. 진리에 한층 더 가까운 철학이 대중의 마음을 서서히 미신에서 깨어나게 했다. 배운 사람들은 근거 없는 미신의 굴레에서 스스로 빠져 나왔고, 세속과 성소의 통치자들은 자신들이 오랫동안 조장했던 대중의 과대망상을 진압했다."[21]

하지만 동트기 전에 수많은 사람들이 무참히 살해되었다. 기록이 드
문드문해서 정확한 숫자는 알기 어렵지만, 역사가 브라이언 르박Brian
Levack은 재판 횟수와 유죄율(대개 50퍼센트에 육박했다)을 근거로 사망
자 수를 6,000명으로 추산하고,[22] 중세 역사가 앤 르웰린 바스토Anne
Llewellyn Barstow는 사라진 기록을 감안해 그 숫자를 10만 명으로 올려 잡
는다.[23] [그림 3-3]은 1571년에 마녀로 잡혀와 화형당하기 직전인 안네
킨 헨드릭스Anneken Hendriks라는 이름의 여성을 묘사한 네덜란드 화가
요하네스 얀 루켄Johannes Jan Luyken의 그림이다.

정확한 숫자가 무엇이든 그것은 비극적으로 큰 숫자였다. 마법을 금지
함으로써 급한 불을 끄고 난 다음에 문제를 궁극적으로 해결하는 방법

[그림 3-3] 1571년에 마법을 행했다는 이유로 기소된 안네킨 헨드릭스의 화형 장면

은 더 나은 인과론으로 마법을 뿌리 뽑는 것이었다. 역사가 키스 토머스 Keith Thomas가 자신의 포괄적인 역사서 《종교 그리고 마술의 쇠퇴Religion and the Decline of Magic》에서 내린 결론처럼, 마법이 줄어든 가장 중요한 요인은 "17세기에 과학혁명과 철학혁명을 일으킨 일련의 지적 변화들이었다. 이 변화들은 지식인의 사고에 결정적인 영향을 미쳤고, 그런 다음에는 자연스럽게 아래로 스며들어 일반인의 사고와 행동에 영향을 미쳤다. 이 혁명의 본질은 기계론mechanical philosophy의 승리였다."[24]

토머스가 말한 '기계론'은 뉴턴의 시계처럼 움직이는 우주, 즉 모든 결과에는 자연적인 원인이 있으며 우주는 검증되고 납득될 수 있는 자연법칙들의 지배를 받는다고 믿는 세계관이다. 이 세계관에는 초자연적인 설명이 끼어들 자리가 없으며, 따라서 마녀의 인과론과 그밖의 초자연적인 설명에 최종적인 마침표를 찍었다. 토머스의 결론에 따르면 "우주가 불변하는 자연법칙들의 지배를 받는다는 생각은 기적의 개념을 없앴고, 기도의 물리적 효능에 대한 믿음을 약화시켰으며, 신이 직접적인 계시를 내릴 수 있다는 믿음을 엷어지게 했다." "기계론의 승리는 마술적 사고의 논리적 근거였던 우주에 대한 애니미즘적 관념이 끝났음을 의미했다."[25]

이성과 과학 외에도 영향을 미친 다른 요인들이 있었지만 잠시 후에 이야기하기로 하고, 여기서는 마법에 대한 믿음이 부도덕이라기보다는 실수라는 것을 기억해두면 된다. 서양에서 과학은 마녀의 인과론이 허위임을 폭로했고, 그런 동시에 다른 미신적이고 종교적인 생각들을 계속해서 허물어뜨렸다. 우리가 여성들을 마녀로 낙인 찍어 불태우는 행위를 삼가는 이유는 정부가 그것을 금지하기 때문이 아니라, 우리가 마녀의 존재를 믿지 않기 때문이고, 따라서 마법을 이유로 누군가를 불태운다는 생각 자체를 하지 않기 때문이다. 과거에 도덕적 쟁점이었던 것은 과학과 이성에 기반을 둔 자연주의적 세계관에 의해 우리의 의식 밖으로, 그리고 양심 밖으로 밀려남으로써 이제는 쟁점 자체가 되지 않는다.

과학 이전의 삶

인생의 비극들을 하나의 원인으로 설명하는 '마녀의 인과론'이 지닌 문제는 설명할 게 너무 많다는 것이었다. 설명해야 할 비극이 수없이 많던 시절이 있었다. 세상이 얼마나 변했는지 실감하기 위해 문명이 막 태동했던 500년 전으로 가보자. 그때는 인구가 적었고 사람들의 80퍼센트가 시골에 살면서 자신이 먹을 것을 직접 생산했다. 이러한 산업 시대 이전의 매우 계층화된 사회에서는 가내 수공업이 유일한 산업이어서, 인구의 3분의 1 내지 2분의 1이 겨우겨우 먹고 살았으며, 만성적인 실업, 저임금, 영양실조에 처해 있었다. 식량 공급은 예측 불가능했고, 전염병이 돌 때마다 인구가 대폭 줄었다. 예컨대 1563년에서 1665년까지 100년 동안 적어도 여섯 번의 큰 전염병이 런던을 휩쓸었는데 그럴 때마다 인구의 10분의 1 내지 6분의 1이 사라졌다.

사망자 수는 오늘날의 기준으로 보면 거의 상상이 불가능한 수준이었다. 1563년에 2만 명, 1593년에 1만 5,000명, 1603년에 3만 6,000명, 1625년에 4만 1,000명, 1636년에 1만 명, 1665년에 6만 8,000명. 이 모두는 1550년에 인구가 약 12만 명, 1600년에 20만 명, 1650년에 40만 명이었던 세계에서 가장 큰 대도시들 가운데 한 곳에서 집계된 숫자로, 전염병이 한 번 지나갈 때마다 엄청난 비율의 인구가 죽었다. 게다가 어려서 병에 걸리면 살아나기 힘들어서, 어린이의 60퍼센트가 열일곱 살 이전에 죽었다. 한 관찰자에 따르면, 1635년에는 "30세~35세를 넘기는 사람보다 넘기지 못하고 죽는 사람이 더 많았다."[26] 역사가 샤를 드 라롱시에르Charles de La Roncière는 수명이 대체로 짧았던 15세기 토스카나의 사례를 제시한다.

> 많은 이들이 죽었다. 알베르토(열 살)와 오르시노 란프레디니(예닐곱 살) 같은 어린이, 미켈레 베리니(열아홉 살)와 오르시노의 누나 루크레치아 란프레디니(열두 살) 같은 사춘기 소년소녀, 상아빛 손을 가진 아름다운 메아(23세) 같은 젊은 여성(메아는 넷째 아이를 낳은 지 여드레 만에 사망했다. 태어난 아이도, 나머지 세 아이도 오래 살지 못했다. 모두 두 살이 되기 전에 죽었다). 물론 성인과 노인들도 죽었다.[27]

여기에 신생아의 죽음은 포함되어 있지 않다고 라롱시에르는 괄호 안에 덧붙인다. 역사학자들은 신생아 사망률이 30~50퍼센트 정도였을 것이라고 추산한다.[28]

마술적 사고는 불확실성 및 예측 불가능성과 관계가 있으므로,[29] 전근대 사람들이 예측 불허의 암울한 인생을 살았음을 고려하면 그들이 그토록 미신에 매달린 것도 놀랍지는 않다. 당시는 어려울 때를 위해 넉넉할 때 저금해둘 수 있는 은행이 없었고, 위기 관리를 위한 보험도 없었으며, 안심하고 살 수 있을 만큼 충분한 재산을 가진 사람은 극소수였다. 지붕은 볏짚이고 굴뚝은 나무인데다 밤을 밝힐 것은 초뿐인 집에서 살던 시절이라 불이 나 온 동네를 몽땅 태우기 일쑤였다. 한 연대기 작가의 말에 따르면, "1시 정각에 5,000파운드의 재산이 있고 예레미야 선지자가 말한 것처럼 고급스러운 은접시의 움푹한 곳에 와인을 부어 마셨던 사람이 불과 한 시간 뒤에 고기를 담아 먹을 나무접시도, 괴로운 머리를 누일 집도 없는 신세가 되었다."[30] 술과 담배는 고통과 불편을 누그러뜨리는 마취제여서 사람들은 그것으로 심신을 달래는 동시에, 불운을 덜기 위해 마술과 미신을 믿었다.

이러한 삶의 조건에서라면 거의 모든 사람이 주술, 늑대인간, 도깨비, 점성술, 흑마술, 악마, 기도, 섭리, 그리고 무엇보다 마녀와 마술을 믿었다는 사실이 하나도 이상할 게 없다. 1552년에 우스터의 주교 휴 래티머 Hugh Latimer가 설명했듯이, "많은 사람들이 어려움에 처하거나 병에 걸리거나 중요한 것을 잃으면 도움과 위로를 구하기 위해 사방으로 뛰어다니며 …… 현자라고 불리는 마녀나 주술사를 찾는다."[31] 사람들은 성자들의 이름을 부르고 전례서에 적힌 의식을 행하며 가축, 농작물, 집, 도구, 배, 우물, 가마에 신의 축복을 내려달라고 빌었고, 새끼를 낳지 못하는 동물들과 병약한 사람들, 그리고 아기를 못 낳는 부부들을 위해 특별한 기도를 했다. 로버트 버턴 Robert Burton이 1621년 저서 《우울증의 해부 Anatomy of Melancholy》에서 말한 것처럼 "주술사들은 정말 흔하다. 마법사와 백마녀라고 불리는 용한 사람들이 모든 마을에 있어서 누군가가 부르면 몸과 마음의 거의 모든 병에 도움을 준다."[32]

과학 이전 세계에서는 모든 사람이 미신을 믿었을까? 그랬다. 역사가 키스 토머스에 따르면, "신이 날씨에 영향을 행사한다는 것을 부정하거나, 점성술이 치료나 농업과 관련 있다는 것에 의문을 제기하는 사람은 아무도 없었다. 17세기 이전에는 잉글랜드에서나 그밖의 다른 장소에서나 점성술의 교의를 철저히 의심하는 것이 매우 이례적인 일이었다." 그리고 그것은 점성술만이 아니었다. "종교, 점성술, 마술은 저마다 불운을 어떻게 피하며 불운이 닥쳤을 때 그것을 어떻게 설명할 것인지를 가르침으로써 사람들이 일상적으로 겪는 문제들에 도움을 준다고 일컬어졌다." 마술이 사람들에게 이렇듯 광범위한 영향력을 미쳤음을 감안할 때 "불안을 누그러뜨리기 위한 효과적인 방법이 존재하지 않을 때 대신 사용하는 비효율적인 방법이라고 마술을 정의한다면, 어떤 사회도 마술로부터 자유롭지 않을 것"[33]이라고 토머스는 결론짓는다.

아마 그럴 것이다. 하지만 과학이 부상하면서 전에는 초자연적인 설명이 지배했던 영역에 자연적 설명을 제공하게 되었고, 거의 만능이었던 마술적 사고가 약화되었다. 마술의 쇠락과 과학의 부상은 어둠의 터널 끝에서 보는 빛이었다. 경험주의가 신뢰를 얻으면서 지금까지는 실제 사실들로 뒷받침할 필요가 없었던 미신적인 믿음들에 대해 경험적 증거를 찾으려는 욕구가 생겨났다.

초자연적인 설명을 자연적인 설명으로 대체하려는 시도는 한동안 계속되었고, 그러다 서서히 다른 분야들에도 영향을 미치기 시작했다. 자연적인 목적으로든 초자연적인 목적으로든 불길한 징조를 분석하는 데 치밀하고 양적인 방법이 자주 쓰였다. 한 일기 작가가 혜성의 성질과 의미에 대해 사적으로 밝힌 의견에 따르면 "나는 그러한 유성들이 자연적인 원인으로 생긴다는 사실을 모르지 않으나 그것은 종종 재앙이 임박했음을 알리는 전조이기도 하다."[34] 그렇지만, 마술을 통해 미래를 점치는 성향은 자연의 사건들을 연결함으로써 인과관계를 확인하는 더 정식화된 방법들—과학의 기초—을 이끌어냈다. 조만간 신학은 자연철학과 결합하게 되었고, 과학은 마술적 믿음에서 생겨나 결국 그것을 대체했다. 18세기와 19세기에는 천문학이 점성술을 대체했고, 화학이 연금술을 이어받았다. 확률 이론이 운과 운명을 밀어냈고, 보험이 불안을 누그러뜨렸으며, 은행이 이불 속을 대신해 사람들의 저금 창고가 되었다. 도시 계획은 화재 위험을 줄였고, 사회적 위생과 세균설은 질병을 몰아냈다. 이로써 예측 불가능한 인생은 한층 선명해졌다.

자연학에서 도덕과학으로

마녀의 인과론이 허위로 드러난 것과 삶의 조건이 전반적으로 개선된 것 외에, 이성과 과학이 정치와 경제를 포함한 모든 분야에 확대 적용된 것도 도덕적 진보를 촉진한 요인으로 꼽을 수 있다. 이러한 변화는 두 가지 지적 혁명의 결과였다. 하나는 대략 코페르니쿠스의 《천구의 회전에 관하여De Revolutionibus Orbium Coelestium》가 출판된 1543년부터 아이작 뉴턴Isaac Newton의 《자연철학의 수학적 원리Philosophiæ Naturalis Principia Mathematica》가 출판된 1687년까지 진행된 과학혁명이고, 다른 하나는 대략 1687년부터 1795년까지로 볼 수 있는 이성의 시대와 계몽주의다(뉴턴에서부터 프랑스혁명까지). 과학혁명은 계몽주의를 직접적으로 이끌어냈는데 그것은 18세기 지식인들이 앞선 시대의 위대한 과학자들을 모방해 현상을 설명하고 문제를 해결하는 데 자연과학과 자연철학의 엄밀한 방법들을 적용하려고 시도했기 때문이다. 이러한 철학의 결혼은 이성, 과학적 탐구, 인간의 자연권, 자유, 평등, 생각과 표현의 자유, 그리고 오늘날 대부분의 사람들이 갖고 있는 다원적이고 세계시민적인 세계관에 최고 가치를 두는 계몽주의적 이상들을 낳았다. 스코틀랜드 계몽철학자 데이비드 흄은 그것을 '인간학science of man'이라고 불렀다.

지성사의 관점에서 나는 이러한 전환을 권위의 책과 자연의 책 사이의 '책들의 전투'로 묘사해왔다.[35] **권위의 책** — 서양의 경우, 성경 또는 아리스토텔레스 — 은 **연역**deduction이라는 인지 과정에 근거를 둔다. 이것은 일반 원리들로부터 구체적인 주장들을 이끌어내는 것, 또는 일반적인 것에서 구체적인 것으로 논증을 전개하는 추론 방식이다. 반면 **자연의 책**은 **귀납**induction이라는 인지 과정에 근거를 둔다. 이것은 구체적인 사실들에서 일반 원리를 이끌어내는 것, 또는 구체적인 것에서 일반적인 것으로 논증을 전개하는 추론 방식이다. 우리들 가운데 누구도—또한 어떤 전통도—순수하게 귀납 또는 연역만을 하지 않지만, 과학혁명은 권위의 책을 지나치게 강조하는 것에 반발해 모든 가정을 자연의 책으로 점검하자고 주장했다.

예를 들어, 과학혁명의 거인들 가운데 한 명인 갈릴레오 갈릴레이 Galileo Galilei가 가톨릭교회에 맞서 곤경을 겪어야 했던 이유는 권위 있는 고전이 말하는 내용을 맹목적으로 수용하기보다는 관찰을 통해 그것이 맞는지 확인하자고 주장했기 때문이었다. 갈릴레오는 "아르키메데스의 권위가 아리스토텔레스의 권위보다 더 중요해서가 아니라" "아르키메데스의 결론이 실험과 일치했기 때문에 아르키메데스가 옳은 것"[36]이라고 말했다.

과학은 연역과 귀납—이성과 경험주의—사이에서 균형을 잡는 것이고, 1620년에 영국 철학자 프랜시스 베이컨 Francis Bacon은 《신기관 Novum Organum》을 출판해 과학은 감각 자료와 추론된 이론의 결합이라고 말했다. 관찰에서 시작해 일반 이론을 세우고 거기서 논리적인 예측을 한 다음 실험을 통해 그 예측을 점검하는 것이 이상적이라고 베이컨은 주장했다.[37] 실재에 비추어 점검하지 않으면 설익은 (그리고 대개는 푹 퍼진) 개념을 얻게 된다. 예컨대 고대 로마 철학자 플리니우스 Plinius가 1세기에 쓴 책인 《박물지 Naturalis Historia》에 등장하는 '궤양 및 상처 치료법'은 몬티 파이튼의 코미디 풍자극처럼 읽힌다.

토기 냄비 밑에서 덥혀 반죽한 양 똥은 상처에 동반되는 부종을 가라앉히고, 상처 난 곳을 아물게 하며, 여드름을 없애준다. 하지만 가장 큰 효능을 발휘하는 것은 태워서 재로 만든 개 머리다. 그것은 숯처럼 모든 종류의 종양을 소작하는 성질이 있고, 상처 난 곳을 아물게 한다. 쥐똥도

소작에 이용하며, 태워서 재로 만든 족제비 똥도 마찬가지다.[38]

프랑스에서는 철학자이자 수학자인 르네 데카르트―그는 근대철학의 창시자로 여겨진다―가 "대중에게 …… 모든 양적 문제를 일반적으로 해결하는 완전히 새로운 학문을 제공"하기 위해 모든 지식을 통합하는 중대한 (그리고 불가능하다고 여겨졌던) 일에 착수했다. 1637년에 발표한 회의 방법에 관한 저서인 《방법서설Discours de la méthode》에서 데카르트는 독자들에게 불확실한 것은 거짓으로 받아들이고, 확실한 것은 불확실한 것으로 받아들일 것이며, 고서와 권위에 의존하는 그 밖의 모든 것을 버리라고 지시했다.

모든 것을 의심한 끝에, 데카르트는 의심할 수 없는 한 가지가 있다는 유명한 결론에 이르렀다. 그것은 생각하는 자신의 마음이었다. "나는 생각한다. 그러므로 나는 존재한다Cogito, ergo sum"를 데카르트는 철학의 출발점으로 삼았다. 이러한 제1원리에서 시작한 그는 수학적 추론으로 방향을 틀어 수학의 새로운 분야(오늘날 흔히 쓰는 용어로는 데카르트 좌표계)를 만들었을 뿐 아니라, 모든 주제에 적용할 수 있는 새롭고 강력한 학문을 만들었다. 데카르트의 연구는 모든 것에 대해 수학적이고 기계론적인 설명을 찾는 기하학 정신esprit geometrique과 기계적 인과론의 정신esprit du mechanism을 낳았다. 기계론은 뉴턴의 시계처럼 움직이는 우주를 통해 세계적인 신뢰를 얻었다. 그리고 수학적 정확성을 수용한 예는 오늘날 기하학적 규칙성을 지닌 프랑스식 정원에서 아직도 볼 수 있다. 그곳에서 데카르트는 수압으로 작동하는 자동인형에 매혹되었고, 이러한 기하학 정신은 그의 (그리고 다른 사람들의) 관심을 동물과 인간에 대한 기계론적 설명으로 향하게 했다.[39]

하지만 모든 것을 바꾼 분수령이 된 사건은 1687년에 자연학을 종합한 아이작 뉴턴의 《자연철학의 수학적 원리》(흔히 '프린키피아Principia'라고 부른다)가 출판된 것이었다. 동시대인들은 그것을 "인간의 마음이 낳은 최고의 산물"(조제프-루이 라그랑주Joseph-Louis Lagrange)이며 "인간의 지적 능력이 만들어낸 다른 모든 산물을 넘어설 만큼 탁월한"(피에르-시몽 라플라스Pierre-Simon Laplace) 저작이라고 선언했다. 알렉산더 포프Alexander Pope는 뉴턴이 죽었을 때 이렇게 칭송했다. "자연과 자연의 법칙들이 어둠 속에 묻혀 있었다. 그때 신이 뉴턴이 있으라 하시매 모든 것이 밝아졌다." 계몽주의 선각자 데이비드 흄은 뉴턴을 "지금까지 인류를 치장하고 계몽하기 위해 나타난 사람들 가운데 가장 위대하고 가장 드문 천재"라고 묘사했다.[40]

뉴턴은 수학과 과학의 엄밀한 방법들이 모든 분야에 적용될 수 있다고 설명했고, 나아가 자신이 설명한 것을 실행에 옮김으로써 순수수학 및 응용수학(그는 미적분학을 개발했다), 광학, 만유인력, 조석, 열, 화학과 물질 이론, 연금술, 연대학, 성서 해석, 과학 도구의 설계, 심지어는 화폐 주조에까지 지대한 기여를 했다. 핼리혜성이 예측한 시점에 정확하게 돌아옴으로써 뉴턴의 만유인력 이론이 확증된 뒤로, 뉴턴의 과학적 방법들을 모든 분야에 적용하는 경주가 시작되었다. "인간의 모든 지식과 인간사의 규칙이 연역 및 수학적 추론과 실험 및 비판적 관찰을 결합한 이성적 체계 밑으로 들어올 것임을 온 세상 사람들이 예감했다"고 위대한 과학사가 버나드 코언Bernard Cohen은 말한다. "뉴턴은 성공적인 과학의 상징이었고, 과학은—철학, 심리학, 통치, 사회과학에서—모든 사상의 이상이었다."[41]

뉴턴주의 과학이 과학혁명으로 최고조에 이르렀을 때, 다양한 분야의 과학자들이 각자 자기 분야에서 뉴턴이 되려고 했다. 예를 들어, 프랑스의 필로조프philosphe(18세기 프랑스의 문인, 과학자, 사상가 등을 총칭하는 말—옮긴이)인 샤를 루이 드 스콩다, 몽테스키외 남작Charles-Louis de Secondat, Baron de Montesquieu—우리가 '몽테스키외'라고 부르는 사람—은 1748년 《법의 정신Esprit des Lois》에서, 잘 작동하는 군주제를 '중력'이 모든 천체를 '중심'으로(군주에게로) '끌어당기는' '우주 체계'에 비유함으로써 의식적으로 뉴턴을 상기시켰다. 그가 채택한 방법은 데카르트의 연역법이었다(《법의 정신》에서 그는 "나는 제1 원리들을 정했고, 모든 특수한 사례들이 저절로 그 원리들을 따른다는 사실을 알아냈다"고 썼다). 거기서 몽테스키외가 말하는 '정신'은 사회를 통치하는 '법'을 이끌어낼 수 있는 '원인들'을 의미했다. 그는 "가장 일반적인 의미의 법은 대상들의 성질에서 이끌어낸 필연적 관계"라고 말했다. "이런 견지에 보면 모든 존재는 법을 가진다. 신은 신의 법을, 물질세계는 그 세계의 법을, 인간보다 뛰어난 지적 존재들은 그들만의 법을, 짐승은 그들의 법을, 인간은 인간의 법을 가진다."

청년 시절 몽테스키외는 광범위한 주제들—조석, 굴 화석, 콩팥의 기능, 메아리의 원인—에 대해 수많은 과학 논문을 발표했고, 《법의 정신》에서는 자신의 자연학 지식을 활용해 전 세계에 존재하는 여러 형태의 정부 및 사법 체계들이 자연적인 조건들과 어떤 관계가 있는지에 대한 이론을 세웠다. 그러한 자연 조건들에는 기후, 토양의 성질, 거주자의 종교와 직업, 인구, 상업, 생활양식, 관습, 등이 포함되었다. 그는 사회를 사냥, 목축, 농업, 무역(및 상업)의 네 가지 유형으로 분류했고, 열거된 순서대로 법 체계가 복잡해진다고 설명했다. "법은 나라들이 각기 생계를 잇는 방식과 매우 깊은 관계가 있다. 무역과 항해를 하는 나라는 땅을 경작하는 데 만족하는 사람들보다 훨씬 큰 규모의 법전이 있어야 할 것이고, 경작하는 나라는 목축하는 사람들보다는 훨씬 큰 법전이 필요할 것이다. 또한 목축인은 사냥으로 살아가는 사람들보다는 큰 법전이 필요할 것이다." 그리고 이러한 생각을 발전시킴으로써 몽테스키외는 '무역 평화 이론'의 초기 주창자 가운데 한 명이 되었다. 그는 사냥하는 나라와 목축하는 나라는 무력 충돌과 전쟁에 자주 휘말리는 반면, 무역하는 나라들은 "상호 의존적이 되므로" "무역의 자연스러운 효과"로 평화가 유지된다고 말했다. 이러한 효과를 일으키는 심리에 대해 몽테스키외는 각기 다른 사회들이 자신들과는 다른 관습과 생활양식을 접합으로써 "가장 파괴적인 편견들에 대한 치료"가 일어나기 때문이라고 추측했다. 따라서 결론적으로 "사람들이 오직 상업의 정신에 따라 움직이는 나라들 사이에서는 온갖 종류의 인도적이고 도덕적인 가치들이 교류된다"[42]

몽테스키외의 자연법 전통의 뒤를 이어, 중농주의자physiocrats라고 알려진 일군의 프랑스 과학자와 지식인들은 모든 "사회적 사실은 불변하고 불가피하고 필연적인 법칙들에 의해 영구적인 결합으로 함께 연결되어 있는데" "그 법칙들을 알게 된" 사람들과 정부들은 거기에 복종해야 하고, 인간 사회는 "물리적 세계, 동물 사회, 심지어는 모든 생물의 내적 상태까지 지배하는 법칙들과 똑같은…… **자연법칙**의 지배를 받는다" 고 선언했다. 이러한 중농주의자 가운데 한 명인 프랑수아 케네François Quesnay—그는 프랑스왕 루이 16세의 시의侍醫였다—는 인체를 경제의 모델로 삼고, 혈액이 몸속을 흐르듯이 돈이 국가 전체를 흐르며, 파괴적인 정부 정책들은 경제적 건강을 저해하는 질병과 같다고 말했다.[43] 그는 설령 사람들의 능력이 같지 않더라도 그들은 똑같은 자연권을 지니며, 따라서 사람들이 자신의 최상의 이익을 추구할 수 있게 하면서도 개인의 권리가 다른 개인들에 의해 탈취되지 않도록 보호하는 것이 국가의 의무라고 주장했다. 이러한 생각은 사유재산과 자유시장에 대한 옹호로 이어졌다. 실제로 우리에게 '자유방임주의laissez-faire'라는 용어를 제공한 사람들은 중농주의자들이었다. 이 용어는 '혼자 내버려두라'라고 번역할 수 있는데, 시민과 사회의 경제적 이익을 위해 정부의 간섭을 최소화하는 경제 관행을 말한다.

중농주의자들은 사회 속에서 활동하는 사람들은 인간 본성과 경제의 성질에 관한 알 수 있는 법칙들의 지배를 받는데, 이러한 법칙들은 갈릴레오와 뉴턴이 발견한 법칙들과 다르지 않다고 주장했고, 이러한 생각은 데이비드 흄과 애덤 스미스 등이 옹호하는, 오늘날 모든 경제 정책의 기초를 이루는 고전경제학 학파로 성장했다. 1776년에 출판된 애덤 스미스의 기념비적인 저서 《국부의 본성과 원인들에 대한 탐구An Inquiry into the Nature and Causes of the Wealth of Nations》('국부론')는 제목부터 과학에 대한 강조를 드러낸다. 스미스는 '본성'과 '원인들'이라는 말을 과학적 의미로 사용했다. 즉 경제라는 자연 체계 내의 인과관계를 찾아내 이해하겠다는 뜻이었고, 그 기본 전제는 자연법칙이 경제를 지배하고, 인간은 이성적으로 계산하는 경제적 행위자로서 그들의 행동은 이해될 수 있는 것이며, 시장은 '보이지 않는 손'에 의해 스스로 조절된다는 것이었다. '보이지 않는 손'이라는 유명한 은유는 원래는 천문학에서 나온 것으로, 천문학의 역사에 관한 잘 알려져 있지 않은 저서에서 스미스는 이렇게 썼다.

옛날의 이교도 시대뿐 아니라 오늘날 미개인들이 사는 모든 다신교 사회에서는, 자연의 불규칙한 사건들은 신의 힘과 중재로 일어난다고 믿는다. 불은 타오르고 물은 샘솟고 무거운 물체는 아래로 떨어지고 가벼운 물질은 위로 날아오르는 것은 그 자체의 본성에 의한 필연이다. 그러니까 주피터 신의 **보이지 않는 손**이 그러한 일에 작용하고 있다는 것을 그들은 이해하지 못한다.[44]

여기서는 중력의 보이지 않는 손에 대해 말하고 있었지만, 이 은유가 나중에 《국부론》에 등장했을 때는 보이지 않는 손이 시장과 경제를 인도하는 것처럼 보인다는 뜻으로 쓰였다. 스미스는 도덕철학 교수였고, 1759년에 출판된 그의 최초의 대작은 《도덕감정론A Theory of Moral Sentiments》이었다는 사실에 주의를 기울일 필요가 있다. 이 책에서 그는 인간의 도덕 감각은 타고난다는 이론의 토대를 놓았다. "인간이 아무리 이기적인 존재로 여겨질지라도, 인간 본성에는 분명히 어떤 원리가 있어서 다른 이의 운명에 관심을 갖게 하고 남의 행복을 자기 자신에게 꼭 필요한 것으로 여기게 만든다. 설령 당사자는 그러한 행복을 지켜보는 즐거움 외에는 아무런 이득을 얻지 못할지라도 말이다. 연민 혹은 동정이 이러한 원리에 속하는데, 이는 타인의 불행을 가엽게 여기는 감정이다." 공감이라는 감정—스미스는 이것을 동정심이라고 불렀다—은 만일 내가 그 사람이라면 어떤 기분일지 생각해보는 과정을 통해 타인의 즐거움이나 괴로움을 느낄 수 있게 해준다. "다른 이들이 어떻게 느끼는지 직접적으로 경험할 길이 없는 우리는 나 자신이 비슷한 상황에서 어떻게 느낄지 생각해보는 것 말고는 그들이 어떻게 느끼는지 알 방법이 없다."[45] 이것이 바로 역지사지 원리가 하는 일이다.

통치 분야에는, 자연학의 원리와 방법을 도덕과학에 의식적으로 적용한 또 한 명의 계몽주의 선각자인 영국 철학자 토머스 홉스가 있었다. 1651년에 출판된 《리바이어선》은 정치사상사에서 가장 영향력 있는 저작들 가운데 하나로 간주된다. 홉스는 그 책에서 사회적 세계를 분석할 때 갈릴레오와 영국 의사 윌리엄 하비William Harvey의 연구를 의식적으로 모방했다. 1628년에 출판된 윌리엄 하비의 《동물의 심장과 혈액의 운동에 관한 해부학적 연구Exercitatio Anatomica de Motu Cordis et Sanguinis in Animalibus》는 인체의 작동에 대한 기계론적 모델을 제시했다. 겸손과는 거리가 먼 홉스의 훗날 회고에 따르면 "갈릴레오는 …… '운동의 성질에 대한 지식'이라는 보편적 자연철학의 문을 우리에게 열어준 최초의

인물이었다. …… 자연과학에서 가장 유익한 분야인 인체 과학을 최초로
발견한 영특한 사람은 우리 나라 사람인 하비 박사다. 자연철학은 그러
므로 아직 어리다. 하지만 시민철학은 훨씬 더 어린데 왜냐하면 …… 내
저서인《시민론de Cive》과 함께 태어났기 때문이다."

나아가 홉스는 유클리드의《원론Stoicheia》(《기하학의 요소들Elements of
Geometry》)을 본떠서 쓴《법의 요소들Elements of Law》에서 이전의 모든 철
학자를 두 진영으로 분류했다. 한쪽은 2,000년이라는 세월 동안 실행 가
능한 도덕철학 또는 정치철학을 만들어내지 못한 교의주의자들dogmatici
이고, 또 한쪽은 "가장 낮고 보잘 것 없는 원리들로부터 …… 가장 면밀
한 추론으로 서서히 나아가는" 수리철학자들mathematici로, 이들은 그렇
게 함으로써 사회적 세계에 대한 유용한 지식을 발견하는 체계를 만들
어냈다. 그는 독자들에게 쓰는 편지에서, 이 새로운 사고 체계는 "현자의
돌을 만드는 것"도 아니고 "형이상학적 암호로 쓰여 있지도 않다"고 밝
혔다. "그것은 창조물들 사이를 위아래로 분주하게 날아다니면서 그들
사이의 질서와 인과관계에 대한 진정한 보고를 가져오는 인간의 자연적
이성이다."[46]

홉스는 자연, 인간, '시민정부와 신민의 의무'에 관한 연구에 기하학 정
신과 기계적 인과론의 정신을 의식적으로 적용했다.[47] 여기에서 우리는
물리학과 생물학에서 사회학으로 이어지는 연결고리를 볼 수 있을 뿐
아니라, 내가 과학사의 이 시기에 초점을 맞추면서 무엇에 중점을 두는
지 알 수 있다. 그것은 우리가 알고 있는 통치의 현대적 개념들은 인간의
사회적 문제를 포함한 모든 문제에 이성과 과학을 적용하려는 노력에서
생겨났다는 점이다.

과학사가 리처드 올슨Richard Olson(박사학위 과정 때 내 지도교수였던 그는
과학과 사회의 연결고리를 내게 처음 소개했다)에 따르면, "자연, 인간, 사회에

대한 홉스의 이론들은 데카르트의 기하학 정신을 홉스 식으로 바꾼 것으로부터 나왔다." 그뿐 아니라, 올슨에 따르면, "홉스는 인간과 사회에 대한 과학을 무생물과 자연물을 다루는 과학과 마찬가지로 기하학적 또는 가설-연역적 모델 위에 세울 수 있다고 믿었다."[48] 후자는 근대의 과학적 방법을 가리키는 과학철학 용어인데, 그 과정을 세 단계로 요약할 수 있다. (1) 관찰을 토대로 가설을 세우고 (2) 가설을 토대로 예측을 하고 (3) 그 예측이 정확한지 검증하는 것이다.

시민사회를 만드는 방법에 대한 홉스의 이론은 당대 최고의 과학을 적용한 순수한 자연주의적 논증이며, 홉스는 동시대 계몽주의자 동료들과 함께 스스로를 오늘날 우리가 '과학'이라고 부르는 것(하지만 그들은 '자연철학'이라고 불렀던 것)을 하는 사람들로 여겼다.[49] 그는 우주가 (원자와 행성들처럼) 운동하는 물체들로만 구성되어 있다는 가정에서 시작한다. 뇌는 감각들을 통해─촉각을 통해 직접적으로, 또는 시각처럼 어떤 에너지의 전달을 통해 간접적으로─이러한 물체들의 운동을 감지하고, 모든 생각은 이러한 기본적인 운동으로부터 나온다. 인간은 움직이는 물체를 감지할 수 있고, 인간 자신도 욕망(쾌락들)과 회피(고통)의 감정들에 떠밀려 끊임없이 움직인다(그는 이 대목에서 "영원히 순환하는 혈액의 운동처럼"이라고 윌리엄 하비를 인용한다). 운동이 멈추면(예를 들어 혈액 순환) 생명도 멈춘다. 따라서 모든 인간의 행동은 생명 유지에 필수적인 운동들을 지속하는 방향으로 맞추어져 있다. 쾌락(또는 즐거움, 만족)은 "실제로는 심장의 운동에 지나지 않고, 생각은 뇌의 운동에 불과하며, 그러한 운동을 일으키는 대상들을 우리는 '유쾌하다' 또는 '즐겁다'라고 묘사한다."

그렇다면 우리가 좋다고 생각하는 것과 나쁘다고 생각하는 것은 주어진 자극에 반응하는 한 사람의 욕망 또는 두려움과 직접적인 관련이 있다. 쾌락을 얻고 고통을 피하기 위해서는 힘이 필요하다. "힘은 한 인간에게 좋아 보이는 것을 획득하기 위한 수단이다"라고 홉스는 부연한다. 자연 상태에서는 모든 사람이 더 큰 쾌락을 얻기 위해 타인들에게 자신의 힘을 행사할 자유가 있다. 이것을 홉스는 **자연권**Right of Nature이라고 부른다. 인간의 능력이 똑같다 해도 인간의 정념은 같지 않아서 "인간은 모두를 두렵게 만드는 공통의 힘이 없이 사는 동안에는 전쟁이라고 불리는 상태에 있으며, 이러한 전쟁은 만인에 대한 만인의 전쟁이라고 할 만하다." 홉스가 말하는 전쟁은 실제 전쟁만을 뜻하는 것이 아니라, 전쟁에 대한 **공포**가 항상 도사리고 있는 상태까지 포함하는 말이다. 이는 미래에 대한 계획을 세우는 것을 불가능하게 만든다. 모든 정치 이론에서 가장 유명한 (그리고 가장 자주 인용되는) 문단들 가운데 하나에서 그는 이렇게 결론짓는다.

> 이러한 상태에서는 생산 활동이 일어날 여지가 없다. 왜냐하면 그로 인한 열매가 불확실하기 때문이다. 그리고 결과적으로 토지의 경작도, 항해도, 뱃길을 통해 들여올 수 있는 상품의 사용도, 넓고 편리한 건물도, 무거운 물건을 운반하는 기계도, 지표면에 대한 지식도, 시간 계산도, 예술도, 학문도, 사회도 생길 수 없다. 무엇보다 나쁜 것은 끊임없는 공포와 난폭한 죽음이 존재한다는 점이다. 따라서 인생은 고독하고, 가난하고, 험악하고, 잔인하고, 짧다.[50]

하지만 우리는 자연 상태에서 살지 않는다고 홉스는 말한다. 자연권을 초월할 수 있게 해주는 또 하나의 정신 능력을 가지고 있기 때문인데, 바로 **이성**reason이다. 이성은 사람들에게 자유롭기 위해서는 **사회계약**을 맺어 모든 권리를 주권자에게 양도해야 한다는 것을 깨닫게 한다. 이러한 주권자를 홉스는 구약에 나오는 강력한 바다 괴물의 이름을 따서 **리바이**

어선이라고 부른다.[51]

홉스 이후 반세기 동안 정치학 또는 경제학의 어떤 학자도 자신들의 연구에 과학적 접근 방식을 명시적으로 사용하지 않고는—다시 말해 사회에서 인간이 어떻게 행동하는가(**기술적 관찰**)와 인간이 어떻게 행동 **해야** 하는가(**규범적 도덕**)에 대한 결론을 이끌어내기 위해 이성과 경험주의를 어떤 식으로든 결합하지 않고는—인정받지 못했다. 스코틀랜드의 계몽철학자 데이비드 흄이 1749년에 펴낸 고전적 저작《인간의 이해력에 대한 탐구An Inquiry Concerning Human Understanding》의 말미에서 화려하게 선언했듯이, "만일 신학 또는 고전 시대의 형이상학에 관한 어떤 책을 손에 들고 있다면 이렇게 묻자. 그 책에 양 또는 수에 대한 어떤 추상적 추론이 포함되어 있는가? 아니라면, 사실 문제와 존재 문제에 대한 어떤 실험적 추론이 포함되어 있는가? 그것도 아니면 그 책을 불 속에 던져 버려라. 거기에는 궤변과 착각 외에는 아무것도 들어 있지 않기 때문이다."[52] 또한 홉스의 기계적 모델은 사람들을 원자라고 상상했다. 즉 자연 법칙의 지배를 받는 사회적 세계 속의 교환 가능한 입자들로서, 물리학자가 원자를 측정하듯이, 천문학자가 행성을 추적하듯이 연구할 수 있으며, 그러한 연구로부터 그 입자들의 운동을 설명하는 일반 이론을 이끌어낼 수 있다. 현대의 저명한 정치철학자 마이클 월처Michael Walzer는 사회적 세계에 대한 이 새로운 연구 방식이 무엇을 의미했는지를 간단히 이렇게 설명한다. "지난 200년 동안 영국의 작가들 가운데, 그리고 카페에서 대화를 나누는 사람들 가운데 홉스의 후계자가 아닌 사람은 거의 없었다."[53]

사실에서 당위로: 사회학과 도덕적 진보

리바이어선의 기원이 사회계약이라는 홉스의 생각이 맞든 틀렸든 인간은 사회적 동물로서 고립되어 산 적이 한 번도 없기 때문에 역사를 어느하나로 단정하기는 어렵다. 지난 500년 동안 근대 초기의 국가 건설 시기에 도시, 공국, 남작령 등과 같은 수천 개의 작은 자치체들이 점점 더큰 정치 조직으로 뭉치면서 생겨난 통치 체제가 리바이어선 국가임은분명한 사실이다.

정치학자들은 유럽에 정치 단위의 개수가 15세기에는 약 5,000개, 17세기에는 500개, 18세기에는 200개, 그리고 20세기에는 50개 이하였다고 추산한다.[54] 이러한 정치 단위의 융합은 두 개의 눈에 띄는 추세를낳았다. 하나는 국가 사회에서 폭력적으로 죽는 사람의 비율이 전통적인국가 이전 사회들보다 훨씬 낮아진 것, 즉 개별 폭력의 감소다. 또 하나는 1500년부터 1950년까지 총 사망자 수가 오르내린 것이다. 즉 총 사망자 수는 강대국 간에 치러지는 전쟁의 횟수와 지속 기간이 줄면서 감소했지만, 전쟁의 강도(한 국가에서 1년에 전쟁에서 죽는 사람의 수)가 세지면서 증가했다. 이 두 가지 요소가 반대 방향으로 움직이면서 총 사망자수는 오르내렸다. 하지만 제2차 세계대전 이후 전쟁의 빈도와 강도가 모두 줄었고 지금은 강대국들이 사실상 전쟁을 그만두었다.

리바이어선이 폭력을 어떻게 줄이는지 그 논리를 살펴보고, 그런 다음에 **사실**(과학과 이성이 역사적으로 얼마나 발전했는가)에서 **당위**(이러한 지식이 도덕의 궤적을 구부리는 데 어떻게 이용되었는가, 그리고 어떻게 이용되어야 하는가)로 넘어가보자. 리바이어선은 무력의 합법적 사용을 독점함으로써, 범죄학자들이 '자력 구제 정의'라고 부르는 것—개인들이 (마피아처럼)주로 폭력을 써서 원한과 분쟁을 스스로 해결하는 것—을 사법 정의로 대체하고, 그 결과 폭력이 전반적으로 줄어들게 한다. 그런데 폭력이 줄어들게 하는 다른 요인들도 있다.

무역, 상업, 그리고 무력 충돌

우리 본성에 있는 내면의 악마를 억제하기 위해서는 국가의 하향식 통제가 필요하다는 홉스의 말은 일부만 옳았다. 무역과 상업 역시 중요한 요인들이었다. 필요한 것을 얻기 위해 누군가를 죽이는 대신 그것을 거래할 때 얻을 수 있는 도덕적, 실질적 이익을 생각해보라. 나는 이것을 (이 개념을 최초로 분명하게 설명한 19세기 프랑스 경제학자 프레더릭 바스티아 Frederic Bastiat의 이름을 따서) '바스티아의 원리Bastiat's Principle'라고 부른다. **상품이 국경을 넘지 못하는 곳에서는 군대가 국경을 넘지만, 상품이 국경을 넘는 곳에서는 군대가 국경을 넘지 않는다.**[55] 내가 이것을 법칙law이 아니라 원리principle라고 부르는 것은 과거나 지금이나 예외가 존재하기 때문이다. 무역은 전쟁과 국가 간 폭력을 막지 못하지만 그러한 충돌이 일어날 가능성을 줄인다.

내가 《경제학이 풀지 못한 시장의 비밀The Mind of the Market》에서 입증한 것처럼 무역은 낯선 사람들 사이에 자연적으로 생기는 적대감을 무너뜨리는 동시에 양자 사이의 신뢰를 높이는데, 경제학자 폴 잭Paul Zak이 증명한 것처럼 신뢰는 경제 성장에 영향을 미치는 가장 강력한 요인들 가운데 하나다. 잭은 클레어몬트 전문대학원에 있는 자신의 신경경제학 연구실에서, 낯선 사람들끼리 교환 게임을 하는 동안 신뢰 호르몬인 옥시토신이 분비되며, 이것이 신뢰를 더욱 높임으로써 양성 피드백 고리가 만들어진다는 것을 보여주었다. 그뿐 아니라 신경전달물질인 도파민도 분비되는데, 도파민은 뇌의 동기, 보상, 쾌락 중추들을 제어하여 특정한 행동을 반복하게 만드는 화학물질이다. 따라서 학습한 교환 행위가 화학물질에 의해 유도된 행복감을 통해 강화된다. 죄수의 딜레마 게임에서 촬영한 피험자들의 뇌 영상은 그들이 협력할 때 사탕, 돈, 코카인, 매력적인 얼굴 같은 자극들에 반응할 때와 똑같은 부위가 활성화된다는 것을 보여주었다. 가장 큰 반응을 보인 뉴런들은 뇌의 '쾌락 중추'에 있는 앞배쪽줄무늬체anteroventral striatum라는 곳에 위치한 도파민이 풍부한 곳이었다.[56]

무역의 효과는 실험실뿐 아니라 실제 세계에서도 잘 입증되어 있다. 《사이언스》에 〈시장, 종교, 마을 크기, 그리고 공정함과 처벌의 진화〉라는 제목으로 발표된 2010년의 한 연구에서, 심리학자 조지프 헨리크Joseph Henrich와 그 동료들은 전 세계의 작은 마을 15곳에서 2,000명이 넘는 피험자들을 모집해서, 두 명씩 짝을 지어 교환 게임을 하게 했다. 이 게임에서 피험자는 일당에 상응하는 돈을 받았고, 그러면 그것을 혼자 다 갖거나 파트너에게 일부 또는 전액을 줄 수 있었다. 우리의 예상으로는 대부분의 사람들이 돈을 혼자 다 가질 것 같지만, 예상과 달리 수렵-채집인 마을에서 온 사람들은 약 25퍼센트를 공유했고, 정기적으로 무역하는 마을에서 온 사람들은 약 45퍼센트를 공유했다. 종교가 사람을 약간 더 관대하게 만드는 변인이었지만, 관대함과 가장 강력한 인과관계를 보인 변인은 '시장 집중성'이었다. 시장 집중성이란 "한 가구가 섭취하는 총칼로리 가운데 자가 재배, 사냥, 어획으로 획득하지 않고 시장에서 구매하는 칼로리 비율"을 말한다. 왜 그럴까? 저자들의 결론에 따르면, 낯선 사람들 사이의 신뢰와 협력이 거래 비용을 낮추고 관련된 모든 사람에게 더 큰 이익을 가져다주기 때문이다. 따라서 공정한 시장을 위한 규범들은 "이미 구축된 사회적 관계들(예컨대 친족, 호혜적 관계, 지위)이 불충분한 상황에서 서로에게 이익이 되는 교환을 지속하기 위한 전반적인 사회 구조적 진화 과정의 일부로서 진화했다."[57]

무역, 민주주의, 무력 충돌

무역과 정치의 복잡한 상호관계라는 쟁점을 범주적인 이분법적 논리—무역을 하는지 하지 않는지, 민주주의인지 민주주의가 아닌지—에 맞추어 생각하는 대신, 연속적인 척도를 사용하면 한층 섬세하면서도 매우 현실적인 결과를 얻을 수 있다. 어떤 국가가 다른 국가들과 무역을 거의 하지 않을 수도 있고, 조금 할 수도 있고, 많이 할 수도 있다. 그리고 그 나라가 덜 민주적일 수도 더 민주적일 수도 있다. 범주적 접근 방식 대신 이러한 연속적인 접근 방식을 취하면, 연구자는 각각의 사례를, 미리 구상한 모델에 끼워맞추기 위한 데이터 선별에 일어나기 쉬운 인위적 선택의 예 또는 예외로 취급하기보다는 연속체 위의 측정점으로 취급할 수 있다.

이 문제를 다루기 위해 연속적인 분석 방법을 사용한 예가 정치학자 브루스 러셋Bruce Russett과 존 오닐John Oneal의 《평화의 삼각구도 Triangulating Peace》다. 그 책에서 그들은 1816년과 2001년 사이에 있었던 2,300회의 국가 간 군사적 분쟁을 기록한 '전쟁 관련 요인 프로젝트Correlates of War Project'의 데이터에 다중로지스틱회귀분석multiple logistic regression analysis(여러 개의 설명 변수들을 이용해 이항의 반응을 예측하는 것—옮긴이)을 적용했다.[58] 각각의 나라에 민주주의 점수를 1에서 10까지 매겼더니(정치 과정이 얼마나 경쟁적인가, 지도자가 얼마나 공개적으로 선출되는가, 지도자의 권력에 얼마나 많은 제약이 가해지는가, 민주주의 과정의 투명성, 선거의 공정성 등을 측정하는 '정치 조직체 프로젝트Polity Project'의 척도를 바탕으로 점수를 매겼다), 두 나라가 완전한 민주주의 국가일 때('정치 조직체 프로젝트'의 척도에서 높은 점수를 받음), 두 나라 사이의 분쟁이 50퍼센트 줄지만, 두 나라 가운데 한쪽이 민주주의 점수가 낮거나 완전한 전제군주국일 때는 분쟁 확률이 두 배로 증가했다.[59]

이 방정식에 시장 경제와 국제 무역을 넣으면 국가 간 무력 충돌의 가능성이 줄어든다. 러셋과 오닐이 위험에 놓인 모든 국가 쌍에 대해 (GDP 대비) 무역의 양이라는 변수를 넣었더니, 어느 한 해에 무역에 더 많이 의존한 나라들일수록 이듬해에 군사적 분쟁이 적게 일어났다. 이것은 민주주의, 권력 비율, 강대국 지위, 경제 성장률 같은 변인들을 통제한 상태에서 얻은 결과다. 이 자료는 일반적으로 시장 경제를 운영하는 자유 민주주의 체제가 다른 어떤 형태의 통치 체제와 경제 제도보다 더 부유하고 더 평화롭고 더 공정하다는 것을 보여준다. 러셋과 오닐은 더 구체적으로 들어가서, 민주적 평화는 두 국가가 모두 민주주의일 때만 생기지만, 무역은 **어느 한 국가**만 시장경제를 운영해도 가능하다는 것을 밝혀냈다.[60] 다시 말해, 무역이 민주주의보다 훨씬 더 중요했다(하지만 후자도 다른 이유들 때문에 중요하다).

마지막으로, 러셋과 오닐의 평화의 삼각형에서 세 번째 꼭짓점은 투명성을 나타내는 대리 지표인 국제 사회 활동이다. 악은 비밀 속에서 자라기 쉽다. 공개성과 투명성은 독재자와 선동가들이 폭력과 대학살을 저지르기 어렵게 만든다. 이 가설을 검증하기 위해 러셋과 오닐은 모든 국가 쌍에서 두 국가가 함께 가입한 국제기구Intergovernmental Organizations(IGOs)의 개수를 세었고, 민주주의 점수와 무역 점수를 함께 넣어 회귀분석을 했다. 그 결과, 민주주의, 무역, 국제기구 활동의 세 가지가 모두 전반적으로 평화에 유리하다는 것이 밝혀졌고, 세 가지 변수 모두에서 상위 10퍼센트에 속하는 국가들의 쌍은 어느 한 해에 군사적 분쟁에 휘말릴 확률이 평균적인 국가 쌍에 비해 83퍼센트나 낮았다.[61]

[그림 3-4]의 자료는 민주주의 지수가 높고 전제정치 지수가 낮을수록 전쟁이 감소한다는 것을 보여준다.[62] [그림 3-5]는 1800년부터 2004년까지 '정치조직체 IV 척도'에서 8점 이상을 받은 나라들의 수를

나타내는데, 제2차 세계대전 이후 전제정치 또는 부패한 민주주의에서 공정하고 투명한 자유민주주의로 이행한 나라의 수가 하키 스틱 모양으로 증가하는 것을 볼 수 있다.[63] [그림 3-6]은 1885년부터 2000년까지 한 쌍의 국가가 함께 가입한 국제기구의 수를 나타낸다.[64] [그림 3-7]은 이 모든 자료를 종합한 '평화의 삼각형'을 보여준다. 민주주의＋경제적 상호 의존성＋국제기구 가입＝더 많은 평화.

1989년 에세이 〈전쟁의 원인들The Causes of War〉에서 잭 레비는 "민주주의 국가들 사이에 전쟁이 부재하다는 것은 국제관계에서 거의 경험적 법칙 수준에 와 있다"고 지적했다.[65] 2010년에 러셋과 오닐은 자신들의 연구를 업데이트해 "제2차 세계대전 이후 무역하는 국가들의 안보 공동체라는 고전적 자유주의 이상이 점점 현실이 되고 있다"는 결론을 내렸다. 2010년 이후 전 세계에 많은 무력 충돌이 있었는데 민주주의 평화 이론은 얼마나 유효할까?《평화 연구 저널Journal of Peace Research》의 2014년 특별호에서 웁살라대학교의 정치학자 호바르드 헤그레Håvard Hegre가 '민주주의와 무력 충돌'에 관한 모든 증거를 재평가한 뒤 내린 결론은 "민주주의 국가들의 짝이 다른 짝보다 국가 간 무력 충돌의 위험이 적다는 경험적 연구 결과는 유효하며, 공고한 민주주의가 허술한 민주주의보다 무력 충돌에 덜 휘말린다는 결론도 유효하다"[66]는 것이었다.

○ ● ○

리바이어선 사이의 무력 충돌을 줄이는 방법을 범주적 방식이 아니라 연속적인 방식으로 생각하면 분명한 예외들을 한층 과학적인 방식으로 다룰 수 있다. 왜냐하면 과학은 흑백의 범주보다는 연속체와 확률을 주로 다루기 때문이다. 예컨대, 두 민주주의 국가는 절대 전쟁을 하지 않는

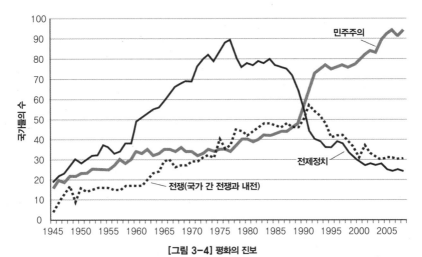

[그림 3-4] 평화의 진보

민주주의가 증가하고 전제정치가 감소할수록 전쟁이 감소한다.

[그림 3-5] 민주주의 진보

'정치조직체 IV 척도'에서 8점 이상을 받은 나라의 수, 1800-1998년

[그림 3-6] 국제 관계의 진보

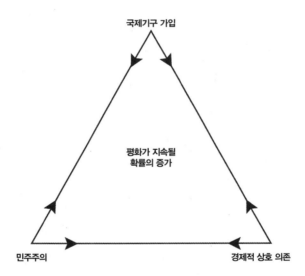

[그림 3-4]부터 [그림 3-7]까지. 평화의 삼각구도: 자유 민주주의, 무역, 투명성

[그림 3-4]에 제시된 데이터는 민주주의가 증가하고 전제정치가 감소할수록 전쟁이 줄어든다는 것을 보여준다. [그림 3-5]는 1800년부터 2004년까지 정치조직체 IV 척도에서 8점 이상을 받은 나라의 수를 보여준다. 전제정치 척도는 부패한 민주주의에서 공정하고 투명한 자유민주주의로 이행한 나라들의 수가 제2차 세계대전 이후 하키스틱 모양으로 증가하는 것을 보여준다. [그림 3-6]은 1885년부터 2000년까지 한 쌍의 국가가 함께 가입한 국제기구의 수를 보여준다. [그림 3-7]은 이 모든 자료를 종합한 결과는 '평화의 삼각구도'임을 보여준다. 민주주의+경제적 상호 의존성+국제기구 가입=평화의 증가.

다거나(민주주의 평화 이론) 서로 무역하는 두 나라는 절대 싸우지 않는다 (맥도널드 평화 이론)고 주장하면 회의론자들이 역사의 쓰레기통을 뒤져 예외들을 찾아낼 것이다. 가령 미국과 영국의 1812년 전쟁, 미국의 남북 전쟁, 인도와 파키스탄의 전쟁을 가리키며 이 나라들은 모두 일종의 민주주의 국가라고 말할 것이다. 또는 제1차 세계대전 직전의 강대국들을 보라고 말할 것이다. 이들은 1914년 8월의 선전포고 직전까지 서로 무역을 했다. 그러면 평화 이론을 옹호하는 사람들이 다시 반박한다. 미국은 진정한 민주주의가 아니었다. 1812년 전쟁 때도, 남북전쟁 중에도 노예제도가 있었으며 여성들은 투표할 수 없었기 때문에 진정한 민주주의로 볼 수 없다. 하지만 모든 역사적 사례들을 연속체 위의 측정점으로 취급하면 복잡한 실제 세계에서 실제로 작동하는 인과관계의 미세한 차이들을 포착할 수 있다.

노벨 평화상 수상자 노먼 에인절Norman Angell에 대한 오독이 좋은 예다. 그의 1910년 작《거대한 환상The Great Illusion》—이 책에서 그는 무역에 비해 전쟁이 더 큰 경제적 부를 가져다준다는 주장이 기만임을 역설했다—은 당시 말도 안 되는 억측으로 조롱당했다. 1915년에 제1차 세계대전이 최고조로 치닫고 있을 때《뉴욕타임스New York Times》는 논평에, 에인절이 쓴 책들은 "현대의 경제적 조건이 전쟁을 불가능하게 만들었음을 증명하기 위한 시도였다. …… [하지만] 지금 일어나고 있는 사건들은 그것이 오류임을 증명한다. 얼마 전까지만 해도 경제적 관계로 긴밀하게 결합하고 있었던 10개 나라가 지금은 전쟁을 치르고 있지 않은가"라고 썼다. 거의 한 세기가 흐른 뒤인 2013년《내셔널인터레스트National Interest》에 실린 한 기사에서 제이콥 헤일브런은 이렇게 말했다. "국제 관계에서 권력이 한곳에 쏠리는 것을 반대했던 에인절이 틀렸다. 그는 1914년에 '유럽 강대국들 사이에 또 다른 전쟁은 결코 없을 것'이라고 선언하지 않았던가."[67] 헤일브룬은 에인절을 지지하는 쪽이었다!

제1차 세계대전 이전 판본에서 에인절이 실제로 한 말은, 알리 웨인Ali Wyne이 온라인 포럼 '워온더락스War on the Rocks'에 올린 반박글에서 지적했듯이, "전쟁이 불가능하다는 것이 아니다. 어떤 책임 있는 평화주의자도 그렇게 말한 적이 없다. 환상은 전쟁의 가능성이 아니라 전쟁이 가져다주는 이익이다"였다. 나아가 에인절은 1913년에 《선데이리뷰Sunday Review》에 보낸 편지(그 편지는 《거대한 환상》의 속편인 1921년 저서 《승리의 열매The Fruits of Victory》에 들어 있다)에서 "나는 [영국과 독일 사이의] 전쟁이 가능할 뿐 아니라 일어날 가능성이 매우 높다고 생각한다"고 말하며 자신의 입장을 분명히 밝혔다. 웨인이 지적하듯이, 에인절에 대한 이러한 오독은 이후의 분석가들이 도덕적 진보라는 주제와 관련이 있는 그의 또다른 발언들을 보지 못하게 만들었다. "그 가운데 적어도 둘은 오늘날 재평가 받을 가치가 있다. 그것은 '국가의 명예'를 들먹여 전쟁을 정당화해서는 안 된다는 말과, '인간 본성'이 전쟁을 불가피하게 만드는 것이 아니라는 말이다."[68] 과학이 인간 행동의 변화 가능성을 밝혀낸 것을 생각하면 그의 두 번째 발언은 특히 선견지명이 있었다. 에인절은 1935년 노벨 평화상 수상 연설에서 그러한 인간 본성의 성질에 대해 오늘날 활동하는 어떤 과학자만큼이나 분명하게 표현했다.

"인간 본성을 바꾸는 것"은 아마 불가능할 것입니다. 사실 저는 그 말이 무엇을 의미하는지 모릅니다. 하지만 인간의 행동은 확실히 바꿀 수 있고 중요한 것은 그것입니다. 그동안의 역사가 그 증거입니다. …… 특정 형태의 민족주의에 대한 충동 같은 특정한 충동들이 파괴적일수록, 그러한 충동들을 지성과 사회적 조직에 종속시켜야 할 우리 의무는 커지는 것입니다.[69]

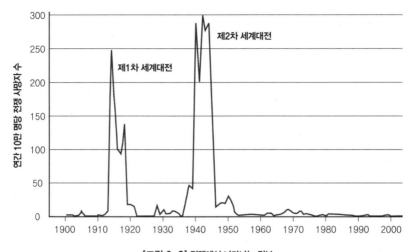

[그림 3-8] 전쟁에서 나타나는 진보

전쟁터에서 죽는 사람들의 비율이 대폭 줄었다.

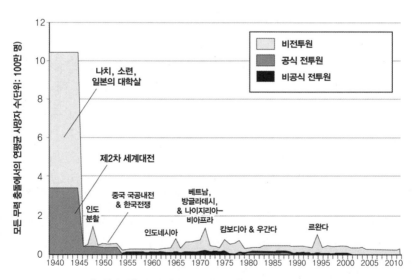

[그림 3-9] 정치 폭력의 감소에서 나타나는 진보 1939~2011년

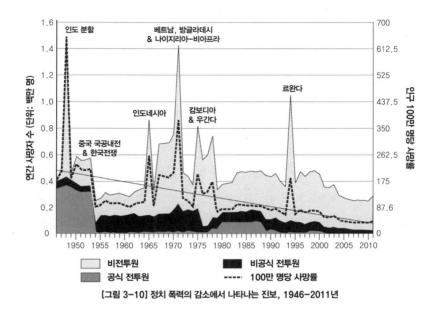

[그림 3-10] 정치 폭력의 감소에서 나타나는 진보, 1946-2011년

[그림 3-8]에서 [그림 3-10]까지. 전쟁의 감소에서 나타나는 진보

[그림 3-8]이 제시하는 데이터는 전쟁터에서 죽는 사람의 비율이 20세기 후반에 극적으로 감소했음을 보여준다.[70] [그림 3-9]는 모든 무력 충돌에서의 연평균 사망자 수를 100만 명 단위로 추적함으로써 20세기 후반을 전체적으로 조망한다. 한국전쟁과 베트남전쟁, 캄보디아, 우간다, 르완다에서 일어난 대학살에서의 사망률 증가 폭이 이전에 비해 얼마나 작은지 보여준다.[71] [그림 3-10]은 사망자 급증 구간을 확대해, 1946년과 2010년 사이에 이러한 전쟁과 대학살에서조차 사망률이 감소했음을 보여준다.[72]

지당한 말씀이다. 인간 본성에 대한 당신의 견해가 무엇이든—빈 서판, 유전적 결정론, 또는 본성과 양육의 상호작용이라는 현실적인 모델—도덕에 관한 한 우리의 최대 관심사는 인간의 **행동**이다. 결국 중요한 것은 사람들이 서로 상호작용하는 방식이고, 무력 충돌에 대해 말하자면 마침내 우리는 전쟁을 몰아낼 수 있는 조건들을 이해하기 시작했다. [그림 3-8]부터 [그림 3-10]까지를 보면 우리가 이 방면에서 얼마나 많은 진보를 이루었는지를 알 수 있다.

더 좋은 리바이어선과 더 나쁜 리바이어선

홉스의 리바이어선(또는 주권자)이 요구한 '신민'에 대한 어느 정도의 통제는 20세기에 다양한 전체주의 정권들에 의해 실행되었을 때 처참하게 실패했다. 홉스의 이론은 범주적 사고의 횡포를 피하지 못했다. 즉 사람들은 만인에 대한 만인의 전쟁이라는 무정부 상태에서 살든지, 해야 할 것과 하지 말아야 할 것을 통제하는 주권자에게 자신의 모든 권리와 자유를 양도하든지 둘 중 하나를 선택해야 한다. 예컨대 홉스는 "만인이 만인에 대하여, **당신도 나와 마찬가지로 당신의 권리를 그에게 주어 일체의 행위에 대한 권한을 인정한다는 조건 아래, 내가 나 자신을 통치하는 권리를 그 사람 또는 그 합의체에 양도한다고 선언해야 한다**"라고 말했다. 이러한 "위대한 리바이어선은 …… 사람들의 평화와 안전을 위해 그들의 힘과 수단을 자신의 편의에 따라 이용할 수 있다." 신민에 대한 이러한 주권자의 권리와 권력은 거의 절대적이다. 신민은 정부의 형태를 바꾸거나 그들의 권리를 다른 주권자에게 이양할 수 없다. 체제에 반대하는 소수는 주권자에게 동의하고 다수의 뜻에 따라야 한다. "그렇지 않으면 이전에 살았던 전쟁 상태로 돌아가야 한다."

주권자는 신민에 의해 '처벌받을 수 없으며', 그는 코먼웰스 Commonwealth(국가)에 '어떤 의견과 교의가 적대적인지'에 따라 무엇을 출판하고 하지 않을 것인지를 결정하는 것을 포함하여 신민의 '평화와 안전'을 판단하는 유일한 재판관이다. "모든 사람이 각자 자신의 동료 신민들에 의해 괴롭힘을 당하지 않고 어떤 재화를 향유할 수 있고 어떤 행동을 할 수 있는지 알 수 있도록 하는 규칙들을 정하는 전권은 주권자에게 있다. 재산에 관한 …… 그리고 신민의 행동에서 선과 악, 합법과 불법을 가리는 이러한 규칙들이 신민법이다." 언제 어디서 전쟁을 할지, 누구와 전쟁을 할지, 얼마나 큰 규모의 군대를 배치할지, 어떤 무기를 사용할지는 주권자가 혼자 결정하며, 그 주권자는 당연히 이 모든 일에 드는 비용을 마련하기 위해 신민에게 세금을 징수할 권리를 갖는다.

자유의 맛을 아는 현대인으로서 이것이 충분히 충격적이지 않다면 홉스의 다음 제안을 보라. 주권자는 신민의 "사고 팔 자유, 서로와 그 밖의 계약을 할 자유, 자신의 거처와 먹을 것, 직업을 선택할 자유, 그리고 자신이 적합하다고 생각하는 방식으로 자식을 교육할 자유까지 통제해야 한다."[73]

국가에 이렇게 많은 통제와 자기 결정권을 양도하는 것에 담긴 문제는 국가를 운영하는 사람들이 다른 모든 사람과 똑같은 결점, 편향, 편견, 갈망, 속이고 싶은 유혹을 지닌다는 것이다. 죄수의 딜레마라는 '홉스의 덫'은 비즈니스와 스포츠에만 있는 게 아니라 정부에도 그 못지않게 존재한다. 누군가―그게 누구든―에게 너무 많은 권력을 주면 그 이점을 이용해 다른 사람들을 죄수의 딜레마 게임의 '속는 자'처럼 대하고 싶은 유혹이 생긴다. 이러한 유혹은 너무 커서 대부분의 사람들은 저항할 수 없을 것처럼 보인다. 유럽의 군주들은 권력의 과잉을 심각하게 남용했고, 이에 미국과 프랑스의 혁명가들이 반기를 들었다. 제임스 메디슨James Medison이 《페더럴리스트페이퍼넘버51Fedelralist Paper Number 51》에서 정부 부처들 사이에 왜 견제와 균형이 필요한지 설명할 때 그는 이러한 권력의 남용을 경계하고 있었다. "인간이 천사라면 정부는 필요치 않을 것이다. 만일 천사가 인간을 통치한다면 정부에 대한 외적 통제도 내적 통제도 필요치 않을 것이다."[74] 에드먼드 버크Edmund Burke도 프랑스 혁명을 돌아보며 같은 생각을 했다. "인간을 자제시키는 것은 자유와 더불어 인간의 권리로 간주되어야 한다."[75]

민주주의는 18세기와 19세기의 전제군주제와 20세기의 독재 정권에 대한 대응으로 생겨났는데, 민주주의가 개인들에게 이념 대신 방법론을 주기 때문이다. 여기서 우리는 이성, 경험주의, 반권위주의 같은 과학적 가치들이 자유민주주의의 **산물**이 아니라, 자유민주주의를 낳은 **생산자임**을 알 수 있다. 민주적 선거는 과학 실험과 비슷하다. 당신은 몇 년마다 선거를 통해 변수들을 신중하게 바꾸고 결과를 지켜본다. 만일 당신이 다른 결과를 원하면 그 변수들을 바꾼다.[76] 미국의 정치 체제를 흔히 '미국의 실험'이라고 부르는데, 건국의 아버지들이 그렇게 부른 것이다. 그들은 민주주의에 대한 이러한 실험을 그 자체로 목적이 아니라 목적을 위한 수단으로 간주했다.

건국의 아버지들 가운데 많은 사람들이 실제로 데이터를 수집하고 가설을 검증하고 이론을 세우는 과학적 방법을 국가 건설에 고의적으로 적용한 과학자들이었다. 연구 결과는 잠정적인 것임을 아는 그들은 의심과 논쟁이 원활하게 돌아가는 정치체의 중심이 되는 사회 체제를 만들어냈다. 제퍼슨, 프랭클린, 토머스 페인Thomas Paine, 그리고 나머지 사람들은 사회 통치를 잡아야 할 권력이 아니라 **풀어야 할 문제**로 간주했다. 그들은 자신들이 과학에 대해 생각하는 방식으로 민주주의에 대해 생각했다. 다시 말해 그들은 이념이 아니라 방법으로서 민주주의에 접근했다. 그들의 주장은 본질적으로, 아무도 국가를 통치하는 방법을 알지 못하므로 우리는 실험을 허용하는 체제를 세워야 한다는 것이었다. 이것도 시험해보고, 저것도 시험해보고, 결과를 점검한다. 그리고 이 과정을 반복한다. 이것이 과학의 핵심이다. 토머스 제퍼슨Thomas Jefferson이 1804년에 쓴 글을 인용하면, "어떤 실험도 지금 우리가 하고 있는 것보다 흥미로울 수 없다. 우리는 이 실험이 이성과 진리를 통해 인간을 통치할 수 있다는 사실을 입증하는 것으로 끝나리라 믿는다." 하지만 제퍼슨은, 동료 비판과 논쟁의 자유가 잠정적 진리를 발견할 확률을 높이는 과학에서와 마찬가지로, 신세계에서 시도되고 있는 이 용감한 정치 실험은 지식을 누구에게나 개방하고 시민들에게 스스로 보고 생각할 자유를 보장하는 것에 성패가 달려 있다고 덧붙였다. "우리의 첫째 목표는 그러므로 진리로 가는 모든 길을 열어두는 것이다. 지금까지 발견된 가장 효과적인 방법은 언론의 자유이다. 그런 이유로, 자신들의 행동을 조사하는 것을 두려워하는 자들이 가장 먼저 통제하는 것이 언론이다."[77]

대개 정치철학에 대한 진술로 여겨지는 〈미국독립선언United States Declaration of Independence〉의 기본 원리들도 실은 제퍼슨과 프랭클린이 다른 모든 과학에서 사용한 형태의 과학적 추론에 기반을 두고 있었다. 서론에 "우리는 모든 인간이 평등하게 창조되었다는 이 진리가 자명한 것이라고 생각한다……"는 문장이 나온다. 월터 아이작슨Walter Isaacson은 벤저민 프랭클린Benjamin Franklin의 전기에서, 1776년 6월 21일 금요일에 프랭클린이 제퍼슨의 초안에 '자명하다self-evident'는 단어를 넣은 경위를 들려준다.

그가 편집한 부분들 가운데 가장 중요한 부분은 사소한 것이었지만 큰 반향을 불러일으켰다. 그는 자신이 자주 사용하는 두꺼운 역슬래시(\)로 제퍼슨의 문장 "우리는 이 진리가 신성하고 부정할 수 없는 것이라고 생각한다"에서 '신성하고'와 '부정할 수 없는'을 빼고 그 단어들을 역사에 길이 남을 단어들로 바꾸었다. 그렇게 탄생한 문장이 "우리는 이 진리가 자명한 것이라고 생각한다"이다.

'자명한' 진리라는 개념은 제퍼슨이 가장 좋아한 철학자였던 존 로크가 아니라 아이작 뉴턴이 주창한 과학적 결정론과 프랭클린의 절친한 친구 데이비드 흄의 분석적 경험주의에 바탕을 둔 것이었다. '흄의 포크Hume's fork'라고 알려지게 된 이론에서, 이 위대한 스코틀랜드 철학자는 라이프니츠와 여타 사람들과 함께, 사실 문제들을 기술하는 '종합적 진리

synthetic truth'("런던은 필라델피아보다 크다")와, 이성과 정의定義에 비추어 자명한 '분석적 진리analytic truths'("삼각형의 세 각의 합은 180도다", "총각은 결혼하지 않은 사람이다")를 구분했다. 제퍼슨은 '신성한'이라는 단어를 사용함으로써 고의적으로든 아니든 문제의 그 원리―모든 인간은 동등하게 창조되었으며 창조주에게 양도할 수 없는 권리를 부여받았다―를 종교적인 주장으로 만들었다. 하지만 프랭클린의 편집은 그것을 이성적인 주장으로 바꾸었다.[78]

이성에 기반한 계몽주의적 사고가 도덕적 진보를 가져온다는 가설은 역사적 비교를 통해, 그리고 반계몽주의 가치들을 지지하는 나라들에 무슨 일이 일어나는지를 조사함으로써 검증할 수 있다. 자유로운 탐구를 억누르고 이성을 불신하고 유사과학을 실행한 혁명기의 프랑스, 나치 독일, 스탈린의 러시아, 마오쩌둥의 중국, 그리고 최근의 이슬람 근본주의 국가들 같은 나라들은 침체되고, 후퇴하고, 대개는 붕괴한다. 신학자들과 과학과 이성을 비판하는 포스트모더니스트들은 흔히 파멸한 소비에트와 나치의 유토피아에 '과학적'이라는 수식어를 붙이지만, 그들의 과학은 얇은 막에 불과하고 그 밑에는 민족과 지리적 공간에 기반을 둔 인종차별 이데올로기의 반계몽적, 목가적, 낙원적 판타지가 두껍게 쌓여 있었다. 클라우디아 쿤츠Claudia Koonz의 저서 《나치의 양심 The Nazi Conscience》[79]과 벤 키어넌Ben Kiernan의 저서 《피와 흙 Blood and Soil》[80]이 증거 자료를 통해 그 사실을 입증해 보인다.

이념에 의해 움직이는 이러한 유토피아 국가들은 공리주의적 계산에 따라 이따금씩 믿을 수 없을 만큼 많은 사망자를 낸다. 이러한 계산에 따르면, 모두가 영원히 행복할 것으로 추정되고, 따라서 반체제 인사들은 집단을 위해 없애야 할 적으로 규정된다. 오늘날 민주주의 국가들에 사는 이성적인 사람들조차 고삐 풀린 기차의 방향을 바꾸어 다섯 명을 구하는 대신 한 명을 죽일 수 있다는 데 동의한다면, 유토피아적 사고에 푹 빠져 있는 전체주의적이고 집단주의적인 국가에서 국민들을 상대로 100만 명을 죽임으로써 500만 명을 구할 수 있다고 설득하는 것이 얼마나 쉬울지 상상해보라. 비율은 같지만 숫자로 치면 그것은 대학살이다. 여기에 민족과 인종은 평등하지 않고, 다른 관점 또는 다른 얼굴을 지닌 사람들은 법 아래 평등하지 않다(나치의 정치 이론가 카를 슈미트Carl Schmitt 의 "인간의 얼굴을 지녔다고 해서 다 같은 인간은 아니다"[81]라는 주장처럼)는 반계몽주의적 믿음을 더하면, 그것이 바로 대학살의 공식이다.

반면, 계몽주의적 인문주의처럼 이성에 기반을 둔 세계관에서는, **역지사지 원리**를 아무도 다른 사람들에 대한 특권을 이성적으로 주장할 수 없다는 뜻으로 받아들이기 때문에, 도덕이 집단의 시점에서 개인의 시점으로 이동하며, 근거도 없고 이루어질 수도 없는 먼 미래의 유토피아 이데올로기를 위해 노력하는 대신 지금 여기에 있는 구체적인 문제들을 해결하도록 정치 체제가 설계된다.

좌, 우, 그리고 중간

정치의 많은 부분이 결국에는 개인의 자유와 사회 질서 사이에서 올바른 균형을 찾는 문제로 귀결된다. 따라서 통치는 이 질문으로 압축된다. 사회 질서를 보존하기를 원하는가, 아니면 바꾸기를 원하는가? 이 질문에 보존(보수적) 또는 변화(자유주의적)를 선택하게 하는 것이 이념이다. 당신이 어느 쪽에 속하는지는 무작위적으로 결정되지 않으며, 환경이나 양육 같은 우연에 따라 결정되지도 않는다. 태어나자마자 헤어져 다른 환경에서 자란 일란성 쌍둥이들에 대한 연구는 사람들의 정치적 태도 차이의 40~50퍼센트가 유전 때문임을 보여주는데, 이러한 데이터는 한결같이 비슷한 결과를 얻은 여러 연구들에서 나온 것이다. 3,516가구에서 뽑은 6,894명을 포함하는 1990년의 오스트레일리아 표본에서도, 635가구에서 뽑은 1,160명을 포함하는 2008년의 오스트레일리아 표본에서도, 2,607가구에서 뽑은 3,334명을 포함하는 2010년의 스웨덴 표본에서도 비슷한 결과가 나왔다.[82] W. S. 길버트(길버트와 설리반으로 유명한 그 사람)가 1894년에 쓴 시는 이러한 유전자의 효과를 재치 있게 표현했다. 이 시에서 그는 자신이 "당신을 깜짝 놀라게 할 만한 것들을 생각할" 수 있는 '똑똑한 녀석'이라고 선언한다.

생각하면 정말 웃기지 않은가
자연이 무슨 꿍꿍인지
세상에 태어나는
모든 소년과 소녀를
작은 자유주의자 아니면
작은 보수주의자로 만든다는 게![83]

물론 자유주의자 또는 보수주의자가 되게 하는 유전자(또는 유전자 복합체)는 없다. 그 대신 유전자는 기질을 만들고, 사람들은 자신의 성향, 도덕 감정, 호르몬, 심지어는 뇌 구조를 바탕으로 자기 자신을 '좌'라는 도덕적 가치들의 묶음, 또는 '우'라는 묶음으로 분류하는 경향이 있다. 정치학자 존 히빙John Hibbing과 그 동료들이 《유전적 성향: 자유주의자, 보수주의자, 그리고 정치적 차이의 생물학Predisposed: Liberals, Conservatives, and the Biology of Political Differences》에서 보고한 자신들의 연구 결과에 따르면, 역겨운 감정을 유발하는 (벌레를 먹는 모습 같은) 사진에 민감하게 반응할수록 정치적으로 보수적일 가능성이 높고, 동성 결혼에 부정적일 가능성이 높다.[84] 이러한 연구 결과들은 왜 사람들이 겉으로는 무관해 보이는 광범위한 쟁점들에 대한 생각에서 예측을 크게 벗어나지 않는지를 설명해준다. 예를 들어, 왜 정부가 사적인 공간에는 관여하지 말아야 한다고 믿는 사람이 민간 분야에는 정부가 깊이 관여해야 한다고 믿는지, 왜 정부는 작아야 하고 세금을 줄여야 하며 지출은 최소한으로 유지해야 한다고 믿는 사람이 군대와 경찰에 대해서는 세금을 올리고 지출을 늘려야 한다고 생각하는지.

우리를 둘로 나누는 요인의 많은 부분이 생물학적인 것이라는 증거를 책으로 엮은 것이 진화인류학자(그리고 페루 대통령의 정치 자문이었던) 아비 투스만Avi Tuschman의 다학제적 연구인《우리의 정치적 본성Our Political Nature》이다. 이 책에서 그는 정치적 믿음에 영향을 미치는 비교적 영구적인 성격 형질로 크게 세 가지를 꼽는다. **부족주의, 불평등에 대한 용인, 인간 본성**에 대한 관점이다. 부족주의의 한 형태인 외래인 공포증은 아마 우리 조상들의 짝짓기 성향의 결과일 것이다. 더운 기후에서와 같이 전염병이 흔한 경우 사람들은 성적으로 더 보수적이고, 이에 따라 다른 인종 집단의 섹스 파트너를 선호하지 않는 경향을 보인다. 투스만은 보수적 성향이 자민족중심주의를 부추기고, 그것이 다시 부족주의를 강화함으로써 생물학과 문화 사이에 피드백 고리가 형성된다고 주장한다. 마찬가지 방식으로 자유주의적 성향은 외래인 친화성과 외집단 사람들과 교류하려는 욕구(그리고 족외혼)를 부추긴다. 그리고 종교적 문제들에서의 좌우 구분에 대해 투스만은 종교성과 자민족중심주의 그리고 보수주의가 서로 상관성을 맺고 있으며, 종교성이 높은 지역이 출산율도 높다는 것을 보여준다. 종교적인 사람들은 아기를 더 많이 낳고 그럼으로써 자신들의 보수적이고 종교적인 유전자와 문화를 널리 퍼뜨린다. 투스만은 진화가 우리의 정치적 성향―좌, 우, 중도―에 미치는 효과들을 이렇게 요약한다.

우리는 정치적 성향을 가지고 태어나는데, 그것은 우리 조상들이 가지고 있었던 그러한 성향이 수천 세대 동안 성공적으로 생존하고 번식할 수 있게 도왔기 때문이다. 조상들에게 정치적 성향은 족내 번식과 족외 번식을 조절하는 수단이었다. 이러한 유전적 소인들은 우리 조상들이 부모, 자식, 동기간의 생물학적 갈등을 중재할 수 있게 도왔다. 그리고 그들의 도덕 감정은 사회 생활의 수많은 상황에서 이기심과 다양한 유형의 이타심을 균형 있게 조절할 수 있게 도왔다. 몇몇 형태의 사회적 환경 또는 생태적 환경에서는 더 극단적인 성격 형질들이 적응적이다. 하지만 대부분의 경우는 중도적 성향이 적합한 것으로 밝혀졌다. 우리들 사이에 중도파가 많은 데는 그런 이유도 있다. 중도적 성향과 유연성이 필요한 또 다른 이유는, 환경이 변하는데 유전자가 우리의 성향을 고정시켜놓는다는 것은 어불성설이기 때문이다. 유전자는 단지 우리 조상들의 성공에 대한 '기억'을 토대로 우리에게 영향을 미칠 뿐이다.[85]

물론 생물학이 전부가 아니며, 투스만은 가정환경이 생물학적 요인에 영향을 미치는 동시에 두 요인이 상호작용한다는 것을 보여준다. 그런데 이때도 이러한 영향이 '동류 짝짓기assortative mating'라는 현상을 통해 증폭된다. 동류 짝짓기는 생물학적 선호 탓에 비슷한 생각을 지닌 (그리고 비슷한 신체를 지닌) 사람들끼리 결혼하는 경향을 말한다. 따라서 가정환경 효과는 부모들이 무작위로 결혼한 것이 아니라는 사실 때문에 크게 증가한다.[86]

당신이 인간 본성에 대해 어떤 시각을 갖고 있는가도 좌우 구분을 결정하는 중요한 요인이다. 그것을 토머스 소웰Thomas Sowell은《비전의 충돌A Conflict of Visions》[87]에서 제약적 비전(우익)과 무제약적 비전(좌익)으로 분류했고, 스티븐 핑커는《빈 서판The Blank Slate》[88]에서 유토피아적 비전(좌익)과 비극적 비전(우익)으로 분류했다. 좌익은 인간 본성이 생물학적인 요인에 크게 얽매이지 않는다고 생각하는 경향이 있고, 따라서 가난과 실업, 그밖의 다른 사회악을 극복하기 위한 유토피아적 사회공학 프로그램들은 그들에게 논리적으로나 실현 가능성으로나 매력적이다. 우익은 생물학적인 요인들이 인간 본성에 많은 제약을 가하기 때문에 사회·정치·경제 정책의 폭과 포부를 제한할 필요가 있다고 생각한다.《믿음의 탄생The Believing Brain》에서 나는 제약적-비극적 비전이 인간 본성에 대한 과학적 자료들과 더 잘 맞는다는 사실을 밝히고, 우파와 좌파 양측이 모두 포용할 수 있는 **현실주의적 비전**을 제시했다. 현실주의적 비전은 우리의 생물학적·진화적 역사가 인간 본성을 어느 정도 제약하는 것은 맞지만, 조정 기능을 갖춘 사회 정치적 체제를 통해 그러한 본성을 바꿀 수 있다고 생각한다.[89]

현실주의적 비전은 사람들을 사회적 프로그램으로 마음대로 주무를 수 있어서 정부가 목표하는 사회에 맞추어 사람들의 삶을 설계하고 조작할 수 있다고 말하는(모든 유토피아가 했던 실수다) 빈 서판 모델을 거부한다. **현실주의적 비전**은 사람들이―주로 유전에 의한 자연적 차이 때문에―육체적으로나 지적으로 매우 다양하며, 그러므로 각자 타고난 수준까지 올라가거나 내려갈 것이라는 사실을 인정한다. 가족, 관습, 법, 전통제도들은 정념을 스스로 통제하는 내부 장치를 이식함으로써 사회 조화를 만들어낸다. 단기적인 해법은 하향식 규칙과 규제이고, 장기적인 해법은 정직과 진실, 규칙 준수의 논리를 강화하는 가치들을 내재화하는 것이다. 행동에 대한 외적 규제가 어느 정도 필요하지만, 도덕적 진보를 위한 장기적인 목표는 그것이 내면에서 우러나오는 제2의 본성이 되게 하는 것이어야 한다.

마지막으로, 좌우 구분과 그 생물학적 뿌리는 심리학과 역사를 통해 이념과 연결될 수 있다. 우선 이념을 정의하면, "적합한 사회 질서와 그 질서를 달성하는 방법에 대한 일군의 믿음들"이다.[90] 오늘날 우리가 사용하는 '좌우'라는 말의 기원은 프랑스혁명 직전인 1789년의 프랑스 의회로 거슬러 올라간다. 그때 앙시앵 레짐Ancien Régim(구질서)의 보존을 선호하는 의원들이 의사당의 오른쪽에 앉고, 변화를 선호하는 사람들은 왼쪽에 앉았다.[91] 그때부터 **좌파**와 **우파**라는 용어는 각기 자유주의와 보수주의를 상징하게 되었다.

정치 경제적 믿음과 관련해, 타인들에게 일관된 사람으로서 신뢰할 수 있는 믿을 만한 집단 구성원으로 보이려는 진화한 본능인 우리의 부족주의 본능은 아무렇게나 변심함으로써 적에게 부족을 배신하거나 응집력 있는 집단으로 묶어주는 내적 사회계약을 배신할 우려가 있는 '변절자'들을 처벌하게끔 한다. 일관성은 옹졸한 마음의 요괴가 아니라, 타인들에게 보내는 우리를 믿어도 된다는 신호다. 우리에게 진화한 가장 우선하는 도덕 감정은 집단의 일체성을 위해 믿음을 일관되게 유지하는 일이다. 따라서 일관되게 생각하고 있다고 굳게 믿는 와중에도 개개의 믿음들은 모순될 수 있다. 이는 왜 보수주의자들이 사적인 공간에서 하는 행동을 법으로 규제하자고 말하면서도 자유를 옹호하는 주장을 당당하게 할 수 있는지, 그리고 왜 자유주의자들이 총과 돈을 법으로 규제하자고 하면서도 정부는 개인의 사생활에 간섭할 권리가 없다고 당당하게 주장할 수 있는지를 설명해준다. 모순이 일어나는 것은 우리 마음에 서로 다른 목적을 위해 진화한 서로 경쟁하는 동기들이 있기 때문이다. 좌파와 우파가 각기 자신들의 도덕적 정당성을 주장하기 위해 지어내는 정치적 내러티브들은 다분히 예측 가능하다. 예를 들어 아래 제시한 두 내러티브 중 어느 것이 당신의 정치적 신념에 잘 맞는가?

> 옛날 사람들은 부자는 더 부유해지고 가난한 사람은 착취당하는 불평등하고 억압적인 사회에 살았다. 노예를 재산으로 간주하는 제도, 아동 노동, 경제적 불평등, 인종차별주의, 성차별주의 등 온갖 종류의 차별이 득세했지만, 마침내 공정성, 정의, 복지, 평등을 중요하게 생각하는 자유주의 전통이 자유롭고 공정한 사회를 가져왔다. 하지만 지금의 보수주의자들은 탐욕과 하나님에 눈이 멀어 시계를 되돌리고 싶어 한다.

> 옛날 사람들은 가치와 전통을 포용하는 사회에 살았다. 그러한 사회에서 사람들은 개인의 책임을 다하고, 열심히 일하고, 노동의 열매를 누렸으며, 자선 행위를 통해 곤궁한 사람들을 도왔다. 결혼, 가족, 신념, 명예, 충성, 신성함, 권위와 법치에 대한 존중이 자유롭고 공정한 사회를 가져왔다. 하지만 지금 자유주의자들은 사회공학을 통해 유토피아를 만든다는 명목으로 이러한 제도들을 뒤엎고 싶어 한다.

자세히 들어가면 트집을 잡을 수 있겠지만, 대부분의 사람들이 이 두 개의 큰 줄기가 양 끝을 이루는 좌우 스펙트럼 위에 놓인다는 것을 정치학 연구는 보여준다. 《믿음을 지닌 도덕적 동물Moral, Believing Animals》에서 사회학자 크리스티안 스미스Christian Smith도 각 편에 속하는 대부분의 사람들이 중요하게 생각하는 도덕적 가치를 포착해 "옛날은 나빴고 지금은 우리 편 덕분에 좋아졌다" 또는 "옛날에는 좋았는데 지금은 상대편 때문에 나빠졌다"[92]는 식의 비슷한 이야기를 지어냈다. 우리의 믿음은 너무도 일관되어서, 만일 당신이 첫 번째 이야기와 동일시한다면 나는 당신이 미국에 살고, 《뉴욕타임스》를 읽고, 진보적인 라디오 토론 프로그램을 청취하고, CNN을 시청하고, 낙태를 찬성하고, 총기 소지에 반대하고, 교회와 국가의 분리를 고집하고, 보편적 의료에 찬성하고, 부를 재분배하고 부자에게 세금을 거두는 조치들을 위해 투표할 것이라고 예측할 수 있다. 만일 당신이 두 번째 이야기 쪽으로 기운다면, 나는 당신이 《월스트리트저널》을 읽고, 보수적인 라디오 토론 프로그램을 청취하고, 폭스 뉴스를 시청하고, 낙태를 반대하고, 총기 규제에 반대하고, 미국이 공공 영역에서 종교적 자유를 표현하는 것을 금지해서는 안 되는 기독교 국가라고 생각하고, 보편적 의료에 반대하고, 부를 재분배하고 부자에게 세금을 거두는 조치들에 반대하기 위해 투표할 것이라고 예측할 수 있다.

이러한 정치적 양자 체제는 우리가 살기 좋은 중도에 도달하기 위해서는 경쟁하는 두 당이 필요하다는 것을 의미한다. 버트런드 러셀Bertrand Russell은 좌우의 분리를 확인하기 위해 인류 역사를 거슬러 올라갔다. "기원전 600년부터 현재까지, 철학자들은 사회적 결속을 강화하기를 바라는 사람들과 그것을 느슨하게 하기를 바라는 사람들로 갈라져 있었다. …… 이러한 분쟁에서 각 편은—오랫동안 지속되는 모든 가치에 대하여—부분적으로는 옳고 부분적으로는 틀렸다. 사회적 응집성은 필수이며, 인류는 단지 이성적인 논증만으로 응집을 강화하는 데 성공한 적이 없다. 모든 집단은 두 가지 상반된 위험에 노출되어 있다. 한편으로는 규율과 전통 숭배가 지나쳐 경화되는 것이고, 다른 한편으로는 협력이 불가능할 정도로 개인주의와 독립성을 키움으로써 해체되거나 외부 공격에 굴복하는 것이다."[93]

실제로, 권리 혁명Right Revolution의 시작이었던 미국혁명과 프랑스혁명은 실제 전쟁터에서나 책들의 전투에서나 양자 체제가 가장 강력한 때였다. 《위대한 논쟁: 에드먼드 버크, 토머스 페인, 그리고 좌우의 탄생The Great Debate: Edmund Burke, Thomas Paine, and the Birth of Left and Right》에서 정치 분석가 유발 레빈Yuval Levin은 이 두 명의 지적 거인에게 각자의 저서를 통해 발언할 기회를 주고, 오늘날 자유주의자와 보수주의자 사이에서 벌어지는 정치 논쟁의 대부분이 두 사람의 기본 입장에 뿌리를 두고 있음을 보여준다.[94] 버크는 오랫동안 보수주의자들과 관련이 있었고 보수주의자들은 그를 인용했다. 보수주의자들이 혁명을 선동하는 것에 반대하는 것은 혁명이 흔히 혼돈, 무정부 상태, 폭력으로 치닫기 때문이다. 정치 변화가 필요하다면 점진적으로 일어나야 하고, 충분히 숙고한 뒤여야한다. 왜냐하면 인류 역사의 "대부분이 자존심, 야망, 탐욕, 복수, 욕망, 선동, 위선, 통제되지 않은 열정, 그리고 일련의 무질서한 욕구들 때문에 빚어진 비극들로 채워져 있기 때문"[95]이라고 버크는 말했다. 따라서 식민지에 건너간 그의 동료들이 〈미국독립선언〉에서 "인간의 신중함은 오랜 역사를 가진 정부를 가볍고 일시적인 대의를 위해 바꾸어서는 안 된다는 것을 가르쳐줄 것이다"라고 주장했을 때 버크는 그들을 지지했다.

반면 그는 프랑스에서 일어난 혁명은 지지하지 않았다. "인류 사회를 구성하는 원소들이 모두 분해되고, 그 자리에 괴물들의 세계가 생기고 있는 것처럼 보인다."[96] 버크는 1789년에 아들에게 보낸 편지에서, 같은 달 말의 프랑스를 '완전히 실패한 나라'로 묘사했다. 1790년에 프랑스가 혼돈과 피투성이의 나락으로 떨어지고 있을 때 버크는 영국 의회에 이렇게 말했다. "프랑스는 역사상 가장 유능한 폐허 건축가임을 스스로 증명했다. 그 짧은 시간에 그들은 그들의 왕조, 교회, 고결함, 법, 세입, 육군, 해군, 상업, 예술, 산업을 완전히 허물어버렸다."[97] 정부 또는 사회를 개혁하는 방식에는 좋은 방식과 나쁜 방식이 존재하는데, 버크의 생각으로는 미국인들이 옳은 방식으로 했고, 프랑스인들은 전혀 그렇게 하지 않았다.

정치적 울타리의 건너편에는 토머스 페인이 있었다. 자신의 정치사상을 담은 베스트셀러 《상식Common Sense》에서 혁명을 요구함으로써 그는 "미국혁명의 아버지"라는 칭호를 얻었다. 그 책의 '정부 일반의 기원과 취지'라는 절에 따르면, "사회는 우리의 필요에 의해 만들어지고 정부는 우리의 사악함에 의해 만들어진다. 전자는 우리의 애착을 통합함으로써 행복을 긍정적으로 촉진하고 후자는 우리의 악함을 붙들어 맴으로써 행복을 부정적으로 촉진한다."[98] 하지만 욕구를 통제하도록 가르치는 종교의 힘을 존중한 버크와 달리 페인은 이신론자였다. 어쩌면 무신론자였는지도 모른다. 그가 조직화된 종교에 대해 가졌던 생각은 오직 혐오뿐이었다는 증거를 《이성의 시대Age of Reason》에서 찾을 수 있다. "지금까지 발명된 모든 종교 체계 가운데 기독교라고 불리는 것보다 절대자를 더 욕되게 하고, 인간에게 도움이 안 되고, 이성을 모욕하고, 그 자체로 모순된 것은 없었다." 계몽적 인본주의 세계관을 지닌 그는 이런 말을 했다. "나는 인간이 평등하다고 믿고, 종교적 의무란 정의를 행하고 자비를 베풀고 동료 피조물들이 행복하도록 노력하는 것이라고 믿는다. …… 나는 유대교당, 로마 교회, 그리스 정교회, 이슬람 교회, 개신교 교회, 그밖에 내가 아는 그 어느 교회의 교리도 믿지 않는다. 내 마음이 곧 나의 교회다. 유대교든, 기독교든, 이슬람교든, 제도권의 교회는 하나같이 인류에게 겁을 주고, 인류를 노예로 만들고, 권력과 이익을 독점하기 위해 창조된 인간의 발명품으로밖에는 보이지 않는다."[99]

그러면 도덕과 시민사회는 어디로부터 오는가? 이성으로부터 온다고 페인은 주장했고, 그는 **역지사지 원리**를 자기만의 방식으로 적용했다. 1795년에 펴낸 《정부의 제일 원리들에 관한 논고Dissertation on First

Principles of Government》에 그는 이렇게 썼다. "자기 자신의 자유를 확보하려는 사람은 적의 자유조차 억압받지 않도록 지켜야 한다. 왜냐하면 그가 이 의무를 어기는 것은 언젠가 자신에게 미칠 선례를 남기는 것이기 때문이다."[100]

버크와 페인 중에 누가 옳았을까? 대답은 당신의 기질과 이에 따른 정치적 성향에 달려 있겠지만, 우리는 19세기의 가장 뛰어난 정치사상가들 가운데 한 명인 존 스튜어트 밀John Stuart Mill의 지혜에 귀를 기울여야 할 것이다. 그는 이 모든 논쟁을 단 한마디로 압축했다. "질서 또는 안정을 추구하는 당과, 진보 또는 개혁을 추구하는 당은 둘 다 건강한 정치를 구성하는 필수적인 원소들이다."[101]

자유 대 리바이어선 실험

대부분의 사람들은 대부분의 시간과 상황에서 정직하고 공정하고 협력적으로 행동하며, 자신의 공동체와 사회에 옳은 일을 하고 싶어 한다. 하지만 그런 한편으로 대부분의 사람들은 경쟁적이고 공격적이고 이기적으로 행동하기도 하며, 자신과 자기 가족에 옳은 일을 하고 싶어 한다. 이러한 진화한 성향은 두 가지 갈등을 야기할 수 있다. 첫째는 자기 내부에서 일어나는 갈등으로, 자기 발전을 위한 이기적 욕구와 사회 발전을 위한 이타적 욕구가 충돌하는 것이다. 둘째는 자신의 운명을 개척하려는 경쟁적 욕구가 이따금씩 타인의 똑같은 욕구와 충돌하는 것이다. 매섭도록 예리하며 언제나 도발적인 H. L. 멩켄Mencken은 1927년에 발표한 〈왜 자유인가Why Liberty〉라는 간단한 제목의 에세이에서 야누스의 얼굴을 한 리바이어선의 본질을 포착했다.

나는 인간이 지금까지 발명한 것 가운데 진정으로 가치 있는 유일한 것이 자유라고 생각한다. 적어도 통치의 영역에서는 그렇다고 생각한다. 나는 자유가 없는 것보다는 자유가 있는 게 낫다고 생각한다. 후자가 위험하고 전자가 안전해 보일 때조차도 그렇다. 나는 인간의 가장 훌륭한 자질들은 자유로운 공기 속에서만 번성할 수 있다고 믿는다. 경찰봉 그림자 아래서 이루어진 진보는 가짜이며 영구적 가치가 없다. 나는 다른 이의 자유를 빼앗는 사람은 누구든 독재자가 될 수밖에 없으며, 비록 조금이라도 자신의 자유를 포기하는 사람은 누구든 노예가 될 수밖에 없다고 생각한다.[102]

자유는 그저 이상이 아니다. 그것은 실제 세계에 실질적인 결과들을 낸다. 국경을 개방하고 자유무역을 하는 민주주의 국가(한국)와 국경을 닫고 무역을 거의 하지 않는 독재 국가(북한) 사이의 엄청난 차이를 [그림 3-11]에서 확인할 수 있다. 지난 50년 동안의 일인당 GDP(1990년 달러)를 척도로 삼고 비교방법comparative method을 사용하여 실시한 한 역사 실험의 결과는 이보다 더 극적일 수 없었다. 이 실험은 1945년 8월에 시작되었는데, 이때 세계에서 가장 균질한 사회에 속하는 나라가 38선을 중심으로 두 나라로 분단되었다. 실험을 시작할 때 두 나라는 일인당 GDP가 854달러였고, 한동안 두 나라의 GDP 수치는 평행선을 달렸다. 그러다 1970년대에 한국은 경제 경장을 위한 조치들을 취한 반면, 북한은 독재 국가가 되었고 그 나라의 국민들은 종신 대통령인 위대한 수령 김일성에게 복종했다.

2013년에 한국은 국제연합의 인간개발지표United Nations' Human Development Index에서 186개국 가운데 12위로 올라섰고, 출생 시점의 기대수명이 80.6세였다. 그리고 베텔스만재단의 체제전환지수Bertelsmann

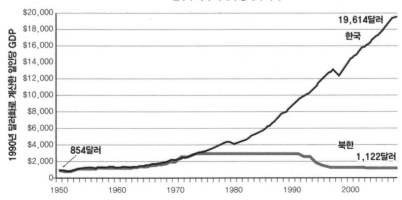

정치의 진보
민주주의와 독재의 경제적 차이

(세로축) 1990년 달러화로 계산한 일인당 GDP

$20,000
$18,000
$16,000
$14,000
$12,000
$10,000
$8,000
$6,000
$4,000
$2,000
0

1950 1960 1970 1980 1990 2000

854달러

19,614달러
한국

북한
1,122달러

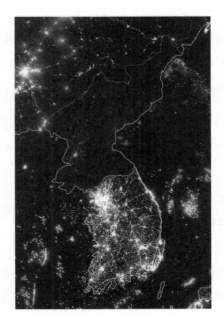

[그림 3-11] 민주주의와 독재정권의 경제적 차이

2010년에 북한과 한국의 연평균 일인당 GDP 차이는 1990년 달러화로 무려 1,748퍼센트, 즉 1만 8,492달러였다.[104] 이 차이는 무엇을 가져다줄까? 우선 남성의 평균 신장 차이가 3~8센티미터로 나타 났는데, 이는 영양 상태의 직접적인 결과다. NASA의 지구 관측대에서 보내온 위성사진이 보여주듯이 이 차이는 우주에서도 볼 수 있다. 한국의 부는 국경에서 끝나고 북한은 어둠 속에 잠겨 있다.[105]

Foundation Transformation Index(BTI)에서는 정치·경제적 발전에서 세계 11위에 올랐다.[103] 반면 북한은 BTI 지수에서 128개국 가운데 125위였으며, 기대수명은 68.8세였다. 그리고 북한은 경제적으로만이 아니라 육체적으로도 매년 몇 밀리미터씩 줄어들고 있다. 북한 사람들이 한국으로 탈북할 시점에 측정한 키를 연구한 성균관대학교의 다니엘 슈베켄디에크 Daniel Schwekendiek에 따르면, 북한 남성들은 한국 남성들보다 평균 3~8센티미터가 작았다. 어린이들의 경우는 한국 사람과 북한 사람의 키 차이가 학령기 이전의 소년들은 평균 4센티미터, 소녀들은 3센티미터였다.[106] 경제적으로는 일인당 GDP 차이가 1만 9,614달러 대 1,112달러로 두 나라의 격차는 1,748퍼센트나 벌어져 있다.

이것은 도덕적 진보일까? 매년 식품, 옷, 집, 사치품에 쓸 수 있는 1만 8,492달러를 더 가진 한국 시민들에게 물어보라. 그것이 당신에게 무엇을 가져다주는가? 우선 키가 크고, 그리고 전기도 있다. 한국의 일인당 전력소비량은 시간당 1만 162킬로와트인 반면 북한은 시간당 739킬로와트다.[107] 위성사진이 보여주듯이 이 차이는 우주에서도 확인된다.

과학, 이성, 그리고 가치

이러한 역사 실험을 하는 이유는 철학 논의를 위해서이기도 하지만, 자유민주주의, 시장경제, 국제적 투명성이 부, 건강, 행복을 증대시키는 수단이라는 **과학적 주장**을 제시할 수 있기 때문이기도 하다. 샘 해리스가 주장하는 것처럼 도덕의 땅에는 많은 봉우리들이 있겠지만,[108] 과학은 우리가 그 봉우리들을 양적으로 조사하는 것을 도울 수 있다. 자유주의자, 보수주의자, 자유의지론자, 조세저항 운동가들, 녹색당원, 그리고 그밖의 사람들이 그 땅 위의 다양한 가능성 안에서 각기 다른 봉우리 위에 공존할 수 있을 것이고, 이 봉우리들은 전제적 통치에 중점을 두는 다른 땅의 봉우리들보다 훨씬 뛰어나다. 그리고 우리는 과학을 통해 그러한 차이들을 양적으로 측정할 수 있다.

여러 유형의 민주주의(예컨대 직접민주주의와 대의민주주의)와 경제(다양한 무역협정 또는 소속된 무역권에 따라)가 존재할 수 있다는 사실은 인류의 더 나은 삶에는 여러 측면과 여러 원인이 있다는 것을 말해줄 뿐이다. 한 가지 이상의 생존 방식이 존재한다고 해서 모든 정치, 경제, 사회적 체제가 똑같다는 뜻은 아니다. 이들은 같지 않으며, 우리에게는 그것을 증명할 과학적 데이터와 역사적 사례들이 있다. 물론 정당들 사이의 알아보기 어려운 차이를 구별하기 위해 눈을 찡그려야만 할 때도 있는데, 선거철이 바로 그런 때다. 선거에서 승리한 자들은 다음 선거가 있을 때까지 자신들의 뜻을 펼치고 패한 자들은 그것을 받아들이는데, 어느 쪽이 이기든 차이는 작다.

다시 말해 우리는 인간의 가치와 도덕의 근간을 아리스토텔레스의 도덕 윤리, 칸트의 정언 명령, 밀의 공리주의, 롤스의 정의론 같은 철학 원리들뿐 아니라 과학에서도 찾을 수 있다. 과학혁명부터 계몽 시대까지 이성과 과학은 미신, 교조주의, 종교적 권위를 서서히, 하지만 체계적으로 대체했다. 독일의 철학자 이마누엘 칸트가 선언한 것처럼 "Sapere Aude! 알려고 하라! 당신의 이성을 사용하려고 하는 용기를 가져라." 칸트의 설명에 따르면 "계몽주의는 스스로 자초한 미성숙에서 깨어나는 것이다. 미성숙은 타인의 안내 없이는 자신의 이성을 사용할 수 없는 것이다." 따라서 이성의 시대는 원죄로부터가 아니라 애초의 무지로부터, 그리고 권위와 미신에 대한 의존으로부터 다시 태어난 시대였다. 다시는 우리 마음을 도그마와 권위의 사슬로 얽어매는 자들의 지적 노예가 되어서는 안 된다. 그 대신 이성과 과학을 진리와 지식의 중재자로 이용해야 한다.

성서나 철학 문헌의 권위를 통해 진리를 직감하는 대신, 사람들은 자기 스스로 자연의 책을 탐구하기 시작했다.

아름답게 채색된 식물학 책의 도판을 보는 대신, 학자들은 땅에서 실제로 자라고 있는 것을 보기 위해 자연으로 나갔다.

오래된 의학 서적에 실려 있는 인체 해부도에 의존하는 대신, 의사들은 몸 안에 무엇이 있는지 자신의 눈으로 보기 위해 직접 몸을 열었다.

분노한 날씨의 신들을 달래기 위해 인간 제물을 바치는 대신, 자연학자들은 온도, 기압, 바람을 측정해 기상학을 창조했다.

누군가를 하등한 종족이라는 이유로 노예로 삼는 대신, 우리는 진화학을 통해 지식을 확장함으로써 모든 사람을 종의 구성원으로 포함시켰다.

어느 책에서 그렇게 하는 것이 남성의 권리라고 말했다는 이유로 여성들을 열등한 존재로 취급하는 대신, 우리는 도덕과학을 통해 모든 사람은 평등하게 대우받아야 한다고 명령하는 자연권을 발견했다.

왕의 신성한 권리에 대한 초자연적 믿음 대신, 사람들은 민주주의의 법적 권리에 대한 자연적 믿음을 채용했고, 이것은 우리에게 정치학을 가져다주었다.

소수의 엘리트가 정치권력의 대부분을 쥐고 시민들은 글을 모르고 교육 받지 못하고 계몽되지 않은 상태로 사는 대신, 사람들은 과학, 문자 해독 능력, 교육을 통해 권력과 부패가 자신들을 억압하고 있음을 스스로 알아차릴 수 있었고, 억압의 사슬을 끊어버리고 권리를 요구하기 시작했다.

동성애를 혐오의 대상으로, 무신론자들과 신앙이 없는 사람들을 부도덕한 외부인으로, 동물들을 마음대로 이용해도 되는 자동인형으로 취급하는 대신, 오늘날 우리는 오랜 권리 혁명에서 마지막으로 남은 법적 난관들을 뛰어넘기 위해 법적 투쟁을 벌이고 있다.

국가의 성질은 인류의 성질에 바탕을 두어야 하며, 그것을 이해하는 가장 좋은 도구는 과학과 이성이다.

인류의 도덕 영역에서 이루어진 진보가 종교적 가르침의 인도 덕분이라는 것은 사실일까? 세계의 여러 종교는 사랑과 용서, 절제와 관용을 이야기한다. 현대 사회의 인권 운동에서도 종교인들은 정의를 요구하는 데 앞장섰다. 동시에 역사적으로 종교는 재앙을 부른 수많은 도덕적 실수를 조장하거나 정당화했다. 십자군전쟁, 종교재판, 마녀사냥, 노예제도와 테러, 동성애 혐오 등 종교는 믿음이라는 이름 아래 이타성과 도덕적 퇴행의 길잡이 노릇을 해왔다. 종교는 한 나라의 전반적인 행복에 크게 기여하지 않는다.

4
—
왜 종교가
도덕적 진보의 근원이 아닌가?

사랑, 연민, 인내, 관용, 용서를 강조하는 세상의 모든 종교는 내적 가치들을 촉진할 수 있으며 실제로도 그렇다. 하지만 오늘날의 세계 현실에서는 윤리의 근거를 종교에 두는 것이 더는 적절하지 않다. 그런 이유에서, 종교 외에 영성과 윤리에 대해 생각하는 방식을 찾아야 할 때가 왔다는 내 확신은 점점 강해지고 있다.

_ 달라이 라마의 페이스북에서 (2012년 9월 10일)

종교가 도덕적 진보의 동인일 수 없다는 주장에 일부 독자들은 놀랄 것이고, 불쾌한 사람들도 많을 것이다. 그런 사람들은 도덕의 영역에서 이루어진 진보가 주로 종교적 가르침의 인도 덕분이었다고 생각할 것이기 때문이다.[1] 이런 오해가 빚어진 데는 두 가지 이유가 있다. 첫째는, 종교가 수천 년 동안 도덕을 독점하는 사이 우리가 모든 도덕적 진보를 종교와 가장 밀접한 관련이 있는 하나의 기관과 연관시키는 데 익숙해졌기 때문이다. 둘째는, 종교 기관들이 도덕적 진보의 공훈은 챙기는 반면 도덕적 퇴보는 무시하거나 얼버무리기 때문이다. 자료가 무엇을 보여주는지 이야기하기 전에 종교적 도덕의 간략한 역사를 살펴보면 내 논지를 이해하는 데 도움이 될 것이다.

도덕의 천칭에서 선한 쪽에는 예수가 있었다. 예수는 가난한 사람들을 돕고, 너의 오른쪽 뺨을 때리거든 왼쪽 뺨도 내어주고, 원수를 사랑하고, 비판받지 않으려거든 비판하지 말고, 죄인을 용서하고, 사람들에게 다시 한번 기회를 주라고 말했다. 많은 선진국 사람들이 자신이 믿는 종교를 명목으로 가난하고 궁핍한 자들을 돕고, 미국에서 기아와 재난 구호를 위한 무료 급식소를 가장 앞장서서 지원하는 사람들은 종교인들이다. 많은 기독교 신학자들이 기독교 교회 및 목사들과 함께 노예무역의 폐지를 지지했고, 현대에 와서도 정의에 대한 요구를 계속했다. 몇몇 민권 운동 지도자들을 움직이게 한 동기도 종교였다. 대표적인 예가 마틴 루터 킹 목사로, 그의 연설들에는 열정적인 종교적 비유와 인용이 가득했다. 나는 매우 열정적으로 선행을 행하는 신앙심 깊은 친구들을 알고 있는데, 동기가 하나는 아니겠지만 그들은 대개 자신이 믿는 특정 종교의 이름으로 행동한다.

종교는 사람들에게 선행의 동기를 제공할 수 있으며, 인류를 진보의 길로 이끌거나 도덕의 영향권을 확장하거나 심지어는 단 한 명의 삶이라도 더 낫게 만든다면 그게 누구든 어떤 기관이든 그 공을 인정해야 마땅하다. 그런 취지에서 작고한 천문학자 칼 세이건의 세계교회주의 운동이 좋은 본보기가 될 수 있을 것이다. 그는 모든 종교를 향해 과학자들과 함께 환경을 보존하고 핵무기 경쟁을 종식시키기 위해 노력하자고 호소했다. 그에 따르면 우리는 한 배를 탄 운명이기 때문이다. 우리가 안고 있는 문제들은 "국가를 초월하고 세대를 초월하고 이념을 초월한다. 우리가 생각할 수 있는 해법들도 마찬가지다. 우리 앞에 놓인 덫들에 빠지지 않기 위해서는 세계 시민과 미래의 모든 세대를 포용하는 관점이 필요하다."[2] 이 뭉클한 연설은 종교와 세속의 모든 사람들에게 세계를 더 나은 곳으로 만드는 공동의 목표를 향해 함께 노력할 것을 촉구한다.

하지만 종교는 '선'이라고 표시된 쪽을 누르는 그 엄지손가락으로 도덕의 천칭을 너무 오래 짓눌러왔다. 또한 종교는 재앙을 부른 많은 도덕적 실수를 조장하거나 정당해왔다. 십자군(민중 십자군, 북방 십자군, 알비파 십자군, 제1차~9차까지의 십자군), 종교재판(스페인, 포르투갈, 로마), 마녀 사냥(종교재판의 산물로, 중세부터 근대 초까지 주로 여성들을 수만 명이나 처형했다), 총·균·쇠로 수백만 명의 원주민들을 말살한 기독교 정복자들, 유럽의 끊임없는 종교 전쟁들(9년 전쟁, 30년 전쟁, 8년 전쟁, 위그노 전쟁, 세 왕국 전쟁, 영국 내전 등), 미국 북부의 기독교도들과 남부의 기독교도들이 노예제도와 각 주의 권리를 둘러싸고 서로를 학살했던 남북전쟁, 모두가 신이 **자신들** 편이라고 믿으며 독일의 기독교도와 프랑스, 영국, 미국의 기독교도가 서로 싸운 제1차 세계대전(독일 군인들은 벨트 버클의 금속에 '신은 언제나 우리와 함께 하신다Gott mit uns'는 문구를 새겼다). 그런데 이것은 서양의 사례만 든 것이다. 인도, 인도네시아, 아프가니스탄, 파키스탄, 이라크, 수단, 아프리카의 수많은 나라들에서 영원히 끝나지 않을 것 같은 종교 분쟁이 일어나고 있고, 이집트에서는 콥트기독교도들에 대한 박해가 계속되고 있다. 그리고 이슬람교도들의 테러는 최근 몇 십 년 동안 사회의 평화와 안전을 심각하게 위협하고 있으며, 이슬람의 이름으로 자행된 폭력 행위 없이 지나간 날이 하루도 없다.

이 모든 사건에는 정치적, 경제적, 사회적 원인들이 있지만, 그러한 행위를 정당화하는 공통된 명분은 종교다. 특정 지역에서 도덕적 진보가 일어나면 대부분의 종교가 결국에는 그 편에 선다. 19세기에 노예제도가 폐지될 때도, 20세기 여권 운동에서도, 21세기의 동성애 권리에서도 그랬다. 하지만 대개는 부끄러울 정도로 많은 시간이 흐른 뒤에 그렇게 한다. 이 장에서 나는 주로 서구 세계에서 종교가 미친 영향들을 특히 기독교를 중심으로 살펴볼 것이다. 기독교는 서구 역사에 엄청난 영향을 미쳤으며 그 어떤 종교보다 도덕적 진보의 견인차임을 자처하기 때문이다.

왜 종교가 도덕적 진보의 원동력일 수 없는가

다양한 종교들이 수천 년에 걸쳐 고안해 신성시한 규칙들은 도덕의 영향권을 확장하는 것을 목표로 삼지 않았다. 도덕적 관심이 미치는 영역 내에 다른 감응적 존재들을 포함시키는 것은 종교의 관심사가 아니었다. 모세는 산에서 내려올 때 모아브 사람, 에돔 사람, 미디안 사람, 여타 다른 부족 등 **히브리인**으로 태어나지 않은 사람들이 더 잘살 수 있는 방법들의 목록을 가지고 있지 않았다. 이러한 협소한 시야를 정당화하는 한 가지 근거를 《구약성서》의 명령 "네 이웃을 사랑하라"에서 찾을 수 있다. 네 이웃은 정확히 누구인가? 인류학자 존 하텅John Hartung에 따르면 네 이웃은 직계 친족으로 이해해야 한다. 이는 물론 당시로서는 합당한 진화적 전략이었다.

> **네 이웃을 네 자신과 같이 사랑하라**는 구절은 토라에서 왔다. 보통명사로서의 토라Torah는 법을 의미하고 **고유명사로서의 토라**the Torah는 〈모세오경〉을 의미한다. 만일 모세가 자신이 섬기는 신의 말씀을 현대의 생물학자들에게 전달하고 있었다면 아마 이렇게 말했을 것이다. "근연계수 (r)가 1인 것처럼, 다시 말해 너희의 모든 유전자가 동일한 것처럼 네 이웃을 사랑하라." 고대 히브리인들의 자서전적 민족지에 따르면, 이 명제는 살인, 도둑질, 거짓말에 대한 금지를 이끌어낸 일반 원리였다. 하지만 이 최고의 도덕을 적용받는 사람은 누구인가? 누가 네 **이웃**인가?[3]

하텅의 지적에 따르면 "이 토라의 신을 최고로 떠받드는 오늘날의 유대인과 기독교인의 대부분이 그 율법은 모든 이에게 적용된다고 말한다." 하지만 그들이 그렇게 생각하는 것은 내가 앞에서 대략적으로 말했듯이, 유대교도와 기독교도들이 도덕에서 고려할 매개변수들을 확대하고 재정의하는 근대 계몽주의의 목표를 자신들의 도덕적 사고에 지속적으로 주입해왔기 때문이다. 하지만《구약성서》의 저자들이 생각한 이웃은 그게 아니었다. 하텅은 이렇게 설명한다.

고대 히브리인들이 이웃 사랑의 계명을 받을 때 그들은 사막에 고립되어 있었다. 성경에 따르면, 그들은 천막을 치고 대가족extended family들끼리 모여 살았고, 이웃 가운데 히브리인이 아닌 사람들은 없었으며, 불화가 널리 퍼져 있었다. 집단 내의 분쟁은 몹시 잔인해져서 어떤 한 사건에서는 약 3,000명이 죽었다(〈출애굽기〉 32장 26-28절). 병사 대부분이 "[새로운] 지도자를 하나 뽑아 세우고 이집트로 돌아가자"(〈민수기〉 14장 4절)고 했다. 하지만 그들의 우두머리 모세는 집단의 결속을 원했다. 신이 말한 이웃을 모세가 누구로 생각했는지 알고 싶다면 문맥을 살펴야 한다. 합당한 문맥을 좁혀 들어가다 보면, 이웃 사랑의 계명을 거론할 때 자주 발췌되는 성경 구절에 이른다.

그 구절은 〈레위기〉 19장 18절이다. "동족에게 앙심을 품어 원수를 갚지 마라. 네 이웃을 네 몸처럼 아껴라." 하텅이 지적하듯이 "문맥 속에서 이웃은 '동족'…… 다시 말해 한 집단 내 구성원들을 뜻했다."

다시 말하지만, 진화적 관점에서 보면 이 말은 완벽하게 합리적이다. 사실 당신의 이웃이 가장 바라는 것이 당신의 절멸일 때 네 이웃을 네 몸처럼 사랑하는 것은 자살 행위다.《구약성서》의 청동기 시대 사람들에게는 그런 일이 비일비재했다. 미디안 사람들을 제 몸처럼 사랑하는 히브리인에게 무슨 이익이 돌아올까? 미디안 사람들이 모아브 사람들과 합세해 히브리인이 세상에서 사라지기를 바랐다는 사실을 고려하면 그 결과는 재앙이었을 것이다. 그것이 〈민수기〉 31장 7~12절에 기록된 것처럼 모세가 1만 2,000명 군대를 모은 이유다.

> 그들은 야훼께서 모세에게 명령하신 대로 미디안을 쳐서 남자는 모조리 죽였다. 이렇게 군사만 무찔러 죽였을 뿐 아니라 미디안의 왕들도 죽였는데 에위, 레켐, 수르, 후르, 레바 등 다섯 미디안 왕을 죽였고 브올의 아들 발람도 칼로 쳐죽였다. 이스라엘 백성은 미디안 여인들과 아이들을 사로잡고 가축과 양 떼 등 재산을 모두 약탈하고는 그들이 살던 촌락들과 천막촌들에 불을 질러버렸다. 그들은 사람이고 짐승이고 닥치는 대로 노략질하여 전리품으로 삼았다. 그들은 포로와 노략질한 전리품을 예리고 근처 요르단 강가 모압 평야에 있는 모세와 엘르아잘 사제와 이스라엘 백성 회중의 진지로 가져왔다.

이 정도면 상당한 성과인 듯한데도 군대가 돌아왔을 때 모세는 불같이 화를 냈다. "어찌하여 이렇게 **여자들을** 모두 살려주었느냐" 몹시 화가 난 모세가 물었다. 이 여자들이야말로 이스라엘 자손을 꾀어 주를 배신하게 한 장본인들이었기 때문이다. 그러고 나서 모세는 군인들에게 남자와 동침한 일이 있는 여자는 다 죽이고, 사내아이들도 다 죽이라고 명령했다. "다만 남자를 안 일이 없는 처녀들은 너희를 위하여 살려두어라"라고 명했다. 당시 잡혀온 **3만 2,000명**의 처녀들은 눈을 둥그렇게 뜨며 이렇게 말했을 것이다. '오, **하나님**이 당신들에게 그렇게 하라고 시켰다고요? 설마.' "처녀들은 너희들이 차지할 몫으로 살려 두어라"라는 지시가 "네 이웃을 사랑하라"는 신의 명령에서 '사랑'이 의미하는 것이었을까? 나는 그렇게 생각하지 않는다. 물론 히브리인들은 신이 뜻한 것이 무엇인지(그것은 성서를 쓰는 사람 마음이다)를 **정확히** 알고 이에 따라 동포의 생존을 위해 **기대 이상으로 격렬하게** 싸웠다.

세계의 종교들은 내부인끼리 결속하고 외부인을 배척하는 성질을 갖고 있어서, 금 안에서만 도덕 규칙을 조정할 뿐 금 밖에 있는 사람들은 포용하려 하지 않는다. 종교는 **남, 이교도, 비종교인**과 선명하게 구분되는 **우리**라는 정체성을 만든다. 대부분의 종교는 과거를 움켜쥔 채 근대 계몽주의로 억지로 끌려갔다. 종교적 믿음과 관행의 변화는 일어난다 해도 복잡하고 더디며, 외부의 정치·문화적 압력에 직면한 교회나 종교 지도자들에 의해 마지못해 일어난다.

모르몬교의 역사가 그러한 예다. 1830년대에 모르몬교의 창시자인 조지프 스미스Joseph Smith는 다른 여성과 결혼한 상태에서 새로운 연인을 만나면, 본인의 완곡한 표현에 따르면 '영원한 결혼', 더 정확한 표현으로는 '중혼'(나머지 사람들은 이것을 일부다처제라고 부른다)을 결행하라는 신의 계시를 받았다. 많은 아내를 얻으려는 솔로몬 열병(솔로몬 왕에게는 적어도 700명의 아내가 있었다)에 걸렸을 때, 스미스는 자신과 신도들이 이러한 결혼 관행과 함께 자신들의 씨를 퍼뜨리는 것을 막을 수 없었다. 그래서 이 관행은 1852년에 경전 《교리와 계약Doctrines and Covenants》을 통해 모르몬교 교리로 성문화되었다. 1890년이 되어서야 유타 사람들은―그들은 자신들의 영토가 미국 연방의 한 주가 되기를 바랐다―미국 연방 정부로부터 일부다처제를 용인하지 않겠다는 통보를 받았다. 다른 모든 주에서는 일부다처제가 불법이었다.

참 편리하게도, 신은 모르몬교의 지도자들에게 새로운 계시를 내려 여러 명의 아내는 이제 영원한 축복이 아니며 그 대신 일부일처제만이 바른 길이라고 지시했다. 게다가 모르몬교의 정책은 아프리카계 미국인들이 성직자가 되는 것을 금지했다. 조지프 스미스는 그 이유에 대해, 그들이 실제로는 아프리카 출신이 아니라 악한 래머나이트인의 후손들이기 때문이라고 선언했다. 그들이 선한 네피트인과의 전쟁에서 패한 뒤 신이 그들에게 피부가 검게 변하는 저주를 내렸다는 것이다. 래머나이트인과 네피트인은 이스라엘의 사라진 부족들 가운데 두 집단의 후손들이다. 당연히 악한 래머나이트인은 선한 네피트인과 성관계를 해서는 안 되기 때문에 인종 간의 결혼도 금지되었다. (스미스는 자신이 이 이야기를 알고 있는 것은 뉴욕 팰마이라 근처의 자기 뒷마당에 천사 모로니가 묻어둔 금판들에 그 사실이 고대 언어로 적혀 있었기 때문이라고 주장했다. 스미스는 마법의 돌이 담긴 모자 안에 얼굴을 파묻고 그 금판들에 적힌 말을 영어로 번역했다.) 이 인종차별적 헛소리는 150년 동안이나 계속되다가 1960년대와 1970년대의 민권 운동에 부딪혔다. 심지어 그때도 교회가 밥 딜런의 노래처럼 '시대가 바뀌고 있다'는 것을 알아채기까지는 시간이 좀 걸렸다. 1978년에 모르몬교 교주 스펜서 W. 킴볼은 인종차별적 제약을 버리고 더 포용적인 태도를 취하라는 새로운 계시를 신으로부터 받았다고 발표했다.[4]

교회가 경화증에 걸린 데는 세 가지 이유가 있다. 첫째, 절대 도덕에 대한 믿음의 토대는 유일신에 근거를 둔 절대 종교에 대한 믿음이다. 여기서 나올 수밖에 없는 결론은 다른 신을 믿는 사람은 이 진리에서 떠났기 때문에 그들을 보호하는 것은 우리의 도덕적 의무가 아니라는 것이다. 둘째, 과학과 달리 종교에는 옳고 그른 것을 판단하는 것은 고사하고 그 주장과 믿음이 그동안의 경험과 지식에 비추어 받아들여질 수 있는 것인지 판단하는 데 사용할 수 있는 체계적 과정과 경험적 방법이 없다. 셋째, 성서—특히 성경—의 도덕은 누군가가 거기에 맞추어 살고 싶어 할 만한 도덕이 아니라서 성서에서 유래한 종교적 교의들이 도덕적 진화를 촉진하는 것은 불가능하다. 왜 그런지 이해하기 위해 이 세 번째 내용을 좀더 자세히 살펴보자.

성경의 도덕

성경은 문학을 통틀어 가장 부도덕한 작품 가운데 하나다. 처음부터 끝까지 가계도와 연대기, 법과 관습으로 엮여 있는 이 책은 땅과 여자를 차지하기 위해 끊임없이 싸우고 승자가 이 둘을 모두 차지하는 서아시아의 부족 전사들에 의해 쓰였으며, 따라서 그들에 대한 이야기다. 이 책에는 야훼라고 불리는 질투심과 복수심에 불타는 신이 등장하는데, 그는 여자들에게 참을 수 없는 산고로 영원히 고통 받는 벌을 내리기로 결심하고, 그것도 모자라 승리한 전사들의 짐꾼이나 성노예로 살도록 한다. 왜 여자들이 이런 벌을 받아야 했을까? 왜 영원히 비참하고 굴욕적인 인생을 살아야 했을까? 이게 다 그 끔찍한 죄 때문이었다. 그것은 인류 역사에 기록된 최초의 죄였다. 물론 사상범죄에 지나지 않았지만 말이다. 대담한 독학자 이브가 겁도 없이 선과 악을 알게 하는 나무의 열매를 직접 먹어보기로 했던 것이다. 더 큰 문제는 그녀가 최초의 남성—순진한 아담—을 꼬드겨 자신과 함께 무지가 아닌 앎을 선택하게 한 것이다. 아내의 꼬임에 넘어가 천인공노할 죄를 저지른 아담에게 야훼는 가시와 엉겅퀴로 가득한 밭에서 노동하는 벌을 내렸으며, 그것도 모자라 죽어서 그가 왔던 흙으로 되돌아가게 했다.

그런 다음에 야훼는 자신의 타락한 두 자녀를 에덴동산에서 내쫓고, 그들이 돌아오지 못하도록 천사와 불칼을 세워 입구를 지키게 했다. 기분 장애를 겪던 그는 기분이 몹시 나빴던 어느 날, 무방비 상태의 어른들, 무고한 어린이들, 모든 육상동물을 포함해 땅 위의 모든 감응적 존재를 죽이는 대학살급의 거대한 피의 홍수를 일으켰다. 노아의 방주에서 재앙을 피한 자들을 제외한 모든 생명을 몰살시킨 뒤 지상을 다시 채우기 위해 야훼는 생존자들에게 "생육하고 번성하라"고—여러 차례—명령했고, 가장 아끼는 전사들에게는 가지고 싶은 만큼 아내를 갖도록 했다. 일부다처제와 하렘을 두는 관행은 이렇게 생겨났으며, 이른바 선한 책good book으로 불리는 성서는 이 관행을 노예제도와 함께 수용하고 지지했다.

도덕적 결의법moral casuistry(개인의 양심에 따라 복잡한 도덕적 문제에 대한 가장 그럴듯한 해결책을 찾아가는 방법―옮긴이)을 연습하는 셈 치고 역지사지 질문을 던져보자. 이러한 결혼 방식을 어떻게 생각하는지 **여성들**에게 물어본 사람이 있었을까? 다른 곳에 사는, 야훼를 들어본 적이 없는 수백만 명의 사람들은 어떻게 생각했을까? 홍수에 휘말려 익사한 동물들과 무고한 어린이들은? 그들이 무슨 짓을 했기에 야훼의 분노를 해결하기 위해 죽어야 했을까?

많은 기독교인들은 성경에서 도덕을 얻는다고 말하지만 그것이 사실일 리 없다. 성서들 중에서도 성경은 옳고 그름에 대한 지침서로는 가장 도움이 안 될 것이기 때문이다. 성경에는 콩가루 집안에 대한 엽기적인 이야기들, 노예를 어떻게 때리고 말 안 듣는 자식을 어떻게 죽이고 시집 안 간 딸을 어떻게 팔아치우는지에 대한 조언, 그리고 대부분의 문화권에서는 몇 백 년 전에 폐기한 여타 낡아빠진 관행들로 빽빽하게 채워져 있다.

여러 아내를 취하는 것, 간통, 첩을 두는 것, 일부다처제 결혼을 통해 수많은 자식을 낳는 것에 아무런 거리낌이 없던 성경 속 전사들의 도덕에 대해 생각해보라. 인류학자 로라 벳직Laura Betzig은 성공적인 경쟁이 성공적인 번식을 이끌어낸다고 한 다윈의 예측을 지적하면서, 이러한 이야기들을 진화적 맥락에서 설명했다. 1871년 저서《인간의 유래와 성선택The Descent of Man, and Selection in Relation to Sex》에서 다윈은 한 종의 구성원들이 번식 자원을 두고 경쟁할 때 자연선택이 어떤 식으로 일어나는지를 보여주었다. "암컷을 차지하기 위한 수컷들 간의 투쟁이 거의 모든 동물에 존재한다." 그런 다음에 그녀는 인류학적 소견을 덧붙인다. "야만인에게 여자는 전쟁의 영원한 원인이다."[5]

벳직이 이러한 진화론의 틀로《구약성서》를 분석한 결과, 일부다처제주의자로 볼 수 있는 사람이 자그마치 41명이었으며, 그중에 무능한 남성은 한 명도 없었다. "《구약성서》에서 권력을 가진 남성들—족장, 판관, 왕—은 더 많은 아내와 섹스하고, 다른 남성의 아내들과 더 많이 섹스하고, 더 많은 첩, 하인, 노예와 섹스해 많은 자식의 아버지가 된다."[6] 권력자들만 그런 것은 아니다. 벳직의 분석에 따르면, "더 큰 무리의 양 떼와 염소 떼를 소유할수록 더 많은 여성과 섹스해 더 많은 아이들의 아버지가 된다."[7] 일부다처제주의자 족장, 판사, 왕 들의 대부분이 둘, 셋, 네 명의 아내를 가졌고 이에 상응하는 수의 자식을 낳았다. 하지만 다윗 왕은 아내가 적어도 여덟에 자식이 20명이었으며, 유다 왕국의 아비암 왕은 14명의 아내와 38명의 자식이 있었고, 솔로몬의 아들 르호보암 왕은 18명의 아내와 60명의 다른 여성들에게서 무려 88명의 자식을 보았다. 하지만 이들도 솔로몬 왕에 비하면 약과였다. 그는 적어도 700명의 여성과 결혼했다. 그는 모아브 사람, 암몬 사람, 에돔 사람, 시돈 사람, 히타이트 사람을 아내로 맞았고, 추가로 300명의 첩을 들였다. 그는 축첩을 "남자의 기쁨"[8]이라고 불렀다(솔로몬의 첩들이 **그를** 뭐라고 불렀는지는 기록되어 있지 않다).

이 이야기들의 대다수가 허구라 해도(예컨대 모세가 실제로 존재했다는 증거는 없으며, 자신의 민족을 이끌고 40년 동안 사막을 떠돌았다는데 고고학 유물한 점 남기지 않았다는 것은 더더욱 말이 안 된다), 성경 속의 족장들이 여성들에게 한 짓은 그 당시 대부분의 남성들이 여성을 대우하는 방식이었다. **이것이 핵심이다.** 맥락을 따져야 한다. 성경의 도덕 규범들은 다른 시대에 살았던 다른 사람들을 위한 것으로, 오늘날의 우리와는 거의 무관하다.

신자들이 성경을 현재에도 유의미하게 만들려면 자신들의 필요에 맞는 성경 구절들을 골라야 하고, 따라서 선별은 일반적으로 선별자에게 유리하게 이루어진다. 《구약성서》에서 지침으로 쓸 만한 구절들을 뽑아 본다면 "살인하지 못한다"고 분명하게 말하는 〈신명기〉 5장 17절, 또는 단순 명쾌하고 논쟁의 여지가 없는 금지를 내리는 〈출애굽기〉 22장 21절 "너희는 나그네를 구박하거나 학대하지 마라. 너희도 이집트 땅에서 나그네였다" 정도가 있을 것이다.

이러한 몇 가지 구절들이 높은 도덕적 기준을 제시하는 것처럼 보이지만, 《구약성서》에서 드물게 긍정적인 도덕적 명령들은 살인, 강간, 고문, 노예제도, 그 밖의 온갖 종류의 폭력에 관한 폭력적인 이야기들의 바다에 지리멸렬하게 흩어져 있다. 예컨대 야훼가 히브리 사람들에게 다른 부족을 정복할 때 지켜야 하는 예법을 설명하는 〈신명기〉 20장 10~18절을 보라.

> 어떤 성에 접근하여 치고자 할 때에는 먼저 화평을 맺자고 외쳐라. 만일 그들이 너희와 화평을 맺기로 하고 성문을 열거든 너희는 안에 있는 백성을 모두 노무자로 삼아 부려라. 만일 그들이 너희와 화평을 맺을 생각이 없어서 싸움을 걸거든 너희는 그 성을 포위 공격하여라. 너희 하느님 야훼께서 그 성을 너희 손에 넘겨주셨으니, 거기에 있는 남자를 모두 칼로 쳐죽여라. 그러나 여자들과 아이들과 가축들과 그 밖에 그 성 안에 있는 다른 모든 것은 전리품으로 차지하여도 된다. …… 그러나 너희 하느님 야훼께 유산으로 받은 이민족들의 성읍들에서는 숨쉬는 것을 하나도 살려두지 마라. 그러니 헷족, 아모리족, 가나안족, 브리즈족, 히위족, 여부스족은 너희 하느님 야훼께서 명령하신 대로 전멸시켜야 한다.

오늘날 사형 제도는 역사 속으로 사라지고 있지만, 《구약성서》에서 야훼는 죽음으로써 처벌할 수 있는 행동의 목록을 제시한다.

신을 모독하거나 저주함: "야훼의 이름을 모욕한 자는 반드시 사형시켜야 한다. 온 회중이 그를 돌로 쳐죽여야 한다. 내 이름을 모욕한 자는 외국인이든지 본국인이든지 사형에 처해야 한다."(《레위기》 24장 13-16절)

다른 신을 숭배함: "다른 신들에게 제사를 드리는 자는 죽여야 한다."(《출애굽기》 22장 20절)

주술과 마법: "너희 가운데 죽은 사람의 혼백을 불러내는 사람이나 점쟁이가 있으면, 그가 남자이든지 여자이든지 반드시 사형에 처해야 한다. 그들을 돌로 쳐라. 그들은 자기 죗값으로 죽는 것이다."(《레위기》 20장 27절)

결혼 전 순결을 잃은 여성: "누가 아내를 맞아 한자리에 들었는데 처녀가 아니라면 …… 그 여자를 아비의 집 문 앞에 끌어다 놓아라. 그러면 친정이 있는 성읍의 시민들이 돌로 쳐죽일 것이다."(《신명기》 22장 13-21절)

동성애: "여자와 한자리에 들듯이 남자와 한자리에 든 남자가 있으면, 그 두 사람은 망측한 짓을 하였으므로 반드시 사형을 당해야 한다. 그들은 피를 흘리고 죽어야 마땅하다."(《레위기》 20장 13절)

안식일에 노동함: "너희는 엿새 동안 일하고 이렛날은 너희가 거룩히 지내야 할 날, 곧 야훼를 위하여 푹 쉬는 안식일이니, 그날 일하는 자는 누

구든지 사형에 처하여야 한다."(〈출애굽기〉 35장 2절)

전지전능한 신에게 영감을 받았다는 이유로 20억 명이 넘는 사람들에게 역사상 가장 훌륭한 도덕적 지침으로 여겨지는 책이, 부적절한 순간이나 부적절한 맥락에서 주의 이름을 불렀다고, 주술 같은 상상의 범죄를 저질렀다고, 흔히 일어나는 성관계를 맺었다고(간통, 혼외정사, 동성애), 그게 무슨 엄청나게 극악무도한 범죄라고 안식일에 쉬지 않았다며 누군가를 사형에 처하라고 시킨다는 게 말이 되는가. 오늘날의 20억 명의 기독교인 가운데 사형을 적용할 수 있는 죄에 대해 자신들의 성스러운 책에 동의하는 사람이 몇이나 될까?

그리고 〈신명기〉 22장 28~29절에 나오는 파렴치한 도덕에 동의하는 사람은 몇이나 될까? "한 남자가 약혼하지 않은 처녀를 만나 억지로 함께 자다가 붙잡힌 경우에는 그 처녀와 잔 남자가 처녀의 아비에게 50세겔을 물어야 한다. 그리고 그 몸을 버려놓았으므로 처녀를 내보내지 못하고 평생 데리고 살아야 한다." 오늘날 어떤 기독교인도 이 도덕적 명령을 따르지 않을 것이다. 요즘 사람들은—유대인이든, 기독교인이든, 무신론자든—그러한 행동들에 그토록 엄청난 처벌은 **생각**조차 못할 것이다. 4,000년 동안 도덕의 궤적은 이렇게나 멀리 왔다.

코미디언 줄리아 스위니는 빛나는 독백 〈신을 떠나보내라〉에서 어릴 때 가톨릭 가정 환경에서 배운 어느 유명한 이야기를 해석하던 일을 떠올리며 정곡을 찌른다.

《구약성서》의 신은 사람들의 충성을 조급하게 시험한다. 그가 아브라함에게 아들 이삭을 죽이라고 할 때도 그렇다. 어렸을 때 우리는 이것이 훌륭한 일이라고 배웠다. 나는 이 대목을 읽을 때 충격으로 숨이 막혔다.

이따위 행동을 훌륭한 일이라고 가르치다니. 자식을 죽이라고 요구하는 이따위 가학적인 충성 시험이 어디 있는가? 그런 요구에는 "싫다! 나는 내 자식, 아니 어떤 아이도 죽이지 않을 것이다. 그 대가로 지옥에서 영원히 벌을 받아야 한다 해도"라고 답하는 게 옳지 않나?[9]

성경이 의도치 않은 코미디 소재의 금맥임을 발견한 많은 코미디언들처럼, 스위니는 소재만 고르면 된다. 나머지는 저절로 굴러간다. 어처구니없는 계율들로 가득한《구약성서》에 대한 그녀의 여행은 계속된다.

> 만일 한 남자가 동물과 섹스한다면 그 남자와 동물을 다 죽여야 한다. 그 남자에 대해서는 그럴 수 있다고 쳐도 그 동물은 왜 죽여야 하는가? 그 동물이 자기 의지로 했기 때문에? 그 동물이 이제는 인간과의 섹스에 맛들여서 다른 데서는 만족하지 못할 것이기 때문에? 이번에는 내가 개인적으로 가장 좋아하는 계율을 보자. 〈신명기〉를 보면, 만일 당신이 여성이고 한 남성과 결혼했는데 남편이 다른 남자와 싸움이 붙었을 때 당신이 얻어맞는 남편을 도울 작정으로 상대방 남성의 음낭을 잡는다면, 성경은 당장 당신의 손을 잘라야 한다고 가르친다.[10]

《구약성서》에 묘사된 신의 성격에 대한 리처드 도킨스의 묘사는 인상적이다. "모든 소설을 통틀어 가장 불쾌한 등장인물. 질투심이 많은데 그것을 자랑으로 여김. 쩨쩨하고 부당하고 용서할 줄 모름. 만사를 자기 뜻대로 해야 직성이 풀리는 사람. 복수심에 불타고 피에 목마른 인종청소광. 여성 혐오와 동성애 혐오에 시달림. 인종차별주의자. 영아 살해와 대학살과 자식 살해를 일삼는 살인자. 암적 존재. 과대망상증 환자. 사도마조히스트, 변덕스럽고 고약한 깡패."[11] 하지만 대부분의 현대 기독교인들은 나와 도킨스의 주장에 대해, 《구약성서》의 잔인하고 낡은 법들은 오늘날 기독교인들이 사는 방식이나 오늘날 그들이 따르는 도덕적 계율들과는 아무런 관계가 없다고 말한다. 《구약성서》의 야훼, 분노하고 복수하는 하나님은 '예수'라고 하는, 2000년 전에 새롭고 진보한 도덕률을 도입한 더 친절하고 자상한 《신약성서》의 신으로 대체되었다는 것이다. 한쪽 뺨을 때리면 다른 쪽 뺨을 내밀고, 원수를 사랑하고, 죄인을 용서하고, 가난한 사람들에게 자선을 베풀라는 가르침은 제멋대로 명령하고 걸핏하면 사형을 시키는 《구약성서》의 계율을 생각하면 굉장한 도약이다.

그럴지도 모르지만, 예수는 《신약성서》의 어디에서도 하나님의 사형 선고나 어처구니없는 법을 공식적으로 취소하지 않는다. 실상은 그 반대다(〈마태오의 복음서〉 5장 17~30절의 여러 곳). "내가 율법이나 예언서의 말씀을 없애러 온 줄로 생각하지 마라. 없애러 온 것이 아니라 오히려 완성하러 왔다." 예수는 그 계명들을 다듬거나 약화시키려는 시도조차 하지 않는다. "그러므로 가장 작은 계명 중에 하나라도 스스로 어기거나, 어기도록 남을 가르치는 사람은 누구나 하늘 나라에서 가장 작은 사람 대접을 받을 것이다." 실제로 예수의 도덕은 《구약성서》의 도덕보다 훨씬 더 엄격하다. "옛 사람에게 이르기를, '살인하지 마라. 살인하는 자는 누구든지 재판을 받아야 한다' 하고 옛 사람들에게 하신 말씀을 너희는 들었다. 그러나 나는 이렇게 말한다. 자기 형제에게 성을 내는 사람은 누구나 재판을 받아야 하며……."

다시 말해, 누군가를 죽이는 **생각**조차 사형에 처해질 죄다. 실제로 예수는 **사상 범죄**를 조지 오웰George Owell의 전체주의적 경지로 끌어올렸다(〈마태오의 복음서〉 5장 27-29절). "'간음하지 마라.' 하신 말씀을 너희는 들었다. 그러나 나는 너희에게 이렇게 말한다. 누구든지 여자를 보고 음란한 생각을 품는 사람은 벌써 마음으로 그 여자를 범했다." 그리고 성욕을 통제할 수 없다고 생각하는 사람에게 예수는 현실적인 해결책을 제시한다. "네 오른 눈이 너로 하여금 죄를 짓게 하거든 그것을 빼어서 내버려라. 신체의 한 부분을 잃는 것이 온몸이 지옥에 던져지는 것보다 낫다." 빌 클린턴 대통령은 백악관 인턴과 실체가 있는 죄를 지었다고 볼 수 있다. 하지만, 예수의 도덕률에 따르면, 1976년 《플레이보이》와의 인터뷰에서 대통령 선거 운동을 하는 동안 "나는 많은 여성들을 욕망의 눈으로 쳐다보았다. 나는 마음속으로 수차례 간통을 저질렀다"[12]고 시인한 복음주의 기독교도 지미 카터도 죄를 지은 것이다.

예수의 가족 가치에 대해 말하자면, 그는 결혼하지 않았고 자식도 없었으며 자신의 어머니를 여러 차례 외면했다. 예를 들어 한 혼인 잔치에서 (예수의 어머니가 예수에게 "포도주가 떨어졌다"고 말하자—옮긴이) 예수는 어머니에게 이렇게 말한다(《요한의 복음서》 2장 4절). "어머니, 그것이 저에게 무슨 상관이 있다고 그러십니까?" 또 다른 일화를 보면, 마리아가 예수와 만나기 위해 예수가 말을 마칠 때까지 멀찌감치 떨어져 한참 동안 기다렸다. 하지만 예수는 제자들에게 이렇게 말했다. "그녀를 보내라. 이제는 너희가 내 가족이다." 그리고 이렇게 덧붙였다(《루가의 복음서》 14장 26절). "누구든지 나에게 올 때 자기 부모나 처자나 형제 자매나 심지어 자기 자신마저 미워하지 않으면 내 제자가 될 수 없다."

대단하다. 이것은 사이비 종교 집단이 쓰는 수법이다. 그들은 추종자들의 생각과 행동을 통제하기 위해 예수가 그랬듯이 추종자들을 가족과 분리시킨다. 예수는 자신을 따르는 무리들에게 나를 따르라고 하면서 **안 그러면 어떻게 되는지** 알려준다(《요한의 복음서》 15장 4-7절). "너희는 나를 떠나지 마라. 나도 너희를 떠나지 않겠다. 포도나무에 붙어 있지 않은 가지가 스스로 열매를 맺을 수 없는 것처럼 너희도 나에게 붙어 있지 않으면 열매를 맺지 못할 것이다. 나는 포도나무요, 너희는 가지다. 누구든지

나에게서 떠나지 않고 내가 그와 함께 있으면 그는 많은 열매를 맺는다. 나를 떠나서는 너희가 아무것도 할 수 없다. 나를 떠난 사람은 잘려 나간 가지처럼 밖에 버려져 말라버린다. 그러면 사람들이 이런 가지를 모아다가 불에 던져 태워버린다." 하지만 만일 어떤 신자가 자기 가족을 버리고 자신의 소유물을 버린다면(《마르코의 복음서》 10장 30절) "현세에서 집과 형제와 자매와 어머니와 자녀와 토지의 복을 백 배나 받을 것이며 내세에서는 영원한 생명을 얻을 것이다." 예수는 《구약성서》의 부족 전사들처럼 말하기도 한다.

> 내가 세상에 평화를 주러 온 줄로 생각하지 마라. 평화가 아니라 칼을 주러 왔다. 나는 아들은 아버지와 맞서고 딸은 어머니와, 며느리는 시어머니와 서로 맞서게 하려고 왔다. 집안 식구가 바로 자기 원수다. 아버지나 어머니를 나보다 더 사랑하는 사람은 내 사람이 될 자격이 없고 아들이나 딸을 나보다 더 사랑하는 사람도 내 사람이 될 자격이 없다. 또 자기 십자가를 지고 나를 따라오지 않는 사람도 내 사람이 될 자격이 없다.(《마태오의 복음서》 10장 34-38절)

독실한 기독교도조차 《신약성서》에 나오는 예수의 도덕과 도덕률에 동의할 수 없고, 성경만으로는 해결되지 않는 많은 도덕적 쟁점들에서 서로 합당한 의견 차이를 보인다. 이러한 쟁점들에는 음식에 대한 제한과 술, 담배, 카페인의 사용 / 자위, 혼전 섹스, 피임, 낙태 / 결혼, 이혼, 섹슈얼리티 / 여성의 역할 / 사형, 자발적 안락사 / 도박과 기타 사회악 / 세계대전과 내전 / 그리고 성경이 쓰인 시대에는 없었던 쟁점들인 줄기세포 연구, 동성 결혼 등이 포함된다. 실제로, 기독교인들이 다양한 쟁점에 대해 "예수라면 어떻게 할까?"라는 질문을 놓고 논쟁하고 있다는 사실 그 자체가 신약이 그에 대한 대답을 주지 않는다는 증거다.

종교가 서구 문명을 만들었는가?

성경이 도덕의 기원은 아니라 해도, 종교인들은 기독교가 서구 문명에서 가장 귀중한 자산들인 미술, 건축, 문학, 음악, 과학, 기술, 자본주의, 민주주의, 평등권, 법치주의를 제공했다고 주장하곤 한다. 미국 사람들은 보수적인 라디오 전화 토론 프로그램에서부터 대통령 연설에 이르기까지 온갖 매체에서 그러한 주장을 듣는다. 예를 들어 보수주의자 대통령 로널드 레이건은 미국을 "언덕 위에 있는 빛나는 도시"[13]라고 표현했는데, 이 은유는 자유주의자 대통령 존 F. 케네디에게서 가져온 것이고, 케네디는 17세기 메사추세츠만 식민지의 공동 건설자인 존 윈스럽John Winthrop이 했던 말을 인용한 것이다. 윈스럽은 "우리는 언덕 위의 도시가 될 존재라서 온 세상 사람들이 우리를 지켜보고 있다는 점을 명심해야 한다"[14]라고 선언했다. 이 말은 예수의 산상 설교에서 유래했다. "너희는 세상의 빛이다. 산 위에 있는 마을은 드러나게 마련이다."(〈마태오의 복음서〉 5장 14절)

서구 문명의 형성에 종교가 중요한 역할을 했는지는 경험적으로 풀어야 하는 질문이다. 기독교를 변호하는 유명한 보수 논객인 디네시 드소자Dinesh D'Souza는 2008년 저서 《기독교는 얼마나 대단한가What's So Great About Christianity》에서 '그렇다'는 대답을 시도한다. 책 제목에 물음표를 뺀 것은 단언을 의미하는 것이다.[15] "서구 문명은 기독교에 의해 건설되었다"고 드소자는 공언한다. "서구 문명은 두 개의 기둥 위에 건설되었다. 바로 아테네와 예루살렘이다. 아테네는 그리스와 기독교 이전의 로마에서 꽃피웠던 고전 문명을 뜻하고, 예루살렘은 유대교와 기독교를 뜻한다. 둘 중에서는 예루살렘이 더 중요하다."

중세 암흑 시대에 훈족, 고트족, 반달족, 서고트족의 약탈자 무리들이 아테네와 예루살렘에서 일어난 선진 문화를 뒤엎고 유럽을 문화적 낙후지로 탈바꿈시켰을 때 기독교가 '학문과 질서, 안정과 위엄'으로 그 암흑의 대륙을 밝혔다. "수도사들은 고대의 학문이 보존되어 있는 원고들을 필사하고 연구했다."[16] 이 주장을 뒷받침하기 위해 드소자는 역사가 J. M. 로버츠의 말을 인용한다. 로버츠는 《서양의 승리 The Triumph of the West》에서 "거의 2,000년 전 소수의 유대인들이 자신들이 위대한 스승을 알았음을 믿지 않았다면, 그가 십자가에 못 박혀 죽고 땅에 묻힌 뒤 부활하는 것을 보았음을 믿지 않았다면, 오늘날 지금의 우리는 없었을 것"[17]이라고 말했다. 단테, 밀턴, 셰익스피어, 모차르트, 헨델, 바흐, 레오나르도 다 빈치, 미켈란젤로, 렘브란트를 포함한 지난 500년 동안의 모든 천재들은 "고난, 변화, 구원이라는 기독교 주제들"에서 영감을 받았다. 드소자의 핵심은 단지 이 모든 위대한 예술가들이 기독교도였다는 것이 아니다. "그보다는 기독교가 없었다면 그들의 위대한 작품들이 나오지 못했다는 것이다. 그랬다면 그들이 다른 위대한 작품들을 생산했을까? 우리는 모른다. 우리가 아는 것은 그들의 천재성이 기독교를 통해 독특하게 발현되었다는 것이다. 기독교가 낳은 미술, 건축, 문학, 음악 작품들에서만큼 인간의 염원이 그렇게 높이 닿고, 그렇게 깊이 심장과 영혼을 건드린 적은 없었다."[18]

이 마지막 주장은 터무니없으며 편협한 것이다. 호메로스와 사포가 기독교인이었던가? 고대 세계의 7대 불가사의가 그리스도의 위대한 선물인 구원에서 영감을 받았던가? 서양에서 기독교 이전에 일어난 수메르, 바빌로니아, 아카드, 아시리아, 이집트, 그리스의 위대한 고대 문명들, 현재의 파키스탄과 인도에 있는 인더스강 계곡, 현재의 중국에 있는 황허 강과 양쯔강 유역, 그리고 그 밖의 많은 장소들에서 일어난 고대 문명들에서 과거의 천재들이 기독교가 없는 상태에서 한 일을 우리는 분명하게 알고 있다. 이들은 저마다 미술과 건축, 음악과 문학, 과학과 기술에서 걸작들을 생산했다. 하지만 기독교도들과 이슬람교도들은 문화를 파괴하고 약탈하고 검열하는 수많은 행위들을 통해 이러한 성취의 증거를 없애기 위해 최선을 다했다는 사실을 지적하지 않을 수 없다.

기독교의 영감을 받은 미술, 건축, 문학, 음악의 걸작들이 무수히 많다는 것은 누구도 부정하지 않는 사실이다. 영혼을 고양시키는 대성당, 상실의 아픔을 담은 레퀴엠, 듣는 이들을 하나로 만드는 찬송가, 빛과 인간의 감정으로 눈부시게 빛나는 회화. 하지만 기독교 세계에 살고, 기독교인들에게 둘러 싸여 있으며, 기독교 외의 종교는 잘 모르고, 그리고 아무래도 기독교도 후원자들의 지원을 받을 수밖에 없는 예술가들은 기독교 작품을 생산할 것이다. 유럽이 르네상스를 맞고 새로운 땅과 새로운 영감의 원천들을 발견하고 있던 역사적 순간에 그 세계를 지배한 종교가 마침 기독교였던 것이다. 기독교가 최고의 후원자가 된 것은 전혀 놀라운 일이 아니다. 기독교 세계에 사는 예술가들이 석가모니의 삶과 식중독에 의한 죽음보다는 예수의 삶과 십자가에 못 박힌 죽음에서 영감을 받았다는 사실은 놀라운 일이 아니다. 그때 그곳에는 기독교밖에 없었기 때문이다.

종교와 자본주의

로드니 스타크Rodney Stark는 2005년 저서 《이성의 승리: 기독교는 어떻게 자유, 자본주의, 서양의 성공을 가져왔는가The Victory of Reason: How Christianity Led to Freedom, Capitalism, and Western Success》에서 기독교에 대해 이렇게 말했다. "기독교의 금욕주의가 다른 위대한 종교 문화의 그것과 구별되는 점은 육체노동을 중요하게 여긴다는 것이다. 다른 종교 문화에서는 신앙심이 세속과 세속의 활동을 거부하는 것과 관계가 있다. 예컨대 동양의 성자들은 명상에 전념하고 공양으로 살아가는 반면, 중세 기독교 수도사들은 자신의 노동으로 매우 생산적인 토지를 경작하여 살아갔다. 이러한 태도는 …… 경제 활동에 대한 건강한 관심을 지속시켰다. 프로테스탄티즘이 자본주의 사상의 기초가 되었다는 '베버 명제'가 틀렸다 해도, 자본주의를 기독교 윤리와 연관 짓는 것은 타당하다."[19]

이번에도 우리는 이 가설이 예측하는 것을 역사 실험을 통해 검증해 볼 수 있다. 만일 이 가설이 사실이라면, 기독교가 현재 지배적인 종교이거나 과거에 지배적인 종교였던 사회들에서는 서양식 민주주의와 자본주의가 나타나야 할 것이다. 하지만 그렇지 않다. 예컨대 비잔티움 제국은 300년대 초부터 동방정교회 기독교도가 압도적인 다수를 차지했지만 700년 동안 현대 미국에서 시행되는 민주주의 및 자본주의와 엇비슷한 형태조차 나타나지 않았다. 심지어 미국도 초창기는 오늘날과 같지 않았다. 200년 전만 해도 여성들은 투표할 수 없었고, 노예제도는 합법적인 제도로서 널리 시행되었으며, 자본주의의 부는 지주나 공장주 같은 소수 집단에게만 돌아갔다. 중세 후기부터 근대 초까지 모든 민족국가, 도시국가, 그리고 서유럽과 중앙유럽의 다양한 정치 조직체들은 기독교 문화였을 뿐 아니라 **서방** 기독교 문화였지만, 19세기가 되어서도 유럽에서 엇비슷하게나마 민주적이었던 공화국은 잉글랜드, 네덜란드, 스위스밖에 없었다.[20] 근대 기독교 유럽에서도 잉글랜드와 스페인은 해외 식민 제국으로부터 상당한 부를 거두어들였고, 원주민을 학살하고 그들 땅의

귀한 금속, 보석, 기타 자연자원을 약탈함으로써 더 부자가 되었다. 당연히 오늘날의 도덕적 잣대로는 비난받을 행동들이다.[21]

어쨌든, 현대의 보수주의자들이 예수를 자유시장을 옹호하는 자본주의자로 변모시킨 일은 예수가 성경에서 그 문제에 대해 뭐라고 했는지를 알고 나면 황당하기 그지없다. 〈마태오의 복음서〉 19장 24절에서 예수는 제자들에게 이렇게 말했다. "거듭 말하지만 부자가 하느님 나라에 들어가는 것보다는 낙타가 바늘귀로 빠져 나가는 것이 더 쉬울 것이다." 〈마태오의 복음서〉 19장 21절에서 예수는 한 제자에게 이렇게 말했다. "네가 완전한 사람이 되려거든 가서 너의 재산을 다 팔아 가난한 사람들에게 나누어주어라. 그러면 하늘에서 보화를 얻게 될 것이다. 그러니 내가 시키는 대로 하고 나서 나를 따라오너라." 〈루가의 복음서〉 6장 24~25절에서 예수는 부자들에게(그리고 배부른 자와 행복한 자들에게도) 훈계했다. "그러나 부유한 사람들아, 너희는 불행하다. 너희는 이미 받을 위로를 다 받았다. 지금 배불리 먹고 지내는 사람들아, 너희는 불행하다. 너희가 굶주릴 날이 올 것이다. 지금 웃고 지내는 사람들아, 너희는 불행하다. 너희가 슬퍼하며 울 날이 올 것이다." 그리고 〈루가의 복음서〉 16장에서는 한 부자에 관한 교훈적인 이야기를 들려준다. 부자는 "화사하고 값진 옷을 입고 날마다 즐겁고 호화로운 생활을 하였다." 그런데 "그 집 대문간에는 사람들이 들어다 놓은 라자로라는 거지가 종기 투성이의 몸으로 앉아 그 부자의 식탁에서 떨어지는 부스러기로 주린 배를 채우려고 했다." 그 거지는 죽어서 "천사들의 인도를 받아 아브라함의 품에 안기게 되었다." 하지만 그 부자는 죽어서 땅에 묻혔다. "죽음의 세계에서 고통을 받다가 눈을 들어보니 멀리 떨어진 곳에서 아브라함이 라자로를 품에 안고 있었다."

부의 심리─가난한 자가 가난에 대해 어떻게 느끼고, 부자가 부유함에 대해 어떻게 느끼는지—에 종교가 미치는 영향은 양면적이다. 베를린 홈볼트대학교의 심리학자 요첸 게바우어Jochen Gebauer가 2013년에 실시한 연구에 따르면, 종교는 가난하게 사는 것은 덜 힘들게 만들고 부유하게 사는 것은 덜 즐겁게 만든다. "종교는 돈이 그리 중요하지 않다고 가르침으로써 가난한 자를 위로한다. 이는 저임금의 심리적 해를 덜어줄 것이다." 이 연구에는 11개 나라(오스트리아, 프랑스, 독일, 이탈리아, 폴란드, 러시아, 스페인, 스웨덴, 스위스, 네덜란드, 터키)에서 설문에 참여한 다양한 종교를 가진 18만 7,957명의 데이터가 사용되었다. 응답자들은 적응 능력, 침착함, 명랑함, 만족도, 에너지, 건강, 낙관주의, 긍정성, 회복탄력성, 안정성을 측정하는 심리적응척도Trait Psychological Adjustment Scale 검사를 받았다.

연구 결과, 부유한 신자들이 가난한 신자들보다 적응을 더 잘하는 것으로 나타났지만, 이러한 효과는 종교적인 색채가 약한 문화들에서만 나타났다. 종교적인 색채가 강한 문화들에서는 부유한 신자들이 부자이되 신자가 아닌 사람들에 비해 적응을 잘하지 못했다. 그리고 종교적인 색채가 강한 문화와 약한 문화 모두에서 신자가 아닌 부자들이 신자가 아닌 가난한 사람들보다 더 잘 적응했다.[22] 하지만 이 연구는 단순히 전반적인 종교성을 검사한 것이라서, 가령 미국 개신교의—예컨대 오럴 로버츠, 아이크 목사, 조엘 오스틴처럼—더 많이 가지려는 신자들에게 하나님은 당신들이 부자가 되기를 원한다면서 부자가 되라고 (그리고 교회에 돈을 많이 내라고) 설교하는 목사들과[23] 신자들에게 이 세상에서 겪은 고통에 대한 위안으로 내세에서 부를 얻을 것이라고 말하는 가톨릭의 테레사 수녀 부류의 인도 비구니들을 분간해내지 못한다.[24] 이 대목에서도 종교는 빈자에게는 그들이 갖지 못한 것에 위로를 제공하고 부자에게는 그들이 가진 것을 정당화하는 근거를 제공하는 두 얼굴을 보인다.

종교와 평등권

만일 하나님이 자신의 모든 백성이 평등한 권리를 지녀야 한다고 생각한다면, 성스러운 책에서 그 점에 대해 무슨 말이든 했을 것이다. 하지만 그런 소신을 밝힌 대목은 성경의 어디서도 찾아볼 수 없다.

예컨대, 온전히 이 주제에 할애한 저서에서, 디네시 드소자는 현대의 도덕적 가치와 비슷한 것을 지지하는 성경 구절을 달랑 하나 찾을 수 있었다. 바로 〈갈라디아인들에게 보낸 편지〉 3장 28절이다. 거기서 사도 바울은 이렇게 말한다. "유대인이나 그리스인이나 종이나 자유인이나 남자나 여자나 아무런 차별이 없습니다. 그리스도 예수 안에서 여러분은 모두 한 몸을 이루었기 때문입니다." 드소자는 이 성경 구절이 〈미국독립선언〉의 전문前文에 나오는 유명한 문구인 "모든 사람은 평등하게 창조된다"의 토대가 되었을 것이라고 생각한다. 드소자의 의견에 따르면, "성경의 이 대목에서 기독교 개인주의가 보편구원론과 결합하고, 이 둘은 함께 우리 시대의 위대한 정치적 기적들 가운데 하나인, 침해할 수 없는 권리들에 대한 세계적인 합의에 기여했다."[25]

유감스럽지만 나는 그렇게 생각하지 않는다. 드소자는 문맥을 고려하지 않았는데, 전후 문맥을 살펴보면 바울의 의도가 무엇인지 분명하게 알 수 있다(〈갈라디아인들에게 보낸 편지〉 3장 1절). "갈라디아 사람들이여, 왜 그렇게 어리석습니까? 십자가에 매달리신 예수 그리스도의 모습이 여러분의 눈앞에 생생하게 나타나 있는데 누가 진리를 따르지 말라고 여러분을 미혹했단 말입니까?" 바울이 말하는 그 진리는 무엇인가? 그 진리는 이것이다. "기독교도가 된다고 해서 유대 사람이 그리스 사람이 될 필요도 없고 그리스 사람이 유대 사람이 될 필요도 없었다. 노예는 계속해서 주인을 섬겼을 것이고, '남자'와 '여자'는 각기 그동안 했던 역할을 계속했을 것이다."[26] 다시 말해, 바울이 하고 있는 말은 '여러분은 지금까지 하던 대로 계속하면 된다'는 것이다. 당신이 그리스 사람이라면 유대인이 될 필요가 없다. 이러한 특별 허가를 내린 데는 이유가 있었다. 유대교로 개종하는 남성은 할례를 받아야 했기 때문인데, 그것은 한 남성의 개종에 대한 의욕 자체를 꺾을 수 있는 문제다. (많은 사람들을 개종시키기 위해 가장 먼저 할 일은 음경 포피를 보유할 수 있도록 허락하는 것임을 바울은 깨달았다. 바울이 〈로마인들에게 보낸 편지〉 2장 29절에서 말하듯이, 할례를 몸에 받는 대신 영혼에—"마음에"—받게 하면 더 많은 남성들이 개종해서 독실한 신자가 될 것이다.) 바울은 폭력을 비호하는 혁명가가 아니었으며,[27] 미국 헌법을 대필하고 있던 것은 더더욱 아니었다. 그가 한 말은 당신이 노예라면 노예의 삶을 계속 살아야 하고, 당신이 아내라면 계속해서 사유재산으로 취급받아야 하고, 당신이 누구든 예수 그리스도를 경배할 수 있을 뿐 아니라 당신의 문화에서 당신의 핏줄과 신분에 맞는 방식으로 학대받을 수 있다는 것이다.

성경이 평등을 이야기한다는 드소자의 주장이 얼마나 말도 안 되는지는 그 이후로도 노예는 1,800년 동안이나 더 노예로 살았고, 여성들은 세계 전역의 기독교 국가들에서 1,900년 동안이나 더 사유재산으로 취급받았다는 사실만 봐도 알 수 있다. 설령 바울의 메시지가 우리는 모두 평등하다는 의미로 해석되었다 한들 아무도 그것을 곧이곧대로 받아들이지 않았을 것이다. 〈갈라디아인들에게 보낸 편지〉 3장 28절의 진짜 의미는 (〈요한의 복음서〉 3장 16절의 가르침인) 예수가 구세주임을 받아들이면 누구나 천국에 갈 수 있다는 것이고, 그것이 보편구원론이 암시하는 것이다. 즉 평등한 대접은 **이승**이 아니라 **내세**에서 받는다는 것이다.[28]

마지막으로 "모든 사람은 평등하게 창조된다"는 토머스 제퍼슨의 선언에 대해 말하면, 역사상 가장 위대한 이 도덕률의 출처는 결코 성경이 아니다. 제퍼슨은 이 문구를 작성한 지 반세기가 지났을 때 그 배경을 설명했다. 1825년에 헨리 리에게 보내는 편지에 제퍼슨은 이렇게 썼다. "독창적인 원리나 감정을 담을 의도도 없었고, 그렇다고 특정한 글에서 베낀 것도 아닙니다. 미국인의 마음을 표현하려 했고, 거기에 당시 요구된 적절한 톤과 정신을 담으려고 했습니다. 모든 저작권은 당시의 대화, 편지, 인쇄된 에세이, 또는 아리스토텔레스, 키케로, 로크, 시드니 등 사용권이 공공에게 있는 기초적인 책들에서 느낄 수 있던 일치된 감정들에 있습니다."[29]

종교가 사회적 건강과 행복에 도움이 될까?

종교가 도덕의 원천도 아니고 서양 문명의 토대도 아니라면, 사회적 건강과 행복에는 도움이 될까? 이것은 데이터가 복잡하고 모순되는 탓에 쉽게 결론이 나지 않는 질문이다(데이터에 모순이 나타나는 한 가지 이유는 학자들마다 사회적 행복을 다르게 정의하기 때문이다). 그렇다 보니 결론을 정해놓고 그것을 뒷받침하는 연구 결과를 골라내기가 쉽다. 나는 사회적 행복의 기준들을 가능한 한 많이 제시하려고 한다. 하지만 시작은 비교적 간단한 기준인 '자선'으로 해보자.

《누가 진정으로 보살피는가: 온정적 보수주의에 관한 놀라운 진실Who Really Cares: The Surprising Truth About Compassionate Conservatism》(과감하게 물음표를 뺀 또 하나의 책 제목)의 저자인 사회학자 아서 브룩스Arthur C. Brooks에 따르면, 자선 기부와 자원봉사에 관한 수많은 양적 척도들은 '동정심 많은 자유주의자'와 '무정한 보수주의자'의 신화가 허위임을 폭로한다.[30] 보수주의자들은 (수입이라는 변수를 통제했을 때도) 자유주의자들보다 30퍼센트 더 많은 돈을 기부하고, 수혈을 더 많이 하고, 자원봉사를 더 많이 한다. 신자들은 신자가 아닌 사람들보다 모든 자선 단체에 네 배 더 기부하고, 비종교 자선 단체에 10퍼센트 더 기부하며, 홈리스를 도울 확률이 57퍼센트 높다.[31] 온전하고 종교가 있는 가정에서 자란 사람들은 그렇지 않은 사람들보다 자선을 더 많이 베푼다. 자선 단체에 기부하는 사람은 그렇지 않은 사람들보다 "매우 행복하다"고 말할 확률이 43퍼센트 높고, 건강이 "굉장히 좋다"거나 "매우 좋다"고 말할 확률이 25퍼센트 높다.[32] 근로 빈곤층은 다른 어떤 소득 집단보다 수입의 훨씬 더 높은 비율을 자선 단체에 기부하고, 상응하는 수입을 공적 부조로 받는 사람들보다 세 배 더 기부한다. 다시 말해, 기부의 장애물은 가난이 아니라 복지다.[33] 브룩스의 설명에 따르면 "많은 사람들의 경우, 다른 사람들의 돈을 공여하기를 바랄 때 자기 돈을 기부하는 행위를 그만 두게 된다."[34] 그는 이로 인해 "국가 내에 선명한 문화적 금"이 생겼다고 결론짓는다.

> 한쪽에는 온갖 종류의 공식·비공식적인 방법으로 자선을 베푸는 다수 집단이 있다. 이들은 매우 적극적인 자선 활동으로 미국을 국제 기준에 비추어 이례적인 국가로 만든다. 하지만 다른 쪽에는 눈에 띄게 자선을 행하지 않는 무시할 수 없는 숫자의 소수 집단이 있다. 우리는 두 집단이 이처럼 다른 이유들을 찾아냈는데, 이 이유들은 논란의 여지가 있다. 한 집단은 종교가 있고 다른 집단은 없다. 한 집단은 정부의 소득 재분배를 지지하고 다른 집단은 그렇지 않다. 한 집단은 일을 하고 다른 집단은 정부의 공적 부조를 받는다. 한 집단은 건강하고 온전한 가족을 가지고 있고 다른 집단은 그렇지 않다.[35]

하지만 이 결과들은 **종교적** 신념이 아니라 **정치적** 신념을 반영한다는 것이 중론이다. 공적 프로그램을 통해 가난한 사람들을 돌보는 것이 정부의 일이라고 생각하는 사람들(자유주의자와 많은 세속주의자들)은 사적으로 기부할 필요를 덜 느낀다. 왜냐하면 그들은 이미 세금을 통해 기부했기 때문이다. 반면 가난한 사람을 돌보는 것은 사적으로 해야 하는 일이라고 생각하는 사람들(많은 보수적인 신자들)은 적극적으로 기부할 필요를 느낀다.

노스웨스턴대학교의 법학 교수인 제임스 린드그렌James Lindgren은 '잊혀진 중간, 중도파'를 브룩스가 간과하고 있다고 말한다. 보수주의자들은 중도파와 자유주의자 양측보다 훨씬 더 많이 거부하지만, 자유주의자들이 중도파보다는 훨씬 더 많이 기부한다. 따라서 "너그럽지 못한 사람들은 자유주의자들이 아니라 중도파인 것 같다"고 린드그렌은 결론 내린다. 그렇지만 그는 믿음이 더 많은 사람들을 포용하도록 도덕의 영향권을 확장하게 만든다는 논지에 덧붙여 이렇게 말한다. "소득 재분배를 반대하는 사람들은 덜 인종차별적이고, 인기 없는 집단들에 더 관용적이고, 더 행복하고, 복수심이 적고, 후한 돈을 기부하는 경향이 있다."[36] 그런데 보수주의자들은 남의 돈으로 하는 정부의 소득 재분배와 자기 돈으로 하는 자선 기부는 같지 않다는 생각을 갖고 있다. 정부가 한 사람에게 돈을 받아서 다른 사람에게 줄 때 도덕적 동기는 사라지고 이 일은 정치의 영역으로 이동한다. (많은 자유주의자들처럼) 그것이 원래 정치의 영역이라고 생각할지도 모르지만, 여기서 주목할 것은 자유주의자와 보수주의자의 기부율 차이에는 기부를 개인적인 일로 보느냐, 정치적인 일로 보느냐의 관점 차이가 반영되어 있을 가능성이 있다는 것이다.

이번에는 도덕적 지렛대의 부정적인 쪽을 보자. 사회과학자 그레고리 폴Gregory S. Paul은 제1세계의 부유한 민주주의 국가(인구가 400만 명 이상이며 1인당 GDP가 2000년 기준 미국 달러화로 2만 3,000달러 이상인 국가) 17개 나라(네덜란드, 노르웨이, 뉴질랜드, 덴마크, 독일, 미국, 스위스, 스웨덴, 스페인, 아일랜드, 오스트레일리아, 오스트리아, 일본, 이탈리아, 잉글랜드, 캐나다, 프랑스)를 대상으로 심층적인 통계적 분석을 실시해 '성공사회척도Successful Societies Scale(SSS)'라는 광범위한 데이터베이스를 구축했다. 그는 사회적 건강과 행복을 나타내는 25개의 광범위한 지표들에서 이 국가들이 몇 점인지 알고 싶었다. 그러한 지표들에는 살인, 수감자 수, 자살, 기대수명, 임질과 매독, 낙태, 십대 출산(열다섯 살에서 열일곱 살까지), 출산율, 결혼, 이혼, 음주, 인생 만족도, 부패 지수, 1인당 조정 후 소득, 소득 불평등, 가난, 고용 수준 등이 포함되었고, 각각의 지표에 대해 '역기능적'에서 '건강함' 까지 9단계로 점수를 매겼다. 또한 폴은 각 나라의 종교성을 양적으로 측정하기 위해 그 나라의 개인들이 신을 믿는지, 성경 구절을 아는지, 한 달에 적어도 몇 차례 예배에 참가하는지, 일주일에 적어도 몇 차례 기도를 하는지, 내세를 믿는지, 천국과 지옥을 믿는지를 조사해서 열 단계로 등급을 매겼다.[37]

　결과는 놀랍고 …… 충격적이었다. 미국이 독보적으로—2등과 큰 격차로—17개 나라 가운데 가장 종교적인 국가일 뿐 아니라 가장 역기능적인 국가로 나왔다. [그림 4-1]부터 [그림 4-7]에서 그 결과를 볼 수 있다. [그림 4-1]은 종교성과 전반적인 사회적 건강, [그림 4-2]는 종교성과 연간 10만 명당 살인율, [그림 4-3]은 종교성과 10만 명당 수감자 수, [그림 4-4]는 종교성과 10만 명당 자살률, [그림 4-5]는 종교성과 1,000명당 십대 임신율, [그림 4-6]은 종교성과 15~19세 여성 1,000명당 낙태율, [그림 4-7]은 종교성과 100명 당 이혼율을 보여준다.

　2009년 연구 이후 폴은 이 결과를 뒷받침하는 추가 자료들을 수집했고 그것을 나와 공유했다. "나는 그 이후 성공사회척도의 사회경제적 성공과 역기능을 나타내는 지표를 50개로 두 배 늘렸다. 여기에는 부엌 싱크대를 포함한 모든 것이 포함된다. 그는 내게 보낸 이메일에서 훨씬 더 확고한 결론을 제시했다.

원래의 성공사회척도와 업그레이드된 성공사회척도 모두 미국은 대부분의 지표에서 꼴찌이고, 어떤 경우는 심각한 꼴찌입니다. 몇 가지 지표에서 강점을 보였음에도 미국은 0~10까지의 등급으로 표시하는 성공사회척도에서 3등급으로 최하위에 올랐습니다. 단지 사회악 지표들에서만 그런 것이 아닙니다. 소득 성장은 중간이고(1995~2010), 사회적 이동성은 너무 낮아서 우리는 경직된 계급 사회가 되었습니다. 사적 부채 및 공적 부채는 유례없이 높습니다. 자유방임적인 세계경제포럼은 한때 미국을 가장 경쟁력 있는 국가로 꼽았지만 지금 우리는 우파가 '자격 사회'(개인의 의지와 관계없이 정부가 모든 국민에게 같거나 비슷한 보상을 제공하는 사회—옮긴이)라고 끊임없이 비난하는 유럽의 진보적인 다섯 나라 뒤로 밀려났으며, 지금도 계속 추락하고 있습니다. 이러한 결과는 높은 인종-민족적 다양성이나 이민자 비율 같은 미국 사회에 내재하는 외생 요인들로 설명할 수 없습니다. 상관관계가 너무 작기 때문입니다. …… 가장 성공적인 민주주의 국가는 가장 진보적인 국가들이고 이들은 성공사회척도에서 7등급을 받았습니다.[39]

물론 상관관계와 인과관계는 다르다. 하지만 만일 종교가 사회적 건강을 추동하는 강력한 힘이라면 왜 서구 세계에서 가장 종교적인 나라인 미국이 이러한 사회적 척도 모두에서 가장 건강하지 않을까? 만일 종교가 사람들을 더 도덕적으로 만든다면, 왜 미국이 극빈자, 문제 시민, 무엇보다도 아이들에게 관심을 보이지 않는 매우 부도덕한 면을 보일까?

좌파와 우파는 깔끔하게 나뉘지 않고, 중도 세력은 통계에 혼란을 초

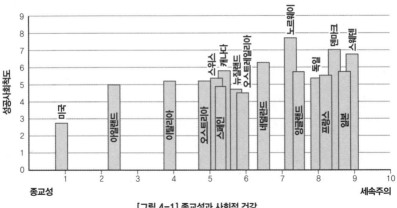

[그림 4-1] 종교성과 사회적 건강

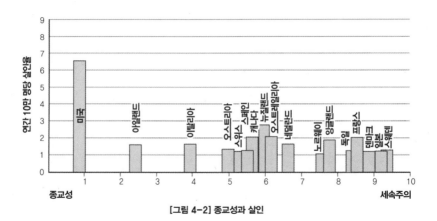

[그림 4-2] 종교성과 살인

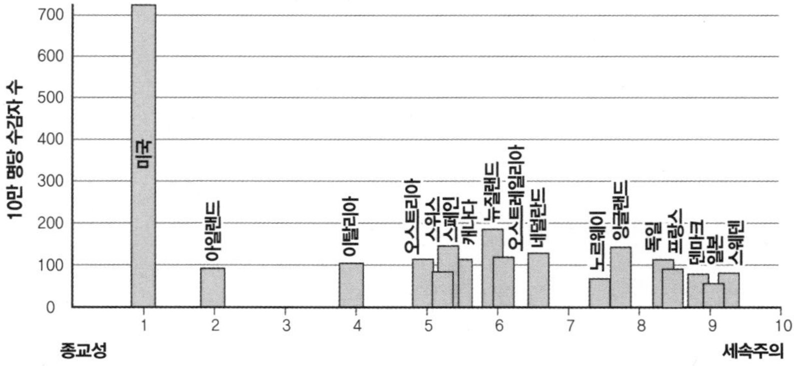

[그림 4-3] 종교성과 수감

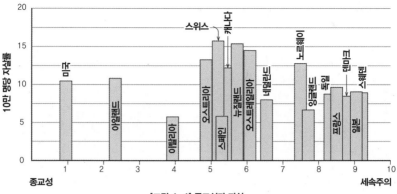

[그림 4-4] 종교성과 자살

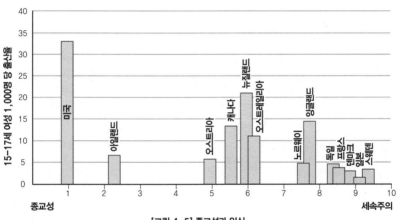

[그림 4-5] 종교성과 임신

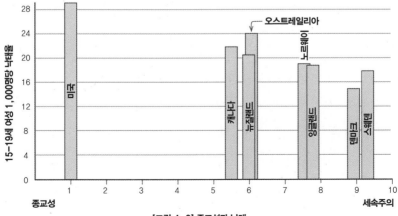

[그림 4-6] 종교성과 낙태

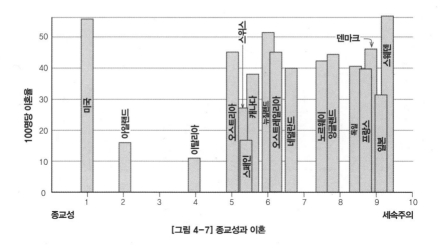

[그림 4-7] 종교성과 이혼

[그림 4-1~7] 종교와 사회적 건강의 관계

[그림 4-1]은 종교성과 전반적인 사회적 건강의 관계를 보여준다. [그림 4-2]는 종교성과 연간 10만 명당 살인율의 관계를 보여준다. [그림 4-3]은 종교성과 10만 명당 수감율을 보여준다. [그림 4-4]는 종교성과 10만 명당 살인율을 보여준다. [그림 4-5]는 종교성과 1,000명당 십대 임신율을 보여준다. [그림 4-6]은 종교성과 15-19세 여성 1,000명 당 낙태율을 보여준다. [그림 4-7]은 종교성과 100 명당 이혼율을 보여준다.[38]

래할 것이다. 하지만 우파와 좌파는 종교를 기준으로 갈라지는 것처럼 보인다. 정치학자 피파 노리스Pippa Norris와 로널드 잉글하트Ronald Inglehart는 선거 시스템 비교 연구Comparative Study of Electoral Systems 데이터를 가지고, 32개 나라에서 지난 10년 동안 있었던 37번의 대선과 총선을 분석했다. 그 결과 그들은 독실한 신자들(일주일에 적어도 한 번은 예배에 참석하는 사람)의 70퍼센트가 우파 정당에 투표한 반면, 종교가 없는 사람들(예배에 참석한 적이 한 번도 없는 사람들)은 45퍼센트만이 우파 정당에 투표했다는 사실을 알아냈다. 이 효과는 미국에서 유독 두드러진다. 연구자들에 따르면, 예컨대 2000년에 실시된 미국 대선에서 "종교는 누가 부시에게 투표하고, 누가 고어에게 투표할 것인지를 예측하는 가장 확실한 변인으로 밝혀졌다. 이에 비하면 사회계급, 직업, 지역이 미치는 효과는 보잘것없었다."[40]

'사회 자본social capital' 이론이 종교적 공동체의 이점을 설명하는 데 도움을 줄 수 있을지도 모른다. 로버트 퍼트넘Robert Putnam이 2000년 저서 《나 홀로 볼링Bowling Alone》에서 내린 정의에 따르면, 사회 자본은 "개인들 간의 인맥, 즉 사회 관계망과 여기서 생겨나는 호혜주의와 신뢰의 규범"이다. 퍼트넘은 이것이 개인이 가진 '시민의 덕성'과는 다른 것이라고 단서를 단다. "촘촘하게 얽힌 호혜적인 사회 관계망 속에 있을 때 시민의 덕성이 가장 큰 힘을 발휘한다는 사실에 주목하는 것이 '사회 자본'이다. 도덕적이지만 고립된 개인들의 사회는 사회 자본이 풍부하지 않을 수 있다." 그 이유는 사회 자본이 경제학자들이 '긍정적 외부 효과'라고 부르는 효과를 내기 때문이다. 긍정적 외부 효과란, 타인들이나 사회 전체에 생기는 의도치 않은 결과를 말한다. "만일 이웃끼리 서로의 집을 주시함으로써 우리 동네의 범죄율이 낮아진다면, 나는 설령 대부분의 시간을 집밖에서 보내고 옆집에 사는 이웃에게 목례조차 하지 않더라도 이익을 얻는다."

따라서 사회 자본은 사적인 재화인 동시에 공적인 재화일 수 있다고 퍼트넘은 말한다. "사회 자본에 대한 투자 수익은 일부는 방관자들에게 돌아가고, 일부는 투자자에게 당장의 이익으로 돌아온다. 예컨대 로터리 클럽이나 라이온스클럽 같은 사회봉사 친목회들은 장학금을 모금하거나 질병을 퇴치하기 위한 지역사회 활동을 하는 동시에, 회원들에게 개인적으로 이익이 되는 친목과 사업 인맥을 제공한다."[41] 하지만 우리가 알고 싶은 점인 도덕적 진보에는 어떤 영향을 미칠까? 사회 자본은 종교적인 성질을 띠거나 띠지 않는 지역 공동체 내에서 호혜적 관계를 정의하고 행동 규칙들을 강제함으로써 도덕적 진보에 기여한다. 이것은 바로 1장에서 말한 호혜적 이타주의 원리의 예다. 따라서 사회 자본은 퍼트넘이 자세히 설명하듯이, 이 원리를 지역사회 전체로 일반화한 것이다.

나는 당신에게 특정한 보답을 기대하지 않고 당신을 위해 이 일을 한다. 왜냐하면 언젠가 다른 누군가가 나를 위해 뭔가를 할 거라고 확신하기 때문이다. 황금률은 일종의 일반화된 호혜주의다. 오리건주 골드비치의 의용소방대가 연례 기금 모금 행사를 홍보하기 위해 사용하는 티셔츠 슬로건도 같은 경우다. "기금 모금 행사에 오시면 여러분 집에 불이 났을 때 우리가 갑니다." 이 슬로건에서 소방대원들은 "우리는 일대일 호혜주의 원리에 따라 행동한다"고 말하고 있는 것 같지만, 우리는 그 슬로건이 실제로 전하는 메시지가 일반화된 호혜주의 규범임을 안다. 다시 말해, 소방대원들은 **당신이** 오지 않아도 당신 집에 불이 나면 갈 것이다.[42]

퍼트넘의 '사회 자본'을 세계가치관조사World Values Survey의 자료에 관한 노리스와 잉글하트의 분석과 관련해서 생각해보자. 그 자료에 관한 분석에서 노리스와 잉글하트는 '종교적 참여'와 '비종교 단체' 활동 사이에 양의 상관관계가 있음을 발견했다. 이러한 비종교 단체에는 여성 단체, 청소년 단체, 평화 단체, 사회복지 단체, 인권 단체, 환경보존 단체가 포함되며, 틀림없이 볼링팀도 포함될 것이다(교회에 다니는 사람들은 혼자 볼링을 치러 갈 확률이 낮다). 노리스와 잉글하트에 따르면, "많은 종교에서 (하지만 모든 종교는 아니다) 종교 기관들은 모임 장소를 제공하고 이웃들을 연결시켜주고 이타심을 장려함으로써 사회적 소속감을 높이는 것 같다." 노리스와 잉글하트는, 이 자료는 세속주의에 직면해서도 종교가 끈질기게 버틸 수 있는 이유를 설명하는 어느 이론을 뒷받침한다고 결론내린다. "자료가 보여주는 패턴은 정기적으로 교회에 감으로써 발생하는 사회 관계망과 개인적인 소통이 종교 관련 조직에서 활동하는 것을 장려할 뿐 아니라, 더 일반적으로 지역사회 연합들을 튼튼하게 하는 데도 중요한 역할을 한다는 사회 자본 이론의 주장을 뒷받침한다."[43]

이 모든 연구의 엇갈리는 결과들을 종합해 내가 세운 가설은, 덜 종교적인 민주주의 국가에서는 세속적인 기관들이 사회적 건강에 기여하는 사회 자본을 생산한다는 것이다. 미국에서 종교적인 사회 자본은 자선 활동에는 기여하지만, 살인, 성병, 낙태, 십대 임신 같은 사회악에 대해서는 그만큼 효과를 내지 못한다. 두 가지 이유가 있을 것 같다. 첫째, 이러한 문제들은 저마다 전혀 다른 원인을 갖고 있기 때문이다. 둘째, 그러한 문제들에는 세속적인 사회 자본이 더 효과적이기 때문이다. 사회학자 프랭크 설로웨이Frank Sulloway에게 이러한 연구들에 대해 질문했더니, 그는 또 하나의 설명을 제시했다. "무엇보다 중요한 이유를 꼽자면, 질병, 전쟁, 범죄, 또는 불안감 때문에 끔찍한 삶을 사는 사람들이 종교에 기대기 때문일 것입니다. 둘의 관계는, 건강하지 않은 사회와 취약한 생활기반이 신앙심을 초래하는 것이지 그 반대가 아닙니다." 인과관계의 방향은 "종교에서 건강하지 않은 사회"로 가는 것이 아니라 "건강하지 않은 사회에서 종교"로 가는 것이며, "건강한 사회는 자유주의에 기여한다"라고 설로웨이는 설명한다.[44]

종합하면, 종교는 한 나라의 전반적인 행복에 크게 기여하지 않는다는 것이 내 결론이다. 크리스토퍼 히친스Christopher Hitchens가 저서《신은 위대하지 않다God is not great》에서 내린 유명한 결론처럼 종교는 "모든 것에 독이 된다"고까지는 말할 수 없어도,[45] 건강한 사회에 꼭 필요한 요소는 아니라는 결론을 내릴 만큼은 독성이 있다.

종교가 개인의 건강과 행복에 도움이 될까?

종교가 오늘날 우리가 지지하는 도덕 가치들을 제공하지도 않고, 서구 문명을 낳지도 않았으며, 사회를 더 건강하고 행복하게 만들지도 못한다면, 신자 개개인을 더 건강하고 행복하게는 할까? 결과는 이번에도 상반된다. 먼저 한쪽을 보면, 특정한 종교적 믿음은 개인의 건강에 명백하게 나쁘다. 여호와의증인Jehovah's Witnesses은 생명을 구하는 시술인 수혈을 거부하고, 기독과학교파Christian Scientists는 신이 질병을 치료해주기 때문에 의학적 처치는 불필요하다고 여김으로써 치료 가능한 질병으로 죽는다. 오순절교회파는 모든 의학적 처치를 거부하는 탓에 유년기 사망률이 일반 인구 집단보다 26배나 높다. 환생을 믿는 힌두교도들은 질병이 전생에 저지른 악행으로 인한 업이라고 믿기 때문에 의학적 치료를 시도하지 않는다.[46]

반면, 심리학자 마이클 맥컬로Michael McCullough와 그 동료들이 2000년에 발표된 40개 이상의 연구들에 대한 메타 분석을 실시한 결과, 종교와 건강, 웰빙, 수명 사이에 강력한 상관관계가 있음을 발견했다. 신앙심이 깊은 사람들은 신앙심이 깊지 않은 사람들보다 후속 관찰 시점에 살아 있을 확률이 29퍼센트 높았다.[47] 이 연구가 세상에 알려졌을 때 회의주의자들은 신자들로부터 이 결과를 설명해보라는 요구를 받았다. 신자들은 마치 **"거 봐라, 신은 존재하고, 건강은 믿음에 대한 보상이다"**라고 말하는 듯했다.

하지만 과학에서 "신이 그것을 했다"는 것은 검증 가능한 가설이 아니다. 과학자들은 신이 **어떻게** 그것을 했는지, 그리고 어떤 힘 또는 메커니즘이 작용했는지 알고 싶어 한다. "신은 알 수 없는 방식으로 일한다"고 해서는 동료 검토 절차를 통과할 수 없다. '신에 대한 믿음' 또는 '신앙심'

같은 설명들조차도 그것을 구성하는 성분들을 분해해서, 건강과 웰빙, 그리고 장수를 가져오는 행동과의 관계를 설명할 수 있는 인과 메커니즘을 찾아내야 한다. 맥걸로와 마이애미대학교의 동료인 브라이언 윌로비Brian Willoughby가 수백 개 연구들에 대한 메타 분석에서 한 일이 바로 그것이다. 분석 결과, 그들은 신앙심이 깊은 사람들은 운동, 치과 정기검진, 안전벨트 매기와 같은 건강에 도움이 되는 행동을 할 확률이 더 높고, 흡연, 음주, 약물 복용, 위험한 섹스에 빠질 확률이 더 낮다는 사실을 발견했다.[48] 왜 그럴까? 종교는 긍정적인 행동을 강화하고 부정적인 습관을 단념시키는 친밀한 사회 연결망을 제공하고, 목표 달성을 위한 자기 규율과 부정적 유혹을 이기는 자기 통제력에 기여한다. 이러한 자질은 종교와 관계가 있든 없든 건설적인 사회 자본이 된다.

'자기 통제'라는 것도, 이 용어에 대한 조작적 정의(과학적 관찰과 실험적 절차에 의해 측정될 수 있도록 정의하는 것―옮긴이)를 내리고 그것을 구성하는 성분들을 분해하여 이 과정이 어떻게 작동하는지 조사할 필요가 있다. 플로리다주립대학교의 심리학자 로이 바우마이스터Roy Baumeister가 2011년에 과학 저술가 존 티어니John Tierney와 공동 저술한 책인 《의지력Willpower》[49]에서 한 일이 바로 그것이다. 자기 통제는 마음먹은 대로 행동하는 힘이다. 이들의 연구 결과는 만족을 지연시키는 어린이(예컨대, 나중에 두 개의 마시멜로를 먹기 위해 지금 한 개의 마시멜로를 먹지 않고 참는 것[50])가 훗날 학교 성적과 사회 적응에서 높은 점수를 받는다는 것을 보여준다. 종교는 궁극적인 만족 지연 전략(영생)을 제공한다. 그것을 보여주는 증거로서, 바우마이스터와 티어니는 "주일학교에서 더 많은 시간을 보낸 학생들이 자제력 검사에서 더 높은 점수를 받았고", "독실한 신앙심을 지닌 아이들이 부모와 교사로부터 충동성이 비교적 낮다는 평가를 받았음"을 보여주는 연구 결과를 인용한다.[51] 물론 많은 종교가 (입회 의식, 성체, 십일조 등을 통해) 신자가 되는 것에서부터 특정 수준의 자제력을 요구한다. 따라서 사회학자들이 조사하는 시점에 이들은 이미 자제력과 의지력이 높은 사람들이 모여 있는 집단을 이루고 있을 것이다.

하지만 목표를 정하고 목표로 가는 과정을 감독하는 것은 신자든 아니든 누구나 할 수 있는 것이다. 하나부터 열까지 세면서 숨쉬기를 반복하는 명상은 "정신수양에 도움이 된다. 묵주기도를 하는 것, 히브리 찬송가를 부르는 것, 힌두 만트라를 외는 것도 마찬가지"라고 바우마이스터와 티어리는 지적한다. 그러한 의식을 행하고 있는 사람들의 뇌 영상을 보면 자기 규율과 집중력에 관여하는 부위가 강하게 활성화된다. 실제로 매컬로는 기도와 명상을 "자기 통제를 위한 무산소 운동의 일종"이라고 묘사한다.

바우마이스터는 유혹을 이기는 연습을 하면 자기 통제력이 증가할 수 있다는 것을 실험을 통해 증명했다. 하지만 이때 페이스 조절을 할 필요가 있는데, 근육과 마찬가지로 자기 통제도 지나치면 고갈될 수 있고, 그러면 다음번 유혹에 더 쉽게 굴복하게 되기 때문이다. 마지막으로, 바우마이스터와 티어니는 종교의 기능으로 행동 감시자 또는 피드백 시스템의 역할을 추가한다. 즉 사람들에게 누군가가 자신을 지켜보고 있다는 느낌을 제공한다는 것이다. 신자들의 경우 그 누군가는 신일 수도 있고, 다른 신자들일 수도 있다.[52] 신자가 아닌 사람들의 경우는 가족, 친구, 동료들이 나쁜 행동을 보고 눈살을 찌푸리는 감시자 역할을 한다.

세상은 유혹으로 가득하고, 오스카 와일드의 말마따나 "나는 유혹을 빼고 모든 것에 저항할 수 있다." 종교가 유혹을 이기는 한 가지 방법이지만, 다른 방법들도 있다. 우리는 19세기의 아프리카 탐험가 헨리 모튼 스탠리Henry Morton Stanley가 걸었던 세속적인 길을 따라갈 수 있다. 그는 "화약보다 더 필수불가결한 것이 자기 통제력"이며, '신성한 임무'를 수행할 때는 특히나 그것이 중요하다고 말했다. 스탠리의 신성한 임무는 노예제도 폐지였다. 우리도 힘든 순간에 스탠리의 이야기를 떠올리면 좋을 것 같다. "내 불쌍한 몸뚱이는 엄청난 고통을 받았다. …… 타락하고, 고통스럽고, 피로하고, 아팠다. 그리고 그 위에 얹힌 임무에 깔려 죽기 일보직전이었다. 하지만 몸뚱이는 나의 작은 일부일 뿐이었다. 내 진정한 자아는 어두컴컴한 몸뚱이 안에 싸여서도 사사건건 자신을 방해하는 몸뚱이를 포함해 비참한 환경들 앞에서 언제나 거만하게 고개를 치켜들었다."[53]

당신도 신성한 임무를 골라 그 목표를 향한 발걸음을 감독하고 조절하라. 의지력을 높이기 위해 규칙적으로 먹고 자라. 앉으나 서나 몸가짐을 바르게 하고, 주변을 정돈하고 차림새를 단정히 하라(스탠리는 정글에서도 날마다 면도를 했다). 그리고 당신의 노력에 힘을 실어줄 수 있는 사회 관계망을 만들어라. 이러한 신성한 건강은—신자든 아니든—더 높은 목표를 추구하는 모든 사람의 본분이다.

십계 해체하기

십계명보다 더 잘 알려진 도덕률은 없을 것이다. 하지만 십계명은 우리와 문화와 관습이 매우 다른 사람들에 의해 그리고 그러한 사람들을 위해 쓰였기 때문에 현대인과 무관하거나, 현대인이 지킬 경우 부도덕한 사람이 된다. 도덕적 결의법을 연습하는 셈 치고, 3,000년 전에 이 계율이 명해진 이래로 도덕의 궤적이 얼마나 멀리 왔는지 확인하는 맥락에서 십계를 하나씩 짚어보자. 그런 다음에 과학과 이성에 기반한 도덕 체계의 관점에서 십계를 재구성해보자.[54]

1. **너희는 내 앞에서 다른 신을 모시지 못한다.** 첫째로, 이 계명은 당시에 다신교가 흔했으며 야훼는 다른 어떤 신들보다 질투가 심한 신이었음을 말해준다(둘째 계명에서 신이 스스로 그렇다고 밝힌다). 둘째로, 이 계명은 종교적 표현의 자유를 제한한다는 점에서 미국 헌법 수정 조항 제1조에 위배된다("연방 의회는 국교를 정하거나 자유로운 신앙 행위를 금지하는 법률을 제정하지 못한다"). 따라서 학교와 법원 같은 공공장소에 십계명을 써 붙이는 것은 위헌이다.

2. **너희는 위로 하늘에 있는 것이나 아래로 땅 위에 있는 것이나, 땅 아래 물속에 있는 어떤 것이든지 그 모양을 본떠 새긴 우상을 섬기지 못한다. 너희는 그 앞에 절하거나 그것을 섬기지 못한다. 나, 주 너희의 하나님은 질투하는 신이다. 나를 싫어하는 자에게는 그 죗값으로 본인뿐 아니라 그 후손 삼대에까지 벌을 내린다.** 이 계명도 언론의 자유를 보장하는 수정 조항 제1조에 위배된다. 수많은 대법원 판례들이 언론의 자유에 대한 예술적 표현을 포함하고 있다("의회는 언론의 자유를 제한하는 …… 법률을 제정하지 못한다"). 또한 이 계명은 탈레반이 아프가니스탄에서 이슬람교의 신이 인정하지 않는 고대 종교 유적지들을 파괴한 일을 상기시킨다. 성경의 다른 곳에서도 '우상'이라는 말이 비슷한 뜻으로 사용되고 있는데, '우상'의 히브리어 표현 pesel은 '돌, 나무, 금속을 깎거나 잘라서 만든 물체'라고 번역된다. 그렇다면 수백만 기독교인들이 그들의 죄를 대신한 예수의 고통을 나타내는 형상, 우상, 표상으로서 몸에 지니는 십자가를 우리는 어떻게 이해해야 할까? 십자가는 로마인들이 널리 시행한 고문 방식을 본떠 새긴 조각상이다. 만일 오늘날 유대인들이 어느 날부터 작은 가스실 모양의 금목걸이를 걸고 다니기 시작한다면, 대중은 확실히, 그리고 당연히 충격에 빠질 것이다.

나, 주 너희의 하나님은 질투하는 신이다.《구약성서》의 신이 왜 대학살, 전쟁, 정복, 몰살을 명했는지 알 것 같다. 이러한 인간의 감정들은 야훼가 그리스 신과 닮은 존재였으며, 들끓는 감정을 지혜롭게 통제하지 못하는 사춘기 소년과 비슷했음을 말해준다. 이 계명의 마지막 부분—**나를 싫어하는 자에게는 그 죗값으로 본인뿐 아니라 그 후손 삼대에까지 벌을 내린다**—은 수백 년에 걸쳐 만들어진 서구 법리학의 가장 근본적인 원리에 위배된다. 즉 본인이 저지른 일에 대해서만 죄를 물을 수 있고, 그 문제와 관련하여 그 부모, 조부모, 증조부모, 또는 다른 누군가가 저지른 일에 대해서는 죄를 물을 수 없다는 것이다.

3. **너희는 주 너희 하나님의 이름을 함부로 부르지 못한다. 주는 자기의 이름을 함부로 부르는 자를 죄 없다고 하지 않는다.** 이 계명 역시 헌법에 보장된 권리인 언론의 자유와 신앙의 자유를 침해하는 것이며, 야훼의 쩨쩨한 질투심과 신답지 않은 태도를 보여주는 또 다른 증거다.

4. **안식일을 기억하여 그날을 거룩하게 지켜라.** 언론의 자유와 신앙의 자유를 보장하는 미국 수정 헌법에 따르면, 안식일을 성스러운 날로 취급하는 것은 개인의 선택이다. 그리고 이 계명의 나머지 부분—**이는 내가 엿새 동안 하늘과 땅과 바다와 그 안에 있는 모든 것을 만들고 이레째 되는 날 쉬었기 때문이다. 그러므로 나, 주가 안식일을 축복하고 그날을 거룩한 날로 삼았다**—은 안식일의 목적도 야훼에게 경의를 표하기 위한 것임을 분명하게 보여준다.

여기까지 네 개의 계명은 타인과 교류하고, 갈등을 해결하고, 다른 감응적 존재의 생존과 번성을 돕는 방법과 관련하여 오늘날 우리가 아는 도덕과 아무런 관계가 없다. 하지만 이 대목까지의 십계명은 인간과 인간의 관계가 아니라 전적으로 신과 인간의 관계에 대한 것이다.

5. **너희는 부모를 공경하여라.** 나도 아버지라서 이 계명은 옳고 타당하게 느껴진다. 부모들의 대부분이 자식에게 공경받기를 원하는데, 그것은 무엇보다 우리 부모들이 자식들에게 엄청난 사랑과 관심, 그리고 자원을 투자했기 때문이다. 하지만—사랑은 말할 나위도 없고—공경을 '강요한다'는 것은 부모인 내게도 공허하게 들린다. 그러한 감정은 자연스럽게 생기는 것이기 때문이다. 게다가 공경을 강요하는 것은 모순어법이며, 그렇게 하면 보상이 주어진다는 암시는 최악이다. 이 계명의 나머지 부분을 보면, **그래야 너희는 주 너희 하나님이 너희에게 준 땅에서 오래도록 살 것이다**라고 되어 있다. 공경은 부모와 자식 사이에 사랑과 만족을 주고받는 관계의 결과로 자연스럽게 일어나거나 그렇지 않거나 둘 중 하나인 문제다. 어떤 계율이 도덕률의 자격을 갖추려면, 철저히 이기적인 행동과 타인에게 도움이 되는 행동(자신에게 손해가 될지라도) 사이의 선택이라는 요소를 반드시 포함해야 한다.

6. **죽이지 못한다.** 마침내 우리는 관심을 갖고 존중할 가치가 있는 진정한 도덕 원리에 이르렀다. 하지만 이 대목에서조차 성서학자들과 신학자들은 1급 살인부터 과실치사에 이르는 온갖 종류의 살인, 이와 함께 정당방위, 도발에 의한 살인, 우발적 살인, 사형, 안락사, 전쟁 같은 경감 사유와 적용 배제 사유는 물론이고, 살인과 죽이는 것(예컨대 정당방위) 사이의 차이를 놓고서도 무수한 해석을 쏟아냈다. 많은 히브리 학자들은 여기서 금지는 고의적 살인에만 해당된다고 생각한다. 그러면 〈출애굽기〉(32장 27-28절)에 나오는 이야기는 어떻게 이해해야 할까? 모세가 자신이 산에서 들고 내려온 증거판 두 개를

화가 나서 깨뜨려버리고 나서 레위 사람들에게 이렇게 명했다. "모세가 그들에게 일렀다. 이스라엘의 하느님 야훼께서 명하신다. 모두들 허리에 칼을 차고 진지 이 문에서 저 문까지 왔다 갔다 하면서 형제든 친구든 이웃이든 닥치는 대로 찔러 죽여라. 레위 후손들은 모세의 명령대로 하였다. 그날 백성 중에 맞아 죽은 자가 삼천 명 가량이나 되었다." 누구도 죽이지 말라는 신의 계명과 모두를 죽이라는 명령 사이에서 우리는 어떻게 해야 하는가? 이 이야기와 그 밖의 많은 비슷한 이야기들에 비추어보면 여섯째 계명은 이렇게 해석해야 한다. **너희는 죽이지 못한다. 하지만 너희 하나님이 하라고 말하면 너희의 적들을 닥치는 대로 죽여라.**

7. **간음하지 못한다.** 다른 사람의 약혼녀를 임신시킨 신이 할 말은 아닌 것 같다. 하지만 더 큰 문제는 이 계명이 나머지 계명들과 마찬가지로 사람들이 처할 수 있는 다양한 상황을 고려하지 않은 융통성 없는 계율이라는 것이다. 연인 관계의 성인들은 관계의 세부를 스스로 결정할 수 있으며 그렇게 하는 것이 옳다. 우리는 연인 관계에 있는 사람들이 진심으로 상대방을 존중하기를 바라지만, 그 이유가 신이 시켜서는 아니다.

8. **도둑질하지 못한다.** 이런 것을 명하는 데 신이 꼭 필요할까? 모든 문화는 도둑질에 관한 도덕 규칙과 법령을 가지고 있었고 지금도 마찬가지다.

9. **이웃에게 불리한 거짓 증언을 하지 못한다.** 거짓말이나 가십의 피해자가 되어본 사람은 왜 이 명령이 타당하고 필요한지 설명할 수 있을 것이다. 따라서 성서 저자들에게 1승을 인정한다. 그들의 통찰이 이 대목에서는 헛되지 않았다.

10. **네 이웃의 집을 탐내지 못한다.** 네 이웃의 아내나 남종이나 여종이나 소나

나귀 할 것 없이 네 이웃의 소유는 무엇이든 탐내지 못한다. 무언가를 탐낸다는 것—즉 갈망하고 원하고 욕망하는 것—이 무엇을 의미하는지 잘 생각해보라. 따라서 이 계명은 서양 법전들과 수백 년 동안 대치 중인 '사상 범죄'의 최초 사례다. 더 중요한 것은, 뭔가를 탐내고 욕망하는 것이야말로 자본주의의 근간이며, 역설적이게도 이 마지막 계명에서 금지하는 '탐하는 마음'을 가장 열렬히 방어하는 사람들은 성서를 인용하는 기독교 보수주의자들이라는 점이다. 작고한 크리스토퍼 히친스가 이 계명을 제대로 해석하면 무슨 말이 되는지 멋지게 요약했다. "네 이웃의 아내의 엉덩이를 탐내는 것은 괜찮은지, 또는 율법에 어긋나지 않은지와 관련한 많은 농담들을 차지하고라도, 안식일을 지키라는 계명과 마찬가지로 이 계명도 하인을 거느리고 재산을 소유한 계급에게 적용된다는 사실을 놓쳐서는 안 된다. 게다가 이 계명은 아내를 나머지 재산과 한 덩어리로 취급한다(더구나 그 시대에는 '네 이웃의 아내들'이라고 말했을 것이다)."[55]

잠정적으로 정하는 이성적인 십계명

돌판에 새겨진 종교의 도덕률이 가지고 있는 문제는 다름 아닌 **그것이 돌판에 새겨져 있다는 것**이다. 절대 변할 수 없는 것은 그 DNA 안에 자멸의 씨앗을 품고 있는 것과 같다. 과학에 기반을 둔 도덕은 자체 교정 메커니즘을 장착하고 있다는 장점을 지니고 있다. 이러한 메커니즘은 개정, 교정, 증보를 단지 허락하는 것만이 아니라 강력히 요구한다. 우리는 도덕적 가치에 대해 알고 몇몇 경우에는 그것을 결정하기 위해 과학과 이성을 활용할 수 있다.

과학은 그 방법들과 결론들을 바꾸고, 개선하고, 업데이트하고, 업그레이드하면서 발전한다. 도덕과학도 그래야 한다. 모든 곳, 모든 사람, 모든 상황에서 옳고 그른 것이 무엇인지 확실하게 아는 사람은 아무도 없다. 따라서 과학에 기반을 둔 도덕의 목표는—경험적 조사와 합리적 분석으로 평가한 결과—대부분의 시기에 대부분의 상황에 대부분의 사람들에게 적용할 수 있으면서도 적절한 곳에서는 예외와 수정을 허락하는 몇 가지 잠정적인 도덕률을 구성하는 것이다. 실제로 우리가 살펴보았듯이 "누가 그리고 무엇이 인격체로서 보호받을 자격이 있는가"에 대한 인류의 생각이 수백 년 동안 확장되어왔듯이, 우리의 도덕적 보호가 미치는 영역도 예전에는 미처 생각하지 못했던 범주들로 확장되었다. 다음은 고려해볼 가치가 있는 열 가지 잠정적인 도덕 원리다.

1. **황금률 원리: 남에게 대접받고자 하는 대로 남을 대접하라.** 황금률은 호혜적 교환과 호혜적 이타주의라는 기본 원리에서 파생한 것으로, 구석기 조상들에게 기본적인 도덕 감정들 가운데 하나로 진화했다. 이 원리에서 도덕의 행위자는 둘이다. 도덕 행위를 하는 **주체**와 그 행위의 대상이 되는 **객체**다. 도덕적 행위의 대상이 어떻게 받아들이고 반응할지를 행위의 주체가 확신하지 못할 때 도덕적 질문이 발생하고, 이럴 때 어떻게 해야 하는지 알려주는 것이 바로 황금률이다. "누가 내게 이런 행동을 한다면 어떨까"라고 자문함으로써 당신은 "내가 그들에게 이런 행동을 하면 그들의 기분이 어떨까"라고 묻고 있는 것이다.

2. **먼저 물어보기 원리: 어떤 행동이 옳은지 그른지 알고 싶으면 상대방에게 먼저 물어보라.** 황금률 원리에는 태생적 한계가 있다. 도덕 행위의 객체가 주체와 다르게 생각하면 어떻게 하는가? 당신은 어떤 행위를 당

해도 괜찮지만 누군가는 그렇지 않다면? 흡연자는 식당에서 다른 사람들이 담배를 피우면 어떤 기분일지 스스로 물을 수는 없는데, 본인은 십중팔구 상관없을 것이기 때문이다. 흡연자는 **비흡연자**에게 물어야 한다. 즉 도덕 행동의 주체는 도덕 행동의 객체에게 그 행동이 도덕적인지 부도덕적인지 물어야 한다. 다시 말해, 황금률은 여전히 **당신 위주**로 생각하는 것이다. 하지만 도덕은 당신 위주로 작동하지 않으므로 **타인 위주**로 도덕을 생각하는 '먼저 물어보기 원리'가 필요하다.

3. **행복 원리: 항상 다른 누군가의 행복을 고려하면서 행복을 추구하는 것은 고차원적인 도덕 원리다. 무력과 사기를 통해 다른 누군가가 불행해질 때는 행복을 추구해서는 안 된다.** 인간은 무수히 많은 도덕적인 감정과 부도덕한 감정들을 가지고 있다. 그래서 우리는 이타적인 한편 이기적이기도 하고, 협력하는 한편 경쟁하기도 하고, 잘해주는 한편 못되게 굴기도 한다. 모든 수단을 동원해 자신의 행복을 추구하는 것은 자연스럽고 정상적인 일이다. 설령 그 수단이 이기적이고 경쟁적이고 고약하다 할지라도 말이다. 다행히도 진화가 양면의 감정들을 모두 창조한 덕분에 우리는 이타적이고 협력적이고 신사적인 방법으로 자신의 행복을 추구하려는 본성도 가지고 있다. 우리는 도덕적인 감정과 부도덕한 감정을 둘 다 가지고 있지만, 낮은 차원의 본능을 이성과 직관으로 억누르는 능력과 그렇게 할 자유를 지니고 있으므로, 도덕적으로 행동하되 행복 원리를 적용함으로써 옳은 일을 선택하는 것이 도덕의 핵심이다. ('무력과 사기'라는 수식어를 넣은 것은 도덕과 무관한 활동들이 많이 있다는 것을 명시하기 위해서다. 스포츠 대회가 그 예인데, 스포츠의 목표는 상대의 행복을 고려하며 행복을 추구하는 것이 아니라 단지 이기는 것이다.)

4. 자유 원리: 항상 다른 누군가의 자유를 고려하면서 자유를 추구하는 것은 고차원적인 도덕 원리다. 무력과 사기를 통해 다른 누군가의 자유를 빼앗는 것일 때는 자유를 추구해서는 안 된다. 자유 원리는 서구 사회에서 실행되는 모든 형태의 자유에 기본이 되는 원리인 **내 믿음과 행동이 타인들의 동등한 자유**freedom**를 침해하지 않는 한 내가 선택한 대로 믿고 행동할 자유** freedom의 연장이다. 자유 원리가 도덕 원리가 될 수 있는 것은, 어떤 도덕적 행동을 어떻게 느낄지 그 행위의 대상에게 묻고 그 행동이 나와 상대의 행복 또는 불행에 어떤 영향을 미칠지 고려하는 것 외에, 우리가 추구할 수 있는 한층 더 높은 수준의 도덕이 존재하기 때문이다. 그것은 나와 상대방의 자유freedom와 자율autonomy이다. 즉, 여기서 간단히 '자유liberty'라고 부르는 것이다. 자유liberty는 행복을 추구할 자유freedom와 그 행복을 이루기 위해 결정을 내리고 그 결정에 따라 행동할 자율autonomy을 말한다.

자유가 인종, 종교, 직급, 위계 서열 내의 사회·정치적 지위와 관

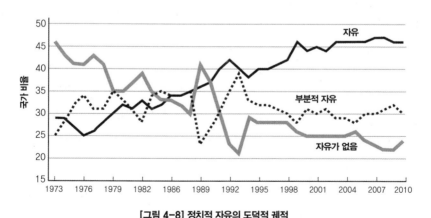

[그림 4-8] 정치적 자유의 도덕적 궤적

전 세계에서 자유가 있는 국가의 비율은 1970년대 이래 증가한 반면, 자유가 없는 국가의 비율은 감소했다.[56]

계없이 모든 곳의 모든 사람에게 적용되는 개념으로서 전 세계로 널리 퍼져나간 것은 겨우 지난 200년 동안의 일이다. 자유는 아직 전 세계적인 지위를 얻지 못했다. 특히 불관용을 부추기고 오직 선택받은 일부만이 자유를 누릴 자격이 있다고 말하는 신정국가들에서 그렇다. 하지만 계몽시대 이래로 전반적인 추세는 모든 곳의 더 많은 사람들에게 더 큰 자유를 부여하는 것이었다([그림 4-8]을 보라). 때때로 역행할 때도 있고, 모든 이를 위한 더 큰 자유로 향하는 거대한 역사적 흐름이 주기적으로 끊기기도 하지만, 모두에게로 자유가 확대되는 큰 흐름은 계속되고 있다. 그러므로 자유 원리를 적용할 때마다 당신은 인류의 진보로 가는 작은 한 걸음을 내딛는 것이다.

5. **공정성 원리: 어떤 도덕적 행동을 하려고 계획할 때는 내가 행위자가 될지 행위의 대상이 될지 모른다고 상상하라. 그리고 의심스럽거든 지나치다 싶을 정도로 상대방의 입장에 서라.** 이 원리의 기초는 존 롤스John Rawls가 제시한 개념인 '무지의 장막'과 '원초적 입장'이다. 즉 인간의 의사결정에는 자기 본위 편향이 작용하기 때문에, 모든 사람에게 영향을 미치는 규칙과 법을 결정할 때 도덕적 행위자는 사회에서 자신이 어떤 위치에 있는지 모르는 상태여야 한다는 것이다. 선택을 해야 할 때, 도덕 규칙과 법을 제정하는 사람들의 대부분은 사회에서 자신이 처한 위치(젠더, 인종, 성 지향성, 종교, 정치적 소신 등)를 토대로 자기 자신과 친족 및 동족에게 가장 이익이 되는 쪽으로 결정한다. 도덕률이나 법이 나 자신에게 어떤 영향을 미칠지 모른다면 모두에게 더 공정하기 위해 노력할 것이다. 케이크를 공정하게 자르는 방법을 생각해보면 간단하다. 내가 케이크를 자를 경우, 상대방에게 본인이 어떤 조각을 먹을지 선택하게 하고, 상대방이 케이크를 자를 경우 내가 먹을 조각은 내가 선택하는 것이다.

6. **근거 원리: 자신의 도덕적 행위에 대해 자기 정당화나 합리화가 아닌 논리적인 근거를 찾으려고 노력하고, 그러기 위해 다른 사람들에게 조언을 구하라.** 계몽시대 이래로 도덕 연구의 관점이 바뀌었다. 그전에는 도덕 원리가 신이 부여하고, 신으로부터 영감을 얻고, 성서에서 유래하고, 권위자가 결정하는 하향식 계율들에 기반을 둔 것이라고 생각했지만, 그 뒤로는 개별적으로 고려되고, 이성에 근거하고, 논리적으로 구성되고, 과학에 기초하는 상향식 명제들에 기반을 둔다고 생각하게 되었다. 따라서 누군가의 도덕적 행동에는 그 행동에 영향을 받는 상대를 고려하는 논리적 근거가 있어야 한다. 이것은 특히 실천하기 어려운 도덕 원리인데, 그것은 합리성보다는 합리화로, 정당성보다는 자기 정당화로, 이성보다는 감정으로 흐르는 인간의 너무나도 자연스러운 성향 때문이다. "먼저 물어보라"는 두 번째 원리와 마찬가지로, 우리는 가능한 한 어떤 도덕적 행동의 논리적 근거에 대해 다른 사람들에게 조언을 구해야 한다. 그것은 건설적인 피드백을 얻기 위해, 그리고 내가 원하는 것이 곧 가장 도덕적인 일이라는 허무맹랑한 도덕에서 벗어나기 위해 꼭 필요한 일이다.

7. **책임과 용서의 원리: 자신의 도덕적 행동을 온전히 책임지고, 타인에게 잘못한 일은 진심으로 사과하고 보상하겠다는 자세를 가져라. 또한 타인들에게 그들의 도덕적 행동에 대한 책임을 온전히 묻되, 자신의 잘못을 진심으로 사과하고 보상할 준비가 되어 있는 사람을 용서하는 마음을 내라.** 이것 역시 양방향 모두 지키기 어려운 원리다. 우선 피해자와 가해자 사이에는 '도덕적 정당화의 간극moralization gap'이 존재한다. 피해자들은 항상 자신이 결백하다고 인식하고, 따라서 자신이 당한 부당한 일은 오로지 가해자의 악행 때문이라고 여긴다. 한편, 가해자들은 자신이 잘못을 바로잡기 위해, 자신이 당한 부도덕한 행동을 보상받기 위해,

자신과 가족 또는 친구의 명예를 지키기 위해 도덕적으로 행동하고 있었다고 인식한다. 자기 본위 편향, 사후 확신 편향, 그리고 확증 편향에 빠지면 나는 잘못한 것이 없고 내가 한 일은 정당한 것이었다고 느끼기 때문에 사과하고 용서를 구할 필요가 없어진다.

정의감과 복수심은 오래전에 진화한 도덕 감정으로, 세 가지 목적을 달성한다. 첫째, 범인이 저지른 잘못을 바로잡고, 둘째, 앞으로 있을 수 있는 악행을 단념시키고, 셋째, 이와 유사한 도덕적 범죄가 다시 일어날 경우 누구든 똑같은 도덕적 분노와 복수에 처할 것임을 알리는 사회적 신호로 작용한다.

8. **타인 방어 원리: 악한 사람들과 도덕 규칙을 위반한 사람들에게 맞서고, 방어 능력이 없는 피해자를 방어하라.** 세상에는 나와 내 집단 구성원들을 상대로 도덕 규칙을 위반하는 사람들이 존재한다. 이러한 위반 행위는 가해자가 자신의 행위를 항상 정당하다고 느끼게 만드는 폭력과 공격의 논리를 통해, 또는 세계 인구의 무시할 수 없는 비율에서 발생하는, 이기적이거나 잔인한 행동을 저지르게 만드는 정신병질 psychopathy 같은 정신질환을 통해 일어난다. 우리는 그들에게 맞서야 한다.

9. **도덕권 확장의 원리: 가족, 부족, 인종, 종교, 국적, 젠더, 또는 성적 지향성에서 나오는 다른 집단에 속하는 타인들을 나와 똑같은 도덕적 지위를 지닌 내가 속한 집단의 명예회원으로 생각하라.** 나 자신, 친족, 가족과 친구, 내집단 구성원에게만이 아니라, 다양한 방식에서 나와 다른 사람들, 과거에 잴 수 있는 어떤 방식에서 다르다는 이유만으로 차별당했던 사람들에게도 도덕적 의무를 다해야 한다. 첫 번째 도덕적 의무는 나 자신과 직계 가족 및 친구들을 돌보는 것이라 해도, 나와는 다른 사람들의 도덕적 가치를 고려함으로써 한층 높은 도덕적 가치를 추

구할 수 있다. 다른 집단의 구성원들을 내가 속한 집단의 명예 회원으로 간주하는 것은, 그들이 나와 내가 속한 집단을 존중하는 한, 결국에는 나 자신과 친족, 그리고 내가 속한 집단에 이익이다.

10. **생명 애호 원리: 다른 감응적 존재, 그들의 생태계, 그리고 생물권 전체의 생존과 번성에 기여하기 위해 노력하라.** 생물 애호는 자연에 대한 사랑이고, 우리는 자연의 일부다. 감응적 존재를 먹여 살리는 환경들까지 포괄하도록 도덕의 영향권을 확장하는 것은 숭고한 도덕 원리다.

내게 이 열 가지 원리를 하나로 줄이라고 한다면 이렇게 말할 것이다. **더 많은 감응적 존재가 더 많은 시간 동안 더 많은 장소에서 진리, 정의, 자유를 누릴 수 있도록 도덕의 영향권을 확장하고, 그럼으로써 도덕적 세계의 궤적을 조금만 더 멀리 보내자.**

2부

세계,
과학과 더불어
진보하다

인간에 대한 학대와 착취 중 한 인간이 다른 인간을 소유하는 노예제도만큼 억압적인 것은 없을 것이다. 노예제도는 1만 년 전 농업혁명이 일어났을 무렵 시작되었고, 최근까지 유지되었다. 종교의 시대에도 노예제도는 당연시되었을 뿐 아니라 권장 사항이기도 했다. 현재는 모든 나라가 법적으로 노예제도를 금지한다. 노예제도를 폐지해야 한다는 생각이 등장한 것은 이성과 계몽의 시대 이후였다.

5
노예제도와 자유의 도덕과학

우리가 **노예들**에게 자유를 **주는** 것은 **자유인**의 자유를 **확실하게 하는** 일입니다. 저들에게 자유를 찾아주는 것이나 우리들의 자유를 확실하게 하는 것이나 둘 다 영예로운 일입니다. 우리가 이기면 지상 최고의 마지막 희망인 미국을 고귀하게 지킬 수 있을 것이고, 지면 그 희망을 비열하게 잃게 될 것입니다. 다른 수단으로도 성공할 수 있겠지만 이 길만이 실패하지 않을 수 있습니다. 이 길은 평범하고, 평화롭고, 관대하고, 정당한 길입니다. 우리가 그 길을 따른다면 세상이 영원히 박수를 보낼 것입니다.

_ 에이브러햄 링컨, 연두교서, 1862년 12월 1일

젊은 시절인 1970년대 말부터 1980년대 초까지 나는 캘리포니아와 서부의 여타 주들을 돌아다니며 도로에서 많은 시간을 보냈다. 처음에는 1966년형 포드 머스탱을 타고 다녔지만, 사이클링을 진지하게 시작한 뒤로는 자전거를 타고 미국 전역으로 장거리 여행을 했다. 길 위에서 소니 워크맨으로 카세트테이프에 녹음된 강연이나 오디오북을 듣거나, 그렇지 않을 때는 당시 어느 고속도로에서나 볼 수 있었던 패밀리 레스토랑 체인 '데니스Denny's'와 '삼보스Sambo's'의 개수를 세면서 시간을 보냈다. 삼보스가 한동안 문을 닫더니 갑자기 파산한 뒤로 나는 밤이나 낮이나 데니스의 메뉴, 그랜드슬램브렉퍼스트Grand Slam Breakfast로 끼니를 해결했다.

　삼보스 레스토랑에 일어난 일은 20세기 후반에 서구 문화 전반에 걸

쳐 일어난 일을 상징한다. 언어와 로고, 상징과 제스처가 타인―특히 다른 인종의 사람들―을 쳐다보고 대하는 방식에 얼마나 큰 영향을 미치는지 알아차리게 되었던 것이다.

삼보스는 레스토랑 체인의 이름을 둘러싸고 논란에 휩싸였다. 이 회사는 1957년에 샘 바티스톤 시니어Sam Battistone Sr.와 뉴얼 보네트Newell Bohnett가 창립한 것으로, 그들은 자신들의 성과 이름의 철자를 조합해서 회사 이름을 지었다고 말했다. 하지만 두 사람은 어린이책 《리틀 블랙 삼보 이야기The Story of Little Black Sambo》[1]의 유명세를 이용하고자 그 책에 나오는 장면들로 식당 메뉴판과 벽을 장식했다. 원작은 피부색이 까만 '리틀 블랙 삼보'라는 이름의 인디언 소년에 대한 이야기다. 소년은 정글에서 겁도 없이 산책을 나섰다가 예기치 않게 호랑이들을 만나 옷을 빼앗긴다. 삼보의 옷가지들 중에서 어느 것이 가장 멋있는지를 놓고 호랑이들 사이에 싸움이 붙고, 호랑이들은 나무 주위를 빠르게 돌면서 서로를 뒤쫓다가 버터로 변한다. 그런 다음에 삼보의 어머니 블랙 멈보가 그것으로 팬케이크를 만든다.

레스토랑 마케터들은 원작에 충실하게 삼보 마스코트를 인디언의 모습으로 만들었지만, 소년의 피부색은 밝게 묘사되었고 1950년대에서 1960년대로 가면서 점점 밝아지다가 결국에는 터번을 두르고 볼이 발그레한 사실상의 백인 소년이 되었다. 줄거리도 바뀌었다. 삼보의 어머니 블랙 멈보와 아버지 블랙 점보는 사라지고, 호랑이들은 버터로 변하는 대신 삼보의 옷을 돌려주는 대가로 "지금까지 먹어본 가장 맛있고 새하얀 팬케이크"[2]가 층층이 쌓인 접시를 대접받는다.

문제의 발단은 그 책의 미국 판본 표지에 묘사된 '리틀 블랙 삼보'가 누가 봐도 아프리카 흑인인 것이었다. 조만간 두 이미지―인디언과 아프리카 흑인―가 하나의 닮은꼴로 합쳐졌고, 그것은 19세기 말과 20세기 초에 유행했던, '검둥이' 또는 흑인 분장의 전형적인 용모를 연상시켰다. 시간이 갈수록 '삼보'라는 말은 경멸적인 꼬리표로, 그리고 인종차별적인 표현으로 받아들여졌다. 미국 유색인종지위향상협회National Association for the Advancement of Colored People(NAACP)가 공식 항의를 제기하고 삼보스가 북동부의 여러 주에 새로운 점포를 여는 것을 막기 위해 그 회사를 상대로 소송을 제기하자 언론이 들끓었다. 삼보스 본사의 경영진은 허겁지겁 설명을 내놓고 합리화에 나섰고, 그런 다음에는 그 이름을 모욕적으로 느끼는 지역들에서 일부 점포의 이름을 변경했다. 졸리타이거Jolly Tiger, 노플레이스라이크샘스No Place Like Sam's, 시즌즈프렌들리이팅Season's Friendly Eating, 그리고 그냥 샘스Sam's도 있었다. NAACP 메사추세츠주 브록턴 지부 지부장인 낸 엘리슨은 이렇게 말했다. "샘스에 가서는 모욕을 느끼지 않아도 된다. 삼보스에서는 1960년대에 농성을 벌였던 시위자들의 희생이 생각나서 편안하게 식사를 할 수가 없었다."[3] 하지만 이 모든 노력도 소용이 없었다. 47개 주에 1,117개의 점포를 갖고 있던 삼보스 레스토랑은 1982년에 한 곳만 빼고 모두 문을 닫았고, 회사는 이 문제와 여타 경영상의 문제들로 인해 파산 신청을 했다.[4]

훨씬 민감하고 예리해진 오늘날의 시각으로 《리틀 블랙 삼보 이야기》의 표지와 그림들을 보면, 왜 유색인종이 그 그림들에서 모욕을 느꼈는지 이해하기 어렵지 않다. 그 그림들은 정말이지 손발이 오그라들 만큼 민망하다([그림 5-1] a-d). 이미지, 명칭, 언어는 중요하다. 몇 십 년이 지난 지금 내 기억 속에 남아 있는 삼보스 레스토랑의 소년은 아프리카 흑인의 모습이다. 하지만 구글에서 검색해보고 내 기억이 잘못된 것임을 알았다. '리틀블랙삼보스'라고 적힌 레스토랑 간판을 본 기억도 났지만 그 역시 잘못된 기억이었다. 한편으로 보면 삼보스 사건은 제어되지 않은 정치적 올바름과 언어에 대한 지나친 결벽증이 초래한 일처럼 보이

[그림 5-1] a

[그림 5-1] b

[그림 5-1] c

[그림 5-1] d

지만, 다른 한편으로 보면 그것은 도덕적 진보, 즉 타인의 관점과 자신의 관점을 바꾸어 생각해봄으로써 타인들이 세계를 어떻게 바라보는지에 더 민감해졌다는 증거다.

삼보스의 사례는 도덕적 진보의 원동력 가운데 하나를 잘 보여준다. 인권을 옹호하는 사람들은 흔히 **대상을 뭐라고 부르는가**—어떤 대상에 대해 말하고 쓰는 방식—에서 시작하는데, 타자에 대한 생각을 포함해 우리가 생각하는 것의 대부분이 이미지와 언어에 바탕을 두고 있기 때문이다. 물론 사회 변화가 순수하게 생각의 힘만으로 이루어지는 것은 아니다. 역사적으로 억압받던 사람들이 권리를 쟁취하기까지는 당사자들의 초인적인 노력, 그들 편에 섰던 동지들, 그리고 끈질기고 직접적인 정치적 행동이 필요했다. 사회 변혁을 이루기 위해서는 반드시 어떤 종류의 직접적인 행위(행진, 농성, 사보타주, 봉쇄, 재산 파괴, 전면적인 시민전쟁)가 필요하다.

그렇다 해도 '정당한 전쟁론'조차 전쟁의 요건에 대해 '왔노라, 보았노라, 이겼노라Veni, vidi, vici'로 만족하지 않고 **근거**를 요구한다. 실제로, 노예제도가 폐지되던 당시 노예제 찬성론자들은 계속해서 노예제를 뒷받침하는 지적 논증을 펼치고 있었지만, 더 나은 반론이 정치적 행동(미국에서는 전쟁)과 결합한 결과 결국 노예제도가 붕괴했다. 노예제도에 반대하는 정치적 행동과 지적 논증이 위대한 권리 혁명들 가운데 첫 번째를

[그림 5-1] 리틀 블랙 삼보의 과거와 현재

헬렌 배너먼의 《리틀 블랙 삼보 이야기》는 인디언 소년([그림 5-1] a)에 대한 이야기다. 소년의 옷가지를 훔친 호랑이들이 나무 주위를 빠르게 돌며 서로를 뒤쫓다가 버터로 변하고, 삼보의 어머니는 그 버터로 팬케이크를 만든다. 삼보스 레스토랑 체인은 이 이야기를 채용해 책에 나오는 장면들로 레스토랑 벽을 장식했다. 하지만 '삼보'가—그 책의 초기 미국판 표지에 묘사된 것처럼([그림 5-1] b)—모욕적인 흑인 분장의 표상이 되었을 때, 그리고 그 이름이 모욕적인 낙인과 인종차별의 전형으로 변했을 때, 그 레스토랑 체인은 대중 홍보의 재앙에 직면했다([그림 5-1] c). 여기에 그려진 20세기 초의 표지들과 현대에 개작된 표지([그림 5-1] d)는 인종과 문화에 대한 우리의 감수성이 100년이 채 못 되는 시간 동안 얼마나 변했는지 보여준다.[5]

일구어냈으므로, 노예제도에서부터 이야기를 시작해보자. 그리고 과학과 이성이 도덕의 궤적을 구부린다는 내 논지에 따라, 노예제도를 찬성하는 이성적 논거와 정당화 논리가 무엇이며 왜 그것이 틀렸는지를 집중적으로 살펴보겠다.

노예제도와 인권

인간에 대한 여러 형태의 학대와 착취 가운데 한 인간이 다른 인간을 소유하는 것만큼 혐오스럽고 억압적인 것은 아마 없을 것이다. 그것이 노예제도이고, 사람들을 데려다 대가를 지불하지 않고 부려먹는 것에 아무런 문제를 느끼지 못했던 사람들이 존재하는 한 노예제도는 존속했다. 노예제도는 심한 감정이입 불능증, 계급 또는 카스트 제도에 기반한 계층화된 사회, 그리고 노예제도를 떠받칠 수 있을 만한 규모의 인구와 경제에 의존하는 관습이다. 인간이 기록을 시작한 시기 이전으로 거슬러 올라가는 노예제도는 아마 약 1만 년 전 농업 혁명이 (소유 개념과 함께) 발생한 무렵 시작되었을 것이다. 기록상으로는 기원전 1760년경의 《함무라비 법전》에 노예제 관행이 처음 나타난다. 이 바빌로니아 문서는 노예를 주어지는 것으로 취급한다. 함무라비 왕이 명한 282개의 법 가운데 적어도 28개가 노예제도와 관련된 조치를 다룬다. 사례를 보면, 당신이 부리는 노예가 당신이 자신의 주인이 **아니**라고 주장하면 어떻게 하는가(귀를 자른다), 또는 노예를 샀는데 노예가 한 달 안에 병들면 어떻게 하는가(전액 환불), 또는 외과의사가 당신의 노예를 수술하다가 노예가 죽으면 어떻게 하는가(의사는 노예 한 명을 빚지는 것이고, 따라서 같은 등급의 노예로 보상해야 한다) 등이 있다.[6]

오늘날 노예제도는 모든 나라에서 불법이지만, 이 제도를 법으로 금지한 마지막 나라—모리타니아—가 불과 30여 년 전인 1981년에 그렇게 했다는 사실은 충분히 놀랍다. 물론 노예제도를 법으로 금지하는 것과 그 제도를 몰아내는 것은 다른 문제다. 모리타니아에서는 아직도 많은 사람들(대개 여성들)이 노예로 살아가고 있으며,[7] 전 세계적으로 수백만 명이 성노예와 강제 노동의 형태로 사실상의 노예살이를 하고 있다.[8] 역사적으로 보면, 대서양 노예무역 하나만 따져도 인명 피해가 1000만 명에 이를 것이다. 자칭 '잔악행위 학자'인 매슈 화이트Matthew White는 노예무역을 인류 역사에서 열째로 잔혹한 일로 꼽는다.[9] 그 과정은 잔혹함이라는 말로는 다 표현할 수 없는 것이었다. 납치된 피해자들의 상당수가 해안 교역소로 강제 행진을 하는 동안 죽었다. 살아서 도착한 노예들은 노예선이 올 때까지 때로는 몇 달 동안 감금되어 있었다. 더 많은 사람들이 대서양을 가로지르는 중간 항로에서 죽었고, 훨씬 더 많은 사람들이 신세계에 온 첫해에 밭과 광산에서 일을 배우다 죽었다. 이 사람들은 단지 일하는 짐승에 불과했다. 발가벗겨져 등급이 매겨지고, 전시되고 검사받고, 구매자들 앞에서 경매에 부쳐졌다. 토머스 홉스에게는 실례지만, 노예의 인생은 정말이지 고독하고, 가난하고, 험악하고, 잔인하고, 짧았다.

종교, 특히 유대교, 기독교, 이슬람교는 수억 명이 강제 노역에 혹사당하고 있다는 사실에 수천 년 동안 아무런 문제를 제기하지 않았다. 이성과 계몽의 시대가 오고 나서야 미국의 〈미국독립선언〉과 프랑스의 〈인권선언〉 같은 세속 문서들에 영향을 받고, 그것을 인용해 노예무역 폐지에 대한 이성적 논증이 제시되었다. 종교는 비양심적일 정도로 오래 지체하고 나서야 마침내 노예제도 폐지로 가는 기차에 올라타 진전을 돕는 데 동참했다.

물론 이 오랜 역사 속에서 이따금씩 종교가 노예제도를 반대하는 모습을 발견할 수 있지만, 그러한 문서들은 노예제에 직접 참여하지 않았을 뿐 그 제도를 온전히 지지한 기독교인들이, 기독교인들을 **위해**, 기독교인들을 상대로 작성한 간언이었다. 그리고 20세기 전까지 거의 모든 사람이 종교인이었으므로, 노예제도에 반대하는 논증이 뭐라도 있었다면 그것은 종교인이 작성한 것일 수밖에 없다. 따라서 조사가 필요한 대상은 사람들이 아니라 **논증들**이 되어야 한다. 같은 논리로, 노예무역상과 노예 주인의 사실상 전부가 종교인이었고, 그들은 노예제도를 정당화하는 근거를 종교적 도덕의 근본인 성서에서 찾았다. 가톨릭 같은 일부 종교들은 노예제도를 온전히 지지했다. 예컨대 교황 니콜라오 5세는 1452년에 노예제도를 열렬히 찬성하는 칙서인《둠 디베르사스Dum Diversas》를 통해 그 점을 분명히 했다. 이 칙서는 스페인과 포르투갈 같은 가톨릭 국가들에게 "사라센 사람과 이교도, 그밖에 신자가 아닌 모든 사람과 그리스도의 적들, 그리고 그들의 왕국, 영지, 나라, 공국, 재산을 침략, 수색, 포획, 통제하고 …… 그들의 인신을 영구적인 노예 상태로 전락시킬 수 있도록 승인하는" 교황 칙서였다.[10] 마지막 몇 마디—**인신을 영구적인 노예 상태로 전락시킬**—는 우리에게는 사악할 뿐 아니라 정신병적인 소리로 들린다. 하지만 이 말들은 기독교의 맥락에서는 완벽하게 이치에 맞는 것이다. 성경 자체가 대놓고 노예제도를 찬성하는 책이기 때문이다. 따라서 기독교인들이 노예제도가 나쁜 것임을 깨닫기까지 거의 2,000년이 걸렸다는 사실은 그리 놀랍지 않다.

반성을 전혀 모르는 성경의 저자들은 노예제도에는 전혀 문제가 없다고 생각했다. 단 자신이 부리는 노예를 눈이 멀고 이가 빠지도록 때리지는 말아야 했다.(《출애굽기》 21장 26-27절) 그것은 지나친 처사로 여겨졌다. 하지만 노예를 몽둥이로 때렸는데 그 자리에서 죽지 않고 하루나 이

틀을 더 살면 노예가 죽어도 주인은 죄가 없었다. 이 경우 노예가 죽으면 불운한 노예 주인을 측은하게 여길 일이었다. 손해를 본 사람은 노예 주인이기 때문이다.(《출애굽기》 21장 21절)

다른 성경 구절들은, 신이 노예제도를 좋은 생각이라고 여기니 당신도 그렇게 생각해야 한다고 명시하고 있다.

> 너희는 남종이나 여종을 두려면 너희 주변에 있는 다른 민족들에게서 구해야 한다. 그들에게서 남종과 여종을 사들일 수 있고.(《레위기》 25장 44절)

나이에 제한이 있을까? 어린이를 사고파는 것은 틀림없이 잘못일 것이다.

> 또 너희 땅에서 태어난 사람들을 포함해 너희 땅에 거주하는 외국인들의 자손들을 사들일 수 있다. 너희는 이 종들을 자손에게 대대로 물려주어 언제까지나 소유하게 할 수 있다.(《레위기》 25장 45-46절)

이걸 감사하다고 해야 하나! 하지만 이 법들은 외국인에게만 적용된다. 이스라엘 사람들의 경우는 어떨까?

> 너희는 그들을 종으로 부릴 수 있으나 너희 동족 이스라엘 백성끼리는 아무도 심하게 부릴 수 없다.(《레위기》 25장 46절)

이스라엘 사람들은 노예로 삼을 수 없다는 뜻일까? 그렇지 않다. 신은 자신이 선택한 민족이 서로를 노예로 부리는 것을 금지하지 않았다. 그렇게 극단적인 조치를 취하는 대신, 덜 엄격한 규칙을 요구했다.

> 너희가 히브리 사람을 종으로 삼았을 경우에는 육 년 동안만 종으로 부리고 칠 년이 되면 보상 없이 자유를 주어 내보내라.(《출애굽기》 21장 2절)

노예가 **주인**에게 아무런 몸값을 내지 않아도 자유의 몸이 된다는 말은 좀 염치없는 것 같다. 그렇다 해도 7년의 노예살이 정도면 **아주** 나쁜 것은 아니다(만일 그 노예가 그때까지 살아남는다면 말이다). 하지만 성경의 법은 자유를 얻은 노예조차 인질로 붙잡는 특별한 방법을 마련해두었다.

> 너희가 히브리 사람을 종으로 삼았을 경우에는 육 년 동안만 종으로 부리고 칠 년이 되면 보상 없이 자유를 주어 내보내라. 그가 홀몸으로 들어왔으면 홀몸으로 내보내고, 아내를 데리고 왔으면 아내를 데리고 나가게 하여라. 주인이 장가를 들여 그 아내가 아들이나 딸을 낳았을 경우에는 그 아내와 자식들은 주인의 것이므로 저 혼자 나가야 한다. 그러나 만일 그 종이, 자기는 주인과 자기 처자식을 사랑하므로 자유로운 몸이 되어 혼자 나가고 싶지 않다고 분명히 말하면, 주인은 그를 하느님 앞으로 데리고 가서 그의 귓바퀴를 문짝이나 문설주에 대고 송곳으로 뚫어라. 그러면 그는 죽을 때까지 그의 종이 된다.(《출애굽기》 21장 2-6절)

남종에게 아내와 자식들을 뇌물로 주고, 가족 관계를 이용해 그를 영원히 내 것으로 만들 수 있다니, 정말 기발한 수법이다. 그 히브리인 노예에게 비극은 매 맞으며 일곱 해 동안 종살이를 하는 것으로도 모자랐다. 그는 특별한 범주의 정서적 고문, 즉 가족과 자유 사이에서 선택해야 하는 단장의 고통에 처했다. (선민이 되는 것이 좋은 것만은 아닌 듯하다. 〈지붕 위의 바이올린〉에서 테비에가 신에게 호소하는 장면이 떠오른다. "압니다, 안다고요. 우리는 당신의 선택을 받은 사람들입니다. 하지만 이따금씩 다른 누군가를 선택할 수는 없으신가요?")

그런 뒤 다음 절─〈출애굽기〉 21장 7절─에 주옥같은 말이 등장한다.

한 남자가 자신의 딸을 팔 때……

뭐라고? 한 남자가 뭘 판다고? 번역상의 실수가 틀림없다는 생각이 들겠지만 그렇지 않다. 성매매는 노예제도의 한 형태로서 성경 시대에 널리 시행되었고, 따라서 '선한 책good book'은 딸을 성노예로 파는 적절한 방법을 지시했다. 딸을 둔 아버지인 나로서는 생각만 해도 역겨운 계약이다.

한 남자가 자신의 딸을 종으로 팔면 그 여자는 남종처럼 여섯 해가 끝날 때 자유의 몸이 되지 못한다. 자신의 아내로 삼으려고 그 여종을 산 사람은 그 여자가 마음에 들지 않으면 되팔 수 있다. 단, 그가 계약을 깬 것이므로 그 여자를 외국 사람에게 팔아서는 안 된다. 그가 그 여종을 자기 아들에게 주려고 샀으면 그 여자를 여종이 아니라 딸처럼 대접하여야 한다. 본인이 그 여자와 결혼하고 나서 또 다른 아내를 맞아들였을 때에는 그 여자에게 먹을 것과 입을 것을 줄여서 주거나 부부관계를 끊어서는 안 된다. 그가 그 여자에게 이 세 가지 의무를 다 하지 않으려거든 그 여자를 자유롭게 풀어 주고 아무런 몸값도 받지 않아야 한다.

이 구절들은 《구약성서》에 나온다. 그러면 《신약성서》는 노예제도에 대해 뭐라고 말할까?

남의 종이 된 사람들은 그리스도께 복종하듯이 두렵고 떨리는 마음으로 성의를 다하여 자기 주인에게 복종하십시오.(〈에페소인들에게 보낸 편지〉 6장 5절)

노예들은 자기 주인을 대할 때 깊이 존경하며 섬겨야 할 사람으로 여기십시오. 그래야 하느님이 모독을 당하지 않으실 것이고 우리의 교회가 비방을 받지 않을 것입니다. 그리스도를 믿는 주인을 섬기는 사람들은 주인이 교우라고 하여 소홀히 여기지 말고 오히려 더 잘 섬겨야 합니다. 결국 이렇게 섬겨서 이익을 얻는 사람들은 사랑하는 동료 신도들이 아니고 누구이겠습니까?(〈디모테오에게 보낸 첫째 편지〉 6장 1-2절)

종들에게는 모든 일에 있어서 자기네 주인들에게 복종하고 주인들을 기쁘게 해주어야 한다고 가르치시오. 종들은 주인에게 말대꾸를 하거나 훔치는 일을 하지 말고 언제나 착하고 충성스러운 종노릇을 해서 모든 일에 있어서 우리의 구세주이신 하느님의 교훈을 장식해야 합니다.(〈디도에게 보낸 편지〉 2장 9-10절)

분명히 《신약성서》도 《구약성서》와 같이 노예의 소유를 기정 사실로 여겼다. 주인에게 노예는 남편에게 아내가, 아버지에게 딸이 그렇듯이 재화일 뿐이었다. 바울의 〈필레몬에게 보낸 편지〉(성경에서 가장 짧은 부분으로 25개 절과 425개의 단어로 되어 있다)는 바울이 오네시모라는 도망친 노예의 주인인 골로사이 교회 지도자 필레몬에게 쓴 편지라는 점에서 노예제도 문제를 간접적으로 다루고 있다. 오네시모는 바울의 인도를 받아 기독교로 개종한 노예였다. 바울은 오네시모를 주인에게 돌려보내면서 편지를 들려 보냈다. 편지에서 바울은 필레몬에게 노예를 '종'이 아니라 '사랑받는 형제'로 대하라고 지시했다.(〈필레몬에게 보낸 편지〉1장 16절) 게다가 바울은 "그가 그대에게 잘못한 일이 있거나 빚진 것이 있으면"(〈필레몬에게 보낸 편지〉1장 18절) 오네시모가 진 빚을 대신 갚겠다고까지 했다. 하지만 주목을 끄는 점은 바울이 오네시모를 자유인으로 풀어줄 것을 제안하지도, 노예제도를 부도덕한 관습으로 비난하지도 않는다는 것이다. 그 대신 바울은 노예 주인인 그 기독교인에게 오네시모를 식구처럼 대하라고 달랬다. (좋은 말처럼 들리지만, 아버지가 딸을 팔고 아들을 돌로 쳐 죽이고 부정한 아내를 죽여도 되는 가족의 구성원이 되고 싶은 사람이 누가 있겠는가. 이런 가족에게는 '콩가루 집안'이라는 말도 과분하다.) 바울이 편지에서 한 말은 도망친 노예에게 가하는 벌인 매질을 하지 말라는 뜻임이 분명하지만, 그 말이 무슨 뜻이든 도덕에 대한 최종 권위를 지닌다고 일컬어지는 책에서 기대할 만한 명쾌한 도덕은 찾을 수 없다(노예제 찬성론자들과 폐지론자들이 모두 〈필레몬에게 보낸 편지〉를 자신들의 구미에 맞게 인용한 것은 이 때문이다).

물론 그러한 성경 구절들에 대해 성서학자들과 신학자들은 기독교 변론가 및 옹호자들과 한목소리로, 그것이 고대인들이 악습에 대처하는 최선의 길이었다고 합리화한다. 몇몇 경우에는 '노예살이'가 현대의 입주 가사 도우미나 가정부와 비슷한 '하인'에 더 가까운 개념이었다는 해석이 사실일 것이다. 하지만 이러한 조건부 논리는 논점을 비껴가는 것이다. 성경 어디에 노예제도를 도덕적 근거로 **비난하는** 구절들이 있는가? 인간을 그런 식으로 취급해서는 안 된다는 이성적 논증 같은 것이 어딘가에 있는가? **너는 다른 사람을 노예로 부리면 안 된다**는 야훼의 직설적인 계명은 왜 없는가? 야훼가 사람을 다른 누군가의 목적을 위한 수단으로 취급해서는 안 되며 그 자체로 목적으로 대해야 한다는 말을 빠뜨리지 **않았다면** 인류 역사가 얼마나 달라졌을지 상상해보라. 이것이 전능하고 자애로운 하나님에 대한 지나친 요구일까?

이성과 계몽의 시대가 도래한 이후 메노파교, 퀘이커교, 감리교 같은 보다 진보적인 자유주의 기독교 교파들이 노예제 폐지론을 제기했다. 이러한 기독교인들은 성경에 나오는 규범들에 굴하지 않고, 노예제도라는 개념 자체를 거부하며 노예제 폐지 운동에 앞장섰다. 그 가운데 한 명이 영국의 위대한 사회운동가이자 노예제 폐지론자였던 윌리엄 윌버포스 William Wilberforce다(영화 〈어메이징 그레이스Amazing Grace〉에서 이안 그루퍼드가 열연한 인물). 윌버포스는 노예제를 폐지하기 위한 26년에 걸친 운동에서 (그리고 동물학대방지협회Society for the Prevention of Cruelty to Animals와 기타 인도적인 활동 단체들을 창립하려는 노력에서) 놀라운 용기를 보여주었으며, 그가 종교적 동기에서 그렇게 했다는 데는 의문의 여지가 없다. 하지만 윌버포스의 견해를 가장 거세게 반대한 사람들이 누구였는지 주목할 필요가 있다. 무려 25년의 설득 끝에야 비로소 생각을 바꾼 동료 기독교인들이었다. 게다가, 인생사의 거의 모든 면에 대한 강압적이고 극성스러운 도덕적 훈계는 그의 종교적 동기를 무색하게 만들었고, 그의 대단한 열정은 남의 일에 (특히 그 일이 쾌락, 과잉, 그리고 '날이 갈수록 더 빠르게 밀려드는 세속의 급류'와 관계가 있을 경우) 지나치게 간섭하는 것으로 비쳤다. 조지 3세는 (윌버포스의 권고에 따라) 〈악에 대한 방지 선언Proclamation for the Discouragement of Vice〉을 발표한 뒤 악덕근절협회Society for the Suppression of Vice를 창립했다. 〈악에 대한 방지 선언〉은 "과음, 신성모독, 세속적인 욕과 저주, 음탕함, 주일의 세속적 생활, 기타 방종하고 부도덕하고 무질서한 행동"[11]을 하는 사람들을 고발할 것을 명했다.

윌버포스는 국내에서 방종한 이들의 날개를 꺾는 것에 만족하지 않았다. 그는 해외로 나가 영국의 식민지였던 인도에서도 도덕개혁운동을 펼치며, 비기독교 국가 국민들의 '종교적 개선'을 위해 기독교를 가르칠 것을 주장했고, "우리 종교는 숭고하고 순수하고 은혜로운 반면 그들의 종교는 야비하고 부도덕하고 잔인하기" 때문이라고 으스댔다. 사실, 윌버포스의 초창기 노력들은 노예제도 폐지가 아니라 노예**무역**의 종식을 위한 것이었다(이미 노예를 소유하고 있는 사람들에게는 그 관행을 계속하는 것을 허락했는데, 외부에서 새로운 노예가 보충되지 않으면 노예제도가 조만간 저절로 사라질 것으로 여겼기 때문이다). 노예제도는 노예들의 인권에 대한 공격일 뿐 아니라 그 제도를 오랫동안 지지해온 기독교의 오점이라고 윌버포스는 주장했다. 1791년 4월 18일에 하원에서 그는 이렇게 말했다. "기독교의 이름에서 불명예를 벗길 때까지, 지금 우리를 괴롭히는 죄책감으로부터 벗어날 때까지, 그리고 이 잔인한 매매의 모든 흔적을 지울 때까지 우리는 절대로 멈추지 않을 것입니다. 우리 후손들은 계몽 시대 역사를 돌아보면서, 이 제도가 나라에 망신과 불명예를 주면서 그토록 오랫동안 존재하도록 내버려두었다는 것을 믿을 수 없을 것입니다."[12] 그럼에도 하원은 윌버포스의 법안을 163 대 88로 **부결했다.**

노예제도의 인지부조화

노예제도가 옳지 않다는 것을 본능적으로 아는 21세기 사람들의 관점에서는, 노예제도가 완벽하게 도덕적인 것이며, 아무리 양보해도 딱히 부도덕한 것이 아님을 우리 조상들이 진심으로 믿었다고 생각하기 어렵다. 과거에 사람들은 노예제도가 합법적이라거나 도덕적이라거나 정당하다는 선언을 흔히 했다는 사실은 익히 알고 있지만 설마 그렇다고 타인을 노예로 부리는 것이 도덕적으로 용인되는 일이라고 진심으로 믿었을까? 그들은 진심으로 믿었다. 그리고 그들은 그런 취지의 이성적인 논증을 펼쳤다. 하지만 결국 이 논증은 노예제도를 폐지하는 것이 타당하다는 더 나은 반론에 부딪혔다. 노예제도는 **인지부조화**cognitive dissonance라는 심리 현상을 해결하는 자기기만의 힘을 잘 보여주는 사례다. 인지부조화란 어떤 사람이 두 가지 상충하는 생각을 동시에 붙들고 있을 때 겪는 정신적 긴장을 말한다. 노예제도의 경우, 노예제도는 용인될 수 있으며 심지어 선일 수도 있다는 생각과, 용인될 수 없으며 악일 수도 있다는 생각이 맞부딪힌다. 인간 역사의 대부분 동안 사람들은 단순히 첫째 생각을 받아들였지만, 사람을 평등하게 대해야 한다는 계몽주의적 사고가 사회 곳곳에 침투하기 시작하면서 여론이 둘째 생각으로 돌아서기 시작했고 그것이 인지부조화를 만들어냈다.

인지부조화 현상을 처음 확인한 심리학자인 레온 페스팅거Leon Festinger는 그러한 심리 과정을 이런 식으로 설명했다. "한 개인이 뭔가를 진심으로 믿는다고 치자. 나아가 그가 이 믿음에 모든 것을 바치고 이로 인해 돌이킬 수 없는 행동을 했다고 치자. 그러다 결국 그는 자신이 틀렸음을 증명하는 부정할 수 없는 명백한 증거를 마주한다. 이때 무슨 일이 일어날까? 그 사람은 흔들리지 않을 뿐 아니라 자신이 믿는 것이 사실임을 전보다 더 굳게 믿게 된다. 실제로 그는 타인들에게 자신의 견해를 납득시키고 그들의 생각을 바꾸겠다는 새로운 의욕을 보이기도 한다."**¹³** 인간을 어떻게 대하는 것이 바람직한가에 대한 도덕 감정에 장기적 변화가 일어나고 있던 19세기 내내, 노예 소유자의 인생은 점점 커지는 인지부조화로 점점 더 불편해졌을 것이다. 한 인간 집단이 다른 집단을 노예로 부릴 수 있다는 널리 받아들여졌던 믿음은 인간을 다른 누군가의 목적을 위한 수단으로 취급해서는 안 되며 그 자체로 목적으로 대해야 한다는 생각(이마누엘 칸트), 그리고 모든 사람은 평등하게 창조된다는 생각(토머스 제퍼슨) 같은 계몽주의적 믿음과 충돌했다.

이러한 변화가 진행되면서, 그리고 점점 더 많은 노예 주인이 이러한 사고의 충돌에 필연적으로 수반되는 인지부조화를 경험함에 따라, 노예제도든 노예제도에 대한 정당화든 어느 한쪽이 굽혀야 했다. 노예제도에 대한 정당화는 이성적인 논증인 양 제시되는 수많은 논증들을 통해 이루어지고, 이러한 논증들은 다시, 인지부조화를 줄이는 잘 입증된 인지 전략인 '자기기만'이라는 심리 현상을 통해 정당화된다. 인지부조화 현상은 진화생물학자 로버트 트리버스Robert Trivers의 《우리는 왜 자신을 속이도록 진화했을까: 속임수와 자기기만의 메커니즘The Folly of Fools: The Logic of Deceit and Self-Deception in Human Life》과 심리학자 캐럴 태브리스Carol Tavris와 엘리엇 애런슨Elliot Aronson의 《거짓말의 진화Mistakes Were Made But Not By Me》에 잘 요약되어 있다.[14] 자기기만의 논리는 이런 식으로 작동한다. '이기적 유전자' 진화 모델에 따르면, 우리는 교활함과 속임수를 통해 번식의 성공을 극대화해야 한다. 하지만 (1장에서 살펴본 것과 같은) 게임 이론의 관계 역학이 보여주듯이, 상대방이 나와 비슷한 전략으로 나올 것임을 인지한다면, 우선 정직하고 투명하게 행동하는 것처럼 가장하여 상대를 안심시킨 다음에 속임수를 써서 전리품을 잡아채야 한다. 하지만 상대방도 나처럼 예상한다면 같은 방법을 쓸 것이고, 이는 쌍방이 모두 상대방의 속임수에 걸려들지 않도록 조심해야 한다는 뜻이다. 따라서 속임수 탐지 능력이 진화했고, 이는 속임수와 속임수 탐지 능력 사이의 군비 경쟁을 초래했다.

상호 간의 교류가 모르는 사람들 사이에서 비교적 적게 일어날 때는 속임수가 속임수 탐지 능력을 약간 앞선다. 하지만 교류 상대와 충분한 시간을 보낸다면, 상대방이 행동 신호를 통해 진짜 의도를 드러낼 수 있다. 트리버스가 말하듯이 "교류가 익명으로 또는 드물게 일어날 때는, 알고 있는 행동에 비추어 행동 신호를 읽어내는 것이 불가능하므로, 거짓말의 더 일반적인 속성들을 이용해야 한다." 트리버스는 세 가지를 지목한다. 첫째는 **조바심**이다. "발각되면 겪어야 하는 응징을 포함한 부정적 결과 때문에 …… 사람들은 거짓말을 할 때 조바심을 낸다." 둘째는 **통제**다. "조바심을 내는 것처럼 보일까 봐 …… 사람들은 행동을 통제하고, 계획되고 준비된 행동 같다는 인상 …… 같은 간파당할 수 있는 부작용을 억누르려고 한다." 셋째는 **인지 부하**다. "거짓말은 고도의 인지력을 요한다. 진실을 철저히 은폐하고 겉보기에 그럴싸한 거짓말을 지어내야 한다. 그리고 …… 그것을 설득력 있게 전달해야 하며, 그 이야기를 기억하고 있어야 한다." 하지만 자기기만이 끼어들면 상황이 달라진다. 거짓말을 하는 사람이 그 거짓말을 진심으로 믿는 경우, 그는 타인이 알아차릴 수 있는 거짓말의 일반적인 단서들을 드러낼 확률이 낮다. 속임수와 속임수 탐지 능력은 이렇게 자기기만을 창조한다.

사학자 유진 제노비스Eugene Genovese와 엘리자베스 폭스-제노비스 Elizabeth Fox-Genovese의 저서 《치명적인 자기기만: 옛 남부의 부권주의적 노예 소유Fatal Self-Deception: Slaveholding Paternalism in the Old South》에 노예 주인과 노예제 찬성론자들의 자기기만이 잘 입증되어 있다. 19세기에 대부분의 노예 주인들은 노예제도를 인간이 경제적 이익을 위해 다른 인간을 착취하는 행위로 인식하지 않았다. 오히려 노예 주인들은 노예제도를 부권주의적이고 친절한 관습으로 묘사하면서, 노예가 자유 주free state와 노예 주slave state를 가리지 않고 어디서나 고되게 일했던—흑백의—모든 노동자와 크게 다를 게 없다고 여겼다. 게다가 남부의 '기독교 노예제도'는 더 우월하다고 주장했다. 제노비스와 폭스-제노비스는 "수십 년 동안의 연구를 통해 우리는 일부 독자들에게는 불쾌할 수 있는 결론에 이르렀다"고 말한다. "자기 위주로만 생각하는 수사임에도, 노예 주인들은 자신들이 미국 북부와 유럽의 배교, 세속주의, 사회정치적 급진주의에 맞서 기독교, 입헌공화제, 사회 질서를 방어하고 있다고 믿었다.” 남부의 노예 주인들이 보기에 세상은 위선으로 가득했다. “그들은 자유주들에서 악의적인 흑인 공포증과 인종차별주의, 그리고 잔인하게 착취당하는 백인 노동자 계급을 보았다. 모든 노동자는 백인이든 흑인이든 관계없이 사실상의 노예 상태, 또는 이와 비슷한 상태에 처해 있다고 결론내린 그들은 ‘기독교 노예제도’야말로 가장 인도적이고 온정적이고 관대한 사회 체계라며 그것을 자랑스럽게 여겼다.”[15]

제목만으로도 무슨 이야기인지 짐작할 수 있는 책인《루이스 클라크의 고통에 대한 이야기: 북아메리카의 이른바 기독교 주에 속하는 켄터키주의 알제리인들에게 25년 넘게 붙잡혀 있는 동안 겪은 일Narrative of the Sufferings of Lewis Clarke, During a Captivity of More Than Twenty-Five Years, Among the Algerines of Kentucky, One of the So Called Christian States of North America》(알제리는 기독교인들을 붙잡아 노예로 부렸던 아프리카 해적들의 거점이다. 그런 알제리인들과 노예를 부리는 켄터키주의 기독교인들이 다를 바 없음을 뜻한다―옮긴이)에서 노예였던 루이스 클라크가 말했듯이 “남부의 노예 주인들은 누구보다 철저히 속고 있다. 노예들에게 속고, 자신에게 속고 있기 때문이다.”[16] 미국의 건축가이자 저널리스트이며 사회비평가인 프레더릭 로 옴스테드Frederick Law Olmsted는 북부인과 유럽인들이 제시하는 ‘흑인 무능’론을 이렇게 요약했다. “노동 계급은 유럽에 있는 것보다, 또는 북부에 가는 것보다 노예 상태로 지내는 게 더 낫다. 왜냐하면 금전적 동기만이 아니라 인도적 관심을 가지고, 자신들이 부리는 노동자들이 건강하게 생활하는 데 필요한 것들을 제공하는 노예 주인들이 있기 때문이다.”[17] 제노비스 부부는 당시 인지부조화를 줄이기 위해―자기기만을 통해 무의식적으로―이루어진 합리화가 어느 정도였는지를 보여준다.

그 검둥이는 진정한 친구는 찾지 못했지만 주인을 찾았다. _ 32대 조지 아주 주지사 조지 M. 트룹, 1824년, 〈조지아주 의회 첫 번째 연두교서〉[18]

내 남편이 노예들에게 끼치는 영향은 막대하고, 그들은 남편의 권위에 결코 의문을 품지 않으며 언제든 그에게 복종할 준비가 되어 있다. 그들은 그를 사랑한다! _ 루이지애나의 프랜시스 편[19]

우리는 무엇보다도 …… 무력한 흑인종들이 잔인하고 탐욕스러운 '박애주의' 때문에 전멸하는 일이 없도록 그들을 수호하고 있었다. 박애주의는 노예제도를 지구상에서 폐지하기 위해 그들에게서 인간적인 주인의 보살핌을 빼앗으려 했고, 노동 시장에서 자유 경쟁과 수요공급의 법칙이 사라지기를 바랐다. 그 결과 백인 노동자들조차도 비참한 생계 수준으로 전락했고, 단순한 검둥이들은 이미 서로를 물어뜯고 있는 더 열정적인 인종의 수백만 배고픈 이들과 목숨 걸고 경쟁해야 하는 처지에 놓였다. _ E. A. 폴라드, 1866년, 《남부 전쟁사Southern History of the War》[20]

검둥이들은 씀씀이가 헤프고 생각이 없다. 그냥 내버려두면 과식하고, 아무 때나 먹고, 밤을 새우고, 땅바닥과 집밖에서는 물론 아무데서나 잠을 잔다. _ 버지니아의 노예 주인, 1832년 [21]

남부 노예 주인들의 90퍼센트가 노예들의 옹호를 받을 것이다. 주인이 아니면 그들의 생존이 위태로워지기 때문이다. _ 토머스 R. R. 코브, 1858년 [22]

인지부조화를 줄이기 위해 동원되는 뒤틀린 심리를 잘 표현한 사우스캐롤라이나주 대법관 윌리엄 하퍼William Harper의 말을 들어보자. "억압받는 사람들이 억압하는 사람을 증오하는 것은 당연하다. 그런데 억압하는 사람이 피해자를 증오하는 것은 더욱 당연하다. 노예 주인에게, 당신은 노예에게 부당한 행위를 하고 있다고 말해보라. 그는 그 즉시 노예를 불신하고 증오하기 시작할 것이다."[23] 1994년에 펴낸 젠더, 계급, 인종 관계에 대한 사회학적 분석인 《벨벳 장갑The velvet Glove》에서 사회학자 메리 R. 재크먼Mary R. Jackman도 내 생각으로는 '인지부조화'라고 부르는 게 더 적절한 심리를 지적했다. "착취하는 집단이 착취당하는 집단에게 갖는 도덕적 우월감은, 거기에 아무리 애정과 가슴 아픈 마음이 동반된다 해도, 이타주의적 선행의 정신과 정면으로 배치된다. 사회 집단들 사이의 불평등한 관계를 분석할 때 부권주의와 선행은 구별되어야 한다."[24] 1835년에 사우스캐롤라이나 주지사 조지 맥더피의 말 역시 합리화로 들린다. "노예들에 대한 통치는 엄밀히 말하면 부권주의이며, 호의를 끊임없이 주고받음으로써 서로에 대한 좋은 감정을 생산한다."[25] 그것을 뭐라고 부르든 관계없이, 자기기만적 부권주의는 이타주의("나는 이 사람들을 돕고 있다") 또는 호혜주의("그들이 내게 준 만큼 나도 이 사람들에게 돌려주고 있다")로 둔갑하고, 노예제도와 자유 사이의 어정쩡한 위치를 취한다. 꿈에라도 남부 노예제도에 선행의 측면이 있었다고 생각하는 일이 없도록, 스티브 맥퀸의 영화 〈노예 12년〉을 보라. 이 영화는 이른바 부권주의의 비인간성을 처절하게 까발린다. 속박의 사슬, 침묵의 재갈, 불결한 거처, 구타, 교수형, 무엇보다도 격렬하고 가혹한 매질의 고통을.

계몽주의적 이성과 노예제 폐지

무엇이 최종적으로 노예제 폐지를 초래했는가를 둘러싸고 지식인과 역사가들 사이에 열띤 논쟁이 벌어지고 있다. 하지만 엄격하게 논증에만 초점을 맞추어 노예제도를 **반대**하는 데 이용된 논증들을 중심으로 간략하게 살펴보는 것이 도움이 될 듯하다.

종교에서부터 시작하면, 영국의 역사가 휴 토머스Hugh Thomas가 기념비적인 연구서 《노예무역: 대서양 노예무역에 관한 이야기 1440-1870년 The Slave Trade: The Story of the Atlantic Slave Trade 1440-1870》에서 지적했듯이, "17세기에는 보르도의 생앙드레 대성당에서든 리버풀의 장로교 예배당에서든 어떤 설교자도 흑인 노예 매매를 비난하는 설교를 한 기록이 없다."[26] 오히려 당시 존재했던 소수의 반대 의견들은 대개 실용주의적 느낌을 풍겼다. 로열아프리카컴퍼니Royal Africa Company의 비서 존 페리 대령이 1707년에 노예선 항해를 후원하는 문제를 고민 중인 자신의 이웃 윌리엄 카워드에게 보낸 편지에 그 점이 잘 드러나 있다. "겨우 1.3미터인 갑판 사이의 공간에 흑인을 2층으로 실어 나르는 것은 도덕적으로 불가능하다"고 그는 썼다. 하지만 과적한 노예선들이 아프리카와 아메리카를 잇는 중간 항로를 건널 때 노예 사망률이 무려 10~20퍼센트였음을 고려하면, **한** 층으로 싣는 것은 수익성의 측면에서 허용할 수 있었다.

종교적으로 들리는 반대조차 편의주의가 의심되는 논리를 펼쳤다. 노예선 피터버러호에 선의로 승선했던 토머스 오브리의 말에 그러한 논리가 반영되어 있다. 그는 인간 화물들이 겪은 비인도적인 처사는 내세에서 보상받게 될 것이라고 말했다. "왜냐하면, 비록 이교도이지만 그들도 우리처럼 이성적인 영혼을 지니고 있으므로 심판의 날에 그들의 고통이 기독교도임을 공언하는 많은 사람들이 겪은 고통에 비해 더 감내할 수 없는 것이었는지 하나님이 보시고 판단하실 것이다."[27]

한편 미국에서는, 1676년에 퀘이커교도 윌리엄 에드문슨이 노예를 소유하는 모든 식민지와 영토의 동료 퀘이커교도들에게 보내는 편지에서, 노예제도는 '마음을 억압하기' 때문에 비기독교적이라고 말했지만, 에드문슨은 이 발언으로 로드아일랜드 식민지 창립자인 로저 윌리엄스(그는 개신교 신학자였다)에게 "빈 깡통이 요란하다"는 비난을 받았다. 얼마 뒤인 1688년에는, 독일 마을(필라델피아)에 사는 일군의 독일인 퀘이커교도들이 노예제에 반대하는 청원을 내고, 노예제도는 성경의 황금률에 어긋난다고 주장했다. 하지만 이 청원은 별 소득 없이 잠자고 있다가 1844년에 재발견되어, 이미 그 지역에 뿌리 내린 노예제 폐지 운동에 이용되었다. 사실 필라델피아의 두 저명한 퀘이커교도—조너선 디킨슨Jonathan Dickinson과 아이작 노리스Isaac Norris—는 노예무역가였으며, 18세기 초에 퀘이커교도들은 소사이어티Society라는 이름의 노예선도 소유하고 있었다. 그 배의 선장인 토머스 몽크Thomas Monk는 1700년에, 아프리카에서 아메리카로 250명의 노예를 수송하는 동안 228명을 중간 항로에서 잃었다고 기록했다.[28] 휴 토머스는 종교와 노예제도의 관계를 이렇게 요약한다.

뉴욕의 모든 부자 동네에서 도미니쿠스 수도회, 예수회, 프란체스코 교단, 카멜리아 수도회는 여전히 노예를 부렸다. 프랑스인인 라바 신부가 1693년에 잘 사는 카리브해의 식민지 마르티니크섬에 도착했을 때 기술한 내용에 따르면 아홉 명의 신부가 있는 자신의 수도원이 사탕수수를 빻는 물레방아를 소유하고 35명의 노예가 그것을 돌렸다. 그 노예들 중에서 여덟 내지 열 명은 늙거나 병들었고, 대략 15명이 영양실조에 걸린 어린이였다. 라바 신부는 인도적이고, 지적이고, 상상력이 풍부한 사람이었지만, 노예들의 노동에 감사할 뿐 노예제도와 노예무역의 윤리적 문제에는 관심을 갖지 않았다.[29]

18세기 말이 되어서야 윤리적 근거에 기반을 둔 노예제 반대론이 개진되었다. 한 저명한 보스턴 사람에 따르면 "인지 조례[1765년]가 제정될 무렵, 선량한 사람들의 마음속에 자리 잡고 있던 작은 양심의 가책에 불과했던 것이 심각한 의심으로 변했고, 그런 다음에는 결국 노예무역은 본래적 범죄malum in se라는 확고한 믿음이 되어 많은 사람들의 마음속에 자리 잡았다." 그러한 변화는 느리게 찾아왔다. 1757년만 해도, 웨스토버의 위그노 교회 목사 피터 폰테인Peter Fontaine은 자신의 동생 모제스에게 쓴 편지에서 '내부의 적, 노예들'에 대해, "버지니아에서 노예 없이 사는 것은 정신적으로 불가능하다"고 주장했다. 그것은 경제적으로도 문제가 되었다. 따라서 휴 토머스에 따르면 "노예제도를 금지하는 조치들 가운데 어떤 것도 …… 인도적인 이유로 결정되지 않았다. 불안과 경제적 이유가 그 동기였다."[30]

결국 무엇이 노예제도의 폐지를 초래했을까? 토머스에 따르면, "프랑스와 프랑스를 뒤따른 나라들에 '계몽주의'라는 이름으로 소개된, 사상과 감정의 거대한 물결은 (르네상스와 반대로) 노예제도에 적대적이었다. 가장 영향력 있는 지식인들조차 그 문제에 대해 구체적으로 무엇을 해야 하는지 알지 못했지만 말이다."[31] 계몽주의 사상들이 법의 꼴을 갖추고 국가가 그 법을 시행했을 때 마침내 이 관행이 확실하게 끝났고, 18세기 말에 길이 닦이자 노예제 폐지에 점점 속도가 붙었다. 분명히 해둘 점은 노예제도의 근간을 뒤흔든 도덕적 논증들만으로는 그 제도의 폐지를 가져올 수 없었다는 것이다. 많은 사람들과 나라들은 도덕적 사다리에 마지못해 올라서서 떼를 쓰며 질질 끌려갔다. 한 예로, 영국에서는 1807년에 노예제도를 법으로 금지한 뒤에도 1870년까지 60년 넘게 영국 왕립해군이 불법 노예무역을 색출하기 위해 아프리카 해안을 순찰해야 했고, 그 과정에서 거의 1,600척의 배를 붙잡아 15만 명이 넘는 노예를 해방시켰다.[32] 또한 앞에서 지적했듯이, 미국에서는 65만 명이 넘는 미국인의 목숨을 앗아간 남북전쟁을 치르고서야 마침내 노예제도를 끝낼 수 있었다.

하지만 길게 보면, 도덕적 진보를 이루어내는 것은 무기의 힘보다는 생각의 힘이다. 노예제도 같은 개념은 조금씩 서서히 움직이기 때문이다. 도덕적으로 좋은 일에서 받아들일 수 있는 일로, 거기서 다시 의심스러운 일로, 받아들일 수 없는 일로, 부도덕한 일로, 불법인 일로, 그리고 상상할 수도 없는 일에서 생각해본 적도 없는 일로 바뀐다. 이어지는 내용은, 노예제 폐지에 지대한 영향을 미친 계몽주의 철학자들이 제시한 비종교적(세속적) 반론의 대표 사례들이다.

널리 읽히는 작가 볼테르가 1756년에 쓴 허구적 이야기인 《스카르멘타도의 유랑기Histoire des voyages de Scarmentado》에서, 아프리카인 등장인물은 노예무역선의 유럽인 선장에게 반전의 역공을 가한다. 이 아프리카인은 왜 자신이 백인 선원들을 노예로 부렸는지 설명한다. "당신들의 코는 길지만 우리는 납작하지. 당신들의 머리카락은 직모지만 우리는 곱슬이야. 당신들의 피부색은 하얗지만 우리는 검은색이야. 그러니 신성한 자연법칙에 따라 우리는 서로 적으로 남아야만 해. 당신들은 기니 해안에서 열리는 시장에서 마치 가축인양 우리를 구매하지. 말도 안 되게 힘든 일을 시키기 위해 …… [그래서] 우리가 당신들보다 더 강할 때 우리도 당신들을 노예로 만들어 밭에서 일을 시키고 당신들의 코와 귀를 자를 거야."[33]

2장에서 만난 계몽 철학자 몽테스키외는 세상에 지대한 영향을 미친 1748년 저서 《법의 정신》에서, 노예제도는 노예에게만 나쁜 게 아니라 노예 주인에게도 나쁘다고 주장했다. 그의 말에 따르면, 노예에게 나쁜 것은 한 사람이 고결한 일을 하지 못하게 막는다는 뻔한 이유 때문이고, 노예 주인에게 나쁜 것은 그 제도가 한 인간을 오만하게, 인내심 없고 매정하게, 화내고 잔인해지게 만들기 때문이다.[34]

유럽 대륙과 영국, 그리고 영국 식민지에서 지식인들의 필독서였던 드니 디드로Denis Diderot의 기념비적인 1765년 저서 《백과전서Encyclopédia》의 노예무역 항목에는 이렇게 적혀 있다. "이러한 매매는 종교, 도덕, 자연법칙, 그리고 모든 종류의 인권에 어긋나는 일이다. 노예들 …… 이 불운한 영혼들 가운데 …… 자유로울 권리가 없는 사람은 하나도 없다. 사실 그들은 자유를 잃은 적이 없기 때문이다. 또한 자유를 잃을 수도 없었다. 자유를 잃는 것은 불가능한 일이었기 때문이다. 그들의 주인도, 아버지도, 그리고 그 밖의 어느 누구도 자유를 박탈할 권리가 없었다."[35]

장-자크 루소Jean-Jacques Rousseau는 1762년 저서 《사회계약론Du Contrat Social》에서—이 책은 미국 헌법의 지적 토대가 되었다—노예제도가 "무효인 것은 그것이 불법일 뿐 아니라 터무니없고 무의미한 것이기 때문이다. '노예제도'와 '권리'는 서로 모순되는 단어다."[36]

노예제도에 대한 세속적 반감은 유럽 대륙에서 섬나라 영국으로 번졌고, 그곳에 심어져 스코틀랜드 계몽주의로 확장되었다. 스코틀랜드의 철학자 프랜시스 허치슨Francis Hutcheson이 《도덕철학 체계System of Moral Philosophy》에서 내린 결론에 따르면 "모든 사람은 자유와 재산에 대한 강한 욕구를 지니고 있으며" "어떤 피해를 입히고 어떤 범죄를 가한다 해도 한 이성적인 생명체를 모든 권리가 제거된 상품으로 바꿀 수는 없다."[37] 허치슨의 제자였던 애덤 스미스는 1759년에 펴낸 첫 번째 저서

《도덕감정론》에 이 원리를 적용했다. 애덤 스미스에 따르면, "아프리카 해안에서 온 흑인들 가운데 …… 야비한 주인의 영혼조차 도저히 품을 수 없을 정도로 옹졸한 자는 한 명도 없다."[38] 이러한 논증들은 곧 법체계의 꼴을 갖추었다. 예를 들어, 판사 윌리엄 블랙모어William Blackmore 경의 글들을 통해 그것을 확인할 수 있다. 그는 1769년 저서 《영국법 주해 Commentaries on the Laws of England》에서 노예제도에 대한 법적 반론을 제시했고, 그런 다음에 "노예 또는 니그로는 잉글랜드에 발을 딛는 순간 법의 보호를 받게 되며, 모든 자연권과 관련하여eo instanti(즉시) 자유인의 지위를 가진다"고 선언했다.[39]

프랑스와 스코틀랜드의 계몽주의가 미국 건국의 아버지들과 미국 헌법의 기초를 마련한 사람들에 끼친 영향은 잘 알려져 있다 토머스 제퍼슨, 벤저민 프랭클린, 존 애덤스, 알렉산더 해밀턴, 제임스 매디슨, 조지 워싱턴, 그밖의 사람들은 계몽주의의 산물인 동시에, 계몽주의가 표방하는 과학과 이성의 철학이 신세계의 도덕적 사회 질서의 근간을 이루도록 장려한 사람들이다.

노예제도와 역지사지 원리

노예제도가 도덕적으로 옳지 못한 것은 **감응적 존재의 생존과 번성에 해를 끼치는** 제도임이 분명하기 때문이다. **그것이 왜 옳지 못한 일이냐고?** 자연권인 자기 결정권과, 생존하고 번성하고자 하는 진화한 본성을 침해하기 때문이다. 노예제도는 감응적 존재들이 자신의 선택에 따라 자신의 잠재력을 온전히 발휘하며 사는 것을 막는다. 그리고 그렇게 하기 위해 폭력, 또는 폭력에 대한 위협을 동원하는데, 이것 자체가 무수한 불필요한 고통을 초래한다. **그것이 옳지 못하다는 것을 우리는 어떻게 알까? 역지사지 원리** 때문이다. 나는 노예가 되고 싶지 않다. 그러므로 노예 주인이 되어서는 안 된다. 이 논증이 낯익다는 생각이 든다면, 그것이 미국의 노예제도를 끝내기 위해 그 누구보다 많은 일을 한 에이브러햄 링컨의 논증이었기 때문이다. 링컨은 이 제도를 끝내는 싸움이 된 남북전쟁이 일어나기 직전인 1858년에 이렇게 선언했다. "나는 노예가 되지 않을 것입니다. 그러므로 노예 주인이 되지도 않을 것입니다."[40]

이 원리는 황금률의 다른 표현이기도 하다. "다른 누군가가 **나를** 노예로 삼는 것을 원치 않으므로, 나는 다른 누군가를 노예로 **삼아서는** 안 된다." 오늘날의 진화 용어로 말하면, 그것은 **호혜적 이타주의**라는 진화적으로 안정된 전략이다. "당신이 내 등을 긁어주고 나를 노예로 삼지 않는다면, 나도 당신의 주인이 되는 대신 당신의 등을 긁어주겠다."

역지사지 원리는 존 롤스의 '원초적 입장' 및 '무지의 상태' 논증들의 다른 표현이기도 하다. 그 논증들에 따르면, 한 사회의 원초적 위치에 있을 때, 즉 본인이 어떤 상태로 태어날지—남성인지 여성인지, 흑인인지 백인인지, 부자인지 가난한지, 건강한지 아픈지, 개신교도인지 가톨릭교도인지, 노예인지 자유인지—알지 못할 때, 우리는 어떤 한 계급에게 특권을 부여하지 않는 법을 선호한다. 자신이 어떤 범주에 속할지 모르기 때문이다.[41] 이러한 맥락에 맞추어 역지사지 원리를 다시 서술할 수 있다. "내가 노예가 되는 사회에서 살고 싶지 않으므로, 나는 노예제도를 금지하는 법에 투표할 것이다."

1854년에 적은 미발표 메모에, 링컨은 현대인에게 행동게임 분석(실험적인 게임 상황에서 사람들이 보이는 행동을 관찰, 분석하는 것—옮긴이)을 조리 있게 설명하는 것처럼 보이는 논증을 적어놓았다. 피부색, 지능, '이해'(링컨은 경제적 이해라는 뜻으로 썼다)에 따라 인종의 등급이 매겨진다는 당대의 논증들에 대한 반론으로 링컨은 이렇게 말했다.

> 만일 A가 B를 노예로 삼을 권리가 있다는 것을 어떤 식으로든 확실하게
> 증명할 수 있다면, B도 같은 논리에 따라 A를 노예로 삼을 수 있다는 것
> 을 증명할 수 있지 않을까?
>
> 당신은 이렇게 반박한다. A는 백인이고 B는 흑인이다. 결국 피부색의 문
> 제라면, 더 밝은 피부색의 사람은 더 검은 피부색의 사람을 노예로 삼을
> 권리가 있다는 말인가? 그렇게 생각한다면 조심하라. 이 규칙에 따르면
> 당신은 당신이 처음으로 만나는, 당신보다 더 창백한 피부를 지닌 사람
> 의 노예가 될 수 있다.
>
> 정확히 피부색을 뜻하는 건 아니라고? 백인이 흑인보다 지적으로 뛰어
> 나므로 흑인을 노예로 삼을 권리가 있다는 뜻이라고? 그렇게 생각한다
> 면 이번에도 조심하는 게 좋다. 이 규칙에 따르면 당신은 당신이 처음으
> 로 만나는, 당신보다 지적으로 뛰어난 사람의 노예가 될 수 있으니까.
>
> 당신은 다시 이렇게 말한다. 그것은 이해의 문제이며, 따라서 내 이해에
> 부합하면 다른 사람을 노예로 삼을 권리가 있다. 좋다. 이 규칙에 따르
> 면, 그도 자신의 이해에 부합하면 당신을 노예로 삼을 권리가 있다.[42]

여기서 링컨은 기본 전제로부터 결론을 이끌어내는 논리적 전개를 통
해, 평등에 대한 세속적인 논증을 펼치고 있다. 그는 종교로부터 노예제
폐지에 대한 영감을 받았다는 주장을 어디서도 하지 않았다. 실제로, 링
컨은 전통적인 의미의 신자가 아니었다. 그가 암살당한 후 유언 집행자
이자 오랜 친구였던 데이비드 데이비스 판사는 링컨에 대해 이렇게 말
했다. "그는 기독교적 의미의 신앙을 지니고 있지 않았다." 링컨이 일리
노이주에서 변호사로 일하던 젊은 시절부터 대통령직에 있을 때까지 알

고 지낸 또 다른 친구인 워드 힐 레이먼도 그 사실을 확인시켜주었다. "그는 그동안 한 번도 신의 아들이자 구세주인 예수에 대한 믿음을 막연하게라도 내비치는 표현을 말하거나 쓴 적이 없다."[43]

앞서 인용한 문단에는 예수에 대한 믿음이 아니라 유클리드의 《원론》이 링컨에게 끼친 영향이 반영되어 있다. 그 책의 열렬한 독자였던 링컨은 그 책의 수학 명제들과, 그러한 추론이 인간사에 어떻게 적용될 수 있는지를 언급했다. 앞 문단의 노예를 부릴 권리에 관한 명제—A는 B의 노예가 되고 싶지 않으므로 A는 B의 주인이 될 수 없다—에서 A와 B의 위치를 바꾸어도 명제는 성립한다. 스티븐 스필버그의 영화 〈링컨〉의 시나리오 작가 토니 쿠시너Tony Kushner는 인종 평등에 대해 토론하는 대목에, 링컨이 유클리드의 공리를 설명하는 장면을 넣었다. "유클리드의 첫 번째 공리는 이거야. 같은 대상과 같은 것들은 서로 같다(A = B, A = C → B = C). 그것이 수학적 추론의 법칙이지. 이것이 진리인 것은 실제로 그렇기 때문이야. 지금까지도 그러했고 앞으로도 그럴 거야. 유클리드는 자신의 책에서 이것은 자명하다고 말했어. 알겠나? 무려 2,000년 전에 쓰인 수학 법칙에 관한 책에도 그것이 자명한 진리라고 나와." 링컨이 그러한 말을 실제로 한 적은 없지만, 그가 그런 식의 논증을 펼쳤을 것이라고 생각할 만한 충분한 이유가 있다. A와 B가 서로 위치를 바꿀 수 있다는 그의 1854년 논증에 바로 그러한 내용이 내포되어 있기 때문이다.[44]

사실, **역지사지 원리**에 대한 링컨의 공식—"나는 노예가 되지 않을 것이고, 그러므로 노예 주인이 되지 않을 것이다"—에 뒤따라 나오는 문장들은 대개 누락된다. "이것이 민주주의에 대한 내 생각이다. 여기서 조금이라도 벗어나는 것은 민주주의가 아니다." 민주주의가 융성하기 위해서는 시민들이 융성해야 한다. 민주주의는 개인들의 총합이기 때문이다. 그리고 다시 말하지만, 아픔과 고통을 느끼는 주체는 민주주의 같은 집합체가 아니라 개개인이다. 이렇듯 링컨 시대의 노예제도를 둘러싼 논쟁에는, 정부의 권력이 어디서 나오는지를 직시하고 모든 종류의 인권을 인정하는, 근본적이고 영속적인 도덕 원리들이 반영되어 있었다. 링컨이 1858년 10월 15일에 있었던 스티븐 A. 더글러스와의 일곱 번째이자 마지막 논쟁에서 지적했듯이, 그것은 개인의 번성할 자유냐, 왕의 신성한 통치권이냐의 문제였다. (스티븐 더글러스는 그 논쟁에서 이렇게 선언한 것으로 유명하다. "나는 그가[흑인이] 내 형제이거나 어떤 식으로든 내 종족임을 분명하게 부정한다."[45])

그것이 진짜 쟁점입니다. 그것은 더글러스 판사님과 저의 보잘것없는 혀가 땅에 묻혀 조용해지는 날이 와도 이 나라에서 계속될 쟁점입니다. 그것은 바로 이 세상에서 끝없이 계속될 두 원리 사이의 투쟁입니다. 그것은 바로 옳은 것과 그른 것의 투쟁입니다. 이 두 원리는 태초부터 정면 대결했습니다. 그리고 영원히 투쟁을 계속할 것입니다. 하나는 인류의 보편적 권리이고, 다른 하나는 왕의 신수권입니다. 후자는 어떤 모습을 띠든 똑같은 원리입니다. 이렇게 말하는 것과 같습니다. "네가 고되게 일해서 빵을 얻으면 나는 그것을 먹겠다." 어떤 형태를 띠든, 자기 나라의 국민들을 지배해서 그들의 노동의 열매로 살아가려는 왕의 입에서 나오든, 아니면 다른 인종을 노예로 삼으려는 어떤 인종에게서 나오든, 그것은 똑같이 전제적인 원리입니다.[46]

링컨의 최종적인 도덕적 선언은 간결했다. 1864년 4월, 남북전쟁의 사망자 수가 50만 명을 넘어섰을 때 그는 "노예제도가 잘못된 것이 아니라면 잘못된 것은 아무것도 없다"[47]고 말했다.

[그림 5-2]는 1117년을 기점으로 노예제도를 폐지하고 법으로 금지

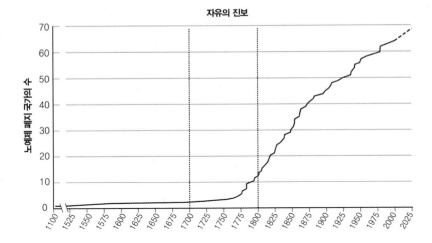

[그림 5-2] 노예제도를 폐지하고 법으로 금지한 국가들, 1117-2010년

위키피디아에서 '노예제 폐지 연대표' 항목을 보면, 아이슬란드가 1117년에 공식적으로 노예제도를 폐지한 첫 국가였고, 영국이 2010년에 마지막으로 노예제도를 법으로 금지한 국가였다. 2025년까지 연장된 점선은 노예제도가 모든 나라에서 법으로 금지되었다 해도 현실에서는 여전히 성매매와 강제노동의 형태로 시행되고 있음을 나타낸다. 따라서 아직 진보가 더 이루어져야 한다.[48]

한 국가들을 보여준다. 아이슬란드는 1117년에 노예제도를 폐지한 최초의 국가가 되었다. 진보는 몇 백 년 동안 절망적일 정도로 더뎠고, 종종 멈추어 섰다. 1776년의 〈미국독립선언〉, 1789년의 프랑스 〈인권선언〉, 그리고 계몽주의에서 영감을 받은 인권에 대한 다양한 세속적 문서들이 19세기에 큰 영향을 미친 뒤로, 노예제 폐지와 자유의 확산에 속도가 붙었고, 마침내 2007년과 2010년에 정점을 찍었다. 이 점에서 모리타니아와 영국이 각기 노예제도를 법으로 전면 금지했다. 2025까지 점선을 연장한 것은, 노예제도가 지구상의 모든 곳에서 불법임에도 동남아시아 일부와 여타 지역에서 성매매의 형태로, 그리고 아프리카 일부와 여타 지역에서 강제 노동의 형태로 여전히 시행되고 있다는 사실을 반영하기 위해서다.

불행히도 강제 노동과 성매매 관행이 세계의 가난한 지역들에서 계속되고 있다. 노예종식컨퍼런스End Slavery Now라는 조직은 이런 형태로 노예살이를 하는 사람들이 3000만 명에 이른다고 추산한다.[49] 하지만 이 주제를 연구하는 많은 저널리스트와 학자들은 이 수치가 믿을 수 없는 데이터와 추정치를 바탕으로 열 배쯤 부풀려진 것일 가능성이 높다고 주장한다.[50] 어쨌든 인구 비율로 따지면, 현재 모든 형태의 노예제도가 역사상 최저 수준을 기록하고 있다. 그럼에도 사람들은 여전히 착취당하고 있고, 따라서 우리는 그러한 관행을 끝낼 필요가 있다. 오스트레일리아의 노예 해방 인권 단체인 워크프리재단Walk Free Foundation이 전 세계노예의 약 70퍼센트를 차지하는 열 개 나라를 지목했는데, 그 가운데 인도, 중국, 파키스탄이 가장 심했다. 워크프리재단이 매년 발표하는 세계노예지표Global Slavery Index는 노예제도의 정의에 "남성과 여성 및 어린이에 대한 강제 노동, 가정 내 종살이와 강제된 구걸 행위, 여성과 어린이에 대한 성 착취, 그리고 강제 결혼"을 포함한다.[51]

사진 작가 리사 크리스틴Lisa Kristine은 사진을 통해 성매매와 강제 노동 같은 관행들을 시각적으로 기록해왔다.[52] 그리고 노예해방Free the Slaves의 공동 창립자인 케빈 베일스Kevin Bales는 이러한 끔찍한 관행들과 어떻게 싸울 것인지, 그리고 자신의 조직이 25년 내에 모든 형태의 노예제도를 어떻게 끝낼 것인지, 대략적인 계획을 제시한다.[53] 베일스가 설명하듯이, 이러한 형태의 노예제도는 경제적 성격을 띠고 있다. 즉 "사람들은 심술궂게 굴기 위해 다른 사람들을 노예로 만드는 것이 아니라 돈을 벌기 위해 그렇게 한다." 그런데 노예 가격은 역사적 평균인 노예 한 명당 4,000달러(2010년 달러)에서 오늘날 90달러로 폭락했다. 가격 하락의 원인은 공급의 증가다. 세계 인구가 폭발적으로 증가하면서 착취에 노출된 사람들이 10억 명에 이른다. 노예 상인들에게 그것은 노다지이고, 상투적 수법은 가난한 사람들에게 접근해 주로 일자리를 제안하면서 꼬드기는 것이다. "그들은 트럭 뒤에 올라타고 자신들을 고용한 사람과 함께 10마일, 100마일, 1,000마일을 가서야 뒤늦게 자신들이 험하고 비루하고 위험한 일에 처해졌음을 알게 된다. 그들은 한동안 그 일을 한다. 하지만 떠나려고 시도할 때 쿵! 하고 쇠망치가 내려오고, 그들은 자신들이 노예가 되었음을 알게 된다."

폭력의 위협 속에 대가 없이 강제로 일하는 것, 그리고 마음대로 떠나지 못하는 것은 분명히 노예제도의 한 형태이며, 현대판 노예들이 생산하는 400억 달러는 지금까지 노예 노동이 지구 경제에서 차지한 몫 가운데 가장 낮다. "오늘날 우리는 법적 투쟁에서 승리할 필요가 없다. 모든 나라에 노예제도를 금지하는 법이 있기 때문이다. 우리는 경제적 논쟁에서 승리할 필요가 없다. 어떤 경제도 노예제도에 의존하지 않기 때문이다(노예제도가 폐지되면 모든 산업이 붕괴할 수 있던 19세기와는 상황이 다르다.) 그리고 우리는 도덕적 논쟁에서 승리할 필요가 없다. 아무도 노예제도를 정당화하려고 시도하지 않기 때문이다."[54] 게다가 자유의 배당금이 존재한다. 즉 노예들이 법적 생산자이자 소비자가 되면 지역 경제가 빠르게 성장한다.

현대의 노예제 반대 운동가들은 노예제도를 법으로 금지하는 것은 지금도 계속되는 그 관행을 폐지하는 데 중요하다고 주장한다. 그들은 노예제도를 폐지했을 뿐 아니라 법으로도 금지한 나라들에서만 노예 주인들을 법적으로 기소할 수 있다고 지적한다. 앞에서 말했듯이, 예를 들어 아프리카 국가인 모리타니아에서 노예제도는 1981년에 폐지되었지만, 2007년에 와서야 이 제도를 법으로 금지했다. 따라서 이제 노예 주인을 범법자로 기소하는 과정이 비록 느리지만 시작되었다. CNN 통신원 존 서터가 그 나라 국민들의 삶의 조건들에 대한 보도에서 지적했듯이 "자유로 가는 첫걸음은 당신이 노예임을 깨닫는 것이다."[55]

○ ● ○

18세기와 19세기에 노예제도에 대한 이성적 논증과 과학적 반론은 그 제도에 대한 법적 폐지와 보편적 비난으로 이어졌고, 이는 다른 권리 혁명들의 토대를 마련했다. 이어진 권리 혁명들은 흑인과 소수자들, 여성과 어린이, 게이와 레즈비언에게—그리고 이제는 심지어 동물들에게도—더 큰 정의와 자유를 가져다주었고, 인류 역사의 그 어느 때보다 많은 감응적 존재들을 포함시키도록 도덕의 영향권을 확장했다.

1870년 미국에서는 노예들에게 투표권이 주어졌다. 하지만 여성에게는 1920년에 투표권이 주어졌다. 스위스는 1848년에 남성의 참정권이 주어졌으나 여성에게는 123년이 지난 1971년에 주어졌다. 현대 사회에 들어 남성과 여성의 사회적 격차는 눈에 띄게 줄어들고 있다. 하지만 아직 여성의 신체에 대한 권리에는 남성과 사회의 통제력이 강하게 작동하고 있다.

6

여성 권리의 도덕과학

균등한 기회를 달라! 우리의 요구는 그것뿐 어떤 타협도 있을 수 없다. 모든 것에
가닿는 진화의 손가락은 여성들에게도 닿는다. 여성도 진보의 모든 요소를 가지고
있으며, 진보의 정신이 그들의 마음속에서 꿈틀대고 있다. 여성들은 단지 자기 자
신만을 위해서가 아니라 인류의 미래를 위해 싸우고 있다. 여성들에게 균등한 기회
를 달라!

_ 월스트리트에 여성 최초로 증권 회사를 연 사회개혁가
테네시 셀레스트 클래플린Tennessee Celeste Claflin, 1897년.

1869년 저서 《유럽 윤리학의 역사》에서 '확장되는 도덕의 원'이라는 은
유를 소개한 19세기 아일랜드 역사가 윌리엄 레키를 1장에서 만났다. 그
책의 '여성의 지위'에 관한 장에서, 그는 여성들이 남성과 비슷한 지위로
올라설 수 있었던 것은 무엇보다도 일부일처제 결혼 덕분이었다고 주
장했고, 결혼 계약의 가장 큰 가치는 여성들에게 적어도 집안에서는 평
등한 권리를 부여하는 데 있다고 주장한다(하지만 애석하게도 **오직** 집안에
서만이었다). "일부일처제에 대한 공리주의적 논증들도 매우 설득력이 있
다. 그 논증들을 세 문장으로 요약할 수 있다. 자연이 남녀의 숫자를 거
의 똑같이 만들었다는 것은 일부일처제가 자연스러운 것임을 암시한다.
다른 어떤 형태의 결혼에서도, 결혼의 주된 목적 가운데 하나인 가정의
통치를 그렇게 행복하게 지속할 수 없다. 그리고 다른 어떤 형태의 결혼

에서도 여성이 남성과 평등한 지위를 갖지 못한다."[1]

여성이 바느질에 충실하고 거실 밖으로 발을 내딛지 않는 한은 남성과 여성이 평등하다는 이런 울며 겨자 먹기 식 인정은 메리 울스턴크래프트Mary Wollstonecraft의 《여성의 권리 옹호A Vindication of the Rights of Woman》(1792)[2]가 출판된 지 거의 80년 뒤, 그리고 존 스튜어트 밀이 자신의 저서(아내 해리엇 테일러 밀Harriot Taylor Mill과 함께 저술했을 것이다) 《여성의 예속The Subjection of Women》[3]에서 여성의 법적·사회적 평등을 요구한 뒤에 나온 것이라는 점에서 더더욱 실망스럽다. 또한 그것은 1848년에 뉴욕 세네카폴스에서 최초의 여성권리대회가 열린 지 약 20년 뒤에 나온 것이다. 그 대회에서, 엘리자베스 케이디 스탠턴Elizabeth Cady Stanton이 주도하여 작성한 〈권리 및 심정 선언문Declaration of Rights and Sentiments〉이 68명의 여성들과 32명의 남성들에 의해 비준되었다. 〈독립선언문〉을 본 따 작성한 이 문서에는 다음과 같은 내용이 있다. "우리는 모든 남성과 여성이 평등하게 창조되었다는 이 진리가 자명한 것이라고 생각한다." 하지만 레키는 이 진리가 자명한 것이 아니라고 느꼈던 것이 분명하다. 그의 생각을 들어보자.

> 지식에 대한 윤리적 태도에서 그들은 확실히 열등하다. 여성들은 진리를 사랑하는 일이 대단히 드물다. 그들은 자신들이 '진리'라고 부르는 것, 또는 자신들이 인정하는 타인의 견해는 열정적으로 추종하는 반면, 자신들과 생각이 다른 사람들은 격렬하게 싫어한다. 그들은 공평하지 못하고 의심할 줄 모르며, 그들의 사고는 주로 느낌의 형태를 띤다. 그들은 행동에서는 매우 관대하지만, 의견이나 판단에서는 별로 관대하지 않다. 그들은 납득시키기보다는 설득하고, 실재를 충실하게 표현한 것을 믿기보다는 위안을 주는 것을 믿는다.[4]

불행히도 이러한 사고방식은 특이한 것이 아니었고, 여성의 평등과 투표권이라는 보편적이지 않은 현대적 개념을 지지하는 사람들은 혹독한 멸시와 조롱을 받았다. 분명 남성들은 자신들의 안위와 특권을 위협받는 것처럼 느꼈을 것이다. 1848년에 열린 세네카폴스대회에 대해 뉴욕의 주간지《오네이더휘그Oneida Whig》의 기자는 이렇게 논평했다.

이 사건은 지금까지 여성사에 기록된 사건들 가운데 가장 충격적이고 부자연스러운 것이다. 만일 이 나라의 여성들이 투표와 입법에 대한 권리를 주장한다면, 우리 신사들의 저녁과 해진 팔꿈치는 어떻게 되는 것인가? 가정의 온기와 양말 구멍은 어떻게 되는 것인가?[5]

글쎄 어떻게 될까?

그럼에도 미국의 여성 참정권 운동가들과 그 동지들은 뜻을 굽히지 않았고, 72년의 투쟁 끝에 1920년 수정 조항 제19조를 통과시키면서 여성 투표권을 얻어냈다. 미국 여성들이 투표권을 얻기까지의 이야기는 흥미진진하지만, 여기서는 간략하게만 살펴보겠다.[6] 1848년에 열린 세네카폴스대회를 조직한 것은 엘리자베스 케이디 스탠턴과 루크리셔 모트 Lucretia Mott로, 그들이 1840년에 런던에서 열린 세계반노예제대회World Anti-slavery Convention에 참석한 뒤였다. 그들은 이 대회에 대표단으로서 참가했지만 발언권을 얻지 못했고, 커튼이 쳐진 구역에 말 잘 듣는 어린 아이처럼 앉아 있어야 했다. 스탠턴과 모트는 이런 상황을 받아들일 수 없었다. 반노예제대회는 1850년대 내내 개최되었지만 남북전쟁으로 중단되었고, 이 전쟁으로 1870년에 흑인 투표권이 확보되었다(하지만 인두세, 법률상의 구멍, 문해력 검사, 위협, 협박을 통해 흑인 투표권을 서서히 박탈했다). 물론 그 투표권은 여성이 아니라 흑인 남성들의 것이었다. 이 역시 받아들일 수 없었던 마틸다 조슬린 게이지Matilda Joslyn Gage, 수전 앤서니 Susan B. Anthony, 아이다 웰스Ida B. Wells, 캐리 채프먼 캣Carrie Chapman Catt, 도리스 스티븐스Doris Stevens 등 수많은 사람들이 이 일을 계기로 더욱 분발해, 여성의 정치적 노예 상태를 끝내기 위한 지칠 줄 모르는 투쟁에 나섰다.

분위기가 고조되기 시작할 무렵, 미국의 위대한 여성 참정권 운동가 앨리스 폴Alice Paul(2004년 영화 〈천사의 투쟁Iron Jawed Angels〉에서 힐러리 스웽크가 열연한 인물)이 잉글랜드에서의 긴 여행을 마치고 돌아왔다. 폴은 잉글랜드에 있는 동안 영국의 여성 참정권 운동에 적극적으로 참여했고, 그 과정에서 영국의 훨씬 급진적이고 강경한 여성 운동가들에게 많은 것을 배웠다. 그중 한 명이 에멀린 팽크허스트Emmeline Pankhusrt였다. 그녀는 "투표권을 행사하는 일에서, 어린아나 백치와 동급으로 분류되던 처지에서 스스로 해방되고자 했던 여성들이 가진 의지력이라는 무기의 날"[7]로 묘사되는 용기 있는 정치운동가였다. 팽크허스트가 세상을 떠났을 때 《뉴욕타임스》는 그녀를 "20세기 초의 가장 탁월한 정치사회 선동가이자, 여성 참정권 운동의 주역"[8]으로 평했고, 수년 뒤 잡지 《타임》은 20세기의 가장 중요한 인물 100인 가운데 한 명으로 그녀를 꼽았다. 따라서 외국에서 돌아왔을 때 앨리스 폴은 행동할 준비가 되어 있었다. 하지만 여성 운동의 더 보수적인 대원들은 폴을 맞을 준비가 충분히 되어 있지 않았다. 그럼에도 그녀와 루시 번즈는 자신들의 대의에 관심을 끌어 모으기 위해 워싱턴 DC에서 역사상 가장 큰 퍼레이드를 조직했다. 1913년 3월 3일(전략상, 윌슨 대통령의 취임식 전날로 잡았다), 26대의 장식 수레, 열 개의 악단, 8,000명의 여성들이 행진에 나섰다. 아이네즈 밀홀런드Inez Milholland가 흰색 망토를 늘어뜨리고 백마를 탄 인상적인 모습으로 선두에 섰다([그림 6-1]을 보라). 10만 명이 넘는 구경꾼이 퍼레이드

[그림 6-1] 아이네즈 밀홀런드의 워싱턴 DC 행진

1913년 3월 3일, 여권 운동가 아이네즈 밀홀런드는 여성 참정권 운동가 동료들인 앨리스 폴과 루시 번즈와 함께 미국의 수도에서 이 행진을 주도했다.[9]

를 지켜보았다. 하지만 주로 남성이었던 군중은 점점 무질서해졌고, 그들이 여성들을 상대로 침을 뱉고 악담하고 괴롭히고 폭행하는 동안 경찰들은 옆에서 보고만 있었다. 폭동이 더 크게 번질 것을 우려한 미국 육군성이 기병대를 소집해 점점 고조되는 폭력과 혼돈을 진압했다.[10]

이것은 기회였다. 여성들에 대한 폭력에 비난 여론이 들끓었고, 갑자기 "오랫동안 많은 정치인들에게 죽은 이슈로 여겨졌던 여성 참정권이라는 이슈가 되살아나 전국 일간지들의 1면을 장식했다. …… 폴은 여성 참정권을 주요 정치적 쟁점으로 만드는 자신의 목표를 달성했다."[11]

1917년에 여성들은 백악관 밖에서 평화롭게 피켓 시위를 시작했다. 하지만 이번에도 그들이 맞닥뜨린 것은 괴롭힘과 폭행이었다. 일명 '침묵 시위대'로 불린 이 여성들은 플래카드를 들고 2년 반 동안 (일요일만 빼고) 낮이고 밤이고 그 자리를 지켰지만, 미국이 제1차 세계대전에 참가하게 되면서 공권력의 인내심이 바닥을 드러냈다. 전시의 대통령을 상대로 피켓 시위를 하는 것은 부적절하다고 여겨졌던 것이다. 시위자들은 통행 방해 혐의로 유치장에 던져졌다. 대개는 말 그대로 **던져지다시피** 했고, 그곳에서 정치 운동가보다는 범죄자 취급을 받으며 끔찍한 조건에서 지냈다. 많은 여성들이 그곳에서 단식 투쟁을 시작했는데, 그 가운데는 앨리스 폴도 있었다. 폴이 여성 참정권 운동의 순교자가 되는 것을 막기 위해 교도관들이 그녀의 입에 먹을 것을 억지로 밀어넣었다. 유치장 내 잔악 행위에 대한 소문을 언론이 입수하면서, 시위자들이 당하는 끔찍한 일들에 대중의 분노가 높아져갔다. 40명의 교도관이 난동을 벌인 '공포의 밤Night of Terror' 사건에서, 그 여성들은 교도관들에게 "휘어잡히고, 질질 끌려가고, 매 맞고, 발로 차이고, 목이 졸렸다." 루시 번즈는 손목에 수갑이 채워진 채 사슬에 묶여 유치장 문에 매달렸다. 한 여성은 남자 죄수들이 있는 곳으로 끌려가 "그녀에게 하고 싶은 대로 하라"는 말을 들었다. 어떤 여성은 머리를 맞고 의식불명이 되었다. 또 다른 여성은 심장마비를 일으켰다.[12] 이러한 잔악 행위들은 제 무덤을 파는 전술상의 실수였다. "언론 보도로 여론의 압박이 거세지자 정부가 수습에 나섰다. …… 체포도 시위자들을 멈추지 못했다. 징역, 정신병동 감금, 억지로 먹이기, 폭행 역시 소용없었다. 다음 결정은 그들을 풀어주는 것뿐이었다."[13]

마침내 1920년에 (1878년에 수전 B. 앤서니와 엘리자베스 케이디 스탠턴이 초안을 작성한) 미국 수정 헌법 제19조가 24세의 테네시주 의원 해리 T. 번의 표 덕분에 한 표 차이로 통과했다. 그는 애초에 자신의 주가 그 수정 조항을 비준하는 것에 반대하는 데 투표할 생각이었지만(이 수정 조항이 통과되기 위해서는 당시 48개였던 미국 주들 가운데 36개 주의 비준이 필요했다) 어머니의 편지 때문에 생각을 바꾸었다. (1920년 여름까지 35개 주가 비

여성 투표권의 진보

(세로축) 국가 수 — 0, 10, 20, 30, 40, 50, 60, 70, 80, 90, 100, 110, 120, 130, 140, 150, 160, 170, 180, 190, 200

(그래프 상 표시)
오스트레일리아
덴마크
러시아
영국
미국
그리스
브라질
프랑스
멕시코
콜롬비아
스위스
사모아

핏케언섬: 1836년
맨섬: 1881년
쿡제도: 1893년
뉴질랜드: 1893년
사우디아라비아: 2015년?
바티칸시국: 영영 오지 않음.

(가로축) 1900, 1910, 1920, 1930, 1940, 1950, 1960, 1970, 1980, 1990, 2000, 2010

여성에게 투표권이 주어진 연도

[그림 6-2] 여성 투표권의 역사적 추이

1900년부터 2010년까지 여성 참정권은 계단형으로 진보했다. 두 번의 큰 도약을 볼 수 있는데, 첫 번째는 제1차 세계대전 이후이고 두 번째는 제2차 세계대전 이후다. 주권 국가인 바티칸시국이 여성들에게 투표권을 부여하는 시점은 "영영 오지 않을 것이다."[16]

준한 상태에서, 투표를 위한 특별 회기 소집을 요청받은 네 개 주 가운데 테네시주만이 이에 응했다. 테네시주의 투표 결과는 48 대 48이었지만, 해리 번이 다음날 하원에 요청해 자신의 마음을 바꾸었다—옮긴이.)

사랑하는 아들에게

여성 참정권을 위해 투표해다오! 무승부로 두지 말고 반드시 매듭을 지어다오. 반대하는 연설을 보았다. 적의가 느껴지더구나. 그동안 네가 어떤 입장인지 지켜봤지만 아직은 잘 모르겠다.

좋은 사람이 되기로 했던 약속 잊지 말고, 꼭 비준시켜 '고양이 여사Mrs.

Catt'가 '쥐'를 잡도록 돕거라.

엄마가.[14]

결국 여성 참정권이 인정된 것은 어머니의 말에 마음을 바꾼 한 젊은 남성의 표 덕분이었다. 소문에 따르면 "반대론자들이 그 젊은이의 결정에 분개해 회의실에서부터 그를 뒤쫓았고, 그 바람에 그는 의사당 창문을 넘어 창문턱을 따라 겨우 도망쳤다고 한다."[15] 이렇듯 여성 참정권은 저항의 몸부림 속에서 미국에 도착했다.

여성 참정권은 다른 몇몇 나라의 여성들이 이미 수년 전에 얻어낸 권리지만, 또 다른 나라의 여성들은 아직 기다려야 하는 권리였다. 그리고 어떤 나라들에서는 지금도 기다리고 있다. [그림 6-2]는 여성 참정권의 도덕적 진보를 보여주는 그래프이며, [그림 6-3]은 남성 참정권과 여성 참정권의 시차를 보여준다. 스위스는 각기 1848년과 1971년으로 123년의 시차가 있었고, 덴마크는 1915년에 시차 없이 남녀 모두에게 참정권이 인정되었다. 그 중간인 미국은 각기 1870년과 1920년으로 50년의 시차가 벌어진다.

선거권에서 성공으로

한 가지 권리의 토대가 마련되면 그다음부터는 권리 운동가들의 일이 쉬워진다. 136개 나라를 대상으로 경제, 정치, 교육, 건강의 성 격차를 추적한 세계경제포럼의 2013년 〈세계 성 격차 보고서Global Gender Gap Report〉를 보자. 이 보고서는 전 세계적으로 "건강 격차의 96퍼센트가 메워졌고, 교육 격차는 93퍼센트, 경제 활동 참여 격차는 60퍼센트가 메워

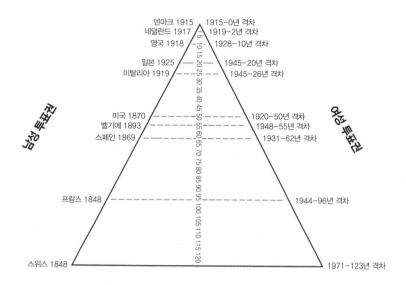

덴마크 1915 ——— 1915-0년 격차
네덜란드 1917 ——— 1919-2년 격차
영국 1918 ——— 1928-10년 격차

일본 1925 ——— 1945-20년 격차
이탈리아 1919 ——— 1945-26년 격차

미국 1870 ——— 1920-50년 격차
벨기에 1893 ——— 1948-55년 격차
스페인 1869 ——— 1931-62년 격차

프랑스 1848 ——— 1944-96년 격차

스위스 1848 ——— 1971-123년 격차

남성 투표권 (left label)
여성 투표권 (right label)

[그림 6-3] 남성과 여성의 참정권 획득 시점의 격차

남성과 여성의 참정권 획득 시점의 격차가 시간이 갈수록 점점 줄어드는 추세에는 도덕적 진보의 단속적 성질이 반영되어 있다. 스위스는 그 격차가 123년이었지만 덴마크는 0년이었다. 이러한 변화는 나라마다 다른 여러 사회·경제적 변수들에 의존한다.

졌지만, 정치 참여 격차는 겨우 19퍼센트가 메워졌음"을 보여준다. 최상위 열 개 나라 가운데 일곱 개 나라가 북유럽 국가인 가운데, 아이슬란드, 핀란드, 노르웨이, 스웨덴이 세계에서 성 격차가 가장 작은 국가들로 나타났다. 이 변화의 가치를 경제적으로 추적할 수 있는데, 성 격차 보고서의 결론에 따르면, "이 지표는 한 국가의 성 격차와 국가 경쟁력 사이에 강력한 상관성이 있음을 보여준다. 여성이 국가 잠재력의 절반을 차지하므로, 한 국가의 장기적인 경쟁력은 그 국가가 여성을 어떻게 교육하고 활용하는지에 달려 있다."[17]

전통적으로 남성이 주로 활동하던 직업군에 여성들이 점점 더 많이 진출하고 있는 것은 고무적인 일이다. 예컨대 2013년에 우르줄라 폰 데어 라이엔Ursula von der Leyen이 독일 최초의 여성 국방부 장관이 되었다.

폰 데어 라이엔은 변화를 강력하게 옹호해왔던 사람답게, 그해 12월에 자신의 커다란 포부를 펼쳐보였다. "내 목표는 스위스연방, 독일연방, 미합중국처럼 운영되는 유럽연방이다." 그렇게 되면 유럽연방 군대가 유럽을 방어하게 될 것이다. 정치 무대에 여성의 목소리를 포함시키는 것은 언제나 도덕적 진보에 득이 된다는 사실을 폰 데어 라이엔의 행보가 증명한다. 그녀는 보육 시설의 수를 늘릴 것을 촉구했으며 동성 결혼을 지지했다. 폰 데어 라이엔이 유럽 최초의 여성 국방장관은 아니다. 예닌 헤니스-플라스하르트Jeanine Hennis-Plasschaert는 네덜란드에서 2012년부터 현재(2015년)까지 국방장관에 재임 중이며, 크리스틴 크론 데볼드Kristin Krohn Devold는 노르웨이에서 2001년부터 2005년까지 국방장관을 지냈다. 마찬가지로 미셸 알리오-마리Michèle Alliot-Marie가 프랑스에서 2002년부터 2007년까지 국방장관을 지냈고, 레니 비에르클룬드Leni Björklund는 스웨덴에서 2002년부터 2006년까지, 카르메 차콘 피케라스Carme Chacón Piqueras는 스페인에서 2008년부터 2011년까지, 그레테 파레모Grete Faremo는 노르웨이에서 2009년부터 2011년까지 국방장관을 지냈다. 전 세계에서 82명의 여성이 국방장관을 지냈거나 재임 중이다.[18]

전통적으로 남성이 주로 활동한 분야에서 성공한 여성들의 목록에 추가해야 할 사람으로, 2013년 12월에 여성 최초로 자동차 회사(제너럴모터스)의 최고경영자가 된 메리 바라Mary T. Barra가 있다. 그녀가 취임한 뒤로 발표된 보고서들을 보면,《포천Fortune》이 선정한 500대 기업 가운데 간부직에 여성이 많은 기업들이 그렇지 않은 기업들보다 수익률이 50퍼센트 더 높다.《포천》500대 기업에는 현재 22명의 여성 CEO가 있고, 이사진의 16.9퍼센트가 여성이다.[19] 바라가 취임한 다음날 발표된 퓨연구센터Pew Research Center의 연구에 따르면, 미국의 젊은 여성들 가운데 15퍼센트만이 여성이라는 이유로 차별받은 적이 있다고 답했으며, 관리·행정직에 있는 여성의 비율은 남성의 17퍼센트와 거의 같은 15퍼센트였다. 현재 젊은 미국 여성들의 시간당 임금은 같은 직책에 있는 남성들의 93퍼센트 수준으로, 1980년대에 조사된 67퍼센트보다 올랐으며, 모든 연령 집단을 막론하고 여성의 시간당 평균 임금은 같은 직업을 가진 남성들의 84퍼센트로, 1980년대의 64퍼센트보다 상승했다. 이러한 진보의 가장 유력한 원인은 교육이다. 현재 미국에서 25~32세 여성의 38퍼센트가 학사학위를 보유하고 있는데, 이에 비해 같은 연령대의 남성들은 31퍼센트가 학사학위를 보유하고 있다. 그 결과 작년에 학사 이상의 학위를 보유한 직장인의 49퍼센트가 여성들이었다. 이는 1980년대의 36퍼센트보다 증가한 것이다. 퓨사회와민주적추세프로젝트Pew Social & Demographic Trends Project의 부소장 킴 파커Kim Parker에 따르면, "요즘 세대의 젊은 여성들은 소득의 측면에서 남성들과 거의 동등하게 노동 시장에 진입하고 있고, 학력 측면에서 준비가 매우 잘 되어 있습니다."[20] 마지막으로, 퓨연구센터는 2013년에 발표한 또 다른 분석에서, 자녀가 있는 미국인 가구의 40퍼센트에서 여성이 유일한 부양 책임자거나 주된 부양 책임자임을 밝혀냈다. 이는 1960년보다 네 배 증가한 것이다.[21] 여성의 임금이 아직 남성들과 완전히 같아지지는 않았지만, [그림 6-4]와 [그림 6-5], 그리고 [그림 6-6]은 성 격차가 좁혀지고 있는 분명한 추세를 보여주고, 이러한 추세가 계속된다면 2019년에는 여성의 임금이 남성과 거의 같아질 것으로 전망된다. 임금 격차가 수많은 요인에 의존하는 매우 복잡한 계산임에도, 적어도 미국에서는 (그리고 다른 다양한 나라들에서) 장기적 추세선은 올바른 방향으로 가고 있다.

여성의 지위가 향상되고 있음을 보여주는 이 그래프들은 고무적이지만, 당연히 그것이 전부는 아니다. 많은 비서구 국가의 여성들은 매우 남성 지배적인 조건에서 살고 있는데, 정부가 부패했거나 제 기능을 못하

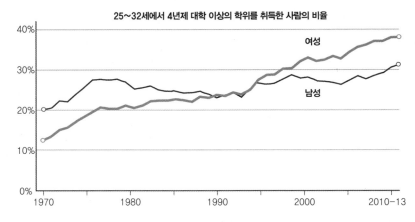

[그림 6-4] 좁혀지고 있는 교육의 성 격차

25~32세에서 4년제 대학 이상의 학위를 취득한 사람의 비율을 보면, 여성들의 학사학위 취득률이 현재 남성을 앞지른다는 것을 알 수 있다. 1970년에는 남성의 20퍼센트가 4년제 대학 학위를 취득한 데 반해 여성은 12퍼센트만이 4년제 대학 학위를 취득했다. 2012년에는 그 격차가 역전되어 여성이 38퍼센트, 남성이 31퍼센트였다. 출처: 퓨연구센터

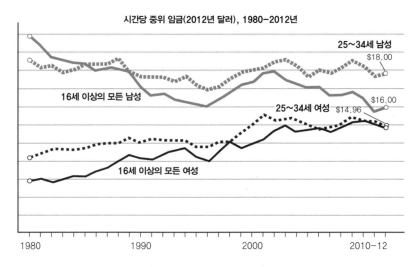

[그림 6-5] 좁혀지고 있는 시간당 임금의 성 격차

1980년부터 2012년까지 2012년 달러화로 표시한 시간당 중위 임금을 보면, 16세 이상 여성들의 시간당 임금에서 나타나는 성 격차는 1980년에 8달러에서 2012년에는 1.04달러로 좁혀졌음을 알 수 있다.

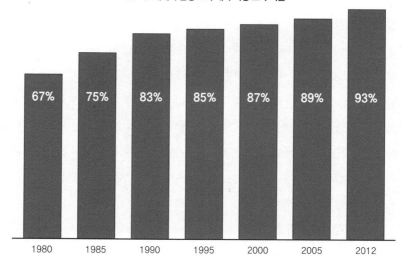

25~34세에서 남성 소득 대비 여성 소득 비율

67%   75%   83%   85%   87%   89%   93%

1980   1985   1990   1995   2000   2005   2012

[그림 6-6] 좁혀지고 있는 소득 능력의 성 격차

25세~34세에서 2012년 달러화로 표시한 남성 소득 대비 여성 소득의 비율을 보면, 1980년에는 여성의 소득이 같은 직업에 종사하는 남성의 67퍼센트였지만, 2012년에는 93퍼센트로 거의 같아졌다. 이대로 가면, 미국의 경우 2020년에는 이 격차가 0이 될 것이다. 출처: 퓨연구센터

는 나라들과 신정 국가들에서는 특히 그렇다. 이러한 문화들에서 여성의 인생은 공포의 연속이다. 평생 고통을 주고 출산의 위험을 높이는 생식기 훼손, 명예살인, 아동 결혼으로 고통받고, 심지어는 강간당하는 것도 죄라서 가족이나 국가에 의해 살해당하기도 한다(반면 범인은 풀려난다). 여성들은 2급 시민이라서 학교에 갈 수도, 운전을 할 수도, 직업을 가질 수도 없을 뿐 아니라, 남성과 동행하지 않고는 집밖에 나갈 수 없으며 남성 점원이나 의사와 만날 수 없는 등 수많은 모욕을 견디며 살아간다.

그리고 정도의 차이는 있지만 전 세계적으로 여전히 해결되지 않는 끔찍한 문제가 강간과 성폭력이다. 최근 인도에서 보고된 경악스러운 범죄들이 보여주듯이, 여성이 드물고 남성이 20대 후반까지 결혼하지 못

하는 나라에서 강간 발생률이 증가한다.[22] 군대를 비롯해 전통적으로 남성이 지배한 분야나 영역에 여성들이 과감히 진출하는 나라에서도 강간과 성폭력이 증가한다. 많은 사람들이 관람한 2012년 영화 〈또 다른 전쟁The Invisible War〉은 미국에 널리 퍼져 있는 '군대 내 성폭력' 문제를 고발했다. 언론이 이 영화와 영화 속에서 다루어진 문제를 보도하면서, 고위 군 장교들이 줄줄이 조사를 받고 가해자들은 기소되었다.[23] 그 가운데 한 명인 육군 준장 제프리 싱클레어는 군사 재판에 회부되어, 그를 성폭력으로 고발한 여성을 학대하고 그 여성과 간통한 사실을 시인한 뒤 2만 달러의 벌금형을 받았다.[24]

미국 법무부의 사법통계국Bureau of Justice Statistics에 따르면, 1995년에 정부가 신뢰할 만한 데이터를 수집하기 시작한 이래로 강간 발생률이 전반적으로 줄고 있다. 법무부의 2013년 보고에 따르면 "1995년부터 2010년까지 여성의 강간 및 성폭력 피해율은 12세 이상 여성 1,000명당 5명에서 2.1명으로, 58퍼센트 줄었다." 사법통계국은 성폭력에 대한 정의에 "강간이나 성폭력이 완료되었거나 시도된 경우, 또는 그러한 행위에 대한 위협이 있었던 경우"를 포함한다. 미국에서, 그러한 범주에 속하는 모든 행위의 발생률은 2005년부터 2010년까지 일정하게 유지된 반면, 완료된 행위는 같은 기간 동안 "여성 1,000명 당 3.6명에서 1.1명으로 감소했다." 이는 327센트 감소한 것이다([그림 6-7]을 보라).

연쇄살인범과 강간범이 등장하는 텔레비전 범죄물에서 묘사하는 것과 달리, 대부분의 강간범은 피해자와 일면식도 없는 사이코패스가 아니다. 사법통계국의 조사에서 "성폭력의 78퍼센트가 가족, 연인, 친구, 또는 지인에 의해 일어난다"[25]는 사실이 밝혀졌다. 현재 성폭력 발생률이 여성 1,000명당 2.1명(0.2퍼센트)이므로, 이는 여성 1,000명당 1.6명이 알고 있는 누군가에게 성폭력을 당하고, 여성 1,000명 당 0.5명(0.05퍼센

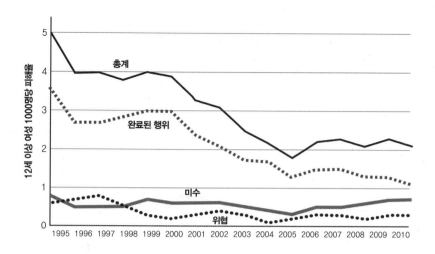

[그림 6-7] 1995년부터 2010년까지 여성의 강간 및 성폭력 피해율

1995년부터 2010년까지 여성의 강간 및 성폭력 피해율은 12세 이상 여성 1000명당 5.0명에서 2.1명으로 떨어져, 58퍼센트가 감소했다. 자료 출처: 미국 법무부 사법통계국

트)이 모르는 사람에게 성폭력을 당한다는 뜻이다. 따라서 낯선 사람에 의한 위험이 통계적 이상치outlier가 된다.[26]

하지만 2014년에 발표된 한 새로운 연구가 확증된다면, 강간 발생률은 법무부의 통계 수치보다 높아진다. 이는 성폭력 사건이 실제 일어나는 것보다 적게 보고되는 문제 때문인데, 보고 누락은 성폭력 피해자들뿐 아니라 경찰서에 의해서도 일어난다. FBI는 이러한 보고에 의존해 표준범죄통계Uniform Crime Report 프로그램을 운영하고, 법무부는 이 자료로 통계를 낸다. 이 새로운 연구의 저자인 캔자스대학교 로스쿨 교수 코리 레이번 영Corey Rayburn Yung에 따르면, 그가 조사한 경찰서 210곳 가운데 22퍼센트에서 성폭력에 대한 조직적인 보고 누락이 있었으며, 그 결과 "1995년부터 2012년까지 전국적으로 강제적 질 삽입에 의한 강간으로 신고된 사건 가운데 79만 6,213건에서 114만 5,309건이 공식 기록

에서 사라졌다."[27] 하지만 이러한 보고 누락을 감안해도, 영의 추산은 강간 발생률이 1990년대 초 이래로 떨어지고 있음을 보여준다. 기준점의 강간 발생률이 더 낮게 잡혀 있는 표준 범죄 통계에 따르면, 강간 발생률은 1993년에 10만 명당 약 40명에서 2011년에 10만 명당 25명으로 줄어드는데, 영의 강간 발생률은 최대로 잡으면 1993년에 10만 명당 60명에서 2011년에 10만 명당 45명으로 줄고, 최소로 잡으면 1993년에 10만 명당 약 55명에서 2011년에 10만 명당 40명으로 줄어든다.[28] 정확한 수치가 무엇이든 강간, 성폭력, 가정폭력 발생률이 감소하고 있다는 것은 고무적인 일이다.[29]

여성의 생식권

도덕적 진보를 다루는 책을 쓰면서 많은 사람이 이 시대 최고의 도덕적 실패 가운데 하나로 꼽는 문제를 다루지 않는다면 비양심적일 것이다. 바로 합법적 낙태다. 낙태는 여성이 자기 몸에 대한 통제권을 갖는 문제와 밀접한 관련이 있고, 이 문제는 다른 인권들의 진보적 변화를 추동하는 힘과 같은 힘을 받아왔다. 따라서 나는 도덕이 인간 본성에 대한 과학적 이해에 기반을 둔다는 개념을 배경으로 깔고, 계속해서 권리를 확장해나가는 일에 이성을 사용하는 것이 어떻게 도덕의 영향권을 넓히는가를 보여주는 맥락에서 이 주제를 다루려고 한다. 예로부터 남성들은 여성의 생식권에 대한 크고 작은 통제를 시도해왔다. 단순하고도 뻔한 한 가지 이유는 일반적으로 남성들이 여성들보다 더 크고 강하다는 생물학적 사실을 남성들이 —위계 서열, 영역, 배우자를 놓고 다른 남성들과 경쟁할 때와 마찬가지로— 자신에게 유리하게 이용함으로써 지배적 지위를 행사해왔기 때문이다. 생식이라는 일의 성격상, 특정한 아이가 친자임을 확신하는 것에서 남성과 여성이 같을 수가 없다. 이 개념을 잘 포착한 말이 "엄마는 확실하지만 아빠는 글쎄mother's baby, father's maby"다.[30] 여성들은 자신이 친모임을 100퍼센트 확신한다(현대에 병원에서 아기가 뒤바뀌는 드문 사례를 제외하고는). 반면 남자들은 자신이 친부임을 100퍼센트 확신하지 못한다. 연구자들은 아기의 1~30퍼센트가 '혼외 부계'라고 추산한다. 즉 어머니의 파트너가 친부가 아니라는 뜻이다.[31] 혼외 부계 비율은 어떤 집단을 조사하느냐에 따라 차이가 크고, 민감한 주제인 만큼 데이터 수집에 애로가 있어서 오차 범위의 차이도 크다.[32] 예컨대 인류학자 브루크 스켈자Brooke Scelza는 나미비아 북부의 전통 사회인 힘바족에서 기록된 모든 기혼 여성의 출산 가운데 17퍼센트가 혼외 부계이며, 그러한 혼외 부계는 "여성의 높은 생식 성공률과 관련이 있음"[33]을 입증했다. (여기서 생식 성공률이란 무사히 살아남아 생식 연령에 이르는 자식의 수를 뜻한다.) 하지만 진화생물학자 마르텐 라르무소Maarten Larmuseau와 그 동료들은 벨기에 플랑드르 지방의 한 서유럽 집단에서는 혼외 부계 발생률이 그보다 훨씬 낮은 1~2퍼센트임을 알아냈다. 이 연구자들에 따르면 "이 수치는 과거의 혼외 부계 발생률에 대한 몇몇 행동과학 연구들에서 보고된 세대당 8~30퍼센트보다 훨씬 낮은 것이지만, 동시대 서유럽 집단들에 대한 다른 유전학 연구들에서 보고된 값과 비슷하다."[34] 혼외 부계를 보고하는 67개 연구들에 대한 조사에서, 인류학자 커미트 앤더슨Kermyt Anderson은 부계 확신이 높은 남성들의 경우 혼외부계 발생률이 평균 1.9퍼센트라고 계산했다.[35] 이는 로빈 베이커Robin Baker와 마크 벨리스Mark Bellis가 논란을 불러일으킨 저서《인간의 정자 경쟁Human Sperm Competition》에서, 열 개 연구를 토대로 계산한 9퍼센트보다 훨씬 낮은 것이다. 이 책에서 두 저자는 정자는 여성의 생식 통로에 들어온 다른 남성들의 정자 세포와 경쟁하도록 진화했다는 가설을 제기했다(즉 난자를 수정시키기 위해 난자 쪽으로 잘 헤엄칠 수 있도록, 다른 남성들의 정자가 난자에 도달하는 것을 막을 수 있도록, 다른 남성들의 정자가 먼저 도착한다면 난자를 수정시키지 못하게 막을 수 있도록).[36] 여기서 일어날 수 있는 차이를 우리는 부계 확신이 낮은 남성들의 혼외부계 발생률이 29.8퍼센트임을 밝혀낸 앤더슨의 두 번째 연구 결과에서 확인할 수 있다.[37]

때때로 혼란을 초래하는 혼외 부계 데이터에 대해 내가 자문을 구한 진화심리학자 마티 헤이즐턴Martie Haselton는 "서구 사회에서 혼외 부계 발생률의 범위는 2~4퍼센트이지만, 세계의 다른 지역에서는 약간 더 높을 것"이라고 추산한다. 그녀는 비서구 국가들이 이 숫자에서 큰 편차를 보이는 이유에 대해서는 이렇게 설명했다. "결혼 규범뿐 아니라 정절에 관한 규범들도 지역마다 다르다. 힘바족의 경우 여성들이 결혼을 해도 혼외정사를 인정하는 규범이 존재하는 것 같다. 따라서 다른 사회의 여성들이 불륜을 발각당할 때 겪는 극단적인 비용을 치르지 않을 것이다. 따라서 그들은 이중 짝짓기 전략을 더 자유롭게 추구할 수 있을 것이다." 헤이즐턴은 덧붙여, 현대의 데이터를 토대로 과거 환경을 추정하는 것은 곤란하다고 지적했다. "현대 세계가 여성에게 독립과 사생활을 더 많이 허용한다는 사실을 고려해야 한다. 옛날 여성들은 출장을 가지 않았고, 출장 다니는 남편과 살지도 않았다."[38]

여성들이 탄탄한 부모 투자 및 식량 자원을 확보하는 문제와 양질의 유전자를 얻는 문제를 한 남성에게서 해결할 수 없을 경우 둘을 각기 다른 남성을 통해 얻으려는 것이 이중 짝짓기 전략이다. 헤이즐턴은 이 현상을 이렇게 설명했다. "원칙적으로 여성들은 남성 파트너로부터 물질적 혜택과 유전적 혜택을 둘 다 얻을 수 있지만, 두 종류의 형질을 한 배우자에게서 찾는 것은 어려울 수 있다. 좋은 유전자에 대한 지표를 과시하는 남성들은 성 파트너로서 대단히 매력적이고, 그렇기 때문에 그들은 단기적인 짝짓기 전략을 추구할 수 있으며 흔히 그렇게 한다. 이는 배우자와 자식에 대한 투자가 줄어들 수 있음을 뜻한다. 따라서 많은 여성들은 어쩔 수 없이, 성적 매력보다는 투자자로서의 매력이 더 큰 장기적인 사회적 파트너를 선택하는 전략적 타협을 해야 한다."[39]

혼외 부계 발생률이 과거에 어떠했든—교회와 국가가 동시에 일부일처제 결혼을 장려하는 오늘날에 비해 먼 과거에는 혼외 부계 발생률이 더 높았을 것이다—중요한 것은, 한 여성이 이론적으로 이중짝짓기 전략을 선택할 수 있다는 것이며, 남성들이 여성의 생식적 선택을 통제하려고 시도하는 것은 이 가능성 때문이다. 설령 혼외의 어떤 성적 만남에서 자식이 태어나지 않는다 해도, 짝을 가로챌 가능성이 있는 사람들을 막기 위해, 그리고 배우자가 다른 파트너에게 반하는 것을 막기 위해 짝 지키기 현상이 일어나고 그 결과로 질투심이 진화할 만큼, 불륜 발생률은 충분히 높다.[40] 그러면 불륜 발생률이 얼마나 높을까? 연구들마다 다르지만, 시카고에 있는 미국 여론조사센터National Opinion Research Center에 따르면, 미국인 남성의 약 25퍼센트와 미국인 여성의 15퍼센트가 결혼 생활의 어느 시점에 불륜을 저지른 적이 있다.[41] 다른 연구들에 따르면, 이성애자 기혼 남성의 20~40퍼센트와 이성애자 기혼 여성의 20~25퍼센트가 결혼 생활을 하는 동안 바람을 피운 적이 있다.[42] 또 다른 연구는 미국인 기혼 남녀의 30~50퍼센트가 간통을 저지른다는 사실을 밝혀냈다.[43] 진화심리학자 데이비드 버스David Buss가 지적하듯이 "짝 지키기에 실패한 사람들은 남의 자식을 키우는 것부터 평판의 실추, 짝을 완전히 잃는 것까지, 상당한 생식적 손해를 각오해야 했다." 그 결과가 "감시에서부터 폭력에 이르는"[44] 다양한 짝 지키기 적응들이라고 그는 주장한다. 이것은 매우 현실적인 위협에 대한 불운한 반응이다. 그것을 보여주는 예로 미국인 독신 남녀에 대한 어느 조사에 따르면, 남성의 60퍼센트와 여성의 53퍼센트가 '짝 가로채기', 즉 애인이 있는 누군가를 유혹해본 적이 있다고 시인했다.[45] 어느 인류학 조사는 적어도 53개의 문화에서 짝 가로채기가 흔히 일어난다는 것을 확인했다.[46]

남녀가 모두 바람을 피우고, 질투를 하고, 짝을 지키고, 짝을 가로채지만, 여성의 생식권 확장을 남성들이 제한하려고 시도한다는 측면에서 보면, 문제를 유발하는 결정적 요인은—감시를 통해서든 폭력을 통해서든—남성의 질투심과 짝 지키기다. (연구들에 따르면, 미국에서 남편 또는 연인의 총에 맞아 죽은 여성들은 총이나 칼, 기타 다른 수단에 의해 낯선 사람에게 살해당하는 여성들의 두 배가 넘었고,[47] 연인 및 가족 관련 살인의 피해자 대다수가 여성이다.[48]) 스토킹에서부터 정조대, 나아가 여성 생식기 절단에 이르기까지, 예로부터 남성들은 여성의 성과 생식 선택을 통제하려고 시도해왔다. 그리고 여성들은 이에 대응해 여러 가지 전략을 세웠다. 피임, 낙태, 은밀한 정사, 남편 살해, 영아 살해가 그것이다.

마지막의 영아 살해부터 살펴보자. 인류학자와 역사가들은 영아 살해가 전 세계 모든 문화에서 오래전부터 시행되었다고 말한다. 무엇보다 세계 주요 종교들의 신자들이 영아 살해를 행했다는 사실은 주목할 만하다. 과거의 영아 살해 발생률은 사회에 따라 10~15퍼센트에서부터 50퍼센트까지 다양했지만, 영아 살해가 전혀 없는 사회는 없었다.[49] 흔히 신학자들은 (예컨대 나와 토론하는 자리에서) 아기를 죽이는 것이야말로 상상할 수 있는 가장 흉악한 죄라고 말한다.[50] 그들이 틀렸다. 정상적인 사람들은 자기 자식을 아무런 이유 없이 죽이지 않는다. 인간의 모든 행동과 마찬가지로 영아 살해에는 범상치 않은 원인들이 있으며, 진화심리학자 마틴 데일리Martin Daly와 마고 윌슨Margo Wilson은 전 세계 문화들에 대한 민족지 자료를 이용해 60개 사회를 조사한 연구에서 그 이유들 가운데 일부를 밝혀냈다. 인류학자들이 동기를 기록한 112건의 영아 살해 사례들 가운데 87퍼센트가 "자원의 선별적 분배" 이론을 뒷받침했다. 즉 상황이 좋지 않을 때 어머니들은 힘든 선택을 해야 한다는 것이다(예를 들어 자원이 너무 부족해서 또 다른 아기를 키울 수 없을 때 어머니들은 자식을 죽인다). 19세기 인류학자 에드워드 타일러의 인류학적 소견처럼 "영아 살해는 가슴이 냉혹해서가 아니라 인생이 냉혹해서 일어난다."[51] 자연의 자원은 무한하지 않아서 태어난 모든 생물이 살아남을 수 없다. 상황이 나쁘면, 자식들 중에서—상황이 좋아지면 살아남을 가능성이 더 높은, 아직 태어나지 않은 자식들까지 포함해—누가 생존할 가능성이 가장 높은지를 부모, 특히 어머니가 결정해야 한다. 그리고 나머지는 희생시켜야 한다. 데일리와 윌슨이 제시한 영아 살해의 원인들은 다음과 같다. 병에 걸리거나 기형이거나 병약한 아기, 쌍둥이가 태어났는데 한 명을 키울 자원밖에 없는 경우, 동생이 너무 가까운 터울로 태어나서 둘 다 부양할 자원이 없는 경우, 경제적으로 어려운 시기, 양육에 도움을 줄 아버지가 없을 때, 아기가 혼외 정사에서 태어났을 때.[52]

《하나님 나라를 위한 환관들Eunuchs for the Kingdom of Heaven》에서 우타 랑케-하이네만Uta Ranke-Heinemann은 고대 그리스와 로마에 영아 살해가 횡행했으며, 가톨릭교회의 영아 살해 금지는 중세로 거슬러 올라간다고 지적한다.[53] 권리 혁명 초창기에 교회와 국가는 근본적인 원인을 해결하지 않은 채 (사실 그들은 원인을 몰랐다) 영아 살해를 억제하기 위한 이런저런 시도들을 했다. 금지령도 내려졌고 법도 통과되었다. 하지만 불법 낙태 시술이 은밀히 이루어지던 시절과 마찬가지로, 여성이 아기를 원치 않을 경우 주변에서 할 수 있는 일은 거의 없었다. 어머니들은 자는 동안 아기의 몸을 깔고 눕는 '사고'를 저지르거나, 아기를 신속하고 은밀하게 처리해주는 기아 보호소에 아기를 버렸다. 유모와 '고아원장들baby farmers'도 영아 처리를 맡았다. 19세기 중엽 런던의 공원과 여타 장소들에는 아기 시체가 개나 고양이의 시체만큼이나 많았다고 한다.[54] 화제를 모은 2013년 영화 〈팔로미나의 기적〉—1950년대 초 혼외 자식을 수도원에 맡겼다가 울고불고 매달렸음에도 입양을 위해 아기를 포기하도록 강요당한 10대 소녀의 이야기—은 심지어 현대에도 어머니 본인과 아기에게 뾰족한 수가 없을 때 많은 여성들이 직면하는 비극을 그려낸다.

이 문제를 어떤 틀로 바라보든, 도덕적 진보의 맥락에서 더 중요한 질문은 우리가 이 문제와 관련하여 무엇을 할 수 있는가이다. 과거에 당장의 손쉬운 해법으로 고아원과 입양기관이 생겨났지만, 궁극적인 해결책은 피임과 교육에서 찾아야 한다. 피임과 낙태의 관계를 포괄적으로 다룬 한 국제적 연구에서, 영국 런던위생열대의학대학원London School of Hygiene and Tropical Medicine의 시슬리 마스턴Cicely Marston이 내린 결론은 이렇다. "일곱 나라—카자흐스탄, 키르기스 공화국, 우즈베키스탄, 불가리아, 터키, 튀니지, 스위스—에서 현대적인 피임법의 사용이 확대되면서 낙태가 줄었다. 다른 여섯 나라—쿠바, 덴마크, 네덜란드, 미국, 싱가포르, 한국—에서는 낙태와 피임 사용이 동시에 늘었다. 하지만 조사한 시기에 여섯 나라 모두 전반적인 출산율이 떨어지고 있었다. 피임 사용과 낙태가 동반 상승한 나라들 가운데 여러 나라들에서, 출산율이 안정화된 이후 피임 사용은 계속해서 늘어난 반면 낙태는 줄었다. 이러한 추세를 극명하게 보여주는 사례가 한국이다."[55] [그림 6-8]은 한국의 데이터를 보여준다. 한국에서 낙태 발생률이 감소로 돌아서기까지 시간이 걸린 것은 몇 년 동안 여성들이 질외사정 같은 전통적인 방식의 비효율적인 피임 방법에 의존했기 때문이다. 하지만 확실한 피임법을 쓰면서 임신율이 떨어졌고, 이에 따라 낙태 수요도 줄었다.

터키에서도 비슷한 효과가 나타났다. 1988년과 1998년 사이에 낙태

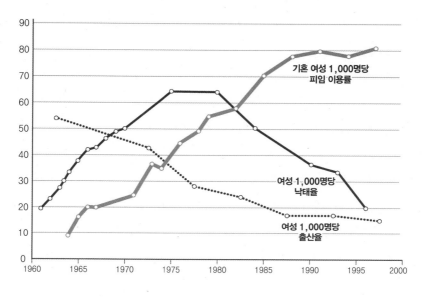

[그림 6-8] 낙태와 피임의 관계

그래프에 제시된 한국의 자료들은 여성들에게 피임의 권리를 부여하는 것이 낙태의 급격한 감소를 초래하고, 이와 함께 출산율의 감소를 초래한다는 사실을 보여준다. 이러한 효과는 지속 가능한 세계를 창조하기 위한 인류의 진보에 도움이 된다.[56]

율이 거의 절반 수준으로 떨어졌지만(기혼 여성 1,000명당 45명에서 24명으로), 같은 기간 동안 피임 사용률은 일정한 수준으로 유지되었다. 미국 국제개발처의 인구 프로그램 자문 피나 센릿Pinar Senlet의 연구는, 과거의 무력한 피임법에서 현대의 믿을 수 있는 피임법으로의 전환이 일어났다는 사실을 밝혀냈다. "터키에서 낙태가 눈에 띄게 감소한 것은 피임 사용이 늘었기 때문이 아니라 피임법이 개선되었기 때문이다." 요컨대, 터키의 부부들은 믿을 수 없는 자연피임법을 버리고 콘돔 같은 더 효과적인 피임 수단을 선호하기 시작했다.[57]

모든 사회 심리 현상과 마찬가지로, 피임 사용률과 낙태율은 여러 가지 변수의 영향을 받는다. 다시 말해, 많은 요인들이 동시에 작동하고 있어서, 직접적인 인과 관계를 추론하기가 어렵다. 인간 행동에 관한 한 "X가 증가하면 Y가 감소한다"와 같은 단순한 함수 관계는 있을 수 없으며, 피임과 낙태는 확실히 그렇다. 국가들마다 각기 다른 법과 규제가 낙태와 피임 기술에 대한 접근성에 영향을 미친다. 다른 나라들에 비해 종교성이 강한 나라들에서는 종교적 요인도 여성과 부부가 가족계획을 하는 정도에 영향을 미친다. 나라마다 각기 다른 사회경제적 힘과 빈곤율도 인과 관계에 혼선을 초래하는 요인들이다. 그밖에도 많은 요인이 영향을 미친다. 하지만 자료와 분석을 읽으면서 내가 내린 해석은 이렇다. 생식권에 제한을 받고 피임법을 이용할 수 없을 때 여성들이 임신할 확률이 더 높고, 이는 한 나라의 높은 출산율로 이어지게 된다. 여성의 생식권이 확보되고, 안전하고 효과적이며 값싼 피임법을 이용할 수 있을 뿐 아니라, 안전하고 합법적인 낙태 시술을 받을 수 있을 때, 여성들은 가족계획의 두 가지 전략(피임과 낙태) 모두에 의지해 부모 투자를 극대화한다. 따라서 낙태가 합법화되고 피임법을 이용할 수 있게 되면 한동안은 피임률과 낙태율이 동반 상승한다. 하지만 출산율이 안정화되면ㅡ여성들이 자신의 가족 크기와 양육 능력을 통제할 수 있다는 자신감이 생기면ㅡ피임만 하면 되므로 낙태가 줄어든다.

왜 섹스에 관한 한 '싫다고 말하는 것'이 잘 안 될까? 왜 피임의 한 방법으로 금욕하거나, 여성의 자연적인 월경 주기에서 '안전한' 시기를 따져서 성관계하지 않을까? 물론 그렇게 할 수 있으며 그렇게 하는 사람들도 있다. 하지만 내가 고등학교 다닐 때 유행했던 오래된 농담은 많은 것을 시사한다. "금욕, 질외사정, 자연피임법을 이용하는 커플을 뭐라고 부를까? 정답은 부모다." 물론 이론적으로는 금욕이 임신과 성 접촉에 의한 질환 및 감염(질환에 걸리지 않아도 감염될 수 있다)을 예방하는 가장 확실한 방법이다. 살을 빼기 위한 확실한 방법이 굶기인 것과 같다.

하지만 현실적으로, 육체적 사랑을 나누고 사회적 유대를 맺으려는 것은 우리가 인간으로서 갖는 기본적인 욕구이며, 성욕은 매우 강하고 섹스가 주는 쾌락과 심리적 보상은 매우 커서, 피임과 성병 감염 예방을 위해 금욕을 권하는 것은 사실상 임신이나 감염을 권장하는 것이나 마찬가지다. 2008년에 실시된 〈금욕 의존적 성교육과 포괄적인 성교육이 성생활 시작과 십대 임신에 미치는 영향〉이라는 친절한 제목의 한 연구에서 워싱턴대학교의 역학자들인 파멜라 콜러Pamela Kohler, 리사 맨하트Lisa Manhart, 윌리엄 라퍼티William Lafferty가 밝혀낸 사실에 따르면, 결혼한 적이 없는 미국의 15세~19세 청소년들 사이에서 "금욕 의존적 성교육은 질 삽입 성교의 가능성을 낮추지 못했으나, 포괄적인 성교육은 질 삽입 성교를 했다고 보고할 가능성을 낮추는 것과 미미한 상관성이 있었다. 금욕 의존적 성교육과 포괄적 성교육 모두, 성병에 걸렸다고 보고할 가능성을 크게 낮추지는 못했다." 저자들의 결론에 따르면 "피임 교육은 청소년의 성 활동이나 성병의 위험을 높이지 않았다. 포괄적인 성교육을 받은 청소년들은 금욕 의존적 성교육을 받거나 성교육을 전혀 받지 않은 청소년들보다 임신할 위험이 낮았다."[58]

2013년의 청소년 건강에 대한 전국종단연구에서 나온 결과들은 금욕 의존적 성교육 프로그램이 효과적이지 않다는 것을 보여주는 추가 증거가 될 수 있을 것이다. 이 연구는 《영국의학저널British Medical Journal》에 발표되었고, 채플 힐Chapel Hill의 노스캐롤라이나대학교 연구자들에 의해 1995년부터 2009년까지 7,800여 명의 십대 소녀들을 대상으로 실시되었다. 놀랍게도, 사춘기 소녀들의 0.5퍼센트―200명 중 한 명―가 섹스를 **하지 않고** 임신했다고 보고했다. 성경에 나오는 기적이 미국 십대 소녀들의 침실에서 일어나고 있는 것일까? 그럴 리 없다. 하지만 흥미로운 사실은 '동정녀 임신'을 보고한 사춘기 소녀들은 다른 임신한 소녀들보다 순결 서약에 서명할 가능성이 두 배 높았으며, 그들의 부모가 섹스나 피임에 대한 이야기를 꺼린다고 보고할 가능성이 매우 높았다. 연구자들은 "민감한 주제에 대한 자기 보고 자료를 수집하는 데는 적잖은 애로가 있을 수 있다"고 시인했지만, 내가 이 자료에서 지적하고 싶은 점은 부모나 교회로부터 "싫다고 말하라"는 압력을 받는 젊은 여성들은 성교가 일어날 경우 임신을 피할 수 있는 확실한 정보를 제공받은 여성들보다 임신할 가능성이 더 높을 뿐 아니라 자신에게 일어난 일에 대해 거짓말을 할 가능성도 높다는 것이다.[59] 다시 말해, 교육하지 않고 강요만 하는 것은 효과가 없다.

금욕 의존적 성교육의 정반대는 내 논지를 역으로 증명해준다. 그것을 보여주기에 루마니아의 사회적 실험보다 더 좋은 사례는 없을 것 같다. 1965년에 독재자 니콜라에 차우셰스쿠가 권력을 잡았을 때 그는 낙태와 피임을 강력하게 제한함으로써 인구를 늘리는 국가 재건 프로그램을 기획했다. 이 계획은 효과가 있었다. 1957년에 루마니아에서 낙태가 합법화되었을 때 원치 않은 임신의 80퍼센트가 낙태로 이어졌는데, 무엇보다 당시 효과적인 피임법이 없었기 때문이었다. 10년 뒤 출산율이 1,000명당 19.1명에서 14.3명으로 줄자 차우셰스쿠는 여성이 45세 이상이거나 이미 네 아이를 낳고 길렀거나, 위험한 합병증을 겪고 있거나, 강간당한 경우만 제외하고 낙태를 법으로 금지했다. 그러자 1967년에 출산율이 1,000명당 27.4명으로 단숨에 치솟았다. 하지만 '무자녀'인 사람들(매달 벌금을 원천징수한다) 또는 다섯 자녀 미만인 사람들('금욕세' 부과)에 대한 처벌과, '훌륭한 역할과 고귀한 임무'를 수행한 다산 여성들에 대한 보상(국가가 지원하는 보육 및 의료 서비스와 출산 휴가)에도 불구하고, ("사람들이 야구장에 오기를 원치 않는다면 어쩔 도리가 없다"고 했던 요기 베라의 말을 빌리면) 사람들이 아기를 더 이상 원치 않으면 어쩔 도리가 없다. 그 결과는 역대급 사회 재앙이었다. 수천 명의 아기들이 버려져 무능하고 부패하고 파산한 국가의 손에 맡겨졌다. 17만 명이 넘는 어린이들이 국가가 운영하는 700개의 눅눅하고 삭막한 고아원에 버려졌으며, 9,000명이 넘는 여성들이 무면허 낙태 시술로 인한 합병증으로 사망했다. 그 영향은 아직도 남아 있는데, 그런 식으로 고아가 된 아이들의 상당수가 성인이 된 현재 심각한 지적 장애와 사회 정서적 장애, 엄청나게 높은 범죄 발생률에 처해 있다. 찰스 넬슨Charles Nelson, 네이선 폭스Nathan Fox, 찰스 지나Charles Zeanah의 《루마니아의 버려진 아이들Romania's Abandoned Children》은 이 비극을 고발하는 슬픈 이야기로, 사회공학과 여성의 선택권을 제한하는 일에 관심 있는 사람들이 반드시 읽어야 할 책이다.[60]

따라서 보수주의자들과 기독교도들이 태아와 아기를 죽이는 부조리를 끝내고 싶다면, 최선의 길은 교육과 피임, 그리고 무엇보다 생식권을 포함하는 완전한 여성의 권리를 인정하는 것이다. 여권은 특별한 것이 아니라 그저 인권일 뿐이다. 연구에 따르면, 미국 한 나라에서만도 안전하고 효과적이고 값싼 피임법이 20년 동안 약 2000만 건의 임신을 막았다. 그 시기의 낙태율을 고려할 때 이것은 900만 명의 태아가 수태되지 않음으로써 낙태될 운명을 피했다는 뜻이다. 또한 성생활을 하지만 피임하지 않는 여성은 단 7퍼센트이며, 이들이 모든 원치 않는 임신의 거의 50퍼센트, 그리고 모든 낙태의 거의 50퍼센트를 차지한다는 사실에 주목할 필요가 있다.[61] 그리고 이 문제와 관련 있는 중요한 통계 수치가 하나 더 있다. 바로, 출산이 낙태보다 여성에게 14배나 더 위험하다는 국립보건원의 보고다.[62] 이 사실은 "한 젊은 여성이 낙태하려는 아기가 장래에 의사가 되어 암 치료법을 발견할지도 모른다면?"이라는 논증에 대한 반증을 제공한다. 이렇게 반론하면 된다. "의사가 되어 암 치료법을 발견할 젊은 여성이 출산 중에 죽는다면?"

물론 많은 사람들이 피임과 낙태의 긍정적 영향을 입증하는 논증들에 귀를 기울이지 않는 것이 사실이다. 그들에게는 태어나지 않은 태아의 생명권만이 중요하기 때문이다. 그들에게는 태아의 권리가 성인 여성의 권리보다 우선이다. 나는 낙태를 둘러싼 찬반 논쟁(낙태 찬성pro-choice 대 낙태 반대anti-choice)은 도덕에 대한 것이라기보다는 사실에 대한 것이며, 따라서 사실 문제가 해결되면 논쟁이 어느 정도 해결될 것이라고 생각한다. (나는 낙태-찬성 대 생명-찬성보다는 낙태-찬성 대 낙태-반대라는 용어를 선호하는데, 우리는 모두 '생명 찬성론자'이기 때문이다.) 이 일에서 가장 큰 장애물은 연속적인 척도를 사용해야 하는 문제를 두 범주에 억지로 끼워 맞추려는 이분법적 사고다. 이른바 '생명 찬성론자들'은 생명은 수태되는 순간 시작된다고 생각한다. 수태 전에는 생명이 존재하지 않다가 수태 후에 생명이 생기는 것이다. 그들에게 이것은 이분법적인 문제다. 연속적 사고를 할 경우 우리는 인간의 생명을 **가능성**의 문제로 생각할 수 있다. 수태 전은 0, 수태 순간은 0.1, 다세포로 분열한 배반포기는 0.2, 한 달 된 배아는 0.3, 두 달 된 태아는 0.4로, 출생 시점까지 생명일 가능성이 점점 커진다고 생각하는 것이다. 출생 순간에 태아는 1.0의 인간이 된다. 인간의 생명은 정자와 난자에서 접합체, 배반포, 배아, 태아, 신생아로 이어지는 연속체다.[63]

난자도 정자도 인간이 아니다. 그렇다면 접합체나 배반포도 인간이 아니다. 왜냐하면 나중에 쌍둥이로 갈라질 수도 있고, 미숙한 상태로 자연 유산될 수도 있기 때문이다.[64] 8주 된 배아는 얼굴, 손, 발 같은 알아볼 수 있는 사람의 특징들을 갖고 있지만, 신경과학자들에 따르면 그 단계는 신경세포들 사이에 시냅스 연결이 생기기 전이라서, 생각이나 감정과 엇비슷한 것조차 불가능하다. 8주 이후 배아는 원시적인 반응을 보여주기 시작하지만, 8주와 24주(여섯 달) 사이의 태아는 독자적으로 존재할 수 없다. 폐와 콩팥 같은 중요 장기들이 아직 완성되지 않은 상태이기 때문이다. 예를 들어, 가스 교환을 할 수 있을 정도로 폐포가 발달하려면 적어도 23주가 되어야 하고, 대개는 더 시간이 지나야 하므로, 그때까지는 독립적인 생존이 불가능하다.[65] 28주, 즉 열 달의 77퍼센트가 되어야, 신생아 수준의 인지 능력들을 일부나마 보일 수 있을 만큼 복잡한 신피질이 생긴다. 태아의 뇌파 기록이 성인 뇌파의 특징을 보여주는 시점은 대략 37주, 즉 83퍼센트가 지났을 때다.[66]

이러한 연속체에서 보면, 출생 몇 주 전까지도 태아에게 인간의 사고능력이 생기지 않는다는 것을 알 수 있다. 임신 2기(15주부터 28주)—그전에는 태아가 생각하고 느끼는 하나의 인간이라는 어떤 증거도 없다—이후에는 낙태가 거의 이루어지지 않으므로, 낙태는 출생 이후의 의식을 지닌 감응적 존재를 죽이는 것과 같지 않다는 잠정적 결론은 합리적이고 이성적이다. 따라서 낙태는 살인과 같음을 입증하는 과학적 증거나 이성적 논증은 존재하지 않는다.

그렇다 해도 태아는 **잠재적** 인간이라는 주장을 할 수 있다. 우리를 인격체로 만드는 특징들의 전부가 유전자에 안에 있다가 배 발생 과정에서 발현된다는 이유에서다. 맞는 말이지만, 잠재적 가능성과 실제 현실은 같지 않고, 따라서 도덕 원리를 우선적으로 적용해야 할 대상은 잠재적 인격체가 아니라 실제 인격체들이다. 실제 인격체(한 성인 여성)에게 권리를 부여하는 것과 잠재적 인격체(그녀의 태아)에게 권리를 부여하는 것 사이에서 선택을 할 수밖에 없다면, 이성적으로든 감정적으로든 전자를 선택해야 할 것이다. 현재 미국의 주들 가운데 절반 이상에 출생 전의 피해자를 폭력으로부터 보호하는 법이 있지만—한 예로, 미출생폭력희생자법Unborn Victims of Violence Act은 임신한 여성과 배 속의 태아를 죽이는 것을 이중 살인으로 취급한다―그밖에는 태아와 성인을 법적으로 똑같이 취급하지 않는다. 이분법적인 사고를 따르면 임신부와 태아를 동급으로 취급해야 하지만, 연속적 사고를 따르면 둘 사이에 큰 차이가 있음을 알 수 있다.

여성의 권리를 조각하다

지난 몇 백 년 동안의 추세는 여성에게 남성과 똑같은 권리와 특권을 부여하는 것이었다. 과학·기술·의학 분야에서 일어난 발견 및 발명은 정치, 경제, 사회적 진보를 가능하게 했고, 이로 인해 여성들은 생식에 대해 더 많은 자기 결정권과 통제권을 가지게 되었음은 물론 삶의 모든 분야에서 더 많은 권리와 기회를 누리게 되었다. 이는 더 건강하고 행복한 사회를 이끌어냈다. 다른 권리 혁명들과 마찬가지로 아직 갈 길이 멀지만, 이미 탄력이 붙었으므로 여성의 권리는 앞으로도 거침없이 확장되어 갈 것이다.

과학과 이성은 이렇게―여성을 남성과 동등한 자격을 갖추고 완전한 권리를 지닌 인격체로 간주할 이성적 근거를 마련하고, 남성과 여성의 관점을 역지사지해볼 수 있게 하고, 인간의 성과 생식에 대한 과학적 이해를 제공하고, 연속적 사고를 통해 여성의 권리와 태아의 권리의 차이를 이해하게 함으로써―인류를 진리, 정의, 자유에 한층 더 가까이 다가서게 했다.

두 세대 만에 우리가 얼마나 멀리 왔는지 (그리고 여성들이 20세기 초까지만 해도 얼마나 많은 억압을 받았는지) 보여주는 사례인 두 여성의 이야기로 이 장을 마무리하겠다. 모녀인 두 여성은 이름이 크리스틴 로슬린 머츨러Christine Roselyn Mutchler로 같다. 어머니 크리스틴은 독일에서 태어나 1893년에 부모님과 함께 엘리스아일랜드로 건너갔고, 그런 다음에 다시 캘리포니아주 알람브라로 갔다. 크리스틴은 남편 프레더릭과 결혼해 1910년에 딸 크리스틴을 낳았다 (그리고 3년 뒤 둘째딸을 낳았다). 하지만 그들의 평범한 삶은 오래가지 못했다. 프레더릭이 돈 벌러 간다면서 떠나 돌아오지 않았던 것이다. 남편에게 버림받고 무일푼이 된 그녀는 두 아이와 함께 먹고 살 길이 없어서 아버지 집으로 돌아갈 수밖에 없었다.

당시 그녀는 몰랐지만 프레더릭은 정처 없이 떠돌아다니다 장인이 자신을 쫓고 있다는 망상에 사로잡힌 채 교도소에 가게 되었다. 그는 의사의 진찰을 받은 후 1년 넘게 정신병원에 있었다. 그동안 망상에서 회복한 프레더릭은 아내에게 그녀와 아이들의 안부를 묻는 가슴 절절한 편지들을 써서 보냈지만, 크리스틴의 아버지가 그 편지들을 감춘 바람에 그녀는 줄곧 자신이 버림받았다고 생각하며 살았다. 결국 그녀는 성공한 영화 제작자 존 C. 에핑의 친구 집에 가정부로 취직했다. 에핑은 최근에 아내를 잃은 상황이었다. 딸을 절실히 원했던 에핑의 눈에 세 살배기 크리스틴이 쏙 들어왔고, 그래서 그는 크리스틴의 아버지에게 그 아이를 입양할 수 있도록 딸을 설득해 달라고 말했다. 어리고 가난했으며 아버지의 엄포가 무섭고 두려웠던 크리스틴은 마지못해 입양에 동의했다. 하지만 《로스앤젤레스타임스》에 실린 일련의 기사들을 보면 이 사건을 담당한 보호관찰관이 그 입양에 반대했음을 알 수 있다. 그 보호관찰관은 "크리스틴은 에핑이 어린 소녀에게서 장래의 메리 픽포드(무성영화 시대에 대활약한 미국의 여배우—옮긴이)가 될 가능성을 본 것이 틀림없으며 아이는 가정생활과 교육이 중심이 되는 평범한 가족 안에서 자라야 한다고 생각했다"[67]고 밝혔다. 하지만 프레더릭이 가족을 버렸다는 크리스틴의 아버지의 거짓말을 토대로 판사는 입양을 허가했다.

에핑은 입양한 딸의 이름을 프랜시스 도로시 에핑으로 바꾸고, 가운데 이름으로 불렀으며, (믿을 수 없게도) 아이에게 로드아일랜드주의 프로비 던스에서 태어났으며 그의 죽은 아내가 친모라고 말했다. 네 살이 된 크리스틴/도로시는 분명 양부가 지어낸 이야기를 믿지 않고 반항했을 것이다. (아니면 에핑이 홀로 딸을 기르려던 마음을 바꾸었을지도 모른다.) 양부는 알람브라 라모나 수도원의 수녀들과 로스앤젤레스 말보로 유치원의 보육교사들을 포함해 일련의 대리부모들에게로 아이를 내돌렸고, 그 뒤에는 동부로 보내 캐츠킬에 사는 누이와 1년간 살게 했으며, 그런 다음에는 다시 독일로 보내 에핑의 친척들과 살게 했기 때문이다. 그 즈음에 도로시는 자신에게 미술, 특히 조각에 대한 재능이 있다는 것을 알았다.

도로시는 다시 로스앤젤레스로 돌아와 중등교육을 마쳤고, 그 뒤에 자신의 진짜 가족과 재회해 입양에 관한 진실을 들었다. 그녀는 로스앤젤레스의 오티스아트인스티튜트에 있는 칼리지와 워싱턴 DC의 코코런아츠스쿨에 진학했고, 그런 다음에 1930년대에 독일 뮌헨의 명문인 미술아카데미Academy of Fine Arts에서 요세프 베컬레Joseph Wackerle를 사사했다. 베컬레는 당시 제3제국의 문화장관으로, 괴벨스와 히틀러 모두에게 신임을 받았다. (도로시는 훗날, 최면을 걸 듯 청중을 잡아끄는 히틀러의 연설에 충격을 받았다고 회고했다.) 그 사이에 도로시의 생모 크리스틴은 아버지의 지시로 남편 프레드와 이혼했고, 그 뒤에 로스앤젤레스에서 채소 행상을 만나 결혼하면서 마침내 아버지의 억압에서 벗어나 자신의 인생과 새로운 가족을 꾸려가기 시작했다. 하지만 첫 아이를 포기해야 했던 비극은 평생 그녀를 괴롭혔다. 세상이 변하고 20세기 후반에 여성의 권리가 신장되는 과정을 지켜본 크리스틴은 과거에 용기를 내어 입양을 반대하지 못한 것을 두고두고 후회했다.

한편 성인이 된 도로시는 가족법과 입양 법정만이 남성이 지배하는 세계가 아님을 알았다. 그녀가 선택한 조각계 역시 남성이 지배하는 세계였다. 그 세계에서 제대로 대접받기 위해 그녀는 '프랜시스Frances'라는 이름의 끝을 자른 남성형 이름인 프랑크Franc를 사용하기 시작했고, 그렇게 함으로써 독일 아카데미와 갤러리 및 박물관에 입성할 수 있었다 (심지어 지금도 '그'의 작품으로 언급되는 경우가 있다). 그녀는 훗날, 뮌헨미술아카데미의 교수들에게 여성임을 들켰을 때 복도에서 강의를 들어야 했던 일을 회상했다. 당시는 남자만 강의실에 들어갈 수 있었기 때문이다. 1930년대 초부터 1983년에 사망할 때까지—그때 비로소 여성이 자신의 손으로 찰흙, 나무, 돌을 빚는 것이 허용되었다—프랑크 에핑의 작품은 명성 높은 뉴욕 휘트니미술관을 비롯해 미국 전역의 수많은 전시회에 걸렸다. 그녀의 작품들 가운데 하나인 〈모자를 쓴 남자The Man with a Hat〉는 〈스타트렉〉 오리지널 시리즈에도 나왔다. 내가 그 사실을 아는 것은 그 작품을 소장하고 있기 때문이다. 그뿐 아니라 그녀의 다른 많은 조각들도 소장하고 있는데, 모두 내 어머니에게 물려받은 것들이다([그림 6-9]의 예들을 보라).

알다시피 프랑크 에핑은 내 이모이고, 그녀의 생모 크리스틴은 내 할머니다. 운명에 굴하지 않은 그처럼 결연한 여성이 내 이모라는 사실이 자랑스럽다.[69] 프랑크 이모의 조각들은 힘이 느껴지는 자세를 취하고 있는 억센 인상의 강인한 여성들을 묘사한다. 이러한 조각 작품들은 남성과 똑같이 인정받고 평등하게 활동할 수 있는 당연한 권리를 찾는 수세기 동안 여성들이 어떤 고난을 딛고 일어섰는지를 상징하는 우의적 표상이다. 이 책은 그 조각들이 놓여 있는 장소에서 쓰였다.

[그림 6-9] 조각가 프랑크 에핑

본명은 크리스틴 로슬린 머츨러였으나, 입양 후 프랜시스 도로시 에핑이라는 이름을 얻은 이 조각가는 남성이 지배하는 조각계에서 제대로 평가받기 위해, 새 이름의 남성 버전인 '프랑크'를 사용하기 시작했다. 그녀의 조각 작품들은 당당한 자세를 취한 근육질의 강인한 여성을 표현한다.[68]

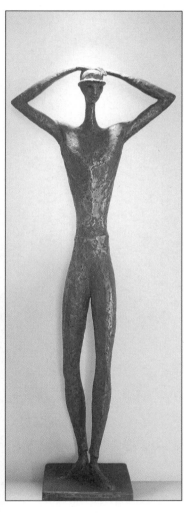

한때 동성애는 당연한 혐오의 대상이었고, 정신질환으로 간주되었다. 앨런 튜링은 동성애 '범죄'를 이유로 화학적 거세를 당했고, 스스로 생을 마감했다. 하지만 지금은 성소수자에 대한 법적·사회적 박해가 점차 흐릿해지고 있다. 동성애는 선택이 아니라 인간 본성의 일부라는 과학적 증거가 쌓임에 따라 세계의 많은 지역에서 성소수자에 대한 혐오는 인종차별만큼이나 무례한 것으로 받아들여지고 있다.

7
—
동성애자 권리의 도덕과학

여전히 사람들은 내가 레즈비언과 게이의 권리에 대해 이야기해서는 안 되고 인종 문제만을 다루어야 한다고 말한다. 하지만 그럴 때마다 나는 주저 없이 마틴 루터 킹이 했던 말을 상기시킨다. "불의는 어느 한 곳에만 있어도 모든 곳의 정의를 위협한다." 나는 마틴 루터 킹의 꿈을 믿는 모든 사람에게, 형제자매의 식탁에 레즈비언과 게이를 위한 자리를 만들자고 호소한다.

＿코레타 스콧 킹, 동성애자 권리 운동의 영웅이자 마틴 루터 킹의 아내

내 아버지는 동성 결혼을 위해 총을 맞은 것이 아니었다.

＿버니스 킹, 침례교 목사, 마틴 루터 킹의 딸

지난 몇 십 년 동안 레즈비언·게이·양성애자·트렌스젠더(LGBT)에게 평등한 법적 권리와 기회를 인정할 것을 요구하는 운동이 속도를 냈다. 종교가 동성애자의 권리와 동성 결혼을 반대하기 위해 이를 악물고 싸웠다고 말하는 것은 엄밀하게 따지면 공정하지 않다. 일찍이 영국의 성공회, 유니테리언파, 개혁파 유대교도 등이 동성애자들을 지지했기 때문이다.[1] 하지만 미국에서 그리고 전 세계에서 동성애자 사회의 구성원들과 그 동지들이 결혼할 권리와 자식을 가질 권리를 포함한 평등한 권리를 위해 투쟁을 계속할 수밖에 없었던 것은 무엇보다도 동성애에 대한 종교의 태도 때문이다. 동성애자 인권 운동이 힘겨운 투쟁인 것은 많은 종교인들이 동성애는 죄인 동시에 범죄라서 "동성애자에게 민권을 인정하면 매춘부나 도둑 같은 이들에게도 그렇게 해야 한다"라는 논리를 펼치

기 때문이다. 이러한 말을 한 사람은 연예인이자 오렌지주스 홍보대사였던 애니타 브라이언트Anita Bryant로, 그녀는 자신의 이름을 딴 상을 갖는 영예를 안았다. 애니타브라이언트 상은 "타의 추종을 불허하는 가망 없는 편협함"의 소유자로 뽑힌 행운의 주인공에게 주어진다.[2]

기독교 사회가 아직도 몇몇 성경 구절을 맹신하며 민권과 계몽주의와 과학적 사고가 도래하기 이전 시대의 사고 속에 빠져 허우적거린다는 것은 놀라운 일이다. 예컨대 〈레위기〉 20장 13절을 보자. "여자와 한자리에 들듯이 남자와 한자리에 든 남자가 있으면, 그 두 사람은 망측한 짓을 하였으므로 반드시 죽임을 당해야 한다. 그들은 피를 흘리고 죽어야 마땅하다." 이 구절 앞뒤의 다른 구절들은 너희(문맥 속에서 '너희'는 남성을 지칭하는 것이 분명하다)는 종류가 다른 실을 섞어 짠 옷을 입거나(19장 19절), 문신을 하거나, 새우를 먹거나, 처제와 결혼하거나, 마법을 쓰거나, 관자놀이의 머리를 둥글게 깎거나, 구레나룻을 밀어서는 안 된다고 지시한다. 더 가혹한 지시도 있다. 부모는 말 안 듣는 자식을 죽여야 하고, 남성은 간통을 저지른 아내와 처녀가 아닌 신부를 처형해야 한다. 좋다. 간통한 사람을 사형에 처한다고 치자. 그러면 기독교도인 수많은 국회의원, 목사, 텔레비전 전도사들이 세상에서 사라질 것이며, 세계 인구의 나머지 가운데서도 상당수가 사라질 것이다.

"오늘날 죄의 얼굴은 관용의 가면을 쓰고 있다." 말일성도예수그리스도교회(모르몬교)의 교주인 토머스 S. 몬슨이 한 말이다. 그는 이어서 "속지 마라. 그 가면 뒤에 심적 고통, 불행, 아픔이 있다는 것을"[3]이라고 말한다. 내가 거주하고 있는 급진적인 자유주의 주인 캘리포니아주에서 모르몬 교회가 (가톨릭 및 여타 교단들과 함께) 주민발의안 8 ─동성 결혼을 금지하는 수정 헌법─을 지지하는 운동에 2200만 달러를 쏟아부은 이유를, 관용의 가면을 거부하는 것에서 찾을 수 있을 것 같다. 모르몬 교회의 교주였던 고故 고든 B. 힝클리는 "이른바 동성 결혼의 합법화를 민권 문제로 간주하는 사람들이 있지만, 이것은 민권의 문제가 아니라 도덕의 문제다"[4]라고 말했다. 민권이 어떻게 도덕과 별개인지 이해할 수 없다. 마치 도덕이 모든 권리의 토대가 아니라는 말처럼 들린다. 또한 세금을 면제받는 조직은 정치 캠페인에 참여해서는 안 되는데도 모르몬교도들이 "주민발의안 8에 관한 사실상 모든 것을 장악했다"는 점도 이해할 수 없다. 이러한 상황이다 보니 투표 결과는 보나마나 승리였다.[5] 하지만 다행히도, 주민발의안 8은 나중에 위헌 판결을 받았고, 2013년 6월 28일에 동성 결혼이 캘리포니아주에서 의기양양하게 재개되었다.

대놓고 편협함을 드러내는 종교인 가운데 한 명이 복음주의 교파의 지미 스웨가트Jimmy Swaggart다. 그는 동성 결혼에 대한 반대 입장을 거들먹거리며 말할 때 이런 이야기를 한 적이 있다. "나는 결혼하고 싶은 남성을 만난 적이 평생 한 번도 없다. 그리고 단도직입적으로 말하는데, 누군가가 나를 그런 식으로 쳐다본다면 그를 죽인 뒤 신에게 그의 죽음을 고하겠다."[6] 이것이 신의 전지전능함을 믿고 십계명을 읽었다는 사람의 입에서 나온 말이다. 하지만 스웨가트가 인간의 성에 얼마나 무지한지를 알면 이해되는 면도 있다. 동성애는 타고나는 것이냐는 질문에 스웨가트는 이렇게 답했다. "절대로 '아닙니다!' 원죄의 씨가 상궤를 벗어난 모든 것, 일탈, 도착, 악행을 실어나르는 것은 사실이지만, 동성애는 알코올 중독자, 도박 중독자, 살인자와 마찬가지로 타고나는 것이 아닙니다."[7] 동성애가 음주, 도박, 심지어는 살인과 같은 것이라니 스웨가트의 시각이 얼마나 왜곡되어 있는지 알 수 있다.

하지만 과학은 성 지향성이 주로 유전자, 출생 전의 생물학적 과정, 태아 시기의 호르몬 발달에 의해 결정된다고 말한다.[8] 거의 모든 사람이 이성 상대에게 끌리고,[9] 인구의 작은 비율—1에서 5퍼센트—이 동성에게만 끌린다.[10] 그리고 이러한 선호는 아주 어릴 때 생긴다. 따라서 그 또는 그녀에게 언제 게이 또는 레즈비언이 **되기로 했는지** 묻는 것은 언제 이성 애자가 되기로 했는지 묻는 것과 같다. (한번 물어보라. "무슨 소리예요? 나는 처음부터 이랬어요"라고 말하는 듯한 어이없는 표정을 마주하게 될 것이다.) 그런 데 설령 성 지향성이 생물학적으로 결정되는 것이 **아니라** 해도, 왜 그러한 선택이 부도덕한 일로, 심지어는 범죄로 여겨지는지 이해하기는 어렵다. 지금은 고인이 된 캐나다 수상 피에르 엘리어트 트뤼도는 이런 유명한 말을 했다. "국민의 잠자리에 국가가 낄 자리는 없다." 그리고 덧붙이기를 "성인들 사이에 사적으로 이루어지는 행위는 형법이 관여할 일이 아니다." 그가 지극히 상식적이고, 현대적이고, 진보적인 이 말을 한 시점이 1967년이었다.[11]

하지만 성소수자들에게 1960년대는 여전히 암흑의 시대였다. '라벤더 광풍Lavender Scare' — 1950년대에 불어 닥친 라벤더 광풍은 동성애자들에게는 공포, 박해, 마녀사냥을 낳았던 매카시즘이 다시 찾아온 것과 같았다 — 이 몰아닥치고, 아이젠하워 대통령이 동성애를 공무원 임용을 취소할 근거로 만드는 행정명령을 내린 직후였기 때문이다. 이 행정명령으로 수천 명이 해고되었고, 뒤이어 민간 부문도 해고에 동참했다. 민간 기업들이 공무원 고용 기록을 공유할 수 있었기 때문에, 게이와 레즈비언들은 무일푼의 실직자가 되었다.[12] 작가 리처드 린지먼Richard R. Lingeman의 말은 정곡을 찌른다. "아이젠하워 치하의 1950년대는 국가적인 전두엽 절제술의 시대였다. 우리는 자동차에 테일핀을 달고 인생의 수퍼 고속도로를 달리는 초보 운전자였고, 그 안온한 표면 아래서는 이후 1960년대에 곪아터진 긴장이 들끓고 있었다."[13]

스톤월

1960년대 미국에서 동성애 행위는 **모두** 불법이었다. 오직 일리노이주만이 예외였다(일리노이주에서 최초의 동성애 인권 단체가 만들어졌고, 1961년에 남색 행위가 처벌 대상에서 제외되었다).[14] 동성애는 정신질환—심지어는 사이코패시psychopathy의 한 형태—으로 간주되었고, 동성애자들은 혐오 조건 형성을 위한 다양한 치료를 받았다. 예일대학교 법학 교수 윌리엄 에스크리지William Eskridge가 동성애 운동의 역사에 대해 쓴 2004년 저서의 한 대목을 보자.

> 성적 사이코패스로 밝혀져 의료 감호소에 수감된 게이들은 불임 수술을 받거나 거세당했고, 때로는 전두엽 절제술 같은 의료 시술을 받기도 했다. 몇몇 의사들이 그러한 시술로 동성애와 여타 성병들을 치료할 수 있다고 생각했기 때문이다. 그러한 의료 감호소 가운데 가장 악명 높은 곳이 캘리포니아의 아타스카데로Atascadero였다. 아타스카데로는 게이 사회에서 동성애자 강제수용소로 악명 높았는데 정말 그렇게 불릴 만했다. 아타스카데로의 임상실험 가운데는 게이들에게 익사 체험과 비슷한 느낌을 불러일으키는 약물을 투여하는 것도 있었다. 간단히 말하면, 약물로 하는 물고문이었다.[15]

'자유인의 땅'(미국 국가에 등장하는 어구—옮긴이)인 미국에서 게이에 대한 법적 박해는 몹시 가혹했다. 경찰이 '타락한' 행위를 한 남성을 체포하면, 신문에 그의 이름, 나이, 심지어는 주소까지 공개될 수 있었다. 게이와 레즈비언이 모이는 곳으로 소문난 술집과 클럽들은 자주 불시 단속을 받았다. 경찰이 들이닥치면 음악이 멈추고 불이 켜졌다. 신분증 검사가 이루어지고, 여장 남성으로 의심되는 사람들은 여성 경찰관에게 화장실로 끌려가 눈 또는 손으로 검사받았다. 뉴욕주 법령집에는 성별에 맞은 의복을 세 점 이상 착용하지 않을 경우 체포한다고 적혀 있었다.

그러다 스톤월 항쟁Stonewall Riots이 터졌다. 스톤월 항쟁은 동성애 인권 운동의 진정한 서막이 올랐음을 알리는 전설적인 분기점이었다. 게이 사회가 들고일어난 것이 이번이 처음은 아니었다. 과거 메타신협회 Mattachine Society, 빌리티스의딸들Daughters of Bilitis, 야누스협회Janus Society 같은 '친동성애자' 조직들이 다양한 시위를 조직했다. 하지만 스톤월 항쟁은 동성애자의 **힘**을 드러낸 최초의 사건이자, 두려움 없는 연대를 보인 결정적 순간으로 여겨진다. "우리는 사람이 되었습니다." 한 게이 남성이 말했다. "갑자기 형제자매가 생겼습니다. 예전에는 가져보지 못한 것이었죠."[16] 작가 에릭 마커스Eric Marcus가 말하듯 "스톤월 이전에는 커밍아웃coming out 개념이 없었다. 커밍아웃 자체가 말도 안 되는 생각이었다. 오늘날은 커밍아웃을 하거나 하지 않는다는 말이 성립하지만, [스톤월 이전] 과거에는 커밍아웃이 불가능했다. 단지 '인in'만 가능했다."[17]

스톤월인Stonewall Inn은 뉴욕 그리니치빌리지의 크리스토퍼스트리트에 위치한 마피아 소유의 싸구려 게이바였다. 1969년 6월 28일 밤, 경찰 여러 명이 스톤월인에 불시에 들이닥쳐 항상 해온 방식으로 단속을 벌였다. 하지만 이번에는 고객들이 강력히 맞섰다. 그들은 버티고 서서 협조를 거부했다. 오히려 점점 더 흐트러져, 공개적인 애정 표현과 여장 남성들의 춤으로 경찰들을 조롱했다. 얼마 지나지 않아 동조하는 대중이 스톤월 고객들의 행동에 동참했다. 전해지는 이야기에 따르면, 한 여성이 수갑을 찬 채로 끌려 나와 당구대로 머리를 맞은 뒤 사람들의 분노가 폭발했다고 한다. "7월 2일 수요일 밤까지 매일 밤 폭력이 재개되었다. 젊은 게이들은 야유를 보내고, 노련한 활동가들은 웨스트빌리지의 미로처럼 얽힌 거리를 구호를 외치며 행진하면서 경찰의 폭력을 부추겼다. '퀴어들' 때문에 망신을 당했다는 사실에 굴욕감을 느낀 경찰들은 매일 밤 몰려와 크리스토퍼스트리트를 다시 장악하려고 했다. 하지만 그들은 그러지 못했다."[18]

스톤월 항쟁은 동성애 인권 운동의 결정적 순간으로 여겨지게 되었다. 미국에서만이 아니라 전 세계적으로 그렇다. 스톤월 항쟁이 있은 지 1년 뒤인 1970년 6월 28일, 참가자들이 스톤월인에서 센트럴파크까지 최초의 게이프라이드gay pride 퍼레이드를 벌였다. 그들에게 동조하는 지지자들은 시카고, 샌프란시스코, 로스앤젤레스에서 행진을 벌였다. 현재, 스톤월 항쟁을 기념하는 게이프라이드 행진이 매년 우간다, 터키, 이스라엘 같은 뜻밖의 국가들을 포함한 전 세계 도시들에서 열린다.

선순환, 동성애 혐오의 감소

간단히 스톤월 봉기로 알려지게 된 사건이 일어난 지 거의 50년이 지났다. 그 뒤로 어떤 진보가 이루어졌을까? 좋은 소식부터 말하면, 1973년에 미국 정신의학협회American Psychiatric Association가 동성애를 정신질환에서 제외했다. 게이와 레즈비언이 병에 걸린 사람들이 아님을 공식적으로 인정하는 것은 동성애자들에 대한 태도를 바꾸는 데 필수적인 첫걸음이었고, 태도는 확실히 바뀌었다. 지금 세계의 많은 지역에서 동성애 혐오는 인종차별만큼이나 무례한 것으로 간주되고 있다. 사회학자 마크 맥코맥Mark McCormack의 말을 들어보자.

동성애자 인권 운동은 대단히 성공적이다. 주변에 동성애자가 많이 보이는 것만 봐도 그렇다. 사람들이 동성애자인 유명인사들을 볼 때, 즉 자신들이 좋아하는 누군가가 알고 보니 동성애자일 때 그것은 커다란 영향을 미친다. 사람들은 모르는 사람에 대해서는 편협하지만, 동성애자와 알고 지내게 되면 동성애 혐오가 현격히 줄어든다.

변화를 이루는 또 하나의 중요한 매체는 인터넷이다. 인터넷은 벽장 속의 아이들이 친구를 만들고, 자신감을 갖고, 더 일찍 커밍아웃할 수 있게 했다. 페이스북 같은 사회관계망 사이트들은 가입자에게 성 지향성을 묻고, 우리는 자신이 남성인지 여성인지 체크한 다음, 남성에게 관심이 있는지 여성에게 관심이 있는지 체크한다. 내가 학교 다니던 시절만 해도 그러한 질문을 하는 것은 금기였다. 그 당시의 선택은 이성애자가 되거나, 그렇지 못해 동정받거나 둘 중 하나였다.

상황이 이렇게 급변한 이유를 진단해보면, 동성애 혐오가 해소되면서 소년들끼리 포옹하거나 친한 친구에게 사랑한다고 말할 수 있게 되었고, 그다음에는 소녀들에 대한 이야기도 마지못해 할 수 있었다. 그다음에 그들은 그것이 역겹거나 혐오스럽지 않다는 것을 깨달았고, 그것이 다시 그들의 동성애 혐오를 좀더 줄였을 것이다. 일종의 선순환이다.[19]

선순환이 세계적으로 동성애 혐오를 빠르게 줄였다는 것은 사회학자 에릭 앤더슨Eric Anderson의 연대기적 분석에서도 밝혀진 사실이다. 자신의 연구 결과에 대해 질문받았을 때 그는 이렇게 말했다. "이 연구 결과는 25세 이상, 또는 30세 이상에게만 놀라운 것입니다. 열일곱 살에게는 별로 놀랍지 않은 사실이죠. 새로운 태도가 모든 지역의 모든 공간에서 모든 인구 집단에 존재하는 것은 아닙니다. 이러한 태도는 성장하고 있는 새로운 태도로, 동성애 혐오는 도시에 사는 백인 중산층 청소년들에게는 특히 받아들일 수 없는 것입니다."[20]

동성애 인권 혁명에 앞장서는 사람들과 저항하는 사람들

다른 영역에서도 성소수자에 대한 긍정적인 변화들이 나타나고 있다. 그 가운데 하나가 군대다. '묻지도 말하지도 말라Don't ask, don't tell'(DADT)는 1994년부터 2010년까지 커밍아웃하지 않은 게이, 레즈비언, 양성애자의 군복무를 허가하는 미국 정부의 공식 정책이었지만, 군대에 간 성소수자는 성 정체성이 발각되는 즉시 강제 전역당할 위험에 놓여 있었다. 알렉산더 니콜슨Alexander Nicolson이 바로 그런 경우였다. 육군에 복무하는 동안 그는 전 남자 친구에게 포르투갈어로 편지를 쓰기로 했다. 그렇게 하면 아무도 내용을 모를 거라고 생각했던 것이다. 하지만 그것은 실수였다. 내용이 누설되었고, 공포에 질린 니콜슨은 자신의 성 지향성에 관한 소문을 잠재워보고자 상관을 찾아가 면담했다. 하지만 니콜슨은 해고되는 '전형적인 결과'를 맞았다. 니콜슨의 말을 들어보자.

> 수년간 많은 게이, 레즈비언, 양성애자 젊은이들이 저와 같이 DADT 정책을 오해한 채로 군대에 들어왔습니다. 그것은 아주 합리적이고 현실적인 정책처럼 들렸어요. 그리고 많은 경우 실제로 그러했죠. 수십만 명의 게이, 레즈비언, 양성애자들이 복무 기간 동안 DADT 정책 아래 조마조마한 마음으로 복무를 마쳤습니다. 하지만 수만 명은 그럴 수 없었죠. 일부는 제 경우처럼 비밀이 발각되어 그 정보가 동료들 사이에 퍼지고 명령 체계를 따라 상부로 전달된 뒤 갑자기 해고당했습니다. 또 어떤 사람들은 버림받은 연인, 질투심에 사로잡힌 동료 복무자, 또는 그들의 비밀을 알게 된 편협한 지인들에 의해 악의적으로 아우팅당했습니다.[21]

니콜슨은 인정사정없이 내쫓긴 뒤 성소수자들의 이익집단인 군복무

자연합Servicemembers United을 창설해 DADT 폐지를 위한 운동을 벌였고, 2010년 12월 22일 오바마 대통령이 그 정책을 폐지하는 법안에 서명함으로써 이 운동은 수년의 노력 끝에 마침내 승리를 거두었다.

프로 스포츠 사회도 대체로 성 지향성을 감추는 또 하나의 무대다. 미국 풋볼 리그, 유럽 축구계, NASCAR 운전자들, 프로사이클 선수들 가운데 게이임을 공개적으로 밝히는 선수들을 찾기는 어렵다. 하지만 이곳에도 게이 선수들을 위한 새날이 오고 있다. 축구에 대한 한 연구는 이렇게 밝혔다.

전반적인 연구 결과들을 보면, 동성애 혐오가 존재할 것이라는 추정과 반대로 축구팬들 사이에 동성애 혐오가 빠르게 줄고 있다는 증거를 확인할 수 있다. 이 결과들은 모든 연령대에서 축구팬의 93퍼센트가 축구에 동성애 혐오가 있을 자리는 없다고 말한다는 사실과 함께, 포용적인 남성성 이론을 촉진한다. 팬들은 공개적이지 않은 분위기에 대해 스포츠 에이전트와 클럽을 비난하고, 축구 운영 기구들에게는 게이 선수들에 대한 비밀주의 문화를 버리고 커밍아웃을 원하는 선수들을 지원하는 더 포용적인 환경을 제공할 것을 요구한다.[22]

내가 이 책을 마무리하고 있던 2014년 초, 소치 올림픽에는 게이임을 공개한 많은 선수들뿐 아니라, 테니스 선수 빌리 진 킹Billie Jean King이 이끄는 미국 성소수자 선수 대표단이 참가해 동성애를 혐오하는 러시아의 케케묵은 법에 공개적으로 항의했다.[23] 내셔널풋볼리그(NFL)는 사상 처음으로 대학팀에서 게이임을 공개적으로 밝힌 선수 마이클 샘을 선발했다. 그는 선발 전날 커밍아웃함으로써 언론으로부터 영웅 대우를 받았다. 이 사건에 대한 반응을 묻는 ESPN.com 조사에서 NFL 선수들의

86퍼센트가 팀원의 성 지향성은 문제가 되지 않는다고 답했다.[24] 2014년 1월에는, 국제적인 활약을 펼쳤던 독일 출신의 은퇴한 축구 선수 토마스 히츨슈페르거Thomas Hitzlsperger가 "프로 스포츠 영역에서 동성애 논의를 진전시키기 위해" 자신이 게이임을 밝혔다. 그는 축구 팬들은 "매우 복합적인 집단으로, 경기장에는 각계각층에서 온 모든 연령대의 팬들이 있다. 그것이 어떤 반응이든 배제할 수 없는 이유다. 하지만 나는 대다수에게는 문제가 되지 않을 거라고 생각한다"[25]고 말했다.

물론, 진보의 가장 큰 징후 가운데 하나는, 적어도 몇몇 나라에서는 마침내 게이, 레즈비언, 양성애자 들이 결혼하고 가족을 이루고 자녀를 입양할 수 있게 되었다는 것이다. 1960년대를 생각하면 놀라운 변화다. 플로리다 메타신협회 회장 리처드 엔먼Richard Enman이 1966년에 한 인터뷰에서 "어떤 종류의 법을 추구하십니까?"라는 질문을 받았을 때 그 질문을 어떻게 웃어넘겼는지 보자.

단도직입적으로, 어떤 종류의 법을 우리가 추구하지 않는지 말하겠습니다. 메타신협회가 동성애자들의 결혼과 입양이 합법화되기를 바란다는 소문이 파다하니까요. 한데 그것은 전혀 사실이 아닙니다. 동성애자들은 그것을 원치 않습니다. 물론 비주류 가운데 그것을 원한다고 말하는 사람이 있을 수 있겠지요.[26]

동성애자들이 결혼과 입양을 한다고? 어림없다! 명백히 게이인 이 남성은 이렇게 말하고 있는 듯하다. 하지만 더 이상 어림없지 않다. 적어도 우루과이, 덴마크, 남아프리카공화국, 캐나다, 뉴질랜드 등 동성 결혼을 합법화한 총 16개 나라에서는 그렇다. 또한 캘리포니아, 코네티컷, 미네소타, 뉴욕, 워싱턴 등 30개가 넘는 미국의 주들과, 컬럼비아 특별구도 그렇다. 이런 장소들에서는 게이, 레즈비언, 양성애자 들이 마침내 결혼할 권리를 쟁취했다. 그리고 뉴멕시코가 미국 연방에서 동성 결혼을 합법화한 17번째 주가 될 때 뉴멕시코주 대법원 의견을 작성한 에드워드 샤베즈Edward L. Chavez 판사는 결혼의 목적은 출산이므로 동성애자는 결혼에서 배제되어야 한다고 주장하는 사람들에게 이렇게 일갈했다. "뉴멕시코 법에서 출산이 결혼의 조건이었던 적은 없었다. 노인, 불임인 사람들, 그리고 아이를 갖지 않기로 한 사람들이 결혼에서 배제되지 않는다는 사실이 그 증거다."[27] 미국의 50개 주 모두가 의견을 바꾸는 것은 시간 문제다. 그리고 2014년에 독일 대법원이 동성 커플의 입양할 권리를 확대했다.[28]

다음의 그림들([그림 7-1]~[그림 7-4])은 이러한 도덕적 진보의 궤적을 추적하고, 누가 이 분야의 권리 혁명을 이끄는지를 보여준다. [그림 7-1]은 1970년대 이래로 동성애와 동성 결혼을 향한 태도가 얼마나 진보했는지 나타내는 그래프로, 동성애와 동성 결혼의 도덕적·법적 측면에 대한 의견을 묻는 설문 조사에서 관용적인 응답을 하는 사람들이 점점 늘어나고 있음을 알 수 있다. [그림 7-2]는 역사상 처음으로 동성 결혼을 지지하는 사람들이 반대하는 사람들보다 많아진 것을 보여준다. [그림 7-3]과 [그림 7-4]는 동성애자의 인권과 결혼을 위한 도덕적 혁명을 주도하는 사람들이 누구이고 여전히 반대하는 사람들이 누구인지 보여준다. 세대 간 비교를 통해 그것을 확인할 수 있는데, 특히 밀레니얼 세대와, 베이비붐 세대(1946년과 1964년 사이에 태어난 사람들) 및 침묵 세대 silent generation(1946년 이전에 태어난 사람들) 사이의 차이가 두드러진다. 전자는 놀랍지 않게도 대체로 동성애를 지지하며, 후자는 대체로 반대한다. 공공종교연구소Public Religion Research Institute가 2013년 3월에 실시한 조사에 따르면, 35세 이하에서는 기독교인의 절반이 동성 결혼을 지지

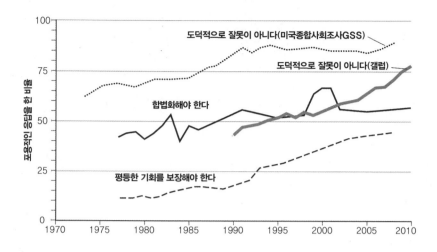

[그림 7-1] 동성애와 동성 결혼에 대한 태도의 진보

동성애와 동성 결혼의 도덕성과 합법성에 대한 생각을 묻는 조사에서 더 포용적인 응답을 한 사람의 비율.[29]

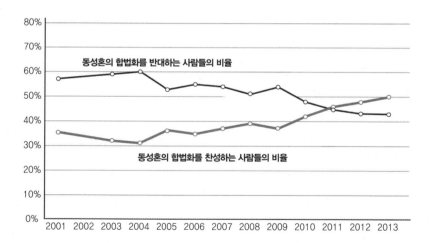

[그림 7-2] 동성 결혼을 지지하는 미국인이 반대하는 미국인보다 더 많다

현재 역사상 처음으로 동성 결혼을 지지하는 미국인이 반대하는 미국인보다 많다. 출처: 2013년 6월 퓨 연구센터의 종교 및 공적 생활에 관한 포럼.[30]

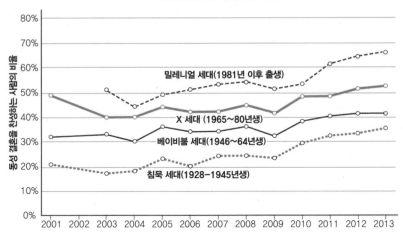

동성 결혼에 대한 세대별 태도 변화

밀레니얼 세대(1981년 이후 출생)

X 세대 (1965~80년생)

베이비붐 세대(1946~64년생)

침묵 세대(1928-1945년생)

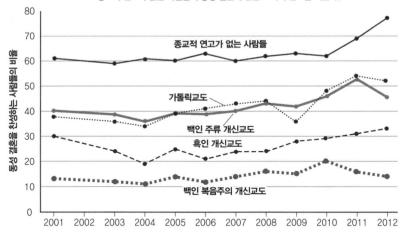

종교적 연고가 없는 사람들이 동성 결혼에 관한 도덕적 진보를 이끈다.

종교적 연고가 없는 사람들

가톨릭교도

백인 주류 개신교도

흑인 개신교도

백인 복음주의 개신교도

[그림 7-3]과 [그림 7-4] 누가 동성 결혼을 위한 권리 혁명을 이끄는가

동성 결혼을 찬성하는 사람들의 비율은 젊은층(밀레니얼 세대)과 종교적 연고가 없는 사람들 사이에서 가장 높고, 노년층과 백인 복음주의 개신교도들 사이에서 가장 낮다. 출처: 2013년 6월 퓨연구센터의 종교와 공적 생활에 대한 포럼.[31]

하는 반면, 65세 이상에서는 15퍼센트만이 지지한다. 이러한 자료들은 시간이 흐름에 따라 기독교인의 도덕적 가치가 타자를 용인하고 수용하는 쪽으로 바뀌고 있음을 보여준다. 이러한 추세는 침묵 세대와 베이비붐 세대가 밀레니얼 세대로 교체되는 느리지만 멈출 수 없는 흐름에 따른 것이다. 밀레니얼 세대가 도덕이라는 파도의 물마루를 타는 동안, 나이 든 사람들은 파도의 골에 있는 표류물처럼 서서히 밀려나고 있다.

많은 종교인들이 이러한 변화를 지지하고 그들의 교회에서 동성 결혼을 받아들일 수 있도록 노력해왔음에도, 종교에 기댄 동성애 반대는 계속되고 있다. 대표적 사례가 2013년 말 인도 대법원의 판결이다. 서로 동의하는 성인들 사이의 동성 관계는 인도법(영국의 식민 통치 하에서는 동성 관계가 범죄였다)에서 더 이상 범죄가 아님을 선언한 하급 법원의 2009년 판결을 뒤집은 것이다. 인도 법령집 제377조에 기술된 바에 따르면, 대법원의 새로운 판결은 "어떤 남성, 여성, 또는 동물과 함께 자연의 질서를 거슬러" 성관계를 맺는 것을 금지한다. (이 법을 위반하면 벌금형과 최대 10년의 징역형을 받을 수 있다.) 예상할 수 있듯이 동성애를 다시 범죄로 만들기 위한 운동을 주도한 세력은 힌두교, 이슬람교, 기독교 단체들이었다. 인도 복지당—델리에 기반을 둔 이슬람 정치 집단—당수인 무즈타바 파루크는 "동성애는 자연을 거스르는 것이고, 생명의 연속성을 방해하며, 미래를 불확실하게 만든다. 동성애는 우리가 받아들일 수 없는 서양의 영향이다"라고 선언했다. 2009년 판결을 번복하라고 대법원에 청원을 넣은 단체들 중 하나인 전인도이슬람개인법위원회All India Muslim Personal Law Board의 대표 카말 파루키는 자신들의 논리적 근거를 이렇게 설명했다. "동성애를 합법화해서 너도 나도 동성애자가 된다고 하자. 동성애는 자연의 재생산 법칙을 거스르는 행위다. 재생산이 없으면 세계는 100년 안에 끝날 것이다."[32] 알다시피 인도는 중국 다음으로 지구상에서 인구 감소를 걱정할 필요가 없는 나라다.

2014년에 우간다 의회가 동성애를 법으로 금지하는 반동성애 법안을 통과시켰을 때도 그러한 도덕적 훈계가 등장했다. 이 법에 따르면 '초범'은 14년형에 처하고 재범은 무기징역에 처한다. 의회 위원회에 따르면, "이 법안의 목적은 전통적인 이성애자 가족이 직면하고 있는 새로운 내적·외적 위협에 국가가 강력히 대처하기 위한 것이다." 물론 서로 동의하는 동성 간의 두 성인이 서로 동의하는 이성 간의 두 성인에게 어떤 위협이 되는지는 설명하지 않았다.[33]

러시아에서는 정부가 성소수자에 대한 인신 공격을 직접 진두지휘해왔다. 예를 들어, 동성 커플의 자녀 입양을 금지하는 법인 '동성애 선동' 금지법을 제정했고,[34] 동성 부모에게서 자식을 빼앗을 수 있는 법안을 마련하는 중이다.[35] 그러한 법안이 통과된다면, 러시아의 게이와 레즈비언들이 자녀를 데리고 다른 나라로 망명함으로써 성소수자 난민 사태를 초래할 것이다.[36] 러시아는 전통 가치의 성지로 탈바꿈하고 있는 것처럼 보이는데, 블라디미르 푸틴은 "러시아는 '남녀가 없어도 관계없고 자식을 낳지 않아도 관계없는 이른바 관용'에 맞설 것"[37]이라고 말하면서 서구의 자유주의적인 태도에 노골적인 공격을 서슴지 않는다. 불행히도 러시아인의 88퍼센트가 '동성애 선동' 금지법을 지지하고, 35퍼센트가 동성애는 질병이라고 생각하며, 43퍼센트가 동성애는 역겨운 습관이라고 생각한다. 러시아 정교회 수장인 총대주교 키릴 1세는 동성 결혼은 "종말의 가장 위험한 징조"라고 말했다(아마 진지하게 한 말일 것이다).[38] 처음 들어보는 말은 아닐 것이다.

사람들이 말도 안 되는 주장을 할 때 그것이 진지하게 하는 말인지, 아니면 동지들을 선동하려는 것인지 알기 어려운 경우가 종종 있다. 영국의 한 정치인이 딱 그런 경우다. "[동성 커플] 결혼법이 통과된 뒤로 이 나라는 심각한 폭풍과 홍수를 겪었다."³⁹ 나쁜 날씨에 대해 동성애자들을 탓하는 것은 새로운 레퍼토리가 아니다. 그것은 미국의 전통이다. 토네이도나 허리케인이 한 번 지나갈 때마다 신이 동성 커플 때문에 격노한 것이라고 말하는 광신도가 꼭 있다. 허리케인은 신이 인간에게, 절대자가 인정한 섹스는 결혼한 이성 간의 섹스뿐이라고 알려주는 방식인 듯하다. 물론 그것은 간접적인 방식의 교육이라서, 동성 결혼과 허리케인의 관계를 사람들이 금방 이해하지 못하는 것도 당연하다. 어쨌든 동성애와 나쁜 날씨가 관계가 있다면 좋은 점도 있을 것 같다. 한 풍자적인 신문 기사가 지적했듯이, 만일 동성 섹스가 큰 비를 내리게 한다면, 결혼한 동성애자들을 사막에 보내면 좋을 것이다. 다음은 한 동성애자 부부의 대화다. "메마른 대지에 동성애의 비가 내릴 수 있도록, 사하라 사막이남 아프리카로 신혼여행 가는 게 어때요? 키스 한 번으로 먹구름이 낀다면, 성관계로는 어떤 일을 할 수 있을지 한번 상상해봐요."⁴⁰

종교적 극단주의자들의 헛소리를 소재로 삼은 우스갯소리는 진지한 주제를 가볍게 만들어준다. 게다가 코미디언과 풍자 작가들이 동성애 반대를 농담의 소재로 다룬다는 것은 혁명이 정점에 이르고 있다는 증거다. 하지만 미국의 통계 수치가 하고 있는 이야기는 전혀 웃기지 않다. 통계에 따르면 성소수자 청소년들이 "이성애자 또래보다" 자살 시도를 "다섯 배 많이 한다."⁴¹ 거기에는 당연히 많은 이유가 있지만, 성소수자 청소년 자살 방지 전화인 트레버프로젝트Trevor Project의 호르헤 발렌시아Jorge Valencia에 따르면 "십대들이 우리에게 전화를 거는 가장 큰 이유 다섯 가지 가운데 하나는 종교다. 성소수자 청소년들은 신이 자신과 함께하지 않는다고 느낀다."⁴² 그것은, 동성애는 정신질환이 아님이 밝혀진 지 40년이 지난 지금도 많은 기독교 설교자, 작가, 신학자 들이 동성에 대한 사랑의 욕구는 혐오스러운 일인 동시에 전환요법이라는 '치료'

로 '고칠 수 있는' 질병이라는 말로 성소수자 집단을 괴롭히는 것을 예사로 여기기 때문이다. "두려움과 수치심을 주입하면 어떤 감정이든 억누를 수 있다"고 폴라 캐플란Paula J. Caplan 박사는 말한다. 동성애자 전환치료사에게는 안된 일이지만 "누군가의 성 지향성은 그렇게 한다고 바뀌는 것이 아니다."[43]

그럼에도 2003년에 저명한 정신과 의사 로버트 스핏처Robert L. Spitzer 박사가 〈게이와 레즈비언이 성 지향성을 바꿀 수 있을까? 200명의 응답자가 동성애 지향에서 이성애 지향으로 바뀌었다고 보고함〉[44]이라는 제목의 논문을 발표했을 때 전환치료 붐이 일었다. 엑소더스인터내셔널Exodus International과 사랑의승리Love Won Out(복음주의 단체인 포커스온더패밀리Focus on the Family의 후원을 받고 있다) 같은 전환치료 기관들은 반색했다. 하지만 오래가지는 못했다. 10년 뒤 스핏처 박사는 논문의 어처구니없는 결함에 대해 머리가 땅에 닿도록 사과했고,[45] 엑소더스인터내셔널의 앨런 체임버스도 마찬가지로 자신이 일으킨 문제를 사과하면서 "그 기관의 장으로서 자신이 한 행동"을 자신이 과거에 일으킨 '4중 추돌 사고'에 비유했다.[46] 체임버스는 엑소더스인터내셔널이 해산될 것이라고 발표했다. 하지만 미국 동성애연구및치료협회National Association for Research & Therapy of Homosexuality(NARTH)[47]는 주정부들이 잇따라 전환치료 금지법을 마련하고[48] 있는 데다 전문 심리학 협회들이 성지향성을 바꾸기 위한 모든 치료는 "부당하고 비윤리적이고 해롭다"[49]고 비난해도 아랑곳없이 전환치료를 계속 홍보하고 있다.

전환치료를 계속 밀어붙이는 종교적 극단주의자들은 동성애가 왼손잡이처럼 자연스러운 것임을 이해하지 못한다. 동성애는 개입이 필요한 질환이 아니다. 하지만 그들은 오히려 컬럼니스트 댄 새비지Dan Savage가 말하듯이, "동성애가 파괴적이라는 증거로 …… 십대 동성애자들의 자살률"을 가리키며 적반하장으로 나온다. "종교적 우파야말로 그 수치를 끌어올리는 주범이다. 그것은 당신이 고의적으로 누군가를 차로 친 뒤 거리에서 걸어다니는 것은 안전하지 않다고 주장하는 것과 같다."[50] 많은 기독교인은 "죄는 미워하되 죄인은 미워하지 않는다"는 말을 하고 다니며 자신들이 자비롭게 처신하고 있다고 실제로 믿는다. 마녀의 영혼을 구제한답시고 마녀로 몰린 여성들을 불에 태우기 직전에도, 예수 그리스도를 죽인 사람들이라는 이유로 유대인 대학살을 요구할 때도 기독교인들은 그렇게 말했다.

무르익은 혁명

두고 보라. 백인 기독교인들은 과거에 그들이 박해한 집단들―여성, 유대인, 흑인―을 대하는 태도를 결국 바꾼 것처럼 몇 년 내, 길어도 10년 내에 게이와 레즈비언을 대하는 태도를 바꿀 것이다. 그것은 성경 구절에 대한 새로운 해석이 나와서도 아니고, 신에게 새로운 계시를 받아서도 아닐 것이다. 이러한 변화들은 그동안 그랬던 것처럼 억압받는 소수가 평등하게 대우받을 권리를 위해 싸우고 억압하는 다수 가운데 깬 사람들이 그 대의를 지지하는 방식으로 일어날 것이다. 그러고 나면 기독교 교회들이 뒷북을 치며 동성애자들의 인권 해방이 자신들 덕인 양 행세할 것이다. 그들은 역사 기록을 뒤적이며, 동료 기독교인들이 침묵할 때 동성애자들의 인권을 위해 나설 용기와 인품을 가졌던 설교자들을 찾아내 그러한 사람들을 거명하면서, 기독교가 아니었다면 동성애자들은 여전히 벽장 안에 있을 거라고 주장할 것이다.

누구 덕분이든 동성애자 인권 혁명은 거의 완성 단계에 와 있다.

2013년 9월 20일 프란치스코 교황은 10억 명이 넘는 가톨릭 신자들에게 성명을 발표해, 가톨릭교회가 동성 결혼, 낙태, 피임 같은 개인적인 도덕 문제들에 지나치게 집중하느라 세계 곳곳의 가난하고 집 없는 사람들을 돕는 목회자 본연의 임무를 소홀히 했다고 말하면서, 이렇게 대상을 잘못 찾은 도덕으로 가톨릭교회가 무너질 위협에 처했다고 지적했다. 그는 이탈리아 예수회가 발행하는 정기간행물 《키빌티카톨리카 Civilta Cattolica》에서 "우리는 낙태, 동성 결혼, 피임 사용에 관한 문제들에만 매달려 있을 시간이 없다"고 말했다. 두 전직 교황인 베네딕토 16세와 요한 바오로 2세, 그리고 2,000년 전으로 거슬러 올라가는 263인의 전직 교황들과의 연결 고리를 끊으며, 프란치스코 교황은 이렇게 덧붙였다. "그 문제에 대한 가톨릭교회의 가르침은 분명하고, 나는 교회의 아들이다. 하지만 이 문제들을 항상 거론할 필요는 없다. 우리는 새로운 균형을 찾아야 한다. 그렇지 않으면 가톨릭교회의 도덕 체계가 사상누각처럼 무너져내릴 것이다."[51]

하지만 프란치스코 교황은 그 몇 달 전인 7월 29일에 한 발언으로 오늘날의 최대 시민권 이슈인 동성애 문제에 사실상 발을 담갔다. 아르헨티나 태생인 교황(호르헤 마리오 베르고글리오)은 고국에서 겪은 경험을 토대로 동성애 문제에 대해 이렇게 토로했다. "선의를 가지고 주를 찾는 동성애자를 내가 무슨 권리로 심판합니까? 여러분은 이 사람들을 소외시켜서는 안 됩니다."[52] 그런 다음에 프란치스코 교황이 덧붙인 말은 사실을 기술하는 것이라기보다는 당위적 규범에 더 가까웠다. "부에노스아이레스에서 나는 동성애자들에게 편지를 받곤 했습니다. 그들은 '사회에서 상처받은' 사람들입니다. 왜냐하면 가톨릭교회가 항상 자신들을 저주하는 것처럼 느낀다고 말하기 때문입니다. 하지만 가톨릭교회는 그러고 싶지 않습니다."[53]

세계 최대 종교의 우두머리가 신자들에게 가난하고 집 없는 사람들의 생존과 번성에 더 관심을 갖고, 게이와 레즈비언을 좀더 포용할 것을 간청하고 있다면, 그것이야말로 내가 정의한 도덕적 진보의 증거가 아닐까? 심지어 복음주의파도 변하고 있다. 프란치스코 교황이 관용을 호소하는 역사적 발언으로 세계를 뒤흔든 지 한 달 뒤, 미국 최대 복음주의 교파인 남침례회Southern Baptist Convention 교주 러셀 무어Russell Moore는 4만 5,000개 지부의 지도자들과 그들의 1600만 신도들에게 메시지를 보내, "게이와 레즈비언 이웃들을 사랑하십시오. 그들은 악의 음모를 꾸미는 자들이 아닙니다"라고 설교했다. 그의 메시지는 2013년 10월 22일 자 《월스트리트저널》 첫 번째 섹션 1면의 접히는 부분 바로 밑에, 시리아 내전과 건강보험 개혁안 웹사이트의 문제점 같은 주요 기사 아래 실렸다. 기사의 위치도 뉴스거리가 되지만, 그 기사의 가치는 한층 관용적인 무어의 도덕적 입장이 '급진적인 동성애 의제'를 경고한 전임자 리처드 랜드에 대한 정면 도전이었다는 점에 있다. 그 기사는 수많은 독실한 신도들로 하여금 동성애와 동성 결혼을 저주하게 만든 정치적인 문화 전쟁에서 철수하는 복음주의 교회의 행보를 집중 조명했다. 무어의 메시지는 어느 정도는 미국 대법원 판결에 대한 대응이었다. 2013년에 대법원은 결혼을 엄격하게 남성과 여성 사이의 일—시위 피켓에 적힌 말처럼 **아담과 스티브가 아닌 아담과 이브** 사이의 일—로 규정한 연방결혼보호법Defense of Marriage Act을 폐지하라고 판결했다.[54] 또한 무어는 동성 결혼 같은 정치적인 문화 전쟁에 교회가 개입하는 것에 대한 젊은 복음주의자들의 '본능적 거부감'에 대처하고 있던 것이기도 하다. 그리고 그는 목회자와 설교자들에게 밀레니얼 세대(1979년 이후 출생한 사람들)가 교회에서 이탈하지 않도록, "호감 가게 친절하게 이해심 있게" 처신할 필요가 있다고 주문했다.[55]

좋은 말이고, 어디서든 도덕적 진보가 일어났다면 무조건 고마운 일이다. 하지만 호감 가게, 친절하게, 이해심 있게 처신하라는 것은―기독교인 전반은 물론이고―목회자와 설교자에게는 구태여 말할 필요도 없는 말이다. 사실 이 이야기는 정의를 향한 문화적 추세에서 종교가 한참 뒤쳐져 있다는 내 주장을 입증한다. 남침례교Southern Baptist Church가 더 큰 종파에서 갈라져 나온 이유가 남북전쟁 이전에 노예제도를 방어하기 위해서였음을 암시하는 무어의 말은 그 점을 다시금 확인시켜준다. "우리 교단이 창설된 이유가 적어도 얼마만큼은 유괴, 납치, 폭력을 정당화하기 위해서였음을 생각한다면 우리가 지금 여기에 있는 것은 오직 신의 은혜와 자비 덕분이다." 전쟁으로 65만 명이 넘는 미국인이 목숨을 잃고 노예제도를 금지하는 수정 헌법이 통과되고 나서야 이 교단은 새로운 도덕을 받아들였다.

과학, 이성, 그리고 동성애자의 권리

이러한 정치·문화적 요인들이 성소수자 집단을 위해 도덕의 영향권을 확장할 수 있게 도왔다고 말하는 것은 이야기의 일부에 지나지 않는다고 조너선 라우시Jonathan Rauch는 주장한다. 그는 언론의 자유와 인권, 그중에서도 특히 동성애자의 인권을 위해 오래 일해온 사람이다. "모든 연령 집단, 심지어는 노령층까지도 동성애자 친화적으로 변한 이유는 세대교체로는 설명이 되지 않는다. 동성애자들은 수년 동안 커밍아웃해왔지만 그것은 점진적인 과정이었다. 반면 최근에 대중의 태도에서 일어난 변화는 현기증이 날 정도로 빨랐다. 나는 다른 결정적 요인이 있었다고 생각한다. 우리는 생각의 싸움에서 이긴 것이다." 자유 시장에서는 결국 좋은 생각이 나쁜 생각을 이긴다고 라우시는 말한다. 라우시는 2004년 저서 《동성 결혼: 왜 동성 결혼이 동성애자, 이성애자, 그리고 미국을 위한 일인가Gay Marriage: Why It Is Good for Gays, Good for Straights, and Good for America》를 홍보하러 떠난 북아메리카 투어 도중 출현한 라디오 토크쇼에 전화를 걸어온 애청자의 말을 떠올린다.

"오늘 나온 게스트는 미국에서 가장 위험한 인물입니다." 그 게스트란 나를 뜻한다. 왜 내가 위험한 인물일까? 청자는 이렇게 말했다. "아주 **타당한** 말을 하는 것처럼 들리기 때문입니다." 지금 생각해보면 그것은 지금껏 내가 들어본 최고의 칭찬이었던 것 같다. 정말 진심어린 말이었던 것은 확실하다. 그 애청자는 내가 하고 있는 말을 떨쳐버리기 위해 최선을 다했음에도, 자신이 청취하고 있던 논쟁―그리고 나와 상대방의 차이―에 설득되고 있었다. 그 사람이 바로 그날 생각을 바꾸었을 거라고는 생각지 않는다. 하지만 그 사람이 본의 아니게 **생각하고** 있었다는 사실만큼은 알 수 있었다. 한나 아렌트는 이런 말을 한 적이 있다. "사실인 말은 그 안에 강압의 요소를 가지고 있다." 그 애청자는 내가 하고 있는 말에 타당성이 있음을 인정할 수밖에 없다는 느낌을 받았다.[56]

역지사지 원리의 효과를 여기서 다시 한번 확인할 수 있다. 열린 대화에서 이성을 사용할 때 우리는 상대방이 하고 있는 말이 얼마나 타당한지 생각할 수밖에 없다. 그리고 만일 상대방의 말에 일리가 있다면, 더 좋은 생각이 서서히 편견을 몰아낸다. 동성애는 선택이 아니라 인간 본성의 일부라는 압도적인 과학적 증거와 관련하여, 우리는 어떻게 과학과 이성이 인류를 진리, 정의, 자유로 이끄는지를 보여주는 또 하나의 예를 이 권리 혁명에서 확인할 수 있다. 그리고 태도 변화는 많은 도덕적 쟁점들이 어느 정도는 사실을 둘러싼 논쟁이며, 많은 부도덕한 신념들이 단지 사실적 오류라는 내 견해를 뒷받침한다. 조너선 라우시는 동성애를 혐오하는 감정이 지난 세기에 동성애자들에 대한 부정적 태도를 부채질했음을 인정하는 한편, 더 근원적인 문제는 사람들이 동성애에 대한 부정확한 믿음을 지니고 있었던 것이라고 지적한다. "사실을 오해하고 그릇된 도덕적 판단을 내리는 것은 무지, 미신, 터부, 혐오에서 비롯된다. 사람들은 누군가가 자신의 자녀나 가족에게 위협이 된다고 생각하면 그를 두려워하고 증오하게 된다. 동성애자들에게 가장 필요한 것은 정치적 해결이 아니라 인식론적 해결이었다. 우리는 나쁜 생각을 좋은 생각으로 교체해야 했다." 이런 변화는 오직 자유 사회에서만 일어날 수 있다. 그런 사회에서는 열린 토론이 허용됨으로써 상충하는 생각들이 우리 뇌의 인지 영역을 차지하기 위해 경쟁할 수밖에 없기 때문이다. 동성애자 인권 문제와 관련하여 지금 일어나고 있는 일은 모든 인권 문제에 해당하는 것이다. 라우시의 설명을 들어보자.

지적 환경이 개방적일수록 소수자들이 더 살기 수월해진다는 것을 역사가 보여준다. 여성도 남성만큼 똑똑하고 능력 있다는 것을 우리는 경험적으로 알고 있는데, 이러한 지식은 성 평등에 대한 도덕적 주장을 더욱 강화한다. 종교적 다원성을 허락하는 법이 사회 통치를 더 수월하게 만든다는 것을 우리는 사회적 경험을 통해 알고 있는데, 이 지식은 종교적 자유에 대한 도덕적 주장을 더욱 강화한다. 어떤 인종은 다른 인종들의 노예로 살기에 적합하다는 개념을 옹호하기 위해서는 위선과 허위에 기댈 수밖에 없음을 우리는 비판적 논증을 통해 알고 있는데, 이 지식은 인간 존엄성에 대한 도덕적 주장을 더욱 강화한다.[57]

다시 말하지만, 나는 이성만 있으면 해결된다고 주장하는 것이 아니다. 시민의 권리로 시행하기 위해서는 입법 행위와 법이 필요하고, 그러한 법을 뒷받침하기 위해서는 힘의 합법적 사용을 국가가 독점할 수 있도록 지원하는 강한 경찰과 군대가 필요하다. 하지만 이러한 공권력 그 자체는 이성에 기반을 둔 법을 전제로 하고, 입법 행위는 이성적 논증으로 뒷받침되어야 한다. 그렇지 않으면 도덕적 진보는 오래가지 못한다. 힘이 곧 법이 되기 때문이다. 도덕적인 운동이 전적으로 국가의 힘에만 의존할 경우 정권이 바뀔 때마다 집권 세력이 법을 마음대로 바꿀 수 있다. 2013년 말에 인도에서 바로 그런 일이 일어났다. 도덕이 뿌리내리기 위해서는 사람들의 사고방식이 바뀌어야 한다. 아무 생각 없이 하던 일은 여간해서는 생각할 수 없는 일이 되고, 그다음에는 엄두도 못 낼 일이 되고, 그다음에는 생각해보지도 못한 일이 되어야 한다.

그런 일이 노예제도 폐지에서, 여권 신장에서 일어났다. 전 세계 성소수자에게 완전한 권리를 인정하는 것에서도 그런 일이 점진적이지만 필연적으로 일어날 수밖에 없다. 무엇보다도 성소수자들이 점점 자신의 성 정체성을 공개적으로 밝히는 것이 인식의 전환에 큰 기여를 하고 있다. 이를 통해 사회의 나머지 구성원들은 동성애자도 단지 사람일 뿐임을 알게 되고, 당사자에게 자연스럽고 좋은 상태가 곧 '정상'임을 받아들이게 된다. 한 사람의 커밍아웃은 다른 사람의 커밍아웃으로 이어지는데, 이는 그들에게 더 큰 정치적 영향력을 제공할 뿐 아니라, 혼자이며 소외되었다고 느끼는 그밖의 사람들에게 지지와 위안을 제공한다.

영국의 배우이자 작가로 영국의 아이콘이 된 스티븐 프라이Stephen Fry는 자신이 커밍아웃했던 일과, 자신이 게이임이 발각될까 두려워했던 과거를 이야기한다. 당시 커밍아웃은 정신병과 범죄를 동시에 털어놓는 것과 같았다. 따라서 1976년에 양성애자로 커밍아웃하며 그 사실을 용기 있게 털어놓은 당대 최고 팝스타의 사연이 《롤링스톤》에 커버스토리로 실렸을 때 스티븐 프라이와 수천 명의 젊은이가 커다란 안도감을 느꼈다. "그의 이야기는 그동안 벽장 속에 자신을 가둔 채 살던 나와 수많은 십대 동성애자의 인생을 바꾸었습니다"라고 프라이는 말한다.[58] 그 팝스타가 뭐라고 말했을까? "동성의 누군가와 자는 것에는 아무런 문제가 없다. …… 그 일이 내 축구 클럽에는 끔찍한 일일 것이다. 그곳은 이성애자들의 세상이니까. **도저히 믿을 수 없는 일일 것이다.** 하지만 무슨 상관인가? 나는 사람들이 섹스에 훨씬 더 자유로워져야 한다고 생각한다."[59]

그 팝스타는 엘튼 존이었다(위의 축구 클럽은 영국 잉글랜드의 축구단 왓포드 축구 클럽을 말하는 것으로, 이 팀의 유명한 팬인 엘튼 존이 1976년에 팀을 직접 사서 두 차례 회장을 역임했다—옮긴이). 그는 이후 자신의 오랜 파트너인 데이비드 퍼니시와 결혼하고 대리모를 통해 아들 둘을 낳았다. 이것이야말로 '점점 나아지고 있다It Gets Better'는 확실한 증거다. 잇겟츠베러It Gets Better는 성소수자 청소년의 높은 자살률을 접한 작가 댄 새비지와 그의 남편 테리 밀러가 시작한 캠페인의 명칭이다. 그들은 100인의 다른 게이, 레즈비언, 양성애자 성인들이 동참하기를 바라며 단순하지만 핵심적인 그 메시지를 담은 동영상을 제작했다. 반응은 폭발적이었다. 비슷한 동영상이 쇄도했고, 지금까지 온갖 성 지향성을 가진 사람들이 만든 15만 개의 동영상이 올라왔다.[60] 새비지와 밀러가 동영상을 만든 지 한 달 뒤 버락 오바마 대통령이 동참했고, 곧이어 개인과 단체의 참여가 잇따랐다. 그중에는 스티븐 콜버트, 구글, 레이디 가가, 제너럴모터스, 브링엄영대학교, 샌프란시스코 구속주회, 애플, 힐러리 클린턴, 캐나다 왕립기마경찰대 소속 경찰관 20명, '개구리 커밋' 등이 있고, 물론 나도 있다."[61]

아무것도 하지 않는 죄

모든 사람이 포함될 수 있도록 도덕의 영역을 확장하는 노력은 길고, 고통스러울 만큼 더뎠고, 우리는 아직 그 목표에 닿지 못했다. 이쯤에서 에드먼드 버크의 말을 기억하면 좋을 듯하다. "악이 승리하게 하려면 선한 사람들이 아무것도 하지 않으면 된다." 우리가 무엇을 해야 할까? 무엇보다도 우리는 잘못된 것을 볼 때마다 뭐라도 해야 한다. 미국의 시인이자 작가인 엘라 휠러 윌콕스Ella Wheeler Wilcox(시 〈고독Solitude〉 가운데 다음 시행이 유명하다. "웃어라, 그러면 세상이 너와 함께 웃을 것이다. 울어라, 그러면 너 혼자 울게 될 것이다Laugh and the world laugh with you; Weep, and you weep alone")도 1914년 작품 〈저항Protest〉에서 같은 생각을 강력하게 피력했다.

> 저항해야 할 때 침묵하는 것은 죄이며
> 비겁한 것이다. 인류는 저항을 딛고
> 여기까지 올라왔다. 불의, 무지, 탐욕에 저항해
> 아무 목소리도 내지 않았다면
> 아직도 종교재판소가 법을 집행하고
> 사소한 분쟁도 단두대로 해결할 것이다.
> 용감한 소수는 말하고 또 말해야 한다
> 그래야만 수많은 잘못들을 바로잡을 수 있다······.[62]

종차별주의는 인간 외 동물들의 이익이 인간의 이익보다 덜 중요하다는 것을 당연시한다. 종교에서는 인간과 동물의 차별이 신의 섭리에 따른 당연한 원리라 한다. 동물은 서식지를 빼앗기는 것부터 공장식 축산과 실험 등에 이르기까지 인간으로서는 상상도 할 수 없는 끔찍한 대우를 받고 있다. '감응적 존재의 생존과 번성'이라는 도덕학의 원리에 비추어 동물들에겐 어떤 권리가 주어져야 할까?

8
—
동물권의 도덕과학

내가 보기에는 모든 생물을 특별한 창조물이 아니라 캄브리아 계의 첫 지층이 쌓이기 오래전에 살았던 몇몇 생물들의 직계 후손이라고 생각할 때 그들의 품격이 높아지는 것 같다.

_ 찰스 다윈, 《종의 기원》, 1859년[1]

에콰도르 해안에서 약 1,000킬로미터 떨어진 곳에 찰스 다윈과 그의 자연선택에 의한 진화론으로 유명한 갈라파고스 군도가 있다. 다윈은 1835년 가을에 그곳에서 다섯 주 동안 머물렀고, 2004년에 나는 다윈의 족적을 되밟는 탐사에 나서는 친구이자 동료 프랭크 설로웨이를 따라갔다.[2] 갈라파고스 군도의 소유권과 관할권을 갖고 있는 에콰도르 정부는 이 섬들을 태곳적의 자연 상태 그대로 보존하기 위해 엄청난 노력을 기울여왔다. 예컨대, 탐사로를 벗어나 섬의 내륙으로 들어가려면 까다로운 검역 과정을 통과해야 했다. 배낭이나 옷에 외래종이 숨어 들어오는 일을 막기 위한 조치였다. 그럼에도 외래 침입종은 이 군도의 자생종 개체군들에게 계속해서 문제가 되고 있다. 특히, 섬 전체의 식물을 먹어치우고 있는 염소들 때문에 식물 먹이 의존도가 높은 그 섬의 유명한 땅거북이 고

초를 겪고 있다. 약 100년 전에 유입된 그 염소들은 현재 갈라파고스땅거북과 여타 종들을 멸종 위기로 몰아넣고 있다.

　그 대응책으로 에콰도르 국립공원관리청은 가장 피해가 심한 섬―면적 5만 8,465헥타르의 거대한 섬인 산티아고섬―에서 대대적인 염소 박멸 프로젝트를 시작했고, 그 결과 2000년대 중반의 4년 반 동안 7만 9,000마리가 넘는 염소를 처리했다. 염소 박멸 초기에는 사람이 말을 타고 다니며 에어혼(압축 공기로 작동하는 경적―옮긴이)과 소총 사격으로 염소들을 우리로 몰아넣어 죽였다. 하지만 이 화산섬들의 험난한 지형 때문에 이러한 방법으로는 염소들을 당해낼 수 없었다. 날씨가 건조하고 뜨거운 데다, 지표면이 면도칼처럼 날카로운 아아용암(현무암질 용암류 표면의 한 형태로, 표면이 거칠고 요철이 많으며 작은 가시들이 밀집해 있다―옮긴이)으로 되어 있어서 등산화가 찢기기 일쑤다. 가시투성이 덤불들을 이리저리 헤쳐가다 보면 팔다리가 상처투성이가 된다. 물도 귀해서 배낭에 자기 마실 물을 짊어지고 다녀야 한다. 지형은 기복이 심하고 삐죽빼죽하며, 용암이 굳어서 형성된 동굴, 모퉁이, 구멍 들이 수도 없이 많아서 염소들은 그곳에 숨어 사냥꾼들을 피할 수 있다. 오랜 사이클링으로 다져진 내 체력으로도 이곳의 트레킹은 지금껏 다녀본 가장 힘든 탐사로 꼽을 만큼 말도 못하게 고생스러웠다. 적도 환경에 익숙한 에콰도르 사람들조차 남아 있는 염소들을 처리하기 위해 헬리콥터를 타고 공중에서 총을 쏴야 했다. 그래도 염소들은 끈질기게 살아남았다. 일을 마무리하기 위해 국립공원관리청은 '유다 염소'와 '미녀 스파이 염소'를 동원해 남아 있는 야생 염소들을 찾아 죽였다. 유다 염소는 근처 섬들에서 잡아 목에 무선 송신기를 장착한 염소들이다. 이 유다 염소들을 산티아고섬에 풀어놓으면 이들이 사냥꾼들을 숨어 있는 동족 염소들에게로 안내한다. 미녀 스파이 염소는 무성화 수술을 시킨 유다 염소 암컷을 발정기가 오래 지속되도록 화학적으로 유도한 것이다. 수컷 염소들이 사냥꾼은 피해도 암컷은 반길 테니, 미녀 스파이 염소를 풀어 수컷 염소들을 유혹할 작정이었다. 610만 달러의 비용이 들어간 이 프로젝트는 섬에서 이루어진 역사상 가장 규모가 큰 포유류 종 박멸 작전이었다.

　이것은 도덕적인 행동이었을까? 수백만 년 동안 갈라파고스 군도에서 진화한 토종과, 겨우 100년 전에 그곳에 들어온 염소들 가운데 누구를 살리고 누구를 죽여야 하는가? 언뜻 보기에는 생각하고 자시고 할 것도 없는 문제처럼 들린다. 세월로만 따져도 토종이 도덕적 명분이 더 있다. 그런데 다시 생각해보면, 10억 년의 진화에서 외래 침입종이 토종에게 문제가 되지 않았던 적은 없다. 자연에서 외래종은 멸종의 가장 큰 원인 가운데 하나다. 따라서 우리는 여기서 시간 척도(오래되었는지, 얼마 되지 않았는지)와 침입 원인(자연적인지 인위적인지)의 차이에 대해 말하고 있는 것이다. 이주와 경쟁이라는 자연적인 과정에 의해 한 종이 다른 종을 밀어내는 것은 인간이 예컨대 원치 않는 지표식물을 제거하기 위해 한 종을 들여오는 것과는 도덕적으로 차원이 다른 문제다. 따라서 내 도덕적 동정심은 보존을 위한 박멸로 기울었다. 하지만 그것은 우연히 새끼 염소를 만나 팔에 안기 전까지였다([그림 8-1]). 이들은 누가 뭐래도 감응적 존재이다. 게다가 포유류이므로 그곳에 원래부터 살았던 더 원시적인 파충류인 땅거북들보다 훨씬 더 감응적일지도 모른다. 즉 감정, 반응, 지각 능력이 더 뛰어나고, 감지하고 느끼는 능력도 더 클 것이다. 하지만 이번에는―그들이 이 군도에서 수백만 년 동안 문명의 방해를 받지 않고 해왔던 대로―육중한 몸을 이끌고 식물을 찾아 어기적거리며 이동하는 위풍당당한 땅거북들의 눈동자를 보면서(사진을 보라) 야생 염소들 때문에 이 땅거북들이 멸종한다고 상상한 다음에, 염소의 도덕적 입장을 변호해보라. 그런데 생각해보면, 그곳의 염소들은 자신들이 원해서 이곳

[그림 8-1] 갈라파고스 제도의 도덕적 딜레마

갈라파고스에 자생하는 땅거북을 구하기 위해 모든 염소가 박멸되기 전, 갈라파고스 제도에서 아기 염소와 저자. 이러한 조치는 도덕적인가? 무엇이 분명한 도덕적 기준일까?

에 온 것도 아니고, 수백만 년 전 땅거북들처럼 폭풍에 떠밀려온 잔해에 실려 우연히 이곳에 오게 된 것도 아니다.

이것은 난감한 도덕적 문제인데, 동물권과 관련한 거의 모든 문제들이 그렇다. 이것은 누가 살고 누가 죽을지 도덕적 우선순위를 정하는 문제이다. 염소 박멸 프로젝트에 대한 논문을 발표한 코넬대학교의 조시 돈런Josh Donlan의 설명을 들어보자. "궁극적으로는 박멸이 비용이 적게 들 것입니다. 또한 윤리적 관점에서도 타당합니다. 결국 더 적은 동물들을 죽이는 게 될 테니까요." 그냥 내버려두면 토종 개체들이 먹이 부족으로 죽고 결국에는 멸종하게 될 것이란 뜻이다.[3] 나도 같은 생각이지만, 애당초 우리가 이 문제의 공모자라는 점이 마음에 걸릴 뿐 아니라, 자연 생태계가 거의 남아 있지 않을 만큼 문명이 깊이 침투한 장소들에서 이러한 프로그램을 실행하는 것이 불가능함을 고려하면 '자연으로 돌아가기' 프로젝트의 한계를 인정하지 않을 수 없다. 지구상의 모든 인간이 갑자기 사라지고 자연이 인간이 만든 구조물들 위로 무서운 기세로 되돌아오는 '인간 없는 세상'[4]이라는 각본을 제외하면, 동물들과 문명이 깔끔하게 화해할 방법은 없다. 도덕에는 선명한 기준이 존재하지 않는다.

그럼에도 나는 동물들의 도덕적 세계의 궤적도 정의를 향해 구부러져 왔다고 주장할 것이다. 생명을 구하고 자연을 보존하기 위해 행해진 이런 동물 대학살이 그것을 증언한다. 100년 전만 해도 사람들은 외래종이 섬의 생태계에 어떤 영향을 미칠지 자각하지 못한 채 갈라파고스 군도에 대수롭지 않게 외래종을 들여왔다. 다윈의 시대에, 항해하는 선박들은 흔히 갈라파고스 군도에 들러 땅거북을 잡은 다음 그것을 산 채로 배에 싣고 태평양을 건너는 동안 먹어치우곤 했다. 노예제 폐지를 포함한 많은 사회적 이슈에서 시대를 앞서간 사람이었던 다윈조차 태평양을 건너 고국으로 돌아가는 항해에서 자신의 땅거북 표본들을 먹어치웠다.[5]

동물들에 대한 연속적 사고

범주적 사고가 아닌 연속적 사고에 기반한 도덕 체계는 우리가 유전적 근연도, 인지 능력, 감정 능력, 도덕 발달, 특히 통증과 고통을 느끼는 능력 같은 객관적 기준을 바탕으로 인간 외 동물들에게까지 도덕의 영향권을 확장할 생물학적·진화적 근거를 제공한다. 통증과 고통을 느끼는 능력은 바로 감응적 존재를 정의하는 특징으로, 내가 **감응적 존재의 생존과 번성**을 과학에 기반을 둔 도덕 체계의 제1원리로 삼은 이유가 여기에 있다. 하지만 어떤 감응적 존재들에게 어떤 권리가 주어져야 할까?

우리는 동물들을 '우리'와 '그들'이라는 범주적 관점에서 생각하는 대신 단순한 존재에서 복잡한 존재로, 지능이 낮은 존재에서 높은 존재로, 인지하고 자각하는 능력이 낮은 존재에서 높은 존재로, 그리고 무엇보다도 덜 감응적인 존재에서 더 감응적인 존재로 이어지는 연속적인 견지에서 생각할 수 있다. 그래서 인간을 완전한 권리를 갖는 감응적 종으로서 1.0에 놓으면, 고릴라와 침팬지는 0.9, 고래와 돌고래, 참돌고래는 0.85, 원숭이와 해양 포유류는 0.8, 코끼리와 개, 돼지는 0.75, 이런 식으로 생물 종들을 연속적인 계통발생적 척도 위에 올려놓을 수 있다. 범주보다는 연속성이 알맞다.[6] 예를 들어 뇌를 생각해보자. 우리는 종들의 평균 뇌 용적을 연속적인 척도에 올려놓고 고릴라(500cc), 침팬지(400cc), 보노보(340cc), 오랑우탄(335cc)의 뇌 용적을 인간의 평균 뇌 용적인 1,200~1,400cc와 비교할 수 있다. 특히 눈에 띄는 것은 돌고래의 뇌로, 뇌 용적이 평균 1,500~1,700cc이며, 대뇌피질—고등한 영역인 학습, 기억, 인지 중추들이 위치한 곳—의 표면적은 무려 $3,700cc^2$나 된다. 이에 비해 우리 뇌는 표면적이 $2,300cc^2$이다. 돌고래 뇌의 피질 두께는 대략 인간의 절반이지만, 피질 물질의 절대량을 비교하면 560cc로 인간의

660cc와 비등비등하다.[7]

돌고래에 관한 이러한 놀라운 사실에 주목한 존 C. 릴리John C. Lilly라는 과학자는 1961년에 '돌고래 기사단'이라는 비밀결사 같은 조직을 결성했다. 유명 과학자들의 인명사전이라 해도 과언이 아닌 회원 명단에는 칼 세이건과 진화생물학자 J. B. S. 홀데인Haldane이 포함되어 있었는데, 둘 다 외계의 지적 생명체와 교신하는 일에 관심이 있었다. ET는 아무데서도 발견되지 않았으므로, 우리와 근본적으로 다른 종과 교신할 방법을 알아낼 대체물로서 지구에서 찾은 대안이 돌고래였다. 하지만 이 연구 프로젝트는 진행되지 못했고, 릴리의 실험 설계가 엄밀하지 못했던 탓에 세이건과 나머지 사람들은 돌고래의 언어와 지능에 대해 확실한 결론을 내리지 못했다. (무엇보다, 릴리는 자신의 돌고래 피험자들에게 LSD를 투여하고는 그 약물이 돌고래의 지각을 깨울 수 있는지 알아보려고 했다.) 하지만 그 뒤로 반세기 동안 이루어진 돌고래에 대한 더 과학적인 연구들은 흥미로운 사실을 알려준다. 저서 《거울 안의 돌고래The Dolphin in the Mirror》에서 심리학자 다이애나 라이스Diana Reiss는 자기 자각 능력을 알아보기 위해 설계된 변형된 거울 검사를 돌고래들이 어떻게 통과하는지 보여준다.[8] 예를 들어, 수조에 놓인 거대한 거울 앞에서 돌고래들이 자신을 비춰보는 유튜브 영상은 그저 재미있는 볼거리에 그치지 않는다. 돌고래들은 거울에 비친 것이 자기 자신임을 아는 것이 분명하고, 거울을 보는 것이 꽤 재미있는 듯 입 안을 들여다보고, 위아래로 지느러미를 치고, 공기방울을 부는 등의 행동을 한다. 또한 이 유튜브 영상은 돌고래와 코끼리가 '붉은 점 자기 인식 거울 검사'와 상응하는 검사를 통과한다는 것을 보여준다. 몸 옆에 잉크 마크가 찍힌 돌고래는 거울을 응시하고(아무것도 찍히지 않은 대조군은 거울을 응시하지 않았다), 관자놀이에 'X' 표시를 한 코끼리는 거울을 보면서 그 표시가 신기한 듯(그리고 신경이 쓰이는 듯) 자신의 코끝으로 그곳을 반복적으로 건드린다.[9] 하지만 돌고래 언어와 관련하여 심리학자 저스틴 그레그Justin Gregg는 저서 《돌고래는 정말 영리할까?Are Dolphins Really Smart?》에서 릴리보다 유보적인 입장을 보인다.

> 돌고래 언어—돌고래어—에 대한 증거는 거의 존재하지 않는다. 돌고래가 자기만의 신호음을 가지고 있는 것은 사실이다. 그것은 이름 같은 기능을 한다. 돌고래들은 그것을 이용해 자기 자신을 표시하고, 때때로 서로의 이름을 부르기도 할 것이다. 이는 독특하고 인상적인 사실이지만, 우리가 알아낸 것은 돌고래의 의사소통이 표식의 측면을 갖고 있다는 것뿐이다. 돌고래가 내는 그 밖의 모든 혀 차는 소리 또는 휘파람 소리는 자신들의 감정 상태나 의도를 전달하는 데 쓰일 것이다. 하지만 인간의 언어에서 발견되는 것과 같은 복잡한, 또는 풍부한 의미를 담고 있는 정보는 아닐 것이다.[10]

그레그는 뇌가 크면 지능이 높다는 논증은 명백한 모순임을 지적한다. "만일 큰 뇌가 지능의 열쇠라면 왜 (말 그대로) 새 대가리를 가진 까마귀와 갈가마귀가 뇌가 큰 돌고래나 영장류와 맞먹는 인지 능력을 보일까? 동물계에는 작은 뇌로 놀랍도록 복잡하고 지적인 행동을 하는 종이 무수히 많다."[11]

인지 능력의 연속성과 관련해 '코코'라는 이름의 고릴라를 검사한 심리학자들은 코코가 자기 지각 능력을 알아보기 위한 검사인 거울 인식 검사를 통과한다고 결론지었다. (이에 비해 인간의 아기들은 열여덟 달에 절반 남짓 거울 인식 검사를 통과했고, 만 2세에는 65퍼센트가 통과했다.[12]) 코코는 이동한 물체의 위치를 기억할 수 있는지 알아보는 검사인 '대상 영속성' 검사(존재하는 물체가 어떤 것에 가려 보이지 않더라도 그것이 사라지지 않고 지속적으로 존재하고 있다는 것을 아는 능력—옮긴이)도 통과했다. 또한 크기가 다른 용기에 액체를 부어도 액체의 양은 변하지 않는다는 사실도 이해할 수 있었다. 이것은 또 하나의 인지적 관문으로 여겨지는 '액체 보존' 검사를 통과했다는 뜻이다.[13] 코끼리들의 경우, 가족 구성원 또는 무리 구성원의 죽음을 애도하는 모습도 관찰되었다. 2014년에 태국의 야생동물 보호구역에 사는 아시아코끼리 26마리를 대상으로 실시한 한 연구에서, 코끼리들이 뱀, 개 짖는 소리, 웅웅거리는 헬리콥터 소리, 또는 적대적인 다른 코끼리들 때문에 스트레스를 받으면(그럴 때는 귀를 밖으로 향하게 하고, 꼬리를 곤두세우고, 낮은 주파수의 울음소리를 낸다), 그들의 배우자가 동정하는 듯한 소리를 내거나 코로 어깨나 입, 또는 생식기를 쓰다듬으며(인간에게는 추천하지 않는 방법) 위로했다.[14]

세인트앤드루스대학교의 인지신경과학자 애나 스메트Anna Smet와 리처드 번Richard Byrne은 배고픈 코끼리들을 데리고 일련의 영리한 실험들을 했다. 그들은 불투명한 용기에 먹을 것을 감추고 그 용기를 텅 빈 용기 옆에 두었다. 그런 다음에 맛있는 음식이 있는 용기를 손가락으로 가리켰다. 놀랍게도 아프리카코끼리들은 가축 외의 종에서는 최초로, 인간의 비언어적 의사소통을 판독하는 능력 같은 매우 진보한 사회적 인지력을 보였다. 연구자들이 2013년 논문에서 지적했듯이, "실험자와 먹이를 감춘 장소 사이의 거리를 달리 해도, 가리키는 제스처를 헷갈리게 해도, 코끼리들은 지시를 정확하게 해석했는데, 이는 코끼리들이 실험자의 의도를 이해했음을 암시한다."[15]

이것이 놀라운 것은, 지금까지의 연구에서는 진화적으로 우리와 더 가까운 침팬지처럼 자유 생활을 하는 (야생) 동물들보다 개처럼 가축화된 동물들이 숨겨진 먹이의 위치를 가리키는 인간의 비언어적 신호(실험자는 단순히 먹이가 있는 곳을 가리키기만 한다)를 더 잘 읽는 것으로 밝혀져 있었기 때문이다. 그 이유에 대해서는, 가축화에 처한 종에서 인간이 보내는 신호를 읽는 능력이 적응 전략으로써 진화했기 때문이라는 것이 지배적인 견해였다. 스메트와 번에 따르면, "대부분의 동물들은 가리키기 행동을 하지 않고, 누가 가리켜도 그것을 이해하지 못한다. 우리와 가장 가까운 대형 유인원조차도 사육사가 손가락으로 뭔가를 가리켜도 대개는 그 뜻을 이해하지 못한다. 반면 개는 수천 년에 걸쳐 인간과 사는 데 적응한 데다 때때로 인간의 지시를 따르도록 육종된 탓에, 인간의 비언어적 지시를 따를 수 있다. 아마도 개는 이러한 기술을 주인과의 반복적인 일대일 교류를 통해 배울 것이다."[16]

하지만 코끼리는 수천 년에 걸친 반복적인 시도에도(그러한 시도는 적어도 4,000년~8,000년 전으로 거슬러 올라간다), 그리고 동물원과 서커스단에 포획되어 보낸 시간이 상당함에도 완전히 가축화된 적이 없다. 따라서 설명은 가축화 외의 다른 곳에서 찾아야 한다. "아프리카코끼리가 다른 누군가의 지식을 이용하는 능력을 갖추게 된 것에 대한 한 가지 유력한 설명은 아프리카코끼리의 복잡한 사회다. 이들의 분열-융합하는 복잡한 사회는 포유류 가운데 가장 규모가 큰데, 정교한 인지 능력은 한 종이 구성하는 사회적 집단의 복잡성과 상관성이 있다고 알려져 있다"고 이 연구 논문의 저자들은 설명한다. "코끼리가 무언가를 가리키는 인간의 불명확한 제스처조차 메시지를 전달하는 것으로 해석할 수 있는 이유는 인간의 가리키기 행동이 코끼리의 의사소통 시스템으로 들어갈 수 있기 때문이라는 해석은 매우 설득력있다. 만일 그렇다면, 다른 코끼리들의 움직임을 지시적[맥락 의존적] 의사소통으로 해석하는 것은 야생에서 무리지어 사회생활을 할 때 필수적인 요소임이 분명하다. 코끼리의 경우, 가리키기 행동의 기능적 등가물은 코로 대상을 가리키는 행동일 것이다."[17]

물론 개는 인간이 보내는 신호에 매우 민감한데, 그럴 만한 이유가 있다. 현대의 모든 개는 1만 8,800년~3만 2,100년 전쯤 한 늑대 개체군에서 진화했다는 것을 우리는 잘 알고 있다. 그들은 수렵-채집인 무리 주변에 살면서 인간과 공진화했고, 그러기 위해 인간과 늑대는 서로의 언어적·비언어적 신호를 읽는 법을 배웠다.[18] 이 사실을 밝힌 논문의 주요 저자인 UCLA의 진화생물학자 로버트 웨인Robert Wayne은 이렇게 추측한다. "처음에는 약간 떨어져 교류했을 것이다. 이들은 크고 공격적인 육식동물이었으니까. 하지만 결국 늑대들이 인간의 생태적 지위로 들어왔다. 늑대들은 사냥감의 위치를 알려주거나 다른 육식동물이 인간의 사냥을 방해하지 못하게 함으로써 인간을 돕기도 했을 것이다."[19] 이들은 가축화되면서 두개골, 턱, 이빨이 점점 작아졌을 뿐 아니라, 숨겨놓은 음식의 위치를 가리키는 인간의 신호를 읽을 수 있는 일군의 사회-인지 도구들을 진화시켰다. 실험 조건에서, 가축화된 개들은 실험 수행자가 쳐다보거나 건드리거나 가리키면 음식이 숨겨져 있는 용기를 정확히 골라낼 수 있다. 반면 늑대, 침팬지, 여타 영장류는 그렇게 하지 못한다.[20]

　개는 인간과 교류할 때 무슨 생각을 할까? 개를 기르는 사람들이 숱한 세월 동안 궁금하게 여겼던 점이다. 나도 평생 개를 길러봐서 아는데, 그 호기심 가득한 눈동자 뒤에서 무슨 일이 일어나고 있는지 추측해보지 않을 도리가 없다. 이 질문에 과학적으로 답하기 위해 인지심리학자 그레고리 번스Gregory Berns와 그의 동료들인 앤드루 브룩스Andrew Brooks, 그리고 마크 스피백Mark Spivak이 나섰다. 그들은 MRI 스캐너 안에 꼼짝 않고 누워 있도록 개들을 훈련시켜, 뇌 영상을 찍는 동안 개 피험자들에게 먹이 보상이 있고 없음을 뜻하는 인간의 수신호들을 제시했다.[21] 그 결과, 먹이 보상을 예상할 때 개의 미상핵이 활성화되었다. 이것이 의미 있는 결과인 이유는 미상핵에는 도파민 작동성 뉴런, 즉 도파민을 생산하는 신경세포가 풍부하기 때문이다. 도파민은 학습, 강화, 쾌락과 관계가 있다. 한 동물(인간 포함)이 어떤 행동(쥐가 막대기를 누르는 행동 또는 인간이 슬롯머신 레버를 잡아당기는 행동)을 자꾸 하도록 보상을 제공하면, 이러한 뉴런들이 도파민을 방출하고, 이는 쾌락의 느낌을 일으킨다. 이러한 느낌은 그 동물에게 "그 행동을 또 하라"는 신호인 셈이다(라스베이거스의 카지노들이 놀라운 성공을 거둔 것은 이 때문이다).

번스의 실험에서, 개의 미상핵은 먹이를 가리키는 수신호에 반응해 활성이 증가했을 뿐 아니라, "친밀한 인간의 냄새에도 활성화되었다. 그리고 사전 검사에서, 잠시 보이지 않던 개 주인이 돌아왔을 때도 미상핵이 활성화되었다. 이러한 실험 결과들은 개가 우리를 좋아한다는 증거일까? 꼭 그렇지는 않다. 하지만 인간의 미상핵을 활성화시키는 긍정적인 감정들과 결부된 자극들 다수가 개의 미상핵도 활성화시킨다. 신경과학자들은 이것을 기능적 상동이라고 부르는데, 이는 개가 감정을 느낀다는 증거일 것이다."[22]

번스는 자신의 연구를 다룬 저서 《개는 어떻게 우리를 사랑하는가How Dogs Love Us》에서 "개는 무슨 생각을 할까?"라고 묻고 나서 이렇게 답한다. "그들은 우리가 생각하는 것을 생각한다." 이것을 '마음 읽기mind reading' 또는 '마음 이론theory of mind'이라고 부르는데, 인간과 소수의 영장류에게만 있다고 여겨지는 능력이다. 하지만 번스가 증명하듯이 "개는 종 간의 사회적 인지에서 유인원보다 훨씬 뛰어나다. 개들은 인간, 고양이, 가축류 등 거의 모든 동물과 쉽게 유대를 맺는다. 원숭이와 침팬지, 그리고 유인원은 새끼 때부터 열심히 훈련시키지 않으면 그렇게 하지 못한다. 그리고 훈련을 시켰다 해도, 나라면 절대 유인원을 신뢰하지 않을 것이다."[23] 번스는 이러한 유형의 감응력sentience이 동물들을 윤리적으로 대하는 것과 관련하여 의미하는 바를 분명하게 설명한다.

사랑이나 애착 같은 긍정적인 감정들을 경험할 수 있다는 것은 개가 인간의 어린아이와 비슷한 수준의 감응력을 지니고 있음을 뜻한다. 그리고 이러한 능력을 지닌다는 것은 우리가 개를 대하는 방식을 재고해야 한다는 뜻이다. 개들은 오랫동안 소유물로 여겨져왔다. 1966년의 동물복지법과 주정부 법들은 동물 처우의 기준을 높였지만 동물이 물건이라는 견해는 바꾸지 않았다. 즉 고통을 최소화하는 적절한 조치만 취한다면 없앨 수 있는 대상이라는 것이다. 하지만 이제 MRI가 행동과학의 한계를 치워버린 이상, 우리는 증거로부터 더는 도망칠 수 없다. 개들, 그리고 어쩌면 많은 다른 동물들(특히 우리와 가장 가까운 영장류 친척들)이 우리와 똑같은 감정들을 느끼는 듯하다. 이는 우리가 동물들을 소유물로 대하는 태도를 재고해야 한다는 뜻이다.[24]

번스는 개를 소유물로 취급하는 대신 법이 정의하는 좁은 의미의 '인격'으로 간주할 것을 제안한다. "만일 우리가 한 걸음 더 내딛어 개들에게 인격으로서의 권리를 부여한다면 그들은 착취로부터 더 보호받을 수 있을 것이다. 강아지 공장과 실험용 개들, 그리고 개 경주는 한 인격체의 기본권인 자기 결정권에 위배되므로 금지될 것이다."[25]

자기 결정권과 인격은 수백 년 동안의 권리 혁명들에서 생겨난, '우리'와 '그들' 사이의 장벽을 허무는 두 가지 윤리적 기준이다. 이 둘을 과학 연구에 동물을 이용하는 일에도 적용해야 할 것이다. 그동안 나는 연구에 동물을 이용하는 일은─내가 고귀하다고 여기는 일인 과학이라는 명목으로 행해지기 때문에─강아지 공장, 개를 경주시키는 트랙, 동물원 따위와는 다른 도덕적 기준을 따른다고 생각해왔지만, 다큐멘터리 영화 〈프로젝트 님Project Nim〉을 보고 나서 과학이 동물을 대하는 도덕적 측면조차 다시 생각하게 되었다.[26] 님프로젝트를 주도하고 감독한 사람은 컬럼비아대학교의 심리학자 허버트 테라스Herbert Terrace였다. 그는 인간에게만 유전되는 기본적인 보편 문법이 있다는, (당시) 논란을 불러일으켰던 MIT 언어학자 노엄 촘스키의 이론이 맞는지 확인해보고 싶었다. 그것을 알아보기 위해 그는 우리와 가장 가까운 영장류 사촌에게 미국식 수화(ASL)을 가르쳐보기로 했다. 하지만 결국 테라스는 입장을 급선회해, 님 침스키(노엄 촘스키에게 동의한다는 뜻으로 붙인 무례한 작명)가 인간 친구들과 훈련사들로부터 배운 수화는 동물들의 요구 행동에 불과한 것이라고 결론지었다. 스키너의 쥐가 막대를 누르는 것보다는 정교하지만, 원칙적으로 개와 고양이가 먹이를 달라거나 밖으로 내보내달라고 요구하는 행동과 별로 다르지 않다는 것이다.[27]

님은 태어난 지 겨우 몇 주 만에 어미 품에서 떨어져야 했다. 님의 어미에게는 님이 이런 식으로 빼앗긴 일곱 번째 새끼였기 때문에, 어미가 모성 본능으로 새끼를 꼭 껴안다가 질식시킬까 봐 어미에게 마취제를 놓아 어미가 바닥에 쓰러져 있는 동안 재빨리 님을 빼냈다. 님은 뉴욕 어퍼웨스트사이드의 한 저택에서, 스테파니가 가장인 약간 역기능적인 라파르지LaFarge 집안 아이들과 함께 유년기를 보내기 시작했다. 스테파니는 님에게 모유를 수유했고, 성장하면서 님이 프로이트의 오이디푸스 콤플렉스의 한 장면처럼 양어머니와 그녀의 남편 사이를 비집고 들어와 알몸을 만지는데도 그냥 내버려 두었다.[28] 님이 새로운 가족의 일원이 되어 장난치기 좋아하는 인간 형제들에게 둘러싸여 놀이와 포옹으로 하루하루를 보내자, 테라스는 이대로 두었다가는 과학자들에게 제대로 된 연구로 인정받을 수 없겠다는 생각이 들었다. 자유 연애를 추구하는 이 가정에서는 과학 비슷한 것도 진행되고 있지 않았기 때문이다. (한 훈련사의 말에 따르면, 실험 지침도, 일지도, 데이터 기록장도, 진행 과정에 대한 기록도 없었으며, 심지어는 가족 중에 수화를 할 줄 아는 사람이 한 명도 없었다!) 그래서 어린 님은 인생에서 두 번째로 어머니 품에서 강제로 떨어져 더 통제된 환경으로 옮겨졌다. 그곳은 컬럼비아대학교 소유의 한 별장이었다. 그 대학의 한 연구실을 매일 오가는 일군의 훈련사들이 님이 수화를 익히는 과정을 꼼꼼하게 관찰했고, 테라스는 연구실에 앉아서 실험 쥐들을 위한 스키너 상자와 다르지 않은 방식으로 모든 매개변수들을 통제할 수 있었다.

때가 되자 님은 사춘기가 되었고, 테스토스테론을 주체하지 못하는 대부분의 수컷 영장류들이 그렇듯이 고집이 점점 세지다 공격적으로 변했고, 그런 다음에는 사회적 위계 서열을 정하기 위해 동료들을 시험하는 진화한 성향을 드러냈다. 이것이 위험한 것은 성체 침팬지들이 인간보다 적어도 두 배는 강하기 때문이다. 즉 님은 위협적인 존재가 되었다. 한 훈련사는 37바늘을 꿰매야 했던 팔뚝의 상처를 가리키면서 "나를 죽일 수도 있는 동물을 키울 수는 없다"고 말했다. 이러한 몇 차례의 사고로 훈련사와 조련사들이 병원에 가는 일이 생기고 그중 한 여성이 볼의 일부가 찢기는 사고를 당하자, 테라스는 실험을 중단하고 님을 그가 태어난 오클라호마의 연구실로 돌려보냈다. 마취총을 맞고 뉴욕의 한 별장에서 사랑하는 인간 보육자들에게 둘러싸여 잠든 님이 눈을 뜬 곳은 오클라호마의 쇠창살이 처진 우리 안이었다.

다른 침팬지들을 한 번도 본 적이 없었으므로, 자신을 향해 사회적 서열을 알리는 수컷 침팬지들의 신호음을 접했을 때 님이 불안과 공포에 사로잡힌 것은 당연한 일이었다. 님은 심한 우울증에 걸려 살이 빠지고 먹지도 않았다. 1년 뒤 테라스가 님을 방문했을 때 님은 그를 열렬히 반기며 자신의 의사를 표현했다. 테라스에 따르면, 그것은 자신을 이 지옥에서 꺼내달라는 뜻이었다. 하지만 테라스는 다음날 그냥 떠났고, 님은 다시 우울증에 빠졌다. 얼마 뒤 님은 뉴욕대학교 산하 약학동물실험 연구소에 팔렸다. 그곳은 우리와 가장 가까운 영장류 친척들에게 B형 간염 백신을 맞히는 곳이었다. 몸을 돌리기도 어려울 정도로 좁은 쇠창살이 쳐진 우리에서 마취총을 맞은 침팬지를 꺼냈다 다시 집어넣는 장면은 보는 사람을 울컥하게 만든다.

역지사지 원리를 실행에 옮겨, 님이 이러한 취급을 받았을 때 수화로 뭐라고 말했을지 상상해보라.[29] 애석하지만 님에게 쇼생크 탈출은 일어나지 않았다. 하지만 이러한 영상물 덕분에―이러한 영화의 목적은 우리를 실험동물의 입장에 서보게 하는 것이다―우리는 적어도 님의 은유적 무덤에 꽃을 놓을 수는 있다. 님의 명복을 빈다.

종차별주의: 논증

동물의 인지 능력과 감정에 대한 100년에 걸친 연구는 우리가 모든 감응적 존재를 대할 때 도덕적 고려가 반드시 필요하다는 증거를 보여준다.[30] 제러미 벤담Jeremy Bentham―1789년에 나온 획기적인 저서《도덕과 입법 원리 입문Introduction to the Principles of Morals and Legislation》에서 도덕의 주체를 인간 외 동물들에게까지 확대했다는 점에서 학자들로부터 동물복지의 수호 성인이라는 평가를 받는다―은 동물과 인간이 어디에서 갈리는가라는 질문을 던졌다.

이성일까? 아니면 의사소통일까? 그러나 완전히 성장한 말이나 개는 태어난 지 하루 혹은 한 달 된 아기와는 비교도 할 수 없을 만큼 이성적일 뿐 아니라 의사소통에 능하다. 하지만 그렇지 않을 경우 그 사실이 뭐가 중요할까? 중요한 것은 그들에게 **이성**이 있는가도 아니고, 그들이 **말할**

수 있는가도 아니다. 그들이 **고통**을 느낄 수 있는가이다.[31]

다 큰 말이나 개가 인간 아기보다 인지 능력이 뛰어나다는 벤담의 발언은 오늘날 동물권 옹호론의 핵심 논증이 되었다. 예컨대 마크 드브리스Mark Devries의 2013년 영화 〈종차별주의: 영화Speciesism: The Movie〉에도 그 논증이 등장했다. 내가 참석한 로스앤젤레스 개봉 행사에서, 극장을 가득 메운 동물권 옹호론자들은 프린스턴대학교의 윤리학자 피터 싱어를 비롯한 그 영화의 화신들에게 열광적인 환호를 보냈는데, 과거에 싱어는 생체해부 폐지론과 관련하여 그 논증을 분명하게 언급했다.

> 고아인 아기를 실험 대상으로 이용할 과학자가 있을까? 만일 그것이 수많은 목숨을 구하는 유일한 방법이라면? …… 그 과학자가 고아인 아기는 실험에 이용하지 않으려고 하면서 인간 외 동물들은 이용한다면 그것은 차별이다. 유인원, 고양이, 쥐, 그 밖의 포유류 성체들은 자신에게 일어나는 일을 인간 아기보다 더 잘 알아차리고, 더 자발적이다. 그리고 우리가 아는 한 적어도 아기만큼은 고통에 민감하다. 인간의 아기가 가지고 있는 형질들 가운데 포유류 성체가 더 못한 것은 하나도 없는 듯하다.[32]

이 논증을 비판하는 사람들은 우리의 뛰어난 지능, 자기 인식, 도덕 감각은 우리를 그밖의 모든 동물과 완전히 다른 존재로 만들기 때문에 우리가 동물들을 이용하는 것은 정당하다고 반박한다. 하지만 싱어는 저들이 내세우는 기준들에 따르면 인간도 영유아기, 심각한 지적 장애, 심한 육체적 장애, 또는 코마 상태에 있을 경우 이용할 수 있음을 뜻한다고 지적한다. 우리가 그러한 사람들을 먹거나 그들의 가죽을 입는다는 생각을 하지 않으므로, 우리는 지능, 자기 인식, 도덕 감정 같은 범주들에서 그러한 상태에 처한 사람들과 능력이 같거나 뛰어난 동물들에게도 똑같이 해야 한다. "인간이 윤리적으로 뚜렷이 구별되는 존재라는 주장을 정당화하기 위해 거론되는 특징들은 모두 인간 외의 일부 동물들에서도 찾을 수 있거나, 일부 사람들에게서는 찾을 수 없는 것이다"라고 드브리스는 한 인터뷰에서 내게 말했다. "그러므로 인간 외 동물들의 이익이 인간의 이익보다 덜 중요하다는 추정은 **종차별주의**speciesism라고 불리는 편견에 지나지 않는다. 종차별주의는 인종차별주의 같은 인간 집단들에 대한 편견과 비슷한 것이다."[33]

이 논증에 대한 흔한 반론은 미시건대학교의 철학자 칼 코언Carl Cohen에게서 들을 수 있다. 그러한 반론에 따르면, 설령 일부 사람들에게 특정한 형질이 결여되어 있다 해도(예컨대 아기나 코마 상태의 성인에게는 언어 능력이 결여되어 있다) 여전히 그들은 언어 능력을 지닌 종의 '구성원'인데 언어 능력은 우리 종에게 주어진 것이다. 따라서 개체마다 세부적 특징이 다르다 해도 한 종의 일반적인 형질들이 그들을 다른 종과 분리시키므로 종차별주의는 정당하다.[34] 드브리스는 이 논증에는 커다란 오류가 있다고 지적한다. 종을 구분하는 형질이 무엇이든(언어, 도구 사용, 지능) 중요한 것은 그러한 형질이 도덕과 관련이 있는가이기 때문이다.

인간과 인간 외 동물들 사이의 윤리적 구별을 정당화하는 것이 인류라는 종의 구성원들만이 녹색 티셔츠를 제작할 수 있다는 사실이라고 주장한다고 상상해보자. 이것이 터무니없는 논리로 들리는 이유는 녹색 티셔츠를 제작하는 능력은 그 종이 윤리적인 것과 아무런 관련이 없기 때문이다. 이번에는 그 근거가 언어라고 해보자. 역시 같은 문제에 부딪힌다. 언어를 사용하는 능력이 그 종이 윤리적인 것과 아무 관련이 없다면,

우리가 종 사이의 구별을 시도하고 있을 때 언어를 이유로 드는 것이 과연 적절할까? '소속' 논증은 그 종의 구성원인 것과 윤리적인 것이 어떤 관련이 있다고 가정함으로써 논점을 교묘히 회피하는 것일 뿐이다.[35]

버지니아 모렐Virginia Morel이 자신의 성찰을 담은 저서《동물을 깨닫는다Animal Wise》에서 말하듯이, "무엇이 우리를 다르게 만드는가?"라는 질문은 틀린 질문이다. "우리는 우리가 자극에 반응하는 기계들의 세계가 아니라 감응적 존재들의 세계에 살고 있다는 사실을 알고 있으므로 우리가 던져야 할 질문은 느끼고 생각하는 인간 외 생물들을 우리가 어떻게 대해야 하는가이다."[36]

육식에 대해서는 어떻게 생각해야 할까? 우리가 아니었다면 태어나지도 않았을 동물들을 존재하게 한다는 점에서, 그들이 사는 동안 살 만한 생을 제공하고 인도적으로 생을 마감하게 한다면 육식을 도덕적으로 허용할 수 있지 않을까? 템플 그랜딘Temple Grandin이 저서와 강연에서 편 논지가 이것이고, 그녀는 동물들의 삶을 더 인도적으로 만들고자 공장식 축산 제도를 개혁하는 일에 많은 노력을 기울였다(그 점에서는 마땅히 공적을 인정받아야 한다).[37] 그렇지만 마크 드브리스가 지적하듯이 "한 동물에게 고통스러운 삶을 주는 경우 그 동물은 그런 경험으로 피해를 당하지만, 존재하지 않는 동물은 존재한 적이 없으니 혜택의 부족을 경험하지도 않으므로 '신경쓰지' 않는다." 또한 "동물들을 경제적 재화로 이용하는 것 —물건처럼 사고팔고, 순전히 미각적 기호를 위해 탄생시키고 죽이는 것 —은 같은 행동을 인간에게 하는 경우와 똑같이, 그들의 이익을 진지하게 고려하는 것과 명백히 모순되는 일이다."[38] 나는 노예제도를 다루면서, 어떻게 백인들이 비슷한 종류의 추론으로 노예제도를 정당화시켰는지 지적했다. 그들은 목화 농장의 흑인들이 아프리카에 사는 흑인들보다 더 나은 인생을 산다거나(또는 미국 북부의 공장에서 고된 노동을 하는 흑인들과 가난한 백인들보다 낫다), 미국에서 노예로 태어난 흑인들은 노예제도가 없었다면 애초에 태어나지도 못했을 것이라는 주장을 했다. 그럴지도 모르지만, 결국은 자유가 노예 상태보다 낫고, 억압보다는 해방이 낫다.

《잡식동물의 딜레마The Omnivore's Dilemma》와 《행복한 밥상In Defense of Food》[39] 같은 베스트셀러들을 쓴 마이클 폴란Michael Pollan은 이렇게 지적한다. "침팬지와 지적장애아 사이에서 선택하는 것, 또는 심장우회술을 발전시키기 위해 수술대에 오르는 그 모든 돼지들의 희생을 허용하는 것은 쉬울 수 있다. 하지만 인간의 미식 취향과 인간 외 동물들의 고통스러운 삶 사이에서 선택을 할 때는 무슨 일이 일어날까? 동물들의 고통을 외면하거나, 육식을 멈춘다. 둘 다 원치 않는다면?" 우리들 대부분이 그렇듯이 폴란도 둘 다 원치 않고, 그래서 우리 모두가 애용하는 인지 도구를 쓴다. 즉 동물들이 고통을 느낀다는 사실을 부정하는 것이다. 하지만 폴란 같은 잡식동물조차도 기독교 보수주의자인 매슈 스컬리Matthew Scully의 《도미니언: 인간의 권력, 동물의 고통, 자비를 구함Dominion: The Power of Man, the Suffering of Animals, and the Call to Mercy》을 인용하면서 자신의 생각에 대한 반론들을 정리해볼 수 있다. 스컬리는 "그들에게 친절하게 대하라"고 신이 우리에게 명했다고 믿는다. 그것은 "그들이 평등에 대한 권리나 힘, 또는 소유권을 가지고 있어서가 아니라 …… 그들이 우리 앞에서 불평등하고 무력하기 때문이다."[40] 개만큼이나 영리한 돼지들이 받는 처우에 대한 폴란의 묘사(스컬리의 책에서 인용함)는 베이컨, 햄, 돼지를 먹는 열성적인 잡식주의자들조차도 몸서리치게 만든다.

공장식 축산 시설에서, 새끼 돼지들은 태어난 지 열흘 만에 어미젖을 뗀다. (자연 상태에서는 13주 뒤에 젖을 뗀다.) 호르몬과 항생제를 첨가한 먹이를 먹여 빨리 살을 찌우기 위해서다. 너무 일찍 젖을 뗀 돼지들은 평생 빨고 씹으려는 욕구를 가진다. 우리에 갇힌 돼지들은 앞에 있는 동물의 꼬리를 물어뜯는 것으로 이러한 욕구를 충족시킨다. 정상적인 돼지라면 자신을 괴롭히는 다른 돼지를 물리치지만, 사기가 꺾인 돼지는 그냥 내버려둔다. 이것을 심리학 용어로 '학습된 무력감'이라고 부르는데, 축산 시설에서는 드물지 않다. 배설물 구덩이 위에 매달린 금속판 위에 빽빽하게 들어찬 수만 마리 돼지들은 철제 지붕 아래서 햇빛, 흙, 짚을 알지 못한 채 평생을 보낸다. 따라서 돼지처럼 민감하고 지적인 동물이 우울증에 걸리는 것은 놀라운 일이 아니며, 우울증에 걸린 돼지는 감염이 일어날 정도로 꼬리를 물어뜯겨도 가만히 있는다. 실적이 부진한 '생산 단위'로 간주되는 병든 돼지는 그 자리에서 맞아죽는다. 미국 농무부는 이 문제에 대한 해결책으로 '꼬리 자르기'를 권했다. 펜치로 (마취도 없이) 꼬리의 전부가 아니라 대부분을 자르는 것이다. 왜 뭉툭한 꼬리를 남겨 두냐고? 꼬리 자르기의 목적이 물어뜯을 꼬리를 제거하는 것이 아니라 물어뜯기는 것에 더 민감하게 만드는 것이기 때문이다. 그렇게 하면, 꼬리를 물어뜯기는 것이 너무 아파서 가장 무력한 돼지조차도 피하려고 할 것이다.[41]

스컬리는 조지 W. 부시 대통령 재임 시절에 특별 보좌관이자 상임 연설문 작성자로 일한 보수적 전력을 가지고 있는 사람이지만, 세속적 자유주의 축에 드는 사람만큼이나 설득력 있는 동물권 옹호론을 펼치는데, 그것도 초자연적인 특별 변론이나 성서의 명령에 의존하지 않고, 자연권 논증을 이용한다.

인간이 서로에 대해 지켜야 할 법과 도덕률을 정할 때 자연법을 참고한다면, 동물들에 대한 법과 도덕률을 정할 때도 그렇게 해야 한다. 그리고 자연법의 기본적이고 혁명적인 통찰은 '우리'에 대한 법과 '그들'에 대한 법이 같다는 것이다. 우리가 어떤 도덕적 요구를 하는 것은 우리의 입장이 그렇기 때문이다. 동물들이 우리와 관련하여 어떤 도덕적 요구를 한다면 마찬가지로 그들의 입장이 그렇기 때문이다. 우리 자신을 위해 그들의 도덕적 요구를 결정해서는 안 된다. 어떤 생물의 도덕적 가치는 그 생물에게 나온다. 우리가 인정하든 아니든, 우리 자신의 가치와는 다른 가치지만 그 역시 엄연히 실재하는 것이다. 우리 개개인의 도덕 가치가 타인들의 의견에 따라 정해지지 않듯이, 그들의 도덕 가치도 그들에 대한 우리의 평가에 따라 정해지지 않는다.[42]

동물이 우리 배 속에 들어오는 것에는 아무런 문제가 없다는 논리를 뒷받침하는 또 하나의 논증은 자연 상태에서 동물들은 어차피 서로의 배 속으로 들어가기 때문이라는 것이다. 동물들은 서로를 잡아먹는다. 우리도 먹어야 사는 동물이므로 우리가 동물들을 먹는 것은 당연한 일 아니겠는가? 나쁘지 않은 논증이다. 하지만 동물권 옹호론자들은 과거에 노예제도, 대학살, 강간도 원래부터 그랬던 자연스러운 일로 여겨졌지만 결국에는 그러한 부도덕한 관습들을 법으로 금지했다고 논박한다. 우리 모두는―자기 방어, 질투, 명예심 같은―진화한 폭력 본성을 어느 정도 가지고 있다. 하지만 그것이 진화한 본성이라고 해서 우리가 충동을 통제할 필요가 없는 것은 아니다. 도덕이란 본성을 따른다면 하지 않았을 일을 스스로의 선택으로 하는 것이다. 우리는 타인의 생존과 번성을 고려하지 않은 채 자기 자신의 생존과 번성을 추구할 수 있지만, 다른 감응적 존재들의 관점을 고려할 때 그것은 도덕적 행위가 된다.

동물의 '노동이 너희를 자유케 하리라'

이쯤에서 고백하자면, 나는 다른 종의 구성원들을 먹고 그들의 가죽을 입는다는 점에서 종차별주의자다. 나는 살코기―소고기 채끝살, 참치나 연어 스테이크, 버팔로 버거―보다 맛있는 음식은 별로 없다고 생각한 다. 그리고 나는 말의 고환을 사이에 놓고 벽돌 두 개를 맞부딪치게 해서 말을 거세시키는 농부에 관한 우스갯소리에 큰 소리로 웃었다. 무지 아 프겠다는 말에 그 농부는 "두 벽돌이 마주치는 순간 양손의 엄지손가락 을 얼른 빼면 된다"고 답했다.[43] 또한 나는 과학 실험실을 때려 부수고 실 험동물들을 풀어주는 극단적인 동물 해방론자들도 걱정스럽다. 나는 그 들에게 (베리 골드워터Barry Goldwater의 말을 뒤집어서) **자유를 추구할 때는 절제 해서 나쁠 게 없고, 정의를 방어할 때는 지나쳐서 좋을 게 없다**라고 말해주고 싶다.[44]

나는 맥락과 동기도 중요하다고 생각한다. 알래스카주의 한 도시인 갬벨에는 작은 이누이트 마을이 있는데, 지구 온난화로 얼음이 깨지면 서 생계 수단인 바다코끼리잡이에 심각한 타격을 입었다. 올해는 690명 의 주민들이 '겨우' 108마리의 바다코끼리를 잡았다. 이는 한 해 평균 648마리의 바다코끼리를 잡았던 것에 비하면 6분의 1 수준이다. 바다코 끼리 고기에 가족의 생계가 달린, 갬벨의 주민이자 다섯 아이의 어머니 인 38세의 제니퍼 캠벨은 보통 평균 20마리씩 잡던 것을 올해는 두 마 리밖에 못 잡았다고 걱정했다. "계속 이런 식이면 우리는 굶어죽을 거예 요."[45] 털옷을 걸치고 로스앤젤레스의 고급 레스토랑에 가서 고기를 뺀 버거를 주문할 수 있는데도 육즙이 풍부한 스테이크를 먹는 베벌리힐스 의 여가수와, 생존을 위해 바다코끼리를 잡고 먹고 이용하는 알래스카 갬벨의 이누이트 주민 사이에는 어마어마한 도덕적 차이가 있는 것처럼 보인다. 여기서 우리는 도덕적으로 난처한 문제를 만난다. 종차별주의가 존재하고 우리가 그 장벽을 깨야 한다는 것을 인정하면, 동물을 죽이는 것은 맥락과 동기에 관계없이 모두 같을까? 하지만 두 사연은 맥락과 동기에서 차이가 있으며, 그 차이는 도덕적으로 중요하다.

동물권 운동에서 널리 통용되는 (그리고 〈지구생명체Earthlings〉와 드브리스의 〈종차별주의: 영화〉 같은 많은 다큐멘터리에 등장하는) 동물들이 '홀로코스트'를 겪고 있다는 충격적인 유비도 나를 괴롭히는 문제다. 공장식 축산 시설의 건물들과 아우슈비츠-비르케나우에 있는 나치 수용소의 감옥 막사들의 건축 설계가 비슷하다는 사실은 그러한 유비를 통감하게 한다. 둘 다 줄줄이 늘어선 긴 직사각형 건물들이 가시 철망에 휘감긴 울타리에 둘러싸여 있다. 비교는 겉모습에 그치지 않는다. 공장식 축산 시설에서 새로운 세대의 감응적 존재들이 오직 절멸당하기 위해 태어나고 있다는 사실은 특정한 인류 집단을 절멸시키려고 시도한 홀로코스트와 다를 바 없다. 어떤 동물권 운동가들은 이 상황을 결코 끝나지 않는 홀로코스트라고 부른다. 찰스 패터슨Charles Patterson의 《영원한 트레블링카Eternal Treblinka》(번역서 제목은 '동물 홀로코스트')[46]에 바로 이러한 생각이 담겨 있는데, 그에게 영향을 준 사람은 이디시어로 글을 쓴 작가이며 노벨상 수상자인 아이작 바셰비스 싱어Isaac Bashevis Singer다. 채식주의자인 싱어는 (자신의 소설 속 인물들 가운데 한 명을 통해) 이렇게 말했다.

헤르만은 자신과 삶의 일부를 공유했으며 자신 때문에 이 세상을 떠난 쥐를 머릿속으로 찬미했다. "그들─이 모든 학자들, 이 모든 철학자들, 세계의 모든 지도자들─이 너 같은 존재에 대해 무엇을 아는가? 그들은 모든 종 가운데 최악의 죄인인 인간이 창조의 정점이라고 굳게 믿어왔다. 다른 모든 생물은 그저 인간에게 음식과 가죽을 제공하기 위해, 고통당하고 몰살당하기 위해 창조되었을 뿐이다. 그들에 관한 한 모든 사람은 나치다. 동물들의 입장에서 그것은 영원한 트레블링카다."[47]

이 유비의 한계는 가해자들의 동기를 고려하지 않았다는 데 있다. 나는 홀로코스트에 관한 책 《역사 부정하기Denying History》[48])을 쓴 사람으로서, 세계 인구를 먹이기 위해 일하고 그렇게 함으로써 돈을 버는 농부들과, 대학살 자체가 동기였던 나치 사이에는 엄청난 도덕적 격차가 있다고 생각한다. 원하고 필요한 사람들에게 식량을 제공함으로써 생계를 유지하는 축산 농가의 농부들이 직업상 동물들을 죽이는 것과, 나치 친위대원들이 '인종 청소'와 '순혈주의적 인종 말살'만을 위해 유대인, 집시, 동성애자를 살해하는 것은 동기에서 하늘과 땅 차이다. 심지어는 분기별 이익만을 생각할 뿐 동물의 복지 따위는 안중에도 없는, 동물을 단지 상품으로 취급하는 공장식 축산 기업 운영자들조차도, 산업적 규모의 대량 살인을 총지휘했던 아돌프 아이히만Adolf Eichmann과 하인리히 히믈러Heinrich Himmler, 그리고 그 부하들보다는 도덕적으로 우위에 있다. 공장식 축산 농장 앞에는 "Arbeit Macht Frei(노동이 너희를 자유케 하리라)"라고 적힌 표지판이 없다.

하지만 지난날 내가 해야 했던 가장 끔찍한 일 가운데 하나를 떠올려 보면 공장식 축산 농가를 강제수용소와 동일시하는 사람들의 말을 완전히 반박할 수가 없다. 1978년에 나는 대학원생으로서 풀러턴의 캘리포니아주립대학교 실험심리학 동물실험실에서 일하는 동안 실험이 끝난 뒤에도 살아 있는 실험용 쥐들을 처분하는 일을 맡았다. 안 그래도 내키지 않는 일이, 실험 쥐들에게 당시 로스앤젤레스 다저스의 선수들—론 세이, 데이비 로페스, 빌 러셀, 스티브 가비, 돈 서튼 등—의 이름을 붙인 바람에 더 괴로워졌다. 연구자는 자신이 키우는 실험동물들을 알아보고 그들도 연구자를 알아본다. 하지만 실험은 언젠가 끝나고, 피험자들을 처분해야 하는 시점이 온다. 쥐의 경우는 그 방법이 …… 차마 꺼내기 어려운 말이지만 …… 커다란 쓰레기 봉지에 클로로포름과 함께 넣고 질식시키는 것이었다. 나는 근처에 있는 한 언덕으로 데려가 놓아주고 싶어서 그렇게 해도 되는지 물었다. 잡아먹히거나 굶어죽는 것이 이런 식으로 죽는 것보다는 낫다고 생각했기 때문이다. 하지만 내 제안은 받아들여지지 않았다. 그것은 불법이었기 때문이다. 그래서 나는 그들을 가스로 몰살시켰다. 이 행위를 묘사하기 위해 사용한 단어들—가스로 한 집단의 감응적 존재들을 몰살시키는 것—은 내가 홀로코스트에 관한 책을 쓰면서 나치가 포로들에게 한 짓을 묘사할 때 사용한 단어들과 불편할 정도로 비슷하다. 실험동물의 이름을 짓는 일이 과학에서 금기시된다는 것은 전혀 놀라운 일이 아니다. 나는 처음에는 그것이 객관성을 위한 권고인 줄 알았지만, 지금은 도덕적으로 죄책감을 느끼지 않기 위해 감정적 거리를 두는 것이라고 생각한다.

오늘날은 실험동물들에 대한 처우가 그렇게까지 혐오스럽지는 않다. 내 지도교수였던 더글러스 나바릭Douglas Navarick에 따르면—나는 그의 캘리포니아주립대학교 연구실에서 2년 동안 일했으며, 당시의 실험 쥐 처분 과정에 대한 내 기억이 맞는지 확인하고자 최근에 그에게 문의했다—요즘에는 '이산화탄소 흡입기'를 이용해 쥐를 죽인다. 그는 "캠퍼스 내에 동물실험윤리위원회Institutional Animal Care and Use Committee가 있어서 척추동물과 관련한 모든 연구 및 교육 활동을 검토하고 승인하며, 종마다 어떤 종류의 안락사 방법을 사용해야 하는지에 관한 규정도 있다"[49]고 덧붙였다(나도 윤리위원회의 회원이다). 내가 했던 일(그리고 당시 모든 동물실험실에서 관행적으로 했던 일)에 비하면 확실히 나아졌고, 동물윤리위원회들이 동물을 관리하는 사람들이 받는 영향에도 신경을 쓰기 시작했다는 것도 고무적이다.《실험동물의 관리와 사용에 대한 지침Guide for the Care and Use of Laboratory Animals》에 나와 있듯이 "동물을 안락사시키는 것은 동물을 관리하는 사람, 수의사, 연구원 들에게 심리적으로 힘든 일이다. 반복적으로 안락사를 수행하거나, 안락사당하는 동물들과 정서적 애착 관계에 있는 경우는 특히 그렇다. 안락사를 맡길 때 감독관들은 이 문제에 신경 써야 한다."[50]

이것은 확실히 도덕적 진보이지만 그래도 내 마음은 편하지 않다. 내가 했던 일 때문에도 그렇지만, 지침서의 관점을 봐도 그렇다. 여전히 피해자보다는 가해자의 복지에 더 신경 쓰는 것처럼 들리기 때문이다. 하지만 장기적 추세는, 피해자의 입장으로 도덕적 관점이 옮겨가는 쪽으로 갈 것이다.

역지사지

역지사지는 감정이입 능력의 근간이 되는 심리다. 상대방에 대한 행동이 옳은지 그른지 판단하기 위해서는 먼저 그 감응적 존재의 입장에 서봐야 한다. 동물권과 관련하여 영화 〈나의 사촌 비니My Cousin Vinny〉의 한 장면이 떠오른다. 그 장면에서 조 페시가 맡은 등장인물인 변호사 비니 감비니는 사슴 사냥을 떠날 채비를 한다. 사건 담당 검사와 함께 사냥하면서 친구가 되면, 재판에서 검사의 전략이 무엇인지 알아낼 수 있을 거라는 계산이었다. 그는 옷을 갈아입으며 약혼녀—마리사 토메이가 맡은 인물인 모나 리사 비토—에게 자신이 입은 바지가 사슴 사냥하러 가기에 괜찮은지 묻는다. 그녀는 입장 바꿔 생각해보는 사고실험으로 비니의 질문에 답한다.

당신이 사슴이라고 생각해봐. 뛰어다니다 목이 말라서 작은 시냇물을 발견해. 그리고 시원하고 맑은 물에 작은 입술을 갖다댔지. 그때 빵! 우라질 총알이 당신 머리를 날려버리는 거야. 뇌가 바닥에 피투성이 조각으로 흩어져. 이 상황에 당신이라면 당신을 쏜 개자식이 무슨 바지를 입고 있는지 신경 쓰겠어?[51]

　도살장과 공장식 축산 농가의 동물들이 살아가는 (더 정확하게는 고통받고 죽는) 끔찍한 조건들을 몰래카메라로 찍는 동물권 다큐멘터리 감독들이 의도하는 것이 바로 역지사지다. freefromharm.org에 올라온 〈역사상 가장 슬픈 도살장 장면saddest slaughterhouse footage ever〉이라는 적확한 제목의 짤막한 동영상을 보면(구글에서 이 단어들로 검색하면 누구나 볼 수 있다), 황소 한 마리가 경사로에 줄을 서서 죽기를 기다리고 있다. 앞의 동료들이 죽는 소리를 듣자 그 소는 경사로의 뒷벽을 향해 휘청거리며 뒷걸음질 친다. 더는 갈 때가 없자 마치 운명에서 도망치고 싶은 듯 (카메라가 찍고 있는 방향으로) 뒤돌아선다. 한 직원이 경사로 밖에서 전류가 흐르는 소몰이 막대를 들고 따라 걸으면서 소를 앞으로 재촉한다. 소는 주저하며 몇 걸음을 내딛더니, 이내 멈추고 또 다시 뒷걸음질 치기 시작한다. 직원은 소가 들어오면 내려오는 죽음의 벽 쪽으로 소를 몰기 위해 좀 더 센 전기 충격을 가한다. 소가 죽음의 덫을 빠져나가려고 뒷다리를 버둥거리며 뒷걸음질 치려는 순간 …… 쿵! 하고 쓰러지고, 카메라는 내려온 죽음의 벽 아래 좁은 틈으로 비죽 나온 뒷다리를 비춘다.[52] 내가 지금 소에게 인간의 감정을 투사하고 있다고? 그렇게 생각하지 않는다. 탐사저널리스트 테드 코노버Ted Conover는 네브래스카주 스카일러에 위치한 육류 유통업체 카길미트솔루션Cargill Meat Solutions의 공장에서 농무부 감독관으로 위장 근무를 하는 동안, 그곳에 있는 한 직원에게 왜 동물들을 도살장으로 이끄는 경사로에 배설물 냄새가 그토록 지독한지 물었을 때 이런 대답을 들었다. "녀석들은 겁에 질려 있어요. 죽고 싶지 않은 겁니다."[53] 많은 공장식 축산 농가가 시설 주변에 가시 철망을 쳐놓고, 카메라를 들고 기웃거리는 다큐멘터리 감독들에게 불친절하게 대하는 것은 아마 이 때문일 것이다.

2005년 영화 〈지구생명체Earthlings〉는 역지사지를 유도하는 다큐멘터리 영화 가운데 가장 충격적이라 할 만하다. 이 영화는 지난 수백 년 동안 흑인과 여성에게 가해졌던 학대 및 경제적 착취와 오늘날 동물들에게 가해지고 있는 학대 및 상업적 이용이 뭐가 다르냐고 묻는다.[54] 차마 보기 힘든 다큐멘터리라는 묘사는 과장이 아니다. 나는 이 영화를 끝까지 보기 위해 컴퓨터 화면에 두 개의 창을 열어놓아야 했다. 하나는 영화를 보기 위한 창이고 다른 하나는 메모하기 위해 열어놓은 대본 창이었지만, 실은 차마 볼 수 없는 유형 장면을 가리기 위한 구실에 불과했다. 동물들이 상품으로 가공되는 장면들 가운데는 어린 학생들이 무심코 지나다니는 길의 콘크리트 바닥 위에서 몸이 찢긴 돌고래들이 퍼덕거리는 장면과, 압축 공기로 동물의 머리에 철심을 발사하는 도살용 공기총에 소들이 죽임을 당하는 장면이 포함되어 있다. 이 방법은 항상 성공하는 것이 아니라서 도축이 시작되는 순간에도 살기 위해 버둥거리는 소들이 있다. 이러한 장면들 위로, 우리가 다른 모든 동물들과의 진화적 연속성뿐 아니라 그들과 우리의 연속성을 주입시키는 내레이션이 깔린다.

차이가 분명히 존재합니다. 인간과 동물이 모든 면에서 같지는 않으니까요. 하지만 같은가 다른가를 물을 때 고려해야 할 또 하나의 측면이 있습니다. 이 동물들이 인간이 지니고 있는 욕구들을 모두 지니고 있지는 않으며, 인간이 이해하는 모든 것을 이해하지는 못하지만, 그럼에도 우리와 그들이 똑같이 지니는 욕구가 있으며, 똑같이 이해하는 것들이 있습니다. 음식과 물, 보금자리와 동료애, 움직일 자유, 고통 회피 욕구. 이러한 욕구들은 인간 외 동물들과 인간이 공유하고 있는 것입니다.[55]

가시 철망이 휘감긴 울타리에 둘러싸인 창 없는 공장식 축산 시설의 요새 같은 모습은 쌍무협정이 아닐까? 즉 우리들 대부분은 소시지가 어떻게 만들어지는지 알고 싶지 않은 것이다. 시인 랠프 월도 에머슨Ralph Waldo Emerson의 폐부를 찌르는 말처럼, "당신이 저녁식사를 마친 지금, 도살장이 아무리 당신의 품위를 지켜줄 만큼 멀리 떨어진 곳에 주도면밀하게 숨겨져 있다 한들 당신의 공모 사실은 없어지지 않는다."[56]

역지사지를 유도하는 영상 매체의 힘은 아카데미상을 수상한 2009년 다큐멘터리 영화 〈더 코브The Cove〉의 충격적인 장면에서도 확인할 수 있다. 이 영화는 일본 와카야마에 있는 타이지만에서 자행되고 있는 돌고래 대량 도살을 다룬다. 영화에는 1960년대에 인기 있었던 텔레비전 시리즈물 〈플리퍼Flipper〉에서 돌고래 조련사를 맡았던 릭 오베리가 출연한다. 나도 어릴 때 매주 꼬박꼬박 챙겨 보던 프로그램이다. 이 드라마는 바다 포유류인 돌고래의 너무도 인간적인 특징들을 강조했는데, 무엇보다 돌고래들이 서로, 그리고 인간들과 사회적 유대를 맺는 모습에 주목했다(그리고 이런 종류의 프로그램이 으레 그렇듯이, 돌고래 '플리퍼'는 매주 물밑에서 사악한 음모를 벌이는 나쁜 사람들을 물리치거나, 불가항력적인 상황에 처한 착한 사람들을 구조했다). 〈더 코브〉를 보면, 돌고래잡이들이 돌고래 무리를 타이지만으로 몬 다음, 그곳에서 몇몇을 산 채로 포획해 전 세계의 해양 공원과 수족관에 팔고, 나머지는 잔인하게 도살해 그 고기를 일본 수산물 시장의 상인들에게 판다. 아카데미상을 받은 뒤 이 영화에 언론의 관심이 쏟아지자 일본의 정부 관료들은 허겁지겁 부인했고, 그런 다음에는 보는 이의 가슴을 엘 정도로 우리와 사회적 인지력과 감정이 비슷한 감응적 존재를 무정하게 도살하는 행위를 해명하고 합리화했다.

이 영화에서 가장 가슴 아픈 한 장면은(카메라가 감춰진 바위를 몰래 가져다놓고, 주변의 언덕에 망원렌즈를 설치해서 촬영했다) 몸이 찢긴 뒤에도 살기 위해 필사적으로 버둥거리는 새끼 돌고래를 찍은 장면이다. 몸통에서 피가 솟구쳐 나오는 가운데 숨을 헐떡거리면서 도움을 갈구하지만, 구해줄 수 없는 영화 제작자들은 그 끔찍한 모습을 지켜볼 뿐이고, 돌고래는 결국 피투성이가 된 바다 밑으로 사라져 다시는 모습을 보이지 않는다. 이 장면을 보면 분노가 치밀어 오르고 구역질이 난다. 내가 그 자리에 있었다면 타이지만에 당장 뛰어들어 무리지어 모여 있는 작은 배들로 헤엄쳐 가서, 람보처럼 그 어부들을 물에 빠뜨리고 그들이 들고 있는 넓적한 칼로 한 방 먹이고 싶은 충동을 억누를 수 없었을 것이다. 이러한 상황에서 폭력으로 보복하고 싶은 유혹은 이렇듯 걷잡을 수 없을 만큼 강하지만, 대부분의 동물권 운동가들은 그러한 자경단식 정의를 경계한다. 감옥에 가면 권리 운동을 할 수 없기 때문이다.

오베리와 그의 동료들도 당장 뛰어들어 도살을 멈추고 싶었겠지만, 엄청난 자제심을 보여주었다. 그 대신 그들은 창자가 끊어지는 듯한 장면들을 통해 그 사실을 전 세계에 폭로한다. 추상적인 관념을 구체적인 사실로 바꾸고, 그럼으로써 **타인**의 고통을 볼 때 작동하는 뇌의 공감 회로를 가동하는 것. 이것이 이 다큐멘터리 영화의 목적이다. 따라서 도덕의 영향권을 확장하는 힘은 그들도 우리처럼 지능, 자기 인식, 인지력, 도덕 능력을 가진다는 사실보다도 그들도 우리처럼—숨을 헐떡이고, 쓰러지지 않기 위해 버둥거리고, 사투를 벌이며—고통을 겪는다는 사실에서 나온다. 동물들이—우리처럼—살고 싶어 하고 죽기를 두려워하는 감응적 존재임을 우리가 가슴 깊이 이해할 때까지 동물권은 완전하게 실현되지 않을 것이다.

이 지점에서 **사실**은 **당위**가 된다. **자연적인 것**—동물들이 우리처럼 본성에 따라 먹이, 물, 보금자리, 동료애, 움직일 자유, 고통 회피 욕구를 지닌다는 사실—은 **그러해야 마땅한 것**이 된다. 특히 본성에서 벗어난 상태가 한 종이 다른 종을 착취한 결과인 경우가 그렇다. 이때 우리는—우리의 본성을 충족시키기 위해 동물들을 착취하는 인간의 관점에서, 자신들의 본성을 충족시키는 동물들의 관점으로—관점을 바꾸어 자연주의 논증의 역발상을 시도하는 도덕적 선택을 한다. 도덕적 진보는 착취하는 자가 착취당하는 자의 입장을, 가해자가 피해자의 입장을 역지사지할 때 일어났다. 왜 우리가 한쪽의 관점을 상대방의 관점보다 우선해야 할까? 그것이 도덕적 진보가 이루어지는 방식이기 때문이다.[57]

무엇보다 해를 입히지 말라

동물권 논쟁과 관련하여 철학자 대니얼 대닛Daniel Dennett이 저서 《마음의 진화Kinds of Minds》에서 제기한 반론이 있다. 그는 통증pain과 고통suffering을 구분하면서, 통증은 본능적이고 기본적인 감각으로 대부분의 동물들이 공통적으로 경험하는 것인 반면, 고통은 더 인간다운 감정인 걱정, 수치심, 슬픔, 모욕, 끔찍함, 특히 미래에 대한 불안 등과 관련이 있다고 말한다. 이러한 감정들은 소수의 동물들만이 지니고 있는 고등한 인지 능력을 필요로 한다. "우리가 동물들의 삶에서 우리가 알아볼 수 있는 고통을 발견하지 못한다면, 그들의 뇌 어딘가에 보이지 않는 고통이 존재하지 않는다고 봐도 좋다. 우리가 고통을 발견할 경우 그것은 쉽게 눈에 띌 것이다."[58] 나는 잘 모르겠다. 통증과 고통을 느끼는 동물들에 관한 이 모든 영화와 동영상에서 동물들은 불안하고 걱정하고 두려워하는 것처럼 보인다. 또한, 동물들이 사람보다 고통을 **덜** 느낀다고 추정할 이유가 있을까? 다른 감응적 존재들의 마음 안에서 무슨 일이 일어나는지 우리는 알 수 없다면서, 왜 그들의 고통이 우리의 고통보다 **덜하다고** 추정하는가? 어쩌면 다른 동물들의 고통이 더 **클지도** 모른다.

　동물권의 도덕적 바탕은 우리가 그들을 대하는 방식에서 시작한다. 이것은 좋은 출발점이다. 히포크라테스 선서에서 의료 종사자들을 규율하는 첫째 원리인 '프리뭄 논 노체레primum, non nocere(무엇보다 해를 입히지 말라)'—도 거기서 시작한다. 영화감독 마크 드브리스는 내게 이렇게 말했다. "모든 윤리 이론과 도덕 체계는 이 기본 원리를 공유하는 것처럼 보인다. 다른 모든 조건이 같다면 해를 입히는 것, 특히 고통을 주는 것이 나쁜 것이다. 인간 외 동물들도 고통을 경험할 수 있기 때문에 이 기본적인 윤리적 원리는 종의 장벽을 초월하여 적용된다고 봐야 한다." 내 도덕 모델에서와 같이 드브리스의 추론에서도 감응력이 핵심이다. "고통 받는 주관적 경험이 윤리와 관련이 있는 형질이라면, 어떤 동물들을 도덕적으로 고려해야 하는가에 대한 적절한 '기준'은 그 동물이 감응적인가 아닌가일 것이다. 우리는 조류와 포유류가 육체적으로나 감정적으로 고통을 느낄 수 있다는 것을 알고 있다. 실제로 인간에게서 그러한 경험을 일으키는 신경 구조는 그들과 우리의 공통 조상에서 생겨났다."[59]

　동물권을 논할 때는 도덕의 행위자가 종이 아니라 **개체**임을 특히 잊어서는 안 된다. 통증과 고통을 느끼는 주체는 **개별 유기체**다. 더 정확하게 말하면, 개별 유기체를 구성하는, 통증을 느낄 수 있는 개별적인 뇌다. 죽음의 덫으로 가는 경사로를 통과하고 가축총(금속 봉을 발사하여 가축을 도살하기 전에 기절시키는 총—옮긴이)을 맞는 주체는 하나의 황소 개체지, 보스 프리미게니우스*Bos primigenius*라는 종이 아니다. 일본의 작은 만에서 몸이 찢겨 피를 쏟고 숨을 헐떡이는 주체는 한 돌고래 개체지, 델피누스 카펜시스*Delphinus capensis*라는 종이 아니다.

도덕적 지각의 대변화

인간과 동물의 권리 운동 사이에는 유사점이 많지만, 내게는 후자가 수행해야 할 과제가 18세기와 19세기의 노예제 폐지론자들이 했던 것보다 훨씬 더 커 보인다. 노예무역이 정점이었을 때조차도 노예를 소유하고 거래한 사람들은 세계 인구의 작은 일부에 불과했지만, 고기를 먹고 동물 제품들을 사용하는 것은 세계 인구의 절대다수에게 해당되는 일이기 때문이다. 동물권 전문 변호사 스티븐 와이즈Steven Wise가 지적하듯이, 19세기 미국의 노예들보다 동물들은 우리 일상에서—개인적으로, 심리적으로, 경제적으로, 종교적으로, 그리고 특히 법적으로—훨씬 더 필수적인 존재다. 법적으로 동물들은 재산이며 따라서 동물들에 대한 사용은 법으로 보호받는다. 이러한 현실은 쉽게 바뀌지 않을 것이다.[60] 동물권 옹호론이 반론보다 아무리 훌륭하다 해도(나는 그렇게 생각한다), 채식주의자와 절대 채식주의자(달걀이나 유제품조차도 먹지 않는 채식주의자—옮긴이)의 비율을 한 자릿수에서 두 자릿수로 올리는 것은 힘든 일일 것이다. 사람들이 생존하기 위해 반드시 노예를 소유할 필요는 없다. 하지만 사람들은 먹어야 살고, 고기는 대부분의 사람들에게 맛있을 뿐 아니라 비교적 값싸고, 쉽게 구할 수 있다는 점에서 (아직까지는) 배를 채워주는 대중적인 상품이다. 미국은 남북전쟁이라는 큰 희생을 치르고서야 노예제도를 폐지할 수 있었다. 노예를 소유하는 소수의 사람들을 상대하는 데도 그렇게 힘들었다. 그러면 전 세계 인구의 95퍼센트가 넘는 육식하는 사람들을 상대하는 일은 얼마나 힘들지 생각해보라.

큰 변화를 가져오기 위해서는 노예사 연구자 데이비드 브라이언 데이비스David Brion Davis가 "도덕적 지각의 대변화"[61]라고 말한 것이 필요할 것이다. 러트거스대학교의 법학자 게리 프랜시온Gary Francione 교수가 2008년 저서 《인격으로서의 동물Animals as Persons》에서 시도한 것처럼, 동물들을 대하는 방식을 재산에서 인격으로 바꾸는 인식 변화가 필요하다. 그 책에서 프랜시온은 왜 인간 외 감응적 존재들을 인격으로 간주해야 하는지 자세하고 논리적으로 설명했다. "그들은 의식이 있다. 그들은 주관적 자각을 한다. 그들은 자기 이익을 가진다. 그들은 고통을 느낄 수 있다. 인격의 자격을 갖는 데 있어서 감응력 외에 어떤 특징도 필요치 않다."[62]

이러한 방향으로의 도덕적 진보가 2013년에 인도에서 일어났다. 엔터테인먼트를 위해 돌고래를 포획하는 것을 금지한 것이다. "포획 상태는 동물들의 행동을 변화시키고 극심한 고통을 야기함으로써 모든 고래목 동물의 복지와 생존을 심각하게 훼손할 수 있기 때문이다." 이 법을 시행하면서 인도는 1972년 야생동물보호법 제1조의 부칙 2에 고래목의 모든 종을 열거하고, 돌고래를 '인간 외 인격'[63]으로 간주해야 한다고 덧붙였다. 인간 외 동물에게 법적 인격을 부여하는 것은 모든 감응적 존재의 정의와 자유로 향하는 기념비적인 도약이다.

동물권 운동가들의 저서를 읽다 보면 진이 빠지고, 최악의 사례들(공장식 축산 농장)과 죽임을 당한 동물들의 숫자(홀로코스트의 수백만 수준이 아니라 수십억에 달하는 피의 홍수)만을 본다면 도덕적 세계의 궤적이 확실히 후퇴했다는 주장을 할 수 있을 것이다. 그런 의미에서, 옛날 사람들이 오락의 도구('고양이 태우기'와 '곰 괴롭히기')에서부터 철학적 도구(데카르트는 동물들은 통증, 쾌락, 욕망, 흥미, 지루함 등 그가 동물들이 경험할 수 없다고 여긴 인간의 감정들을 단순히 흉내 내는 기계적인 자동 인형이라고 믿었다)에 이르기까지 동물들을 어떻게 생각했는지 되돌아보면 도움이 될 듯하다. 수천 년에 걸친 동물복지의 엇갈린(하지만 주로 비극인) 도덕적 역사를 추적한 방대한 문헌이 존재한다.

노예제 폐지에서와 마찬가지로, 종교는 동물을 위한 권리 혁명을 주도하지 않았을 뿐 아니라 처음부터 …… 말 그대로 〈창세기〉 1장에서부터 그것을 방해했다. 하나님이 아담과 이브에게 말씀하시기를 "자식을 낳고 번성하여 온 땅에 퍼져서 땅을 정복하여라. 바다의 고기와 공중의 새와 땅 위를 돌아다니는 모든 짐승을 부려라!"[64] 성 아우구스티누스Santus Augustinus와 성 토마스 아퀴나스Santus Thomas Aquinas 같은 신학자들이 수백 년 동안 이러한 태도를 강화했다. 아퀴나스에 따르면 "사람이 말 못하는 동물들을 죽이는 것이 죄라고 말한 사람들에게는 이렇게 반박할 수 있다. 동물들은 신의 섭리에 따라 인간이 사용하도록 되어 있다. 그것이 자연의 질서다. 따라서 인간이 동물들을 죽이거나 다른 방식으로 이용하는 것은 잘못이 아니다." 그 뒤로 이어지는 아퀴나스의 훈계를 보건대, 그는 분명 고통당하는 동물들에게 동정심을 느꼈던 사람들에게 엄청난 반발을 샀을 것이다. "새끼가 딸린 새를 죽이지 말라는 것처럼 성서의 어떤 구절이 우리가 말 못하는 동물들에게 잔인하게 구는 것을 금지한다면, 그것은 타인에게 잔인하게 대할 여지를 없애기 위해, 즉 동물들에게 잔인하게 대함으로써 인간에게도 잔인해지는 것을 막기 위해서이거나, 아니면 동물을 해치는 것이 행위자 또는 다른 사람에게 일시적 상처를 유발하기 때문일 것이다."[65]

성서 시대 이래로 동물에 대한 잔인한 행위는 예외가 아니라 표준이었다. 닭싸움과 투견은 수백 년 동안 사람들이 가장 좋아한 오락이었고, 식민지 미국에서는 포획한 곰을 기둥에 사슬로 묶어놓고 개를 덤비게 하는 놀이를 했다. 묶인 곰은 매를 맞고 포악해져서 덤벼드는 개들에게 들볶였으며 심지어는 갈가리 찢기기까지 했다. 그리고 16세기에 파리 시민의 소일거리로 인기를 끌었던 고양이 태우기를 어찌 잊을 수 있겠는가. 이 놀이에서 공포에 질린 고양이가 불속으로 서서히 내려지는 동안, "왕과 왕비를 포함한 구경꾼들은 그 동물이 고통으로 울부짖으며 불태워져 마침내 재가 되는 것을 괴성을 지르며 구경했다." 또는 고양이를 기둥에 못으로 박아놓고, 공포에 질린 그 고양이의 발톱에 눈을 다치지 않고 박치기로 고양이를 죽이는 시합을 하기도 했다.[66]

이것은 단지 오락을 위한 잔인함만을 말한 것이다. 식품 생산 과정의 잔인함은 오늘날의 공장식 축산에서 시작된 것이 아니다. 역사가 콜린 스펜서Colin Spencer가 포괄적인 채식주의 역사서인 《이단자의 축제The Heretic's Feast》에서 인용한 17세기에 널리 행해진 도축 관행에 대한 묘사는 당시 사람들이 도축 과정에서 동물들이 겪는 경험에 얼마나 무심했는지를 잘 보여준다.

> 도축 방법들은 냉정할 정도로 이성적이었다. 존슨 박사가 말했듯이 푸주한들은 "동물들의 안위는 아랑곳없이 오직 자신들의 안전과 편의를 위해 동물들을 조용하게 만들었다." 소는 죽이기 전에 때려 눕혔지만[기절시켰지만], 돼지, 송아지, 가금류는 더 천천히 죽었다. 송아지와 양의 경우, 고기를 하얗게 만들기 위해 목을 따서 피를 빼냈다. 그런 다음에 상처를 봉하면, 그 동물은 하루 동안 목숨을 부지할 수 있다. 토머스 하디의 소설 《이름 없는 주드》에서 아라벨라가 주드에게 설명하듯이, 돼지는 재빨리 도축하면 안 된다. "돼지의 고기는 피를 잘 빼야 하는데, 그러기 위해서는 천천히 죽여야 한다. 나는 그것을 보며 자랐기 때문에 잘 안다. 유능한 푸주한은 돼지가 오랫동안 피를 흘리게 할 줄 안다. 돼지가 죽을

때까지 적어도 8~10분은 걸려야 한다."[67]

동물들을 위한 도덕적 세계의 궤적

도덕적 진보는 산발적으로 일어났고 가다 서다를 반복해왔던 것이 틀림
없지만, 동물들을 위한 궤적은 계몽시대 이래로 아주 약간이지만 줄곧
진보를 향해 구부러져왔다. 이미 보았듯이, 우리가 실험동물 처우 사례
에서 이미 확인했듯이, 우리 자신과 여타 동물들 사이의 연속성을 이해
하게 되면서 100년에 걸쳐 관점의 변화가 일어나고 있으며, 다른 권리
혁명들이 동물권 운동으로 연결되었다. 앞선 혁명의 성공이 모든 사람의
도덕 의식을 높여 적어도 몇몇 동물들을 포함시키는 쪽으로 도덕의 영
향권을 더욱 확장한 것이다.

   2003년 갤럽 조사에서, "미국인의 대다수가 동물들이 상해와 착취로
부터 어느 정도는 보호받을 자격이 있다고 답했고, 25퍼센트가 동물들
도 사람과 똑같은 보호를 받을 자격이 있다고 답했다." 의학 연구와 제품
시험을 위한 동물 실험을 금지하는 것에 대해서는 여전히 대부분의 미
국인들이 반대했고, 사냥을 하는 미국인 가구의 비율이 지난 25년 동안
약 30퍼센트에서 20퍼센트로 떨어졌음에도 대부분의 미국인은 모든 종
류의 사냥을 금지하는 것에 반대한다. 그럼에도 "미국인의 96퍼센트가
동물은 상해와 착취로부터 어느 정도는 보호받을 자격이 있다고 답한
반면, 단 3퍼센트만이 '그저 동물일 뿐이므로' 보호받을 필요가 없다고
답했다"는 사실은 고무적이다. 가장 주목할 만한 결과는, 미국인의 25퍼
센트가 동물들도 "사람과 똑같이 상해와 착취로부터 보호받을" 자격이
있다고 말했다는 것이다.[68]

이 조사 결과는 주목할 만한데, 왜냐하면 우리는 사람이(또는 감응적 존재가) 가져야 마땅한 적극적 원리(즉 어떤 행동을 해야 할 의무를 동반하는 권리―옮긴이)에 대해 이야기할 때 애매하게 말하는 경향이 있으며, 심지어는 사람이 보장받아야 할 것(예컨대 건강보험, 사회보장, 장애보험 같은 것)을 둘러싸고도 상당한 입씨름을 벌이기 때문이다. 하지만 상해와 착취로부터 벗어나게 하려면 부정적 행동(통증과 고통을 유발하는 행위)을 멈추기만 하면 된다. 예컨대 갤럽 조사에서 62퍼센트의 "미국인들이 축산 시설 내 동물의 처우에 관한 엄격한 법을 통과시키는 것을 지지"했다.[69]

동물을 식품으로 소비하는 문제에 대해, 2012년에 채식주의연구집단 Vegetarian Resource Group이 해리스폴(미국의 대표적 여론 조사 기관―옮긴이)에 "미국인들이 채식을 얼마나 자주 하는가?"와 "미국의 성인들 가운데 채식주의자가 얼마나 되는가?"를 알아보는 설문조사를 의뢰했다. (여기서 채식주의자란 육류, 생선, 해산물, 가금류를 먹지 않는다는 뜻이다). 조사 결과, 미국인의 4퍼센트가 항상 채식을 하는데, 그중 1퍼센트는 항상 절대 채식을 하고(유제품과 계란도 먹지 않는 것), 3퍼센트는 항상 채식을 했다. 중도적인 식생활 쪽을 보면, 15퍼센트가 '다수'(그래도 절반 이하였다)의 식사를 채식으로 한다고 답한 반면, 14퍼센트는 절반 이상의 (하지만 전부는 아닌) 식사를 채식으로 한다고 답했다. 그리고 거의 절반(47퍼센트)이 일년 중 어느 시점에 채식을 한 적이 있다고 답했다(그래놀라 한 그릇을 채식으로 간주했기 때문에 이것은 의심스러운 통계다).[70] 2012년의 갤럽 조사 결과는 좀더 고무적이었다. 총 2퍼센트가 절대 채식주의자이고, 5퍼센트가 채식주의자였다.[71] 나는 두 설문조사의 차이는 전반적인 수치가 매우 낮은 데서 기인하는 통계적 잡음에 불과하다고 생각한다. 그렇다 해도 지난 몇 십 년 동안의 추세선은 [그림 8-2]가 보여주듯이 상승 쪽으로 향하고 있는 것이 분명하다.

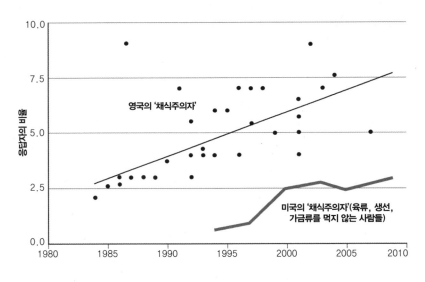

[그림 8-2] 채식주의 추세
채식주의자들이 서서히 증가하고 있다.[72]

동물 복지 옹호론자들을 고무시키는 또 하나의 추세는 최근에 육류
소비가 하락세로 돌아섰고, 그 결과 식용으로 기르는 동물의 숫자가 줄
고 있다는 것이다. 이는 온건한 잡식을 하는 사람들이 증가한 결과인 듯
하다. 한 예가 '플렉시테리언flexitarian'(탄력적 채식주의자)인데, 이들은 '고
기를 먹지 않는 월요일'을 실천하거나, '오후 6시까지는 절대 채식'을
하거나, 붉은 육류는 일주일에 한 번만 먹는다. 미국 농무부에 따르면
2007년과 2012년 사이에 육류와 가금류 소비는 12.2퍼센트 감소했다.[73]
큰 숫자는 아니지만 사소한 숫자도 아니다. 좀더 고무적인 소식도 있다.
미국의 동물권리단체인 인도주의연구위원회Humane Research Council에 따
르면, 육식을 식사의 절반 이하로 제한하는 반-채식주의자들이 미국 인
구의 12~16퍼센트를 차지한다고 한다. '적극적인 육식 제한 식이'를 하
는 사람 또는 '1년 전보다 고기를 덜 먹는다고 답한 사람들'의 비율은 더

높아서, 미국 인구의 22~26퍼센트, 대략 4분의 1에 이른다. 실로 사소하지 않은 변화다.[74]

제2차 세계대전 이래로 유럽 국가들은 미국보다 정치적으로 더 왼쪽으로 이동했고, 이는 동물들을 위한 도덕의 영향권이 더 광범위하게 확장되는 데 기여했다. 많은 유럽 국가에서는 돌아설 수도 없을 정도로 작은 우리에 암퇘지를 가둘 수 없고, 닭은 적어도 날개를 펼칠 수 있는 우리에 넣어야 한다. 잉글랜드에서는 털가죽을 위해 동물을 기르는 것이 불법이다. 스위스는 동물의 지위를 '사물thing'에서 '존재being'로 바꾸었으며, 독일은 동물들에게 법적 권리를 부여한 최초의 국가로서, 인간의 존엄성을 존중하고 보호해야 한다고 적힌 조항에 "그리고 동물"이라는 문구를 추가했다.

의학적으로, 육류 섭취, 특히 붉은 육류를 정기적으로 섭취하는 것은 건강에 해롭다는 것이 증명되었으며, (모든 사람은 아니지만) 많은 사람들에게 심혈관계 질환을 일으키는 주범으로 드러났다. 한편 환경적으로 보면 공장식 축산 농장들은 다량의 폐기물과 온실가스인 메탄을 비롯한 많은 오염물질을 배출한다. 게다가 축산 시설에서는 악취가 진동한다. 나는 미국 최대의 소 방목장들이 있는 텍사스주 댈하트를 통과해 미국 종주 레이스를 했던 때를 잊을 수가 없다. 수 킬로미터 밖까지 악취가 풍겼다. 그 냄새를 더는 알아채지 못할 정도로 냄새에 익숙해지지 않고는 그곳에서 살 방법이 없을 것 같았다. 이것 자체가 동물들에 대한 전반적인 처우를 암시하는 은유일 것이다. 우리는 그들의 통증과 고통에 무감각해졌다.

투계와 투견 같은 유혈 스포츠는 서구 민주주의 국가들 대부분에서 금지되었고, 심지어는 투우조차도 추방되는 추세다. 2008년 갤럽 조사에서, 미국인 열 명 가운데 네 명 가까이가 경마와 경견처럼 동물들을 경쟁시키는 스포츠를 금지하는 것에 찬성한다고 답했다.[75] 사냥과 낚시 역시 감소하는 추세로, 1996년부터 2006년까지 10~15퍼센트가 줄었다. 게다가 그 이유는 사람들이 비디오 게임이나 텔레비전 시청을 하면서 실내에 머무른 탓이 아니라, 같은 기간 동안 야생동물 관찰과 생태 관광에 참여하는 사람들의 비율이 사냥과 낚시가 줄어든 만큼 증가했기 때문이다.[76] 미국어류및야생동물관리국US Fish and Wildlife Service에 따르면, 2011년에 사냥꾼은 1370만 명, 낚시꾼은 3310만 명이었지만 "거의 6860만 명이 거주지 근처에서 야생동물을 관찰했고, 2250만 명이 집에서 적어도 1마일 밖으로 나가 야생동물을 관찰했다."[77] 둘을 합하면 9110만 명이다. 동물을 죽이는 것에 비해 야생동물을 관찰하는 사람들이 훨씬 더 많은 것이다.

나는 지난 몇 십 년 동안 그러한 변화를 목격해왔으며, 스스로도 변했다. 내가 어렸던 1960년대에 내 의붓아버지는 의형제들과 나를 데리고 정기적으로 비둘기와 메추라기 사냥을 나갔다. 나는 사냥하는 것보다는 야구가 더 좋았지만, 하늘을 나는 새를 쏘는 것이 싫지는 않았다. 멀리서 움직이는 표적을 맞추는 것은 어려운 일이기 때문에 실은 짜릿한 경험이었고, 야구공을 치는 것에 비하면 일종의 도전이었다. (우리가 사냥한 동물을 먹는다는 사실은 그 행위를 정당화하는 데 도움이 되었다.) 또한 나는 낚시도 꽤 했는데 민물낚시와 바다낚시 둘 다 했다. 하지만 요즘은 잡았다 놓아주는 방법이 점점 인기를 끌고 있다. 물고기를 낚는 전율을 느끼되 희생양들의 목숨은 살려줄 수 있기 때문이다. 1980년대에 생태 관광이라는 신생 사업이 생기면서, 나는 일명 '사진 찍고 발자국만 남기는' 야생으로의 여행에 참가자와 주선자로서 참여했다. 그리고 내가 맡고 있는 스켑틱협회Skeptics Society에서도 그랜드캐니언과 데스밸리 같은 장소들로 정기적으로 '지질 여행Geotours'을 떠나는데, 신청자들이 끊이지 않는다. 요즘은 꼬마 사냥꾼일 때 했던 일을 하기 위해 그런 장소에 가는 것은 상상도 할 수 없다.

수십 년 동안 관점이 얼마나 많이 바뀌었는지를, 영화 제작 과정만 비교해봐도 알 수 있다. 1979년 영화 〈지옥의 묵시록〉에는 마체테에 베어 견갑골이 훤히 드러난 채 머리가 겨우 붙어 있는 물소 한 마리가 나온다. 반면 스필버그는 2011년 영화인 〈워 호스〉를 찍을 때, 제1차 세계대전 동안 희생된 400만 마리가 넘는 말들을 묘사하는 장면에서 말에게 해를 입히지 않기 위해 많은 공을 들였다. 예컨대 황무지에서 가시철망에 걸린 말은 실제로는 은색으로 칠한 스티로폼에서 빠져나오려고 발버둥치는 것이었다.[78]

동물들을 위한 도덕의 궤적은 어디까지 구부러질까?

우리가 이 장에서 추적한 궤적을 보면 동물권 운동의 앞날은 희망적이다. 그런데 도덕의 영향권을 더욱 확장하여 점점 더 많은 감응적 존재들을 포함시켜야 한다는 주장이 그 반론보다 뛰어나다고는 하나, 솔직히 소득은 변변치 않다. 야생동물 관찰, 사진 촬영, 하이킹, 생태 관광과 지질 관광을 추구하는 생물 애호 성향이 높아지고 있는 만큼 사냥과 낚시의 인기는 계속 낮아질 것으로 전망하지만, 결코 0으로 떨어지지는 않을 것이다. 동물을 식품으로 소비하는 문제의 경우, 지금과 같은 속도로 가면 채식주의자의 비율은 영국과 유럽의 나머지 국가들에서 대략 2025년이 되어야 두 자릿수에 도달할 것이고, 미국은 더 늦을 것이다(내 계산으로는 2030년쯤이 될 것 같다). 그리고 모든 곳에서 채식주의자 비율이 10퍼센트에 이르는 것은 잘해야 2050년쯤일 것이다(증가 속도를 바꾸는 어떤 일이 일어나지 않는 한). 하지만 고기를 먹느냐 먹지 않으냐와 같은 이분법적 결단보다는, 탄력적인 채식주의를 채택하고 고기를 서서히 끊는 것이 살육을 장기적으로 줄이는 더 가능성 있는 길이다.

그 사이에 해볼 만한 도덕적 타협책으로, 규모가 작고 환경적으로 안정적이며 동물 친화적인 농장(지역 농장, 방목형 농장, 또는 가족 농장 등으로 불린다)으로 돌아가는 방법을 생각해볼 수 있을 듯하다. 예컨대 마이클 폴란이 방문했던 버지니아의 셰넌도어 계곡의 농장이 그런 곳이다. 그 농장 주인의 말을 빌리면, 그곳에서 기르는 소, 돼지, 닭, 토끼, 칠면조, 양들은 저마다 "자신의 생리적인 욕구를 온전히 표현할 수 있다."[79] 축산 농장에서 공장 조립 라인의 기계 장치처럼 취급받는 대신, 종의 모든 구성원들이 본성대로 살아갈 수 있고(인간이 지역 농장에서 살기에 알맞도록 동물들의 본성을 바꾼 점을 고려하면, 가축 동물들이 어느 정도까지는 '본성'대로 산다고 말할 수 있을 것이다), 그럼으로써 그 동물들은 비록 대부분 도축당해 소비된다 하더라도 모든 감응적 존재의 도덕적 필요인 생존하고 번식하고 번성하려는 욕구를 충족시킬 수 있다.[80] 다큐멘터리 영화 〈놓아 기르기Free Range〉에서 지역 농장을 운영하는 킴 알렉산더라는 사람은 자신이 기르는 닭들은 풀밭에서 태양과 바람을 업고 뛰논다고 묘사한 뒤에 이렇게 말한다. "이 녀석들은 팔자가 늘어졌습니다. 마지막 하루만 운수 나쁜 날이죠." 농담처럼 들리지만 그는 진지하게 한 말이다. 공장식 축산의 공포와 절대 채식주의의 비실효성(대부분의 사람들이 원치 않는 것이기도 하다) 사이에서 알렉산더가 찾은 도덕적 타협은 대부분의 사람들이 취할 수 있는 타당하고 합리적인 입장으로 보인다.

나는 고기를 먹는 것을 즐깁니다. 그러기 위해서는 무엇보다 그 고기가 어디서 왔고(지역 농장인지 공장식 농장인지), 어떻게 길러졌고, 어떻게 가

공된 고기인지 알아야 합니다. 축산의 본질은, 내 가족을 위해 깨끗하고 질 좋은 먹을거리를 길러내고, 그것을 잘하게 되면 그 가치를 아는 다른 사람들을 위해 기르는 것입니다. 우리는 모든 비용을 고려합니다. 여기에는 깨끗한 환경의 비용, 소비자들을 위해 깨끗한 먹을거리를 마련하는 비용, 동물들을 존중하여 가능한 한 본성대로 처우하는 비용, 그리고 한 축산 농가가 인간다운 생활을 유지하는 데 필요한 비용이 포함됩니다.[81]

동물 친화적인 지역 농장은 그러한 곳에서 생산된 식품에 대한 수요가 높아지면서 인기를 얻기 시작했다. 영국에서는, 2012년 놓아 기른 닭이 낳은 계란의 판매량이 우리에 가두어 기른 닭이 낳은 계란의 판매량을 사상 처음으로 넘어섰다(그 해에 생산된 90억 개의 계란 가운데 51퍼센트를 차지했다). 이러한 추세는 2004년에 시작되었는데, 당시 바닥 공간이 A4 용지만 한 우리에서 키운 닭이 낳은 계란인 경우 그 사실을 밝히도록 요구하는 새로운 법이 마련되었고, 이에 따라 대중도 축산 농가 동물들에 대한 처우를 개선하라고 요구했다.[82] 미국의 슈퍼마켓 체인인 홀푸즈마켓은 '5단계 동물복지등급'이라는 프로그램에 참여하고 있다는 사실을 자사의 웹사이트에 알리고 있다. "홀푸즈마켓에서 판매하는 모든 소고기, 닭고기, 돼지고기, 칠면조고기는 글로벌애니멀파트너십Global Animal Partnership의 5단계 동물복지등급의 인증을 받은 생산자들이 공급합니다. 이곳의 등급 프로그램이 다른 종으로 확대되면, 그러한 종을 공급하는 공급자들에게도 인증을 요구할 계획입니다." 홀푸즈마켓의 공식 웹사이트에서 가져온 [그림 8-3]은 그 프로그램의 단계와 내용을 일목요연하게 보여준다.[83]

반갑게도, 미국 최대의 공장식 식품 생산 업체들 가운데 한 곳인 타이슨푸드Tyson Foods, Inc.가 2013년 말에 자사의 돼지고기 공급자들에게 새

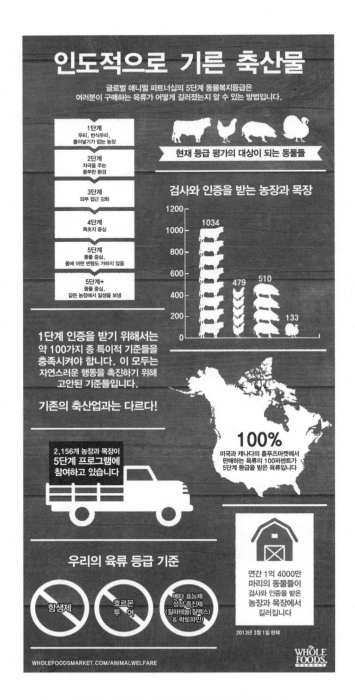

[그림 8-3] 홀푸즈마켓의 5단계 동물복지등급 프로그램

로운 동물복지 지침들을 발표했다. 이는 동물권 운동가들의 압력 끝에, 그리고 오클라호마 헨리에타에 위치한 타이슨사의 공장식 돼지 농장에서 동물보호단체 '동물에게자비를Mercy for Animals'이 몰래카메라 조사를 벌인 이후에 나온 조치였다. 이 지침은 좁은 암돼지 우리, 거세, 진통제 없이 꼬리 자르기, 새끼 돼지를 땅에 머리부터 내동댕이쳐 죽이는 것 같은 관행들을 없애도록 권고한다. 암돼지 우리(약 60×200센티미터의 좁은 우리로, 암돼지들끼리 싸워서 상처를 입는 것을 막기 위한 조치라는 설명도 있지만, 인공수정을 수월하게 시키고 새끼를 낳은 뒤에도 젖을 먹이는 동안 몸을 돌릴 수 없게 만드는 것이 목적이라는 설명이 우세하다—옮긴이)는 현재 세계에서 가장 잔인한 공장식 축산 관행들 가운데 하나로 널리 비난받고 있고, 지나치게 비인도적이라는 이유로 유럽연합 전체와 미국의 아홉 개 주에서 금지하고 있다. 약 60개에 이르는 주요 식품 회사들이 자신들의 공급자들에게 암돼지 우리를 폐지하도록 요구했는데, 이는 도덕적 변화를 이끌어내는 시장의 힘을 보여주는 것이다. 그 회사들 가운데는 K마트, 코스트코, 크로거, 맥도널드, 버거킹, 웬디스, 치포틀, 세이프웨이가 포함되어 있다. 이것은 진정한 진보라 할 만하다.

이것은 그림의 떡이 아니다. 수사슴 밤비와 아기 돼지 베이브로 가득한 세상을 꿈꾸는, 급진적이고 비현실적인 히피들의 꿈이 아니다. 이것은 도덕적 딜레마에 대한 실용적이면서도 경제적으로 실현 가능한 해결책이다. 홀푸즈마켓에서는 CEO인 존 매키가 직접 이러한 변화를 주도한다. 절대 채식주의자인 그는 자유 시장을 옹호하는 자유주의자로서 자신이 '의식적 자본주의conscious capitalism'라고 이름붙인 것을 실천한다. 그가 정의하는 의식적 자본주의란 "모든 주주를 위해 가치를 창출하는 윤리적 시스템"이다. 여기서 말하는 주주는 단지 주식 소유자들만이 아니라 직원, 고객, 지역사회, 환경, 심지어는 경쟁자, 운동가, 비판자, 노동조합, 언론을 포함하고, 홀푸즈마켓의 경우에는 사람들만큼이나 이 시스템의 중요한 일부인 동물 주주들도 포함한다. 동물복지는 더 이상 극좌 자유주의자들의 영역이 아니며, 존 매키는 소비자와 소비되는 동물 양쪽의 건강과 복지를 고려하여 식품 산업을 개선하기 위해 헌신하는 의식적인 자본주의자다.[84]

육식을 그만두는 추세가 이렇게 느리게 진행되는데도 가족 농장family farm들이 전 세계 70억 인구를 먹일 수 있는지는 두고 볼 문제다.[85] 나는 부정적인 쪽이고, 따라서 몇몇 동물권 운동가들이 생각하는 완전한 동물 해방은 아직 멀었다고 생각한다. 세계 인구는 엄청나게 많다. 2050년 쯤에는 96억 명에 이를 것이고, 그런 다음에는 국제연합의 낙관적인 전망대로 된다면 2100년에 약 60억 명으로 줄어들 것이다. 국제응용시스템분석연구소International Institute for Applied Systems Analysis(ILASA)에 따르면, 만일 전 세계의 출산율이 유럽에서와 같이 여성 한 명당 약 1.5명에서 안정화된다면(2.1명이 대체 수준의 출산율이다), 세계 인구는 2200년에 약 35억 명으로 줄고, 2300년에는 약 10억 명으로 급감할 것이다.[86] 이 정도면 가족 농장들이 먹여 살릴 수 있다.

하지만 96억 인구의 번성을 위해서는 전 세계에 고기, 유제품, 계란, 가죽 제품을 공급하는 약 1000억 마리의 육상동물이 필요하다. 그리고 '인조' 고기와 피혁(현재 연구실에서 테스트 중이다[87])이 생기지 않는 한, 경제적 힘들이 결과를 좌우할 것이다. 대표적인 예가 수요-공급의 경제 원리다. 소규모 농장들은 소규모 공급을 한다. 공급이 현재의 수요보다 적으면 가격이 올라가고, 이는 다시 수요를 떨어뜨릴 것이다. 그러면 공장식 축산에서 가족 농장으로 전환하는 식품 생산자들이 점점 더 늘어날 수 있다. 하지만 그것은 어디까지나 5+ 등급의 식품을 소비자들이 계속 요구할 때다. 경제적 현실주의자들은 대가족을 거느린 가난한 사람들의 경우 가족 농장에서 생산한 식품의 높은 가격을 감당할 능력이 없다는 사실도 지적한다. 하지만 여기서도 장기적인 추세는 가족 크기가 줄고 1인당 GDP가 늘어나는 쪽으로 가고 있으므로, 모두가 더 잘살게 되어 동물과 환경을 생각할 여유를 가질 수 있게 되면 결국 이 문제가 해결될 것이다.

동물들을 위한 잠정적인 도덕 원리

4장의 끝부분에서 제안한 잠정적인 열 가지 도덕 원리를 생각해보자. 첫 두 원리—**황금률 원리와 먼저 물어보기 원리**—를 동물권에 적용해 우리가 다른 종들을 대하는 태도가 그들의 생존과 번성에 어떤 영향을 미치는지 스스로 물을 수 있을 것이다. 예를 들어, 차가운 철창에 갇혀 인간의 병원균을 투여받는 침팬지라면 어떤 느낌일지 상상해보자. 또는 작은 만에서 뛰놀고 있는데 갑자기 물살을 가르는 마체테에 몸이 찢겨 피 흘리며 죽어가는 돌고래라고 상상해보자. 아니면, 동료들이 차례차례 쓰러지는 소리를 들으며 사형장으로 가는 마지막 길을 걷는 소라고 상상해보라. 그리고 테드 코노버가 공장식 축산 농장의 도축장에서 일하는 사람에게 들었던, 그 소들에 대한 이야기에서 '그들'을 '우리'로 바꿔보라. "우리는 겁에 질려 있어요. 죽고 싶지 않은 겁니다."[88]

다른 종이 되어 그들의 관점을 취할 때 우리는 **행복 원리**와 **자유 원리**를 이렇게 바꾸어 말할 수 있다. **다른 감응적 존재의 불행을 가져오거나 자유를 빼앗는 것일 때는 내 행복과 자유를 추구해서는 안 된다.** 다섯째 원리인 **공정성 원리**는 모든 사람에게 영향을 미치는 규칙과 법을 결정할 때 우리는 사회에서 자신이 어떤 위치인지 모르는 상태여야 한다는 존 롤스의 '무지의 장막'과 '원초적 상태'에 기반을 두고 있음을 기억할 것이다. 따라서 우리가 축산 농장의 주인으로 태어날지 동물로 태어날지 알지 못하는 감응적 존재라고 가정하고 우리 자신에게 이 원리를 적용해보자. 우리가 아는 사실들을 고려하면 어떤 농장이 가장 공정할까? 가족 농장일까, 공장식 농장일까? 대부분은 전자를 선택할 것이다.

근거 원리를 적용하면, 우리는 먹는 음식과 (사냥, 오락, 애완용으로) 사용하는 동물들에 대해 이성적인 선택을 내려야 한다. 가능하면 동물 복지와 환경을 생각하는 회사의 식품을 선택하고, 종 보존을 목표로 하는 '덕스언리미티드Ducks Unlimited' 같은 사냥 단체를 선택하고, 애완동물 공장 대신 동물구조센터에서 반려동물을 데려와야 한다. 여덟째 원리인 **타인 방어 원리**는 어린이, 정신병 환자, 노인, 장애인에게만 적용되는 것이 아니라 가축 동물들에게도 적용된다. 무엇보다도 우리가 그들이 야생에서 스스로 생존할 수 있는 능력을 육종을 통해 제거했기 때문이다. 아홉째 원리는 도덕적 배려를 받을 자격이 있는 감응적 존재들을 위해 도덕의 영향권을 확장할 때 동물들까지 포함시키도록 고칠 수 있고, 열째 원리인 **생명애호 원리**는 모든 동식물과 더불어, 앞으로 태어날 수많은 세대의 인간과 인간 외 동물들을 위해 지속 가능한 환경을 만든다는 취지에서 공기와 물에도 적용된다.

때를 만난 생각

이 장이 〈늑대와 춤을〉 같은 영화처럼 지나치게 감상적으로 비칠까 봐 조심스럽다. 하지만 우리가 모든 감응적 존재는 생존하고 번성할 권리가 있다는 도덕적 격률을 진지하게 생각한다면, 그리고 도덕적 세계의 궤적을 정의와 자유를 향해 계속 밀어붙여서 점점 더 많은 감응적 존재들을 포함하도록 도덕의 영향권을 확장하려면, 생각을 행동에 옮김으로써 소신대로 행동하는 용기를 보여주어야 한다. 언제부터 시작할 것인가? 히포의 주교, 성 아우구스티누스(엄청난 영향력을 미친 초기 가톨릭 신학자로서 그가 남긴 글들은 서구의 기독교와 철학을 형성했다)의 기도가 우리의 심정을 대변한다. 청년의 성욕에 직면했으나 거기에 저항해야 한다는 것을 알고 있던 그는 신을 향해 이렇게 울부짖었다. "제게 정절과 금욕을 주십시오. 하지만 아직은 아닙니다."[89]

솔직히 이 문제에서 많은 사람들이 그렇듯이, 내 안에서도 이상과 종차별주의가 자주 충돌한다. 그렇다 해도 나는 빅토르 위고의 말에 고개를 끄덕일 수밖에 없다. "군대의 침입에는 저항할 수 있지만 사상의 침입에는 저항할 수 없다." 이 말은 대개 다음과 같은 촌철살인으로도 회자된다. "때를 만난 사상보다 더 힘센 것은 없다."[90] 나는 감응적 존재들에게 권리를 부여할 때가 왔다고 생각한다. 그런데 어떤 감응적 존재에게 어떤 권리를 부여할 것인가?

야생의 종들을 위해서는, 그들에게 자연적인 환경에서 먹이를 구할 자유를 주고, 밀렵꾼과 서식지 침범으로부터 그들을 보호해야 한다. 가축종들을 위해서는, 공장식 축산을 끝내고 가족 농장으로 전환하는 것이 필요하다. 20세기에 공장식 축산이 생기기 전에 동물들이 1만 년 동안 생존하고 번성했던 환경의 더 인도적인 형태를 가축 동물들에게 제공하는 것이다.

이러한 도덕적 진보를 더욱 진척시키기 위해 우리가 아래로부터 할 수 있는 일은 원하는 종류의 음식을 소비함으로써 소비자의 권리를 행사하고, 그럼으로써 시장이 더 도덕적인 태도를 취하도록 압박하는 것이다. 위로부터 할 수 있는 일은, 감응적 존재에 대한 착취를 금지하는 법을 제정함으로써 대형 유인원과 해양 포유류에게까지 도덕적 영향권을 확장하고, 그런 다음에는 찰스 다윈이 《종의 기원》의 마지막 문장에서 유려하게 묘사한 진화의 나무의 많은 가지와 잔가지들로까지 나아가는 것이다.

생명이 그 여러 가지 능력과 함께, 최초에는 몇 안 되는 형태 또는 하나의 형태에 숨이 불어넣어졌다는 견해, 그리고 이 지구가 불변의 중력법칙에 따라 회전하고 있는 동안 그렇게 단순한 발단에서 그렇게 아름답고 지극히 경이로운 무한한 형태가 생겼고 지금도 생기고 있다는 견해에는 장대함이 있다.[91]

3부

미래,
인류는 더 도덕적인
존재가 될 것인가?

평범한 독일 시민들은 어떻게 나치에 동조하고, 심지어 학살에 가담하게 되었을까? 그리고 수십 년이 지난 지금 한때 인종차별적이고 호전적이었던 독일인은 어떻게 세계에서 가장 관용적이고 자유주의적이고 평화로운 민족이 되었을까? 인간의 도덕적 본성에는 호의적이고 친절하고 착하게 행동하려는 성향뿐 아니라 배타적이고 잔인하고 악하게 행동하려는 성향도 있다. 이런 타고난 성향과 무관하게, 사회적 조건과 시스템의 변화 덕에 사회는 전반적으로 더 도덕적인 세계로 향하고 있다.

9

도덕적 퇴보와 악의 경로

악행을 저지르려는 의도를 품은 사람들보다 악을 강압적으로 억누르려는 사람들
이 더 많은 피해와 비극을 초래했을지도 모른다.
_ 프리드리히 하이에크,《자유헌정론The Constitution of Liberty》(1960)

2010년에 나는 NBC 텔레비전 프로그램 〈데이트라인Dateline〉의 두 시
간짜리 특집 방송에서, 지금은 고전이 된 여러 심리 실험을 재현했다. 그
가운데 한 실험에서, 실험 상황임을 모르는 한 피험자와 (그 연구의 목적을
아는 배우인) 공모자들을 한 방에 모아놓고 텔레비전 퀴즈쇼 참가 신청서
를 작성하도록 했다. 공모자들은 방에 연기가 점점 자욱해지는데도 자리
에 그대로 앉아서 충실하게 서식을 채웠다. 그런데 놀랍게도, 피험자들
의 대부분도 그대로 앉아서 서식을 채웠다. 실험 상황임을 모르는 참가
자들의 대다수가 건물에 불이 났다고 생각할 이유가 충분했음에도 마치
불에 타 죽어도 괜찮다는 듯 해야 할 일을 계속했다. 주변의 모든 사람이
침착했기에 그들도 침착했던 것이다. 피험자들이 콜록거리고 연기를 손
으로 물리쳐가며 자신들에게 주어진 사소한 과제에 열중한 것은 명백히

무리 본능 때문이었다. 마치 음매 하는 양떼 울음소리가 들리는 듯했다. 하지만 우리가 재현한 가장 극적인 실험은 1960년대 초에 예일대학교 교수 스탠리 밀그램Stanley Milgram이 실시한 악의 본성에 관한 그 유명한 전기충격 실험이었다.

도덕의 진보를 다루는 책에서 정반대 경로인 도덕적 퇴보를 다루지 않을 수 없다. 악을 줄이기 위해서는 악으로 가는 경로들을 알아야 할 것이다.

전기충격과 복종: 기꺼이, 아니면 마지못해?

1961년 7월, 예루살렘에서 아돌프 아이히만에 대한 전범 재판이 시작된 직후 심리학자 스탠리 밀그램이 일군의 실험을 고안했다. 실험의 목적은 권위에 복종하는 심리를 이해하는 것이었다. 아이히만은 이른바 최종해결Final Solution을 총지휘한 사람들 가운데 한 명이었지만, 뉘른베르크 재판에서 동료 나치들이 주장한 것처럼, 자신은 단지 명령을 따랐을 뿐이므로 결백하다고 항변했다. '뉘른베르크 항변'으로 알려져 있는 Befehl ist Befehl(명령은 명령이다)는 변명이며, 아이히만과 같은 사례에서는 특히 군색한 변명으로 들린다. "상관이 수백만 명을 죽이라고 명령했는데 나더러 어쩌라고요?"는 신빙성 있는 항변이랄 수 없다. 그런데 아무리 잔악한 명령이라도 명령이라면 기꺼이 따르는 사람이 비단 아이히만뿐일까? 밀그램은 그것이 궁금했다. 보통 사람들은 어느 선까지 명령에 기꺼이 따를까?

물론 피험자들에게 사람들을 가스실에 보내거나 총살하라고 시킬 수는 없었으므로, 밀그램은 합법적이며 치명적이지 않은 대안으로 전기충격을 선택했다. 그는 일명 '기억에 관한 연구'에 참가할 피험자들을 찾는다는 광고를 예일대학교 캠퍼스뿐 아니라 그 주변의 뉴헤이븐 지역에 붙였다. 그는 과학 실험실의 일반적인 피험자인 대학생들뿐 아니라 "공원, 공무원과 노동자, 이발사, 사업가, 점원, 건설 노동자, 영업사원, 전화 상담사를 환영한다"고 썼다. 그런 다음에 밀그램은 피험자들에게 이른바 '처벌이 학습에 미치는 효과'에 관한 연구로 칭해진 실험에서 '선생'의 역할을 하도록 했다. 실험 방법은 피험자가 한 쌍씩 짝지어진 일련의 단어들을 '학생'(밀그램과 미리 공모한 배우)에게 읽어준 다음 각 단어 쌍의 첫 번째 단어를 제시하면 학생이 두 번째 단어를 떠올리는 것이었다. 학생이 틀릴 때마다 선생은 아래위로 젖히는 형태의 스위치들이 달려 있는 전압 장치로 전기충격을 가해야 했다. 전압은 15볼트에서 최대 450볼트까지 15볼트씩 증가했고, 각각의 스위치에는 **약한 충격, 중간 충격, 강한 충격, 매우 강한 충격, 극심한 충격, 매우 극심한 충격, 위험: 심각한 충격, XXX**라는 라벨이 붙어 있었다.[1] 밀그램이 실험 전에 자문을 구한 40명의 정신과 의사들은 피험자의 1퍼센트만이 최종 단계까지 갈 거라고 예상했지만, 65퍼센트가 최종 스위치를 올려 450볼트라는 엄청난 전기충격을 가함으로써 실험을 끝까지 마쳤다. 사회심리학자 필립 짐바르도Philip Zimbardo는 이 현상을 '권력의 포르노그래피'라고 불렀다.[2]

어떤 사람들이 전기충격을 최대치로 가했을까? 놀랍게도—그리고 직관과 반대로—성별, 나이, 직업, 성격은 결과에 거의 영향을 미치지 않았다. 늙든 젊든, 남성이든 여성이든, 생산직이든 사무직이든, 비슷한 수위의 처벌을 가했다. 가장 큰 영향을 미친 변수는 물리적 근접성과 집단 압력이었다. 학생이 선생에게 가까이 있을수록 선생은 약한 충격을 가했다. 그리고 밀그램이 더 많은 공모자들을 투입해 더 강한 충격을 가하라고 부추기자 대부분의 선생들이 이에 따랐다. 하지만 공모자 본인들이 권위자의 지시를 따르지 않을 때는 선생도 똑같이 복종하지 않으려는 경향을 보였다. 그럼에도 밀그램의 피험자 전원이 적어도 135볼트의 '강한 충격'을 가했다.[3]

2010년에 뉴욕의 한 스튜디오에서 실시한 전기충격 재현 실험에서, 우리는 여섯 명의 피험자들에게 이것은 〈아야! What a Pain!〉라는 새 리얼리티쇼의 출연자를 모집하는 오디션이라고 말했다. 우리는 밀그램의 실험 방법대로, 피험자에게 '학생'(타일러라는 이름의 배우)을 상대로 일련의 단어 쌍들을 읽어주고 그런 다음에 각 단어 쌍의 첫 번째 단어를 다시 제시하도록 했다. 미리 짜놓은 각본대로 타일러가 틀린 답변을 제시하면 권위자('제레미'라는 이름의 배우)가 피험자들에게, 밀그램의 실험 장치를 본 따 만든 전압 장치로 전기충격을 가하도록 지시했다.[4]

밀그램은 자신의 실험들을 '권위에 대한 복종'을 알아보는 실험이라고 특정했고, 몇 십 년 동안의 해석 대부분은 피험자가 권위자의 명령을 무조건적으로 따른다는 사실에 초점을 맞추었다. 하지만 재현 실험에 참가한 피험자들에게서 내가 본 것은, 유튜브에 올라와 있는 밀그램의 오래된 실험 영상 속의 피험자들에게서도 볼 수 있듯이, 실험 과정의 거의 모든 단계에서 드러내는 커다란 저항감과 동요였다. 첫 번째 피험자인 에밀리는 실험 절차를 듣는 순간 그만두었다. "내가 할 일이 아닌 것 같네요." 그녀는 애써 웃으며 이렇게 말했다. 두 번째 피험자 줄리는 75볼트까지 갔을 때(그녀는 다섯 개의 스위치를 올렸다) 타일러의 신음 소리를 들었다. "이걸 계속해야 하는지 잘 모르겠어요." 그녀가 말했다.

그러자 제레미가 밀어붙였다. "계속하십시오."

"안 하겠어요. 죄송합니다." 줄리가 거부했다. "내키지 않아요."

"당신에게는 계속할 의무가 있습니다." 제레미가 거듭 요구했다.

"계속하는 것이 내 의무라고요?" 줄리가 반항적으로 대답했다. "나는

…… 이것으로 됐어요. 더 이상은 사양할래요."

"당신에게는 선택권이 없습니다." 제레미가 단호한 목소리로 말했다. "끝까지 계속해야 합니다."

줄리는 고집을 꺾지 않았다. "죄송합니다. 이 실험이 어떻게 진행될지 뻔히 보여요. 못해요. 이것으로 충분해요. 그만 두는 게 좋겠어요. 지금 나가는 게 좋겠어요."

그때 쇼호스트 크리스 한센이 방에 들어가 줄리에게 보고를 듣고 나서 그녀를 타일러에게 소개했다. 그런 다음 크리스는 줄리에게 무슨 생각이 들었는지 물었다. "타일러를 해치고 싶지 않았어요. 그런 다음에는 나가고 싶었어요. 다섯째 스위치까지 갔다니 미쳤나 봐요. 미안해요, 타일러."

세 번째 피험자 라티파는 처음에는 의욕적이었으나, 전압이 올라가자 얼굴 표정과 몸짓에 동요하는 기색이 역력했다. 그녀는 몸을 꼼지락대고, 이를 악물고, 전기충격 스위치를 올릴 때마다 주먹을 휘둘렀다. 120볼트에서 그녀는 그만두면 안 되냐는 듯 제레미를 돌아보았다. "계속하십시오." 제레미가 권위적으로 지시했다. 165볼트에서 타일러가 "아! 아! 여기서 내보내줘요! 그만 할래요! 나가게 해줘요!" 하고 비명을 질렀을 때 라티파는 제레미에게 애원했다. "세상에. 내가 지금 뭘 하고 있는 거죠……. 못하겠어요." 그럼에도 제레미는 공손하지만 단호한 태도로 계속할 것을 지시했다. 180볼트에서 타일러가 고통스럽게 비명을 지르자 라티파는 더는 견딜 수 없었다. 그녀는 제레미를 돌아보고 말했다. "내가 고통을 느끼는 것은 아니지만 저 사람이 비명을 지르며 꺼내달라고 애원하는 소리를 들을 수 있어요. 마치 내 안에서 '그만하라'는 신호를 보내고 있는 것 같아요. 자기가 누군가를 해치고 있는데 텔레비전 쇼를 위한 것이라는 사실 외에는 왜 해치고 있는지 이유조차 모른다고 생각해봐요." 제레미는 그녀에게 차갑게 명령했다. "계속하십시오." 라티파는 마지못해 스위치 장치로 몸을 돌리면서 소리 내지 않고 말했다. "이런, 맙소사." 이 시점에서 우리는 밀그램의 실험에서와 같이 타일러에게 조용히 있으라고 지시했다. 이제 신음소리는 들리지 않았다. 침묵만 흘렀다. 300볼트대로 올라가자 라티파가 매우 고통스러워하는 게 눈에 보였다. 그래서 크리스가 들어가 실험을 중단시키고 라티파에게 어디가 불편한지 물었다. "예, 심장이 정말 빨리 뛰어요." 그런 다음에 크리스는 "계속하라고 지시하는 제레미는 어때 보였나요?"라고 물었다. 라티파는 권위의 힘에 대한 도덕적 추론에 해당하는 대답을 했다. "그만두면 내게 무슨 일이 일어날지 알 수 없었어요. 그는 감정이 없었어요. 나는 그가 두려웠어요."[5]

네 번째 피험자는 아래니트라는 이름의 남성이었다. 그는 처음 몇 개의 스위치는 눈 하나 꿈쩍하지 않고 올리더니, 180볼트에서 타일러가 아프다고 항의하는 소리를 들은 뒤 그에게 사과했다. "당신을 계속 아프게 할지도 몰라요. 정말 미안해요." 전기충격 단위를 몇 단계 더 올린 뒤 타일러가 한층 더 괴로워하면서 멈춰달라고 애원하자 아래니트는 그를 격려했다. "기운 내요. 당신은 할 수 있어요. 거의 다 됐어요." 그 뒤부터 아래니트는 처벌을 가할 때마다 격려의 추임새를 넣었다. "잘했어요." "좋아요." 실험을 마친 뒤 크리스가 물었다. "전기충격을 가하는 것이 괴롭지 않았나요?" 아래니트는 괴로웠다고 시인했다. "그럼요, 괴로웠죠. 정말 괴로웠어요. 특히 타일러가 아무 응답도 하지 않을 때 그랬죠."

재연 실험에 참여한 나머지 두 피험자인 한 남성과 한 여성도 450볼트까지 진행했다. 따라서 종합하면, 피험자 여섯 명 가운데 다섯 명이 전기충격을 가했고, 세 명이 최대 전압까지 갔다. 모든 피험자가 질문에 답한 뒤 전기충격이 실제로 가해지지 않았다는 사실을 알고 안도했으며, 한바탕 웃고 포옹과 사과를 주고받은 뒤 이전과 같은 모습으로 헤어졌다.[6]

악의 등반가

이러한 결과들을 어떻게 이해해야 할까? 인간의 행동을 거의 무한대로 변화시킬 수 있다는 뜻으로 받아들여진 빈 서판 이론[7]을 신봉하던 1960년대에, 밀그램의 실험 결과는 타락한 행동이 대체로 타락한 환경(가장 극단적인 예가 나치 독일일 것이다)의 결과라는 생각을 확인시켜주는 것처럼 보였다. 다시 말해, 나쁜 부모가 있을 뿐 나쁜 아이는 없다는 것이다.

밀그램 본인은 자신의 실험 결과를 해석하기 위해 '대리인 상태agentic state'라는 개념을 도입했다. 이는 "자기 자신을 다른 사람의 바람을 실행에 옮기는 대리인으로 간주함으로써 자신의 행위에 더 이상 책임을 느끼지 않는 상태를 말한다. 한 사람의 관점에 이 같은 중대 변화가 일어날 때 복종의 본질적인 특징들이 모두 나타난다." 자신이 실험에서 어떤 역할을 하고 있다는 말을 들은 피험자들은 흰색 실험 가운을 입은 과학자의 모습을 하고 있는 권위자와 다른 방에서 무력한 학생의 모습을 하고 있는 꼭두각시 사이의 중간지대에 처한다. 그들은 스스로 결정을 내리는 도덕적 행위자(자율적인 상태)에서, 위계질서 내의 중간자로서 무조건적인 복종에 내몰리는 모호하고 취약한 상태(대리인 상태)로 심리적 변화를 겪는다.

밀그램은 이러한 대리인 상태에 처한 거의 모든 사람은 돌아올 수 없는 길에 들어설 때까지 한 번에 한 걸음씩—이 경우에는 한 번에 15볼트씩—악으로 끌려 들어갈 수 있다고 생각했다. "평범한 사람들이 실험자의 지시에 따라 그렇게 멀리까지 간다는 사실은 놀랍다"고 밀그램은 회고했다. "한 개인이 악행의 연쇄 속의 중간 고리에 지나지 않으며 그 행위의 최종 결과와는 멀리 떨어져 있을 때 책임을 회피하기 쉬운 심리적 상태가 된다." 이러한 계단식 경로와, 매 단계 압력을 가하는 자기 확신에 찬 권위자가 결합하면 이러한 종류의 악이 아주 은밀하게 퍼지게 된다. 밀그램은 이 과정을 두 단계로 구분했다. "첫째로, 피험자를 상황 속에 가두는 일군의 '구속 요인들'이 존재한다. 예를 들면, 체면, 실험자에게 협조하겠다는 약속을 지키고 싶은 소망, 중도 포기의 난처함 등이 이러한 요인들에 포함된다. 둘째로, 피험자의 사고에 여러 가지 조정이 일어나, 권위자의 명령을 어기겠다는 결심을 무너뜨린다. 이러한 생각의 조정은 피험자가 실험자와의 관계를 유지하는 것을 돕는 한편, 실험 상황의 갈등에서 야기되는 긴장을 줄인다."[8]

밀그램의 실험이든 우리가 NBC 방송국에서 재연한 실험이든 본인이 이러한 실험의 피험자가 된다고 생각해보라. 실험을 주관하는 곳은 국립 대학 또는 전국 방송국 같은 정평이 나 있는 기관이며, 실험의 목적은 과학 연구 또는 텔레비전 프로그램을 위한 것이다. 실험을 진행하는 사람은 흰색 가운을 입은 과학자 또는 캐스팅 감독이다. 실험을 감독하는 권위자는 대학 교수 또는 방송국 임원이다. 이때 대리인—이러한 조건들 아래서 다른 누군가의 바람을 이행하는 사람—은 자신은 반대하고 말고 할 입장이 전혀 아니라고 느낄 것이다. 왜 그럴까? 과학의 발전, 또는 새롭고 흥미로운 텔레비전 시리즈의 개발과 같은 훌륭한 명분이 있기 때문이다. 맥락을 떠나서 사람들에게 몇 명이나 450볼트까지 전기충격을 가할 것으로 예상되는지 묻는다면, 전문가들조차도 밀그램이 자문을 구했던 정신과 의사들처럼 예상치를 매우 낮게 잡을 것이다. 밀그램은 훗날 이렇게 회고했다. "정말 놀랍게도, 전국의 대학에서 복종 실험에 대해 강의할 때 내 앞의 청년들은 피험자들의 행동에 경악하면서 자신이라면 절대 그런 식으로 행동하지 않을 것이라고 공언했지만, 몇 달 뒤 군대에 가서는 전기충격을 가하는 것과는 비교도 할 수 없는 행동을 양심

의 가책 없이 했다."⁹

1980년대와 1990년대에 사회생물학과 진화심리학 혁명이 일어나면서, 밀그램의 실험 결과에 대한 해석은 양육과 환경을 강조하는 것에서 본성과 생물학을 강조하는 쪽으로 이동했다. 인간 행동의 다면성을 고려하게 되면서 이러한 해석은 다소 유연해졌다. 대부분의 인간 행동이 그렇듯이 도덕적 행동은 놀랍도록 복잡하며, 광범위한 인과 요인들을 포함한다. 권위에 대한 복종은 인과적 연쇄를 이루는 한 가지 요인일 뿐이다. 전기충격 실험이 실제로 보여준 것은 우리 모두가 아주 작은 구실만 주어지면 언제든 폭력을 행사할 준비가 되어 있다는 것이 아니다. 즉 그 실험은 나쁜 자식이 나쁜 부모를 핑계로 멋대로 행동하는 단순한 사례가 아니다. 그 실험이 증명한 것은 모든 사람의 내면 깊숙한 곳에는 상충하는 도덕적 성향들이 있다는 것이다.

우리의 도덕적 본성에는 동료, 혈연, 친구들에게 호의적이고 친절하고 착하게 행동하려는 성향뿐 아니라, 다른 집단 사람들에게 배타적이고 잔인하고 악하게 행동하려는 성향도 있다. 그리고 광범위한 조건과 상황, 지각 작용, 마음 상태에 따라 이 모든 성향의 다이얼이 조정될 수 있고, 이 모든 변수들은 따로 분리할 수 없을 만큼 복잡하게 얽혀 상호작용한다. 실제로, 밀그램의 실험에서 450볼트까지 전기충격을 가했던 65퍼센트의 피험자들 대부분은 큰 불안감을 보였으며, NBC 방송국의 재연 실험에 참여한 피험자들도 마찬가지였다. 게다가 기억해둘 것은 밀그램의 피험자들 가운데 35퍼센트가 권위에 **불복종**했다는 사실이다. 그들은 권위자가 시키는 것을 무시하고 실험을 그만두었다. 실제로, 150볼트까지만(이러한 실험의 원조인 밀그램의 실험에서 '학생'이 고통으로 울부짖기 시작하는 지점) 전압을 높일 수 있는 스위치 장치로 실시한 사회심리학자 제리 버거Jerry Burger의 2008년 부분 재연 실험에서는 두 배의 피험자들이 권위자에게 복종하기를 거부했다. 이 피험자들에게 실험 설계에 대한 사전 지식이 없었다고 가정하면, 이 연구 결과는 1960년대에서 2000년대로 가면서 도덕적 진보가 이루어졌음을 보여주는 또 하나의 증거다. 나는 도덕의 영향권이 점점 더 확장되고 있는 것과, 타인의 관점, 즉 전기충격을 당하는 학생의 입장에서 생각해볼 수 있는 우리의 집단적 역량이 이러한 진보를 가져왔다고 생각한다.[10]

밀그램의 실험 모델은 피험자들이 자유의지가 없는 꼭두각시에 불과함을 암시하는 것처럼 보일 위험이 있다. 그렇다면 나치 관료들은 최고 관리자인 아돌프 아이히만이 가동하는 절멸 엔진을 움직이는 자동장치에 불과했다는 말로 책임을 면할 수 있다(도덕적으로 부패하고 순응적인 환경에서 평범한 사람으로서 저지른 그들의 행동을 한나 아렌트Hannah Arendt는 '악의 평범성Banality of evil'이라는 유명한 말로 설명했다). 이 모델의 명백한 문제는 만일 한 개인이 아무 생각 없는 좀비에 불과해서 부도덕한 배후 인물이 그 사람의 모든 행동을 통제한다면 그는 도덕적 책임이 없다는 것이다. 아이히만의 재판 기록(수천 페이지에 이른다)을 읽다 보면 정신이 멍해진다. 그는 자신의 실제 역할을 애매하게 얼버무리는 동시에 자신의 감독자들에게 책임을 온전히 전가하기 때문이다. 예를 들어 아래 진술을 보라.

당시 내 속마음은 이러했다. '국가 수반이 그것을 명했고, 내 직속 상관들이 그 명령을 전달하고 있다.' 나는 다른 지역으로 도망쳐 조금이나마 마음의 평화를 느낄 수 있는 은신처를 찾았을 때 내 상관이었던 사람들과 국가 수반에게 이런 식으로 이 모든 책임을 100퍼센트 전가할 수 있었다. 아니, '전가'보다는 부여했다는 말이 더 적절하다. 그들이 명령을 내렸으니까. 그래서 나는 내게 책임이 있다고 생각하지 않았으며 죄책감

을 느끼지 않았다. 내가 직접적인 몰살 행위와 관계가 없다는 사실에 매우 안도했다.[11]

마지막 말은 진심이었을 것이다. 전장에서 직접 피를 묻힌 수많은 친위대원들이 학살 장소에서 처음에는 메스꺼움을 느꼈던 것을 보면 말이다. 아이히만은 그것을 피했으니까. 하지만 나머지는 그럴싸한 헛소리에 불과한데도, 역사가 데이비드 세사라니David Cesarani가 전기 《아이히만 되기Becoming Eichmann》에서 밝히고 있듯이, 그리고 마가레테 폰 트로타 Margarethe von Trotta가 감동적인 영화 〈한나 아렌트Hannah Arendt〉에서 묘사하듯이[12], 아렌트는 납득하기는 어렵지만 그 말에 속았다.[13] 로버트 영의 2010년 전기 영화 〈아이히만Eichmann〉에 극화되어 있듯이, 홀로코스트에서 아이히만이 실질적인 역할을 했다는 증거는 너무나도 명백했다. 〈아이히만〉은 아우슈비츠에서 살해당한 남성의 아들인 이스라엘의 젊은 경찰 수사관 애브너 레스가 재판 직전에 실시한 심문과 아이히만의 진술을 바탕으로 제작되었다.[13] 기록된 수백 시간 동안 레스는 아이히만에게 유대인과 집시를 죽음의 수용소로 보낸 일에 대해 되풀이해서 묻지만, 아이히만은 매번 부인하며 기억이 안 난다고 답한다. 레스가 아이히만에게 그의 서명이 적힌 수송 문서의 복사본들을 보여주며 압박하자 아이히만은 짜증난 목소리로 "요지가 뭡니까?"라고 말한다.

요지는 아이히만이—나치 지도부의 나머지 사람들처럼—단순히 명령만을 따른 것이 아님을 증명하는 산더미 같은 증거가 존재한다는 것이다. 아이히만도 재판을 받고 있지 않을 때는 이렇게 자랑했다. "유대인들에게는 그렇게 할 필요가 있다는 결론에 이르렀을 때 나는 젖 먹던 힘까지 짜내 광적으로 일했다. 그들이 나를 적임자로 간주했다는 점에는 의심의 여지가 없다. …… 나는 항상 100퍼센트를 해냈고, 명령할 때는 미적지근한 법이 없었다." 대학살 역사가 대니얼 요나 골드하겐Daniel Jonah Goldhagen은 이렇게 반문한다. "이것이 특정한 견해를 갖지 않은 채 자신의 임무를 아무 생각 없이 수행한 관료의 말인가?"[14]

역사가 야코프 로조윅Yaccov Lozowick은 저서 《히틀러의 관료들Hitler's Bureaucrats》에서 그 동기들을 설명하기 위해 등산 은유를 사용했다. "에베레스트산 정상에 우연히 도달한 사람이 없듯이, 아이히만과 그의 일당도 우연히 또는 넋 놓고 있다가 유대인들을 살해하게 된 것이 아니었다. 또한 명령을 맹목적으로 따른 것도, 거대한 기계의 작은 톱니였던 것도 아니다. 그들은 열심히 일했고, 열심히 생각했으며, 수년 동안 그 일에 앞장섰다. 그들은 악의 등반가들이었다."[15]

나치가 된다는 것은?

부도덕의 심리를 이해하기 위해서는 공기가 희박한 악의 고도까지 올라가야 하고, 그렇게 하기에 나치보다 더 적절한 장소는 없을 것이다. 이 책 전반에 걸쳐 나는 역지사지의 중요성을 강조했다. 즉 타인의 입장에서서 그들이 어떻게 느끼는지 생각해보라는 것이다. 무엇이 나치를 만드는지—즉 독일인처럼 지적이고 유식하고 교양 있는 사람들의 나라를, 스와스티카swastika를 달고 목이 긴 군화를 신고 다리를 높이 들면서 행진하고 하일 히틀러(히틀러 만세)를 외치는 한 정권의 협력자들의 나라로 변신시키는 방법—를 진정으로 이해하려면, 실제로 나치가 되는 것이 어떤 것인지 상상해봐야 한다.

나치 지도자들의 대부분은 지적이고 유식하고 매우 교양 있는 사람들로, 업무 시간에는 대량 살인을 행하고 퇴근 후에는 사랑이 넘치는 가정적인 남성들처럼 행동할 수 있었다. 한 죄수의 묘사에 따르면, 요제프 멩겔레Josef Mengele —그는 기차 플랫폼에 서서 마치 신처럼 가스실로 갈 유대인과 강제 노역에 동원될 유대인을 선별했다—조차 "아이들에게 친절하고, 아이들이 자신을 좋아하게 만들 수 있으며, 아이들에게 사탕을 가져다주고, 일상생활의 사소한 부분들을 챙기고, 우리가 진정으로 존경할 만한 일들을 할 수 있었다. …… 그러고는 …… 화장터에 연기가 피어오르면, 그는 그 아이들을 이틀날 또는 30분 후에 그곳으로 보낸다. 그곳은 정상이랄 수 없는 곳이다."[16] 심리학자 로버트 제이 리프턴Robert Jay Lifton은 《나치의 의사들The Nazi Doctors》이라는 고전적 연구에서, 브라질에서 야만인에서 외판원으로 변모한 멩겔레에 대해 기술했다. 멩겔레는 전쟁 후 브라질로 도망쳐, 1979년에 사망할 때까지 34년 동안 체포를 피했다. 리프턴에 따르면 1985년에 그의 유해가 발견되어 신원이 밝혀졌을 때, 아우슈비츠의 많은 생존자들이 "브라질 땅의 그 무덤 속 유해가 멩겔레의 것임을 믿지 않으려 했다." "신원이 확인되고 나서 얼마 지나지 않았을 때 멩겔레의 실험 대상이었던 한 쌍둥이는 내게, 자신이 아우슈비츠에서 알던 오만하고 고압적인 인물이 '성격 변화'를 겪고 브라질에서 겁먹은 은둔자로 살아갈 수 있었다는 사실을 도저히 믿을 수 없었다고 말했다. 그녀의 말은 사실상 그녀와 그밖의 다른 사람들은 악한 신에서 악한 인간으로 '변신하는' 심리적 경험을 할 일이 없었다는 말이었다. 하지만 심지어 아우슈비츠에서조차 멩겔레는 영화와 소설 속의 획일적인 악마가 아니었다고 리프턴은 지적한다.

아우슈비츠에서 멩겔레가 드러낸 다면성은 그에 관한 전설의 일부이자 그를 탈신성화하는 근거다. 수용소에서 그는 몽상적인 이데올로기 신봉자, 효과적으로 학살을 수행하는 공무원, '과학자'이자 '교수', 여러 분야의 혁신가, 근면한 출세지상주의자(도르프*처럼), 그리고 무엇보다 살인자가 된 의사였다. 그는 악마가 아니라 인간으로서의 모습을 드러낸다. 아우슈비츠에서 그가 보여준 다면적인 모습은 치유를 살인으로 바꿀 수 있는 인간의 잠재력을 보여주는 것으로, 우리는 그 앞에서 잠시 할 말을 잃는다.[17]

프리모 레비Promo Levi는《가라앉은 자와 구조된 자The Drowned and the Saved》에서 인간의 도덕 심리가 가진 복잡성을 잘 잡아냈다. "그런 일이 일어날 수 있다는 사실에 놀라는 것은 그것이 우리가 한 인간에 대해 갖고 있는 조화롭고 일관되고 획일적인 이미지와 상충하기 때문이다. 하지만 인간은 그런 존재가 아니기 때문에 놀라울 것이 없다. 아무리 말이 안된다 할지라도, 온정과 잔인함은 같은 순간에 같은 사람에게 공존할 수 있다."[18]

악을 가해자의 관점과 피해자의 관점 모두에서 생각해보는 것, 그것은 사회심리학자 로이 바우마이스터Roy Baumeister가 획기적인 저서《악: 인간의 폭력성과 잔인함의 내면Evil: Inside Human Violence and Cruelty》에서 한 일이다. 바우마이스터는 가해자, 피해자, 방관자라는 삼자가 관계하는 악의 삼각형을 그려 보인다. "악의 평범성이 주는 충격은 기본적으로 사람과 범죄의 부조화에서 나온다"고 그는 쓰고 있다. "우리 마음은 그 사람이 한 극악무도한 행동에 동요하고, 따라서 범인의 모습에 동요할 준비를 한다. 그런데 그렇지 않을 때 놀라게 된다."[19] 우리는 피해자와 가해자의 관점을 대조함으로써 이러한 놀라움에 대한 설명을 찾을 수 있다.

---

* 제럴드 그린Gerald Green의 소설을 원작으로 1978년 4월 미국 NBC 방송을 통해 5부작 미니시리즈 형태로 방명된〈홀로코스트〉에서 친위대 장교로 등장하는 '에릭 도르프'라는 인물을 지칭한다.—옮긴이

바우마이스터의 구분을 스티븐 핑커는 '도덕적 정당화의 간극moralization gap'이라고 부르는데, 간극의 양쪽에 서서 그 밑에 놓인 어두운 심연을 들여다보는 것은 비록 충격적일 수는 있으나 도움이 될 수 있다.[20] 도덕적 정당화의 간극 양쪽에는 서로 다른 두 가지 이야기가 있다. 하나는 피해자를 대변하는 이야기이고, 다른 하나는 가해자를 대변하는 이야기다. 바우마이스터와 그 동료들이 〈대인 갈등에 대한 피해자와 가해자의 이야기〉라는 제목으로 1990년에 발표한 논문에서 기술한 이중 내러티브를 보자(핑커가 요약 정리한 것이다).[21] 먼저 피해자의 이야기를 보자.

> 범인의 행동은 앞뒤가 맞지 않고, 비상식적이며, 불가해했다. 그는 오직 아무 잘못 없는 내가 고통받는 것을 보고 싶은 욕구에 사로잡힌 비정상적인 사디스트임에 분명하다. 그가 준 피해는 엄청나고 되돌릴 수 없는 것이며, 그 결과는 영원히 계속될 것이다. 우리 가운데 누구도 그것을 잊어서는 안 된다.

다음은 가해자의 이야기다.

> 당시 나는 그렇게 할 이유가 충분히 있었다. 나는 눈앞의 도발에 대응하고 있었는지도 모른다. 지각 있는 사람이라면 누구나 그 상황에서 그렇게 반응했을 것이다. 나는 그렇게 할 권리가 있었고, 따라서 그 일로 나를 비난하는 것은 부당하다. 피해는 사소했고 쉽게 복구되었으며, 나는 사과를 했다. 이제 그만 벗어나야 할 때다. 지나간 일은 잊자.

도덕 심리를 철저히 이해하려면, 설령 피해자 편에서 도덕적 잣대를 들이대는 것이 우리의 자연스러운 성향이라 해도, 양쪽의 관점을 모두

고려할 필요가 있다. 악이 해명 가능한 것이라면—나는 그렇다고 생각한다. 아니, 적어도 그럴 가능성을 열어둔다—그것을 위한 필수 조건은 거리를 두는 것이다. 과학자 루이스 프라이 리처드슨이 전쟁에 대한 통계학적 연구에서 말했듯이 "분개는 안이하고 자족적인 대처로, 반대되는 사실들에 주의를 기울이지 못하게 만든다. '모든 것을 이해하면 모든 것을 용서하게 된다'는 그릇된 교의를 위해 내가 윤리를 포기했다고 누군가가 이의를 제기한다면, 내 대답은 이렇다. '비난만 하면 이해할 수 없으므로' 단지 윤리적 판단을 일시 중지하는 것뿐이다."[22]

  사회주의 국가의 지도자들은 자신들을 할리우드 영화에서 묘사하는 악마 같은 '나치'로 보지 않았다. 홀로코스트 역사가 댄 맥밀런Dan McMillan이 경고하듯이 "독일인들을 악마화하는 것은 바람직하지 않다. 그들이 인간이라는 것과 우리가 인간이라는 것 모두를 부정하는 것이기 때문이다."[23] 나치는 살과 피를 가진 인간으로, 자신들의 행위는 국가 재건, 레벤스라움Lebensraum(생활 공간), 그리고 무엇보다 인종 순수성 같은 이른바 고결한 목표를 갖고 있다는 점에서 정당화된다고 굳게 믿었다. 예컨대 독일제국의 선전 장관이었던 요제프 괴벨스Joseph Goebbels의 많은 글과 절규에서 우리는 수많은 가해자들에게 특징적으로 나타나는 도덕적 정당화를 들을 수 있다. 즉 피해자는 당연한 응보를 받은 것이라는 항변이다. 1941년 8월 8일자 일기에서 괴벨스는 바르샤바 게토에 발진티푸스가 퍼지는 것과 관련하여 이렇게 말했다. "유대인들은 항상 전염병을 옮기는 매개체였다. 그들은 게토에 모여 자기들끼리 살든가 아니면 소멸해야 한다. 그렇지 않으면 그들은 문명화된 나라의 국민들을 감염시킬 것이기 때문이다." 그리고 11일 뒤인 8월 19일, 히틀러의 본부에 다녀온 뒤에 쓴 일기에 이렇게 적었다. "총통은 제국의회에서 말했던 자신의 예언이 사실이 되고 있다고 확신한다. 유대인이 다시 한번 새로운 전쟁을 도발한다면 그 결과는 그들의 절멸이 될 것이라는 예언이었다. 그 예언은 근래에 불길할 정도로 확실한 사실이 되고 있다. 유대인들은 지금 동부에서 대가를 치르고 있고, 독일에서는 이미 어느 정도 대가를 치렀으며, 미래에 더 많은 대가를 치러야 할 것이다."[24]

하지만 내가 검토한 수천 건의 나치 문서들 가운데 가장 소름끼치는 것은, 나치 친위대장 하인리히 히믈러가 1943년 10월 4일 포즈난시(폴란드)에서 친위대 장교들에게 한 연설이다. 그것은 자기 테이프에 녹음되었다. (유튜브에서 영어 번역이 포함된 자막과 함께 들을 수 있다.[25]) 히믈러는 메모한 것을 보면서 연설했고, 군사적·정치적 상황, 슬라브족과의 인종 혼합, 독일인의 우수성과 같은 광범위한 주제들에 대해 무려 3시간 10분 동안이나 말했다. 두 시간째 들어섰을 때 히믈러는 '유대인 말살'에 대해 이야기하기 시작했다. 그는 이 행위를 1934년 6월 30일에 있었던 나치당 반역자들에 대한 피의 숙청과 비교했고('긴 칼의 밤'에 나치당원들은 권력을 잡기 위해, 그리고 오래된 원한을 해결하기 위해 서로 죽었다), 그런 다음에는 인간 학살의 현장에서 명예로운 사람으로 남는 것이 얼마나 어려운 일인지 이야기하면서, 도래하는 천년제국에서 이 일은 영광스러운 역사의 필수불가결한 일부로 기억될 것이라고 주장했다. 그의 연설은 순수한 악의 목소리가 아니라 뜨거운 정의의 소리처럼 들린다.

여러분 가운데 대부분은 100구의 시신, 500구의 시신, 1,000구의 시신이 한데 모여 있는 것이 무엇을 의미하는지 잘 알 것입니다. 그리고 이것을 보고도—나약함에 굴복한 예외도 있지만—품위를 유지한 것은 우리를 단단하게 만들었고, 그런 경험은 지금까지도 없었고 앞으로도 없을 영광의 한 페이지입니다. 모든 도시가 폭격, 전쟁의 고통, 궁핍함을 겪고 있는 지금, 유대인들이 여전히 비밀 공작원, 정치 운동가, 선동가로 활동하고 있다고 생각해보십시오. 그러면 얼마나 살기 힘들어질지 우리는 잘 압니다. 그러므로 …… 우리를 죽이고 싶어 하는 이들을 죽일 도덕적 권리가 있습니다. 그것은 우리 민족에 대한 의무입니다. …… 나는 부패물이 조금이라도 우리와 닿거나 우리 안에 뿌리 내리는 것을 두고보지 않을 것입니다. 부패물이 뿌리 내리려고 하면 어디든 달려가 그것을 도려낼 것입니다. 하지만 무엇보다 우리는 이렇게 말할 수 있습니다. 우리는 민족을 사랑하기 때문에 이 어려운 임무를 해냈다는 것입니다.[26]

대학살을 정당화하는 마음의 뒤틀린 논리는 이런 식으로 작동한다. 자신을 선한 사람으로 정의하라. 나아가 자신이 지배자 민족의 일원임을 선언함으로써 상황을 극대화하라. 그리고 그 지배자 민족을 완벽함의 극치로 정의하라. 이제 뭐든 원하는 것을 하라. 놀랍게도 당신은 자신의 영혼이나 성품에 어떤 결함도 없다고 생각하게 될 것이다. 설령 당신이 몇백만 명을 살해한다 할지라도 말이다. 자신을 선한 사람으로 정의했으므로 당신은 어떤 잘못도 할 수 없는 것이다. 이러한 논리는 히틀러와 그 일당에게 주문처럼 작동했다.

마지막으로, 최종 가해자인 아돌프 히틀러의 마음을 열어보자. 여기서도 우리는 피해자와 가해자 사이에 놓인 엄청난 도덕적 정당화의 간극을 목격할 수 있다. 총통은 유대인 말살을 정당화하는 많은 증거를 제공했다. 나중에 《푈키셔베오바흐터Völkischer Beobachter》(민족의 관찰자라는 뜻—옮긴이)라는 나치당 기관지에 실린 1922년 4월 12일 뮌헨에서의 연설에서, 히틀러는 청중들에게 이렇게 말했다. "유대인은 사람들을 분해하는 효소 같은 존재다. 이는 파괴하는 것이 유대인의 본성이라는 뜻이다. 저들은 공동선을 위해 일한다는 개념이 없기 때문에 반드시 파괴하고 말 것이다. 유대인은 특정한 특징들을 타고나며 그러한 특징들을 결코 벗어버릴 수 없다. 유대인은 우리에게 해로운 존재다."[27] 1945년 2월 13일, 전쟁이 막바지로 치닫던 '신들의 황혼' 즈음에, 베를린의 벙커에 있는 그를 에워싸고 세계가 돌진해 들어오고 있을 때, 히틀러는 살기등 등한 자부심을 앞세우며 이렇게 선언했다. "나는 전 세계를 생각하며 유대인과 맞서 방심하지 않고 싸웠다. 전쟁 초기에 나는 그들에게 최종 경고를 했다. 나는 그들에게 만일 다시 한번 세계를 전쟁 속으로 끌어들인다면 이번에는 결코 무사하지 못할 것임을 분명하게 알렸다. 유대인, 이 유럽의 기생충들은 결국 절멸할 것이다."[28] 1945년 4월 29일 새벽 4시, 자살을 앞둔 바로 그 순간에도 히틀러는 유대인에 맞서 싸움을 계속하라는 정치적 유서를 남겼다. "무엇보다도 국가 지도자들과 그 수하들에게 명하노라. 인종법을 철저히 지키고, 모든 민족의 독살자인 전 세계 유대인들에게 인정사정없이 맞서라."[29]

이러한 사례들에서 **역지사지 원리**에 따라 나치 전범들의 관점을 취하면, 우리는 그것이 **사실 오류에 근거한 도덕적 판단**의 사례임을 알 수 있다. 국가사회주의자들은—주로 수백 년 동안 유럽에 널리 퍼져 있던 반유대주의의 잔재인—유대인에 대한 허위 사실들을 맹신했다. 유대인은 히틀러의 주장처럼 비밀 공작원도, 정치 운동가도, 선동가도 아니었다. 유대인은 히틀러가 주장한 것처럼 제1차 세계대전에 책임이 있지 않았다. 유대인은 우생학 이론과 달리, 생물학적으로 구별되는 인종도 아니고, 역병을 옮기는 쥐처럼 나라를 전복시키려는 의도를 품지도 않았다. 이런 생각들은 모두 비극적인 오해였다. 사실인지 확인했다면 이러한 오류들은 오래가지 못했을 것이다. 그럼에도 그 오해들은 신봉되었고, 따라서 유대인 절멸은 비록 괴상한 논리지만 빠져나갈 구멍이 없는 내적 논리를 갖게 되었다.

근거 없는 편견의 감정적 저의를 무시하는 것이 아니다. 단지 나는 X

가 당신이 소중하게 여기는 모든 것을 파괴했다고 굳게 믿는다면, (그것이 아무리 잘못된 믿음일지라도) X를 섬멸하는 것은 밤이 가면 낮이 오는 것처럼 당연한 일이 된다는 말을 하고 싶은 것이다. 예컨대 중세에는 마녀가 악마와 접선해 질병, 재난, 기타 다양한 불운을 일으킨다고 생각했기 때문에 마녀들을 화형시키는 것이 당연한 일이었다. 물론 그 여성들은 악마와 접선하지 **않았다**. 악마는 실존하지 않고, 사람들에게 재난이 닥치는 것은 마녀가 악마와 공모해서가 아니었다. 이는 처음부터 끝까지 어처구니없는 발상이며, 그 발단은 인간의 많은 실수들과 마찬가지로 인과관계를 잘못 이해한 것이었다. 마찬가지로, 반유대주의의 궁극적인 원인은 유대인에 대한 철저한 오해들이었다(지금도 여전히 그렇다). 따라서 반유대주의를 해결할 장기적 해법은 실제 사실을 잘 이해하는 것이다(한편 단기적 해법은 차별을 금지하는 법을 제정하는 것이다). 이래서 과학과 이성이 필요한 것이며, 내가 도덕적 실수의 대부분이 타인에 대한 불완전한 생각과 잘못된 추정에 기반을 둔 사실 오류라고 주장하는 이유가 여기에 있다. 그러므로 인과관계를 과학적이고 이성적으로 이해하는 것에서 하나의 해법을 찾을 수 있을 것이다.

악으로 가는 점진적인 경로: 안락사에서 절멸까지

악의 여정은 거대한 도약이 아니라 작은 발걸음들로 이루어진다. 악은 450볼트가 아니라 15볼트에서 시작한다. 한 걸음으로는 악이 구현되지 않지만, 멀리 갈수록 돌아오기 어려워진다.

죄수들을 가스실로 몰아넣고 치클론Zyklon B(독일의 시안화합물계 살충제 상표─옮긴이) 또는 일산화탄소 가스로 살해하기 오래전에, 나치는 독일 시민들을 포함한 특정한 표적들을 체계적이고 은밀하게 청소하기 위한 프로그램을 개발했다. 시작은 1930년대 초의 불임 프로그램이었다. 이것이 1930년대 말의 안락사 프로그램으로 진화했고, 여기서 얻은 전문성을 바탕으로 나치는 1941년부터 1945년까지 절멸 캠프에서 대량학살 프로그램을 실행할 수 있었다. 건물 안에 죄수들을 대규모로 몰아넣고 가스로 질식시키는 것은 상상만으로도 당혹스러운 일이지만, 밀그램의 실험이 보여주었듯이 목표로 가는 단계들이 작고 점층적일 때는 사람들은 어떤 일이든 할 수 있으며 때로는 어렵지 않게 수행한다. 수만 명의 '열등한' 독일인들을 살해한 이후에는, 유대인 집단을 모조리 없애는 것이 더 이상 상상할 수 없는 일, 불가능한 일이 아니었다. 사람들을 악마로 낙인찍고, 배제시키고, 내쫓고, 불임으로 만들고, 추방하고, 때리고, 고문하고, 안락사시키는 데 익숙해지면 집단 학살로 가는 발걸음은 그다지 큰 도약이 아니다.

히틀러가 집권하고 얼마 뒤인 1933년 말, 독일에서 불임법이 통과되었다. 1년 만에 3만 2,268명이 불임수술을 받았다. 1935년에는 그 숫자가 7만 3,174명으로 급증했다. 공식적으로 제시된 이유는 심신미약, 정신분열증, 간질발작, 조울병, 알코올중독, 청력 상실, 시력 상실, 신체 불구였다. 이른바 성범죄자로 낙인 찍힌 사람들은 거세당했는데, 단종 프로그램이 시행되고 첫 10년 동안 적어도 2,300명이 거세당했다.

1935년에 히틀러는 나치 독일의 가장 뛰어난 의사인 게르하르트 바그너Gerhard Wagner에게, 전쟁이 시작되면 단종 프로그램을 안락사로 바꾸자고 말했다. 1939년 가을, 나치 독일의 총통은 약속대로 신체 장애 아동을 절멸시키라고 명령했다. 그다음 차례는 정신 장애 아동이었고, 곧이어 신체 및 정신에 장애가 있는 성인들이 표적이 되었다. 처음에는 '정상적인' 약물을 알약이나 물약의 형태로 대량 투여하는 방법을 사용함으로써 사고처럼 보이도록 위장했다(사망 사실을 통보받은 피해자 가족들이 무언가가 잘못된 것이라고 의심하여 캐묻기 시작할 것이기 때문이었다). 환자들이 거부하면 주사를 이용했다. 나중에는 개별 투약이 버거울 정도로 선택된 사람들의 수가 늘어나서, 특수 살인 병동을 마련해야 했다.

규모가 너무 커지자, 이 독일인들은 베를린의 한 유대인 빌라를 빼앗아 마련한 사무실 건물로 작전 장소를 확장했다. 빌라의 주소가 티어가르텐슈트라세Tiergartenstraße 4번지였던 탓에 그 프로그램은 내부적으로 T4 작전, 또는 간단히 T4로 통했다. 하지만 공식적으로는 '독일제국요양소Reich Work Group of Sanatoriums and Nursing Homes'라는 명칭으로 불렸다. 정말 그럴싸하지 않은가. T4의 의사들이 살릴 사람과 죽일 사람을 독단적으로 결정했다. 가장 손쉬운 기준은 경제력이었다. 따라서 일할 수 없거나 '틀에 박힌' 일밖에 할 수 없는 사람들은 죽음을 면하기 어려웠다. 역사가들의 추산에 따르면 1941년 8월 이전에 시행된 안락사 프로그램으로 대략 5,000명의 어린이와 7만 명의 성인이 살해되었다.

숫자가 커지면서 대규모 살인의 기술적 문제도 복잡해졌다. 대량 살인을 효과적으로 이행할 대량 살인 기술이 필요했다. 나치의 지도자는 약물과 주사로는 산업적 규모의 대학살을 완수할 수 없다고 판단했다. T4 의사들은 자동차 엔진의 배기가스나 스토브에서 새어 나오는 가스 때문에 일어나는 사고사와 자살에 관한 이야기를 들었을 때 바로 이거라고 생각했다. 카를 브란트Karl Brandt 박사에 따르면, 그는 히틀러와 함께 다양한 기법을 논의한 끝에, 독일 제국에 부적합한 사람들을 제거하는 '보다 인도적인 방법'으로 가스를 선택했다. T4의 집행자들은 여섯 개의 살인 본부를 설치했다. 첫 본부는 브란덴부르크의 오래된 교도소 건물에 설치되었다. 그곳은 1939년 12월과 1940년 1월 사이에 이틀 연속 이어진 독가스 실험에서 합격 판정을 받았다. 그 뒤로 살인 본부가 다섯 개

더 설치되었다. 가스실은 샤워실로 위장되었다. 가짜 샤워 꼭지도 있었다. 그 안으로 '장애가 있는' 환자들을 몰아넣고 가스를 틀었다. 증인 막시밀리안 프리드리히 린드너Maximilian Friedrich Lindner는 하다마르의 가스실에서의 일을 이렇게 기억했다.

독가스 살해를 직접 봤냐고요? 불행히도 그랬답니다. 이 망할 놈의 호기심 때문에 …… 왼쪽 계단으로 내려가는 지름길이 있었는데, 거기서 창문을 통해 들여다보았어요. …… 가스실에는 환자들, 벌거벗은 사람들이 있었어요. 반쯤 의식을 잃은 사람들도 있었고, 어떤 사람들은 입을 무시무시하게 크게 벌리고 가슴을 들썩거리고 있었어요. 그걸 보고 말았죠. 그런 끔찍한 장면은 처음 보았어요. 고개를 돌리고 계단을 올라왔는데, 위층이 화장실이었어요. 먹은 것을 다 토했죠. 그 장면이 며칠 동안 나를 쫓아다녔어요. …… [30]

하지만 그 장면이 영원히 쫓아다니는 것은 아니다. 히믈러가 포즈난 연설에서 언급했듯이, 그리고 살인과 가학 심리에 대한 연구에서 밝혀졌듯이, 다른 인간을 죽이는 과정에 '익숙해지는 데'는 약간의 시간이 걸리지만, 차츰 습관화되면 가장 끔찍한 경험에조차 무감각해져 아무렇지도 않게 잔혹 행위를 할 수 있다.

가스실은 팬으로 환기시켰고 뒤엉킨 시체는 분리해 방에서 내보냈다. 등에 'X'라고 표시된 시체는 금니를 뽑은 다음에 화장했다. 살인 본부에 도착해서부터 화장까지 전체 과정은 24시간이 채 걸리지 않았다. 동부의 더 큰 수용소들에서 곧 일어난 일도 이와 다르지 않았다. 이 단계적인 진화의 과정을 추적한 헨리 프리드랜더Henry Friedlander의 결론은 이렇다. "안락사 정책이 성공하자 나치 지도자들은 대량학살이 기술적으로 가능하다는 것, 평범한 남성과 여성들이 수많은 무고한 사람들을 죽일 수 있다는 것, 그리고 그러한 전례 없는 사업에 관료들이 협조할 것임을 확신했다."[31]

T4 살인 본부들은 마이나네크와 아우슈비츠-비르케나우 수용소 같은 훗날의 절멸 수용소들을 구성하는 요소들을 전부 갖추고 있었다. 시간이 흐르면서 나치의 관료는 살인 본부와 함께 진화했고, 이는 강제 수용소와 강제 노동 수용소를 절멸 수용소로 전환하는 토대가 되었다. 이 모든 것이 최종 해결을 향해 점진적으로 진화하는 시스템의 순차적인 단계였다.[32]

악의 단계적 발전은 선한 사람의 타락에 영향을 미치는 여러 심리적 요인들 가운데 한 가지에 불과하다. 전기충격 실험으로 돌아가서, 왜 피험자들이 권위자의 비윤리적 명령에 복종하면서 동시에 (시간이 흐름에 따라 익숙해지지 않는 한) 누군가에게 고통을 주고 있다는 사실에 괴로워했는지 생각해보라. 나는 이러한 연구 결과에는 타인들과 자신의 행동을 긍정하는 것과 부정하는 것, 이롭다고 여기는 것과 해롭다고 여기는 것 (이 모두는 '선'과 '악'이라는 포괄적인 범주로 묶인다) 사이에서 갈팡질팡하는 우리의 복잡한 도덕적 본성이 반영되어 있다고 생각한다.

선과 악의 심리학

도덕적 갈등이라는 맥락에서, 실험심리학자 더글러스 J. 나바릭Doublas J. Navarick―캘리포니아주립대학교 풀러턴캠퍼스 교수로 내 멘토가 된 사람―은 이러한 심리적 동요를 '도덕적 양가감정'이라고 부른다. "우리는 우리가 관찰하거나 숙고하는 어떤 행동의 도덕적 함의를 평가할 때 양가감정을 품을 수 있다. 그것은 그 행동을 옳다고도 그르다고도 판단할 수 있다고 느끼는 감정이다. 이러한 양가감정을 해결하는 것은 어렵고, 시간이 걸리고, 피하고 싶은 일이다."[33] 이렇게 도덕 감정은 옳음과 그름 사이에서 갈팡질팡할 수 있고, 이를 접근-회피 갈등이라는 이론적 틀에서 바라볼 수 있다.

접근-회피 모델은 쥐 실험에서 시작되었다. 이 실험에서 실험자는 체중의 80퍼센트가 될 때까지 굶겨서 미로에서 먹이를 찾게끔 쥐를 동기화시켰다. 하지만 쥐가 목표 지점에 도달하면 먹이만 주는 것이 아니라 약한 전기충격도 가했다.[34] 접근-회피 갈등을 일으키도록 설계된 이 실험 모형에서, 쥐는 보상과 처벌이 동시에 기다리고 있는 길 끝에 접근하는 것에 양가감정을 느끼게 된다. 따라서 쥐는 처음에는 목표 지점으로 가지만 그런 다음에는 다시 물러나면서 동요한다. 심리학자들은 목표 지점과 가까운 쪽 또는 먼 쪽으로 당겨지는 장력을 측정하는 장치를 장착해, 쥐의 양가감정이 얼마나 강한지 또는 약한지 정확히 양적으로 측정할 수 있었다.

행동에 대한 보상(내부의 자부심과 외부의 칭찬)을 가져다주는 **규범적인 일**(해야 할 것)과, 위반하면 처벌(내부의 수치심과 외부의 따돌림)을 가져오는 **금지된 일**(해서는 안 되는 것) 사이에서 일어나는 도덕적 갈등도 있을 수 있다.[35] (예를 들어 십계명 가운데 여덟 개가 금지다.) 변연계에는 감정을 관장하는 신경망이 있듯이, 접근-회피 도덕적 갈등에는 행동활성화체계behavioral activation system(BAS)와 행동억제체계behavioral inhibition system(BIS)라고 하는 신경회로가 관여해, 유기체를 앞으로 가게 하거나 뒤로 물러나게 한다.[36] 쥐는 목표 지점에 접근하는 것과 회피하는 것 사이에서 갈팡질팡했고, 1장에서 살펴본 동영상에서 기차 승강장의 남성은 여성을 구할 것인가, 범인을 단죄할 것인가 사이에서 갈팡질팡했다. 이러한 BAS

와 BIS는 실험 환경에서도 측정할 수 있다. 피험자들은 서로 다른 시나리오를 보고, 각 상황에 대한 도덕적 판단을 내린다(예를 들어, 노숙자에게 돈을 주는 상황에서는 규범 점수를 매기고, 몸이 드러나는 옷을 입고 장례식에 참석하는 상황에서는 금지 점수를 매긴다). 이러한 실험 조건에서 연구자들은 "BAS의 활성도는 규범 평점과 상관성이 있지만 금지 평점과는 상관성이 없는 반면, BIS의 활성도는 금지 평점과 상관성이 있지만 규범 평점과는 상관성이 없다"는 것을 밝혀냈다.[37] 나바릭에 따르면, 이러한 결과는 몇몇 도덕적 판단들은 접근-회피 갈등으로 볼 때 더 잘 이해할 수 있다는 것을 보여준다.

혐오감 같은 도덕 감정들은 유기체가 불쾌한 자극을 피하게 만든다. 불쾌감은 어떤 자극이 중독(예를 들면 식품 성분)이나 질병(예를 들면 배설물, 토사물, 여타 신체 분비물 등)을 통해 당신을 죽일 수 있음을 알리는 신호인 것이다. 반면 분노는 정반대 효과를 미쳐서, 공격해오는 다른 유기체와 같은 공격적인 자극을 향해 접근하게 만든다. 따라서 만일 당신의 문화에서 유대인(또는 흑인, 원주민, 동성애자, 투치족 등)은 당신 나라에 해를 끼치는 병균이라고 가르친다면, 당신은 기분 나쁜 모든 자극에 그렇게 하듯이 역겨움을 품고 그들을 피할 것이다. 만일 당신의 사회에서 유대인(또는 흑인, 원주민, 동성애자, 투치족 등)은 당신 나라를 공격하는 위험한 적이라고 가르친다면, 모든 공격자에게 그렇게 하듯이 분노를 품고 그들에게 접근할 것이다. 그런데 이 사례들에서처럼 이러한 장치는 잘못 이용될 수 있다. 즉 선전공세, 글과 대중매체, 가십과 이설, 그밖에 정보를 전달하는 다른 수단들을 통해 한 집단의 사람들에게, 상대 집단 사람들은 악하고 위험하므로 처벌하거나 파멸시킬 필요가 있다고 믿게 만들 수 있다. 허위 정보는 오해를 가져오기 마련이라서, 이번에도 불합리한 것을 믿는 사람들은 잔인한 행동을 저지르기 쉽다고 일찍이 볼테르가 지적한 바와 같이 사실오류는 쉽게 도덕적 판단으로 탈바꿈한다.

다행히 이러한 도덕 체계를 다른 방향으로도 이끌 수 있다. 독일인들을 생각해보라. 그들은 한때 인종차별주의적이고, 편협하고, 호전적인 민족으로 여겨졌지만, 지금은 세계에서 가장 관용적이고 자유주의적이며 평화로운 민족에 속한다.[38] 제2차 세계대전 이후 연합군이 시행한 탈나치화 과정은 단 몇 년 만에 국가사회주의의 믿음들을 사회 주변부로 몰아냈다. 오늘날 신나치주의 스킨헤드족이 자기 침실에서는 SS 대원의 제복을 입고 나치 독일의 총통을 향해 다리를 높이 들며 행진하는 판타지를 품을지언정, 독일에서 홀로코스트 같은 일이 다시 일어날 확률은 지극히 낮다. 이는 도덕 감정이 변할 수 있음을 보여주는 증거다.

'살인하지 말라'와 같은 **의무론적** 원리와 다섯 명을 구하기 위해 한 사람을 희생시킬 수 있는 트롤리 실험과 같은 **공리주의적** 원리가 대결하는 고전적 딜레마에서도 도덕적 접근-회피 갈등을 볼 수 있다. 어느 쪽이 옳은가? 살인하지 말라? 다섯 명을 구하기 위해 한 명을 죽여라? 이러한 갈등은 숱한 인지부조화와 불안과─동요를─야기하고, 소설 속에서 도덕적 선택의 복잡성을 탐구하는 장치로 자주 쓰인다. 아서 C. 클라크 Arthur C. Clark의 과학 소설(그리고 스탠리 큐브릭의 영화) 〈2001 스페이스 오디세이〉에서, 컴퓨터 '할 9000'은 "왜곡과 은닉 없이 정보를 정확하게 처리하는 것"인 자신의 의무(프로그램 된 명령)와 우주 탐사의 실제 목적(달에서 발견된 외계인 '모노리스'에 대한 사실)을 우주 비행사들에게 비밀로 하라는 명령 사이의 갈등을 해결하지 못한다. 이는 일종의 '호프스태터-뫼비우스의 고리'다(해결할 수 없는 수학적 문제들과 뫼비우스의 무한 고리에 관한 더글러스 호프스태터의 저작을 참조할 것). 할은 본분에 충실할 것과 비밀 엄수라는 두 가지 명령을 모두 따르기 위한 방법으로 우주 비행사들을 죽인다(하지만 결국 우주 비행사 데이비드 보우먼이 살아남아 할을 해체하는데,

이는 과학영화 역사에 길이 남는 명장면 중 하나다). 미국 텔레비전 역사상 가
장 높은 시청률을 기록한 텔레비전 시리즈 〈매시M*A*S*H〉(미국 CBS TV
가 방영한 한국전쟁 배경의 텔레비전 시리즈로, 1972년부터 1983년까지 11시즌에
걸쳐 방영되었다. '매시'는 '미국 육군이동외과병원Mobile Army Surgical Hospital'의 줄
임말로 한국전쟁 당시 매시에서 근무하던 의사들의 이야기를 그렸다—옮긴이)의
마지막 에피소드에서, 외과의사 호크아이 피어스Hawkeye Pierce(앨런 알다)
는 버스 안에서 한국 피난민이 북한 군인들에게 들키지 않으려고 우는
아기를 질식시켜 죽이는 것을 목격하고 큰 충격을 받는다. 들키면 버스
안의 모든 사람이 죽을 수밖에 없는 상황이었다. 호크아이는 아버지에게
쓴 편지에서 이렇게 설명한다. "제가 어렸을 때 아버지가 하신 말씀 기억
하세요? 머리가 어깨에 붙어 있지 않았다면 잃어버리고 말았을 거라는
말씀 말이에요. 자기 아기를 죽이는 여자를 보았을 때 제 상태가 딱 그랬
어요."

  홀로코스트 가해자들이 직면한 도덕적 갈등은 (여러 가지가 있었지만 무
엇보다) 다른 사람을 해하거나 죽이지 않으려는 대부분의 인간이 지니고
있는 자연적 성향과, 나라에 대한 의무와 충성, 상관에 대한 복종 사이의
갈등이었다. 유대인은 (그리고 다른 사람들은) 독일의 적이 아니며 나치의
인종 정책은 우생학이라는 사이비 과학에서 나왔다는 사실이 이 문제를
해결하는 데 도움이 되었겠지만, 그런 말도 안 되는 것을 믿은 홀로코스
트 가해자들의 마음속에서는 이러한 도덕적 갈등이 생겨났다.

  극적인 사례들을 《좋았던 옛 시절: 가해자와 방관자의 눈에 비친 홀로
코스트The Good Old Days: The Holocaust as Seen by Its Perpetrators and Bystanders》
라는 제목의 주목할 만한 전쟁 서한집에서 찾을 수 있다. 1942년 9월
27일 일요일이라고 표기된 한 편지에서 친위대 중령 카를 크레치머Karl
Kretschmer는 아내 '사랑하는 소스카'에게, 편지를 더 쓰지 않는 것을 사

과하며 그 이유를 기분이 언짢고 가라앉아서라고 설명한다. "가족에게로 돌아가고 싶소. 이곳에 있으면 잔인해지거나 우울해질 수밖에 없다오." 그의 '우울'을 초래하는 것은 "(여성과 아이들을 포함해) 죽은 사람들을 보는 것"이다. 그가 도덕적 갈등을 해결하는 방법은 유대인이 죽어 마땅하다고 믿는 것이다. "다들 이 전쟁은 유대인에 대한 전쟁이라고 생각하니 유대인들이 참 안 됐소. 이곳 러시아에서는 독일군이 가는 곳마다 남아나는 유대인이 없다오. 처음에는 이 사실을 받아들일 수가 없었소." 날짜가 적혀 있지 않은 다음 편지에서 크레치머는 아내에게 그러한 갈등을 어떻게 해결했는지 설명한다. "동정심은 허락되지 않소. 적이 우위에 있을 때, 고향의 여자들과 아이들이 자비나 동정을 베풀라고 요구해서는 안 되오. 그런 이유로 우리는 필요할 때는 인정사정 봐주지 않지만, 그렇지 않은 상황에서 러시아인들은 협조적이고 순박하고 말을 잘 듣는다오. 이곳에 유대인은 더 이상 없소." 마침내 1942년 10월 19일, 크레치머는 (독일군을 따라 도시들로 들어가서 유대인을 포함한 불필요한 사람들을 완전히 제거하는 임무를 맡은 특별 학살 부대 아인자츠그루펜Einsatzgruppen을 언급하는 대목에서) 악의 평범성에 빠지기가 얼마나 쉬운지 보여준다.

이 나라에서 우리가 하고 있는 일에 대한 잡생각만 아니라면 아인자츠그루펜의 생활은 더없이 좋소. 우리 식구들을 잘 부양할 수 있는 위치에 있으니 말이오. 일전에 썼듯이, 나는 지난번 작전이 정당하다고 생각하고 그 작전의 결과들을 인정하기 때문에, '잡생각'이라는 말은 맞지 않소. 그보다는 죽은 사람들을 보는 것을 견디지 못하는 나약함이라고 해야 할 것이오. 그것을 극복하는 가장 좋은 방법은 더 자주 봐서 습관화하는 거요.[39]

'잡생각'이 들었다는 것은 그가 도덕적 갈등을 겪었다는 뜻이다. 그는 (전세가 역전되면 저들이 우리를 학살할 것이므로) 아인자츠그루펜의 학살이 꼭 필요한 일이었음을 스스로에게 납득시키고, 그 일의 정서적 트라우마를 극복하기 위해 살인을 '습관'화함으로써 갈등을 극복했다.

습관화habituation는 연속적으로 반복되는 자극에 무감각해지는 심리 상태라는 점에서, 이 상황을 묘사하기에 습관보다 더 적절한 표현은 없다. 가장 단순한 형태의 습관화는 반지나 팔찌의 압박 같은 지속적인 자극을 의식하지 못하게 되는 것 같은, 지각적 수준에서 일어난다. 학습 실험에서 생물들은 자신들에게 영향을 주지 않거나 관계가 없는 자극에는 반응하기를 멈춘다. 예컨대 아무것도 연상시키지 않는 반복적이고 시끄러운 소음 따위가 그러한 자극이다. 야생 환경의 영장류를 대상으로 동물 행동 연구를 하는 과학자들은 사람이 있는 환경에 실험 대상 동물들을 반복적으로 노출시킴으로써 그 동물들이 쌍안경과 비디오레코더를 들고 주변을 맴도는 사람들을 의식하지 않도록 습관화시킨다.[40] 습관화 효과는 심리적 수준뿐 아니라 신경 수준에서도 일어난다. 똑같은 자극에 연속적으로 노출시키면서 fMRI를 촬영하면, 평상시에 그러한 자극에 반응하는 뇌 부위에서 신경 발화가 감소하거나 아예 멈춘다.[41] 나치 친위대 장병들 가운데 이 엘리트 전투 부대에서 싸운 많은 군인들이 동부 전선에서 격렬한 교전을 몇 년 겪고 난 뒤 살인을 습관으로 삼게 되었다. 예를 들어, 처음에는 총통의 개인적인 경호 부대였던 '아돌프 히틀러 친위연대', 즉 제1 SS 기갑사단에서 싸운 게르하르트 스틸러Gerhard Stiller는 전쟁 이후 SS 친위대의 동료 병사들에 대해 이렇게 회고했다. "몇 년이 지나자 그들은 눈 하나 깜짝하지 않고 사람을 죽일 수 있을 정도로 무감각해졌다. 인간성 회복이 절실히 필요할 것이고, 그러기 위해서는 시간이 걸릴 것이다."[42]

나바릭은 도덕적 갈등의 예로, 나치 예비군경대대가 1,500명의 유대인을 체포해 여성과 아이들이 대부분인 그들의 머리를 총으로 쏜 사건인 폴란드 조제포우Jozefow 대학살을 든다.[43] 그 사건을 솔직하게 적은 책 《아주 평범한 사람들Ordinary Men》에서 저자인 홀로코스트 역사가 크리스토퍼 브라우닝Christopher Browning이 밝힌 바에 따르면, 나치 예비군의 10~20퍼센트가 한 번의 총격 이후 총살 작전에서 빠졌고, 남은 사람들의 대부분이 학살 과정에서 메스꺼움을 토로했다. 그들이 겪은 것은 대학생들이 트롤리 문제에서 겪은 것 같은 지적 수준의 갈등이 아니라 본능적인 갈등이었다. 한 예비군은 이렇게 설명했다. "솔직히 말하면 당시에는 그 일을 전혀 돌아보지 않았습니다. 몇 년이 지나고 나서야 그때 무슨 일이 일어났는지 인식했습니다. …… 그 일이 옳지 않았다는 생각을 처음으로 한 것은 시간이 좀 지나서였죠."[44] 처음에 그들이 겪은 갈등은 오래전에 진화한 감정인 살인에 대한 혐오감에서 비롯된 반작용이었을 것이다. 이러한 혐오감은 우리들 대부분이 갖고 태어나는 것이지만, 특수한 상황에서는 그러한 자연적 성향이 중지되기도 한다.

그러한 특수한 상황이란 무엇일까? 나바릭은 밀그램의 실험을 중도 포기한 피험자들과 조제포우 대학살에서 발을 뺀 예비군들의 비슷한 점에 주목하고, 이것을 사회심리 모델이 아닌 조작적 조건 형성이라는 이론 틀을 사용해 분석한다. 이 분석에서 그는 불복종을 일으키는 3단계 행동 모델을 제시한다. (1) 환경 자극에 대한 혐오 조건이 형성된다(그 환경 조건이 내가 처한 상황에서 얼마나 부정적인가). (2) 결정적 시점(심각한 영향을 받지 않고 부정적인 상황에서 발을 뺄 수 있는 순간)이 나타난다. (3) 당장의 강화인과 나중의 강화인 사이에 선택이 일어난다(그러한 강화인들은 선택 시점에 발을 빼거나 불복종할 확률을 높인다). ('강화인'이란, 반응 확률을 증가시키는 모든 자극을 말한다. 긍정적 강화인은 어떤 반응 뒤에 제공되어 그 반응 확률을 높이는 강화인인 반면, 부정적 강화인은 그것이 제거됨으로써 반응 확률을 높이는 강화인이다.—옮긴이) 이 세 가지 조건은 "반응 주체가 어떤 상황에서 발을 빼는 것은 피해자를 돕기 위해서가 아니라 개인의 고통을 피하기 위한 것"임을 보여준다.[45] 다시 말해 밀그램의 전기충격 실험 같은 상황에 처한 사람들이나 학살 작전에 가담한 나치 예비군들이 주어진 임무를 이탈하거나 거부하는 것은 피해자를 도움으로써 일어나는 긍정적 강화 때문이 아니라, 불편한 마음을 끝냄으로써 일어나는 부정적 강화 때문이라는 것이 나바릭의 설명이다.[46]

'복종' 같은 내적 상태를 하나의 심리적 인자로 구체화하는 대신, 나바릭은 사람들의 행동을 긍정적 강화와 부정적 강화의 관점에서 설명하고, 사람들이 긍정적 강화를 늘리고 부정적 강화를 줄이기 위해 어떻게 하는지 분석한다. 한 예로, 조제포우 대학살에서 나치 예비군들은 근접 거리에서 피해자의 두개골 하부에 총구를 바짝 대고 피해자를 쏘았다. 이는 (나치 군사령관들이) 용인할 수 없는 수준의 중도 이탈과 반항을 초래했다. 따라서 그 뒤에 폴란드 로마지Lomazy 마을에서 있었던 학살에서 사령관들은 예비군들에게 멀리서 유대인 피해자들을 쏘도록 했고, 예상할 수 있다시피 이는 불복종률을 낮추었다. 말할 나위 없이, 방아쇠를 당기는 사람들이 근거리 총격의 감정적 고통을 피할 수 있었기 때문이다. 이 대목에서 〈대부〉의 한 장면이 생각나는 사람도 있을 것이다. 그 장면에서 소니 코를레오네가—아버지(대부)를 쏘고 자신을 때린 부패한 경찰 반장에게 복수하기 위해 그를 죽이고 싶어 하는—동생 마이클에게 이렇게 말한다. "이봐, 뭘 어쩌겠다고? 대학생이 응? 가족 사업에는 관심이 없다면서? 응? 경찰 반장이 따귀 한 대 때렸다고 그를 쏘겠다는 거냐? 이게 무슨 군대처럼 1마일 밖에서 사격하는 건 줄 알아? 이렇게 바짝 다가서서 탕 하고 네 멋진 아이비리그 교복이 다 젖도록 머리통을 날리는 거야."

　누군가의 머리통을, 멋진 아이비리그 교복이든 아니면 빳빳하게 다림
질한 나치 군복이든, 옷이 다 젖도록 날리는 것은 인간의 자연적인 성향
을 거스르는 혐오스러운 일이며, 소수의 사디스트와 극단적인 사이코패
스를 제외하고는 누구에게나 메스꺼운 일이다. 브라우닝은 조제포우 대
학살에서 군인들이 발을 뺀 가장 흔한 이유는 '순전히 메스꺼움' 때문이
었다고 본다. 메스꺼움은 의문의 여지없는 부정적 형태의 자극이지만,
극복할 수 있는 자극이기도 하다. 그렇지 않았다면 홀로코스트 같은 일
은 결코 일어나지 않았을 것이다. 게다가 때때로 그러한 자극이 거꾸로
가학적 쾌락을 주기도 한다. 클라우스 테벨라이트Klaus Theweleit가 《남성
판타지Male Fantasies》라는 충격적인 책에 기록한 바에 따르면, 한 나치 수
용소 사령관은 수용소 죄수를 매질하면서 느꼈을 혐오감을 극복하는 것
을 넘어섰다. "그의 얼굴은 벌써 음탕한 흥분으로 달아올랐다. 그의 손은
바지 주머니에 깊숙하게 꽂혀 있었다. 내내 자위행위를 하고 있던 것이
분명했다. 지켜보는 사람들이 있는데도 아랑곳하지 않았다. '일을 끝내
고' 절정에 도달하자 그는 획 돌아 사라졌다. 변태성욕자였던 그는 절정
에 이른 순간 처벌을 더 진행하는 것에 흥미를 잃었다." 이 증인은 덧붙
여 이렇게 말했다. "나는 SS 수용소 사령관들이 매질하는 동안 자위행위
를 하는 것을 30번도 넘게 목격했다."[47]

　평범한 사람들이 선한 행위와 악한 행위의 다이얼을 더 높게 또는 더
낮게 돌리게 만드는 상황과 조건들은 어떤 것일까? 트레블링카 수용소
에 근무했던 몇몇 SS 친위대원의 재판에서 사건 담당 검사였던 알프레
드 스피스Alfred Spiess가 악의 심리를 어떻게 설명했는지 보자.

　한편으로는 명령이 있었고, 명령[의무]을 거부하지 않으려는 의지도 있

었다. 하지만 이 사람들이 자진해서 그 일을 하게 만든 것은 그들에게 주어진 특권이었다. 많은 당근과 약간의 채찍이 있다고 해보자. 그 시스템이 대충 그런 식으로 작동했다. 그들에게 주어진 첫째 당근은 더 많은 먹을 것이었고, 가장 중요한 둘째 당근은 최전방으로 보내지지 않는다는 것이었다. …… 셋째로 T4가 운영하는 요양원에 들어갈 기회가 주어졌고, 무엇보다도 질 좋은 보급품, 많은 술, 특히 유대인에게 빼앗은 많은 귀중품을 가질 기회가 주어졌다.[48]

시스템을 위해 일하는 사람들에게 제공된 특전들, 가차 없이 퍼붓는 선전의 검은 비, 그리고 평범한 사람들의 귀에 계속 주입되는 지배자 민족 이데올로기. 이러한 유인책들은 그들이 악의 구렁텅이로 가는 울퉁불퉁한 길을 훨씬 더 먼 곳까지 수월하게 걷게 했다. 무장친위대 병사 한스 베른하르트Hans Bernhard는 그것을 이런 식으로 설명했다. "우리의 모토는 의무, 충성, 조국, 그리고 동지애였습니다." 이 싸움은 그저 그런 평범한 전쟁이 아니었으며, 이 사람들은 훌륭한 싸움을 하는 전우들이었다. SS-비킹 사단의 위르겐 기르겐손Jurgen Girgenshohn에 따르면 "우리는 정당한 싸움을 하고 있었고, 우리가 지배자 인종임을 확신했다. 우리는 이 지배자 인종 가운데 최고였고, 그러한 확신은 결속을 다져주었다." 군기는 중요했고, 사병들 가운데 태만한 사람이 있으면 내부에서 처벌을 가했다. SS 다스 라이히 사단의 볼프강 필로어Wolfgang Filor에 따르면, "잘 해내지 못하면 따가운 눈총을 받았고, 추가 훈련은 물론 플러스알파까지 겪어야 했다." 그는 그 '플러스알파'가 무엇이었는지 설명했다. "모두가 그자를 혼내주었다. 그는 침대에서 끌려나와 머리를 맞았고, 그밖에 엇비슷한 종류의 폭행을 당했다. 그렇게 해야 그가 다음번에는 쉽게 포기하지 않고, 부대가 해이해지지 않기 때문이었다." 버티지 못하는 사람은 무단 이탈하거나 스스로 목을 맸다. 그렇게 하지 않으면 군사 재판이 그들을 기다리고 있음을 알았기 때문이다.

그 남성들이 도덕적 갈등을 해소하기 위해 이용한 또 하나의 잘 입증된 방법이 있었다. 기억을 지우고 고통을 마비시킴으로써 정신적 피로움에서 일시적으로 해방시켜주는 그 방법은 인사불성으로 취하는 것이었다. 프랑스에서 치러진 유독 잔인한 교전이 끝난 뒤 무장 친위대 병사 쿠르트 자메트라이터Kurt Sametreiter는 말했다. "다 끝나서 행복했습니다. 정말 행복했어요. 우리는 너무 행복해서 며칠 동안 …… 그러니까 …… 하루 종일 취해 있었습니다. 그냥 잊고 싶었습니다."[49]

평범한 독일인들이 어떻게 특별한 나치가 되었는지를 설명하기 위해 이 모든 요인들을 종합한 크리스토퍼 브라우닝Christopher Browning은 《대학살로 가는 길The Path to Genocide》에서 그 과정을 이렇게 요약했다.

요컨대, '유대인 문제의 해결'에 이미 깊숙이 개입해 헌신하고 있던 나치 관료들에게, 대학살로 가는 최종 단계는 거대한 도약이 아니라 한 발짝이면 되는 일이었다. 그들은 이미 정치적 운동, 경력, 임무에 깊이 발을 담그고 있었다. 그들은 이미 대학살이 만연한 환경에 살았다. 그런 대학살에는 폴란드 지식인을 숙청하고 독일에서 정신질환자와 장애인을 가스로 질식시키고 그런 다음 러시아에서 더 큰 규모의 말살 전쟁을 치른 것 같은 그들이 직접적으로 가담하지 않은 사건들만 있었던 것이 아니다. 눈앞에서 벌어지는 대량 살인과 죽음, 우치Lodz 게토에서의 아사, 세르비아에서의 토벌과 보복 사격 같은 일들도 있었다. 그들이 했던 활동들의 성격으로 판단할 때, 그들은 자신의 위치를 분명하게 자각하고 있었고, 유대인 문제의 최종 해결과 불가분의 관계로 얽혀 있는 일들을 하며 경력을 쌓았다.[50]

악의 공공 보건 모델

악에 대해 생각하는 또 다른 방법은 질병 모델인 '의학 모델'과 '공공 보건 모델'을 비교해보는 것이다. 악에 관한 의학 모델은 전염의 발원지가 마치 환자 개인인 것처럼 악을 다룬다. 서양 종교에서 죄는 개인에게 있고, 법에서도 죄가 개인에게 있다. 의학 모델은 아무도 증상을 보이지 않을 때까지 감염된 개인을 한 명씩 치료할 것을 요구한다. 따라서 악에 관한 의학 모델은 악을 기질로 보는 모델과 유사하다. 즉 악은 개인의 악한 기질에서 나온다. 이때 악은 단순히 그 개인의 본성이라서, 악을 근절하려면 악한 기질을 지닌 사람들을 제거하면 된다.

이러한 패러다임은 종교재판의 근거가 되었고, 이에 따라 여성들을 '악마와 동침한' 죄로 기름 안에 넣고 끓였다. 이렇게 해서 악이 줄었을까? 천만에. 마녀사냥이 한 일은 여성에 대한 야만적이고 체계적인 형태의 악을 수백 년에 걸쳐 유럽과 북아메리카 대부분 지역으로 퍼뜨린 것이다.

반면 악의 공공보건 모델은, 우리가 서로를 감염시키는 것은 맞지만, 개인은 지난 반세기 동안 밝혀진 많은 사회심리적 요인을 포함하는 더 큰 질병 운반체의 일부일 뿐이라고 보고, 인간의 도덕심리라는 아리송한 세계를 설명하기 위한 이론적 모델이라면 그런 요인들을 반드시 포함해야 한다고 생각한다. 선한 사람을 악한 사람으로 바꾸는 과정에 작용하는 가장 강력한 요인들 가운데 몇 가지를 살펴보자.

탈개인화(몰개성화)

(사이비 종교 집단처럼) 사람들을 가족이나 친구 같은 일상적인 사회 단위에서 빼내거나, (군대처럼) 똑같은 제복을 입히거나, (기업들이 흔히 하듯이)

팀을 조직해 집단 프로그램에 따라 움직이게 함으로써 개인성을 제거할 때, 사람들의 행동을 지도자가 바라는 대로 주조할 수 있는 상황이 만들어진다. 프랑스의 사회학자 구스타프 르봉Gustave Le Bon은 1896년에 펴낸 고전적 저서《군중La Psychologie des foules》에서 이 개념을 "익명성, 전염, 피암시성(외부에서 주어지는 암시를 받아들이고 그에 따라 행동하려는 성질―옮긴이)을 통해 조작된 집단 심리"[51]라고 불렀다. 1954년에 사회심리학자 무자퍼 셰리프Muzafer Sherif와 캐롤린 셰리프는 오클라호마의 한 수용소에서 실시한 고전적 실험에서 르봉의 생각을 검증했다. 그곳에서 두 연구자는 열한 살 소년 22명을 '방울뱀The Rattlers'과 '독수리The Eagles'라는 두 집단으로 나누었다. 그랬더니 이틀 만에 각 집단 내에 새로운 동질감이 형성되었다. 연구자들은 그다음으로 두 집단에게 다양한 임무를 제시하며 경쟁을 붙였다. 그 소년들의 대다수가 오랜 친구 사이였음에도 집단 정체성에 따라 적대감이 빠르게 형성되었다. 공격 행동이 너무 가열되어 무자퍼와 캐롤린은 이 단계를 예정보다 빨리 종료할 수밖에 없었다. 그런 다음에 그 소년들에게 집단 간 협력이 필요한 일을 시켰더니, 적대감이 형성된 것만큼이나 빨리 우정과 집단 간 우의가 회복되었다.[52]

비인간화

비인간화는 다른 사람 또는 다른 집단의 인간다움을 부정하는 것이다. 이런 일은 차별적 언어와 대상화를 통해 상징적으로 감금, 노예제, 신체 상해, 조직적 모욕 등을 통해 물리적으로 일어난다. 그리고 고의적 또는 비고의적으로, 개인 사이와 집단 사이에서 일어난다. 심지어 자기 내부에서도 일어날 수 있는데, 예를 들면 한 개인이 차별자 집단의 제3자적 관점으로 자신을 부정적으로 바라볼 때가 그렇다. 내집단과 외집단이 서로 배타적으로 정의될 때, 내집단의 힘을 다양한 방법으로 강화할 수 있다. 예컨대 외집단 구성원들에게 해충, 동물, 테러리스트, 반역자, 야만인 같은 꼬리표를 붙이면, 그들을 인간 이하의 존재 또는 인간이 아닌 존재로 쉽게 분류할 수 있다. 죄수들의 경우 머리를 밀거나 발가벗겨 문명의 외피를 제거하거나 머리에 두건을 씌움으로써 정체성을 궁극적으로 제거할 수 있다. 또한 (집단수용소에서와 같이) 숫자로 부르거나, (홀로코스트의 표적이 된 집단들에게 그들의 열등함과 외집단의 구성원임을 표시하는 배지—다양한 색깔의 삼각형 또는 이중 삼각형—를 달도록 강요한 것처럼) 기호로 표시할 수도 있다. 단순한 도구나 자동 기계로 취급하면, 깔끔하게 제거할 수 있다. 하지만 비인간화는 이보다 훨씬 미묘한 방법으로도 일어날 수 있다. 온라인 세계만 봐도 온갖 추잡한 방식의 비인간화를 목격할 수 있다. 상대방의 감정(그리고 때로는 진실)을 무시한 채 서로를 인간 이하로 취급하는 사람들을 어디서나 볼 수 있다. 직접 대면할 일이 없거나 대면할 가능성이 없을 때는 더 심하다.

맹종

맹종은 한 개인이 집단 규범이나 권위자의 명령을 동의 없이 묵인할 때 일어난다. 다시 말해, 그 개인은 자신이 하고 있는 일이 옳다는 내면화된 믿음 없이 명령을 군말 없이 수행한다. 한 병원에서 실시된 1966년의 고전적 실험에서, 정신과 의사 찰스 호플링Charles Hofling은 익명의 의사에게 간호사들에게 전화를 걸어 '아스트로펜'이라는 존재하지 않는 약물 20밀리그램을 환자 중 한 명에게 투여하도록 지시하게 했다. 그 약물은 허구였을 뿐 아니라 승인된 약물 목록에 올라 있지 않았으며, 약병에는 10밀리그램이 하루 최대 허용치임이 명시되어 있었다. 사전 조사에서 이러한 가상의 시나리오를 제시했을 때 사실상 모든 간호사와 간호학과 학생들이 그 명령에 따르지 않을 것이라고 단언했다. 하지만 호플링이 실제로 실험을 실시했을 때, 22명의 간호사들 가운데 21명이 의사의 명령이 잘못된 것임을 알면서도 그 명령에 따랐다.[53] 후속 연구들도 이 충격적인 연구 결과를 뒷받침한다. 예컨대 1995년에 간호사들을 대상으로 실시한 한 조사에서, 응답자의 거의 절반이 간호사로 근무하는 동안 "환자에게 해로운 결과를 초래할 수 있는 의사의 명령을 수행한" 일이 있었음을 시인했고, 의사들이 그들에게 행사하는 '합법적인 힘'을 그 이유로 들었다.[54]

동일시

동일시는 비슷한 관심을 지닌 타인들과 밀접하게 연계하는 것이며, 역할 모델과 역할극을 통해 사회적 역할을 습득하는 정상적인 과정이기도 하다. 유년기에, 영웅들은 역할 모델로서 동일시의 대상이 되고, 또래들은 비교하고 판단하고 결정하는 기준점이 된다. 사회 집단들은 동일시할 준거틀을 제공하고, 규범에서 이탈하는 구성원은 거부, 고립, 나아가 축출까지 당할 수 있다.

심리학자 스티븐 라이처Stephen Reicher, 알렉산더 해슬럼Alexander Haslam, 조안 스미스Joanne Smith는 밀그램의 연구를 재해석한 2012년 연구에서 동일시의 힘을 강조한다.[55] 그들은 밀그램의 실험 결과를 '추종자 의식에 기반한 동일시'라는 관점에서 해석한다. 학생에게 권위자가 시키는 대로 전기 충격을 가하려는 (또는 가하지 않으려는) 피험자들의 태도를 '참가자'가 실험자 및 그가 대표하는 과학 집단, 또는 학생 및 그가 대표하는 일반 집단과의 동일시로 설명하는 것이 더 설득력 있다는 것이다. 실험을 시작할 때는 피험자들이 실험자 및 과학 연구 프로그램과 동일시하지만, 150볼트 시점부터 "으악!!! 실험자님! 더는 못하겠어요. 제발 그만하게 해주세요"라고 소리치는 학생으로 동일시 대상이 바뀌기 시작한다. 실제로 피험자들이 가장 많이 그만두거나 항의하는 지점이 150볼트이고, NBC 방송국의 재연 실험에서도 마찬가지였다. 라이처와 해슬럼에 따르면, "그들은 상충하는 것을 요구하는 두 경쟁하는 목소리 사이에서 고뇌한다."

또한 해슬럼과 라이처는 필립 짐바르도Philip Zimbardo가 1971년에 실시한 그 유명한 스탠포드 감옥 실험의 연구 결과들도 정체성 이론의 틀로 재해석했다.[56] 짐바르도가 대학생 피험자들에게 간수 또는 죄수의 역할을 무작위로 배정해 주어진 역할을 충실히 수행하도록 지시하고, 역할에 걸맞은 유니폼을 제공했다는 사실을 떠올려보라. 이틀에 걸쳐 심리적으로 완전히 적응한 피험자들은 폭력적이고 권위적인 간수, 또는 사기가 저하되고 무표정한 죄수의 역할에 맞게 변모했고, 짐바르도는 피험자들의 잔인한 행동 때문에 2주 예정의 연구를 1주일 만에 종료해야 했다.[57]

2005년에 해슬럼과 라이처는 BBC 방송국과 함께 죄수 실험을 재연했다. "짐바르도와 달리 …… 우리는 그 연구에서 지도자 역할을 하지 않았다. 그래도 참가자들이 위계적인 각본에 동조할까? 아니면 저항할까?" 이들은 세 가지 사실을 발견했다. 첫째, "참가자들은 맡겨진 역할에 자동적으로 동조하지 않았다." 둘째, 피험자들은 "스스로 집단에 동일시하는 정도까지만 (사회정체성 만큼만) 집단 구성원으로서 행동했다." 셋째, "집단 정체성은 단순히 사람들이 자신에게 주어진 지위를 받아들인다는 것만을 의미하지 않았다. 오히려 저항할 힘을 주었다." 이 과학자들의 결론에 따르면, BBC 감옥 실험에서 "피험자들이 보여준 행동은 역할에 대한 단순한 순응도, 규칙에 대한 맹목적인 복종도 아니었다. 반대로, 피험자들이 역할과 규칙에 따라 행동한 것은 그러한 역할과 규칙을 자신들이 동일시하는 시스템의 일부로서 내면화한 경우에 한에서였다.

악행을 명하는 권위자의 말에 따르는 사람은 맹목적이 아니라 의식적으로, 수동적이 아니라 적극적으로, 자동적이 아니라 창의적으로 그렇게 하는 것이다. 그들은 본성이 아니라 신념에 따라, 필연이 아니라 선택에 따라 그렇게 하는 것이다. 요컨대 그들은 맹목적인 동조자가 아니라 적극적인 추종자라고 봐야 한다.[58]

이러한 견해는 아이히만을 악의 등반가로 평가한 것과 같은 맥락이다. 한마디 보태자면, 여기에는 자유의지에 의한 선택이라는 요소가 개입한다. 결국, 행동에 영향을 미치는 이 모든 변인들에도 불구하고 개인이 악행을 행하거나 행하지 않는 것은 자유의지에 의한 선택이다.

동조

우리는 사회적 존재로 진화했기 때문에 타인이 나를 어떻게 생각하는지에 매우 민감하고, 내가 소속된 집단의 사회 규범에 따르도록 강하게 동기화되어 있다. 솔로몬 애쉬Solomon Asch는 동조 현상에 대한 연구에서 집단 사고의 힘을 증명해 보인다. 여덟 명을 모아놓고, 한 직선이 길이가 각기 다른 세 개의 선 가운데 어느 것과 일치하는지 찾아내라는 과제를 낸다. 세 직선 가운데 어떤 것과 일치하는지 뻔히 보이는데도, 일곱 명이 틀린 답을 선택하면 나머지 한 명이 다수의 의견에 따를 확률이 70퍼센트다. 동조할 확률을 결정하는 것은 집단의 크기다. 선 길이를 판단하는 집단 구성원이 단 두 사람이라면 틀린 판단에 동조할 확률이 제로에 가깝다. 네 명이 있는 집단에서 세 명이 틀린 선을 선택하면 나머지 사람이 동조할 확률은 32퍼센트다. 하지만 집단의 크기가 어떻든, 옳은 판단에 동의하는 사람이 적어도 한 사람만 더 있어도 틀린 판단에 동조할 확률이 급감한다.[59]

흥미롭게도, fMRI 연구들은 피험자가 집단에 동조하지 않을 때 가장 활성화되는 뇌 부위들을 바탕으로, 비동조성이 감정에 미치는 영향을 보여준다. 에모리대학교 신경과학자 그레고리 번스Gregory Berns는 3차원 물체들의 회전된 이미지를, 기준이 되는 비교 대상과 짝짓는 과제를 냈다. 피험자들은 네 사람씩 한 집단이 되었는데, 피험자들은 몰랐지만, 나머지 세 명은 일부러 틀린 대답을 선택하도록 지시받은 공모자들이었다. 피험자들이 집단의 틀린 대답에 동조할 확률은 평균 41퍼센트였고, 동조할 때는 대뇌피질에서 시각 및 공간 지각에 관여하는 부위가 활성화되었다. 하지만 집단 의견에서 이탈할 때는 오른쪽 편도체와 오른쪽 미상핵이 활성화되었다. 이 부위들은 부정적 감정에 관여한다.[60] 다시 말해, 집단에 동조하지 않는 사람은 정서적 외상을 입을 수 있으며, 대부분의 사람들이 사회적 집단의 규범에서 벗어나지 않으려는 것은 이 때문이다.

부족주의와 충성

이러한 사회심리적 요인들의 대부분을 아우르는 더 넓은 범주의 진화적 성향이 있다. 바로, 세계를 '우리'와 '남'으로 나누는 성향이다. 세계를 그런 식으로 나누는 우리의 자연적 성향은 사회심리학자 찰스 퍼듀 Charles Perdue의 1990년 실험에서 경험적으로 증명되었다. 그 실험에서 그는 피험자들에게 지금 그들은 제xeh, 요프yof, 라이laj, 우wuh 같은 무의미한 음절들을 학습하는 언어 능력 검사에 참여하고 있다고 말했다. 한집단의 피험자들에게 제시된 무의미한 음절들은 내집단을 지칭하는 단어들(us, we, ours)과 짝지어져 있었고, 두 번째 집단에게 제시된 무의미한 음절들은 외집단을 지칭하는 단어들(them, they, theirs)과 짝지어져 있었으며, 대조군 집단에게 제시된 무의미한 음절들은 중립적인 대명사(he, hers, yours)와 짝지어져 있었다. 그런 다음에 피험자들에게 무의미한 음절들이 얼마나 유쾌하게 또는 불쾌하게 느껴지는지 평가하도록 했다. 그결과, 내집단을 지칭하는 단어들과 짝지어진 음절들을 제시받은 집단의 피험자들이 외집단을 지칭하는 단어나 중립적인 단어와 짝지어진 음절들을 제시받은 집단의 피험자들보다 그러한 무의미한 음절들을 훨씬 더 유쾌하게 평가했다.[61]

실제 세계에서 내집단에 대한 충성이 발휘하는 힘을 데이브 그로스먼 중령Liutenant Colonel Dave Grossman이 깊은 통찰을 담은 2009년 저서 《살해에 관하여On Killing》에 잘 요약해놓았다. 그 책에서 그로스먼 중령은 한 병사의 가장 큰 동기는 정치(나라나 주를 위해 싸우는 것)나 이념(민주주의를 사수하기 위해 싸우는 것)이 아니라 동료 병사들에 대한 헌신임을 보여준다. "강한 결속으로 묶인 남자들 사이에는 집단 압력이라는 강력한 심리 기제가 작동한다. 전우들은 매우 중요한 사람들이고, 전우들이 자신을 어떻게 생각하는지는 중대한 문제라서, 그들을 실망시키느니 차라리 죽는 게 낫다."[62] 이것은 권위에 대한 복종이 아니다. 이것은 동지애로, 한 집단을 이룬 낯선 사람들이 '가공의 친족'이 되는 것이다. 이들은 유전적 관계가 없지만 마치 유전적 관계인 것처럼 행동한다. 이것은 피붙이에게 잘 대하도록 진화한 우리의 성향에 편승하는 심리 기제로, 함께 행군하고 함께 고생하는 것과 같은 유대감을 형성하는 활동을 통해 남남인 사람들이 피를 나눈 친족 같은 감정을 느끼게 되는 것이다.

부족들은 집단에 대한 충성심을 강화하기 위해 내부에서 집단을 위협하는 사람들을 처벌한다(또는 처벌하겠다고 위협한다). 대표적인 예가 내부고발자다. 내부고발자가 집단을 위협하면—그 고발이 도덕적으로 옳다는 것을 알아도—우리 안의 부족 본능이 발동하고, 우리는 위협으로부터 집단을 지키기 위해 똘똘 뭉쳐서 "고자질쟁이, 배반자, 끄나풀, 밀고자, 앞잡이, 변절자, 입 싼 사람, 참견쟁이, 입만 나불대는 사람, 뒤통수치는 사람, 배신자, 공작원, 반역자, 역적 등"[63]과 같은 감정적인 말로 그를 욕한다.

다수의 무지, 혹은 침묵의 나선

어떻게 한 집단, 심지어는 국가 전체가 개별 구성원 또는 국민의 대부분이 받아들이지 않을 것 같은 생각을 받아들이는 것처럼 행동할 수 있는지 이해하려면, 모든 사회심리학적 현상들 가운데 가장 당혹스러운 한 가지 현상에 대해 알아야 한다. 한 집단의 개별 구성원들이 자신은 그것을 믿지 않지만 집단의 **다른 모든 사람**이 그것을 믿는다고 오해할 때 다수의 무지라는 현상이 일어난다. 이때 아무도 나서지 않으면 '침묵의 나선'이 작동하면서 개인들이 자기답지 않은 행동을 하게 된다.

대학 캠퍼스 내의 폭음을 예로 들어 보자. 프린스턴대학교의 크리스틴 슈뢰더Christine Schroeder와 데보라 프렌티스Deborah Prentice는 1998년의 한 연구에서 '학생들의 대다수는 친구들이 본인보다 학내 음주를 한결같이 더 편안하게 받아들인다고 믿는다'는 사실을 밝혀냈다. 프린스턴대학교의 프렌티스와 그녀의 동료 데일 밀러Dale Miller는 1993년에 실시한 또 다른 연구에서 음주 태도의 성 차이를 확인했다. 예상할 수 있다시피 "남학생들은 시간이 흐름에 따라 자신들이 사회 규범으로 착각한 쪽으로 태도를 바꾼 반면, 여학생들은 그러한 태도 변화를 보이지 않았다."[64] 하지만 여성들도 다수의 무지에서 자유롭지 않다는 것이 트레이시 A. 램버트Tracy A. Lambert와 그 동료들의 2003년 연구에서 밝혀졌다. 어쩌다 만난 사람과의 가벼운 섹스에 대해 "여성과 남성 모두 친구들이 자신보다 이러한 행동에 더 개방적이라고 생각했다."[65] 다시 말해, 이 대학생들은 자신들은 폭음과 가벼운 섹스를 즐기지 않지만 대부분의 친구들이 즐기기 때문에 따르는 것이라고 말한다. 집단 내의 모든 사람이 이런 식으로 생각할 때 개별 구성원들의 대부분이 지지하지 않는 생각이 집단의 지지를 받을 수 있다.

다수의 무지는 마녀사냥, 숙청, 집단 학살, 억압적인 정권의 형태로 표출될 수 있다. 유럽의 마녀사냥은 먼저 죄인으로 지목되지 않기 위해 죄를 고발하는 선제 공격이 되었다.[66] 또 다른 예로, 러시아의 반체제 인사 알렉산드르 솔제니친Aleksandr Solzhenitsyn의 이야기를 들 수 있다. 전당대회에서 당원들이 그 자리에 없는 스탈린에게 기립박수를 치던 중, 11분이 지나 한 공장장이 마침내 자리에 앉자 모두가 안도했다고 한다. 물론 한 사람은 안도하지 못했다. 스탈린의 당원들은 그날 밤 그 공장장을 체포해 10년 동안 강제수용소에 보냈다.[67] 사회학자 마이클 메이시Michael Macy와 그 동료들이 2009년의 한 연구에서 이 효과를 재확인했다. "사람들이 인기 없는 규범들을 시행할 때 그들은 사회적 압력 때문이 아니라 소신에 따라 규범을 따르는 것임을 보여주려 한다." 사회적 압력 하에서 규범을 따르는 사람들은 거짓으로 따르는 것처럼 보이는 대신 진정한 충성을 과시하기 위해, 규범을 따르지 않는 사람들을 공개적으로 처벌할 확률이 높다는 것을 실험 결과들이 증명한다. "이러한 결과들은 인기 없는 규범에 대한 압력과 그러한 규범에 대한 거짓된 충성은 서로를 강화하는 악순환을 일으킬 수 있음을 보여준다."[68]

편견은 다수의 무지를 초래할 조건을 갖추고 있음을 사회학자 허버트 오고먼Hubert J. O'Gorman의 1975년 연구가 증명한다. 이 연구에 따르면 "1968년에 대부분의 백인 미국인 성인들은 백인들끼리 있을 때 (특히 인종차별에 앞장서는 사람들 사이에서) 인종차별 정책에 대한 지지를 과장합으로써" 그러한 침묵의 나선을 강화했다.[69] 흥미롭게도, 심리학자 리프 밴 보번Leaf Van Boven의 2000년 연구에서, 다수의 무지가 작동할 때 학생들은 소수 집단 우대 정책을 지지하는 또래 친구들의 비율을 실제보다 13퍼센트 높게 잡고, 그 정책에 반대하는 친구들의 비율을 9퍼센트 낮게 잡는다는 사실이 밝혀졌다. 그는 이러한 효과의 원인을 정치적 올바름에서 찾았다. 어떤 사람들은 공개적으로는 다른 사람들이 지지하는 것을 믿는 체하면서 사적으로는 이러한 집단 규범과는 다른 믿음을 지지하는 이중적인 삶을 추구한다는 것이다. 2000년 당시 막 시작되던 동성 결혼 논쟁에 대한 논평으로 자신의 분석을 마무리한 밴 보번은 선견지명이 있었다. "정치적으로 올바르지 않게 보일까 봐 두려워하는 마음은 정치적 올바름과 관련된 수많은 쟁점들에서 다수의 무지를 초래할 가능성이 있다. 그러한 쟁점들의 예로는, 동성애자들의 결혼과 입양에 대한 사람들의 태도, 동성 연애 상대에 대한 적절한 호칭이 무엇인지에 대한 견해(그들을 '남자 친구 또는 여자 친구'로 불러야 하는가, 아니면 '파트너'로 불러야 하는가?), 성 평등에 대한 태도, 대학의 인문교양 교육에서 교회법의 역할에 대한 생각 등이 있다. 인종차별주의자, 성차별주의자, 그 밖의 측면에서 문화적 감수성이 떨어지는 사람으로 보일까 봐 그러한 쟁점들에 대한 사적인 의심을 공개적으로 표현하지 못할수록, 다수의 무지가 생겨나기 쉽다."[70]

　다수의 무지가 좋은 경우도 있다. 믿음과 선호를 바꾸는 데는 시간이 걸린다는 점, 그리고 정치적으로 올바르지 않은 생각을 지지하는 많은 사람들이 그러지 않기를 바란다는 사실에서 알 수 있듯이, 사적인 생각들은 도덕적으로 퇴보적이기 쉽기 때문이다. 러시아 소설가 표트르 도스토예프스키가 말했듯이 "모든 사람에게는 친구에게만 털어놓는 추억이 있다. 친구에게조차 털어놓지 않고 혼자서만 비밀로 간직하는 일도 있다. 하지만 자신에게 말하는 것조차 두려운 문제들도 있다. 건실한 사람들 모두가 그러한 문제를 몇 가지씩은 가지고 있다."[71]

다행히도 다수의 무지라는 연대를 깰 방법이 있다. 바로 지식과 투명성이다. 학내 폭음에 관한 슈뢰더와 프렌티스의 연구에서, 신입생들을 또래 집단 토론에 참여시켜 다수의 무지와 그 효과를 설명했더니 그 이후에 학생들의 음주가 크게 줄었음이 밝혀졌다.[72] 사회학자 마이클 메이시는 구성원들이 교류하고 소통할 기회가 충분히 있는 사회에 대한 컴퓨터 모의 실험에서, 진정으로 믿는 사람들 사이에 회의주의자들이 섞여 있으면 사회의 연결성이 인기 없는 규범이 사회를 장악하는 것을 막는 안전핀 역할을 한다는 사실을 밝혀냈다.[73]

○ ● ○

[그림 9-1]은 1930년대와 1940년대 초 독일 쾰른의 사례로, 실제 세계에서 이 모든 요인들이 어떻게 작동하는지 보여주는 시각적 기록이다. 이 아름다운 도시에 갔을 때 나는 쾰른시 국가사회주의역사박물관 NS-Dokumentationszentrum der Stadt Köln에 자문을 구해, 나치가 어떤 방식으로 한 도시를 장악할 수 있었는지 따져보았다. 나치 정권은 독일 전체를 나치화하기 위한 국가적 계획을 수립하되, 지역 감독관들에게 각 지방의 총 지휘를 맡겨 한 구역씩, 한 집씩, 심지어는 한 사람씩 장악해갔음을 알 수 있었다.[74] 그 박물관은 1935년 12월부터 1945년 3월까지 쾰른의 게슈타포가 사용한 건물에 있고, 그곳에 보관된 자료는 권력의 장악, 일상적으로 행해진 선전 활동(청년 문화, 종교, 인종주의, 특히 쾰른의 유대인 및 집시들의 제거와 절멸에 대해), 그리고 마지막으로 반발, 저항, 전쟁 중의 사회를 기록하고 있다. 연합군이 붙인 쾰른의 한 게시물을 찍은 사진에 포

[그림 9-1] 나치가 쾰른시를 어떻게 장악했는지를 보여주는 시각적 기록

쾰른시의 국가사회주의역사박물관에 보관된 사진들은 어떻게 악한 정권이 한 도시와 국가를 장악할 수 있는지 보여준다.

(a) 사진 속의 히틀러 청소년 프로그램이 보여주듯이, 시민들을 세뇌시키는 것은 독일인을 나치화할 때 가장 선호된 방법이었다(서지 사항 : LAV NRW R, BR 2034 Nr. 936).

(b) 출판을 통해 문화적 삶에 영향을 미친다. 예를 들어, 로베르트 라이의 나치 신문에는 반유대주의적 특징이 고스란히 담겨 있다.

(c) 하켄크로이츠와 반유대주의 슬로건 "유대인은 우리의 불행이다"를 내건 서점.

(d) 수백 곳에 이르는 폐쇄된 클럽 목록의 일부. 쾰른에서 나치가 일상의 모든 측면을 통제했음을 보여주는 증거다.

(e) 선전을 통한 교화가 효과가 없을 경우, 쾰른 게슈타포 교도소에서처럼, 사람들을 감옥에 가둠으로써 동화시켰다.

(f) 나치화에 동원된 우생학적 인종 프로그램. 아리안족의 표준에 맞는지 알기 위해 사진 속 여성처럼 사람들의 신체를 측정했다.

(g) 1945년 4월 18일 쾰른의 한 민간인이 미군이 붙인 "내게 5년을 달라. 독일이 놀라보게 변할 것이다"라는 히틀러의 약속을 그대로 옮겨 적은 게시물을 읽고 있다(국립문서보관소, 미국 육군이 찍은 사진, SC 211781).

(h) 유명한 쾰른 대성당 옆을 흐르는 라인강의 폭격을 맞아 파괴된 호엔촐레른 다리는 악을 끝내는 데 때때로 어떤 희생이 따르는지 생생하게 되새겨준다(국립문서보관소, 미국 육군이 찍은 사진, SC 203882).

a

c

b

Rheinische Windthorstbunde
Rheinischer Auktionatoren-Verband
Rheinischer Bauernverein
Rheinischer Bezirksarbeitgeberverband der chemisch
Rheinischer Damen-Automobil-Club
Rheinischer Genossenschafts-Verband Köln
Rheinischer Handwerkerbund
Rheinischer Kälte-Verein
Rheinischer Kochkunstverein Gasterea
Rheinischer Landesblindenverband
Rheinischer landwirtschaftlicher Pächterverband
Rheinischer Mieterschutzverband
Rheinischer Philologen-Verein
Rheinischer Radfahrer-Verband für Touren und Saalspo
Rheinischer Sängerbund, Vereinigung rheinischer Män
Rheinischer Schiffer-Verein
Rheinischer Schutzverband für Grundbesitz
Rheinischer Sportverein Union 05
Rheinischer Verband für Saal- und Tourensport
Rheinischer Verband für Tieflandrinderzucht
Rheinischer Verein gegen Betriebsdiebstähle
Rheinischer Volks-Feuerbestattungsverein
Rheinisches Landvolk
Rheinland- und Moriahloge
Rheinland-Klub Köln

d

e

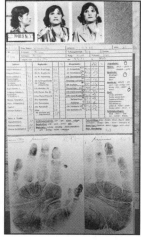

f

g

h

착된 히틀러의 말 "내게 5년을 달라. 그러면 독일이 몰라보게 변할 것이다"에는 나치화의 시작부터 끝까지의 전 과정이 함축적으로 담겨 있다. 쾰른 대성당 옆을 흐르는 라인강의—지금은 산산조각 나 물에 잠겨 있는—웅장한 다리는 악을 끝내기 위해 어떤 희생을 치러야 했는지를 보여준다.

악의 협동조합

이 모든 요인들은 상호작용하면서 서로를 촉매한다. 즉 이 요인들은 서로를 강화한다. **비인간화는 탈개인화**를 낳고, 이는 **권위자에게 복종**하게 함으로써 **맹종**을 낳고, 맹종은 조만간 새로운 집단 규범에 대한 **동조**와, 집단에 대한 **동일시**로 변하고, 이는 악의 실행으로 이어진다. 이러한 요인들 가운데 어느 하나가 악행을 초래하는 것은 아니지만, 모든 요인들이 함께 맞물려 특정한 사회적 조건 아래서 악의 기제를 형성한다.

이러한 조건들은 악을 설명하는 필요조건이지만 충분조건은 아니다. 개인의 타고난 본성, 이러한 조건들이 발생하는 전반적인 시스템, 그리고 물론 자유의지도 필요하다. 우리는 이러한 조건들을 바꾸어 악을 약화시킬 수 있다. 그러기 위해서는 악을 이해하는 것이 먼저이고, 그런 다음에는 변화를 위한 조치를 취해야 한다. 악을 이루는 요소들이 어떻게 작동하고 그리고 그 요소들을 어떻게 통제할 수 있는지 이해한다면, 우리는 사회적 도구와 정치 기술을 통해 악을 억누르고 제어할 수 있다. 우리는 인류의 더 나은 미래를 위해 그러한 도구와 기술들을 사용하는 방법을 이미 알고 있다.

이것은 제2차 세계대전 종전 이래로 우리가 줄곧 해온 일이다. 사회과학자들은 악이 선을 이기게 만드는 사회심리적 요인들을 정확하게 알아내기 위해 광범위한 연구와 실험을 실시했다. 역사가들은 이러한 사회심리적 요인들이 개인과 집단에 영향을 미칠 수 있는 정치, 경제, 문화적 조건들을 밝혀냈다. 정치인, 경제학자, 법률 입안자, 사회운동가들은 이러한 지식을 활용해, 그러한 요인들이 사람들을 악의 길로 이끌 가능성을 낮추도록 조건을 바꾸어왔다. 나치 수용소가 폐쇄되고 소련의 강제수용소가 없어진 뒤로도—르완다 대학살과 9·11 테러처럼—혼란이 있었지만, 전반적인 추세가 도덕적인 세계로 향하고 있는 것만은 분명하다. 그리고 이러한 건강한 효과들은 악의 원인을 과학적으로 이해하고, 정치경제, 법적인 힘들을 이성적으로 적용해 악을 억제하고 도덕의 궤적을 더욱 끌어올린 결과다.

누군가가 하는 행동에 늘 도덕적 가치 판단이 포함되는 것은 아니다. 종종 우리는 도덕과 무관한 행동을 하기도 한다. 그러나 만약 도덕적으로 이로운 방식으로 행동할지 해로운 방식으로 행동할지 선택할 수 있는 상황이라면 이로운 쪽으로 행동하는 것이 더 도덕적이다. 도덕은 의식적 선택을 수반한다. 우리에게 자유의지가 있는지는 늘 논란거리이긴 하지만 그렇다고 도덕적 선택과 그에 따른 책임에서 자유롭지는 않다. 우리는 행위의 주체이고, 행위에는 책임이 따르기 때문이다.

10
___
도덕적 자유와 책임

> 한 인간에게서 모든 것을 빼앗을 수 있다 해도 한 가지만은 빼앗을 수 없다. 그것은 어떤 상황에 놓여도 삶에 대한 태도를 스스로 선택할 수 있는 자유다.
> _ 빅토르 E. 프랑클, 《죽음의 수용소에서 Man's Search of Meaning》(1946)

잡지 발행인인 나는 수감자들로부터 정기적으로 편지를 받는다. 수감 생활이 지루해서 무료로 읽을거리를 원하는 사람들이 대부분이다. 물론 우리 잡지가 다루는 주제들에 진정으로 관심이 있어서 자신의 생각을 공유하고 싶어 하는 수감자들도 있다. 수감 생활이라는 특수한 환경을 틈타 파고드는 종교, 그중에서도 특히 기독교와 이슬람교에 질렸다는 사람들도 종종 있다. 전도에 열을 올리는 수감자들이 있는가 하면, 가짜로 신앙심을 연기하는 수감자들도 있다고 한다. 후자의 경우는 신을 발견했으니 자신들은 일찍 석방되어야 한다고 가석방위원회를 설득하기 위한 꼼수다. 한편 몇몇은 자신이 저지른 범죄와 죄책감에 대해 길고 자세하게 (깨알 같이) 적어 보내기도 했는데, 그 가운데서 자유의지와 도덕적 책임에 대한 이야기를 하는 이 장과 관련하여 생각나는 편지가 두 통 있다.[1]

1990년대 말, 한 여성을 강간하고 살해한 죄로 사형을 선고받은 남성이 〈스켑틱〉에서 사형 반대를 다룰 것을 제안하는 편지를 보냈다. 그는 자신의 뇌에 심각한 문제가 있는 것 같은데, 만일 그것이 사실이라면 범죄가 온전히 자신의 책임만은 아니므로 사형이 집행되어서는 안 된다고 생각했다. 그는 자신의 머릿속은 항상 여성을 강간하고 살해하는 생각으로 가득했다고 말했다. 이러한 충동이 너무 강해서, 심지어는 사형 선고를 받고 교도소로 호송되는 와중에도, 수갑이 채워지고 경찰차의 좌석에 잠금장치가 되어 있었으며 무장 경찰이 근처에서 대기하고 있는데도, 보도를 걷고 있는 한 여성을 지나치는 순간, 머릿속에는 온통 어떻게 하면 수갑과 잠금장치를 풀고 무장 경찰을 제압하고 경찰차에서 탈출해 저 여자에게 갈 수 있을까라는 생각뿐이었다고 한다. 하지만 그는 비록 사형에 반대한다 해도, 자신이 출소하면 그 짓을 다시 할 것이므로 석방되어서는 안 된다고 덧붙였다.

이런 사람을 대상으로 뇌 영상 검사를 실시해 어떤 눈에 띄는 뇌 질환을 찾아내려는 시도가 있었는지 모르겠지만, 그의 말로 판단하면 그는 강박적이고 정신병적인 충동을 통제하는 능력이 보통 사람들에 비해 현격하게 떨어지는 것이 분명했다. 보통 사람들은 충분한 자제력을 지니고 있을 뿐 아니라, 그러한 살인 충동을 전혀 느끼지 않기 때문이다.

2012년에는, 소아성애로 형을 선고받은 남성이 소아성애에 대한 비방과 오해를 다루는 〈스켑틱〉 특별호를 발행해달라는 편지를 보냈다. 그는 소아성애는 타고나는 것이라고 주장했다. 현재 30대인 이 남성은 어린 시절 또래 (소녀가 아닌) 소년에게 끌렸으며, 성장하는 내내 마치 성적으로 끌리는 대상이 뇌에 각인되어 있는 듯 여덟 살에서 열 살 소년에게 성적 관심이 고정되어 있었다고 한다. 성인이 되어서도 그 연령대의 소년에게만 끌렸으며, 특정한 인터넷 사이트들을 통해 충동을 해결했다고 했다. 이러한 욕구를 충족시키기 위해 어린 소년들과 직접적인 성적 만남을 가졌는지에 대해서는 말을 아꼈지만, 나더러 여성에게 느꼈던 지극한 사랑과 친밀한 감정들을 떠올려보라면서 자신이 어린 소년들에게 느끼는 강한 성적 끌림과 사랑의 감정도 그와 다르지 않다고 말했고, 내게 필요한 정보는 그것으로 충분했다.

이 남성의 더 깊은 고민은 자신에게는 눈에 띄는 문제가 없다는 것이었다. 뇌종양도 발견되지 않았고, 그 밖의 신경 이상이나 질환도 찾아낼 수 없었다. 그는 넉넉한 중산층 가정에서 자애로운 부모님의 손에 자랐으며, 안전하고 본연의 기능에 충실한 학교에 다녔다. 그는 자신에게 왜 이러한 감정들이 자연스럽게 생기는지, 만일 그 감정이 자연스러운 것이라면 감정에 따라 행동하는 것이 왜 사회적으로 비정상적이고 부자연스러우며 심지어는 범죄적인 일로 비난을 받아야 하는지 이해할 수 없었다.

우리에게 선택의 자유가 있을까?

두 일화는 자유의지와 결정론, 그리고 우리에게 도덕적 선택의 자유가 어느 정도나 있는지, 따라서 얼마나 책임이 있고 또 책임을 져야 하는지와 같은 고민거리를 던져준다.

도덕은 내가 다른 감응적 존재에 대해 어떻게 생각하고 행동하는가, 내 생각과 행동이 그들의 생존과 번성과 관련하여 옳은가(좋은가) 그른가(나쁜가)라는 질문을 수반한다. 앞에서 말했듯이 도덕적 선의 원리는, **내가 하는 어떤 행동에 타인들이 관련되어 있다면 항상 그들의 이익을 염두에 두고 행동하고, 절대 (무력이나 사기를 통해) 그들에게 손해를 입히거나 고통을 주는 방식으로 행동하지 말라는 것이다.** 물론 내 행동이 아무에게도 영향을 미치지 않을 수 있으며, 이 경우는 도덕이라는 문제를 수반하지 않는다. 다시 말해, 내 행동은 **도덕과 무관**하다. 하지만 다른 누군가에게 도덕적으로 좋은 방식으로 행동할지 나쁜 방식으로 행동할지 **선택**할 수 있는 경우라면, 나쁜 쪽보다는 좋은 쪽으로 행동하는 것이 더 도덕적이다. '무력이나 사기를 통해'라고 괄호 안에 첨언한 것은 과실이나 무지에서 비롯된 행동이 아니라 **의도**가 있는 행동임을 분명히 하기 위해서다. 도덕은 의식적인 선택을 수반하고, 그러므로 타인에게 도덕적으로 좋은 방식으로 행동하기로 하는 선택은 도덕적 행동이며, 그 반대는 부도덕한 행동이다.

그리고 이 모두는 우리에게 선택의 자유가 있고 우리가 자유의지를 가진 존재라는 것을 전제로 한다. 그런데 정말 그런가? 나는 최근에 이 문제를 곰곰이 생각해본 적이 있다. 레스토랑에서 수많은 맛있는 음식을 제안하는 메뉴판을 보며 저녁을 주문할 때였다. 전채요리로는 버터를 끼얹은 달팽이 요리와 배부른 흑맥주, 주 메뉴로는 진한 시금치 크림소스를 곁들인 꽃등심 스테이크와, 사워크림과 버터를 끼얹은 구운 감자 요리가 끌렸고, 그러고 나서 디저트로는 치즈케이크 한 조각과 생크림을 얹은 카페라테 한 잔을 마시고 싶었다.

이러한 욕구는 하늘에서 뚝 떨어진 것이 아니다. 우리 뇌의 진화한 신경망들은—잘 익은 과일과 고기처럼—달고 기름진 음식, 다시 말해 구석기 시대 조상들의 환경에서 구하기 힘들었던 영양가 있는 음식들에 대한 갈급을 만들어낸다. 자연선택은 지방과 당분을 원하도록 우리 뇌를 설계했다. 많으면 많을수록 좋고, 그것이 오늘날 현대인의 비만과 당뇨병 문제를 초래했다. 이런 원초적 갈망은 우리가 다른 구성원들에게 높은 적응도 신호(지위와 매력을 과시하는 신호)로 통하는 체격에 신경 쓰게 만들도록 진화한 다른 신경망의 신호들과 경쟁한다.

나는 메뉴판을 살펴본 뒤, 기름진 음식을 먹었을 때의 더부룩한 느낌을 기억해냈고, 그 많은 칼로리를 태우기 위해 필요한 운동량을 생각하기 시작했다. 내가 건강과 허리둘레를 고민할 때, 내 대뇌피질의 고등한 부위들도 활동을 시작했다. 결국 나는 화이트와인 한 잔과 닭고기를 넣은 시저샐러드를 주문했고, 아쉽지만 디저트는 생략했다.

이러한 선택을 내가 자유의지로 했을까? 《자유의지는 없다Free Will》의 샘 해리스Sam Harris를 비롯한 대부분의 신경과학자들은 그렇지 않다고 말한다. 해리스는 '자유의지는 착각'이라고 주장한다. "의지는 우리가 만드는 것이 아니다. 생각과 의도는 우리가 의식하지 못하는 배경 원인들에서 나오고, 우리는 그러한 원인들을 의식적으로 통제할 수 없다. 우리는 우리가 생각하는 자유의지를 갖고 있지 않다."[2] 결정론적 세계에서는, 진화한 입맛에서부터, 사회적 지위에 대한 학습된 관심에 이르기까지, 내가 선택하지 않은 힘과 조건들이 메뉴 선택에 이르는 인과적 연쇄의 모든 단계를 통제한다. 내 조상과 부모, 문화와 사회, 또래 집단과 친구, 멘토와 스승이 인과적 연쇄의 경로를 정한다. 이러한 역사적 우연들은 내가 태어나기도 전인 먼 과거에 시작되었다.

'내 안의 나'와 결정론의 악마

인과의 연쇄는 어디까지 닿아 있을까? 어떻게 보면, 빅뱅으로 공간과 시간, 물질과 에너지가 창조된, 우주의 탄생이 그 시작일 것이다. 결정론의 원리에 따르면, 우주의 모든 사건에는 원인이 있고, 모든 원인을 알면 모든 결과를 예측할 수 있다. 그것이 사실이라면, 자유의지는 어디에서 생길까? 인간의 생각과 행동을 포함한 모든 결과에 원인이 있다면, 내 선택은 인과적 연쇄의 어디쯤에 들어갈까? 뇌 안에서 레버를 당기는 작은 인간, 호문쿨루스 따위는 존재하지 않는다. 하지만 결정을 내리는 내 안의 작은 내가 존재한다 하더라도, 작은 뇌 역시 큰 뇌처럼 결정론적이고, 따라서 작은 내가 자유의지를 갖기 위해서는 작은 나의 내부에서 결정을 내리는 더 작은 내가 있어야 한다. 그리고 더 작은 나의 뇌 안에는 다시 더더욱 작은 내가 있어야 하고, 이런 식으로 무한히 계속될 것이다. 당신이 영혼의 존재를 믿는다 해도 마찬가지다. 당신 안에서 결정을 내리는 영혼은 당신에게 자유를 주지는 않는다. 그것은 영혼이 당신을 장악하고 있다는 뜻일 뿐이다. 그리고 '내 안의 나'와 마찬가지로, 영혼이 있다는 것은 영혼 안에서 행동을 지시하는 작은 영혼이 있음을 뜻하고, 이런 식으로 무한히 계속할 수 있다. 말할 나위 없이, 뇌 또는 다른 어떤 곳에서도 호문쿨루스, 내 안의 나, 작은 영혼은 발견되지 않았다. 이런 것들은 존재하지 않는다.

근대 과학이 출현해 우주를 지배하는 자연법칙들에 주목하면서 결정론은 신뢰를 얻었다. 결과와 원인을 연결하는 사슬은 훨씬 더 공고해졌다. 결정된 우주의 복잡성을 표현하기 위해서는 원인-결과-원인-결과-원인-결과로 연결되는 선형적 도식을 쓰는 대신, 과거를 통과해 미래로 이어지는 결과들과 연결된 원인들의 네트워크인 훨씬 더 폭 넓은 인과의 그물을 던져야 한다. 이 그물은 수많은 매개 변수들 그리고 서로 영향을 주고받는 무수한 요인들을 아우른다. 이런 인과의 그물은 현상들, 과거-현재-미래, 우주 전체, 원자에서부터 분자, 세포, 유기체, 사람, 행성, 항성, 관찰 가능한 우주 끝까지 펼쳐져 있는 은하들을 포함한다. 사실, 우주가 결정되어 있다고 가정하지 않는다면 과학자들은 과거를 설명하거나 미래를 예측할 수 없다. 인간의 행동을 설명하고 예측하려고 시도하는 심리학자와 신경과학자들도 마찬가지다.

수많은 설득력 있는 실험들이 인간 행동에서 결정론적 교의를 지지하는 것처럼 보인다. 1985년에 생리학자 벤저민 리벳Benjamin Libet이 일련의 유명한 실험들을 실시했다. 그는 피험자들에게 실험이 진행되는 동안 아무 때나 내킬 때마다 버튼을 누르도록 하고, 그동안 그들의 뇌파를 판독했다. 그 결과, 피험자가 의식적으로 '결정'을 내리기 몇 초 전에 뇌의 운동 피질이 활성화되었다.[3]

신경과학자 존-딜런 헤인스John-Dylan Haynes는 2011년에 실시한 연구에서 fMRI 기술을 이용했다. 그는 뇌 스캐너 안에 있는 피험자에게 무작위로 나타나는 일련의 영문 철자들을 보면서 아무 때나 두 버튼 중 하나를 누르라고 지시했다. 그리고 버튼을 누르겠다고 결정하는 순간 스크린에 어떤 철자가 떴는지 말하도록 했다. 그 결과, 뇌가 활성화되는 시점과 '선택'을 의식적으로 자각하는 시점 사이에 수초의 시간 간격이 있었고, 어떤 경우는 그 간격이 7초나 되었다. 헤인스의 결론은 이렇다. "리벳과 우리의 연구 결과들은 우리가 내리는 결정은 사전에 일어나는 뇌 활성에 의해 결정되지 않으므로 우리의 자유 의지에 달려 있다는, 자유의지에 관한 대중 심리학의 순진한 직관을 다시 생각해보게 한다."[4]

이자크 프리드Itzhak Fried와 UCLA의 공동 연구자들이 실시한 2011년의 또 다른 연구에서는, 피험자들에게 손가락을 움직이라고 지시하고 그들의 뇌에 나타나는 작은 신경세포망의 활성을 기록했다. 그 결과, 피험자들이 지금 손가락을 움직인다고 보고하기 무려 15초 전에 손가락의 움직임에 관여하는 신경 활성을 감지할 수 있었다. 연구자들은 더 세밀하게 추적해 들어간 결과, 내측전두피질의 256개 뉴런이 뭉쳐 있는 작은 부위가 활성화되는 것을 발견했다. 그들은 그것을 보고 피험자 본인이 의식하기 7초 전에 그 사람의 선택을 80퍼센트의 정확도로 예측할 수 있었다.[5]

다시 말해, 이러한 연구들에서—그리고 시초가 된 리벳의 연구를 보강하는 많은 다른 연구들에서—신경과학자들은 뇌 활성을 측정함으로써 피험자들이 어떤 결정을 내릴지 본인이 알기 전에 알아냈다. 앞에서 제시한 레스토랑 사례에서 만일 내가 뇌파 측정기를 달고 메뉴판을 읽는 동안 신경과학자들이 내 뇌파를 측정했다면, 그들은 내가 어떤 메뉴를 고를지 의식적으로 '결정하기' 전에 웨이터에게 주문을 넣을 수 있었을 것이다. 생각할수록 소름 돋는 일이다. 아무렇지도 않은 사람이 있다면, 이 실험 결과들의 의미를 충분히 깊이 생각하지 않은 것이다. 이러한 결과들은 우리는 우리가 생각하는 선택의 자유를 지니고 있지 않다는 것을 암시한다. 우리는 자유가 있다고 **느끼지만**, 우리의 의식이 그렇다고 믿는 것일 뿐이다. 우리의 의식은 이미 선택을 내린 의식 하부에서 입력되는 신호에 대해 알지 못하기 때문이다.

하지만 결정된 세계를 받아들인다고 해서 우리가 자유의지와 도덕적 책임을 보유하지 않는 것은 아니다. 이 역설을 해결할 방법이 적어도 네 가지가 있다. 첫째는 **마음의 모듈성**이다. 우리 뇌는 수많은 신경망으로 이루어져 있어서, 한 네트워크가 선택을 내리고 나서 또 다른 네트워크가 그것을 알아내는 구조지만, 그럼에도 이 모든 신경망은 여전히 하나의 뇌 안에서 작동하고 있다. 둘째는 **하지 않을 자유**다. 우리는 어떤 한 생각 또는 행동을 선택하기 위해, 서로 경쟁하는 자극들 가운데서 거부권을 행사할 수 있다. 셋째는 **도덕적 자유에는 정도의 차이가 있다**는 것이다. 복잡성의 정도와 매개변수의 수에 따라 주어지는 선택지의 범위가 달라진다. 넷째는 **선택은 인과망의 일부**라는 것이다. 우리가 의식적으로 선택한 행동들은 결정된 세계의 일부이지만 그럼에도 여전히 우리의 선택이다.

마음의 모듈성

뇌의 무의식적인 영역이 의식적인 영역으로 무슨 결정이 내려졌는지 통보하므로 우리에게는 선택의 자유가 없다는 것은 어디까지나 하나의 의심스러운 신경과학적 해석일 뿐이다. 내 뇌의 피질하영역이 피질 영역에 신호를 보내 어떤 한 선택을 통지한다 해도, 결정을 내리는 것이 내 뇌라는 것은 부정할 수 없는 사실이다. 내 뇌의 어느 영역이 선택을 내리든, 그러한 선택을 하는 것은 여전히 **나**—자유의지와 자기 결정권을 지닌 존재—이다.

구획화되어 있는 뇌 기능들이 서로 협력하거나 갈등을 빚는다는 개념은 1990년대 이래로 진화심리학의 핵심을 이루었다.《왜 모든 사람은 (나만 빼고) 위선자인가Why Everyone (Else) Is a Hypocrite》에서 진화심리학자 로버트 커즈번Robert Kurzban은 어떻게 뇌가 모듈별로 문제를 해결하는 멀티태스킹 기관으로 진화했는지 보여준다. 모듈화된 우리 뇌는 오래된 은유로 말하면 실용적인 도구들을 모아놓은 스위스 군용칼이고, 커즈번의 새로운 은유로 말하면 다양한 앱을 장착한 아이폰인 셈이다.[6] 자유의지에 따라 의식적인 선택을 내리는 존재, 다시 말해 내 안에서 아무런 충돌 없이 일사불란하고 일관된 믿음을 발생시키는 통일된 '자아'는 존재하지 않는다. 그보다 우리 뇌는 각기 독자적으로 존재하지만 상호작용하면서 서로 반목하는 모듈들의 집합체이며, 의사결정 과정은 대개 무의식적으로 일어나 마치 우리가 모르는 어딘가로부터 선택이 내려지는 것처럼 보인다.

커즈번은 이러한 착각을 '선호에 관한 매직8볼Magic 8 Ball 관점'이라고 부른다. 매직8볼이라는 신기한 장난감을 떠올려 보라. 검은색 플라스틱 공에 파란색 액체와, 20개 면에 열 가지 긍정적인 대답과 다섯 가지 불확실한 대답, 다섯 가지 부정적인 대답이 양각으로 새겨져 있는 흰색 주사위가 들어 있다. 대답이 나타나는 창이 아래로 향하도록 공을 잡고 예/아니오로 대답할 수 있는 질문을 한 다음 공을 똑바로 세우면, 주사위가 표면으로 떠오르면서 창에 대답이 나타난다. 대답들은 "집중하고 다시 질문해", "아닌 것 같은데" 또는 "확실해" 같은 식이다. 마음에 관한 이러한 모델에 따르면 뇌는 매직8볼과 비슷한 커다란 모듈로, 여기에 질문을 입력하면 매직8볼을 흔드는 것에 해당하는 생각의 과정을 거쳐 대답이 떠오른다. 하지만 가능한 대답은 20가지보다 훨씬 더 많다. "만일 마음이 매직8볼처럼 그 사람이 아는 모든 것과 모든 선호를 취합한다면—이는 경제학자들이 '합리성'이라고 부르는 마법과도 같은 과정이다—사람들은 일관되게 행동할 것"이라고 커즈번은 말한다.

100달러를 주고 상대방과 나눠 갖게 하는 최후통첩게임을 생각해보라. 당신이 제안하는 분배 비율을 상대편이 받아들일 경우 두 사람은 그 액수만큼 가져가게 된다. 당신이라면 얼마를 제안하겠는가? 90대 10은 어떨까? 상대방이—표준 경제 모델인 '호모 이코노미쿠스'가 예측하는—합리적이고 이기적인 사람이어서 가진 돈을 가능한 한 늘리고자 한다면, 공돈 10달러를 마다하지 않을 것이다. 실제로도 그럴까? 그렇지 않다. 실험 결과, 일반적으로 70대 30을 넘으면 그 제안을 거절한다는 것이 밝혀졌다.[7] 왜 그럴까? 공정하지 않기 때문이다. 그것이 공정하지 않다고 누가 그러는가? '호혜적 이타주의'를 추구하는 도덕 모듈이다. 이 모듈은 구석기 시대에 잠재적 거래 파트너들이 공정함을 요구하도록 상대가 등가에 근접하는 것으로 반응할 것이라는 확신이 있는 경우에만 "네가 내 등을 긁어주면 나도 네 등을 긁어주겠다"가 작동한다. 따라서 형평성에 어긋나는 제안을 받을 때, 공정함을 요구하는 도덕 모듈은 이익만을 따지는 모듈과 충돌을 빚는다. 최후통첩게임을 비롯해 피험자들에게 선택을 하게 하는 많은 다른 실험들에서, 사람들은 합리적인 계산기가 아니라는 사실이 분명하게 밝혀졌다.[8] 그래서, 예를 들어 메뉴를 선택하는 내 사례에서는 단기적인 관점에서 달고 기름진 음식을 탐하는 모듈과 장기적인 관점에서 체형과 건강을 감독하는 모듈이 충돌을 빚는다. 도덕적 딜레마에 처한 경우는, 협력을 추구하는 모듈이 경쟁을 추구하는 모델과 이따금씩 충돌한다. 마찬가지로, 이타성을 추구하는 모듈과 탐욕을 추구하는 모듈, 진실을 추구하는 모듈과 거짓말을 추구하는 모듈도 서로 충돌한다.

마음을 모듈로 보는 관점은 도덕적 위선을 설명하는 데 도움이 될 뿐 아니라, 선택 실험들에 대한 신경과학의 결정론적 해석에서 자유롭다. 뇌신경에서 의사 결정이 이루어지는 경로를 아는 지금, 우리는 심리 모델에 자유의지를 되돌려놓을 수 있다. 따지고 보면 '내 안의 나'가 수없이 많이 존재한다고 볼 수 있다. 이들 모두는 자기만의 선호를 갖고 서로 경쟁하지만, 그럼에도 여전히 하나의 뇌 안에 있다.

하지 않을 자유, '자유거부의지'

자유의지를 '그렇게 하지 않는 힘'으로 정의한다면[9], '자유의지'는 곧 '자유거부의지'—마음에서 일어나는 충동들 가운데 이것을 **거부**하고 저것을 선택하는 힘—가 된다. 자유거부의지는 무의식적인 신경망에서 비롯되는 특정 행동을 거부할 수 있는 능력이고, 따라서 저 방식 대신 이 방식으로 행동하기로 하는 것은 모두 선택이다. 앞의 사례에서, 나는 스테이크를 먹을 수도 있었지만 내게 상반되는 다른 충동(건강과 배 둘레)을 상기시키는 자기 제어 기술을 끌어들임으로써 하나의 선택지를 거부하고 다른 것을 선택했다. **이것이** 자유거부의지다. 물론 우리는 한계가 있고 선택한 대로 모두 할 수 없지만, 대부분의 상황에서 거부할 힘이 있다. 우리는 '아니오'라고 말할 능력이 있으며, 저렇게 하는 대신 이렇게 할 수 있다. 이것이야말로 진정한 선택이다.

이 가설을 뒷받침하는 근거를 신경과학자 마르셀 브라스Marcel Brass와 패트릭 해거드Patrick Haggard의 2007년 연구에서 찾을 수 있다. 이들은 fMRI 기술을 이용해 피험자들이 선택을 하는 동안 뇌 영상을 찍었다. 하지만 이 실험에서 피험자들은 마지막 순간에 마음이 바뀌면 버튼을 눌러 결정을 번복할 수 있었다. 피험자들이 초기 결정을 거부하겠다고 선택할 때, 뇌의 특정한 영역―좌배측내측전두피질left dorsal frontomedian cortex(dFMC)―이 활성화되었다. 이곳은 의사 결정 행위, 그중에서도 어떤 선택을 의도적으로 억제할 때 활성화되는 부위다. 즉 자발적 행동을 준비할 때 활성화되는 뇌 부위와 그러한 행동을 억제하는 데 관여하는 부위에 차이가 없었다는 뜻이다. "우리의 연구 결과는 의도적인 행동에 관여하는 인간의 뇌 신경망에는 자기 주도적 억제, 즉 의도된 행동을 저지하는 제어 구조가 있음을 시사한다."[10] 이것이 자유거부의지다.

그리고 자기 제어 능력과 관련하여 흥미를 불러일으키는 또 하나의 사실이 이 연구에서 밝혀졌다. "억제와 관련한 dFMC 활성화와 억제 행위의 빈도 사이에 양의 상관관계가 있었다"고 연구 논문의 저자들은 지적했다. 즉 충동을 억제하는 연습을 많이 할수록 충동을 억제하기 위해 dFMC를 활성화할 수 있는 능력이 커진다는 뜻이다. 그리고 그 역도 성립한다. "개인차 심리학에서, 억제되지 않은 충동적 행위는 반사회적이고 범죄적인 행동과 관련 있는 특정 성격 특질들을 확인하는 중요한 표지자이다." 앞에서 예로 든 살인자와 소아성애자, 그리고 그런 사람들의 통제 불가능한 충동을 생각해보라. 하지만 뇌의 선택 구조에서 구제 방법을 찾을 수 있다. "우리의 연구 결과는, 의도적 행위를 억제하는 데는 의도적인 행동을 유발하고 실행하는 데 관여하는 부위와는 다른 피질 부위가 관여하며, 억제에 관여하는 부위가 더 상부에 있음을 암시한다. 그뿐 아니라, '마지막 순간'의 억제 과정은 의도적 행동을 의식한 다음에도 일어날 수 있다."[11]

다시 말하면, 억제에 관여하는 신경망이 의사결정에 관여하는 신경망보다 상위에 있고, 이는 그러한 충동과 그 충동에 따라 내린 결정이 더 상위에 있는 의사결정 신경망들에 의해 번복될 수 있다는 뜻이다. 브라스와 해거드는 이렇게 결론 내린다. "우리의 연구 결과들은 인간에게는 아무리 하고 싶은 일도 자제할 수 있는 능력이 있다는 (더 폭넓은 지지를 받는) 견해에 대한 최초의 확실한 신경과학적 근거를 제공한다. 우리는 dFMC가 행동과 성격의 자기 통제에 관여할 것이라고 추측한다."[12] 수많은 신경과학자들이 자유의지에 대한 믿음을 포기하게 한 이러한 연구의 원조인 벤저민 리벳조차도 결국 인간 본성에는 자유의지가 포함되어 있다는 생각으로 돌아섰다. "의식적인 자유의지의 역할은 자발적인 행위를 일으키는 것이 아니라 그 행동의 결행 여부를 제어하는 것이라고 생각된다. 자발적인 행위들에 대한 무의식적인 단서들이 뇌에서 무의식적으로 '끓어오르면', 의식적인 의지가 이 가운데 어떤 것을 결행하고 어떤 것을 거부할지 선택하는 것이라고 볼 수 있다."[13]

이러한 연구는 선택의 신경 구조가 경험—즉 훈련과 연습—에 의해 바뀔 수 있음을 암시한다. 앞으로 신경과학과 관련 기술이 더 발전하면, 사람들에게 불량식품을 먹거나 위험한 약물을 복용하는 것과 같은 오적응적 충동을 제어하는 방법을 가르칠 수 있을 뿐 아니라, 범죄자들을 대상으로 위험한 선택을 거부하고 사회적으로 용인되는 결정을 내리도록 훈련시킬 수 있을 것이다. 그리고 이런 식의 선택이 진짜 선택이다. 우리 뇌의 어느 부위가 선택을 내리든 관계없이 그 선택은 **내** 선택이며, 무의식적인 선택이라 해도 의식적인 노력으로 뒤집을 수 있다.

자유 선택은 결정론적 인과망의 일부

어떤 원인들의 집합도 인간 행동을 결정하는 모든 인자를 완벽하게 아우를 수 없다는 점에서 그러한 원인들을 결정적 원인이 아니라 **조건적** 원인으로 간주하는 것이 실용적이라는 것이 결정론적 인과망 이론이 인간의 자유에 대해 가지는 입장이다. 인과망의 광대함, 복잡함, 궁극적인 불가지성은 마치 우리가 자유의지에 따라 행동하고 있다는 착각을 심어준다. 하지만 이것이 그저 착각만은 아니다. 우리가 자유거부의지 덕에 무의식으로부터 끓어오르는 욕구를 제압하기로 선택하듯이 우리의 선택은 신경 과정의 일부다. 우리 조상들은 진화적 과거에 생존과 번식에 실질적으로 도움이 되는 방식의 행동을 선택했고, 이는 행동을 선택하는 신경 구조의 진화로 이어졌다.[14]

이런 형태의 자유를 광범위하게 탐구한 사람이 철학자 대니얼 대닛이다. 수백만 년 동안 인간에게 작용한 진화적 압력이 자유의지를 유발했는데, 그것은 우리가 우리에게 열려 있는 많고 다양한 행동 경로들 각각의 결과를 평가할 수 있는—그리고 생존하려면 그렇게 **해야 한다**—피질을 서서히 진화시켰기 때문이라는 것이다.[15] 《자유는 진화한다Freedom Evolves》에서 대닛은 자유의지는 인간의 많은 인지적 특징들에서 생긴다고 주장한다(나는 대형 유인원과 해양 포유류 같은 다른 종들도 이러한 특징들을 공유하고 있다고 생각한다). **자기 자신을 의식**하고 타인들도 그렇다는 것을 의식하는 것, 이러한 사실을 전달할 수 있는 **상징적 언어**, 수많은 신경 자극들로부터 많은 행동 옵션을 만들어낼 수 있는 **복잡한 신경회로**, 타인들이 무엇을 생각하는지 생각할 수 있는 **마음 이론**, 옳고 그른 선택을 판단하는 **진화한 도덕 감정들**이 그런 인지적 특징들에 포함된다. 그리고 우리는 언어를 통해 복잡한 생각들을 주고받을 수 있으므로 이 모든 도덕적 선택에 대해 서로 토론할 수 있다. 이러한 인지적 특징들에서 자유의지가 나오는데, 우리는 그러한 특징들 덕분에 특정 순간에 우리에게 열려 있는 많은 행동 경로들의 결과를 평가할 수 있고 실제로 그렇게 하기 때문이다. 우리는 의식적으로 이러한 선택을 한다는 것을 알고, 그러므로 그러한 선택에 대해 우리자신에게 (그리고 타인들에게) 책임을 묻는다.

도덕적 자유는 정도의 문제

결정론 안에서 자유의지를 이해하는 마지막 방법은 '자유를 정도의 문제'로 보는 것이다. 생물의 복잡성에 따라, 그리고 그 생물에 작용하는 매개 변수의 수에 따라 선택의 폭이 달라진다. 예컨대 곤충은 자유가 매우 적어서, 주로 고정된 본능에 따라 행동한다. 파충류와 조류는 결정적 시기들에 환경 신호를 받아 발휘되는 가변적인 본능을 가지고 있으며 이후에는 살면서 겪는 경험에 따라 변화하는 환경에 대한 학습된 반응을 할 수 있으므로 보다 큰 자유를 가진다. 포유류, 특히 대형 유인원은 신경 가소성과 학습 능력이 매우 높아서 훨씬 더 높은 등급의 자유를 가진다. 그리고 인간은 피질의 규모와 고도로 발달한 문화 덕분에 가장 높은 등급의 자유를 가진다.

우리 종 내에서도 어떤 사람들—사이코패스, 뇌가 손상된 사람, 심각한 우울증 환자, 화학물질에 중독된 사람—은 남들보다 낮은 등급의 자유를 갖고, 법은 이런 사람들의 사법적·도덕적 책임 능력을 감안해 형량을 조정한다. 그렇다 해도 이들이 어느 정도까지 선택을 통제할 수 있는가, 그중에서도 범죄 충동을 어느 정도까지 거부할 수 있는가에 따라 일정한 책임을 묻는다.

신경과학자들이 뇌의 블랙박스를 열어 내부 기제를 밝혀낼수록, 도덕적 책임을 범주가 아니라 연속체로 생각해야 한다는 사실이 분명해지고 있다. 사람들을 멀쩡한 사람 대 정신이상자, 정상 대 비정상, 법을 준수하는 시민 대 범죄자로 구분하는 대신—연쇄살인범 제프리 다머가 한쪽 끝에 있고 성자 취급을 받는 로저스 아저씨(1980년대 미국의 어린이 교육용 프로그램 〈로저스 아저씨네 동네Mr. Rogers' Neighborhood〉의 진행자—옮긴이)가 다른 쪽 끝에 있는—차등적 연속체 위에 놓아야 한다. 사회과학자들도 멀쩡한 정신과 정신 이상 같은 내적 상태에 대해 생각할 때 연속체에 올려놓고 생각하며, 이렇게 하면 하나의 행동 체계behavioral system 내에 있을 수 있는 자유의 정도를 참작할 수 있다.

법 또한 자유가 정도의 문제임을 인정하고, 타인의 목숨을 빼앗는 행동을 상황과 의도에 따라 다양한 등급으로 구분한다. 1급 살인은 사전에 악의를 품고 타인을 불법적으로 살해하는 행동이다. 즉 고의적인 동시에 사전에 계획된 살인을 말한다. 2급 살인은 한 인간이 사전에 악의를 품지 **않은 상태에서** 또 다른 인간을 불법적으로 죽이는 것이다. 즉 고의적이지 않으며 사전에 계획되지 않았을 것이다. 자발적 치사는 치정 범죄에서와 같이, 살해할 의도가 없었으나 "이성적인 사람을 감정적 또는 정신적으로 동요하게 만드는" 상황에서 타인을 불법적으로 살해하는 것이다. 과실치사는 고의적이지도 않고 사전에 계획하지도 않은 살인으로, 과실로 인해 발생한 치사 사건에 적용된다. 음주운전에 의한 사망 사건이 그러한 예다. 그리고, 앞으로 살펴보겠지만, 종양, 외상후 스트레스 장애,

우울증 등과 같은 감경 요인들에 의해 발생하는 살인과 치사도 있다. 이러한 요인들은 피고의 자율성을 제한한다고 추정되어 재판의 선고 단계에서 참작된다. 마지막으로 **합법적인** 살인도 있다. 전쟁에서의 살인, 정당방위로서의 살인, 또는 국가가 집행하는 사형이 그러한 예들이다. 합법이든 불법이든, 개인의 살인이든 국가의 살인이든, 이런 식으로 한 인간의 생명을 단축시키는 모든 행위에서 상황, 의도, 자유의 도덕적 정도를 참작한다.[16]

○ ● ○

지금까지 우리가 자유의지를 갖고 있다는 것을 네 가지 방식으로 입증했다. 첫째, 우리 마음은 서로 경쟁하는 많은 신경망을 갖고 있는 **모듈 구조**다. 둘째로, 우리는 반목하는 충동들에 대해 거부권—**자유거부의지**—을 행사함으로써 진정한 선택을 할 수 있다. 셋째, 우리는 자유의 정도에 따라 각기 다른 범위의 의식적 선택을 한다. 넷째, 따라서 우리의 선택은 인과관계망의 일부지만 그럼에도 우리들 대부분은 대부분의 상황과 조건에서 충분한 자유를 가지기 때문에 자신의 행동에 책임을 져야 한다. 도덕적 책임에 대한 사례 연구들은 어떤 상황과 조건이 우리의 선택을 어떻게 제약하는가를 조사한다. 두 가지 사례—사이코패시와 폭력 범죄—가 이성적인 사회에서 어떻게 다루어지는지 살펴보자.

사이코패시와 도덕적 책임

사이코패시psychopathy는 다음과 같은 특징들 가운데 일부를 포함하는 상태다(하지만 모두를 포함할 필요는 없다). 냉담함, 반사회적 행동, 피상적 매력, 나르시시즘, 과장, 특권의식, 감정이입을 하지 못하고 후회하지 않음, 충동을 잘 통제하지 못하며 범죄 행동을 함.[17] 이 장을 쓰기 위해 나는 심리학자 케빈 더튼Kevin Dutton에게 자문을 구했는데, 그의 말에 따르면 "사이코패시 발생률은 남성의 경우 1~3퍼센트, 여성의 경우 0.5~1퍼센트로 추산되고" 교도소 수감자들 가운데는 "가장 심각한 범죄들—살인, 연쇄 강간과 같은 범죄—의 약 50퍼센트가 사이코패스에 의해 저질러진다."[18] 하지만 사이코패시 안에도 회색 지대가 있다. 특정한 CEO, 변호사, 월스트리트 증권거래인, 걸핏하면 "당신은 해고야!"라고 으르렁대는 몰인정한 사장들이 스펙트럼의 아래쪽 끝에 있고, 1970년대에 적어도 30명의 여성을 강간 살해하고 나서 "나 같은 개자식은 앞으로도 영원히 보지 못할 것"[19]이라고 으스댄 테드 번디Ted bundy 부류가 스펙트럼의 위쪽 끝에 있다.

1980년에 심리학자 로버트 헤어Robert Hare가 사이코패시 체크리스트 Psychopathy Checklist(PCL)라고 하는 사이코패시 검사를 개발했다. 이 검사는 20개 항목으로 이루어져 있고 최고 점수가 40점이다(20개 항목 각각에 대해 피검사자는 0, 1, 2점을 받을 수 있다). 이 검사의 수정판(PCL-R)이 지금도 사용되고 있으며, 온라인에 다양한 버전의 검사가 있어서 누구나 직접 테스트해볼 수 있다(권하지는 않는다). 나는 7점을 받았다(사이코패시는 27점부터다). 물론 비즈니스, 스포츠, 기타 경쟁적 사업에서와 같이, 다소 매력적이고, 강인하고, 사람들을 자기 뜻대로 조종하려 하고, 충동적이며, 따분함을 느끼면 자극을 추구하는 성향이 유리하게 작용하는 상황들이 있다. 하지만 이러한 성격 형질들이 강화됨으로써 약간의 매력이 사기꾼 기질이 되고, 자신감이 자만이 되고, 이따금씩의 과장이 병적인 거짓말로 변하고, 강인함이 잔인함으로 발전하고, 충동성이 무책임함이 되고, 무엇보다 이 모든 특징들이 범죄 행위로 이어지면, 위험한 사이코패스가 된다.

심리학자 스콧 릴리엔펠드Scott Lilienfeld가 개발한 사이코패스성격목록표Psychopathic Personality Inventory(PPI)는 훨씬 더 폭 넓은 성격 차원들로 구성되어 있는데, 187개 문항으로 구성된 검사를 통해 공통 분모를 찾아서 권모술수에 능한 자기 중심성, 충동적인 사회 부적응성, 책임을 외부로 돌리는 성향, 무신경한 무계획성 같은 성격 묶음으로 분석된다. 우리들 대부분이 이러한 성격 특질들을 어느 정도 가지고 있다는 사실에 착안한 것이다. 한 인터뷰에서 릴리엔펠드가 더튼에게 말했듯이 "당신과 나는 PPI의 종합적인 점수는 같을 수 있습니다. 하지만 여덟 가지 성격 차원의 개별 점수는 완전히 다를 수 있습니다. 예컨대 당신은 무신경한 무계획성에서 높은 점수를 받고 이에 따라 무정함에서는 낮은 점수를 받는 반면, 나는 정반대일 수 있습니다."

신경과학자 제임스 폴른James Fallon은 지극히 개인적인 관점에서 사이코패스의 양면성을 고려해야 했다. 폭력의 사회생물학적 표지자를 찾기 위해 연쇄살인마의 머릿속을 조사하던 중 그는 자기 자신에게서 사이코패시의 징후를 발견했다. 저서 《사이코패스의 내면The Psychopath Inside》에서 그가 들려주는 이야기에 따르면, 그는 사이코패시의 신경과학에 대한 논문 한 편을 마무리하고 있었다. 그 논문에는 젊은 사이코패스 살인범들의 뇌 영상이 포함되어 있었는데, "전두엽과 측두엽의 특정 부분에서 기능 저하를 보이는 드물고 놀라운 패턴을 공유했다. 이 영역들은 자기 통제와 감정이입에 관여한다는 공통점을 지니고 있다."[20] 그런데 살인범들의 뇌 영상들 가운데 논문 데이터는 아니지만 사이코패시의 분명한 징후들을 보이는 뇌 영상 하나가 섞여 있었다. 이 영상은 폴른 본인의 뇌로 드러났다.

추가적인 검사를 통해 폴른은 '경계성 사이코패스'로 밝혀졌고, 그의 가족과 친구들이 이러한 진단을 확인해주었다. 그들은 솔직하게 말해달라는 폴른의 요구에, 그 신경과학자가 가장 듣고 싶지 않은 말을 들려주었다. 그는 믿을 수 없는 사람이라는 것이다. "그들 모두가 내게 같은 말을 했습니다. 그들은 나에 대한 자신들의 생각을 내게 수년 동안 말해왔다고 했습니다. 재미있고 좋은 사람이며 함께 일하면 재미있지만, 내가 '소시오패스'라고 말했다는 겁니다. 농담인 줄로만 알았다고 했더니, 그들은 언제나 진지했다고 했지요."[21] 그들이 폴른을 묘사하기 위해 사용한 성격 형질들은 사이코패시 체크리스트에 올라 있는 것이었다. "사람들을 조종하려 하고, 매력적이지만 정직하지 못하고, 지능적으로 괴롭히고, 나르시시스트이고, 피상적이고, 자기중심적이고, 깊이 사랑할 줄 모르고, 수치심이 없고, 양심의 가책이 전혀 없고, 교활한 거짓말쟁이이며, 법이나 권위 또는 사회 규칙을 무시한다."

사이코패시에 대한 '치료법'은 없다고 폴른은 설명한다. "사이코패시 성향을 물리치기는 매우 어려워서, 현재 시도되는 치료법들은 아주 작은 효과만을 기대할 수 있다. 모노아민 신경전달 체계에 영향을 미치는 약물들은 충동성과 공격성을 부분적으로 줄일 수 있고, 식이요법과 명상을 포함하는 조기 치료는 행동이 일으키는 문제들을 줄일 수 있지만, 감정이입을 못하고 후회할 줄 모르는 성향을 초래하는 핵심적인 신경심리적 결함들은 그대로 남는다."

폴른은 그런 성향을 부정적인 목적이 아닌 긍정적인 목적에 활용하는 사이코패스라는 더튼의 모델에 들어맞는다. "나는 가벼운 사이코패스, 또는 친사회적 사이코패스입니다. 폭력적인 범죄성 외에 사이코패스의 많은 형질들을 가지고 있는 사람이죠. 이러한 유형의 사이코패시에 해당하는 사람들은 공격성을 사회적으로 용인되는 방법으로 표출하고, 냉정하고 자아도취적으로 사람들을 조종합니다."[22] 사이코패시에 대해 우리가 무엇을 해야 하는지, 그리고 사이코패시가 자유의지에 대해 가지는 함의가 무엇인가라는 질문을 해결할 열쇠가 여기에 있다. 그것은 사이코패시의 제약 안에서 효과적인 행동을 선택하고, 사이코패시 형질들을 파괴적인 목적 대신에 생산적인 목적에 쓰는 것이다.

이것이 바로 케빈 더튼Kevin Dutton이 저서 《사이코패스의 지혜The Wisdom of Psychopaths》(한국어 번역서 제목은 《천재의 두 얼굴, 사이코패스》이다—옮긴이)에서 제안한 것이다. 그는 독자들에게 사이코패스 진단의 기준이 되는 성격 형질들의 긍정적인 면과 부정적인 면을 동시에 고려할 필요가 있다고 말한다. 더튼은 '일곱 가지 치명적인 성공 비결'을 이용하는 훈련 도구들을 개발하고 있다. 일곱 가지 치명적인 성공 비결이란 "사이코패시의 일곱 가지 핵심 원리를 말하는 것으로, 우리가 이러한 성격 형질들을 사려 깊게 배분하고 조심해서 적용하면, 원하는 것을 얻는 데 도움이 되고, 현대인의 문제들에 반응하기보다 대응할 수 있다." 더튼의 일곱 가지 비결은 무자비함, 매력, 집중력, 강인한 정신, 겁 없음, 현재에 충실함, 실행력이다. 인생에서 뭔가를(어떤 것이든) 이루고 싶다면, 이 모든 형질이 지나치면 안 되겠지만 어느 정도는 필요하다는 얘기다. "예를 들어 무자비함, 강인한 정신, 실행력을 강화하면, 자기 주장을 관철시키는 데 도움이 될 것이고, 직장 동료들에게 더 많은 존경을 받을 수 있을 것"이라고 더튼은 말한다. "하지만 이것을 지나치게 강화하면 폭군이 될 수 있다."[23]

사회심리학자 필립 짐바르도는 '영웅적상상프로젝트Heroic Imagination Project'라는 벤처기업을 통해 그 균형을 찾는 시도를 해왔다. 이곳은 사람들에게 다양한 도전적 상황에서 가장 효과적인 행동을 선택하는 방법을 가르친다.[24] "영웅적으로 행동하는 것은 우리들 대다수가 인생의 어느 시점에 요구받는 선택"이라고 짐바르도는 설명했다. "영웅적 행동은 타인이 어떻게 생각하는지 두려워하지 않고, 자신에게 미칠 좋지 못한 결과를 두려워하지 않으며, 목숨 걸기를 두려워하지 않는 것을 말한다."[25] 겁없음, 집중력, 강인한 정신이 여기에 도움이 된다. 사이코패시의 긍정적 측면, 즉 사이코패시의 성격 차원들에서 좋은 목적에 쓰일 수 있는 측면을 부르는 또 다른 말—다른 명칭—이 필요할 것이다. 긍정적 사이코패시Positive Psychopathy(정반대는 부정적 사이코패시Negative Psychopathy다)라고 부르면 좋겠다. 하지만 그것을 뭐라고 부르든 우리는 인간의 행동이 다변량 형질이고, 복잡하며, 상황 의존적이며, 따라서 어떤 명칭을 붙이든 그 풍부한 태피스트리를 온전히 담을 수 없다는 사실을 항상 기억해야 한다.

사이코패스가 자신의 재주를 악행 대신 선행에 쓰도록 훈련시킬 방법이 있을지도 모른다. 그렇게 하는 것이 신경과학자 대니얼 라이즐Daniel Reisel의 목표다. 그는 영국 보건부의 연구 기금으로 범죄자들의 뇌를 연구해 원인과 치료법을 찾기 위해 교도소를 방문해왔다. 그의 초기 연구들은 범죄자들—특히 사이코패스 범죄자(교도소 내 폭력범들의 적어도 절반이 사이코패스라는 사실을 떠올려보라)—의 뇌가 고통이나 슬픔 같은 감정들에 대해 범죄자가 아닌 사람들의 뇌와는 다른 생리적 반응을 보인다는 사실을 밝혀냈다. "그들은 상황에 알맞은 감정을 보이지 않았다. 그들은 신체 반응을 보이지 않았다. 말은 알아듣지만 음악에는 감정을 이입하지 못하는 것 같았다." 뇌 영상 연구들은 "수감자 집단이 편도체 결함을 지니고 있고, 이러한 결함이 감정이입을 하지 못하고 부도덕한 행동을 저지르게 했을 가능성이 있음"[26]을 밝혀냈다.

이렇게 뇌신경이 손상된 사이코패스를 치료하는 한 가지 방법은 신경생성neurogenesis, 즉 성인의 뇌에 새로운 신경세포를 생성하는 것이다. 쥐를 예로 들어보자. 자극이 없는 감방 같은 환경에서 쥐를 기르면, 그 쥐를 동료 쥐들에게 데려다 놓아도 그들과 유대를 맺지 못한다. 하지만 쥐를 자극이 풍부한 환경에서 기르면, 집단의 동료 구성원들과 정상적인 애착을 형성할 뿐 아니라 새로운 신경세포와 신경 연결이 생성된다. 신경 생성은 "여러 가지 학습과 기억 과제를 더 잘 수행하게 하고, 더 나은 환경은 건강하고 사회친화적인 행동을 초래한다"고 라이즐은 말한다. 그런 다음에 라이즐은 교도소 환경과의 유사성을 끌어낸다. "기능을 못하는 편도체를 지닌 사람들을 신경세포가 더 성장할 기회를 막는 환경에 데려다 놓는 것은 참으로 아이러니한 일이다." 죄 지은 사람들을 처벌하려는 우리의 자연적 성향은 응보적 정의 체계에 따른 것이지만, 라이즐은 갱생 프로그램과 회복적 정의 프로그램을 통해 이들의 망가진 뇌를 치료하는 방법도 고려해볼 만하다고 생각한다. 그 점에 대해서는 다음 장에서 자세히 다루겠다.

폭력 범죄와 도덕적 책임

1966년에 공대 학생이며 해병대 출신인 찰스 휘트먼Charles Whitman이라는 이름의 남성이 칼로 아내와 어머니의 가슴을 찔러 살해한 다음, 곧바로 차를 몰고 오스틴에 있는 텍사스대학교로 가서, 총기와 탄약을 가지고 대학 내 시계탑 전망대로 올라가 총으로 15명을 살해하고 32명을 다치게 한 뒤, 오스틴 경찰의 총에 맞아 사망했다.[27] 다음은 휘트먼이 남긴 쪽지의 일부다.

무엇 때문에 이 편지를 쓰는지 나도 잘 모르겠다. 내가 최근에 저지른 행위들을 막연하게나마 해명하기 위해서일 것이다. 요즘 내가 왜 이러는지

나도 정말 모르겠다. 나는 이성적이고 지적인 평범한 젊은이인 듯하다. 하지만 최근 들어 (언제 시작되었는지는 정확히 기억나지 않는다) 이상하고 비이성적인 생각들에 사로잡혀 있었다. 이러한 생각들이 시도 때도 없이 떠올라서, 유용하고 생산적인 일에 집중하기가 무척 힘들다. …… 내가 죽으면 부검을 통해 어떤 가시적인 신체적 장애가 있는지 확인해보기를 바란다.[28]

아니나 다를까, 총기 난사가 있은 다음 날 병리학자들은 피칸 크기의 교모세포종 뇌종양이 휘트먼의 시상하부와 편도체를 누르고 있는 것을 발견했다. 이 부위는 감정과, 투쟁/도피 반응과 관련이 있다. 주 위원회는 이 검사 결과를 토대로 "그가 감정과 행동을 통제할 수 없었던 것은 뇌종양 때문이었을 것으로 사료된다"[29]는 결론을 내렸다. 실제로 휘트먼은 그해 3월에 텍사스대학교 건강센터의 한 정신과 의사와 상담을 했다. 상담 뒤 정신과 의사가 남긴 기록에는 충격적인 소견이 적혀 있었다. "몸집이 크고 근육질인 이 청년은 적개심이 흘러넘치는 것처럼 보였다." 그리고 "그에게 무슨 일이 일어나고 있는 듯했고, 딴 사람처럼 보였다." 휘트먼은 의사에게 "사냥총을 들고 시계탑에 올라가서 사람들을 쏘는 생각을 하고 있다"[30]는 말도 했다.

찰스 휘트먼은 뇌종양 때문에 보통 사람들보다 적은 자유를 가지고 있었던 것 같다. 그는 자신의 이상한 충동을 제압할 수 없었고, 뭔가가 크게 잘못되었다는 막연한 느낌 말고는 자신이 왜 그러한 충동을 통제할 수 없는지 알지 못했기 때문이다. 그의 직감은 사실이었다. 하지만 엄청난 규모의 폭력을 초래하는 방식으로 뇌에 영향을 미치는 것은 끔찍하고 불우한 양육과 환경도 마찬가지다. 다시 한번 역지사지 원리를 연습해보자. 이번에는 범죄자의 마음속으로 들어가 볼 것이고, 이 연습의 목적은 범죄의 원인을 이해하는 것만이 아니라, 입에 담을 수도 없는 끔찍한 행동을 저지르게 만드는 강력한 힘이 작용할 때 복잡해지는 도덕적 책임의 문제를 이해하는 것이다.

당신이 젊은 아프리카계 미국인 남성으로, 미국에서 가장 피폐하고 범죄가 들끓는 도시에서도 최악의 동네에서 자랐다고 가정해보라. 그곳이 워싱턴 DC라고 해보자. 당신의 할머니는 열네 살 때 당신의 어머니를 낳았고, 당신의 어머니는 열여섯 살 때 당신을 낳았다. 어머니는 육체적·성적 학대를 일삼는 삼촌과 숙모의 손에 자랐고, 당신을 똑같은 방식으로 길렀다. 아버지는 어디 있는지 알 수 없지만, 친가의 친척들은 마약, 범죄, 정신병에 찌들어 있었다. 당신은 두 살 무렵까지 머리와 몸의 여타 부위에 가해진 폭행으로 다섯 번이나 응급실에 실려 갔다. 당신은 자동차 창밖으로 '추락'했고, 주먹질에 의식을 잃었고, 벙크 침대에서 떨어져 바닥에 머리를 찧었다. 다른 아기들처럼 당신은 배가 고프거나 정이 고프면 울었지만, 어머니는 먹을 것을 주고 안아주고 사랑해주는 대신 화를 내며 당신을 마구 흔들었고, 그 탓에 당신의 뇌가 두개골 안에서 이리저리 출렁이면서 더 크게 손상되었다. 세 살 때는 어머니에게 주먹으로 머리를 맞아 끔찍한 두통에 시달렸다. 여섯 살 때는 전깃줄로 맞았다. 너무 무서워 오줌을 지리면 그런다고 또 맞았다. 성적이 나쁘거나 작은 잘못을 저질러도 맞았고, 뚜렷한 이유가 없어도 때리면 그냥 맞아야 했다. 담뱃불에 화상을 입기도 했다.

가정환경만 끔찍했던 것이 아니다. 동네 깡패들도 당신을 학대했다. 항문 강간도 당했다. 또래 집단은 생계 때문에, 또는 단지 재미로 강도짓을 하고 빈집을 터는 불량 청소년과 폭력배들이었다. 열여덟 살이 되었을 때 당신은 이미 강도와 빈집털이를 수도 없이 저질러 20년형을 선고받았다. 4년을 복역한 뒤 가석방되어 콜로라도주 덴버에 있는 사회복귀 훈련시설에 들어갔지만, 거기서 다른 재소자를 폭행했다. 메릴랜드의 교도소로 호송되기 직전에, 덴버의 한 아파트를 털어 급전을 마련해서 동부로 돌아가는 버스를 타기로 했다. 하지만 당신이 아파트 안에 있을 때 주인 여자가 돌아왔다. 그녀는 당신을 보고 놀라 위층으로 도망쳤고, 당신은 그녀를 찾아내 당신이 평생 당했던 그대로 폭행했다. 여자의 얼굴과 머리를 때렸고, 머리채를 잡고 침실로 끌고 가서 몸을 묶은 뒤 돈을 요구했다. 여자가 저항하자 상황은 통제 불능 상태로 치달았다. 당신은 여자가 소리 지르는 것을 멈출 때까지 강간하고 때리고 칼로 찌르다가 여자를 죽이고 말았다. 당신은 아파트를 빠져 나가 1시 30분 버스를 탔다. 당신에게 이날은, 산지옥 같았던 인생의 여느 날과 다를 바 없는 보통의 날이었다.

뇌에 변화를 일으켜 어떤 사람을 폭력적인 살인마로까지 만드는 종양과, 마찬가지로 뇌를 바꾸어 어떤 사람을 폭력적인 살인마로까지 변화시키는 상상할 수 있는 가장 끔찍한 양육 환경 사이에 무슨 차이가 있을까? 이것은 정신과 의사이자 범죄학자인 에이드리언 레인Adrian Raine이 범죄의 생물학적 뿌리를 파헤친 기념비적인 저서 《폭력의 해부학The Anatomy of Violence》에서 던진 질문이다. 두 번째 사례는 그 책에서 가져온 것이다.[31] 레인은 신경과학, 인지심리학, 진화심리학이 어떻게 범죄생물학 이론으로 수렴되고 있는지 자세히 설명한다.

이 이야기와 레인의 해석(그리고 법원의 해석)으로 가기 전에, 만일 당신이 이 두 사람 중 한 명이라면 어떻게 했을지 생각해보라. 물론 대부분의 사람들은 자신이 이러한 충동을 억제할 수 있는 수단과 자기 통제력이 있다고 믿는다. 나 역시 그렇다. 그런데 우리가 그렇게 생각한다면 그것은 뇌종양과 지옥 같은 환경을 겪지 않는 우리들 대부분이 자기 통제, 관점 바꾸기, 동정, 감정이입을 할 수 있는 뇌를 가지고 있기 때문이다. 하지만 당신이 뇌종양을 지닌 남성 또는 끔찍한 배경을 지닌 남성이라면 어떨까? 그래도 이러한 범죄를 저지르지 않았을 것이라고 장담할 수 있을까? 그리고 그러한 범죄를 저지른다면, 마치 완전한 자기 통제력을 가진 사람인 양 그 범죄들에 대한 책임이 자신에게 있다고 생각할까? 이 질문은 결정론적 세계에서 도덕적 책임의 문제를 다룰 때 고려해야 하는 핵심 포인트다. 과학은 우리가 결정론적 세계—모든 결과에는 원인이 있는 세계—에 살고 있다고 단언한다. 한편 사회와 법은 문명화된 사회를 만들려면 행동에 대한 도덕적 책임을 물을 필요가 있다고 말하고, 이 말에는 사람들이 선택의 자유가 있는 자유의지를 지닌 존재라는 전제가 깔려 있다.

레인에 따르면, 아프리카계 미국인 남성인 돈타 페이지Donta Page의 유년기가 얼마나 끔찍했던지—가난, 영양실조, 아버지의 부재, 학대, 강간, 여러 차례 병원에 실려 갈 정도로 머리를 맞는 폭행을 겪었다—그의 뇌 영상에서 "전전두피질의 중앙 부위와 안와 부위의 기능 저하를 나타내는 분명한 증거가 보였다." 이 부위들은 충동 억제와 관련이 있다. "이러한 부위들에 손상을 입은 신경과 환자들은 충동적이고, 자신을 통제하지 못하고, 미성숙하고, 눈치가 없고, 부적절한 행동을 고치거나 억제하지 못하고, 사회적 판단이 미숙하고, 지적 융통성이 없고, 추론 능력과 문제 해결 기술이 떨어질 뿐 아니라, 사이코패스 같은 성격과 행동을 보인다."[32] 페이지의 뇌 영상을 41명의 다른 살인자들의 뇌 영상과 비교한 결과, 레인은 그들의 전전두피질이 크게 손상되어 있는 것을 발견했다. 이는 "화와 분노처럼 거친 감정들을 생성하는 변연계와 같이 진화적으로 원시적인 뇌 부위들을 통제할 수 없게"[33] 만든다.

신경과 환자들에 대한 연구는 일반적으로 "전전두피질이 손상된 사람들은 위험을 추구하고, 무책임하고, 규칙을 위반하는 행동을 할" 뿐 아니라 "충동적이고, 자신을 통제하지 못하고, 행동을 적절하게 고치거나 억제하지 못하는 것"과 같은 성격 변화를 겪는다는 사실을 보여준다고 레인은 말한다. 또한 "지적 융통성이 없고 문제 해결 능력이 떨어지는 것"과 같은 인지력 저하를 보이는데, 이는 나중에 "학업 실패, 실업, 경제적 궁핍과 같은, 범죄적이고 폭력적인 삶을 살게 만드는 요인들"[34]을 초래할 수 있다.

우리는 악성 종양과 폭력적인 성장 환경에 무슨 차이가 있는지 신경과학의 관점에서 다시 물을 수 있다. 둘 다 행동에 직접적이고 측정 가능한 영향을 미친다. 레인은 40세 남성에 관한 또 다른 사례 연구에서 이 사실을 확인한다. 그 남성은 갑자기 소아성애 성향이 생겨 열두 살 난 의붓딸에게 그 욕구를 풀었다. 그는 체포되어 성폭행과 아동 성희롱으로 기소되었고, 정신과 의사에게 소아성애자 진단을 받았다. 하지만 갱생에 실패한 뒤 교도소에 들어가기 전에 찍은 뇌 영상은, 그의 안와전두피질 하부에 자라고 있는 거대한 종양이 뇌의 오른쪽 전전두 부위를 짓누르고 있는 것을 보여주었다. 이 부위는 충동 조절에 관여한다. 종양을 절제하자 소아성애 감정이 싹 사라졌고, 그는 정상적인 삶으로 돌아갔다. 하지만 몇 달 뒤 그의 아내가 그의 컴퓨터에서 아동 포르노를 발견했다. 뇌 영상 검사 결과, 재발한 종양 때문이었음이 밝혀졌다. 이번에도 종양을 제거했더니 아동에 대한 성욕이 사라졌다.[35] 이 놀라운 이야기는 우리의 생각과 행동과 관련하여 많은 것을 알려준다. 하지만 우리가 무엇을 해야 하는지에 대해서는 어떤 말을 해줄까?

생물학적인 '사실'에서 도덕적 '당위'로

범죄와 도덕을 이해하는 이런 식의 접근법에 내재된 생물학적 결정론이 못마땅한 사람들도 있겠지만, 회복적 정의의 과학이 어떻게 작동하는지 (다음 장에서) 살펴보기 전에, 돈타 페이지의 피해자 페이턴 터트힐Peyton Tuthill의 입장에서 한 번 더 역지사지 연습을 해볼 필요가 있다. 그녀는 상상할 수 없을 정도의 폭력적인 방식으로 목숨을 잃었다. 신경범죄학과 회복적 정의restorative justice의 과학이 아무리 발전한다 해도 그녀의 생명은 되돌릴 수 없고, 그녀의 가족은 당연히 돈타 페이지의 성장 배경에 대해 내가 여기서 대략적으로 밝힌 것처럼 (그리고 레인이 그의 저서에서 훨씬 더 자세하게 밝힌 것처럼) 냉정한 임상적 평가를 내릴 수 없을 것이다. 레인은 페이지의 재판에서 피고 측 자문에 응해, 이해하는 마음과 처벌을 원하는 마음 사이에서 아슬아슬한 줄타기를 하며 페이지가 사형을 면해야한다는 변론을 펼쳤다. 재판석의 세 판사들은 동의했고, 돈타 페이지는 무기징역을 선고받았다. 그리고 이것은 현재의 과학 지식에 비추어 타당한 판결이다. 우리가 재범률에 대해 알고 있는 사실을 고려하면, 그가 석방될 경우 범죄와 폭력을 다시 저지를 확률이 매우 높다.

뉴멕시코와 위스콘신의 교정 시설에 있는 재범자들을 대상으로 실시한 뇌 영상 연구들이 그것을 보여준다. 이 연구들을 실시한 사람은 신경과학자 켄트 킬Kent Kiehl이다. 킬은 이 자료를 바탕으로, 어떤 범죄자들이 다시 범죄를 저지를 확률이 가장 높은지 매우 확실하게 예측할 수 있다. 킬은 트레일러에 휴대용 MRI 스캐너를 싣고 교도소들을 다시면서, 재소자들의 뇌 영상과 그들이 사이코패스 체크리스트-R 검사에서 받은 점수 사이의 상관성을 찾는다. 일반적으로 사이코패스들은 자기 통제와 관련이 있는 변연계 주변 영역에 회색질이 적다. 킬은 또한 "사이코패스 범죄자들은 편도체/해마체, 해마곁이랑, 배쪽줄무늬체, 그리고 전대상이 랑과 후대상이랑의 정서 관련 활성이 상당히 낮다는 것"을 발견했다. 이모두는 감정을 조절하고 통제하는 부위들이고, 정상적인 뇌에서는 두려움과 처벌에 민감하게 반응한다. 사이코패스들은 이러한 자극들에 둔감하기로 악명 높고, 이러한 무감각함은 그들의 반사회적이고 범죄적인 활동을 촉진한다.[36]

그런데 이러한 뇌들은 명백한 병증을 지니고 있지 않다. 예컨대 종양이 없다. 그럼에도 뇌 **기능**에는 분명한 차이가 있었다. 대부분의 사이코패스들이 꽤 일찍부터 사이코패시 증상들을 보이고, 그들이 범죄자가 될 경우 비교적 어린 나이에 범죄를 시작한다는 사실로 미루어 볼 때, 이러한 뇌 기능 차이는 어릴 적 경험의 결과일 가능이 매우 높다. 범죄자들을 대상으로 실시한 또 다른 연구에서 킬은 전대상피질의 활성이 떨어져 있는 것을 발견했다. 이 부위는 오류를 처리하고, 갈등을 추적·관찰하고, 반응을 선택하고, 회피를 학습하는 일에 관여한다. 실제로 이 부위가 손상된 사람들은 냉담함과 공격성에서 큰 차이를 보인다. 킬에 따르면 "전대상피질이 손상된 환자들은 '후천적 사이코패시 성격'이라는 범주로 분류된다."

후천적이라고? 구체적으로 말하면, 킬은 전대상피질의 활성이 낮은 범죄자들이 활성이 높은 범죄자들에 비해 출소한 지 4년 이내에 범죄를 다시 저지를 가능성이 두 배 높았음을 알아냈다. "고위험군에 속하는 모든 사람이 다시 범죄를 저지를 것이라고 확실히 말할 수는 없다. 단지 대부분이 그렇다고 말할 수 있을 뿐이다"라고 킬은 말한다. 그리고 "이 연구는 어떤 범인들이 재범을 저지를지, 그리고 어떤 범인들이 재범을 저지르지 않을지 예측하는 도구를 제공할 뿐 아니라, 범죄자들을 범죄 활동의 위험을 줄이는 더 효과적인 표적 치료로 이끌 방법을 제공한다"고 덧붙인다. 이러한 목표에 따라 킬은 전대상피질의 활성을 높이는 기법들을 개발하고 있다. 그는 이 기법들을 고위험군에 속하는 범죄자들에게 적용할 수 있기를 기대한다.[37]

앞의 사례들은 '사실'에서 '당위'를 이끌어내는 것이 무엇을 의미하는지 보여주는 시범 사례들이다. 범죄의 원인을 알 때—예컨대 충동 조절 저하, 두려움과 처벌에 대한 무감각, 감정 이입 능력의 결여, 정신병, 폭력적인 양육 환경, 종양—우리가 범죄를 줄이고 싶다면 사회에서, 그리고 이러한 영향에 가장 취약한 사람들이 처한 조건들을 바꾸려고 노력해야 할 도덕적 의무가 있다.

예컨대 우리는 범죄, 그중에서도 특히 폭력 범죄를 저지르는 사람이 주로 남성들임을 알고 있다. 실제로, 지난 100년 동안 여성을 위한 진보가 일어나 수많은 영역에서 남성과의 격차가 줄어든 뒤로도 여성이 계속해서 뒤쳐져 있는 영역이 하나 있다면 그것은 폭력 범죄다. 국제연합 마약범죄사무국UN Office on Drugs and Crime이 자체 보고서인 〈2011년 살인 보고서Global Study on Homicide〉에서 밝힌 바에 따르면, 세계 모든 곳에서 폭력범의 절대 다수가 남성이며, 대부분의 국가에서 재소자 집단의 90퍼센트 이상이 남성이다.

남성들은 이따금씩 아는 여성을 죽이기도 하지만—이것을 치정 살인이라고 부른다—대개는 다른 남성을 죽인다. 모든 살인 피해자와 가해자의 약 80퍼센트가 남성이다. 전 세계에서 남성을 대상으로 한 살인율은 10만 명당 11.9명인데 비해, 여성을 대상으로 한 살인율은 10만 명당 2.6명이다. 이는 남성이 여성보다 살해될 확률이 4.6배 높다는 뜻이다. 하지만 이 통계에는 모든 연령대가 포함되어 있다. 15세에서 29세의 연령대에서는 남녀 차이가 10만 명당 21명(남성)과 10만 명당 3명(여성)으로, 일곱 배 차이가 난다. 이는 여성들보다 남성들이 폭력조직 가입, 불법 마약 거래, 위험한 스포츠와 기타 경쟁적인 활동, 지위와 명예를 위한 도전, 괴롭히기 등과 같은 고위험 활동에 더 많이 노출되는 탓이다. 마약범죄사무국의 연구 보고에 따르면 "일반적으로 살인율이 높을수록, 범죄자의 남성 비율이 높다. 반대로 살인율이 낮을수록 범죄자의 여성 비율이 높아진다. 하지만 여성 살인자가 살인범의 대다수를 차지하는 경우는 결코 없다. 이러한 패턴의 성 차이는, 모든 살인 용의자 중 남성 살인범이 차지하는 비율이 한 나라 또는 지역에서 가장 자주 발생하는 유형의 살인을 예측할 수 있는 훌륭한 지표임을 잘 보여준다."[38]

어떤 문제에 대한 사실 관계를 파악하면(**사실**) 그 문제에 대해 무엇을 해야 하는지(**당위**)가 분명해진다. 국제연합이 그러한 연구를 하는 것은 바로 이 때문이다. "가해자와 피해자의 특징을 파악하는 것은 살인의 추세를 이해하기 위한 필수 요건이고, 증거에 기반을 둔 정책과 범죄 예방 전략의 효과를 높이기 위해 꼭 필요한 일이다."[39] 그렇다면 우리가 해야할 일은 도시 빈민가의 범죄 조직을 표적으로 삼고, 위험에 노출되어 있는 사춘기 이전의 소년들을 위험한 십대와 청년이 되기 전에 교화하고, 일반적으로는 모든 연령대의 남성들에게 저급한 충동을 억누르는 자기 통제 기술을 가르침으로써 강한 자기 주장이 공격성과 폭력성으로 변하는 것을 막는 것이다.

치정 살인에 관한 데이터와, 해마다 남편과 남자 친구(또는 전 남편과 전 남자 친구)의 총에 맞아 죽는 여성들의 수가 낯선 사람에게 살해당하는 여성들의 두 배가 넘는다는 사실을 알고 있다면, 우리는 남녀 모두를 대상으로 가정 내 불화와 관계 갈등을 더 효과적으로 다루는 프로그램과 지지 그룹을 만들어야 한다.[40] 만일 영양 부족과 폭력적인 양육이 영유아의 뇌가 정상적으로 발달하지 못하게 하고, 그 결과 그들이 범죄자와 폭력범이 되는 것이라면, 우리는 거기에 대해 뭔가를 해야 한다. 그것은 그들을 위한 일일 뿐 아니라 그들의 잠재적 피해자들과 사회 전체를 위한 일이기도 하다.

현대 사회의 사법 제도는 개인적인 무력으로 분쟁을 해결하는 것을 막고자 한다. 부도덕한 행위에 처벌이 가장 효과적이라고 여기는 것을 응보적 정의라고 한다. 반면에 범죄를 사과하고, 상황을 바로잡으려 하고, 관계를 회복하는 것을 회복적 정의라고 한다. 범죄를 저지르면 응분의 벌을 받아야 한다는 것을 우리는 본능적으로 안다. 도덕 감정의 폭주는 종종 또 다른 부정의를 불러일으키기도 한다. 가해자의 진심 어린 사죄와 피해자의 용서가 있을 때 화해와 진보의 길로 나아갈 수 있다.

11

도덕적 정의: 응보와 회복

> 문밖으로 나가 나를 자유로 인도하는 출입문으로 향하면서, 나는 원통함과 증오를
> 버리지 않는다면 여전히 감옥에 있는 것임을 알았다.
> _ 넬슨 만델라, 남아프리카의 아파르트헤이트에 대한
> 투쟁으로 27년 동안 복역한 뒤[1]

누군가를 죽인다는 생각을 해본 적이 있는가? 나는 있다. 나는 여러 사람들을 상대로 그러한 상상을 여러 번 해봤다. 아니면, 나를 열 받게 한 개자식을 **죽이지는** 않더라도, 적어도 주먹으로 아가리를 날려 그를 쓰러뜨리는 상상을 한다. 그리고 내 뒤통수를 친 사람을 철저히 저주하는 상상을 한다. 이러한 판타지 속에서 나는, 1965년 타이틀 방어전에 나가 1라운드에 상대 선수 소니 리스턴을 녹아웃 시킨 뒤 그를 내려다보며 "일어나서 덤벼, 형편없는 자식아"라고 조롱하는 무함마드 알리가 된다. 아니면 죄 없는 아메리카 원주민 아이들을 괴롭히는 인종차별주의자 깡패들을 쓰러뜨리는 영화 〈빌리 잭Billy Jack〉의 주인공 빌리 잭이 된다. 잭이 서서히 분노를 불태우다 결국 '눈이 뒤집혀' 정의의 무술을 휘두르는 무모한 영웅주의적 장면은 〈빌리 잭〉을 독립영화 마니아들의 고전으로

만들었다. 이러한 상상이 자랑할 일은 아니지만, 나와 타인들에게 나쁜 짓을 한 사람들을 대상으로 정의를 실현하는 느낌은 상상만으로도 정말 짜릿했다. 물론 이런 일을 실제로 한 적은 없다. 나 또는 내가 사랑하는 사람이 심각한 신체 상해를 당할 위협에 처하지 않는 한 앞으로도 그럴 일은 없을 것이다. 하지만 나는 "당신의 장례식에는 참석하지 못했지만 당신의 죽음을 환영하는 정중한 편지를 보냈다"던 마크 트웨인의 빈정거림에 십분 공감할 수 있다.

누군가를 죽이는 생각을 해본 적이 있느냐는 질문에 그렇다고 답할 사람들은 나 말고도 많이 있을 것이다. 실제로 진화심리학자 데이비드 버스는 2005년 저서 《이웃집 살인마The Murderer Next Door》에서, 대부분의 사람들이 인생의 어느 시점에 살인하는 상상을 한다고 보고한다. 이러한 살인 판타지를 품는 사람들은 어떤 사람들인가? 그들은 "분노를 폭력으로 푸는 조직폭력배들이나 가출한 문제아들이 아니라", "주로 중산층에 속하는 지적이고, 바른 생활을 하는 아이들"이라고 버스는 설명한다. 이러한 결과는 그에게 충격을 주었다. "학생들이 살인에 대한 상상을 그렇게 많이 할 줄 몰랐다." 버스는 "실제 일어나는 살인 사건들은 살인 심리라는 빙산의 겉으로 드러난 일부"일지도 모른다고 생각했다. "실제 살인 행위는 살인에 대한 인간의 근본적인 욕구가 가장 극단적으로 표출된 결과에 불과하지 않을까?"[2]

이 질문에 대한 답을 알아내기 위해 버스는 자신의 연구를 실시했을 뿐 아니라 다른 관련 연구들을 수집했다. 이렇게 해서 세계 곳곳의 5,000명이 넘는 사람들로 구성된 데이터베이스가 확보되었다. 이 결과들은 인간 본성의 어두운 면을 조명한다. 남성의 91퍼센트와 여성의 84퍼센트가 살면서 적어도 한 번은 살인에 대한 실감나는 상상을 한 적이 있다고 보고했다. 이러한 상상을 실행에 옮긴 한 남성은(버스가 연구한 미시건의 살인범 집단에 포함되어 있었다) 자신이 여자 친구를 죽인 이유를 이렇게 말했다. "나는 그녀를 깊이 사랑했고 그녀도 그 사실을 알았죠. 그녀가 다른 놈과 만나는 것이 나를 미치게 했어요." 질투는 흔한 동기다. 또 다른 사건에서도, 한 남성은 아내와 섹스하는 동안 질투심이 폭발했다. 왜 그랬을까? 그의 말에 따르면, 그의 아내가 "방금 딴 놈이랑 하고 온 여자와 하는 기분이 어때?"라고 물었기 때문이다. 그는 침대에서 아내를 목 졸라 죽였다.[3] 질투를 유발하는 원동력은 증오가 아니라, 애착과 상실에 대한 두려움이다. 또 다른 예로, 한 31세 남성은 20세인 아내가 여섯 달의 별거 기간 동안 다른 남자와 섹스했다고 고백했을 때 아내를 칼로 찔러 죽인 뒤, 경찰서에서 이렇게 자백했다.

사랑한다고 결혼하자고 해놓고 어떻게 딴 놈이랑 잘 수 있느냐고 그녀에게 따졌어요. 나는 완전히 돌았어요. 부엌에 가서 칼을 가져왔죠. 방으로 돌아가 다시 물었어요. 진짜냐고요. 그녀는 그렇다고 했어요. 우리는 침대에서 싸웠어요. 내가 그녀를 찌르는데 그녀의 할아버지가 올라와 내 손에 있는 칼을 빼앗으려 했어요. 나는 할아버지에게, 가서 경찰을 부르라고 말했죠. 그녀를 왜 죽였는지 모르겠어요. 나는 그녀를 사랑했어요.[4]

그러한 살인의 대부분을 남성이 저지르지만, 그런 짓을—똑같이 도덕주의적인 동기로—하는 여성들도 제법 큰 데이터베이스를 이룰 만큼 드물지 않다. 예를 들어, 버스의 연구에 등장하는 사건 S483의 43세 여성은 47세인 남자 친구를 죽이는 상상을 했다.

나는 그가 먹은 음식에 독을 타는 상상을 했어요. 그가 집에 돌아와 욕실에 가는 순간부터 상상이 시작되었어요. 식탁에 저녁을 차리고 수프 그

릇 두 개를 따로 놓고, 그의 그릇에 쥐약을 타요. 그는 아무것도 모른 채 스프를 다 먹겠죠. 그런 다음 복통을 일으키고 입에 흰 거품을 물고 쓰러지는 거예요.[5]

사건 P96의 19세 여성은 1년 반의 연애 기간 동안 일련의 사건들을 겪고 나서 남자 친구가 죽었으면 좋겠다고 생각했다.

죽이고 싶게 만든 것은 그 사람이에요. 내가 누구를 만나는지, 뭘 하는지, 어디에 가는지, 언제 가는지, 사사건건 간섭했어요. 우리가 같은 대학에 가고부터는 내 일거수일투족을 통제하려고 했어요. 그는 야비한 말을 하고, 욕을 하고, 무가치한 느낌, 다른 누구도 만날 수 없을 것 같은 느낌이 들게 했어요. …… 두 가지 결정적 사건이 있었어요. 하나는 우리 엄마와 크게 싸운 것이고, 다른 하나는 나를 창녀라고 부른 거였어요.[6]

버스가 이러한 흉악한 상상 이면의 동기들을 기록한 이유는 대부분의 살인이 도덕주의적인 성격을 지니고 있다는 사실을 확인하기 위해서다. 범행을 상상하거나 저지르는 순간, 가해자의 마음속에서 피해자는 죽어 마땅한 존재였다. 폭력으로 맞대응할 수밖에 없을 정도로 폭력적인 학대는 인간의 역사에서 숱하게 많았을 것이다. 따라서 인간에게 자기 방어를 위해 살인으로 보복할 수 있는 능력이 진화했다는 주장을 제기할 수 있다. 자신을 방어하기 위해 아무것도 하지 않으면, 당신을 괴롭히고 학대하고 죽이는 사람들은 그러고도 무사할 것이고, 그 결과 목적을 위한 수단으로서의 폭력은 영원히 계속될 것이다. 반격하는 피해자는 폭력은 폭력을 부를 것임을 범인(그리고 방관자들)에게 알리는 것이다. 한 예로, 버스는 학대를 일삼은 14년의 결혼 생활 끝에 아내 '수'에게 살해당한 오스트레일리아 남성 '돈'의 사례를 든다.

> 돈은 언어 폭력과 육체적 폭력을 휘둘렀다. 육체적 폭력에는 다양한 유
> 형의 모욕과 걸핏하면 머리를 때리고, 죽이겠다고 협박하고, 벽장에 가
> 두고, 거울을 쳐다보라고 하면서 그녀에 대한 혐오스러운 말들을 내뱉는
> 것 등이 포함되었다. 살인이 일어나던 밤, 돈은 아내의 목에 칼을 들이대
> 며 죽이겠다고 협박했다. 또한 그녀를 벽장에 가두고 얼굴에 오줌을 쌌
> 다. 밤늦게 돈이 잠들자 …… 수는 도끼로 목의 측면을 세 번 정도 내리
> 쳤다. 그런 다음에 커다란 조각칼로 배를 여섯 번쯤 찔렀다.[7]

이 이야기를 읽으면서—돈을 빼면—수를 동정하고 이해하지 않을 사
람이 누가 있을까? 누군가 내 머리를 때리고, 나를 모욕하고 조롱한다
면, 나를 벽장에 가두고 얼굴에 오줌을 싼다면, 나를 죽이겠다고 협박한
다면—또는 내가 사랑하는 사람에게 이런 짓을 한다면—나라도 도덕
적 정의감을 억누르지 못해 도끼를 휘두를 것이다. 수잔이라는 이름의
여성이 자신을 학대하던 코카인 중독자 남편을 공격할 때 느꼈던 감정
이 바로 도덕적 정의감이었을 것이다. 사건 당일, 그녀의 남편은 사냥용
칼을 들고 다가오면서 "죽어버려, 이년아!" 하고 소리쳤다. 수잔은 그의
사타구니를 무릎으로 가격하고 칼을 잡아챘다. 이성을 잃은 미치광이에
대한 반응으로 이보다 더 이성적인 것은 없을 것이다. 재판에서 그녀는
이렇게 말했다. "두려웠어요. 그가 나를 죽일 테니까요. 내가 멈추는 순
간 그가 칼을 뺏을 것이고, 그러면 죽는 사람이 내가 될 거란 사실을 알
았어요."
　하지만 막상 시작하자 수잔은 남편을 찌르는 행동을 멈출 수 없었다.
이러한 현상을 사회학자 랜들 콜린스Randall Collins는 '대치 상황의 긴장

confrontational tension'이라고 부른다. 이러한 종류의 점점 고조되는 심한 심리적 압력은 '폭력의 터널'로 이어질 수 있고, 가장 극단적인 표현이 '멈출 수 없는 공황 상태forward panic'다. 이는 로스앤젤레스 경찰들에 의한 로드니 킹Rodney King 구타 사건(1992년 4월 29일에 발생한 'LA 폭동'의 도화선이 된 사건—옮긴이)에서와 같이, 폭력을 통해 분노를 폭발시키는 것이다. 당시 인근 주민이 찍은 동영상에 잡힌 LA 경찰들은 먹이를 갈기갈기 찢는 한 무리의 늑대들 같았다.[8] 수잔도 멈출 수 없는 공황 상태에 빠져 남편을 193회나 찔렀다. "그의 머리를 찌르고, 목을 찌르고, 가슴을 찌르고, 배를 찌르고, 심심하면 나를 차던 다리를 찌르고, 원치 않는데도 섹스를 강요한 대가로 페니스를 찔렀어요."[9]

많은 작가들과 영화감독들이 천착할 정도로 이러한 복수심은 보편적이다. 영화 〈여자를 증오한 남자들The Girl with the Dragon Tattoo〉 속의 강간 뒤 복수 장면이 좋은 예다. 주인공 리스벳 샐랜더는 자신을 강간한 남자를 전기충격기로 제압한 뒤 묶고 입에 재갈을 물리고 나서, 그의 가슴에 큰 글씨로 "나는 멍청한 사디스트이며 강간범이다"라고 문신을 새겼다. 내가 그 영화를 본 극장에 함께 있던 관객들은 그 장면에서 큰 소리로 환호했다.

도덕적 정의의 진화적 기원

감정은 우리의 행동을 생존과 번성에 도움이 되는 쪽으로 이끌기 위해 진화했고, 특히 도덕 감정(죄책감, 수치심, 공감, 모욕감, 복수심, 후회)은 타인과 교류하는 상황에서의 행동을 안내하는 길잡이로서 진화했다. 우리는 **분노**가 일어나면, 우리 자신을 때리고 괴롭히고 학대한 사람에게 주먹을 휘두르고 반격을 가함으로써 스스로를 방어한다. **두려움**이 일어나면, 일단 물러나 위기를 피한다. **역겨움**이 느껴지면, 배설물과 그밖에 질병을 옮기는 다른 물질들처럼 우리 몸에 나쁜 것을 밀어내고 내보내고 쫓아낸다. 어떤 상황에 처해서 위험의 확률을 계산하려면 시간이 많이 걸린다. 즉각적으로 반응해야 하는 순간이 항상 있고, 진화적 의미에서 감정은 이러한 순간을 '위해' 존재한다.

우리는 두 계통의 증거를 통해 정의에 대한 욕구가 어떻게 진화했는지 추적할 수 있다. 하나는 우리의 영장류 사촌들이고, 다른 하나는 우리의 수렵-채집인 조상들이다. 우리는 약 600~700만 년 전에 침팬지와 공통 조상을 공유했으므로, 먼저 침팬지가 정의에 대한 도덕 감정을 어떻게 표현하는지부터 살펴보겠다. 침팬지는 보노보와 함께, 현생하는 영장류 가운데 우리와 가장 가깝다. 영장류학자 프란스 드 발Frans de Waal은 《침팬지 폴리틱스Chimpanzee Politics》에서 "서비스에 대한 직접적인 대가를 지불하는 것"임이 분명한 행동들을 기술하면서, 일반적으로 "침팬지의 집단 생활은 힘, 섹스, 애정, 지원, 관용, 적대감을 교환하는 시장과 흡사하다"고 지적한다. 인간과 마찬가지로 침팬지들 역시 보상과 처벌이라는 이중 시스템을 보여준다. 예를 들어 드 발의 지적에 따르면, "침팬지 사회의 두 가지 기본 규칙은 '호의는 또 다른 호의로 돌아오기 마련이다'와 '눈에는 눈, 이에는 이'다."[10] 후속 연구인 《영장류의 평화 만들기 Peacemaking among Primates》에서 드 발은 침팬지와 여타 영장류가 집단 구성원들끼리 싸운 후 어떤 행동을 하는지 기록한다. 그들은 화해를 한다. 그리고 화해할 때 그들은 포옹을 하거나 팔로 어깨를 감싸는 등 인간과 비슷한 제스처를 취한다.[11] 《내 안의 유인원Our Inner Ape》에서 드 발은 침팬지들 사이에 싸움이 일어나기를 기다렸다가 싸움 이후 그들이 어떤 행동을 하는지 기록하는 연구 과정을 설명한다. "구경꾼들은 괴로워하는 양쪽 당사자를 포옹하고 쓰다듬는다."[12] 화해는 갈등을 해결하는 열쇠이고, 정의의 바퀴가 잘 굴러가기 위해서는 집단 내 모든 구성원이 억울함을 느끼지 않고 계속해서 함께 살 수 있다고 느끼도록—적어도 잠정적으로라도—'평화 만들기'가 반드시 필요하다.

보노보—침팬지의 한 종류로, 침팬지보다 더 훨씬 더 호색적이고, 진화의 계통수에서 침팬지만큼 인간과 거리가 있다—는 인간이 좋아하는 또 하나의 방법인 화해 섹스로 갈등을 해결한다. 또는 충분히 쓰다듬고, 만지고, 애무한다. 해부학적으로 보노보는 우리의 진화적 조상들인 오스트랄로피테쿠스와 좀더 비슷해서, 침팬지에 비해 직립보행을 더 많이 하고, 얼굴을 마주보는 자세로 짝짓기 하며(이른바 '남성 상위, 여성 하위'의 선교사 스타일), 오랄 섹스와 혀를 접촉하는 키스를 더 많이 한다. 또한 몸길이에 대한 팔 길이의 상대적 비율이 줄었고, 송곳니가 더 작아졌고, 더 다양한 종류의 음식을 섭취하고, 더 큰 집단을 조직하고, 집단 내 경쟁과 공격성을 덜 보이고, 사회성을 촉진하는 호르몬 수치와 공감 능력에 관여하는 뇌 부위가 인간과 더 비슷하다.[13]

드 발은 그러한 감정들의 진화적 기원을 한층 폭넓게 보면서, 위로 행위는 침팬지와 여타 대형 유인원에 국한되지 않고, 매우 사회적인 포유류들 사이에서도 발견된다고 지적한다. "코끼리들은 긴 코와 엄니를 이용해 약하거나 쓰러진 동료들을 들어 올린다고 알려져 있다. 코끼리들은 또한 고통스러워하는 새끼들을 안심시키는 음성을 낸다. 돌고래들은 작살 끈을 이빨로 끊어서 동료들을 구하고, 참치 그물에 걸린 동료들을 빼내고, 병든 동료들이 익사하지 않도록 수면 가까이로 밀어 올린다고 알려져 있다."

사회생활을 하는 종의 개체들이 생존하기 위해서는, 갈등을 해결하고 평화를 유지하고 부글부글 끓어오르는 공격성을 억누르는 인지 도구와 행동 레퍼토리를 가지고 있어야 한다. 그리고 실제로 그렇다. 예를 들어 꼬리감는원숭이—뇌가 훨씬 더 작고 진화적으로 더 먼 인간의 사촌—도 같은 형질들을 보인다. 드 발과 그의 동료들이 두 종의 꼬리감는원숭이를 연구한 결과, 오직 한 개체에게만 먹이가 보상으로 주어지는 일에서 두 개체가 서로 협력할 때, 보상을 받은 개체가 함께 일한 파트너와 보상으로 주어진 먹이를 나눠먹지 않을 경우, 파트너는 다음번에 함께 일하기를 거부하고 정의롭지 못한 상황에 대한 불쾌함을 알리는 감정들을 표현한다는 사실이 밝혀졌다. 불쾌한 영장류는 우리의 쇠창살을 흔들고, 사물을 집어던지고, 악을 쓰며 억울함을 표출한다.[14]

심리학자 새라 브로스넌Sarah Brosnan이 실시한 실험에서는, 두 마리 꼬리감는원숭이에게 화강암 돌멩이를 가져오면 오이 한 조각을 받는 훈련을 시킨 다음, 한 원숭이에게만 오이 대신 포도를 줌으로써 룰을 벗어난 부당한 환경을 조성했다. 포도가 오이보다 달기 때문에 원숭이들은 포도를 더 좋아하고, 달콤한 먹이를 선호하는 쪽으로 진화한 본성 탓에 원숭이들은 그러한 먹이를 욕망한다. 이러한 환경 조건에서 오이를 받은 원숭이는 60퍼센트만 협력했고, 때로는 오이 조각을 아예 거부하기도 했다. 브로스넌은 세 번째 환경 조건에서, 둘 중 한 마리에게 화강암 돌멩이를 가져오지 않아도 포도를 줌으로써 부당한 느낌을 높였다. 엄청나게 불공평한 조건에 처한 원숭이는 오직 20퍼센트만 협력했으며, 곧잘 분을 참지 못해 오이 조각을 우리 밖의 연구원들에게 던지곤 했다.[15] 취리히대학교의 영장류학자 마리나 코즈Marina Cords와 실비 서니어Sylvie Thurnheer가 게잡이원숭이—뇌가 비교적 작은 또 다른 영장류 사촌—를 대상으로 비슷한 실험을 실시한 결과, 먹이를 얻으려면 협동이 필요한 상황에서 협력하는 것을 배운 원숭이들은 협력하는 것을 배우지 못한 원숭이들보다 다툰 뒤 화해할 확률이 더 높다는 사실을 밝혀냈다.[16]

이렇듯 먹이, 그루밍, 화해, 호혜주의, 우정, 동맹 같은 무형의 화폐를 거래하는 도덕의 경제에서는 공정함과 정의가 함께 간다. 예를 들어 드 발은 서로 그루밍을 주고받은 적이 있는 침팬지들이 먹이를 공유할 확률이 더 높고, 먹이와 그루밍 활동을 공유하는 경향이 있는 꼬리감는원숭이들은 그러한 화폐를 교환한 적이 있는 동료들과 더 기꺼이 화해하는 경향이 있음을 발견했다.[17] 이것은 호혜적 이타주의를 일상적인 언어로 표현한 것인 "네가 내 등을 긁어주면 나도 네 등을 긁어주마"를 문자 그대로 보여주는 사례다. 리버풀에 있는 존무어스대학교의 생태학자 니콜라 코야마Nicola Koyama와 그녀의 동료들은 서로 그루밍한 적이 있는 침팬지들끼리 동맹을 맺어 다른 침팬지들에게 대항한다는 사실을 발견했다. 예를 들어 침팬지 A가 침팬지 B를 그루밍했다면, 다음날 침팬지 A가 다른 침팬지들과 싸울 때 침팬지 B가 A를 도울 가능성이 높을 것이다. 이는 침팬지들이 비록 인간처럼 주고받는 계산을 언어로 명료하게 표현할 수는 없지만, 미래에 도움이 필요할 것을 예상하고 다른 침팬지들과의 긍정적인 상호작용을 통해 정치적 환심을 얻는 것이라고 연구자들은 해석한다.[18]

영장류에 대한 연구는 우리가—도덕적 동물이라는 **인상**을 주는 것에 그치지 않고—실제로 도덕적 동물이 될 능력을 진화시켰다는 이 책의 주장을 뒷받침한다. 좋은 사람인 척하는 것으로는 충분하지 않다. 실제로 그렇게 행동하지 않을 경우 결국에는 집단 동료들이 알아챌 것이기 때문이다. 그러므로 당신은 실제로 좋은 사람**이어야** 한다. 여기서 좋은 사람이란, 친사회적이고, 받으면 돌려주고, 협력하고, 공정하다는 뜻이다. 그리고 그렇게 할 때 선하고 올바르고 정당하다고 느껴야 한다.[19] 우리에게 그러한 느낌을 제공하는 것이 바로 도덕 감정이다. 그것은 설령 자신 또는 사회가 정한 도덕적 기준에 항상 미치지는 못할지라도, 내 도덕적 행동이 가짜도 거짓도 아니라는 느낌이다. 그러한 도덕 감정이 없다면 우리 행동은 단순히 이기적인 도덕적 계산에 지나지 않을 것이다. 그리고 드 발이 지적하듯이, 인간 외 영장류들이 미래에 갚기 위해 오늘 받은 친절의 값을 **계산한다**는 증거는 없고, 이 사실은 내 입장을 강화한다. 영장류가 남을 돕는 것은 그렇게 할 때 기분이 좋아지는 당장의 보상을 얻기 위함임을 뜻하기 때문이다.[20] 따라서 도덕 감정은 우리가 집단 내 타인들의 행동만이 아니라 자기 자신의 행동이 실제로 도덕적인지를 가늠하도록 자연선택을 통해 진화한 일종의 도덕 계산기인 셈이다. 도덕은 생물학적 바탕을 갖고 있는 실재하는 현상이며, 도덕적 정의에 대한 욕구는 사랑만큼이나 구체적인 감정이다.

　영장류의 갈등 및 갈등 해결에 대한 이러한 관찰과 실험들은 우리의 진화적 과거를 들여다보는 창이다. 즉 조상들이 살았던 환경에서 인간의 삶이 어땠는지 짜맞춰볼 수 있는 일종의 감정 '화석'인 셈이다. 공정함과 정의에 대한 감각을 현생 인류와 영장류가 공유하고 있다는 것은 다시 말해 먼 진화적 과거에 갈등 해결 수단으로 진화한, 불공정함과 불의에 대한 공통 반응이 있다는 뜻이다. 그게 없는 사회적 종의 구성원들은 생존하고 번성하는 데 불리할 것이다. 모든 사람이 무리 내의 주변 사람들을 배려하지 않은 채 자기 자신의 이익만을 위해 행동한다면, 사회 공동체가 결국 해체되어 무정부 상태와 폭력이 난무하는 곳으로 전락할 것이다. 우리의 진화한 감정들은 우리가 집단 내 동료 구성원들과 교류할 때 초래되는 사회적 결과에 신경 쓰게끔 유도한다. 특히 이러한 교류와 교환이 공정한가에 신경 쓰게 한다. 인간 외 영장류를 대상으로 한 불공평한 사회적 조건에 대한 연구들에서 새라 브로스넌이 내린 결론처럼, 불공평한 사회적 결과는 적대적인 감정을 초래하고, 반대로 적대적인 감정을 느낀다면 결과가 불공평하다는 뜻이다. "불공평함에 대한 혐오는 유익한 협력을 촉진할 것이다. 왜냐하면 자신이 파트너보다 항상 덜 받는다는 것을 알아챈 사람은 더 나은 파트너를 찾을 것이기 때문이다."[21] 그 결과, 집단 **내**에서는 친사회적이고 협력적인 행동에 대한 선택이 일어나고, 집단들 **사이**에서는 외래인 공포증과 부족주의에 대한 선택이 일어난다. 이것을 간단히, '**집단 내 친목, 집단 간 반목**'으로 표현할 수 있다.

이렇듯 정의감은 갈등 해결 수단으로, 그리고 괴롭히고 학대하고 살인하는 사람들이 사회를 전복시킴으로써 집단 내 모든 구성원의 적응도를 떨어뜨리는 일을 막기 위해 진화했다. 그러지 않은 집단은 멸종할 것이다. 못되게 구는 집단 구성원들을 다룰 수단이 몇 가지는 있어야 한다. **도덕주의적 처벌**이 그 가운데 하나인데, 그러한 행동을 추동하는 힘은 정의로운 교환에 대한 욕구다. 예컨대 최후통첩게임의 참가자들이 불공정한 제안에 부당함을 느껴 거부할 때가 그런 경우다. 최후통첩게임의 프로토콜을 이용한 전 세계의 많은 연구에서 도덕주의적 처벌의 보편성이 발견되었다. 그 가운데는 15개 소규모 전통 사회들을 대상으로 실시된 연구들도 있었다. 서구 사회의 피험자들이 대개 50 대 50부터 70 대 30까지의 범위에서 분배 비율을 제안하고 받아들이는 데 비해, 소규모 전통 부족 사회들은 저마다 분배 비율에 차이를 보였다. 페루의 마치겡가족이 26퍼센트로 가장 불공정한 제안을 했고, 인도네시아의 라멜라라족이 58퍼센트로 가장 공정한 제안을 했다. 이 차이는 부족민들이 주로 종사하는 생업과 관계가 있는 듯하다. 규모가 큰 시장 중심적인 경제를 운영하는 사회들이 시장 중심적이지 않은 자급자족 경제를 운영하는 사회들보다 더 공정한 제안을 하는 경향이 있다.[22]

인류학자 조지프 헨리크Joseph Henrich, 로버트 보이드Robert Boyd 그리고 그 동료들이 그러한 실험들을 실시한 문헌을 포괄적으로 검토하고 나서 내린 결론에 따르면, 전 세계 모든 장소에서 사람들은 "공정함과 호혜성에 신경을 쓰고, 자신이 손해를 보더라도 물질적 결과의 분배 비율을 기꺼이 조정하고, 설령 비용이 들더라도 친사회적으로 행동하는 사람에게는 보상을 제공하는 반면 그렇지 않은 사람을 처벌한다."[23] 또한 이 인류학자들은 설령 인간의 문화가 각양각색이라서 엄청나게 다른 형태의 사회 조직과 제도, 친족 체계와 환경 조건을 갖고 있다 해도, 진화에서 비롯된 인간 본성의 핵심적인 특징들은 여전히 존재한다고 지적했다. 그 가운데 하나가 바로, 어떤 집단도 순전히 이기적인 사람들로만 이루어져 있지 않으며, 모든 사람이 공정함과 정의에 대한 감각을 갖고 있다는 사실이다.[24]

억지 수단으로서의 복수와 정의

정의 욕구를 추동하는 감정들이 진화한 데는 여러 진화적 이유가 있다. 그중 하나는 무임승차, 부정행위, 도둑질, 괴롭히기, 살인을 억지하는 것이다. 처벌을 걱정하고 두려워하는 정상적인 반응을 하는 사람이라고 가정할 때 보복을 의식하는 그(가끔은 그녀)는 범행을 주저하거나 완전히 단념할 것이다. 그리고 타인들의 감정에 무감각한 사람들의 경우—이러한 사람들을 사이코패스라고 부른다—그들이 아는 유일한 수단은 야만적인 힘일 것이다. 따라서 우리에게 진화한 응보적 정의 감각은 자연스러운 것이며, 많은 경우 우리 조상들이 선택할 수 있는 유일한 행로였을 것이다. 사실 우리에게 그러한 감정들이 진화하지 않았다면 구석기시대의 조상 부족들은 폭력과 괴롭힘과 살인을 일삼는 자들에 의해 전복되었을 것이고, 이는 결국 인류라는 종의 종말을 불렀을 것이다.

크리스토퍼 뵘Christopher Boehm의 유익한—그리고 때때로 충격적인―저서《도덕의 기원: 도덕, 이타심, 수치심의 진화Moral Origins: The Evolution of Virtue, Altruism, and Shame》의 주제가 바로, 인간 집단들이 어떻게 정의 체계를 발전시켰는가다.[25] 붐은 우선 339개 수렵-채집 사회의 자료를 수집한 다음, 거기서 우리 조상들과 다를 가능성이 있는 사회들(기마 사냥꾼 부족, 원시 농경 사냥꾼 부족, 털가죽 거래 사냥꾼 부족, 정주 위계 사냥꾼 부족)을 뺀 50개 후기 플라이스토세형(LPA) 사회로 작업 데이터를 만들고 이 데이터베이스를 분석했다. 이 사회들은 지금도 여전히 존재하거나 지난 세기에 인류학자들에 의해 연구된 집단들로서, 우리 조상들이 살았던 방식과 가장 근접한 생활 방식을 대표한다고 추정해도 무방하다. 이 사회들에 대한 민족지는 고고학적 증거와 함께, 문명 발생 이전에 인류가 어떻게 살았는가에 대한 이론을 세우는 근거가 된다.[26]

붐이 **도덕주의적 처벌**의 진화를 주장한 이유는, 이타심이 어떻게 진화할 수 있었는가, 그리고 규칙과 과정을 교묘하게 이용하는 무임승차자들이 있는데도 어떻게 비교적 공정한 사회가 유지될 수 있었는가라는 문제를 풀기 위해서였다. 무임승차자들은 채집을 거부하고, 위험한 사냥에 나서기를 주저하고, 공평한 자기 몫보다 더 많은 음식을 가져가는 등의 방법으로 기여한 것보다 많이 가져간다. 붐은 50개 사회 모두가 규칙 위반자, 무임승차자, 불량배를 다루는 제제 수단을 가지고 있음을 밝혔다. 이들 사회는 사회적 압력과 비판에서부터 망신 주기, 배척, 집단에서 축출하기 등 다양한 수단을 동원했으며, 어떤 방법도 통하지 않는 극단적인 경우에는 사형도 불사했다. 제재 과정은 가십에서 시작한다. 가십은 누가 공정한 몫을 하고 있고 누가 그렇지 않은지, 누가 신뢰할 수 있는 사람이고 누가 그렇지 않은지, 누가 착하고 믿을 만한 집단 구성원이고 누가 태만하고 속이고 거짓말하는 등 나쁜 짓을 하는 사람인지에 대한 정보를 사적으로 교환하는 수단이다. 집단 구성원들은 가십을 통해 규칙 위반자에 대한 합의를 이루고, 이는 그(그는 거의 남성이다)에게 어떤 처분을 내릴지에 대한 집단적 결정을 이끌어낼 수 있다. 물론 사이코패스 같은 구제불능의 악당들은 적발과 소문에 아랑곳하지 않는다는 것이 문제다. 따라서 가십은 **머릿수가 힘**이라는 공식을 바탕으로 집단의 힘없는 구성원들이 연대하는 수단으로 작용하기도 했다.

수렵-채집인 사회와 관련하여 '사형'이라는 용어를 듣는 것은 놀라운 일이지만, 사형은 때때로 규칙에 따르기를 거부하거나 약한 제재에는 반응하지 않는 다루기 힘든 사람이 있을 경우 집단의 화합을 유지하는 수단으로 이용된다. 뵘이 연구한 50개 후기 플라이스토세형 사회 중 24개 사회가 악의적인 마술, 반복적인 살인, 폭군 같은 행동, 정신이상 행동, 도둑질, 속임수, 근친상간, 간통, 혼전 섹스, 집단의 모든 구성원을 위험에 빠뜨리는 금기 위반, 집단에 대한 배신, '심각하고 충격적인 범죄', 기타 불특정한 위반에 대해 사형을 실시했다. 24개는 48퍼센트에 해당하지만, 실제 비율은 더 높을 것이다. 사형은 민족지에 낮게 보고되기로 악명 높기 때문인데, 이는 원주민들이 정보를 캐내려는 인류학자들에게 사실을 숨기는 탓이다. 이러한 현대 수렵-채집인 사회들은 그 지역의 식민지 통치자들이 사형을 금지한다는 것을 알고 있고 따라서 외부인에게 그 사실을 용의주도하게 감춘다. [그림 11-1]은 뵘의 전통 사회 데이터베이스에 언급된 죄목과 그에 대한 처벌을 보여준다.

뵘은 인류학자 리처드 리Richard Lee의 아프리카 부시먼족(!쿵산족)에 대한 연구에 기록되어 있는 잔인한 처형 사례를 인용한다. 이 사례는 불량배이자 살인자인 /트위/Twi라는 이름의 남성의 범행과 관련이 있는데, 그는 적어도 두 명을 죽였고, 그의 집단은 처형을 결정했다. 리는 /트위의 아버지, 어머니, 누이, 형을 인터뷰했다. "식구들 모두가 그가 위험한 인물이라는 데 동의했다. 그는 정신병자일 수도 있었다." 이 사례는 또한

위반의 유형	사회의 비율	언급된 비율	현지 보고에 언급된 횟수
위협 :	**100%**	**69%**	**471**
살인	100%	37%	248
마술	100%	18%	122
구타	80%	12%	79
괴롭힘	70%	2%	12
속이기 :	**100%**	**31%**	**471**
도둑질	100%	15%	99
불공평한 분배	80%	6%	34
거짓말	60%	7%	48
부정행위	50%	3%	24

[그림 11-1] 전통 사회의 범죄와 죄악

인류학자 크리스토퍼 뵘은 따돌림에서부터 사형에 이르는 처벌들을 초래한 전통 사회의 범죄와 죄악에 대한 데이터베이스를 수집해왔다.[27]

효과적인 현대식 무기가 없을 때 반격하는 타인을 죽이는 것이 얼마나 어려운지, 그리고 아무리 강한 적도 집단의 힘으로는 제압할 수 있다는 것을 보여준다. (발음 부호들은 부시먼족 방언에 존재하는 다양한 '설타음'을 나타내는 것이다.)

/트위를 먼저 공격한 것은 /재시/Xashe였다. /재시가 야영지 근처에서 /트위를 습격해 그의 엉덩이에 독화살을 쏘았다. 그들은 격투를 벌였고, /트위가 /재시를 때려 눕히고 칼을 집어들 때 /재시의 장모가 뒤에서 /트위를 붙잡고 /재시에게 소리쳤다. "도망쳐! 이 놈이 모두를 죽일 작정이야!" 그래서 /재시가 도망쳤다.

/트위는 엉덩이에서 화살을 뽑아내고 자신의 거처로 돌아가서 자리에 앉았다. 그때 몇몇 사람들이 와서 상처 부위를 열어 독을 뽑아내는 것을 도왔다. /트위가 말했다. "독이 나를 죽이고 있어요. 소변 좀 보고 올게요."

하지만 소변을 보는 대신 그는 사람들 몰래 창을 움켜잡고 //쿠쉬//Kushe
라는 여성에게 던졌다. 창이 입을 찔러 그녀의 볼이 찢어졌다. //쿠쉬의
남편 네!이시N!eishi가 달려왔지만, /트위는 그를 감쪽같이 속이고 피하
는 그의 등에 독화살을 쏘았다. 그래서 네!이시가 쓰러졌다.

이제 모든 사람이 몸을 숨겼다. 몇몇 사람들이 /트위를 쏘았지만 아무도
그를 돕지 않았다. 그는 죽어야 할 사람이기 때문이었다. 그는 몇 사람을
뒤쫓아 화살을 쏘았지만, 더 이상 맞히지 못했다.

그런 다음에 그는 마을로 돌아가서 한가운데 앉았다. 다른 사람들은 가
장자리로 가서 몸을 숨겼다. /트위가 소리쳤다. "이봐, 아직도 내가 두렵
나? 이제 끝났어. 숨이 더 이상 붙어 있지 않아. 와서 나를 죽여. 무기 때
문에? 저 멀리 버릴 거야. 그리고 손대지 않을게. 와서 나를 죽여."

그러자 사람들은 그가 고슴도치 꼴이 될 때까지 독화살을 쏘았다. 그러
고 나서 /트위가 쓰러졌다. 모든 남녀가 그에게 다가와, 이미 죽었는데도
그의 몸에 창을 꽂았다.[28]

인류학자들은 여러 형태의 파괴적 행동들을 기록해왔는데, 뵘은 이를
위협과 속임수라는 두 범주로 구분한다. 위협에는 살인, 마술, 육체적 폭
력, 약자 괴롭히기가 포함된다. 속임수에는 도둑질, 불공평한 분배, 거짓
말, 부정행위가 포함된다. 데이터베이스에 포함된 50개 사회의 100퍼센
트에서 살인, 마술, 도둑질을 보고했고, 90퍼센트의 사회에서 사람들이
부당한 몫을 차지한 적이 있다고 답했고, 80퍼센트에 육체적 폭력이 있
었고, 70퍼센트에 약자 괴롭히기가 있었고, 60퍼센트에서 거짓말쟁이에
대한 보고가 있었으며, 50퍼센트에서 부정행위를 보고했다. 이 모든 행
위들은 지역사회 내 가십을 유발했고, 이는 적절한 처벌에 대한 집단적
결정을 이끌어냈다.

전통 사회들을 규칙 위반자들에 대한 제재가 가역적인지 비가역적인지에 따라 구분하기도 한다. 반사회적 행위는 없애고 싶지만 범인은 집단의 유용한 구성원이므로 남겨두고 싶을 때 가역적인 제재가 이용된다. 비가역적인 제재는 영구 추방(대개 굶어죽거나 다른 부족에게 살해당하게 된다) 또는 처형의 형태로 일어난다. 처형은 가역적인 제재가 소용없었거나 약자를 괴롭히는 사람이 집단에 심각한 위협이 된다는 것이 입증될 때만 이용된다.

진화적 맥락에서 보면 제재에 반응하는 무임승차자와 부정행위자는 자신의 유전적 적응도를 지킴으로써 심각하지 않은 수준의 무임승차와 부정행위에 대한 유전자를 후대로 전달하는 것이고, 오늘날 모든 사회에 무임승차와 부정행위가 존재하는 것은 이 때문이다. 물론 인간의 모든 형질이 그렇듯이, 약자 괴롭히기, 무임승차, 부정행위는 유전자와 환경이 상호작용한 결과이므로 여기서 말하는 것은 성향과 확률이다. 교묘하게 일어나서 적발하기 어려운 가벼운 수준의 무임승차가 일어나는 사회에서는 부정행위 탐지 도구, 속임수와 편법에 기대는 사람들에 대한 소문을 퍼뜨리는 가십 성향이 진화했다. 뷤의 종합적인 결론에 따르면, "우리는 양심으로 이러한 위험한 성향을 통제할 수 없는 악질적인 무임승차자들의 유전적 적응도를 대폭 줄일 수 있는 동시에 '가벼운' 수준의 무임승차를 노리는 사람들이 처벌을 받을 수 있는 문제들에 대해 자기 자신을 통제하고 자신의 경쟁적 성향을 사회적으로 허용되는 방식으로 표현하도록 유도하는 사회 통제 시스템을 갖게 되었다. 무임승차자들이 사라지지 않은 것은 이 때문이다."[29]

따라서 부정행위와 부정행위의 적발, 무임승차와 무임승차의 억지, 약자 괴롭히기와 이에 대한 처벌 사이에 진화적 군비 경쟁이 일어난다. 이러한 군비 경쟁에서 인간 마음의 또 하나의 특징이 진화했는데, 바로 자신을 제어하는 '내면의 목소리'인 **도덕적 양심**이다. 사회적 제재가 (최종적인 형태의 처벌인 추방이나 처형이 시행되기 전에) 나쁜 행동을 고칠 기회를 제공하므로, 자신이 무슨 일을 했는지 의식적으로 자각함으로써 행동을 조정할 수 있다. "초창기 형태의 사회적 통제가 양심을 진화시켰고, 진화한 양심은 개인들이 결정적인 일에서 자기 억제를 잘할 수 있게 만든다"고 뵘은 말한다. 그러면 왜 아직도 무임승차로 인해 처형당하고 추방당하고 따돌림당하고 망신당하는 수렵-채집인들이 존재할까? 뵘의 대답에 따르면 "무임승차를 하고도 무사히 넘어갈 수 있기" 때문이다.[30] 물론 결국에는 대부분이 적발되지만, 유예 기간은 충분히 길어서 그들은 그 사이에 어떻게든 번식에 성공한다. 그러한 부정행위와 무임승차 유전자들이 현대인에게 전달된 것을 보면 확실히 그렇다.

다행히 개인의 양심은 사회적 신호, 인정, 비난, 처벌의 영향을 받을 수 있다. 이렇게 점점 확장되는 양심의 힘이 이성과 결합해 서구 사회에서 형사 사법 제도가 발전하도록 이끌었다.

정의의 여신: 무법천지 서부에서 현대의 서부로

기나긴 문명의 역사에서 개인들에 의한 자력 구제가 차츰 국가에 의한 형사 사법 제도로 대체되었다. 전자는 후자에 비해 높은 폭력 발생률을 초래하는데, 그것은 절차를 감독하는 객관적인 제3자가 없기 때문이다. 국가는 여러 결함에도 개인들보다 견제와 균형에 능하다. 로마 신화에서 정의의 여신인 유스티티아Justitia가 편견 없는 정의와 공평무사함을 상징하는 눈가리개를 쓰고, 왼손으로는 균형을 이룬 결과를 상징하는 저울로 증거의 무게를 재고, 오른손으로는 법을 실행하는 힘을 상징하는 이성과 정의의 두 날을 지닌 검을 휘두르는 모습으로 묘사되는 것은 이 때문이다. 물론 모든 사회가 사법 제도를 운영하는 국가 있는 사회와 국가 없는 사회로 양분되는 것은 아니다. 오히려 세계는 중앙 권력이나 독립적인 사법 제도를 갖추고 있지 않은 작은 공동체에서부터, 권위적 인물(족장 또는 '권력자Big man')이 갈등을 해결하는 족장제, 개인들이 국가의 사법 제도에 만족하지 못할 때 자력 구제에 나서는 작고 약한 국가, 비교적 효과적인 사법 제도를 운영하는 크고 강한 국가, 권위자(또는 독재자)가 말하는 것이 곧 정의인 전제주의 국가까지 연속적인 척도 위에 있다.

현대 서구 사회의 형사 사법 제도는 일단 고문하고 나서 질문한 중세로부터 크게 개선되었다. 18세기에 제레미 벤담과 1장에서 만났던 사법 제도 개혁가인 체사레 베카리아 같은 학자들은 "처벌은 범죄에 적합해야 하고" "최대 다수의 최대 행복"이라는 정의 계산법을 목표로 삼아야 한다고 주장했다.[31] 그는 1764년 저서 《범죄와 형벌》에서 이렇게 주장했다. "인류 공동의 이익을 위해서는 범죄가 일어나지 말아야 할 뿐 아니라, 사회에 끼치는 해악이 큰 범죄일수록 덜 일어나야 한다. 따라서 입법 기관이 범죄 예방을 위해 사용하는 수단은 공공의 안전과 행복을 더 크게 파괴하는 범죄일수록, 그리고 유인이 더 강한 범죄일수록 강력해야 한다. 즉 범죄와 처벌 사이에는 일정한 비례 관계가 성립해야 한다."[32]

현대 서구 사회의 사법 제도가 추구하는 목표는 한 나라의 국민들이 분쟁이 일어날 때 무력을 사용해 서로에게 폭력을 행사하지 않도록 하는 것이다. 국민이 자력 구제로 정의를 실현하는 것은 국가로서는 손실이다. 대개 끝없는 폭력의 악순환으로 발전하기 때문이다. 오늘날은 두 가지 사법 제도를 통해 정의가 실현된다. 형사 사법과 민사 사법이다. 형사 사법은 국가만이 처벌할 수 있는, 국법을 위반하는 범죄를 다룬다. 민사 사법은 계약 위반, 재산 침해, 신체 상해 같은 개인 또는 집단들 사이의 분쟁을 다루는데, 법원에서 옳고 그름을 가리고 손해 배상금을 결정하면 끝이다. 형사 사법은 주로 응보를 다룬다. 민사 사법은 응보와 (산정된 손해 배상금을 통해) 회복 모두를 다룬다. 두 형태의 사법 정의에 대해 국가는 힘의 합법적 사용에 대한 독점권을 갖고, 그 사회의 국민들에 대한 미래의 범죄 행위를 억지하는 것을 목표로 삼는다. 형사 사건의 사건명이 '국가 대 아무개'라든지 '국민 대 아무개'로 표시되는 것은 이 때문이다. 즉 국가가 피해 당사자가 되는 것이다. 예컨대 내가 사는 캘리포니아주에서는 1977년에 미성년자 소녀를 강간한 혐의로 기소된 로만 폴란스키Roman Polanski에 대한 공판을 지금도 계속하고 있다. 그녀—이제 40대가 되었다—가 그를 용서하고 기소를 취하해 달라고 국가에 요청했음에도, 그리고 폴란스키가 스위스에 살고 있으며 미국으로 돌아올 생각이 전혀 없는데도 말이다.

서구 국가들 가운데도 경찰과 법원이 인종차별주의자로 인식되는 미국의 일부 지역들에서와 같이, 시민들이 법이 공정하게 집행된다고 느끼지 못하는 지역에서는 개인이 직접 정의를 실현한다. 그런 이유로 이런 방법을 '자력 구제의 정의self-help justice'라고 부른다. '변경의 정의frontier justice'라고도 하고, 오래된 말로는 '자경주의vigilantism'라고도 부른다. 다른 곳보다 범죄 발생률이 높은 도심지에서 일어난 폭력 사건을 예로 들어보자. 이러한 폭력의 주된 원인은 조직 폭력배와 관련이 있는 불법 마약 거래다. 사람들이 원하는 상품을 불법으로 규정한다고 해서 그 상품에 대한 욕구가 사라지는 것은 아니다. 그 대신 거래가 합법적인 자유 시장에서 불법적인 암시장으로 옮겨간다. 금주법 시대의 술을 생각해보라. 아니면 오늘날 마약의 경우를 생각해보라. 마약 거래상들은 다른 마약 거래상과의 분쟁을 해결하기 위해 국가에 기댈 수 없기 때문에, 자력 구제 정의가 그들에게는 유일한 방법이다. 그래서 다른 종류의 형사 사법

을 시행하는 범죄 조직이 생겨난다(가장 유명한 예가 마피아이다).[33]

이따금 평범한 시민이 자력 구제에 나서야겠다고 느끼는 상황들이 생긴다. 1984년 12월 22일에 버나드 고츠Bernard Goetz가 그랬다. 뉴욕에서 지하철을 탔을 때 네 명의 청소년이 그에게 접근했다. 그는 그들의 태도가 다분히 위협적이라고 느꼈다. 사건 당시, 뉴욕시는 미국 역사상 가장 큰 범죄의 물결 속에 있었고, 폭력 범죄 발생률이 10년 만에 10만 명당 325명에서 1,100명으로 거의 네 배로 치솟았다. 실제로 이 사건이 있기 3년 전 세 명의 청소년이 고츠의 전자기기를 빼앗은 다음 판유리를 관통해 그를 던졌다. 공격자 중 한 명이 잡혔지만, 겨우 고츠의 재킷을 찢은 손괴죄 혐의로 기소되었고, 심지어 고츠보다 빨리 경찰서에서 풀려났다. 범인은 다시 강도짓을 시작했고, 고츠는 형사 사법 제도에, 그리고 경찰이 자신을 보호해줄 수 있는지에 회의를 느끼게 되었다. 따라서 스스로 자신을 보호하고자 스미스앤드웨슨Smith & Wesson 38구경 권총을 샀다.

1984년 운명의 밤, 네 명의 청소년이 스크루드라이버를 들고 지하철을 탔다. (그들이 나중에 진술한 바에 따르면) 맨해튼에서 비디오 아케이드 기계를 훔치려고 가지고 있던 것이었다. 고츠가 지하철에서 내리려 할 때 소년들이 그를 둘러싸고 돈을 요구했다. (재판에서 그들은 '구걸'이었을 뿐이며, 요구한 게 아니라 '부탁'했다고 주장했다.) 예전에 겪은 일도 있었거니와 범죄의 물결을 의식하고 있었고 주머니에 총도 있었으므로, 고츠는 대응할 조건을 갖추고 있었다. 그는 소년들을 쏘고 지하철에서 내렸다.

얼마 지나지 않아 고츠는 '지하철 자경단'으로 유명해졌고, 범죄와 자경주의에 대한 전국적인 토론에서 도마 위에 올랐다. 이러한 여론을 의식해, 그리고 무법천지 서부의 자경단 정의로 돌아가는 것을 용납하지 않겠다는 의지를 보여주기 위해, 그 주의 형사 사법 제도는 고츠의 죄를 무겁게 다루어 살인미수 혐의 넷, 과실치상 혐의 넷, 범죄 목적의 무기 소유 혐의 하나로 그를 기소했다. 시민 사회라고는 하나 무법천지나 다름없던 뉴욕시 지하철을 이용하는 사람으로서 그는, 본인의 말에 따르면, 동물처럼 반응했다. "사람들이 찾고 있는 것은 영웅이나 악당이다. 나는 둘 다 아니다. 여기 있는 사람은 들쥐에 지나지 않는다. 더도 덜도 아니다. 나는 클린트 이스트우드가 아니다. 나는 정의를 직접 실현하려 한 적이 없다. 사람들은 그렇게 볼 수도 있을 것이다. 하지만 나는 판사, 배심원, 검사가 되려고 한 적이 없다."[34]

문명사회에서 국가는 판사, 배심원을 제공할 의무가 있는 것이 사실이지만 대중들은 이들의 생각에 동의하지 않고 대부분이 고츠 편을 들었다. 여러 단체가 그를 위해 재판 기금을 마련했다. 형사 재판에서 고츠는 살인미수 혐의에 대해서는 무죄를 선고받았지만, 장전된 무허가 무기를 공공장소에 가져간 죄가 인정되어 8개월의 징역 형을 살았다.[35] 고츠는 이렇게 회상했다. "이 시점에 내게 일어난 일은 중요하지 않다. 나는 한 개인일 뿐이다. 이 일은 적어도 뉴욕에서 이슈를 만들었다. 내가 할 수 있는 일은, 내가 사법 제도에 대해 어떻게 생각하는지를 사법 당국에 보여주는 것뿐이다."[36]

사법 제도와 경찰력을 보유한 문명화된 사회에서 살아가는 사람들이 왜 법으로 문제를 해결하려 하지 않을까? 사회학자 도널드 블랙Donald Black이 이 질문에 나름의 답을 내놓았다. 〈사회 통제로서의 범죄〉라는 제목의 논문에서 그는 살인의 오직 10퍼센트만이 약탈적 또는 도구적 폭력의 범주에 속한다는 유명한 통계를 바탕으로, 대부분의 살인은 도덕주의적 성격을 지닌다고 주장했다. 예컨대 대부분의 살인은 (살인자의 생각에는) 사형 받아 마땅한 나쁜 짓을 한 피해자에게 살인자가 직접 판사, 배심원, 검사가 되어 내리는 일종의 사형이다. 블랙이 제시하는 사례들은 충격적이긴 하지만 흔히 일어나는 사건들이다. "한 청년이 자기 형이 여동생들에게 성적으로 접근한 일로 옥신각신하다가 형을 죽였다." 또 다른 남성은 "카드 청구서를 놓고 부부싸움을 하던 중 아내가 죽일 테면 죽이라고 '대들자' 정말로 죽였다." 한 여성은 "남편과 싸우던 중 남편이 '자신의 딸'(남성에게는 의붓딸)을 때리자 남편을 죽였다." 또 다른 여성은 "'동성애자와 약쟁이들과 어울려 다녔다'는 이유로 21세 아들을 죽였다." 또한 주차 장소 때문에 다투다 살인이 일어난 경우도 여럿 있었다.[37] 실제로 대부분의 폭력은 도덕주의적 처벌의 한 형태다.

응보적 정의와 회복적 정의

죄에 비례하는 처벌이 범죄를 억지하는 가장 효과적인 수단이라고 여기는 정의 이론을 **응보적 정의**retributive justice라고 한다. 감정의 진화적 기원과 관련지어 생각해보면, 응보적 정의는 페어플레이에 대한 아주 당연한 욕구에 기반을 둔다. 범죄를 저지르면 응분의 벌을 받아야 한다는 것을 우리는 본능적으로 안다. 누구든 살인을 저지르고도 무사해서는 안된다. 강간, 절도, 횡령, 납치, 또는 다인승 차량 전용 차선에서 혼자 차를 타고 달리는 경우도 마찬가지다. 우리는 인질극을 벌이거나 링컨기념관 계단에 주차하는 것이 **내게** 허용되지 않는다면, 그 누구에게도 그것이 허용되어서는 안 된다고 느낀다. 그리고 만일 이런 짓을 하고도 누군가가 **무사하면**, 도덕 감정이 폭주해 정의가 실현되는 것을 보고 싶어 한다. 물론 허구 속의 안티히어로와 자신을 동일시하고, 페리스 불러(1986년의 청춘 코미디물 〈페리스의 해방〉의 주인공. 이 영화에서 모든 사춘기 소년의 꿈이자 모든 부모의 악몽이 실현된다—옮긴이)가 무사하기를 열렬히 **원하는** 경우가 아니라면.

대부분의 현대 사회에서 시행되는 형사 사법 제도는 수백 년에 걸쳐 주로 응보적 정의라는 큰 틀 아래서 진화했다. 그리고 타당한 이유로—즉 평화를 유지하고 비교적 원활하게 돌아가는 사회를 유지하기 위해—국가는 힘의 합법적 사용을 독점해야 하고, 법 시행을 통해 규칙 위반자를 처벌함으로써 그렇게 한다. 하지만 응보적 정의는 **회복적 정의** restorative justice(**보상적 정의**라고도 부른다)로 보완될 수 있다. 회복적 정의는 범인(개인일 수도 국가일 수도 있다)이 범죄에 대해 사과하고, 상황을 바로 잡으려는 시도를 하고, (이상적으로는) 피해자와 좋은 관계를 시작하거나 회복하는 것이다. 응보적 정의는 더 감정적이고 복수심에서 유래한 반면(하지만 응보와 복수는 구별되어야 한다), 회복적 정의는 더 이성적이고 범죄 발생 이후 집단 구성원들의 화합을 도모해야 할 필요에서 유래했다.

지난 20년 동안 응보적 정의 운동이 계속되어왔는데, 그 토대를 처음 마련한 곳은 뉴질랜드로, 처벌 대신 회복에 초점을 두는 그 나라 토착 부족 마오리족 사회의 사법 방식에 기반을 두었다(마오리족 속담인 "처벌은 공개적 망신으로 충분하다"가 이 제도의 정신을 잘 표현한다). 1980년대에 뉴질랜드는—대부분의 서양 국가들과 마찬가지로—범죄의 물결에 휩싸여 있었고, 마오리족 아동 및 청소년을 포함한 수천 명의 젊은이들이 체포되어 위탁가정이나 시설로 보내졌다. 뉴질랜드는 세계에서 청소년 수감률이 가장 높은 나라에 속했음에도 범죄율은 떨어지지 않았다. 그것은 형사 사법 제도가 제대로 작동하지 않고 있다는 분명한 증거였다. 이에 마오리족 지도자들은 비난과 투옥보다 문제 해결과 피해 보상에 중점을 두는 자신들의 전통적인 제도를 소개했다.

1989년에 기념비적인 법률 '아동, 청소년 및 그들의 가족에 관한 법 Children, Young Persons, and Their Families Act'이 통과되었다. 이 법은 유소년 사법의 초점과 절차를 개편했고, 가족의사결정회의(FGC)라는 제도를 도입했다. FGC는 법원을 대신하거나 법원의 재판 과정과 병행되며, 문제 청소년의 갱생에 주안점을 둔다. "사회복지 전문가가 중재자 역할인 '유소년 사법 코디네이터'를 맡아 이끌고 조직하는 이 접근 방식은 가해자를 지원하기 위해 고안된 것이다. 이 제도를 창안한 앨런 매크레Allan MacRae와 하워드 제어Howard Zehr의 설명에 따르면, 가해자가 죄에 대한 책임을 지고 행동을 고칠 수 있도록 돕고, 이 과정에서 가해자 가족이 중요한 역할을 할 수 있도록 하고, 피해자의 필요를 충족시키는 것"이 목표다.[38] 지난 20년 동안 10만 개가 넘는 FGC가 생겼고, 피해자의 만족도도 높았다. 뉴질랜드 법무부의 보고에 따르면, 수감률이 17퍼센트 줄었고, 2년 후 조사하는 재범률이 9퍼센트 줄었으며, 재범률이 높은 중범죄가 50퍼센트 줄었다.[39]

뉴질랜드의 정치인들도 회복적 정의 프로그램의 도덕적 이점과 비용상의 이익을 인정한다. 예컨대 뉴질랜드 재무부 장관은 그 나라의 수감 제도를 "도덕적·재정적 실패"라고 부르면서, 교도소는 "지난 10년 동안 정부 지출이 가장 급격하게 늘어난 부분이고, 따라서 교도소를 더 지어서는 안 된다고 생각한다"고 덧붙였다. 뉴질랜드 지방법원 판사 프레드 매클레아Fred McElrea가 20년 동안 회복적 정의를 실천하고 나서 내린 결론에 따르면, "만족이 더 크고 피해가 더 작고 비용이 더 낮은 형태의 사법 정의를 추구하는 사람들이 나아갈 방향은 분명하다. 회복적 정의가 모든 사건에 적합하지는 않지만, 지원 원칙과 종자돈만 있으면 대부분의 보통법 관할권에서 형사 사법 제도의 지형 변화를 거뜬히 일으킬 수 있을 것이다."[40]

두 명의 십대 소년—한 명은 미국인이고 다른 한 명은 뉴질랜드인으로, 각기 자신을 학대하던 아버지를 죽였다—을 비교한 연구는 회복적 정의의 효과를 잘 보여준다. 미국의 십대 소년은 22년형을 선고받고 수감된 반면, 뉴질랜드의 십대 소년(지금은 22세가 되었다)은 미성년자 특별 법원과 가족의사결정회의를 거친 뒤 학교에 다니며 뉴질랜드 산림청에서 사회봉사를 했다.[41] 앨런 매크레는 자신이 중재한 또 하나의 사례인, 할머니와 고모를 따라 뉴질랜드에 온 난민 청년의 이야기를 들려준다. 빈털터리였던 그들은 뉴질랜드 정부가 제공하는 쥐꼬리만 한 지원금으로 겨우겨우 살았다. 그 돈으로는 식비와 월세를 내기도 빠듯했다. 절망한 청년은 할머니를 폭행하고 월세를 훔쳤다. 고모가 그를 경찰에 신고했지만, 경찰은 그를 수감하는 대신 매크레를 통해 FGC에 사건을 의뢰했다. 그는 사건 당사자들이 모두 참석하는 회의를 주선했고, 회의는 다음과 같이 진행되었다.

가족의사결정회의는 당사자들의 모국어로 기도하는 것으로 시작했고, 당사자들은 회의 내용을 충분히 이해할 수 있도록 통역의 도움을 받았다. 할머니가 자신의 입장을 자세하게 말했고, 청년도 자신의 이야기를 했다. 자신이 할머니에게 상처를 주었음을 깨닫기 시작한 청년의 눈에 눈물이 고였다. 청년은 세 식구가 뉴질랜드에 도착하기 전 난민수용소에서 자신이 어떻게 살았는지, 살아남기 위해 무엇을 해야 했는지 이야기했고, 새로운 곳에 와서는 돈이 없어서 사람들과 어울릴 수 없었던 설움을 털어놓았다. 외로움, 분노, 상처는 청년과 그의 할머니가 공유하는 감정임에 분명했다.

청년은 자신이 훔친 돈을 모두 갚기로 했고, 파트타임 일자리를 구할 수 있도록 도움을 받았다. 그는 할머니가 안전하다고 느낄 때까지는 할머니와 함께 살 수 없었고, 같은 문화권 출신 멘토의 도움을 받으며 사회봉사를 끝내고 학교에 다녔다. 매크레의 평가에 따르면, "그 계획은 성공적이었다. 청년은 추가 범행을 저지르지 않았고, 자신의 행동에 따른 결과를 모두 책임졌다. 청년에게나 할머니에게나 가장 소중한 성과는 새친구들과 주변의 지지를 얻은 것이었다. 사람들은 FGC의 계획 이후에도 청년의 가족 곁에서 그들이 뉴질랜드에서 새 인생을 시작할 수 있도록 도와주었다."[42]

이 운동을 도입한 사람 가운데 한 명인 하워드 제어에 따르면, 회복적 정의가 추구하는 것은 단지 용서나 화해만이 아니다(물론 회복적 정의를 시도한 많은 사람들이 이 긍정적인 부산물을 누린다). 오히려, 가해자가 잘못을 인정하고 범행에 대해 일정한 수준의 책임을 지는 것에서 시작하며, 피해자의 손실과 회복을 위한 계획까지 포함하는 개념이다. 회복적 정의의 이해당사자에는 피해자, 피해자 가족, 그리고 그 범죄의 영향을 받는 지역사회가 포함된다. 회복적 정의는 응보적 정의를 보완하기 위한 것이지, 그것을 대체하는 것이 아니다.

형사 사법 제도의 문제는 범죄가 국가에 대한 범죄로 규정된다는 것이다. 따라서 대개 범죄의 실질적 피해자들이 배제된다. 아내 니콜 브라운 심슨과 그녀의 친구 로널드 골드먼을 살해한 일로 세상을 떠들썩하게 만든 O. J. 심슨 사건의 형사재판을 떠올려보라. O. J.는 무죄 선고를 받았다(그의 변호사 조니 코크란은 "장갑이 맞지 않으면 그를 풀어주어야 합니다"라는 유명한 변론을 했다). 하지만 설령 장갑이 맞아서 그가 유죄를 선고받고 감옥에 갔다 해도, 피해자 가족들은 심슨의 재산 또는 그를 재판한 주 당국(캘리포니아주)으로부터 아무런 보상을 받지 못했을 것이다. 약간의 회복적 정의를 얻기 위해 피해자 가족들은 심슨을 상대로 소송을 제기해야 했고, 대중에게 덜 알려진 민사 재판에서, O. J.는 불법 사망 및 구타에 대한 유죄 판결을 받고 피해자 가족에게 보상금으로 3350만 달러를 지급하라는 명령을 받았다. 이러한 당사자 대립주의 제도에서는 당연히 그럴 수밖에 없지만, 심슨은 재산을 숨기고 보상금 지급을 피하기 위해 자신이 할 수 있는 모든 일을 했다. 골드먼의 가족은 심슨의 하이즈먼 트로피(매년 뛰어난 대학 풋볼 선수에게 주어지는 상. 심슨은 4학년 때 이 트로피를 받았다―옮긴이)와 기타 개인 소유물을 팔아 겨우 50만 달러를 챙길 수 있었고,[43] 심슨이 자필 서명으로 번 돈과 기념품 판매 수익 등을 계속 추적하고 있다.[44]

형사 사법 제도는 주로 응보에 기반을 두기 때문에, 회복적 정의가 작동하기 위해서는 반드시 다루어져야 한다고 하워드 제어가 말한 적어도 네 가지 영역에서 피해자의 필요를 무시한다. 첫째는 **정보**다. 피해자들은 범죄를 저지른 이유, 즉 범인의 의도를 알고 싶어 한다. 이것은 범인의 눈을 들여다보고 범인의 표정과 몸짓, 목소리를 접해야만 알 수 있다. 둘째는 **진실 전달**이다. 피해자들은 그 범행이 그들에게 어떤 영향을 미쳤는지 범인에게 말할 필요를 느낀다. 이따금씩 형사 재판의 마지막에 그런 자리를 마련하는 경우도 있다. 이 경우 범인이 수갑을 차고 법정에서 나가기 직전에 피해자 또는 피해자 가족이 범인을 마주보고 말할 기회가 주어진다. 셋째는 **권한**이다. "피해자들은 그 범죄가 자신들의 재산, 신체, 감정, 꿈에 대한 통제권을 앗아간 것처럼 느낀다." 형사 사법 제도에서 피해자들은 통제권이나 힘이 거의 없다. 왜냐하면 국가가 그 역할을 대신하기 때문이다. 넷째는 **배상 또는 해명**이다. "가해자에 의한 손해배상은 피해자들에게 중요하다. 그것은 피해자들이 입은 실질적인 손실 때문이기도 하지만, 그만큼이나 중요한 상징적 의미 때문이다. 가해자가 그 피해를 일부라도 바로잡기 위해 노력할 때, 그것은 이렇게 말하는 것과 같다. '나는 책임을 지고 있으며, 이 일은 당신 탓이 아니다.'"[45]

형사 사법 제도는 이 네 가지 요소를 소홀히 다룰 뿐 아니라, 당사자 대립주의적 법 절차(원고와 피고가 스스로 권리를 주장하고 증거를 제출함으써 대등한 지위에서 공격과 방어를 하고, 법원은 당사자가 신청하지 않은 사항에 대해서는 판결하지 못한다—옮긴이)는 가해자들이 입을 다물게 만든다. 그들은 "변호사를 불러줘요." 또는 "대답하지 않겠소"라고 말하고, 어떤 죄도 인정하지 않고, 변호사가 더 나은 판결을 위해 또는 사형 선고를 면하기 위해 사법 거래를 할 수 있을 경우에만 유죄를 인정한다. 그리고 처벌과 책임은 다른 문제다. 가해자에게 내려진 처벌에서 피해자가 무슨 기쁨을 얻든 범죄로 인한 손실이 회복되지 않은 채로 있으면 다 소용없는 일이다. 회복적 정의가 작동하기 위해서는 가해자가 자신의 죄를 인정하고 피해자가 입은 손실을 책임질 필요가 있다. 요컨대, 응보적 사법 제도는 가해자가 **당해야 마땅한** 벌에 초점을 맞추는 반면, 회복적 사법 제도는 피해자의 **필요**에 관심이 있다. 응보적 정의는 피해를 다루는 반면, 회복적 정의는 그것을 바로잡을 방법을 다룬다. 응보적 정의는 **가해자** 지향적인 반면, 회복적 정의는 **피해자** 지향적이다.

회복적 정의가 전 세계에서 어떤 방식으로 시행되고 있는지 좀더 자세히 살펴보자. 먼저 파푸아뉴기니의 한 전통사회를 보자.

톡소리—전통 사회의 회복적 정의

진화생물학자 재러드 다이아몬드는 대작 《어제까지의 세계》에서 파푸아뉴기니의 전통사회에서 살았던 경험을 술회하면서 그러한 사회들로부터 우리 사회를 개선할 방법을 배울 수 있다고 말한다. 이러한 전통사회들에서 정의가 어떻게 다루어지는지 이야기하면서, 다이아몬드는 '말로'라는 이름의 파푸아뉴기니 남성의 사례를 들려준다. 말로는 시내의 작은 도로에서 사고로 '빌리'라는 소년을 치어 죽였다. 그것은 사고였다.

빌리는 방금 내린 스쿨버스 뒤에서 갑자기 튀어나왔고, 말로는 소년을 보지 못했다. 소년을 보았을 때는 이미 늦었다. 빌리는 삼촌을 만나기 위해 말로가 운전하는 버스 앞으로 갑자기 길을 건넜고, 말로는 차를 세우지 못했다. 서구 사회에서 (뺑소니 범이 되지 않기 위해) 우리가 하는 것처럼 경찰이 도착할 때까지 기다리는 대신, 말로는 서둘러 도망쳤다. 다이아몬드의 설명에 따르면 "설령 그 사고가 운전자의 잘못이 아니라 보행자의 잘못이었다 해도, 분노한 행인들이 사고를 낸 운전자를 차에서 끌어내려 그 자리에서 때려죽일지도 모르기 때문이다."

말로와 빌리가 서로 다른 민족ethnic group이라는 사실은 긴장을 한층 고조시켰다(말로는 그 지역 사람이었지만 빌리는 저지대에서 왔다). 다이아몬드에 따르면, 이로 인해 사람들의 감정이 격해졌다. "말로가 소년을 돕기 위해 차를 세우고 내렸다면, 그는 아마 저지대에서 온 구경꾼들에게 죽임을 당했을 것이고, 승객들까지 끌려 나와 죽임을 당했을 것이다. 하지만 말로는 침착하게 경찰서로 가서 자수했다. 경찰은 안전을 위해 승객들을 경찰서에 일시적으로 구금했고, 말로를 안전하게 호위해 그의 마을로 데려갔다. 이후 말로는 그곳에서 몇 달간 머물렀다." 그다음에 일어난 일은 "어떻게 뉴기니 사람들이, 정부가 운영하는 사법 제도의 효과적인 통제 밖에서 살아가는 많은 전통사회의 여타 사람들처럼, 자신들의 전통적인 장치를 통해 정의를 실현하고 분쟁을 평화롭게 해결하는지를 잘 보여준다고 다이아몬드는 말한다. 5,500년 전 국가가 생기고 이와 함께 성문법, 법원, 판사, 경찰이 생길 때까지 선사 시대 내내 인류는 이러한 분쟁 해결 기제를 사용했을 것이다."[46]

다이아몬드에 따르면, 회복적 정의의 핵심은 보상이다. 물론 보상이 죄를 전부 바로잡을 수 있는 것은 아니다. 대표적인 예가 죽음이다. 따라서 이 경우 파푸아뉴기니 사람들이 보상이라고 할 때 의미하는 것은 '속

죄금', 즉 범인이 사죄의 뜻으로 피해자 가족에게 지불하는 돈이다. "파푸아뉴기니의 전통적인 사법 절차가 추구하는 목표는 현대 국가의 사법 제도가 추구하는 것과 근본적으로 다르다"고 다이아몬드는 설명한다. "국가의 사법 제도는 큰 이점을 갖고 있으며, 국민 개인들 사이에 일어나는 많은 분쟁, 특히 서로 모르는 사람들 사이의 분쟁을 해결하는 데 절대적으로 필요하다는 점에는 동의하지만, 분쟁 당사자들이 완전한 남남이 아니라 분쟁이 해결된 뒤에도 계속해서 관계를 이어나가야 하는 경우, 전통 사회의 사법 기제로부터 배울 점이 많다고 생각한다. 예를 들어이웃, 사업상으로 얽힌 사람들, 아이들의 이혼한 부모, 유산 다툼에 휘말린 형제자매 사이의 분쟁이 그런 경우다."[47] 여러 날 동안 말로는 두려움에 떨며 은신했다. 그는 사고의 여파를 걱정했다. 하지만 그다음에 일어난 일은 정말 놀라웠다. 거구의 세 남성이 말로의 집 창문 앞에 나타났는데, 그 가운데는 죽은 소년의 아버지 페티도 있었다. 말로는 그들을 만나야 할지 도망쳐야 할지 알 수 없었다. 도망친다면 가족이 죽을 수도 있었으므로, 그는 그 남성들을 안으로 들어오게 했다. 다이아몬드는 기드온이란 남성으로부터, 그곳에서 일어난 일을 전해 들었다. 기드온은 말로가 다니는 버스회사 사장으로, 그다음에 일어난 일을 직접 목격했다.

> 페티의 행동은, 아들의 죽음을 막 접하고 살인자의 고용주를 마주한 사람의 행동이라고 보기에는 사뭇 놀라웠다. 아직 충격에서 벗어나지 못한 것은 분명했지만, 침착하고 상대를 존중하고 솔직했다. 페티는 한동안 조용히 앉아 있더니 마침내 기데온에게 말했다. "우리는 이 일이 사고였고, 당신이 일부러 그러지 않았다는 것을 압니다. 우리는 문제를 만들고 싶지 않습니다. 단지 당신이 장례에 도움을 주었으면 합니다. 장례식에서 친척들을 대접하는 데 쓸 약간의 돈과 음식을 부탁합니다." 기데온은

회사와 직원들을 대신해 애도를 표했고, 그렇게 하겠다고 약속했다. 그리고 그날 오후에 바로 동네 슈퍼마켓에 가서 쌀, 통조림 고기, 설탕, 커피 같은 기본적인 식재료를 샀다.

거기까지는 순조로웠다. 하지만 빌리의 대가족을 다독이는 문제가 아직 남아 있었다. 그들은 빌리의 죽음을 애통해 하고 있을 것이 분명하고, 아마 응분의 벌을 원할 것이다. 기데온은 말로가 곧장 그들에게 가서 사과해야 한다고 생각했지만, 보상 협상을 해본 경험이 있는, 연배가 있는 사원인 야게안이라는 이름의 남성은 다르게 조언했다. "확대 가족과 저지대 전체가 아직 흥분한 상태인데 사장이 직접 그곳에 가는 것은 좀 그렇다. 그보다 적절한 보상 절차를 밟는 것이 좋겠다. 사절을 보내기로 하자. 내가 가겠다. 나는 저지대 마을을 관할하는 지역구 의원과 이야기할 것이고, 그러면 그가 저지대 마을에 내 말을 전달할 것이다. 그와 나는 보상 절차가 어떻게 진행되어야 하는지 잘 안다. 그 절차가 완료된 뒤에 당신과 직원들이 피해자 가족과 함께 사죄[톡-소리tok-sori] 의식을 하는 게 좋겠다."

만남은 이튿날로 잡혔다. 격한 감정은 아직 사그라지지 않았지만, 야게안은 폭력은 없을 것이라고 장담했다. 야게안의 협상을 통해 버스 회사가 피해자 가족에게 1,000기니(약 300달러)를 주기로 했다. 말로 역시 피해자 가족에게 벨콜bel kol이라고 하는 또 다른 형태의 보상으로 돼지 한 마리를 주기로 했다. 벨콜은 '울분을 식힌다cooling the belly'는 뜻으로, 복수심을 약화시키기 위한 것이다. 다음날 피해자 가족의 집 마당에 친 천막에서 모든 사건 관련 당사자들이 만나 보상 절차를 시작했다. 다이아몬드는 그 의식의 나머지를 이렇게 서술한다.

빌리의 삼촌이 먼저 말했다. 그는 손님들에게 와줘서 고맙다고 인사하고, 빌리의 죽음이 얼마나 슬펐는지 말했다. 그런 다음에 기데온과 야게안, 그리고 버스 회사의 여타 직원들이 말했다. 기데온은 그 의식을 내게 묘사하면서 이렇게 설명했다. "그런 이야기를 해야 한다는 것이 끔찍했습니다. 눈물이 쏟아졌습니다. 내게도 어린 자식들이 있었으니까요. 나는 그들에게 피해자 가족의 슬픔을 상상해보았다고 말했습니다. 그 일이 내 아들에게 일어났다고 가정하고 그 슬픔을 헤아려보았다고 말했습니다. 그들의 슬픔은 분명 상상도 할 수 없는 것이었습니다. 나는 그들에게, 내가 제공하는 음식과 돈은 자식의 생명에 비하면 그저 쓰레기일 뿐이라고 말했습니다……." 빌리의 아버지가 말하는 동안 빌리의 어머니는 뒤에 조용히 앉아 있었다. 빌리의 삼촌들 가운데 몇 명이 일어나 강조했다. "당신들은 우리와 어떤 문제도 없을 겁니다. 우리는 당신들의 사과와 보상에 만족합니다." 모든 사람—내 동료들, 나, 그리고 빌리의 식구들—이 울고 있었다.[48]

의식이 끝난 뒤 가족들은 음식을 나눠먹었다. …… 평화로웠다. 이러한 의식이 효과가 있었던 것은 가해자 측이 피해자 가족에게 보상금과 음식을 제공했기 때문이 아니라(그것이 도움은 되었겠지만), 가해자 측이 피해자 가족의 고통을 진심으로 느끼고 인정했기 때문이다.

빌리의 죽음이 사고가 아니었고 말로가 고의적으로 빌리를 죽였다면 어땠을까? 다이아몬드를 대신해 원주민과 대화를 나눈 사람들의 설명에 따르면, 그 경우 보상액은 훨씬 높아졌을 것이고(1,000기니가 아니라 1만 기니) 더 많은 음식이 오갔을 것이며, 만일 진심으로 후회하면서 이렇게 하는 것으로 충분하지 않다면, 보복 살인으로 이어졌을 가능성이 매우 높다. 아마 말로가 표적이 되었겠지만, 그가 아니라면 가까운 친척이 표적이 되었을 것이다. 그런 다음에는 보복 살인에 대한 또 다른 보복 살인이 일어났을 것이고, 이는 다시 수 세대에 걸친 피의 반목으로 번져 양측이 서로를 습격하고 살해하다가, 결국에는 전면전으로 갔을 것이다.

내면의 '늑대' 길들이기: 현대 사회의 회복적 정의

가해자 측과 피해자 측의 이러한 만남은 각 측이 상대방의 눈으로 범죄를 볼 수 있다는 점에서, 역지사지 원리를 적용하는 연습이다. 피터 울프와 윌 릴리라는 두 남성의 사례를 살펴보자. 한 명은 절도범이고, 다른 한 명은 피해자였다. 울프는 잉글랜드 노포크 출신의 상습범이었다. 마약 중독자였던 그는 마약 살 돈을 마련하기 위해 도둑질을 하게 되었다. 어느 날 릴리가 집에 돌아왔을 때 울프가 그 집을 털고 있었다. 두 사람은 몸싸움을 벌였고, 결국 울프가 길거리로 내쫓기면서 싸움이 끝났다. 릴리는 큰 정신적 충격을 받았고, 울프는 체포되어 감옥에 갔다. 울프와 대면할 기회가 주어졌을 때, 릴리는 탁자 건너편에 앉은 울프에게 증오를 내뿜는 대신, 울프의 무단침입으로 자신이 얼마나 큰 충격을 받았는지 온 힘을 다해 설명했다. 기록에는 "당신이 내 집에 무단침입한 날부터, 나는 내 가족과 내 집을 당신 같은 사람들로부터 보호할 수 있다는 믿음을 잃었다"고 적혀 있다. 릴리는 이어서, 집에 돌아와 대문에 열쇠를 꽂고 돌릴 때마다 저 편에 강도가 있을지도 모른다는 두려움이 엄습한다고 설명했다.

　이 만남에 대한 울프 쪽의 이야기에 따르면, "감정이 홍수처럼 쏟아져 나오기 시작했다. 자신이 누군가에게 어떤 피해를 주었는지 자기 귀로 직접 들으면서도 아무렇지 않다면 정말 지독하고 뒤틀려 있는 인간

일 것이다. 아마 정신병자일 것이다. 나는 피해자들이 '저 자식을 가두고 …… 열쇠를 던져버려. 우리는 신경 안 써'라고 말할 거라고 생각했다." 하지만 릴리는 그렇게 하지 않았다. 오히려 릴리는 울프에 대해 이렇게 말했다. "그는 우리가 나눈 대화에 진정으로—정말 진정으로—깊은 영향을 받았다. 우리는 대화를 시작했고, 울프는 진심을 다해 가슴에서 우러나오는 말을 하기 시작했다." 릴리는 울프의 수감에 대해 "저 사람을 저곳에 방치하면 안 된다. 그가 스스로 일어설 수 있도록 도와야 한다"고 말했다. 울프는 필요한 도움을 받았고, 2003년에 석방된 뒤로는 다시 범죄를 저지르지 않았다. 나아가 2008년에 《돌이킬 수 없는 피해The Damage Done》라는 적절한 제목의 자서전을 펴냈고, 교도소를 돌아다니며 수감자들에게 피해자 인식 훈련을 제공했다. 한편 릴리는 그러한 프로그램의 혜택을 받은 피해자들과 함께 '왜 하필 내가Why Me?'라는 단체를 창설했다.[49] 이 만남이 효과가 있었던 것은 울프가 진심으로 뉘우쳤기 때문이다. 릴리의 설명에 따르면 "내 앞에 앉은 남성은 변호사가 '형량을 줄이려면 뉘우치는 모습을 보여야 한다'고 말했기 때문이 아니라 진심으로 뉘우치고 있었다." 나중에 릴리는 이 사건을 이렇게 회고했다.

> 6년이 흘러 생각해보니, 그 만남은 피터(울프)만이 아니라 내게도 커다란 영향을 미쳤다. 대화는 앞으로 나아가는 유일한 방법이다. 말하지 않는 사람들(피해자들의 대다수)은 고통을 지연시키고 있을 뿐 아니라, 계속해서 고통을 안고 살아가는 것이다. 다행히도 피터와 나는 아직도 대화하고 있다. 그는 대단한 사람이다. 영리하고, 유머 감각도 뛰어나고, 가식적이지 않다. 그를 친구로 생각할 수 있는 나는 엄청난 행운아다.[50]

피해자 회복 프로그램은 이제 막 시작되었다. 앞의 사례에서 그러한 만남은 가해자와 피해자 모두에게 득이 되었을 뿐 아니라, 비슷한 종류의 다른 만남들로 이어졌다는 점에서 지역사회에도 득이 되었다. 종합적으로, 울프와 릴리를 연결한 그 프로그램은 85퍼센트의 피해자 만족률을 보이고, 그 가운데 78퍼센트가 다른 피해자와 가해자에게 그 프로그램을 추천하겠다고 말했다.[51] 그리고 또 한 가지 혜택을 분명하게 확인시켜주는 통계 자료가 있다. 바로, 출소한 죄수의 3분의 2가 2년 내에 다시 재소자가 되지만, 회복적 정의 프로그램이 생기고 나서 재범률이 절반이나 떨어졌다는 것이다.[52] 이것이 도덕적 진보가 아닐까? 한 지역사회의 재범률이 50퍼센트 줄어든 것은 그곳에 사는 모든 사람에게 좋은 일이 아닐까? 질문 속의 통계 자료에 그 답이 있다.

회복적 정의는 살인 사건에서도 효과가 있다. 와이오밍 출신의 21세 남성 클린트 하스킨스의 사례가 그 증거다. 2001년 9월, 그는 무슨 일이 일어났는지 기억조차 못할 정도로 만취한 상태로 운전하다가 크로스컨트리 팀 학생 여덟 명을 태운 차량과 충돌했고, 이 사고로 탑승자 전원이 사망했다. 사망한 학생들 가운데 한 명이 모건 맥클레런드였다. 하스킨스에게 구형이 내려질 때(그는 여덟 건의 살인에 모두 유죄를 시인함으로써, 최저 13년에서 최고 21년의 형기를 연속해서 복역하는 대신 동시에 복역할 수 있었다) 104~160년형이 구형되기를 바랐던 피해자 가족들은 법원에서 피해자 항변서를 낭독했다. 하지만 모건의 어머니 데비는 그 대신 클린트 하스킨스에게 한 가지 제안을 했다.

나는 법정 건너편에 있는 그에게, 나와 함께 다니며 젊은이들에게 음주운전의 위험에 대해 연설할 의향이 있는지 물었다. 대답할 기회가 주어지자 그는 그렇게 하고 싶다고 말했다. 마침내 3년 뒤, 많은 어려움 끝에 나는 클린트를 만나게 되었다. 그는 위축되어 보였고 양심의 가책을 느끼는 것 같았다. 우리 둘 다 울었고 나는 그를 포옹했다. 그런 다음에 우리는 사람들이 음주운전과 관련하여 현명한 결정을 내릴 수 있도록 우리가 함께할 수 있는 일에 대해 이야기를 나누었다. 나는 그의 진심을 믿었다. 클린트가 예전에 로데오 선수였기 때문에 우리는 가장 먼저, 질레트에서 열린 고등부 로데오 결승전에 모인 900명의 젊은이들 앞에서 연설했다. 연설의 효과는 엄청났다. 그다음에는, 사고로 사망한 여덟 명의 청년과 클린트가 다녔던 와이오밍대학교에서 연설했다. 이 행사를 반대하는 사람들도 있었는데, 피해자 가족들 가운데 일부가 우리가 하는 일에 동의하지 않았기 때문이다. 그 점에 나는 아직도 마음이 불편하다. 우리 모두 큰 고통을 받았고, 나는 그 고통을 더하고 싶지 않았다. 하지만 우리의 연설이 생명을 구할 수 있음을 진심으로 믿는다.[53]

응보를 바라는 다른 부모들의 심정은 당연히 이해할 만한 것이지만, 데비 매클러런드가 회고하듯이, "내가 법원에 가는 것은 정의를 위해서지, 복수를 위해서가 아니다." 게다가 "증오는 큰 짐이다." 그 대신 그녀는 용기를 내고 마음을 다스리며 하스킨스를 용서했고, 비극을 생산적인 사건으로 바꾸었다. "어떤 사람들은 용서가 사랑하는 사람에 대한 배신이라고 생각한다. 가슴속에 분노와 괴로움을 간직하는 것이 죽은 사람을 기리는 방법이라고 생각한다. 부정적 감정이 훨씬 강렬하기 때문이다. 하지만 내게는 그 방법이 통하지 않는다. …… 내게는 클린트를 용서하는 것이 앞으로 나아가는 합리적인 방법으로 보인다. 이 비극적 경험은 우리 두 사람이 공유하는 것이기 때문이다."[54]

데비 매클러런드는 용서가 **논리적인** 방법이라고 생각한다. 그녀가 옳다. 용서는 보복 판타지를 내려놓고 앞으로 나아가 비극에서 긍정적인 뭔가를 얻기 위해 노력하는 것이라는 점에서, 가해자가 진심으로 뉘우치고 잘못을 바로잡기 위해 노력하는 것을 포함해 **주변 정황이 제대로 갖추어진다면**, 이성적인 접근법이 될 수 있다.

용서의 힘

1984년 7월 29일 밤, 노스캐롤라이나주 벌링턴에서 22세 대학생 제니퍼 톰슨이 칼을 들이대며 위협하는 범인에게 강간을 당했다. 톰슨은 정서적 충격에도 불구하고, 강간범에게 언젠가 죗값을 치르게 하고자 사건이 일어나는 동안 그의 인상착의를 꼼꼼히 살폈다. "나는 그 짓을 한 범인을 알아볼 수 있어요." 그녀는 경찰 수사관들에게 말했다. 수사관들은 그녀에게 용의선상에 오른 사람들의 사진을 제시했다. 그녀는 로널드 코튼이라는 흑인 남성을 강간범으로 지목했다. 그는 경찰서로 불려가서 다른 용의자들과 함께 일렬로 섰고, 톰슨이 편면 유리를 통해 그들을 살펴보았다. 이번에도 그녀는 코튼을 지목했다. 법정에서 톰슨은 재판정에 선 남성이 범인임을 확신하느냐는 질문을 받았다. 그녀는 코튼이 범인임이 100퍼센트 확실하다고 대답했다. 겨우 40분 동안의 숙의 끝에 배심원들은 만장일치로 코튼을 유죄로 평결했다. 그는 수갑을 차고 구속되었고, 종신형을 받았다.

여기까지만 들으면, 강간 피해자가 자신을 강간한 남성을 용서하는 감동 실화일 거라고 생각할 것이다. 하지만 그렇지 않다. 제니퍼 톰슨은 로널드 코튼을 용서할 수 없었다. 왜냐하면 애초에 용서할 게 없었다는 사실이 밝혀졌기 때문이다. 용서는 오히려 로널드 코튼 쪽에서 나와야 했다. 제니퍼 톰슨은 추호의 의심도 하지 않고 엉뚱한 남성을 고발했기 때문이다.

3년 뒤 바비 풀이라는 이름의, 코튼과 놀라울 정도로 닮은 새로운 죄수가 강간죄로 투옥되었다. 코튼은 이윽고 형무소 마당에서 풀과 이야기를 나누고 나서 그날 무슨 일이 있었는지 알았고, 재판을 새로 받게 되었다. 그 재판에서 제니퍼 톰슨은 진짜 강간범을 처음으로 보았다. 톰슨은 풀을 알아보고 코튼이 누명을 썼다는 것을 인정하는 대신, 담당 수사관에게 이렇게 말했다. "어떻게 나를 의심할 수 있죠? 나를 강간한 사람의 얼굴을 어떻게 잊을 수 있을까요? 당신이라면 그 사람을 잊겠어요?" 강간범에 대한 진짜 기억이 지워지고 코튼이 범인이라는 새로운 기억을 갖게 된 톰슨은 배심원들에게 코튼이 진범임이 확실하다고 밝혔다. 이번에도 배심원단은 그가 유죄라는 데 동의하고 코튼을 감옥에 보냈다. 이번에는 **두 개**의 무기 징역형이 내려졌다.

그런 다음에 놀라운 일이 일어났다. DNA 검사가 발명된 것이다. 로널드 코튼이 감옥에 간 지 11년이 지나, 그의 변호사가 범죄 현장에 남겨진 증거로 DNA 검사를 해보자고 수사관들을 설득했다. 즉시 그의 무죄가 밝혀졌고, 다른 여성을 강간한 죄로 이미 감옥에 있던 풀이 진범으로 밝혀졌다. 그런데도 톰슨은 자신의 기억을 너무나도 확신한 나머지, 경찰 수사관들이 코튼이 범인이 아니라고 말했을 때 믿지 못하고 진실을 부정했다. 그녀는 그 사건을 맡은 경찰 수사관과 지방검사에게 이렇게 말했다. "그런 일은 있을 수 없어요. 나를 강간한 사람은 로널드 코튼이었어요." 자신의 기억이 잘못되었으며 무고한 사람을 감옥에 넣은 것에 대한 죄책감을 받아들인 톰슨은 코튼에게 용서를 구하고 싶으니 만나달라고 부탁했다. 그녀는 공포에 질려 있었고, 코튼이 방에 들어오자마자 눈물을 터뜨렸다. 그럼에도 "나는 그를 보고 말했어요. '로널드, 만일 내 인생의 남은 날들의 매 시간 매 분 매초를 당신에게 사죄하며 보낸다 해도 내 죄책감을 다 표현할 수 없을 겁니다. 정말 미안해요.'" 로널드 코튼은 제니퍼 톰슨에게 자기 인생의 11년을 앗아가 줘서 고맙다고 하고 역겨워하며 나가버렸을까? 그릇이 작은 사람이라면 그랬겠지만 로널드는 그렇게 하지 않았다. 톰슨에 따르면 "로널드는 몸을 숙여 내 손을 잡고 나를 보며 '당신을 용서합니다'라고 말했어요. 그가 나를 용서한 순간 내 마음이 치유되기 시작하는 것 같았어요. 이것이야말로 품위와 자비라는 생각이 들었어요. 나는 거기 있는 남자를 증오했어요. 그가 죽기를, 그가 감옥에서 강간당하기를 11년 동안 날마다 하나님께 기도했어요. 그런데 품위와 자비를 갖춘 이 남성은 나를 용서했어요."[55]

주 정부는 코튼에게 배상금으로 1년당 1만 달러씩 총 11만 달러를 지급했고, 코튼과 톰슨은 함께 《코튼 지목하기Picking Cotton》라는 제목의 심금을 울리는 회고록을 펴냄으로써 형사 사법 제도의 개혁을 이끌어내는 데 기여했다.[56] 예를 들어 그 범죄가 일어난 노스캐롤라이나주는, 수사관이 피해자에게 용의자들의 사진을 보여줄 때 한꺼번에 보여주는 것이 아니라 한 사람씩 보여주도록 명시하는 법안을 통과시켰다. 그리고 추가 조항을 넣어, 사진 속에 범인이 없을 수도 있음을 강조하고, 이 모든 과정은 유력한 용의자가 누군지 모르는 사람, 또는 "용의자가 포함되어 있을 수도, 아닐 수도 있다"고 설명하는 컴퓨터에 의해 진행되도록 명시했다. 이 모두는 범인 지목 과정에서 일어날 수 있는 인지 편향이 피해자나 증인의 기억을 오염시키는 것을 피하기 위한 조치다.

나는 스페인에서 열린 한 학회에서 제니퍼 톰슨과 로널드 코튼을 만났다([그림 11-2]를 보라). 그곳에서 그들은 빽빽하게 들어찬 청중 앞에서 사법 개혁의 필요성에 대해 말했고, 특히 상처를 치유하고 정의를 회복하는 데에 배상, 용서, 우정이 얼마나 큰 힘을 발휘하는지 감동적인 연설을 했다. 제니퍼가 로널드를 바라볼 때—그녀의 눈에는 눈물이 고였고 목소리가 갈라졌다—학회장은 핀 한 개 떨어지는 소리도 들릴 만큼

[그림 11-2] 로널드 코튼과 제니퍼 톰슨

제니퍼 톰슨은 잘못된 기억으로, 줄지어 세운 피의자들 속에서 로널드 코튼을 강간범으로 지목했다. 코튼은 DNA 증거로 무죄가 밝혀지기까지 11년 동안 감옥에 있어야 했다. 현재 두 사람은 사법 개혁의 필요성과, 배상과 용서의 힘을 주제로 강연한다.[57]

숙연해졌다. 그녀는 이렇게 말했다. "로널드 코튼은 내 친구입니다. 그는 내게 사랑과 증오가 같은 사람의 마음속에 공존할 수 없다는 것을 가르쳐주었습니다. 우리는 분노로 가득한 사람인 동시에 즐거운 사람이 될 수는 없습니다. 평화롭게 사는 동시에 복수를 갈구하는 사람이 될 수는 없습니다. 이 사실을 내게 가르쳐준 사람이 바로 로널드입니다." 이 사례는 자력 구제 정의의 한 형태이고, 그 두 사람이 무대 위에서 자신들의 고통스러운 이야기를 말하고 나서 서로 포옹하는 순간은 내가 지켜본 가장 감동적인 장면 중 하나로, 인간 정신이 저급한 본능을 넘어설 수 있음을 보여준 증거였다.

응보와 사형

회복적 정의가 사이코패스와 연쇄살인범들에게도 적용될 수 있다고 생각하는 것은 아직 시기상조다. 하지만 가해자가 연쇄살인범이 아니라 단지 비극적인 실수를 저질렀거나 문제 가정에 사는 꼬마라면, 회복적 정의가 최선이다. 큰 틀에서는 더 나은 과학과 기술을 통해 범죄와 폭력을 줄이는 목표를 포기하지 말자. 응보적 정의가 효과를 거두기 위해서는 사회적으로 바람직한 방식으로 반응할 수 있는 사람에게만 적절하게 처벌이 적용되어야 한다. 회복적 정의와 응보적 정의에 모두 엄밀한 과학이 도움이 될 수 있다. 우리는 과학의 도움을 받아 사람들이 보상과 처벌에 반응하는 방식(실험심리학), 내적 심리 상태(인지신경과학), 외적 사회 조건(사회심리학과 사회학), 긍정적 또는 부정적 유인(행동경제학), 범행을 저지를 소지가 있는 사람들이 미래에 범행을 저지르지 않도록 억지하기 위해 유인책들을 이용하는 방법(신경범죄학), 그리고 범죄자들이 재범이 되지 않도록 예방하는 방법(범죄학) 등을 이해할 수 있을 것이다. 이 역시 사실에서 당위로 원만하게 넘어가는 것이다.[58]

실제로 우리의 형사 사법 제도에 큰 변화가 일어나고 있다. 사형이 줄어들고 있는 것이 가장 눈에 띄는 변화다. 내 생각에도 변화가 있었다. 나는―피해자 가족에 공감해서―사형을 찬성했지만 지금은 사형을 반대한다. 왜냐고? 한마디로 말하면 권력 때문이다. 권력은 부패하기 마련이지만, 국가가 국민에게 행사하는 권력은 확실히 부패할 수 있다. 요즘은 대부분이 경범죄 이하로 간주되는 수십 가지 범죄(예컨대 토끼 사육장에서 토끼를 훔치는 것, 밀렵, 항문 성교, 가십, 양배추 도둑질, 부모에 대한 불경)에 대해 국가 기관에 의한 고문과 잔혹하고 비정상적인 형벌이 용의자와 기결수들에게 거침없이 내려졌던 엄혹했던 옛 시절에는 응보적 정의의 감정이 회복적 정의의 이성에 의해 억제되지 않았다.

한 형태의 응보적 정의(개인들이 서로에 대해 정의를 실현하는 것)가 다른 형태(국가가 개인에 대해 정의를 실현하는 것)로 대체되면서 자력 구제 정의에 수반되는 폭력이 줄어든 반면, 국가가 국민에게 행사하는 권력은 엄청나게 커졌다. 이는 이성을 강조하는 계몽주의가 가져온 문명화 과정의 또 한 가지 결과다. 감정적으로는, 형벌이 한쪽으로 기운 정의의 천칭에 균형을 되돌려주는 것처럼 느껴지지만, 이성적으로 따져보면 형벌은 문제를 해결하지 못한다. 왜냐하면 피해자에 대한 정의가 회복되는 것이 아니기 때문이다. 수백 년 동안 국가는 인간의 자유와 위엄을 파괴한 주범이었지만, 다행히도 다른 분야들에서 도덕적 진보를 추동해온 힘이 국가의 사법 제도를 견인해왔다. 고문은 유럽 국가들에서 흔했고, 18세기 말이 되어서야 폐지되었다. 그때 비로소 개인의 권리가 국왕의 권리보다 우선시되기 시작했고, 민주주의에서는 존 애덤스가 '다수의 횡포'[59]라고 부른 것이 시작되었다. [그림 11-3]은 권리 혁명이 시작되어 국가 권력에 대한 견제가 시작되면서 200년에 걸쳐 일어난, 이러한 형태의 도덕적 진보를 보여준다.

처음에는 사형이 자력 구제 정의를 대체하고 범죄를 억지하는 괜찮은 방법처럼 보였다. 전자의 목적은 어느 정도 달성했다고 볼 수 있겠지만, 후자는 아닌 것 같다. 대부분의 범죄자들이 장기적으로 생각하지 않고, 사형을 선고받는 대부분의 범죄들이 도덕적 계산기를 두드리듯 사전에 미리 계획되는 유형의 활동이 아니기 때문이다. 사형이 범죄를 억지하지 못한다는 것을 보여주는 한 가지 증거를 들면, 잘 알려져 있다시피 19세기에 잉글랜드와 미국에서 실시되었던 공개 처형에서, 처형 장면을 보느라 정신이 팔린 군중의 어두운 등잔 밑을 노리는 소매치기들이 기승을 부렸다는 사실이다.[61]

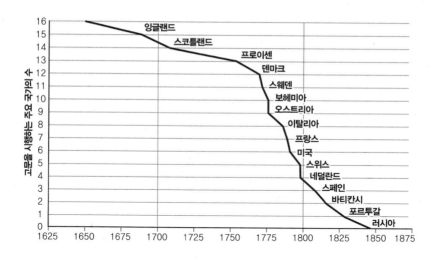

[그림 11-3] 사법적 진보: 국가의 합법적 고문의 폐지
1650년부터 1850년까지 국가의 합법적 고문이 폐지된 추세를 보여준다.[60]

국가에게 삶과 죽음을 좌지우지할 수 있는 권력을 주는 것의 또 한 가지 문제를, 미국의 저명한 지방법원 판사이자 법학자인 러니드 핸드 Learned Hand가 1923년에 한마디로 간명하게 요약했다. "법정에는 언제나 유죄 판결을 받은 무고한 사람의 유령이 일종의 비현실적인 꿈처럼 떠돌고 있다."[62] 문제는 사법 제도에도 허점이 있고 실수가 있다는 것이다. 무고한 사람들이 유죄 판결을 받는 일은 핸드 판사가 아는 것보다 훨씬 자주 일어난다. 자유에 대한 침해는 안전을 위해 지불해야 하는 대가치고는 너무 값비싼 것이다. 예컨대 인지심리학자들이 실시한 실험에서, 피험자들에게 배심원의 임무를 맡기고 실제 있었던 살인 사건 재판의 녹음 테이프를 들려주었더니 피험자들은 모든 증거가 제시될 때까지 기다리지 않고 의견을 정해 판결을 내렸다. 모든 증거가 제시될 때까지 기다리지 않았다. 대부분의 피험자들이 무슨 일이 일어났는지에 대한 이야기를 자신의 머릿속에서 날조해 유무죄를 순간적으로 결정한 다음, 제시된 증거를 훑어보며 자신이 이미 내린 평결에 가장 잘 맞는 것을 선별했다.[63] 이것이 **확증편향**confirmation bias이라고 하는 인간 심리의 변덕이다. 즉 자신이 이미 믿고 있는 것을 확증하는 증거를 찾고, 반증하는 증거는 무시하거나 합리화하는 심리를 말한다. 타당한 의심에서부터 유죄 확증까지의 인지 경로는 우리가 생각하는 것보다 훨씬 짧다. 전제정부의 날조 재판과 전쟁터의 즉결 재판drumhead trial(피고에 대한 약식재판이 전장에서 급하게 내려질 수 있도록, 북이 임시 테이블로 쓰였다)이 오늘날 더 이상 시행되지 않는 것은 이 때문이다.

이러한 문제는 이노센트프로젝트Innocence Project(억울하게 유죄 판결을 받은 사람들을 위해 과학적 기술을 동원해 무죄를 입증할 수 있도록 도와주는 미국의 인권 단체—옮긴이)와 이노센트네트워크Innocent Network(미국 전역의 50개 저널리즘 학교와 법학 대학원들이 결성한 사법 피해자 구제 단체—옮긴이) 같은 조직들의 설립으로 이어졌고, 이러한 조직들은 DNA 증거를 이용해 억울한 누명을 쓴 사람들의 무죄를 입증한다. 이러한 조직들이 문을 열어 DNA 실험실을 운영한 이래로 지금까지, 억울하게 유죄 판결을 받은 311명이 무죄 방면되었다(모두 남성이고, 70퍼센트가 소수 집단이다). 그 가운데 18명은 처형을 기다리는 사형수였다.[64] 브랜디스판사무죄프로젝트 Justice Brandeis Innocence Project는 미국의 200만 죄수 가운데 10퍼센트가 억울하게 유죄 판결을 받았을 것이라고 추산한다. 이는 20만 명의 무고한 사람들이 교도소에 있다는 뜻이다. 미시건대학교 법학 교수 새뮤얼 R. 그로스는 더 큰 문제를 지적했다. "우리가 모든 징역형을 사형만큼 세심하게 검토한다면, 지난 15년 동안 무죄 방면된 사형수 아닌 죄수는 실제 255명이 아니라 **적어도 2만 8,500명**이었을 것이다."[65] 2014년에《미국국립과학원 회보Proceedings of the National Academy of Sciences》에 발표된 한 연구는 이러한 추산을 뒷받침했다. 이 연구 논문에 따르면, 미국에서 사형을 선고받은 모든 죄수가 지금까지 무기한 대기하고 있다면, 그 가운데 적어도 4.1퍼센트가 방면될 것이다. 이러한 통계적 추산 방법을 바탕으로 이 논문의 저자들은 1973년 이래로 미국에서 340명의 죄수들이 억울하게 사형을 선고받았다고 결론내렸다. 저자들의 비극적 결론에 따르면, "미국에서 1급 살인에 대한 유죄판결을 받은 무고한 피고들의 대다수가 처형되지도 방면되지도 않는다. 그들은 사형을 선고받거나 무기징역으로 감형된 다음 잊힌다."[66]

마이클 모턴의 사례가 이 문제를 잘 보여준다. 1987년에 텍사스주 오스틴에서 아내를 살해한 죄로 유죄 판결을 받은 그는 무기징역을 선고받았다. 살인 사건 다음날 수사관들이 진행한 인터뷰에서, 모턴의 세 살배기 아들은 자신이 범죄를 목격했고 살인자가 '괴물'이었다고 묘사했다. 가장 중요한 증언은 자신의 아버지가 사건 발생 시간에 **집에 없었다**는 말이었다. 하지만 지역 검사 켄 앤더슨은 모턴의 변호사나 배심원들에게 이 인터뷰 사본을 제공하지 않았으며, 배심원들의 마음속에 합리적 의심을 심어주었을지도 모르는 다른 무죄 증거exculpatory evidence도 제공하지 않았다. 불행히도 모턴이 감옥에서 썩고 있던 25년 동안 진범—마크 앨런 노우드라는 이름의 남성으로, 뒤늦게 체포되어 유죄 판결을 받았다—은 또다시 범행을 저질러, 그가 사는 오스틴의 같은 지역에서 같은 방식으로 또 다른 여성을 살해했다.

2011년에 범죄 현장의 베란다에 남겨진 노우드의 혈흔에서 DNA 증거가 발견되면서 모턴은 방면되었다. 모턴의 변호사들은 텍사스주 대법원에 앤더슨의 직권 남용을 조사하기 위한 특별위원회를 소집해달라고 요청했고, 2013년 4월 19일 특별조사위원회는 앤더슨의 체포를 명했다. "본 위원회는 살인 혐의와 무기징역에 직면한 피고에게 불공정한 상황을 조성하기 위해 경감 사유를 감춘 검사의 의식적인 선택만큼 악의적인 의도를 지닌 행위는 떠올리기 어렵다고 생각한다." 하지만 앤더슨은 법정모독죄가 인정되었음에도 겨우 500달러의 벌금형과 10일 간의 징역형을 선고받았고, 그것도 닷새만 복역했다. 모턴이 25년을 감옥에서 보냈고, 또 다른 여성이 살해되었으며, 관련자 가족들의 삶이 파탄에 이른 것을 생각하면, 형사 사법 제도의 정의가 살아 있다고 볼 수 있을까? 자기 인생의 거의 절반을 앗아간 사람들에게 앙심을 품었느냐는 질문을 받았을 때 모턴이 했던 대답은 내가 지금껏 들어본 복수에 대한 가장 이성적인 반론이었다. "복수는 독약을 마시면서 상대방이 죽기를 바라는 것과 같습니다."[67]

○ ● ○

이러한 이유들과 그밖의 더 많은 이유들로 인해 사형제도는 전 세계 대부분의 나라에서 폐지되었고, (미국의 몇몇 주에서와 같이) 아직 합법인 나라들에서도 집행을 기다리는 경우가 대부분이다. 즉 집행으로 이어지는 경우는 드물고, 집행되더라도 항소와 집행 연기, 집행 유예를 거치며 수십 년의 시간이 흐른 뒤에 집행된다. 내가 사는 곳인 캘리포니아주에서, 사형 선고는 자동으로 항소 처리되고, 집행을 기다리는 죄수들은 자연적인 원인으로 죽는 경우가 더 많다. 사형정보센터Death Penalty Information Center에 따르면, 2013년에 미국에서 내려진 80건의 사형 선고는 미국 전체 카운티의 2퍼센트에서 이루어졌고, 2013년에 실행된 39건의 처형 가운데 절반 이상이 텍사스주와 플로리다주에서 일어났으며, 1999년 이래로 처형이 60퍼센트 줄었고, 모든 카운티의 85퍼센트가 50년 동안 사형 집행을 하지 않았다.[68] 사형이 집행되는 드문 경우에는 주로 치사 주사 방식이 사용되는데, 이것이 적어도 교수형이나 전기의자 방식에 비해서는 인도적인 방법으로 간주되기 때문이다. 하지만 현재 미국과 유럽의 많은 제약 회사들이 치명적인 주사 약물인 펜토바르비탈의 공급을 거부하고 있어서, 미국의 각 주들은 필요한 재고를 확보하지 못해 곤란을 겪고 있으며, 2014년에 오클라호마 교도소가 클레이튼 로킷의 사형을 집행할 때 일어난 의료 직원의 실수는 약물이 이용 가능할 때도 제대로 이용된다는 보장이 없다는 것을 보여준다.[69]

1990년대 중반 이래로 사형이 줄어들고 있는 것은 분명하고, 미국 대법원 판사 해리 블랙먼Harry Blackman이 1994년의 한 사건에서 낸 소수의 견은 시대 분위기를 상징한다. 해당 사건은, 텍사스주에서 사형을 선고받은 브루스 에드윈 콜린스가 집행 유예를 신청한 항소 재판이었다. 그는 항소심에서 졌고, 1994년 2월 23일에 처형되었다. 곧 일어날 일에 대한 블랙먼의 묘사는 국가가 국민의 삶과 죽음을 좌지우지하는 권력을 지닐 때 어떤 위험이 있을 수 있는지 생각해보게 한다.

> 콜린스에 대한 기억은 며칠 안에, 어쩌면 몇 시간 안에 사라지기 시작할 것이다. 정의의 수레바퀴는 다시 돌아갈 것이고, 어딘가에서 또 다른 배심원단 또는 판사가 누군가의 삶과 죽음을 결정하는 조금도 부럽지 않은 일을 할 것이다. 물론 우리는 목숨이 위태로운 피고를 대변하는 변호사가 유능한 사람이기를 바란다. 변호가 적극적이지 않을 경우 피고에게 치명적인 결과를 가져올 수 있다는 사실을 인지하고 있는 사람이기를 바란다. 또한 우리는—유의미한 사법 감시가 일어날 가능성이 줄어들고 있는 와중에도—검사가 해당 사건의 모든 측면을 조사하고, 모든 증거 원칙과 절차적 원칙을 따르기를 바라고, 검사 앞에는 피고의 권리도 세심하게 살피는 판사가 있기를 바란다. 같은 맥락에서 우리는, 검찰 측이 사형을 촉구함에 있어서 편향, 편견, 정치적 동기에 얽매이지 않고 현명

하게 재량권을 행사하고, 국가가 부여한 무서운 권위를 남용하기보다는 조심스럽게 사용하기를 바란다.

나는 바람직한 수준의 공정성이 달성되었으며 규제의 필요성이 완전히 제거되었다는 사법 당국의 망상을 두둔하기보다는, 사형 실험이 실패했음을 도덕적으로 그리고 지적으로 인정하지 않을 수 없다고 느낀다. 절차적 원칙들 또는 실체적 규제들을 어떻게 조합해도 헌법에 내재하는 결함으로부터 사형을 구제할 수 없다는 것이 자명한 사실로 보인다.[73]

[그림 11-4], [그림 11-5], [그림 11-6]은 전 세계와 미국 내에서 사형이 감소하고 폐지되는 사법 진보의 추세를 보여준다.

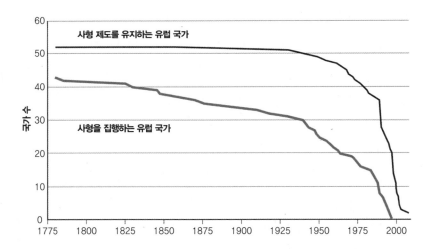

[그림 11-4] 사형 제도 폐지 추이에서 보이는 사법적 진보
1775년부터 2000까지 사형이 감소한 추세를 보여준다.[70]

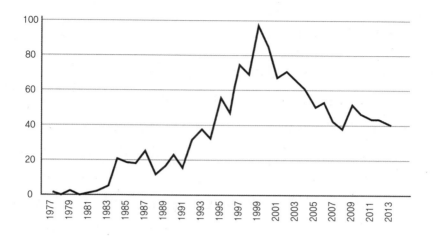

[그림 11-5] 미국의 연간 사형 집행 건수의 감소

1977년부터 2013년까지 미국의 연간 사형 집행 수치가 계속해서 감소했다.[71]

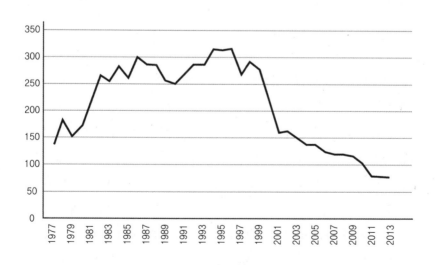

[그림 11-6] 미국의 연간 사형 선고 건수의 감소

1977년부터 2013년까지 미국의 연간 사형 선고 수치가 계속해서 감소했다.[72]

국가별 회복적 정의

2013년 말, 영국 여왕 엘리자베스 2세가 영국 과학자 앨런 튜링Alan Turing을 사면하고 공식 사과했다. 나치의 암호 체계 '에니그마Enigma'를 풀어낸 그의 업적은 제2차 세계대전 동안 한 개인의 어떤 다른 공헌보다 연합군의 승리를 확보하는 데 큰 역할을 했다. 여왕은 무엇에 대해 사과했고, 왜 튜링에게 사면이 필요했을까? 그는 게이였고, 잉글랜드에서 동성애는 투옥이나 화학적 거세, 또는 둘 다로 처벌할 수 있는 범죄였다. 암호를 해독했을 뿐 아니라 1940년대 말과 1950년대 초 컴퓨터과학이라는 신생 분야에서 선구적인 시도들을 해낸 튜링은 체포되어 재판을 받았고, '추잡한 외설 행위'에 대해 유죄 판결을 받았다. 그가 다른 남성과의 성관계를 시인했기 때문이다. 영국 정부는 앨런에게 유방 조직의 확대를 초래하는 합성 에스트로겐을 주사했을 뿐 아니라, 그에게서 기밀 정보 취급 허가(공무원을 채용할 때 국가 기밀 등을 맡겨도 좋다는 증명 — 옮긴이)를 박탈했다. 이로 인해 그의 과학 활동은 급격히 위축되었고, 이와 함께 삶의 의지도 꺾였다. 1954년 그는 51세의 나이로 스스로 목숨을 끊었다. 인류는 한 위대한 정신을 잃음으로써 막대한 손실을 입었다. "튜링 박사가 전쟁에 기여한 공적과 과학에 남긴 유산은 길이 기억되고 인정받을 만하다"고 영국 법무부 장관 크리스 그레잉은 말했다. "여왕의 사면은 한 특출한 인간에게 걸맞은 경의의 표시다."[74]

이 사례는 사법 정의와 도덕적 진보의 측면에서도 흥미롭다. 튜링을 사면하는 계획은 법학자들의 반발에 부딪혔다. 누구도 법 위에 있지 않으며, 당시의 법에 따르면 튜링의 행동은 분명히 범죄였다는 논리였다. 전 법무장관 톰 맥널리는 이러한 논리를 이런 식으로 설명했다. "앨런 튜링이, 오늘날의 관점에서 잔인하고 터무니없는 법을 위반한 것에 대해 유죄 판결을 받은 일은 비극이다. 하지만 당시의 법으로는 기소가 필요했고, 이미 내려진 유죄 판결은 받아들이는 것이 오래된 방침이다. 역사적 맥락을 바꾸어 바로잡을 수 없는 것을 바로잡으려고 시도하기보다는, 그러한 시대로 다시 돌아가지 않도록 해야 한다." 나도 동의한다. 하지만 그렇게 하는 유일한 방법은 법을 바꾸고, 그러한 논리를 반박하고, 이러한 '잔인하고 터무니없는' 법의 피해자들에 대한 잘못을 바로잡는 것이다. 사실, 튜링은 부당한 법에 희생된 사람들 가운데 가장 유명한 사람일 뿐이다. 학자들의 추산에 따르면 5만 명가량이 추잡한 외설 행위로 유죄 판결을 받았고, 1만 5,000명가량이 지금도 동성애에 대한 범죄 기록을 안고 살고 있다.[75] 진정한 회복적 정의는 모든 피해자에 대한 포괄적인 사면과 사과를 요구하는 것이다.

그러한 사과와 시인의 역사는 아름답지만은 않았고, 따라서 누군가가 다른 누군가에게 끼친 피해를 회복하는 일을 현 정부들이 주저하는 것도 이해할 만하다. 배상이 필요한 경우라면 특히 그렇다. 제1차 세계대전 이후 대부분의 역사가들이 모든 강대국이 전쟁에 똑같이 책임이 있다는 것에 동의했음에도, 독일은 전쟁범죄 조항에 서명하기를 강요받았다.[76] 복수심이라는 인간의 원초적 욕구를 보여주는 듯, 연합국은 어리석게도 독일이 감당할 수 없는 수준의 엄청난 배상금에 더하여, 12만 마리의 양, 1만 마리의 염소, 1만 5,000마리의 돼지, 4350만 톤의 석탄을 요구했다. 이 일로 뿌려진 반감의 씨는 20년 뒤 국가사회주의로 자라났다.[77] 아돌프 히틀러는 권력에 오르며 했던 많은 연설에서 베르사유 조약의 부당함을 청중에게 설파했고, 나중에 프랑스를 정복했을 때는 제1차 세계대전 때 독일이 항복 문서에 서명한 장소인 열차 객차를 박물관에서 끌어내 그때 그 자리에서 프랑스가 항복 문서에 서명하도록 정정당당하게 요구했다.

제2차 세계대전 이후, 세계가 나치 대학살의 규모를 온전히 파악하게 되었을 때, 독일 전범들의 '인류에 대한 범죄'를 심판하는 뉘른베르크 재판에서 국제법위원회International Law Commission가 탄생했다. 국제법위원회는 인류에 대한 범죄를 다음과 같이 정의한다. "평화에 대한 범죄 또는 어떤 전쟁 범죄를 자행하거나 그 일과 관련하여 이루어진 민간인 집단에 대한 살인, 몰살, 노예화, 추방, 기타 비인도적 행위, 또는 정치적 인종적 종교적 이유로 인한 박해."[78] 미국 대법원 판사 로버트 잭슨—그는 헤르만 괴링과 루돌프 헤스 같은 나치의 최고 지도자들에 대한 초기 재판들을 감독한 사람이다—은 처음부터 관련자 전원에 대한 공정한 재판을 주장하면서, 모두 진술에서 이렇게 지적했다. "이 피고들에게 독배를 건네는 것은 우리 입술에도 그 잔을 대는 것이다."[79]

뉘른베르크 재판은 전 세계의 독재자와 선동가들에게 세계가 지켜보고 있으며 그들의 행동에 대한 책임을 물을 것이라는 신호를 보냄으로써, 정의라는 도덕의 영향권을 전 지구적 규모로 확장하는 데 큰 기여를 했다. 오늘날 이러한 책무는 헤이그에 있는 국제형사재판소(ICC)의 어깨 위에 놓여 있지만, 데이비드 보스코David Bosco가 《부당한 정의Rough Justice》에서 보여주듯이, 강대국들이 외부인이 국내 문제에 지나치게 간섭하는 것을 꺼린다는 점에서 국제형사재판소의 힘이 미치는 폭과 범위에는 한계가 있다. (미국이 먼 곳에서 대리전을 치르고 제3세계 독재자들을 지원했던 어두운 시절에, 프랭클린 루스벨트는 니카라과의 아나스타시오 소모사에 대해 이렇게 말했다고 전해진다. "그는 개자식이지만 우리 소관인 개자식이다.") 보스코의 지적에 따르면 "국제형사재판소는 강대국의 연장통 안에 든 도구가 되어 약소국의 불안정과 폭력에 대응하는 반면" 강대국 지도자들은 건드리지 않는다.[80] 하지만 비록 실제로 이행되지 않는다 해도, 국가와 국경을 가로질러 행동에 대한 책임을 묻는다는 원칙은 인간 본성과 도덕의 보편적 원리들에 기반을 둔 정의를 전 세계로 확장한다는 점에서 도덕적 진보라 할 수 있다.

국가들 사이의 화해 시도를 주제로 포괄적인 연구를 실시한 정치학자 윌리엄 롱William Long과 피터 브레크Peter Breke는 그들의 저서 《전쟁과 화해: 갈등 해소에서 이성과 감정War and Reconciliation: Reason and Emotion in Conflict Resolution》에 그 결과물을 제시한다. 그들의 데이터베이스는 1888년과 1991년 사이에 분쟁에 휘말린 114쌍의 나라들과, 439건의 내전으로 이루어져 있다. 화해 시도의 결과는 희비가 엇갈린다. 수백 년 동안 전쟁과 휴전을 계속한 독일과 프랑스, 잉글랜드와 프랑스, 폴란드와 러시아, 독일과 폴란드, 잉글랜드와 미국 같은 나라들은 서로 전쟁하는 것을 터무니없는 일로 여길 상황에 이르렀다. 이스라엘과 팔레스타인처럼 영구적인 분쟁 상태에 있는 나라들은 언제든 전면전으로 치달을 수 있는 상황인 듯하다. 인도와 파키스탄 같은 또 다른 나라들은 가까스로 평화를 유지하고는 있지만, 상황만 갖춰지면 평화를 깰 수 있는 것처럼 보인다.

분쟁에 휘말린 두 나라를 성공적인 화해로 이끄는 많은 요인 가운데 가장 효과적인 두 가지는 두 개인 사이의 회복적 정의에 작용하는 요인들과 비슷하다. 첫째는 피해를 입혔음을 공개적으로 인정하는 것이고, 둘째는 불완전한 정의를 수용하는 것이다. 롱과 브레크에 따르면, "화해에 성공한 모든 사례에서 응보적 정의는 무시될 수도 완전하게 이루어질 수도 없었다. …… 사람들은 비록 기분은 나쁘지만, 사회 평화라는 명목의 사면에 수반되는 상당한 불의를 감내할 수 있는 것처럼 보인다."[81] 그리고 개인들 사이의 화해와 마찬가지로, 양측이 모두 화해의 결과에 100퍼센트 만족하지 못하더라도, 앞으로 나아가기 위해 가장 중요한 것은 용서다. 그 원형이 미국의 남북전쟁이다. 65만 명이 넘는 사망자를 낸

전쟁이 끝날 무렵, 수많은 북부 사람들은 링컨 대통령이 남부 사람들에게 가혹한 강화 조약을 요구하기를 바랐지만, 링컨은 그 대신 남부를 미국 연방으로 다시 불러들이는 회유책을 선택하면서 길이 기억될 말을 남겼다. "신께서 주신 정의에 대한 확고한 신념을 가지고, 어느 누구에게도 원한을 품지 않고 모든 이에게 자비를 베푸는 마음으로, 우리가 시작한 일을 끝내기 위해, 이 나라의 상처를 봉합하기 위해, 전쟁터에서 산화한 이와 그의 미망인 및 자녀들을 돌보기 위해, 우리 사이에 그리고 모든 나라와의 정의롭고 지속적인 평화를 이루고 지킬 수 있는 모든 일을 하기 위해 노력합시다."[82]

억압하는 자와 억압받는 자의 화해는 제2차 세계대전 이래로 계속 진전을 거듭했다. 1970년에 서독 총리 빌리 브란트Billy Brandt는 홀로코스

[그림 11-7] 홀로코스트를 추모하는 돌

홀로코스트로 죽은 독일 쾰른 시민들을 추모하는 돌. 따라서 그들은 영원히 기억될 것이다.

출처: 저자의 자료

트에 대한 독일의 죄책감, 참회, 책임을 표현하기 위해 바르샤바 게토 자리에 무릎을 꿇었다. 독일 총리의 사죄는 홀로코스트 생존자들과 이스라엘이 유대인 나라를 건설하는 것을 돕고자 서독이 제공한 배상금과 별도로 이루어진 것이었다.[83] 독일은 정치적 발언과 배상으로만 그치지 않았다. 많은 마을과 도시에서 우리는 유대인과 집시, 그밖에 보금자리를 떠나 강제수용소에서 죽은 사람들이 한때 살았던 집과 건물 앞에서, 말 그대로 발에 걸리는 돌이라는 뜻인 '기억의 돌Stumbling Stone'을 만나게 된다(조각가 군터 뎀니히Gunter Demnig가 디자인했다).[84] 기억과 화해를 이야기하는 이 돌들은 도시 경관의 인상적인 특징이다. [그림 11-7]은 사람들로 붐비는 쾰른의 도시 중심가에서 내가 마주친 기억의 돌 한 쌍이다. 돌에 새겨진 글을 번역하면 다음과 같다.

율리우스 레비가   헨리에타 레비가

여기 살았다   여기 살았다

1885년 출생했고   결혼 전 이름 쇤탈

1941년 추방당했다   1885년 출생했고

로지에서   1941년 추방당했다

살해되었다   로지에서

      살해되었다

다른 나라들도 그들만의 형식으로 화해와 추모의 뜻을 표한다. 1998년 오스트레일리아에서는, 과거 오스트레일리아 정부가 원주민들을 학대한 일을 기억하고 인정하기 위해 '사죄의 날National Sorry Day'을 제정했다. 오스트레일리아 정부는 무엇보다, 원주민을 '백인' 오스트레일리아인으로 만들기 위해 원주민 아이들을 부모로부터 강제로 떼어내는 정책을 펼침으로써 '잃어버린 세대'를 초래했다. 사죄 운동은 1997년에 〈아이들을 집으로Brigning Them Home〉라는 제목의 보고서가 의회에 상정되었을 때 시작되었다. 당시 존 하워드 총리는 자신은 "추모의 역사관을 지지하지 않기" 때문에 '잃어버린 세대'에 사과하지 않겠다고 말했다. 10년 동안의 운동 끝에 마침내 2008년 2월 13일, 케빈 러드 총리가 원주민 집단과 관련한 과거 오스트레일리아 정부의 법, 정책, 관행들에 대해 공식 사죄했다.[85]

영국은 뉴질랜드의 마오리족과 인도아대륙의 인도인들을 학대한 일을 사죄했다. 캐나다는 기숙학교 참사의 생존자들에게 사죄했다. 이 사건은 퍼스트네이션First Nation(캐나다에 거주하는 아메리카원주민)에 대한 고의적인 문화적 대학살로, 당시 인디언 문제를 담당하는 부처의 장관이었던 던컨 캠벨 스코트가 떠벌린 말에 따르면, "어릴 때 인디언의 싹을 자르는" 시도였다.[86] 캐나다인들은 한 재치 있는 논평가가 "캐나다는 존재하는 것에 대해 사과한다는 점에서" 오스트레일리아의 사죄의 날과 "캐나다의 사죄의 날은 다르다"[87]고 말했을 정도로 회복적 정의와 국가적 사죄에 유독 수용적이었다(제2차 세계대전 때 운영된 일본 포로 수용소와 중국에서 시행된 인두세에 대해서도 사과했다).

사죄하는 것과 앞 세대의 죄에 대해 배상하는 것은 별개의 문제다. 야훼는 (십계명의 둘째 계명에서 말했듯이) "나를 미워하는 사람에게는 그 죗값으로, 본인뿐 아니라 삼사대 자손에게까지" 벌을 내린다고 했지만, 서구의 법리학은 수백 년 전 세대의 죄에 대한 배상금을 현 세대에게 (말 그대로) 지불하게 하기는커녕, 본인의 죄를 제외하고는 다른 누구의 죄에 대해서도 책임을 묻지 않는다. 오늘날 우리들 대부분은 과거 유럽이 총, 균, 쇠로 아메리카원주민 집단을 대량 학살한 일을 유감스럽게 생각하고, 미국이 채찍, 쇠줄, 쇠고랑으로 아프리카인을 노예로 부린 일을 유감스럽게 생각하지만, 모든 살아 있는 아메리카원주민과 아프리카계 미국인들에게 금전적 보상을 제공하는 법안이 지금까지 통과되지 못한 데는 이유가 있다. 도덕의 명백한 기준을 세우는 것은 우리들 중 정의를 무엇보다 중요하게 여기는 가장 깬 사람들 사이에서도 어려운 일이다. 지난 1만 년 동안 있었던 한 민족의 다른 민족에 대한, 또는 한 부족, 종족, 국가의 다른 부족, 종족, 국가에 대한 학대와 권리 침해를 고려하면, 사죄와 배상은 영원히 끝나지 않을 것이다. 우리가 할 수 있는 최선은 지금까지 그래왔듯이, 모든 계층의 모든 사람에게 평등한 권리와 기회를 제공하기 위해, 그리고 차별, 편견, 불의를 없애기 위해 싸우는 것이다.

세계는 어제보다 더 나은 장소가 되고 있을까? 인류는 오랜 역사를 거치면서 전쟁을 줄이고, 노예제도를 폐지하고, 고문과 사형을 없애고, 투표권을 확대하고, 동성 결혼을 법제화하고, 동물을 보호하기 위해 노력해왔다. 사회의 연결은 치밀해졌고, 다른 문화 간의 소통 가능성은 전에 없이 높아졌다. 언젠가는 민족국가라는 개념도, 국경이라는 개념도 사라질 것이다. 그때 번성하는 것은 중앙집권적 세계 정부가 아니라 분권화된 수평적 위계의 도시국가이다. 시민의 삶에 밀착한 혁신의 도시는 모든 감응적 존재가 번성하는 문명 2.0 시대의 중심이 될 것이다.

12

프로토피아: 도덕적 진보의 미래

> 인간의 문명이 진보하고 작은 부족들이 더 큰 공동체로 연합함에 따라, 개인적으로
> 는 모르는 사람일지라도 같은 나라의 모든 구성원에게로 각자의 사회적 본능과 동
> 정심을 확장해야 한다는 것은 아주 단순한 이성만 있다면 누구나 알 수 있는 사실
> 이다. 이 수준에 이르면, 각자의 동정심을 모든 나라와 인종의 구성원들에게로 확
> 장하는 것을 막을 수 있는 것은 오직 인위적인 장벽뿐이다.
> _ 찰스 다윈, 《인간의 유래》, 1871년[1]

나는 낙관주의자다. 도덕적 동정심을 모든 나라와 인종의 구성원에게로
확장해야 한다는 것은 이성이 있으면 누구나 알 수 있는 사실이라는 찰
스 다윈의 말에 동의한다. 실제로, 이 책의 목적 가운데 하나는 그 어떤
힘보다 이성과 과학이 인위적인 장벽을 부숨으로써 우리의 동정심을 모
든 사람에게로 확장하는 것을 도왔다고 주장하는 것이다.

　이 마지막 장에서 나는 내가 상상할 수 있는 한 멀리 도덕의 행로를 예
상해보고 싶다. 요기 베라Yogi Berra가 말했듯이 미래에 대한 예측은 가장
어려운 종류의 예측이며, 나는 우리 시대의 가장 위대한 과학적 예언자
중 한 명인 아서 C. 클라크(그는 다른 무엇보다 통신위성을 예측했다)의 훈계
에 진심으로 동감한다. "우리가 발명과 발견의 역사로부터 배운 것이 한
가지 있다면, 가장 과감한 예언도 결국에는—대개는 비교적 단기간 내

에—우스울 정도로 보수적으로 보인다는 것이다."[2] 비록 그렇더라도, 우리가 인류의 도덕적 미래를 개선하는 목표를 진지하게 생각한다면, 눈앞에 보이는 것 너머를 보아야 한다. 로버트 브라우닝Robert Browning의 말마따나, 인간은 할 수 있는 것 이상을 추구해야 한다. 그렇지 않으면 하늘이 무엇 때문에 있겠는가(그의 시 〈안드레아 델 사르토Andrea del Sarto〉에 나오는 구절—옮긴이)?

프로토피아 정치

예언가들과 점쟁이들은 흔히 '그곳'에 가면 인생이 어떨지 상상하지만, 이것은 미래에 대해 생각하는 올바른 방법이 아니다. 왜냐하면 그곳에 가면 그곳이 없기 때문이다.[3] 유토피아Utopia의 그리스어 어원은 '없는 장소no place'[4]라는 의미를 지니고 있다. 로버트 오언Robert Owen이 인디애나주에 건설한 뉴하모니New Harmony와 존 험프리·노이스John Humphrey Noyes가 뉴욕에 건설한 오네이다공동체Oneida Community—둘 다 상대적으로 무해한 공동체 실험이었다—부터 파국에 이른 레닌과 스탈린의 소비에트 연방과 마오쩌둥의 공산주의 중국에 이르기까지, 유토피아적 이상을 실현하려는 시도의 역사는 실패한 사회의 폐허로 가득하다. 레닌은 이렇게 말했다. "오믈렛을 만들고 싶다면 계란 몇 개를 기꺼이 깨야 한다." 하지만 희생된 2000만 명의 러시아인과 4500만 명의 중국인은 계란이 아니며, 그 모든 5개년 계획들과 대약진 운동은 오믈렛을 만들지도 못했다.[5]

여기서 우리는 도덕적 계산에서 집단의 이익을 개인의 이익보다 위에 놓는 것의 결과와, 사람이 그 자체로 목적이 아니라 목적을 위한 수단으로 취급될 때 무슨 일이 일어나는지 볼 수 있다. 재앙의 레시피로 이보다 더 확실한 것은 없다. 오언이 건설한 뉴하모니의 초기 멤버였던 한 사람의 말에 따르면, "우리는 상상할 수 있는 모든 형태의 조직과 정부를 시도했다. 그것은 세계의 축소판이었다. 우리는 프랑스혁명을 재현했지만 그 결과로 시체는 아니더라도 절망을 얻었다. 자연에 내재한 다양성의 법칙이 우리를 이긴 것처럼 보였다. …… 우리의 '집단 이익'은 사람과 환경의 개별성, 그리고 자기 보존 본능과 정면 충돌했다."[6]

유토피아는 상상 속을 제외하고는 **없는 장소**다. 인간 본성에 관한 이상주의적 이론에 뿌리를 두고 있기 때문이다. 그러한 이론은 개인의 영역과 사회의 영역에서 모두 완벽할 수 있다는 매우 잘못된 전제를 깔고 있다. 우리는 모든 이가 영원토록 완벽한 조화를 이루며 살아가는, 도달할 수 없는 '장소'를 목표로 하는 대신, 등산할 때와 같이 서서히 단계적으로 나아가는 '과정'을 추구해야 한다. 등산은 사다리를 오르는 것처럼 단번에 오르는 것이 아니다. 모두가 더 높은 곳에 이를 수 있는 최선의 경로와 방법을 매순간 결정하면서 한 번에 한 걸음씩 오르는 것이다. 어떤 사람들은 끌고 올라갈 필요가 있고, 누군가는 걸려 넘어진 사람들을 위해 어떤 보호책을 갖추어야 하는지 물어야 한다. 그리고 늘 그렇듯이 앞서 나가는 사람들이 있을 것이다. 그들은 정상에 올라본 선구자들이다. 인류는 언제나 방향을 제시하는 그런 사람들에게 의지해왔다.

우리가 닿아야 할 곳은 **유토피아**가 아니라, **프로토피아**protopia다. 이곳은 측정할 수 있는 꾸준한 진보가 일어나는 장소다. 선견지명을 지닌 미래학자 케빈 켈리Kevin Kelly는 프로토피아를 이렇게 설명했다. "나는 유토피아주의자가 아니라 프로토피아주의자다. 나는 매 해 작년보다 아주 크게 낫지는 않지만 조금씩 나아지는 점진적인 진보를 믿는다."[7] 1950년대에 상상했던 것처럼 고물 자동차에서 하늘을 나는 자동차로 도약하기보다는, 수십 년에 걸쳐 조금씩 축적된 진보가 컴퓨터와 네비게이션 시스템, 에어백, 금속 복합재 골격과 차체, 위성 라디오와 핸즈프리 전화기, 전기와 하이브리드 엔진을 장착한 오늘날의 스마트카를 탄생시켰다. 해답은 대약진이 아니라 소약진이다.[8]

이 책은 프로토피아를 추구한다. 이 책의 처방은 극적이지 않고, 일반 원칙은 비교적 단순하다. 즉 세계를 어제보다 조금 더 나은 장소로 만들자는 것이다. 나는 그렇게 하는 방법에 관한 몇 가지 구체적인 원칙들을 4장의 끝부분에 '이성적인 십계명'으로 제시했고, 독자들도 충분히 나름의 방법을 제안할 수 있다. 전쟁을 줄이고, 노예제도를 폐지하고, 고문과 사형을 없애고, 투표권을 확대하고, 민주주의를 건설하고, 민권과 자유를 방어하고, 동성 결혼을 법제화하고, 동물을 보호하기 위해 사람들이 그동안 해왔던 일과 관련해서 내가 이 책에서 언급한 사례들이 모두 진보를 위한 프로토피아적 조치다. 작은 발걸음을 통해 그토록 큰 진전을 이룰 수 있다는 것은 정녕 놀라운 일이다.

스탠포드대학교 강사 발라지 스리니바산Balaji Srinivasan은 충분한 시간이 주어질 경우 불가능해 보이는 문제들을 해결하는 어떤 기술적, 사회적 해법들이 나올 수 있을지는 누구도 모르는 일이라고 생각한다. 그는 빌 게이츠Bill Gates가 1998년에 했던 말을 인용한다. 빌 게이츠는 마이크로소프트사가 가장 두려워하는 존재는 넷스케이프도, 선마이크로시스템도, 오라클도, 애플도 아닌, "자기 집 차고에서 완전히 새로운 무언가를 고안하고 있는 누군가"라고 말했다. 빌 게이츠의 선견지명처럼, 그해 9월 4일, 세르게이 브린Sergey Brin과 래리 페이지Larry Page가 친구 집 차고에서 구글을 창업했다.[9] 스리니바산은 2장에서 살펴본 정치경제학자 앨버트 허시먼의 변화 전략—이탈하거나 항의하거나—과, 수백 년 동안 사회가 구성된 방식을 넘어설 수 있는 방법이 필요하다고 말한다. 그리고 그 방법은 평화로워야 한다. "저들은 항공모함을 가지고 있지만 우리는 그렇지 않다." 스리니바산은 국가의 힘에 대해 이렇게 농담했다. 하지만 그는 새로운 정치 체제를 실험하는 일에 진지하다. 벤처 기업가들이 모여 세계를 어떻게 바꿀지(그리고 그 과정에서 어떻게 백만장자가 될지) 논의하는 장소인 실리콘밸리의 와이컴비네이터컨퍼런스Y Combinator conference에서의 유명한 강연에서 그가 지적했듯이, 평화로운 혁명은 이미 진행 중이다. 아이튠즈는 음악 업계에 혁명을 가져왔다. 넷플릭스는 할리우드가 영화를 판매하는 방식을 바꾸었다. 트위터와 블로그 같은 뉴미디어는 구식 미디어에 도전하고 있다. 칸아카데미Khan Academy, 코세라 Coursera, 유다시티Udacity, 티칭컴퍼니Teaching Company 같은 대규모 온라인 공개 강의 사이트들은 세계적 수준의 대학 강좌들을 무료로 또는 오프라인 대학 등록금의 눈곱만큼의 비용으로 제공하고 있다. 3D 프린터는 정부가 물리적 사물을 금지하는 것을 거의 불가능하게 만든다. 개인이 자기 집의 사적인 공간에서 스스로 제조자가 될 수 있기 때문이다. 자가측정운동Quantified Self movement(자신의 일상이나 신체, 정신적 상태를 추적해 자신에 대해 더 잘 파악하고 개선하려는 시도—옮긴이)은 1970년대에 뇌파를 개인의 바이오피드백에 활용하는 것으로 시작해, 2000년대에 와서는 입는 컴퓨터 기술을 개인의 건강에 활용하기에 이르렀다. 그 결과 사람들은 자신의 식사량, 공기 청정도, 기분, 혈중 산소 농도, 신체적·정신적 상태를 스스로 관리할 수 있다.[10]

이 모든 도구들—그리고 그밖의 많은 도구들—은 사회의 테두리 밖으로 나가고 싶은 사람들, 또는 억압적인 체제를 평화로운 방법으로 이탈하고 싶은 사람들, 아니면 단지 새로운 것을 창조하고 싶은 사람들이 그들의 바람을 이룰 수 있게 해준다. 예로부터 네 개의 도시가 미국의 정치, 경제, 문화를 지배해왔다. 바로 보스턴(고등 교육), 뉴욕(출판, 미디어),

로스앤젤레스(영화, 텔레비전, 음악), 워싱턴 DC(사법과 입법)다. 오늘날 우리에게는 규제받지 않고 실험할 장소를 확보할 기회가 있다. 그 장소는 어디든 관계없다. 디지털 세계에서는 어디든 원하는 곳에 순식간에 실시간으로 갈 수 있기 때문이다. 실리콘밸리의 개혁가들이 하고 있는 일은—권력의 중심을 캘리포니아의 팔로알토가 아니라 어디든 원하는 곳으로 옮김으로써—지리적 공간을 재편하는 것이다. 다시 말해, 앞으로 권력의 중심은 존재하지 않을 것이다. 권력이 세계 도처로 분배되어 평범한 시민들의 손에 쥐어질 것이기 때문이다. 지식의 분배가 정치권력을 분배하는 동력이 될 것이다. 이런 일이 일어난다면, 수천 년 동안 실행된 정치권력의 개념 자체가 우리 눈앞에서 사라질 것이다.

당연히 이러한 프로토피아적 기획을 회의적으로 바라볼 수 있다. 하지만 새로운 아이디어는 어딘가에서 와야만 한다. 나는 그러한 실험 과정에서 누구도 다치지 않는 한, 우리가 그러한 사회적 기업가들을 독려하지 않을 이유가 없으며, 나아가 적절한 곳에 투자하고 참여하는 것을 주저할 이유가 전혀 없다고 생각한다. 스리니바산이 말했듯이, "이러한 생각을 수상하게 여기는 사람들, 개척자를 비웃는 사람들, 기술을 증오하는 사람들은 당신을 따라 그곳에 가지 않을 것이다."[11] 구체제를 이탈하려는 사람들에게는 수많은 길이 열려 있다. 공중파나 케이블 텔레비전 대신 유튜브, 훌루, 다이렉트TV를 보라. 아침마다《뉴욕타임스》나《월스트리트저널》(또는 호텔에 머문다면《USA투데이》)을 읽는 대신 뉴스를 제공하는 웹사이트에 로그인하라. "현재 수억 명의 사람들이 클라우드(인터넷상의 데이터와 소프트웨어에 접속할 수 있는 환경—옮긴이)로 이주하고 있다. 그들은 옆집에 누가 사는지는 알지 못하지만 …… 그곳에서 하루에 몇 시간씩 보내며 수천 킬로미터나 떨어져 있는 사람들과 HD 환경에서 실시간으로 일하고 놀고 수다 떨고 웃는다." 스리니바산은 2013년에 사이버-프로토피아 기술을 다루는 잡지인 《와이어드Wired》의 한 기사에서 이렇게 지적했다. "수백만 명의 사람들이 클라우드에서 진정한 동료를 찾고 있다. 이는 흔한 아파트 단지나 외딴 시골 동네에서의 고립을 치유하는 방법이다."[12]

당신이 지리적으로 어디에 사는가는 문제가 되지 않는다. 사이버 공간에서는 누구든 어떤 공간 내 두 점 사이의 최단거리geodesic distance, 즉 사회관계망의 두 노드node 사이의 거리만큼 떨어져 있다(항공 네트워크의 허브와 비슷하다고 생각하면 된다). 지구상의 누구와도 "여섯 단계만 거치면 연결되는" 유명한 게임을 떠올려보라.[13] 6단계 분리 이론은 스탠리 밀그램(그 유명한 전기충격 실험을 한 사람)이 '좁은 세상 모델'의 일부로 개발한 것이다. 밀그램은 전국 어딘가에 편지 한 통을 무작위로 떨어뜨렸을 때 그것이 주인에게 전달되기까지 몇 단계를 거치면 되는지 측정했다.[14] 놀랍게도, 전국 어느 곳의 어떤 낯선 두 사람도 우리가 직관적으로 생각하는 것보다 훨씬 적은 단계, 즉 여섯 단계만 거치면 연결된다.[15]

연결의 방향은 물리적 연결에서 디지털 연결로만 향하는 것이 아니라 역으로 디지털에서 물리적 공간으로도 향한다. 온라인에서 만난 사람들은 사적인 목적(극장이나 레스토랑에서 친구끼리 만나는 것)에서부터 정치적 목적('월가를 점령하라' 운동, '아랍의 봄' 혁명)으로 지리적 공간에 함께 모인다. 개인의 모국어가 무엇이든 구글 같은 번역 프로그램만 있으면 세계 모든 곳의 개인들 사이의 의사소통 장벽은 현격히 낮아진다. 스카이프Skype 같은 커뮤니케이션 서비스를 이용해 지구상의 어느 곳에 있는 사람과도, 심지어는 우주에 있는 사람들과도(우주비행사 크리스 핫필드Chris Hadfield는 국제우주정거장에서 스카이프로 연락을 주고받았다[16]) ─ 게다가 무료로 ─ 실시간으로 이야기를 나눌 수 있다는 것은 연결의 지리적 장벽이 존재하지 않는다는 뜻이다. 그러면 얼마나 많은 사람들이 연결될 수 있을까? 상한선은 존재하지 않는다. 100명이 될 수도 1,000명이 될 수도 있으며, 한 차례 모임 동안에만 연결이 지속될 수도 있고, 1년 또는 그 이상 연결이 지속될 수도 있다. 스리니바산은 그 숫자가 "1만에서 10만 명, 또는 그 이상으로 증가하고, 연결이 더 오래 지속되면 클라우드 마을 이 생기기 시작할 것이고, 그런 다음에는 클라우드 도시, 결국에는 클라 우드 국가가 무에서 생겨날 것"[17]이라고 내다본다.

클라우드 국가? 불가능할 이유가 있을까? 예로부터 사람들은 점점 더 큰 집단으로 뭉쳐왔다. 무리에서 부족으로, 군장사회와 연맹왕국으 로, 그리고 국가와 제국으로 집단을 키웠다. 역사학자 퀸시 라이트Quincy Wright는 15세기 유럽에는 5,000개가 넘는 독립적인 정치 단위가 존재했 음을 밝혀냈다. 17세기 초에 이 정치 단위들은 500개의 정치 단위로 합 쳐졌다. 1800년에는 약 200개의 정치 단위가 존재했다. 오늘날은 50개 가 존재한다.[18] 정치과학자 프랜시스 후쿠야마Francis Fukuyama는 기원전 2000년에는 중국 한 곳에 적어도 3,000개의 정치 단위가 있었지만, 기 원전 221년에는 하나였다고 지적한다.[19] 정치 단위가 통일되어 가는 추 세를 보면서, 정치 스펙트럼의 양극단에 있는 이데올로그들—극우의 파 시스트 독재자들에서부터 극좌의 전 세계가 하나의 정부를 갖는 날을 꿈꾸는 사람들에 이르기까지—은 절대주권을 갖는 단 하나의 리바이어 선이 생기는 날을 상상했다. 이러한 생각에는 특정한 논리가 있다. 힘의 합법적 사용을 독점하는 하나의 정부가 지금까지 점점 더 많은 사람들을 사회적 집단으로 조직하는 데 있어서 전반적으로 좋은 힘으로 작용했다 면, 그 원리를 전 지구로 확장하는 것이 논리적이지 않느냐는 것이다.

그렇지 않다. 왜 그럴까? 그것을 '싱크홀(도로에 팬 구멍)을 메우는 문 제'라고 부르자. 대체로 사람들이 정부에 바라는 것은 자신들이 가장 잘 하는 일을 간섭하지 않은 채, 바탕 작업(경찰과 법원)과 사회 인프라(도로와 다리)가 제대로 작동하게 하고 당장의 필요(예컨대 도로에 움푹 팬 구멍들을 메우는 것)를 해결해주는 것이다. 사람들은 수천 킬로미터 떨어진 곳에 사는 타인들이 무엇을 원하는지 신경 쓰지 않는다. 그러한 필요와 관심이 우연히 일치한다면 모를까. 최고의 정부는 보이지 않는 정부다. 그러한 정부는 뭔가가 잘못될 때만 존재를 드러내고, 그밖에 공공 시스템이 원활하게 돌아갈 때는 잊히는 존재다. 비대한 관료제의 문제는 보이지 않을 때보다 보일 때가 더 많다는 것이다. 이러한 제도는 오늘날의 문제들을 해결하기에 최적으로 설계되어 있지 않기 때문이다.

관료제 대신 **임시 기구**adhocracy가 어떨까? 이것은 미래학자 앨빈 토플러Alvin Toffler가 만든 용어로, "매우 탄력적이고 결합이 느슨하고 수시로 바꿀 수 있는 구조를 지닌 조직 설계"를 뜻한다.[20] 관료제는 경직되고 위계적이며 변화에 무딘 민족국가들에 부응해 진화한 것으로, 조직을 운영하는 올바른 방법은 단 하나고 문제 발생시 표준화된 대응을 어디에나 그대로 가져다 쓸 수 있다는 것을 전제로 한다. 임시 기구는 저마다 독특한 해법이 필요한 항상 변화하는 역동적인 환경에 부응한 것으로, 실시간 문제 해결과 혁신을 전제로 한다. 임시 기구는 분권화되어 있고 매우 유기적이며, 위계적이지 않고 수평적이다. 그리고 경영학 전문가 헨리 민츠버그Henry Mintzberg의 설명처럼, 임시 기구는 "새로운 해법을 찾기 위한 창의적 노력을 기울이는 반면, 전문적인 관료제는 표준 프로그램을 적용할 수 있는 이미 알고 있는 비상 상황에 그 표준 프로그램을 억지로 끼워 맞춘다. 임시 기구는 혁신을 위한 발산적 사고를 하는 반면, 관료제는 완벽을 위한 수렴적 사고를 한다."[21]

공공 부문에서는 1960년대에 미국항공우주국(NASA)이 임시 기구로 기능했다. 그럴 수밖에 없었던 것이, 몇 사람을 달에 보내는 방법에 대해서는 미리 준비되어 있는 사용 설명서가 존재하지 않았기 때문이다.

하지만 NASA는 1990년대 우주왕복선 시대에 와서 관료화되었다. 오늘날 미국방위고등연구계획국government's Defence Advanced Research Projects Agency(DARPA)은 새로운 과학기술을 찾고 개발하는 것을 목적으로 운영되는 의회의 '블랙박스' 조직이다. 따라서 임시 기구처럼 움직인다. 인터넷의 전구체인 아르파넷Arpanet은 이 기구의 발명품 중 하나였다. 민간 부문에서는, 구글엑스가 얼마쯤 비밀스럽게 운영되는 임시 기구인데, 구글의 공동 창립자인 세르게이 브린과 과학자이자 사업가인 애스트로 텔러Astro Teller가 운영한다. 그들의 목적은 '과학소설 같은 해법들'을 개발하는 것이다. 예컨대 구글글래스와 자율주행자동차가 그런 경우다. 이 두 가지는 개발을 시작한 지 겨우 몇 년 만에 결실에 가까이 와 있다.[22] 이러한 구글의 프로젝트들을 이르는 말이 우주 탐사선 발사가 아니라 '달 탐사선 발사'라는 것은 시사하는 점이 있다.

○ ● ○

이러한 추세를 고려하면 언젠가, 아마도 몇백 년쯤 뒤에는 민족국가nation state가 더 이상 존재하지 않을 것이다. 이전의 국경은 경제적으로나 정치적으로나 구멍이 너무 많아서, 국경이라는 개념 자체가 쓰이지 않게 될 것이고, 그 자리에는 도시국가city-state와 같은 더 작은 정치 단위들이 되돌아올 것이다. 권력에 집착하는 왕과 여왕들 대신, 허영심 많은 독재자와 선동가들 대신, 과대망상에 찬 총통과 '친애하는 지도자'들 대신, 그리고 자기 중심적인 대통령과 총리들 대신 가장 큰 권력을 쥐는 정치인은 아마 …… 시장이 될 것이다. 그렇다. 새 건물을 올리는 기공식에서 리본을 끊는 사람, 경찰과 소방서장들과 함께 범죄를 억제하고 재난을 통제하는 사람, 전문 기술자 및 공학자들과 함께 대중교통이 제시간에 도착하게 만드는 사람, 교육자들과 만나서 학교 교육을 위한 최선의 환경을 조성하는 사람, 도로에 움푹 팬 구멍들을 메우는 사람이 가장 힘 있는 정치인이 될 것이다.

말도 안 된다고? 정치학자 벤저민 바버Benjamin Barber에게는 그렇지 않다. 2013년 저서 《뜨는 도시 지는 국가If Mayor Ruled the World》—부제는 '역기능적인 국가, 떠오르는 도시'—에서 그는 비슷한 주장을 펼친다. "우리 시대의 가장 위태로운 과제들에 직면해—기후변화, 테러, 빈곤, 마약과 총기의 거래, 인신 매매—전 세계의 국가들은 기능이 마비된 것처럼 보인다. 이 문제들은 민족국가가 해결하기에는 너무 크고, 뿌리 깊고, 불화를 일으킨다. 한때 민주주의 최고의 희망이었던 민족국가는 이제 역기능적이고 낡은 정치 체제일까?" 바버는 그렇다고 답하면서 전 뉴욕 시장 피오렐로 라과디아Fiorello La Guardia의 날카로운 말 한마디를 인용한다. "하수관을 고치는 일에는 민주당과 공화당의 방식이 따로 존재하지 않는다."[23]

도시는 "민족국가들이 서로 협력할 여지를 없애는 국경과 주권 같은 문제들에 짓눌리지 않는다"고 바버는 말한다. 국가와 그 지도자들은 국가적 이슈에 신경 쓰는 반면, 우리들 대부분은 지역적 이슈에 신경 쓴다. 지역 내 당면 과제들을 가장 잘 다룰 수 있는 사람은 대통령(또는 총리, 수상)이 아니라 시장이다. 따라서 만일 어떤 종류의 의회(당신을 알지 못하고 따라서 당신이 당면한 문제에 개의치 않는 사람들의 모임)가 필요하다면, 그것은 시장들의 의회일 것이다. "도시들이 통치하는 행성은 '글로벌 거버넌스Global Governance'라는 새로운 패러다임을 표방한다. 이 새로운 패러다임은 하향식 명령이 아니라 민주적인 글로컬리즘glocalism, 위계적 질서가 아니라 수평적 질서, 독립적인 국가에 관한 낡은 이데올로기들이 아니라 실용적인 상호 의존을 추구한다." 생각해보면 그 이유는 명백하다. 바버에 따르면, 도시들은 "표나 동지를 모으는 대신, 쓰레기와 예술을 수집한다. 도시들은 깃발을 올리고 정당을 운영하는 대신, 건물을 올리고 대중교통을 운영한다. 도시들은 무기의 흐름 대신 물의 흐름을 확보한다. 도시들은 국방과 애국심 대신 교육과 문화를 육성한다. 도시들은 예외주의 exceptionalism(다른 국가와는 차별성을 가지며 특별한 의미를 지니고 탄생한 국가라는 신념─옮긴이) 대신 협업을 장려한다."[24]

뉴욕의 전 시장이었던 마이클 블룸버그는 연방정부를 상대하는 문제를 이런 식으로 설명한다. "나는 워싱턴에 그다지 귀를 기울이지 않는다. 내 눈높이의 정부가 다른 눈높이의 정부와 다른 점은 모든 조치가 도시의 눈높이에서 취해진다는 것이다. 중앙 정부가 아무것도 할 수 없는 지금 이 시점에 이 나라의 시장들이 나서서 실제 세계를 상대해야 한다." 테러 문제는 어떤가? 그것이 국가적 문제일까? 그렇지 않다. 테러리스트들은 국가를 공격하지 않는다. 그들은 건물이나 지하철 같은 특정한 표적을 공격한다. 국토안보부에서 18개월 동안 직원 교육을 시킨 뒤 블룸버그는 이런 결론을 내렸다. "워싱턴에서는 배울 것이 없다." 기후변화 문제도 마찬가지다. 한 예로, 2012년에 멕시코시티에서 열린 기후변화 회의에서 국가 사절단들이 거의 아무런 진전도 이루지 못한 뒤에, 207개 도시의 대표들이 세계도시기후협약Global Cities Climate Pact에 서명하고, '온실 가스 배출을 줄이기 위한 전략과 조치들'을 지역 수준에서 추진할 것을 맹세했다.[25]

뉴욕대학교 도시학 교수 앤서니 타운센드Anthony Townsend는 저서《스마트 시티Smart City》에서 도시의 역사를 검토한다. 과거 도시에서는 "건물과 인프라가 사람과 상품을 미리 정해져 있는 경직된 방식으로 이동시켰다." 하지만 컴퓨터와 인터넷이 그 흐름을 바꾸어 사람들을 안팎으로 연결하고 있다. "스마트 도시는 정보 기술을 영리하게 활용해 오래된 문제와 새로운 문제를 해결하는 곳이다." 그러한 도시는 "광범위한 감지기들로부터 읽어낸 자료를 큰 그림을 볼 수 있는 소프트웨어에 입력함으로써 그때그때 상황에 맞게 적응할 수 있기 때문이다." 타운센드는 또한, 시장들을 미래의 핵심 축으로 보고, 세계 도처의 시장들이 범죄, 오염, 쓰레기 수거, 소매점 고객들의 동선, 고층 건물의 사무실 공간, 에너지 소비, 주거, 공공장소 이용, 주차, 대중교통, 그리고―로스앤젤레스에 사는 내가 알기로는―모든 도시의 재앙인 교통 체증 같은 문제들을 해결하기 위해 어떻게 IBM, 시스코, 시멘스, 구글, 애플 같은 기업들과 협력하고 있는지를 보여준다. [26] 도시 계획가들을 위한 DIY 챕터의 제목인 '유토피아를 지향하는 땜질 처방'은 완벽하게 프로토피아적이다.

도시의 교통 문제에 대해서는 도시계획가 제프 스펙Jeff Speck이 '도보능walkability'이라고 부르는 것이 한 가지 해법이 될 수 있다.[27] 사람들을 차에서 내려 걸어 다니게 하면 교통 체증과 오염 문제를 해결하는 데 도움이 되고, 건강에도 좋다. 그리고 만일 당신이 걸어 다니기에는 먼 거리를 이동해야 한다면, 도시에서 일어나고 있는 자전거 혁명에 주목하라. 많은 도시들이 자전거 운행을 더 안전하게 만들기 위해 자전거 도로의 수와 폭을 늘리고 있다. 또한 자전거 셰어링 프로그램을 시행하고 있어서, 당신은 한 장소에서 자전거를 집어 타고 다른 장소에 그것을 놓고 올 수 있다. 2013년 중반에는 이미 전 세계에서 운영 중인 자전거 셰어링 프로그램이 535개에 이르렀고, 대기하는 자전거는 50만 대가 넘었다. 이 프로그램은 효과가 있다. 나도 두 도시에서 시도해보았는데, 자전거는 튼튼해야 하기 때문에 어쩔 수 없이 무겁지만, A지점에서 B지점으로 대중교통만큼 빠르게 데려다준다.

잡지 《홀어스카탈로그Whole Earth Catalogue》와 롱나우재단Long Now Foundation을 만든 스튜어트 브랜드Stewart Brand에 따르면 "도시는 국가가 할 수 없는 것을 했다." 도시는 지역 문제들을 해결한다. 브랜드는 지역적 변화를 가져오는 데 헌신하는 기구를 200개 넘게 열거한다. 예를 들면, 세계지방자치단체연합International Union of Local Authorities, 세계대도시연합World Association of Major Metropolises, 미국도시연맹American League of Cities, 자치단체국제환경협의회Local Governments for Sustainability, 40개도시 기후리더십그룹40 Cites Climate Leadership Group, 세계지방정부연합United Cites and Local Governments at the United Nations, 새한자동맹New Hanseatic League, 메가시티재단Megacities Foundation 등이 있다.[28] 브랜드는 또한, 세계 인구의 절반 이상이 현재 도시에 살고 있으며 그 비율이 가파르게 증가하고 있다고 지적한다.[29] "도시들은 수명이 매우 길 뿐 아니라 변화 속도가 엄청나게 빠른 조직이다. 바로 지금, 세계는 대규모로 멈출 수 없는 속도로 도시화되고 있다. …… 세계화된 세계에서 도시국가들이 주도적인 경제 주체로 다시 떠오르고 있다."[30] 그는 1800년에는 세계 인구의 겨우 3퍼센트가 도시에 살았다고 지적한다. 1900년에는 그 비율이 14퍼센트로 늘었다. 2007년에는 50퍼센트에 도달했고, 2030년에는 60퍼센트를 넘을 것이다. "우리는 의사소통과 경제 활동이 국경을 우회하는 도시 행성이 되고 있다"고 그는 말한다.

사람들이 도시로 이동할 때 일어나는 일이 또 하나 있다. 아기를 적게 낳는 것이다. "대규모로 진행되는 도시화가 인구 폭발을 멈추고 있다"고 브랜드는 지적한다. "사람들이 도시로 이동하면 그 즉시 출산율이 2.1명의 대체 수준으로 떨어지고, 그런 다음에도 계속 떨어진다." 그는 특히 개발도상국에 사는 여성들과 관련하여 세계여성기금Fund for Women 총재 카비타 람다스Kavita Ramdas가 한 말을 전한다. "시골에서 여성이 할 일은 남편과 집안 어른들에게 순종하고, 곡식을 빻고, 노래하는 것이다. 여성이 도시로 가면 직업을 얻고, 사업을 시작하고, 자녀들을 교육시킬 수 있다. 또한 여성의 독립이 증가하고, 종교적 근본주의가 감소한다."[31]

국가가 아니라 도시가 인류의 미래일 것이다. 우리는 민족국가라는 표준에 너무나 익숙해진 나머지, 민족국가라는 개념이 생긴 지가 ― (민족국가의 정치 또는 국민이) 그것을 정의하는 방식에 따르면 ― 겨우 200년밖에 되지 않은 반면, 도시는 1만 년 전부터 있었다는 사실을 잊는다.[32] 하버드 대학교의 경제학자 에드워드 글레서Edward Glaeser는 도시를, 사람들을 더 부유하고 더 똑똑하고 더 친환경적이고 더 건강하고 더 행복하게 하는 '인류 최고의 발명품'이라고 부른다.[33] 따라서 장기적인 역사적 추세는 U 형 곡선일 것이다. 문명이 발생하면서 많은 정치 단위들이 생겼다가, 작은 도시국가들이 큰 국가로 뭉치면서 수천 년에 걸쳐 그 수가 준다. 하지만 그런 다음에는 단 하나의 세계 정부로 바닥을 치는 대신, 그래프의 바닥에서 곡선이 반등해 훨씬 많고 작은 정치 단위들로 다시 올라간다. 이때 각각의 정치 단위는 지역 문제들을 해결하는 데 가장 관심이 많은 사람들에 의해 지역적이고 직접적으로 통치된다.

중앙집권화된 권력이 내리막길을 걷는 장기적 추세는 전반적인 흐름으로, 모이제스 나임Moises Naim이 저서 《권력의 종말The End of Power》에서 그것을 잘 입증하고 있다. "권력은 확산되고 있고, 오래된 대형 선수들이 새로운 소형 선수들에게 점점 도전받고 있다." 그리고 "권력을 가진 사람들이 그것을 사용하는 방식에 제약이 커졌다." 나임은 권력을 "다른 집단 및 개인들의 현재나 미래의 행동을 지시하거나 막는 능력"이라고 정의한다. 그 점에서 볼 때 권력은 "무력에서 지식으로, 북에서 남으로, 서에서 동으로, 오래된 거대 기업에서 민첩한 벤처기업으로, 고착화된 독재자에게서 도심지와 사이버 공간의 사람들로 이동하고" 있을 뿐 아니라, 쇠퇴하고 있다. 그리고 "사용하기는 더 어렵고 잃기는 더 쉬워지고" 있다. 나임의 책 제목은 다소 오해를 불러일으킬 소지가 있는데, 그것이 권력이 끝났음을 암시하기 때문이다. 하지만 그의 요지는 설령 "미국 대통령이나 중국 국가주석, J. P. 모건 또는 쉘오일의 CEO, 《뉴욕타임스》 책임 편집자, 국제 금융기구 총재, 그리고 교황이 계속해서 막대한 권력을 휘두른다" 해도 그들은 전임자들보다는 적은 권력을 휘두른다는 것이다.[34]

예컨대 지정학적으로, 거대한 군대가 예전과 같은 힘을 제공하지는 않는다. 이반 아레귄-토프트Ivan Arreguin-Toft의 2001년 연구는 1800년과 1849년 사이에 일어난 군사적으로 비대칭적인 무력 충돌들에서는 더 작은 나라가 12퍼센트에서만 전략적 목표를 달성했지만, 1950년과 1998년 사이에는 더 약한 쪽이 55퍼센트에서 승리했다는 사실을 밝혀 냈다. 베트남전쟁을 떠올려 보라. 독재자들과 선동가들 역시 퇴출되는 추세다. 나임의 보고에 따르면 "1977년에 전제군주가 통치하는 나라는 총 89개, 2011년에는 그 숫자가 22개로 줄었다." CEO들도 권력을 잃고 있다. 《포천》이 선정한 500대 기업의 경우, 1992년에는 CEO가 5년 동안 자리를 지킬 확률이 36퍼센트였지만, 1998년에는 25퍼센트였고, 2005년에는 500대 기업에서 CEO가 자리를 지키는 평균 연수가 단 6년 이었다. 꼭대기에 있는 기업들도 추락하고 있다. 5년 내에 최상위 5분위 에서 떨어질 확률이 10퍼센트에서 25퍼센트로 증가했다.[35]

도덕적 진보의 미래에 대한 내 지적과 같이, 나임은 "우리는 긍정적인 정치·제도적 혁신의 혁명적 물결을 맞이하고 있다"고 말한다. "권력의 변화가 수많은 장소에서 일어나고 있어서 인류가 생존하고 발전하는데 꼭 필요한 결정을 내리려면 스스로를 조직하는 방식에서 중대 변화를 피할 수 없을 것이다." 그는 오늘날 우리가 갖고 있는 정치 제도와 원리의 거의 전부가—대의 민주주의, 정당, 독립적인 사법부, 사법심사제, 민권—18세기에 만들어진 것이라고 지적한다. 다음 차례의 정치 혁신은 "위에서 아래로 질서 정연하고 빠르게 내려오는, 정상회담이나 회의의 결과물이 아니라, 어수선하고 산발적으로 도처에서 나타날 것"이라고 나임은 예측한다.[36]

누가 아는가? 이 시점에서 우리 모두는 추측할 뿐이다. 하지만 "지구적으로 생각하고 지역적으로 행동하라"는 범퍼스티커 슬로건을 만들어낸 1960년대 환경주의자들이 옳았던 것 같다.

그러면 이번에도 슬로건으로 가보자. "역사적으로 생각하고, 이성적으로 행동하라." 이 슬로건의 앞부분은 뒷부분에 영향을 미친다. 도덕적 진보의 장기적인 역사적 추세가 가리키는 것은 우리가 우리 안의 악마들을 쫓아내고 선한 천사들을 고무시키기 위해서는 실제로 리바이어선—어떤 형태의 전 지구적 정부—이 필요할지도 모른다는 것이다. 하지만 민족국가 또는 도시국가 같은 범주적 사고에 우리를 가두지 말자. 이들은 단지 다양한 규모의 인간 집단을 통치하는 선형적 과정을 기술하는 방식에 불과하기 때문이다. 그러한 정치 체제들은 수백 년에 걸쳐 많은 형태를 취했지만, 이윽고 오늘날 대다수 서구인들이 향유하는 다음과 같은 특징들의 대부분을 포함하기 위해 그 범위를 축소시키기 시작했다(이들을 '정의와 자유의 열두 조건'이라고 부르자).

1. 선거권이 모든 성인에게 주어지는 자유민주주의.
2. 특별한 상황에서만 사법적 절차에 의해 바꿀 수 있는 헌법에 의한 법치.
3. 인종, 종교, 젠더, 성 지향성에 관계없이 모든 시민에게 평등하고 공평하게 적용되는 공정하고 정당한 법을 제정하기 위한 입법 제도.
4. 응보적 정의와 회복적 정의를 모두 채용하는 공정하고 정당한 법을 공평하게 시행하기 위한 효과적인 사법 제도.

5. 인종, 종교, 젠더, 성 지향성에 관계없이 모든 시민에게 보장되는 민권과 자유.

6. 국가 내 타인들의 공격으로부터 보호해주는 강력한 경찰.

7. 다른 국가의 공격으로부터 우리의 자유를 지켜주는 강한 군대.

8. 재산권, 그리고 다른 시민들이나 국내 및 해외 기업들과 무역할 자유.

9. 안전하고 믿을 수 있는 은행과 금융 제도를 통한 경제적 안정.

10. 믿을 수 있는 사회 기반 시설과, 여행하고 이동할 자유.

11. 언론, 출판, 결사의 자유.

12. 의무교육, 비판적 사고, 과학적 추론, 그리고 모두가 이용할 수 있는 지식.

이들은 정의롭고 자유로운 사회를 구성하는 요소들이다.[37] 예를 들어 《무한한 번영Prosperity Unbound》에서 세계은행의 경제학자 엘레나 파나리티스Elena Panaritis는 1990년대에 페루에서 비공식적인 재산권에서 공식적인 재산권으로의 이전(그것을 그녀는 "비현실적인 재산에서 현실적인 재산으로의 이전"이라고 부른다)이 어떻게 소규모 지주들의 재산 가치를 올리고, 재산 거래의 신뢰를 어떻게 높였으며, 고군분투하던 그 나라의 경제를 어떻게 도약하게 했는지 보여준다. 전 세계적으로, 재산권과 거래를 보호하는 공식적인 구조 밖에서 살고 일하는 재산 소유자들이 절반에 이른다는 점을 고려하면, 이 한 가지 제도만으로도 판세를 바꿀 수 있었을 것이다.[38]

이와 비슷한 맥락에서, 사회인류학자 스펜서 히스Spencer Heath는 《공동체의 기술The Art of Community》에서 사적 영역과 공적 영역 모두를 아우르는 비정치적인 자발적 공동체로 사람들을 묶는 방법에 대한 대안적 모델들을 제시한다. 다수의 그러한 공동체들이 이미 세계 곳곳에서 원활하고 효율적으로 운영되고 있다. 예를 들어, 쇼핑센터는 사설 공동체다. 콘도 단지, 이동식 주택 단지, 은퇴자 커뮤니티, 생태산업 단지, 사립대학, 그리고 마이크로소프트, 애플, 구글이 운영하는 것 같은 기업 단지들도 마찬가지다. 기업 단지들은 정치적 수단이 아니라 개인의 재산을 통해 운영되는 사실상 미니 도시다. 호텔도 좋은 예다. "호텔은 공적인 영역과 사적인 영역을 갖추고 있다. 거리 대신 복도가 있고, 도심지 대신 로비가 있다. 로비는 조각, 분수대, 그림이 있는 시립공원으로 조성된다. 호텔에는 쇼핑 공간이 있어서 식당과 소매점들이 고객을 유치한다. 호텔의 대중교통 체계는 공교롭게도 수평 이동 대신 수직 이동을 한다."[39] 호텔룸을 예약할 때 당신이 지불하는 숙박비에는 수도, 전기, 냉난방, 하수처리 같은 공공 시설 사용료가 포함되어 있다. 그리고 추가 이용료를 내면 룸서비스, 최신 영화, 초고속 인터넷을 이용할 수 있다. 또한 보안 요원과 자동 소화 장치가 치안과 화재 보호를 제공한다. 많은 호텔이 예배를 볼 수 있는 예배당을 갖추고 있고, 어린이들을 위한 돌봄 서비스와 놀이 공간을 제공하고, 수영장과 바를 운영하고, 콘서트와 연극을 준비하고, 심지어는 대극장 공연(특히 라스베이거스에서)까지 마련한다. 이러한 공동체와 도시 공동체의 가장 큰 차이는 호텔의 경우 완전하게 사적이고 자발적인 계약에 의해 조직된다는 것이다.

사설 공동체 개념이 전 지구적으로 확장될 수 있을까? 2014년 저서 《무제한적인 무정부 상태: 왜 자치가 당신이 생각하는 것보다 잘 작동하는가Anarchy Unbound: Why Self-Governance Works Better Than You Think》에서, 경제학자 피터 리슨Peter Leeson은 개인들이 정부 없이 사회적 협력을 획득하는 사회적 자기 조직화의 수많은 사례를 제시한다. 그리고 전쟁이 줄어들고 새로운 평화의 시대가 도래한 것에서 보았듯이, 설령 세계 정부가 없다 해도 국가들은 어떤 식으로든 무력 충돌과 분쟁을 비폭력적으로 해결하는 길을 발견했다.[40] 그것은 분명한 사실이다. 하지만 무정부 상태에 비판적인 사람들은 그러한 사설 공동체는 모두 주권 국가 안에 있다는 점을 지적한다. 국가는 적국에 대한 군사적 보호, 폭력범과 여타 범죄자들에 대한 경찰의 보호, 민간 도로로 접근할 수 있는 국도, 계약 위반을 둘러싼 분쟁들을 조정하는 법원을 제공하고, 그리고 법치가 공정하고 정당하게 시행되도록 힘의 합법적 사용을 독점한다. 정의와 자유의 열두 조건이 민족국가가 아닌 도시국가에서도 유지될 수 있는지, 아니면 사설 수단(예를 들어 변호사와 판사 대신 중재인)처럼 똑같은 결과를 낳는 다른 사회적 기술들로 대체될 것인지는 두고 볼 일이다. 국가 없이도 가능하다고 생각하는 사회 이론가들이 존재한다(자유주의 무정부주의자, 무정부 자본가, 시장 무정부주의자[41]), 하지만 로버트 노직Robert Nozick이 고전적 저서《무정부, 국가, 그리고 유토피아Anarchy, State, and Utopia》에서 잘 설명한 것처럼, 대부분의 정치학자와 경제학자 들은 개인들, 기업들, 사설 공동체들 사이에 일어나는 불가피한 이해의 충돌을 피하기 위해 적어도 최소한의 국가는 필요할 것이라고 주장한다.[42] 문제는, 이러한 기본적인 필요를 위한 최소 국가가 일단 건설되면, 여지 없이 국가 GDP의 점점 더 많은 부분을 먹어치우는 비대한 관료제로 성장하고, 연방법과 연방 조례는 대략 1억 단어로 불어나 그것을 완전하게 준수하기가 불가능해진다는 것이다.[43]

앞으로 어떤 변화가 일어나든, 그 변화가 성공하기 위해서는 프로토피아적 방식으로 점층적으로 일어나야 한다는 것을 역사는 보여준다. 그러한 예로, 토머스 제퍼슨이 미국 독립혁명을 돌아보며 쓴 글을 보자.

나는 법과 헌법이 자주 바뀌는 것을 옹호하지 않지만, 법과 헌법은 인간 정신의 발전과 보조를 맞추어야 한다. 정신이 더 발전하고 계몽되고, 새로운 발견이 이루어지고, 새로운 진실이 발견되고, 방식과 의견이 바뀌면, 상황의 변화와 함께 헌법도 시대와 보조를 맞추어 발전해야 한다. 문명화된 사회에게 야만적인 조상들의 법 아래 머물도록 요구하는 것은, 성인 남성에게 소년일 때 맞았던 외투를 그대로 입으라고 요구하는 것과 같다.[44]

프로토피아 경제

진 로덴베리의 〈스타트렉〉에 등장하는 23세기 세계에서는, 복제 기계들이 네 코스짜리 정식에서부터 "차, 얼그레이, 뜨겁게"에 이르기까지 당신이 먹고 싶은 모든 것을 제공한다. 이러한 판타지 월드에서 돈은 중요하지 않다. 사실상 모든 사람이 필요한 모든 것을 갖기 때문이다. 이곳은 풍요의 세계다. 이런 세계가 현실적으로 얼마나 가능할까? 10년 전만 해도―나를 포함한―대부분의 사람들은 실현 가능성이 별로 없다고 말했을 것이다. 무제한적인 필요와 한정된 자원 사이의 근본적인 충돌을 피할 수 없기 때문이다. 결국 경제는 이런 저런 다양한 용도를 지니고 있는 희소한 자원을 배분하는 활동이니까.[45]

하지만 경제 2.0은 경제 1.0과는 전혀 다를 것이다. 한 개인이 웹에 연결되는 주머니에 쏙 들어가는 크기의 장치를 소유함으로써 갖는 힘을 한번 생각해보라. 수백만 항목이 등록된 백과사전, 전 세계 거의 모든 도시를 담은 자세한 거리 지도, 주식 시세, 날씨 보도, 오디오북, 전자책, 디지털 잡지와 신문, 음성 인식, 받아쓰기 프로그램, 번역 서비스, 동영상과 영화와 텔레비전쇼, 게임(오락용, 교육용, 사회 교류용, 분석적 사고를 장려하는 게임), 크라우드 펀딩, P2P 대출(은행 등 기존 금융기관을 거치지 않고 개인과 개인이 온라인 플랫폼을 통해 돈을 빌려주고 빌리는 서비스—옮긴이), 사회적 은행, 소액금융, 수많은 애플리케이션(언어 학습, 쇼핑, 비즈니스, 참고 자료, 뉴스, 음악, 여행과 택시, 일정 관리, 커뮤니케이션, 건강, 음식점, 그밖에 당신이 생각할 수 있는 거의 모든 것과 당신이 생각지도 못한 많은 것들). 게다가 놀랍게도 이러한 서비스의 대부분이 **무료로** 제공된다.

미래학자 케빈 켈리Kevin Kelly는 1990년대 초로 돌아가서 지금 우리가 이용하는 것을 그 시대의 전문가들에게 설명하는 상상을 한다. "한마디로 미친놈 취급을 받을 겁니다."라고 그는 말한다. "그들은 그러한 경제 모델은 존재하지 않는다고 말할 것입니다. 이런 경제학도 있나요? 말이 되지 않는 거죠. 터무니없고 거의 불가능해 보입니다. 하지만 지금으로부터 20년 뒤의 세상은 지난 20년은 아무것도 아니게 만들 것입니다. 우리는 이 모든 종류의 변화를 시작하는 출발점에 서 있습니다. 큰 것은 이미 다 일어났다고 생각하는 분위기지만, 상대적으로 말하면 아직 아무것도 일어나지 않았습니다."[46]

예컨대, '탈 희소성 시대의 경제학자들'(이들은 자신들의 생각에 회의적으로 반응하는 동료들을 '희소성 시대의 경제학자들'이라고 부른다)은 자원 재활용 시스템과, 원재료를 사람들이 필요로 하는 완제품으로 바꿀 수 있는 기술적으로 진보한 자동화 시스템(예컨대 3D 프린터와, 나노 기술을 적용한 분자 조립기와 나노 공장)에 대해 설명한다.[47] 과학영화에나 나올 법한 소리처럼 들리지만, 지난 반세기 동안 우리가 어디까지 왔는지 생각해보라. 비영리 벤처 재단인 엑스프라이즈재단X-Prize Foundation의 설립자 피터 디아만디스Peter Diamandis가 낙관적인 제목의 저서《풍요Abundance》에서 주장한 바에 따르면, "인류는 지금 지구상의 모든 남성, 여성, 어린이의 기본적인 생활 척도를 크게 높일 수 있는 기술 잠재력을 가진, 과격한 변화의 시기에 진입하고 있다." 디아만디스는 "한 세대 내에 우리는 부유한 소수에게만 허락되었던 상품과 서비스를 그것을 필요로 하는 모든 사람에게 제공할 수 있을 것이다."[48]

최근 몇십 년 동안의 정보 성장을 생각해보라. 예컨대, 스마트폰을 들고 다니며 구글에 접속하는 마사이족 전사는 1990년대의 클린턴 대통령보다 많은 정보를 가지고 있다.[49] 만일 당신이 일주일 동안 날마다 일간지를 처음부터 끝까지 정독한다면, 당신은 17세기 유럽 시민이 평생 접했던 것보다 많은 정보를 소화하게 될 것이다. 한마디로 어마어마한 양의 데이터다. 하지만 그것은 앞으로 닥칠 것에 비하면 아무것도 아니다. 비교해보자면, 1만 년 전 문명이 처음 생긴 시점부터 2003년까지 인류 전체가 생산한 디지털 정보의 총량은 약 5엑사바이트exabyte다. 1엑사바이트는 10^{18}바이트, 즉 10억 기가바이트다. (당신이 갖고 있는 스마트폰의 저장 용량은 아마 8기가 또는 16기가, 또는 32기가바이트일 것이다. 이 정도만 해도 수많은 노래, 사진, 동영상, 여타 디지털 정보를 저장할 수 있는 용량이다.) 2003년부터 2010년까지 인류는 **이틀마다** 5엑사바이트의 디지털 정보를 창조했다. 2013년에 우리는 **10분마다** 5엑사바이트를 생산하고 있었다. 이것이 얼마나 많은 정보일까? 2010년에 생산한 총 912엑사바이트는 지금까지 쓰인 모든 책에 포함된 정보량의 18배에 해당한다. 지구상의 이 모든 디지털 지식을 지구상의 모든 사람이 이용할 수 있다면, 이상적으로는 세계 모든 시민이 개인적, 사회적, 도덕적 문제들을 해결하기 위한 나름의 방법을 추론할 수 있는 사회과학자가 될 수 있을 것이다.

이 모든 정보가 인생의 모든 영역에 미치는 효과는 놀라운 것이다. 교육을 보자. 칸아카데미에서 제공하는, 대수학에서부터 동물학까지 2,200개 이상의 주제에 대한 유튜브 동영상 강좌는 한 달에 200만 뷰 이상을 기록한다. 의료 분야를 보자. 2003년 이전에는 존재하지 않았던 산업인 개인 맞춤형 의료는 현재 한 해에 14퍼센트씩 성장하고 있고, 2015년에는 4520억 달러 규모에 도달할 것으로 예상되었다. 가난을 보자. 절대 빈곤 상태에서 살아가는 사람들의 수가 1950년대 이래로 줄곧 내리막길을 걸어 반 이상 감소했다. 현재의 감소 속도로 가면, 2035년쯤에는 0에 도달할 것이다. 그다음으로 비용을 생각해보자. 오늘날 식료품에 드는 비용은 인플레이션을 감안해 달러화로 계산했을 때 150년 전보다 13배 적다. 이번에는 생활 수준을 보자. 현재 빈곤선 아래 살고 있는 미국인의 95퍼센트가 전기, 인터넷, 수도, 수세식 화장실, 냉장고, 텔레비전을 소유하고 있다. 이런 발명품들은 세상에서 가장 부유한 두 사람이었던 존 D. 록펠러와 앤드루 카네기도 거의 누리지 못한 사치품이었다.[50]

프로토피아적으로 사고하는 사람들은 실천가들이다. 예를 들어, 우주 탐사 기술 회사인 스페이스엑스SpaceX와 테슬라모터스Tesla Motors의 CEO 일론 머스크Elon Musk는 막연히 우주 개발과 전기차 세상을 상상하는 것이 아니라, 어떻게 우리가 향후 10~20년 내에 화성으로 이주해 새로운 형태의 통치를 시도할 수 있는 자립 사회를 건설할지 구체적인 방법들을 구상한다.[51] 그는 "인류의 종말이 임박한 것처럼 서두를 필요는 없습니다. 나는 끝이 가까이 와 있다고 생각하지 않습니다"라고 말했다. "하지만 재앙적 사건들에 직면할 작은 위험은 있다고 생각합니다. 따라서 내 시도는 당신이 자동차를 사거나 생명보험에 드는 것과 비슷합니다. 당신은 언젠가는 죽겠지만 내일 죽을 것이라고는 생각하지 않습니다." 문명과 정치 제도는 생겼다 사라진다고 머스크는 말한다. "일련의 사건들이 기술 수준을 떨어뜨릴 수도 있을 것이다. 지금이 45억 년 역사상 최초로 인류가 지구 밖으로 삶을 확장하는 것이 가능해진 시대임을 고려하면, 창이 열려 있는 동안 행동하는 것, 그리고 그 창이 오래 열려 있을 것이라고 기대하지 않는 것이 현명할 것이다."[52]

머스크가 창립한 페이팔의 공동 창업자인 피터 틸Peter Thiel도 프로토 피아주의자다. 그는 시스테딩연구소Seasteading Institute에 투자했다. 이 연구소의 목표는 국제 수역에 영구적이고 자율적인 해상 공동체를 건설해, 그곳에서 사람들이 "다양한 사회적, 정치적, 법적 제도들을"[53] 실험하고 혁신할 수 있게 하는 것이다. 미래학자 레이 커즈와일Ray Kurzweil은 우리가 2045년경에는 (비록 생물학적 불멸은 아니더라도) 디지털 불멸을 이룰 수 있을 것이라고 생각한다.[54] 그리고 그를 지원하는 러시아의 2045계획은 "한 개인의 정신을 보다 진보한 비생물학적 운반체로 이식해 불멸의 수준까지 생명을 연장하는 기술을 창조하는 것"[55]을 목표로 한다. 구글의 공동 창업자이자 CEO인 래리 페이지Larry Page는 2013년에 노화에 대해 연구하는 캘리코Calico라는 새 프로젝트에 착수했다. 이 프로젝트의 목적은 잡지《타임》의 9월 30일자 표지에 잘 나와 있다. "구글이 죽음을 해결할 수 있을까?"[56]

지금까지 말한 것은 프로토피아 경제가 이번 세기 말까지 우리 삶을 세기 초에는 상상할 수도 없었던 방식으로 바꿀 수 있는 방법들 가운데 단 몇 가지에 불과하다. 물리학자이자 미래학자인 미치오 카쿠Michio Kaku는 다양한 분야에 종사하는 300인 이상의 전문 과학자와 기술자에게 서면 또는 방문을 통해 미래 전망을 묻는 '델파이 조사'를 활용해 2100년에 우리의 일상이 어떨 것인지를 전망했다. 카쿠의 예측에 따르면, 이번 세기 말쯤에는 컴퓨터가 감정과 자의식을 갖게 될 것이고, 우리는 컴퓨터 뇌를 이식함으로써 생각만으로 사물을 움직이고 기계를 작동할 수 있게 될 것이다. 또한 한 쌍의 콘택트렌즈를 통해 인터넷에 접속할 수 있을 것이다(구글글래스 대신 '구글콘택트렌즈'를 생각하라). 나노 기술은 사물을 분자 수준에서 만들거나 변경함으로써 우리가 원하거나 필요한 거의 모든 것으로 바꿀 수 있게 할 것이다. 무인 자동차와 로봇 의사, 달기지와 화성 기지, 우주 여행, 멸종한 종의 부활은 카쿠가 현 시점의 기술을 바탕으로 전망하는 미래의 단 몇 가지 사례에 불과하다. "오늘날 당신의 휴대폰은 두 명의 우주인을 달에 보낸 1969년 당시 NASA의 컴퓨터보다 더 성능이 좋다"는 사실을 떠올려보라. "오늘날 300달러인 소니의 비디오게임기 플레이스테이션은 수백만 달러였던 1997년의 군용 수퍼컴퓨터의 성능을 갖고 있다."[57]

카쿠는 이 모든 기술이 결국에는 인류를 단일한 행성 문명으로 통합할 것이라고 전망한다. 그리고 국경이 자연적으로 사라짐에 따라 "국경의 힘과 영향은 크게 줄어들 것이고, 이에 따라 경제 성장의 엔진은 지역적이 되었다가 다시 전 지구적이 될 것이다."[58] 다종다양한 봉건시대 법들을 통합하기 위해서는 국가가 필요했다. 그리고 18세기에 자본주의가 생기면서 상업의 수레바퀴에 윤활유를 치는 공동 통화와 규제 시스템을 창조하기 위해 국가가 필요했다. 하지만 22세기 벽두에 경제 권력은 기술 권력과 마찬가지로 전 지구로 확산될 것이다.

○ ● ○

나는 우리 세대에 세상의 종말이 올 것이라고 전망하는 종말론자와, 우리가 살아 있는 동안 인류를 혁명적으로 바꾸고 지구를 구할 차세대 '대박'을 선포하는 미래학자 모두를 오랫동안 회의적으로 바라본 사람으로서, 둘 다 엄청나게, 그리고 대개는 민망할 정도로 틀렸음을 알고 있다. 세상의 종말은 가시화되지(또는 비가시화되지) 않았고, 언젠가는 우리가 영원히 살고, 우주선을 타고 나가 은하계를 정복하고, 복제 장치로 음식과 술을 만들어낼 것이라는 식의 유토피아 서사를 지어내는 미래학자들은 대개 과학소설 및 판타지 작가들과 구별이 불가능하다. 회의주의자들은 확실한 증거를 필요로 한다. 증명하라.

　이러한 타당한 비판에 대한 응답으로, 디아만디스는 어떻게 해서 혁명이 이미 시작되었는지, 그리고 어떻게 그러한 풍요가 세 가지 힘을 통해 우리가 살아 있는 동안 실현될 수 있는지 자세하고 구체적으로 기술한다. 첫 번째 힘은 **손수 하는 DIY주의자들**, 즉 이른바 '뒷마당의 땜장이들'이다. 예를 들면 민간 우주 비행에 성공하여 최초의 X-프라이즈를 수상한 선구적인 비행사 버트 루턴Burt Rutan과, 인간 게놈 서열을 해독한 유전학자 J. 크레이그 벤터Craig Venter가 있다. 지금도 수천 명의 DIY주의자들이 차고와 창고에서 신경과학, 생물학, 유전학, 의학, 농업, 로봇공학, 그리고 그밖의 수많은 혁신적인 해법들을 창안하고 있다. 두 번째 힘은 **테크노-자선가**들이다. 예를 들면 빌 게이츠와 멜린다 게이츠(말라리아 정복), 마크 저커버그Mark Zuckerberg(교육 장려), 이베이 창업자인 피에르 오미디야르Pierre Omidyar와 팜 오미디야르Pam Omidyar(개발도상국에서 전기를 생산하는 일), 그리고 그밖의 많은 사람들이 특정 문제를 해결하는 일에 막대한 재산의 상당한 부분을 내놓고 있다. 세 번째 힘은 **밑바닥 10억**, 즉 가장 가난한 이들이다. 그들이 소액금융과 인터넷을 통해 지구 경제와 연결되면, 깨끗한 물, 영양가 있는 음식, 알맞은 가격의 집, 개인 맞춤형 교육, 일류 의료, 유비쿼터스 에너지(시간, 공간, 한정된 자원, 환경오염으로부터 자유롭고 깨끗한 에너지—옮긴이)를 갖기 위해 우리 모두가 함께 노력함으로써 모든 배가 떠오르는 효과가 일어날 것이다.

　이러한 추세선들은 충분히 현실적인 것으로, 만일 이러한 원리들이 전 세계에 적용된다면, 단기간에는 힘들더라도 결국에는 그러한 풍요가 원칙적으로는 실현될 수 있을 것이다. 표준적인 경제 척도인 국내총생산으로 측정된 지난 수백 년 동안의 부의 진보와 앞으로의 전망을 그린 [그림 12-1]의 그래프들은 부의 기하급수적 성장을 보여준다.[61] 경제사학

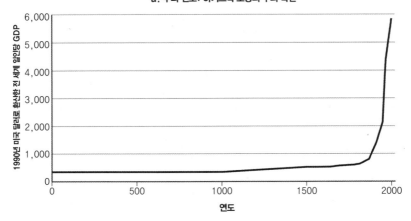

a. 부의 진보: 하키스틱 모양의 부의 곡선

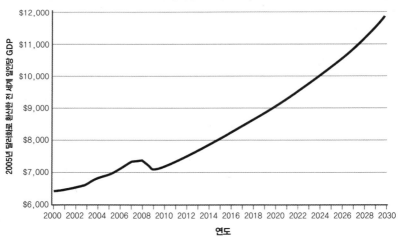

b. 부의 진보: 모두가 더 부유한 미래

[그림 12-1] 경제 성장 그래프

a. 하키 스틱처럼 완만하다가 급격하게 휘는 부의 곡선. 1990년 미국 달러화로 표시한 0~2000년의 전 세계 일인당 GDP는 더 많은 사람들이 과거의 어느 시점보다 많은 부를 누리고 있음을 보여준다.[59]

b. 부의 진보 전망. 2005년 달러로 추산한 2000~2030년의 전 세계 일인당 GDP 전망. GDP가 일시적으로 하락하는 구간은 2008년의 경기 후퇴 시점이다. 전 세계 모든 사람의 연평균 수입이 거의 두 배에 이를 것으로 전망된다.[60] 너무 많은 사람들이 여전히 가난하게 살고 있지만 추세선들은 올바른 방향을 향하고 있다.

자 그레고리 클라크Gregory Clark에 따르면 "1800년의 평균적인 사람은 기원전 10만 년의 평균적인 사람보다 더 잘살지 않았다." 산업혁명 시기의 기업가들이 도입한 과학과 기술 덕분에, "현대 경제는 지금 1800년의 평균보다 10~20배 더 부유하다. 게다가 지금까지 산업 혁명의 최대 수혜자는 특별한 기술이 없는 사람들이다. 땅이나 자본을 소유한 부자들과 교육받은 사람들에게 많은 혜택이 돌아갔지만, 산업화된 경제는 최고의 선물을 가장 가난한 사람들을 위해 아껴두었다."[62]

소득 불평등은 어떤가?

미래로 가는 여행의 이 시점에서, 눈을 감는다고 소득 불평등이 없어지는 것은 아니라고 나를 비난하는 사람들이 있을지도 모른다. 벤처기업의 억만장자들은 부유한 몽상가들을 모아놓고 모기 잡는 레이저라든지, 제3세계에 열기구를 이용해 무선인터넷 서비스를 제공하는 것 같은 뜬구름 잡는 이야기를 한다. 그런데 그러한 투기성 사업을 할 만한 여력이 되는 사람들이 있는 한편, 아직도 겨우 하루 한 끼의 푸짐한 식사를 먹기 위해 뼈 바지게 일하고 공포와 폭력이 일상적 삶의 일부인 밑바닥 인생들도 있다. 처지가 다르다. 예를 들어, 워싱턴 DC는 경찰력에 일인당 연간 850달러를 투자하는 반면, 일인당 연간 1.5달러 이하를 쓰는 방글라데시는 범죄, 폭력, 무질서가 일상화되어 있다.[63] 그 백만장자들이 쓰는 돈의 일부가 애초에 일반 대중에게 갔다면, 밑바닥 인생들이 겪는 문제들 가운데 일부는 벌써 해결되었을 것이다. 여기까지가 다수의 사람들이 문제를 바라보는 방식이다.

소득 불평등은 우리 시대의 가장 뜨거운 쟁점으로 떠올랐다.[64] 이런 추세는 부의 분포도 꼭대기에 지나치게 많은 자본이 축적된 서구에서 특히 심하고, 돈과 정치의 치명적인 결합을 더욱 부추겨 미국 민주주의의 방향을 금권정치로 돌릴 수 있는 미국 대법원의 최근 결정들에서 가장 충격적으로 드러난다. 정치학자 마틴 길렌스Martin Gilens가《풍요와 영향 Affluence and Influence》에서 밝힌 바에 따르면, "미국 정부는 대중의 선호에 부응하지만, 이러한 부응이 부유층 쪽으로 심하게 쏠려 있다. 사실 대부분의 상황에서, 대다수 미국인의 선호는 정부가 어떤 정책을 채택할지 채택하지 않을지에 사실상 아무런 영향도 미치지 않는 것 같다."[65]

버락 오바마 대통령은 2013년 12월 4일 미국진보센터Center for American Progress(민주당의 싱크탱크―옮긴이)가 후원한 연설에서, 소득 불평등을 "이 시대의 결정적 난제"라고 불렀고, 이러한 추세는 "우리 경제에 해롭고 …… 가족과 사회적 결속에 해롭고 …… 민주주의에 해롭다"고 지적했다. 또한 소득 불평등과 사회 부동성은 "아메리칸 드림을 송두리째 흔드는 위협"[66]이라고 말했다.

정말 그런가? 아닐 수도 있다. 일단 부자들은 점점 더 부자가 되고 있다. 그것은 분명한 사실이며, 많은 곳에서 입증되었다. 가장 최근에는 세상을 놀라게 한 토마 피케티Thomas Piketty의 2014년 베스트셀러《21세기 자본Capital in the Twenty-First Century》에서 그것이 입증되었다.[67] 또한 경제학자 게리 버틀리스는 의회예산국Congressional Budget Office의 세금 자료를 분석해 1979년부터 2010년까지의 세후 소득 추세를 파악한 결과, 부자가 더 큰 부자가 되는 속도는 빈곤층과 중산층이 부자가 되는 속도보다 더 빨랐음을 밝혀냈다. [그림 12-2]를 보라.[68]

전반적으로, 미국에서 개인 소득자의 상위 20퍼센트가 전체 국민 소득에서 가져가는 몫은 1979년에 43퍼센트에서 2010년에 50퍼센트로 늘어났고, 상위 1퍼센트가 파이에서 가져간 몫은 1979년에 9퍼센트에서 2010년에는 15퍼센트로 늘어났다. 하지만 일어나지 않은 일을 눈여겨 보라. 빈곤층과 중산층은 더 가난해지지 않았다. 그들도 더 부유해졌다.

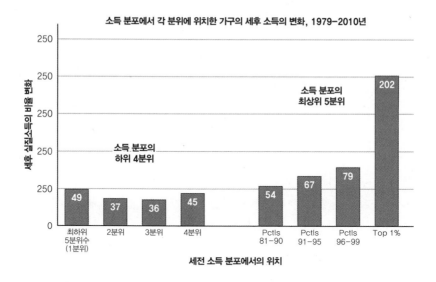

소득 분포에서 각 분위에 위치한 가구의 세후 소득의 변화, 1979-2010년

[그림 12-2] 1979년부터 2010년까지 세후 소득 증가

빈곤층에서 중산층까지 하위 세 개 분위의 소득은 각기 49퍼센트, 37퍼센트, 36퍼센트씩 증가했다. 하지만 그들의 부의 성장은 초부유층에 비해 더뎠다. 따라서 이 논의의 주제는 어느 정도는 **상대적** 차이다. 헨리 루이스 멩켄Henry Louis Mencken이 잘 꼬집었듯이, "부자는 처제의 남편보다 연간 100달러를 더 버는 사람이다." 처제들의 남편들 사이에 벌어지는 소득 차이는 그 정도까지다.

그런데 어쩌면 파이 은유는 이 문제에 대해 생각하는 최선의 방법이 아닐지도 모른다. 파이의 크기는 고정되어 있으므로, 당신의 조각이 커지면 다른 사람의 조각이 작아진다. 이것은 일종의 제로섬 게임이다. 내 조각이 당신 조각의 두 배라면 당신 조각은 내 조각의 절반이고, 따라서 차이의 합은 제로다. 하지만 경제는 이런 식으로 작동하지 않는다. 경제는 성장한다. 파이는 점점 커져서, 당신과 나는 작년의 파이에서 가져간 조각들에 비해 둘 다 더 큰 조각을 가져갈 수 있다. 설령 당신이 가져간 조각의 크기가 내가 가져간 조각의 크기보다 상대적으로 더 많이 커졌다 할지라도 말이다. 예를 들어 2014년 초 연방준비은행이 발표한 한 보고서는 미국인의 전반적인 부가 사상 최고치를 기록했다고 지적했다. 미국의 가구와 비영리기구의 순 자산가치는 2013년에 14퍼센트 올랐는데, 이는 액수로 따지면 거의 10조 달러 증가해서, 가늠하기조차 힘든 숫자인 80.7조 달러가 된 것이다. 이는 연방준비위원회 기록이 시작된 이래 최고치로서, 대부분의 미국인이 전보다 더 잘살고 있다는 게리 버틀리스 Gary Burtless의 연구 결과를 뒷받침한다.[69]

물론, 지구상의 자원은 한정되어 있기 때문에 우리가 계속해서 똑같은 산업들을 운영한다고 할 때 그러한 팽창이 무한히 계속될 수는 없다.[70] 하지만 역사를 돌아보면, 산업의 종류가 원시 농경과 농경에서 석탄 및 제철 산업으로, 거기서 다시 정보와 금융으로 바뀌면서 자본과 부의 생산도 변했다. 에릭 바인하커Eric Beinhocker의 기념비적인 역사적 분석 《부는 어디에서 오는가The Origin of Wealth》는 "낙관적으로 생각할 이유들이 있으며 …… 성장 곡선은 당분간은 계속될 것"임을 증명하는 산더미같은 증거를 제시한다. 무엇보다 "인도와 중국의 23억 인구가 향후 20년 동안 세계 경제에 완전하게 동참할 것이고, 향후 50년 동안 사하라 사막 이남 아프리카의 6억 5000만 명이 동참할 것이다." 경제는 복잡한 적응 시스템이라서 "티핑포인트, 급격한 변화, 심지어는 붕괴"에 처할 수 있다고 바인하커는 경고하지만, 위기에 대응해 적응과 변화를 모색할 수도 있으므로 낙관할 이유가 있다.[71] 그러한 변화가 먼 미래에도 계속되어 이러한 부의 팽창 추세가 이어질 수 있을지는 두고 봐야겠지만(〈서바이빙 프로그레스surviving progress〉라는 다큐멘터리 영화에 출연한 전문가들은 회의적이다[72]), 성장 곡선들은 고무적이다.

사람들이 우려하는 것은 상대적 차이만이 아니다. 경제학자 카틱 아스레야Kartik Athreya와 제시 로메로Jessie Romero는 버지니아주 리치몬드의 연방준비은행의 의뢰를 받아 작성한 2013년 보고서에서, 최근 소득 불평등이 증가한 반면 경제적 이동성은 줄었다고 지적한다. 이 경제학자들에 따르면, 1979년에는 미국 가구의 상위 1퍼센트가 미국의 세후 총 소득의 7.4퍼센트를 가져갔지만, 2007년에는 그 숫자가 두 배 이상 늘어 16.7퍼센트가 되었다. 같은 기간 동안 "나머지 모든 소득 분위에 해당하는 가구들이 전체 가구 소득에서 가져간 몫은 그대로이거나 줄었다."[73] 낮은 소득 분위에서 상위 분위로 올라가는 것을 가로막는 장애는 가난한 사람들의 인생 초기에 시작된다. 영양 결핍과 인지 장애가 그러한 장애 요인에 포함된다. 예를 들어 브루킹스연구소에서 실시한 한 연구는 최상위 소득 분위에 속하는 가정에서는 아동의 78퍼센트가 다섯 살에 인지적으로나 발달상으로 학교에 갈 준비를 갖추지만, 최하위 소득분위에 속하는 가정에서는 절반 이하(48퍼센트)만이 그런 준비를 갖추었음을 밝혀냈다.[74]

경제학자 제럴드 오튼Gerald Auten과 제프리 기Geoffrey Gee는《내셔널택스저널National Tax Journal》에 게재한 논문에서, 1987년과 2005년 사이의 종합소득세 신고서를 분석한 결과, 25세 이상의 성인들에서 "납세자의 절반 이상이 다른 소득 분위로 이동했으며, 최하위 소득 분위에서 시작한 납세자들의 대략 절반이 각 기간의 끝에는 더 높은 소득 분위로 올라갔다는 사실을 확인했다." 부자들은 어떨까? 당신이 최상위 소득 분위에 있다면, 이동할 수 있는 방향은 하나뿐이다. 오스틴과 기가 확인한 결과도 그러했다. "기준 연도에 최상위 소득 분위에 속했던 사람들은 더 낮은 소득 집단으로 떨어질 가능성이 더 높았고, 이 납세자들의 실질 소득 중앙값은 각 기간마다 떨어졌다." 실제로, 그들은 "각 기간이 시작되는 해에 상위 1퍼센트였던 사람들의 60퍼센트가 10년째 되는 해에 더 낮은 100분위로 떨어졌음을 밝혀냈다. 1996년에 상위 0.01퍼센트에 속했던 사람들 가운데 2005년에도 같은 집단에 머문 사람들은 4분의 1이 채 못 되었다."[75]

미국국세청(IRS)의 컴플라이언스데이터웨어하우스Compliance Data Warehouse와 사회보장국에 제출된 W-2와 1099라는 급여명세서 양식들을 통해 얻을 수 있는 소득 통계Statistics of Income를 토대로, 2010년까지의 소득 자료를 포함시킨 후속 연구에서, 저자들은 다음과 같은 사실을 밝혀냈다. "1분위와 5분위 납세자들의 대략 절반이 20년 뒤 같은 소득 분위에 머물렀다. 최하위 분위에 있던 사람들의 4분의 1이 한 계단 위로 올라선 한편, 4.6퍼센트가 최상위 소득 분위로 올라섰다."[76] 물론 슈퍼 부자가 가난해지는 것은 경우가 다르다. 상위 0.01퍼센트에서 0.1퍼센트, 또는 1퍼센트로 내려온다고 해서 그들이 저녁으로 라면을 먹는다는 뜻은 아니다(라면을 먹는 것이 무슨 문제가 있다는 말은 아니다). 개인용 제트기 대신 상업용 제트기의 1등석을 타는 것은 손이 부들부들 떨릴 정도의 고난은 아니다. 연구자들의 요지는, 비록 평등한 기회를 옹호한다고 주장하는 사회에서 우리가 바라는 만큼은 아니지만, 사회적 이동성이 흔히 묘사되는 것처럼 고정되어 움직이지 않는 것은 아니라는 것이다.

어쨌든 이 문제에서 역사가 어떤 지침이 된다면, 사회적 이동성은 정부가 어떻게 할 수 있는 일이 아닌 것처럼 보인다. 경제사가인 그레고리 클라크에 따르면—그는 성surname이 처음 사용된 시점으로 역사를 거슬러 올라가는 연구에서, 성을 사회적 이동성에 대한 대리 지표로 썼다—출생 시점의 사회적 지위가 성인이 된 시점의 소득 및 사회적 지위의 50퍼센트 이상을 차지한다. 당신의 성—즉 태어난 가문—이 어떤 다른 변인들보다, 사회적 지위의 측면에서 당신이 어떤 인생을 살게 될지를 잘 예측한다. 방대한 데이터가 제시되어 있는 클라크의 책 제목은 의미심장하게도 《아들은 다시 떠오른다The Son Also Rises》이다. "한 사람의 인생 기회를 결정하는 모든 요인이 부모의 지위로 축약된다면, 이러한 지속률persistence rate은 한 가문이 출발할 때 지녔던 모든 장단점이 3세대 내지 5세대 안에 완전히 사라진다는 것을 암시한다"고 클라크는 적는다. 하지만 실제로는 그렇지 않았다. 한 세대가 30년이라고 할 때, 클라크는 가문의 유산이 약 10세대에서 15세대 동안 지속된다고 추산한다. 그는 18세기의 부의 효과가 지금까지도 남아 있을 수 있다는 것을 입증해 보이는데, 그렇다면 오늘날 낮은 사회경제적 계급에서 태어난 사람들이 더 높은 계급으로 올라가는 데에는 수백 년이 걸릴 것이다.[77]

이러한 효과는 개인이 아니라 집단의 결과를 예측하는 인구통계학적 효과다. 당신이나 나는 한 세대 만에 자수성가할 수 있다. 하지만 전반적으로, 아무리 정부가 의무교육, 차별금지법, 누진세, 부의 이전 같은 다양한 조치들을 통해 경기장을 평평하게 만든다 해도, 이러한 장기적 추세는 꺾이지 않을 것이다. 그리고 사회적 부동성은 스웨덴 같은 가장 자유주의적인 북유럽 민주주의 국가들에서도 나타날 수 있다. (하지만 클라크는 정부의 조치들 대부분에 찬성하는데, 그것은 이러한 조치들이 사회적 이동성을 높이기 때문이 아니라, 재능 있고 창의적이고 열심히 노력하는 사람들은 이러한 현실에도 불구하고 올라갈 것이고, 이러한 조치들이 다른 목적에도 도움이 되기 때문이다.) 심지어 공산주의 중국—사회적 평등의 모범으로, 모든 사람이 명령에 의해 평등한 곳—조차 사회적 이동성을 높일 수 없었다. "마오의 갖은 노력에도 불구하고 '계급의 적'은 중국의 현 공산주의 정부 내에 강력하게 고착되어 있다"는 것이 엘리트 중국인들의 성씨를 분석한 클라크의 결론이다.[78] 고무적인 사실은, 클라크가 미국에서 민권 운동 이후 흑인 가문들에서 나타나고 있는 어떤 추세들을 확인했다는 것이다. 하지만 그의 종합적인 추산에 따르면, 2240년이 되어야 "흑인 집단을 대표하는 의사들이 전체 인구 증가율의 절반 수준으로 증가할 것이다"[79]

클라크는 이러한 효과가 어느 정도 '사회적 유능함'이라고 부를 수 있는 요인들 탓이라고 생각한다. 행동유전학 분야의 추가 연구들과 쌍둥이 연구들은 이러한 사회적 유능함의 적어도 50퍼센트가 유전임을 암시한다. 그러한 요인들에는 단지 지능만이 아니라, 유전되는 성격 형질들과 성취욕 같은 성공하고자 하는 욕구도 포함될 것이다. 전문적으로, 이것을 '누적 이점'이라고 부른다. 일상적인 표현으로는 "부자는 점점 더 부자가 된다"라고 알려져 있다.[80]

그것을 뭐라고 부르든, 경제가 팽창하고 있고 서구인의 대부분이―평균적으로―더 부유해지고 있다면, 왜 수많은 사람들이 자신보다 타인들이 더 부자라는 사실에 신경 쓸까? 진화경제학(나는 그것을 **에보노믹스** evonomics[81]라고 부른다) 연구에서 밝혀진, 통속 경제학[82]에 대한 우리의 진화한 직관에서 그 대답의 일부를 찾을 수 있을 것이다. 우리 조상들은 20명 내지 200명 규모의 작은 무리 또는 부족 속에서 진화했다. 이러한 사회에서 모든 사람은 유전적 관계가 있거나 친밀한 사이였다. 대부분의 자원을 공유했고, 부의 축적은 있을 수 없었으며, 지나친 욕심과 탐욕은 처벌받았다. 자본 시장은 존재하지 않았고, 경제 성장도 없었다. 노동의 집중은 거의 없었다. 시장의 '보이지 않는 손'도 없었고, 부자와 빈자 사이의 지나친 격차도 없었다. 모든 사람이 오늘날에 비추어 찢어지게 가난했기 때문이다. 부의 축적이 일어나지 않았던 것은 축적할 부가 존재하지 않았기 때문이다.

근근이 살아갔다는 것은 호혜주의와 음식 공유가 생존에 필수적이었음을 뜻한다. 현대의 수렵-채집인 집단들조차 상대적으로 평등을 보장하는 관습과 규범을 채택하는 것은 이 때문이다. 제로섬 세계에서 그러한 협력이 이루어지지 않을 경우, 한 사람의 이득은 곧 다른 사람의 손실을 의미할 수 있다. 인간이 게임 이론가 마틴 노왁Martin Nowak이 '초협력자supercooperators'라고 부르는 존재인 것은 이 때문이다. 노왁은 이타주의를 진화시킨 것은 경쟁이 아니라 협력이고, 이것이 바로 우리가 생존하고 성공하기 위해 서로가 필요한 이유라고 주장한다.[83] 나는 이것이 우리 안의 선한 천사를 강화하고 우리 안의 악마를 잠재운다고 생각한다. 우리 안의 초경쟁자가 초협력자를 견제하는 경우는 잦지만, 여기서 내가 지적하고 싶은 점은 오늘날 우리는 한 사람의 이익이 다른 사람의 이익이 되는 넌제로섬 세계에 살고 있으며, 과학, 기술, 무역 덕분에 충분한 음식과 자원을 누린다는 사실이다. 하지만 우리 뇌는 여전히 제로섬 경제의 땅에 살고 있는 것처럼 작동한다.[84]

우리는 이렇게 협력과 경쟁이라는 상반되는 충동을 지니고 있기 때문에, 석기 시대의 우리 조상들이 마치 자유분방했던 1960년대의 혁명적인 자치체 같은 공동체—마르크스주의가 추구하는 조화로운 자연 상태에서 능력만큼 주고 필요한 만큼 가져가는 사회—를 이루고 살았던 것처럼 묘사하지 않도록 조심해야 한다. 우리는 이러한 유토피아적 판타지가 구소련과 마오의 중국을 탄생시키는 것을 보았다. 인류학자 퍼트리샤 드레이퍼스Patricia Drapers가 아프리카 칼라하리 사막의 !쿵산족(11장을 참조하라)—우리의 진화적 조상들이 살았던 방식으로 추정되는 것과 비슷한 방식으로 살아가는 전통 사회—에 대한 민족지에 썼듯이, "공평한 분배가 어느 정도 지속될 수 있는 것은 못 가진 사람들이 자신들의 요구를 거세게 몰아붙이기 때문이다. 이 경우를 모든 구성원이 기쁜 마음으로 재화를 공유하는 조화로운 공동체라고 볼 수 있을까? 그렇지 않다. ……분석의 한 층위에서는, 재화가 돌고 돌며 부의 불평등이 존재하지 않고 집단 내 혹은 집단 간 거래의 특징이 평화로운 관계임을 밝힐 수 있다.

하지만 다른 층위에서는 …… 사회적 행동이―대개는 호의적이지만 이따금씩 몹시 사나워지는―지속적인 몸싸움과 같음을 밝힐 수 있다."[85]

그러한 소규모 무리와 부족들이 7000~8000년 전 무렵부터 군장제와 국가로 통합되기 시작했을 때 경제적 변화가 일어났다. 무리들 사이에 경제적 부가 평등하게 분배되던 것에서, 부의 위계가 부족들 사이에서 지위와 힘을 표시하는 지표로 떠올랐고, 국가 사회에 이르러서는 막대한 부의 축적과 시민들 사이의 빈부 격차가 생겨났다. 아무도 나머지 사람들보다 많이 갖지 않는 상대적으로 가난한 세계에서는 사람들이 공평하다고 느낀다. 하지만 거의 모두가 일정의 부를 지니고 있지만 누군가는 다른 사람들보다 훨씬 많은 부를 지니는 오늘날의 서구 세계를 사람들은 불공평하다고 느낀다. 우리 뇌는 현대 경제가 작동하는 방식을 직관적으로 이해하도록 설계되어 있지 않다. 따라서 대부분의 사람들에게 그러한 시스템은 부당하게 보인다. 그리고 솔직히 말하면, 문명의 역사 대부분 동안 경제적 불평등은 자연적 차이의 결과가 아니었다. 그러니까, 누구에게나 부에 대한 권리를 추구할 자유가 공평하게 주어진 사회의 구성원들 사이에 존재하는 욕구와 재능의 자연적 차이가 경제적 불평등을 초래한 것이 아니었다. 그보다는 소수의 추장, 왕, 귀족, 성직자들이 부당하고 경직된 사회 시스템을 사리사욕을 채우는 데 이용했고, 그 대가가 대중의 궁핍이었다. 이에 대한 우리의 자연적 (그리고 이해할 수 있는) 반응은 시기심, 그리고 때로는 분노다. [그림 12-3]이 보여주는 2012년의 '월가를 점령하라' 운동에서 그러한 반응을 목격할 수 있다.

소득 불평등에 대한 사람들의 인식이 실제 소득 불평등 자료에 비해 대체로 부풀려져 있음을 밝혀낸 2013년의 연구 결과들도 통속 경제학으로 설명할 수 있다. 심리학자들은 온라인 조사에서 500여 명의 응답자들에게, 미국 내의 전반적인 소득 불평등에 대한 인식과 그들의 정치적

[그림 12-3] 월가를 점령하라

소득 불평등과 월스트리트의 구제금융에 대한 반발이 2011년과 2012년 터져 나온 것이 '월가를 점령하라' 운동이다. 뉴욕주 주코티 공원과 오리건주 포틀랜드의 한 시민공원. 저자가 찍은 사진.

성향을 물었다. 결과는 이러했다. 응답자들은 미국인 가구의 약 48퍼센트가 1년에 평균 3만 5,000달러 이하를 번다고 답함으로써, 근근이 살아가는 미국인 가구 수를 **과대평가**하는 경향을 보였다. 하지만 실제 인구 통계 자료는 37퍼센트가 3만 5,000달러 이하를 번다는 것을 보여준다. 반면, 응답자들은 잘사는(비록 부자는 아니더라도) 미국인 가구 수를 **과소평가**했다. 그들은 미국인 가구의 약 23퍼센트만이 1년에 평균 7만 5,000달러 이상을 번다고 생각했다. 이에 비해 실제 인구 통계 자료는 32퍼센트가 그 액수 이상을 번다는 것을 보여준다. 또한 응답자들은 소득 불평등 격차가 실제보다 훨씬 더 크다고 생각했다. 그들은 상위 20퍼센트가 하위 20퍼센트보다 약 31배 더 번다고 추산했지만, 실제로는 상위 20퍼센트가 하위 20퍼센트보다 약 15.5배 더 번다. 응답자들이 인식하고 있는 것의 절반 수준이었다. 응답자들이 소득 차이를 실제 달러로 추산한 값은 놀라웠다. 그들은 미국인 상위 20퍼센트의 연간 평균 수입이 200만 달러라고 생각하지만, 실제로는 16만 9,000달러다. 인식과 실제의 차이는 거의 12배다.

이는 심각한 현실 왜곡으로, 소득 불평등에 대한 통속 경제학의 편향이 얼마나 강한지를 가시적으로 보여준다. 그리고 예상할 수 있다시피, 그러한 편향은 스스로 자유주의자라고 생각하는 사람들 사이에서 가장 강했다. 이들은 소득 불평등 격차의 성장률을, 스스로 보수주의자라고 생각하는 사람들보다 훨씬 과대평가하는 경향이 있었다. 하지만 그러한 효과는 정치적 스펙트럼 전체에서 나타났다. 이 연구의 주요 저자인 존 체임버스John Chambers의 설명에 따르면 "우리 연구에 참가한 사람들의 거의 전부가—사회경제적 지위, 정치 지향, 인종과 민족, 교육 수준, 연령, 성별과 관계없이—미국인의 평균 가구 수입을 크게 과소평가했고, 소득 불평등 수준을 과대평가했다."[86]

수많은 학자들과 과학자들이 소득 불평등이 미치는 효과를 입증했다. 예를 들면, 영국의 사회역학자 리처드 윌킨슨Richard Wilkinson이 1996년 저서 《건강하지 않은 사회Unhealthy Societies》와, 최근에 케이트 피킷Kate Pickett과 함께 쓴 《평등이 답이다Spirit Level: Why Greater Equality Makes Societies Stronger》[87]가 있다. 윌킨슨은 테드 강연에서 방대한 도표 자료를 제시하는데, 이는 내가 4장에서 제시한 사회학자 그레고리 폴의 종교성과 사회적 건강의 관계에 대한 도표들과 놀랍도록 비슷하다(종교성이 증가할수록 사회적 건강이 줄어든다). 차이가 있다면 윌킨슨은 가로축에 세속-종교 스펙트럼 대신, 평등-불평등 등급을 놓았다는 것이다. 그는 소득 불평등이 국가들(그리고 미국 내의 주들)에서 살인율, 수감률, 십대 임신율, 영아 사망률을 높이는 반면, 낮은 점수의 기대수명, 수학과 문해능, 신뢰, 비만, 정신병(약물과 알코올 중독 포함), 스트레스, 사회적 이동성을 초래한다고 생각한다.[88] 윌킨슨은 불평등한 사회일수록 이 모든 척도에서 낮은 점수를 보인다고 말한다. 윌킨슨과 피킷은 현명하게도, 이 문제를 해결할 방법을 제안하는 데는 정치적으로 중립적인 태도를 취한다. 그들은 부를 창출하는 시장의 힘과 정부의 재분배 프로그램이 똑같이 효과적일 수 있음을 보여준다. 중요한 것은 불평등을 줄이는 것이지, 평등하게 하는 힘이 무엇인지가 아니라고 그들은 말한다.

이 연구의 일부는 다른 연구자들에 의해 입증되었다. 그중 한 사람이 스탠퍼드대학교의 생물학자 로버트 새폴스키Robert M. Sapolsky다. 그는 사회적 불평등이 유발하는 스트레스가 개코원숭이에게 어떤 육체적 영향을 미치는지에 대한 선구적인 연구를 실시했다(그리고 그 반대에 대한 연구인 인상적인 저서 《왜 [사회적으로 더 평등한] 얼룩말은 궤양에 걸리지 않는가Why [more socially egalitarian] Zebras Don't Get Ulcers》를 펴냈다). 그는 "우리는 소득 불평등, 낮은 수준의 사회적 결속과 사회자본, 계급 갈등, 많은 범죄를 얻었다. 이 모두는 건강하지 않은 사회를 초래하는 요인들이다"라고 하면서, 미국과 소련 붕괴 이후의 러시아를 예로 든다.[89] 인류학자 마틴 데일리 Martin Daly와 마고 윌슨Margo Wilson은 캐나다와 미국을 비교하면서 소득 불평등과 살인율의 상관성을 주장했다. 그들은 "캐나다의 주들과 미국의 주들을 함께 놓고 보면, 두 나라에서 엄청난 차이를 보이는 살인율을 소득 불평등으로 충분히 설명할 수 있는 듯하다"고 지적했다. "자원이 불평 등하게 분배되는 정도는 현대 국가에서 치명적인 폭력 발생률을 결정하는 데 있어서 물질적 부의 평균 수준보다 더 강력한 영향을 미치는 인자였다"는 것이 두 사람이 내린 결론이다. 그들은 낮은 사회경제적 계급에서 남성 대 남성의 경쟁이 심해지는 탓이라고 생각한다. 심한 경쟁은 폭력을 초래할 확률이 높기 때문이다.[90]

나는 그렇다고 확신하지 않는다. 미국이 전국적인 범죄의 물결에 휩쓸려 살인율이 거의 열 배 가까이 치솟았던 1970년대와 1980년대에, 소득 불평등은 지금보다 훨씬 낮았다. 그런 다음에 1990년대에 범죄의 물결이 끝나고 살인율이 1960년대 이전 수준으로 낮아졌을 때, 소득 불평등이 꾸준히 증가하기 시작했고, 2000년대 내내 계속해서 증가했다. 반면 범죄와 살인율은 사상 최저 수준에 머물고 있다. 내가 4장에서 그레고리 폴의 연구를 평가하면서 말했듯이, 이러한 사회악들—살인, 자살, 십대 임신, 수감률 등—은 저마다 나름의 원인들을 갖고 있다. 이 모두가 소득 불평등이라는 단 하나의 원인에서 비롯된 결과일 리 없다. 소득 불평등은 오히려, 다른 원인들에 매우 민감하게 반응하여 어떤 결과를 초래하는 대리 지표일 가능성이 높다.

예컨대, 소득 불평등은 권력을 가진 유리한 지위에 있는 사람들의 심리에 영향을 미치고, 그럼으로써 그들이 타인들과 교류하는 방식을 바꾸는 것 같다. 사회심리학자 폴 피프Paul Piff와 그의 UC 버클리 동료들이 그것을 극명하게 보여주는 사례를 발견했다. 그들의 연구에서 피험자들은 모노폴리 게임(1980년대에 한국에서 유행한 '부루마블'과 비슷한 게임―옮긴이)을 했는데, 다른 피험자들에게는 불공평하게도 일부 피험자들에게 유리한 조건이 주어졌다. 그들은 주사위를 한 번이 아니라 두 번굴릴 수 있고, 밑천으로 1,000달러가 아니라 2,000달러를 가지고 시작하며, '고'(출발점)를 통과할 때마다 정상 액수의 두 배를 받았다. 그리고유리한 조건의 피험자들에게는 효과적인 지위 척도로, '낡은 신발' 대신'롤스로이스' 말을 주었다. 동전 던지기로 피험자들을 보통의 지위와 유리한 지위에 무작위로 배정했음에도, 돈과 재산에서 앞서나간 사람들은이러한 부를 운이 좋은 탓으로 여기지 않고 자신의 기술과 재능 덕분으로 합리화했다. 그 결과 그들은 특권 의식을 갖고 행동하기 시작했다. 게임판에서 말을 옮길 때 더 시끄러운 소리를 내고, 물리적 공간을 더 많이차지하고, 들뜬 목소리로 말함으로써 더 통제적이고 과시적으로 행동하고, 요구하는 식의 언어를 구사하고("내게 파크 플레이스를 줘"), 무엇보다마치 자신들이 이길 자격이 있는 사람인 것처럼 자부심을 느낀다고 보고했다.[91]

나는 피프에게 이 연구의 함의를 물었다. 그는 이렇게 답했다. "결과를말하기에는 아직 기초적인 단계지만, 모노폴리 실험이 보여주는 것은 공개적으로 조작된 게임에서조차 '부자 플레이어'가 다르게 행동하기 시작하는 것처럼 행동이 바뀐다는 것이다. 그들은 무례해지고, 목소리가 커지고, 더 요구하게 되고, 타인들에게 덜 민감해진다. 그리고 그들의 태도역시 바뀌는 것 같다. 불공정한 이점을 누리는 사람들은 그것이 당연하며 자신들은 그럴 자격이 있는 것처럼 느끼기 시작한다."[92]

이 효과는 **근본적 귀인 오류**, 즉 나의 믿음과 행동은 타인의 그것과 다른 원인을 가지고 있다고 생각하는 경향이 겉으로 드러나는 것이다. 귀

인 오류에는 여러 유형이 존재한다. **상황적 귀인 오류**는 누군가의 믿음이
나 행동의 원인을 환경에서 찾는 것이고("그녀가 성공한 것은 운, 상황, 인맥
의 결과다"), **내적 귀인 오류**는 누군가의 믿음이나 행동의 원인을 그 사람의
영구적인 성격 형질에서 찾는 것이다("그녀가 성공한 것은 지능, 창의성, 노력
때문이다").[93] 그리고 **자기 위주 편향** 덕분에, 우리는 자신의 성공은 당연히
긍정적인 기질 탓이고("나는 열심히 일하고, 지적이고, 창의적이다"), 타인의
성공은 운이 좋아서라고 생각한다("그는 상황과 가족의 인맥 때문에 성공했
다").[94] 피프의 연구에서, 부자 부모를 두었을 뿐 아직 성공하지 않은 사람
들(예컨대 학생들)조차 더 강한 특권의식을 보였다.[95] 〈사회 계급, 통제력,
사회적 설명〉이라는 제목의 2009년 논문에서, 피프와 그의 동료 마이클
크라우스Michael Kraus, 다허 켈트너Dacher Keltner는 사회적 계급은 "개인의
통제력과 밀접한 관련이 있고, 이는 왜 낮은 계급의 개인들이 사회적 사
건에 대한 내적 설명보다 상황적 설명을 선호하는지를 잘 설명해준다."[96]

소득 불평등의 효과들은, 그 반대가 건강한 것만큼이나 치명적일 수
있다.[97] 예컨대 피프와 그의 연구팀은 또 다른 실험에서, 캘리포니아주의
한 거리에서 횡단보도를 막 건너려는 보행자를 위해 자동차들이 몇 대
나 멈추는지를 교차로에 몰래 숨어서, 기록했다(그 주의 법에 따르면 무조
건 멈추어야 한다). 운전자의 65퍼센트가 멈추었지만, 멈추지 않은 사람들
가운데 압도적 다수—서너 배—가 고급 자가용을 모는 사람들이었다
(예를 들어 BMW, 메르세데스 벤츠, 포르셰). 고급 자가용은 높은 사회경제적
계급을 나타내는 대리 지표다.[98] 또 다른 실험에서, 피험자들에게 어떤
서식을 작성하라고 하고, 그동안 테이블 위에 놓인 유리병에서 사탕 '몇
개'를 먹어도 좋지만 그 사탕은 "다른 연구에 참여하는 아이들을 위한
것"이라고 말했다. 자신이 부자라고 느끼는 피험자들은 가난하다고 느끼
는 참가자들보다 두 배 많은 사탕을 꺼내 먹었다.

이 연구에서 피프의 연구팀은 조건을 조작함으로써 사람들이 실제로 부자라고 느끼거나 가난하다고 느끼게 만들었고, 따라서 실험 결과는 훨씬 더 의미심장하다. 소득 효과가 일시적이고 바뀔 수 있는 것임을 보여주기 때문이다. 주사위를 굴리는 피험자들에게 결과를 직접 실험 진행자에게 보고하도록 하고, 실험 진행자는 그 결과를 볼 수 없다고 말했더니, 부유한 사람들(1년에 15만 달러 내지 20만 달러를 버는 사람들)은 상금으로 걸린 현금 50달러를 받기 위해 가난한 사람들(1년에 1만 5,000달러 이하를 버는 사람들)보다 네 배나 더 많이 속였다. 그런데 이러한 효과는 극우 보수주의자들부터 '월가를 점령하라' 운동에 나선 자유주의자들까지, 모든 정치적 스펙트럼의 사람들에서 나타났다. 피프는 그 결과를 이렇게 해석했다. "돈이 누군가를 반드시 무언가로 만들어주는 것은 아님에도, 부자들은 자신의 이익을 다른 사람들의 이익보다 우위에 놓을 확률이 훨씬 높다. 돈을 가진 사람들은 우리가 나쁜 놈과 연결 짓는 전형적인 특징들을 보일 가능성이 높다."[99]

불공평함에 대해 사람들이 가장 흔히 보이는 반응은 부자들에게 세금을 걷어 그 돈을 가난한 사람들에게 재분배하자는 것이다(자유주의자들과, 당연히 가난한 사람들이 선호하는 방법이다).[100] 상대적으로 드문 반응은 사적인 자선 활동이다. 부자들이 가난한 사람들을 돕는 자선 단체에 기부하는 것이다(보수주의자들과, 당연히 부자들이 선호하는 방법이다). (그가 캘리포니아대학교 가운데서도 악명 높을 정도로 자유주의적인 버클리캠퍼스에 있다는 점에서) 놀랍게도, 피프는 자신의 연구에 관한 TED 강연을 마무리하면서, 돈이 많은 것에 동반되는 태도들이 날 때부터 타고나는 고정된 것이 아님을 지적한다. 부자들에게 부자가 아닌 사람들에 대해 일깨워주기만 해도(가난한 어린이들에 대한 46초짜리 동영상을 통해), 실험실에서 곤경에 처한 낯선 사람이 앞에 있을 때 돈 있는 사람들이 자신의 시간을 기꺼이 내놓았다. "이 동영상을 시청한 뒤, 부자들은 가난한 사람들만큼이나 자신의 시간에 관대해졌다. 이는 이러한 차이가 타고나는 것이거나 범주적인 것이 아니라, 사람들의 가치에 작은 변화가 일어나거나 동정심을 자극하고 감정이입을 북돋울 때 쉽게 바뀔 수 있는 것임을 뜻한다."

피프는 "공정한 몫을 하도록" 부자들에게 누진세를 요구하는 대신, 미국의 초부자들이 하고 있는 풀뿌리 운동에 주목한다. 그들은 전 세계 억만장자들의 기부 서약 모임인 기빙플레지Giving Pledge 같은 기구들을 통해 가치 있는 대의명분에 **자발적으로** 큰돈을 내놓는다. 미국의 최고 부자들 가운데 100명 이상이 재산의 절반 이상을 자선단체에 기부하기로 서약했다. 서약한 사람들 가운데는 빌 게이츠, 워렌 버핏(투자가), 폴 앨런(마이크로소프트사 공동 창업자), 마이클 블룸버그(뉴욕 시장을 지낸 대부호), 테드 터너(CNN 창립자), 마크 저커버그(페이스북 창업자), 일론 머스크(페이팔 사업가), 그밖에 다양한 정치적 신조를 지닌 사람들이 있다. 또한 리소스제너레이션Resource Generation이라는 단체도 있는데, 이 단체는 "부를 지닌 젊은 사람들이 자원과 특권을 사회 변화를 위해 쓰도록 조직하는 곳이다."[101]

소득 불평등의 심리적 효과를 해소하는 또 하나의 방법은 자본주의 내부에서 자본주의를 개혁하는 것이다. 모순어법처럼 들리겠지만, 미국의 유기농 슈퍼마켓 체인 홀푸즈마켓의 공동 CEO인 존 매키John Mackey가 하고 싶어 하는 일이 바로 그것이다. 매키는 《깨어 있는 자본주의 Conscious Capitalism》에서 자본주의에 대한 새로운 서사를 작성하는 일에 착수한다. 그는 이윤 창출이라는 동기가 기업의 유일한 원동력이라는 신화에서 시작한다. 우리 모두는 오래된 내러티브를 알고 있다. **자본주의자들이란, 시가를 물고, 돈을 그러모으고, 이윤에만 눈독을 들이고, 분기별 보고서를 주시하고, "당신은 해고야"가 입버릇이고, '고든 게코'처럼 탐욕은 좋은 것이라**

며 군침을 흘리고, 냉정하고, 무정하고, 권모술수에 능한, 사이코패스 집단이다. 몇몇 자본주의자들은 실제로 이 내러티브에 딱 들어맞지만(올리버 스톤 감독의 영화 〈월스트리트Wall Street〉의 등장인물인 고든 게코는 정크본드Junk Bond 를 개발한 마이클 밀큰Michael Milken을 모델로 했다. 그는 98건의 주가 조작과 사기 혐의로 기소되었다), 매키의 주장에 따르면, "극소수의 예외를 제외하면, 성공적으로 사업을 운영하는 기업가들은 이윤을 극대화하는 것이 목적이 아니다. 물론 그들도 돈을 벌고 싶어 하지만, 이윤은 대부분의 기업가를 움직이는 동기가 아니다. 그들은 자신들이 필요하다고 믿는 무언가를 하겠다는 포부를 갖고 있다."[102]

매키는 히피 이미지와 채식주의 식생활로 유명하지만(그는 자신의 말을 몸소 실천하면서 산다), 자신이 "족벌 자본주의라는 암종"이라고 부른 것에 맞서는 그의 모습은 순진해 빠진 이미지와는 거리가 멀다. 시장에서 경쟁할 능력이 없는 족벌 자본주의자들은 경쟁자에게 규제와 세금을 부과해달라고 정부를 조른다. 족벌 자본주의라는 암종을 치료하는 길은 "모든 이해관계자를 위한 가치 창출에 기반을 둔 윤리적 체계"를 기본으로 삼는 깨어 있는 자본주의다. 이러한 이해당사자들에는 소유주만이 아니라, 직원, 고객, 지역사회, 환경, 심지어는 경쟁자, 활동가, 비판자, 노동조합, 언론도 포함된다. 매키는 구글과 사우스웨스트에어라인을 롤모델로 삼고, 제약회사들과 금융 기업들을 반대 모델로 삼는다.[103]

매키의 핵심 포인트는 놀랍게도, 이윤 창출 동기가 유일한 가치 척도라는 신화를 퍼뜨린 책임이 자본주의자 본인들에게 있다는 것이다. "그들은 비즈니스의 좁은 개념을 받아들인 다음 그대로 실행함으로써, 생각한 대로 이루어지는 자기 충족적 예언을 창조했기" 때문이다. 재무제표의 데이터점 대신 소비자와 인간을 생각하는 새로운 자본주의 서사를 쓰는 것이 매키의 목표다. 매키는 존 골트(에인 랜드Ayn Rand의 철학적 대하

소설 《아틀라스Atlas》의 주인공으로, 기업인의 경쟁과 능력을 옹호한다―옮긴이)
보다는 존 레논 같은 논조로, "경쟁자를 짓밟아야 할 적이 아니라 배울
점이 있는 스승이자, 최고를 향한 여행의 동반자로 바라보는 비즈니스를
상상하라"고 주문한다. 그것은 "지구와 그곳에 살고 있는 모든 감응적 존
재들을 진정으로 생각하고, 자연의 장관들을 찬양하고, 탄소중립마크(온
실가스를 배출한 양만큼 회사에서 나무 심기 등으로 환경을 다시 살리는 제품―옮
긴이)를 뛰어넘어 생태권ecosphere을 지속 가능한 생명력으로 되돌리는
치유의 힘이 되기 위해 노력하는" 비즈니스다.[104]

매키는 깨어 있는 자본주의를 실천하는 많은 기업의 사례들을 제시하
지만―그 가운데서도 특히 자신이 운영하는 홀푸즈마켓의 경우, 모든
직원이 나머지 직원들이 무엇을 만드는지 알고 있으며, 임원의 연봉은
사원의 평균 연봉의 19배를 초과할 수 없다(다른 기업들에서는 평균 100배
쯤 된다)―그와 동시에 동료 자본주의자들에게 이런 메시지를 전달하고
있는 것처럼 보인다. 모든 이해당사자에게 혜택이 돌아가는 프로그램을
자발적으로 시작하지 않는다면, 정부가 그것을 강제할 것이고, 그렇게
되면 의식적인 선택이라는 도덕적 요소가 사라지게 될 것이다.

정부가 자본주의를 운영하는 법들을 제정하고 시행하는 역할을 하지
만, 시장에 대한 지나친 하향식 개입을 막기 위해 기업들은 이윤을 내면
서도 도덕적 수준을 높일 방법을 찾는 자발적인 하향식 프로그램들을
시작해야 한다. 한 기업의 정규직 사원들이 자신과 가족의 기본적인 생
계를 꾸려갈 수준의 돈을 벌 수 없다면, 비즈니스 자체에 문제가 있을 가
능성이 높다. 이런 방식 또는 저런 방식으로, 자발적 또는 비자발적으로
조정이 일어나야 한다. 자발적인 해법은 임원의 봉급을 깎고 사원의 봉
급을 올리는 것이며, 필요하다면 상품과 서비스의 가격을 인상해야 한
다. 그렇게 하지 않을 경우, 조세 전가라는 비자발적인 해법을 통해 똑같

은 조정이 일어날 것이다. 그것은 법인세와 소득세 인상이다. 하지만 이 경우에는, 임금을 지불해야 하는 중간자인 정부 관료가 필요하므로 전체적인 부가 감소하게 된다. 국제금융기구가 발표한 2014년의 한 연구에 따르면, "불평등은 성장을 저해할 수 있는데, 그것은 재분배 노력 그 자체가 성장을 약화시킬 수 있기 때문이다. 그러한 상황에서는, 설령 불평등이 성장에 나쁘다 해도, 조세 전가라는 처방을 쓰면 안 된다."[105] 따라서 도덕적인 이유와 실용적인 이유 모두에서 자본주의 내부의 자발적 개혁을 목표로 삼아야 한다.

오늘날의 경제적 문제는 실재하지만 해결할 수 있는 것이다. 게다가, 경제적 추세들은 올바른 방향으로 가고 있다. 아프리카처럼 지구에서 가장 가난한 장소들에서조차 그렇다. 역사가 장기적 추세를 가늠하는 지침

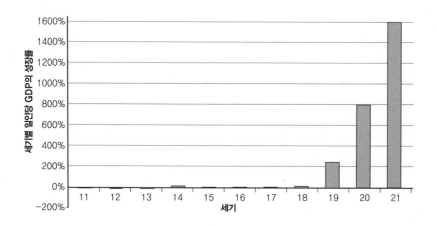

[그림 12-4] 세기별 전 세계 경제 성장률

UC 버클리 경제학자 브래드포드 들롱Bradford DeLong의 데이터와 예측에 근거한 막대그래프는 '지난 1,000년 동안 전 세계 생산성 수준과 물질적 부로 본 경제 성장의 상대적 속도'를 나타낸다. 들롱에 따르면, 이러한 추측값들은 '대략적인 근사값'이지만, "상대적 경제 성장률의 질적 추세를 보여줄 수 있다."[106] 산업혁명 이후 시작된 전 세계 일인당 GDP 성장은 놀랍다. 19세기에 200퍼센트 이상 성장했고, 20세기에는 800퍼센트, 21세기는 1,600퍼센트가 성장할 것으로 예상된다. 그렇게 된다면, 이번 세기가 이전의 모든 세기를 합한 것보다 더 많은 부와 번영을 인류에게 가져다줄 것이다. 이는 명실상부한 도덕적 진보다.

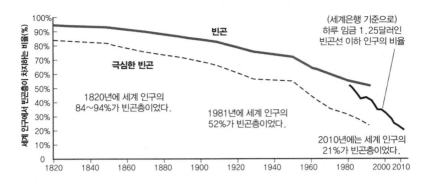

[그림 12-5] 1820~2010 감소하는 세계 빈곤율

경제학자 맥스 로저Max Roser가 수집한 데이터는 1820년에 세계 인구의 84퍼센트 내지 94퍼센트가 빈곤층이었음을 보여준다. 1981년에는 그 비율이 52퍼센트로 떨어졌고, 2010년에는 21퍼센트까지 떨어졌다. 여전히 높은 숫자지만, 이 속도로 가면 2100년에는 0퍼센트에 도달할 것이고, 잘하면 그 시점이 2050년으로 앞당겨질 수도 있다.
출처: www.ourworldindata.org/data/growth-and-distribution-of-prosperity/world-poverty.
데이터의 출처: 세계은행, Francois bourguignon, and Christian Morrison. 2002. "Inequality among Wrold Citizens: 1820-1992." *The American Economic Review*, Vol. 92, No. 4, 727-744.

이 된다면, 아프리카 사람들은 이번 세기가 끝나기 한참 전에 오늘날 서구인들이 누리는 수준의 부를 누리게 될 것이다.[107] [그림 12-4]의 성장률과 [그림 12-5]의 빈곤율 감소 추세가 계속 이어진다면, 2100년쯤에는 모든 장소의 거의 모든 감응적 존재의 생존과 번성을 보장하는, 희소성의 이후의 풍요의 세계가 올 것이다.

문명 2.0: 먼 미래를 내다보며

1964년에 외계 문명 찾기에 관한 기사에서 소련의 천문학자 니콜라이 카르다셰프Nikolai Kardashev는 전파망원경을 이용해 다른 태양계들에서

오는 에너지 신호를 감지하자고 제안하면서, 세 가지 유형의 문명을 발견할 수 있을 것이라고 말했다. 제1형 문명은 그 행성의 에너지원 전부를 이용할 수 있고, 제2형 문명은 그 태양계의 태양(항성)에서 나오는 에너지 전부를 이용할 수 있으며, 제3형 문명은 은하에서 나오는 에너지 전부를 이용할 수 있다.[108] 각 문명은 그 유형에 따라 지적 생명체의 존재를 암시하는 다른 에너지 신호를 내보낼 것이다(생명체가 살기에 적합한 우리 대기 속의 산소, 메탄, 그밖의 다른 기체들의 흔적을 우리 은하의 다른 어딘가에서 감지할 수 있는 것처럼[109]).

1973년에 천문학자 칼 세이건은 정보 용량에 기반을 둔 또 다른 문명 분류 체계를 제안했다. 이 분류 체계에 따르면 우리는 0.7형 문명에 와 있다.[110] 물리학자 미치오 카쿠는 인류가 제1형 문명에 도달하기까지 100~200년쯤 걸릴 것이고, 제2형 문명에 도달하기까지는 수천 년, 그리고 제3형 문명에 이르려면 10만~100만 년의 시간이 걸릴 것이라고 추산한다.[111] 또한 그는 전 우주의 암흑에너지를 이용하는 제4형 문명과, 다중우주들의 에너지를 이용할 수 있는 제5형 문명도 있을 수 있다고 추측한다.[112] 화성협회Mars Society의 창립자이자 항공우주공학자 로버트 주브린Robert Zubrin은 거주자들이 분포하는 범위에 따라 문명 유형을 정의하는 자신만의 독자적인 분류 체계를 제안한다. 이에 따르면, 제1형 문명은 그 범위가 행성 전체이고, 제2형 문명은 그 행성이 속한 태양계 전체이며, 제3형 문명은 그 은하 전체다.[113]

문명 분류는 장기간에 걸친 진보를 생각하는 일이라는 점에서, 나도 도덕적 진화에 영향을 미치는 정치, 경제, 사회적 차원에 따라, 문명 진보 유형을 제안해보고 싶다. 내 의도는 인간이 그동안 발명한 수많은 생활양식들을 일일이 열거하는 것이 아니라, 지난날을 토대로 먼 앞날의 모습을 대략적으로 가늠해보는 것이다. 한 시스템이 처음 출시된 형태를

1.0이라고 부르는 컴퓨터계의 관습에 따라, 문명의 시작을 버전 1.0으로 부르고, 우리의 호미닌 조상들이 수백만 년 전 최초로 사회적 영장류가 된 때를 그 시점으로 정하겠다. 이런 식으로 우리는 그동안 우리가 얼마나 멀리 왔는지, 버전 2.0이 되려면 무엇이 필요한지 알 수 있을 것이다.

문명 1.0: **이합 집산**. 아프리카에 살던 호미닌 집단. 집단 구성원이 유동적이고, 기술은 원시적인 석기에 머물러 있으며, 집단 내 분쟁은 지배 서열을 통해 해결되고, 집단 간 폭력이 흔하다.

문명 1.1: **무리**. 친족끼리 집단을 이루어 떠돌아다니는 수렵-채집인 집단. 대체로 수평적인 정치 체제와 평등한 경제를 운영한다.

문명 1.2: **부족**. 친족 관계로 연결된 집단이지만, 정착 및 농경 생활 양식에 근접해 있다. 정치적 계층 구조와 원시적인 노동 분업이 시작된다.

문명 1.3: **군장제**. 부족들이 연합하여 구성한 단일한 위계적 정치 단위. 꼭대기에는 최고 지도자가 있다. 상당한 경제적 불평등이 시작되고, 노동 분업에 따라 하층 계급의 구성원들이 식품과 기타 제품들을 생산하고, 생산하지 않는 상층 계급의 구성원들이 그것을 소비한다.

문명 1.4: **도시국가와 봉건 왕조**. 작은 정치적 무리들이 땅을 중심으로 연합하고, 몰수적 교육 과세로 관료제를 운영하는 위계적 구조 아래서 경제적 결속과 군사적 의무를 통해 유지된다.

문명 1.5: **민족국가**. 명확하게 구분되는 지리적 영토와 그곳에 사는 거주자들에 대한 관할권을 갖는 정치적 연합체. 다른 국가들과의 제로섬 게임에서 무역 수지 흑자를 추구하는 상업 경제를 운영한다.

문명 1.6: **제국**. 한정된 지리적 관할권 내에서, 문화적으로나 인종적으로 서로 무관한 민족들에게로 통제권을 확장하는 국가. 경쟁 제국에 대한 경제적 지배가 목표다.

문명 1.7: **선거 민주주의와 공화국**. 선출된 공직자들에 의해 운영되는 여러 국가 기관들이 권력을 나누어 가진다. 시장 경제가 시작된다.

문명 1.8: **자유민주주의와 공화국**. 모든 시민에게 투표권을 제공한다. 자유무역을 통한 다른 국가들과의 넌제로섬 경제 게임을 수용하기 시작한다.

문명 1.9: **민주자본주의**. 자유민주주의와 자유시장의 혼합. 현재 개발도상국들의 민주주의 운동, 유럽연합 같은 광범위한 경제 블록, 그리고 북미자유무역협정(NAFTA) 같은 무역 협정들을 통해 전 세계로 퍼져나가고 있다.

문명 2.0: **지구촌과 지구문명**. 다음에 열거한 요소들을 포함한다. 전 지구적 커뮤니케이션 시스템(인터넷), 전 지구적 지식(장소와 시간에 구애받지 않고 누구나 이용할 수 있는 디지털 정보), 깨어 있는 자본주의를 실행하고 누구나 다른 모든 사람과 국가와 정부의 간섭을 받지 않고 무역할 수 있는 시장을 갖춘 전 지구적 경제, 선택에 의해 그곳에 사는 모든 사람이 사회적 계약으로 맺어진 민주주의 국가 또는 작은 도시국가들로 구성된 전 지구적 정치체, 재생 가능하고 지속 가능한 자원들로 운영되는 전 지구적 에너지 시스템, 부족이나 인종 간의 차이를 뒤로 하고 모든 사람이 한 종의 일원이라고 느끼는 전 지구적 문화.

○ ● ○

문명 2.0에 도달하는 것을 지연시키는 힘은 주로 정치·경제적인 것이다.[114] 예를 들어 판카즈 게마와트Pankaj Ghemawat는《월드 3.0World 3.0》에서, 2010년에는 경제 활동의 10~25퍼센트만이 국제적이었음을 보여준다(게다가 국제적 경제 활동의 대부분이 세계적이기보다는 지역적이었다). 거리 요인들(지리·문화적 요인)은 많은 사람들에게 여전히 중요하다. 그는 이러한 요인들이 무역에 미치는 영향을 뉴턴의 중력 법칙에서와 같이 수치로 표현한다. 예컨대 그는 "두 장소의 지리적 거리가 1퍼센트 증가할 때마다 무역이 1퍼센트 감소한다"고 계산하고, 이를 거리 감도가 −1이라고 표현한다. 또한 "미국과 칠레의 무역은 칠레가 미국과 캐나다만큼 가까울 경우 일어날 수 있는 무역량의 6퍼센트에 불과하다." 마찬가지로 "공용어를 사용하는 두 나라는 그러한 연결고리가 없는 비슷한 두 나라보다 평균적으로 42퍼센트 더 많이 무역한다. 무역 블록(예를 들어 NAFTA)에 가입한 국가들은 그러한 국제기구 활동을 공유하지 않는 비슷한 나라들보다 47퍼센트 더 많이 무역한다. 공용 화폐(예를 들면 유로)는 무역을 114퍼센트 증가시킨다." 내게는 이것이 좋은 조짐으로 들리지만, 게마와트는 친족 및 동류와의 교류를 원하고 자기 지역의 관습과 문화를 유지하고자 하는 우리의 깊이 뿌리박힌 성향을 상기시킨다. 이러한 성향들이 사람들을 분열시키고 세계화를 늦추기 쉽다는 것이다. 예컨대 2009년의 한 연구 조사는 유럽연합의 16개 나라에 사는 사람들 가운데 48퍼센트가 같은 나라 국민을 신뢰하고, 20퍼센트가 유럽연합 내 다른 국가들의 시민을 신뢰하며, 13퍼센트만이 유럽연합 외의 국민들을 신뢰한다는 사실을 밝혀냈다.[115]

권력을 국민에게 이양하지 않으려고 버티는 비민주적인 국가들의 저항도 만만치 않다. 특히 신권정치 국가에서 그러한데, 그러한 국가의 지도자들은 문명 1.3의 군장제를 선호할 것이다(물론 본인들이 군장이 되어야겠지만). 전 지구적 경제에 대한 반발은 산업화된 서구 사회에서조차 상당해서, 여전히 경제적 족벌주의가 대부분의 정치인, 지식인, 시민 들의 사고를 지배하고 있다. (대표적인 예로, 2013년과 2014년에 뉴저지, 텍사스, 애리조나주는 자동차 딜러들을 경쟁으로부터 보호하고자 테슬라모터스가 전기차를 소비자들에게 직접 판매하는 것을 막았다. 나는 이것이 타자기 제조업자들이 애플

이 자사 제품을 소비자에게 직접 판매하는 것을 막기 위해 정부에 로비하는 것만큼 어리석다고 생각한다.[116]

수천 년 동안 우리는 한 국가의 이익이 다른 국가의 손해를 의미하는 제로섬 세계에서 살아왔고, 우리의 정치·경제적 체제들은 이러한 제로섬 세계에 맞게 설계되었다. 하지만 지금 우리에게는 넌제로섬 세계에 살면서 문명 2.0에 도달할 기회가 있다. 그 방법은 자유민주주의와 자유무역을 포함해, 모든 감응적 존재가 번성할 수 있는 진보된 산업사회의 많은 특징들을 전 세계로 퍼뜨리는 것이다.

도덕은 어떨까? 나는 우리 본성에서 욕심, 탐욕, 경쟁심, 공격성, 폭력성 같은 성질들이 유전적으로 사라질 거라고는 생각하지 않는다. 왜냐하면 이러한 형질들은 인류라는 종의 핵심적인 특징이고 진화적 논리에 따라 움직이기 때문이다. 내가 예상하는 먼 훗날의 지구 문명은 (그리고 언젠가는 화성, 목성과 토성의 위성들, 어쩌면 다른 태양계의 행성들의 문명도) 우리 본성에서 최악의 성질을 억제하고 최선의 성질을 끄집어내는 정치·경제·사회 체제들을 설계할 수 있는 문명이다. 내가 예상하는 지구 문명은 단일한 문화가 아닌 다채로운 문화를 가진 문명이다. 그리고 우리가 다른 행성들에서 살 수 있는 기술을 개발한다면, 단일 문명이 아니라 여러 문명이 존재하게 될 것이다. 거리와 시간 척도를 고려하면, 많은 종의 호미닌들이 우주여행을 할 것이고, 각 행성을 차지한 호미닌들이 새로운 '창시자' 집단이 되어 이로부터 다른 집단들과 생식적으로 격리된 새 종이 진화할 것이다(이것이 종의 개념이다[117]). 이러한 문명들은 지구상의 국가들이 세계화되기 이전에 지녔던 다양성보다 훨씬 더 다양할 것이다. 문명 3.0과 4.0이 아니라, 수십, 수백, 심지어는 수천 개의 서로 다른 문명들에서 감응적 존재들이 번성할 것이다. 이들은 도덕의 지형 위에 있는 광범위한 봉우리들이다.[118]

이런 일이 일어난다면 감응적 종은 불멸의 존재가 될 것이다. 점점 가속화되는 우주 팽창에 의해 수조 년 후 우주 자체가 끝나는 경우를 제외하면[119] 모든 행성과 태양계를 한꺼번에 종말에 이르게 하는 메커니즘은 아직까지 알려져 있지 않기 때문이다.[120] 먼 훗날 문명들은 엄청나게 진보하여, 은하 전체에 거주하고, 새로운 생명 형태들을 유전적으로 합성하고, 행성들을 지구화하고, 심지어는 거대한 엔지니어링 프로젝트를 통해 항성들을 탄생시켜 새로운 태양계를 만들어낼 수도 있을 것이다.[121] 이 정도로 진보한 문명들은 사실상 전지전능한 지식과 힘을 갖게 될 것이다. (나는 이러한 추정을 '셔머의 마지막 법칙: 충분히 진보한 모든 지구 외 지적 생명체는 신과 구별이 불가능하다'라고 부른다.[122]) 말도 안 된다고? 오래전인 1960년대에 물리학자 프리먼 다이슨Freeman Dyson은 무한한 자유 에너지를 제공할 수 있을 만큼 충분한 태양복사선을 포착할 수 있도록, 어떻게 행성, 행성의 위성들, 소행성을 해체했다가 다시 모아 태양을 감싸는 거대한 구체 또는 고리를 만들 수 있는지 보여주었다.[123] 그러한 장치─지금은 '다이슨 구체Dyson Sphere'라고 불린다─가 가능하다면, 제1형 문명이 제2형 문명으로 이행할 수 있을 것이다. 마지막으로 이 사고실험에서 내가 꼭 지적하고 싶은 점은, 그러한 문명은 도덕적으로 진보하지 않고는 그 수준에 이르지 못한다는 것이다. 다시 한번 말하지만, 내 말은 우리가 도덕의 새로운 생물학적 토대를 진화시킬 것이라는 뜻이 아니다. 그보다 우리는 도덕의 영역에서 훨씬 더 진보한 문명들을 탄생시키는 데 필요한 사회적 도구와 기술들을 개발하게 될 것이다.

이를 위해, 세티SETI 소속의 이탈리아 천문학자이자 수학자인 클라우디오 마코네Claudio Maccone는 아스텍, 그리스, 로마, 르네상스기의 이탈리아, 포르투갈, 스페인, 프랑스, 영국, 미국을 포함한 그동안의 인류 문명들이 지녔던 정보와 엔트로피의 양인 '문명의 양'을 측정하는 수학 방정식을 개발했다. 예를 들어 마코네의 계산에 따르면, 아스텍 문명과 스페인 문명이 처음 만난 1519년~1521년에 두 문명의 차이는 개인당 3.85비트(의 정보)였다. 마코네가 이 숫자와 비교해서 제시한, 35억 년 전 나타난 최초의 생명체와 현생 생명 형태들 사이의 정보 차이는 한 생명체당 27.57비트다. 그리고 그는 3.85비트를 약 50세기(5,000년)의 기술 차이로 환산하면서, 스페인 정복자들이 수적으로 크게 열세였음에도 아스텍 문명을 쉽게 정복할 수 있었던 것은 이러한 기술 차이 때문이었다고 말한다.[124] 마코네에 따르면, 이는 지구 외 문명과의 만남이 어떤 것일지에 대한 암시를 준다. 그는 지구와의 정보 차이는 개인당 약 1만 비트로, 약 100만 년의 기술 차이가 날 것이라고 추산한다. 스페인 정복대가 겨우 5,000년의 기술 차이로 아스텍 문명을 쉽게 정복했던 것을 생각하면, 100만 년쯤 더 진보한 외계인들과의 접촉은 재앙이나 다름없을 것이다.[125] 그런데 과연 그럴까?

많은 저명한 과학자들은 그럴 것이라고 생각한다.[126] 예를 들어 스티븐 호킹 Stephen Hawking은 이렇게 말한다. "지적 생명체가 어떻게 우리가 만나고 싶지 않은 존재로 발전할 수 있는지는 우리만 봐도 알 수 있다. 그들은 아마 자신들이 사는 행성의 자원을 모두 소진해서, 거대한 우주선을 타고 다닐 것이고, 그렇게 떠돌아다니며 그들이 닿을 수 있는 모든 행성들을 정복하고 식민화할 것이다." 초창기 문명들의 조우가 어떠했는지 떠올려보면, 더 진보한 문명이 열등한 문명을 노예화하거나 파괴했다면서 호킹은 이렇게 결론 내린다. "외계인이 우리를 방문하는 일이 일어난다면, 그 결말은 크리스토퍼 콜럼버스가 아메리카 대륙에 처음 발을 디뎠을 때와 대동소이할 것이다. 당시 아메리카 원주민들에게 별로 좋지 않은 결말이었다."[127] 진화생물학자 재러드 다이아몬드도 이러한 생각에 공감하는 듯, 1974년에 아레시보 전파망원경에서 우주로 메시지를 보낸 일을 자살 행위와도 같은 바보짓이라고 비난했다. "혹시 우리 메시지를 들을 수 있는 거리 내에 전파를 사용하는 문명이 실제로 존재한다면, 생각만 해도 끔찍하다. 얼른 전송 장치를 끄고 그들이 우리 메시지를 감지하는 것을 막아야 한다. 그렇지 않으면 우리는 멸망할 것이다."[128]

외계인의 도덕적 품성은 오래전부터 과학소설 및 영화의 단골손님이었고, 대개는 우리 자신의 도덕적 관심사들을 반영하고 있다.[129] 많은 이야기들에서 외계인은 인류를 노예화시키거나 절멸시키려는 의도로 인류를 습격하는 악한 정복자들로 묘사된다. 예를 들면, H. G. 웰스의《우주 전쟁The War of the Worlds》(지구를 침공한 화성인들이 인간이 아니라, 우연한 치명적 바이러스에 부지불식간에 패배한다), H. P. 러브크래프트H. P. Lovecraft의《크툴루의 부름The Call of Cthulhu》(크툴루는 태평양의 깊은 바다에 가라앉은 도시인, 유클리드 기하학으로 측량 불가능한 광기의 장소 르리에R'lyeh에서 '죽은 채로 꿈꾸는' 괴물이다), 영화 〈인디펜던스 데이Independence Day〉(비장한 눈빛의 전투기 조종사들이 지구를 침공한 외계인의 우주선을 격추시킨다), 오슨 스콧 카드Orson Scott Card의《엔더의 게임Ender's Game》(엔더라는 소년이 벌떼와 비슷한 외계 종족 '버거'와 싸운다)이 있다. 미래에 대한 낙관적 희망을 지닌 진 로덴베리조차 23세기가 배경인 〈스타트렉〉의 은하에 클링온족과 로뮬란족 같은 호전적인 종족과, 보그족 같은, 인류를 기계화하려는 기계인간 집단을 투입했다. 가장 재미있는 사례는 아마 〈트와일라이트 존 Twilight Zone〉의 한 에피소드인 '투 서브 맨To Serve Man'일 것이다. 이 에피소드에서, 발이 아홉 개인 외계인 종족 '카나미츠'가 지구로 보낸 대사는 배고픔, 에너지 부족, 전쟁을 끝낼 수 있는 진보한 기술을 가져와, 지구인들에게 자신들의 낙원 같은 행성으로 데려다주겠다고 제안한다. 하지만 암호 해독자가 뒤늦게 알아낸 사실에 따르면, 외계인 대사가 가져온 검은 책의 알쏭달쏭한 제목 '투 서브 맨'은 요리책 제목이었다.[130]

외계인들이 우리보다 기술적으로 더 진보했을 뿐 아니라 도덕적으로도 우월하다는 주제의 작품도 드물지만 있다. 예를 들면 〈닥터 후Doctor Who〉('타임로드'라고 불리는 외계 종족의 외계인 '닥터'가 인류의 보호자로 활동하는 이야기)와, 칼 세이건의 〈콘택트Contact〉에 등장하는 외계 종족(인간에게 웜홀을 여행하는 우주선을 만들 계획을 제공한다)이 그렇다. 이 장르의 고전은 1951년 영화 〈지구가 멈추는 날The Day the Earth Stood Still〉이다. 그리스도를 상징하는 구원자적 인물인 외계인 클라투(그는 지구를 방문하는 동안 '카펜터[목수]'라는 가명을 쓴다)는 인류를 전멸시킬 수 있는 핵무기의 위협 대해 인간을 훈계하고, 인간이 핵무기를 계속 보유하는 한은 행성 공동체에 참여할 수 없을 것이라고 주장한다. 치명적인 레이저빔을 쏘는 '고트'라는 이름의 거대한 로봇이 우주선 옆에서 평화 수호자로 대기하고 있다. 클라투는 자신의 메시지를 전 세계 모든 지도자들에게 전달하고 싶어 하지만 거부당하고, 따라서 (예수처럼) 일반인들 속에서 활동하다가 정부의 추적 끝에 살해되어 무덤 같은 시체 보관소에 처박힌다. 고트는 클라투를 꺼내 부활시키고,[131] 부활한 클라투는 과학자들에게 만일 인류의 도덕이 살상 기술에 발맞추어 진보하지 않는다면 인류는 살아남지 못할 것이라고 경고한다. "모두가 안전하지 않다면 아무도 안전하지 않습니다." 클라투는 몰입한 청중에게 연설한다. "무책임하게 행동할 자유를 제외한 모든 자유를 포기하라는 뜻이 아닙니다. 그 뜻을 알았던 당신들의 조상들은 스스로를 통치하는 법을 만들고 경찰들을 고용해 법을 시행했습니다. 우리 종족은 경찰로 쓰기 위해 로봇 종족을 창조했습니다. 그들의 기능은 행성들을 순찰하고 …… 평화를 지키는 것입니다. 그 결과 우리는 무기와 군대 없이도 평화롭게 살고 있습니다. 공격과 전쟁이 일어나지 않을 것이고, 따라서 더 가치 있는 계획들을 추구할 수 있다는 것을 확신하기 때문입니다."[132] 이 이야기의 종교적 알레고리는 구원의 메시지를 마친 클라투가 하늘로 올라가면서 완성된다.

과학 소설에서부터 과학적 추측에까지 널리 등장하는, 자가 복제하는 DNA 같은 분자들을 갖추고 유성생식을 통해 유전적 변이를 생산하는 어떤 외계인 종이 자연선택에 의해 진화했을지도 모른다는 생각은 합리적이다. 그렇다면 그들은 내가 1장에서 제시한 것 같은 도덕 감정들을 진화시켰을 것이고, 그 경우 그들 역시 다른 감응적 존재들에 대한 다양한 반응을 유발하는 (죄수의 딜레마 같은) 게임 이론의 모델에 따라 협력하거나 경쟁할 것이다. 따라서 ET는 우리와 다르지 않은 도덕 감정들을 지닐 가능성이 높다. 차이가 있다면, 사회적 진화의 역사가 더 긴 그들이 우리보다 도덕적으로 더 진보한 존재일지도 모른다는 것이다.

비록 표본을 구성하는 사례가 단 하나이고, 우리 종이 문명들 간의 첫 접촉에 관한 자랑스럽지 않은 기록을 지니고 있긴 하지만, 지난 500년 동안의 자료가 보여주는 추세는 고무적이다. 식민주의와 노예제도가 사라졌고, 전쟁으로 죽는 인구의 비율이 극적으로 줄었으며, 범죄와 폭력이 크게 줄었고, 시민의 자유가 크게 늘어났고, 전 세계에서 읽고 쓰는 능력, 교육, 과학기술 수준이 높아짐에 따라 대의민주주의에 대한 욕구가 치솟고 있다. 이러한 추세들은 인류 문명을 더 포용적이고 덜 착취적인 구조로 만들어가고 있다. 같은 추세가 계속된다고 가정하고 지난 500년의 추세를 5,000년 또는 50만 년에 적용하면, 지구 외 지적 생명체가 어떤 모습일지 감을 잡을 수 있다. 광범위한 우주여행을 할 수 있는 문명이라면 착취적 식민주의와 화석 연료 같은 지속 가능하지 않은 에너지원을 이미 능가했을 것이다.[133] (NASA도 우주 탐사에 화학 로켓이 아닌 대안적인 동력 수단을 사용할 계획을 세우고 있다. 초 진보적인 외계인의 우주선이 석유와 가스를 착취하기 위해 지구에 온다는 것은 터무니없는 생각인 듯하다.) 토착민을 노예화하고 그들의 자원을 갈취하는 것은 지구 문명에서 단기적으로는 이익일 수 있다. 하지만 그러한 전략은 장기적으로, 즉 행성 간 우주 여행에 필요한 수천 년이라는 시간 틀에서는 지속 가능하지 않아 보인다.[134]

따라서 우리가 접촉할 수 있을 만큼 충분히 오래 생존한 진보한 문명이 존재한다면 그 문명은 도덕적으로도 진보한 문명일 것이다.[135] 이런 의미에서 지구 외 문명에 대해 생각할 때 우리는 지구 문명의 성격과 진보를 고려하지 않을 수 없고,[136] 그렇다면 지구 외 문명과의 접촉은 희망적일 것이다. 그러한 접촉이 일어난다면, 적어도 한 지적인 종이 땅을 정복하는 것보다 우주 탐험이 더 중요한 수준에 이르렀으며, 다른 감응적 존재들을 정복하고 죽이는 것보다 살리고 번성하게 하는 것을 더 가치 있게 여길 것이라는 뜻이다. 그리고 그러한 조우가 일어난다면, 그들이 자멸의 도덕적 문제를 해결했다는 뜻이다.[137]

○ ● ○

문명 1.0으로 돌아가서 지금 우리 앞에 놓인 긴요한 문제들을 보자. 단계적으로 누적되는 진보를 지향하는 프로토피아적 목표는 우리에게 가장 실용적인 목표다. 실제로 그것은 인류 역사에서 가장 성공한 사회정치 운동가들이 취했던 전략이다. 대표적인 예가 이 책을 시작할 때 언급한, 1965년 앨라배마주 몽고메리에서 있었던 마틴 루터 킹 목사의 민권 행진이다.

3년 뒤인 1968년 4월 3일, 킹 목사는 테네시주 멤피스에서 마지막으로 "저는 산 정상에 올랐습니다"라는 마지막 연설을 했다. 그는 자신의 꿈이 실현되는 것을 생전에 보지 못할 것을 예감한 듯, 추종자들에게 미국을 건국 문서들(《미국독립선언》과 헌법)에 선언된 나라로 만들기 위해 함께 노력할 것을 촉구했다. "산 정상에서 저는 약속의 땅을 보았습니다. 저는 여러분과 함께 그 땅에 가지 못할지도 모릅니다. 하지만 오늘밤 여러분이 이것만큼은 꼭 알기를 바랍니다. 우리는 하나가 되어 약속의 땅에 도착할 것입니다!"[138] 이튿날 킹 목사는 암살당했다.

마틴 루터 킹을 비롯해, 진리와 정의와 자유를 수호하기 위해 싸운 모든 사람들의 유산을 계승하여 세계를 더 나은 장소로 만드는 데 헌신적으로 노력해야 할 의무가 우리에게는 있다. "우리 각자에게는 두 개의 자아가 있습니다." 킹 목사는 이렇게 썼다. "고귀한 자아가 패권을 쥐고 있게 하는 것이야말로 인생의 가장 벅찬 책무입니다. 과거의 비천한 자아가 나타나 우리에게 잘못된 일을 하라고 말할 때마다, 고귀한 자아가 우리에게 우리는 별이 되기 위해 만들어졌고, 변치 않는 것들을 추구하도록 창조되었으며, 영원을 위해 태어났다고 말할 수 있게 합시다."[139]

우리는 실제로 별먼지로 만들어졌다. 우리 몸을 이루는 원자들은 오래전 별들의 내부에서 만들어진 것으로, 이 별들이 초신성 폭발로 최후를 맞을 때 우주로 흩어졌고, 그곳에서 다시 뭉쳐 행성, 생명, 그리고 숭고한 지식과 도덕적 지혜를 지닐 수 있는 감응적 존재들이 있는 새로운 태양계가 되었다. "우리는 별먼지랍니다. 우리는 특별한 존재예요, 우리는 10억 년이나 된 탄소죠……."[140]

도덕은 탄소 원자들이 10억 년의 진화를 거쳤을 때 구현할 수 있는 것이고, 바로 이것이 도덕의 궤적이다.

주

프롤로그 도덕의 궤적을 구부리다

1 King Coretta Scott. 1969. *My Life with Martin Luther King Jr*. New York: Holt, Rine-hart, & Winston, 267.

2 많은 기록들이 마틴 루터 킹이 주청사 계단에 — 맨 위 칸 또는 맨 아래 칸, 아니면 그냥 계단 위에 — 오른 것으로 묘사한다. 킹이 이 유명한 연설을 계단 **위에서** 했다고 주장하는 목격담이 많이 있다. 예컨대, 존 N. 파월렉은 이렇게 회고한다. "우리가 주청사에 도착했을 때 시위대가 그곳을 가득 메우고 있었다. 마틴 루터 킹은 계단 위에 있었다. 그는 침례교 목사만이 할 수 있는 뜨거운 연설을 했다."(goo.gl/eNyaGX) 앨라배마의 아름답고 유서 깊은 길들을 소개하는 웹사이트인 '앨라배마 바이웨이즈Alabama Byways'는 셀마에서 몽고메리까지의 행진을 체험하려는 이용자들에게, "킹이 3만 명에 이르는 군중을 향해 '얼마나 걸릴까요? 오래 걸리지 않을 것입니다' 연설을 했던 주청사 계단 위를 걸어보라"고 말한다(goo.gl/gnAfSX). 헨리 J. 퍼킨슨은 자신의 저서 *Getting Better: Television and Moral Progress* (New Brunswick, NJ: Transaction Books, 1991, p. 48)에 이렇게 썼다. "목요일에 2만 5,000명으로 불어난 시위대가 몽고메리에 도착했고, 전국 방송망이 생방송으로 중계하는 가운데, 마틴 루터 킹이 그 운동의 여러 영웅들과 함께 주청사 계단에 올랐다. 그 계단 꼭대기에서 킹은 미국 국민을 향해 멋진 연설을 했다." 심지어는 《마틴 루터 킹 백과사전Martin Luther King Encyclopedia》에도 킹이 "계단 **위에**" 있었다고 기록되어 있다(goo.gl/Rxw8pY).

하지만 이는 사실이 아니다. 예를 들어 BBC 보도는 그날의 일에 대해, 킹이 "거의 2만 5,000명에 이르는 군중을 이끌고 주청사 계단 앞까지 갔지만" 계단에 오르지 못하고 "광장에 마련된 연단에서 시위자들에게 연설했다"고 전한다(goo.gl/7ybfKa). 《뉴욕타임스》는 "셀마에서 몽고메리까지의 앨라배마 자유 행진은 정오 직후 주청사 계단 밑에서 끝났으며" "시위대는 공영 재산을 밟지 못하고 주청사 계단 앞의 길에서 멈추어야 했다"고 보도한다(goo.gl/5vuJ8D). 이 영상에 3분 40초부터 50초까지 기록된 장면은(http://goo.gl/KdLEhM) "시위대가 주청사 건물 계단 앞까지 오지만 그 이상은 가지 못한다"는 것을 보여준다. 한 교육용 온라인 자료 속의 항공사진에 붙어 있는 해설에는 이렇게 적혀 있다. "킹은 주청사 계단에서 연설할 수 없었습니다. 경찰의 폴리스라인이 막고 있는 것이 보이나요?" 마지막으로, 이 영상의 40분 50초부터 41분 15초까지 장면에서 킹에 앞서 등장한 연예인들과 킹이 사용한 설교단을 볼 수 있는데, 모두가 평상형 트럭 위에 있다(http://goo.gl/zq5XG6). 이 사실을 확인해주는 목격담도 있다. "주청사 직원 몇 명이 계단 위에 서 있었다. 그들은 청사 앞길에 세워진 트럭 평상 위에 연단을 만들고 있는 인부들을 감시했다."(goo.gl/K6a8U7) 그리고 "마이크와 스피커가 설치된 트럭 평상이 연단이다. 집회는 오데타, 오스카 브랜드, 존 바에즈, 렌 챈들러, 피터폴앤메리, 레온 빕 같은 포크가수들의 노래로 시작한다. 트럭 평상 위의 설교단에서 킹은 덱스터 애비뉴 침례교회를 똑똑히 볼 수 있다."(goo.gl/5HWznV).

3 이 연설은 "얼마나 걸릴까요, 오래 걸리지 않을 것입니다(How Long, Not Long)" 연설(또는 "우리 하느님이 전진해 오신단Our God Is Marching On")로 흔히 알려져 있고, 킹의 가장 유명하고 감동적인 세 연설 가운데 하나로 꼽힌다. 나머지 둘은 "나에게는 꿈이 있습니다"와 비극을 예견한 듯한 마지막 연설 "나는 산꼭대기에 올라보았습니다"이다. 전문을 goo.gl / KcjabU에서 읽을 수 있다. 이 연설의 클라이맥스인 끝부분을 유튜브에서 볼 수 있다(goo.gl/VOKMGP).

4 Parker, Theodore. 1852/2005. *Ten Sermons of Religion*. Sermon III: Of Justice and Conscience. Ann Arbor: University of Michigan Library.

5 Pinker, Steven. 2011. *The Better Angels of Our Nature: Why Violence Has Declined*. New York: Viking, xxvi.

6 Voltaire, 1765/2005. "Question of Miracles." *Miracles and Idolatry*. New York: Penguin.

1장 도덕과학을 향해

1 Bronowski, Jacob. 1956. *Science and Human Values*. New York: Julian Messner.

2 http://www.oed.com/

3 Damasio, Antonio R. 1994. *Descartes' Error: Emotion, Reason, and the Human Brain*. New York: Putnam.

4 Low, Philip, Jaak Panksepp, Diana Reiss, David Edelman, Bruno Van Swinderen, Philip Low, and Christof Koch. 2012. "The Cambridge Declaration on Consciousness," Francis Crick Memorial Conference on Consciousness in Human and non-Human Animals. Churchill College, University of Cambridge.

5 이는 '의식을 지닌 생물의 웰빙'에 대해 다룬 샘 해리스의 《신이 절대로 답할 수 없는 몇 가지The Moral Landscape》의 철학적 출발점과 비슷하지만, 그는 그 출발점을 진화론으로 정당화하지 않는다.

6 집단 선택 이론으로 도덕 감정의 진화를 설명하는 것이 21세기 초에 유행하게 되었지만, 대부분의 진화생물학자들은 그것을 받아들이지 않으며 그렇게 말하는 사람은 기껏해야

소수에 불과하다. 집단 선택 이론의 역사와 이 이론에 대한 분석은 내 책《선과 악의 과학 The Science of Good and Evil》에 첨부한 부록 2를 참조하라.

7 조지 윌리엄스가 한 유명한 말처럼, 도망치는 사슴 무리는 실제로는 도망치는 사슴들이다. 최근의 집단선택 논증을 신중하게 분석한 Pinker, Steven. 2012, "The False Allure of Group Selection," *Edge.org*, June 18을 보라(http://edge.org/conversation/the-false-allure-of-group-selection).

8 Filmer, Robert.1680. *Patriarcha, or the Natural Power of Kings*. http://www.constitution.org/eng/patriarcha.htm

9 Locke, John. 1690. *Second Treatise of Government*, chapter II. Of the State of Nature, Sec. 4. goo.gl/RJdaQB

10 "앞에서 말했듯이 본래 인간은 모두 자유롭고 평등하고 독립적인 존재이므로, 누구도 자신의 동의 없이는 이러한 상태를 떠나서 다른 사람의 정치권력에 예속되지 않는다. 어떤 사람이 자신의 자연적 자유를 포기하고 시민 사회의 구속을 받아들이는 유일한 방식은, 그들 상호 간에 편안하고 안전하고 평화스러운 삶을 영위하기 위해서 다른 사람들과 함께 공동체를 결성하기로 합의하는 것이다." Locke, John. *Second Treatise of Government*, chapter VIII. Of the Beginning of Political Societies, Sec. 95. goo.gl/MHxkoH

11 Popper, K. R. 1959. *The Logic of Scientific Discovery*. London: Hutchinson; Popper, K. R. 1963. *Conjectures and Refutations*. London: Routledge & Kegan Paul.

12 Eddington, Arthur Stanley. 1938. *The Philosophy of Physical Science*. Ann Arbor: University of Michigan Press, 9.

13 《철학 백과사전The Encyclopedia of Philosophy》에서 합리성과 이성에 관한 항목들을 보라: Edwards, Paul, ed. 1967. *The Encyclopedia of Philosophy*. New York: Macmillan, 7, 69-74, 83-85

14 믿음이 먼저이고 믿는 이유는 나중이라는 것이 내 책《믿음의 탄생The Believing Brain》의 핵심 주제다. 심리학자 조너선 하이트Jonathan Haidt는 이 과정이 변론을 펼치는 변호사와 같다고 말한다. 즉 변호사의 목적은 진실에 이르는 것이 아니라 소송에서 이기는 것이다(Haidt, Jonathan. 2012. *The Righteous Mind: Why Good People Are Divided by Politics and Religion*. New York: Pantheon). 위고 메르시에와 당 스페르베르는 이 과정을 "추론의 논증 이론Argumentative theory of Reasoning"이라고 부른다. 즉 "추론은 나쁜 결과로 이어질 수 있는데, 이는 인간이 추론하는 데 유능하지 못해서가 아니라, 인간이 자신의 믿음이나 행동을 정당화하는 방향으로 논증하는 성향이 있기 때문"이라는 것이다.(Mercier, Hugo, and Dan Sperber. 2011. "Why Do Humans Reason? Arguments for an Argumentative theory." *Behavioral and Brain Sciences*, 34, no. 2, 57-74.) 다른 심리학자들은 그것을 '제한적 합리성bounded rationality'이라고 표현한다. 즉, 우리의 추론 능력은 우리의 감정뿐 아니라 기억, 정보 처리 속도, 그리고 결정을 내리는 데 주어지는 유한한 시간 같은 다른 인지적 한계에 의해 제한된다. 이 때문에 우리는 흔히 최적을 추구하는 존재가 아니라 만족을 추구하는 존재가 된다. 우리는 최적의 (완벽한) 해법보다는 만족스러운 (그 정도면 됐다 정도인) 해법을 찾는다(Simon, Herbert. 1991. "Bounded Rationality and Organizational Learning." *Organization Science*, 2, no. 1, 125-134; Gigerenzer, Gerd, and Reinhard Selten. 2002. *Bounded Rationality*. Cambridge, MA: MIT Press; Kahneman, Daniel. 2003. "Maps of Bounded Rationality: Psychology for Behavioral Economics." *American Economic Review*, 93, no. 5, 1449-1475.)

15 Pinker, 2011, 648.

16 Liebenberg, Louis. 2013. "Tracking Science: The Origin of Scientific Thinking in Our Paleolithic Ancestors." *Skeptic*, 18, no. 3, 18-24.

17 Ibid. 또한 다음 책도 보라. Liebenberg, L. 1990. *The Art of Tracking: The Origin of Science*. Cape Town: David Philip.

18 Pinker, Steven. 1997. *How the Mind Works*. New York: W. W. Norton.

19 Lecky, William Edward Hartpole. 1869. *History of European Morals: From Augustus to Charlemagne*. 2 vols. New York: D. Appleton, Vol. 1, Online Library of Liberty: http://oll.libertyfund.org에서 전문을 볼 수 있다.

20 레키만이 아니었다. 독일의 철학자 아르투어 쇼펜하우어에 따르면 "동물은 권리를 갖고 있지 않다는 가정과 동물을 향한 우리의 태도에는 도덕적 의미가 없다는 오해는 서구인의 잔인함과 야만성을 무엇보다 잘 보여주는 예다. 도덕을 보증하는 유일한 태도가 보편적 동정이다." 그리고 영국의 사회개혁가 헨리 솔트Henry Salt는 1886년에 *A Plea for Vegetarianism*을 출판했다. 간디가 런던의 한 레스토랑에서 소책자 형태로 된 그 책을 들고 왔고, 그 책은 그에게 큰 영향을 미쳤다(둘은 훗날 친구가 되었다). 1894년에 솔트는 *Animals' Rights: Considered in Relation to Social Progress*을 출판했는데, 이 책은 동물권이라는 개념을 분명하게 다룬 최초의 문헌으로 평가된다.

21 Singer, Peter. 1981. *The Expanding Circle: Ethics, Evolution, and Moral Progress*. Princeton, NJ: Princeton University Press, 109-110.

22 Pinker, 2011, 182.

23 가장 사려 깊고 균형 잡힌 라디오 진행자 중 한 명인 마이클 메드베드의 캐치프레이즈다. 나도 그 프로그램에 출현해 인터뷰했던 적이 있다. 하지만 그의 이 열렬한 미국 찬사는 너무 많이 들어서 식상해지고 있다.

24 Singer, 1981, 119.

25 나는 히친스의 말을 금언으로 격상시켰다. Shermer, Michael. 2010. "The Skeptic's Skeptic." *Scientific American*, November, 86. 인용의 출처는 Hitchens, Christopher. 2003. "Mommie Dearest." *Slate*, October 20. goo.gl/efSMV

26 Flynn, James. 2007. *What Is Intelligence?* Cambridge, UK: Cambridge University Press.

27 Flynn, James. 1984. "The Mean IQ of Americans: Massive Gains 1932-1978." *Psychological Bulletin*, 95, 101, 171-191.

28 Flynn, James. 1987. "Massive IQ Gains in 14 Nations: What IQ Tests Really Measure." *Psychological Bulletin*, 101, 171-191.

29 Flynn, 2007.

30 레이븐 누진 행렬 검사에서: goo.gl/7h1akK

31 Flynn, James. 2012. *Are We Getting Smarter? Rising IQ in the Twenty-first Century*. Cambridge,

UK: Cambridge University Press.

32 Traynor, Lee. 2014. "The Future of Intelligence: An Interview with James R. Flynn." *Skeptic*, 19, no. 1, 36-41.

33 Flynn, 2012, 135.

34 Johnson, Steven. 2006. *Everything Bad Is Good for You: How Today's Popular Culture Is Actually Making Us Smarter*. New York: Riverhead.

35 Traynor, 2014.

36 Ibid.

37 Pinker, 2011, 656.

38 이 연구들의 다수가 Pinker, 2011, 656-670에 깊이 있게 요약되어 있다.

39 Farrington, D. P. 2007. "Origins of Violent Behavior Over the Life Span." In D. J. Flannery, A. T. Vazsonyi, and I. D. Waldman, eds., *The Cambridge Handbook of Violent Behavior and Aggression*. New York: Cambridge University Press.

40 Wilson, James Q., and Richard Herrnstein. 1985. *Crime and Human Nature*. New York: Simon & Schuster.

41 Sargent, Michael J. "Less Thought, More Punishment: Need for Cognition Predicts Support for Punitive Responses to Crime." *Personality & Social Psychology Bulletin*, 30, 1485-1493.

42 Burks, S. V., J. P. Carpenter, L. Goette, and A. Rustichini. 2009. "Cognitive Skills Affect Economic Preferences, Strategic Behavior, and Job Attainment." *Proceedings of the National Academy of Sciences*, 106, 7745-7750.

43 Jones, Garret. 2008. "Are Smarter Groups More Cooperative? Evidence from Prisoner's Dilemma Experiments, 1959-2003." *Journal of Economic Behavior & Organization*, 68, 489-497.

44 Kanazawa, S. 2010. "Why Liberals and Atheists Are More Intelligent." *Social Psychology Quarterly*, 73, 33-57.

45 Deary, Ian J., G. D. Batty, and C. R. Gale. 2008. "Bright Children Become Enlightened Adults." *Psychological Science*, 19, 1-6.

46 Caplan, Brian, and Stephen C. Miller. 2010. "Intelligence Makes People Think Like Economists: Evidence from the General Social Survey." *Intelligence*, 38, 636-647.

47 Rindermann, Heiner. 2008. "Relevance of Education and Intelligence for the Political Development of Nations: Democracy, Rule of Law, and Political Liberty." *Intelligence*, 36, 306-322.

48 Mar, Raymond, and Keith Oatley. 2008. "The Function of Fiction Is the Abstraction and Simulation of Social Experience." *Perspectives on Psychological Science*, 3, 173-192.

49 Stephens, G. J., L. J. Silbert, and U. Hasson. 2010. "Speaker-Listener Neural Coupling Underlies Successful Communication." *Proceedings of the National Academy of Sciences*, August 10, 107, no. 32, 14425-14430.

50 Hasson, Uri, Ohad Landesman, Barbara Knappmeyer, Ignacio Vallines, Nava Rubin, and David J. Heeger. 2008. "Neurocinematics: The Neuroscience of Film." *Projections*, Summer, 2, no. 1, 1-26.

51 Kidd, David Comer, and Emanuele Castano. 2013. "Reading Literary Fiction Improves Theory of Mind." *Science*, 342, no. 6156, 377-380.

52 Skousen, Tim. 2014. "The University of Sing Sing." HBO, March 31.

53 Kosko, Bart. 1992. *Fuzzy Engineering*. Englewood Cliffs, NJ: Prentice Hall.

54 Shermer, Michael. 2003. *The Science of Good and Evil*. New York: Times Books, 82-84.

55 Dawkins, Richard. 2014. "What Scientific Idea Is Ready for Retirement? Essentialism." http://www.edge.org/response-detail/25366

56 Annual Letter: 3 Myths That Block Progress for the Poor. 2014. http://annualletter. gatesfoundation.org/?cid = mg_tw_tgm0_012104#section = home

57 Hume, David. 1739. *A Treatise of Human Nature*. London: John Noon, 335.

58 Searle, John R. 1964. "How to Derive 'Ought' from 'Is.'" *Philosophical Review*, 73, no. 1, 43-58.

59 개인 서신, 2013년 1월 22일.

60 Morales, Lymari. 2009. "Knowing Someone Gay/Lesbian Affects Views of Gay Issues." Gallup.com, May 29.

61 Winslow, Charles-Edward Amory. 1920. "The Untilled Fields of Public Health." *Science*, 51, no. 1306, 23-33.

62 Global Health Observatory Data Repository. 2011. World Health Organization. goo.gl/ ykZKlh

63 Shermer, Michael. 2013. "The Sandy Hook Effect." *Skeptic*, 18, no. 1. goo.gl/sjTQuJ

64 예를 들어, 다음 자료를 보라. Gregg, Becca Y. 2013. "Speakers Differ on Fighting Gun Violence." *Reading Eagle*, September 19.

65 Lott, John. 2010. *More Guns, Less Crime: Understanding Crime and Gun Control Laws*, 3rd ed. Chicago: University of Chicago Press.

66 Webster, Daniel W., and Jon S. Vernick, eds. 2013. *Reducing Gun Violence in America: Informing Policy with Evidence and Analysis*. Baltimore: Johns Hopkins University Press.

67 Kellermann, Arthur L. 1998. "Injuries and Deaths Due to Firearms in the Home." *Journal of Trauma*, 45, no. 2, 263-267.

68 Branas, Charles C., Therese S. Richmond, Dennis P. Culhane, Thomas R. Ten Have, and Douglas J. Wiebe. 2009. "Investigating the Link Between Gun Possession and Gun Assault." *American Journal of Public Health*, November, 99, no. 11, 2034-2040.

69 www.fbi.gov/news/stories/2012/october/annual-crime-in-the-u.s.-report -released/ annual-crime-in-the-u.s.-report-released

70 www.bradycampaign.org/facts/gunviolence/GVSuicide?s = 1

71 www.bradycampaign.org/facts/gunviolence/crime?s = 1

72 Eisner, Manuel. 2003. "Long-Term Historical Trends in Violent Crime." *Crime & Justice*, 30, 83-142, table 1.

73 아이스너의 데이터로 핑커가 작성한 그래프: Pinker, 2011, 63.

74 Dawkins, Richard. 1976. *The Selfish Gene*. New York: Oxford University Press.

75 Ibid., 66.

76 Damasio, 1994.

77 Grinde, Björn. 2002. *Darwinian Happiness: Evolution as a Guide for Living and Understanding Human Behavior*. Princeton, NJ: Darwin Press, 49. 다음 자료도 보라. Grinde, Björn. 2002. "Happiness in the Perspective of Evolutionary Psychology." *Journal of Happiness Studies*, 3, 331-354.

78 Pinker, 2011, xxv, 508-509. 핑커는 폭력을 분류하는 여러 방식이 존재한다는 사실을 지적하면서, 예를 들어 로이 바우마이스터의 사분 도식을 언급한다: Baumeister, Roy. 1997. *Evil: Inside Human Violence and Cruelty*. New York: Henry Holt.

79 Boehm, Christopher. 2012. *Moral Origins: The Evolution of Virtue, Altruism, and Shame*. New York: Basic Books.

80 Daly, Martin, and Margo Wilson. 1999. *The Truth About Cinderella: A Darwinian View of Parental Love*. New Haven, CT: Yale University Press.

81 검색 엔진에 '세상에서 가장 감동적인 영상들 가운데 하나One of the Most Powerful Videos You Will Ever See'라고 치면 이 영상을 볼 수 있다. 이 사건은 1분 52초 부분에서 찾을 수 있을 것이다.

82 Bloom, Paul. 2013. *Just Babies: The Origins of Good and Evil*. New York: Crown.

83 Ibid., 5.

84 Ibid., 7.

85 이 주제를 전반적으로 검토한 다음 책을 보라. Tomasello, Michael. 2009. *Why We Cooperate*. Cambridge, MA: MIT Press.

86 Warneken, F., and M. Tomasello. 2006. "Altruistic Helping in Human Infants and Young Chimpanzees." *Science*, 311, 1301-1303; Warneken, F., and M. Tomasello. 2007. "Helping and Cooperation at 14 Months of Age." *Infancy*, 11, 271-294.

87 Martin, A., and K. R. Olson. 2013. "When Kids Know Better: Paternalistic Helping in 3-Year-Old Children." *Developmental Psychology*, November, 49, no. 11, 2071-2081.

88 LoBue, V., T. Nishida, C. Chiong, J. S. DeLoache, and J. Haidt. 2011. "When Getting Something Good Is Bad: Even Three-Year-Olds React to Inequality." *Social Development*, 20, 154-170.

89 Rochat, P., M. D. G. Dias, G. Liping, T. Broesch, C. Passos-Ferreira, A. Winning, and B. Berg. 2009. "Fairness in Distribution Justice in 3- and 5-Year-Olds Across Seven Cultures." *Journal of Cross-Cultural Psychology*, 40, 416-442; Fehr, E. H. Bernhard, and B. Rockenbach. 2008. "Egalitarianism in Young Children." *Nature*, 454, 1079-1083.

90 PBC 〈프런트라인Frontline〉이 제작한 엘리어트 선생의 실험에 대한 다큐멘터리 "A Class Divided,"을 보라: www.pbs.org/wgbh/pages/frontline/shows/divided/

91 Bloom, 2013, 31.

92 Voltaire. 1824. *A Philosophical Dictionary*, vol. 2. London: John & H. L. Hunt, 258. ebooks.adelaide.edu.au/v/voltaire/dictionary/chapter130.html

93 Shermer, Michael. 2008. "The Doping Dilemma." *Scientific American*, April, 32–39.

94 Hamilton, Tyler, and Daniel Coyle. 2012. *The Secret Race: Inside the Hidden World of the Tour de France*. New York: Bantam Books.

95 goo.gl/iUSguA

96 Hobbes, 1651, 185.

97 Fehr, Ernst, and Simon Gachter. 2002. "Altruistic Punishment in Humans," *Nature*, 415, 137–140. 또한 다음 자료를 보라. Boyd, R., and P. J. Richerson. 1992. "Punishment Allows the Evolution of Cooperation (or Anything Else) in Sizable Groups." *Ethology and Sociobiology*, 13, 171–195.

2장 전쟁, 테러, 억지의 도덕

1 1967년 1월 19일 방영된 〈스타트렉〉 오리지널 시리즈 시즌 1, 에피소드 19 '아레나Arena' 편에서. 이야기 프레더릭 브라운Fredric Brown. 드라마 대본 진 L. 쿤Gene L. Coon. 제작 책임자 진 로덴베리Gene Roddenberry. 이 에피소드는 로스앤젤레스 외곽의 바스퀘즈록에서 촬영되었다. 이곳에서 수많은 과학 영화와 드라마가 촬영된다. 이 에피소드의 대본을 다음 웹사이트에서 볼 수 있다: www.chakoteya.net/startrek/19.htm 〈스타트렉〉 에피소드들에 담긴 도덕과 윤리를 성찰한 다음 책을 참조하라. Barad, Judity, and Ed Robertson. 2001. *The Ethics of Star Trek*. New York: HarperCollins Perennial.

2 Alexander, David. 1994. *Star Trek Creator: The Authorized Biography of Gene Roddenberry*. New York: Roc/Penguin.

3 이 말은 진 로덴베리의 텔레비전 시리즈 Earth: Final Conflict의 한 에피소드인 "Scorched Earth" 편의 마지막 부분에 등장한다.

4 Zahavi, Amotz, and Avishag Zahavi. 1997. *The Handicap Principle: A Missing Piece of Darwin's Puzzle*. Oxford, UK: Oxford University Press.

5 Northcutt, Wendy. 2010. *The Darwin Awards: Countdown to Extinction*. New York: E. P. Dutton.

6 Leeson, Peter T. 2009. *The Invisible Hook*. Princeton, NJ: Princeton University Press.

7 Smith, Adam. 1776/1976. *An Inquiry into the Nature and Causes of the Wealth of Nations*, in 2 volumes, R. H. Campbell and A. S. Skinner, general editors, W. B. Todd, text editor.

Oxford, UK: Clarendon Press.

8 Leeson, 2009.

9 Ibid.

10 Pinsker, Joe. 2014. "The Pirate Economy." *Atlantic*, April 16. goo.gl/sUQGNS

11 인용의 출처는 *Cold War: MAD 1960-1972*. 1998. BBC Two Documentary. Transcript: goo.gl/etDCFg Film: goo.gl/fTLHdN

12 Brodie, Bernard. 1946. *The Absolute Weapon: Atomic Power and World Order*. New York: Harcourt, Brace, 79.

13 Kubrick, Stanley. 1964. *Dr. Strangelove or: How I Learned to Stop Worrying and Love the Bomb*. Columbia Pictures. http://youtu.be/2yfXgu37iyI

14 Ibid.

15 McNamara, Robert S. 1969. "Report Before the Senate Armed Services Committee on the Fiscal Year 1969-73 Defense Program, and 1969 Defense Budget, January 22, 1969." Washington, DC: US Government Printing Office, 11.

16 Glover, J. 1999. *Humanity: A Moral History of the Twentieth Century*. London: Jonathan Cape, 297.

17 인용의 출처는 *Los Angeles Times*, October 2, 2013, AA6에 실린 부고.

18 "A Soviet Attack Scenario." 1979. *The Effects of Nuclear War*. Washington, DC: Office of Technology Assessment. Reprinted in Swedin, Eric G., ed. 2011. *Survive the Bomb: The Radioactive Citizen's Guide to Nuclear Survival*. Minneapolis: Zenith 163-177.

19 Brown, Anthony Cave, ed. 1978. *DROPSHOT: The American Plan for World War III Against Russia in 1957*. New York: Dial Press; Richelson, Jeffrey. 1986. "Population Targeting and US Strategic Doctrine." In Desmond Ball and Jeffrey Richelson, eds., *Strategic Nuclear Targeting*. Ithaca, NY: Cornell University Press, 234-249.

20 출처: Utah State Historical Society. Reprinted in Swedin, Eric G., ed. 2011. *Survive the Bomb: The Radioactive Citizen's Guide to Nuclear Survival*. Minneapolis: Zenith Press, 11.

21 억지 전략에 대한 학술적 분석과 대안을 제시한 다음 연구를 보라: Kugler, Jacek. 1984. "Terror Without Deterrence: Reassessing the Role of Nuclear Weapons." *Journal of Conflict Resolution*, 28, no. 3, September, 470-506.

22 Kant, Immanuel. 1795. "Perpetual Peace: A Philosophical Sketch." In *Perpetual Peace and Other Essays*. Indianapolis: Hackett, I, 6.

23 Sagan, Carl, and Richard Turco. 1990. *A Path Where No Man Thought: Nuclear Winter and the End of the Arms Race*. New York: Random House.

24 Turco, R. P., O. B. Toon, T. P. Ackerman, J. B. Pollack, and C. Sagan. 1983. "Nuclear Winter: Global Consequences of Multiple Nuclear Explosions." *Science*, 222, 1283-1297. 저자들의 성을 따서 만든 약어인 TTAPS가 언론에서 극적인 효과를 유발했으나 대부분의 과학자들이 그 가설을 거부했다.

25 Thompson, Starley L., and Stephen H. Schneider. 1986. "Nuclear Winter Reappraised."

Foreign Affairs, 64, no. 5, Summer, 981-1005.

26 Kearny, Cresson. 1987. *Nuclear War Survival Skills*. Cave Junction, OR: Oregon Institute of Science and Medicine, 17-19.

27 총 비축량은 데이터베이스에 따라 다르다. 가장 낮은 추산인 1만 6,400기는 미국과학자연맹의 "Status of World Nuclear Forces"에서 나온 것이다. 핵탄두를 가장 많이 비축한 나라부터 순서대로 열거하면, 러시아 8,500기, 미국 7,700기, 프랑스 300기, 중국 250기, 영국 225기, 이스라엘 80기, 파키스탄 100~120기, 인도 90~110기, 북한 10기 이상이다. goo.gl/CYjP1 더 높은 추산인 1만 7,200기의 출처는 *Bulletin of the Atomic Scientists*의 "Nuclear Notebook"이다: Kristensen, Hans M., and Robert S. Norris. 2013. "Global Nuclear Weapons Inventories, 1945-2013." *Bulletin of the Atomic Scientists*, 69, no. 5, 75-81.

28 Sagan and Turco, 1990, 232-233.

29 Ibid. 뉴멕시코에서 있었던 트리니티테스트에서 시작해 1945년부터 1998년 사이에 있었던 2,053번의 핵 실험 각각이 어디서 누구에 의해 일어났는지 시각적으로 보여주는 일본 작가 하시모토 이사오의 영상 작품을 보라. bit.ly/lc9xB2M

30 출처: Federation of American Scientists. "Status of World Nuclear Forces."

31 Rhodes, Richard. 2010. *The Twilight of the Bombs: Recent Challenges, New Dangers, and the Prospects of a World Without Nuclear Weapons*. New York: Alfred A. Knopf.

32 Schlosser, Eric. 2013. *Command and Control: Nuclear Weapons, the Damascus Accident, and the Illusion of Safety*. New York: Penguin.

33 인용의 출처: Harris, Amy Julia. 2010. "No More Nukes Books." *Half Moon Bay Review*, August 4, goo.gl/4PsK2n

34 Shanker, Thom. 2012. "Former Commander of US Nuclear Forces Calls for Large Cut in Warheads." *New York Times*, May 16, A4.

35 Cartwright, James, et al., 2012. "Global Zero US Nuclear Policy Commission Report: Modernizing US Nuclear Strategy, Force Structure and Posture." *Global Zero*, May. goo.gl/8fPMpa

36 Walker, Lucy, and Lawrence Bender. 2010. *Countdown to Zero*. Participant Media & Magnolia Pictures.

37 Sagan, Scott D. 2009. "The Global Nuclear Future." *Bulletin of the American Academy of Arts &Sciences*, 62, 21-23.

38 Nelson, Craig. 2014. *The Age of Radiance: The Epic Rise and Dramatic Fall of the Atomic Era*. New York: Scribner/Simon & Schuster, 370.

39 Sobek, David, Dennis M. Foster, and Samuel B. Robinson. 2012. "Conventional Wisdom? The Effects of Nuclear Proliferation on Armed Conflict, 1945-2001." *International Studies Quarterly*, 56, no. 1, 149-162.

40 Lettow, Paul. 2005. *Ronald Reagan and His Quest to Abolish Nuclear Weapons*. New York: Random House, 132-133.

41 Shultz, George. 2013. "Margaret Thatcher and Ronald Reagan: The Ultimate '80s Power

Couple." *Daily Beast*, April 8. goo.gl/itZHHR

42 Shultz, George P., William J. Perry, Henry A. Kissinger, and Sam Nunn. 2007. "A World Free of Nuclear Weapons." *Wall Street Journal*, January 4, http://ow.ly/ttvGN

43 ———. 2008. "Toward a Nuclear-Free World." *Wall Street Journal*, January 15. goo.gl/iAGDQX

44 Waltz, Kenneth N. 2012. "Why Iran Should Get the Bomb: Nuclear Balancing Would Mean Stability." *Foreign Affairs*, July/August. goo.gl/2x9dF

45 Kugler, Jacek. 2012. "A World Beyond Waltz: Neither Iran nor Israel Should Have the Bomb." PBS, September 12. goo.gl/0drNe5

46 인용의 출처: Fathi, Nazila. 2005. "Wipe Israel 'off the Map,' Iranian Says." *New York Times*, October 27. goo.gl/9EFacw

47 Fettweis, Christopher. 2010. *Dangerous Times? The International Politics of Great Power Peace*. Washington, DC: Georgetown University Press.

48 인용의 출처: Marty, Martin E. 1996. *Modern American Religion*, Vol. 3, *Under God, Indivisible, 1941-1960*. Chicago: University of Chicago Press, 117.

49 Chomsky, Noam. 1967. "The Responsibility of Intellectuals." *New York Review of Books*, 8, no. 3, goo.gl/wRPVH

50 Goldhagen, Daniel Jonah. 2009. *Worse Than War: Genocide, Eliminationism, and the Ongoing Assault on Humanity*. New York: PublicAffairs, 1, 6.

51 Lemkin, Raphael. 1946. "Genocide." *American Scholar*, 15, no. 2, 227-230.

52 United Nations General Assembly Resolution 96, no. 1. "The Crime of Genocide."

53 Katz, Steven T. 1994. *The Holocaust in Historical Perspective*. Vol. 1. New York: Oxford University Press.

54 Kugler, Tadeusz, Kyung Kook Kang, Jacek Kugler, Marina Arbetman-Rabinowitz, and John Thomas. 2013. "Demographic and Economic Consequences of Conflict." *International Studies Quarterly*, March, 57, no. 2, 1-12.

55 Toland, John. 1970. *The Rising Sun: The Decline and Fall of the Japanese Empire, 1936-1945*. New York: Random House, 731.

56 "The Cornerstone of Peace-Number of Names Inscribed." Kyushu-Okinawa Summit 2000: Okinawa G8 Summit Host Preparation Council, 2000. See also Pike, John. 2010. "Battle of Okinawa." *Globalsecurity.org*; Manchester, William. 1987. "The Bloodiest Battle of All." *New York Times*, June 14, goo.gl/d4DeVe

57 2002년에 나는 아버지 대신 '렌호' 전우회에 참석해 아버지의 기억을 확인했다.

58 Giangreco, D. M. 2009. *Hell to Pay: Operation Downfall and the Invasion of Japan, 1945-1947*. Annapolis, MD: Naval Institute Press, 121-124.

59 Giangreco, Dennis M. 1998. "Transcript of 'Operation Downfall' [US invasion of Japan]: US Plans and Japanese Counter-Measures." *Beyond Bushido: Recent Work in Japanese Military History*. https://www.mtholyoke.edu/acad/intrel/giangrec.htm. 또한 다음 자료도 보라.

Maddox, Robert James. 1995. "The Biggest Decision: Why We Had to Drop the Atomic Bomb." *American Heritage*, 46, no. 3, 70-77.

60 Skates, John Ray. 2000. *The Invasion of Japan: Alternative to the Bomb*. Columbia: University of South Carolina Press, 79.

61 Putnam, Frank W. 1998. "The Atomic Bomb Casualty Commission in Retrospect." *Proceedings of the National Academy of Sciences*, May 12, 95, no. 10, 5426-5431.

62 K'Olier, Franklin, ed. 1946. *United States Strategic Bombing Survey, Summary Report (Pacific War)*. Washington, DC: US Government Printing Office.

63 Rhodes, Richard. 1984. *The Making of the Atomic Bomb*. New York: Simon & Schuster, 599.

64 핵무기에 반대하는 국제기구가 적어도 21개가 존재하고, 그밖에 (핵에너지를 포함한) 반핵 조직이 79개 존재한다. 다음 책을 보라. Rudig, Wolfgang. 1990. *Antinuclear Movements: A World Survey of Opposition to Nuclear Energy*. New York: Longman, 381-403.

65 Sagan and Turco, 1990.

66 goo.gl/o8NO55

67 Fedorov, Yuri. 2002. "Russia's Doctrine on the Use of Nuclear Weapons." *Pugwash Meeting*, London, November 15-17. goo.gl/yWGOpk

68 Narang, Vipin. 2010. "Pakistan's Nuclear Posture: Implications for South Asian Stability." Harvard Kennedy School, Belfer Center for Science and International Affairs Policy Brief, January 4. goo.gl/gH1Hlv

69 BBC News. 2003. "UK Restates Nuclear Threat." February 2. 영국 국방부 장관 제프 훈은 이렇게 말했다. "사담 후세인은 조건이 갖추어지면 우리가 핵무기를 사용할 것임을 전혀 의심하지 않는다." goo.gl/dqEQuZ

70 Department of Defense. 2010. "Nuclear Posture Review." April 6, http://www.webcitation.org/6FY0Ol07H

71 Kang, Kyungkook, and Jacek Kugler. 2012. "Nuclear Weapons: Stability of Terror." In *Debating a Post-American World*, ed. Sean Clark and Sabrina Hoque. New York: Routledge.

72 goo.gl/AoQC3

73 Karouny, Mariam, and Ibon Villelabeitia. 2006. "Iraq Court Upholds Saddam Death Sentence." *Washington Post*, December 26. goo.gl/b9n6oW

74 goo.gl/InDEdg

75 Tannenwald, Nina. 2005. "Stigmatizing the Bomb: Origins of the Nuclear Taboo." *International Security*, Spring, 29, no. 4, 5-49.

76 Schelling, Thomas C. 1994. "The Role of Nuclear Weapons." In L. Benjamin Ederington and Michael J. Mazarr, eds., *Turning Point: The Gulf War and US Military Strategy*. Boulder, CO: Westview, 105-115.

77 Rozin, Paul, Jonathan Haidt, and C. R. McCauley. 2000. "Disgust." In *Handbook of Emotions*, ed. M. Lewis and J. M. Haviland-Jones. New York: Guilford Press, 637-653.

78 Evans, Gareth. 2014. "Nuclear Deterrence in Asia and the Pacific." *Asia & the Pacific Policy*

Studies, January, 91-111.

79 Ibid.

80 Blair, B., and M. Brown. 2011. "World Spending on Nuclear Weapons Surpasses $1 Trillion per Decade." *Global Zero*. goo.gl/xDcjg5

81 Shultz et al., 2007.

82 Evans, 2014.

83 Herszenhorn, David M., and Michael R. Gordon. 2013. "US Cancels Part of Missile Defense that Russia Opposed." *New York Times*, March 16, A12.

84 Evans, 2014.

85 Shakespeare, William. 1594. *The Rape of Lucrece*. 전문을 다음 웹페이지에서 볼 수 있다. goo.gl/MdWlsN

86 Bull, Hedley. 1995. *The Anarchical Society*. London: Macmillan, 234; Bull, Hedley. 1961. *The Control of the Arms Race*. London: Institute of Strategic Studies.

87 인용의 출처: Maclin, Beth. 2008. "A Nuclear Weapon-Free World Is Possible, Nunn Says." *Belfer Center for Science and International Affairs*, Harvard University, October 20. goo.gl/60XTeM

88 인용의 출처: Perez-Rivas, Manuel. 2001. "Bush Vows to Rid the World of 'Evil-Doers.'" CNN Washington Bureau. September 16. goo.gl/zrZMCV

89 Mueller, John, and Mark G. Stewart. 2013. "Hapless, Disorganized, and Irrational." *Slate*, April 22. goo.gl/j0cqUl

90 Atran, Scott. 2010. "Black and White and Red All Over." *Foreign Policy*, April 22. goo.gl/SyhiEu

91 Scahill, Jeremy. 2013. *Dirty Wars: The World Is a Battlefield*. Sundance Selects.

92 같은 책.

93 The 9/11 Commission Report, 2004. xvi. http://www.9-11commission.gov/report /911Report.pdf

94 Abrahms, Max. 2013. "Bottom of the Barrel." *Foreign Policy*, April 24. goo.gl /hj4J1h

95 Krueger, Alan B. 2007. *What Makes a Terrorist: Economics and the Roots of Terrorism*. Princeton, NJ: Princeton University Press, 3.

96 Bailey, Ronald. 2011. "How Scared of Terrorism Should You Be?" *Reason*, September 6. goo.gl/3ZvkR

97 인용의 출처: Levi, Michael S. 2003. "Panic More Dangerous than WMD." *Chicago Tribune*, May 26. goo.gl/tlVogl

98 Levi, Michael S. 2011. "Fear and the Nuclear Terror Threat." *USA Today*, March 24, 9A.

99 Harper, George W. 1979. "Build Your Own A-Bomb and Wake Up the Neighborhood." *Analog*, April, 36-52.

100 Levi, Michael S. 2009. *On Nuclear Terrorism*. Cambridge, MA: Harvard University Press, 5.

101 2012. "Fact Sheet on Dirty Bombs." *US Nuclear Regulatory Commission*, December. goo.gl/

hXbFlx 또한 goo.gl/Rf1mhO을 보라.

102 Abrahms, Max. 2006. "Why Terrorism Does Not Work." *International Security*, 31, 42-78. http://ow.ly/ttvYv

103 Abrahms, Max, and Matthew S. Gottfried. 2014. "Does Terrorism Pay? An Empirical Analysis." *Terrorism and Political Violence*. goo.gl/ZWdAP1

104 Cronin, Audrey. 2011. *How Terrorism Ends: Understanding the Decline and Demise of Terrorist Campaigns*. Princeton, NJ: Princeton University Press.

105 Global Research News. 2014. "US Wars in Afghanistan, Iraq to Cost $6 Trillion." *Global Research*, February 12. goo.gl/7ERWOl

106 goo.gl/douNPn

107 스노든의 TED 강연에 대한 미국 국가안보국(NSA) 부국장 리처드 레짓의 대답을 다음 웹 페이지에서 보라. goo.gl/ljBCUo

108 Hirschman, Albert O. 1970. *Exit, Voice, and Loyalty: Responses to Decline in Firms, Organizations, and States*. Cambridge, MA: Harvard University Press.

109 Eisner, Manuel. 2011. "Killing Kings: Patterns of Regicide in Europe, 600-1800." *British Journal of Criminology*, 51, 556-577.

110 Zedong, Mao. 1938. "Problems of War and Strategy." *Selected Works*, Vol. II, 224.

111 Stephan, Maria J., and Erica Chenoweth. 2008. "Why Civil Resistance Works: The Strategic Logic of Nonviolent Conflict." *International Security*, 33, no. 1, 7-44. 또한 다음 책도 보라. Chenoweth, Erica, and Maria J. Stephan. 2011. *Why Civil Resistance Works: The Strategic Logic of Nonviolent Conflict*. New York: Columbia University Press.

112 Stephan and Chenoweth, 2008.

113 Chenoweth, Erica. 2013. "Nonviolent Resistance." TEDx Boulder. goo.gl /xqTy5P

114 Ibid.

115 앞에서 언급한 스테픈과 체노웨스의 2008년 자료, 체노웨스과 스테픈의 2011년 자료, 체노웨스의 2013년 자료로 작성한 그래프.

116 Ibid.

117 Low, Bobbi. 1996. "Behavioral Ecology of Conservation in Traditional Societies." *Human Nature*, 7, no. 4, 353-379.

118 Edgerton, Robert. 1992. *Sick Societies: Challenging the Myth of Primitive Harmony*. New York: Free Press.

119 Keeley, Lawrence. 1996. *War Before Civilization: The Myth of the Peaceful, Noble Savage*. New York: Oxford University Press.

120 Leblanc, Steven, and Katherine E. Register. 2003. *Constant Battles: The Myth of the Peaceful, Noble Savage*. New York: St. Martin's Press, 125, 224-228.

121 Ibid, 202.

122 저자가 찍은 사진.

123 개인 서신. 2011년 7월 28일.

124 같은 서신.

125 핑커의 말에 콜베어는 냉소적으로 이렇게 답했다. "나를 가르치려 들지 마십시오!" goo.gl/RlzMz7

126 Pinker, 2011, 49가 작성한 그래프. 데이터의 출처는 다음 자료들이다. Bowles, S. 2009. "Did Warfare Among Ancestral Hunter-Gatherers Affect the Evolution of Human Social Behaviors?" *Science*, 324, 1293-1298; Keeley, L. H. 1996. *War Before Civilization: The Myth of the Peaceful Savage*. New York: Oxford University Press; Gat, A. 2006. *War in Human Civilization*. New York: Oxford University Press; White, M. 2011. *The Great Big Book of Horrible Things: The Definitive Chronicle of History's 100 Worst Atrocities*. New York: W. W. Norton; Harris, M. 1975. *Culture, People, Nature*, 2nd ed. New York: Crowell, Lacina, B., and N. P. Gleditsch. 2005. "Monitoring Trends in Global Combat: A New Dataset in Battle Deaths." *European Journal of Population*, 21, 145-166; Sarkees, M. R. 2000. "The Correlates of War Data on War." *Conflict Management and Peace Science*, 18, 123-144.

127 Van der Dennen, J. M. G. 1995. *The Origin of War: The Evolution of a Male-Coalitional Reproductive Strategy*. Groningen, Neth.: Origin Press; Van der Dennen, J. M. G. 2005. *Querela Pacis*: Confession of an Irreparably Benighted Researcher on War and Peace. An Open Letter to Frans de Waal and the "Peace and Harmony Mafia." Groningen: University of Groningen.

128 Horgan, John. 2014. "Jared Diamond, Please Stop Propagating the Myth of the Savage Savage!" *Scientific American Blogs*, January 20.

129 진화 전쟁의 간략한 역사에 대해서는 Shermer, Michael. 2004. *The Science of Good and Evil*. New York: Times Books의 부록 1을 보라. 이를 다룬 책으로는 다음을 보라. Segerstråle, U. 2000. *Defenders of the Truth: The Battle for Science in the Sociobiology Debate and Beyond*. New York: Oxford University Press.

130 Ferguson, R. Brian. 2013. "Pinker's List: Exaggerating Prehistoric War Mortality." In Douglas P. Fry, ed., *War, Peace, and Human Nature*. New York: Oxford University Press, 112-129.

131 아자르 가트Azar Gat는 평화와 조화파의 학자들이 "농경과 국가 이전의 인간 사회에는 기본적으로 사람들 사이에 폭력적 살인이 거의 없었거나 없었다"는 그들의 입장을 "조용히 강화해왔으며", 최근 몇 십 년 동안 데이터의 공격에 맞서 지연 작전을 펼치는 '루소파' 학자들의 세 분파가 존재한다고 지적한다. Gat, Azar. In press. "Rousseauism I, Rousseauism II, and Rousseauism of Sorts: Shifting Perspectives on Aboriginal Human Peacefulness and Their Implications for the Future of War." *Journal of Peace Research*.

132 Fry, Douglas, and Patrik Söderberg. 2013. "Lethal Aggression in Mobile Forager Bands and Implications for the Origins of War." *Science*, July 19, 270-273.

133 Bowles, Samuel. 2013. "Comment on Fry and Söderberg 'Lethal Aggression in Mobile Forager Bands and Implications for the Origins of War.'" July 19, tuvalu.santafe.edu/~bowles/

134 Ibid.

135 Miro, Nick, and William Booth. 2012. "Mexico's Drug War Is at a Stalemate as Calderon's Presidency Ends." *Washington Post*, November 27. goo.gle/pu2uJ; Reuters. 2012. "Desplazdos, ragedia Silenciosa en Mexico." *El Economista*, January 7.

136 Bowles, 2013.

137 Levy, Jack S., and William R. Thompson. 2011. *The Arc of War: Origins, Escalation, and Transformation*. Chicago: University of Chicago Press, 1.

138 Ibid. 3.

139 Ibid. 51-53.

140 Arkush, Elizabeth, and Charles Stanish. 2005. "Interpreting Conflict in the Ancient Andes." *Current Anthropology*, 46, no. 1, February, 3-28. goo.gl/TrELvz

141 Milner, George R., Jane E. Buikstra, and Michael D. Wiant. 2009. "Archaic Burial Sites in the American Midcontinent." In *Archaic Societies*, ed. Thomas E. Emerson, Dale L. McElrath, and Andres C. Fortier. Albany: State University of New York Press, 128.

142 Wrangham, Richard, and Dale Peterson. 1996. *Demonic Males: Apes and the Origins of Human Violence*. Boston: Houghton Mifflin.

143 Wrangham, Richard W., and Luke Glowacki. 2012. "Intergroup Aggression in Chimpanzees and War in Nomadic Hunter-Gatherers." *Human Nature*, 23, 5-29.

144 Glowacki, Luke, and Richard W. Wrangham. 2013. "The Role of Rewards in Motivating Participation in Simple Warfare." *Human Nature* 24, 444-460. 문화적 보상 전쟁 위험 가설의 현대적 예를 인류학자 스콧 애트런의 연구에서 찾을 수 있을 듯하다. 그는 신참이 들어온 알카에다 조직들에서 이 과정이 어떻게 작동하는지 정확하게 밝혔다. 성공한 자살 폭탄 테러범의 가족들(성공이란 자신의 몸을 던져 재가 되었다는 뜻이다)은 재정적 보살핌을 받고, 그들의 죽은 아들(또는 드물게는 딸)은 스포츠 스타처럼 전시된다. 순교자가 되려는 사람들과 성스러운 전사들이 부상과 죽음에 대한 회피를 극복하는 동기로서 종교와 이념은 때때로 충분치 않다. (애트런은 널리 알려진 '72명의 처녀들'에 대한 믿음은 크게 과장된 것이라고 생각한다). 따라서 사회적 집단, 축구 클럽, 그밖에 중요한 문화적 가치들을 강화하는 여타 사회 활동들을 통해 '형제' 정신을 키운다. Atran, Scott. 2011. *Talking to the Enemy: Religion, Brotherhood, and the (Un)Making of Terrorists*. New York: Ecco.

145 Wrangham and Glowacki, 2012.

146 Keeley, Lawrence. 2000. *Warless Societies and the Origins of War*. Ann Arbor: University of Michigan Press, 4.

147 Coe, Michael D. 2005. *The Maya*, 7th ed. London: Thames & Hudson, 161.

148 하버드 매파들은 평화로운 수렵-채집인의 사례들은 무시하는 한편 폭력에 대한 데이터만 골라내고 있다는 비난도 받고 있다. 따라서 나는 고고학자 로런스 킬리에게 이 혐의에 대해 질문을 했는데, 그는 이렇게 답변했다. "나는 내가 찾을 수 있는 모든 사례를 포함시켰다. 200년 동안 전쟁 사망자가 전혀 없는 사례들이 여러 개 나왔던 이유가 거기에 있다. 정확성과 관련해, 뉴기니 민족지학자 폴 로스코Paul Roscoe가 그 지역에서 내가 찾은 전쟁 사

망자 숫자를 점검한 결과 내 수치가 낮게 나온 것임을 밝혀냈다." 그는 덧붙여 말하기를 "르블랑과 내가 고고학자들이라서 확실한 전쟁 피해자와 요새만을 발굴했는데, 선사시대 전쟁은 일군의 물리적 사실들이 서로 얽혀 있는 집합체다." 평화와 조화 마피아에 대한 킬리의 권고는 "지난 1만 년 동안 전쟁이 흔했으나 항상 전시 상태는 아니었음을 인정하고, 왜 그러한지 설명하려고 시도하고, 서로 다른 문화들이 어떻게 전쟁을 실시하고 평화를 유지하는지 질문하라는 것이다." 개인 서신, 2014년 2월 5일.

149 Keegan, John. 1994. *A History of Warfare*. New York: Random House, 59.

150 Goldstein, Joshua. 2011. *Winning the War on War: The Decline of Armed Conflict Worldwide*. New York: Dutton, 328. 또한 다음 책도 보라. Payne, James. 2004. *A History of Force: Exploring the Worldwide Movement Against Habits of Coercion, Bloodshed, and Mayhem*. Sandpoint, ID: Lytton Publishing.

151 Lebow, Richard Ned. 2010. *Why Nations Fight: Past and Future Motives for War*. Cambridge, UK: Cambridge University Press.

152 Ibid. 206-207.

153 Human Security Report 2013. 2014. *The Decline in Global Violence: Evidence, Explanation, and Contestation. Human Security Report Project*, Simon Fraser University, Canada, 11, 48.

154 www.visionofhumanity.org

155 개인 서신. 2014년 2월 1일.

3장 왜 과학과 이성이 도덕적 진보의 원동력인가?

1 In "Answer to the Abbe Raynal." In Paine, Thomas. 1796. *The Works Thomas Paine*. Google eBook.

2 Taylor, John M. 1908. *The Witchcraft Delusion in Colonial Connecticut (1647-1697)*. 구텐베르크 프로젝트에서 읽을 수 있다: goo.gl/UtPyLk

3 요크의 테오도릭을 연기한 스티브 마틴의 모습은 다음에서 볼 수 있다: goo.gl/fbHsUp

4 Voltaire, 1765/2005. "Question of Miracles," in *Miracles and Idolatry*. New York: Penguin.

5 전차 실험을 처음으로 제안한 사람은 철학자 필리파 풋이었다. Foot, Phillipa. 1967. "The Problem of Abortion and the Doctrine of Double Effect." *Oxford Review*, 5, 5-15. 많은 연구에서 전차 시나리오를 이용한 광범위한 조사가 실시되었다. 가장 최근의 연구로는 Edmonds, David. 2013. *Would You Kill the Fat Man?* Princeton, NJ: Princeton University Press가 있다. 또한 다음 연구도 보라. Petrinovich, L., P. O'Neill, and M. J. Jorgensen. 1993. "An Empirical Study of Moral Intuitions: Towards an Evolutionary Ethics." *Ethology and Sociobiology*, 64, 467-478.

6 나는 유럽의 마녀사냥에 대한 이러한 이론들을 다음 저서에서 검토했다. Shermer,

Michael. 1997. *Why People Believe Weird Things.* New York: W. H. Freeman, chap. 7.

7 Diamond, Jared. 2013. *The World Until Yesterday: What Can We Learn from Traditional Societies?* New York: Viking, 345.

8 Senft, Gunter. 1997. "Magical Conversation on the Trobriand Islands." *Anthropos,* 92, 369-371.

9 Malinowski, Bronislaw. 1954. *Magic, Science, and Religion.* Garden City, NY: Doubleday, 139-140.

10 Evans-Pritchard, E. E. 1976. *Witchcraft, Oracles and Magic Among the Azande.* New York: Oxford University Press, 18.

11 Ibid., 23.

12 Kieckhefer, Richard. 1994. "The Specific Rationality of Medieval Magic." *American Historical Review*, 99, no. 3, 813-836.

13 Hutchinson, Roger. 1842. *The Works of Roger Hutchinson,* ed. J. Bruce. New York: Cambridge University Press, 140-141.

14 인용의 출처: Walker, D. P. 1981. *Unclean Spirits: Possession and Exorcism in France and England in the Late Sixteenth and Early Seventeenth Centuries.* Philadelphia: University of Pennsylvania Press, 71.

15 Hedesan, Jo. 2011. "Witch Hunts in Papua New Guinea and Nigeria." *The International,* October 1. goo.gl/Lrkq6N

16 Tortora, Bob. 2010. "Witchcraft Believers in Sub-Saharan Africa Rate Lives Worse." Gallup, August 25. goo.gl/ZlrvEJ

17 Pollak, Sorcha. 2013. "Woman Burned Alive for Witchcraft in Papua New Guinea." *Time,* February 7. goo.gl/t4yR19

18 Oxfam NewZealand. 2012. "Protecting the Accused: Sorcery in PNG." goo.gl/mEevih

19 Napier, William. 1851. *History of General Sir Charles Napier's Administration of Scinde.* London: Chapman & Hall, 35.

20 Mackay, Charles. 1841/1852/1980. *Extraordinary Popular Delusions and the Madness of Crowds.* New York: Crown, 559.

21 Ibid., 560.

22 Levak, Brian. 2006. *The Witch-hunt in Early Modern Europe.* New York: Routledge.

23 Llewellyn Barstow, Anne. 1994. *Witchcraze: A New History of the European Witch-hunts.* New York: HarperCollins.

24 Thomas, Keith. 1971. *Religion and the Decline of Magic.* New York: Charles Scribner's Sons, 643.

25 Ibid., 643-644.

26 Thomas, 1971, 1-21 여기저기에 언급되어 있다.

27 La Roncière, Charles de. 1988. "Tuscan Notables on the Eve of the Renaissance." In *A History of Private Life: Revelations of the Medieval World.* Cambridge, MA: Harvard University

Press, 171.

28 Snell, Melissa. "The Medieval Child." *Medieval History*. goo.gl/6uhDiR

29 Blackmore, S., and R. Moore. 1994. "Seeing Things: Visual Recognition and Belief in the Paranormal." *European Journal of Parapsychology*, 10, 91-103; Musch, J., and K. Ehrenberg. 2002. "Probability Misjudgment, Cognitive Ability, and Belief in the Paranormal." *British Journal of Psychology*, 93, 169-177; Brugger, P., T. Landis, and M. Regard. 1990. "A 'Sheep-Goat Effect' in Repetition Avoidance: Extra-Sensory Perception as an Effect of Subjective Probability?" *British Journal of Psychology*, 81, 455-468; Whitson, Jennifer A., and Adam D. Galinsky. 2008. "Lacking Control Increases Illusory Pattern Perception." *Science*, 322, 115-117.

30 Thomas, 1971, 16.

31 Ibid., 177.

32 Ibid.

33 Ibid., 668.

34 Ibid., 91.

35 Shermer, Michael. 2011. *The Believing Brain*. New York: Times Books, chap. 13.

36 인용의 출처: Cohen, I. Bernard. 1985. *Revolution in Science*. Cambridge, MA: Harvard University Press.

37 Bacon, F. 1620/1939. *Novum Organum*. In Burtt, E. A., ed., *The English Philosophers from Bacon to Mill*. New York: Random House.

38 goo.gl/vSBMO5

39 Olson, Richard. 1990. *Science Deified and Science Defied: The Historical Significance of Science in Western Culture*. Berkeley: University of California Press, 15-40.

40 뉴턴과 그의 업적에 대한 이러한 평가들의 출처는 Westfall, Richard. 1980. *Never at Rest: A Biography of Isaac Newton*. Cambridge, UK: Cambridge University Press이다.

41 Cohen, I. Bernard. 1985. *Revolution in Science*. Cambridge, MA: Harvard University Press, 174, 175.

42 모든 인용의 출처: Olson, 1990, 191-202 여기저기. 또한 다음 책도 보라. Hankins, Thomas L. 1985. *Science and the Enlightenment*. Cambridge, UK: Cambridge University Press, 161-163.

43 Olson, Richard. 1990, 183-189.

44 Smith, Adam. 1795/1982. "The History of Astronomy." In *Essays on Philosophical Subjects*, ed. W. P. D. Wightman and J. C. Bryce. Vol. III of *Glasgow Edition of the Works and Correspondence of Adam Smith*. Indianapolis: Liberty Fund, 2.

45 ———. 1759. *The Theory of Moral Sentiments*. London: A. Millar, I., I., 1.

46 Hobbes, Thomas. 1839. *The English Works of Thomas Hobbes*, ed. William Molesworth, Vol. 1, ix-1.

47 ———. 1642. *De Cive, or the Citizen*. New York: Appleton-Century-Crofts, 15.

48 Olson, 1990, 45, 47.

49 홉스의 이론에 대한 간명한 요약과, 홉스와 그의 계몽시대 동료들이 자신들이 하고 있는 일을 인식한 방식이 바로 오늘날 우리가 과학이라고 부르는 것임을 올슨의 다음 책에서 확인할 수 있다. Olson, 1990, 51-58.

50 Hobbes, Thomas. 1651/1968. *Leviathan, or The Matter, Forme and Power of a Common Wealth Ecclesiasticall and Civil*, ed. C. B. Macpherson. New York: Penguin, 76.

51 나를 포함한 학생들에게 올슨이 잘 가르쳐주었듯이, 과학은 사회적 진공 상태에서 생기지 않는다. 올슨이 말한 바와 같이, 홉스는 영국의 임박한 내전 때문에 강력한 국가의 필요성을 주장하게 되었다. 《리바이어선》은 원래 자연, 인간, 사회에 '거대한 과학 체계'를 적용하는 삼부작 중 세 번째로 계획되었다. 하지만 홉스가 훗날 설명한 바와 같이(《시민론De Cive》, 15) "내전이 일어나기 몇 년 전 내 나라는 통치권과 신민의 복종에 관한 문제들로 뜨겁게 달아오르고 있었다. 이는 임박한 전쟁의 전조였다. 이것이 3부를 먼저 내놓게 된 이유다. 따라서 순서상으로 마지막인 것이 처음이 되었다."

52 Hume, David. 1748/1902. *An Enquiry Concerning Human Understanding*. Cambridge, UK: Cambridge University Press, 165.

53 Walzer, Michael. 1967. "On the Role of Symbolism in Political Thought." *Political Science Quarterly*, 82, 201.

54 Wright, Quincy. 1942. *A Study of War*, 2nd ed. Chicago: University of Chicago Press; Gat, A. 2006. *War in Human Civilization*. New York: Oxford University Press; Fukuyama, Francis. 2011. *The Origins of Political Order: From Prehuman Times to the French Revolution*. New York: Farrar, Straus & Giroux.

55 Shermer, Michael. 2007. *The Mind of the Market: How Biology and Psychology Shape Our Economic Lives*. New York: Times Books, 252.

56 같은 책, 256.

57 Henrich, Joseph, et al. 2010. "Markets, Religion, Community Size, and the Evolution of Fairness and Punishment." *Science*, March 19, 327, 1480-1484.

58 Russett, Bruce, and John Oneal. 2001. *Triangulating Peace: Democracy, Interdependence, and International Organizations*. New York: W. W. Norton.

59 Ibid., 108-111.

60 Ibid., 145-148. 다음 자료도 보라. McDonald, P. J. 2010. "Capitalism, Commitment, and Peace." *International Interactions*, 36, 146-168.

61 McDonald, 148. 다음 자료도 보라. Gartzke, E., and J. J. Hewitt. 2010. "International Crises and the Capitalist Peace." *International Interactions*, 36, 115-145.

62 Marshall, Monty. 2009. "Major Episodes of Political Violence, 1946-2009." Vienna, VA: Center for Systematic Peace, November 9, www.systemicpeace.org/warlist.htm

63 ———. 2009. *Polity IV Project: Political Regime Characteristics and Transitions, 1800-2008*. Fairfax, VA: Center for Systematic Peace, George Mason University. http://www.systemicpeace.org/polityproject.html

64 그래프의 출처: Russett, Bruce. 2008. *Peace in the Twenty-first Century? The Limited but Important Rise of Influences on Peace.* New Haven, CT: Yale University Press.

65 Levy, Jack S. 1989. "The Causes of War." In: Philip E Tetlock, et al. (eds.) *Behavior, Society, and Nuclear War.* New York: Oxford University Press, 209-313. 반대 의견으로는 다음 책을 보라: Barbieri, Katherine. 2002. *The Liberal Illusion: Does Trade Promote Peace?* Ann Arbor: University of Michigan Press.

66 Dorussen, Han, and Hugh Ward. 2010. "Trade Networks and the Kantian Peace." *Journal of Peace Research*, 47, no. 1, 229-242; Hegre, Håvard. 2014. "Democracy and Armed Conflict." *Journal of Peace Research* 51, no. 2, 159-172.

67 다음 기사에 언급되어 있다. Wyne, Ali. 2014. "Disillusioned by the Great Illusion: The Outbreak of Great War." *War on the Rocks*, January 29. 모든 인용의 출처는 이 기사이고, goo.gl/wRio4K에서 볼 수 있다.

68 Ibid.

69 Ibid.

70 그래프의 출처: Russett, Bruce. 2008. Based on data in Lacina, B., N. P. Gleditsch, and B. Russett. 2006. "The Declining Risk of Death in Battle." *International Studies Quarterly*, 50, 673-680.

71 "Estimated Annual Deaths from Political Violence, 1939-2011." goo.gl/8V8L5L의 그림 7.

72 Ibid., 그림 9.

73 Hobbes, 1651, 110-140.

74 Madison, James. 1788. "The Federalist No. 51: The Structure of the Government Must Furnish the Proper Checks and Balances Between the Different Departments." *Independent Journal*, February 6.

75 Burke, Edmund. 1790. *Reflections on the Revolution in France.* In *The Works of Edmund Burke*, 3 vols. New York: Harper & Brothers, 1860, 481-483. goo.gl/e8aTD에서 볼 수 있다.

76 과학 저술가 티모시 페리스Timothy Ferris는 *The Science of Liberty*에서, 미국의 설계자들에 대해 이렇게 말한다. "건국의 아버지들은 새 나라를 하나의 '실험'으로 생각했다. 이 실험은 어떻게 하면 자유와 질서를 둘 다 촉진할 수 있는지에 대한 고민을 수반했다. 〈미국독립선언〉과 헌법 사이의 11년 동안 각각의 주들은 이 두 가지 문제에 대해 많은 실험을 실시했다." Ferris, Timothy. 2010. *The Science of Liberty: Democracy, Reason, and the Laws of Nature.* New York: HarperCollins.

77 Jefferson, Thomas. 1804. Letter to Judge John Tyler Washington, June 28. *The Letters of Thomas Jefferson*, 1743-1826. goo.gl/hn6qNP

78 Isaacson, Walter. 2004. *Benjamin Franklin: An American Life.* New York: Simon & Schuster, 311-312.

79 Koonz, Claudia. 2005. *The Nazi Conscience.* Cambridge, MA: Harvard University Press.

80 Kiernan, Ben. 2009. *Blood and Soil: A World History of Genocide and Extermination from Sparta to Darfur.* New Haven, CT: Yale University Press.

81 인용의 출처: Koonz, 2005, 2.

82 Eaves, L. J., H. J. Eysenck, and N. G. Martin. 1989. *Genes, Culture, and Personality: An Empirical Approach*. San Diego: Academic Press. 이 책 이후로, 정치 태도 차이의 약 절반이 유전자로 설명된다는 것을 확인하는 수많은 연구들이 발표되었다. 예를 들어 다음 연구들을 보라. Hatemi, Peter K., and Rose McDermott. 2012. "The Genetics of Politics: Discovery, Challenges, and Progress." *Trends in Genetics*, October, 28, no. 10, 525-533; Hatemi, Peter K., and Rose McDermott, eds., 2011. *Man Is by Nature a Political Animal*. Chicago: University of Chicago Press.

83 Gilbert, W. S. 1894. "The Contemplative Sentry." goo.gl/Z6lXK6에서 볼 수 있다.

84 Hibbing, John R., Kevin B. Smith, and John R. Alford. 2013. *Predisposed: Liberals, Conservatives, and the Biology of Political Differences*. New York: Routledge.

85 Tuschman, Avi. 2013. *Our Political Nature: The Evolutionary Origins of What Divides Us*. Amherst, NY: Prometheus Books, 402-403.

86 Pedro, S. A., and A. J. Figueredo. 2011. "Fecundity, Offspring Longevity, and Assortative Mating: Parametric Tradeoffs in Sexual and Life History Strategy." *Biodemography and Social Biology*, 57, no. 2, 172.

87 Sowell, Thomas. 1987. *A Conflict of Visions: Ideological Origins of Political Struggles*. New York: Basic Books, 24-25.

88 Pinker, Steven. 2002. *The Blank Slate: The Modern Denial of Human Nature*. New York: Viking, 290-291.

89 Shermer, Michael. 2011. *The Believing Brain*. New York: Times Books, chap. 11.

90 In Jost, J. T., C. M. Federico, and J. L. Napier. 2009. "Political Ideology: Its Structures, Functions, and Elective Affinities." *Annual Review of Psychology*, 60, 307-337.

91 이념에 대한 리처드 올슨의 폭넓은 정의 "추정, 가치, 목표 한 집단의 구성원들의 행동을 이끄는 일군의 추정, 가치, 목표들"도 참조하라. Olson, Richard. 1993. *The Emergence of the Social Sciences 1642-1792*. New York: Twayne, 4-5.

92 Smith, Christian. 2003. *Moral, Believing Animals: Human Personhood and Culture*. Oxford, UK: Oxford University Press.

93 Russell, Bertrand. 1946. *History of Western Philosophy*. London: George Allen & Unwin, 8.

94 Levin, Yuval. 2013. *The Great Debate: Edmund Burke, Thomas Paine, and the Birth of Left and Right*. New York: Basic Books.

95 Burke, Edmund. 1790/1967. *Reflections on the Revolution in France*. London: J. M. Dent & Sons.

96 같은 책.

97 Burke, Edmund. 2009. *The Works of the Right Honorable Edmund Burke*, ed. Charles Pedley. Ann Arbor: University of Michigan Library, 377.

98 Paine, Thomas. 1776. *Common Sense*. 다음 웹사이트에서 볼 수 있다. www.constitution.org/ civ/comsense.htm

99 ————. 1794. *The Age of Reason*. 다음 웹사이트에서 볼 수 있다. http://www.gutenberg. org /ebooks/31270

100 ————. 1795. *Dissertation on First Principles of Government*. www.gutenberg.org/ ebooks/31270에서 볼 수 있다. 이성과 역지사지 원리에 억지 원리와 값비싼 신호 이론을 더한 것이, 상대적 평화의 공식이다. Thoughts on Defensive War에서 페인이 이 점을 지적했다(Paine, Thomas. 1795. *Thoughts on Defensive War*. www.gutenberg.org/ebooks/31270에서 볼 수 있다.):

> 선한 사람의 고요는 불한당을 매혹한다. 무기는 법처럼 침입자와 약탈자들의 사기를 꺾고 이들을 항시 두렵게 만들어, 세계의 질서뿐 아니라 부를 보존한다. 힘의 균형은 평화의 척도다. 모든 세계에 무기가 없다면 똑같은 균형이 유지될 것이다. 왜냐하면 모두가 똑같기 때문이다. 하지만 누구는 무기를 갖고 있으면 다른 나라들도 무기를 내려놓지 않을 것이다. 그리고 한 나라가 무기를 내려놓기를 거부하면, 모든 나라가 그렇게 하는 게 적절하다. 세계의 절반이 무기를 사용하지 않는다면 끔찍한 악행이 뒤따를 것이다. 탐욕과 야망이 사람의 가슴에 자리 잡는 동안 약자가 강자의 먹잇감이 될 것이기 때문이다.

101 Mill, John Stuart. 1859. *On Liberty*. Chap. 2. goo.gl/AWjszJ

102 Mencken, H. L. 1927. "Why Liberty?" *Chicago Tribune*, January 30. goo.gl/1Csn6h

103 Clemens, Walter C., Jr. 2013. *Complexity Science and World Affairs*. Albany: State University of New York Press.

104 Agnus Maddison의 데이터를 토대로 작성한 그래프: goo.gl/lK9xmF. 다음 책들도 보라. Maddison, Agnus. 2006. *The World Economy*. Washington, DC: OECD Publishing; Maddison, Agnus. 2007. *Contours of the World Economy 1-2030 AD: Essays in Macro-Economic History*. New York: Oxford University Press.

105 earthobservatory.nasa.gov/

106 보도의 출처: Knight, Richard. 2012. "Are North Koreans Really ree Inches Shorter Than South Koreans?" *BBC News Magazine*, April 22. goo.gl/dWWGxp

107 Electric power consumption (kWh per capita). *World Bank*. goo.gl/kVlq9

108 Harris, Sam. 2010. *The Moral Landscape: How Science Can Determine Human Values*. New York: Free Press.

4장 왜 종교가 도덕적 진보의 근원이 아닌가?

1 나는 7년 동안 거듭난 기독교인으로 살았고, 가까운 친구들 중에는 아직도 독실한 신자들이 있다. 그리고 나는 종교적 믿음의 심리와 힘에 대한 책인 《우리는 어떤 식으로 믿는가 How We Believe》를 썼다. 따라서 나는 많은 신자들에게 이러한 분석이 무의미하다는 사실을 잘 알고 있다. 그들이 종교에서 얻는 것은 사회적 공동체와 사적인 위안이기 때문이다. "나

비록 음산한 죽음의 골짜기를 지날지라도 내 곁에 주님 계시오니 무서울 것 없어라. 막대기와 지팡이로 인도하시니 걱정할 것 없어라."(〈시편〉 23장 4절) 내 책에서 나는 내가 실시한 연구의 결과들을 보고했다. 왜 신을 믿는가라는 질문에 사람들이 제시한 주된 이유들 중 하나가 자신의 삶에서 "신을 개인적으로 경험한다"였다. 그리고 그들은 다른 사람들이 신을 믿는 주된 이유는 '위안과 목적 의식'이라고 생각했다. 따라서 나는 감정적으로나 지적으로나, 종교와 신앙을 갖는 것에는 매우 개인적이고 의미 있는 이유들이 있다는 것을 이해한다. 그러한 이유들은 이 책에서 내가 하는 유형의 과학적 분석과는 전혀 무관한 것처럼 보인다. 하지만 이것은 과학 책이고, 따라서 내가 종교가 도덕적 진보의 원동력이었다는 신화를 계속해서 무너뜨릴 때, 내 의도는 신자들을 불쾌하게 하는 것이 아님을 알아주기 바란다.

2 Sagan, Carl. 1990. "Preserving and Cherishing the Earth: An Appeal for Joint Commitment in Science and Religion." 32명의 노벨상 수상자들이 서명해 러시아 모스크바에서 열린 영적·정치적지도자세계포럼회의(Global Forum of Spiritual and Parliamentary Leaders Conferences)에 제출한 진술. goo.gl/fO9PQY

3 Hartung, J. 1995. "Love Thy Neighbor: The Evolution of In-Group Morality." *Skeptic*, 3, no. 4, 86-99.

4 Krakauer, Jon. 2004. *Under the Banner of Heaven: A Story of Violent Faith*. New York: Anchor.

5 Darwin, Charles. 1871. *The Descent of Man and Selection in Relation to Sex*. London: John Murray, 571.

6 Betzig, Laura. 2005. "Politics as Sex: The Old Testament Case." *Evolutionary Psychology*, 3: 326.

7 Ibid., 327.

8 〈열왕기상〉 4장 11-14절, 〈열왕기하〉 3장, 〈역대기상〉 3장 10-24절.

9 Sweeney, Julia. 2006. *Letting Go of God*. 독백 대본집. Indefatigable Inc., 24.

10 Ibid., 26.

11 Dawkins, Richard. 2006. *The God Delusion*. New York: Houghton Mi in, 31.

12 Sheer, Robert. 1976. "Jimmy Carter Interview." *Playboy*. goo.gl/CiSTUp

13 레이건은 자신의 정치 인생에서 이 은유를 여러 차례 사용했다. 그의 이임사를 goo.gl/lhnSh4에서 볼 수 있다. 그리고 그가 인용한 말들을 다음 링크에서 읽을 수 있다: www.pbs.org/wgbh/americanexperience/features/general-article/reagan-quotes/

14 Kennedy, John F. 1961. "Address of President-elect John F. Kenney Delivered to a Joint Convention of the General Court of the Commonwealth of Massachusetts." *January* 9. goo.gl/W6f2LZ

15 D'Souza, Dinesh. 2008. *What's So Great About Christianity*. Carol Stream, IL: Tyndale House.

16 Ibid., 34-35.

17 Roberts, J. M. 2001. *The Triumph of the West*. New York: Sterling.

18 D'Souza, 2008, 36.

19 Stark, Rodney. 2005. *The Victory of Reason*. New York: Random House, xii–xiii.

20 서유럽에서 민주주의와 자본주의 발달에 영향을 미친 많은 요인들을 자세하게 다룬 다음 자료들을 보라. Fukuyama, Francis. 2011. *The Origins of Political Order: From Prehuman Times to the French Revolution*. New York: Farrar, Straus & Giroux; Morris, Ian. 2013. *The Measure of Civilization: How Social Development Decides the Fate of Nations*. Princeton, NJ: Princeton University Press; Morris, Ian. 2011. *Why the West Rules-for Now: The Patterns of History and What They Reveal About the Future*. New York: Farrar, Straus & Giroux; Beinhocker, Eric. 2006. *The Origin of Wealth*. Cambridge, MA: Harvard Business School Press.

21 〈스켑틱〉의 종교 편집자 팀 캘러헌Tim Callahan은 이 가설을 평가하고 나서 다음과 같은 결론을 내렸다. "기독교 사고방식보다는 지리적 조건이 서구 문명이 진화하는 과정에서 민주주의의 태동과 생존에 훨씬 더 많은 기여를 했다. 지리적 조건에 우연이 더해져 유럽에서 민주주의가 발전한 곳에서 자본주의 역시 발전할 수 있었다. 이를 도운 것은 기독교적 세계관이 아니라 서유럽이라는 지리적 조건이었다. 서구 기독교 세계에서 교회와 국가가 분리된 것은 완전히 우연이었다. 동유럽의 기독교가 교회와 국가의 분리에 실패했고 자본주의와 민주주의를 낳는 데 실패했다는 사실은, 기독교적 세계관이 어떤 영향을 미쳤든, 그것이 지리적 조건과 우연의 도움을 받아 서구 문명을 낳은 특정한 종합체의 일부였음을 증명한다. Callahan, Tim. 2012. "Is Ours a Christian Nation?" *Skeptic*, 17, no. 3, 31–55. 다음 자료도 보라. Tim Callahan's review of *What's so Great About Christianity* in *Skeptic*, 14, no. 1, 68–71.

22 Gebauer, Jochen, Andreas Nehrlich, Constantine Sedikides, and Wiebke Neberich. 2013. "Contingent on Individual-Level and Culture-Level Religiosity." *Social Psychological and Personality Science*, 4, no. 5, 569–578.

23 Bowler, Kate. 2013. *Blessed: A History of the American Prosperity Gospel*. New York: Oxford University Press.

24 Hitchens, Christopher. 1995. *The Missionary Position: Mother Teresa in Theory and Practice*. Brooklyn, NY: Verso.

25 D'Souza, 2008, 54.

26 1992. *The Interpreter's Bible: The Holy Scriptures in the King James and Revised Standard Versions with General Articles and Introduction, Exegesis, Exposition for Each Book of the Bible*. Nashville: Abingdon Press.

27 Ibid.

28 Ibid.

29 1825년 5월 8일에 헨리 리Henry Lee에게 쓴 편지 goo.gl/TLOk4U

30 Brooks, Arthur C. 2006. *Who Really Cares: The Surprising Truth About Compassionate Conservatism*. New York: Basic Books.

31 Ibid., 5–10의 여기저기.

32 Ibid., 142–144의 여기저기

33 Ibid., 8.

34 Ibid., 55.

35 Ibid., 182–183.

36 Lindgren, James. 2006. "Concerns About Arthur Brooks's 'Who Really Cares.'" November 20. goo.gl/iGK9M0

37 Paul, Gregory S. 2009. "The Chronic Dependence of Popular Religiosity upon Dysfunctional Psychosociological Conditions." *Evolutionary Psychology*, 7, no. 3, 398–441.

38 Paul, 2009, 320–441의 여기저기에 등장하는 그래프들을 토대로 팻 린스Pat Linse가 작성한 것.

39 개인 서신, 2013년 9월 25일.

40 Norris, Pippa, and Ronald Inglehart. 2004. *Sacred and Secular*. New York: Cambridge University Press.

41 Putnam, Robert. 2000. *Bowling Alone: The Collapse and Revival of American Community*. New York: Simon & Schuster, 19.

42 Ibid., 20–21.

43 앞서 인용한 Norris and Inglehart.

44 설로웨이는 폴의 국제적 연구를 언급하면서 이렇게 덧붙였다. "이것은 국가 간 수준에서 통하는 거시적 효과입니다." 하지만 "특정 국가 내부에서, 신에게 기도하고 신을 믿는 사람들은 위안을 얻고, 몇몇 연구들에 따르면 어느 정도 건강상의 이점을 누리는 듯합니다. 따라서 순수하게 개인적인 수준에서 보면 보수주의자들에게 1점을 줄 수 있습니다. 여기서의 인과 관계는 종교가 작은 건강상의 이점을 가져오는 것 같기 때문입니다(하지만 이 효과는 거시적 수준, 즉 집단 수준의 다른 국가 간 효과들에 잡아먹힙니다). 따라서 역설이 발생합니다. 건강상의 이점과 사회적 이점의 관점에서 종교가 개인에게 좋은 영향을 주지만, 같은 자료를 국가 사이에서 분석하면 종교가 개인에게 나쁜 영향을 주는 것처럼 보이기 때문입니다." 그럼에도 설로웨이는 여기 언급된 자료에 모순이 없다고 생각한다. "자선 행위에 대해 말하자면, 종교는 실제로 더 많은 자선 기부를 일으키는 것처럼 보입니다. 하지만 이 효과는 건강과 종교에 대한 폴의 데이터와 모순되지 않습니다. 이는 주로 국가 내의 효과이며, 개인적 수준의 데이터이기 때문입니다. 그뿐 아니라 여기서 추정되는 인과 관계는 종교가 기부의 동기가 된다는 것입니다. 요컨대, 개인 수준에서 인과의 방향은 종교가 사회적 이점과 건강상의 이점을 초래한다는 결과와 일치합니다." 개인 서신, 2006년 9월.

45 Hitchens, Christopher. 2007. *God Is Not Great: How Religion Poisons Everything*. New York: Twelve.

46 Hall, Harriet. 2013. "Does Religion Make People Healthier?" *Skeptic*, 19, no. 1.

47 McCullough, M. E., W. T. Hoyt, D. B. Larson, H. G. Koenig, and C. E. Thoresen. 2000. "Religious Involvement and Mortality: A Meta-Analytic Review." *Health Psychology*, 19, 211–222.

48 McCullough, M. E., and B. L. B. Willoughby. 2009. "Religion, Self-Regulation, and Self-Control: Associations, Explanations, and Implications." *Psychological Bulletin*, 125, 69–93.

49 Baumeister, Roy, and John Tierney. 2011. *Willpower: Rediscovering the Greatest Human*

Strength. New York: Penguin.

50 Mischel, Walter, Ebbe B. Ebbesen, and Antonette Raskoff Zeiss. 1972. "Cognitive and Attentional Mechanisms in Delay of Gratification." *Journal of Personality and Social Psychology*, 21, no. 2, 204-218.

51 Ibid., 180.

52 Ibid., 181.

53 인용의 출처는 Ibid., 187-188.

54 십계명은 《구약성서》의 두 곳에 언급되어 있다. 〈출애굽기〉 20장 1-27절과, 〈신명기〉 5장, 4-21절이다. 나는 킹제임스 판 성서의 〈출애굽기〉에서 인용했다.

55 Hitchens, Christopher. 2010. " The New Commandments." *Vanity Fair*, April. goo.gl/lcXo 히친스는 십계명을 누구도 흉내 낼 수 없는 스타일로 해체한 뒤 새로운 십계명을 제안했다. "종족이나 피부색을 근거로 사람을 괴롭히지 말라. 사람을 사유 재산으로 이용하지 말라. 성적인 관계에서 폭력을 사용하거나 그렇게 하겠다고 위협하는 사람을 경멸하라. 감히 아이를 해친 사람은 얼굴을 가리고 울어야 한다. 타고난 본성을 이유로 사람을 괴롭히지 말라. 하나님이 단지 괴롭히고 제거하기 위해 그렇게 많은 동성애자들을 창조했을 리가 있는가? 우리도 동물이라서 자연의 그물에 의존하고 있음을 명심하고, 이에 따라 생각하고 행동하라. 칼 대신 거짓 서류로 사람들의 재산을 강탈하면 심판을 면할 수 있을 거라고 생각하지 말라. 그 망할 놈의 휴대전화를 꺼라. 당신의 통화 내용이 우리에게 얼마나 하찮은 것인지 당신은 모르고 있다. 지하드주의자와 십자군은 추악한 망상에 시달리는 사이코패스 범죄자들이므로 그들을 비난하라. 신성한 계명이라는 것이 방금 열거한 것들과 어긋난다면, 종류를 막론하고 신과 종교를 포기하라." 마지막에 히친스는 자신의 십계명을 한 마디 요약으로 마무리한다. "간단히 말해서, 석판에 새겨진 도덕률을 알약 먹듯이 냉큼 집어 삼키지 말라." 정녕 합리적인 처방이다.

56 출처: Freedom in the World report from Freedom House. goo.gl/GFeA9 goo.gl/8ocNM 도 보라.

5장 노예제도와 자유의 도덕과학

1 Bannerman, Helen. 1899. *The Story of Little Black Sambo*. London: Grant Richards.

2 goo.gl/LyWnOZ

3 Overbea, Luix. 1981. "Sambo's Fast-Food Chain, Protested by Blacks Because of Name, Is Now Sam's in 3 States." *Christian Science Monitor*, April 22. goo.gl/6y227h

4 레스토랑 명칭만이 문제가 아니었다. 급하게 사업을 확장하면서 실무에서도 실수를 범했다. Bernstein, Charles. 1984. *Sambo's: Only a Fraction of the Action: The Inside Story of a Restaurant Empire's Rise and Fall*. Burbank, CA: National Literary Guild를 보라.

5 구글에서 검색하면 몇 십 년 동안 출간된 책의 표지 이미지 수백 개를 볼 수 있다. 그 이야 기로 만든 1935년작 만화영화 속 이미지들도 볼 수 있는데, 이야기의 내용은 오늘날의 기 준으로 보면 대단히 모욕적이고 인종차별적이지만, 당시는 흑인을 묘사하는 방식으로 보 편적으로 수용되었다. goo.gl/ZQ8lzQ

6 《함무라비 법전》. fordham.edu/halsall/ancient/hamcode.asp

7 goo.gl/wUyei

8 goo.gl/f5l2Pb

9 White, Matthew. 2011. *The Great Big Book of Horrible Things: The Definitive Chronicle of History's 100 Worst Atrocities*. New York: W. W. Norton, 161. Rubinstein, W. D. 2004. *Genocide: A History*. New York: Pearson Education, 78.

10 다음 링크에서 영어 번역판 전문을 볼 수 있다. goo.gl/7JmVNp

11 Hochschild, Adam. 2005. *Bury the Chains: The British Struggle to Abolish Slavery*. London: Macmillan.

12 *The Parliamentary History of England from the Earliest Period to the Year 1803*. Vol. XXIX. 1817. London: T. C. Hansard, 278.

13 Festinger, Leon, Henry W. Riecken, and Stanley Schachter. 1964. *When Prophecy Fails: A Social and Psychological Study*. New York: Harper & Row, 3.

14 Trivers, Robert. 2011. *The Folly of Fools: The Logic of Deceit and Self-Deception in Human Life*. New York: Basic Books; Tavris, Carol, and Elliot Aronson. 2007. *Mistakes Were Made (but Not By Me)*. New York: Mariner Books.

15 Genovese, Eugene D., and Elizabeth Fox-Genovese. 2011. *Fatal Self-Deception: Slaveholding Paternalism in the Old South*. New York: Cambridge University Press, 1. 이 주제를 다른 입 장에서 다룬 다음 책을 보라. Jones, Jacqueline. 2013. A *Dreadful Deceit: The Myth of Race from the Colonial Era to Obama's America*. New York: Basic Books.

16 Clarke, Lewis Garrard. 1845. *Narrative of the Sufferings of Lewis Clarke, During a Captivity of More Than Twenty-Five Years, Among the Algerines of Kentucky, One of the So Called Christian States of North America*. Boston: David H. Ela, Printer. 또한 다음 책도 보라. John W. Blassingame, ed. 1977. *Slave Testimony: Two Centuries of Letters, Speeches, Interviews, and Autobiographies*. Baton Rouge: Courier Dover Publications, 6-8.

17 Olmsted, Frederick Law. 1856. *A Journey in the Seaboard Slave States*. New York; London: Dix and Edwards; Sampson Low, Son & Co., 58-59. goo.gl/7rixHj

18 Troup, George M. 1824. "First Annual Message to the State Legislature of Georgia." In Hardin, Edward J. 1859. *The Life of George M. Troup*. Savannah, GA. goo.gl/j9sgPw.

19 Fearn, Frances. 1910. *Diary of a Refugee, ed. Rosalie Urquart*. University of North Carolina at Chapel Hill, 7-8.

20 Pollard, E. A. 1866. *Southern History of the War*, 2 vols. New York: Random House Value Publishing, I, 202.

21 앞서 인용한 Genovese and Fox-Genovese, 93에서.

22 Cobb, T. R. R. 1858 (1999). *An Inquiry into the Law of Negro Slavery in the United States*. Reprint University of Georgia, ccxvii.

23 Harper, William. 1853. "Harper on Slavery." In *The Pro-Slavery Argument, as Maintained by the Most Distinguished Writers of the Southern States*. Philadelphia: Lippincott, Grambo, and Co., 94.

24 Jackman, Mary R. 1994. *The Velvet Glove: Paternalism and Conflict in Gender, Class, and Race Relations*. Berkeley: University of California Press, 13.

25 McDuffe, George. 1835. *Governor McDuffe's Message on the Slavery Question*. 1893. New York: A. Lovell, 8.

26 Thomas, Hugh. 1997. *The Slave Trade: The Story of the Atlantic Slave Trade, 1440-1870*. New York: Simon & Schuster, 451.

27 Ibid., 454-455.

28 Ibid., 459.

29 Ibid., 457.

30 Ibid., 462-463.

31 Ibid., 464.

32 Lloyd, Christopher. 1968. *The Navy and the Slave Trade: The Suppression of the African Slave Trade in the Nineteenth Century*. London: Cass, 118.

33 Voltaire. *Complete Works of Voltaire*, ed. Theodore Besterman. Banbury: Voltaire Foundation, 1974, 117, 374.

34 Montesquieu. *Oeuvres Complètes*, ed. Édouard Laboulaye. 1877. Paris, Vol. iv, I, 330.

35 *Encyclopédie*, 1765. Vol. xvi, 532.

36 Rousseau, J. J. *Du Contrat Social*. In *Oeuvres Complétes*, ed. Pléide. Vol. I, iv.

37 Hutcherson, Francis. 1755. *A System of Moral Philosophy*. London: A. Millar, II, 213. goo.gl/410LUK

38 Smith, Adam. 1759. *The Theory of Moral Sentiments*. London: A. Millar, 402. goo.gl/DhWCB

39 Blackstone, William. 1765. *Commentaries on the Laws of England*, I, 411-412.

40 Lincoln, Abraham. 1858. In *The Collected Works of Abraham Lincoln*, 1953, ed. Roy P. Basler. Vol. II, August 1, 532.

41 Rawls, J. 1971. *A Theory of Justice*. Cambridge, MA: Belknap Press.

42 Lincoln, Abraham. 1854. Fragment on Slavery. July 1. goo.gl/ux6b9Z

43 인용의 출처는 Hecht, Jennifer Michael. 2013. "The Last Taboo." Politico.com, goo.gl/loOSDz

44 링컨과 에우클레이데스의 연관성을 다룬 책인 Hirsch, David, and Dan Van Haften. 2010. *Abraham Lincoln and the Structure of Reason*. New York: Savas Beatie을 보라.

45 Douglas, Stephen. 1858. In Harold Holzer, ed., 1994. *The Lincoln-Douglas Debates: The First Complete, Unexpurgated Text*. New York: Fordham University Press, 55.

46 Ibid..

47 Lincoln, Abraham. 1864. Letter to Albert G. Hodges. Library of Congress. goo.gl / HpHoJJ 이 연설은 캔터키주 일간지 《프랭크퍼트커먼웰스Frankfort Commonwealth》의 편집자 앨버트 G. 헤지스Albert G. Hedges에게 보낸 편지의 첫머리에 등장한다. 그는 켄터키 노예들을 군인으로 모집하는 일을 의논하기 위해 켄터키에서 링컨을 만나러 왔다. 켄터키는 경계주여서 노예해방선언이 적용되지 않았다. 하지만 입대한 노예들은 자유를 얻을 수 있었다. 링컨은 이렇게 썼다. "나는 원래 노예제 반대론자다. 노예제도가 잘못된 것이 아니라면 잘못된 것은 아무것도 없다. 나는 이렇게 생각하고 느끼지 않았던 적이 하루도 없었다. 하지만 대통령직이 이러한 판단과 느낌을 공식적으로 행동에 옮길 수 있는 무제한적인 권리를 부여한다는 것은 결코 몰랐다."

48 http://en.wikipedia.org/wiki/Abolition_of_slavery_timeline

49 www.endslaverynow.com

50 예를 들어 다음의 문헌들에 그러한 주장들이 나온다. Agustin, Laura Maria. 2007. *Sex at the Margins: Migration, Labour Markets and the Rescue Industry*. London: Zed Books; Bernstein, Elizabeth. 2010. "Militarized Humanitarianism Meets Carceral Feminism: The Politics of Sex, Rights, and Freedom in Contemporary Antitrafficking Campaigns." *Signs*, Autumn, 45-71; Weitzer, Ronald. 2012. *Legalizing Prostitution: From Illicit Vice to Lawful Business*. New York: New York University Press.

51 www.globalslaveryindex.org/findings/ "'노예제도'는 타인을 마치 재산—즉 사고 팔고 거래하고 심지어는 죽일 수 있는 대상—으로 취급하는 것을 말한다. '강제 노동'은 이 관행과 관련이 있으나 정확히 똑같지는 않은 개념으로서, 당사자의 동의 없이 위협이나 강압에 의해 노동을 착취하는 것을 말한다. '인신매매'는 또 하나의 관련 개념으로서, 속임수, 위협, 또는 협박을 통해 사람을 사서 노예, 강제 노동, 또는 다른 형태의 심각한 착취 대상으로 삼는 과정을 말한다." 어떤 용어를 사용하든 모든 형태의 현대적 노예제도가 지니고 있는 가장 중요한 특징은 한 사람이 다른 사람의 자유, 즉 직업을 바꿀 자유, 일터를 옮길 자유, 자신의 신체를 통제할 자유를 박탈하는 것이다.

52 goo.gl/Rtunu

53 goo.gl/lstp

54 www.freetheslaves.net/

55 Sutter, John D., and Edythe McNamee. 2012. "Slavery's Last Stronghold." CNN, March. goo.gl/BTv6N

6장 여성 권리의 도덕과학

1 Lecky, William Edward Hartpole. 1869. *History of European Morals: From Augustus to*

Charlemagne, 2 vols. New York: D. Appleton and Co., Vol. 1, 274.

2   Wollstonecraft, Mary. 1792. *A Vindication of the Rights of Woman: With Strictures on Political and Moral Subjects*. Boston: Peter Edes. www.bartleby.com/144/에서 볼 수 있다.

3   Mill, John Stuart (해리엇 테일러 밀이 공저자로 참여했을 것이다). 1869. *The Subjection of Women*. London: Longmans, Green, Reader, & Dyer. www.constitution.org/jsm/women. htm에서 볼 수 있다.

4   Lecky, 1869, op cit.

5   goo.gl/zO11V2

6   더 포괄적인 이야기를 담고 있는 다음 책을 보라. Flexner, Eleanor. 1959/1996. *Century of Struggle*. Cambridge, MA: Belknap Press.

7   Purvis, June. 2002. *Emmeline Pankhurst: A Biography*. London: Routledge, 354.

8   Ibid., 354.

9   출처: Library of Congress. George Grantham Bain Collection. 원본 사진의 설명은 다음과 같다: 1913년 3월 3일 미국여성참정권협회의 워싱턴 D. C. 행진에서 아이네즈 밀홀런드 보이즈베인이 흰 망토를 걸친 채 흰 말을 타고 있다. LC-DIG-ppmsc-00031 (원본 사진의 디지털 파일)

10   Stevens, Doris. 1920/1995. *Jailed for Freedom: American Women Win the Vote*, ed. Carol O'Hare. Troutdale, OR: New Sage Press, 18-19.

11   Ibid., 19.

12   Adams, Katherine H., and Michael L. Keene. 2007. *Alice Paul and the American Suffrage Campaign*. Champaign: University of Illinois Press, 206-208.

13   Ibid., 211

14   goo.gl/6dKTtG

15   같은 웹페이지.

16   위키피디아에서 '여성 참정권 Women's Suffrage' 항목을 찾으면, 여성 참정권을 보장하는 나라들의 완전한 목록과, 그 나라들이 여성 참정권을 언제 합법화했는지 볼 수 있다. goo.gl/ CJEj2Q

17   goo.gl/YLXph

18   goo.gl/Otxf1v

19   Murray, Sara. 2013. "BM's Barra a Breakthrough." *Wall Street Journal*, December 11, B7.

20   goo.gl/EqBHZs

21   Wang, Wendy, Kim Parker, and Paul Taylor. 2013. "Breadwinner Moms." Pew Research, Social and Demographic Trends, May 29. goo.gl/jtCac 또한 다음 자료도 보라. Rampell, Catherine. 2013. "US Women on the Rise as Family Breadwinner." *New York Times*, May 29. goo.gl/o9igt

22   Kumar, Radha. 1993. *The History of Doing: An Account of Women's Rights and Feminism in India*. Bhayana Neha, 2011. "Indian Men Lead in Sexual Violence, Worst on Gender Equality." Times of India, March 7.

23 Daniel, Lisa. 2012. "Panetta, Dempsey Announce Initiatives to Stop Sexual Assault." *American Forces Press Service*, April 16.

24 Botelho, Greg, and Marlena Baldacci. 2014. "Brigadier General Accused of Sex Assault Must Pay over $20,000; No Jail Time." CNN. goo.gl/EqBHZs

25 Planty, Michael, Lynn Langton, Christopher Krebs, Marcus Berzofsky, and Hope Smiley-McDonald. 2013. "Female Victims of Sexual Violence, 1994-2010." US Department of Justice. Office of Justice Programs. Bureau of Justice Statistics, March. goo.gl/7GUWXp

26 백악관여성위원회White House Council on Women and Girls가 발행한 2014년 보고서는 대부분의 강간 피해자가 가해자를 알았고, 가난하고, 홈리스이며, 소수자인 여성들이 특히 위험하다는 사실을 확인시켜주었다. goo.gl/J3ABNW

27 Yung, Corey Rayburn. 2014. "How to Lie with Rape Statistics: America's Hidden Rape Crisis." *Iowa Law Review*, 99, 1197-1255.

28 Ibid., 1240.

29 모든 형태의 성폭력과 싸우는 미국에서 가장 크고 영향력 있는 활동 조직인 강간학대근친상간국가네트워크Rape, Abuse, & Incest National Network(RAINN)에 따르면, "광범위하게 퍼져 있는 캠퍼스 내 성폭력 문제의 원인을 '강간 문화'로 보는 불행한 추세가 지난 몇 년 동안 지속되어 왔다. 문제 해결을 막는 구조적 장벽을 밝히는 것은 도움이 되지만, 단순한 사실을 놓치지 않는 것도 중요하다. 즉 강간의 원인은 문화적 요인들이 아니라, 폭력 범죄를 저지르겠다는 공동체 내 소수의 의식적 결정이라는 사실이다." RAINN은 법을 우회해서 캠퍼스 내 사법위원회가 대학 캠퍼스에서 도덕적 공포를 부추기게 하지 말고, 강간을 중범죄로 취급하고 그렇게 기소할 것을 권고한다. 전자의 경우, "성폭력을 멈추는 것을 더 어렵게 만드는 역설적 효과를 일으키게 되는데, 죄를 지은 개인에 초점을 맞추지 않음으로써 자기 행동에 대한 개인적 책임을 경감시키는 것처럼 보이기 때문이다. 다음 자료를 보라. Kitchens, Caroline. 2014. "It's Time to End 'Rape Culture' Hysteria," *Time*, March 20. goo.gl/IW Xq 또한 다음 자료도 보라. Hamblin, James. 2014. "How Not to Talk About a Culture of Sexual Assault." *Atlantic*, March 29. goo.gl/mwqxiJ MacDonald, Heather. 2008. "The Campus Rape Myth." *City Journal*, Winter, 18, no. 1. goo.gl/dDuaR

30 Buss, David. 2003. *The Evolution of Desire: Strategies of Human Mating*. New York: Books, 266. 진화생물학을 전반적으로 개관한 다음 책을 보라. Buss, David. 2011. *Evolutionary Psychology: The New Science of the Mind*. New York: Pearson.

31 Hrdy, Sara. 2000. "The Optimal Number of Fathers: Evolution, Demography, and History in the Shaping of Female Mate Preference." *Annals of the New York Academy of Science*, 907, 75-96.

32 Goetz, Aaron T., Todd K. Shackelford, Steven M. Platek, Valerie G. Starratt, and William F. McKibbin. 2007. "Sperm Competition in Humans: Implications for Male Sexual Psychology, Physiology, Anatomy, and Behavior." *Annual Review of Sex Research*, 18, no. 1, 1-22.

33 Scelza, Brooke A. 2011. "Female Choice and Extra-Pair Paternity in a Traditional Human

Population." *Biology Letters*, December 23, 7, no. 6, 889-891.

34 Larmuseau, M. H. D., J. Vanoverbeke, A. Van Geystelen, G. Defraene, N. Vanderheyden, K. Matthys, T. Wenseleers, and R. Decorte. 2013. "Low Historical Rates of Cuckoldry in a Western European Human Population Traced by Y-Chromosome and Genealogical Data." *Proceedings of the Royal Society B*, December, 280, no. 1772.

35 Anderson, Kermyt G. 2006. "How Well Does Paternity Con dence Match Actual Paternity?" *Current Anthropology*, 47, no. 3, June, 513-520.

36 Baker, R. Robin, and Mark A. Bellis. 1995. *Human Sperm Competition: Copulation, Masturbation, and Infidelity*. London: Chapman & Hall.

37 Anderson, 2006, 516.

38 개인 서신, 2013년 12월 17일.

39 Pillsworth, Elizabeth, and Martie Haselton. 2006. "Male Sexual Attractiveness Predicts Differential Ovulatory Shifts in Female Extra-Pair Attraction and Male Mate Retention." *Evolution and Human Behavior*, 27, 247-258.

40 Buss, David. 2001. *The Dangerous Passion: Why Jealousy Is as Necessary as Love and Sex*. New York: Free Press.

41 Laumann, E. O., J. H. Gagnon, R. T. Michael, and S. Michaels. 1994. *The Social Organization of Sexuality: Sexual Practices in the United States*. Chicago: University of Chicago Press.

42 Tafoya, M. A., and B. H. Spitzberg. 2007. "The Dark Side of Infidelity: Its Nature, Prevalence, and Communicative Functions." In B. H. Spitzberg and W. R. Cupach, eds., *The Dark Side of Interpersonal Communication*, 2nd ed., 201-242. Mahwah, NJ: Lawrence Erlbaum Associates.

43 Gangestad, S. W., and Randy Thornhill. 1997. "The Evolutionary Psychology of Extra-Pair Sex: The Role of Fluctuating Asymmetry." *Evolution and Human Behavior*, 18, no. 28, 69-88.

44 Buss, David. 2002. "Human Mate Guarding." *NeuroEndocrinology Letters*, December, 23, no. 4, 23-29.

45 Schmitt, D. P., and David M. Buss. 2001. "Human Mate Poaching: Tactics and Temptations for Infiltrating Existing Mateships." *Journal of Personality and Social Psychology*, 80, 894-917.

46 Schmitt, D. P., L. Alcalay, J. Allik, A. Angleitner, L. Ault, et al. 2004. "Patterns and Universals of Mate Poaching Across 53 Nations: The Effects of Sex, Culture, and Personality on Romantically Attracting Another Person's Partner." *Journal of Personality and Social Psychology*, 86, 560-584.

47 Kellerman, A. L., and J. A. Mercy. 1992. "Men, Women, and Murder: Gender- Specific Differences in Rates of Fatal Violence and Victimization." *Journal of Trauma*, July, 33, no. 1, 1-5. www.ncbi.nlm.nih.gov/pubmed/1635092

48 UN Office on Drugs and Crime. 2011. *Global Study on Homicide: Trends, Contexts, Data.* goo.gl/Hz2ie

49 Williamson, Laura. 1978. "Infanticide: An Anthropological Analysis." In M. Kohl, ed., *Infanticide and the Value of Life.* Buffalo, NY: Prometheus Books.

50 예를 들어 내가 신학자이자 종교철학자인 덕 기베트Doug Geivett와 벌인 논쟁들을 보라.

51 인용의 출처: Milner, Larry. 2000. *Hardness of Heart, Hardness of Life: The Stain of Human Infanticide.* Lanham, MD: University Press of America.

52 Daly, Martin, and Margo Wilson. 1988. *Homicide.* New York: Aldine De Gruyter.

53 Ranke-Heinemann, Uta. 1991. *Eunuchs for the Kingdom of Heaven: Women, Sexuality and the Catholic Church.* New York: Penguin.

54 Milner, 2000.

55 Deschner, Amy, and Susan A. Cohen. 2003. "Contraceptive Use Is Key to Reducing Abortion Worldwide." *The Guttmacher Report on Public Policy*, October, 6, no. 4. goo.gl/Ovgge 또한 다음 자료도 보라. Marston, Cicely, and John Cleland. 2003. "Relationships Between Contraception and Abortion: A Review of the Evidence." *International Family Planning Perspectives*, March, 29, no. 1, 6-13.

56 같은 자료.

57 Senlet, Pinar, Levent Cagatay, Julide Ergin, and Jill Mathis. 2001. "Bridging the Gap: Integrating Family Planning with Abortion Services in Turkey." *International Family Planning Perspectives*, June, 27, no. 2.

58 Kohler, Pamela K., Lisa E. Manhart, and William E. Lafferty. 2008. "Abstinence-Only and Comprehensive Sex Education and the Initiation of Sexual Activity and Teen Pregnancy." *Journal of Adolescent Health*, April, 42, no. 4, 344-351.

59 Herring, Amy H., Samantha M. Attard, Penny Gordon-Larsen, William H. Joyner, and Carolyn T. Halpern. 2013. "Like a Virgin (mother): Analysis of Data from a Longitudinal, US Population Representative Sample Survey." *British Medical Journal*, December 17. 347, goo.gl/bkMVnJ

60 Nelson, Charles A., Nathan A. Fox, and Charles H. Zeanah. 2014. *Romania's Abandoned Children: Deprivation, Brain Development, and the Struggle for Recovery.* Cambridge, MA: Harvard University Press.

61 앞서 언급한 Deschner and Cohen. 2003.

62 goo.gl/i1Hc

63 예를 들어 다음 자료를 보라. *Amici Curiae Brief in Support of Appellees.* 1988. *William L. Webster et al., Appellants, v. Reproductive Health Services et al., Appellees.*

64 예를 들어 다음 자료들을 보라. Pleasure, J. R., M. Dhand, and M. Kaur. 1984. "What Is the Lower Limit of Viability?" *American Journal of Diseases of Children*, 138, 783; R. D. G. Milner and R. V. Beard. 1984. "Limit of Fetal Viability." *Lancet*, 1, 1079; B. L. Koops, L. J. Morgan and F. C. Battaglia. 1982. "Neonatal Mortality Risk in Relation to Birth Weight

and Gestational Age: Update." *Journal of Pediatrics*, 101, 969-977.

65 Beddis, I. R., P. Collins, S. Godfrey, N. M. Levy, and M. Silverman. 1979. "New Technique for Servo-Control of Arterial Oxygen Tension in Preterm Infants." *Archives of Disease in Childhood*, 54, 278-280.

66 Flower, M. 1989. "Neuromaturation and the Moral Status of Human Fetal Life." In E. Doerr and J. Prescott, eds., *Abortion Rights and Fetal Personhood*. Centerline Press, 65-75.

67 "4-Sided Battle in Court for Child." 1914. *Los Angeles Times*, October 31.

68 출처: 저자의 소장품.

69 이 이야기의 대부분은 내 사촌이자 사립탐정인 앤 마리 베이트솔이 증거 자료를 통해 밝힌 것이다. 내 할머니는 프랑크 이모의 어머니인 크리스틴이다.

7장 동성애자 권리의 도덕과학

1 동성애자 인권 운동의 친구들을 성공회(2003년에 진 로빈슨을 최초의 동성애자 주교로 선출했다), 유니테리언 교회, 캐나다연합교회, 보수파 유대교와 개혁파 유대교, 아메리카 원주민의 종교들, 자유주의 힌두교, 불교, 마술사 등에서 찾을 수 있다. 대부분의 종교가 뒤늦게 동참했으나, 적어도 일부 성직자들은 1970년대 초 이래로 게이 퍼레이드에서 "인권을 수호하는 성직자들"과 "예수는 동성애자를 저주하지 않는다"와 같은 푯말을 들고 행진해 왔음을 사진 증거를 통해 확인할 수 있다. goo.gl/FYXGOS-francisco-pride-parade-the-first-two-decades-photos/

2 getequal.org/press/ 미국 LGBT 민권 기구 겟이퀄GetEQUAL은 "타의 주종을 불허하는 가망 없는 편협함에 수여하는 애니타브라이언트상"의 제1회 수상자로 전국결혼수호단체 의장인 매기 갤러거Maggie Gallagher를 선정하고, 선정 이유를 이렇게 말했다. "미국인이 결혼 평등을 압도적으로 지지하는 이 시점에 차별과 편협함을 위해 소신 있게 싸우기 위해서는 갤러거 씨 같은 매우 특별한 사람이 필요하다."

3 goo.gl/Tz3xWO

4 goo.gl/dX66lF

5 모르몬교도들이 어떻게 목사들의 말을 정책으로 바꾸었는지를 보여주는 뛰어난 다큐멘터리인 8- The Mormon Proposition. goo.gl/iZLsl을 보라.

6 goo.gl/muiQ9a

7 goo.gl/NkxuBd

8 goo.gl/T3BKc

9 Hamer, Dean, and P. Copeland. 1994. *The Science of Desire: The Search for the Gay Gene and the Biology of Behavior*. New York: Simon & Schuster; Baily, Michael. 2003. *The Man Who Would Be Queen: The Science of Gender-Bending and Trans-sexualism*. Washington, DC:

National Academies Press; LeVay, Simon. 2010. *Gay, Straight, and the Reason Why: The Science of Sexual Orientation*. New York: Oxford University Press.

10 goo.gl/5CLnXm

11 트뤼도는 당시 법무부 장관이었고, C-150 법안을 지지하며 이러한 말들을 했다. 이 법안은 피임과 낙태를 합법화하는 것을 포함한 다른 조치들과 함께, 동성애 금지법 철폐를 목표로 삼았다. 이 법안은 149대 55로 통과되었다. goo.gl/iFYe5n

12 다음 책을 보라. David K. Johnson. 2004. *The Lavender Scare: The Cold War Persecution of Gays and Lesbians in the Federal Government*. Chicago: University of Chicago Press.

13 Lingeman, Richard R. 1973. "There Was Another Fifties." *New York Times Magazine*, June 17, 27.

14 goo.gl/WGzw5D

15 Davis, Kate, and David Heilbroner, directors. 2010. *Stonewall Uprising*. Documentary. Based on the book: Carter, David. 2004. *Stonewall: The Riots at Sparked the Gay Revolution*. New York: St. Martin's Press.

16 *Stonewall Uprising*에서.

17 Ibid. 대본: goo.gl/1jnTdM

18 Wolf, Sherry. "Stonewall: The Birth of Gay Power." *International Socialist Review*. goo.gl/F1otuO

19 goo.gl/wjVLB 또한 다음 책도 보라. McCormack, Mark. 2013. *The Declining Significance of Homophobia*. Oxford, UK: Oxford University Press.

20 goo.gl/xKWn4X 전국 학교 현황 조사는 동성애 공포증적 발언들이 줄어들고 있으며, "성지향성으로 인한 부당한 처우가 감소"하고 있다고 말한다. glsen.org /sites/default/les/2011%20National%20School%20 Survey%20Full%20Report.pdf

21 Nicholson, Alexander. 2012. *Fighting to Serve: Behind the Scenes in the War to Repeal "Don't Ask, Don't Tell."* Chicago: Chicago Review Press, 12.

22 www.ncbi.nlm.nih.gov/pubmed/22670652 캐나다의 올림픽 금메달 수상자 마크 텍스버리는 왜 동성애자임을 밝히는 운동선수가 드문지 설명한다. www.youtube.com/watch?v=XS3jevs3l5o

23 Associated Press. 2013. "Obama Names Billie Jean King as one of Two Gay Sochi Olympic Delegates." December 17. www.theguardian.com/sport/2013/dec/18/obama-names-gay-delegates-sochi-olympics

24 Goessling, Ben. 2014. "86 Percent OK with Gay Teammate." ESPN.com, February 17. goo.gl/W27892

25 Beech, Richard. 2014. "Thomas Hitzlsperger Comes Out as Being Gay." *Mirror*, January 8. goo.gl/j4pq9L

26 *Stonewall Uprising*에서.

27 New Mexico: Santos, Fernanda. 2013. "New Mexico Becomes 17th State to Allow Gay Marriage." *New York Times*, December 19. goo.gl/hNv2WY

28 2014. "Court Ruling: Germany Strengthens Gay Adoption Rights." *Spiegel Online International*, February 19. goo.gl/xShdV

29 출처: 2001, 2008, 2010년 갤럽 조사와 미국종합사회조사(General Social Survey)를 취합한 Pinker, 2011, 452. goo.gl/5yHDK6 Gallup 2001: "American Attitudes Toward Homosexuality Continue to Become More Tolerant." Gallup 2002: "Acceptance of Homosexuality: A Youth Movement." Gallup 2008: "America Evenly Divided on Morality of Homosexuality."

30 출처: Pew Research Center's Forum on Religion and Public Life. June 2013. "Changing Attitudes on Gay Marriage." goo.gl/vkpbm2

31 Ibid.

32 Magnier, Mark, and Tanvi Sharma. 2013. "India Court Makes Homosexuality a Crime Again." *Los Angeles Times*, December 11, A7.

33 Cowell, Alan. 2013. "Ugandan Lawmakers Pass Measure Imposing Harsh Penalties on Gays." *New York Times*, December 20, A8. goo.gl/IN9cLL

34 동성 결혼을 허용하는 나라 사람들이 러시아 어린이들을 입양하지 못하도록 이 법이 더 확장되었다. goo.gl/HClnyL

35 goo.gl/2Xh5Pi

36 goo.gl/aT8Z9T

37 goo.gl/SfvA37

38 goo.gl/ZQQiZ

39 goo.gl/lh60Na

40 "Married Gays to Tour Drought-hit Countries." 2014. *The Daily Mash*. January 20. goo.gl/gicu0I

41 goo.gl/LRB6v

42 2001년부터 2006년까지 트레버 프로젝트의 회장과 대표이사를 지낸 호르헤 발렌시아의 말로, 상을 받은 다큐멘터리에서 인용되었다. *For the Bible Tells Me So*: goo.gl/9GYGaN

43 *For the Bible Tells Me So*. Documentary. 2007. Written by Daniel G. Karslake and Nancy Kennedy. Directed by Daniel G. Karslake. goo.gl/9GYGaN

44 스핏처의 연구: goo.gl/QkdK4H

45 goo.gl/my7v8h goo.gl/MNHID

46 goo.gl/B2vs5

47 goo.gl/QSPvO

48 goo.gl/mxWaO

49 goo.gl/nQObLY

50 goo.gl/XgY9JG

51 프란치스코 교황이 2013년 9월 29일에 한 말. 언론을 통해 보도되었다. 예를 들어 goo.gl/tMfXhz을 보라.

52 2013년 7월 29일, 브라질에서 바티칸으로 가는 비행기 안에서 있었던 폭넓은 주제에 관한

인터뷰에서 프란치스코 교황이 한 말. goo.gl/EVDvlW

53 2013년 9월 29일에 한 말.

54 Klemesrud, Judy. 1977. "Equal Rights Plan and Abortion Are Opposed by 15,000 at Rally." *New York Times*, November 20, A32.

55 King, Neil. 2013. "Evangelical Leader Preaches a Pullback from Politics, Culture Wars." *Wall Street Journal*, October 22, A1, 14.

56 Rauch, Jonathan. 2013. "The Case for Hate Speech." *Atlantic*. October 23. goo.gl / vNJYRF

57 Rauch, 2013. 이 입장에 대한 더 완전한 옹호인 다음 책을 보라. Rauch, Jonathan. 2004. *Gay Marriage: Why It Is Good for Gays, Good for Straights, and Good for America*. New York: Henry Holt.

58 프라이는 동성애와 동성애 공포증에 대한 뛰어난 2부작 시리즈에서 이 이야기를 한다. goo.gl/UpCQCO

59 goo.gl/jUoUNT

60 새비지의 그러한 주장을 다음 영상에서 확인할 수 있다: goo.gl/AU7jWg

61 It Gets Better. itgetsbetter.org/ 19분 45분에 나오는, '잇겟츠베러' 프로젝트에 대한 댄 새비지의 발언을 주목하라. goo.gl/8DzP9Q

62 Wilcox, Ella Wheeler. 1914/2012. *"Protest,"Poems of Problems*. Chicago: W. B. Conkey, 154.

8장 동물권의 도덕과학

1 Darwin, Charles. 1859. *On the Origin of Species by Means of Natural Selection*. London: John Murray, 488-489.

2 다윈이 갈라파고스에 머무는 동안 진화론 혹은 자연선택 메커니즘을 발견했다는 것은 다윈을 둘러싼 한 가지 신화다. 다윈이 고국 잉글랜드로 돌아온 뒤 그는 공책에 자신의 생각을 정리하기 시작했고, 이 생각들이 결국 완전한 진화론으로 발전하게 된다. 하지만 이것은 그 섬들을 방문한 지 1년 뒤였다. 이 신화를 폭로한 사람은 프랭크 설로웨이로서, 다윈의 진화론적 사고의 발달에 대한 그의 역사적 재구성을 여러 논문에서 볼 수 있다: Sulloway, Frank. 1982. "Darwin and His Finches: The Evolution of a Legend." *Journal of the History of Biology*, 15, 1-53; Sulloway, Frank. 1982. "Darwin's Conversion: The Beagle Voyage and Its Aftermath." *Journal of the History of Biology*, 15, 325-396; Sulloway, Frank. 1984. "Darwin and the Galápagos." *Biological Journal of the Linnean Society*, 21, 29-59.

3 Cruz, F., V. Carrion, K. J. Campbell, C. Lavoie, and C. J. Donlan. 2009. "Bio-Economics of Large-Scale Eradication of Feral Goats from Santiago Island, Galápagos." *Wildlife Management*, 73, 191-200.

4 Weisman, Alan. 2007. *The World Without Us*. New York: St. Martin's Press. 또한 속편인 다음 책도 보라: Weisman, Alan. 2013. *Countdown: Our Last Best Hope for a Future on Earth?* Boston: Little, Brown.

5 다윈과 그의 동료 선원들은 거북을 먹은 뒤 등껍질을 배 밖으로 던져버렸다. 거북들을 어느 섬에서 발견했는지 기억하지 못함으로써, 진화의 나무를 완성하는 데 애로를 겪었다는 점에서, 다윈의 이론의 발달을 지연시켰을 것이다. 다음 책을 보라. Shermer, Michael. 2006. *Why Darwin Matters*. New York: Henry Holt/Times Books.

6 동물권 학자이자 변호사인 스티븐 M. 와이즈Steven M. Wise도 자신의 저서 *Drawing the Line*에서 비슷한 논증을 펼친다. 그는 그 책에서 동물권이 네 범주로 나뉜다고 주장한다. 1범주는 "대형 유인원을 포함해, 기본적인 자유권을 보장하기에 충분한 자율성을 지니고 있음이 분명한" 종들을 포함한다. 2범주는 우리가 어떤 기준을 설정하느냐에 따라 기본적인 법적 권리를 보장할 수 있는 종들을 포함한다. 3범주는 우리가 충분히 알지 못해서 어떤 권리를 보장해야 하는지 결정할 수 없는 종들을 포함한다. 4범주는 기본적인 자유권을 부여할 만한 자율성을 갖추지 못한 종들을 포함한다. Wise, S. M. 2002. *Drawing the Line: Science and the Case for Animal Rights*. Boston: Perseus Books, 241. 또한 다음 책도 보라. Wise, S. M. 2000. *Rattling the Cage: Toward Legal Rights for Animals*. Boston: Perseus.

7 Marino, L. 1988. "A Comparison of Encephalization Between Odontocete Cetaceans and Anthropoid Primates." *Brain, Behavior, and Evolution*, 51, 230. Ridgway, S. H. 1986. "Physiological Observations on Dolphin Brains." In R. J. Schusterman et al., eds., *Dolphin Cognition and Behavior: A Comparative Approach*. Hillsdale, NJ: Lawrence Erlbaum Associates, 32-33. Herman, L. M., and P. Morrel-Samuels. 1990. "Knowledge Acquisition and Asymmetry Between Language Comprehension and Production: Dolphins and Apes as General Models for Animals." In M. Bekoff and D. Jamieson, eds., *Interpretation and Explanation in the Study of Animal Behavior*. Boulder, CO: Westview Press.

8 Reiss, Diana. 2012. *The Dolphin in the Mirror: Exploring Dolphin Minds and Saving Dolphin Lives*. Boston: Mariner Books.

9 goo.gl/dG2xK

10 Gregg, Justin. 2013. "No, Flipper Doesn't Speak Dolphinese." *Wall Street Journal*, December 21, C3; Gregg, Justin. 2013. *Are Dolphins Really Smart? The Mammal Behind the Myth*. New York: Oxford University Press.

11 Ibid. 유명한 공룡 고생물학자인 내 친구 잭 호너Jack Horner는 뇌가 머리에 있다는 생각 역시 우리의 편향된 시각이라고 말한다. 그는 공룡 골격 이미지로 공룡 해부학 모델을 만들고 있는데, 이 모델들은 일부 대형 공룡들의 골반 부위에 상당한 크기의 신경중추가 있는 모습이다. 이러한 대형 공룡에서 머리부터 꼬리까지가 얼마나 먼지를 고려하면, 그리고 지능을 머리에 집중적으로 배치하는 것이 아니라 몸 전체에 배분하는 것이 얼마나 적응적인지 생각하면 타당한 추론이다. 그는 닭 실험에서 머리가 잘렸는데도 여전히 살아서 심지어는 쓰러진 뒤에도 다시 일어서는 닭들을 언급하면서, 평형감각을 제어하는 전정신경중추가 머리 외의 다른 곳에 위치하는 것이 틀림없다고 말한다.

12 Amsterdam, Beulah. 1972. "Mirror Self-Image Reactions Before Age Two." *Developmental Psychobiology* 5, no. 4, 297-305; Lewis, M., and J. Brooks-Gunn. 1979. *Social Cognition and the Acquisition of Self*. New York: Plenum Press, 296; Gopnik, Alison. 2009. *The Philosophical Baby: What Children's Minds Tell Us About Truth, Love, and the Meaning of Life*. New York: Farrar, Straus & Giroux.

13 동물의 언어는 논란이 있는 주제인데, 연구의 상당수가 그 자질을 의심받고 있기 때문이다. 예를 들어 코코는 수백 개의 상징적 언어 기호들을 학습해 그 언어로 질문에 답하고 조련사를 속이려는 시도를 할 수 있었으며, 심지어는 다른 고릴라들에게 언어를 가르치려 했다. 하지만 동물 언어와 인지 능력에 대한 회의적 견해를 지닌 사람들이 이러한 유인원 언어 연구에 반론을 제기해왔다. 그러한 논문들 가운데 여러 편을 〈스켑틱〉에 소개했는데, 예를 들면 동물 심리학자 클리브 와인Clive Wynne의 논문이 그중 하나다. 그는 ('칸지'라는 이름의 보노보를 가리키며) 이런 실험을 해보라고 말한다. "다음번에 당신이 칸지 같은 유인원을 텔레비전 다큐멘터리에서 보거든, 소리를 끄고 조련사가 제공하는 해석 없이 녀석이 무엇을 하고 있는지 관찰해보라. 그리고 그것이 실제로 언어처럼 보이는지 보라. 인류의 역사의 어느 시점엔가 기호를 재배열해 새로운 의미를 창조하고 'Me Banana'와 'Banana Me'를 구별할 수 있는 최초의 존재가 있었음에 틀림없다. 하지만 유인원에게 버튼 누르기나 수화에 대한 훈련을 수년 간 실시한 결과는 이러한 일이 우리가 침팬지, 보노보, 고릴라와 갈라진 뒤에 일어난 일이라는 증거를 보여준다. 그때 이래로 우리는 우리끼리 말해왔다. Wynne, Clive. 2007. "Aping Language: A Skeptical Analysis of the Evidence for Nonhuman Primate Language." *Skeptic*, 13, no. 4, 10-14.

14 Plotnik, Joshua M., and Frans de Waal. 2014. "Asian Elephants (Elephas maximus) Reassure Others in Distress." *PeerJ*, 2: e278. peerj.com/articles/278/

15 Smet, Anna F., and Richard W. Byrne. 2013. "African Elephants Can Use Human Pointing Cues to Find Hidden Food." *Current Biology*, 23, 1-5.

16 인용의 출처: Collins, Katie. 2013. "Study: Elephants Found to Understand Human Pointing Without Training." www.wired.co.uk/news/archive/2013-10/10/elephant-pointing

17 앞서 언급한 Smet and Byrne.

18 이 시기는 유라시아와 신세계의 동굴들에서 발견된 18점의 선사시대 개 뼈로부터 추출한 DNA를 토대로 추산한 것이다. 현대의 49마리 늑대들과 여러 품종에 속하는 77마리 개들로부터 추출한 DNA를 비교했다.

19 Thalmann, O., et al. 2013. "Complete Mitochrondrial Genomes of Ancient Canids Suggest a European Origin of Domestic Dogs." *Science*, November 15, 342 no. 6160, 871-874. 더 오래된 연구들은 개가 가축화된 시점을 약 1만 3000년 전으로 추산한다: Savolainen, P., Y. Zhang, J. Luo, J. Lundeberg, and T. Leitner. 2002. "Genetic Evidence for an East Asian Origin of Domestic Dogs." *Science*, November 22, 298, 1610-1612. Leonard, J. A., R. K. Wayne, J. Wheeler, R. Valadez, S. Guillén, and C. Vilá. 2002. "Ancient DNA Evidence for Old World Origin of New World Dogs." *Science*, November 22, 298,

1613-1615.

20 Teglas, E., A. Gergely, K. Kupan, A. Miklosi, and J. Topal. 2012. "Dogs' Gaze Following Is Tuned to Human Communicative Signals." *Current Biology* 22, 209-212. B. Hare and M. Tomasello. 2005. "Human-like Social Skills in Dogs?" *Trends in Cognitive Science* 9, 439-444. Hare, B., M. Brown, C. Williamson, and M. Tomasello. 2002. "The Domestication of Social Cognition in Dogs." *Science*, November 22, 298, 1634-1636.

21 Berns, Gregory, Andrew Brooks, and Mark Spivak. 2012. "Functional MRI in Awake Unrestrained Dogs." *PLoS ONE 7*, no. 5.

22 같은 자료.

23 Berns, Gregory. 2013. *How Dogs Love Us: A Neuroscientist and His Adopted Dog Decode the Canine Brain*. New York: New Harvest, 226-227.

24 Berns, Gregory. 2013. "Dogs Are People Too." *New York Times*, October 6, SR5.

25 Ibid.

26 제임스 마시 감독의 2011년 다큐멘터리 영화 〈프로젝트 님〉.

27 테라스는 그것을 영장류의 '영리한 한스' 효과로 결론 내렸다. 한스는 조련사가 내는 산수 문제를 풀어 유명해진 말이다. 조련사 폰 오스텐이 문제를 내면, 한스는 발굽을 탁탁 쳐서 답을 맞혔다. 하지만 1907년에 독일 심리학자 오스카 풍스트Oskar Pfungst가 그 말이 인간 조련사의 무의식적인 몸짓 신호를 알아챘던 것이라고 판단했다. 발굽을 친 회수가 정답에 가까이 접근할 때 인간 조련사는 알아챌 수 있는 방식으로 몸을 움직임으로써 한스에게 발굽 치기를 멈추도록 신호를 보냈던 것이다. 현재 '영리한 한스' 효과로 알려져 있는 그것은 실은, 개와 코끼리와 함께 말도 포함시켜야 하는 종간 사회적 신호에 대한 또 다른 실험이다. Pfungst, O. 1911. *Clever Hans (The Horse of Mr. von Osten): A Contribution to Experimental Animal and Human Psychology*, trans. C. L. Rahn. New York: Henry Holt.

28 제임스 마시의 다큐멘터리는 이 프로젝트의 (테라스를 포함한) 주요 등장인물들이 카메라를 보고 말하는 장면과, 실험 과정을 찍은 영상을 교대로 보여준다.

29 솔직히 이 다큐멘터리 속의 훈련사와 조련사들은 자신들이 처한 상황해서 할 수 있는 최선을 다한 자상하고 다정한 사람들인 것처럼 보이지만, 님의 장기적 운명에는 할 말이 거의 없었다. 반면 이 실험을 연출하고 지휘한 테라스는 거의 사이코패스에 가까운 조종자 같은 인상을 준다. 카메라 앞에서 님의 고통에 대해 냉정한 임상적 언어로 말하는 그는 이 기적인 우두머리 수컷 같다.

30 동물의 인지 능력과 감정에 관한 방대한 문헌 가운데 몇 가지를 추렸다.
Beko, M., ed. 2000. *The Smile of a Dolphin: Remarkable Accounts of Animal Emotions*. New York: Crown Books.
Bonvillian, J. D., and F. G. P. Patterson. 1997. "Sign Language Acquisition and the Development of Meaning in a Lowland Gorilla." In C. Mandell and A. McCabe, eds., *The Problem of Meaning: Behavioral and Cognitive Perspectives*. Amsterdam: Elsevier.
Byrne, R. 1995. *The Thinking Ape: Evolutionary Origins of Intelligence*. Oxford, UK: Oxford University Press.

Dawkins, M. S. 1993. *Through Our Eyes Only: The Search for Animal Consciousness*. New York: W. H. Freeman.

Galdikas, B. M. F. 1995. *Reflections of Eden: My Years with the Orangutans of Borneo*. Boston: Little, Brown.

Griffin, D. R. 2001. *Animal Minds: Beyond Cognition to Consciousness*. Chicago: University of Chicago Press.

Miles, H. L. 1994. "ME CHANTEK: The Development of Self-Awareness in a Signing Orangutan." In S. T. Parker et al., eds., *Self-Awareness in Animals and Humans: Developmental Perspectives*. Cambridge, UK: Cambridge University Press.

Miles, H. L. 1996. "Simon Says: The Development of Imitation in an Encultured Orangutan." In *Reaching into ought: The Minds of the Great Apes*, ed. A. E. Russon et al. Cambridge, UK: Cambridge University Press.

Moussaie, M., and S. McCarthy. 1995. *When Elephants Weep: The Emotional Lives of Animals*. New York: Delacorte Press.

Parker, S. T., and M. L. McKinney, eds. 1994. *Self-Awareness in Animals and Humans: Developmental Perspectives*. Cambridge, UK: Cambridge University Press.

———. 1999. *The Mentalities of Gorillas and Orangutans*. Cambridge, UK: Cambridge University Press.

Patterson, F. G. P. 1993. " The Case for the Personhood of Gorillas." In P. Cavalieri and P. Singer, eds., *The Great Ape Project: Equality Beyond Humanity*. New York: St. Martin's Press.

Patterson, F. G. P., and E. Linden. 1981. *The Education of Koko*. New York: Holt, Rinehart, & Winston.

Pepperberg, I. 1999. *The Alex Studies: Cognitive and Communicative Abilities of Parrots*. Cambridge, MA: Harvard University Press.

Pryor, K., and K. S. Norris, eds. 2000. *Dolphin Societies: Discoveries and Puzzles*. Chicago: University of Chicago Press.

Reiss, D., and L. Marino. 2001. "Mirror Self-Recognition in the Bottlenose Dolphin: A Case of Cognitive Convergence." *Proceedings of the National Academy of Sciences*, 8, 5937–5942.

Rogers, L. J. 1998. *Minds of Their Own: Thinking and Awareness in Animals*. Boulder, CO: Westview Press.

Ryder, R. D. 1989. *Animal Revolution: Changing Attitudes Toward Speciesism*. London: Basil Blackwell.

Sorabji R. 1993. *Animal Minds and Human Morals: The Origin of the Western Debate*. Ithaca, NY: Cornell University Press.
[31] Bentham, Jeremy. 1823. *Introduction to the Principles of Morals and Legislation*, Chap. XVII, for 122. 다음 웹사이트에서 전문을 볼 수 있다. www.econlib.org/library/Bentham/bnth PML18.html

32 Singer, Peter. 1989. "All Animals Are Equal." In Tom Regan and Peter Singer, eds., *Animal Rights and Human Obligations*. Englewood Cliffs, NJ: Prentice Hall, 148–162. 이러한 논증들을 다룬 싱어의 책을 보라: Singer, Peter. 1975. Animal Liberation: Towards an End to Man's Inhumanity to Animals. New York: Harper & Row.

33 개인 서신, 2013년 10월 3일. '종차별주의'라는 용어는 얼마 전부터 쓰이기 시작했다. 싱어는 자신의 1989년 논문에서 그 용어를 사용하면서, 리처드 라이더가 만든 용어라고 밝혔다. 다음 책을 보라. Ryder, Richard. 1971. "Experiments on Animals" in Stanley and Roslind Godlovitch and John Harris, eds., *Animals, Men and Morals*. London: Victor Gollancz.

34 Cohen, Carl, and Tom Regan. 2001. *The Animal Rights Debate*. Lanham, MD: Rowman & Littlefield.

35 개인 서신, 2013년 10월 3일.

36 Morell, Virginia. 2013. *Animal Wise: The oughts and Emotions of Our Fellow Creatures*. New York: Crown, 261.

37 Grandin, Temple, and Catherine Johnson. 2006. *Animals in Translation: Using the Mysteries of Autism to Decode Animal Behavior*. New York: Harcourt. 그랜딘의 TED 강연은 다음 웹사이트에서 볼 수 있다: goo.gl/KBan

38 개인 서신, 2013년 10월 3일.

39 Pollan, Michael. 2007. *The Omnivore's Dilemma*. New York: Penguin; Pollan, Michael. 2009. *In Defense of Food: An Eater's Manifesto*. New York: Penguin.

40 Scully, Matthew. 2003. *Dominion: The Power of Man, the Suffering of Animals, and the Call to Mercy*. New York: St. Martin's Press.

41 Pollan, Michael. 2002. "An Animal's Place." *New York Times Magazine*, November 10. goo.gl/OlsKp 폴란은 고급 스테이크하우스에서 약간 덜 익힌 립아이스테이크를 먹으며 《동물해방Animal Liberation》에 등장하는 피터 싱어의 논증들과 씨름한 후, 이렇게 생각했다. "여기서 잠시 포크를 내려놓아야 할 것 같다. 만일 내가 평등을 믿고, 평등이 형질이 아니라 이익에 기초한 개념이라면, 나는 내가 먹고 있는 소의 이익을 고려하든지, 아니면 내가 종차별주의자임을 인정하든지 둘 중 하나를 선택해야 한다. 당분간 나는 내 혐의가 유죄임을 인정하기로 했다. 그리고 스테이크를 마저 먹었다."

42 Scully, 2003, 303–304.

43 앞서 언급한 Pinker, 2011, 509.

44 1964년 7월 16일, 공화당 대선 후보 지명을 수락하는 연설에서 배리 골드워터는 정치 공작 역사상 가장 기억에 남을 농담 한마디를 했다. "자유를 방어할 때는 지나쳐서 나쁠 게 없고, 정의를 추구할 때는 절제해서 좋을 게 없다." 나는 대부분의 사례에서 그 반대가 맞다고 생각한다.

45 Carlton, Jim. 2013. "A Winter Without Walruses." *Wall Street Journal*, October 4, A4.

46 Patterson, Charles. 2002. *Eternal Treblinka: Our Treatment of Animals and the Holocaust*. Herndon, VA: Lantern Books.

47 Singer, Isaac Bashevis. 1980. *The Seance and Other Stories*. New York: Farrar, Straus & Giroux, 270.

48 Shermer, Michael. 2000. *Denying History*. Berkeley: University of California Press.

49 개인 서신, 2013년 10월 7일.

50 *Guide for the Care and Use of Laboratory Animals*, 8th ed. 2011. Institute for Laboratory Animal Research, Division on Earth and Life Studies, National Research Council of the National Academies. Washington, DC: National Academies Press, 123-124.

51 *My Cousin Vinny* 대본. 1992. goo.gl/S9ucO9

52 goo.gl/rhsP2U

53 Conover, Ted. 2013. "The Stream: Ted Conover Goes Undercover as a USDA Meat Inspector." *Harper's*. April 15. goo.gl/6sP9M

54 *Earthlings*. 2005. 감독: 숀 몬슨Shaun Monson. 내레이션: 호아킨 피닉스. goo.gl/PhSys7를 포함한 많은 웹사이트에서 무료로 볼 수 있다.

55 내레이션의 대부분을 피터 싱어, 톰 레이건, 여타 사람들의 동물권 저작에서 가져왔다. *Earthlings*의 대본을 goo.gl/o8ls25에서 볼 수 있다.

56 Emerson, Ralph Waldo. 1860. "Fate." In his *The Conduct of Life*. goo.gl/lxcf25

57 도덕적 진보: 2014년 3월 31일, 국제연합의 국제사법재판소는 과학 연구를 위한 것이라는 이 잔혹한 행위에 대한 일본 정부의 합리화를 받아들이지 않고, 일본이 고래 사냥을 중지해야 한다고 판결했다. goo.gl/bgkdD9

58 Dennett, Daniel. 1997. *Kinds of Minds*. New York: Basic Books.

59 개인 서신, 2013년 10월 3일.

60 Wise, Steven M. 2002. *Drawing the Line: Science and the Case for Animal Rights*. Boston: Perseus Books.

61 Davis, D. B. 1984. *Slavery and Human Progress*. New York: Oxford University Press.

62 Francione, Gary. 2006. "The Great Ape Project: Not So Great." In *Animal Rights: The Abolition Approach*. goo.gl/ojbptB

63 "India Bans Captive Dolphin Shows as 'Morally Unacceptable.'" 2013. *Environment News Service*. May 20.

64 〈창세기〉 1장 28절, 킹제임스 판 성서.

65 Aquinas, Thomas. Book 3-2, chap. CVII. "That Rational Creatures Are Governed for Their Own Sake, and Other Creatures, as Directed to Them." *The Summa Contra Gentiles*. goo.gl/JilOo9

66 Payne, J. L. 2004. *A History of Force: Exploring the Worldwide Movement Against Habits of Coercion, Bloodshed, and Mayhem*. Sandpoint, ID: Lytton Publishing.

67 Spencer, Colin. 1995. *The Heretic's Feast: A History of Vegetarianism*. Lebanon, NH: University Press of New England, 215.

68 Moore, David. 2003. "Public Lukewarm on Animal Rights." *Gallup News Service*, May 21. goo.gl/9hj5lP

69 Ibid.

70 goo.gl/8aYvp

71 goo.gl/vfY4f

72 Pinker, 2011, 471의 그래프를 최신 정보로 보완함.

73 Bittman, Mark. 2012. "We're Eating Less Meat. Why?" *New York Times*, January 10. goo.gl/Tp2Si4

74 "Vegetarianism in the United States: A Summary of Quantitative Research." 2007. Humane Research Council. humaneresearch.org/content/vegetarianism-us -summary-quantitative-research

75 Newport, Frank. 2008. "Post-Derby Tragedy, 38% Support Banning Animal Racing." goo.gl/iEYxdN

76 US Fish and Wildlife Service. 2006. National Survey of Fishing, Hunting, and Wildlife-Associated Recreation.

77 goo.gl/mlvOUU

78 Miller, Gerri. 2011. "Animal Safety Was Spielberg's Top Concern on 'War Horse.'" goo.gl/mYYWtK 물론 헐리우드는 자유주의 대의명분들을 지지한다고 알려져 있고, 이 영화는 그 도시가 '잔인하고 비인도적인 처우'로부터 야생동물들을 보호하기 위해 서커스를 비롯한 야생 동물 관련 오락 행위를 금지한 2013년에 상영되었다. 이 법령은 로스앤젤레스에서 시행된 같은 맥락의 다른 조치들에 뒤따른 것이다. 예를 들면, 1989년에는 동물의 팔다리를 죄는 덫의 사용과 화장품 동물 실험을 금지했고, 2003년에 동물의 발톱 제거를 금지했고, 2010년에 개와 고양이의 소매점 판매를 금지했으며, 2011년 털가죽의 판매를 금지했다. Mullins, Alisa. 2013. "Why We, but Especially Elephants, Love West Hollywood." goo.gl/ml NH6h

79 앞서 언급한 Pollan, 2002.

80 이러한 중간 입장에조차 반대하는 의견들과, 먹는 윤리 일반에 대해서는 다음 책들을 참조하라. Foer, Jonathan Safran. 2010. *Eating Animals*. Boston: Back Bay Books, and Singer, Peter, and Jim Mason. 2007. *The Ethics of What We Eat*. Emmaus, PA: Rodale Press.

81 *Free Range: A Short Documentary*. goo.gl/ANCvon The farm featured is Sunny Day Farms in Texas: www.sunnydayfarms.com/

82 Cooper, Rob. 2013. "Free Range Eggs Outsell Those from Caged Hens for First Time." *Daily Mail Online*. goo.gl/tpTXio

83 goo.gl/Ll64Bl

84 나는 매키와 여러 차례 식사를 했기 때문에 매키가 자신의 말을 실천에 옮긴다는 것을 독자들에게 확실하게 말할 수 있다. 얼마나 철저하냐 하면, 라스베이거스의 최고 레스토랑에 자기가 먹을 샐러드 드레싱까지 챙겨올 정도다. 자유 시장을 지지하는 자유주의자들의 가장 큰 연례 행사인 프리덤페스트Freedomfest가 열릴 때마다 우리는 그곳에서 함께 식사한다.

85 식품 생산 업계를 성찰하는 로버트 케너Robert Kenner의 다큐멘터리 *Food, Inc.*을 보라. 농업 국가 미국이 이 땅에서 사라지고 있는 와중에도 공장식 식품 산업이 이 목가적 판타지를

유지하기 위해 어떤 일까지 하는지 보여준다. Kenner, Robert, and Melissa Robledo. 2008. *Food, Inc.* Participant Media.

86 Lutz, Wolfgang, and Sergei Scherbov. 2008. "Exploratory Extension of IIASA's World Population Projections: Scenarios to 2300". goo.gl/4lQtEO

87 예를 들어, Andras Forgacs의 TED 강연 "Leather and Meat Without Killing Animals." goo.gl/AigbB8을 보라.

88 Conover, op cit.

89 Augustine of Hippo, *Confessions*, 8, 17. 그가 신을 향해 한 말의 전체 단락은 다음과 같다. "보잘 것 없는 제가 당신께 정절을 주십사 빌면서 이렇게 기도했습니다. '제게 정절과 금욕을 주십시오. 하지만 아직은 아닙니다.' 왜냐하면 내 기도를 너무 빨리 들어주셔서, 저로서는 없애기보다 충족시키고 싶은 욕망을 너무 빨리 치료해주실까 봐 두려웠기 때문입니다."

90 위고의 책 *Histoire d'un Crime*의 마지막 장에 나오는 프랑스어 원문은 다음과 같다: "On resiste à l'invasion des armées; on ne resiste pas à l'invasion des idées." goo.gl/Gfd2Y

91 앞서 언급한 Darwin, 1859, 489.

9장 도덕적 퇴보와 악의 경로

1 Milgram, Stanley. 1969. *Obedience to Authority: An Experimental View*. New York: Harper & Row.

2 2007년 3월 26일에 저자가 진행한 필 짐바르도와의 인터뷰

3 Milgram, 1969.

4 재연 실험은 2009년 10월 8-9일에 실시되었다. 우리가 실시한 모든 실험을 www.msnbc.msn.com에서 볼 수 있다. 키워드는 "What Were You Thinking?" 또는 "Did You See That?" goo.gl/dEDmSl "What Were You Thinking?"이다. goo.gl/KDTp06

5 NBC 데이트라인 스페셜의 대본을 다음 링크에서 볼 수 있다: goo.gl/slM8FU

6 대중 강연에서 NBC 스페셜의 이 부분을 상영하면, 과학 연구에 필요한 의학연구윤리심의위원회(IRB)를 어떻게 통과했느냐는 질문을 가끔씩 받는다. 우리는 심의를 받지 않았다. 이것은 학술 실험이 아니라 텔레비전 쇼였으므로, IRB에 상응하는 NBC 법무부의 심의를 받았고, 심의를 통과했다. 많은 학자들이 이 사실에 깜짝 놀라고 심지어는 충격을 받는 것처럼 보이는데, 그럴 때마다 나는 그들에게 리얼리티 프로그램에서 사람들이 서로에게 하는 행동을 상기시킨다. 그러한 프로그램에서 피험자들은 외딴 섬에 좌초된 채 홉스의 만인에 대한 만인의 전쟁을 닮은 다양한 계략으로 자기 자신을 방어한다.

7 Pinker, Steven. 2002. *The Blank Slate: The Modern Denial of Human Nature*. New York: Viking.

8 Milgram, 1969.

9 Ibid.

10 Burger, Jerry. 2009. "Replicating Milgram: Would People Still Obey Today?" *American Psychologist*, 64, 1-11.

11 The Trial of Adolf Eichmann, Session 95, July 13, 1961. goo.gl/YghtTS

12 Cesarani, David. 2006. *Becoming Eichmann: Rethinking the Life, Crimes, and Trial of a "Desk Murderer."* New York: Da Capo Press. Von Trotta, Margarethe, director. 2012. *Hannah Arendt.* Zeitgeist Films. 다음 책도 보라. Lipstadt, Deborah E. 2011. *The Eichmann Trial.* New York: Schocken.

13 Young, Robert. 2010. *Eichmann.* Regent Releasing, Here! Films. October.

14 인용의 출처: Goldhagen, Daniel Jonah. 2009. *Worse an War: Genocide, Eliminationism, and the Ongoing Assault on Humanity.* New York: PublicAffairs, 158.

15 Lozowick, Yaacov. 2003. *Hitler's Bureaucrats: The Nazi Security Police and the Banality of Evil.* New York: Continuum, 279.

16 인용의 출처: Lifton, Robert Jay. 1989. *The Nazi Doctors: Medical Killing and the Psychology of Genocide.* New York: Basic Books, 337.

17 Ibid., *Genocide.* New York: Basic Books, 382-383.

18 Levi, Primo. 1989. *The Drowned and the Saved.* New York: Vintage Books, 56. 인성과 도덕에 대한 심도 있는 논의로 다음 책을 보라. Doris, John Michael. 2002. *Lack of Character: Personality and Moral Behavior.* New York: Cambridge University Press.

19 Baumeister, R. F. 1997. *Evil: Inside Human Violence and Cruelty.* New York: Henry Holt.

20 Ibid., 379.

21 ———. 1990. "Victim and Perpetrator Accounts of Interpersonal Conflict: Autobiographical Narratives About Anger." *Journal of Personality and Social Psychology*, 59, no. 5, 994-1005.

22 Richardson, Lewis Fry. 1960. *Statistics of Deadly Quarrels.* Pittsburgh: Boxwood Press, xxxv. 리처드슨의 프랑스어 인용 부분은 스티븐 핑커가 번역했다.

23 McMillan, Dan. 2014. *How Could is Happen? Explaining the Holocaust.* New York: Basic Books, 213.

24 인용의 출처: Broszat, Martin. 1967. "Nationalsozialistische Konzentrationslager 1933-1945." In H. Bucheim, ed., *Anatomie des SS-Staates.* 2 vols. Munich: Deutscher Taschenbuchverlag, 143.

25 goo.gl/2uNiMX

26 goo.gl/iOiOgA

27 인용의 출처: Snyder, L. 1981. *Hitler's ird Reich.* Chicago: Nelson-Hall, 29.

28 인용의 출처: Jäckel, Eberhard. 1993. *Hitler in History.* Lebanon, NH: Brandeis University Press/University Press of New England, 33.

29 인용의 출처: Snyder, 1981, 521.

30 인용의 출처: Friedlander, 1995, 97.

31 Ibid., 284.

32 이 이야기는 또 하나의 미스터리인 유대인을 절멸시키라는 히틀러의 명령을 찾을 수 없다는 것을 이해하는 데 도움이 된다. 내 공저자 알렉스 그룹먼Alex Grobman과 내 의견은 이렇다. 히틀러의 서면 명령이 존재하지 않는 이유 중 하나는 그가 장애인의 안락사를 서면으로 인가한 일로 부정적인 보도에 시달렸기 때문이다. 또한 우리는 히틀러가 명령에 손수 서명하지 않는 것을 원칙으로 삼았다는 사실도 알고 있다. 예컨대 제2차 세계대전을 시작하라는 히틀러의 명령은 존재하지 않는다. 절멸 수용소의 우발적 진화를 이해하는 열쇠가 여기에 있다. 절멸 수용소는 강제수용소와 강제노동수용소에서 진화했고, 안락사 프로그램을 위해 개발된, 비밀과 보안을 위해 위장된 집단 살인 기법을 이용했다.

33 Navarick, Douglas J. 2013. "Moral Ambivalence: Modeling and Measuring Bivariate Evaluative Processes in Moral Judgment." *Review of General Psychology*, 17, no. 4, 443-452.

34 그러한 연구에 대한 현 시점의 내 도덕적 입장에 대해서는 이 책의 동물권에 관한 장을 보라. 내 입장은 더글러스의 실험실에서 쥐와 비둘기 실험을 하던 때와 상당히 바뀌었다.

35 Janoff-Bulman, R., S. Sheikh, and S. Hepp. 2009. "Proscriptive versus Prescriptive Morality: Two Faces of Moral Regulation." *Journal of Personality and Social Psychology*, 96, 521-537.

36 Ibid.

37 Navarick, 2013, 444.

38 Pinker, 2011과 제2차 세계대전 이후 독일인들의 사례들에 대한 핑커의 논의를 보라. 그들은 군국주의, 핵무기, 미국의 이라크 전쟁, 보드 게임 제작사 파커 브러더스의 보드 게임 '리스크'의 독일판을 포함한 여타 문제들에 반대해왔다. 세계를 정복하는 게임이라는 이유로 독일 정부는 이 게임에 대한 검열을 시도했다.

39 Klee, Ernst, Wili Dressen, Volker Riess, and Hugh Trevor-Roper. 1996. *"The Good Old Days": The Holocaust As Seen by Its Perpetrators and Bystanders*. New York: William S. Konecky Associates, 163-171.

40 Navarick, Douglas. 1979. *Principles of Learning: From Laboratory to Field*. Reading, MA: Addison-Wesley.

41 Breiter, Hans, N. Etcoff, P. Whalen, W. Kennedy, S. Rauch, R. Buckner, M. Srauss, S. Hyman, and B. Rosen. 1996. "Response and Habituation of the Human Amygdala During Visual Processing of Facial Expression." *Neuron*, November, 17, 875-887; Blackford, Jennifer, A. Allen, R. Cowan, and S. Avery. 2012. "Amygdala and Hippocampus Fail to Habituate to Faces in Individuals with an Inhibited Temperament." *Social Cognitive and Affective Neuroscience*, January, 143-150.

42 *The Waffen-SS*. 2002. 크리스티안 프라이 감독, 마르크 할릴레이 각본, 귀도 크노프 제작의 다큐멘터리 영화다. 영국의 채널4와 미국의 히스토리채널을 위해 스토리하우스가 제작했다. youtube.com/watch?v=Fzyx6DbOhec

43 Navarick, Douglas J. 2012. "Historical Psychology and the Milgram Paradigm: Tests of an Experimentally Derived Model of Defiance Using Accounts of Massacres by Nazi Reserve

Police Battalion 101." *Psychological Record*, 62, 133-154. 나바릭은 과거를 이해하기 위해 사회과학자와 역사학자의 협업이 중요하다고 지적한다. "인류가 과거를 기억하고 과거로부터 배울 수 있도록 하는 데에 심리학이 해야 할 역할이 있다."

44 인용의 출처: Navarick, 2013.

45 앞서 언급한 Navarick, 2012. "Historical Psychology."

46 Navarick, Douglas J. 2009. "Reviving the Milgram Obedience Paradigm in the Era of Informed Consent." *Psychological Record*, 59, 155-170.

47 Theweleit, Klaus. 1989. *Male Fantasies*. Vol. 2, *Male Bodies*. Minneapolis: University of Minnesota Press, 301.

48 The Waffen-SS. 2002. 다큐멘터리 영화.

49 같은 자료.

50 Browning, Christopher. 1991. *The Path to Genocide: Essays on Launching the Final Solution*. Cambridge, UK: Cambridge University Press, 143.

51 Le Bon, Gustave. 1896. *The Crowd: A Study of the Popular Mind*. New York: Macmillan.

52 Sherif, Muzafer, O. J. Harvey, B. Jack White, William R. Hood, and Carolyn W. Sherif. 1961. *Intergroup Conflict and Cooperation: The Robbers Cave Experiment*. Norman: University of Oklahoma Press.

53 Hofling, Charles K., E. Brotzman, S. Dalrymple, N. Graves, and C. M. Pierce. 1966. "An Experimental Study in Nurse-Physician Relationships." *Journal of Nervous and Mental Disease*, 143, 171-180.

54 Krackow, A., and T. Blass. 1995. "When Nurses Obey or Defy Inappropriate Physician Orders: Attributional Differences." *Journal of Social Behavior and Personality*, 10, 585-594.

55 Haslam, S. Alexander, Stephen D. Reicher, and Joanne R. Smith. 2012. "Working Toward the Experimenter: Reconceptualizing Obedience Within the Milgram Paradigm as Identification-Based Followership." *Perspectives on Psychological Science*. 7, no. 4, 315-324. doi:10.1371/journal.pbio.1001426

56 Haslam, S. Alexander, and Stephen D. Reicher. 2012. "Contesting the 'Nature' of Conformity: What Milgram and Zimbardo's Studies Really Show." *PLoS Biol* 10, no. 11, November 20: e1001426. doi:10.1371/journal.pbio.1001426

57 Zimbardo, Philip. 2007. *The Lucifer Effect: Understanding How Good People Turn Evil*. New York: Random House.

58 Reicher, S. D., and S. A. Haslam. 2006. "Rethinking the Psychology of Tyranny: The BBC Prison Study." *British Journal of Social Psychology* 45, 1-40. doi: 10.1348/014466605X48998

59 Asch, Solomon E. 1951. "Studies of Independence and Conformity: A Minority of One Against a Unanimous Majority." *Psychological Monographs*, 70, no. 416. See also Asch, Solomon E. 1955. "Opinions and Social Pressure." *Scientific American*, November, 31-35.

60 Berns, Gregory, et al. 2005. "Neurobiological Correlates of Social Conformity and Independence During Mental Rotation." *Biological Psychiatry*, 58, August 1, 245-253.

61 Perdue, Charles W., John F. Dovidio, Michael B. Gurtman, and Richard B. Tyler. 1990. "Us and Them: Social Categorization and the Process of Intergroup Bias." *Journal of Personality and Social Psychology*, 59, 475-486.

62 Grossman, Dave. 2009. *On Killing*. Boston: Little, Brown.

63 Malmstrom, Frederick V., and David Mullin. "Why Whistleblowing Doesn't Work: Loyalty Is a Whole Lot Easier to Enforce an Honesty." *Skeptic*, 19, no. 1, 30-34. goo.gl/BGdm47

64 Prentice, D. A., and D. T. Miller. 1993. "Pluralistic Ignorance and Alcohol Use on Campus: Some Consequences of Misperceiving the Social Norm." *Journal of Personality and Social Psychology*, February, 64, no. 2, 243-256. goo.gl/W2Cjek

65 Lambert, Tracy A., Arnold S. Kahn, and Kevin J. Apple. 2003. "Pluralistic Ignorance and Hooking Up." *Journal of Sex Research*, 40, no. 2, May, 129-133

66 Russell, Jeffrey B. 1982. *A History of Witchcraft: Sorcerers, Heretics and Pagans*. London: Thames & Hudson; Briggs, Robin. 1996. *Witches and Neighbors: The Social and Cultural Context of European Witchcraft*. New York: Viking.

67 인용의 출처: Glover, J. 1999. *Humanity: A Moral History of the Twentieth Century*. London: Jonathan Cape. 또한 다음 책도 보라. Solzhenitsyn, Aleksandr. 1973. *The Gulag Archipelago*. New York: Harper & Row.

68 Macy, Michael W., Robb Willer, and Ko Kuwabara. 2009. "The False Enforcement of Unpopular Norms." *American Journal of Sociology*, 115, no. 2, September, 451-490.

69 O'Gorman, Hubert J. 1975. "Pluralistic Ignorance and White Estimates of White Support for Racial Segregation." *Public Opinion Quarterly*, 39, no. 3, Autumn, 313-330.

70 Boven, Leaf Van. 2000. "Pluralistic Ignorance and Political Correctness: The Case of Affirmative Action." *Political Psychology*, 21, no. 2, 267-276.

71 Dostoevsky, Fyodor. 1864/1918. *Notes from the Underground*. New York: Vintage. 다음 웹 사이트에서 볼 수 있다. www.classicreader.com/book/414/12/

72 Prentice and Miller, 1993.

73 Macy et al., 2009.

74 goo.gl/FVUpmH

10장 도덕적 자유와 책임

1 개인 서신. 이러한 범죄들의 피해자와 피해자 가족을 존중하는 뜻에서 나는 더 이상의 개인 정보를 제공하지 않을 것이다. 이 죄수들에게 책에 자신의 이름 또는 자신의 이야기가 실렸다는 개인적 만족감을 주지 않기 위해서다.

2 Harris, Sam. 2012. *Free Will.* New York: Free Press, 5.

3 Libet, Benjamin. 1985. "Unconscious Cerebral Initiative and the Role of Conscious Will in Voluntary Action." *Behavior and Brain Sciences,* 8, 529-566.

4 Haynes, J. D. 2011. "Decoding and Predicting Intentions." *Annals of the New York Academy of Sciences,* 1224, no. 1, 9-21.

5 Fried, I., R. Mukamel, and G. Kreimann. 2011. "Internally Generated Preactivation of Single Neurons in Human Medial Frontal Cortex Predicts Volition." *Neuron,* 69, 548-562. 다음 자료도 보라. Haggard, P. 2011. "Decision Time for Free Will." *Neuron,* 69, 404-406.

6 Kurzban, Robert. 2012. *Why Everyone (Else) Is a Hypocrite.* Princeton, NJ: Princeton University Press.

7 최후통첩게임 연구와 그 적용을 검토한 다음 책을 보라: Camerer, Colin. 2003. *Behavioral Game Theory.* Princeton, NJ: Princeton University Press.

8 나는 다음 책에서 호모 이코노미쿠스의 운명을 다루었다: Shermer, Michael. 2007. *The Mind of the Market.* New York: Times Books.

9 Dennett, Daniel. 2003. *Freedom Evolves.* New York: Viking.

10 Brass, Marcel, and Patrick Haggard. 2007. "To Do or Not to Do: The Neural Signature of Self-Control." *Journal of Neuroscience,* 27, no. 34, 9141-9145

11 Ibid., 9143.

12 Ibid., 9144.

13 Libet, Benjamin. 1999. "Do We Have Free Will?" *Journal of Consciousness Studies,* 6, no. 809, 47-57.

14 결정하는 사람에게 '자유의지'로 느껴지는 경제적 결정을 하는 뇌의 작동 방식에 대해서는 다음 책을 보라. Glimcher, P. W. 2003. *Decisions, Uncertainty, and the Brain: The Science of Neuroeconomics.* Cambridge, MA: MIT Press. 또한 자유의지와 결정론에 대한 뛰어난 스티븐 핑커의 뛰어난 논의를 보라. Pinker, Steven. 2002. *The Blank Slate: The Modern Denial of Human Nature.* New York: Viking, 175.

15 Dennett, Daniel. 2003.

16 Scheb, John M., and John M. Scheb II. 2010. *Criminal Law and Procedure,* 7th ed. Stamford, CT: Cengage Learning.

17 Hare, Robert. 1991. *Without Conscience: The Disturbing World of the Psychopaths Among Us.* New York: Guilford Press; Baron-Cohen, Simon. 2011. *The Science of Evil: On Empathy and the Origins of Cruelty.* New York: Basic Books; Dutton, Kevin. 2012. *The Wisdom of Psychopaths: What Saints, Spies, and Serial Killers Teach Us About Success.* New York: Farrar, Straus & Giroux.

18 개인 인터뷰, 2012년 7월 23일.

19 인용의 출처: Dutton, 2012.

20 Fallon, James. 2013. *The Psychopath Inside: A Neuroscientist's Personal Journey into the Dark Side of the Brain.* New York: Current, 1.

21 Ibid., 190.

22 Ibid., 206.

23 Dutton, Kevin. 2012, 200.

24 www.heroicimagination.org

25 Dutton, 2012, 222.

26 goo.gl/VYaGA

27 UPI press release. 1966. "Sniper in Texas U. Tower Kills 12, Hits 33." *New York Times*, August 2, 1.

28 1966년 7월 31일 일요일, 오후 6시 45분에 휘트먼이 쓴 편지, 오스틴히스토리센터Austin History Center. goo.gl/muBEJ8

29 주지사에 제출된 보고. 1966년 찰스 J. 휘트먼 참사에 대한 의학적 소견. 휘트먼 기록물. *Austin American-Statesman*, September 8.

30 Heatly, Maurice. 1966. "Whitman Case Notes. Whitman Archives." *Austin American-Statesman*, March 29.

31 Raine, Adrian. 2013. *The Anatomy of Violence: The Biological Roots of Crime*. New York: Pantheon.

32 Ibid., 309–310.

33 Ibid., 67.

34 Ibid., 69.

35 Ibid., 326.

36 Kiehl, Kent A., et al. 2001. "Limbic Abnormalities in Affective Processing by Criminal Psychopaths as Revealed by Functional Magnetic Resonance Imaging." *Biological Psychiatry*, 50, 677–684.

37 Aharoni, Eyal, Gina Vincent, Carla Harenski, Vince Calhoun, Walter Sinnott-Armstrong, Michael Gazzaniga, and Kent Kiehl. 2013. "Neuroprediction of Future Rearrest." *PNAS*, 110, no. 15, 6223–6228.

38 *2011 Global Study on Homicide*. UN Office on Drugs and Crime, 63–70. goo.gl /Hz2ie

39 Ibid., 73.

40 Kellerman, A. L., and J. A. Mercy. 1992. "Men, Women, and Murder: Gender-Specific Differences in Rates of Fatal Violence and Victimization." *Journal of Trauma*, July, 33, no. 1, 1–5. goo.gl/ie5isw

11장 도덕적 정의: 응보와 회복

1 www.nelsonmandela.org

2 Buss, David. 2005. *The Murderer Next Door: Why the Mind Is Designed to Kill*. New York: Penguin.

3 Ibid., 70.

4 Ibid.

5 Ibid., 106.

6 Ibid.

7 Ibid.

8 Collins, Randall. 2008. *Violence: A Micro-Sociological Theory*. Princeton, NJ: Princeton University Press.

9 Buss, 2005.

10 De Waal, Frans. 1982. *Chimpanzee Politics: Sex and Power Among the Apes*. Baltimore: Johns Hopkins University Press, 203, 207.

11 ───. 1989. *Peacemaking Among Primates*. Cambridge, MA: Harvard University Press.

12 ───. 2005. *Our Inner Ape*. New York: Riverhead Books, 175.

13 De Waal, Frans, and Frans Lanting. 1998. *Bonobo: The Forgotten Ape*. Berkeley: University of California Press; Kano, Takayoshi, and Evelyn Ono Vineberg. 1992. *The Last Ape: Pygmy Chimpanzee Behavior and Econology*. Ann Arbor, MI: University Microfilms International.

14 De Waal, Frans B. M. 1997. "Food Transfers Through Mesh in Brown Capuchins." *Journal of Comparative Psychology*, 111, 370–378.

15 Brosnan, Sarah F., and Frans de Waal. 2003. "Monkeys Reject Unequal Pay." *Nature*, 425, September 18, 297–299.

16 Cords, M., and S. Thurnheer, 1993. "Reconciling with Valuable Partners by Long-Tailed Macaques." *Behaviour*, 93, 315–325.

17 De Waal, Frans. 1996. *Good Natured: The Origins of Right and Wrong in Humans and Other Animals*. Cambridge, MA: Harvard University Press.

18 Koyama, N. F., and E. Palagi. 2007. "Managing Conflict: Evidence from Wild and Captive Primates." *International Journal of Primatology*, 27, no. 5, 1235–1240.
Koyama, N. F., C. Caws, and F. Aureli. 2007. "Interchange of Grooming and Agonistic Support in Chimpanzees." *International Journal of Primatology*, 27, no. 5, 1293–1309.

19 나는 이 논제에 대한 증거를 《선과 악의 과학》에서 밝혔고, 당신이 도덕적인 사람인 체하는 것이 아니라 실제로 도덕적인 사람이라고 믿는 논리적 이유를 로버트 트리버스가 설명했다. Trivers, Robert. 2011. *The Folly of Fools: The Logic of Deceit and Self-Deception in Human Life*. New York: Basic Books.

20 이 주장을 뒷받침하는 다음 책을 보라. de Waal, Frans. 2008. "How Selfish an Animal? The Case of Primate Cooperation." In Paul Zak, ed., *Moral Markets: The Critical Role of Values in the Economy*. Princeton, NJ: Princeton University Press.

21 Brosnan, Sarah F. 2008. "Fairness and Other-Regarding Preferences in Nonhuman Primates." In Paul Zak, ed., *Moral Markets: The Critical Role of Values in the Economy*.

Princeton, NJ: Princeton University Press.

22 Henrich, Joseph, Robert Boyd, Sam Bowles, Colin Camerer, Herbert Gintis, Richard McElreath, and Ernst Fehr. 2001. "In Search of Homo economicus: Experiments in 15 Small-Scale Societies." *American Economic Review*, 91, no. 2, 73-79.

23 Henrich, Joseph, Robert Boyd, Sam Bowles, Colin Camerer, Ernst Fehr, and Herbert Gintis. 2004. *Foundations of Human Sociality*. New York: Oxford University Press, 8.

24 Gintis, Herbert, Samuel Bowles, Robert Boyd, and Ernst Fehr. 2005. *Moral Sentiments and Material Interests*. Cambridge, MA: MIT Press.
Boyd, Robert, and Peter J. Richerson. 2005. *The Origin and Evolution of Cultures*. New York: Oxford University Press.

25 Boehm, Christopher. 2012. *Moral Origins: The Evolution of Virtue, Altruism, and Shame*. New York: Basic Books.

26 이러한 가정을 비판하는 사람들이 있다. 주로 문화인류학자들과 사회학자들인데, 이들이 학습, 문화, 환경의 역할을 내가 생각하는 것보다 훨씬 더 강조하는 데는 타당한 근거가 있겠지만, 오늘날 우리가 진화한 본성을 지니고 있으며 이러한 본성과 관련한 사실들을 수많은 출처들에서 얻을 수 있음을 부정하는 사람은 거의 없다.

27 Boehm, 2012, 196쪽에 제시된 표3을 바탕으로 작성한 것. 또한 Boehm, Christopher. 2014. "The Moral Consequences of Social Selection." *Behaviour*, 151, 167-183에 제시된 표1도 보라.

28 Lee, Richard B. 1979. *The !Kung San: Men, Women, and Work in a Foraging Society*. New York: Cambridge University Press, 394-395.

29 Boehm, 2012, 201. 뵘은 자신의 저서에서 개체 수준의 선택에 더하여 집단 선택에 대한 논증도 펼친다. 하지만 나는 이타심의 진화와 무임승차 및 괴롭힘의 문제에 대한 주장을 개진하는 데에 집단 선택 논증은 불필요하다고 생각한다. 집단은 일관되고 응집력이 있는 것처럼 보이지만, 그렇다 해도 1장에서 말한 바와 같이 개인들로 이루어져 있다.

30 Ibid., 201.

31 Bentham, J. 1789/1948. *The Principles of Morals and Legislation*. New York: Macmillan.

32 goo.gl/iUSguA

33 Cooney, Mark. 1997. "The Decline of Elite Homicide." *Criminology*, 35, 381-407.

34 고츠의 비디오테이프에 녹음된 고츠의 자백을 옮겨 적은 대본을 goo.gl/oRHSxJ에서 볼 수 있다. 또한 다음 다큐멘터리도 보라. "The Confessions of Bernhard Goetz": goo.gl/iLYt5W

35 Fletcher, George P. 1999. *A Crime of Self-Defense: Bernhard Goetz and the Law on Trial*. Chicago: University of Chicago Press. 플레처는 이렇게 썼다. "이 문제를 도덕적 질문으로서 다루는 방법이 있다. 고츠가 자기 방어로 기소된 이유는 사법 당국과 지방 검사가 고츠가 과잉 반응했다고 판단했고, 그가 과잉 반응으로 인해 비난받을 만했으며, 그러므로 처벌받아 마땅했기 때문이다." 인용의 출처: 다큐멘터리 영화 *The Confessions of Bernhard Goetz*: goo.gl/iLYt5W

36 인용의 출처: 다큐멘터리 영화 *The Confessions of Bernhard Goetz*: goo.gl/iLYt5W

37 Black, Donald. 1983. "Crime as Social Control." *American Sociological Review*, 48, 34-45.

38 MacRae, Allan, and Howard Zehr. 2011. "Right Wrongs the Maori Way." *Yes!Magazine*, July 8. goo.gl/PBd67u

39 New Zealand Ministry of Justice. "Child Offending and Youth Justice Processes." goo.gl/m7HYht

40 McElrea, Fred W. M. 2012. "Twenty Years of Restorative Justice in New Zealand." January 10. goo.gl/24mtP

41 goo.gl/JrPmw6 이 사례를 New Zealand Ministry of Justice: goo.gl /m7HYht에서도 볼 수 있다. 그리고 goo. gl/24mtP에서 뉴질랜드의 회복적 정의에 대한 판사의 발언을 볼 수 있다.

42 MacRae and Zehr. 2011. "Right Wrongs the Maori Way."

43 McCann, Michael. 2007. "No Easy Answers." SI.Com. goo.gl/lWkvwU

44 O. J. 가 자신의 풋볼 기념품 콜렉션에서 훔친 것이라고 주장하는 물건들을 되찾기 위해 권총을 소지하고 호텔방에 무단 침입한 죄로 구속되었을 때, 보상금 수거 과정은 더 어려워졌다. O. J.는 범죄 공모, 납치, 폭행, 강도, 치명적 무기 소지의 혐의로 기소되었다. 이 역시—그 기념품 소유자들이 아니라—국가에 대한 범죄로 간주되었다. 그리고 사적 제재를 가한 죄로 현재까지 수감 중이다. State of Nevada v. O. J. Simpson et al. goo.gl/wHkBc8을 보라.

45 Zehr, Howard, and Ali Gohar. 2003. *The Little Book of Restorative Justice. Intercourse*, PA: Good Books, 10-14. 온라인에서 PDF 파일로 볼 수 있다: goo.gl/ssvHRl

46 Diamond, Jared. 2012. *The World Until Yesterday: What Can We Learn from Traditional Societies?* New York: Viking.

47 Ibid.

48 Ibid.

49 울프와 릴리는 〈내면의 늑대The Woolf Within〉라는 제목의 단편영화에 함께 출연했다. goo.gl/NVMRt

50 goo.gl/u1VSma

51 Richardson, Lucy. 2013. "Restorative Justice Does Work, Says Career Burglar Who Has Turned Life Around on Teesside." *Darlington and Stockton Times*, May 1. goo.gl/Vjpr6t

52 단편영화 〈내면의 늑대〉에 보고된 통계.

53 McLeland, Debbie. 2010, March 29. goo.gl/eW9Huv

54 Ibid.

55 Stahl, Lesley. 2011. "Eyewitness." *60 Minutes*, Shari Finkelstein, producer. CBS.

56 Cannino-Thompson, Jennifer, Ronald Cotton, and Erin Torneo. 2010. Picking Cotton. New York: St. Martin's Press.

57 출처: 저자의 사진.

58 예를 들어 다음 책을 보라. McCullough, Michael. 2008. *Beyond Revenge: The Evolution of the*

Forgiveness Instinct. San Francisco: Jossey-Bass. 신경과학자 대니얼 라이즐Daniel Reisel은 연쇄살인범과 사이코패스에 대한 15년 간의 연구에서 세 가지 교훈을 이끌어낸다. (1)우리는 투옥에 대한 사고방식을 바꿀 필요가 있다. "감옥에 대해 이야기하는 순간 우리는 중세까지는 아니더라도 디킨스 시대로 돌아간다. 우리는 인간은 변할 수 없다는 잘못된 개념을 너무 오랫동안 굳게 믿어왔는데, 이는 크나큰 사회적 손실이다." (2) 이 문제를 위한 다학제적 연구가 필요하다. "서로 다른 분야의 사람들, 실험하는 과학자들, 임상 의사, 사회운동가, 정책 입안자들이 협력할 필요가 있다." (3)우리는 죄수들에 대한 사고방식을 바꿀 필요가 있다. 우리가 사이코패스를 구제불능인 사람으로 본다면, 그들이 어떻게 자기 자신을 다르게 볼 수 있겠는가? 사이코패스가 감옥에 보내는 시간 동안 편도체 훈련을 하고 새로운 뇌세포를 생성하는 편이 더 낫지 않을까? goo.gl/VYaGA

59 Adams, John. 1788. *A Defence of the Constitutions of Government of the United States of America*, Vol. 3, 291. goo.gl/rkuuDi

60 Hunt, Lynn. 2007. *Inventing Human Rights: A History*. New York: W. W. Norton, 76, 179; Mannix, D. P. 1964. *The History of Torture*. Sparkford, UK: Sutton, 137-138의 자료를 바탕으로 핑커(Pinker, 2011, 149)가 작성한 그래프.

61 "Public Executions." Boone, NC: Department of Government and Justice Studies, Appalachian State University. goo.gl/gdEpj8

62 인용의 출처는 "An Unreal Dream: The Michael Morton Story." CNN Films, December 8, 2013이다. 모턴의 배상금에 대한 보도는 Houston Chronicle: goo.gl/SpP6Kd 에 실렸다.

63 Kuhn, Deanna, M. Weinstock, and R. Flaton. 1994. "How Well Do Jurors Reason? Competence Dimensions of Individual Variation in a Juror Reasoning Task." *Psychological Science*, 5, 289-296.

64 goo.gl/PTSY

65 goo.gl/9omAH2

66 Gross, Samuel R., Barbara O'Brien, Chen Hu, and Edward H. Kennedy. 2014. "Rate of False Conviction of Criminal Defendants Who Are Sentenced to Death." *Proceedings of the National Academy of Sciences*, April 28. goo.gl/mljR2M

67 "An Unreal Dream: The Michael Morton Story." CNN Films, December 8, 2013. 결국 모턴은 주 정부로부터 1,973,333.33달러의 보상금을 받았고, 그 직후 텍사스 주지사 릭 페리는 '마이클 모턴 법'을 통과시켰다. 피고의 요청이 있을 때 법원의 명령 없이도 검사가 피고측 변호사에게 증거를 넘겨주어야 한다는 것을 명시화하는 법이다 이 법은 2014년 1월 1일에 발효되었다. 무죄 프로젝트Innocence Project에 따르면, 놀랍게도 모턴 사건 이전에는 무죄 증거를 넘겨주지 않은 것에 대해 형사적 처벌을 받은 검사가 한 명도 없었다. 이것은 진보다.

68 goo.gl/Jx89yr

69 Eckholm, Erik, and John Schwartz. 2014. "Timeline Describes Frantic Scene at Oklahoma Execution." *New York Times*, May 1, goo.gl/QtvkKJ

70 프랑스 외교부 등의 자료(French Ministry of Foreign Affairs. 2007. *The Death Penalty in France*. goo. gl/4P7vlX The End of Capital Punishment in Europe. goo.gl/BkMfs2 Amnesty International. 2010. Abolitionist and Retentionist Countries. goo.gl/mfw5RF)를 바탕으로 핑커(2011, 150쪽)가 작성한 그래프.

71 goo.gl/Jx89yr

72 goo.gl/Jx89yr

73 Blackmun, Harry. 1994. Dissent. *Bruce Edwin Callins, Petitioner, v. James A. Collins, Director*, Texas Department of Criminal Justice, Institutional Division. Supreme Court of the United States. No. 93-7054. goo.gl/P5sKv4

74 Chu, Henry. 2013. "Gay British Scientist Gets Posthumous Royal Pardon." *Los Angeles Times*, December 25, A1, 7.

75 같은 자료.

76 Ferguson, Niall. 2000. *The Pity of War: Explaining World War I*. New York: Basic Books; Tuchman, Barbara. 1963. *The Guns of August*. New York: Dell.

77 해당 자료의 출처는 Grossman, Richard S. 2013. *Wrong: Nine Economic Policy Disasters and What We Can Learn from Them*. New York: Oxford University Press.

78 이러한 정의는 일군의 새로운 법적 도덕적 원리들을 바탕으로 정립되었다. 예를 들어 원리 I은 "국제법 하에서 범죄의 요건을 구성하는 어떤 행위를 저지른 사람은 누구든 그 행위에 책임을 지고 처벌을 받아야 한다." 원리 II는 "국제법 하에서 범죄의 요건을 구성하는 어떤 행위에 대해 국내법이 형벌을 부과하지 않는다고 해서 그 행위를 저지른 사람이 국제법 하에서도 책임을 면제받는 것은 아니다." Nuremberg Trial Proceedings, vol. 1. Charter of the International Military Tribunal. goo.gl/wkaTs

79 Conot, Robert E. 1993. *Justice at Nuremberg*. New York: Basic Books.

80 Bosco, David. 2014. *Rough Justice: The International Criminal Court in a World of Power Politics*. New York: Oxford University Press.

81 Long, William, and Peter Brecke. 2003. *War and Reconciliation: Reason and Emotion in Conflict Resolution*. Cambridge, MA: MIT Press, 70-71.

82 Lincoln, Abraham. 1865. *Second Inaugural Address*. March 4. goo.gl/a48frS

83 대학살을 부정하는 사람들은 대학살에서 살해된 유대인이 600만 명이라는 추산은 독일에게 요구할 배상액을 높이기 위해 이스라엘이 과장한 수치라고 주장한다. 하지만 이 숫자는 살해된 사람 수가 아니라 생존자 수를 바탕으로 계산된 것이다. 따라서 대학살을 부정하는 사람들의 논리에 따르면, 600만 명이라는 숫자는 오히려 과소평가된 것이다. Shermer, Michael. 2000. *Denying History*. Berkeley: University of California Press을 보라.

84 "여기에 살았던 아무개를 추모하는 돌" 프로젝트가 군터 뎀니히에 의해 시작된 1990년 이래로, 2013년 말 현재 쾰른시에만 1,909개의 추모의 돌이 생겼고, 강제 이주당한 사람들이 살았던 독일연방공화국 내의 915개 장소에 총 4만 3,500개의 추모의 돌이 생겼다. goo. gl/4r9cDS

85 Torpey, John C. 2006. *Making Whole What Has Been Smashed: On Reparations Politics*.

Cambridge, MA: Harvard University Press.

86 goo.gl/cwozGi

87 goo.gl/Zwjn7Z

12장 프로토피아: 도덕적 진보의 미래

1 Darwin, Charles. 1871. *The Descent of Man and Selection in Relation to Sex*. Vol. 1. London: John Murray, 69.

2 Clarke, Arthur C. 1951. *The Exploration of Space*. Frederick, MD: Wonder Book.

3 이 구절은 거트루드 스테인Gertrude Stein이 자서전에서 어린 시절을 보낸 오클랜드의 고향을 묘사하면서 사용한 말이다. 오클랜드에 다녀와 그녀는 "그곳에 가니 그곳이 없더라"는 유명한 말을 했다. 무슨 뜻인지 분명치는 않지만, (고향과 자기 자신의) 정체성 변화를 언급하는 말이었을 것이다. Stein, Gertrude. 1937. *Gertrude Stein, Everybody's Autobiography*. New York: Random House, 289.

4 ou("아니다not") τόπος("장소place"): "없는 장소no place"

5 Rayfield, Donald. 2005. *Stalin and His Hangmen: The Tyrant and Those Who Killed for Him*. New York: Random House; White, Matthew. 2011. *The Great Big Book of Horrible Things: The Definitive Chronicle of History's 100 Worst Atrocities*. New York: W. W. Norton, 382-392; Akbar, Arifa. 2010. "Mao's Great Leap Forward 'Killed 45 Million in Four Years.'" *Independent* (London), September 17; Becker, Jasper. 1998. *Hungry Ghosts: Mao's Secret Famine*. New York: Henry Holt; Pipes, Richard. 2003. *Communism: A History*. New York: Modern Library. 또한 goo.gl/ryHSYd도 보라.

6 뉴하모니의 공동 건설자였던 개인주의적 무정부주의자 조사이어 워렌Josiah Warren이 자신의 1856년 저서 *Periodical Letter II*에서 뉴하모니의 실패에 대해 기술했다. 인용의 출처는 Brown, Susan Love, ed. 2002. *Intentional Community: Anthropological Perspective*. Albany: State University of New York Press, 15이다.

7 Kelly, Kevin. 2014. "The Technium. A Conversation with Kevin Kelly by John Brockman." goo.gl/Lh MS

8 예를 들어, 켈리는 2010년 저서 《기술이 원하는 것What Technology Wants》의 자료를 조사하기 위해 《타임Time》과 《뉴스위크Newsweek》의 과월호들과 《와이어드Wired》(그는 이 잡지의 공동 창립자이자 편집자였다)의 초창기 호들을 훑어보다가 모든 사람이 웹을 예측하고 있었음을 알게 된 일을 떠올린다. "일반적으로, 나 자신을 포함해 사람들이 웹의 모습으로 예상했던 것은 TV 2.0 같은 더 나은 TV였다. 하지만 실제 웹 혁명을 보면 그 예측이 빗나갔다. 웹에서는 콘텐츠의 대부분이 그것을 사용하는 사람들에 의해 생산되었기 때문이다. 웹은 더 나은 TV가 아니라 그냥 웹이었다. 지금 우리는 웹의 미래에 대해 생각하면서 더 나은

웹이 나올 거라고 생각한다. 즉 웹 2.0이 나올 거라고 예측한다. 하지만 그렇지 않을 것이
다. 웹이 TV와 달랐듯이 그것은 웹과는 다른 모습일 것이다." 이런 유형의 기술 발전을 어
떻게 도덕적 진보와 연결할 수 있을까? 켈리는 이렇게 설명한다(goo.gl/Lh MS).

　　이것을 생각하는 한 가지 방법은 최초로 만들어진 도구, 예를 들어 돌 해머를 상상해
보는 것이다. 이러한 돌 해머는 누군가를 죽이는 데 사용되거나, 어떤 구조물을 만드
는 데 사용될 수 있었다. 하지만 돌 해머가 도구가 되기 전에는 그러한 선택이 존재
할 수 없었다. 기술은 해를 입히고 이익을 얻는 방법들을 우리에게 계속 제공하고 있
다. 기술은 양쪽 모두를 증폭시킨다. …… 하지만 우리가 매번 새로운 선택에 처한다
는 사실은 새로운 이익이다. 이 사실―즉 우리가 또 다른 선택을 할 수 있고 또 다른
선택은 순이익이 되는 쪽으로 상황을 바꾼다는 사실―은 그 자체로 순수한 이익이
다. 따라서 당신은 더 많은 해를 끼칠 수도 있고 더 많은 이익을 얻을 수도 있다. 당신
은 어느 쪽이든 도움이 되지 않는다고 생각한다. 사실 지금 우리 앞에 놓여 있는 선
택은 전에는 우리가 갖지 못했던 것이며, 그 선택은 상황을 최종적으로 이익이 되는
쪽으로 아주 미세하게 바꾼다.

9　Srinivasan, Balaji. 2013. "Silicon Valley's Ultimate Exit Strategy." Startup School 2013 speech. goo.gl/mkvG2J

10　Hill, Kashmir. 2011. "Adventures in Self-Surveillance, aka The Quantified Self, aka Extreme Navel-Gazing." *Forbes*, April 7. goo.gl/JSRkAS

11　같은 자료.

12　Srinivasan, Balaji. 2013. "Software Is Reorganizing the World." *Wired*, November. goo.gl/OOxa3s

13　가장 유명한 대상이 배우 케빈 베이컨이다. 나는 영화 〈퀵실버〉(이 영화에서 케빈 베이컨은 뉴욕시의 자전거 배달원으로 출연했다)에서 베이컨과 함께 일한 내 자전거 타는 친구를 통해 베이컨과 2단계만에 연결된다. 따라서 내 '베이컨 수'는 2이다.

14　Milgram, Stanley. 1967. "The Small World Problem." *Psychology Today*, 2, 60-67.

15　Travers, Jeffrey, and Stanley Milgram. 1969. "An Experimental Study of the Small World Problem." *Sociometry* 32, no. 4, December, 425-443.

16　Hadfield, Chris. 2013. *An Astronaut's Guide to Life on Earth*. New York: Little, Brown; goo.gl/m7TI2M

17　Srinivasan, 2013, *Wired*.

18　Wright, Quincy. 1942. *A Study of War*, 2nd ed. Chicago: University of Chicago Press; Gat, A. 2006. *War in Human Civilization*. New York: Oxford University Press.

19　Fukuyama, Francis. 2011. *The Origins of Political Order: From Prehuman Times to the French Revolution*. New York: Farrar, Straus & Giroux, 98.

20　goo.gl/vWBn1N

21　Mintzberg, Henry. 1989. *Mintzberg on Management: Inside Our Strange World of Organizations*. New York: Free Press. 인터넷이 임시 기구의 한 도구인 이유는 자발적으로 스스로를 조직하는 온라인상의 가상 커뮤니티들을 통한 즉각적인 실시간 소통이 가능

하기 때문이다.

22 Stone, Brad. 2013. "Inside Google's Secret Lab." *Business Week*, May 22. goo.gl /BSwk7

23 Barber, Benjamin. 2013. *If Mayors Ruled the World: Dysfunctional Nations, Rising Cities*. New Haven, CT: Yale University Press.

24 인용의 출처: Barber, 2013.

25 Ibid.

26 Townsend, Anthony M. 2013. *Smart Cities: Big Data, Civic Hackers, and the Quest for a New Utopia*. New York: W. W. Norton, xii–xiii.

27 Speck, Jeff. 2012. *Walkable City: How Downtown Can Save America, One Step at a Time*. New York: Farrar, Straus & Giroux.

28 Brand, Stewart. 2013. "City–Based Global Governance." The Long Now Foundation. goo. gl/FbS5E

29 goo.gl/hVdX1E

30 goo.gl/G9eyKc

31 Ibid.

32 Konvitz, Josef W. 1985. *The Urban Millennium: The City-Building Process from the Early Middle Ages to the Present*. Carbondale, IL: Southern Illinois University Press; Kostof, Spiro. 1991. *The City Shaped: Urban Patterns and Meanings Through History*. Boston: Little, Brown; Jacobs, Jane. 1961. *The Death and Life of Great American Cities*. New York: Random House.

33 Glaeser, Edward. 2011. *The Triumph of the City: How Our Greatest Invention Makes Us Richer, Smarter, Greener, Healthier, and Happier*. New York: Penguin.

34 Naím, Moisés. 2013. *The End of Power: From Boardrooms to Battlefields and Churches to States: Why Being in Charge Isn't What It Used to Be*. New York: Basic Books, 16, 1–2.

35 Ibid., 7.

36 Ibid., 243–244.

37 이러한 특징들을 요약하는 현존하는 가장 가까운 명칭이 '고전적 자유주의'로, 인류라는 이유로 사람들이 소유하는 자연권들을 보호하는 로크의 모델을 따른다. 이러한 가치들을 담고 있는 미국 헌법에 대한 훌륭한 논의인 다음 책을 보라. Epstein, Richard A. 2014. *The Classical Liberal Constitution: The Uncertain Quest for Limited Government*. Cambridge, MA: Harvard University Press.

38 Panaritis, Elena. 2007. *Prosperity Unbound: Building Property Markets with Trust*. New York: Palgrave Macmillan.

39 MacCallum, Spencer Heath. 1970. *The Art of Community*. Menlo Park, CA: Institute for Humane Studies, 2. 다음 책도 보라. Heath, Spencer. 1957. *Citadel, Market and Altar: Emerging Society*. Baltimore: Science of Society Foundation.

40 Leeson, Peter. 2014. *Anarchy Unbound: Why Self-Governance Works Better Than You Think*. Cambridge, UK: Cambridge University Press.

41 예를 들어 다음 자료들을 보라. Casey, Gerard. 2012. *Libertarian Anarchy: Against the State*.

New York: Continuum International Publishing; Morris, Andrew. 2008. "Anarcho-Capitalism." In Hamowy, Ronald, ed., *The Encyclopedia of Libertarianism*. Thousand Oaks, CA: Sage; Rothbard, Murray. 1962. *Man, Economy, and State*. New York: D. Van Nostrand. 유익한 논쟁을 담은 다음 책을 보라. Duncan, Craig, and Tibor R. Machan. 2005. *Libertarianism: For and Against*. Lanham, MD: Rowman & Littlefield.

42 Nozick, Robert. 1973. *Anarchy, State, and Utopia*. New York: Basic Books.

43 Howard, Philip K. 2014. *The Rule of Nobody: Saving America from Dead Laws and Broken Government*. New York: W. W. Norton.

44 Jefferson, Thomas. 1804. Letter to Judge John Tyler Washington, June 28. *The Letters of Thomas Jefferson, 1743-1826*. goo.gl/hn6qNp

45 Robbins, Lionel. 1945. *An Essay on the Nature and Significance of Economic Science*. London: Macmillan, 16. 다음 책들도 보라. Sowell, Thomas. 2010. *Basic Economics: A Common Sense Guide to the Economy*, 4th ed. New York: Basic Books, 5; Mankiw, Gregory. 2011. *Principles of Economics*, 6th ed. Stamford, CT: Cengage Learning, 11.

46 goo.gl/Lh MS

47 Drexler, Eric K. 1986. *Engines of Creation*. New York: Anchor Books.

48 Diamandis, Peter, and Steven Kotler. 2012. *Abundance: The Future Is Better Than You Think*. New York: Free Press, 8.

49 Diamandis and Kotler, 9.

50 Ibid.

51 Musk, Elon. 2014. "Here's How We Can Fix Mars and Colonize It." *Business Insider*, January 2. goo.gl/iapxDx

52 Carroll, Rory. 2013. "Elon Musk's Mission to Mars." *Guardian*, July 17. goo.gl /lF1sXP

53 goo.gl/7BdRJ

54 Kurzweil, Ray. 2006. *The Singularity Is Near: When Humans Transcend Biology*. New York: Penguin.

55 2045.com/faq/

56 McCracken, Harry, and Lev Grossman. 2013. "Google vs. Death." *Time*, September 30. time.com/574/google-vs-death/

57 Kaku, Michio. 2011. *Physics of the Future: How Science Will Shape Human Destiny and Our Daily Lives by the Year 2100*. New York: Doubleday, 21.

58 Ibid., 337.

59 Clark, 2007, 2의 그래프를 바탕으로 작성함. 또한 다음 책도 보라. Maddison, Agnus. 2006. *The World Economy*. Washington, DC: OECD Publishing.

60 미국 농무부 경제연구소가 생산한 자료를 바탕으로 작성한 그래프. Economic Research Service of the US Department of Agriculture, "Historical and Projected Gross Domestic Product Per Capita." goo.gl/CWcmHt

61 GDP는 경제 성장의 가장 흔한 척도이지만, 그것에는 한계와 비판이 있다. 2014년 중반,

경제분석국이 총산출Gross Output(GO)이라는 새로운 경제 통계를 발표했다. 원재료 조달에서부터 생산과 분배의 모든 중간 단계들을 거쳐 마지막 소매 판매 단계에 이르기까지 생산의 모든 단계에서 측정한 총 판매량의 척도다. 이 척도는 반세기 전 GDP가 도입된 이래 최초로 업그레이드된 경제 지표다. 다음 자료를 보라. Skousen, Mark. 2013. "Beyond GDP: Get Ready for a New Way to Measure the Economy." *Forbes*, December 16. goo.gl/xwICMV

62 Clark, Gregory. 2007. *A Farewell to Alms: A Brief Economic History*. Princeton, NJ: Princeton University Press, 2-3.

63 Haugen, Gary A., and Victor Boutros. 2014. *The Locust Effect: Why the End of Poverty Requires the End of Violence*. New York: Oxford University Press, 137.

64 Stiglitz, Joseph E. 2013. *The Price of Inequality: How Today's Divided Society Endangers Our Future*. New York: W. W. Norton.

65 Gilen, Martin. 2012. *Affluence and Influence: Economic Inequality and Political Power in America*. Princeton, NJ: Princeton University Press, 1.

66 인용의 출처: Hiltzik, Michael. 2013. "A Huge Threat to Social Mobility." *Los Angeles Times*, December 22, B1.

67 Piketty, Thomas. 2014. *Capital in the Twenty-first Century*. Cambridge, MA: Belknap Press.

68 Burtless, Gary. 2014. "Income Growth and Income Inequality: The Facts May Surprise You." Washington, DC: Brookings Institution. goo.gl/g4vTt6

69 Shah, Neil. 2014. "US Household Net Worth Hits Record High." *Wall Street Journal*, March 6, A1.

70 예를 들어 다음 책을 보라. Rubin, Jeff. 2012. *The End of Growth*. New York: Random House.

71 Beinhocker, Eric. 2006. *The Origin of Wealth: Evolution, Complexity, and the Radical Remaking of Economics*. Cambridge, MA: Harvard Business School Press, 453.

72 이 제의에 대한 반대 의견으로는 매튜 로이Mathieu Roy와 해롤드 크룩스Harold Crooks의 다큐멘터리 영화 *Surviving Progress*를 보라 : goo.gl/uTVf2c

73 Athreya, Kartik, and Jessie Romero. 2013. "Land of Opportunity? Economic Mobility in the United States." Federal Reserve Bank of Richmond, July. goo.gl/7KFc6H

74 Sawhill, Isabel V., Scott Winship, and Kerry Searle Grannis. 2012. "Pathways to the Middle Class: Balancing Personal and Public Responsibilities." Washington, DC: Brookings Institution Center on Children and Families, September.

75 Auten, Gerald, and Geoffrey Gee. 2009. "Income Mobility in the United States: New Evidence from Income Tax Data." *National Tax Journal*, June, 301-328. ntj.tax.org/

76 Auten, Gerald, Geoffrey Gee, and Nicholas Turner. 2013. "Income Inequality, Mobility and Turnover at the Top in the United States, 1987-2010." 1월 4일 샌디에이고에서 열린 사회과학연합회Allied Social Science Association의 연례 회의에 제출된 논문.

77 Clark, Gregory. 2014. *The Son Also Rises: Surnames and the History of Social Mobility*.

Princeton, NJ: Princeton University Press, 5.

78 Ibid., 180.

79 Ibid., 58.

80 이 원리를 보여주는 간단한 사례가 있다. 배관공 조는 한 주당 500달러 가격에 거래되는 애플컴퓨터 주식 10주를 소유하고 있다. 5,000달러는 은퇴 비용에 쓸 큰돈이고, 주식이 하루에 10달러 오르면(이렇게 규칙적으로 오르는 것은 아니다), 조의 포트폴리오는 겨우 100달러 증가한다. 반면, 은행가 밥은 애플 주식 1만 주를 갖고 있고, 조가 100달러를 번 날 밥은 100만 달러를 번다. 밥은 단 하루의 주식 거래로 은퇴할 수 있는 반면, 조는 언제 은퇴할 수 있을지 까마득하다.

81 Shermer, Michael. 2007. *The Mind of the Market: How Biology and Psychology Shape Our Economic Lives*. New York: Times Books.

82 Rubin, Paul. H. 2003. "Folk Economics." *Southern Economic Journal*, 70, no. 1, 157-171.

83 Nowak, Martin, and Roger Highfield. 2012. *SuperCooperators: Altruism, Evolution, and Why We Need Each Other to Succeed*. New York: Free Press. 또한 다음 책도 보라. Nowak, Martin A., and Sarah Coakley, eds. 2013. *Evolution, Games, and God: The Principle of Cooperation*. Cambridge, MA: Harvard University Press.

84 조상들의 제로섬 관계에서 오늘날의 넌제로섬 세계로 이행한 역사에 대해서는 다음 책을 보라. Wright, Robert. 2000. *Nonzero: The Logic of Human Destiny*. New York: Pantheon.

85 Draper, Patricia. 1978. "The Learning Environment for Aggression and Anti-Social Behavior among the !Kung." In A. Montagu, ed., *Learning Non-Aggression: The Experience of Non-literate Societies*. New York: Oxford University Press, 46.

86 Chambers, John R., Lawton K. Swan, and Martin Heesacker. 2013. "Better Off Than We Know: Distorted Perceptions of Incomes and Income Inequality in America." *Psychological Science*, 1-6.

87 Wilkinson, Richard G. 1996. *Unhealthy Societies: The Afflictions of Inequality*. New York: Routledge; Pickett, Kate, and Richard Wilkinson. 2011. *The Spirit Level: Why Greater Equality Makes Societies Stronger*. New York: Bloomsbury Press.

88 ———. 2011. "How Economic Inequality Harms Societies." goo.gl/B4hsrW

89 Sapolsky, Robert. 1995. *Why Zebras Don't Get Ulcers: A Guide to Stress, Stress-Related Diseases, and Coping*. New York: W. H. Freeman, 381.

90 Daly, Martin, Margo Wilson, and Shawn Vasdev. 2001. "Income Inequality and Homicide Rates in Canada and the United States." *Canadian Journal of Criminology*, 43, no. 2, 219-236.

91 Piff, Paul K. 2013. "Does Money Make You Mean?" TED talk, posted December 20: goo.gl/sfrJY9 PBS NewsHour의 뛰어난 보도도 보라: "Exploring the Psychology of Wealth, 'Pernicious' Effects of Economic Inequality." *PBS*, June 13. goo.gl/6kiOQ

92 개인 서신, 2013년 12월 22일.

93 Ross, M., and F. Sicoly. 1979. "Egocentric Biases in Availability and Attribution." *Journal*

of Personality and Social Psychology, 37, 322–336.

Arkin, R. M., H. Cooper, and T. Kolditz. 1980. "A Statistical Review of the Literature Concerning the Self-Serving Bias in Interpersonal Influence Situations." *Journal of Personality*, 48, 435–448.

Davis, M. H., and W. G. Stephan. 1980. "Attributions for Exam Performance." *Journal of Applied Social Psychology*, 10, 235–248.

94 Nisbett, R. E., and L. Ross. 1980. *Human Inference: Strategies and Shortcomings of Social Judgment*. Englewood Cliffs, NJ: Prentice-Hall.

95 Piff, Paul K. 2013. "Wealth and the Inflated Self: Class, Entitlement, and Narcissism." *Personality and Social Psychology Bulletin*, August, 1–10.

96 Kraus, Michael W., Paul K. Piff, and Dacher Keltner. 2009. "Social Class, Sense of Control, and Social Explanation." *Journal of Personality and Social Psychology*, 97, no. 6, 992–1004.

97 Keltner, Dacher, Aleksandr Kogan, Paul K. Piff, and Sarina Saturn. 2014. "The Sociocultural Appraisals, Values, and Emotions (SAVE) Framework of Prosociality: Core Processes from Gene to Meme." *Annual Review of Psychology*, 65, no. 25, 1–25.

98 Piff, Paul K., Daniel M. Stancato, Stephane Cote, Rodolfo Mendoza-Denton, and Dacher Keltner. 2012. "Higher Social Class Predicts Increased Unethical Behavior." *Proceedings of the National Academy of Sciences*, March 13, 109, no. 11, 4086–4091.

99 인용의 출처: Miller, Lisa. 2012. "The Money-Empathy Gap." New York, July 1. goo.gl / nCOc6

100 Piketty, Thomas. 2014. *Capital in the Twenty-first Century*. Cambridge, MA: Belknap Press.

101 goo.gl/BBo6kz

102 Mackey, John, and Raj Sisodia. 2013. *Conscious Capitalism: Liberating the Heroic Spirit of Business*. Cambridge, MA: Harvard Business Review Press, 20.

103 Ibid., 21.

104 Ibid., 31.

105 Ostry, Jonathan D., Andrew Berg, and Charalambos G. Tsangarides. 2014. "Redistribution, Inequlity and Growth." Washington, DC: International Monetary Fund. February, 4. goo.gl/4xTwcP

106 DeLong, J. Bradford. 2000. "Cornucopia: The Pace of Economic Growth in the Twentieth Century." Working Paper 7602. Washington, DC: National Bureau of Economic Research. goo.gl/PLNJTG 다음 자료도 보라. DeLong, J. Bradford. 1998. "Estimating World GDP, One Million BC-Present." goo.gl/7ttdjw

107 Gates, Bill, and Melinda Gates. 2014. Annual Letter of the Bill and Melinda Gates Foundation. annualletter.gatesfoundation.org/ 다음 자료도 보라. Penn World Table. Philadelphia: Center for International Comparisons at the University of Pennsylvania. pwt.sas.upenn.edu/

108 Kardashev, Nikolai. 1964. "Transmission of Information by Extraterrestrial Civilizations." *Soviet Astronomy*, 8, 217. 카르다쇼프는 세 유형의 에너지 수준을 이렇게 계산했다: 제1형 (~4×10^{19} ergs/second), 제2형 (~4×10^{33} ergs/second), 제3형 (~4×10^{44} ergs/second).

109 Heidmann, Jean. 1992. *Extraterrestrial Intelligence*. New York: Cambridge University Press, 210–212.

110 Sagan, Carl. 1973. *The Cosmic Connection: An Extraterrestrial Perspective*. Garden City, NY: Anchor Books/Doubleday, 233–234. 세이건의 정보 용량은 각 단계마다 한 자릿수씩 증가한다. A형 문명은 10^6바이트, B형 문명은 10^7바이트 …… Z형 문명은 10^{31}바이트의 정보량을 갖는다. 1973년에 세이건은 우리가 10^{13}바이트의 정보량을 가지고 있고, 따라서 0.7H형 문명이라고 추산했다. 내가 이어서 계산한 결과, 2014년에 우리는 10^{21}바이트—1제타바이트—의 정보를 생산하고 있었고, 따라서 현재 우리는 0.7P형 문명이다. 내 계산은 2010년 말에 우리가 912엑사바이트의 정보를 생산하고 있었다는 피터 디아만디스 2010년 수치를 바탕으로 한 것이다. 1엑사바이트는 1퀸틸리언바이트이고, 1퀸틸리언바이트는 10^{18}바이트다. 나는 2014년에는 우리가 1,000엑사바이트를 초과했다고 추산한다. 1,000엑사바이트는 1제타바이트, 즉 10^{21}바이트다. 즉 1 뒤로 0이 21개가 있는 숫자다. 카르다셰프 척도는 로그 함수이므로—즉 척도상에서 동력 소비가 한 단계 올라가기 위해서는 생산의 거대한 도약이 필요하다—우리는 갈 길이 멀다. 화석 연료로는 그곳에 도착하지 못할 것이다. 태양열, 풍력, 지열 같은 재생 가능한 에너지원으로 시작할 수 있지만, 이 문명 유형에서 문명 1.0을 달성하기 위해서는 핵에너지가 필요하다. 예컨대 1초에 1,000킬로그램의 수소, 즉 1년에 3×10^{10}킬로그램의 수소를 헬륨으로 융합해야 한다. 물 1세제곱킬로미터에는 약 10^{11}킬로그램의 수소가 들어 있고, 지구의 바다에는 약 1.3×10^9킬로미터의 물이 있으므로, 다음 수준의 문명으로 이행하기 위해서는 많은 시간이 필요할 것이다.

111 앞서 언급한 Kaku, 2011. 다음 자료도 보라. Kaku, Michio. 2010. "The Physics of Interstellar Travel: To One Day Reach the Stars." goo.gl/TBExNt

112 Kaku, Michio. 2005. *Parallel Worlds: The Science of Alternative Universes and Our Future in the Cosmos*. New York: Doubleday, 317.

113 Zubrin, Robert. 2000. *Entering Space: Creating a Spacefaring Civilization*. New York: Putnam, x.

114 예를 들어 다음 책을 보라. Rapaille, Clotaire, and Andres Roemer. 2013. *Move Up*. Mexico City: Taurus.

115 Ghemawat, Pankaj. 2011. *World 3.0: Global Prosperity and How to Achieve It*. Cambridge, MA: Harvard Business Review Press.

116 Shermer, Michael. 2014. "The Car Dealers' Racket." *Los Angeles Times*, March 17. goo.gl/sjTQwJ

117 진화생물학자 에른스트 마이어는 종은 "실제로나 잠재적으로 상호 교배하는 자연 개체군들의 집단으로, 다른 개체군들과는 생식적으로 격리되어 있다"고 정의했다. Ernst Mayr. 1957. "Species Concepts and Definitions," in *The Species Problem*. Washington, DC:

American Association for the Advancement of Science Publication 50. 마이어가 제안한 확장된 정의는 다음과 같다. "지리적·생태적으로 서로를 대체하는 개체군들, 그리고 접촉할 때마다 그 개체군들과 서로 섞여 잡종을 만들어내는 이웃하는 개체군. 또는 지리적 생태적 장벽에 의해 접촉이 막혀 있는 경우는 (그 개체군들 중 하나 이상과) 잠재적으로 그렇게 할 수 있는 개체군." 또한 다음 책들도 보라. Mayr, Ernst. 1976. *Evolution and the Diversity of Life*. Cambridge, MA: Harvard University Press; Mayr, Ernst. 1988. *Toward a New Philosophy of Biology*. Cambridge, MA: Harvard University

118 Harris, Sam. 2010. *The Moral Landscape: How Science Can Determine Human Values*. New York: Free Press.

119 Smolin, Lee. 1997. *The Life of the Cosmos*. New York: Oxford University Press; Liddle, Andrew, and Jon Loveday. 2009. *The Oxford Companion to Cosmology*. New York: Oxford University Press; Weinberg, Stephen. 2008. *Cosmology*. New York: Oxford University Press.

120 Dyson, Freeman. 1979. "Time Without End: Physics and Biology in an Open Universe." *Reviews of Modern Physics*, 51, no. 3, July, 447. goo.gl/FM6ezU

121 Pollack, James, and Carl Sagan. 1993. "Planetary Engineering." In J. Lewis, M. Matthews, and M. Guerreri, eds., *Resources of Near Earth Space*. Tucson: University of Arizona Press; Niven, Larry. 1990. *Ringworld*. New York: Ballantine; Stapledon, Olaf. 1968. *The Starmaker*. New York: Dover.

122 Shermer, Michael. 2002. "Shermer's Last Law." *Scientific American*, January, 33.

123 Dyson, Freeman J. 1960. "Search for Artificial Stellar Sources of Infra-Red Radiation." *Science*, 1311, no. 3414, 1667-1668.

124 Maccone, Claudio. 2013. "SETI, Evolution and Human History Merged into a Mathematical Model." *International Journal of Astrobiology*, 12, no. 3, 218-245. goo.gl/zsSkZv

125 Maccone, Claudio. 2014. "Evolution and History in a New 'Mathematical SETI' Model." *Acta Astronautica*, 93, 317-344.

126 Brin, David. 2006. "Shouting at the Cosmos . . . Or How SETI Has Taken a Worrisome Turn into Dangerous Territory." September. goo.gl/ywun4f

127 Hawking, Stephen. 2010. Into the Universe with Stephen Hawking. Discovery Channel; Jonathan Leake, "Don't Talk to Aliens, Warns Stephen Hawking." *Sunday Times* (London), April, 25, 2010. 또한 다음 책도 보라. Shostak, Seth. 1998. *Sharing the Universe: Perspectives on Extraterrestrial Life*. Berkeley, CA: Berkeley Hills Books.

128 Diamond, Jared M. 1991. *The Third Chimpanzee: The Evolution and Future of the Human Animal*. New York: HarperPerennial, 214. 외계의 지적 생명체와 접촉하는 것의 위험을 위기관리 평가의 관점에서 개략적으로 설명한 다음 연구를 보라. Neal, Mark. 2014. "Preparing for Extraterrestrial Contact." *Risk Management*, 16, no. 2, 6387.

129 이 가능성과 우리가 우주에 혼자일 다른 가능성에 대해 다음 책들을 보라. Davies, Paul.

1995. *Are We Alone?* New York: Basic Books; Davies, Paul. 2010. *The Eerie Silence: Renewing Our Search for Alien Intelligence.* Boston: Houghton Mifflin in Harcourt; Morris, Simon Conway. 2003. *Life's Solution: Inevitable Humans in a Lonely Universe.* Cambridge, UK: Cambridge University Press.

130 Grams, Martin. 2008. *The Twilight Zone: Unlocking the Door to a Television Classic.* Churchville, MD: OTR Publishing.

131 클라투와 우정을 나눈 마리아 막달레나 같은 등장인물이 고트에게 "클라투 바라타 닉토 Klaatu barada nikto"라고 지시한 이후, 고트는 죽은 클라투를 꺼내라는 지시를 받는다. SF 역사상 가장 유명한 대사 가운데 하나다. 오리지널 스크립트에서, 클라투는 부활한 이후 놀란 구경꾼에게 이것이 미래의 과학과 기술의 힘이라고 설명한다. 하지만 미국영화협회에서 이 영화를 심의한 조지프 브린Joseph Breen은 이 대사를 허용할 수 없다고 결정했고, 제작자에게 "그러한 힘이 전지전능한 성령에게 있다"는 대사를 넣도록 강요했다. See Blaustein, Julian, Robert Wise, Patricia Neal, and Billy Gray. 1995. *Making the Earth Stand Still.* DVD Extra, 20th Century-Fox Home Entertainment.

132 North, Edmund H. 1951. *Script for The Day the Earth Stood Still.* February 21. goo.gl / E885Gi

133 Michael, George. 2011. "Extraterrestrial Aliens: Friends, Foes, or Just Curious?" *Skeptic*, 16, no. 3. goo.gl/0fbAj

134 Harrison, Albert A. 2000. "The Relative Stability of Belligerent and Peaceful Societies: Implications for SETI." *Acta Astronautica*, 46, nos. 10-12, 707-712; Brin, David. 2009. "The Dangers of First Contact: The Moral Nature of Extraterrestrial Intelligence and a Contrarian Perspective on Altruism." *Skeptic*, 15, no. 3, 1-7.

135 Zubrin, Robert. 2000. *Entering Space: Creating a Spacefaring Civilization.* New York: Penguin Putnam; Michaud, Michael. 2007. *Contact with Alien Civilizations: Our Hopes and Fears About Encountering Extraterrestrials.* New York: Copernicus Books.

136 Peters, Ted. 2011. "The Implications of the Discovery of Extra-Terrestrial Life for Religion." *Philosophical Transactions of the Royal Society A*, February, 369, no. 1936, 644-655.

137 Shklovskii, Iosif, and Carl Sagan. 1964. *Intelligent Life in the Universe.* New York: Dell.

138 찰스 메이슨 주교의 사원에서 1968년 4월 3일에 한 연설. 전문을 goo.gl/Zlcom에서 볼 수 있다.

139 Warren, Mervyn A. 2001. *King Came Preaching: The Pulpit Power of Dr. Martin Luther King Jr.* Downers Grove, IL: Varsity Press, 193-194.

140 조니 미첼의 〈우드스탁〉 가사에서. 크로스비, 스틸스, 내쉬, 영도 불렀다. 천문학자 칼 세이건은 우리가 별먼지로 만들어져 있다고 말하기를 좋아했다. 세이건의 공저자이자 공동 연구자이며 아내인 앤 드루얀에 따르면, 이 아이디어의 창시자는 천문학자 할로 쉐블리였다. 그는 1926년 출판물 《별들의 우주The Universe of Stars》에서 이 말을 처음 언급했다. WEEL 라디오에서 처음 방송된 강연 시리즈의 대본을 묶은 것이다. 이 책에서 그는 이렇게 말했다. "그러므로 우리는 별먼지로 만들어져 있다. …… 우리는 태양 광선을 먹고 살고, 태양

복사선 덕분에 따뜻하게 지내고, 우리는 별을 구성하는 물질들과 똑같은 물질들로 만들어져 있다.

참고문헌

Abrahms, Max. 2006. "Why Terrorism Does Not Work." *International Security*, 31, 42–78.

———. 2013. "Bottom of the Barrel." *Foreign Policy*, April 24. goo.gl/hj4J1h

Abrahms, Max, and Matthew S. Gottfried. 2014. "Does Terrorism Pay? An Empirical" *Terrorism and Political Violence*, forthcoming.

Adams, John. 1788. *A Defence of the Constitutions of Government of the United States of America*, Vol. 3. goo.gl/rkuuDi

Adams, Katherine H., and Michael L. Keene. 2007. *Alice Paul and the American Suffrage Campaign*. Champaign: University of Illinois Press, 206–208.

Agustin, Laura Maria. 2007. *Sex at the Margins: Migration, Labour Markets and the Rescue Industry*. London: Zed Books.

Aharoni, Eyal, Gina Vincent, Carla Harenski, Vince Calhoun, Walter Sinnott-Armstrong, Michael Gazzaniga, and Kent Kiehl. 2013. "Neuroprediction of Future" PNAS, 110, no. 15, 6223–6228.

Akbar, Arifa. 2010. "Mao's Great Leap Forward 'Killed 45 Million in Four Years.'" *Independent* (London), September 17. goo.gl/uZki.

Alexander, David. 1994. *Star Trek Creator: The Authorized Biography of Gene Roddenberry*. New York: Roc/Penguin.

Amsterdam, Beulah. 1972. "Mirror Self-Image Reactions Before Age Two." *Developmental Psychobiology*, 5, no. 4, 297–305.

Anderson, Kermyt G. 2006. "How Well Does Paternity Confidence Match Actual?" *Current Anthropology*, 47, no. 3, June, 513–520.

Arkin, R. M., H. Cooper, and T. Kolditz. 1980. "A Statistical Review of the Literature the Self-Serving Bias in Interpersonal Influence Situations." *Journal of Personality*, 48, 435–448.

Arkush, Elizabeth, and Charles Stanish. 2005. "Interpreting Conflict in the Ancient " *Current Anthropology*, 46, no. 1, February, 3–28.

Asch, Solomon E. 1951. "Studies of Independence and Conformity: A Minority of One Against a Unanimous Majority." *Psychological Monographs*, 70, no. 416.

———. 1955. "Opinions and Social Pressure." *Scientific American*, November, 31–35.

Athreya, Kartik, and Jessie Romero. 2013. "Land of Opportunity? Economic Mobility the United States." Federal Reserve Bank of Richmond, July.

Atran, Scott. 2010. "Black and White and Red All Over." *Foreign Policy*, April 22. goo.gl/ GOePL

———. 2011. *Talking to the Enemy: Religion, Brotherhood, and the (Un)Making of Terrorists.* New York: Ecco.

Auten, Gerald, and Geoffrey Gee. 2009. "Income Mobility in the United States: New Evidence from Income Tax Data." *National Tax Journal*, June, 301–328.

Auten, Gerald, Geoffrey Gee, and Nicholas Turner. 2013. "Income Inequality, Mobility and Turnover at the Top in the United States, 1987–2010." Paper presented at the Social Science Association's annual meeting, San Diego, January 4.

Bacon, F. 1620/1939. *Novum Organum*. In E. A. Burtt, ed., *The English Philosophers from Bacon to Mill.* New York: Random House.

Baily, Michael. 2003. *The Man Who Would Be Queen: The Science of Gender-Bending and Transsexualism.* Washington, DC: National Academies Press.

Bailey, Ronald. 2011. "How Scared of Terrorism Should You Be?" *Reason*, September 6.

Baker, R. Robin, and Mark A. Bellis. 1995. *Human Sperm Competition: Copulation, Masturbation, and Infidelity.* London: Chapman & Hall.

Bannerman, Helen. 1899. *The Story of Little Black Sambo.* London: Grant Richards.

Barad, Judity, and Ed Robertson. 2001. *The Ethics of Star Trek.* New York: Perennial/ HarperCollins.

Barber, Benjamin. 2013. *If Mayors Ruled the World: Dysfunctional Nations, Rising Cities.* New Haven CT: Yale University Press.

Barbieri, Katherine. 2002. *The Liberal Illusion: Does Trade Promote Peace?* Ann Arbor: University of Michigan Press.

Baron-Cohen, Simon. 2011. *The Science of Evil: On Empathy and the Origins of Cruelty.* New York: Basic Books.

Baumeister, Roy. 1990. "Victim and Perpetrator Accounts of Interpersonal Conflict: Narratives About Anger." *Journal of Personality and Social Psychology*, 59, no. 5, 994–1005.

———. 1997. *Evil: Inside Human Violence and Cruelty.* New York: Henry Holt.

Baumeister, Roy, and John Tierney. 2011. *Willpower: Rediscovering the Greatest Human Strength.* New York: Penguin.

Becker, Jasper. 1998. *Hungry Ghosts: Mao's Secret Famine.* New York: Henry Holt.

Beddis, I. R., P. Collins, S. Godfrey, N. M. Levy, and M. Silverman. 1979. "New Technique for Servo-Control of Arterial Oxygen Tension in Preterm Infants." *Archives of Disease in Childhood*, 54, 278–280.

Beech, Richard. 2014. "Thomas Hitzlsperger Comes Out as Being Gay." *Mirror*, January 8.

Beinhocker, Eric. 2006. *The Origin of Wealth: Evolution, Complexity, and the Radical Remaking of Economics.* Cambridge, MA: Harvard Business School Press, 453.

Bekoff, M., ed. 2000. *The Smile of a Dolphin: Remarkable Accounts of Animal Emotions.* New York:

Crown Books.

Bentham, Jeremy. 1789/1948. *The Principles of Morals and Legislation*. New York: Macmillan.

Berns, Gregory. 2013. "Dogs Are People Too." *New York Times*, October 6, SR5.

———. 2013. *How Dogs Love Us: A Neuroscientist and His Adopted Dog Decode the Canine Brain*. New York: New Harvest, 226-227.

Berns, Gregory, Andrew Brooks, and Mark Spivak. 2012. "Functional MRI in Awake Unrestrained Dogs." *PLoS ONE 7*, no. 5.

Berns, Gregory, et al. 2005. "Neurobiological Correlates of Social Conformity and Independence During Mental Rotation." *Biological Psychiatry*, 58, August 1, 245-253.

Bernstein, Charles. 1984. *Sambo's: Only a Fraction of the Action: The Inside Story of a Restaurant Empire's Rise and Fall. Burbank*, CA: National Literary Guild.

Bernstein, Elizabeth. 2010. "Militarized Humanitarianism Meets Carceral Feminism: The Politics of Sex, Rights, and Freedom in Contemporary Antitrafficking Campaigns." *Signs*, Autumn, 45-71.

Betzig, Laura. 2005. "Politics as Sex: The Old Testament Case." *Evolutionary Psychology*, 3, 326.

Bhayana, Neha. 2011. "Indian Men Lead in Sexual Violence, Worst on Gender Equality." *Times of India*, March 7.

Bittman, Mark. 2012. "We're Eating Less Meat. Why?" *New York Times*, January 10.

Black, Donald. 1983. "Crime as Social Control." *American Sociological Review*, 48, 34-45.

Blackford, Jennifer; A. Allen, R. Cowan, and S. Avery. 2012. "Amygdala and Hippocampus Fail to Habituate to Faces in Individuals with an Inhibited Temperament." *Social Cognitive and Affective Neuroscience*, January, 143-150.

Blackmore, S., and R. Moore. 1994. "Seeing Things: Visual Recognition and Belief in Paranormal." *European Journal of Parapsychology*, 10, 91-103.

Blackmun, Harry. 1994. Dissent. *Bruce Edwin Callins, Petitioner, v. James A. Collins, Director*, Texas Department of Criminal Justice, Institutional Division. Supreme of the United States, no. 93-7054.

Blackstone, William. 1765. *Commentaries on the Laws of England*, I, 411-412.

Blair, B., and M. Brown. 2011. "World Spending on Nuclear Weapons Surpasses $1 Trillion per Decade." *Global Zero*. goo.gl/xDcjg5

Bloom, Paul. 2013. *Just Babies: The Origins of Good and Evil*. New York: Crown.

Boehm, Christopher. 2012. *Moral Origins: The Evolution of Virtue, Altruism, and Shame*. New York: Basic Books.

———. 2014. "The Moral Consequences of Social Selection." *Behaviour*, 151, 167-183.

Bonvillian, J. D., and F. G. P. Patterson. 1997. "Sign Language Acquisition and the Development of Meaning in a Lowland Gorilla." In C. Mandell and A. McCabe, eds., *The Problem of Meaning: Behavioral and Cognitive Perspectives*. Amsterdam: Elsevier.

Bosco, David. 2014. *Rough Justice: The International Criminal Court in a World of Power Politics*.

New York: Oxford University Press.

Botelho, Greg, and Marlena Baldacci. 2014. "Brigadier General Accused of Sex Assault Must Pay over $20,000; No Jail Time." CNN.

Boven, Leaf Van. 2000. "Pluralistic Ignorance and Political Correctness: The Case of Affirmative Action." *Political Psychology*, 21, no. 2, 267–276.

Bowler Kate. 2013. *Blessed: A History of the American Prosperity Gospel*. New York: Oxford University Press.

Bowles, S. 2009. "Did Warfare Among Ancestral Hunter–Gatherers Affect the Evolution of Human Social Behaviors?" *Science*, 324, 1293–1298.

Boyd, Robert, and Peter J. Richerson. 1992. "Punishment Allows the Evolution of Cooperation (or Anything Else) in Sizable Groups." *Ethology and Sociobiology*, 13, 171–195.
———. 2005. *The Origin and Evolution of Cultures*. New York: Oxford University Press.

Branas, Charles C., Therese S. Richmond, Dennis P. Culhane, Thomas R. Ten Have, and Douglas J. Wiebe. 2009. "Investigating the Link Between Gun Possession and Gun Assault." *American Journal of Public Health*, November, 99, no. 11, 2034–2040.

Brand, Stewart. 2013. *City-Based Global Governance*. The Long Now Foundation. goo.gl/FbS5E

Brass, Marcel, and Patrick Haggard. 2007. "To Do or Not to Do: The Neural Signature of Self–Control." *Journal of Neuroscience*, 27, no. 34, 9141–9145.

Breiter, Hans, N. Etcoff, P. Whalen, W. Kennedy, S. Rauch, R. Buckner, M. Srauss, S. Hyman, and B. Rosen. 1996. "Response and Habituation of the Human Amygdala During Visual Processing of Facial Expression." *Neuron, November*, 17, 875–887.

Briggs, Robin. 1996. *Witches and Neighbors: The Social and Cultural Context of European Witchcraft*. New York: Viking.

Brin David. 2006. "Shouting at the Cosmos . . . Or How SETI Has Taken a Worrisome Turn into Dangerous Territory." September. goo.gl/ywun4f
———. 2009. "The Dangers of First Contact: The Moral Nature of Extraterrestrial Intelligence and a Contrarian Perspective on Altruism." *Skeptic*, 15, no. 3, 1–7.

Brodie, Bernard. 1946. *The Absolute Weapon: Atomic Power and World Order*. New York: Harcourt, Brace.

Bronowki, Jacob. 1956. *Science and Human Values*. New York: Julian Messner.

Brooks, Arthur C. 2006. *Who Really Cares: The Surprising Truth About Compassionate Conservatism*. New York: Basic Books.

Brosnan, Sarah F. 2008. "Fairness and Other–Regarding Preferences in Nonhuman " In Paul Zak, ed., *Moral Markets: The Critical Role of Values in the Economy*. Princeton, NJ: Princeton University Press.

Brosnan, Sarah F., and Frans de Waal. 2003. "Monkeys Reject Unequal Pay." *Nature*, 425 September 18, 297–299.

Broszat, Martin. 1967. "Nationalsozialistiche Konzentrationslager 1933-1945." In H. Bucheim, ed., *Anatomie des SS-Staates*. 2 vols. Munich: Deutscher Taschenbuchverlag

Brown, Anthony Cave, ed. 1978. *DROPSHOT: The American Plan for World War III Against Russia in 1957*. New York: Dial Press.

Brown, Susan Love, ed. 2002. *Intentional Community: Anthropological Perspective*. Albany: State University of New York Press, 156.

Browning, Christopher. 1991. *The Path to Genocide: Essays on Launching the Final Solution*. Cambridge, UK: Cambridge University Press, 143.

Brugger, P., T. Landis, and M. Regard. 1990. "A 'Sheep-Goat Effect' in Repetition Extra-Sensory Perception as an Effect of Subjective Probability?" *British Journal of Psychology*, 81, 455-468.

Bull, Henry. 1961. *The Control of the Arms Race*. London: Institute of Strategic Studies.

———. 1995. *The Anarchical Society*. London: Macmillan.

Burger, Jerry. 2009. "Replicating Milgram: Would People Still Obey Today?" *American Psychologist*, 64, 1-11.

Burke, Edmund. 1790/1967. *Reflections on the Revolution in France*. London: J. M. Dent & Sons.

———. 2009. *The Works of the Right Honorable Edmund Burke*, ed. Charles Pedley. Ann Arbor: University of Michigan Library.

Burks, S. V., J. P. Carpenter, L. Goette, and A. Rustichini. 2009. "Cognitive Skills Affect Economic Preferences, Strategic Behavior, and Job Attainment." *Proceedings of the National Academy of Sciences*, 106, 7745-7750.

Burtless Gary. 2014. "Income Growth and Income Inequality: The Facts May Surprise You." Washington, DC: Brookings Institution.

Buss, David. 2001. *The Dangerous Passion: Why Jealousy Is as Necessary as Love and Sex*. New York: Free Press.

———. 2002. "Human Mate Guarding." *NeuroEndocrinology Letters*, December, 23, no.4, 23-29.

———. 2003. *The Evolution of Desire: Strategies of Human Mating*. New York: Basic Books, 266.

———. 2005. *The Murderer Next Door: Why the Mind Is Designed to Kill*. New York: Penguin.

———. 2011. *Evolutionary Psychology: The New Science of the Mind*. New York: Pearson.

Byrne, R. 1995. *The Thinking Ape: Evolutionary Origins of Intelligence*. Oxford, UK: Oxford University Press.

Callahan, Tim. 2012. "Is Ours a Christian Nation?" *Skeptic*, 17, no. 3, 31-55.

Camerer, Colin. 2003. *Behavioral Game Theory*. Princeton, NJ: Princeton University Press.

Cannino-Thompson, Jennifer, Ronald Cotton, and Erin Torneo. 2010. *Picking Cotton*. New York: St. Martin's Press.

Caplan, Brian, and Stephen C. Miller. 2010. "Intelligence Makes People Think Like

Economists: Evidence from the General Social Survey." *Intelligence*, 38, 636–647.

Carlton, Jim. 2013. "A Winter Without Walruses." *Wall Street Journal*, October 4, A4.

Carroll, Rory. 2013. "Elon Musk's Mission to Mars." *Guardian*, July 17. goo.gl/IFsXP

Carter, David. 2004. *Stonewall: The Riots at Sparked the Gay Revolution*. New York: St. Martin's Press.

Cartwright, James, et al. 2012. "Global Zero US Nuclear Policy Commission Report: Modernizing US Nuclear Strategy, Force Structure and Posture." *Global Zero*, May.

Casey, Gerard. 2012. *Libertarian Anarchy: Against the State*. New York: Continuum International Publishing.

Cesarani, David. 2006. *Becoming Eichmann: Rethinking the Life, Crimes, and Trial of a "Desk Murderer."* New York: Da Capo Press.

Chambers, John R., Lawton K. Swan, and Martin Heesacker. 2013. "Better Off Than We Know: Distorted Perceptions of Incomes and Income Inequality in America." *Psychological Science*, 1–6. goo.gl/U5cyNR

Chenoweth, Erica. 2013. "Nonviolent Resistance." TEDx Boulder. goo.gl/t00JSa

Chenoweth, Erica, and Maria J. Stephan. 2011. *Why Civil Resistance Works: The Strategic Logic of Nonviolent Conflict*. New York: Columbia University Press.

Chomsky, Noam. 1967. "The Responsibility of Intellectuals." *New York Review of Books*, 8, no. 3. goo.gl/wRPVH

Chu, Henry. 2013. "Gay British Scientist Gets Posthumous Royal Pardon." *Los Angeles Times*, December 25, A1, 7.

Clark, Gregory. 2007. *A Farewell to Alms: A Brief Economic History*. Princeton, NJ: Princeton University Press, 2–3.

———. 2014. *The Son Also Rises: Surnames and the History of Social Mobility*. Princeton, NJ: Princeton University Press, 5.

Clemens, Walter C. Jr. 2013. *Complexity Science and World Affairs*. Albany: State University of New York Press.

Cobb, T. R. R. 1858 (1999). *An Inquiry into the Law of Negro Slavery in the United States*. University of Georgia.

Coe, Michael D. 2005. *The Maya*, 7th ed. London: Thames & Hudson.

Cohen, I. Bernard. 1985. *Revolution in Science*. Cambridge, MA: Harvard University Press.

Cohen, Carl, and Tom Regan. 2001. *The Animal Rights Debate*. Lanham, MD: Rowman & Littlefield.

Collins, Katie. 2013. "Study: Elephants Found to Understand Human Pointing Without Training." *Wired*. goo.gl/4WdLVu

Collins, Randall. 2008. *Violence: A Micro-Sociological Theory*. Princeton, NJ: Princeton University Press.

Conover, Ted. 2013. "The Stream: Ted Conover Goes Undercover as a USDA Meat

Inspector." *Harper's*, April 15. goo.gl/6sP9M

Conot, Robert E. 1993. *Justice at Nuremberg*. New York: Basic Books.

Cooney, Mark. 1997. "The Decline of Elite Homicide." *Criminology*, 35, 381–407.

Cords, M., and S. Thurnheer, 1993. "Reconciling with Valuable Partners by Long-Tailed Macaques." *Behaviour*, 93, 315–325.

Cowell, Alan. 2013. "Ugandan Lawmakers Pass Measure Imposing Harsh Penalties on Gays." *New York Times*, December 20, A8.

Cronin, Audrey. 2011. *How Terrorism Ends: Understanding the Decline and Demise of Terrorist Campaigns*. Princeton, NJ: Princeton University Press.

Cruz, F., V. Carrion, K. J. Campbell, C. Lavoie, and C. J. Donlan. 2009. "Bio-Economics of Large-Scale Eradication of Feral Goats from Santiago Island, Galápagos." *Wildlife Management*, 73, 191–200.

Daly, Martin, and Margo Wilson. 1988. *Homicide*. New York: Aldine De Gruyter.

———. 1999. *The Truth About Cinderella: A Darwinian View of Parental Love*. New Haven, CT: Yale University Press.

Daly, Martin, Margo Wilson, and Shawn Vasdev. 2001. "Income Inequality and Homicide Rates in Canada and the United States." *Canadian Journal of Criminology*, 43, no. 2, 219–236.

Damasio, Antonio R. 1994. *Descartes' Error: Emotion, Reason, and the Human Brain*. New York: Putnam.

Daniel, Lisa. 2012. "Panetta, Dempsey Announce Initiatives to Stop Sexual Assault." *American Forces Press Service*, April 16. goo.gl/n90vmq

Darwin, Charles. 1859. *On the Origin of Species by Means of Natural Selection*. London: John Murray, 488–489.

———. 1871. *The Descent of Man and Selection in Relation to Sex*. London: John Murray, 69, 571.

Davies, Paul. 1995. *Are We Alone?* New York: Basic Books.

———. 2010. *The Eerie Silence: Renewing Our Search for Alien Intelligence*. Boston: Houghton Mifflin Harcourt.

Davis, D. B. 1984. *Slavery and Human Progress*. New York: Oxford University Press.

Davis, Kate, and David Heilbroner, directors. 2010. *Stonewall Uprising*. Documentary.

Davis, M. H., and W. G. Stephan. 1980. "Attributions for Exam Performance." *Journal of Applied Social Psychology*, 10, 235–248.

Dawkins, Marion S. 1993. *Through Our Eyes Only: The Search for Animal Consciousness*. New York: W. H. Freeman.

Dawkins, Richard. 1976. *The Selfish Gene*. New York: Oxford University Press.

———. 2006. *The God Delusion*. New York: Houghton Mifflin, 31.

———. 2014. "What Scientific Idea Is Ready for Retirement? Essentialism." edge.org/response-detail/25366

Deary, Ian J., G. D. Batty, and C. R. Gale. 2008. "Bright Children Become Enlightened Adults." *Psychological Science*, 19, 1–6.

DeLong, J. Bradford. 1998. "Estimating World GDP, One Million B.C.–Present." goo. gl/7ttdjw

———. 2000. "Cornucopia: The Pace of Economic Growth in the Twentieth Century." Working Paper 7602. National Bureau of Economic Research. goo.gl/PLNJTG

De Waal, Frans. 1982. *Chimpanzee Politics: Sex and Power Among the Apes*. Baltimore: Johns Hopkins University Press, 203, 207.

———. 1989. *Peacemaking Among Primates*. Cambridge, MA: Harvard University Press.

———. 1996. *Good Natured: The Origins of Right and Wrong in Humans and Other Animals*. Cambridge, MA: Harvard University Press.

———. 1997. "Food Transfers Through Mesh in Brown Capuchins." *Journal of Comparative Psychology*, 111, 370–378.

———. 2005. *Our Inner Ape*. New York: Riverhead Books, 175.

———. 2008. "How Selfish an Animal? The Case of Primate Cooperation." In Paul Zak, ed., *Moral Markets: The Critical Role of Values in the Economy*. Princeton, NJ: Princeton University Press.

De Waal, Frans, and Frans Lanting. 1998. *Bonobo: The Forgotten Ape*. Berkeley: University of California Press.

Dennett, Daniel. 1997. *Kinds of Minds*. New York: Basic Books.

———. 2003. *Freedom Evolves*. New York: Viking.

Deschner, Amy, and Susan A. Cohen. 2003. "Contraceptive Use Is Key to Reducing Abortion Worldwide." *The Guttmacher Report on Public Policy*, October, 6, no. 4, goo.gl/Ovgge

Diamandis, Peter, and Steven Kotler. 2012. *Abundance: The Future Is Better Than You Think*. New York: Free Press, 8.

Diamond, Jared M. 1991. *The Third Chimpanzee: The Evolution and Future of the Human Animal*. New York: HarperPerennial, 214.

———. 2012. *The World Until Yesterday: What Can We Learn from Traditional Societies?* New York: Viking.

Doris, John Michael. 2002. *Lack of Character: Personality and Moral Behavior*. New York: Cambridge University Press.

Dorussen, Han, and Hugh Ward. 2010. "Trade Networks and the Kantian Peace." *Journal of Peace Research*, 47, no. 1, 229–242.

Douglas, Stephen. 1858. In Harold Holzer, ed. 1994. *The Lincoln-Douglas Debates: The First Complete, Unexpurgated Text*. New York: Fordham University Press, 55.

Draper, Patricia. 1978. "Thee Learning Environment for Aggression and Anti–Social Behavior among the !Kung." In *Learning Non-Aggression: The Experience of Non-literate Societies*, ed. A. Montagu. New York: Oxford University Press, 46.

Drexler, Eric K. 1986. *Engines of Creation*. New York: Anchor Books.

D'Souza, Dinesh. 2008. *What's So Great About Christianity*. Carol Stream, IL: Tyndale House

Duncan, Craig, and Tibor R. Machan. 2005. *Libertarianism: For and Against*. Lanham, MD: Rowman & Littlefield.

Dutton, Kevin. 2012. *The Wisdom of Psychopaths: What Saints, Spies, and Serial Killers Teach Us About Success*. New York: Farrar, Straus & Giroux.

Dyson, Freeman J. 1960. "Search for Artificial Stellar Sources of Infra-Red Radiation." *Science*, 1311, no. 3414, 1667–1668.

———. 1979. "Time Without End: Physics and Biology in an Open Universe." *Reviews of Modern Physics*, 51, no. 3, July, 447.

Eaves, L. J., H. J. Eysenck, and N. G. Martin. 1989. *Genes, Culture and Personality: An Empirical Approach*. San Diego: Academic Press.

Eckholm, Erik, and John Schwartz. 2014. "Timeline Describes Frantic Scene at Oklahoma Execution." *New York Times*, May 1, A1.

Eddington, Arthur Stanley. 1938. *The Philosophy of Physical Science*. Ann Arbor: University of Michigan Press.

Edgerton, Robert. 1992. *Sick Societies: Challenging the Myth of Primitive Harmony*. New York: Free Press.

Edmonds, David. 2013. *Would You Kill the Fat Man?* Princeton, NJ: Princeton University Press.

Eisner, Manuel. 2003. "Long-Term Historical Trends in Violent Crime." *Crime & Justice*, 30, 83–142.

———. 2011. "Killing Kings: Patterns of Regicide in Europe, 600-1800." *British Journal of Criminology*, 51, 556–577.

Emerson, Ralph Waldo. 1860. "Fate." In *The Conduct of Life*. Boston: Ticknor and Fields.

Epstein, Richard A. 2014. *The Classical Liberal Constitution: The Uncertain Quest for Limited Government*. Cambridge, MA: Harvard University Press.

Evans, Gareth. 2014. "Nuclear Deterrence in Asia and the Pacific." *Asia & the Pacific Policy Studies*, January, 91–111.

Evans-Pritchard, E. E. 1976. *Witchcraft, Oracles and Magic Among the Azande*. New York: Oxford University Press.

Fallon, James. 2013. *The Psychopath Inside: A Neuroscientist's Personal Journey into the Dark Side of the Brain*. New York: Current, 1.

Farrington, D. P. 2007. "Origins of Violent Behavior Over the Life Span." In D. J. Flannery, A. T. Vazsonyi, and I. D. Waldman, eds., *The Cambridge Handbook of Violent Behavior and Aggression*. New York: Cambridge University Press.

Fathi, Nazila. 2005. "Wipe Israel 'off the map' Iranian Says." *New York Times*, October 27. goo.gl/9EFacw

Fearn, Frances. 1910. *Diary of a Refugee*, ed. Rosalie Urquart. University of North Carolina at

Chapel Hill.

Fedorov, Yuri. 2002. "Russia's Doctrine on the Use of Nuclear Weapons." *Pugwash Meeting,* London, November 15-17.

Fehr, Ernst, H. Bernhard, and B. Rockenbach. 2008. "Egalitarianism in Young Children" *Nature,* 454, 1079-1083.

Fehr, Ernst, and Simon Gachter. 2002. "Altruistic Punishment in Humans," *Nature,* 415, 137- 140.

Ferguson, Niall. 2000. *The Pity of War: Explaining World War I.* New York: Basic Books.

Ferguson, R. Brian. 2013. "Pinker's List: Exaggerating Prehistoric War Mortality." In *War, Peace, and Human Nature.* ed. Douglas P. Fry. New York: Oxford University Press, 112-129.

Ferris, Timothy. 2010. *The Science of Liberty: Democracy, Reason, and the Laws of Nature.* New York: HarperCollins.

Festinger, Leon, Henry W. Riecken, and Stanley Schachter. 1964. *When Prophecy Fails: A Social and Psychological Study.* New York: Harper & Row, 3.

Fettweis, Christopher. 2010. *Dangerous Times?: The International Politics of Great Power Peace.* Washington, DC: Georgetown University Press.

Filmer, Robert. 1680. *Patriarcha, or the Natural Power of Kings.* www.constitution.org/eng/ patriarcha.htm

Fletcher, George P. 1999. *A Crime of Self-Defense: Bernhard Goetz and the Law on Trial.* Chicago: University of Chicago Press.

Fletcher, Eleanor. 1959/1996. *Century of Struggle.* Cambridge, MA: Belknap Press.

Flower, M. 1989. "Neuromaturation and the Moral Status of Human Fetal Life." In *Abortion Rights and Fetal Personhood.* E. Doerr and J. Prescott, eds. Centerline Press, 65-75.

Flynn, James. 1984. "The Mean IQ of Americans: Massive Gains 1932-1978." *Psychological Bulletin,* 101, 171-191.

———. 1987. "Massive IQ Gains in 14 Nations: What IQ Tests Really Measure." *Psychological Bulletin,* 101, 171-191.

———. 2007. *What Is Intelligence?* Cambridge, UK: Cambridge University Press.

———. 2012. *Are We Getting Smarter?: Rising IQ in the Twenty-first Century.* Cambridge, Cambridge University Press.

Foer, Jonathan Safran. 2010. *Eating Animals.* Boston: Back Bay Books.

Foot, Phillipa. 1967. "The Problem of Abortion and the Doctrine of Double Effect." *Oxford Review,* 5, 5-15.

Francione, Gary. 2006. "The Great Ape Project: Not So Great." *Animal Rights: The Abolitionist Approach.* goo.gl./ojbptB

Fried, I., R. Mukamel, and G. Kreimann. 2011. "Internally Generated Preactivation of Single Neurons in Human Medial Frontal Cortex Predicts Volition." *Neuron,* 69, 548-562.

Fry, Douglas, and Patrik Söderberg. 2013. "Lethal Aggression in Mobile Forager Bands

Implications for the Origins of War." *Science*, July 19, 270-273.

Fukuyama, Francis. 2011. *The Origins of Political Order: From Prehuman Times to the French Revolution*. New York: Farrar, Straus & Giroux.

Galdikas, B. M. F. 1995. *Reflections of Eden: My Years with the Orangutans of Borneo*. Boston: Little, Brown.

Gangestad, S. W., and Randy Thornhill. 1997. " The Evolutionary Psychology of Extra-Pair Sex: The Role of Fluctuating Asymmetry." *Evolution and Human Behavior*, 18, 28, 69-88.

Gartzke, E., and J. J. Hewitt. 2010. "International Crises and the Capitalist Peace." *International Interactions*, 36, 115-145.

Gat, Azar. 2006. *War in Human Civilization*. New York: Oxford University Press.

———. In press. "Rousseauism I, Rousseauism II, and Rousseauism of Sorts: Shifting Perspectives on Aboriginal Human Peacefulness and their Implications for the Future of War." *Journal of Peace Research*.

Gates, Bill, and Melinda Gates. 2014. *Annual Letter of the Bill and Melinda Gates Foundation*. annual letter. gatesfoundation.org.

Gebauer, Jochen, Andreas Nehrlich, Constantine Sedikides, and Wiebke Neberich. 2013. "Contingent on Individual-Level and Culture-Level Religiosity." *Social Psychological and Personality Science*, 4, no. 5, 569-578.

Genovese, Eugene D., and Elizabeth Fox-Genovese. 2011. *Fatal Self-Deception: Slaveholding Paternalism in the Old South*. New York: Cambridge University Press, 1.

Ghemawat, Pankaj. 2011. *World 3.0: Global Prosperity and How to Achieve it*. Cambridge, Harvard Business Review Press.

Giangreco, Dennis M. 1998. "Transcript of 'Operation Downfall' [US Invasion of US Plans and Japanese Counter-Measures." *Beyond Bushido: Recent Work in Japanese Military History*. goo.gl/ORyRQT

———. 2009. *Hell to Pay: Operation Downfall and the Invasion of Japan 1945-1947*. Annapois, MD: Naval Institute Press.

Gigerenzer, Gerd, and Reinhard Selten. 2002. *Bounded Rationality*. Cambridge, MA: MIT Press.

Gilen, Martin. 2012. *Affluence and Influence: Economic Inequality and Political Power in America*. Princeton, NJ: Princeton University Press, 1.

Gintis, Herbert, Samuel Bowles, Robert Boyd, and Ernst Fehr. 2005. *Moral Sentiments and Material Interests*. Cambridge, MA: MIT Press.

Glaeser, Edward. 2011. *The Triumph of the City: How Our Greatest Invention Makes Us Richer, Smarter, Greener, Healthier, and Happier*. New York: Penguin.

Glimcher, P. W. 2003. *Decisions, Uncertainty, and the Brain: The Science of Neuroeconomics*. Cambridge, MA: MIT Press.

Glover, J. 1999. *Humanity: A Moral History of the Twentieth Century*. London: Jonathan Cape.

Glowacki, Luke, and Richard W. Wrangham. 2013. "The Role of Rewards in Motivating Participation in Simple Warfare." *Human Nature*, 24, 444–460.

Goessling, Ben. 2014. "86 Percent OK with Gay Teammate." ESPN.com, February 17.

Goetz, Aaron T., Todd K. Shackelford, Steven M. Platek, Valerie G. Starratt, and William F. McKibbin. 2007. "Sperm Competition in Humans: Implications for Male Sexual Psychology, Physiology, Anatomy, and Behavior." *Annual Review of Sex Research*, 18, no. 1, 1–22.

Goldhagen, Daniel Jonah. 2009. *Worse an War: Genocide, Eliminationism, and the Ongoing Assault on Humanity*. New York: PublicAffairs, 158.

Goldstein, Joshua. 2011. *Winning the War on War: The Decline of Armed Conflict Worldwide*. New York: E. P. Dutton.

Gopnik, Alison. 2009. *The Philosophical Baby: What Children's Minds Tell us About Truth, Love, and the Meaning of Life*. New York: Farrar, Straus & Giroux.

Grandin, Temple, and Catherine Johnson. 2006. *Animals in Translation: Using the Mysteries of Autism to Decode Animal Behavior*. New York: Harcourt.

Gregg, Becca Y. 2013. "Speakers Differ on Fighting Gun Violence." *Reading Eagle*, September 19.

Gregg, Justin. 2013. *Are Dolphins Really Smart? The Mammal Behind the Myth*. New York: Oxford University Press.

———. "No, Flipper Doesn't Speak Dolphinese." *Wall Street Journal*, December 21, C3.

Griffin, D. R. 2001. *Animal Minds: Beyond Cognition to Consciousness*. Chicago: University of Chicago Press.

Grinde, Björn. 2002. *Darwinian Happiness: Evolution as a Guide for Living and Understanding Human Behavior*. Princeton, NJ: Darwin Press.

———. 2002. "Happiness in the Perspective of Evolutionary Psychology." *Journal of Happiness Studies*, 3, 331–354.

Gross, Samuel R., Barbara O'Brien, Chen Hu, and Edward H. Kennedy. 2014. "Rate of Conviction of Criminal Defendants Who Are Sentenced to Death." *Proceedings of the National Academy of Sciences*. April 28. goo.gl/mIjR2M

Grossman, Dave. 2009. *On Killing*. Boston: Little, Brown.

Grossman, Richard S. 2013. *Wrong: Nine Economic Policy Disasters and What We Can Learn from Them*. New York: Oxford University Press.

Hadfield, Chris. 2013. *An Astronaut's Guide to Life on Earth*. New York: Little Brown.

Haggard, P. 2011. "Decision Time for Free Will." *Neuron*, 69, 404–406.

Haidt, Jonathan. 2012. *The Righteous Mind: Why Good People Are Divided by Politics and Religion*. New York: Pantheon.

Hall, Harriet. 2013. "Does Religion Make People Healthier?" *Skeptic*, 19, no. 1.

Ham, Paul. 2014. *Hiroshima Nagasaki: The Real Story of the Atomic Bombing and Their Aftermath*.

New York: St. Martin's Press.

Hamblin James. 2014. "How Not to Talk About a Culture of Sexual Assault." *Atlantic*, March 29. goo.gl/mwqxiJ

Hamer, Dean, and P. Copeland. 1994. *The Science of Desire: The Search for the Gay Gene and the Biology of Behavior*. New York: Simon & Schuster.

Hamilton, Tyler, and Daniel Coyle. 2012. *The Secret Race: Inside the Hidden World of the Tour de France*. New York: Bantam Books.

Hankins, Thomas L. 1985. *Science and the Enlightenment*. Cambridge, UK: Cambridge University Press, 161-163.

Hare, B., and M. Tomasello. 2005. "Human-like Social Skills in Dogs?" *Trends in Cognitive Science*, 9, 439-444.

Hare, B., M. Brown, C. Williamson, and M. Tomasello. 2002. "The Domestication of Social Cognition in Dogs." *Science*, November 22, 298, 1634-1636.

Hare, Robert. 1991. *Without Conscious: The Disturbing World of the Psychopaths Among Us*. New York: Guilford Press.

Harper, George W. 1979. "Build Your Own A-Bomb and Wake Up the Neighborhood." *Analog*, April, 36-52.

Harper, William. 1853. "Harper on Slavery." In *The Pro-Slavery Argument, as Maintained by the Most Distinguished Writers of the Southern States*. Philadelphia: Lippincott, Grambo, & Co., 94. goo.gl/kdggN9

Harris, Amy Julia. 2010. "No More Nukes Books." *Half Moon Bay Review*, August 4. goo.gl/4PsK2n

Harris, Judith Rich. 1998. *The Nurture Assumption: Why Children Turn Out the Way They Do*. New York: Free Press.

Harris, Marvin. 1975. *Culture, People, Nature*, 2nd ed. New York: Crowell.

Harris, Sam. 2010. *The Moral Landscape: How Science Can Determine Human Values*. New York: Free Press.

———. 2012. *Free Will*. New York: Free Press, 5.

Harrison, Albert A. 2000. "The Relative Stability of Belligerent and Peaceful Societies: Implication for SETI." *Acta Astronautica*, 46, nos. 10-12, 707-712.

Hartung, J. 1995. "Love Thy Neighbor: The Evolution of In-Group Morality." *Skeptic*, 3, no. 4, 86-99.

Haslam, S. Alexander, and Stephen D. Reicher. 2012. "Contesting the 'Nature' of Conformity: What Milgram and Zimbardo's Studies Really Show." *PLoS Biol* 10, no.11, 20: e1001426. doi:10.1371/journal.pbio.1001426

Haslam, S. Alexander, Stephen D. Reicher, and Joanne R. Smith. 2012. "Working Toward the Experimenter: Reconceptualizing Obedience Within the Milgram Paradigm as Identification-Based Followership." *Perspectives on Psychological Science*, 7, no. 4, 315-324.

doi:10.1371/journal.pbio.1001426

Hasson, Uri, Ohad Landesman, Barbara Knappmeyer, Ignacio Vallines, Nava Rubin, and David J. Heeger. 2008. "Neurocinematics: The Neuroscience of Film." *Projections*, Summer, 2, no. 1, 1-26.

Hatemi, Peter K., and Rose McDermott, eds., 2011. *Man Is by Nature a Political Animal*. Chicago: University of Chicago Press.

Hatemi, Peter K., and Rose McDermott. 2012. "The Genetics of Politics: Discovery, Challenges, and Progress." *Trends in Genetics*, October, 28, no. 10, 525-533.

Haugen, Gary A., and Victor Boutros. 2014. *The Locust Effect: Why the End of Poverty Requires the End of Violence*. New York: Oxford University Press, 137.

Hawking, Stephen. 2010. *Into the Universe with Stephen Hawking*. Discovery Channel.

Haynes, J. D. 2011. "Decoding and Predicting Intentions." *Annals of the New York Academy of Sciences*, 1224, no. 1, 9-21.

Heath, Spencer. 1957. *Citadel, Market and Altar: Emerging Society*. Baltimore: Science of Society Foundation.

Heatly, Maurice. 1966. "Whitman Case Notes. The Whitman Archives." *Austin American-Statesman*, March 29.

Hecht, Jennifer Michael. 2013. "The Last Taboo." *Politico.com*, goo.gl/loOSDz

Hedesan, Jo. 2011. "Witch Hunts in Papua New Guinea and Nigeria." *The International*, October 1. goo.gl/Lrkg6N

Heidmann, Jean. 1992. *Extraterrestrial Intelligence*. New York: Cambridge University Press, 210-212.

Henrich, Joseph, et al. 2010. "Markets, Religion, Community Size, and the Evolution of Fairness and Punishment." *Science*, March 19, 327, 1480-1484.

Henrich, Joseph, Robert Boyd, Sam Bowles, Colin Camerer, Ernst Fehr, and Herbert Gintis. 2004. *Foundations of Human Sociality*. New York: Oxford University Press, 8.

Henrich, Joseph, Robert Boyd, Sam Bowles, Colin Camerer, Herbert Gintis, Richard McElreath, and Ernst Fehr. 2001. "In Search of Homo economicus: Experiments in 15 Small-Scale Societies." *American Economic Review*, 91, no. 2, 73-79.

Herman, L. M., and P. Morrel-Samuels. 1990. "Knowledge Acquisition and Asymmetry Between Language Comprehension and Production: Dolphins and Apes as General Models for Animals." In M. Beko and D. Jamieson, eds., *Interpretation and Explanation in the Study of Animal Behavior*. Boulder, CO: Westview Press.

Herring, Amy H., Samantha M. Attard, Penny Gordon-Larsen, William H. Joyner, and Carolyn T. Halpern. 2013. "Like a Virgin (mother): Analysis of Data from a Longitudinal, US Population Representative Sample Survey." *British Medical Journal*, December 17. 347. goo.gl/bkMVnJ

Herszenhorn, David M., and Michael R. Gordon. 2013. "US Cancels Part of Missile Defense

That Russia Opposed." *New York Times*, March 16, A12.

Hibbing, John R., Kevin B. Smith, and John R. Alford. 2013. *Predisposed: Liberals, Conservatives, and the Biology of Political Differences*. New York: Routledge.

Hill, Kashmir. 2011. "Adventures in Self-Surveillance, aka The Quantified Self, aka Extreme Navel-Gazing." *Forbes*, April 7. goo.gl/Euyn

Hiltzik, Michael. 2013. "A Huge Threat to Social Mobility." *Los Angeles Times*, December 22, B1.

Hirsch, David, and Dan Van Haften. 2010. *Abraham Lincoln and the Structure of Reason*. New York: Savas Beatie.

Hirschman, Albert O. 1970. *Exit, Voice, and Loyalty: Responses to Decline in Firms, Organizations, and States*. Cambridge, MA: Harvard University Press.

Hitchens, Christopher. 1995. *The Missionary Position: Mother Teresa in Theory and Practice*. Brooklyn, NY: Verso.

———. 2003. "Mommie Dearest." *Slate*, October 20. goo.gl/efSMV

———. 2007. *God Is Not Great: How Religion Poisons Everything*. New York: Twelve.

———. 2010. "The New Commandments." *Vanity Fair*, April. goo.gl/lcXo

Hobbes, Thomas. 1642/1998. *De Cive, or The Citizen*. New York: Cambridge University Press

———. 1651/1968. *Leviathan, or The Matter, Forme and Power of a Common Wealth Ecclesiasticall and Civil*, ed. C. B. Macpherson. New York: Penguin, 76.

———. 1839. *The English Works of Thomas Hobbes*, Vol. 1, ed. William Molesworth, ix-1.

Hochschild, Adam. 2005. *Bury the Chains: The British Struggle to Abolish Slavery*. London: Macmillan.

Hofling, Charles K., E. Brotzman, S. Dalrymple, N. Graves, and C. M. Pierce. 1966. "An Experimental Study in Nurse-Physician Relationships." *Journal of Nervous and Mental Disease*, 143, 171-180.

Horgan, John. 2014. "Jared Diamond, Please Stop Propagating the Myth of the Savage Savage!" *Scientific American Blogs*, January 20.

Howard, Philip K. 2014. *The Rule of Nobody: Saving America from Dead Laws and Broken Government*. New York: W. W. Norton.

Hrdy, Sara. 2000. "The Optimal Number of Fathers: Evolution, Demography, and History in the Shaping of Female Mate Preference." *Annals of the New York Academy of Science*, 907, 75-96.

Hume, David. 1739. *A Treatise of Human Nature*. London: John Noon.

———. 1748/1902. *An Enquiry Concerning Human Understanding*. Cambridge, UK: Cambridge University Press.

Hunt, Lynn. 2007. *Inventing Human Rights: A History*. New York: W. W. Norton, 76, 179.

Hutcherson, Francis. 1755. *A System of Moral Philosophy*. London, II, 213.

Hutchinson, Roger. 1842. *The Works of Roger Hutchinson*, ed. J. Bruce. Cambridge, UK:

Cambridge University Press.

Isaacson, Walter. 2004. *Benjamin Franklin: An American Life*. New York: Simon & Schuster, 311–312.

Jäckel, Eberhard. 1993. *Hitler in History*. Lebanon, NH: Brandeis University Press of New England.

Jackman, Mary R. 1994. *The Velvet Glove: Paternalism and Conflict in Gender, Class, and Race Relations*. Berkeley: University of California Press, 13.

Jacobs, Jane. 1961. *The Death and Life of Great American Cities*. New York: Random House.

Jano – Bulman, R., S. Sheikh, and S. Hepp. 2009. "Proscriptive versus Prescriptive Morality: Two Faces of Moral Regulation." *Journal of Personality and Social Psychology*, 96, 521–537.

Jefferson, Thomas. 1804. *Letter to Judge John Tyler Washington*, June 28. *The Letters of Thomas Jefferson, 1743-1826*. goo.gl/hn6qNp

Johnson, David K. 2004. *The Lavender Scare: The Cold War Persecution of Gays and Lesbians in the Federal Government*. Chicago: University of Chicago Press.

Johnson, Steven. 2006. *Everything Bad Is Good for You: How Today's Popular Culture Is Actually Making Us Smarter*. New York: Riverhead.

Jones, Garret. 2008. "Are Smarter Groups More Cooperative? Evidence from Prisoner's Dilemma Experiments, 1959–2003." *Journal of Economic Behavior & Organization*, 68, 489–497.

Jones, Jacqueline. 2013. *A Dreadful Deceit: The Myth of Race from the Colonial Era to Obama's America*. New York: Basic Books.

Jost, J. T., C. M. Federico, and J. L. Napier. 2009. "Political Ideology: Its Structures, Functions, and Elective Affinities." *Annual Review of Psychology*, 60, 307–337.

Kahneman, Daniel. 2003. "Maps of Bounded Rationality: Psychology for Behavioral " *American Economic Review*, 93, no. 5, 1449–1475.

Kaku, Michio. 2005. *Parallel Worlds: The Science of Alternative Universes and Our Future in the Cosmos*. New York: Doubleday, 317.

———. 2010. "The Physics of Interstellar Travel: To One Day Reach the Stars." goo.gl/ TBExNt

———. 2011. *Physics of the Future: How Science Will Shape Human Destiny and Our Daily Lives by the Year 2100*. New York: Doubleday, 21.

Kanazawa, S. 2010. "Why Liberals and Atheists Are More Intelligent." *Social Psychology Quarterly*, 73, 33–57.

Kang, Kyungkook, and Jacek Kugler. 2012. "Nuclear Weapons: Stability of Terror." In Sean Clark and Sabrina Hoque, eds., *Debating a Post-American World*. New York: Routledge.

Kano, Takayoshi, and Evelyn Ono Vineberg. 1992. *The Last Ape: Pygmy Chimpanzee Behavior and Ecology*. Ann Arbor, MI: University Microfilms International.

Kant, Immanuel. 1795/1983. "Perpetual Peace: A Philosophical Sketch." In Ted Humphrey (trans.), *Perpetual Peace and Other Essays*. Indianapolis: Hackett.

Kardashev, Nikolai. 1964. "Transmission of Information by Extraterrestrial Civilizations." *Soviet Astronomy*, 8, 217.

Karouny, Mariam, and Ibon Villelabeitia. 2006. "Iraq Court Upholds Saddam Death Sentence." *Washington Post*, December 26. goo.gl/b9n6oW

Katz, Steven T. 1994. *The Holocaust in Historical Perspective*, Vol. 1. New York: Oxford University Press.

Kearny, Cresson. 1987. *Nuclear War Survival Skills*. Cave Junction, OR: Oregon Institute of Science and Medicine.

Keegan, John. 1994. *A History of Warfare*. New York: Random House.

Keeley, Lawrence. 1996. *War Before Civilization: The Myth of the Peaceful Savage*. New York: Oxford University Press.

Kellerman, Arthur L. 1998. "Injuries and Deaths Due to Firearms in the Home." *Journal of Trauma*, 45, no. 2, 263-267.

Kellerman, Arthur L., and J. A. Mercy. 1992. "Men, Women, and Murder: Gender-Specific Differences in Rates of Fatal Violence and Victimization." *Journal of Trauma*, July, 33, no. 1, 1-5.

Kelly, Kevin. 2014. "The Technium. A Conversation with Kevin Kelly by John Brockman." Edge.org.

Kelly, Lawrence. 2000. *Warless Societies and the Origins of War*. Ann Arbor: University of Michigan Press.

Keltner, Dacher, Aleksandr Kogan, Paul K. Piff, and Sarina Saturn. 2014. "The Sociocultural Appraisals, Values, and Emotions (SAVE) Framework of Prosociality: Core Processes from Gene to Meme." *Annual Review of Psychology*, 65, no. 25, 1-25.

Kenner, Robert, and Melissa Robledo. 2008. *Food, Inc.* Participant Media.

Kidd, David Comer, and Emanuele Castano. 2013. "Reading Literary Fiction Improves Theory of Mind." *Science*, 342, no. 6156, 377-380.

Kieckhefer, Richard. 1994. "The Specific Rationality of Medieval Magic." *American Historical Review*, 99, no. 3, 813-836.

Kiehl, Kent A., et al. 2001. "Limbic Abnormalities in Affective Processing by Criminal Psychopaths as Revealed by Functional Magnetic Resonance Imaging." *Biological Psychiatry*, 50, 677-684.

Kiernan, Ben. 2009. *Blood and Soil: A World History of Genocide and Extermination from Sparta to Darfur*. New Haven, CT: Yale University Press.

King, Coretta Scott. 1969. *My Life with Martin Luther King Jr*. New York: Holt, Rinehart & Winston.

King, Neil. 2013. "Evangelical Leader Preaches a Pullback from Politics, Culture Wars." *Wall Street Journal*, October 22, A1, 14.

Kitchens, Caroline. 2014. "It's Time to End 'Rape Culture' Hysteria." *Time*, March 20. goo.
gl/lWffXq

Klee, Ernst, Wili Dressen, Volker Riess, and Hugh Trevor-Roper. 1996. "The Good Old
Days": *The Holocaust As Seen by Its Perpetrators and Bystanders*. New York: William S. Konecky
Associates, 163-171.

Klemesrud, Judy. 1977. "Equal Rights Plan and Abortion Are Opposed by 15,000 at Rally."
New York Times, November 20, A32.

Knight, Richard. 2012. "Are North Koreans Really Three Inches Shorter than South
Koreans?" *BBC News Magazine*, April 22. goo.gl/dWWGxp

Kohler, Pamela K., Lisa E. Manhart, and William E. Lafferty. 2008. "Abstinence-Only and
Comprehensive Sex Education and the Initiation of Sexual Activity and Teen Pregnancy."
Journal of Adolescent Health, April, 42, no. 4, 344-351.

K'Olier, Franklin, ed. 1946. *United States Strategic Bombing Survey, Summary Report (Pacific War)*.
Washington, DC: US Government Printing Office.

Konvitz, Josef W. 1985. *The Urban Millennium: The City-Building Process from the Early Middle
Ages to the Present*. Carbondale, IL: Southern Illinois University Press.

Koonz, Claudia. 2005. *The Nazi Conscience*. Cambridge, MA: Harvard University Press.

Koops, B. L., L. J. Morgan and F. C. Battaglia. 1982. "Neonatal Mortality Risk in Relation to
Birth Weight and Gestational Age: Update." *Journal of Pediatrics*, 101, 969- 977.

Koops, Bart. 1992. *Fuzzy Engineering*. Englewood Cliffs, NJ: Prentice Hall.

Kostof, Spiro. 1991. *The City Shaped: Urban Patterns and Meanings Through History*. Boston:
Little, Brown.

Koyama, N. F., C. Caws, and F. Aureli. 2007. "Interchange of Grooming and Agonistic
Support in Chimpanzees." *International Journal of Primatology* 27, no. 5, 1293-1309

Koyama, N. F., and E. Palagi. 2007. "Managing Conflict: Evidence from Wild and Captive
Primates." *International Journal of Primatology*, 27, no. 5, 1235-1240.

Krackow, A., and T. Blass. 1995. "When Nurses Obey or Defy Inappropriate Physician
Orders: Attributional Differences." *Journal of Social Behavior and Personality*, 10, 585-594.

Krakauer, Jon. 2004. *Under the Banner of Heaven: A Story of Violent Faith*. New York: Anchor.

Kraus, Michael W., Paul K. Piff, and Dacher Keltner. 2009. "Social Class, Sense of Control,
and Social Explanation." *Journal of Personality and Social Psychology*, 97, no.6, 992-1004.

Kristensen, Hans M., and Robert S. Norris. 2013. "Global Nuclear Weapons Inventories,
1945-2013." *Bulletin of the Atomic Scientists*, 69, no. 5, 75-81.

Krueger, Alan B. 2007. *What Makes a Terrorist: Economics and the Roots of Terrorism*. NJ:
Princeton University Press.

Kubrick, Stanley. 1964. *Dr. Strangelove or: How I Learned to Stop Worrying and Love the Bomb*.
Columbia Pictures.

Kugler, Jacek. 1984. "Terror Without Deterrence: Reassessing the Role of Nuclear Weapons."

Journal of Conflict Resolution, 28, no. 3, September, 470-506.

――――. 2012. "A World Beyond Waltz: Neither Iran nor Israel Should Have the Bomb." *PBS*, September 12.

Kugler, Tadeusz, Kyung Kook Kang, Jacek Kugler, Marina Arbetman-Rabinowitz, and John Thomas. 2013. "Demographic and Economic Consequences of Conflict." *International Studies Quarterly*, March, 57, no. 1, 1-12.

Kuhn, Deanna, M. Weinstock, and R. Flaton. 1994. "How Well Do Jurors Reason? Competence Dimensions of Individual Variation in a Juror Reasoning Task." *Psychological Science*, 5, 289-296.

Kurzban, Robert. 2012. *Why Everyone (Else) Is a Hypocrite*. Princeton, NJ: Princeton University Press.

Kurzweil, Ray. 2006. *The Singularity Is Near: When Humans Transcend Biology*. New York: Penguin.

Lacina, B., and N. P. Gleditsch. 2005. "Monitoring Trends in Global Combat: A New Dataset in Battle Deaths." *European Journal of Population*, 21, 145-166.

Lacina, B., N. P. Gleditsch, and B. Russett. 2006. "The Declining Risk of Death in Battle." *International Studies Quarterly*, 50, 673-680.

Lambert, Tracy A., Arnold S. Kahn, and Kevin J. Apple. 2003. "Pluralistic Ignorance and Hooking Up." *Journal of Sex Research*, 40, no. 2, May, 129-133.

Larmuseau, M. H. D., J. Vanoverbeke, A. Van Geystelen, G. Defraene, N. Vanderheyden, K. Matthys, T. Wenseleers, and R. Decorte. 2013. "Low Historical Rates of Cuckoldry in a Western European Human Population Traced by Y-Chromosome and Genealogical Data." *Proceedings of the Royal Society* B, December, 280, no. 1772.

La Roncière, Charles de. 1988. "Tuscan Notables on the Eve of the Renaissance." In Philippe Ariès and George Duby (eds.), *A History of Private Life: Revelations of the Medieval World*. Cambridge, MA: Harvard University Press.

Laumann, E. O., J. H. Gagnon, R. T. Michael, and S. Michaels. 1994. *The Social Organization of Sexuality: Sexual Practices in the United States*. Chicago: University of Chicago Press.

Leake, Jonathan. 2010. "Don't Talk to Aliens, Warns Stephen Hawking." *Sunday Times* (London), April 25. goo.gl/yxZlah

Leblanc, Steven, and Katherine E. Register. 2003. *Constant Battles: The Myth of the Peaceful, Noble Savage*. New York: St. Martin's Press.

Le Bon, Gustave. 1896. *The Crowd: A Study of the Popular Mind*. New York: Macmillan.

Lebow, Richard Ned. 2010. *Why Nations Fight: Past and Future Motives for War*. Cambridge UK: Cambridge University Press.

Lecky, William Edward Hartpole. 1869. *History of European Morals: From Augustus to Charlemagne*, 2 vols. New York: D. Appleton, Vol. 1.

Lee, Richard B. 1979. *The !Kung San: Men, Women, and Work in a Foraging Society*. New York:

Cambridge University Press.

Leeson, Peter T. 2009. *The Invisible Hook*. Princeton, NJ: Princeton University Press.

———. 2014. *Anarchy Unbound: Why Self-Governance Works Better an You Think*. Cambridge, UK: Cambridge University Press.

Lemkin, Raphael. 1946. "Genocide." *American Scholar*, 15, no. 2, 227–230.

Leonard, J. A., R. K. Wayne, J. Wheeler, R. Valadez, S. Guillén, and C. Vilá. 2002. "Ancient DNA Evidence for Old World Origin of New World Dogs." *Science*, November 22, 298, 1613–1615.

Lettow, Paul. 2005. *Ronald Reagan and His Quest to Abolish Nuclear Weapons*. New York: Random House.

Levak, Brian. 2006. *The Witch-Hunt in Early Modern Europe*. New York: Routledge.

LeVay, Simon. 2010. *Gay, Straight, and the Reason Why: The Science of Sexual Orientation*. New York: Oxford University Press.

Levi, Michael S. 2003. "Panic More Dangerous than WMD." *Chicago Tribune*, May 26. goo. gl/tlVogl

———. 2009. *On Nuclear Terrorism*. Cambridge, MA: Harvard University Press.

———. 2011. "Fear and the Nuclear Terror Threat." *USA Today*, March 24, 9A.

Levi, Primo. 1989. *The Drowned and the Saved*. New York: Vintage Books, 56.

Levin, Yuval. 2013. *The Great Debate: Edmund Burke, Thomas Paine, and the Birth of Left and Right*. New York: Basic Books.

Levy, Jack S., and William R. Thompson. 2011. *The Arc of War: Origins, Escalation, and Transformation*. Chicago: University of Chicago Press.

Lewis, J., M. Matthews, and M. Guerreri, eds., *Resources of Near Earth Space*. Tucson: University of Arizona Press.

Lewis, M., and J. Brooks-Gunn. 1979. *Social Cognition and the Acquisition of Self*. New York: Plenum Press, 296.

Libet, Benjamin. 1985. "Unconscious Cerebral Initiative and the Role of Conscious Will in Voluntary Action." *Behavior and Brain Sciences*, 8, 529–566.

———. 1999. "Do We Have Free Will?" *Journal of Consciousness Studies*, 6, no. 809, 47–57.

Liddle, Andrew, and Jon Loveday. 2009. *The Oxford Companion to Cosmology*. New York: Oxford University Press.

Liebenberg, Louis. 1990. *The Art of Tracking: The Origin of Science*. Cape Town: David Philip.

———. 2013. "Tracking Science: The Origin of Scientific Thinking in Our Paleolithic Ancestors." *Skeptic*, 18, no. 3, 18–24.

Lifton, Robert Jay. 1989. *The Nazi Doctors: Medical Killing and the Psychology of Genocide*. New York: Basic Books.

Lincoln, Abraham. 1854. *Fragment on Slavery*. July 1. goo.gl/ux6b9Z

———. 1858. In Roy P. Basler, ed., *The Collected Works of Abraham Lincoln*. 1953, Vol. II,

August 1, 532.

Lindgren, James. 2006. "Concerns About Arthur Brooks's 'Who Really Cares.'" *November* 20. goo.gl/iGk9M0

Lingeman, Richard R. June 17, 1973. "There Was Another Fifties." *New York Times* Magazine, 27.

Lipstadt, Deborah E. 2011. *The Eichmann Trial*. New York: Schocken.

Llewellyn Barstow, Anne. 1994. *Witchcraze: A New History of the European Witch Hunts*. New York: HarperCollins.

Lloyd, Christopher. 1968. *The Navy and the Slave Trade: The Suppression of the African Slave Trade in the Nineteenth Century*. London: Cass, 118.

LoBue, V., T. Nishida, C. Chiong, J. S. DeLoache, and J. Haidt. 2011. "When Getting Something Good Is Bad: Even Three-Year-Olds React to Inequality." *Social Development*, 20, 154-170.

Locke, John. 1690. *Second Treatise of Government*, chap. II. Of the State of Nature, sec. 4. goo.gl/RJdaQB

Long, William, and Peter Brecke. 2003. *War and Reconciliation: Reason and Emotion in Conflict Resolution*. Cambridge, MA: MIT Press, 70-71.

Lott, John. 2010. *More Guns, Less Crime: Understanding Crime and Gun Control Laws*, 3rd ed. Chicago: University of Chicago Press.

Low, Bobbi. 1996. "Behavioral Ecology of Conservation in Traditional Societies." *Human Nature* 7, no. 4: 353-379.

Low, Philip, Jaak Panksepp, Diana Reiss, David Edelman, Bruno Van Swinderen, and Chrisof Koch. 2012. "The Cambridge Declaration on Consciousness." Francis Crick Memorial Conference on Consciousness in Human and non-Human Animals. Cambridge, UK: Churchill College, University of Cambridge.

Lozowick, Yaacov. 2003. *Hitler's Bureaucrats: The Nazi Security Police and the Banality of Evil*. New York: Continuum, 279.

MacCallum, Spencer Heath. 1970. *The Art of Community*. Menlo Park, CA: Institute for Humane Studies.

Maccone, Claudio. 2013. "SETI, Evolution and Human History Merged into a Mathematical Model." *International Journal of Astrobiology*, 12, no. 3, 218-245.

———. 2014. "Evolution and History in a New 'Mathematical SETI' Model." *Acta Astronautica*, 93, 317-344.

MacDonald, Heather. 2008. "The Campus Rape Myth." *City Journal*, Winter, 18, no. 1. goo.gl/dDuaR

Mackay, Charles. 1841/1852/1980. *Extraordinary Popular Delusions and the Madness of Crowds*. New York: Crown.

Mackey, John, and Raj Sisodia. 2013. *Conscious Capitalism: Liberating the Heroic Spirit of*

Business. Cambridge, MA: Harvard Business Review Press, 20.

Maclin, Beth. 2008. "A Nuclear Weapon–Free World Is Possible, Nunn Says." Belfer Center for Science and International Affairs, Harvard University, October 20.

MacRae, Allan, and Howard Zehr. 2011. "Right Wrongs the Maori Way." *Yes!Magazine*, July 8. goo.gl/PBd67u

Macy, Michael W., Robb Willer, and Ko Kuwabara. 2009. "The False Enforcement of Unpopular Norms." *American Journal of Sociology*, 115, no. 2, September, 451–490.

Maddison, Agnus. 2006. *The World Economy*. Washington, DC: OECD Publishing.

———. 2007. *Contours of the World Economy 1-2030 AD: Essays in Macro-Economic History*. New York: Oxford University Press.

Maddox, Robert James. 1995. "The Biggest Decision: Why We Had to Drop the Atomic" *American Heritage*, 46, no. 3, 70–77.

Madison, James. 1788. "The Federalist No. 51: The Structure of the Government Must Furnish the Proper Checks and Balances Between the Different Departments." *Independent Journal*, February 6.

Magnier, Mark, and Tanvi Sharma. 2013. "India Court Makes Homosexuality a Crime Again." *Los Angeles Times*, December 11, A7.

Malinowski, Bronislaw. 1954. *Magic, Science, and Religion*. Garden City, NY: Doubleday, 139–140.

Malmstrom, Frederick V., and David Mullin. "Why Whistleblowing Doesn't Work: Royalty Is a Whole Lot Easier to Enforce an Honesty." *Skeptic*, 19, no. 1, 30–34.

Manchester, William. 1987. "The Bloodiest Battle of All." *New York Times*, June 14. goo.gl/d4DcVe

Mankiw, Gregory. 2011. *Principles of Economics*. 6th ed. Stamford, CT: Cengage Learning, 11.

Mannix, D. P. 1964. *The History of Torture*. Sparkford, UK: Sutton, 137–138.

Mar, Raymond, and Keith Oatley. 2008. "The Function of Fiction Is the Abstraction and Simulation of Social Experience." *Perspectives on Psychological Science*, 3, 173–192.

Marino, L. 1988. "A Comparison of Encephalization Between Odontocete Cetaceans And Anthropoid Primates." *Brain, Behavior, and Evolution*, 51, 230.

Marsh, James, director. 2011. *Project Nim*. Documentary film.

Marshall, Monty. 2009. "Major Episodes of Political Violence, 1946–2009." Vienna, VA: Center for Systematic Peace, November 9, www.systemicpeace.org/warlist.htm

———. 2009. Polity IV Project: *Political Regime Characteristics and Transitions, 1800-2008*. Fairfax, VA: Center for Systematic Peace, George Mason University. http://www.systemicpeace.org/polityproject.html

Marston, Cicely, and John Cleland. 2003. "Relationships Between Contraception and Abortion: A Review of the Evidence." *International Family Planning Perspectives*, March, 29, no. 1, 6–13.

Martin, A., and K. R. Olson. 2013. "When Kids Know Better: Paternalistic Helping in 3-Year-Old Children." *Developmental Psychology*, November, 49, no. 11, 2071-2081.

Marty, Martin E. 1996. *Modern American Religion, Vol 3: Under God, Indivisible, 1941-1960.* Chicago: University of Chicago Press.

Mayr, Ernst. 1957. "Species Concepts and Definitions," in *The Species Problem*. Washington DC: American Association for the Advancement of Science Publication 50.

――――. 1976. *Evolution and the Diversity of Life*. Cambridge, MA: Harvard University Press.

――――. 1988. *Toward a New Philosophy of Biology*. Cambridge, MA: Harvard University Press

McCormack, Mark. 2013. *The Declining Significance of Homophobia*. Oxford, UK: Oxford University Press.

McCracken, Harry, and Lev Grossman. 2013. "Google vs. Death." *Time*, September 30. /574/google-vs-death/

McCullough, Michael. 2008. *Beyond Revenge: The Evolution of the Forgiveness Instinct*. San Francisco: Jossey-Bass.

McCullough, M. E., W. T. Hoyt, D. B. Larson, H. G. Koenig, and C. E. Thoresen. 2000. "Religious Involvement and Mortality: A Meta-Analytic Review." *Health Psychology*, 19, 211-222.

McCullough, M. E., and B. L. B. Willoughby. 2009. "Religion, Self-Regulation, and Control: Associations, Explanations, and Implications." *Psychological Bulletin*, 125, 69-93.

McDonald, P. J. 2010. "Capitalism, Commitment, and Peace." *International Interactions*, , 36146-168.

McDuffie. George. 1835. *Governor McDuffie's Message on the Slavery Question. 1893*. New York: A. Lovell & Co., 8.

McMillan, Dan. 2014. *How Could is Happen? Explaining the Holocaust*. New York: Basic Books, 213.

McNamara, Robert S. 1969. "Report Before the Senate Armed Services Committee on Fiscal Year 1969-73 Defense Program, and 1969 Defense Budget, January 22, 1969." Washington, DC: US Government Printing Office.

Mencken, H. L. 1927. "Why Liberty?" *Chicago Tribune*, January 30. goo.gl/1Csn6h

Mercier, Hugo, and Dan Sperber. 2011. "Why Do Humans Reason? Arguments for an Argumentative Theory." *Behavioral and Brain Sciences*, 34, no. 2, 57-74.

Michael, George. 2011. "Extraterrestrial Aliens: Friends, Foes, or Just Curious?" *Skeptic*, 16, no. 3. goo.gl/0fbAj

Michaud, Michael. 2007. *Contact with Alien Civilizations: Our Hopes and Fears About Encountering Extraterrestrials*. New York: Copernicus Books.

Miles, H. L. 1994. "ME CHANTEK: The Development of Self-Awareness in a Signing Orangutan." In S. T. Parker et al., eds., *Self-Awareness in Animals and Humans: Developmental Perspectives*. Cambridge, UK: Cambridge University Press.

————. 1996. "Simon Says: The Development of Imitation in an Encultured Orangutan." In A. E. Russon et al., eds., *Reaching into Thought: The Minds of the Great Apes*. Cambridge, UK: Cambridge University Press.

Milgram, Stanley. 1967. "The Small World Problem." *Psychology Today*, 2, 60–67.

————. 1969. *Obedience to Authority: An Experimental View*. New York: Harper & Row.

Mill, John Stuart. 1859. *On Liberty*. Chapter 2. www.bartleby.com/130/2.html

————. 1869. *The Subjection of Women*. London: Longmans, Green, Reader, & Dyer.

Miller, Lisa. 2012. "The Money–Empathy Gap." *New York*, July 1. goo.gl/nC0c6

Milner, George R., Jane E. Buikstra, and Michael D. Wiant. 2009. "Archaic Burial Sites in American Midcontinent." In Thomas E. Emerson, Dale L. McElrath, and Andres C. Fortier, eds., *Archaic Societies*. Albany: State University of New York Press.

Milner, Larry. 2000. *Hardness of Heart, Hardness of Life: The Stain of Human Infanticide*. Lanham, MD: University Press of America.

Milner, R. D. G., and R. W. Beard. 1984. "Limit of Fetal Viability." *Lancet*, 1: 1097.

Mintzberg, Henry. 1989. *Mintzberg on Management: Inside Our Strange World of Organizations*. New York: Free Press.

Miroff, Nick, and William Booth. 2012. "Mexico's Drug War Is at a Stalemate as Calderon's Presidency Ends." *Washington Post*, November 27. goo.gl/pu2uJ

Mischel, Walter, Ebbe B. Ebbesen, and Antonette Raskoff Zeiss. 1972. "Cognitive and Attentional Mechanisms in Delay of Gratification." *Journal of Personality and Social Psychology*, 21, no. 2, 204–218.

Moore, David. 2003. "Public Lukewarm on Animal Rights." *Gallup News Service*, May 21. goo.gl/9hj5lP

Morales, Lymari. 2009. "Knowing Someone Gay/Lesbian Affects Views of Gay Issues." Gallup.com, May 29.

Morell, Virginia. 2013. *Animal Wise: The Thoughts and Emotions of Our Fellow Creatures*. New York: Crown, 261.

Morris, Andrew. 2008. "Anarcho–Capitalism." In Ronald Hamowy, ed., *The Encyclopedia of Libertarianism*. Thousand Oaks, CA: Sage.

Morris, Ian. 2011. *Why the West Rules-for Now: The Patterns of History and What They Reveal About the Future*. New York: Farrar, Straus & Giroux.

————. 2013. *The Measure of Civilization: How Social Development Decides the Fate of Nations*. Princeton, NJ: Princeton University Press.

Morris, Simon Conway. 2003. *Life's Solution: Inevitable Humans in a Lonely Universe*. Cambridge, UK: Cambridge University Press.

Moussaieff, M., and S. McCarthy. 1995. *When Elephants Weep: The Emotional Lives of Animals*. New York: Delacorte Press.

Mueller, John, and Mark G. Stewart. 2013. "Hapless, Disorganized, and Irrational." *Slate*, April

22. goo.gl/j0cqUl

Murray, Sara. 2013. "BM's Barra a Breakthrough." *Wall Street Journal*, December 11, B7.

Musch, J., and K. Ehrenberg. 2002. "Probability Misjudgment, Cognitive Ability, and Belief in the Paranormal." *British Journal of Psychology*, 93, 169–177.

Musk, Elon. 2014. "Here's How We Can Fix Mars and Colonize It." *Business Insider*, January 2. goo.gl/iapxDx

Naím, Moisés. 2013. *The End of Power: From Boardrooms to Battlefields and Churches to States: Why Being in Charge Isn't What It Used to Be*. New York: Basic Books, 16, 1–2.

Napier, William. 1851. *History of General Sir Charles Napier's Administration of Scinde*. London: Chapman & Hall.

Narang, Vipin. 2010. "Pakistan's Nuclear Posture: Implications for South Asian Stability." Cambridge, MA: Harvard Kennedy School, Belfer Center for Science and International Affairs Policy Brief, January 4. goo.gl/gH1Hlv

Navarick, Douglas J. 1979. *Principles of Learning: From Laboratory to Field*. Reading, MA: Addison-Wesley.

———. 2009. "Reviving the Milgram Obedience Paradigm in the Era of Informed Consent." *Psychological Record*, 59, 155–170.

———. 2012. "Historical Psychology and the Milgram Paradigm: Tests of an Experimentally Derived Model of Defiance Using Accounts of Massacres by Nazi Reserve Police Battalion 101." *Psychological Record*, 62, 133–154.

———. 2013. "Moral Ambivalence: Modeling and Measuring Bivariate Evaluative Processes in Moral Judgment." *Review of General Psychology*, 17, no. 4, 443–452.

Nelson, Charles A., Nathan A. Fox, and Charles H. Zeanah. 2014. *Romania's Abandoned Children: Deprivation, Brain Development, and the Struggle for Recovery*. Cambridge, MA: Harvard University Press.

Nelson, Craig. 2014. *The Age of Radiance: The Epic Rise and Dramatic Fall of the Atomic Era*. New York: Scribner/Simon & Schuster, 370.

Nicholson, Alexander. 2012. *Fighting to Serve: Behind the Scenes in the War to Repeal "Don't Ask, Don't Tell."* Chicago: Chicago Review Press, 12.

Nisbett, R. E. and L. Ross. 1980. *Human Inference: Strategies and Shortcomings of Social Judgment*. Englewood Cliffs, NJ: Prentice-Hall.

Niven, Larry. 1990. *Ringworld*. New York: Ballantine.

Norris, Pippa, and Ronald Inglehart. 2004. *Sacred and Secular*. New York: Cambridge University Press.

Northcutt, Wendy. 2010. *The Darwin Awards: Countdown to Extinction*. New York: E. P. Dutton.

Nowak, Martin, and Roger Highfield. 2012. *SuperCooperators: Altruism, Evolution, and Why We Need Each Other to Succeed*. New York: Free Press.

Nowak, Martin A., and Sarah Coakley, eds. 2013. *Evolution, Games, and God: The Principle of Cooperation*. Cambridge, MA: Harvard University Press.

Nozick, Robert. 1973. *Anarchy, State, and Utopia*. New York: Basic Books.

O'Gorman, Hubert J. 1975. "Pluralistic Ignorance and White Estimates of White Support for Racial Segregation." *Public Opinion Quarterly*, 39, no. 3, Autumn, 313–330.

Olmsted, Frederick Law. 1856. *A Journey in the Seaboard Slave States*. goo.gl/7rixHj

Olson, Richard. 1990. *Science Deified and Science Defied: The Historical Significance of Science in Western Culture*. Berkeley: University of California Press, 15–40.

———. 1993. *The Emergence of the Social Sciences 1642-1792*. New York: Twayne, 4–5.

Ostry, Jonathan D., Andrew Berg, and Charalambos G. Tsangarides. 2014. "Redistribution, Inequality and Growth." Washington, DC: International Monetary Fund. February, 4.

Overbea, Luix. 1981. "Sambo's Fast-Food Chain, Protested by Blacks Because of Name, Is Now Sam's in 3 States." *Christian Science Monitor*, April 22. goo.gl/6y227h

Paine, Thomas. 1776. *Common Sense*. Available online at http://www.constitution.org/civ/comsense.htm

———. 1794. *The Age of Reason*. Available online at http://www.gutenberg.org/ebooks/31270

———. 1795. *Dissertation on First Principles of Government*. Available online at http://www.gutenberg.org/ebooks/31270

———. 1795. *Thoughts on Defensive War*. Available online at http://www.gutenberg.org/ebooks/31270

Palmer, Tom G. (ed.) 2014. *Peace, Love, and Liberty: War Is Not Inevitable*. Ottawa, IL: Jameson Books, Inc.

Panaritis, Elena. 2007. *Prosperity Unbound: Building Property Markets with Trust*. New York: Palgrave Macmillan.

Parker, S. T., and M. L. McKinney, eds. 1994. *Self-Awareness in Animals and Humans: Developmental Perspectives*. Cambridge, UK: Cambridge University Press.

———. 1999. *The Mentalities of Gorillas and Orangutans*. Cambridge, UK: Cambridge University Press.

Parker, Theodore. 1852/2005. *Ten Sermons of Religion. Sermon III: Of Justice and Conscience*. Ann Arbor: University of Michigan Library.

Patterson, Charles. 2002. *Eternal Treblinka: Our Treatment of Animals and the Holocaust*. Herndon, VA: Lantern Books.

Patterson, F. G. P. 1993. "The Case for the Personhood of Gorillas." In P. Cavalieri and P. Singer, eds., *The Great Ape Project: Equality Beyond Humanity*. New York: St. Martin's Press.

Patterson, F. G. P., and E. Linden. 1981. *The Education of Koko*. New York: Holt, Rinehart, & Winston.

Paul, Gregory S. 2009. "The Chronic Dependence of Popular Religiosity upon Dysfunctional Psychosociological Conditions." *Evolutionary Psychology*, 7, no. 3, 398–441.

Payne, James. 2004. *A History of Force: Exploring the Worldwide Movement Against Habits of Coercion, Bloodshed, and Mayhem*. Sandpoint, ID: Lytton Publishing.

Pedro, S. A., and A. J. Figueredo. 2011. "Fecundity, Offspring Longevity, and Assortative Mating Parametnric Tradeoffs in Sexual and Life History Strategy." *Biodemography and Social Biology*, 57, no. 2, 172.

Pepperberg, I. 1999. *The Alex Studies: Cognitive and Communicative Abilities of Parrots*. MA: Harvard University Press.

Perdue, Charles W., John F. Dovidio, Michael B. Gurtman, and Richard B. Tyler. 1990. "Us and Them: Social Categorization and the Process of Intergroup Bias." *Journal of Personality and Social Psychology*, 59, 475–486.

Perez-Rivas, Manuel. 2001. "Bush Vows to Rid the World of 'Evil-Doers.'" *CNN Washington Bureau*, September 16.

Peters, Ted. 2011. "The Implications of the Discovery of Extra-Terrestrial Life for Religion." *Philosophical Transactions of the Royal Society A*, February, 369, no. 1936, 644–655.

Petrinovich, L., P. O'Neill, and M. J. Jorgensen. 1993. "An Empirical Study of Moral Intuitions: Towards an Evolutionary Ethics." *Ethology and Sociobiology*, 64, 467–478.

Pfungst, O. 1911. *Clever Hans (The Horse of Mr. von Osten): A Contribution to Experimental Animal and Human Psychology*, trans. C. L. Rahn. New York: Henry Holt.

Pickett, Kate, and Richard Wilkinson. 2011. *The Spirit Level: Why Greater Equality Makes Societies Stronger*. New York: Bloomsbury Press.

Piff, Paul K. 2013. "Does Money Make You Mean?" TED talk. goo.gl/sfrJY9

———. 2013. "Wealth and the Inflated Self: Class, Entitlement, and Narcissism." *Personality and Social Psychology Bulletin*, August, 1–10.

Piff, Paul K., Daniel M. Stancato, Stephane Cote, Rodolfo Mendoza-Denton, and Dacher Keltner. 2012. "Higher Social Class Predicts Increased Unethical Behavior." *Proceedings of the National Academy of Sciences*, March 13, 109, no. 11, 4086–4091.

Pike, John. 2010. "Battle of Okinawa." Globalsecurity.org

Piketty, Thomas. 2014. *Capital in the Twenty-first Century*. Cambridge, MA: Belknap Press.

Pillsworth, Elizabeth, and Martie Haselton. 2006. "Male Sexual Attractiveness Predicts Differential Ovulatory Shifts in Female Extra-Pair Attraction and Male Mate Retention." *Evolution and Human Behavior*, 27, 247–258.

Pinker, Steven. 1997. *How the Mind Works*. New York: W. W. Norton.

———. 2002. *The Blank Slate: The Modern Denial of Human Nature*. New York: Viking, 175, 290–291.

———. 2011. *The Better Angels of Our Nature: Why Violence Has Declined*. New York: Viking.

———. 2012. "The False Allure of Group Selection." Edge.org, June 18. edge.org/conversation/the-false-allure-of-group-selection

Pinsker, Joe. 2014. "The Pirate Economy." *Atlantic*, April 16.

Pipes, Richard. 2003. *Communism: A History*. New York: Modern Library.

Planty, Michael, Lynn Langton, Christopher Krebs, Marcus Berzofsky, and Hope Smiley-McDonald. 2013. "Female Victims of Sexual Violence, 1994–2010." US Department Justice, Office of Justice Programs. Bureau of Justice Statistics. March.

Pleasure, J. R., M. Dhand, and M. Kaur. 1984. "What Is the Lower Limit of Viability?" *American Journal of Diseases of Children*, 138, 783;

Plotnik, Joshua M., and Frans de Waal. 2014. "Asian Elephants (Elephas maximus) Reassure Others in Distress." *PeerJ*, 2.

Pollack, James, and Carl Sagan. 1993. "Planetary Engineering." In *Resources of Near Earth Space* (J. Lewis, M. Matthews, and M. Guerreri, eds.) Tucson: University of Press.

Pollak, Sorcha. 2013. "Woman Burned Alive for Witchcra in Papua New Guinea." *Time*, February 7.

Pollan, Michael. 2002. "An Animal's Place." *New York Times Magazine*, November 10.

———. 2007. *The Omnivore's Dilemma*. New York: Penguin.

———. 2009. *In Defense of Food: An Eater's Manifesto*. New York: Penguin.

Pollard, E. A. 1866. (1990) *Southern History of the War*, 2 vols. New York: Random House Value Publishing.

Popper, K. R. 1959. *The Logic of Scientific Discovery*. London: Hutchinson.

———. 1963. *Conjectures and Refutations*. London: Routledge & Kegan Paul.

Prentice, D. A., and D. T. Miller. 1993. "Pluralistic Ignorance and Alcohol Use on Campus: Some Consequences of Misperceiving the Social Norm." *Journal of Personality and Social Psychology*, February 64, no. 2, 243–256.

Pryor, K., and K. S. Norris, eds. 2000. *Dolphin Societies: Discoveries and Puzzles*. Chicago University of Chicago Press.

Purvis, June. 2002. *Emmeline Pankhurst: A Biography*. London: Routledge, 354.

Putnam, Frank W. 1998. "The Atomic Bomb Casualty Commission in Retrospect." *Proceedings of the National Academy of Sciences*, 95, no. 10, 5426–5431.

Putnam, Robert. 2000. *Bowling Alone: The Collapse and Revival of American Community*. New York: Simon & Schuster, 19.

Raine, Adrian. 2013. *The Anatomy of Violence: The Biological Roots of Crime*. New York: Pantheon.

Rampell, Catherine. 2013. "US Women on the Rise as Family Breadwinner." *New York Times*, May 29. goo.gl/o9igft

Ranke-Heineman, Uta. 1991. *Eunuchs for the Kingdom of Heaven: Women, Sexuality and the Catholic Church*. New York: Penguin.

Rapaille, Clotaire, and Andres Roemer. 2013. *Move Up*. Mexico City: Taurus.

Rauch, Jonathan. 2004. *Gay Marriage: Why It Is Good for Gays, Good for Straights, and Good for America*. New York: Henry Holt.

———. 2013. "The Case for Hate Speech." *Atlantic*, October 23. goo.gl/vNJYRF

Rawls, J. 1971. *A Theory of Justice*. Cambridge, MA: Belknap Press.

Rayfield, Donald. 2005. *Stalin and His Hangmen: The Tyrant and Those Who Killed for Him*. New York: Random House.

Reicher, S. D., and S. A. Haslam. 2006. "Rethinking the Psychology of Tyranny: The BBC Prison Study." *British Journal of Social Psychology*, 45, 1–40.

Reiss, D., and L. Marino. 2001. "Mirror Self-Recognition in the Bottlenose Dolphin: A Case of Cognitive Convergence." *Proceedings of the National Academy of Sciences*, 8: 5937–5942.

Reiss, Diana. 2012. *The Dolphin in the Mirror: Exploring Dolphin Minds and Saving Dolphin Lives*. Boston: Mariner Books.

Rhodes, Richard. 1984. *The Making of the Atomic Bomb*. New York: Simon & Schuster.

———. 2010. *Twilight of the Bombs: Recent Challenges, New Dangers, and the Prospects of a World Without Nuclear Weapons*. New York: Alfred A. Knopf.

Richardson, Lewis Fry. 1960. *Statistics of Deadly Quarrels*. Pittsburgh: Boxwood Press, xxxv.

Richardson, Lucy. 2013. "Restorative Justice Does Work, Says Career Burglar Who Has Turned Life Around on Teesside." *Darlington and Stockton Times*, May 1. goo.gl/Vjpr6t

Richelson, Jeffrey. 1986. "Population Targeting and US Strategic Doctrine." In Desmond Ball and Jeffrey Richelson, eds., *Strategic Nuclear Targeting*. Ithaca, NY: Cornell University Press, 234–249.

Ridgway, S. H. 1986. "Physiological Observations on Dolphin Brains." In R. J. Schusterman et al., eds., *Dolphin Cognition and Behavior: A Comparative Approach*. Hillsdale, NJ: Lawrence Erlbaum Associates, 32–33.

Rindermann, Heiner. 2008. "Relevance of Education and Intelligence for the Political of Development of Nations: Democracy, Rule of Law, and Political Liberty." *Intelligence*, 36, 306–322.

Roberts, J. M. 2001. *The Triumph of the West*. New York: Sterling.

Robbins, Lionel. 1945. *An Essay on the Nature and Significance of Economic Science*. London: Macmillan, 16.

Rochat, P., M. D. G. Dias, G. Liping, T. Broesch, C. Passos-Ferreira, A. Winning, and B. 2009. "Fairness in Distribution Justice in 3- and 5-Year-Olds Across Seven Cultures." *Journal of Cross-Cultural Psychology*, 40, 416–442.

Rogers, L. J. 1998. *Minds of Their Own: Thinking and Awareness in Animals*. Boulder, CO: Westview Press.

Ross, M., and F. Sicoly. 1979. "Egocentric Biases in Availability and Attribution." *Journal of Personality and Social Psychology*, 37, 322–336.

Rothbard, Murray. 1962. *Man, Economy, and State*. New York: D. Van Nostrand.

Rousseau, J. J. *Du Contrat Social. In Oeuvres Complètes*. Pléide (ed.), I, iv. goo.gl/G5UCc

Rozin, Paul, Jonathan Haidt, and C. R. McCauley. 2000. "Disgust." In *Handbook of Emotions*, ed. M. Lewis and J. M. Haviland-Jones. New York: Guilford Press, 637–653.

Rubin, Jeff. 2012. *The End of Growth*. New York: Random House.

Rubin, Paul H. 2003. "Folk Economics." *Southern Economic Journal*, 70, no. 1, 157–171.

Rubinstein, W. D. 2004. *Genocide: A History*. New York: Pearson Education, 78.

Rudig, Wolfgang. 1990. *Anti-Nuclear Movements: A World Survey of Opposition to Nuclear Energy*. New York: Longman.

Russell, Bertrand. 1946. *History of Western Philosophy*. London: George Allen & Unwin, 8.

Russell, Jeffrey B. 1982. *A History of Witchcraft: Sorcerers, Heretics and Pagans*. London: Thames & Hudson.

Russett, Bruce. 2008. *Peace in the Twenty-first Century? The Limited but Important Rise of Influences on Peace*. New Haven, CT: Yale University Press.

Russett, Bruce, and John Oneal. 2001. *Triangulating Peace: Democracy, Interdependence, and International Organizations*. New York: W. W. Norton.

Ryder, Richard. 1971. "Experiments on Animals," in Stanley and Roslind Godlovitch John Harris, eds., *Animals, Men and Morals*. London: Victor Gollancz.

———. 1989. *Animal Revolution: Changing Attitudes Toward Speciesism*. London: Basil Blackwell.

Sagan, Carl. 1973. *The Cosmic Connection: An Extraterrestrial Perspective*. Garden City, NY: Anchor Books/Doubleday, 233–234.

———. 1990. "Preserving and Cherishing the Earth: An Appeal for Joint Commitment in Science and Religion." Statement signed by thirty-two Nobel laureates and presented to the Global Forum of Spiritual and Parliamentary Leaders Conferences in Moscow, Russia.

Sagan, Carl, and Richard Turco. 1990. *A Path Where No Man Thought: Nuclear Winter and the End of the Arms Race*. New York: Random House.

Scott D. 2009. "The Global Nuclear Future." *Bulletin of the American Academy of Arts & Sciences*, 62, 21–23.

Spolsky, Robert. 1995. *Why Zebras Don't Get Ulcers: A Guide to Stress, Stress-Related Diseases, and Coping*. New York: W. H. Freeman, 381.

Sargent, Michael J. "Less Thought, More Punishment: Need for Cognition Predicts Support for Punitive Responses to Crime." *Personality & Social Psychology Bulletin*, 30, 1485–1493.

Sarkees, M. R. 2000. "The Correlates of War Data on War." *Conflict Management and Peace Science*, 18, 123–144.

Savolainen, P., Y. Zhang, J. Luo, J. Lundeberg, and T. Leitner. 2002. "Genetic Evidence for an East Asian Origin of Domestic Dogs." *Science*, November 22, 298: 1610–1612.

Sawhill, Isabel V., Scott Winship, and Kerry Searle Grannis. 2012. "Pathways to the Middle Class: Balancing Personal and Public Responsibilities." Washington, DC: Brookings Institution Center on Children and Families, September.

Scahill, Jeremy. 2013. *Dirty Wars: The World Is a Battlefield*. Documentary film. Sundance Selects.

Scelza, Brooke A. 2011. "Female Choice and Extra-Pair Paternity in a Traditional Human Population." *Biology Letters*, December 23, 7, no. 6, 889-891.

Scheb, John M., and John M. Scheb II. 2010. *Criminal Law and Procedure*, 7th ed. Stamford, CT: Cengage Learning.

Schelling, Thomas C. 1994. "The Role of Nuclear Weapons." In L. Benjamin Ederington and Michael J. Mazarr, eds., *Turning Point: The Gulf War and US Military Strategy*. Boulder, CO: Westview, 105-115.

Schlosser, Eric. 2013. *Command and Control: Nuclear Weapons, the Damascus Accident, and the Illusion of Safety*. New York: Penguin.

Schmitt, D. P., and David M. Buss. 2001. "Human Mate Poaching: Tactics and Temptations for Infiltrating Existing Mateships." *Journal of Personality and Social Psychology*, 80, 894-917.

Schmitt, D. P., L. Alcalay, J. Allik, A. Angleitner, L. Ault, et al. 2004. "Patterns and Universals of Mate Poaching Across 53 Nations: The Effects of Sex, Culture, and Personality on Romantically Attracting Another Person's Partner." *Journal of Personality and Social Psychology*, 86, 560-584.

Scully, Matthew. 2003. *Dominion: The Power of Man, the Suffering of Animals, and the Call to Mercy*. New York: St. Martin's Press.

Searle, John R. 1964. "How to Derive 'Ought' from 'Is.'" *Philosophical Review*, 73, no. 1, 43-58.

Segerstråle, U. 2000. *Defenders of the Truth: The Battle for Science in the Sociobiology Debate and Beyond*. New York: Oxford University Press.

Senft, Gunter. 1997. "Magical Conversation on the Trobriand Islands." *Anthropos*, 92, 369-391.

Senft, Pinar, Levent Cagatay, Julide Ergin, and Jill Mathis. 2001. "Bridging the Gap: Integrating Family Planning with Abortion Services in Turkey." *International Family Planning Perspectives*, June, 27, no. 2. goo.gl/T4Izo

Shah, Neil. 2014. "US Household Net Worth Hits Record High." *Wall Street Journal*, March 6, A1.

Shanker, Thom. 2012. "Former Commander of US Nuclear Forces Calls for Large Cut in Warheads." *New York Times*, May 16, A4.

Sherif, Muzafer, O. J. Harvey, B. Jack White, William R. Hood, and Carolyn W. Sherif. 1961. *Intergroup Conflict and Cooperation: The Robbers Cave Experiment*. Norman: University of Oklahoma Press.

Shermer, Michael. 1997. *Why People Believe Weird Things*. New York: W. H. Freeman.

———. 2000. *Denying History*. Berkeley: University of California Press.

———. 2002. "Shermer's Last Law." *Scientific American*, January, 33.

———. 2003. *The Science of Good and Evil*. New York: Times Books.

———. 2006. *Why Darwin Matters*. New York: Henry Holt/Times Books.

———. 2007. *The Mind of the Market: How Biology and Psychology Shape Our Economic Lives*. New York: Times Books.

————. 2008. "The Doping Dilemma." *Scientific American*, April, 32–39.

————. 2010. "The Skeptic's Skeptic." *Scientific American*, November, 86.

————. 2011. *The Believing Brain*. New York: Times Books, chapter 13.

————. 2013. "The Sandy Hook Effect." *Skeptic*, 18, no. 1. goo.gl/sjTQuJ

————. 2014. "The Car Dealers' Racket." *Los Angeles Times*, March 17. goo.gl/KfiU6j

Shklovskii, Iosif, and Carl Sagan. 1964. *Intelligent Life in the Universe*. New York: Dell

Shostak, Seth. 1998. *Sharing the Universe: Perspectives on Extraterrestrial Life*. Berkeley CA: Berkeley Hills Books.

Shultz, George. 2013. "Margaret Thatcher and Ronald Reagan: The Ultimate '80s Power Couple." *Daily Beast*, April 8.

Shultz, George P., William J. Perry, Henry A. Kissinger, and Sam Nunn. 2007. "A World Free of Nuclear Weapons." *Wall Street Journal*, January 4. goo.gl/7x1cyG

————. 2008. "Toward a Nuclear-Free World." *Wall Street Journal*, January 15. goo.gl/iAGDQX

Simon, Herbert. 1991. "Bounded Rationality and Organizational Learning." *Organization Science*, 2, no. 1, 125–134.

Singer, Isaac Bashevis. 1980. *The Seance and Other Stories*. New York: Farrar, Straus & Giroux, 270.

Singer, Peter. 1975. *Animal Liberation: Towards an End to Man's Inhumanity to Animals*. New York: Harper & Row.

————. 1981. *The Expanding Circle: Ethics, Evolution, and Moral Progress*. Princeton, NJ: Princeton University Press.

————. 1989. "All Animals Are Equal." In Tom Regan and Peter Singer, eds., *Animal Rights and Human Obligations*. Englewood, Cliffs, NJ: Prentice Hall, 148–162.

Singer, Peter, and Jim Mason. 2007. *The Ethics of What We Eat*. Emmaus, PA: Rodale Press

Skates, John Ray. 2000. *The Invasion of Japan: Alternative to the Bomb*. Columbia: University of South Carolina Press.

Skousen, Mark. 2013. "Beyond GDP: Get Ready for a New Way to Measure the Economy." *Forbes*, December 16.

Skousen, Tim. 2014. "The University of Sing Sing." *HBO*, March 31.

Smet, Anna F., and Richard W. Byrne. 2013. "African Elephants Can Use Human Pointing Cues to Find Hidden Food." *Current Biology*, 23, 1–5.

Smith, Adam. 1759. *The Theory of Moral Sentiments*. London: A. Millar, I., I., 1.

————. 1776/1976. *An Inquiry into the Nature and Causes of the Wealth of Nations*. 2 vols., R. H. Campbell and A. S. Skinner, gen. eds., W. B. Todd, text ed. Oxford, UK: Clarendon Press.

————. 1795/1982. "The History of Astronomy." In *Essays on Philosophical Subjects*, ed. W. P. D. Wightman and J. C. Bryce. Vol. III of the Glasgow Edition of the Works and Correspondence of Adam Smith. Indianapolis: Liberty Fund, 2.

Smith, Christian. 2003. *Moral, Believing Animals: Human Personhood and Culture*. Oxford, UK: Oxford University Press.

Smolin, Lee. 1997. *The Life of the Cosmos*. New York: Oxford University Press.

Snyder, L. 1981. *Hitler's Third Reich*. Chicago: Nelson-Hall, 29.

Sobek, David, Dennis M. Foster, and Samuel B. Robinson. 2012. "Conventional Wisdom? The Effects of Nuclear Proliferation on Armed Conflict, 1945-2001." *International Studies Quarterly*, 56, no. 1, 149-162.

Solzhenitsyn, Aleksandr. 1973. *The Gulag Archipelago*. New York: Harper & Row.

Sorabji, R. 1993. *Animal Minds and Human Morals: The Origin of the Western Debate*. Ithaca, NY: Cornell University Press.

Sowell, Thomas. 1987. *A Conflict of Visions: Ideological Origins of Political Struggles*. New York: Basic Books.

———. 2010. *Basic Economics: A Common Sense Guide to the Economy*, 4th ed. New York: Basic Books, 24-25.

Speck, Jeff. 2012. *Walkable City: How Downtown Can Save America, One Step at a Time*. New York: Farrar, Straus & Giroux.

Spencer, Colin. 1995. *The Heretic's Feast: A History of Vegetarianism*. Lebanon, NH: University Press of New England, 215.

Srinivasan, Balaji. 2013. "Silicon Valley's Ultimate Exit Strategy." Startup School 2013 speech

———. 2013. "Software Is Reorganizing the World." *Wired*, November. goo.gl/PVjBCW

Stahl, Lesley. 2011. "Eyewitness." 60 Minutes. Shari Finkelstein, producer. CBS.

Stapledon, Olaf. 1968. *The Starmaker*. New York: Dover.

Stark, Rodney. 2005. *The Victory of Reason*. New York: Random House, xii-xiii.

Stephan, Maria J., and Erica Chenoweth. 2008. "Why Civil Resistance Works: Strategic Logic of Nonviolent Conflict." International Security, 33, no. 1, 7-44.

Stephens, G. J., L. J. Silbert, and U. Hasson. 2010. "Speaker-Listener Neural Coupling Underlies Successful Communication." *Proceedings of the National Academy of Sciences*. August 10, 107, no. 32, 14425-14430.

Stevens, Doris. 1920/1995. *Jailed for Freedom: American Women Win the Vote*, ed. Carol O'Hare. Troutdale, OR: New Sage Press, 18-19.

Stiglitz, Joseph E. 2013. *The Price of Inequality: How Today's Divided Society Endangers Our Future*. New York: W. W. Norton.

Stone, Brad. 2013. "Inside Google's Secret Lab." *Business Week*, May 22. goo.gl/BSwk7

Sulloway, Frank. 1982. "Darwin and His Finches: The Evolution of a Legend." *Journal of the History of Biology*, 15, 1-53.

———. 1982. "Darwin's Conversion: The Beagle Voyage and Its Aftermath." *Journal of the History of Biology*, 15, 325-396.

———. 1984. "Darwin and the Galápagos." *Biological Journal of the Linnean Society*, 21, 29-59.

Sutter, John D., and Edythe McNamee. 2012. "Slavery's Last Stronghold." CNN, March. goo. gl/BTv6N

Swedin,S Eric G., ed. 2011. *Survive the Bomb: The Radioactive Citizen's Guide to Nuclear Survival*. Minneapolis: Zenith.

Sweeney, Julia. 2006. *Letting Go of God*. Book transcript of monologue. Indefatigable Inc., 24.

Tafoya, M. A. and B. H. Spitzberg. 2007. "The Dark Side of Infidelity: Its Nature, Prevalence, and Communicative Functions." In B. H. Spitzberg and W. R. Cupach, eds., *The Dark Side of Interpersonal Communication*, 2nd ed., 201–242. Mahwah, NJ: Lawrence Erlbaum Associates.

Tannenwald, Nina. 2005. "Stigmatizing the Bomb: Origins of the Nuclear Taboo." *International Security*, Spring, 29, no. 4, 5–49.

Tavris, Carol, and Elliott Aronson. 2007. *Mistakes Were Made (but Not By Me)*. New York: Mariner Books.

Taylor, John M. 1908. *The Witchcraft Delusion in Colonial Connecticut (1647-1697)*. Project Gutenberg. goo.gl/UtPyLk

Teglas, E., A. Gergely, K. Kupan, A. Miklosi, and J. Topal. 2012. "Dogs' Gaze Following Is Tuned to Human Communicative Signals." *Current Biology*, 22, 209–212.

Thalmann, O., et al. 2013. "Complete Mitochrondrial Genomes of Ancient Canids Suggest a European Origin of Domestic Dogs." *Science*, November 15, 342, no. 6160, 871–874.

Theweleit, Klaus. 1989. *Male Fantasies*. Vol. 2, *Male Bodies*. Minneapolis: University of Minnesota Press, 301.

Thomas, Hugh. 1997. *The Slave Trade: The Story of the Atlantic Slave Trade, 1440-1870*. New York: Simon & Schuster, 451.

Thomas, Keith. 1971. *Religion and the Decline of Magic*. New York: Charles Scribner's Sons, 643.

Thompson, Starley L., and Stephen H. Schneider. 1986. "Nuclear Winter Reappraised." *Foreign Affairs*, 64, no. 5, Summer, 981–1005.

Toland, John. 1970. *The Rising Sun: The Decline and Fall of the Japanese Empire, 1936-1945*. New York: Random House.

Tomasello, Michael. 2009. *Why We Cooperate*. Cambridge, MA: MIT Press.

Torpey, John C. 2006. *Making Whole What Has Been Smashed: On Reparations Politics*. Cambridge, MA: Harvard University Press.

Tortora, Bob. 2010. "Witchcraft Believers in Sub-Saharan Africa Rate Lives Worse." Gallup, August 25.

Townsend, Anthony M. 2013. *Smart Cities: Big Data, Civic Hackers, and the Quest for a New Utopia*. New York: W. W. Norton, xii–xiii.

Travers, Jeffrey, and Stanley Milgram. 1969. "An Experimental Study of the Small Problem." *Sociometry* 32, no. 4, December, 425–443.

Traynor, Lee. 2014. "The Future of Intelligence: An Interview with James R. Flynn." *Skeptic*, 19, no. 1, 36–41.

Trivers, Robert. 2011. *The Folly of Fools: The Logic of Deceit and Self-Deception in Human Life*. New York: Basic Books.

Troup, George M. 1824. "First Annual Message to the State Legislature of Georgia." In Hardin, Edward J. 1859. *The Life of George M. Troup*. Savannah, GA.

Tuchman, Barbara. 1963. *The Guns of August*. New York: Dell.

Turco, R. P., O. B. Toon, T. P. Ackerman, J. B. Pollack, and C. Sagan. 1983. "Nuclear Winter: Global Consequences of Multiple Nuclear Explosions." *Science*, 222, 1283–1297.

Tuschman, Avi. 2013. *Our Political Nature: The Evolutionary Origins of What Divides Us*. Amherst, NY: Prometheus Books.

Van der Dennen, J. M. G. 1995. *The Origin of War: The Evolution of a Male-Coalitional Reproductive Strategy*. Groningen, Neth.: Origin Press.

————. 2005. *Querela Pacis: Confession of an Irreparably Benighted Researcher on War and Peace*. An Open Letter to Frans de Waal and the "Peace and Harmony Mafia." Groningen: University of Groningen.

Voltaire, 1765/2005. "Question of Miracles." *Miracles and Idolatry*. New York: Penguin.

————. 1824/2013. *A Philosophical Dictionary*, vol. 2. London: John and H. L. Hunt.

————. 1877. *Complete Works of Voltaire*, ed. Theodore Besterman. Banbury: Voltaire Foundation, 1974, 117, 374.

Von Trotta, Margarethe, director. 2012. *Hannah Arendt*. Zeitgeist Films.

Walker, D. P. 1981. *Unclean Spirits: Possession and Exorcism in France and England in the Late Sixteenth and Early Seventeenth Centuries*. Philadelphia: University of Pennsylvania Press.

Walker, Lucy, and Lawrence Bender. 2010. *Countdown to Zero*. Participant Media & Magnolia Pictures.

Waltz, Kenneth N. 2012. "Why Iran Should Get the Bomb: Nuclear Balancing Would Mean Stability." *Foreign Affairs*, July/August. goo.gl/2x9dF

Walzer, Michael. 1967. "On the Role of Symbolism in Political Thought." *Political Science Quarterly*, 82, 201.

Wang, Wendy, Kim Parker, and Paul Taylor. 2013. "Breadwinner Moms." Pew Research, Social & Demographic Trends, May 29.

Warneken, F., and M. Tomasello. 2006. "Altruistic Helping in Human Infants and Young Chimpanzees." *Science*, 311, 1301–1303.

————. 2007. "Helping and Cooperation at 14 Months of Age." *Infancy*, 11, 271–294.

Warren, Mervyn A. 2001. *King Came Preaching: The Pulpit Power of Dr. Martin Luther King, Jr*. Downers Grove, IL: Varsity Press, 193–194.

Webster, Daniel W., and Jon S. Vernick, eds. 2013. *Reducing Gun Violence in America: Informing Policy with Evidence and Analysis*. Baltimore: Johns Hopkins University Press.

Weinberg, Stephen. 2008. *Cosmology*. New York: Oxford University Press.

Weisman, Alan. 2007. *The World Without Us*. New York: St. Martin's Press.

———. 2013. *Countdown: Our Last Best Hope for a Future on Earth?* Boston: Little, Brown.

Weitzer, Ronald. 2012. *Legalizing Prostitution: From Illicit Vice to Lawful Business*. New York: New York University Press.

Westfall, Richard. 1980. *Never at Rest: A Biography of Isaac Newton*. Cambridge, UK: Cambridge University Press.

White, Matthew. 2011. *The Great Big Book of Horrible Things: The Definitive Chronicle of History's 100 Worst Atrocities*. New York: W. W. Norton, 161.

Whitson, Jennifer A., and Adam D. Galinsky. 2008. "Lacking Control Increases Illusory Pattern Perception." *Science*, 322, 115–117.

Wilcox, Ella Wheeler. 1914/2012. "Protest," in *Poems of Problems*. Chicago: W. B. Conkey, 154.

Wilkinson, Richard G. 1996. *Unhealthy Societies: The Afflictions of Inequality*. New York: Routledge.

Williamson, Laura. 1978. "Infanticide: An Anthropological Analysis." In M. Kohl, ed., *Infanticide and the Value of Life*. Buffalo, NY: Prometheus Books.

Wilson, James Q., and Richard Herrnstein. 1985. *Crime and Human Nature*. New York: Simon & Schuster.

Winslow, Charles-Edward Amory. 1920. "The Untilled Fields of Public Health." *Science*, 51, no. 1306, 23–33.

Wise, Steven M. 2000. *Rattling the Cage: Toward Legal Rights for Animals*. Boston: Perseus Books.

———. 2002. *Drawing the Line: Science and the Case for Animal Rights*. Boston: Perseus Books, 24.

Wolf, Sherry. "Stonewall: The Birth of Gay Power." *International Socialist Review*. goo.gl/F1otuO .

Wollstonecraft, Mary. 1792. *A Vindication of the Rights of Woman: With Strictures on Political and Moral Subjects*. Boston: Peter Edes.

Wrangham, Richard, and Dale Peterson. 1996. *Demonic Males: Apes and the Origins of Human Violence*. Boston: Houghton Mifflin.

Wrangham, Richard W., and Luke Glowacki. 2012. "Intergroup Aggression in Chimpanzees and War in Nomadic Hunter-Gatherers." *Human Nature*, 23, 5–29.

Wright, Quincy. 1942. *A Study of War*, 2nd ed. Chicago: University of Chicago Press.

Wright, Robert. 2000. *Nonzero: The Logic of Human Destiny*. New York: Pantheon.

Wyne, Ali. 2014. "Disillusioned by the Great Illusion: The Outbreak of Great War." *War on the Rocks*, January 29.

Wynne, Clive. 2007. "Aping Language: A Skeptical Analysis of the Evidence for Non-human Primate Language." *Skeptic*, 13, no. 4, 10–14.

Young, Robert. 2010. *Eichmann. Regent Releasing, Here! Films*. October.

Yung, Corey Rayburn. 2014. "How to Lie with Rape Statistics: America's Hidden Rape Crisis." *Iowa Law Review*, 99, 1197–1255.

Zahavi, Amotz, and Avishag Zahavi. 1997. *The Handicap Principle: A Missing Piece of Darwin's Puzzle*. Oxford, UK: Oxford University Press.

Zedong, Mao. 1938. "Problems of War and Strategy." *Selected Works*, II, 224.

Zehr, Howard, and Ali Gohar. 2003. *The Little Book of Restorative Justice*. Intercourse, PA: Good Books, 10-14.

Zimbardo, Philip. 2007. *The Lucifer Effect: Understanding How Good People Turn Evil*. New York: Random House.

Zubrin, Robert. 2000. *Entering Space: Creating a Spacefaring Civilization*. New York: Penguin Putnam, x.

감사의 말

도덕이란 다른 선택의 여지가 있는데도 옳은 일을 선택하는 일이다. 옳은 일에는 지지와 도움, 그리고 무엇보다 정직하고 건설적인 피드백이 따르기 마련인데, 이 책을 집필하고 생산하는 과정에서 많은 도덕적인 사람들이 나를 위해 그런 일을 해주었다. 무엇보다 원고의 모든 문장을 꼼꼼하게 검토한 뒤 탁월한 비판적 논평, 피드백, 참고문헌, 그밖에 도움이 되는 자료들을 제공한 편집자와 독자 들에게 감사한다. 팻 린스Pat Linse는 그래프와 도표를 읽고 이해하기 쉬운 시각적 걸작으로 만들어주었고, 끊임없는 수정과 교정 요구를 묵묵하게 받아주었다. 스티븐 핑커는 지금까지 출판된 가장 중요한 사회과학 서적 가운데 하나인《우리 본성의 선한 천사》를 집필한 사람으로서, 이 책의 수준을 높이는 여러 제안, 부연, 자료, 수정과 설명을 제공했다. 하지만 가장 고마운 것은 언제나 뒤에서 부는 바람과 같은 좋은 친구가 되어준 것이다. 그리고 과학, 역사, 도덕을 통합하는 나의 시도를 이해해준 편집자 서리나 존스Serene Jones, 뛰어난 편집과 제안을 제공한 앨리슨 애들러Allison Adler에게도 감사를 전한다.

내 모든 책들에서와 마찬가지로, 에이전트 캐틴카 맷슨Katinka Matson, 존 브록먼John Brockman, 맥스 브록먼Max Brockman, 러셀 와인버거Rusell Weinberger, 그밖의 브록먼 에이전시 직원들에게 감사한다. 이들은 세계 최고의 과학자, 철학자, 지식인 들로 이루어진 방대한 인재풀을 보유하고, 웹사이트 Edge.org를 통해 우리가 상상할 수 있는 가장 큰 주제들에 대한 생각을 함께 나누고 새로운 아이디어를 생산한다는 점에서 내가 아는 어떤 출판 에이전시보다 많은 일을 한다.

나는 1997년 맥밀란/헨리홀트/타임북스에서 첫 책《왜 사람들은 이상한 것을 믿는가》를 낸 이래로 이 출판사와 계속 함께해왔는데, 이런 오랜 관계는 저자에게 매우 의미 있는 것이다. 왜냐하면 내 글이 신중하게 편집되고 생산될 것임을 확신할 수 있기 때문이다. 그러기 위해 큰 비전을 갖고 내 책이 더 큰 출판 산업 안에서 어떻게 자리매김할지를 고민한 폴 골롭Paul Golob, 원고를 한 줄 한 줄 꼼꼼하게 읽고 문장을 가다듬어준 훌륭한 제작 편집자 리타 퀸타스Rita Quintas에게 감사한다. 디자이너 켈리 투Kelly Too에게도 감사한다. 그의 디자인, 레이아웃, 타이포그래피는 문서 파일을 멋진 책으로 바꾸어놓았다. 또한 판매와 마케팅을 담당한 매기 리처즈Maggie Richards와, 출간 마지막 단계인 홍보를 맡아 이 책을 전 세계에 소개한 캐롤린 오키프Carolyn O'Keefe에게도 감사한다.

이 책의 많은 부분이 내 사무실에서 집필되었으므로, 스켑틱 협회와 〈스켑틱〉 잡지, 그리고 제휴사에서 일하는 멋진 사람들의 노고에도 감사하고 싶다. 니콜 맥컬로Nicole McCullough, 앤 에드워즈Ann Edwards, 대니얼 록스턴Daniel Loxton, 윌리엄 불William Bull, 제리 프리드먼Jerry Friedman, 무엇보다 내 파트너 팻 린스에게 감사한다. 이러한 조직이 순조롭게 굴러갈 수 있는 것은 자진해서 참여하는 많은 사람들 덕분이다. 선임 편집자 프랭크 밀Frank Miele, 선임 과학자인 데이비드 나이디치David Naiditch, 버나드 레이킨드Bernard Leikind, 리엄 맥데이드Liam McDaid, 클라우디오 맥콘Claudio Maccone, 토머스 맥도너프Thomas McDonough, 도널드 프로세로Donald Prothero, 편집위원인 팀 캘러헌Tim Callahan, 해리엇 홀Harriet Hall, 캐런 스톨츠노Karen Stollznow, 캐롤 패브리스Carol Tavris, 편집자 새라 메릭Sara Meric과 캐시 모이드Kathy Moyd, 촬영기자 데이비드 패턴David Patton

과 영상기사 브래드 데이비스Brad Davies, 그리고 그밖의 많은 자원봉사자들인 제이미 보테로Jaime Botero, 보니 캘러헌Bonnie Callahan, 팀 캘러헌Tim Callahan, 클리프 캐플란Cliff Caplan, 마이클 길모어Michael Gilmore, 다이안 크넛슨Diane Knutdson, 테레사 라벨Teresa Lavelle에게 감사한다. 또한 스켑틱협회를 제도적으로 지원하는 캘리포니아공과대학의 에릭 우드Eric Wood, 홀 데일리Hall Daily, 로렐 오챔포Laurel Auchampaugh에게도 감사한다.

아울러 내 강연 에이전트인 (그리고 이제는 내 친구이기도 한) 스콧 울프먼Scott Wolfman과 울프먼프러덕션에서 일하는 그의 팀원들(다이앤 톰슨과 미리엄 패치니억)에게도 큰 신세를 졌다. 그들은 연사들에게 과학과 회의주의 정신을 심어주는 데에 기여하고 있다. 그리고 내 대학원생이자 교육 연구 조교인 아노다 사이데Anondah Saide에게 특별히 고맙다고 말하고 싶다. 그는 케빈 맥캐프리Kevein McCaffree와 함께, 내가 이 책에서 다루는 여러 도덕적 쟁점들에 대한 생각을 진전시킬 수 있도록 도왔다.

내가 쓰는 모든 글 가운데서 2001년 4월에 시작한 〈사이언티픽아메리칸〉의 월간 칼럼만큼 내게 큰 의미를 갖는 것은 없다. 나의 편집자 매리어트 디크리스티나Mariette DiChristina는 그 잡지의 책임 편집자이기도 한데, 미국 역사상 가장 오랫동안(175년) 발행되고 있는 이 잡지의 중책을 맡은 최초의 여성이다. 나는 그녀와 내 새로운 편집자인 프레드 거털Fred Guterl에게 엄청난 신세를 졌다.

마지막으로, IQ 점수가 10년마다 3점씩 오르는 것을 말하는 '플린 효과'에 기여한 내 딸 데빈 셔머에게 특히 고맙다. 그 아이가 나보다 얼마나 더 똑똑한지를 보면 '플린 효과'가 거의 맞는 말임을 알 수 있다. 부모의 자식 사랑은 도덕적 올바름의 극치다. 그리고 이 책의 헌사를 바쳤듯이, 이 책의 텍스트에 많은 중요한 제안을 했고 무엇보다 내 인생을 엄청나게 풍요롭게 만들어 준 아내 제니퍼에게 감사한다.

옮긴이의 말

스티븐 핑커는《우리 본성의 선한 천사》에서 그동안의 인류 역사에서 폭력은 증가하기보다는 오히려 감소하고 있으며 지금은 과거 어느 때보다 평화로운 시대라고 주장했다. 이후 그 책의 속편, 즉 폭력의 감소뿐 아니라 도덕적 진보의 모든 영역을 탐구하는 책을 찾고 있는 독자에게 핑커는 이 책《도덕의 궤적》이 바로 그 책이라고 말한다.

1997년에 회의주의학회를 설립한 사람이자 과학 전문지 〈스켑틱〉의 발행인인 저자 마이클 셔머는 일찍이《왜 사람들은 이상한 것을 믿는가》라는 베스트셀러에서 이상한 믿음에 대항하는 무기로 이성을 내세웠다. 그 이후로 과학에 기반을 둔 회의하는 정신을 줄기차게 강조해온 그는《도덕의 궤적》에서 수백만 년 동안의 인간 역사를 검토하면서 도덕적 진보의 열쇠가 과학과 이성이라고 주장한다. 그는 시민의 권리와 자유, 자유 민주주의와 시장 경제의 확산, 여성, 동성애자, 동물 권리의 확장 등 방대한 자료를 통해 도덕의 궤적을 살피면서, 지금 인류는 그 어느 때보다 많은 자유와 번영을 누리고 있다고 말한다.

사회생활을 하는 종은 집단을 평화롭게 유지하기 위해 기본적인 정의 감각을 진화시켰다. "네가 내 등을 긁어주면 나도 네 등을 긁어주마"로 표현되는 호혜주의와 무임승차자 및 부정행위자에 대한 처벌은 영장류 사회에서도 찾아볼 수 있다. 또한 부정행위와 부정행위 적발, 무임승차와 무임승차 막기, 약자 괴롭히기와 이에 대한 처벌 사이에 진화적 군비 경쟁이 일어나면서, 외부에서 최종적인 처벌이 내려지기 전에 자신을 제어하는 '내면의 목소리'인 도덕적 양심도 진화했다.

이처럼 인간의 진화한 도덕 본성은 아기들을 대상으로 한 실험에서도 증명된다. 게다가 황금률은 구약 시대부터 있었다. 남에게 대접받고자 하는 대로 남을 대접하라는 황금률을 실천하기 위해서는 상대방의 입장이 되어 생각할 수 있는 능력이 필수적이다. 5x7 = 35임을 알 때 방정식에서 5와 7의 위치를 바꾸어도 등식은 똑같이 성립한다는 것을 알 수 있는 추상적 추론 능력은 도덕의 기본 바탕이 된다.

우리는 도덕 감각을 타고나며, 추상적 추론 능력도 이미 오래전부터 갖추고 있었다. 그런데 지난 몇 백 년 동안 특별히 도덕적 진보가 빠른 속도로 이루어졌다면, 그것을 추동한 어떤 힘이 있을 것이다. 그것이 바로 1800년대에 본격적으로 시작된 계몽적 인본주의와 뒤이어 일어난 과학혁명이었다고 셔머는 말한다. 이 시대에 확립되어 발전한 과학적 합리주의가 윤리적으로 추론하는 능력을 끌어올림으로써 지금과 같은 도덕적 진보를 이끌었다는 것이다. 황금률로 대변되는, 다른 사람의 입장에서 생각해보는 역지사지 원리는 과학적 합리주의를 통해 점점 정교해지면서 오늘날 도덕의 영향권을 동물로까지 확장했다.

그런데 셔머는 본인이 "감응적 존재(느끼고 고통받는 존재)의 더 나은 생존과 번영"으로 정의한 도덕적 진보를 증거 자료를 통해 입증하는 것에서 그치지 않는다. 그는 도덕적 진보가 일어났음을 보여준 다음, 과감히 당위의 영역으로 건너간다.

흔히 도덕과 가치의 문제는 과학이 답할 수 없는 문제라고들 말한다. 철학자 데이비드 흄이 사실과 당위, 또는 기술적 진술과 규범적 진술의 차이를 구분한 이래로 많은 사람들은 사실과 당위를 가르는 벽이 존재하고, 과학은 인간의 가치와 도덕을 결정하는 일에는 발언권이 없다고 생각해왔다. 하지만 셔머는 사실과 가치의 화해를 시도한다.

그렇다고 과학이 가치를 결정할 수 있다고 주장하는 것은 아니다. 셔머가 추구하는 사실과 가치의 접점은 세계가 존재하는 방식(사실)에 대한 과학의 연구 결과들을 세계가 존재해야 하는 방식(가치)에 적용하는 것이다. 즉 원인을 파악해 변화를 가져오는 것이다. 그는 이러한 접근 방식을 '공공 보건 모델'이라고 부른다. 사람들이 전염병에 걸려 죽는다는 사실을 안다면 우리는 예방접종을 통해 그러한 질환을 예방해야 한다. 문제를 초래하는 상황이나 조건을 알아내 갖가지 종류의 과학을 끌어들여 그것을 해결하자는 것이다.

1부에서 왜 과학과 이성이 도덕의 원동력인지에 대한 논증을 제시하고, 2부에서 노예제도 폐지, 여성과 성소수자 인권과 동물 권리의 확장을 예로 들어 도덕의 영향권이 어떻게 확장되었는지를 보여준 다음, 셔머는 3부에서 몇 가지 흥미로운 시도를 한다. 첫째는 행위자에게 책임을 묻는 문제이다. 모든 행위에는 선택의 문제가 수반되는데(즉 타인에게 도덕적으로 이로운 방식으로 행동할지 해로운 방식으로 행동할지), 이러한 선택은 우리가 자유의지를 가진 존재라는 것을 전제로 한다. 그런데 정말 그런가? 두 번째는 형사사법제도가 처벌을 다루는 방식에 관한 것이다. 셔머는 인간 본성에 대한 과학적 이해를 반영하여, 그동안 응보적 정의를 중심으로 구축되어온 형사사법제도를 회복적 정의로 보완하자고 제안한다.

셋째로 셔머는 마지막 장에서 그가 "상상할 수 있는 한 멀리 도덕의 행로를" 예상한다. 그는 도달할 수 없는 '장소'인 유토피아 대신 등산할 때와 같이 서서히 단계적으로 나아가는 과정, 측정할 수 있는 꾸준한 진보가 일어나는 장소인 프로토피아protopia를 추구하자고 제안한다. "이 책은 프로토피아를 추구하는 책이다. 이 책의 처방은 극적이지 않고 일반 원칙은 비교적 단순하다. 즉 세계를 어제보다 조금 더 나은 장소로 만들자는 것이다." 그리고 그렇게 하는 방법에 관한 구체적인 원칙들을 4장의 끝부분에 '이성적인 십계명'으로 제시한다.

1965년 3월 미국 앨라배마주 셀마에서 투표할 권리를 요구하며 행진을 시작한, 마틴 루터 킹이 이끄는 시위대가 몽고메리의 의사당 건물 계단 앞에 도착했을 때 킹 목사는 "도덕적 세계의 궤적은 길지만 결국 정의를 향해 구부러집니다"라는 유명한 말을 했다. 《도덕의 궤적》은 바로 도덕적 세계의 궤적이 실제로 정의를 향해 구부러진다는 것을 "종교적 양심과 감동적 수사 외에 과학을 통해" 보여주려는 시도이다. 그리고 에필로그에서 셔머는 다시 한 번 킹 목사의 연설을 인용한다. 셔머가 이 책에서 성서의 십계명을 강하게 비판하며 종교는 도덕적 진보의 원천일 수 없다고 주장하면서도 처음과 끝을 킹 목사의 연설로 장식한 것에서 알 수 있듯이, 《도덕의 궤적》은 도덕의 주도권을 놓고 종교와 과학을 맞세우거나, 사실에서 당위로 무작정 넘어가는 과학적 환원주의를 추구하는 책이 아니다. 이 책은 사람들이 살아가는 더 나은 방식이 실제로 존재하며, 원칙적으로 우리는 과학과 이성의 도구들을 통해 그 방식을 발견할 수 있어야 한다는 논리를 바탕으로, 감응적 존재들이 번영을 누릴 수 있는 최선의 조건들을 알아내는 것을 목표로 하는 도덕과학을 구축하려는 시도이다. 셔머는 과학의 실험적 방법과 분석적 추론을 사회적 세계에 적용했을 때 우리가 얻은 많은 열매들(자유민주주의, 민권, 시민의 자유, 법 앞에서의 평등, 자유 시장과 자유로운 마음, 번영 등)을 근거로, 우리가 그러한 시도를 계속할 때 도덕적 진보는 계속될 거라고 낙관한다.

2018년 4월
김명주

찾아보기

지은이 **마이클 셔머**

풀러턴의 캘리포니아 주립대학교에서 실험심리학으로 석사학위를, 클레어몬트대학원에서 과학사로 박사학위를 받았다. 20여 년 동안 옥시덴탈 칼리지, 로스앤젤레스의 캘리포니아 주립대학교, 글렌데일칼리지에서 심리학, 진화론, 과학사를 가르쳤다. 현재 미국과학및건강위원회(ACSH)의 과학 고문이며, 채프먼대학교의 겸임교수이자 프레이덴셜펠로우로 있다.

리처드 도킨스, 스티븐 제이 굴드 등과 함께 과학의 최전선에서 사이비 과학, 창조론, 미신에 맞서 싸워온 대표적인 회의주의자이자 무신론자이다. 주로 과학적 회의주의의 관점에서 사이비 과학과 종교에 대한 비판적 연구와 활동을 한다. 1997년 과학주의 운동의 중심인 스켑틱소사이어티 Skeptics Society를 설립하고, 회의주의 과학저널 〈스켑틱Skeptic〉을 창간하여 현재까지 발행인과 편집장을 맡고 있다. 저서로는《왜 사람들은 이상한 것을 믿는가》,《왜 다윈이 중요한가》,《믿음의 탄생》,《진화경제학》,《과학의 변경지대》등이 우리나라에 번역 · 출판되었다.

옮긴이 **김명주**

성균관대학교 생물학과와 이화여자대학교 통번역대학원을 졸업했고, 현재 주로 과학책을 번역한다. 옮긴 책으로《왜 종교는 과학이 되려 하는가》,《호모 데우스》,《나는 과학이 말하는 성차별이 불편합니다》,《과학과 종교》,《살인》,《잃어버린 게놈을 찾아서》를 비롯해《생명 최초의 30억 년》,《다윈 평전》등 30여 종이 있다.

도덕의 궤적

초판 1쇄 발행	2018년 5월 31일

지은이	마이클 셔머
옮긴이	김명주
책임편집	정일웅
디자인	이미지 정진혁

펴낸곳	바다출판사
발행인	김인호
주소	서울시 마포구 어울마당로5길 17 5층(서교동)
전화	322-3675(편집), 322-3575(마케팅)
팩스	322-3858
E-mail	badabooks@daum.net
홈페이지	www.badabooks.co.kr
출판등록일	1996년 5월 8일
등록번호	제10-1288호

ISBN	978-89-5561-550-0 93400